DIE GRUNDLEHREN DER

MATHEMATISCHEN WISSENSCHAFTEN

IN EINZELDARSTELLUNGEN MIT BESONDERER BERÜCKSICHTIGUNG DER ANWENDUNGSGEBIETE

HERAUSGEGEBEN VON

J. L. DOOB · E. HEINZ · F. HIRZEBRUCH
E. HOPF · H. HOPF · W. MAAK · S. MAC LANE
W. MAGNUS · F. K. SCHMIDT · K. STEIN

GESCHÄFTSFÜHRENDE HERAUSGEBER

B. ECKMANN UND B. L. VAN DER WAERDEN
ZÜRICH

BAND 77

Springer-Verlag Berlin Heidelberg GmbH
1965

THEORIE DER ANALYTISCHEN FUNKTIONEN EINER KOMPLEXEN VERÄNDERLICHEN

VON

DR. DR. H. C. HEINRICH BEHNKE

O. PROFESSOR AN DER UNIVERSITÄT MÜNSTER

UND

DR. FRIEDRICH SOMMER

O. PROFESSOR AN DER UNIVERSITÄT BOCHUM

MIT 59 ABBILDUNGEN

DRITTE AUFLAGE

Springer-Verlag Berlin Heidelberg GmbH

1965

Geschäftsführende Herausgeber:

Prof. Dr. B. Eckmann
Eidgenössische Technische Hochschule Zürich

Prof. Dr. B. L. van der Waerden
Mathematisches Institut der Universität Zürich

Ursprünglich erschienen bei Springer-Verlag Berlin Heidelberg New York 1965
Softcover reprint of the hardcover 2nd edition 1965

Library of Congress Catalog Card Number 65-28569

ISBN 978-3-642-52023-5 ISBN 978-3-642-52041-9 (eBook)
DOI 10.1007/978-3-642-52041-9

Titel-Nr. 5060

Aus dem Vorwort zur ersten Auflage

Die vorliegende Darstellung der klassischen Funktionentheorie ist aus Nachschriften, die wir seit geraumer Zeit von unseren Vorlesungen anfertigen ließen, entstanden. Hieraus ergibt sich schon, an welche Leser wir zunächst gedacht hatten. Es sind die Studenten, die, mit welchem Ziel auch immer, sich einer mehrsemestrigen Ausbildung in der Funktionentheorie unterziehen wollen. Dabei darf dann vorausgesetzt werden, daß ihnen die Infinitesimalrechnung in der strengen Form vertraut geworden ist, in der sie heute für den Anfänger an den europäischen Universitäten gelehrt zu werden pflegt. Die zahlreichen Beispiele in den einleitenden Kapiteln sind vor allem mit Rücksicht auf die Studenten eingefügt worden.

Nun wurde aber unser Manuskript immer umfangreicher. Wir verfolgten nämlich die Absicht, die Grundlagen der Funktionentheorie auf Riemannschen Flächen vollständig zu bringen. Das bedeutete, daß wir die Theorie auf den kompakten Riemannschen Flächen bis einschließlich der Abelschen Integrale zu behandeln hatten. Die Theorie auf den nicht kompakten Flächen war entsprechend bis einschließlich der Verallgemeinerung des Rungeschen Satzes (des allgemeinen Approximationssatzes) aufzubauen. So mußten wir in wachsendem Maße auch an den Leser denken, der nach einer abgeschlossenen mathematischen Ausbildung das Buch zur Hand nimmt, um es wegen einer speziellen Frage zu konsultieren, und sich nicht der Mühe unterziehen kann, es von Anfang an zu lesen. An der Brauchbarkeit des Buches für den Fachmann im weiteren Sinne bei seiner täglichen Arbeit war uns besonders gelegen.

Häufiger ergaben sich Berührungspunkte mit anderen Disziplinen, wie der Verbandstheorie, der Algebra, der algebraischen Geometrie, der Theorie linearer Vektorräume, ohne daß wir gezwungen waren, ihre Ergebnisse unbewiesen zu übernehmen. Eine Ausnahme macht hier lediglich die Flächentopologie mit ihren einleuchtenden Aussagen, deren subtile Beweise aber, ganz aus der Funktionentheorie herausfallend, den Umfang des Buches zu sehr vergrößert hätten. So haben wir im ersten Kapitel u. a. auf den Beweis des Jordanschen Kurvensatzes verzichtet und auch im Anhang des fünften Kapitels geläufige Tatsachen aus der elementaren Flächentopologie ohne Beweis benutzt.

Der ältere der beiden Verfasser möchte an dieser Stelle nicht versäumen, seiner beiden Lehrer

CONSTANTIN CARATHÉODORY

und

ERICH HECKE

zu gedenken. Mit CARATHÉODORY stand er über zwanzig Jahre in einer nie abbrechenden Aussprache und Korrespondenz zu den verschiedensten Fragen der Funktionentheorie. ERICH HECKE schuldet er die dauernde Mahnung, die wesentliche Erkenntnis über das logisch Formale zu stellen.

Im übrigen aber gehen natürlich die geistigen Wurzeln dieser Darstellung, wie die vieler Darstellungen aus der Funktionentheorie, besonders auf das Vermächtnis von RIEMANN und WEIERSTRASS zurück. Es ist den Verfassern weniger durch die Originalschriften als schon in der abgewandelten Form überliefert, in der es in den großen deutschsprachigen Lehrbüchern der letzten fünfzig Jahre dargestellt ist. Das sind vor allem die Werke von OSGOOD (die erste Auflage erschien 1906), BIEBERBACH (1921) und HURWITZ-COURANT (1922). Aus jedem dieser Bücher haben wir vieles gelernt, und gegen jedes grenzt sich unsere Darstellung ab. So ist gegenüber dem Band von HURWITZ-COURANT, der von den großen Meistern der Funktionentheorie des 19. Jahrhunderts noch am unmittelbarsten beeinflußt ist, zu erwähnen, daß uns die Verschmelzung der Riemannschen und Weierstraßschen Auffassung, die axiomatische Einführung der Riemannschen Flächen und die Aufstellung der Abelschen Integrale ohne Rückgriff auf die Dirichletschen Integrale und damit die reelle Analysis (was erst durch die Untersuchungen von O. TEICHMÜLLER ermöglicht ist) wesentliche Anliegen waren. Maßgeblich war uns sodann selbstverständlich das Meisterwerk des jungen HERMANN WEYL: „Die Idee der Riemannschen Fläche".

In einem besonderen Sinn sind die Verfasser auch durch die heutige Forschung beeinflußt worden. In der Funktionentheorie mehrerer Veränderlichen hat auch die Funktionentheorie einer komplexen Veränderlichen als ihr einfachster Spezialfall eine neue Gestalt gefunden. Wenn nun auch in diesem Buch die Funktionentheorie mehrerer Veränderlichen nicht behandelt wird, so haben die Verfasser als Mitarbeiter an dieser schnell wachsenden Theorie doch an manchen Stellen die dort gewonnene Sicht ausgenutzt, um sine ira et studio die ihnen für dieses Lehrbuch am geeignetsten erscheinende Darstellung zu finden.

H. BEHNKE
F. SOMMER

Münster (Westf.), 1. August 1955
Schloßplatz 2

Vorwort zur zweiten Auflage

Die zweite Auflage hat gegenüber der ersten mannigfache Änderungen erfahren. Sie betreffen vor allem die Darstellung der Grundlagen im Kapitel I: „Analysis der komplexen Zahlen", die „Theorie der normalen Familien" in Kapitel II und III und den „Aufbau der Riemannschen Flächen" in Kapitel V.

So haben wir im ersten Kapitel die Topologie der komplexen Ebene in die allgemeine Begriffsbildung der Hausdorffschen und speziell der metrischen Räume eingebaut. Neben einem Gewinn an Durchsichtigkeit ersparen wir uns später beim Aufbau der Riemannschen Flächen sowie bei der Theorie der Randabbildungen entsprechende Erwägungen. (Wegen der Sprachverwirrung, die heute mit dem Wort „kompakt" entstanden ist, unterscheiden wir zunächst „*folgen-*" und „*überdeckungskompakt*". Wir weisen dann die Äquivalenz dieser Begriffe in Räumen mit abzählbarer Basis nach und verwenden danach nur noch das Wort „*kompakt*".) Die euklidische Metrik der endlichen Ebene und die chordale Metrik der geschlossenen Ebene werden als Spezialfälle allgemeiner Metriken behandelt, jedoch führen wir gelegentlich die Beweise wegen der größeren Anschaulichkeit auch in einer dieser speziellen Metriken durch. Bei den stetigen Abbildungen halten wir es ähnlich. Wir beginnen mit der Abbildung allgemeiner Mengen und schließen mit der Abbildung durch komplexe Funktionen. Das Buch soll so an innerer Geschlossenheit gewinnen.

Eine zweite Änderung betrifft die Grundlagen der normalen Familien von komplexen Funktionen (s. I, 10), speziell die der normalen Familien holomorpher Funktionen (s. II, 7). Wir haben die Carathéodorysche Darstellung – weil mehr der reellen Funktionentheorie angepaßt – zu einem Teil aufgegeben und erreichen mit der größeren Anlehnung an die klassischen Ideen von MONTEL eine Kürzung. (Das betrifft auch Beweise in den Kapiteln II und III.)

Schließlich haben wir in Kapitel V die allgemeine Einführung der Riemannschen Flächen in Anlehnung an das erste Kapitel neu dargestellt.

Die übrigen Teile des Buches erfahren nur Änderungen geringeren Ausmaßes. Kleinere Ergänzungen betreffen das Transformationsgesetz für Kurvenintegrale (I, 8), die Berechnung des Flächeninhalts eines Gebietes (I, 9), das Rechnen mit Potenzreihen (II, 4), die Laurenttrennung (III, 3), die Holomorphie- und Meromorphiegebiete (III, 8), den Rungeschen Satz (III, 10) und die hyperelliptischen Riemannschen Flächen (VI, 5).

Seit dem Erscheinen der ersten Auflage ist uns manche fruchtbare Kritik zugegangen, die zu berücksichtigen wir uns bemüht haben. So ist es uns eine angenehme Pflicht, allen zu danken, die durch ihre Zuschriften, Anregungen und ihre Mitarbeit bei der Neugestaltung des Buches geholfen haben. Unser besonderer Dank gilt denjenigen, die mit uns häufig über die Darstellung einzelner Teile diskutiert haben. Das betrifft die Herren Professoren Dr. H. GRAUERT, Dr. R. REMMERT, Dr. K. STEIN und Dr. H. TIETZ sowie die Herren Dr. H. HOLMANN, D. KAHLE, Dr. K. KOPFERMANN, Dr. N. KUHLMANN, Dr. TH. MEIS, Dr. G. SCHEJA und Dr. K. SPALLEK. Daß wir nicht immer zu einer Übereinstimmung gekommen sind, ist selbstverständlich. Beim Lesen der Korrekturen haben uns viele unserer Mitarbeiter in Münster und Würzburg geholfen. Dem Verlag sind wir wieder für die sorgfältige Ausstattung des Buches und die Berücksichtigung aller unserer Wünsche zu besonderem Dank verpflichtet.

H. BEHNKE

F. SOMMER

Münster (Westf.), Würzburg, 28. Oktober 1961

Zur Technik der Darstellung

Das Buch ist eingeteilt in Kapitel und Paragraphen. Innerhalb eines Kapitels sind die Sätze durchnumeriert, Formeln dagegen nur innerhalb eines Paragraphen. In Hinweisen auf andere Stellen des Buches wird das Kapitel mit römischen, der Paragraph mit arabischen Ziffern vorangestellt, also z. B.: (III, 2, Satz 5) für Satz 5 in § 2 des dritten Kapitels oder: (II, 3, (11)) für Formel (11) in § 3 des zweiten Kapitels. Bei Hinweisen im selben Kapitel fehlt die römische Ziffer, z. B.: (2, Satz 5) und bei Hinweisen im selben Paragraphen auch die arabische Ziffer, z. B.: (s. Satz 5).

Sätze und neue Begriffe werden durch Kursivdruck hervorgehoben, Beispiele und ergänzende Ausführungen in Kleindruck gesetzt. Die Umkehrfunktion zu einer Funktion $w = f(z)$ wird mit $z = \check{f}(w)$ bezeichnet.

Literaturangaben werden am Ende der zugehörigen Paragraphen gemacht, und Hinweise darauf beziehen sich auf die Angaben am Ende desselben Paragraphen.

Inhaltsverzeichnis

Erstes Kapitel

Analysis der komplexen Zahlen

Zweites Kapitel

Die Fundamentalsätze über holomorphe Funktionen

Drittes Kapitel

Die analytischen Funktionen, ihre singulären Stellen und ihre Entwicklungen

Viertes Kapitel

Konforme Abbildungen

Fünftes Kapitel

Der Gesamtverlauf der analytischen Funktionen und ihre Riemannschen Flächen

Sechstes Kapitel

Funktionen auf Riemannschen Flächen

THEORIE DER ANALYTISCHEN FUNKTIONEN EINER KOMPLEXEN VERÄNDERLICHEN

Erstes Kapitel

Analysis der komplexen Zahlen

§ 1. Die komplexen Zahlen

Im Bereiche der natürlichen Zahlen sind von den vier elementaren Rechenoperationen bekanntlich nur die beiden Operationen der Addition und der Multiplikation unbeschränkt durchführbar. Bei der Subtraktion kommen wir auch zur Null und zu den negativen Zahlen, bei der Division zu den Brüchen. Um allgemein die vier Rechenoperationen durchführen zu können, erweitert man also zweimal den Bereich der natürlichen Zahlen und kommt so zu dem Bereich der rationalen Zahlen.

Hier haben wir von den natürlichen Zahlen ausgehend den ersten Bereich, in dem bis auf die Division durch Null die vier elementaren Rechenoperationen unbeschränkt durchführbar sind. Aber schon in den Anfängen der Mathematik tritt man aus diesem Zahlbereich hinaus. So stößt man früh auf Zahlen wie etwa $\sqrt{2}$ oder π und weiß, daß sie nicht zu den rationalen Zahlen gehören. Wird man aufgefordert, die Zahl $\sqrt{2}$ anzugeben, so wird man bei einem naiven Standpunkt in der Mathematik etwa sagen: Es ist die Zahl 1,4142 . . ., und die Punkte wird man in Worte fassen als: „und so weiter", genau gesagt meint man damit: Das bekannte Verfahren zur numerischen Berechnung von Quadratwurzeln ist weiter anzuwenden und liefert die folgenden Ziffern. Man wird also niemals auf diese Weise die Zahl $\sqrt{2}$ numerisch genau angeben können, weil dies nur für gewisse rationale Zahlen möglich ist, vielmehr gibt man de facto eine Folge endlicher Dezimalbrüche, nämlich die Zahlen

$$\begin{array}{l} 1{,}4 \\ 1{,}41 \\ 1{,}414 \\ 1{,}4142 \\ \cdots\cdots \end{array}$$

an. Diese Folge kann beliebig fortgesetzt werden, und man ist imstande, das n-te Glied für noch so großes n auszurechnen. Der Grenzwert dieser Folge ist — wie im Aufbau der Infinitesimalrechnung näher ausgeführt wird — die gesuchte Zahl $\sqrt{2}$. Die „Zahl" $\sqrt{2}$ kann immer nur durch Folgen rationaler Zahlen angegeben werden: man kann sagen, die obige Folge repräsentiert die Zahl $\sqrt{2}$. In diesem Lichte erscheint es nicht trivial, daß diese Zahl — und gleiches wäre für alle irrationalen Zahlen auszuführen — denselben Rechengesetzen genügt, die uns für die rationalen Zahlen so vertraut sind und die wir, solange wir einen naiven Standpunkt in der Mathematik einnehmen, ohne Zögern auch auf die irrationalen Zahlen anwenden. So wird man allgemein vorbehaltlos die „Zahl" $\sqrt{2}$ mit einer anderen Zahl, z. B. 27, multiplizieren, indem man das übliche Rechenschema für Multiplikationen auf die $\sqrt{2}$ approximierenden Dezimalbrüche anwendet. Nachträglich wird das für den Mathematiker gerechtfertigt, nämlich wenn er den Aufbau der reellen Analysis erlernt.

Lassen wir uns zunächst noch nicht darauf ein, was dabei im einzelnen gezeigt wird. Behalten wir vielmehr zunächst den naiven Standpunkt bei. Dann sehen wir unmittelbar, daß die reellen Zahlen noch nicht alle Wünsche erfüllen, die wir für den Gebrauch der Zahlen hegen. So gibt es reelle Zahlen, die Lösungen quadratischer Gleichungen wie $x^2 - 1 = 0$ sind. Es gibt aber auch quadratische Gleichungen wie $x^2 + 1 = 0$, die keine reellen Wurzeln haben. Wir haben aber schon früh im Unterricht erfahren, daß man als Lösung dieser Gleichung die *imaginären Zahlen* i und $-i$ angibt und daß, wenn man diese Zahlen i und $-i$ zuläßt, jede quadratische Gleichung Lösungen hat. Sehen wir zunächst davon ab zu prüfen, was es heißt, die Zahlen i und $-i$ sind vorhanden, und überlegen wir uns statt dessen, wie das Rechnen mit diesen Zahlen sich gestaltet, besser gesagt, gestalten müßte, wenn die üblichen Rechengesetze auch hier Geltung haben sollen. Zuerst folgt aus der Eigenschaft von i und $-i$, Lösungen von $x^2 + 1 = 0$ zu sein, daß

$$i^2 = (-i)^2 = -1 \tag{1}$$

ist. Wir führen ferner die Kombinationen βi und dann

$$\alpha + \beta i \tag{2}$$

ein, wo α, β beliebige reelle Zahlen sind. Einen Ausdruck $\alpha + \beta i + \gamma i^2$ führen wir auf Grund von (1) zurück auf $(\alpha - \gamma) + \beta i$ und damit wieder auf einen Ausdruck (2). Wir nennen $\alpha + \beta i$ eine *komplexe Zahl*. Solche Zahlen bezeichnen wir fernerhin mit $a, b, \ldots$. Ist nun $a = \alpha + \beta i$, so nennen wir α den *Realteil* von a und schreiben auch $\alpha = \operatorname{Re} a$, und β nennen wir den *Imaginärteil* von a und schreiben $\beta = \operatorname{Im} a$. Man kann eine Zahl a nur auf eine Weise in Real- und Imaginärteil zerlegen; denn sonst wäre

$$a = \alpha + \beta i = \gamma + \delta i\,, \quad \alpha, \beta, \gamma, \delta \text{ reell.}$$

Das hätte zur Folge:

$$(\alpha - \gamma) = (\delta - \beta) i\,.$$

Hieraus ergibt sich $\beta = \delta$ und $\alpha = \gamma$; denn sonst wäre i als Quotient zweier reeller Zahlen selbst reell, was wegen $i^2 = -1$ nicht der Fall sein kann.

Wollen wir zwei komplexe Zahlen $a = \alpha + \beta i$, $b = \gamma + \delta i$ addieren, so muß, wenn auch für komplexe Zahlen die üblichen Körpergesetze wie bei den reellen Zahlen gelten sollen (siehe unten I, 1—5),

$$a + b = (\alpha + \beta i) + (\gamma + \delta i) = (\alpha + \gamma) + (\beta + \delta) i \tag{3}$$

sein, und ganz analog folgt wegen $i^2 = -1$:

$$a \cdot b = (\alpha + \beta i) \cdot (\gamma + \delta i) = (\alpha\gamma - \beta\delta) + (\beta\gamma + \alpha\delta) i . \tag{4}$$

Durch (3) und (4) sind eindeutig Summe und Produkt von zwei komplexen Zahlen definiert. Ebenso ergibt sich:

$$a - b = (\alpha - \gamma) + (\beta - \delta) i \tag{5}$$

und für $b \neq 0$:

$$\frac{a}{b} = \frac{(\alpha + \beta i) \cdot (\gamma - \delta i)}{(\gamma + \delta i) \cdot (\gamma - \delta i)} = \frac{\alpha\gamma + \beta\delta}{\gamma^2 + \delta^2} + \frac{\beta\gamma - \alpha\delta}{\gamma^2 + \delta^2} i . \tag{6}$$

Nachdem wir die vier elementaren Rechenoperationen für die komplexen Zahlen so eingeführt haben, daß wir dabei aus dem Bereich der komplexen Zahlen nicht heraustreten, müssen wir uns jetzt darüber klar werden, wie weit wir mit diesen komplexen Zahlen so rechnen können wie mit den reellen Zahlen. Dazu ist es erforderlich, sich die Eigenschaften der reellen Zahlen zu vergegenwärtigen. Dabei kommen wir noch einmal auf unseren Ausgangspunkt zurück und wollen die reellen Zahlen nun vollständig und systematisch charakterisieren.

I. Die Gesamtheit der reellen Zahlen bildet einen Körper.

Eine Menge $\mathfrak{M}$ von mindestens zwei Elementen heißt ein *Körper*, wenn folgende Bedingungen erfüllt sind:

1.1. Auf $\mathfrak{M}$ ist für je zwei Elemente a und b eine Verknüpfung $a + b$, die wieder ein Element von $\mathfrak{M}$ liefert, eindeutig erklärt.

Es gelten die Gesetze der *Addition:*

1.2. $a + b = b + a$ für alle a und b in $\mathfrak{M}$ *(Kommutatives Gesetz).*

1.3. $(a + b) + c = a + (b + c)$ für alle a, b, c in $\mathfrak{M}$ *(Assoziatives Gesetz).*

2. Es gilt das Gesetz der *Subtraktion:*

Zu je zwei Elementen a und b in $\mathfrak{M}$ gibt es eindeutig ein Element c in $\mathfrak{M}$, so daß $b + c = a$, was wir auch schreiben: $c = a - b$.

3.1. Zu je zwei Elementen a und b in $\mathfrak{M}$ ist eindeutig eine Verknüpfung $a \cdot b$, die wieder ein Element aus $\mathfrak{M}$ liefert, erklärt, die wir auch kurz ab schreiben.

Es gelten die Gesetze der *Multiplikation:*

3.2. $a \cdot b = b \cdot a$ für alle a und b in $\mathfrak{M}$ *(Kommutatives Gesetz).*

3.3. $(a \cdot b) \cdot c = a \cdot (b \cdot c)$ für alle a, b, c in $\mathfrak{M}$ *(Assoziatives Gesetz).*

4. Bezüglich der *Addition und Multiplikation* gilt: $(a+b)\cdot c = a\cdot c + b\cdot c$ für alle a, b, c in $\mathfrak{M}$ *(Distributives Gesetz)*.

Aus den vorstehenden Aussagen folgt in bekannter Weise, daß es unter den Elementen genau ein *Element* 0 gibt, so daß $a+0=a$, $0\cdot a=0$ für alle Elemente a aus $\mathfrak{M}$ ist*. Das Element 0 wird zur Formulierung des folgenden Axiomes schon benutzt.

5. Es gilt das Gesetz der *Division:*

Zu je zwei Elementen a und $b \neq 0$ in $\mathfrak{M}$ gibt es genau ein Element c in $\mathfrak{M}$, so daß $b\cdot c = a$ ist, was wir auch schreiben $c = \frac{a}{b}$.

Ist $b = 0$, so gibt es, sobald $a \neq 0$, sicher kein solches c, weil für alle Elemente c gilt $0\cdot c = 0$. Ist aber auch $a = 0$, so kann man für c jedes Element einsetzen. So müssen wir uns stets vergegenwärtigen, daß die vierte Rechenoperation nicht unbeschränkt ausführbar ist. Das wird leicht übersehen, wenn durch einen Ausdruck dividiert werden soll, dessen Verschwinden nicht unmittelbar einleuchtet.

Zugleich bemerkt man, daß im Bereiche der Zahlen durch die Einführung einer Zahl ∞ die Schwierigkeit keineswegs behoben würde. Dann gäbe es auch weiterhin nicht durchführbare Divisionen, wie $\frac{0}{0}, \frac{\infty}{\infty}$, dazu aber auch nicht eindeutige Multiplikationen wie $0\cdot\infty$. Aus diesem Grunde wird die Verknüpfung des Symbols ∞ mit den Rechenoperationen in der Analysis allgemein vermieden. Andererseits wird aber später viel Gebrauch gemacht von $f(\infty)$, dem Wert einer Funktion im Punkte ∞, und dementsprechend ausführlich erklärt. Man kann dies grob umreißen, indem man sagt: In der Analysis tritt nicht die Zahl ∞, wohl aber der Punkt ∞ auf. Im einzelnen ist dies später noch zu besprechen.

Nun kann man beweisen, daß es genau ein *Element* 1 gibt, so daß für alle Elemente a des Körpers gilt: $1\cdot a = a$.

Aus dem Körpergesetz der Division ergibt sich unmittelbar, daß ein Körper keine Nullteiler besitzt, d. h. ein Produkt zweier Elemente a und b eines Körpers kann nur verschwinden, wenn mindestens einer der Faktoren Null ist. Denn wir haben, falls $a \neq 0$ ist,

$$\text{einerseits } a\cdot b = 0$$
$$\text{und andererseits } a\cdot 0 = 0\,.$$

Also muß $b = 0$ sein. Für $a = 0$ ist aber nichts zu beweisen.

Andere Körper als den der reellen Zahlen bilden z. B. die Menge der rationalen Zahlen, die Menge aller rationalen Funktionen in einer reellen Veränderlichen, die Menge der Restklassen nach einem Primzahlmodul im Bereiche der ganzen Zahlen. Die letzten beiden Beispiele zeigen, daß es zweckmäßig ist, bei der Definition des Körpers nicht von Zahlen, sondern von Elementen (mathematischen Objekten) zu sprechen.

Sind in einer Menge von Elementen die Körperaxiome mit Ausnahme von 5. erfüllt und besitzt die Menge keine Nullteiler, so spricht man von einem *Integritäts-*

---

* Siehe etwa v. d. WAERDEN: Algebra I. 5. Auflage. Berlin-Göttingen-Heidelberg 1960.

ring (in der deutschen Literatur vielfach *Integritätsbereich* genannt). Beispiele für Integritätsringe sind: 1. die ganzen rationalen Zahlen, 2. die ganzen Vielfachen einer ganzen Zahl.

II. Der Körper der reellen Zahlen ist angeordnet. Eine Menge $\mathfrak{M}$ von Elementen heißt geordnet, wenn für alle Elementepaare a, b genau eine Relation $a = b$, $a < b$ oder $b < a$ (wir schreiben stattdessen auch $b > a$ bzw. $a > b$) besteht, für die folgendes Axiom gilt:

1. Aus $a < b$ und $b < c$ folgt $a < c$.

Ein *Körper* heißt *angeordnet*, wenn die Menge seiner Elemente geordnet ist und außerdem noch gilt:

2. Aus $a < b$ folgt $a + c < b + c$.
3. Aus $0 < a$, $0 < b$ folgt $0 < a \cdot b$.

III. Jede beschränkte unendliche Folge reeller Zahlen hat mindestens einen Häufungspunkt, der selbst eine reelle Zahl ist.*

Einen anderen Körper als den der reellen Zahlen mit den Eigenschaften I—III gibt es nicht. Infolgedessen müssen alle Eigenschaften der reellen Zahlen sich aus I—III ableiten lassen. Das aber bedeutet, daß die Infinitesimalrechnung, die Theorie der reellen Differentialgleichungen, die Variationsrechnung, die Differentialgeometrie (soweit man dort die geometrischen Begriffe als Verkleidung analytischer ansieht — was ganz gewiß nicht notwendig ist), kurz die ganze reelle Analysis sich in ihrem logischen Aufbau allein aus den aufgeführten Eigenschaften ableiten läßt.

Zum Aufbau der Funktionentheorie benötigen wir die Grundeigenschaften der komplexen Zahlen. Diesen Zahlen können nicht alle Eigenschaften I—III zukommen, weil sie sonst alle selbst reelle Zahlen sein müßten. Sicher ist aber i keine reelle Zahl, weil das Quadrat jeder reellen Zahl r nicht negativ ist (nach II) und deshalb (s. II, 1) $r^2 + 1 \geqq 1$ wäre, während $i^2 + 1 = 0$ ist. Es stellt sich also heraus, daß *die Anordnungseigenschaften II bei den komplexen Zahlen nicht erfüllt* sind.

Hier tritt noch einmal die Frage nach der Existenz der komplexen Zahlen auf, eine Frage, die wir bisher umgangen haben. Wir erklären nun: Unter *komplexen Zahlen* wollen wir beliebige Paare reeller Zahlen verstehen, in Formeln:

$$a = (\alpha, \beta),$$

für die in geeigneter Weise Gleichheit, Addition und Multiplikation definiert werden.

Zwei komplexe Zahlen $a = (\alpha, \beta)$ und $b = (\gamma, \delta)$ heißen dann und nur dann *gleich*, wenn $\alpha = \gamma$ und $\beta = \delta$ ist.

Die Definition der Addition und der Multiplikation dieser Zahlenpaare wird den Formeln (3) und (4) angepaßt. Wir definieren für zwei

* Erklärung des Begriffes in § 3.

komplexe Zahlen $a = (\alpha, \beta)$, $b = (\gamma, \delta)$:

$$a + b = (\alpha, \beta) + (\gamma, \delta) = (\alpha + \gamma, \beta + \delta) . \tag{7}$$

$$a \cdot b = (\alpha, \beta) \cdot (\gamma, \delta) = (\alpha\gamma - \beta\delta, \alpha\delta + \beta\gamma) . \tag{8}$$

Dann hat die komplexe Zahl (0, 0) die Eigenschaft, daß

$$(\alpha, \beta) + (0, 0) = (\alpha, \beta) , \quad (0, 0) \cdot (\alpha, \beta) = (0, 0) \tag{9}$$

ist. Für die komplexe Zahl (1, 0) und jede komplexe Zahl (α, β) gilt:

$$(1, 0) \cdot (\alpha, \beta) = (\alpha, \beta) \tag{10}$$

und für die komplexe Zahl (0, 1):

$$(0, 1) \cdot (0, 1) = (-1, 0) . \tag{11}$$

Schließlich können wir bei jeder komplexen Zahl die eindeutige Zerlegung

$$(\alpha, \beta) = (\alpha, 0) + (0, \beta) = (\alpha, 0) + (\beta, 0) \cdot (0, 1) \tag{12}$$

vornehmen.

Die besonderen komplexen Zahlen $(\alpha, 0)$ können wir nun so eineindeutig auf die reellen Zahlen abbilden, daß diese Zuordnung bei den oben erklärten Operationen erhalten bleibt. Dazu wird die komplexe Zahl $(\alpha, 0)$ auf die reelle Zahl α abgebildet. Dann ist bei allen aufgeführten Operationen die Summe der Bilder gleich dem Bild der Summe, usw.

Definieren wir außerdem noch $(\alpha, 0) < (\beta, 0)$ durch $\alpha < \beta$ und die *Konvergenz* $\lim\limits_{n\to\infty}(\alpha_n, \beta_n) = (\alpha, \beta)$ durch $\lim\limits_{n\to\infty}\alpha_n = \alpha$ und $\lim\limits_{n\to\infty}\beta_n = \beta$, so entsprechen sich auch die Ordnungsrelationen und die Konvergenz in den Bereichen der Paare $(\alpha, 0)$ und der reellen Zahlen α.

Die $(\alpha, 0)$ unterscheiden sich also nur in der Bezeichnung von den α, bilden daher einen Körper mit den gleichen algebraischen und topologischen Eigenschaften wie der Körper der reellen Zahlen α. [Man sagt: Der Körper der $(\alpha, 0)$ ist *isomorph* zum Körper der reellen Zahlen α.] Es kann also keine Konsequenzen haben, wenn wir die $(\alpha, 0)$ durch die α ersetzen. Da ferner wegen (11) gilt: $(0, 1)^2 = -1$, so haben wir in (0, 1) eine komplexe Zahl, welche Lösung der Gleichung $x^2 + 1 = 0$ ist. Wir bezeichnen also sinngemäß (0, 1) mit i und haben dann wegen (12) für alle komplexen Zahlen die eindeutige Darstellung:

$$a = (\alpha, \beta) = \alpha + \beta i . \tag{13}$$

(7) und (8) gehen in (3) und (4) über. Subtraktion und Division sind gemäß (5) und (6) durchführbar. Weiter kann man ebenso elementar zeigen, daß für die komplexen Zahlen alle Körpergesetze gelten. *Die komplexen Zahlen bilden also einen Körper* $\mathbb{C}$ mit dem Körper $\mathbb{R}$ der reellen Zahlen als Unterkörper.

Für „veränderliche" komplexe Zahlen z (genauer: Leerstellen, in denen komplexe Zahlen einzusetzen sind) schreiben wir fernerhin:

$$z = x + iy,$$

wobei x und y reelle „veränderliche" Zahlen sind.

Komplexe Zahlen können wir nicht schlechtweg in die Beziehung größer oder kleiner zueinander setzen, z. B. gilt für 1 und i keine der drei Beziehungen $>$, $=$, $<$. Wenn im folgenden eine komplexe Zahl selbst in einer Ungleichung auftritt, so soll damit zugleich gesagt sein, daß diese komplexe Zahl reell ist. Also $0 < z < 1$ bedeutet: z ist reell und liegt zwischen 0 und 1.

Komplexe Zahlen und Punkte der Gaußschen Zahlenebene. Die komplexen Zahlen können wir eineindeutig auf die Punkte der Euklidischen Ebene abbilden, indem wir in ihr ein euklidisches Koordinatensystem einführen und der Zahl $a = \alpha + \beta i$ den Punkt mit den Koordinaten $x = \alpha$ und $y = \beta$ zuordnen. Auf der x-Achse liegen dann die Bilder der reellen Zahlen, auf der y-Achse die der rein imaginären. Deshalb sprechen wir auch von der „reellen" und der „imaginären" Achse (obwohl natürlich diese ebenso eine Gerade der Ebene ist wie jene). Auch identifiziert man häufig die komplexe Zahl mit dem ihr zugeordneten Punkt und nennt die Gesamtheit dieser Zahlen die *komplexe* oder *Gaußsche Zahlenebene.* Bei Deduktionen in der Analysis spricht man dann auch von den *Punkten der Zahlenebene,* um sich so eine anschauliche Vorstellung von den jeweiligen Überlegungen zu schaffen. Auf die Berechtigung der Zuordnung der komplexen Zahlen zu den Punkten der Ebene als einer Zuordnung von Größen der Analysis zu geometrischen Größen gehen wir hier nicht näher ein. Das ist eine geometrische Aufgabe, die überdies schon genauso bei der Zuordnung der Punkte auf der Zahlengeraden zu den reellen Zahlen auftritt. Man könnte sie betiteln: Die Rechtfertigung der analytischen Geometrie*. In die logischen Schlüsse bei unseren Beweisen der funktionentheoretischen Sätze wird die geometrische Interpretation nicht wesentlich eingehen. („Nicht wesentlich eingehen" bedeutet hier, daß vorkommende geometrische Teile der Beweise unmittelbar durch analytische ersetzt werden können.) Es wäre aber gänzlich verfehlt, daraus die Bedeutungslosigkeit dieser Interpretation in der Funktionentheorie ableiten zu wollen. Im Gegenteil ist sie von besonderer Wichtigkeit, wie sich aus jeder Gesamtdarstellung der Funktionentheorie (insbesondere der sog. geometrischen Funktionentheorie) ergibt.

Der Summe zweier komplexer Zahlen a und b entspricht in der Ebene die Summe der von 0 nach a und von 0 nach b weisenden Vektoren

---

* Siehe dazu das klassische Werk: D. HILBERT, Grundlagen der Geometrie. 8. Auflage. Stuttgart 1956.

(s. Abb. 1), der Differenz $a - b$ entspricht der von b nach a weisende Vektor.

Ist $a = \alpha + i\beta$, so bezeichnen wir mit

$$\bar{a} = \alpha - i\beta$$

die zu a *konjugiert komplexe Zahl.* Der Übergang von a zur konjugiert komplexen Zahl bedeutet geometrisch die Spiegelung des Punktes a in der Gaußschen Zahlenebene an der reellen Achse. Offenbar ist die konjugiert komplexe Zahl zu $\bar{a}$ wieder a, $\overline{(\bar{a})} = a$. Ferner ist $\bar{a} = a$ genau dann, wenn $\beta = 0$, d. h. wenn a reell ist. Auch gilt:

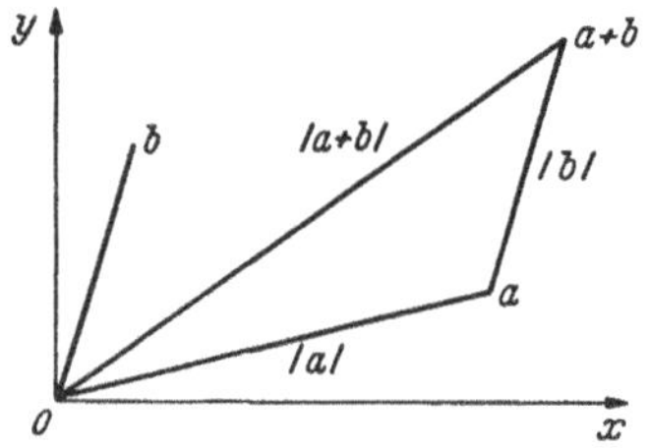

Abb. 1

$$a \cdot \bar{a} = \alpha^2 + \beta^2 .$$

Unter dem *Betrage* von a verstehen wir die nicht negative Zahl

$$|a| = \sqrt{\alpha^2 + \beta^2} = \sqrt{a \cdot \bar{a}} . \tag{14}$$

Gemäß dieser Definition ist

$$|\alpha| \leqq |a| \tag{15}$$

und ebenso

$$|\beta| \leqq |a| . \tag{16}$$

Wegen II ist $|a|$ nur Null, wenn $a = 0$, und sonst stets positiv. $|a|$ bedeutet in der Ebene den *Abstand des Punktes a vom Nullpunkt.*

Mit Hilfe des Betrages definiert man auch den *euklidischen Abstand* $d(a, b) = |a - b|$ *zweier Punkte* $a = \alpha + i\beta$ und $b = \gamma + i\delta$ in der Ebene:

$$d(a, b) = |a - b| = \sqrt{(\alpha - \gamma)^2 + (\beta - \delta)^2} . \tag{17}$$

Für diesen *Entfernungsbegriff* gelten die Regeln

$$\left.\begin{array}{ll} 1. & |a - a| = 0, \\ 2. & |a - b| > 0 \text{ für } a \neq b, \\ 3. & |a - b| = |b - a|, \\ 4. & |a - b| + |b - c| \geqq |a - c| \text{ (Dreiecksungleichung).} \end{array}\right\} \tag{18}$$

Die Beziehungen 1, 2 und 3 folgen unmittelbar aus (17), die Beziehung 4 ergibt sich durch elementare Rechnung: Man setze $a - b = \alpha_1 + i\alpha_2$, $b - c = \beta_1 + i\beta_2$. Dann ist $a - c = (\alpha_1 + \beta_1) + i(\alpha_2 + \beta_2)$. Führt man dies in die Dreiecksungleichung ein und quadriert man diese rechts und links, so erkennt man ihre Äquivalenz mit der *Schwarzschen Ungleichung*

$$\sqrt{\alpha_1^2 + \alpha_2^2} \cdot \sqrt{\beta_1^2 + \beta_2^2} \geqq \alpha_1\beta_1 + \alpha_2\beta_2 ,$$

die man sofort auf die sicher richtige Ungleichung

$$(\alpha_1\beta_2 - \alpha_2\beta_1)^2 \geqq 0$$

zurückführt.

Aus der Dreiecksungleichung erhält man durch Spezialisierung die Regeln

$$|a+b| \leqq |a| + |b| \tag{19}$$

und

$$|a-b| \geqq |a| - |b| . \tag{20}$$

Alle Punkte z, die auf dem Kreise mit dem Radius ϱ um a liegen, und nur diese, genügen der Gleichung

$$|z-a| = \varrho .$$

Die Punkte im Innern dieses Kreises, und nur diese, genügen der Ungleichung

$$|z-a| < \varrho ,$$

entsprechend die Punkte im Äußern der Ungleichung

$$|z-a| > \varrho .$$

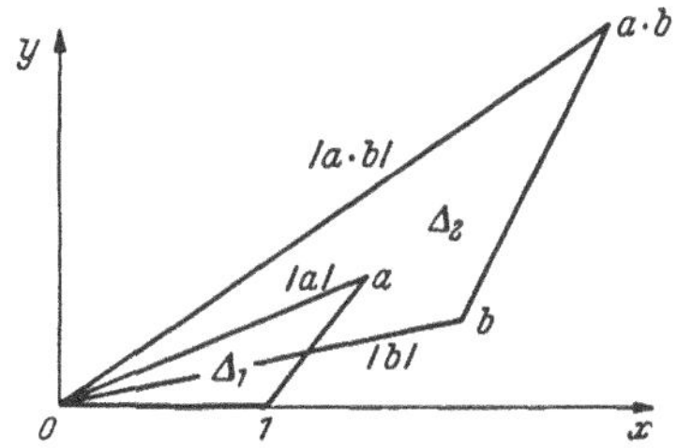

Abb. 2

Führt man in der komplexen Ebene in der üblichen Weise *Polarkoordinaten* ein, so stellt sich jede komplexe Zahl in der Form dar:

$$a = \varrho(\cos\varphi + i\sin\varphi) .$$

Diese Darstellung ist in bezug auf ϱ eindeutig. Es ist $\varrho = |a|$, und für $a \neq 0$ ist φ der Winkel, den die positive Hälfte der x-Achse mit dem Strahl vom Nullpunkt durch den Punkt a bildet. Wir nennen φ den *Arcus* von a (in Formeln: $\operatorname{arc} a$); vielfach wird für den Winkel φ *Amplitude* gesagt, in der englischen Literatur heißt er *Argument*. Offenbar ist zu gegebenem $a \neq 0$ der Arcus φ nur bis auf die Addition ganzzahliger Vielfacher von 2π (wir sagen: modulo 2π, geschrieben: $\bmod 2\pi$) bestimmt. (Wählt man unter den unendlich vielen einander gleichberechtigten Werten des Winkels φ immer denjenigen aus, für den $-\pi < \varphi \leqq +\pi$, wie es häufig geschieht, so ist φ auf der negativen reellen Achse als Funktion von a nicht mehr stetig.) Die Zahl 0 läßt alle Darstellungen $0 = 0 \cdot (\cos\varphi + i\sin\varphi)$ mit beliebigem φ zu.

Die Darstellung komplexer Zahlen durch Polarkoordinaten ist zweckmäßig bei der Multiplikation und Division. Setzen wir

$$a_1 = \varrho_1(\cos\varphi_1 + i\sin\varphi_1) ,$$
$$a_2 = \varrho_2(\cos\varphi_2 + i\sin\varphi_2) ,$$

so ist

$$a_1 a_2 = \varrho_1\varrho_2(\cos(\varphi_1+\varphi_2) + i\sin(\varphi_1+\varphi_2)) . \tag{21}$$

Bei der Multiplikation zweier komplexer Zahlen werden also die Beträge multipliziert und die Winkel addiert (s. Abb. 2). Es gilt daher:

$$|a \cdot b| = |a| \cdot |b| . \tag{22}$$

Ferner ist für $a_2 \neq 0$:

$$\frac{a_1}{a_2} = \frac{\varrho_1}{\varrho_2}(\cos(\varphi_1 - \varphi_2) + i\sin(\varphi_1 - \varphi_2)), \tag{23}$$

also gilt für $b \neq 0$:

$$\left|\frac{a}{b}\right| = \frac{|a|}{|b|}. \tag{24}$$

Mit Hilfe des soeben angegebenen Multiplikationsgesetzes gelingt es auch leicht, die Verteilung der *n-ten Wurzeln einer komplexen Zahl* zu übersehen. Es ist ja für $a_0 = \varrho_0(\cos\varphi_0 + i\sin\varphi_0)$:

$$a_0^n = \varrho_0^n(\cos n\,\varphi_0 + i\sin n\,\varphi_0).$$

Wenn also

$$a_0^n = a = \varrho(\cos\varphi + i\sin\varphi) \tag{25}$$

sein soll, so muß

$$\varrho_0 = \sqrt[n]{\varrho}$$

sein (diese nicht negative Zahl ist eindeutig durch ϱ bestimmt) und, falls $a \neq 0$ ist, muß φ_0 eine der Zahlen

$$\varphi_k = \frac{\varphi}{n} + k\frac{2\pi}{n}, \quad k \text{ ganz},$$

sein. Das ergibt genau n verschiedene Winkel mod2π. So gibt es für $a \neq 0$ genau n Zahlen $a_1, \ldots, a_n$, so daß (25) gilt, nämlich

$$a_k = \sqrt[n]{\varrho}\left[\cos\left(\frac{\varphi}{n} + \frac{2k\pi}{n}\right) + i\sin\left(\frac{\varphi}{n} + \frac{2k\pi}{n}\right)\right], \quad k = 0, 1, 2, \ldots, n-1. \tag{26}$$

Diese Zahlen liegen in gleichen Abständen voneinander auf dem Kreis mit dem Radius ϱ_0 um Null. Ist $a = 1$, so heißen die a_k die *n-ten Einheitswurzeln*. Es sind die Zahlen

$$a_k = \left(\cos\frac{2k\pi}{n} + i\sin\frac{2k\pi}{n}\right), \quad k = 0, 1, \ldots, n-1.$$

Beispiele:

1. Die beiden *Quadratwurzeln* $\pm(\gamma + i\delta)$ aus einer komplexen Zahl $\alpha + i\beta$ lassen sich durch reelle Radikale ausdrücken, in denen die angegebenen Quadratwurzeln stets $\geqq 0$ sind:

$$\pm(\gamma + i\delta) = \pm\left(\sqrt{\frac{1}{2}(\sqrt{\alpha^2+\beta^2}+\alpha)} \pm i\sqrt{\frac{1}{2}(\sqrt{\alpha^2+\beta^2}-\alpha)}\right).$$

Dabei ist vor i das Vorzeichen $+$ zu wählen, falls $\beta \geqq 0$, und $-$ zu wählen, falls $\beta < 0$ ist. Zum Beweis setze man: $\alpha + i\beta = (\gamma + i\delta)^2$ und berechne hieraus γ und δ.

2. Die drei *Kubikwurzeln* a_1, a_2, a_3 aus einer komplexen Zahl $a = \alpha + i\beta$ lassen sich im allgemeinen *nicht* durch reelle Radikale ausdrücken. Setzt man $\alpha + i\beta = (\gamma + i\delta)^3$, so erhält man aus den beiden Gleichungen

$$\gamma^3 - 3\gamma\delta^2 = \alpha \quad \text{und} \quad 3\gamma^2\delta - \delta^3 = \beta$$

für γ und δ die Werte $\gamma = \sqrt[3]{x}$, $\delta = \sqrt[3]{y}$, wobei x und y jeweils die drei reellen Nullstellen der Gleichungen dritten Grades:

$$64x^3 - 48\alpha x^2 - (15\alpha^2 + 27\beta^2)x - \alpha^3 = 0\,,$$
$$64y^3 + 48\beta y^2 - (27\alpha^2 + 15\beta^2)y + \beta^3 = 0$$

sind. Diese Gleichungen liefern den „casus irreducibilis", in dem die drei reellen Wurzeln nur in speziellen Fällen durch reelle Wurzelausdrücke darstellbar sind (s. v. d. Waerden, a. a. O.). In diesem Falle benutzt man zweckmäßig zur numerischen Berechnung der Wurzeln Formel (26).

3. Für $z = x + iy$ gilt stets:

$$\frac{1}{\sqrt{2}}(|x| + |y|) \leqq |z| \leqq |x| + |y|\,.$$

Die rechte Seite ist die Dreiecksungleichung. Die linke Seite folgt durch Subtraktion der Ungleichung $(|x| + |y|)^2 - 4|x|\,|y| = (|x| - |y|)^2 \geqq 0$ von der Gleichung $2(|x| + |y|)^2 - 4|x|\,|y| = 2|z|^2$. Auf der linken Seite gilt das Gleichheitszeichen nur für $|x| = |y|$, auf der rechten Seite nur für $x = 0$ oder für $y = 0$.

4. Drei Punkte z_1, z_2, z_3 liegen dann und nur dann auf einer Geraden, wenn $z_1\bar{z}_2 + z_2\bar{z}_3 + z_3\bar{z}_1$ reell ist. O.B.d.A. kann man annehmen, daß $z_1 = 0$ ist, da eine Parallelverschiebung der Punkte an der Aussage nichts ändert. Für $z_1 = 0$ ist die Aussage aber trivial.

5. Es gilt für zwei komplexe Zahlen z_1, z_2 stets

$$|z_1 + z_2|^2 + |z_1 - z_2|^2 = 2\,(|z_1|^2 + |z_2|^2)\,.$$

Vollständige Charakterisierung der komplexen Zahlen. Es liegt die, Frage nahe, ob man die Menge der komplexen Zahlen nochmals erweitern kann, so daß die neue umfassende Zahlenmenge dann nicht mehr auf die Ebene, sondern auf den Raum oder noch größere Punktmengen abgebildet werden muß. Man sieht sogleich, daß es mathematische Objekte gibt, die als Spezialfall die komplexen Zahlen umfassen und einen Körper bilden, z. B. die rationalen Funktionen

$$\frac{a_n z^n + a_{n-1} z^{n-1} + \cdots + a_0}{b_m z^m + b_{m-1} z^{m-1} + \cdots + b_0}\,,$$

wo die a_ν und die b_μ (die nicht gleichzeitig alle verschwinden sollen) irgendwelche komplexe Zahlen sind. Es fragt sich nur, ob man das Recht hat, die rationalen Funktionen in einem höheren Sinne Zahlen zu nennen. Die Beantwortung dieser Frage hängt allein davon ab, welche Eigenschaften man von einem mathematischen Objekt fordert, dem man die Bezeichnung „Zahl" zuerkennt. Man wird zweckmäßig das erst entscheiden, wenn man weiß, welche Eigenschaften noch den komplexen Zahlen, aber keiner umfassenderen Menge mathematischer Objekte zukommen. Diese Frage können wir hier noch beantworten.

Sicher haben die komplexen Zahlen ihrerseits nicht mehr alle Eigenschaften der reellen Zahlen. Sie bilden z. B. keinen angeordneten Körper, da $i^2 + 1^2$ als Quadratsumme nicht verschwindender Zahlen notwendig positiv sein müßte. Wohl aber können wir als erste Grundeigenschaft verzeichnen: *Die komplexen Zahlen bilden einen Körper.*

Wenn nun auch der Körper der komplexen Zahlen nicht angeordnet werden kann, so gilt dies doch für die Beträge der komplexen Zahlen. Demzufolge lautet die zweite Grundeigenschaft: *Die komplexen Zahlen lassen eine Bewertung* zu. Dabei heißt ein Körper *(archimedisch) bewertet,* wenn jedem seiner Elemente u

eine reelle Zahl $f(a)$ eindeutig so zugeordnet ist, daß die folgenden fünf Beziehungen erfüllt sind:

1. $f(0) = 0$.
2. $f(a) > 0$ für $a \neq 0$.
3. $f(ab) = f(a) \cdot f(b)$.
4. $f(a + b) \leqq f(a) + f(b)$.
5. Es gibt mindestens zwei Elemente a und b in der Menge, so daß $f(a + b) > \operatorname{Max}(f(a), f(b))$.

Offenbar ist $|a|$ für komplexes a eine solche Bewertungsfunktion. Für diese Funktion erfüllen nach unseren früheren Ausführungen die komplexen Zahlen die Bedingungen 1. bis 5.

Es gibt viele bewertete Körper. So bildet auch die Teilmenge $\alpha + \beta i$ mit rationalen α, β einen bewerteten Körper, den man den *Gaußschen Zahlkörper* nennt und mit $P(i)$ bezeichnet, wobei P der Körper der reellen rationalen Zahlen ist. Zur Charakterisierung der komplexen Zahlen müssen wir also noch weitere Eigenschaften anführen. Dabei fällt uns auf, daß im soeben angeführten Beispiel nicht der Satz von WEIERSTRASS-BOLZANO gilt, wonach jede beschränkte unendliche Folge der Menge mindestens einen Häufungspunkt hat, der zur Menge gehört. Eine Punktmenge, in der dieser Satz gilt, ist *lokal folgenkompakt* (s. § 3).

Wir nennen nun allgemein in einem bewerteten Körper eine Folge a_n, $n = 1, 2, 3, \ldots$, *beschränkt*, wenn es eine reelle Zahl M gibt, so daß $f(a_n) < M$ für alle n ist. Wir sagen ferner: Das Element b des vorgegebenen Körpers heißt ein Häufungspunkt der Folge a_n, wenn es zu jedem positiven ε unendlich viele Glieder der Folge gibt, so daß $f(b - a_n) < \varepsilon$. Dann lautet die dritte Grundeigenschaft: *Die komplexen Zahlen bilden einen lokal folgenkompakten Körper.* Diese drei Grundeigenschaften werden auch vom Körper aller reellen Zahlen erfüllt. *Die komplexen Zahlen geben* aber überdies *eine Lösung der Gleichung* $x^2 + 1 = 0$. Das ist ihre vierte Grundeigenschaft.

Damit sind dann die komplexen Zahlen vollständig charakterisiert. Man kann nämlich beweisen: *Die komplexen Zahlen bilden den einzigen bewerteten, lokal folgenkompakten Körper, in dem die Gleichung* $x^2 + 1 = 0$ *auflösbar ist.*

Hat ein Körper die Eigenschaft, daß jedes Polynom $P(x)$ mit Koeffizienten aus dem Körper sämtliche Nullstellen im Körper hat, so nennt man den Körper algebraisch abgeschlossen. *Die komplexen Zahlen bilden* deshalb (nach dem Fundamentalsatz der Algebra, s. II, 6, Satz 36) erst recht *den einzigen bewerteten, lokal folgenkompakten, algebraisch abgeschlossenen Körper.*

Literatur

1. Zusammenfassende Darstellungen:

LOONSTRA, F.: Analytische Untersuchungen über bewertete Körper. Amsterdam 1941.

PONTRJAGIN, L.: Topological groups. Princeton 1946, insbesondere Theorem 45.

HASSE, H.: Zahlentheorie. Berlin 1949, insbesondere § 13.

V. D. WAERDEN, B. L.: Algebra II. Berlin 1959. 4. Aufl.

2. Einzelarbeiten:

OSTROWSKI, A.: Über einige Lösungen der Funktionalgleichung $\varphi(x \cdot y) = \varphi(x) \cdot \varphi(y)$. Acta math. **41**, 271 (1918).

ARTIN, E.: Über die Bewertung algebraischer Zahlkörper. J. r. u. angew. Math. **167**, 157 (1932).

KOWALSKI, H. J.: Zur topologischen Kennzeichnung von Körpern. Math. Nachr. **9**, 261 (1953).

§ 2. Der unendlich ferne Punkt und der chordale Abstand

Statt der bisher allein eingeführten endlichen Zahlenebene benutzen wir fernerhin die durch Hinzunahme des *unendlich fernen Punktes „∞"* entstehende *geschlossene Zahlenebene.* Die Gründe für die Hinzunahme eines oder mehrerer unendlich ferner Punkte, die sog. Abschließung der Ebene, werden schon im übernächsten Paragraphen erörtert. Dagegen wird erst in IV, 3 begründet, weshalb wir nur *einen* unendlich fernen Punkt und nicht wie in der projektiven Geometrie eine ganze unendlich ferne Gerade von unendlich fernen Punkten den endlichen Punkten hinzufügen. Hier sei nur bemerkt, daß es bei vielen Funktionsklassen gelingt, aus dem Verhalten einer Funktion in einer Umgebung des einen unendlich fernen Punktes auf das Verhalten dieser Funktion in den übrigen Punkten zu schließen. Die Einführung des Begriffes „unendlich ferner Punkt" ist ein wichtiger Schritt in der Entwicklung der Funktionentheorie, und unter sehr allgemeinen Voraussetzungen über die Beschaffenheit der Punktmengen, in denen Funktionentheorie getrieben werden soll (s. den Begriff der Riemannschen Fläche in Kapitel V), ist die Einführung des einen unendlich fernen Punktes die einzige Möglichkeit der Erweiterung der endlichen Ebene (s. V, 6).

Für diejenigen, deren besonderes Interesse dem logischen Aufbau gilt, sei noch eine Definition des unendlich fernen Punktes hinzugefügt. *Als unendlich fernen Punkt der Zahlenebene bezeichnen wir die Klasse aller unendlichen Folgen komplexer Zahlen, die im Endlichen keinen Häufungspunkt haben.*

Die Einführung des unendlich fernen Punktes bedeutet nicht, daß wir nun auch das Rechnen mit einer „Zahl ∞" zuließen. Das bleibt auch fernerhin grundsätzlich ausgeschlossen, weil es sich nicht mit den Forderungen für die komplexen Zahlen in § 1 verträgt.

Die Zahlen bzw. Punkte $a \neq \infty$ nennen wir fernerhin die *endlichen Zahlen* bzw. *Punkte,* die Zahlenebene ohne den Punkt ∞ die *endliche Zahlenebene.*

Die geschlossene Zahlenebene wird häufig als schlecht vorstellbar angesehen. Aus diesem Grunde wird die *Riemannsche Zahlensphäre* eingeführt, auf der auch in der Anschauung das Bild des unendlich fernen Punktes vor den anderen Punkten nicht ausgezeichnet ist. Dazu betten wir (s. Abb. 3) die z-Ebene in den dreidimensionalen Raum ein und wählen dort ein euklidisches Koordinatensystem: Die ξ-Achse falle mit der x-Achse, die η-Achse mit der y-Achse zusammen. Die ζ-Achse steht auf beiden senkrecht derart, daß das (ξ, η, ζ)-System eine Rechtsschraube bildet. Auf die z-Ebene setzen wir eine Kugel mit dem Radius $\frac{1}{2}$ auf, die mit ihrem Südpol S die z-Ebene im Nullpunkt tangiert und deren

Nordpol N dann die Koordinaten (0, 0, 1) hat. Die Oberfläche der Kugel, die *Sphäre*, genügt der Gleichung

$$\xi^2 + \eta^2 + \zeta^2 - \zeta = 0 . \tag{1}$$

Nun projizieren wir die z-Ebene vom Nordpol N aus auf die Sphäre *(stereographische Projektion)*. Dem Punkt z in der Zahlenebene wird dann der Punkt P zugeordnet, der der Schnittpunkt der Strecke (N, z) mit der Sphäre ist. Dann haben wir eine eineindeutige Zuordnung der Punkte der endlichen Zahlenebene zu den Sphärenpunkten mit Ausnahme von N. Dieser Punkt N wird nun dem unendlich fernen Punkt zugeordnet, wodurch die geschlossene Ebene eineindeutig auf die gesamte Sphäre abgebildet wird. Wandert z gegen den Punkt ∞, so P gegen den Punkt N. Man sieht auch unmittelbar, daß dem Punkt $z = 0$ der Kugelpunkt S, den Punkten $|z| = 1$ die Punkte des Äquators, den Punkten im Innern des Einheitskreises die Punkte der unteren Halbsphäre, den Punkten außerhalb des Einheitskreises die Punkte der oberen Halbsphäre zugeordnet sind.

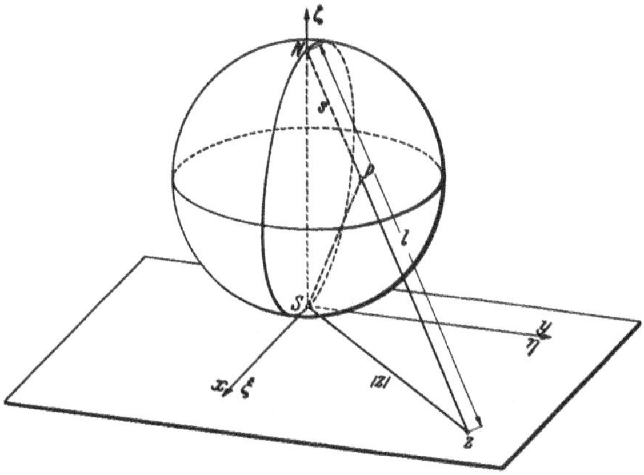

Abb. 3

Nachdem wir uns schon an die Identifizierung von komplexen Zahlen und Punkten der Zahlenebene gewöhnt haben, nehmen wir jetzt auch eine solche Identifizierung der komplexen Zahlen und der ihnen unmittelbar zugeordneten Punkte auf der Sphäre vor. Deshalb nennen wir unsere Sphäre auch die *Zahlensphäre* (früher auch die *Zahlenkugel* genannt). Es ist zweckmäßig, besonders bei den häufig vorzunehmenden Verlagerungen von Integrationswegen über den unendlich fernen Punkt, an diese Identifizierung zu denken.

Wir stellen nun die Formeln für die Abbildung der Zahlenebene auf die Zahlensphäre auf. Dies geschieht am einfachsten durch eine geometrische Überlegung. Aus Abb. 3 ersehen wir, daß im Dreieck SPN bei P ein rechter Winkel liegt. Die Dreiecke SPN und zSN sind einander ähnlich. Daher ist (mit $\overline{PN} = s$, $\overline{zN} = l$, $\overline{SN} = 1$):

$$\frac{s}{1} = \frac{1}{l} \quad \text{oder} \quad s \cdot l = 1 . \tag{2}$$

Ferner gelten, wenn z die Koordinaten x, y und der zugeordnete Sphärenpunkt P die Koordinaten ξ, η, ζ hat, die Gleichungen

$$\xi : x = \eta : y = 1 - \zeta : 1 = s : l\,, \tag{3}$$

und

$$l^2 = 1 + x^2 + y^2\,, \tag{4}$$

also in Verbindung mit (2):

$$\frac{s}{l} = \frac{1}{1 + x^2 + y^2}\,. \tag{5}$$

Aus (3) und (5) gewinnt man unmittelbar die Transformationsformeln

$$\xi = \frac{x}{1 + x^2 + y^2}\,, \quad \eta = \frac{y}{1 + x^2 + y^2}\,, \quad \zeta = \frac{x^2 + y^2}{1 + x^2 + y^2} \tag{6}$$

und

$$x = \frac{\xi}{1 - \zeta}\,, \quad y = \frac{\eta}{1 - \zeta}\,. \tag{7}$$

Zugleich bemerken wir, daß *jeder Kreis in der Zahlenebene auf einen Kreis auf der Zahlensphäre abgebildet wird und umgekehrt, wenn wir als Spezialfall der „Kreise" in der Ebene auch die Geraden mitzählen.* Ein solcher (reeller) „Kreis" in der Ebene genügt einer Gleichung

$$\alpha(x^2 + y^2) + \beta x + \gamma y + \delta = 0\,, \tag{8}$$

mit reellen α, β, γ, δ, die der Bedingung genügen:

$$\beta^2 + \gamma^2 - 4\alpha\delta > 0\,. \tag{9}$$

Setzt man hierin die Beziehungen (7) ein, so erhält man unter Berücksichtigung von (1) für $\zeta \neq 1$:

$$\frac{1}{1 - \zeta}\,[\alpha\zeta + \beta\xi + \gamma\eta + \delta(1 - \zeta)] = 0\,,$$

und da für alle endlichen Punkte der Ebene der zugeordnete Sphärenpunkt ein $\zeta \neq 1$ hat, so folgt:

$$\beta\xi + \gamma\eta + (\alpha - \delta)\,\zeta + \delta = 0\,. \tag{10}$$

Diese Ebene (10) hat wegen (9) vom Mittelpunkt $\left(0, 0, \frac{1}{2}\right)$ einen Abstand kleiner als $\frac{1}{2}$ und schneidet daher die Sphäre in einem Kreis. Für die Kreise der Ebene im strengen Sinne, also für $\alpha \neq 0$, ist stets $\zeta < 1$, und daher geht keiner der zugehörigen Bildkreise auf der Sphäre durch den Nordpol N. Ist dagegen $\alpha = 0$, stellt also (8) eine Gerade dar, so lautet (10):

$$\beta\xi + \gamma\eta - \delta\zeta + \delta = 0\,. \tag{11}$$

Diese Gleichung wird von den Koordinaten des Nordpols erfüllt. Also ist der ganze von der Ebene (11) auf der Sphäre herausgeschnittene Kreis das Bild der Geraden in der Ebene, deren unendlich ferner Punkt auf den Nordpol abgebildet wird. Die Gesamtheit der „Kreise" im weiteren Sinne in der z-Ebene werden in Kreise der Sphäre übergeführt.

Umgekehrt werden auch alle Kreise der Sphäre auf „Kreise" der Zahlenebene abgebildet. Ein Kreis der Sphäre ist stets festgelegt durch die Sphärengleichung (1) und eine Ebenengleichung

$$a\xi + b\eta + c\zeta + d = 0\,, \tag{12}$$

mit reellen a, b, c, d, für die

$$a^2 + b^2 - 4(c+d)\,d > 0$$

gilt.

Setzen wir in die Gleichung (12) die Werte (6) ein, so erhalten wir:

$$(c+d)\,(x^2+y^2) + a\,x + b\,y + d = 0\,, \tag{13}$$

und dies ist nach (8) und (9) die Gleichung eines Kreises oder einer Geraden in der Ebene. Die Kreise auf der Sphäre und die „Kreise" in der Ebene sind also eineindeutig einander zugeordnet.

Wir wollen noch den euklidischen Abstand $\chi(a, b)$ der Bildpunkte P_1 und P_2 zweier Punkte a und b berechnen. Nach Abb. 4 und Formel (2) gilt:

$$\frac{s_1}{s_2} = \frac{l_2}{l_1}\,, \tag{14}$$

und hieraus folgt, daß die Dreiecke (aNb) und (P_2NP_1) ähnlich sind. Also gilt unter Berücksichtigung von (2):

$$\frac{\chi(a, b)}{l} = \frac{s_1}{l_2} = \frac{1}{l_1} \cdot \frac{1}{l_2} \tag{15}$$

und damit wegen (4):

$$\chi(a, b) = \frac{l}{l_1 \cdot l_2} = \frac{|a-b|}{\sqrt{(1+|a|^2)\,(1+|b|^2)}}\,. \tag{16}$$

Wir nennen $\chi(a, b)$ den ***chordalen Abstand*** der Punkte a und b.

Der chordale Abstand hat gegenüber dem in der Ebene gemessenen euklidischen Abstand den Vorteil, daß er nicht entartet, wenn a oder b der unendlich ferne Punkt der Zahlenebene ist. Ist etwa $b = \infty$, so ist sein Bildpunkt der Punkt $N(0, 0, 1)$, und es wird nach Abb. 4 und Formel (2):

$$\chi(a, \infty) = s_1 = \frac{1}{l_1} = \frac{1}{\sqrt{1+|a|^2}}\,. \tag{17}$$

Für $\chi(a, b)$ gelten alle Forderungen, die man an eine Distanzfunktion oder — wie man auch sagt — an eine *Metrik* zu stellen pflegt (vgl. S. 23):

1. $\chi(a, a) = 0$.
2. $\chi(a, b) > 0$ für $a \neq b$.
3. $\chi(a, b) = \chi(b, a)$.
4. $\chi(a, b) + \chi(b, c) \geqq \chi(a, c)$.

Das letztere folgt, weil $\chi(a, b)$ die gewöhnliche euklidische Distanz des dreidimensionalen Raumes ist. Nur für $a = b$ oder $b = c$ steht das Gleichheitszeichen. Ferner ist

$$5.\quad \chi(a, b) \leqq 1 .$$

Das Gleichheitszeichen gilt offenbar nur, wenn die beiden Punkte a und b auf der Sphäre diametrale Bildpunkte, z. B. S und N haben. Zu jedem a gibt es in der geschlossenen Ebene also nur ein b, so daß $\chi(a, b) = 1$ ist, nämlich den Punkt $b = -\frac{1}{\bar{a}}$.

Die Gesamtheit der Punkte z in der Zahlenebene, für die $\chi(a, z) < \delta < 1$ ist, füllen eine Kreisscheibe, eine Halbebene bzw. das Äußere einer Kreisscheibe aus. Jedesmal gehört der Punkt a zu dieser Punktmenge (und niemals zu ihrem Rande). Die Bildpunkte der Punkte z, für die $\chi(z, a) < \delta$ ist, füllen nämlich auf der Sphäre einen konzentrischen Kreis um den Bildpunkt von a aus. Der Rand dieses Kreises der Sphäre ist das Bild eines Kreisrandes bzw. einer Geraden der Ebene. Die Punkte der z-Ebene, die den Rand dieses Kreises der Sphäre zum Bild haben, scheiden also die Punkte, für die $\chi(z, a) < \delta$, von denen, für die $\chi(z, a) > \delta$ is. So erhalten wir bei der Rückbildung des Kreises der Sphäre auf die z-Ebene die oben angegebenen Punktmengen. Insbesondere erhalten wir eine Halbebene, wenn der Kreis der Sphäre durch N läuft, und wir erhalten in der Zahlenebene das Äußere eines Kreises, wenn N im Innern der Kreisscheibe auf der Sphäre liegt. Wenn $\chi(z, a) < \delta$ eine Kreisscheibe ist, so braucht a nicht ihr Mittelpunkt zu sein. Auf jeden Fall liegt aber, weil a immer zur Punktmenge $\chi(z, a) < \delta$ gehört, in jeder solchen Punktmenge noch eine Kreisscheibe, die a als Mittelpunkt hat. Umgekehrt liegt in jedem Kreise um a noch eine Punktmenge $\chi(z, a) < \delta$ mit geeignet gewähltem positivem, aber genügend kleinem δ. Die Kreisscheibe um a wird nämlich auf das Innere eines Kreises der Sphäre, der den Bildpunkt von a enthält, abgebildet. In ihm liegt ein weiterer Kreis der Sphäre, der den Bildpunkt von a als Mittelpunkt hat. Seine Originalpunkte in der

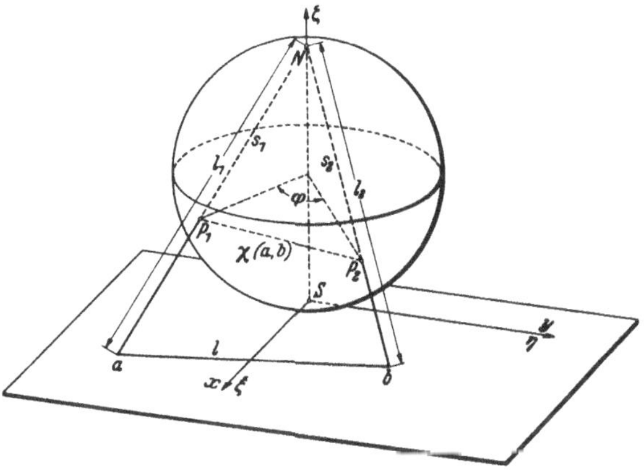

Abb. 4

z-Ebene bilden eine Punktmenge $\chi(z, a) < \delta$. Insbesondere bildet also bei endlichem a die Gesamtheit der Punkte in der Zahlenebene, für die $\chi(z, a) < \delta$ mit genügend kleinem δ ist, das Innere einer endlichen Kreisscheibe. Entsprechend enthält die Punktmenge $\chi(\infty, z) < \delta$ für noch so kleines positives δ immer noch das Äußere eines Kreises (der allerdings mit kleiner werdendem δ immer größer wird). Aus (16) folgt unmittelbar:

$$\chi\left(\frac{1}{a}, \frac{1}{b}\right) = \chi(a, b)\,. \tag{18}$$

Da der euklidische Abstand $|a - b|$ zweier Punkte a und b durch einen einfacheren Ausdruck als der chordale Abstand angegeben wird, werden wir bei beschränkten Mengen den euklidischen Abstand weiter verwenden.

Die Drehungen der Zahlensphäre. Gemäß der Definition des chordalen Abstandes muß $\chi(a', b') = \chi(a, b)$ sein, wenn a' und b' aus a und b durch eine Transformation der Ebene hervorgehen, der auf der Zahlensphäre eine Drehung entspricht. Dabei sollen nur eigentliche Drehungen mit positiver Determinante betrachtet werden. Jede solche Drehung läßt sich dadurch herstellen, daß man die Kugel zunächst um die ζ-Achse, sodann um die Parallele zur ξ-Achse durch den Mittelpunkt und schließlich nochmals um die ζ-Achse dreht. Die korrespondierende Abbildung der z-Ebene zur ersten Drehung ist ebenfalls eine Drehung. Sie lautet:

$$z' = cz,\ |c| = 1\,. \tag{19}$$

Bei der Berechnung der zur zweiten Drehung gehörenden Abbildung haben wir zunächst gemäß Formel (6) einen Punkt z auf die Sphäre zu projizieren, sodann die Drehung der Sphäre auszuführen:

$$\left.\begin{aligned} \xi' &= \xi \\ \eta' &= \quad \eta\cos\varphi + \left(\zeta - \frac{1}{2}\right)\sin\varphi\,, \\ \zeta' - \frac{1}{2} &= -\,\eta\sin\varphi + \left(\zeta - \frac{1}{2}\right)\cos\varphi\,, \end{aligned}\right\} \tag{20}$$

und schließlich die Punkte auf die Ebene zurückzuprojizieren:

$$x' = \frac{\xi'}{1 - \zeta'}\,, \quad y' = \frac{\eta'}{1 - \zeta'}\,. \tag{21}$$

Wir schreiben die Transformationsformeln (6), (20) und (21) in der Form

$$\xi = \frac{1}{2}\,\frac{z + \bar z}{1 + z\bar z}\,, \quad \eta = \frac{1}{2i}\,\frac{z - \bar z}{1 + z\bar z}\,, \quad 1 - \zeta = \frac{1}{1 + z\bar z}\,; \tag{22}$$

$$\left.\begin{aligned} \xi' &= \xi\,, \\ \eta' &= \eta\cos\varphi - (1 - \zeta)\sin\varphi + \frac{1}{2}\sin\varphi\,, \\ 1 - \zeta' &= \eta\sin\varphi + (1 - \zeta)\cos\varphi + \frac{1}{2}(1 - \cos\varphi)\,; \end{aligned}\right\} \tag{23}$$

$$z' = \frac{\xi' + i\eta'}{1 - \zeta'}\,. \tag{24}$$

Setzen wir diese Formeln ineinander, so erhalten wir:

$$z' = \frac{z\bar{z}\frac{i}{2}\sin\varphi + z\frac{1}{2}(1+\cos\varphi) + \bar{z}\frac{1}{2}(1-\cos\varphi) - \frac{i}{2}\sin\varphi}{z\bar{z}\frac{1}{2}(1-\cos\varphi) - z\frac{i}{2}\sin\varphi + \bar{z}\frac{i}{2}\sin\varphi + \frac{1}{2}(1+\cos\varphi)}$$

$$= \frac{\left(z\cos\frac{\varphi}{2} - i\sin\frac{\varphi}{2}\right)\left(i\bar{z}\sin\frac{\varphi}{2} + \cos\frac{\varphi}{2}\right)}{\left(-iz\sin\frac{\varphi}{2} + \cos\frac{\varphi}{2}\right)\left(i\bar{z}\sin\frac{\varphi}{2} + \cos\frac{\varphi}{2}\right)},$$

also

$$z' = \frac{z\cos\frac{\varphi}{2} - i\sin\frac{\varphi}{2}}{-iz\sin\frac{\varphi}{2} + \cos\frac{\varphi}{2}}. \tag{25}$$

Eine Drehung (19) können wir auch in der Form

$$z' = \frac{a}{\bar{a}}z \quad \text{mit} \quad |a| = 1$$

schreiben. Setzen wir daher die drei Abbildungen

$$z'' = \frac{a}{\bar{a}}z,\quad z''' = \frac{z''\cos\frac{\varphi}{2} - i\sin\frac{\varphi}{2}}{-iz''\sin\frac{\varphi}{2} + \cos\frac{\varphi}{2}},\quad z' = \frac{b}{\bar{b}}z''',\quad |a| = |b| = 1$$

zusammen, so erhalten wir als allgemeinste Abbildung, die einer Drehung der Sphäre entspricht,

$$z' = \frac{Az + B}{-\bar{B}z + \bar{A}},\quad A\bar{A} + B\bar{B} = 1, \tag{26}$$

mit

$$A = ab\cos\frac{\varphi}{2},\quad B = -\bar{a}bi\sin\frac{\varphi}{2}. \tag{27}$$

Umgekehrt lassen sich auch zu jeder Abbildung (26) Zahlen a, b, φ mit $|a| = |b| = 1$ so finden, daß (27) gilt. Daher läßt sich jede solche Abbildung aus drei elementaren Drehungen zusammensetzen. Es gilt also:

Die Abbildungen der geschlossenen Ebene auf sich, die den eigentlichen Drehungen der Zahlensphäre entsprechen, sind genau die Abbildungen (26). Bei ihnen bleibt für alle Punktepaare der chordale Abstand ungeändert.

Wir bemerken noch, daß dabei der Punkt ∞ in den Punkt $-\frac{A}{\bar{B}}$ und der Punkt $\frac{\bar{A}}{\bar{B}}$ in den Punkt ∞ übergeführt wird.

Literatur

CARATHÉODORY, C.: Stetige Konvergenz und normale Familien von Funktionen. Math. Ann. **101**, 515 (1926).

CARATHÉODORY, C.: Funktionentheorie I. Basel 1950.

Grundzüge der Mathematik (herausgegeben von H. BEHNKE, F. BACHMANN u. K. FLADT). Bd. III, Analysis, Kap. VII (1961).

§ 3. Grundlagen aus der mengentheoretischen Topologie

Ist uns ein Kriterium $E(z)$ für komplexe Zahlen z (Punkte der Zahlenebene bzw. Zahlensphäre) vorgegeben, so fassen wir die Zahlen (Punkte) zusammen, für die das Kriterium zutrifft, und sprechen in diesem Sinne von der durch das Kriterium definierten *Menge* $\mathfrak{M}$ *komplexer Zahlen*. Wir bezeichnen eine solche Menge mit $\mathfrak{M} = \{z \mid E(z)\}$.

Beispiele:

1. $\{z = x + iy \mid y > 0\}$ bedeutet die Gesamtheit aller komplexen Zahlen, deren Imaginärteil y größer als Null ist. Dies ist eine Darstellung der oberen Halbebene ohne die x-Achse.

2. $\{z = x + iy \mid x > 0\}$ ist eine Darstellung der rechten Halbebene.

3. $\left\{z \,\middle|\, \left|\frac{z-1}{z+1}\right| = 1\right\}$ stellt die imaginäre Achse dar.

4. $\left\{z \,\middle|\, \left|\frac{z-a}{z-b}\right| = \alpha,\ \alpha > 0 \text{ fest},\ a \neq b\right\}$ stellt Kreise (und im Spezialfall $\alpha = 1$ eine Gerade) dar; denn das Verhältnis der Abstände der Punkte z von den Punkten a und b ist konstant.

Häufig werden *Mengen* anderer mathematischer Objekte, wie Mengen von Folgen, von Funktionen, von Kurven, usw., die wir dann *Elemente der Menge* nennen, betrachtet, auf die die grundlegenden Definitionen und Eigenschaften der Mengenlehre in gleicher Weise anwendbar sind wie bei den Punktmengen. Wir wollen deshalb die uns allgemein interessierenden Tatsachen hier kurz zusammenstellen. Ist a ein *Element* der Menge $\mathfrak{M}$, so schreiben wir: $a \in \mathfrak{M}$. Sind $\mathfrak{M}$ und $\mathfrak{N}$ zwei Mengen und ist jedes Element von $\mathfrak{N}$ auch Element von $\mathfrak{M}$, so sagen wir $\mathfrak{N}$ sei *Teilmenge von* $\mathfrak{M}$, wofür wir schreiben: $\mathfrak{N} \subset \mathfrak{M}$. Aus $\mathfrak{N} \subset \mathfrak{M}$ und $\mathfrak{M} \subset \mathfrak{N}$ folgt $\mathfrak{N} = \mathfrak{M}$. Die *leere Menge* Θ, d. i. die Menge, die kein Element enthält, sowie die Menge $\mathfrak{M}$ selbst heißen *unechte Teilmengen* von $\mathfrak{M}$.

Hat eine unendliche Menge $\mathfrak{M}$ die Eigenschaft, daß man ihre Elemente durchnumerieren kann, so daß jedes Element genau eine Nummer erhält, so sagt man, die Menge lasse sich zu einer Punktfolge anordnen, und nennt eine solche Menge *abzählbar*. Endliche und abzählbare Mengen werden auch als *höchstens abzählbar* bezeichnet, alle nicht abzählbaren unendlichen Mengen als *überabzählbar*.

Beispiele:

5. Die Menge aller rationalen Zahlen ist abzählbar.
6. Die Menge aller reellen Zahlen zwischen 0 und 1 ist überabzählbar.
7. Die Menge aller n-Tupel $(r_1, r_2, \ldots, r_n)$ mit rationalen r_ν ist abzählbar.

Aus irgendwelchen Teilmengen einer Menge $\mathfrak{M}$ lassen sich neue Teilmengen gewinnen.

Unter der *Vereinigungsmenge* $\mathfrak{M}_1 \cup \mathfrak{M}_2$ der Mengen $\mathfrak{M}_1$ und $\mathfrak{M}_2$ versteht man die Menge aller Elemente, die in $\mathfrak{M}_1$ oder $\mathfrak{M}_2$ (oder in beiden) liegen. Der *Durchschnitt* $\mathfrak{M}_1 \cap \mathfrak{M}_2$ ist die Menge aller Elemente, die sowohl in $\mathfrak{M}_1$ als auch in $\mathfrak{M}_2$ liegen; sind $\mathfrak{M}_1$ und $\mathfrak{M}_2$ elementfremd, so ist ihr Durchschnitt *leer:* $\mathfrak{M}_1 \cap \mathfrak{M}_2 = \theta$. Gilt $\mathfrak{M}_1 \cap \mathfrak{M}_2 = \theta$, so schreibt man für die Vereinigungsmenge $\mathfrak{M}_1 \cup \mathfrak{M}_2$ auch $\mathfrak{M}_1 + \mathfrak{M}_2$ und spricht dann von der *Summe* der Mengen $\mathfrak{M}_1$ und $\mathfrak{M}_2$. Als *Differenz* $\mathfrak{M}_1 - \mathfrak{M}_2$ bezeichnet man für $\mathfrak{M}_2 \subset \mathfrak{M}_1$ die Menge aller Elemente von $\mathfrak{M}_1$, die nicht in $\mathfrak{M}_2$ liegen. Ist $\mathfrak{M}_1$ Teilmenge von $\mathfrak{M}$, so bezeichnet man $C\mathfrak{M}_1 = \mathfrak{M} - \mathfrak{M}_1$ als *Komplement von* $\mathfrak{M}_1$ *in der Menge* $\mathfrak{M}$.

Vereinigung und Durchschnitt lassen sich *für beliebige,* endliche, abzählbare und nichtabzählbar unendliche *Systeme* $\{\mathfrak{M}_\alpha\}$ von Teilmengen $\mathfrak{M}_\alpha$ einer Menge $\mathfrak{M}$ bilden. Sie werden wie folgt bezeichnet:

$$\bigcup_\alpha \mathfrak{M}_\alpha \quad \text{und} \quad \bigcap_\alpha \mathfrak{M}_\alpha .$$

Die Vereinigung besteht aus allen Elementen von $\mathfrak{M}$, die in *wenigstens einem* $\mathfrak{M}_\alpha$ von $\{\mathfrak{M}_\alpha\}$, der Durchschnitt aus allen Elementen von $\mathfrak{M}$, die in *allen* $\mathfrak{M}_\alpha$ von $\{\mathfrak{M}_\alpha\}$ liegen. Es gilt

$$C\left(\bigcup_\alpha \mathfrak{M}_\alpha\right) = \bigcap_\alpha C\mathfrak{M}_\alpha \tag{1}$$

und

$$C\left(\bigcap_\alpha \mathfrak{M}_\alpha\right) = \bigcup_\alpha C\mathfrak{M}_\alpha . \tag{2}$$

Die Teilmengen einer Menge $\mathfrak{N}$ (einschließlich der leeren Menge und der Menge $\mathfrak{N}$ selbst) bilden eine *Boolesche Algebra,* d. h. einen distributiven, komplementären *Verband.* Hierunter versteht man eine Menge von Elementen $\{\mathfrak{M}_\alpha\}$, in der zwei Operationen $\cup$ (genannt: Vereinigung) und $\cap$ (genannt: Durchschnitt) erklärt sind, die den folgenden Axiomen genügen:

a) Verbandsaxiome:

1′. $\mathfrak{M}_1 \cup \mathfrak{M}_2 = \mathfrak{M}_2 \cup \mathfrak{M}_1$ 1″. $\mathfrak{M}_1 \cap \mathfrak{M}_2 = \mathfrak{M}_2 \cap \mathfrak{M}_1$

2′. $\mathfrak{M}_1 \cup (\mathfrak{M}_2 \cup \mathfrak{M}_3) = (\mathfrak{M}_1 \cup \mathfrak{M}_2) \cup \mathfrak{M}_3$ 2″. $\mathfrak{M}_1 \cap (\mathfrak{M}_2 \cap \mathfrak{M}_3) = (\mathfrak{M}_1 \cap \mathfrak{M}_2) \cap \mathfrak{M}_3$

3′. $\mathfrak{M}_1 \cup (\mathfrak{M}_1 \cap \mathfrak{M}_2) = \mathfrak{M}_1$ 3″. $\mathfrak{M}_1 \cap (\mathfrak{M}_1 \cup \mathfrak{M}_2) = \mathfrak{M}_1$

b) Axiom der Distributivität:

4′. $\mathfrak{M}_1 \cup (\mathfrak{M}_2 \cap \mathfrak{M}_3) = (\mathfrak{M}_1 \cup \mathfrak{M}_2) \cap (\mathfrak{M}_1 \cup \mathfrak{M}_3)$

c) Axiom über das Komplement:

5′. Es gibt Elemente $\mathfrak{N}$ und $\mathfrak{O}$, so daß zu jedem $\mathfrak{M}$ ein $\mathfrak{M}'$ existiert (das Komplement von $\mathfrak{M}$), so daß

$$\mathfrak{M} \cup \mathfrak{M}' = \mathfrak{N} \quad \text{und} \quad \mathfrak{M} \cap \mathfrak{M}' = \mathfrak{O}$$

ist.

In der Funktionentheorie haben wir es zunächst mit Mengen von komplexen Zahlen oder von Punkten zu tun. Für diese sind *Abstände* erklärt. Diese Abstände lassen sich dazu benutzen, in der endlichen oder in der geschlossenen Ebene eine *Topologie* einzuführen, d. h. gewisse Teilmengen als *offene Mengen* zu erklären, die bestimmten Regeln genügen:

Eine Punktmenge $\mathfrak{M}$ der endlichen bzw. der geschlossenen Ebene heißt *offen*, wenn es zu jedem Punkt $a \in \mathfrak{M}$ ein $\varepsilon > 0$ gibt, so daß alle Punkte z der Ebene mit $|z-a| < \varepsilon$ bzw. mit $\chi(z, a) < \varepsilon$ gleichfalls zu $\mathfrak{M}$ gehören. Die Gesamtheit der Punkte z mit $|z-a| < \varepsilon$ bzw. mit $\chi(z, a) < \varepsilon$ nennt man eine *ε-Umgebung* $\mathfrak{U}_\varepsilon(a)$ des Punktes a. Die *leere Menge* wird per definitionem als *offen* erklärt. Dann gelten für die offenen Mengen sowohl der endlichen als auch der geschlossenen Ebene die folgenden unmittelbar einzusehenden Gesetze:

A_1. *Die leere Menge und die Menge aller Punkte* sind offen.*

A_2. *Der Durchschnitt endlich vieler offener Mengen ist offen.*

A_3. *Die Vereinigung beliebig vieler offener Mengen ist offen.*

Hat man in *irgendeiner Menge* $\mathfrak{M}$ von mathematischen Objekten *gewisse Teilmengen als offen erklärt* und genügen diese Mengen den vorstehenden drei Axiomen A_1 bis A_3, so nennt man $\mathfrak{M}$ und das System dieser Teilmengen einen *topologischen Raum* und die Elemente von $\mathfrak{M}$ heißen die *Punkte* dieses Raumes. (Dabei ist es keineswegs notwendig, daß die offenen Mengen mit Hilfe einer Metrik erklärt sind. Aber immer, wenn man in einem Raum eine Metrik erklärt hat, induziert diese Metrik eine Topologie, d. h. ein System offener Mengen.) Eine offene Menge, die den Punkt a enthält, nennt man eine *offene Umgebung* des Punktes a. Eine Punktmenge heißt schlechthin eine *Umgebung* des Punktes a, wenn sie eine offene Umgebung des Punktes a enthält.

Hiernach ist in der Ebene bei den oben definierten offenen Mengen eine Punktmenge Umgebung des Punktes a, wenn sie eine ε-Umgebung des Punktes a enthält.

Die Umgebungen der Punkte der Ebene genügen noch einem vierten Gesetz:

A_4. *Zu zwei verschiedenen Punkten a und b gibt es punktfremde Umgebungen $\mathfrak{U}(a)$ und $\mathfrak{U}(b)$.*

Ein topologischer Raum, der diesem *Trennungsaxiom* genügt, heißt ein *Hausdorff-Raum.*

Die endliche und die geschlossene Ebene sind also *Hausdorff-Räume.*

Zum Beweis wähle man in der endlichen Ebene als $\mathfrak{U}(a)$ und $\mathfrak{U}(b)$ die Umgebungen

$$|z-a| < \frac{1}{2}|b-a| \quad \text{und} \quad |z-b| < \frac{1}{2}|b-a|. \tag{3}$$

Gäbe es nun einen Punkt z, der beiden Umgebungen angehörte, so würde aus (3) und der Dreiecksungleichung der Widerspruch

$$|b-a| \leqq |b-z| + |z-a| < |b-a|$$

folgen. Ebenso schließt man mit Hilfe des chordalen Abstandes in der geschlossenen Ebene.

* Das ist hier die gesamte endliche bzw. geschlossene Ebene.

Ist in einer Menge $\mathfrak{M}$ eine *Metrik* gegeben, d. h. ist je zwei Elementen a und b aus $\mathfrak{M}$ eine reelle Zahl $d(a, b)$ zugeordnet, die den Axiomen

1. $d(a, a) = 0$,
2. $d(a, b) > 0$ für $a \neq b$,
3. $d(a, b) = d(b, a)$,
4. $d(a, b) + d(b, c) \geqq d(a, c)$

genügt, so nennt man die mit dieser Metrik versehene Menge $\mathfrak{M}$ einen *metrischen Raum*.

Nach den gleichen Überlegungen wie bei der euklidischen Metrik oder der chordalen Metrik *induziert jede* solche *Metrik eine Topologie in* $\mathfrak{M}$, indem die offenen Mengen mit Hilfe der ε-Umgebungen $\mathfrak{U}_\varepsilon(a) = \{z \mid d(z, a) < \varepsilon\}$ definiert werden. Daher folgt auch wie oben, daß *jeder metrische Raum* (der stets mit der induzierten Topologie versehen wird) *ein Hausdorff-Raum* ist.

Verschiedene Metriken in ein und derselben Punktmenge können *denselben* Hausdorff-Raum erzeugen, d. h. dieselbe Gesamtheit aller offenen Mengen. So folgt z. B. aus den Überlegungen auf S. 17, daß in der endlichen Ebene der euklidische und der chordale Abstand dieselben offenen Mengen erzeugen: in jedem Kreis $|z - a| < \varepsilon$ um einen endlichen Punkt a ist ein Kreis $\chi(z, a) < \varepsilon'$ enthalten und umgekehrt. Dies besagt aber, daß eine endliche Punktmenge genau dann bezüglich des euklidischen Abstandes offen ist, wenn sie es bezüglich des chordalen Abstandes ist. Auch die Metriken

$$d(a, b) = \mathrm{Max}(|\alpha_1 - \beta_1|, |\alpha_2 - \beta_2|) \tag{4}$$

oder

$$d^*(a, b) = |\alpha_1 - \beta_1| + |\alpha_2 - \beta_2| \tag{5}$$

für $a = \alpha_1 + i\alpha_2$, $b = \beta_1 + i\beta_2$ liefern dieselben offenen Punktmengen wie der euklidische Abstand; denn die ε-Umgebungen $U_\varepsilon(a) = \{z \mid d(z, a) < \varepsilon\}$ bzw. $U_\varepsilon^*(a) = \{z \mid d^*(z, a) < \varepsilon\}$ sind (wenn auch verschiedene) Quadrate mit dem Punkt a als Mittelpunkt.

In einer Punktmenge lassen sich sehr wohl verschiedene Metriken einführen, die verschiedene Hausdorffsche Räume erzeugen. Man setze z. B. in der endlichen Ebene

$$d(a, b) = \begin{cases} \chi(a, b), & \text{falls } \alpha_2 = \beta_2, \\ 1, & \text{falls } \alpha_2 \neq \beta_2. \end{cases} \tag{6}$$

Dies ist eine Metrik, deren ε-Umgebungen für $\varepsilon < 1$ Strecken parallel zur reellen Achse sind. Diese ε-Umgebungen sind per definitionem offen bezüglich dieser Metrik, aber sie sind nicht offen bezüglich der euklidischen Metrik.

Hat man einen topologischen Raum $\mathfrak{R}$ und eine Punktmenge $\mathfrak{M}$ in $\mathfrak{R}$ gegeben, so kann man die Punktmenge $\mathfrak{M}$ zu einem topologischen Raum machen, indem man als offene Mengen $\mathfrak{U}_{\mathfrak{M}}$ in $\mathfrak{M}$ die Durchschnitte $\mathfrak{U}_{\mathfrak{M}} = \mathfrak{U} \cap \mathfrak{M}$ der offenen Mengen $\mathfrak{U}$ aus $\mathfrak{R}$ mit $\mathfrak{M}$ definiert. Man nennt die so erhaltene Topologie die *Relativtopologie von* $\mathfrak{M}$ *in bezug auf* $\mathfrak{R}$. Offenbar liefert in einem Hausdorff-Raum $\mathfrak{R}$ die Relativtopologie einer

Punktmenge $\mathfrak{M}$ wieder einen Hausdorff-Raum. In einem metrischen Raum erhält man die Relativtopologie einer Punktmenge $\mathfrak{M}$, wenn man in $\mathfrak{M}$ den Abstandsbegriff aus $\mathfrak{R}$ zugrunde legt. $\mathfrak{M}$ wird damit selbst zu einem metrischen Raum.

Da in der Funktionentheorie praktisch nur Hausdorff-Räume benötigt werden, wollen wir von jetzt ab unseren Betrachtungen nur solche Räume zugrunde legen, ungeachtet der Tatsache, daß zahlreiche Begriffe und Aussagen auch in beliebigen topologischen Räumen gelten.

Wir wollen andererseits unsere Aussagen nicht nur auf die endliche und geschlossene Ebene als Hausdorff-Räume abstellen, da wir sie später in gleicher Weise auch für andere topologische Räume, z. B. für Riemannsche Flächen, benötigen. Der Leser kann sich jedoch zunächst unter dem zugrunde gelegten Raum stets die endliche oder die geschlossene Ebene vorstellen.

Eine Punktmenge $\mathfrak{M}$ in einem Raum $\mathfrak{R}$ heißt *abgeschlossen*, wenn ihr Komplement $C\mathfrak{M}$ offen ist.

Dann gilt

Satz 1. *Die Vereinigung endlich vieler abgeschlossener Mengen ist abgeschlossen, der Durchschnitt beliebig vieler abgeschlossener Mengen ist abgeschlossen.*

Dies folgt unmittelbar aus den Axiomen des topologischen Raumes und den Gesetzen (1) und (2), S. 21.

Beispiele:

8. Die Menge $|z| \leqq 1$ ist abgeschlossen in der endlichen Ebene, sie heißt die *abgeschlossene Einheitskreisscheibe*. Ihr Komplement $|z| > 1$ ist offen.

9. Die Menge der Punkte $|z| \geqq 1$ in der endlichen Ebene ist abgeschlossen. Ihr Komplement $|z| < 1$ ist die *offene Einheitskreisscheibe*.

10. Der Einheitskreis $|z| = 1$ ist abgeschlossen.

11. Eine Strecke $z = \lambda z_1 + (1 - \lambda) z_2$, $0 \leqq \lambda \leqq 1$, ist abgeschlossen in der endlichen Ebene.

12. Die leere Menge θ und die endliche Ebene $\mathfrak{E}$ selbst sind gleichzeitig offen und abgeschlossen in $\mathfrak{E}$.

13. Die Punktmenge $\{z = x + iy \mid x \geqq 0,\ y > 0\}$ ist weder abgeschlossen noch offen in $\mathfrak{E}$.

Unter der *abgeschlossenen Hülle* $\overline{\mathfrak{M}}$ einer Punktmenge $\mathfrak{M}$ versteht man die kleinste, $\mathfrak{M}$ umfassende, abgeschlossene Punktmenge.

$\overline{\mathfrak{M}}$ besteht genau aus der Gesamtheit derjenigen Punkte, bei denen in jeder ihrer Umgebungen wenigstens ein Punkt aus $\mathfrak{M}$ liegt. Die Punkte von $\overline{\mathfrak{M}}$ heißen *Berührungspunkte* von $\mathfrak{M}$. Als *offener Kern* $\mathfrak{M}^0$ einer Punktmenge $\mathfrak{M}$ bezeichnet man die größte in $\mathfrak{M}$ enthaltene offene Punktmenge. Man erhält sie als Gesamtheit aller Punkte aus $\mathfrak{M}$, zu denen es eine offene Umgebung gibt, die ganz in $\mathfrak{M}$ liegt. Es gilt

$$C\overline{\mathfrak{M}} = (C\mathfrak{M})^0, \quad C\mathfrak{M}^0 = \overline{C\mathfrak{M}} \tag{7}$$

und

$$\overline{\mathfrak{M}_1} \cup \overline{\mathfrak{M}_2} = \overline{\mathfrak{M}_1 \cup \mathfrak{M}_2}, \quad \mathfrak{M}_1^0 \cap \mathfrak{M}_2^0 = (\mathfrak{M}_1 \cap \mathfrak{M}_2)^0. \tag{8}$$

Beispiele:

14. Der offene Kern der Punktmenge

$$\mathfrak{M} = \{z \mid |z| \leqq 1\} \cup \left\{z \,\middle|\, 1 < |z| < 2 \text{ und } \operatorname{arc} z = \frac{k\pi}{12}, k = 0, 1, 2, \ldots, 23\right\}$$

ist die offene Einheitskreisscheibe: $\mathfrak{M}^0 = \{z \mid |z| < 1\}$. Die abgeschlossene Hülle ist die Punktmenge

$$\overline{\mathfrak{M}} = \{z \mid |z| \leqq 1\} + \left\{z \,\middle|\, 1 < |z| \leqq 2 \text{ und } \operatorname{arc} z = \frac{k\pi}{12}, k = 0, 1, 2, \ldots, 23\right\}.$$

15. Die Vereinigung unendlich vieler abgeschlossener Mengen braucht nicht abgeschlossen zu sein:

$$\mathfrak{K}_n = \left\{z \,\middle|\, |z| \leqq 1 - \frac{1}{n}\right\}, n = 1, 2, 3, \ldots \quad \bigcup_n \mathfrak{K}_n = \mathfrak{K} = \{z \mid |z| < 1\}.$$

$\mathfrak{K}$ ist in der endlichen Ebene $\mathfrak{E}$ *nicht* abgeschlossen.

16. Der Durchschnitt unendlich vieler offener Mengen braucht nicht offen zu sein:

$$\mathfrak{K}_n = \left\{z \,\middle|\, |z| < 1 + \frac{1}{n}\right\}, n = 1, 2, 3, \ldots \quad \bigcap_n \mathfrak{K}_n = \mathfrak{K} = \{z \mid |z| \leqq 1\}.$$

$\mathfrak{K}$ ist *nicht* offen.

Der offene Kern $\mathfrak{M}^0$ einer Menge $\mathfrak{M}$ wird auch das *Innere von* $\mathfrak{M}$ genannt, und seine Punkte heißen *innere Punkte von* $\mathfrak{M}$. Der offene Kern $(C\mathfrak{M})^0$ des Komplements $C\mathfrak{M}$ heißt das *Äußere von* $\mathfrak{M}$, und seine Punkte heißen *äußere Punkte von* $\mathfrak{M}$. Diejenigen Punkte des Raumes $\mathfrak{R}$, die weder zu $\mathfrak{M}^0$ noch zu $(C\mathfrak{M})^0$ gehören, heißen *Randpunkte* von $\mathfrak{M}$ und ihre Gesamtheit der *Rand* Rd $\mathfrak{M}$ *von* $\mathfrak{M}$:

$$\operatorname{Rd}\mathfrak{M} = \mathfrak{R} - \mathfrak{M}^0 - (C\mathfrak{M})^0. \tag{9}$$

Offenbar gilt nach (9):

$$\operatorname{Rd}\mathfrak{M} = \operatorname{Rd} C\mathfrak{M}. \tag{10}$$

Der Rand einer Punktmenge $\mathfrak{M}$ besteht demnach aus der Gesamtheit aller Punkte, bei denen in jeder Umgebung wenigstens ein Punkt von $\mathfrak{M}$ und ein Punkt von $C\mathfrak{M}$ liegt. Sodann gilt:

Satz 2. *Der Rand einer Punktmenge* $\mathfrak{M}$ *ist abgeschlossen.*

In der Tat ist nach (9):

$$C(\operatorname{Rd}\mathfrak{M}) = \mathfrak{M}^0 + (C\mathfrak{M})^0. \tag{11}$$

Rechts steht aber eine offene Punktmenge. Also ist Rd $\mathfrak{M}$ abgeschlossen.

Satz 3. *1. Eine Menge ist dann und nur dann offen, wenn sie keinen ihrer Randpunkte enthält.*

2. Eine Menge ist dann und nur dann abgeschlossen, wenn sie alle ihre Randpunkte enthält.

Zu 1. Eine offene Menge $\mathfrak{M}$ ist gleich ihrem offenen Kern $\mathfrak{M}^0$. Nach (9) liegt dann kein Punkt des Randes Rd$\mathfrak{M}$ in $\mathfrak{M}^0$ und damit in $\mathfrak{M}$.

Sodann folgt aus

$$\mathfrak{M}^0 \subset \mathfrak{M}\,, \quad (C\mathfrak{M})^0 \subset C\mathfrak{M}$$

und

$$\mathfrak{M} + C\mathfrak{M} = \mathfrak{R} \tag{12}$$

in Verbindung mit (9):

$$\mathrm{Rd}\,\mathfrak{M} = [\mathfrak{M} - \mathfrak{M}^0] + [C\mathfrak{M} - (C\mathfrak{M})^0]\,. \tag{13}$$

Enthält $\mathfrak{M}$ nun keinen Randpunkt, so muß $\mathfrak{M} - \mathfrak{M}^0$ leer, d. h. $\mathfrak{M} = \mathfrak{M}^0$ und damit $\mathfrak{M}$ offen sein.

Zu 2. $\mathfrak{M}$ ist dann und nur dann abgeschlossen, wenn $C\mathfrak{M}$ offen ist. Nach 1. ist $C\mathfrak{M}$ dann und nur dann offen, wenn $C\mathfrak{M}$ keinen seiner Randpunkte enthält, d. h. wenn seine Randpunkte sämtlich in $\mathfrak{M}$ liegen. Nach (10) ist aber Rd$\mathfrak{M}$ = Rd$C\mathfrak{M}$.

Beispiel:

17. Im Beispiel 14 ist

$$\mathrm{Rd}\,\mathfrak{M} = \{z\,|\,|z| = 1\} + \left\{z \,\middle|\, 1 < |z| \leqq 2 \text{ und } \arc z = \frac{k\pi}{12}\,, k = 0, 1, 2, \ldots, 23\right\}.$$

Ferner ist

$$\mathfrak{M} - \mathfrak{M}^0 = \{z\,|\,|z| = 1\} + \left\{z \,\middle|\, 1 < |z| < 2 \text{ und } \arc z = \frac{k\pi}{12}\,, k = 0, 1, 2, \ldots, 23\right\}$$

und

$$C\mathfrak{M} - (C\mathfrak{M})^0 = \left\{z \,\middle|\, |z| = 2 \text{ und } \arc z = \frac{k\pi}{12}\,, k = 0, 1, 2, \ldots, 23\right\}.$$

Ein Punkt a heißt *Häufungspunkt* der Punktmenge $\mathfrak{M}$, wenn in *jeder* Umgebung von a unendlich viele Punkte aus $\mathfrak{M}$ liegen. Es gilt nun

Satz 4. *Ein Häufungspunkt einer Punktmenge $\mathfrak{M}$, der nicht zu $\mathfrak{M}$ gehört, ist Randpunkt von $\mathfrak{M}$.*

Ist a ein solcher Punkt, so liegt er nicht in $\mathfrak{M}^0$ und nicht in $(C\mathfrak{M})^0$, also gehört er nach (9) zum Rand von $\mathfrak{M}$. Weiter folgt

Satz 5. *Ein Punkt ist dann und nur dann Häufungspunkt einer Punktmenge $\mathfrak{M}$, wenn in jeder Umgebung von a wenigstens ein von a verschiedener Punkt aus $\mathfrak{M}$ liegt.*

Die erste Hälfte dieser Aussage ist trivial. Die andere ergibt sich wie folgt: Sei $\mathfrak{U}$ eine Umgebung von a und $a_1 \neq a$ ein Punkt aus $\mathfrak{M}$ mit $a_1 \in \mathfrak{U}$. Zu a_1 und a gibt es punktfremde Umgebungen $\mathfrak{V}_1$ und $\mathfrak{V}$.

Der Durchschnitt $\mathfrak{U} \cap \mathfrak{V}$ ist eine Umgebung von a; denn in $\mathfrak{U}$ gibt es eine offene Umgebung $\mathfrak{O}$ von a und in $\mathfrak{V}$ eine offene Umgebung $\mathfrak{O}'$ von a. Dann gilt: $a \in \mathfrak{O} \cap \mathfrak{O}' \subset \mathfrak{U} \cap \mathfrak{V}$. Weil $\mathfrak{O} \cap \mathfrak{O}'$ wieder offen ist, so ist

$\mathfrak{U}_1 = \mathfrak{U} \cap \mathfrak{V}$ eine Umgebung von a, die in $\mathfrak{U}$ enthalten ist und a_1 nicht enthält.

In $\mathfrak{U}_1$ gibt es einen Punkt $a_2 \neq a$ aus $\mathfrak{M}$ und eine in $\mathfrak{U}_1$ gelegene Umgebung $\mathfrak{U}_2$ von a, die a_2 nicht enthält; sodann gibt es in $\mathfrak{U}_2$ einen Punkt $a_3 \neq a$ aus $\mathfrak{M}$, usw. So erhalten wir unendlich viele verschiedene Punkte $a_1, a_2, a_3, \ldots$ aus $\mathfrak{M}$, die sämtlich in $\mathfrak{U}$ liegen.

Aus Satz 5 folgt sofort

Satz 6. *Ist a ein Randpunkt einer Menge $\mathfrak{M}$, der nicht zu $\mathfrak{M}$ gehört, so ist a Häufungspunkt von $\mathfrak{M}$.*

Sodann gilt

Satz 7. *Eine Punktmenge $\mathfrak{M}$ ist dann und nur dann abgeschlossen, wenn sie alle ihre Häufungspunkte enthält.*

Gehört ein Punkt a nicht zur abgeschlossenen Punktmenge $\mathfrak{M}$, so liegt er im offenen Komplement $C\mathfrak{M}$ und kann deshalb nicht Häufungspunkt von $\mathfrak{M}$ sein.

Sei umgekehrt a ein Punkt, der zum Komplement von $\mathfrak{M}$ gehört. Wenn nun alle Häufungspunkte von $\mathfrak{M}$ zu $\mathfrak{M}$ gehören, so ist a kein solcher Punkt. Dann gibt es aber um a eine Umgebung, in der kein Punkt von $\mathfrak{M}$ liegt, die also in $C\mathfrak{M}$ liegt. $C\mathfrak{M}$ ist also offen und $\mathfrak{M}$ abgeschlossen.

Satz 8. *Die Menge der Häufungspunkte einer Punktmenge $\mathfrak{M}$ ist abgeschlossen.*

a sei kein Häufungspunkt von $\mathfrak{M}$. Dann gibt es eine *offene* Umgebung $\mathfrak{U}$ von a, in der nach Satz 5 höchstens a, aber kein weiterer Punkt von $\mathfrak{M}$ liegt. In $\mathfrak{U}$ liegt dann auch kein Häufungspunkt von $\mathfrak{M}$; denn sonst wäre $\mathfrak{U}$ als offene Menge Umgebung dieses Häufungspunktes, und es gäbe unendlich viele Punkte aus $\mathfrak{M}$ in $\mathfrak{U}$. Also ist die Menge der Punkte, die keine Häufungspunkte von $\mathfrak{M}$ sind, offen, und die Menge der Häufungspunkte ist abgeschlossen.

Ein Punkt a einer Punktmenge $\mathfrak{M}$ heißt *isolierter Punkt* von $\mathfrak{M}$, wenn er kein Häufungspunkt von $\mathfrak{M}$ ist, d. h. wenn es eine Umgebung $\mathfrak{U}$ von a gibt, in der außer a selbst kein Punkt von $\mathfrak{M}$ liegt.

In einem metrischen Raum $\mathfrak{R}$ mit der Metrik $d(a, b)$ gibt es in jeder Umgebung $\mathfrak{U}$ eines Punktes a aus $\mathfrak{R}$ eine ε-Umgebung $\mathfrak{U}_\varepsilon = \{z \mid d(a, z) < \varepsilon\}$. Daher gilt

Satz 9. *In einem metrischen Raum $\mathfrak{R}$ ist ein Punkt a dann und nur dann Häufungspunkt einer Punktmenge $\mathfrak{M}$, wenn eine der beiden Bedingungen gilt:*

1. Zu jedem $\varepsilon > 0$ gibt es unendlich viele Punkte z aus $\mathfrak{M}$, so daß $d(a, z) < \varepsilon$ ist.

2. Zu jedem $\varepsilon > 0$ gibt es wenigstens einen von a verschiedenen Punkt b aus $\mathfrak{M}$, so daß $d(a, b) < \varepsilon$ ist.

Ein nützliches Korollar zu Satz 9 ist

Zusatz 9a. *Die Bedingungen 1 und 2 in Satz 9 sind äquivalent mit den Bedingungen*

1') Es gibt eine (von ε *unabhängige) positive Zahl* k*, so daß zu jedem* $\varepsilon > 0$ *unendlich viele Punkte* z *aus* $\mathfrak{M}$ *existieren, so daß für sie* $d(a, z) < k\varepsilon$ *ist.*

2') Es gibt eine (von ε *unabhängige) positive Zahl* k*, so daß zu jedem* $\varepsilon > 0$ *wenigstens ein von* a *verschiedener Punkt* b *aus* $\mathfrak{M}$ *existiert mit* $d(a, b) < k\varepsilon$.

Aus 1 oder 2 folgt unmittelbar 1' und 2' mit $k = 1$. Aus 1' folgt 1 wie folgt: zu $\varepsilon > 0$ wähle man $\varepsilon' = \frac{\varepsilon}{k}$. Dann gibt es dazu nach 1' unendlich viele z aus $\mathfrak{M}$ mit $d(a, z) < k\varepsilon' = \varepsilon$. Ebenso ergibt sich 2 aus 2'. Analog schließt man:

Zusatz 9b. *Gelten die Bedingungen 1' oder 2' für eine positive Zahl* k*, so gelten sie für jede fest gewählte positive Zahl* k.

Da die *endliche und die geschlossene Ebene* metrische Räume mit den Distanzen $d(a, b) = |a - b|$ bzw. $d(a, b) = \chi(a, b)$ sind, so gilt dort Satz 9 mit den Abstandsbegriffen $|a - b|$ bzw. $\chi(a, b)$.

Beispiele:

18. Die Punktmenge $\frac{1}{2}, \frac{1}{3}, \frac{2}{3}, \frac{1}{4}, \frac{3}{4}, \frac{1}{5}, \frac{4}{5}, \ldots$ besitzt die Häufungspunkte 0 und 1. Sie selbst besteht nur aus isolierten Punkten.

19. Die Punktmenge $1, \frac{1}{2}, 2, \frac{1}{3}, 3, \frac{1}{4}, 4, \ldots$ besitzt in der endlichen Ebene den Häufungspunkt 0, in der geschlossenen Ebene die Häufungspunkte 0 und ∞.

Eine Punktmenge $\mathfrak{M}$ heißt *dicht* in bezug auf die Punktmenge $\mathfrak{N}$, wenn $\mathfrak{N} \subset \overline{\mathfrak{M}}$, d. h. wenn in jeder Umgebung eines Punktes $a \in \mathfrak{N}$ wenigstens ein Punkt von $\mathfrak{M}$ liegt. Hiernach liegt $\mathfrak{M}$ dicht im gesamten topologischen Raum $\mathfrak{R}$, wenn $\overline{\mathfrak{M}} = \mathfrak{R}$ ist; denn wegen $\overline{\mathfrak{M}} \subset \mathfrak{R}$ ist $\mathfrak{R} \subset \overline{\mathfrak{M}}$ äquivalent mit $\overline{\mathfrak{M}} = \mathfrak{R}$. Ferner liegt eine Punktmenge $\mathfrak{M}$, die in $\mathfrak{R}$ dicht liegt, in jeder Menge des Raumes dicht.

Beispiele:

20. Die komplexen Zahlen $m + ni$, m, n ganz liegen *nicht* dicht in der endlichen Ebene. Zum Beispiel liegt im Kreis $\left|z - \left(\frac{1}{2} + \frac{i}{2}\right)\right| < \frac{1}{2}$ kein Punkt der Menge.

21. Die komplexen Zahlen $r + si$ mit rationalen r und s liegen in der endlichen und in der geschlossenen Ebene dicht. Sie bilden eine abzählbare, überall dicht liegende Punktmenge.

22. Die komplexen Zahlen $r + \frac{1}{n} i$, r rational, $n = 1, 2, 3, \ldots$, liegen dicht in bezug auf die reelle Achse und die Geraden $y = \frac{1}{n}$.

Ein System $\{\mathfrak{U}_\alpha\}$ *offener* Mengen heißt eine *offene Überdeckung* der Punktmenge $\mathfrak{M}$, wenn jeder Punkt a aus $\mathfrak{M}$ in wenigstens einem der $\mathfrak{U}_\alpha$ liegt. So ist z. B. die Gesamtheit der Kreise $\mathfrak{K}_{mn} = \left\{z \,\middle|\, |z - m - ni| < \frac{5}{7}\right\}$, $m, n = 0, \pm 1, \pm 2, \ldots$, eine offene Überdeckung der endlichen Ebene; denn jeder solche Kreis enthält das abgeschlossene Quadrat

$$\mathfrak{Q} = \left\{z = x + iy \,\middle|\, m - \frac{1}{2} \leqq x \leqq m + \frac{1}{2}, n - \frac{1}{2} \leqq y \leqq n + \frac{1}{2}\right\},$$

und aus diesen Quadraten läßt sich die ganze endliche Ebene zusammensetzen.

Besteht das System $\{\mathfrak{U}_\alpha\}$ nur aus endlich vielen Umgebungen: $\{\mathfrak{U}_1, \mathfrak{U}_2, \ldots, \mathfrak{U}_n\}$, so heißt die Überdeckung *endlich*.

Man definiert nun: Eine Punktmenge $\mathfrak{M}$ heißt *überdeckungskompakt*, wenn *jede* offene Überdeckung von $\mathfrak{M}$ eine *endliche* Überdeckung von $\mathfrak{M}$ enthält. Dies besagt, daß man aus *jeder* offenen Überdeckung $\{\mathfrak{U}_\alpha\}$ bereits endlich viele Umgebungen $\mathfrak{U}_1, \mathfrak{U}_2, \ldots, \mathfrak{U}_n$ herausgreifen kann, die $\mathfrak{M}$ vollständig überdecken.

Beispiele:

23. Die Punktmenge $\mathfrak{M} = \left\{1, \frac{1}{2}, \frac{1}{3}, \frac{1}{4}, \ldots\right\}$ ist *nicht* überdeckungskompakt. Die Umgebungen

$$\mathfrak{U}_\nu = \left\{z \,\middle|\, \left|z - \frac{1}{\nu}\right| < \frac{1}{(\nu + 1)^2}\right\}, \nu = 1, 2, 3, \ldots$$

überdecken $\mathfrak{M}$; denn der Punkt $\frac{1}{\nu}$ liegt in $\mathfrak{U}_\nu$. Aber kein Punkt $\frac{1}{\mu}$ liegt in einem $\mathfrak{U}_\nu$ für $\nu \neq \mu$. Läßt man daher auch nur ein $\mathfrak{U}_\nu$ fort, so wird der Punkt $\frac{1}{\nu}$ nicht mehr überdeckt. Man kommt also *nicht* mit endlich vielen $\mathfrak{U}_\nu$ aus, um $\mathfrak{M}$ zu überdecken.

24. Die Punktmenge $\mathfrak{M} = \left\{0, 1, \frac{1}{2}, \frac{1}{3}, \frac{1}{4}, \ldots\right\}$ ist überdeckungskompakt. $\{\mathfrak{U}_\alpha\}$ sei *irgendeine* offene Überdeckung von $\mathfrak{M}$. Zu 0 gibt es eine Umgebung $\mathfrak{U}_0$ aus $\{\mathfrak{U}_\alpha\}$, in der 0 liegt. In dieser Umgebung $\mathfrak{U}_0$ liegt eine ε-Umgebung $\mathfrak{U}_\varepsilon = \{z \mid |z| < \varepsilon\}$, wobei $\varepsilon = \frac{1}{n}$ für passendes n gewählt werden kann. In $\mathfrak{U}_\varepsilon$ und damit in $\mathfrak{U}_0$ liegen der Punkt 0 und alle Punkte $\frac{1}{\nu}$ für $\nu > n$. Die Punkte $\frac{1}{\nu}$ für $\nu = 1, 2, \ldots, n$ werden von Umgebungen $\mathfrak{U}_1, \mathfrak{U}_2, \ldots, \mathfrak{U}_n$ aus $\{\mathfrak{U}_\alpha\}$ überdeckt. Also wird $\mathfrak{M}$ durch $\{\mathfrak{U}_0, \mathfrak{U}_1, \mathfrak{U}_2, \ldots, \mathfrak{U}_n\}$ überdeckt.

Ein *Hausdorff-Raum* $\mathfrak{R}$ heißt *überdeckungskompakt*, wenn jede seiner offenen Überdeckungen eine endliche Überdeckung enthält. Da die offenen Mengen einer Relativtopologie durch Beschränkung der offenen Mengen des umgebenden Raumes erhalten werden, so gilt: Eine Punktmenge $\mathfrak{M}$ in einem Hausdorff-Raum $\mathfrak{R}$ ist genau dann überdeckungskompakt, wenn der mit der Relativtopologie von $\mathfrak{R}$ versehene Raum $\mathfrak{M}$ überdeckungskompakt ist.

Satz 10. *In einem überdeckungskompakten Hausdorff-Raum $\mathfrak{R}$ ist jede abgeschlossene Punktmenge $\mathfrak{M}$ überdeckungskompakt.*

Sei $\{\mathfrak{U}_\alpha\}$ eine offene Überdeckung von $\mathfrak{M}$. $\mathfrak{U}^* = C\mathfrak{M}$ ist offen. $\mathfrak{U}^*$ und die $\mathfrak{U}_\alpha$ aus $\{\mathfrak{U}_\alpha\}$ überdecken $\mathfrak{R}$. Es gibt, da $\mathfrak{R}$ überdeckungskompakt ist, eine endliche Überdeckung von $\mathfrak{R}$, wobei wir annehmen können, daß $\mathfrak{U}^*$ dazu gehört: $\{\mathfrak{U}^*, \mathfrak{U}_1, \ldots, \mathfrak{U}_n\}$. Dieses System überdeckt auch $\mathfrak{M}$. kein Punkt von $\mathfrak{M}$ liegt in $\mathfrak{U}^* = C\mathfrak{M}$. Also wird $\mathfrak{M}$ schon von $\mathfrak{U}_1, \ldots, \mathfrak{U}_n$ überdeckt.

Die *endliche Ebene ist nicht überdeckungskompakt.* Zum Beispiel überdecken die Kreise $\mathfrak{K}_n = \{z \mid |z| < n\}$, $n = 1, 2, 3, \ldots$, die gesamte Ebene, aber man kommt niemals mit endlich vielen aus. Wir werden noch zeigen, daß die *geschlossene Ebene überdeckungskompakt* ist.

Satz 11. *Jede überdeckungskompakte Punktmenge eines Hausdorff-Raumes ist abgeschlossen.*

$\mathfrak{M}$ sei überdeckungskompakt. x_0 liege nicht in $\mathfrak{M}$. Zu jedem Punkt $x \in \mathfrak{M}$ gibt es eine Umgebung $\mathfrak{U}(x)$ von x und eine Umgebung $\mathfrak{U}_x(x_0)$ des Punktes x_0, so daß $\mathfrak{U}(x) \cap \mathfrak{U}_x(x_0) = \theta$ ist. Endlich viele der $\mathfrak{U}(x)$, etwa $\mathfrak{U}(x_1), \ldots, \mathfrak{U}(x_n)$ überdecken $\mathfrak{M}$. In $\mathfrak{U}(x_0) = \mathfrak{U}_{x_1}(x_0) \cap \mathfrak{U}_{x_2}(x_0) \cap \cap \cdots \cap \mathfrak{U}_{x_n}(x_0)$ liegt dann kein Punkt von $\mathfrak{M}$. x_0 kann also kein Häufungspunkt von $\mathfrak{M}$ sein, d. h. die Häufungspunkte von $\mathfrak{M}$ gehören zu $\mathfrak{M}$, und $\mathfrak{M}$ ist nach Satz 7 abgeschlossen.

Eine Punktmenge $\mathfrak{M}$, in der jede unendliche Teilmenge wenigstens einen Häufungspunkt besitzt, der in $\mathfrak{M}$ liegt, heißt *folgenkompakt**. Es gilt nun

Satz 12. *Jede überdeckungskompakte Punktmenge eines Hausdorff-Raumes ist folgenkompakt.*

Ist eine unendliche Teilmenge von $\mathfrak{M}$ gegeben, so wähle man daraus zunächst eine abzählbare unendliche Punktmenge $\mathfrak{M}_0 = \{a_1, a_2, a_3, \ldots\}$ aus. Angenommen, diese Punktmenge besäße keinen Häufungspunkt in $\mathfrak{M}$. Dann gibt es zunächst nach Satz 5 zu jedem Punkt b aus $\mathfrak{M}$, der nicht in $\mathfrak{M}_0$ liegt, eine Umgebung $\mathfrak{U}(b)$, in der kein Punkt von $\mathfrak{M}_0$ liegt, und zu jedem Punkt a_ν aus $\mathfrak{M}_0$ eine Umgebung $\mathfrak{U}_\nu$, in der außer a_ν kein Punkt von $\mathfrak{M}_0$ liegt. Die Umgebungen $\mathfrak{U}(b)$ und $\mathfrak{U}_\nu, \nu = 1, 2, \ldots$ überdecken $\mathfrak{M}$. Da $\mathfrak{M}$ überdeckungskompakt ist, tun dies schon endlich viele, etwa $\mathfrak{U}(b_1), \mathfrak{U}(b_2), \ldots, \mathfrak{U}(b_k), \mathfrak{U}_1, \mathfrak{U}_2, \ldots, \mathfrak{U}_n$. Dies ist aber ein *Widerspruch*, da a_{n+1} in keiner dieser Umgebungen liegt.

---

* In der älteren Terminologie nennt man folgenkompakte Mengen *kompakt* und überdeckungskompakte Mengen *bikompakt* (s. P. Alexandroff und H. Hopf: Topologie, Berlin 1935). Bei N. Bourbaki heißen überdeckungskompakte Mengen *kompakt* und folgenkompakte Mengen *semikompakt*.

Es gibt Hausdorff-Räume, in denen nicht alle folgenkompakten Mengen überdeckungskompakt sind*, jedoch fallen in allen uns interessierenden Fällen beide Begriffe zusammen, wie der noch zu beweisende Satz von HEINE-BOREL zeigt, der besagt, daß in jedem Hausdorff-Raum mit *abzählbarer Basis* jede folgenkompakte Menge überdeckungskompakt ist.

Wir wollen den Begriff der abzählbaren Basis zunächst im Falle der endlichen Ebene erläutern.

Die endliche Ebene besitzt die folgende wichtige Eigenschaft: Man betrachte die Menge der Kreise $\mathfrak{K}(r_1, r_2, r_3) = \{z \mid |z - r_1 - i r_2| < r_3\}$, wobei r_1, r_2, r_3 rational und $r_3 > 0$ ist. Die Gesamtheit dieser Kreise ist abzählbar: $\mathfrak{K}_1, \mathfrak{K}_2, \mathfrak{K}_3, \ldots$. Nun gilt: zu jeder Umgebung $\mathfrak{U}$ eines Punktes a gibt es einen der vorstehenden Kreise $\mathfrak{K}_n$, so daß $a \in \mathfrak{K}_n \subset \mathfrak{U}$ gilt. *Die abzählbar vielen Kreise $\mathfrak{K}_n$ überdecken also die gesamte Ebene, und außerdem kann zu jeder Umgebung $\mathfrak{U}$ eines Punktes a als offene, in $\mathfrak{U}$ enthaltene Umgebung von a einer der abzählbar vielen Kreise gewählt werden.*

Um dies einzusehen, betrachten wir irgendeine in $\mathfrak{U}$ enthaltene ε-Umgebung des Punktes a: $\mathfrak{U}_\varepsilon = \{z \mid |z - a| < \varepsilon\}$. Sodann wählen wir einen Punkt $a_1 = r_1 + i r_2$ mit rationalen Koordinaten, so daß $|a - a_1| < \frac{\varepsilon}{3}$ ist, und eine rationale Zahl r_3 mit $\frac{\varepsilon}{3} < r_3 < \frac{2\varepsilon}{3}$. Der Kreis $\mathfrak{K} = \{z \mid |z - a_1| < r_3\}$ gehört dann zu obigen Kreisen $\mathfrak{K}_n$. Ferner liegt wegen $|a - a_1| < \frac{\varepsilon}{3} < r_3$ der Punkt a in $\mathfrak{K}$; schließlich liegt $\mathfrak{K}$ in $\mathfrak{U}_\varepsilon$ und damit in $\mathfrak{U}$: Aus $|z - a_1| < r_3$ folgt nämlich

$$|z - a| \leqq |z - a_1| + |a_1 - a| < r_3 + \frac{\varepsilon}{3} < \frac{2\varepsilon}{3} + \frac{\varepsilon}{3} = \varepsilon .$$

Den hier beschriebenen Sachverhalt formulieren wir nun allgemein für Hausdorff-Räume:

Ein Hausdorff-Raum besitzt eine *abzählbare Basis*, wenn es ein System *abzählbar* vieler *offener* Umgebungen $\mathfrak{U}_1, \mathfrak{U}_2, \mathfrak{U}_3, \ldots$ gibt, so daß zu jedem Punkt a und jeder Umgebung $\mathfrak{U}$ von a eine Umgebung $\mathfrak{U}_n$ existiert, für die $a \in \mathfrak{U}_n \subset \mathfrak{U}$ gilt. Das System $\{\mathfrak{U}_1, \mathfrak{U}_2, \mathfrak{U}_3, \ldots\}$ heißt eine *Basis* des Hausdorff-Raumes.

Es gilt nun der

Satz 13. *Die endliche und die geschlossene Ebene besitzen eine abzählbare Basis.*

Für die endliche Ebene wurde dieser Satz durch die obige Überlegung bewiesen. Für die geschlossene Ebene fügen wir zu den Kreisen $\mathfrak{K}_n$ der endlichen Ebene noch die abzählbar vielen Umgebungen des Punktes ∞: $\mathfrak{K}_n^* = \left\{z \,\middle|\, \chi(z, \infty) < \frac{1}{n}\right\}$, $n = 2, 3, \ldots$ hinzu, also das

* Siehe: P. ALEXANDROFF und H. HOPF, a. a. O., S. 86.

Äußere der Kreise $|z| \leqq \sqrt{n^2-1}$ einschließlich des Punktes ∞. Dann bilden die Kreise $\mathfrak{K}_n$ und die Umgebungen $\mathfrak{K}_n^*$ zusammen eine abzählbare Basis der geschlossenen Ebene.

Wir beweisen nun den für das Folgende äußerst wichtigen

Satz 14 (Heine-Borel). *In einem Hausdorff-Raum $\mathfrak{R}$ mit abzählbarer Basis ist jede folgenkompakte Punktmenge $\mathfrak{M}$ überdeckungskompakt.*

Da in einem Hausdorff-Raum $\mathfrak{R}$ mit abzählbarer Basis jede folgenkompakte Teilmenge $\mathfrak{M}$, mit der Relativtopologie von $\mathfrak{R}$ versehen, ein folgenkompakter Hausdorff-Raum mit abzählbarer Basis ist, so genügt es, den nachstehenden Spezialfall von Satz 14 zu beweisen:

Satz 14a. *Ein folgenkompakter Hausdorff-Raum $\mathfrak{R}$ mit abzählbarer Basis ist überdeckungskompakt.*

Wir haben zu zeigen, daß jede offene Überdeckung $\{\mathfrak{V}\}$ von $\mathfrak{R}$ eine endliche Überdeckung von $\mathfrak{R}$ enthält. Jeder Punkt $a \in \mathfrak{R}$ besitzt eine Umgebung $\mathfrak{V}_a$ aus $\{\mathfrak{V}\}$ und eine Umgebung $\mathfrak{U}_a \subset \mathfrak{V}_a$ aus einer abzählbaren Basis $\{\mathfrak{U}\}$ von $\mathfrak{R}$. Abzählbar viele der $\mathfrak{U}_a$ und damit der $\mathfrak{V}_a$ überdecken dann schon $\mathfrak{R}$, sagen wir: $\mathfrak{V}_1, \mathfrak{V}_2, \ldots$.

Wir müssen nun beweisen, daß endlich viele der $\mathfrak{V}_1, \mathfrak{V}_2, \ldots$ schon $\mathfrak{R}$ überdecken, d. h. daß eine der offenen Punktmengen

$$\mathfrak{N}_\nu = \mathfrak{V}_1 \cup \mathfrak{V}_2 \cup \cdots \cup \mathfrak{V}_\nu, \quad \nu = 1, 2, \ldots, \tag{14}$$

schon mit $\mathfrak{R}$ übereinstimmt. Wäre dies nicht der Fall, so müßten unendlich viele der $\mathfrak{N}_\nu$ in der $\mathfrak{R}$ ausschöpfenden Folge

$$\mathfrak{N}_1 \subset \mathfrak{N}_2 \subset \mathfrak{N}_3 \subset \cdots \tag{15}$$

voneinander verschieden sein. Dann definieren wir eine Punktmenge $\{a_\nu : \nu = 1, 2, \ldots\}$ folgendermaßen: Sei a_1 irgendein Punkt von $\mathfrak{N}_1$. Sodann sei $a_{\nu+1} = a_\nu$, falls $\mathfrak{N}_{\nu+1} = \mathfrak{N}_\nu$, sonst aber ein Punkt aus $\mathfrak{N}_{\nu+1} - \mathfrak{N}_\nu$. Da in (15) unendlich oft aufeinanderfolgende Mengen verschieden voneinander sind, ist $\{a_\nu\}$ eine unendliche Punktmenge. Diese Menge hat keinen Häufungspunkt, da jeder Punkt $a \in \mathfrak{R}$ in einem $\mathfrak{N}_\nu$ liegt, das aber nur endlich viele der a_ν enthält. Das ist aber ein Widerspruch dazu, daß $\mathfrak{R}$ folgenkompakt ist.

Damit ist Satz 14a und somit auch Satz 14 bewiesen.

Da wir in der Funktionentheorie nur Hausdorff-Räume mit abzählbarer Basis betrachten, so fallen hier die Begriffe überdeckungskompakt und folgenkompakt zusammen. Wir sprechen deshalb im folgenden schlechthin von kompakten Punktmengen.

Bei vielen Untersuchungen interessiert nur die lokale Struktur eines Raumes $\mathfrak{R}$. Wir definieren daher: Ein Hausdorff-Raum $\mathfrak{R}$ heißt *lokal kompakt*, wenn jeder Punkt $a \in \mathfrak{R}$ eine kompakte Umgebung $\mathfrak{U}$ des Punktes a besitzt. Ist $\mathfrak{U}^*$ dann eine beliebige Umgebung von a, so gibt es stets eine in $\mathfrak{U}^*$ liegende kompakte Umgebung $\mathfrak{U}^{**}$ von a, wie eine leichte Überlegung zeigt. Die endliche und die geschlossene Ebene sind lokal kompakt.

Schließlich definieren wir noch: Ist $\mathfrak{M}$ eine offene Punktmenge und $\mathfrak{N}$ eine Teilmenge von $\mathfrak{M}$, so heißt $\mathfrak{N}$ *relativ kompakt* in $\mathfrak{M}$ oder *kompakt in* $\mathfrak{M}$ *gelegen*, wenn die abgeschlossene Hülle $\overline{\mathfrak{N}}$ kompakt ist und in $\mathfrak{M}$ liegt: $\overline{\mathfrak{N}} \subset \mathfrak{M}$.

Ein topologischer Raum $\mathfrak{R}$ heißt *zusammenhängend*, wenn er sich nicht in zwei offene, nicht leere, punktfremde Teilmengen zerlegen läßt.

Eine *Teilmenge* $\mathfrak{M}$ *von* $\mathfrak{R}$ heißt *zusammenhängend*, wenn sie als topologischer Raum, mit der Relativtopologie von $\mathfrak{M}$ in bezug auf $\mathfrak{R}$ versehen, zusammenhängend ist.

Hiernach ist eine offene Teilmenge von $\mathfrak{R}$ zusammenhängend, wenn sie sich nicht in zwei punktfremde offene Teilmengen zerlegen läßt.

Ein Intervall $I = \{x | \alpha \leqq x \leqq \beta, \alpha < \beta\}$ ist zusammenhängend.

Literatur

ALEXANDROFF, P., u. H. HOPF: Topologie. Berlin 1935.
BOURBAKI, N.: Topologie générale I. Paris 1951.
HERMES, H.: Einführung in die Verbandstheorie. Berlin 1955.

§ 4. Punktfolgen

Ordnen wir jeder natürlichen Zahl 1, 2, ... einen Punkt eines Hausdorff-Raumes $\mathfrak{R}$ zu, fernerhin mit $a_1, a_2, \ldots$ bezeichnet, so entsteht eine (unendliche) Punktfolge. Die a_n brauchen nicht alle untereinander verschieden zu sein. Die Menge der verschiedenen Punkte, die in der (unendlichen) Folge a_n auftreten, kann also unendlich oder endlich sein.

Sind die a_n Punkte der Gaußschen Zahlenebene, also komplexe Zahlen, so sprechen wir von einer *Zahlenfolge*.

Beispiele:

1. Die Glieder der Folge $a_n = \frac{1}{n}$ bilden eine unendliche Menge verschiedener Zahlen.

2. Die Glieder der Folge 1, 1, 1, ... bilden nur die einelementige Menge, die aus der Zahl 1 besteht.

Umgekehrt kann eine unendliche Menge, wenn sie überhaupt abzählbar ist, nur durch (unendliche) Folgen ausgeschöpft werden.

Ein Punkt a heißt *Häufungspunkt der Folge* $a_1, a_2, \ldots$, wenn in jeder Umgebung von a unendlich viele Glieder der Folge liegen. Man spricht also bei einer Folge auch dann von einem Häufungspunkt, wenn wie in Beispiel 2 nur endlich viele a_n voneinander verschieden sind. In diesem Beispiel ist der Punkt 1 Häufungspunkt der Folge. In einem metrischen Raum, z. B. in der endlichen oder in der geschlossenen Ebene mit einem Abstand $d(a, b) = |a - b|$ bzw. $d(a, b) = \chi(a, b)$, gilt

Satz 15. *Ein Punkt a ist dann und nur dann Häufungspunkt der Folge $a_1, a_2, \ldots$, wenn es zu jedem $\varepsilon > 0$ unendlich viele a_n gibt, so daß $d(a_n, a) < \varepsilon$ ist.*

Eine Folge $a_1, a_2, \ldots$ heißt *konvergent*, wenn es einen Punkt a gibt, so daß in jeder Umgebung von a *fast alle* a_n, d. h. alle bis auf endlich viele, liegen. In einem Hausdorff-Raum kann es auf Grund von A_4 nur einen solchen Punkt a geben. Für diesen schreiben wir dann

$$a = \lim_{n \to \infty} a_n$$

und nennen ihn den *Grenzwert*, den *Konvergenzpunkt* oder den *Limes der Folge* $a_1, a_2, \ldots$.

In metrischen Räumen gilt das Konvergenzkriterium:

Satz 16. *Eine Folge $a_1, a_2, \ldots$ ist dann und nur dann konvergent, wenn es einen Punkt a gibt und zu jedem $\varepsilon > 0$ ein n_0, so daß $d(a_n, a) < \varepsilon$ für alle $n \geqq n_0$ ist.*

Analog zu 3, Zusätze 9a und 9b gilt auch hier:

Zusatz 16a. *Eine Folge $a_1, a_2, \ldots$ ist dann und nur dann konvergent, wenn es eine positive Zahl k gibt, so daß zu jedem $\varepsilon > 0$ ein n_0 existiert, so daß $d(a_n, a) < k\varepsilon$ für alle $n \geqq n_0$ ist.*

Zusatz 16b. *Eine Folge $a_1, a_2, \ldots$ ist dann und nur dann konvergent, wenn für jede fest gewählte positive Zahl k gilt: zu jedem $\varepsilon > 0$ existiert ein n_0, so daß $d(a_n, a) < k\varepsilon$ für alle $n \geqq n_0$ ist.*

Besitzt ein Punkt a eines Hausdorff-Raumes ein abzählbares System offener Umgebungen $\mathfrak{U}_1, \mathfrak{U}_2, \mathfrak{U}_3, \ldots$, so daß in jeder Umgebung $\mathfrak{U}$ des Punktes a eine der Umgebung $\mathfrak{U}_n$ enthalten ist, so sagt man, *der Punkt a besitze eine abzählbare Umgebungsbasis*. Jeder Hausdorff-Raum mit abzählbarer Basis hat die obige Eigenschaft nach Definition der abzählbaren Basis. Aber auch jeder metrische Raum hat in den Umgebungen $\mathfrak{V}_n = \left\{x \,\middle|\, d(x, a) < \frac{1}{n}\right\}$ eines Punktes a eine solche Umgebungsbasis. Hier gilt zusätzlich noch:

$$\mathfrak{V}_1 \supset \mathfrak{V}_2 \supset \mathfrak{V}_3 \supset \cdots. \tag{1}$$

Besitzt ein Punkt a eine abzählbare Umgebungsbasis $\mathfrak{U}_1, \mathfrak{U}_2, \mathfrak{U}_3, \ldots$, so besitzt er in den Umgebungen $\mathfrak{V}_n = \mathfrak{U}_1 \cap \mathfrak{U}_2 \cap \cdots \cap \mathfrak{U}_n$ eine solche Basis mit der Eigenschaft (1).

Die endliche und die geschlossene Ebene sind Räume, in denen jeder Punkt eine abzählbare Umgebungsbasis besitzt.

Satz 17. *Ist a_0 Häufungspunkt einer Punktmenge $\mathfrak{M}$ und besitzt a_0 eine abzählbare Umgebungsbasis, so gibt es eine Folge voneinander verschiedener Punkte $a_1, a_2, a_3, \ldots$ aus $\mathfrak{M}$, die gegen a_0 konvergiert.*

$\mathfrak{V}_1 \supset \mathfrak{V}_2 \supset \mathfrak{V}_3 \supset \cdots$ sei eine abzählbare Umgebungsbasis von a_0. $\mathfrak{V}_{n_1}$ sei eine dieser Umgebungen. In $\mathfrak{V}_{n_1}$ liegt ein Punkt $a_1 \neq a_0$ aus $\mathfrak{M}$.

Zu a_0 und a_1 gibt es punktfremde Umgebungen $\mathfrak{U}_1^0$ und $\mathfrak{U}_1$. In $\mathfrak{U}_1^0$ ist ein $\mathfrak{V}_{n_2}$ enthalten, und in $\mathfrak{V}_{n_2}$ liegt ein $a_2 \neq a_0$ aus $\mathfrak{M}$. Zu a_0 und a_2 gibt es punktfremde Umgebungen $\mathfrak{U}_2^0$ und $\mathfrak{U}_2$, wobei man annehmen darf, daß $\mathfrak{U}_2^0 \subset \mathfrak{V}_{n_2}$. In $\mathfrak{U}_2^0$ ist ein $\mathfrak{V}_{n_3}$ enthalten, usw. Man erhält dann eine Folge von Umgebungen

$$\mathfrak{V}_{n_1} \supset \mathfrak{V}_{n_2} \supset \mathfrak{V}_{n_3} \supset \cdots$$

und zugehörige Punkte

$$a_1, a_2, a_3, \ldots,$$

so daß a_k in $\mathfrak{V}_{n_k}$ aber nicht in $\mathfrak{V}_{n_{k+1}}$ liegt. Die Folge $a_1, a_2, a_3, \ldots$ hat die verlangte Eigenschaft: In jeder Umgebung $\mathfrak{U}$ des Punktes a_0 ist ein $\mathfrak{V}_{n_k}$ enthalten und in $\mathfrak{V}_{n_k}$ liegen die Punkte $a_n, a_{n+1}, \ldots$.

Ähnlich beweist man

Satz 18. *Ist a_0 Häufungspunkt der Folge $a_1, a_2, a_3, \ldots$ und besitzt a_0 eine abzählbare Umgebungsbasis, so gibt es eine gegen a_0 konvergierende Teilfolge $a_{n_1}, a_{n_2}, a_{n_3}, \ldots, n_1 < n_2 < n_3 < \cdots$.*

Die Begriffe der Folge, der Konvergenz und des Grenzwertes ordnen sich den Begriffen der *Filtertheorie* unter. In einem topologischen Raum $\mathfrak{R}$ versteht man unter einem *Filter** ein nicht leeres System $\mathfrak{F} = \{\mathfrak{M}_\iota\}$ von Teilmengen $\mathfrak{M}_\iota \subset \mathfrak{R}$, so daß

1. der Durchschnitt $\mathfrak{M}_1 \cap \mathfrak{M}_2$ zweier Mengen aus $\mathfrak{F}$ eine Menge $\mathfrak{M}_3$ aus $\mathfrak{F}$ enthält,
2. kein $\mathfrak{M}_\iota$ aus $\mathfrak{F}$ die leere Menge ist.

Beispiele:

3. Die Menge der Umgebungen eines Punktes a in einem topologischen Raum ist ein Filter $\mathfrak{F}(a)$, den man den *Umgebungsfilter* von a nennt.
4. Eine abzählbare Umgebungsbasis eines Punktes ist ein Filter.
5. Das System der Mengen der Elemente aller Teilfolgen der Gestalt $a_n, a_{n+1}, a_{n+2}, \ldots$ einer Folge $a_1, a_2, a_3, \ldots$ bildet einen Filter.

Ein Filter $\mathfrak{F}_1$ heißt *feiner* als ein Filter $\mathfrak{F}_2$, wenn in jeder Menge $\mathfrak{M}_2$ aus $\mathfrak{F}_2$ eine Menge $\mathfrak{M}_1$ aus $\mathfrak{F}_1$ enthalten ist. Ein Filter $\mathfrak{F}$ heißt *konvergent* mit dem *Grenzwert a*, wenn er feiner als der Umgebungsfilter des Punktes a ist. *In einem Hausdorff-Raum kann ein Filter höchstens einen Grenzwert a haben:* Zu zwei Punkten a und b gibt es punktfremde Umgebungen $\mathfrak{U}(a)$ und $\mathfrak{U}(b)$. Wären a und b Grenzwerte von $\mathfrak{F}$, so gäbe es in $\mathfrak{U}(a)$ eine Menge $\mathfrak{M}_1$ von $\mathfrak{F}$ und in $\mathfrak{U}(b)$ eine Menge $\mathfrak{M}_2$ von $\mathfrak{F}$. Dann wäre aber $\mathfrak{M}_1 \cap \mathfrak{M}_2$ leer, was den Filteraxiomen widerspricht.

Beispiele:

6. Der im Beispiel 5 genannte Filter ist dann und nur dann konvergent mit einem Grenzwert a_0, wenn die Folge $a_1, a_2, a_3, \ldots$ gegen a_0 konvergiert.
7. Die Menge der Kreise:

$$\mathfrak{K}_n = \left\{ z \,\middle|\, \left| z - \frac{1}{n} \right| < \frac{1}{n}, \ n = 1, 2, 3, \ldots \right\}$$

bildet einen konvergenten Filter mit dem Grenzwert 0.

* Bei N. Bourbaki wird ein solches System als *Filterbasis* bezeichnet.

Die *Existenz eines Häufungspunktes* einer Punktmenge oder Punktfolge läßt sich aus den topologischen und metrischen Eigenschaften der endlichen oder der geschlossenen Ebene allein nicht erschließen. Hierzu bedarf es des Vollständigkeitsaxioms III der reellen Zahlen (s. § 1, S. 5). Mit seiner Hilfe ergibt sich sofort der

Satz 19 (WEIERSTRASS-BOLZANO). *Jede beschränkte unendliche Menge $\mathfrak{M}$ komplexer Zahlen hat mindestens einen Häufungspunkt.*

Dabei heißt eine Punktmenge $\mathfrak{M}$ *beschränkt*, wenn es eine Zahl $K > 0$ gibt, so daß $|z| \leqq K$ für alle z aus $\mathfrak{M}$ ist.

Zum Beweis von Satz 19 wähle man aus $\mathfrak{M}$ eine unendliche Folge verschiedener Zahlen $z_n = x_n + i y_n$, $n = 1, 2, 3, \ldots$ aus. Dann gilt $|x_n| \leqq |z_n| \leqq K$ und $|y_n| \leqq |z_n| \leqq K$ für alle n. Nach dem Axiom III der reellen Zahlen hat die Folge der x_n einen Häufungspunkt x_0, d. h. zu jedem $\varepsilon > 0$ gibt es unendlich viele Glieder der Folge der x_n, so daß für diese Glieder

$$|x_n - x_0| < \varepsilon \tag{2}$$

gilt. Die zugehörigen y_n besitzen ihrerseits einen Häufungspunkt y_0, so daß für unendlich viele dieser y_n gilt:

$$|y_n - y_0| < \varepsilon . \tag{3}$$

Es gibt also unendlich viele Glieder der Folge der z_n, für die sowohl (2) als auch (3) gilt, und somit ist für diese z_n:

$$|z_n - z_0| \leqq |x_n - x_0| + |y_n - y_0| < 2\varepsilon .$$

z_0 ist also Häufungspunkt der Folge der z_n, also auch Häufungspunkt der Menge $\mathfrak{M}$. Aus diesem Satz folgt nun

Satz 20. *Eine Menge $\mathfrak{M}$ komplexer Zahlen ist dann und nur dann kompakt, wenn sie abgeschlossen und beschränkt ist.*

Ist $\mathfrak{M}$ kompakt, so folgt aus 3, Satz 11, daß $\mathfrak{M}$ abgeschlossen ist. Wäre $\mathfrak{M}$ nicht beschränkt, so könnte man eine über alle Grenzen wachsende Punktfolge aus $\mathfrak{M}$ wählen und diese hätte keinen Häufungspunkt in $\mathfrak{M}$. $\mathfrak{M}$ wäre also nicht kompakt.

Ist andererseits $\mathfrak{M}$ abgeschlossen und beschränkt, so ist die Aussage für endliche Mengen trivial, und für unendliche Mengen folgt sie aus 3, Satz 7 und aus den Sätzen von WEIERSTRASS-BOLZANO und HEINE-BOREL.

In der geschlossenen Ebene gilt

Satz 21 *(Erweiterter Satz von* WEIERSTRASS-BOLZANO*). Jede unendliche Punktmenge $\mathfrak{M}$ hat in der geschlossenen Ebene wenigstens einen Häufungspunkt.*

Entweder ist der Punkt ∞ Häufungspunkt von $\mathfrak{M}$, oder es gibt ein ε_0 mit $0 < \varepsilon_0 < 1$, so daß für alle von ∞ verschiedenen Punkte z aus $\mathfrak{M}$ gilt: $\chi(z, \infty) \geqq \varepsilon_0$. Dies besagt nach 2, (17), daß $\mathfrak{M}$ ohne den Punkt ∞ beschränkt ist und damit nach Satz 19 wenigstens einen Häufungspunkt hat.

Aus Satz 21 folgt in Verbindung mit Satz 13 und Satz 14:

Satz 22. *Die abgeschlossene Ebene ist kompakt.*

In den Sätzen 20 und 21 liegt einer der Gründe dafür, daß die endliche Ebene durch Hinzunahme eines *unendlich fernen Punktes* geschlossen wird: sie wird dadurch zu einer kompakten Punktmenge gemacht. Man spricht daher auch von der *kompakten Ebene* und nennt den Vorgang dieser Abschließung *Kompaktifizierung*. Wir werden jedoch erst später die Tatsache rechtfertigen können, daß wir uns in der Funktionentheorie nur für die Abschließung durch *einen einzigen* unendlich fernen Punkt entscheiden (s. IV, 3).

Einfache Folgerungen der vorstehenden Sätze sind:

Satz 23. *Jede beschränkte Folge komplexer Zahlen hat wenigstens einen Häufungspunkt.*

Satz 24. *Jede Punktfolge der geschlossenen Ebene hat wenigstens einen Häufungspunkt.*

Aus diesen Sätzen folgt weiter das *Cauchysche Konvergenzkriterium:*

Satz 25. *Die Folge der komplexen Zahlen (bzw. der Punkte der geschlossenen Ebene) $a_1, a_2, a_3, \ldots$ ist dann und nur dann konvergent in der endlichen (bzw. geschlossenen) Ebene, wenn es zu jedem $\varepsilon > 0$ ein n_0 gibt, so daß für alle $n, m \geqq n_0$ gilt:*

$$|a_n - a_m| < \varepsilon \quad (\text{bzw. } \chi(a_n, a_m) < \varepsilon)\,. \tag{4}$$

In der Tat folgt aus der vorstehenden Ungleichung für die endliche Ebene, wenn man ein festes $n \geqq n_0$ wählt, die Beschränktheit der Folge und damit nach Satz 23 die *Existenz* eines Häufungspunktes a. Daß a Konvergenzpunkt ist, folgt daraus, daß zu $\varepsilon > 0$ ein n_0 existiert mit $|a_n - a_m| < \varepsilon$ für alle $n, m \geqq n_0$ und ein $m \geqq n_0$ mit $|a_m - a| < \varepsilon$. Dann ist für alle $n \geqq n_0$ notwendig $|a_n - a| < 2\varepsilon$. Im Falle der geschlossenen Ebene folgt die Existenz des Häufungspunktes aus Satz 24 und die Konvergenz wie im Falle der endlichen Ebene.

Ist umgekehrt die Folge $a_1, a_2, a_3, \ldots$ konvergent gegen a, so gibt es zu jedem $\varepsilon > 0$ ein n_0, so daß für alle $n, m \geqq n_0$ gilt: $|a_n - a| < \frac{\varepsilon}{2}$ und $|a_m - a| < \frac{\varepsilon}{2}$, also auch $|a_n - a_m| < \varepsilon$.

Wollen wir ausdrücken, daß der Grenzwert a einer Folge endlich ist, so sprechen wir vom *endlichen Grenzwert* und von *eigentlicher Konvergenz*. Ist eine Folge komplexer Zahlen $a_1, a_2, a_3, \ldots$ mit $a_n = \alpha_n + i\beta_n$, $n = 1, 2, 3, \ldots$ konvergent mit dem Grenzwert $a = \alpha + i\beta$, so konvergieren auch die α_n gegen α und die β_n gegen β. Umgekehrt folgt aus der Konvergenz der α_n gegen α und der β_n gegen β die Konvergenz der $a_n = \alpha_n + i\beta_n$ gegen $a = \alpha + i\beta$.

Weiter gilt:

Satz 26. *Sind die Folgen a_n und a'_n eigentlich konvergent, so ist auch der im folgenden jeweils links stehende Limes vorhanden, und es gilt:*

$$1.\ \lim(a_n \pm a'_n) = \lim a_n \pm \lim a'_n,$$

$$2.\ \lim(a_n \cdot a'_n) = \lim a_n \cdot \lim a'_n.$$

Ist ferner $\lim a'_n \neq 0$, *so gilt auch:*

$$3.\ \lim \frac{a_n}{a'_n} = \frac{\lim a_n}{\lim a'_n}.$$

Den Beweis dieser elementaren Aussagen können wir hier übergehen.

Die Voraussetzung der eigentlichen Konvergenz ist hier wesentlich, da die Konvergenz gegen unendlich in den Formeln rechts zu elementaren Rechnungen mit „∞" führen würde, die ausdrücklich ausgeschlossen sind. Ferner ist genau die Reihenfolge der Aussagen in diesen Formeln zu beachten. So folgt aus der Existenz der endlichen Zahlen $\lim a_n$ und $\lim a'_n$ die Existenz einer endlichen Zahl $\lim(a_n + a'_n)$; dagegen ist das Umgekehrte falsch.

Beispiele:

8. $a_n = (-1)^n$, $a'_n = (-1)^{n+1} + \frac{1}{n}$. Es ist $\lim(a_n + a'_n) = 0$, dagegen konvergieren nicht die Folgen a_n und a'_n.

9. Für $a'_n = n^2$, $a_n = n^2 + n$ existiert der $\lim \frac{a_n}{a'_n}$ und hat den endlichen Wert 1. Die Folgen a_n und a'_n haben aber den Grenzwert ∞, sind also nicht eigentlich konvergent.

Unter dem *euklidischen Abstand zweier Mengen* $\mathfrak{M}_1$ und $\mathfrak{M}_2$ der geschlossenen Ebene verstehen wir das *Infimum*, d. h. die untere Grenze der $|a - b|$, geschrieben: $\inf|a - b|$, wobei a die Menge der endlichen Punkte von $\mathfrak{M}_1$ und b die Menge der endlichen Punkte von $\mathfrak{M}_2$ durchläuft. Der Abstand ist nicht definiert, wenn die eine Menge nur aus dem unendlich fernen Punkt besteht. Entsprechend bezeichnen wir als *chordalen Abstand zweier Mengen* $\mathfrak{M}_1$ und $\mathfrak{M}_2$ die untere Grenze der $\chi(a, b)$, $\inf \chi(a, b)$, wobei a die Menge $\mathfrak{M}_1$ und b die Menge $\mathfrak{M}_2$ durchläuft.

Als *Durchmesser einer beschränkten Menge* $\mathfrak{M}$ bezeichnen wir das *Supremum*, d. h. die obere Grenze der $|a - b|$, geschrieben: $\sup|a - b|$, wobei a und b unabhängig voneinander alle Punkte von $\mathfrak{M}$ durchlaufen.

Es gilt nun

Satz 27. $\mathfrak{A}$ *und* $\mathfrak{B}$ *seien punktfremde kompakte Mengen der geschlossenen Ebene. Keine von ihnen bestehe ausschließlich aus dem Punkt* ∞. *Dann haben* $\mathfrak{A}$ *und* $\mathfrak{B}$ *einen positiven euklidischen Abstand* d. *Ferner gibt es in* $\mathfrak{A}$ *einen endlichen Punkt* z_0 *und in* $\mathfrak{B}$ *einen endlichen Punkt* w_0, *so daß* $|z_0 - w_0| = d$ *ist.*

Von den beiden Mengen $\mathfrak{A}$ und $\mathfrak{B}$ muß mindestens eine beschränkt sein, da sonst beide den Punkt ∞ als Häufungspunkt hätten. Wegen der Kompaktheit von $\mathfrak{A}$ und $\mathfrak{B}$ müßte er zu beiden Mengen gehören, was aber der Voraussetzung des Satzes widerspricht. Nehmen wir an, $\mathfrak{A}$ sei beschränkt. Mit d bezeichnen wir den Abstand der beiden Mengen $\mathfrak{A}$ und $\mathfrak{B}$, also die untere Grenze der $|a - b|$, wobei a in $\mathfrak{A}$ und b in $\mathfrak{B}$ liegt. Dann gibt es eine Folge $z_1, z_2, \ldots$ in $\mathfrak{A}$ und eine Folge $w_1, w_2, \ldots$ in $\mathfrak{B}$, sodaß

$$\lim_{n\to\infty} |z_n - w_n| = d \tag{5}$$

ist. Die Folge $\{z_n\}$ hat in $\mathfrak{A}$ mindestens einen Häufungspunkt z_0. Es gibt somit eine gegen z_0 konvergierende Teilfolge $z_1', z_2', \ldots$ der Folge $\{z_n\}$. Die zugehörigen w_n seien $w_1', w_2', \ldots$. Sie liegen in einem beschränkten Gebiet, und daher besitzt die Folge w_n' einen endlichen Häufungspunkt w_0, der zu $\mathfrak{B}$ gehört. Wieder gibt es eine Teilfolge $w_1'', w_2'', \ldots$ der Folge w_n', die gegen w_0 konvergiert. Die zugehörigen z_n' seien $z_1'', z_2'', \ldots$. Dann haben wir für die Teilfolge z_n'' der Folge z_n und die Teilfolge w_n'' der Folge w_n:

$$\lim_{n\to\infty} z_n'' = z_0\,, \quad \lim_{n\to\infty} w_n'' = w_0$$

und wegen (5)

$$\lim_{n\to\infty} |z_n'' - w_n''| = d\,,$$

folglich

$$|z_0 - w_0| = d\,,$$

wobei z_0 in $\mathfrak{A}$ und w_0 in $\mathfrak{B}$ liegt. Da $\mathfrak{A}$ und $\mathfrak{B}$ punktfremd sind, ist $d > 0$.

Entsprechend schließt man beim chordalen Abstand und erhält den

Satz 27a. *$\mathfrak{A}$ und $\mathfrak{B}$ seien punktfremde kompakte Mengen der geschlossenen Ebene. Dann haben $\mathfrak{A}$ und $\mathfrak{B}$ einen positiven chordalen Abstand δ, und es gibt in $\mathfrak{A}$ einen Punkt z_0 und in $\mathfrak{B}$ einen Punkt w_0, so daß $\chi(z_0, w_0) = \delta$ ist.*

Punktfremde Mengen, die nicht kompakt sind, können durchaus den Abstand Null haben. Dagegen sind irgendwelche Mengen der endlichen Ebene mit positivem euklidischen Abstand oder irgendwelche Mengen der geschlossenen Ebene mit positivem chordalen Abstand stets punktfremd.

Beispiele:

10. Die Folge der komplexen Zahlen

$$z_n = \frac{n-1}{n} + \frac{i}{n}\,, \quad n = 1, 2, 3, \ldots,$$

ist konvergent mit dem Grenzwert $z_0 = 1$; denn es ist

$$|z_n - z_0| = \left|-\frac{1}{n} + \frac{i}{n}\right| = \frac{\sqrt{2}}{n} < \varepsilon \text{ für } n > \frac{\sqrt{2}}{\varepsilon}\,.$$

11. Die Folge der komplexen Zahlen $1, 2, 3, \ldots$ ist in der endlichen Ebene nicht konvergent, dagegen konvergiert sie in der geschlossenen Ebene gegen den Punkt ∞.

12. Die Punktmengen

$$\mathfrak{M}_1 = \left\{z \,\middle|\, z = t + i\left(1 + \frac{1}{t}\right),\ 0 < t < \infty\right\}$$

und $\mathfrak{M}_2 = \{z \mid z \geqq 0 \text{ reell}\}$ haben den euklidischen Abstand 1, aber es gibt kein Punktepaar (z_1, z_2), $z_1 \in \mathfrak{M}_1$, $z_2 \in \mathfrak{M}_2$, so daß $|z_1 - z_2| = 1$ wäre.

13. Die Punktmengen

$$\mathfrak{M}_1 = \left\{z \,\middle|\, z = t + \frac{i}{t},\ 0 < t < \infty\right\}$$

und

$$\mathfrak{M}_2 = \left\{z \,\middle|\, 0 \leqq z \leqq \frac{15}{8},\ z \text{ reell}\right\}$$

haben den euklidischen Abstand $\frac{1}{8} \cdot \sqrt{17}$. Dieser Abstand wird für die Punkte $z_1 = 2 + \frac{i}{2}$ und $z_2 = \frac{15}{8}$ angenommen.

§ 5. Stetige Abbildungen

Unter einer *Abbildung* φ *einer Menge* $\mathfrak{R}_1$ *in eine Menge* $\mathfrak{R}_2$ versteht man eine Vorschrift, die jedem Punkt p aus $\mathfrak{R}_1$ *einen* Punkt q aus $\mathfrak{R}_2$ zuordnet, geschrieben:

$$\mathfrak{R}_1 \xrightarrow{\varphi} \mathfrak{R}_2 \quad \text{oder} \quad \varphi : \mathfrak{R}_1 \to \mathfrak{R}_2 . \tag{1}$$

Der Punkt q heißt der *Bildpunkt* des Punktes p, geschrieben:

$$q = \varphi(p) . \tag{2}$$

Der Punkt p heißt ein *Urbild* von q.

Tritt jeder Punkt q aus $\mathfrak{R}_2$ *höchstens einmal* als Bildpunkt auf, so nennen wir die Abbildung *eineindeutig* oder *injektiv*. Kommt jeder Punkt q aus $\mathfrak{R}_2$ *wenigstens einmal* als Bildpunkt vor, so sprechen wir von einer Abbildung der Menge $\mathfrak{R}_1$ *auf* die Menge $\mathfrak{R}_2$ oder von einer *surjektiven* Abbildung. Liegt eine *eineindeutige Abbildung* φ der Menge $\mathfrak{R}_1$ *auf* die Menge $\mathfrak{R}_2$ vor, so ist diese Abbildung umkehrbar: zu jedem Punkt $q \in \mathfrak{R}_2$ gibt es genau ein Urbild $p \in \mathfrak{R}_1$.

Diese *Umkehrabbildung* schreiben wir

$$\mathfrak{R}_2 \xrightarrow{\check{\varphi}} \mathfrak{R}_1 \quad \text{oder} \quad \check{\varphi} : \mathfrak{R}_2 \to \mathfrak{R}_1$$

und

$$p = \check{\varphi}(q) .$$

Man nennt eine solche gleichzeitig injektive und surjektive Abbildung auch *bijektiv*.

Eine Abbildung φ ordnet *jeder Menge* $\mathfrak{M}_1 \subset \mathfrak{R}_1$ eine Menge $\mathfrak{M}_2 \subset \mathfrak{R}_2$ zu, für die wir

$$\mathfrak{M}_2 = \varphi(\mathfrak{M}_1)$$

schreiben. $\mathfrak{M}_2$ besteht aus der Gesamtheit derjenigen Punkte aus $\mathfrak{R}_2$, die als Bilder von Punkten aus $\mathfrak{R}_1$ auftreten. Ist $\mathfrak{M}_1$ leer, so ist auch $\mathfrak{M}_2$ leer.

Umgekehrt können wir mit Hilfe einer Abbildung φ von $\mathfrak{R}_1$ in $\mathfrak{R}_2$ auch *jeder beliebigen Menge* $\mathfrak{M}_2 \subset \mathfrak{R}_2$ eine Menge $\mathfrak{M}_3 \subset \mathfrak{R}_1$ zuordnen, die wir mit

$$\mathfrak{M}_3 = \overset{-1}{\varphi}(\mathfrak{M}_2)$$

bezeichnen und die *Urbildmenge* von $\mathfrak{M}_2$ nennen: $\mathfrak{M}_3$ besteht aus der Gesamtheit aller Punkte $p \in \mathfrak{R}_1$, für die $q = \varphi(p)$ in $\mathfrak{M}_2$ liegt. Hiernach ist z. B. $\overset{-1}{\varphi}(\mathfrak{R}_2) = \mathfrak{R}_1$. Liegt kein Bildpunkt $q = \varphi(p)$ der Punkte p aus $\mathfrak{R}_1$ in $\mathfrak{M}_2$, so ist $\mathfrak{M}_3$ leer.

Bezüglich der Abbildungen φ und $\overset{-1}{\varphi}$ der Mengen aus $\mathfrak{R}_1$ in die Mengen aus $\mathfrak{R}_2$ und umgekehrt gilt offenbar

$$\overset{-1}{\varphi}(\varphi(\mathfrak{M}_1)) \supset \mathfrak{M}_1 \tag{3}$$

und

$$\varphi(\overset{-1}{\varphi}(\mathfrak{M}_2)) \subset \mathfrak{M}_2 \,. \tag{4}$$

Unmittelbar einzusehen ist auch die Aussage:

Eine Abbildung $\mathfrak{R}_1 \xrightarrow{\varphi} \mathfrak{R}_2$ *ist dann und nur dann eineindeutig, wenn für jede Teilmenge* $\mathfrak{M}_1 \subset \mathfrak{R}_1$ *gilt:*

$$\overset{-1}{\varphi}(\varphi(\mathfrak{M}_1)) = \mathfrak{M}_1 \,, \tag{5}$$

sie ist dann und nur dann eine Abbildung von $\mathfrak{R}_1$ *auf* $\mathfrak{R}_2$, *wenn für jede Teilmenge* $\mathfrak{M}_2 \subset \mathfrak{R}_2$ *gilt:*

$$\varphi(\overset{-1}{\varphi}(\mathfrak{M}_2)) = \mathfrak{M}_2 \,. \tag{6}$$

Ist $\mathfrak{R}_1 = \mathfrak{R}_2 = \mathfrak{R}$, so nennt man eine Zuordnung $\mathfrak{R} \xrightarrow{\varphi} \mathfrak{R}$ eine *innere Abbildung* von $\mathfrak{R}$.

Beispiele:

1. Die Abbildung $\varphi: w = z^2$ des Kreises $|z| < \frac{1}{2}$ der z-Ebene in den Kreis $|w| < \frac{1}{2}$ der w-Ebene ist weder eineindeutig (die Punkte $0 < |w| < \frac{1}{4}$ sind jeweils Bilder zweier Zahlen z und $-z$) noch eine Abbildung „auf" (die Punkte $\frac{1}{4} \leqq |w| < \frac{1}{2}$ kommen als Bilder nicht vor). Setzen wir

$$\mathfrak{M}_1 = \left\{z = x + iy \;\middle|\; x \geqq 0,\ |z| < \frac{1}{2}\right\},$$

so ist

$$\mathfrak{M}_2 = \varphi(\mathfrak{M}_1) = \left\{w \;\middle|\; |w| < \frac{1}{4}\right\}$$

und

$$\overset{-1}{\varphi}(\mathfrak{M}_2) = \left\{z \;\middle|\; |z| < \frac{1}{2}\right\}.$$

Also ist $\overset{-1}{\varphi}(\varphi(\mathfrak{M}_1)) \neq \mathfrak{M}_1$. Für

$$\mathfrak{M}_2 = \left\{w \;\middle|\; |w| < \frac{1}{3}\right\}$$

ist

$$\overset{-1}{\varphi}(\mathfrak{M}_2) = \left\{z \;\middle|\; |z| < \frac{1}{2}\right\},$$

also

$$\varphi(\overset{-1}{\varphi}(\mathfrak{M}_2)) = \left\{w \;\middle|\; |w| < \frac{1}{4}\right\} \neq \mathfrak{M}_2 \,.$$

2. Die Abbildung $\varphi : w = \frac{z}{\sqrt{1+|z|^2}}$ bildet die endliche z-Ebene eineindeutig *auf* den offenen Einheitskreis der w-Ebene ab. Als Abbildung der z-Ebene in die gesamte endliche w-Ebene ist φ nur eineindeutig, aber keine Abbildung „auf".

3. Die Abbildung $\varphi : w = z^3$ der z-Ebene in die w-Ebene ist nicht eineindeutig, aber eine Abbildung „auf".

Die bisherigen Überlegungen und Definitionen sind rein mengentheoretisch. Wir verknüpfen sie nun in *topologischen Räumen* $\mathfrak{R}_1$ und $\mathfrak{R}_2$ mit dem Umgebungssystem und definieren: Eine Abbildung $\mathfrak{R}_1 \xrightarrow{\varphi} \mathfrak{R}_2$ heißt *stetig im Punkte* $p \in \mathfrak{R}_1$, wenn es zu jeder Umgebung $\mathfrak{U}_2$ des Bildpunktes $\varphi(p)$ eine Umgebung $\mathfrak{U}_1$ des Punktes p gibt, so daß

$$\varphi(\mathfrak{U}_1) \subset \mathfrak{U}_2 .$$

Die Abbildung φ heißt *stetig in* $\mathfrak{R}_1$, wenn sie in jedem Punkte von $\mathfrak{R}_1$ stetig ist.

Eine eineindeutige und umkehrbar stetige Abbildung topologischer Räume $\mathfrak{R}_1$ und $\mathfrak{R}_2$ aufeinander heißt eine *topologische Abbildung*.

Satz 28. *Eine Abbildung* $\varphi : \mathfrak{R}_1 \to \mathfrak{R}_2$ *ist dann und nur dann stetig, wenn eine der beiden Bedingungen erfüllt ist:*

1. Die Urbilder offener Mengen sind offen.

2. Die Urbilder abgeschlossener Mengen sind abgeschlossen.

Zu 1: φ sei stetig und $\mathfrak{M}_2$ offen in $\mathfrak{R}_2$. Ferner sei p ein beliebiger Punkt aus $\overset{-1}{\varphi}(\mathfrak{M}_2)$. Dann liegt $q = \varphi(p)$ in $\mathfrak{M}_2$, und $\mathfrak{M}_2$ ist eine offene Umgebung von q. Zu $\mathfrak{M}_2$ existiert wegen der Stetigkeit eine offene Umgebung $\mathfrak{U}_1$ von p, so daß $\varphi(\mathfrak{U}_1) \subset \mathfrak{M}_2$, d. h. $\mathfrak{U}_1$ liegt in $\overset{-1}{\varphi}(\mathfrak{M}_2)$, also ist $\overset{-1}{\varphi}(\mathfrak{M}_2)$ offen.

Die Urbilder offener Mengen seien offen. p sei ein beliebiger Punkt aus $\mathfrak{R}_1$. Zu $q = \varphi(p)$ in $\mathfrak{R}_2$ wähle man irgendeine offene Umgebung $\mathfrak{U}_2$. Ihr Urbild $\mathfrak{U}_1 = \overset{-1}{\varphi}(\mathfrak{U}_2)$ ist offen und enthält den Punkt p, also ist $\mathfrak{U}_1$ eine Umgebung von p, und nach (4) gilt:

$$\varphi(\mathfrak{U}_1) \subset \mathfrak{U}_2 ,$$

also ist φ stetig.

Zu 2: Wenn die Urbilder offener Mengen offen sind, so sind die Urbilder abgeschlossener Mengen abgeschlossen und umgekehrt. Es ist nämlich für jede Menge $\mathfrak{M}_2 \subset \mathfrak{R}_2$:

$$\overset{-1}{\varphi}(\mathfrak{R}_2) = \overset{-1}{\varphi}(\mathfrak{M}_2) + \overset{-1}{\varphi}(C\,\mathfrak{M}_2) = \mathfrak{R}_1 \tag{7}$$

und daher

$$C(\overset{-1}{\varphi}(C\,\mathfrak{M}_2)) = \overset{-1}{\varphi}(\mathfrak{M}_2) . \tag{8}$$

Ist nun $\mathfrak{M}_2$ abgeschlossen, so ist $C\,\mathfrak{M}_2$ offen, also $\overset{-1}{\varphi}(C\,\mathfrak{M}_2)$ offen und damit $\overset{-1}{\varphi}(\mathfrak{M}_2)$ abgeschlossen. Ebenso schließt man für die Umkehrung, indem man die Begriffe offen und abgeschlossen vertauscht.

Bei einer stetigen Abbildung braucht das *Bild* einer offenen Menge nicht offen und das *Bild* einer abgeschlossenen Menge nicht abgeschlossen zu sein.

Beispiele:

4. $\varphi : w = \frac{z}{1 + |z|^2}$ bildet die endliche Ebene $\mathfrak{E}$, die offen ist, auf die abgeschlossene (und sicher in $\mathfrak{E}$ nicht offene) Kreisscheibe $\mathfrak{K} = \left\{w \,\middle|\, |w| \leqq \frac{1}{2}\right\}$ ab.

5. $\varphi : w = \frac{z^2}{1 + |z|^2}$ bildet die endliche Ebene $\mathfrak{E}$ — hier betrachtet als Teilmenge der endlichen Ebene $\mathfrak{E}$ als Raum $\mathfrak{R}_1$, die also als Punktmenge in diesem Raum abgeschlossen ist — auf die offene (sicher in $\mathfrak{E}$ nicht abgeschlossene) Kreisscheibe $\mathfrak{K} = \{w | \, |w| < 1\}$ ab.

Es gilt weiter:

Satz 29. *Ist die Abbildung $\varphi : \mathfrak{R}_1 \to \mathfrak{R}_2$ stetig, so ist das Bild einer kompakten Menge $\mathfrak{M}_1 \subset \mathfrak{R}_1$ eine kompakte Menge $\mathfrak{M}_2 \subset \mathfrak{R}_2$.*

Sei $\mathfrak{M}_1$ kompakt und $\mathfrak{M}_2 = \varphi(\mathfrak{M}_1)$. Jedem Punkt $q \in \mathfrak{M}_2$ sei eine Umgebung $\mathfrak{U}(q)$ zugeordnet. Ihre Urbilder $\overset{-1}{\varphi}(\mathfrak{U}(q))$ sind offen und überdecken $\mathfrak{M}_1$. Da $\mathfrak{M}_1$ kompakt ist, überdecken endlich viele von ihnen $\mathfrak{M}_1$, etwa $\overset{-1}{\varphi}(\mathfrak{U}(q_\nu))$, $\nu = 1, 2, \ldots, n$. Dann überdecken die Umgebungen $\mathfrak{U}(q_1), \mathfrak{U}(q_2), \ldots, \mathfrak{U}(q_n)$ die Menge $\mathfrak{M}_2$. Also ist $\mathfrak{M}_2$ kompakt.

Hier gilt abermals die Umkehrung nicht: Die Urbilder kompakter Mengen brauchen nicht kompakt zu sein (s. das vorstehende Beispiel 4).

Wenn jedoch bei einer stetigen Abbildung φ die Urbilder kompakter Mengen wieder kompakt sind, so nennt man die Abbildung φ *eigentlich*. Derartige eigentliche Abbildungen werden uns in der Abbildungstheorie (s. IV, 1) näher beschäftigen.

Jede topologische Abbildung ist nach Satz 29 auch eigentlich. Dagegen braucht eine eigentliche Abbildung nicht topologisch zu sein. Dies zeigt die Abbildung $w = z^2$ der endlichen Ebene auf sich.

Ferner gilt

Satz 29a. *Ist die Abbildung $\varphi : \mathfrak{R}_1 \to \mathfrak{R}_2$ stetig, so ist das Bild einer zusammenhängenden Punktmenge $\mathfrak{M}_1 \subset \mathfrak{R}_1$ eine zusammenhängende Punktmenge $\mathfrak{M}_2 \subset \mathfrak{R}_2$.*

Angenommen, $\mathfrak{M}_2$ sei nicht zusammenhängend. Dies ist genau dann der Fall, wenn es offene Mengen $\mathfrak{O}_{21}$ und $\mathfrak{O}_{22}$ in $\mathfrak{R}_2$ gibt, so daß

$$\mathfrak{O}_{21} \cap \mathfrak{O}_{22} = \theta\,, \quad \mathfrak{M}_2 \subset \mathfrak{O}_{21} + \mathfrak{O}_{22}\,, \quad \mathfrak{M}_2 \cap \mathfrak{O}_{21} \neq \theta\,, \quad \mathfrak{M}_2 \cap \mathfrak{O}_{22} \neq \theta$$

ist. Die Urbilder $\mathfrak{O}_{11}$ von $\mathfrak{O}_{21}$ und $\mathfrak{O}_{12}$ von $\mathfrak{O}_{22}$ sind offen, und es gilt

$$\mathfrak{O}_{11} \cap \mathfrak{O}_{12} = \theta\,, \quad \mathfrak{M}_1 \subset \mathfrak{O}_{11} + \mathfrak{O}_{12}\,, \quad \mathfrak{M}_1 \cap \mathfrak{O}_{11} \neq \theta\,, \quad \mathfrak{M}_1 \cap \mathfrak{O}_{12} \neq \theta\,.$$

Also ist auch — entgegen unserer Voraussetzung — $\mathfrak{M}_1$ nicht zusammenhängend.

Auch hier gilt die Umkehrung nicht.

Beispiel:

6. $w = z^2$ bildet die nicht zusammenhängende Menge $\mathfrak{M}_1 = \mathfrak{M}_{11} + \mathfrak{M}_{12}$:

$$\mathfrak{M}_{11} = \{z = r\, e^{i\varphi} \,|\, 0 < r < \infty,\ 0 < \varphi < \pi\},$$
$$\mathfrak{M}_{12} = \{z = r\, e^{i\varphi} \,|\, 0 < r < \infty,\ \pi < \varphi < 2\pi\}$$

auf die zusammenhängende Menge

$$\mathfrak{M}_2 = \{w = \varrho\, e^{i\psi} \,|\, 0 < \varrho < \infty,\ 0 < \psi < 2\pi\}$$

ab.

Sind $\mathfrak{R}_1$ und $\mathfrak{R}_2$ topologische Räume, in denen *jeder Punkt eine abzählbare Umgebungsbasis* besitzt, so gilt folgendes Kriterium für die Stetigkeit:

Satz 30. *Eine Abbildung $\varphi: \mathfrak{R}_1 \to \mathfrak{R}_2$ ist im Punkte $p \in \mathfrak{R}_1$ genau dann stetig, wenn für jede gegen p konvergierende Punktfolge $p_1, p_2, \ldots$ gilt:*

$$\lim_{n\to\infty} \varphi(p_n) = \varphi\left(\lim_{n\to\infty} p_n\right) = \varphi(p)\,. \tag{9}$$

Ebenso wie die Aussage zerfällt der Beweis in zwei Teile.

1. Angenommen, φ sei im Punkte p stetig und $p_1, p_2, \ldots$ eine Folge mit $\lim_{n\to\infty} p_n = p$. $\mathfrak{U}_2$ sei eine Umgebung von $q = \varphi(p)$. Dann ist $\mathfrak{U}_1 = \overset{-1}{\varphi}(\mathfrak{U}_2)$ eine Umgebung von p. In $\mathfrak{U}_1$ liegen fast alle p_n, also in $\mathfrak{U}_2$ fast alle $\varphi(p_n)$. Somit ist $\lim_{n\to\infty} \varphi(p_n) = \varphi(p)$.

2. Umgekehrt sei (9) erfüllt, aber φ sei in p *nicht* stetig. Dann gibt es eine Umgebung $\mathfrak{U}_2$ von $q = \varphi(p)$, so daß in jeder Umgebung $\mathfrak{V}_n$ einer abzählbaren Umgebungsbasis $\mathfrak{V}_1 \supset \mathfrak{V}_2 \supset \mathfrak{V}_3 \supset \cdots$ von p ein Punkt p_n liegt, für den $q_n = \varphi(p_n)$ nicht in $\mathfrak{U}_2$ enthalten ist. Die p_n konvergieren gegen p; denn in jeder Umgebung $\mathfrak{U}_1$ von p liegt ein $\mathfrak{V}_n$ und in $\mathfrak{V}_n$ alle Punkte $p_n, p_{n+1}, \ldots$, also liegen in $\mathfrak{U}_1$ fast alle Punkte der Folge $p_1, p_2, \ldots$. Die Bilder $q_n = \varphi(p_n)$ konvergieren aber nicht gegen $q = \varphi(p)$, weil sie alle außerhalb $\mathfrak{U}_2$ liegen. Dies widerspricht der Beziehung (9).

Für metrische Räume $\mathfrak{R}_1$ und $\mathfrak{R}_2$ mit den Distanzfunktionen d_1 und d_2 gilt das bekannte Kriterium:

Satz 31. *Eine Abbildung $\varphi: \mathfrak{R}_1 \to \mathfrak{R}_2$ ist im Punkte $p_0 \in \mathfrak{R}_1$ dann und nur dann stetig, wenn es zu jedem $\varepsilon > 0$ ein $\delta > 0$ gibt, so daß*

$$d_2(\varphi(p), \varphi(p_0)) < \varepsilon \tag{10}$$

für alle p mit

$$d_1(p, p_0) < \delta \tag{11}$$

ist.

Sei $\mathfrak{U}_2$ eine beliebige Umgebung von $q_0 = \varphi(p_0)$. Dann gibt es in $\mathfrak{U}_2$ eine ε-Umgebung: $\mathfrak{U}_\varepsilon = \{q \,|\, d_2(q, q_0) < \varepsilon\}$. Zu $\mathfrak{U}_\varepsilon$ existiere eine δ-Umgebung des Punktes p_0: $\mathfrak{U}_\delta = \{p \,|\, d_1(p, p_0) < \delta\}$, so daß für alle p aus $\mathfrak{U}_\delta$ die Beziehung (10) gilt, d. h. $\varphi(\mathfrak{U}_\delta) \subset \mathfrak{U}_\varepsilon \subset \mathfrak{U}_2$. Daher ist φ stetig in p_0.

Umgekehrt sei φ stetig in p_0. Dann gibt es zu jeder ε-Umgebung $\mathfrak{U}_\varepsilon$ des Punktes $q_0 = \varphi(p_0)$ eine Umgebung $\mathfrak{U}_1$ des Punktes p_0, so daß $\varphi(\mathfrak{U}_1) \subset \mathfrak{U}_\varepsilon$. In $\mathfrak{U}_1$ liegt eine δ-Umgebung $\mathfrak{U}_\delta$ des Punktes p_0. Dann gilt $\varphi(\mathfrak{U}_\delta) \subset \varphi(\mathfrak{U}_1) \subset \mathfrak{U}_\varepsilon$. Dies besagt aber gerade, daß es ein $\delta > 0$ gibt, so daß für alle p, für die (11) gilt, auch (10) erfüllt ist.

In metrischen Räumen $\mathfrak{R}_1$ und $\mathfrak{R}_2$ können wir den Begriff der *gleichmäßigen Stetigkeit* einführen. Im allgemeinen hängt die Wahl der Zahl $\delta > 0$ nicht nur von ε, sondern auch vom Punkt p_0 ab: $\delta = \delta(\varepsilon, p_0)$. Gibt es dagegen bei einer Abbildung zu jedem $\varepsilon > 0$ ein $\delta > 0$, so daß für alle p' und p'' mit

$$d_1(p', p'') < \delta$$

stets

$$d_2(\varphi(p'), \varphi(p'')) < \varepsilon$$

ist, so sagen wir, die Abbildung φ sei in $\mathfrak{R}_1$ *gleichmäßig stetig.*

Es gilt nun der wichtige

Satz 32. *Ist* $\mathfrak{R}_1$ *kompakt und* φ *eine stetige Abbildung von* $\mathfrak{R}_1$ *in* $\mathfrak{R}_2$, *so ist* φ *in* $\mathfrak{R}_1$ *gleichmäßig stetig.*

Sei $\varepsilon > 0$ gegeben. Zu jedem Punkt p' aus $\mathfrak{R}_1$ gibt es dann ein $\delta(\varepsilon, p')$, so daß für alle p mit $d_1(p, p') < \delta(\varepsilon, p')$ gilt: $d_2(\varphi(p), \varphi(p')) < \frac{\varepsilon}{2}$. Die Umgebungen

$$\mathfrak{U}(p') = \left\{p \,\middle|\, d_1(p, p') < \frac{1}{2}\delta(\varepsilon, p')\right\}$$

überdecken $\mathfrak{R}_1$. Da $\mathfrak{R}_1$ kompakt ist, tun dies schon endlich viele dieser Umgebungen, sagen wir

$$\mathfrak{U}(p_\nu) = \left\{p \,\middle|\, d_1(p, p_\nu) < \frac{1}{2}\delta(\varepsilon, p_\nu)\right\}, \quad \nu = 1, 2, \ldots, n.$$

Ist jetzt $d_1(p', p'') < \delta$, wobei

$$\delta = \frac{1}{2}\operatorname{Min}\left[\delta(\varepsilon, p_1), \ldots, \delta(\varepsilon, p_n)\right]$$

ist, so gibt es ein p_ν, so daß

$$d_1(p', p_\nu) < \frac{1}{2}\delta(\varepsilon, p_\nu) < \delta(\varepsilon, p_\nu)$$

ist, und es gilt auch

$$d_1(p_\nu, p'') \leqq d_1(p_\nu, p') + d_1(p', p'') < \frac{1}{2}\delta(\varepsilon, p_\nu) + \delta \leqq \delta(\varepsilon, p_\nu).$$

Daher folgt:

$$d_2(\varphi(p'), \varphi(p_\nu)) < \frac{\varepsilon}{2} \quad \text{und} \quad d_2(\varphi(p''), \varphi(p_\nu)) < \frac{\varepsilon}{2}$$

und somit

$$d_2(\varphi(p'), \varphi(p'')) \leqq d_2(\varphi(p'), \varphi(p_\nu)) + d_2(\varphi(p_\nu), \varphi(p'')) < \varepsilon,$$

womit der Satz bewiesen ist.

Ist der Raum $\mathfrak{R}_2$ ein Zahlenraum, also etwa die Menge der reellen oder die Menge der komplexen Zahlen, so nennen wir die Abbildung $f: \mathfrak{R}_1 \to \mathfrak{R}_2$ eine *Funktion* und $\mathfrak{R}_2$ den *Wertebereich der Funktion*. Ist $\mathfrak{R}_2$ die Menge der reellen Zahlen, so nennen wir f *reellwertig*, ist $\mathfrak{R}_2$ die Menge der komplexen Zahlen, so heißt f *komplexwertig* oder auch kurz eine *komplexe Funktion*. Wir wollen auch dann noch von einer *komplexen Funktion* f sprechen, wenn der Bildraum die geschlossene Ebene ist, wenn als Bildpunkt also auch der Punkt ∞ zugelassen ist.

Häufig ist es zweckmäßig, zu einer Funktion f die *Benennung der Variablen* anzugeben, also z. B. von der Funktion $w = f(z)$ zu sprechen. Wir meinen damit, daß ein Punkt im Definitionsbereich von f mit z und der Bildpunkt mit w bezeichnet wird.

§ 6. Kurven und Gebiete in der Ebene

In diesem Paragraphen sollen die wichtigsten von uns benötigten Eigenschaften der Kurven und Gebiete in der komplexen (endlichen oder geschlossenen) z-Ebene zusammengestellt werden, ohne daß alle Beweise (die z. T. der Topologie angehören) im einzelnen aufgeführt werden.

Unter einem *Kurvenstück* $\mathfrak{C}$ verstehen wir das *topologische*, d. h. das eineindeutige und umkehrbar stetige *Bild eines kompakten Intervalles I:*

$$z = \varphi(\tau), \quad \alpha \leqq \tau \leqq \beta. \tag{1}$$

Hierbei ist $\varphi(\tau)$ eine komplexe stetige Funktion der reellen Veränderlichen τ im Intervall $I = \{\tau | \alpha \leqq \tau \leqq \beta\}$*. Die Gl. (1) liefert eine *Parameterdarstellung des Kurvenstückes* $\mathfrak{C}$ mit dem *Parameter* τ.

Durchläuft τ das Intervall I von α nach β, so durchläuft $z = \varphi(\tau)$ das Kurvenstück $\mathfrak{C}$ von $a = \varphi(\alpha)$ nach $b = \varphi(\beta)$. Hierdurch ist das Intervall I und mit ihm das Kurvenstück $\mathfrak{C}$ mit einem Durchlaufungssinn oder, wie wir auch sagen, mit einer *Orientierung* versehen. Der Punkt $a = \varphi(\alpha)$ heißt der *Anfangspunkt*, der Punkt $b = \varphi(\beta)$ der *Endpunkt* und ein Punkt $z = \varphi(\tau)$, $\alpha < \tau < \beta$, *innerer Punkt* des orientierten Kurvenstückes $\mathfrak{C}$. Der Punkt $\varphi(\tau_1)$ kommt beim Durchlaufen des Kurvenstückes vor $\varphi(\tau_2)$, wenn $\tau_1 < \tau_2$ ist, und wir schreiben dann $\varphi(\tau_1) \prec \varphi(\tau_2)$. Offenbar gibt es zu einem Kurvenstück mehrere Kurvenparameter, d. h. es gibt verschiedene topologische Abbildungen von τ-Intervallen auf $\mathfrak{C}$. Zwei solche Darstellungen liefern genau dann dieselbe Orientierung des Kurvenstückes, wenn ihre Anfangspunkte gleich sind. Andernfalls, d. h. wenn der Endpunkt der einen Darstellung der Anfangspunkt der anderern ist, heißen sie *entgegengesetzt orientiert*. Wird ein *orientiertes*

---

* Es sei vermerkt, daß die eineindeutige und stetige Abbildung einer *kompakten* Punktmenge *stets* topologisch ist, also eine stetige Umkehrung besitzt. Für nicht kompakte Mengen gilt dies nicht immer.

Kurvenstück mit $\mathfrak{C}$ bezeichnet, so heißt das *entgegengesetzt orientierte Kurvenstück* $-\mathfrak{C}$.

Wir beachten, daß ein Kurvenstück immer eine kompakte Menge ist.

Beispiele:

1. Die Strecke $\mathfrak{S}$:

$$z(\tau) = a\tau + b\,, \quad \alpha \leqq \tau \leqq \beta\,, \quad 0 < \alpha < \beta\,; \quad a, b \text{ komplex}\,, \quad a \neq 0\,.$$

Sie hat u. a. die weitere Darstellung:

$$z(\tau') = a\,e^{\tau'} + b\,, \quad \alpha' \leqq \tau' \leqq \beta'\,,$$

mit $\alpha = e^{\alpha'}$ und $\beta = e^{\beta'}$.

2. Der Halbkreis $\mathfrak{K}$:

$$z(\tau) = \cos\pi\tau + i\sin\pi\tau\,, \quad 0 \leqq \tau \leqq 1\,.$$

Er hat u. a. die weiteren Darstellungen:

$$z(\tau^*) = \cos\pi\sqrt{\tau^*} + i\sin\pi\sqrt{\tau^*}\,, \quad 0 \leqq \tau^* \leqq 1\,,$$
$$z(\sigma) = -\sigma + i\sqrt{1-\sigma^2}\,, \qquad -1 \leqq \sigma \leqq 1\,.$$

3. Die Halbgerade

$$z(\tau) = a_0\tau\,, \quad a_0 \neq 0\,, \quad 0 \leqq \tau \leqq \infty\,;$$

sie hat auch die Darstellung

$$z(\tau') = \frac{a_0\tau'}{1-\tau'}\,, \quad 0 \leqq \tau' \leqq 1\,.$$

Dem Begriff des Kurvenstückes schließt sich der Begriff der Kurve an. Ein *eindeutiges*, stetiges Bild $z = \varphi(\tau)$ eines (endlichen oder unendlichen, offenen, halboffenen oder abgeschlossenen) Intervalls I der endlichen reellen τ-Achse heißt eine *Kurve* $\mathfrak{C}$ in der endlichen (bzw. geschlossenen) z-Ebene, wenn es zu jedem Punkte z_0 auf $\mathfrak{C}$ einen Kreis $\mathfrak{K}: |z - z_0| \leqq \varepsilon$ (bzw. $\chi(z, z_0) \leqq \varepsilon$) gibt, so daß im Durchschnitt $\mathfrak{K} \cap \mathfrak{C}$ höchstens endlich viele durch z_0 gehende Kurvenstücke $\mathfrak{C}_1, \mathfrak{C}_2, \ldots, \mathfrak{C}_n$ liegen, wobei jedes $\mathfrak{C}_\nu$ das durch $\varphi(\tau)$, $\alpha_\nu \leqq \tau \leqq \beta_\nu$, vermittelte topologische Bild eines Teilintervalles von I ist*). *Punkte von* $\mathfrak{C}$, *die mehreren τ-Werten entsprechen, werden* entsprechend *mehrfach gezählt*. Eine Kurve heißt *einfach*, wenn sie keine mehrfachen Punkte enthält. Sie heißt *geschlossen*, wenn sie kompakt ist und Anfangs- und Endpunkt zusammenfallen und als einfacher Punkt identifiziert werden: $\varphi(\alpha) = \varphi(\beta)$.

Beispiele:

4. Der Einheitskreis $\varphi(\tau) = \cos\tau + i\sin\tau$, $0 \leqq \tau \leqq 2\pi$, ist eine geschlossene einfache Kurve.

5. $\varphi(\tau) = \cos\tau$, $0 \leqq \tau \leqq 2\pi$, ist eine geschlossene Kurve, nämlich die in beiden Richtungen durchlaufene Strecke $-1 \leqq z \leqq 1$. Sie ist *nicht* einfach, da jeder Punkt z mit $-1 < z < 1$ zweimal auftritt.

---

* Dieser Kurvenbegriff ist enger gefaßt, als es in der topologischen Kurventheorie üblich ist, er ist jedoch für die Belange der Funktionentheorie ausreichend und zweckmäßig (Literatur: Menger, K.: Kurventheorie. Leipzig u. Berlin 1932).

Wir werden im folgenden häufig Kurven in der endlichen Ebene betrachten, die in höchstens endlich viele Abschnitte zerfallen, welche eine vom Parameter stetig abhängige Tangente besitzen, samt „einseitigen, sich in ihrem Abschnitt stetig anschließenden Tangenten" in den Endpunkten der Abschnitte. Demgemäß sagen wir: Eine kompakte Kurve $\mathfrak{C}$ heißt eine *glatte Kurve*, wenn sie eine Parameterdarstellung $z = \varphi(\tau)$, $\alpha \leqq \tau \leqq \beta$, aufweist, die abschnittsweise, mit einer höchstens endlichen Anzahl von Abschnitten, stetig differenzierbar mit $\varphi'(\tau) \neq 0$ ist, einschließlich der einseitigen Ableitungen in den Endpunkten der Abschnitte. Dies heißt, daß Realteil $\varphi_1(\tau)$ und Imaginärteil $\varphi_2(\tau)$ von $\varphi(\tau) = \varphi_1(\tau) + i\varphi_2(\tau)$ abschnittsweise stetig differenzierbar nach τ sind, und daß $\varphi_1'(\tau)$ und $\varphi_2'(\tau)$ nirgends beide zugleich Null sind. Es folgt dann insbesondere, daß für jeden Punkt $\varphi(\tau_0)$ der Kurve die Grenzwerte $\lim\limits_{\tau \to \tau_0} \operatorname{arc}[\varphi(\tau) - \varphi(\tau_0)] \bmod 2\pi$ für $\tau > \tau_0$ und $\tau < \tau_0$ existieren.

Eine (offene oder halboffene) Kurve $\mathfrak{C}$ heißt glatt, wenn jede kompakte Teilkurve von $\mathfrak{C}$ glatt ist.

Beispiel:

6. Die Polygonzüge, d. h. die Kurven, die aus endlich vielen Strecken bestehen, sind glatte Kurven.

Unter einem *(offenen) Gebiet* verstehen wir eine offene zusammenhängende Punktmenge $\mathfrak{G}$. Ein Gebiet, das in der endlichen Ebene liegt, heißt ein *endliches Gebiet*. Die abgeschlossene Hülle $\overline{\mathfrak{G}}$ eines Gebietes $\mathfrak{G}$ nennen wir ein *abgeschlossenes Gebiet*. Ist $\overline{\mathfrak{G}}$ kompakt, so nennen wir $\overline{\mathfrak{G}}$ ein *kompaktes Gebiet*. Fehlt der Zusatz „abgeschlossen" bei einem Gebiet, so ist stets die offene Punktmenge gemeint.

Man achte ferner auf den Unterschied zwischen *beschränktem* und *endlichem Gebiet:* Ein Gebiet ist dann und nur dann beschränkt, wenn $z = \infty$ ein äußerer Punkt des Gebietes ist. Es ist dann und nur dann endlich, wenn $z = \infty$ kein innerer Punkt ist. Ein beschränktes Gebiet ist also stets endlich. Ein endliches Gebiet braucht aber nicht beschränkt zu sein. Beispiel: Die beiden offenen Gebiete, die eine Parabel in der Ebene begrenzt, sind endliche, aber keine beschränkten Gebiete.

Satz 33. *Eine offene Punktmenge $\mathfrak{M}$ der geschlossenen Ebene ist dann und nur dann zusammenhängend, also ein Gebiet, wenn sich je zwei endliche Punkte aus $\mathfrak{M}$ durch einen endlichen Polygonzug verbinden lassen.*

1. $\mathfrak{M}$ sei ein endliches Gebiet und a ein beliebiger Punkt aus $\mathfrak{M}$. Alle Punkte aus $\mathfrak{M}$, die sich in $\mathfrak{M}$ mit a durch einen Polygonzug verbinden lassen, bilden eine offene Punktmenge $\mathfrak{O}_1$. Ist nämlich z ein solcher Punkt, so sind auch alle Punkte einer in $\mathfrak{M}$ liegenden ε-Umgebung von z mit a verbindbar. Also ist $\mathfrak{O}_1$ offen.

Ebenso bilden alle Punkte aus $\mathfrak{M}$, die sich mit a nicht durch einen Polygonzug verbinden lassen, eine offene Punktmenge $\mathfrak{O}_2$. Ist nämlich z mit a in $\mathfrak{M}$ nicht verbindbar, so auch kein Punkt aus einer in $\mathfrak{M}$ liegenden

ε-Umgebung des Punktes z. Also ist $\mathfrak{O}_2$ offen. $\mathfrak{O}_1$ ist nicht leer. Da $\mathfrak{M}$ ein Gebiet ist, muß $\mathfrak{O}_2$ leer sein. Also gibt es keinen Punkt in $\mathfrak{M}$, der sich mit a nicht verbinden läßt.

2. $\mathfrak{M}$ sei eine offene endliche Punktmenge, und je zwei Punkte aus $\mathfrak{M}$ seien durch einen Polygonzug verbindbar. Wäre $\mathfrak{M}$ kein Gebiet, so wäre $\mathfrak{M} = \mathfrak{O}_1 + \mathfrak{O}_2$, wobei $\mathfrak{O}_1$ und $\mathfrak{O}_2$ punktfremde nicht leere offene Mengen sind. a sei ein Punkt aus $\mathfrak{O}_1$, b ein Punkt aus $\mathfrak{O}_2$ und $\mathfrak{P}$ ein Polygonzug, der a mit b in $\mathfrak{M}$ verbindet. Dann gilt $\mathfrak{P} \subset \mathfrak{O}_1 + \mathfrak{O}_2$, und $\mathfrak{P} \cap \mathfrak{O}_1$ und $\mathfrak{P} \cap \mathfrak{O}_2$ sind nicht leer. $\mathfrak{P}$ wäre also nicht zusammenhängend. $\mathfrak{P}$ ist aber als stetiges Bild eines Intervalles, das zusammenhängend ist, auch zusammenhängend. Dies ist ein Widerspruch. Es kann keine Zerlegung von $\mathfrak{M}$ in zwei offene, nicht leere Mengen $\mathfrak{O}_1$ und $\mathfrak{O}_2$ geben, d. h. $\mathfrak{M}$ ist ein Gebiet.

3. Enthält $\mathfrak{M}$ den Punkt ∞ und geht $\mathfrak{M}_0$ aus $\mathfrak{M}$ dadurch hervor, daß man den Punkt ∞ entfernt, so ist $\mathfrak{M}$ dann und nur dann ein Gebiet, wenn auch $\mathfrak{M}_0$ ein Gebiet ist. Damit ist Satz 33 bewiesen.

Beispiele:

7. Die endliche Ebene $\mathfrak{E}$ ist ein Gebiet, da sich je zwei Punkte durch eine Strecke verbinden lassen.
8. Die geschlossene Ebene ist ein Gebiet.
9. Das „Innere“ des Einheitskreises $|z| < 1$ ist ein (offenes) Gebiet.
10. Die Einheitskreisscheibe $|z| \leqq 1$ ist ein abgeschlossenes Gebiet.
11. Die Punktmenge $|z| \leqq 1$ plus der Punktmenge $1 < x \leqq 2$, $y = 0$ ist kein Gebiet.

Gebiete sind ferner:

12. das „Äußere“ des Einheitskreises: $|z| > 1$,
13. das „Innere“ $y - x^2 > 0$ und ebenso
das „Äußere“ $y - x^2 < 0$ der Parabel $y = x^2$,
14. das „Äußere“ $y^2 - x^2 - 1 < 0$ der Hyperbel $y^2 - x^2 = 1$.
15. Dagegen zerfällt das „Innere“ $y^2 - x^2 - 1 > 0$ der vorstehenden Hyperbel in zwei Gebiete.

Wir schreiben „Inneres“ und „Äußeres“, weil diese Begriffe bisher noch nicht exakt formuliert wurden und zudem bei der Parabel und der Hyperbel offenbar ganz willkürlich sind. Bei dieser Gelegenheit tritt die Frage auf, ob überhaupt jede geschlossene einfache Kurve die geschlossene Ebene in zwei Gebiete zerlegt, wie es z. B. die Kreislinie tut. Diese Frage wird durch den Jordanschen Kurvensatz beantwortet, den wir ohne Beweis aus der Topologie übernehmen.

Satz A *(Jordanscher Kurvensatz). Jede geschlossene einfache Kurve zerlegt die geschlossene Ebene in zwei punktfremde Gebiete, deren gemeinsamer Rand sie ist.*

Für „anschaulich einfache“ Kurven — wie den Kreis etwa — leuchtet die Richtigkeit des Jordanschen Kurvensatzes sofort ein; der Beweis für den allgemeinen Fall ist aber verhältnismäßig schwierig. Die Aussage des Satzes gilt auch nicht auf jeder Fläche. So gibt es z. B. auf dem Torus („Rettungsring“) Kreise, die den Torus nicht zerlegen, etwa der obere „Kamm“ (s. V, Anhang, Abb. 45).

Falls auf der geschlossenen einfachen Kurve $\mathfrak{J}$ nicht der Punkt ∞ liegt, so ist von den beiden Gebieten, in die $\mathfrak{J}$ die Ebene zerlegt, stets genau eines beschränkt. Wir nennen es das Innere von $\mathfrak{J}$. Das nicht beschränkte Gebiet heißt das Äußere von

$\mathfrak{J}$. Bei Kurven, die durch den Punkt ∞ laufen, wie z. B. bei der Parabel, wollen wir fernerhin die beiden durch die Kurve getrennten Gebiete nicht als Inneres und Äußeres bezeichnen.

Ein Gebiet $\mathfrak{G}$ heißt *einfach zusammenhängend*, wenn sich jede in $\mathfrak{G}$ verlaufende geschlossene einfache Kurve $\mathfrak{C}$ stetig auf einen Punkt z_0 in $\mathfrak{G}$ zusammenziehen läßt. Dabei definieren wir: Eine geschlossene einfache Kurve $\mathfrak{C}$ mit der Darstellung $z = h(\tau)$, $0 \leqq \tau \leqq 1$, $h(0) = h(1)$, läßt sich in der Punktmenge $\mathfrak{M}$ *auf einen Punkt* z_0 *zusammenziehen*, wenn es eine stetige Funktion $H(\tau, \alpha)$, $0 \leqq \tau \leqq 1$, $0 \leqq \alpha \leqq 1$, gibt, so daß

1. $H(\tau, \alpha)$, $0 \leqq \tau \leqq 1$, für jedes α im Intervall $0 \leqq \alpha < 1$ eine geschlossene Kurve ist,
2. $H(\tau, \alpha)$ für alle τ und α der angegebenen Intervalle in $\mathfrak{M}$ liegt,
3. $H(\tau, 0) \equiv h(\tau)$ und
4. $H(\tau, 1) \equiv z_0$ ist.

Eine geschlossene einfache Kurve heißt in $\mathfrak{M}$ *nicht zusammenziehbar*, wenn es in $\mathfrak{M}$ keinen Punkt z_0 gibt, auf den sie in $\mathfrak{M}$ zusammenziehbar ist.

Beispiele:

16. $\mathfrak{C}$ sei eine geschlossene einfache Kurve, die im Einheitskreis liegt. $\mathfrak{M}$ sei die offene Einheitskreisscheibe. Dann läßt $\mathfrak{C}$ sich in $\mathfrak{M}$ auf den Nullpunkt zusammenziehen. $\mathfrak{C}$ habe etwa die Darstellung $z = h(\tau)$, $0 \leqq \tau \leqq 1$. Dann ist $H(\tau, \alpha) = (1 - \alpha) \cdot h(\tau)$ eine Funktion, die das Verlangte leistet.

17. $\mathfrak{M}$ sei die offene Einheitskreisscheibe *ohne* Nullpunkt, $\mathfrak{C}$ eine geschlossene einfache Kurve im Innern des Einheitskreises, die den Nullpunkt im Innern enthält. Dann läßt sich $\mathfrak{C}$ *nicht* in $\mathfrak{M}$ zusammenziehen.

18. $\mathfrak{M}$ sei das Äußere des Einheitskreises. Jede in $\mathfrak{M}$ verlaufende geschlossene einfache Kurve läßt sich auf den Punkt ∞ zusammenziehen. Zur Kurve mit der Darstellung $h(\tau)$ kann man z. B. die Kurvenschar

$$H(\tau, \alpha) = \frac{1}{1 - \alpha} h(\tau)\,; \quad 0 \leqq \alpha \leqq 1\,,$$

wählen.

Es gilt nun der topologische

Satz B. *Das Gebiet $\mathfrak{G}$ ist dann und nur dann einfach zusammenhängend, wenn für jede in $\mathfrak{G}$ liegende geschlossene einfache Kurve $\mathfrak{C}$ eines der durch $\mathfrak{C}$ bestimmten Gebiete der zerlegten Ebene in $\mathfrak{G}$ liegt.*

Dies folgt aus

Satz C *(Topologischer Abbildungssatz). Zu jedem einfach zusammenhängenden Gebiet $\mathfrak{G}$ der z-Ebene gibt es eine Funktion $z = f(w)$, welche die offene Einheitskreisscheibe der w-Ebene topologisch auf $\mathfrak{G}$ abbildet.*

Dieser Satz ist das topologische Gegenstück zum Riemannschen Abbildungssatz, der uns im späteren Teil unserer Darstellung ausführlich beschäftigen wird und ein Kernstück der gesamten Funktionentheorie ist.

Äquivalent mit der Zusammenziehbarkeit beliebiger einfach geschlossener Kurven in einem Gebiet $\mathfrak{G}$ ist die stetige *Deformierbarkeit beliebiger Kurven ineinander* bei festgehaltenen gleichen Anfangs- und Endpunkten. Auch diese Eigenschaft kann zur Charakterisierung einfach zusammenhängender Gebiete gewählt werden.

Weiter gilt

Satz D. *Jedes der beiden durch eine geschlossene einfache Kurve $\mathfrak{J}$ getrennten Gebiete der geschlossenen Ebene ist einfach zusammenhängend.*

Allgemein läßt sich zeigen, daß jedes Gebiet der geschlossenen Ebene, dessen Rand zusammenhängend ist, einfach zusammenhängend ist.

Im Anschluß hieran definiert man den mehrfachen Zusammenhang folgendermaßen: Ein Gebiet heißt *n-fach zusammenhängend*, wenn es sich durch $(n - 1)$, aber nicht durch weniger als $(n - 1)$ einfache Kurven so zerschneiden läßt, daß das Restgebiet einfach zusammenhängend ist. In der geschlossenen Ebene ist ein berandetes Gebiet genau dann n-fach zusammenhängend, wenn der Rand von n punktfremden, kompakten, zusammenhängenden Punktmengen gebildet wird. Zum Beispiel ist das Zwischengebiet zwischen zwei konzentrischen Kreisen ein zweifach zusammenhängendes Gebiet.

Ein n- und ein m-fach zusammenhängendes Gebiet lassen sich *nicht* eineindeutig und umkehrbar stetig aufeinander abbilden, wenn $m \neq n$ ist.

Unter einem *Polygongebiet* versteht man ein solches Gebiet, dessen Rand aus endlich vielen im Endlichen liegenden Polygonen besteht. Polygongebiete sind z. B. das Innere und das Äußere eines n-Ecks.

Wird das Gebiet $\mathfrak{G}$ von endlich vielen Kurven berandet, so kann man einen Umlaufsinn des Randes festlegen. Dazu sehen wir so von außen auf die z-Ebene, daß die positive Drehrichtung, d. h. die Drehrichtung, in der die Punkte $1, i, -1, -i$ auf dem Einheitskreis in dieser Anordnung einander zyklisch folgen, entgegen dem Lauf des Uhrzeigers gerichtet ist. Ein Kreis, der in diesem Sinne positiv durchlaufen wird, läßt dabei sein Inneres links liegen. Wir sagen nun: *Das Gebiet $\mathfrak{G}$ wird im positiven Sinne umlaufen*, oder auch: *Der Rand wird bezüglich $\mathfrak{G}$ positiv orientiert* oder *in positivem Sinne durchlaufen*, wenn alle Randkurven genau einmal so durchlaufen werden, daß stets $\mathfrak{G}$ zur Linken bleibt. Im Falle glatter Randkurven ist diese Definition klar. Bei nicht notwendig glatten Randkurven approximiere man $\mathfrak{G}$ durch Polygongebiete $\mathfrak{G}_\nu$, so daß die Eckpunkte eines Polygons von $\mathfrak{G}_\nu$ jeweils auf genau einer Randkurve von $\mathfrak{G}$ liegen und im Sinne der Durchlaufung des Randes von $\mathfrak{G}$ zyklisch aufeinander folgen. Wenn nun bei der Durchlaufung der Polygone jedes Gebietes $\mathfrak{G}_\nu$ in diesem Sinne das Gebiet $\mathfrak{G}_\nu$ stets links liegt, so sagen wir, $\mathfrak{G}$ wird positiv umlaufen.

Ordnen wir jedem Punkt eines Gebietes $\mathfrak{G}$ einen Drehsinn zu, so sagen wir, das *Gebiet $\mathfrak{G}$ sei orientiert*, wenn allen Punkten aus $\mathfrak{G}$ der gleiche Drehsinn zugeordnet ist. Ist der Drehsinn mathematisch positiv, so sagen wir, $\mathfrak{G}$ sei *positiv orientiert*, im entgegengesetzten Falle heißt $\mathfrak{G}$ *negativ orientiert*. Eine Orientierung von $\mathfrak{G}$ induziert in jedem Teilgebiet die gleiche Orientierung, und zu einer Orientierung in einem Teilgebiet von $\mathfrak{G}$ gibt es genau eine Orientierung von $\mathfrak{G}$, die mit der Orientierung im Teilgebiet übereinstimmt; wir nennen sie die durch die Orientierung des Teilgebietes induzierte Orientierung in $\mathfrak{G}$. In einem von endlich vielen Kurven berandeten Gebiet $\mathfrak{G}$ lassen sich $\mathfrak{G}$ und sein Rand $\mathfrak{R}$ bezüglich $\mathfrak{G}$ gleichsinnig orientieren, nämlich beide positiv oder beide negativ. In diesem Falle sagen wir: Die Orientierung von $\mathfrak{G}$ habe die Orientierung von $\mathfrak{R}$ induziert und umgekehrt.

Zerschneidet man $\mathfrak{G}$ so, daß das Restgebiet $\mathfrak{G}^*$ einfach zusammenhängend ist, und umläuft man sodann das Gebiet $\mathfrak{G}^*$ in positivem Sinne, so werden dabei notwendig die Zerschneidungskurven doppelt, und zwar in jeder Richtung einmal durchlaufen. Als *Beispiele* sind in Abb. 5 ein zweifach zusammenhängendes Gebiet und in Abb. 6 ein dreifach zusammenhängendes Gebiet nach der Aufschneidung dargestellt und der positive Umlaufsinn angegeben.

Wir schließen zwei Sätze an, die wir später beim Cauchyschen Integralsatz benötigen. Auf die Beweise, die nicht der Funktionentheorie angehören, verzichten wir wieder.

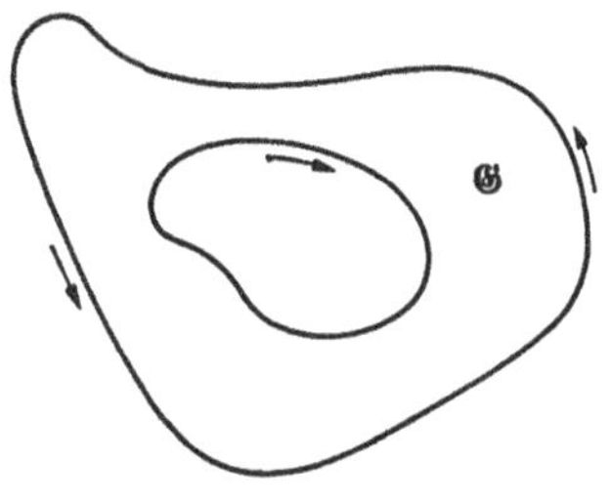

Abb. 5

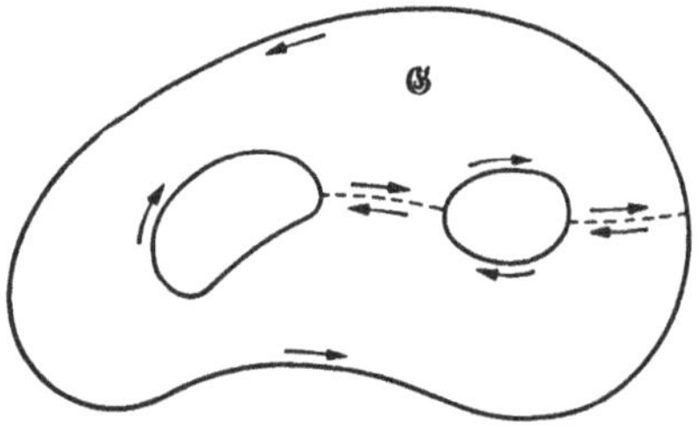

Abb. 6

Satz E. *Das Innere eines einfach geschlossenen Polygons läßt sich durch Diagonalen in endlich viele Dreiecke zerlegen.*

Satz F *(Ausschöpfung von Gebieten durch Polygongebiete). Jedes Gebiet $\mathfrak{G}$ mit mindestens einem Randpunkt läßt sich von innen her durch eine Folge von Polygongebieten $\mathfrak{G}_n$, die kompakt in $\mathfrak{G}$ liegen, derart ausschöpfen, daß jedes Gebiet $\mathfrak{G}_n$ alle Gebiete $\mathfrak{G}_m$ mit $m < n$ kompakt enthält und zu jedem z aus $\mathfrak{G}$ ein erstes $\mathfrak{G}_n$ existiert, in dem z liegt. Ist $\mathfrak{G}$ einfach zusammenhängend, so können die $\mathfrak{G}_n$ so gewählt werden, daß ihr Rand jeweils ein einfach geschlossenes Polygon ist.*

Nach dieser Aufzählung topologischer Begriffe und Sätze, die für die Funktionentheorie fundamental sind, kehren wir zu unserer eigentlichen Aufgabe zurück.

Es gilt

Satz 34. *Verläuft das einfache Kurvenstück (die geschlossene einfache Kurve) $\mathfrak{J}$ ganz im Gebiete $\mathfrak{G}$, so gibt es eine Zahl $d > 0$, so daß jeder Punkt von $\mathfrak{J}$ von jedem Randpunkt von $\mathfrak{G}$ eine Entfernung größer als d hat.*

Der Beweis ergibt sich unmittelbar aus 4, Satz 27: $\mathfrak{J}$ und der Rand von $\mathfrak{G}$ sind zwei punktfremde kompakte Mengen.

Weiter beweisen wir

Satz 35. *Verläuft das einfache Kurvenstück (die geschlossene einfache Kurve) $\mathfrak{J}$ ganz im Gebiete $\mathfrak{G}$, so gibt es endlich viele endliche Punkte von $\mathfrak{J}$ und um diese Punkte je eine ganz in $\mathfrak{G}$ liegende Kreisscheibe derart, daß diese Kreisscheiben $\mathfrak{J}$ überdecken, falls $\mathfrak{J}$ endlich ist; ist $\mathfrak{J}$ nicht endlich,* *liegt also der Punkt ∞ auf $\mathfrak{J}$, so ist außerdem noch das ganz in $\mathfrak{G}$ liegende Äußere eines geeigneten Kreises zur Überdeckung erforderlich.*

Um jeden endlichen Punkt von $\mathfrak{J}$ konstruieren wir die Kreisscheiben mit dem Radius d, wobei d die in Satz 34 genannte Zahl ist. Liegt $z = \infty$ auf $\mathfrak{J}$, so wählen wir außerdem noch das ganz in $\mathfrak{G}$ liegende Äußere eines Kreises. Damit ist dann jedem Punkt von $\mathfrak{J}$ genau eine Umgebung zugeordnet. Aus 4, Satz 20 folgt nun die Behauptung.

Literatur

KERÉKJÁRTÓ, B.: Vorlesungen über Topologie. Berlin 1923.
WHYBURN, C. T.: Analytic topology. New York 1942.
LEFSCHETZ, S.: Introduction to topology. Princeton 1949.
NEWMAN, M. H. A.: Elements of the topology of plane sets of points. Cambridge 1951.

§ 7. Stetige Funktionen einer komplexen Veränderlichen

Wir sprechen von einer (komplexen) *Funktion* f einer komplexen Veränderlichen z, wenn jeder Zahl z aus einer Menge $\mathfrak{M}$ von komplexen Zahlen der geschlossenen Ebene eindeutig eine komplexe Zahl w der geschlossenen Ebene zugeordnet ist: $w = f(z)$ für $z \in \mathfrak{M}$. Wir sagen auch, f sei eine in $\mathfrak{M}$ definierte Funktion von z. $\mathfrak{M}$ heißt der *Definitionsbereich* und die Menge $\mathfrak{M}^*$ der zugeordneten Werte w der *Wertebereich* der Funktion. Sind insbesondere $\mathfrak{M}$ und $\mathfrak{M}^*$ beides Mengen reeller Zahlen, so haben wir den Spezialfall der reellen Funktion von einer Veränderlichen.

Jede komplexe Funktion f einer komplexen Veränderlichen $z = x + iy$, deren Werte komplexe Zahlen $w = u + iv$ sind, läßt sich auch ansehen als ein Paar (φ, ψ) reeller Funktionen von zwei Veränderlichen. Es ist nämlich

$$w = f(z) = u + iv = \varphi(x, y) + i\psi(x, y),$$

also

$$\left.\begin{aligned} u &= \varphi(x, y), \\ v &= \psi(x, y). \end{aligned}\right\} \tag{1}$$

Umgekehrt können wir aus (1) eindeutig eine komplexe Funktion f zusammensetzen, die φ als Real- und ψ als Imaginärteil hat.

Beispiele für die Zerlegung komplexer Funktionen in reelle Funktionen:

1. $f(z) = z = x + iy$. Dann ist $u = \varphi(x, y) = x$, $v = \psi(x, y) = y$.
2. $f(z) = z^2 = x^2 - y^2 + 2ixy$. Dann ist $u = \varphi(x, y) = x^2 - y^2$, $v = \psi(x, y) = 2xy$.
3. $f(z) = \frac{1}{z} = \frac{x - iy}{x^2 + y^2}$, $z \neq 0$. Dann ist $u = \varphi(x, y) = \frac{x}{x^2 + y^2}$, $v = \psi(x, y) = \frac{-y}{x^2 + y^2}$.

Wir betrachten jetzt die wichtige Klasse der stetigen Funktionen.

Eine *Funktion f heißt stetig im Punkte* z_0 ihres Definitionsbereiches $\mathfrak{M}$, wenn die durch f vermittelte Abbildung in z_0 stetig ist.

Mit Hilfe der euklidischen Entfernung können wir die Stetigkeit in allen endlichen Punkten fassen, in denen auch $f(z)$ endlich ist. Nach Satz 31 ergibt sich aus der vorstehenden Definition unmittelbar

Satz 36. *Die Funktion f ist im endlichen Punkte z_0 des Definitionsbereichs $\mathfrak{M}$ mit dem endlichen Funktionswert $f(z_0)$ dann und nur dann stetig, wenn es zu jedem positiven ε ein positives δ gibt, so daß für alle z aus $\mathfrak{M}$ mit $|z-z_0|<\delta$ stets*

$$|f(z)-f(z_0)|<\varepsilon$$

ist.

Ist im endlichen Punkt z_0 das vorstehende Kriterium erfüllt, so spricht man von der *gewöhnlichen Stetigkeit* von $f(z)$ in z_0.

Betrachten wir Funktionen in Punktmengen $\mathfrak{M}$ der geschlossenen Ebene mit Funktionswerten in der geschlossenen Ebene, so läßt sich als Kriterium für die Stetigkeit der chordale Abstand $\chi(a, b)$ benutzen:

Satz 36a. *Die Funktion f ist im Punkte z_0 des Definitionsbereiches $\mathfrak{M}$ dann und nur dann stetig, wenn es zu jedem $\varepsilon>0$ ein $\delta>0$ gibt, so daß für alle z aus $\mathfrak{M}$ mit*

$$\chi(z, z_0)<\delta$$

stets

$$\chi(f(z), f(z_0))<\varepsilon$$

ist.

Man spricht, wenn es nötig ist, in diesem Falle auch von der *chordalen Stetigkeit.*

Für endliche Punkte z_0 und endliche Funktionswerte $f(z_0)$ fällt das vorstehende Kriterium mit dem der gewöhnlichen Stetigkeit zusammen. Im unendlich fernen Punkte und ebenso für unendliche Funktionswerte ergeben sich für die chordale Stetigkeit andere Kriterien als für die gewöhnliche Stetigkeit. Wir stellen sie kurz zusammen:

1. $z_0=\infty, f(z_0)$ endlich: Zu jedem $\varepsilon>0$ muß eine Zahl M existieren, so daß $|f(z)-f(\infty)|<\varepsilon$ für $|z|>M$ ist.

2. z_0 endlich, $f(z_0)=\infty$: Zu jedem $A>0$ muß eine Zahl $\delta>0$ existieren, so daß $|f(z)|>A$ für $|z-z_0|<\delta$ ist.

3. $z_0=\infty, f(z_0)=\infty$: Zu jedem $A>0$ muß eine Zahl $M>0$ existieren, so daß $|f(z)|>A$ für $|z|>M$ ist.

Während δ genügend klein sein muß, muß M hinreichend groß gewählt werden. Der Beweis für die vorstehenden Kriterien ergibt sich sofort aus der Formel für den chordalen Abstand eines Punktes vom

Punkte ∞. Für endliche wie unendliche Punkte und Funktionswerte gilt nach 5, Satz 30:

Satz 37. *Notwendig und hinreichend für die Stetigkeit der Funktion $f(z)$ im Punkte z_0 ist, daß für jede Folge z_n des Definitionsbereiches mit* $\lim z_n = z_0$ *gilt:*

$$\lim f(z_n) = f(\lim z_n) = f(z_0) . \tag{2}$$

Für die gewöhnliche Stetigkeit gilt:

Satz 37a. *Notwendig und hinreichend für die gewöhnliche Stetigkeit der Funktion $f(z)$ im endlichen Punkte z_0 ist, daß*

1. $f(z_0)$ endlich und

2. $\lim f(z_n) = f(\lim z_n) = f(z_0)$ *ist.*

Aus diesem Satze und den Regeln für die Limiten folgert man leicht

Satz 38. *Sind zwei Funktionen in einem Punkte z_0 stetig und ihre Funktionswerte dort endlich, so sind ihre Summe, Differenz, Produkt und, falls die im Nenner stehende Funktion in z_0 von Null verschieden ist, auch ihr Quotient in z_0 stetige Funktionen.*

Die Voraussetzung, daß die Funktionwerte in z_0 endlich sind, ist erforderlich, weil die Rechengesetze für Limiten nur bei endlichen Grenzwerten gelten, die dem Körper der komplexen Zahlen angehören. Würde man sich über diese Beschränkung hinwegsetzen, so käme man sogleich zu Rechenoperationen, die nicht gestattet sind, nämlich $\infty \pm \infty$, $0 \cdot \infty$, $\frac{\infty}{\infty}$, $\frac{0}{0}$. Jeder Versuch aber, diese Operationen wie bei den übrigen Zahlen einzuführen, muß zu Widersprüchen gegen die Rechengesetze führen.

Aus Satz 38 gewinnt man sofort Aussagen über die Stetigkeit in der wichtigen Klasse der *rationalen Funktionen*. Wir nennen eine Funktion rational, wenn sie eine Darstellung

$$f(z) = \frac{a_0 + a_1 z + \cdots + a_n z^n}{b_0 + b_1 z + \cdots + b_m z^m}, \quad b_m \neq 0 , \tag{3}$$

zuläßt. Ist $b_0 \neq 0$ und sind alle übrigen $b_k = 0$, so können wir den Nenner b_0 gleich 1 wählen. Wir sprechen in diesem Falle von einer *ganzen rationalen Funktion* oder einem *Polynom* $P(z) = a_0 + a_1 z + \cdots + a_n z^n$. Ist n der größte Index, für den $a_n \neq 0$ ist, so heißt n der *Grad des Polynoms*. Das Polynom $P(z) \equiv 0$ hat keinen Grad. Setzen wir bei den konstanten Polynomen $P(\infty) = a_0$ und bei den nicht konstanten $P(\infty) = \infty$, so sind sie für alle z definiert. Dagegen sind die rationalen Funktionen zunächst nur für alle endlichen z, in denen der Nenner nicht verschwindet, erklärt. Aus Satz 38 folgt daher unmittelbar:

Die rationalen Funktionen sind in allen endlichen Punkten, in denen der Nenner nicht verschwindet, im gewöhnlichen Sinne stetig.

Wir vermögen aber den Definitionsbereich der rationalen Funktionen auf alle z auszudehnen. Für den Punkt ∞ setzen wir fest:

$$f(\infty) = \begin{cases} \infty, & \text{wenn } a_n \neq 0 \text{ und } n > m, \\ \dfrac{a_n}{b_m}, & \text{wenn } n = m, \\ 0, & \text{wenn } n < m \text{ ist}. \end{cases} \tag{4}$$

Diese Festsetzung ist so getroffen, daß $f(z)$ für $z = \infty$ stets chordal stetig ist, wie man aus der Darstellung

$$f(z) = z^{n-m} \frac{\dfrac{a_0}{z^n} + \dfrac{a_1}{z^{n-1}} + \cdots + a_n}{\dfrac{b_0}{z^m} + \dfrac{b_1}{z^{m-1}} + \cdots + b_m}$$

erkennt (s. die Ergänzung zu Satz 36a).

Für die Punkte, in denen der Nenner verschwindet, verfahren wir folgendermaßen: Verschwindet ein Polynom $P(z) \not\equiv 0$ für $z = z_0$, so folgt durch elementare Division:

$$P(z) = P^*(z) \cdot (z - z_0)$$

und, falls auch $P^*(z_0) = 0$ ist, durch Wiederholung, wenn $P(z) \not\equiv 0$ ist:

$$P(z) = P^{**}(z) \cdot (z - z_0)^p, \quad P^{**}(z_0) \neq 0, \quad p > 0 \text{ ganz}.$$

Wenn nun in (3) das Polynom $Q(z) = b_0 + b_1 z + \cdots + b_m z^m$, das den Nenner ausmacht, für $z = z_0$ verschwindet, und wenn $P(z) = a_0 + a_1 z + \cdots + a_n z^n \not\equiv 0$ das Zählerpolynom ist, so schreiben wir:

$$f(z) = \frac{P(z)}{Q(z)} = \frac{(z - z_0)^p P^*(z)}{(z - z_0)^q Q^*(z)}, \quad \text{mit} \quad P^*(z_0),\ Q^*(z_0) \neq 0,$$

also

$$f(z) = (z - z_0)^{p-q} R(z), \tag{5}$$

wobei $R(z_0) \neq 0$ und $R(z)$ stetig in z_0 ist. Wir setzen nun

$$f(z_0) = \begin{cases} 0, & \text{wenn } p > q, \\ R(z_0), & \text{wenn } p = q, \\ \infty, & \text{wenn } p < q \text{ ist}. \end{cases}$$

Die Festsetzung ist wieder so getroffen, daß $f(z)$ chordal stetig in z_0 ist. So folgt insgesamt

Die rationalen Funktionen sind überall chordal stetig.

Da die endliche und die geschlossene Ebene metrische Räume mit abzählbarer Basis sind, so haben wir dort den Begriff der *gleichmäßigen Stetigkeit* (s. 5, S. 45).

Den Zusammenhang zwischen der Stetigkeit und der *gleichmäßigen Stetigkeit* liefern uns dann nach 5, Satz 32 und 4, Satz 20 die beiden folgenden wichtigen Aussagen:

Satz 39. *Eine in einer kompakten Punktmenge $\mathfrak{M}$ (chordal) stetige Funktion ist dort gleichmäßig (chordal) stetig.*

Satz 39a. *Eine in einer beschränkten, abgeschlossenen Menge $\mathfrak{M}$ der endlichen Ebene stetige Funktion ist dort gleichmäßig stetig.*

Beispiele:

4. Die Funktion $f(z) = \frac{1}{z}$ ist in allen Punkten des nicht abgeschlossenen Rechtecks $0 < x < 1$, $-1 < y < 1$ stetig. Sie ist dort aber nicht gleichmäßig stetig; denn für die Folgen $z_k' = \frac{1}{k}$, $z_k'' = \frac{1}{2k}$, $k = 2, 3, \ldots$, ist

$$|f(z_k') - f(z_k'')| = |k - 2k| = k\,,$$

während

$$|z_k' - z_k''| = \frac{1}{2k}$$

ist und damit für genügend großes k kleiner als jedes positive δ wird.

Die Funktion $\frac{1}{z}$ ist aber im gleichen Rechteck gleichmäßig chordal stetig; denn als rationale Funktion ist sie überall chordal stetig, also auch im abgeschlossenen Rechteck $0 \leqq x \leqq 1$, $-1 \leqq y \leqq 1$. Nun folgt aus Satz 39 ihre gleichmäßige chordale Stetigkeit im abgeschlossenen Rechteck und damit erst recht in der Teilmenge, die das offene Rechteck bildet.

5. Die Funktion $f(z) = z^2$ ist *nicht* gleichmäßig stetig in der endlichen Ebene. Wir wählen zum Beweise die Punkte $z_n' = n$, $z_n'' = n + \frac{1}{n}$, $n = 1, 2, \ldots$. Dann ist

$$|z_n' - z_n''| = \frac{1}{n} \quad \text{und} \quad |f(z_n') - f(z_n'')| = 2 + \frac{1}{n^2} > 2$$

für alle n. Zu $\varepsilon_0 = 1$ kann es also schon kein δ geben, so daß für alle Paare z', z'', für die $|z' - z''| < \delta$ ist, stets $|f(z') - f(z'')| < 1$ gilt.

Dagegen ist z^2 in der endlichen Ebene gleichmäßig chordal stetig.

Den Zusammenhang zwischen der Stetigkeit einer komplexen Funktion und der Stetigkeit ihres Real- und Imaginärteiles liefert

Satz 40. *Notwendig und hinreichend für die Stetigkeit von $f(z) = \varphi(x, y) + i\,\psi(x, y)$ im Punkte $z_0 = x_0 + i\,y_0$ ist die Stetigkeit von φ und ψ im Punkte (x_0, y_0).*

Der Beweis folgt unmittelbar aus Satz 37a und 4, S. 37.

Bei dem *Vergleich von Funktionen* kommt es vor, daß zwei Funktionen $f(z)$ und $g(z)$ in allen Punkten einer Punktmenge $\mathfrak{M}$ (z. B. auf einer Kurve) gleiche Werte haben. Dann schreiben wir $f(z) = g(z)$ in $\mathfrak{M}$. Es kann aber auch sein, daß zwei Funktionen in allen Punkten eines Gebietes übereinstimmen. Zur Betonung dieses Sachverhaltes schreiben wir dann auch $f(z) \equiv g(z)$ in $\mathfrak{G}$.

Schließlich benötigen wir noch den Begriff des *Limes einer Funktion* f *in einem Punkte* z_0. Eine Funktion f sei in einer Umgebung $\mathfrak{U}$ eines Punktes z_0 außer höchstens in z_0 selbst definiert. Gibt es dann einen Punkt a und zu jeder Umgebung $\mathfrak{V}(a)$ des Punktes a eine Umgebung $\mathfrak{U}(z_0)$ von z_0 mit $\mathfrak{U}(z_0) \subset \mathfrak{U}$, so daß für $z \neq z_0$ und $z \in \mathfrak{U}(z_0)$ gilt: $f(z) \in \mathfrak{V}(a)$, so nennen wir a den *Limes von* $f(z)$ *im Punkte* z_0 und schreiben dafür: $a = \lim\limits_{z \to z_0} f(z)$.

In metrischen Räumen läßt sich dieser Limes mit Hilfe der δ- und ε-Umgebungen formulieren. So gilt in der endlichen Ebene für den gewöhnlichen Limes:

Eine Funktion f *besitzt im Punkte* z_0 *den Limes* a, *wenn zu jedem* $\varepsilon > 0$ *ein* $\delta > 0$ *existiert mit*

$$|f(z) - a| < \varepsilon \quad \textit{für} \quad |z - z_0| < \delta\,, \quad z \neq z_0\,.$$

Eine entsprechende Formulierung gilt für die geschlossene Ebene, wenn man den chordalen Abstand benutzt.

Wichtig ist noch die folgende Aussage:

Eine Funktion f *besitzt im Punkte* z_0 *dann und nur dann einen Limes, wenn für jede Folge* $z_1, z_2, \ldots$ *mit* $\lim\limits_{n \to \infty} z_n = z_0$, $z_n \neq z_0$, $n = 1, 2, \ldots$, *auch die Folge* $f(z_1), f(z_2), \ldots$ *einen Grenzwert hat. Dieser Grenzwert ist dann stets derselbe und gleich dem Limes von* f *im Punkte* z_0:

$$\lim_{n \to \infty} f(z_n) = \lim_{z \to z_0} f(z)\,.$$

Ist $a = \lim\limits_{z \to z_0} f(z)$, so gilt auch $\lim\limits_{n \to \infty} f(z_n) = a$, wenn $\lim\limits_{n \to \infty} z_n = z_0$, $z_n \neq z_0$, $n = 1, 2, \ldots$, ist. Dies folgt unmittelbar aus der Definition des Limes einer Funktion und des Limes einer Folge.

Existiert umgekehrt zu jeder Folge $\{z_n\}$ mit $\lim\limits_{n \to \infty} z_n = z_0$, $z_n \neq z_0$, der Grenzwert $\lim\limits_{n \to \infty} f(z_n)$, so ist dieser stets derselbe. Sei $z_1, z_2, \ldots$ eine solche Folge mit $\lim\limits_{n \to \infty} f(z_n) = a$ und $z_1', z_2', \ldots$ eine solche Folge mit $\lim\limits_{n \to \infty} f(z_n') = a'$. Dann konvergiert auch die Folge $z_1, z_1', z_2, z_2', \ldots$ gegen z_0, und die Folge $f(z_1), f(z_1'), f(z_2), f(z_2'), \ldots$ besitzt nach Voraussetzung einen Grenzwert a''. Als Teilfolgen haben dann die Folgen $\{f(z_n)\}$ und $\{f(z_n')\}$ denselben Grenzwert a''. Es ist also $a = a' = a''$. Dieser gemeinsame Grenzwert a ist nun auch der Limes von f im Punkte z_0. Andernfalls gäbe es ein $\varepsilon > 0$ und dazu kein $\delta > 0$, so daß für alle $z \neq z_0$ mit $|z - z_0| < \delta$ auch $|f(z) - a| < \varepsilon$ wäre. Dann gäbe es zu $\delta_n = \frac{1}{n}$ ein z_n mit $|z_n - z_0| < \delta_n$, $z_n \neq z_0$, so daß $|f(z_n) - a| \geqq \varepsilon$ wäre. Die Folge $z_1, z_2, \ldots$ konvergiert dann gegen z_0, aber die Folge $f(z_1), f(z_2), \ldots$ nicht gegen a. Damit ist die Aussage bewiesen.

Setzen wir nachträglich, wenn $\lim\limits_{z \to z_0} f(z) = a$ ist, $f(z_0) = a$, so wird dadurch die Funktion f im Punkte z_0 *stetig ergänzt*. Nach 5, Satz 30 ist nämlich die so gewonnene Funktion f im Punkte z_0 stetig. Wir notieren noch:

Eine Funktion f ist im Punkte z_0 genau dann stetig, wenn $\lim\limits_{z \to z_0} f(z) = f(z_0)$ *ist.*

§ 8. Differentiation komplexer Funktionen

In diesem Paragraphen betrachten wir ausschließlich komplexe Funktionen f in endlichen Gebieten der z-Ebene, $z = x + iy$, mit endlichen Funktionswerten $w = u + iv$. Die Zuordnung $w = f(z)$ können wir dann in Real- und Imaginärteil aufspalten und diese als reelle Funktionen der reellen Variablen x und y schreiben:

$$u = \varphi(x, y), \quad v = \psi(x, y). \tag{1}$$

Ist eine solche Funktion f in einem Gebiet $\mathfrak{G}$ gegeben, und z_0 ein Punkt aus $\mathfrak{G}$, so versuchen wir, f in der Umgebung von z_0 *komplex-linear zu approximieren*, d. h. die Zuordnung in der Form

$$f(z) = f(z_0) + a(z - z_0) + h \cdot |z - z_0| \tag{2}$$

darzustellen, wobei a ein endlicher komplexer Wert ist und für $h = h(z, z_0)$ gilt:

$$\lim_{z \to z_0} h(z, z_0) = h(z_0, z_0) = 0. \tag{3}$$

Ist (3) erfüllt, so ergibt sich aus (2):

$$a = \lim_{z \to z_0} \frac{f(z) - f(z_0)}{z - z_0}, \tag{4}$$

d. h., wenn die Funktion f im Punkte z_0 komplex-linear approximierbar ist, so ist a eindeutig bestimmt, und es ist a durch Formel (4) gegeben. Wir nennen in diesem Falle a die *komplexe Ableitung der Funktion f nach z im Punkte z_0* und schreiben für ihren Wert a:

$$a = f'(z_0). \tag{5}$$

Die Funktion f heißt dann *im Punkte z_0 komplex differenzierbar.*

Umgekehrt folgt aus der Existenz des Grenzwertes (4) die Beziehung (2) mit der Eigenschaft (3). Aus der Existenz der Ableitung ergibt sich also auch die komplex-lineare Approximierbarkeit der Funktion f im Punkte z_0.

Aus (2) und (3) folgt sofort

Satz 41. *Eine im Punkte z_0 komplex differenzierbare Funktion ist im Punkte z_0 stetig.*

In der Tat ist nach (2) und (3):

$$\lim_{z \to z_0} f(z) = f(z_0)\,.$$

Schreiben wir die Funktion f in der Form

$$f(z) = \varphi(x, y) + i\,\psi(x, y)\,,$$

so ergibt sich das folgende notwendige Kriterium für die komplexe Differenzierbarkeit der Funktion f:

Satz 42. *Ist die Funktion $f = \varphi + i\psi$ im Punkte $z_0 = x_0 + i y_0$ komplex differenzierbar, so existieren im Punkte (x_0, y_0) die partiellen Ableitungen $\varphi_x(x_0, y_0)$, $\varphi_y(x_0, y_0)$, $\psi_x(x_0, y_0)$ und $\psi_y(x_0, y_0)$, und es gelten dort die Cauchy-Riemannschen Differentialgleichungen:*

$$\left.\begin{aligned} \varphi_x(x_0, y_0) &= \psi_y(x_0, y_0) \\ \varphi_y(x_0, y_0) &= -\psi_x(x_0, y_0)\,, \end{aligned}\right\} \tag{6}$$

oder abgekürzt geschrieben:

$$f_x(z_0) = \frac{1}{i} f_y(z_0)\,. \tag{6a}$$

Dabei ist

$$f_x = \frac{\partial f}{\partial x} = \frac{\partial \varphi}{\partial x} + i\,\frac{\partial \psi}{\partial x} \quad \text{und} \quad f_y = \frac{\partial f}{\partial y} = \frac{\partial \varphi}{\partial y} + i\,\frac{\partial \psi}{\partial y}\,.$$

Wählt man nämlich Zahlen $z = x + i y_0$ mit $x \neq x_0$, so ergibt sich für diese z:

$$\frac{f(z) - f(z_0)}{z - z_0} = \frac{[\varphi(x, y_0) - \varphi(x_0, y_0)] + i\,[\psi(x, y_0) - \psi(x_0, y_0)]}{x - x_0}\,,$$

und daher gilt

$$\lim_{z \to z_0} \frac{f(z) - f(z_0)}{z - z_0} = \lim_{x \to x_0} \frac{\varphi(x, y_0) - \varphi(x_0, y_0)}{x - x_0} + {} + i \lim_{x \to x_0} \frac{\psi(x, y_0) - \psi(x_0, y_0)}{x - x_0}\,,$$

wobei die rechts stehenden Grenzwerte existieren. Es ist daher

$$f'(z_0) = \varphi_x(x_0, y_0) + i\,\psi_x(x_0, y_0)\,. \tag{7}$$

Wählt man dagegen Zahlen $z = x_0 + i y$ mit $y \neq y_0$, so folgt für diese z:

$$\frac{f(z) - f(z_0)}{z - z_0} = \frac{[\varphi(x_0, y) - \varphi(x_0, y_0)] + i\,[\psi(x_0, y) - \psi(x_0, y_0)]}{i\,(y - y_0)}\,,$$

also

$$\lim_{z \to z_0} \frac{f(z) - f(z_0)}{z - z_0} = -i \lim_{y \to y_0} \frac{\varphi(x_0, y) - \varphi(x_0, y_0)}{y - y_0} + {} + \lim_{y \to y_0} \frac{\psi(x_0, y) - \psi(x_0, y_0)}{y - y_0}\,,$$

wobei die rechts stehenden Grenzwerte existieren. Daher ist auch

$$f'(z_0) = \psi_y(x_0, y_0) - i\,\varphi_y(x_0, y_0)\,. \tag{8}$$

Aus (7) und (8) folgt dann die Behauptung des Satzes.

Dagegen folgt aus der Existenz der partiellen Ableitungen und der Gültigkeit der Cauchy-Riemannschen Differentialgleichungen nicht die komplexe Differenzierbarkeit. So ist die Funktion

$$f(z) = \varphi(x, y) + i\,\psi(x, y) = \begin{cases} \dfrac{x^{\frac{4}{3}}\,y^{\frac{5}{3}}}{x^2+y^2} + i\,\dfrac{x^{\frac{5}{3}}\,y^{\frac{4}{3}}}{x^2+y^2} & \text{für } z \neq 0 \\ 0 & \text{für } z = 0 \end{cases}$$

im Punkte $z = 0$ stetig, die partiellen Ableitungen $\varphi_x(0, 0)$, $\varphi_y(0, 0)$, $\psi_x(0, 0)$ und $\psi_y(0, 0)$ sind im Punkte $(0, 0)$ vorhanden und gleich Null. Danach müßte $f'(0) = 0$ sein. Für $z = \lambda + i\lambda$ mit $\lim \lambda = 0$ ist aber

$$\lim_{z\to 0} \frac{f(z) - f(0)}{z - 0} = \lim_{\lambda\to 0} \frac{1}{2} = \frac{1}{2} \neq 0 .$$

Sind aber die reellen Funktionen $\varphi(x, y)$ und $\psi(x, y)$ im Punkte (x_0, y_0) *reell-linear approximierbar* oder, wie man auch sagt, *total differenzierbar*, so folgt aus der Gültigkeit der Cauchy-Riemannschen Differentialgleichungen im Punkte (x_0, y_0) die Existenz der Ableitung $f'(z_0)$. Dabei heißt eine reelle Funktion $g(x, y)$, die in einer Umgebung des Punktes (x_0, y_0) definiert ist, im Punkte (x_0, y_0) *reell-linear approximierbar*, wenn sie dort die Darstellung

$$g(x, y) = g(x_0, y_0) + \alpha(x - x_0) + \beta(y - y_0) + h \cdot r \tag{9}$$

zuläßt mit $r = \sqrt{(x - x_0)^2 + (y - y_0)^2}$, $h = h(x, y, x_0, y_0)$ und

$$\lim_{r\to 0} h(x, y, x_0, y_0) = h(x_0, y_0, x_0, y_0) = 0 . \tag{10}$$

In diesem Falle ist $g(x, y)$ im Punkte (x_0, y_0) partiell nach x und y differenzierbar, und es gilt

$$\alpha = g_x(x_0, y_0) , \quad \beta = g_y(x_0, y_0) , \tag{11}$$

wie sich ergibt, wenn man in (9) einmal y_0 und einmal x_0 festhält und damit $g_x(x_0, y_0)$ und $g_y(x_0, y_0)$ als Grenzwerte berechnet.

Man beweist mit Hilfe des Mittelwertsatzes in der Theorie der reellen Funktionen zweier Veränderlichen, daß eine Funktion $g(x, y)$, deren partielle Ableitungen $g_x(x, y)$ und $g_y(x, y)$ in der Umgebung von (x_0, y_0) existieren und stetig sind, in (x_0, y_0) linear approximierbar ist.

Die *komplexe Funktion* $f = \varphi + i\psi$ heißt im Punkte $z_0 = x_0 + iy_0$ *reell-linear approximierbar*, wenn die Funktionen φ und ψ im Punkte (x_0, y_0) reell-linear approximierbar sind. Die Zusammenfassung von Real- und Imaginärteil liefert dann für f die Darstellung $f(z) = f(z_0) + a(x - x_0) + b(y - y_0) + h \cdot r$ mit komplexen a und b und einer komplexen Funktion $h(z, z_0)$, für die $\lim_{z\to z_0} h(z, z_0) = h(z_0, z_0) = 0$ gilt. Offenbar ist $a = f_x(z_0)$ und $b = f_y(z_0)$.

Es gilt nun

Satz 43. *Die Funktionen* $\varphi(x, y)$ *und* $\psi(x, y)$ *seien im Punkte* (x_0, y_0) *reell-linear approximierbar. Ferner mögen im Punkte* (x_0, y_0) *die Cauchy-Riemannschen Differentialgleichungen*

$$\left.\begin{aligned} \varphi_x(x_0, y_0) &= \psi_y(x_0, y_0)\,, \\ \varphi_y(x_0, y_0) &= -\psi_x(x_0, y_0) \end{aligned}\right\} \tag{12}$$

gelten. Dann ist die Funktion $f(z) = \varphi(x, y) + i\,\psi(x, y)$ *im Punkte* $z_0 = x_0 + i y_0$ *komplex differenzierbar.*

Es ist nach (9) bis (12):

$$\left.\begin{aligned} \varphi(x, y) &= \varphi(x_0, y_0) + \alpha(x - x_0) + \beta(y - y_0) + k \cdot r\,, \\ \psi(x, y) &= \psi(x_0, y_0) + \gamma(x - x_0) + \delta(y - y_0) + l \cdot r\,, \end{aligned}\right\} \tag{13}$$

mit

$$\lim_{r\to 0} k = 0 \quad \text{und} \quad \lim_{r\to 0} l = 0 \tag{14}$$

sowie $\alpha = \delta$ und $\beta = -\gamma$. Folglich gilt:

$$\begin{aligned} f(z) &= \varphi(x, y) + i\psi(x, y) \\ &= [\varphi(x_0, y_0) + i\psi(x_0, y_0)] + \alpha[(x - x_0) + i(y - y_0)] \\ &\quad + i\gamma[(x - x_0) + i(y - y_0)] + (k + il) \cdot r \\ &= f(z_0) + a(z - z_0) + h \cdot |z - z_0| \end{aligned} \tag{15}$$

mit $a = \alpha + i\gamma$ und $h = k + il$, woraus wegen (14) dann

$$\lim_{z\to z_0} h = 0 \tag{16}$$

folgt. Damit ist der Satz bewiesen.

Umgekehrt folgt aus (15) und (16) wegen $k + il = h$ die Gültigkeit der Beziehungen (13) und (14), so daß die reell-lineare Approximierbarkeit der Funktion f und die Gültigkeit der Cauchy-Riemannschen Differentialgleichungen eine ***notwendige und hinreichende Bedingung*** für die Existenz der komplexen Ableitung bilden.

Wenn man die Funktion f in jedem Punkte eines Gebietes auf ihre komplexe Differenzierbarkeit untersucht, lassen sich Bedingungen für die reell-lineare Approximierbarkeit und damit für die Differenzierbarkeit unter starken Einschränkungen beweisen (s. H. Loomann und D. Menchoff). So bewies D. Menchoff: $f(z)$ sei stetig im Gebiet $\mathfrak{G}$. Durch jeden Punkt z_0 aus $\mathfrak{G}$ möge es zwei Geraden geben, so daß

$$\lim_{z\to z_0} \frac{f(z) - f(z_0)}{z - z_0}$$

existiert, wenn z auf einer dieser Geraden gegen z_0 läuft. Der Grenzwert möge für die beiden Geraden der gleiche sein. Dann ist $f(z)$ in jedem Punkte von $\mathfrak{G}$ komplex differenzierbar.

Beispiele:

1. Bei der Funktion $f(z) = x$ existieren die partiellen Ableitungen von φ und ψ und sind überall stetig, aber sie erfüllen in keinem Punkte die Cauchy-Riemannschen Differentialgleichungen. Daher besitzt $f(z)$ nirgends einen komplexen Differentialquotienten.

2. $f(z) = x^3 y^2 + i x^2 y^3$ ist auf den Achsen $x = 0$ und $y = 0$, aber sonst nirgends komplex differenzierbar.

3. Bei $f(z) = z^2 = x^2 - y^2 + 2ixy$ dagegen erfüllen die überall stetigen partiellen Ableitungen in jedem Punkte der endlichen Ebene die Cauchy-Riemannschen Differentialgleichungen. $f(z) = z^2$ ist also dort überall komplex differenzierbar.

Die Regeln des Kalküls der Differentialrechnung beweist man wie in der reellen Analysis.

Sind $f_1(z)$ und $f_2(z)$ in z_0 differenzierbar, so sind es auch

$$F_1(z) = f_1(z) + f_2(z)\,,$$
$$F_2(z) = f_1(z) - f_2(z)\,,$$
$$F_3(z) = f_1(z) \cdot f_2(z)\,,$$
$$F_4(z) = \frac{f_1(z)}{f_2(z)}\,, \text{ wenn } f_2(z_0) \neq 0 \text{ ist.}$$

Für die Ableitungen gilt:

$$F_1'(z_0) = f_1'(z_0) + f_2'(z_0)\,,$$
$$F_2'(z_0) = f_1'(z_0) - f_2'(z_0)\,,$$
$$F_3'(z_0) = f_1'(z_0) \cdot f_2(z_0) + f_1(z_0) \cdot f_2'(z_0)\,,$$
$$F_4'(z_0) = \frac{f_1'(z_0) \cdot f_2(z_0) - f_1(z_0) \cdot f_2'(z_0)}{f_2^2(z_0)}\,.$$

Da die Funktion z überall in der Ebene differenzierbar ist, so folgt aus den vorstehenden Regeln, daß auch alle Polynome

$$P(z) = a_n z^n + a_{n-1} z^{n-1} + \cdots + a_1 z + a_0$$

überall in der Ebene differenzierbar sind und die Ableitungen

$$P'(z) = n a_n z^{n-1} + (n-1)\, a_{n-1} z^{n-2} + \cdots + a_1$$

besitzen. Aus der letzten Differentiationsregel folgt die Differenzierbarkeit der Quotienten von Polynomen. Wir können also alle in z rationalen Funktionen nach z differenzieren, wie wir es aus der reellen Analysis bei der Differentiation gewohnt sind.

Von großer Bedeutung für die komplexe Differentiation ist die *Kettenregel:*

Satz 44. *$f(z)$ sei für $z = z_0$ und $g(w)$ für $w_0 = f(z_0)$ komplex differenzierbar. Dann ist $h(z) = g(f(z))$ für $z = z_0$ auch komplex differenzierbar, und es ist*

$$h'(z_0) = g'(f(z_0)) \cdot f'(z_0)\,.$$

Der Beweis wird wie in der Infinitesimalrechnung geführt.

Sind bei einer in einem Gebiet $\mathfrak{G}$ überall komplex differenzierbaren Funktion Real- und Imaginärteil zweimal stetig differenzierbar (wir werden in II, 3, Satz 11 sehen, daß dies stets zutrifft), so erhalten wir durch Differentiation der Cauchy-Riemannschen Differentialgleichungen:

$$\frac{\partial^2 \varphi}{\partial x^2} = \frac{\partial^2 \psi}{\partial x \, \partial y}, \quad \frac{\partial^2 \varphi}{\partial y^2} = -\frac{\partial^2 \psi}{\partial x \, \partial y}$$

und damit

$$\frac{\partial^2 \varphi}{\partial x^2} + \frac{\partial^2 \varphi}{\partial y^2} = 0 .$$

Durch Vertauschung von φ und ψ ergibt sich entsprechend

$$\frac{\partial^2 \psi}{\partial x^2} + \frac{\partial^2 \psi}{\partial y^2} = 0 .$$

Den Differentialausdruck $\frac{\partial^2}{\partial x^2} + \frac{\partial^2}{\partial y^2}$ nennen wir den *Laplaceschen Operator* und bezeichnen ihn mit Δ. Jede Funktion $F(x, y)$, für die in einem Gebiet $\Delta F \equiv 0$ ist, nennen wir dort eine *harmonische Funktion* oder *Potentialfunktion.* Es gilt also

Satz 45. *Ist $f(z) = \varphi(x, y) + i\psi(x, y)$ in jedem Punkte eines Gebietes $\mathfrak{G}$ komplex differenzierbar und sind die zweiten partiellen Ableitungen von φ und ψ noch stetig in $\mathfrak{G}$, so sind φ und ψ Potentialfunktionen.*

Wir wollen nachträglich noch die komplexe Ableitbarkeit im unendlich fernen Punkte definieren. $f(z)$ heißt *im Punkte ∞ komplex differenzierbar*, wenn $g(z^*) = f\left(\frac{1}{z^*}\right)$ für $z^* = 0$ komplex differenzierbar ist. Die Zweckmäßigkeit dieser Erweiterung werden wir später erkennen. Jedoch wollen wir nicht von einem Wert der Ableitung im Punkt ∞ sprechen.

Die Differentialoperationen bei komplexen Funktionen lassen eine interessante formale Darstellung zu, die auf H. POINCARÉ zurückgeht und später vor allem von W. WIRTINGER und H. KNESER in der Funktionentheorie mehrerer komplexer Veränderlicher weiter ausgebaut wurde. Es handelt sich um die *partielle Differentiation nach z und der konjugiert komplexen Größe $\bar{z}$.*

Wir betrachten eine komplexe Funktion $f(z)$, die durch ihren Real- und Imaginärteil gegeben sei:

$$f(z) = \varphi(x, y) + i\psi(x, y) .$$

Die Funktion $f(z) = \varphi(x, y) + i\psi(x, y)$ sei im Punkte $z_0 = x_0 + i y_0$ reell-linear approximierbar.

Da nun

$$x - x_0 = \frac{1}{2}(z - z_0) + \frac{1}{2}(\bar{z} - \bar{z}_0) ,$$

$$y - y_0 = \frac{1}{2i}(z - z_0) - \frac{1}{2i}(\bar{z} - \bar{z}_0)$$

ist, so läßt sich $f(z)$ auch in der Form

$$f(z) = f(z_0) + a(z - z_0) + b(\bar{z} - \bar{z}_0) + h \cdot r \tag{17}$$

mit $r = |z - z_0|$ und

$$\lim_{z \to z_0} h(z, z_0) = h(z_0, z_0) = 0 \tag{18}$$

schreiben. Dabei ist

$$\begin{aligned} a &= \frac{1}{2}(\varphi_x(x_0, y_0) + \psi_y(x_0, y_0)) + \frac{i}{2}(\psi_x(x_0, y_0) - \varphi_y(x_0, y_0)) \\ &= \frac{1}{2} f_x(z_0) + \frac{1}{2i} f_y(z_0) \end{aligned} \tag{19}$$

und

$$\begin{aligned} b &= \frac{1}{2}(\varphi_x(x_0, y_0) - \psi_y(x_0, y_0)) + \frac{i}{2}(\psi_x(x_0, y_0) + \varphi_y(x_0, y_0)) \\ &= \frac{1}{2} f_x(z_0) - \frac{1}{2i} f_y(z_0) . \end{aligned} \tag{20}$$

In Anlehnung an die reelle Gleichung

$$g(x, y) = g(x_0, y_0) + g_x(x_0, y_0)(x - x_0) + g_y(x_0, y_0)(y - y_0) + h \cdot r$$

einer total differenzierbaren Funktion $g(x, y)$ setzt man in (17)

$$a = f_z(z_0) = \left.\frac{\partial f}{\partial z}\right|_{z=z_0}, \quad b = f_{\bar{z}}(z_0) = \left.\frac{\partial f}{\partial \bar{z}}\right|_{z=z_0},$$

d. h. *man definiert für reell-linear approximierbare komplexe Funktionen f die partiellen Ableitungen nach z und $\bar{z}$ durch die partiellen Differentialoperatoren*

$$\left.\begin{aligned} \frac{\partial}{\partial z} &= \frac{1}{2}\frac{\partial}{\partial x} + \frac{1}{2i}\frac{\partial}{\partial y}, \\ \frac{\partial}{\partial \bar{z}} &= \frac{1}{2}\frac{\partial}{\partial x} - \frac{1}{2i}\frac{\partial}{\partial y}. \end{aligned}\right\} \tag{21}$$

Dann schreibt sich die Beziehung (17) in der Form

$$f(z) = f(z_0) + f_z(z_0)(z - z_0) + f_{\bar{z}}(z_0)(\bar{z} - \bar{z}_0) + h \cdot |z - z_0|$$

mit

$$f_z(z_0) = \left.\frac{\partial f}{\partial z}\right|_{z=z_0}, \quad f_{\bar{z}}(z_0) = \left.\frac{\partial f}{\partial \bar{z}}\right|_{z=z_0}.$$

Im Reellen bezeichnet man den Ausdruck

$$dh = \frac{\partial h}{\partial x} dx + \frac{\partial h}{\partial y} dy ,$$

wobei

$$\begin{aligned} \frac{\partial h}{\partial x} &= h_x(x_0, y_0) , \\ \frac{\partial h}{\partial y} &= h_y(x_0, y_0) , \\ dx &= x - x_0 , \\ dy &= y - y_0 \end{aligned}$$

ist, als *totales Differential der Funktion* $h(x, y)$ an der Stelle (x_0, y_0). Entsprechend läßt sich bei einer komplexwertigen Funktion f das *totale Differential*

$$df = \frac{\partial f}{\partial x} dx + \frac{\partial f}{\partial y} dy$$

wegen (21) und

$$dx = \frac{1}{2}(dz + d\bar{z}), \quad dy = \frac{1}{2i}(dz - d\bar{z})$$

in der Form

$$df = \frac{\partial f}{\partial z} dz + \frac{\partial f}{\partial \bar{z}} d\bar{z} \tag{22}$$

schreiben.

Bemerkenswert an der Darstellung (21) ist, daß die Gleichung $\frac{\partial f}{\partial \bar{z}} = 0$ *äquivalent mit der Gültigkeit der Cauchy-Riemannschen Differentialgleichungen* ist. Diese Beziehung ist also genau dort erfüllt, wo die Funktion $f(z)$ komplex differenzierbar ist, und es ist dann:

$$\frac{\partial f}{\partial z} = \frac{\partial \varphi}{\partial x} + i\frac{\partial \psi}{\partial x} = \frac{\partial \psi}{\partial y} - i\frac{\partial \varphi}{\partial y} = f'(z)\,. \tag{23}$$

Es gilt also die mit Satz 43 äquivalente Aussage:

Die Funktion f sei im Punkte z_0 reell-linear approximierbar. Dann ist f im Punkte z_0 genau dann komplex differenzierbar, wenn dort

$$f_{\bar{z}}(z_0) = 0 \tag{24}$$

ist, und es ist dort $f'(z_0) = f_z(z_0)$.

Die Beziehung (24) liefert also ein bequemes Mittel, um bei komplexen Funktionen, die reell-linear approximierbar sind, die komplexe Differenzierbarkeit nachzuweisen.

Auch die Laplaceschen Differentialgleichungen $\Delta\varphi = 0$ und $\Delta\psi = 0$ für den Real- und Imaginärteil einer in einem Gebiet überall komplex differenzierbaren Funktion $f(z)$ lassen sich einfach in der Form

$$\frac{\partial^2 f}{\partial z\,\partial \bar{z}} = 0 \tag{25}$$

zusammenfassen; denn es ist bei zweimal stetig differenzierbaren Funktionen nach (21):

$$\frac{\partial^2}{\partial z\,\partial \bar{z}} = \frac{1}{4}\left(\frac{\partial^2}{\partial x^2} + \frac{\partial^2}{\partial y^2}\right).$$

Wir bemerken jedoch, daß die Differentialgleichung (25) *nicht* wie Formel (24) charakteristisch für eine komplex differenzierbare Funktion ist, sondern für jede Funktion

$$f = A\,u(x, y) + B\,v(x, y)$$

gilt, bei der u und v Potentialfunktionen und A und B komplexe Konstanten sind. Die Gleichung (25) besteht also z. B. auch für die konjugiert komplexe Funktion $\overline{f(z)}$ einer komplex differenzierbaren Funktion $f(z)$.

Ist $w = f(z)$ eine komplexe Funktion von z und $g(w)$ eine solche von w, so gilt für die mittelbare Funktion $h(z) = g(f(z))$ unter den üblichen Voraussetzungen:

$$\left.\begin{aligned} \frac{\partial h}{\partial z} &= \frac{\partial g}{\partial w}\frac{\partial w}{\partial z} + \frac{\partial g}{\partial \overline{w}}\frac{\partial \overline{w}}{\partial z}, \\ \frac{\partial h}{\partial \overline{z}} &= \frac{\partial g}{\partial w}\frac{\partial w}{\partial \overline{z}} + \frac{\partial g}{\partial \overline{w}}\frac{\partial \overline{w}}{\partial \overline{z}}, \end{aligned}\right\} \tag{26}$$

wie man leicht mit Hilfe von (21) bestätigt. Die Kettenregel für mittelbare Funktionen lautet also genau so, als wären w, $\overline{w}$ bzw. z, $\overline{z}$ voneinander unabhängige Veränderliche.

Zum Schluß notieren wir noch die Rechenregeln

$$\frac{\partial \overline{f}}{\partial z} = \overline{\frac{\partial f}{\partial \overline{z}}} \quad \text{und} \quad \frac{\partial \overline{f}}{\partial \overline{z}} = \overline{\frac{\partial f}{\partial z}}, \tag{27}$$

die sich unmittelbar aus (21) ergeben.

Für manche Anwendungen der Funktionentheorie ist es nützlich, die Regeln für die *Differentiation bei Benutzung von Polarkoordinaten* zu kennen. Setzen wir $z = x + iy = \varrho(\cos\varphi + i\sin\varphi)$ für $z \neq 0$ und $w = f(z) = u + iv = R(\cos\Phi + i\sin\Phi)$ für $w \neq 0$, so ist

$$\begin{aligned} \frac{\partial f}{\partial \varrho} &= \frac{\partial f}{\partial x}\cos\varphi + \frac{\partial f}{\partial y}\sin\varphi, \\ \frac{\partial f}{\partial \varphi} &= -\frac{\partial f}{\partial x}\varrho\sin\varphi + \frac{\partial f}{\partial y}\varrho\cos\varphi. \end{aligned}$$

Gelten die Cauchy-Riemannschen Differentialgleichungen, so ist nach (6a): $\frac{\partial f}{\partial x} = \frac{1}{i}\frac{\partial f}{\partial y}$ und daher:

$$\varrho\frac{\partial f}{\partial \varrho} = \frac{1}{i}\frac{\partial f}{\partial \varphi}, \tag{28}$$

oder reell geschrieben:

$$\varrho\frac{\partial u}{\partial \varrho} = \frac{\partial v}{\partial \varphi}, \quad \varrho\frac{\partial v}{\partial \varrho} = -\frac{\partial u}{\partial \varphi}. \tag{29}$$

Dies sind die Cauchy-Riemannschen Differentialgleichungen bei Benutzung von *Polarkoordinaten für die unabhängige Variable z.*

Führen wir nur *für die abhängige Variable w Polarkoordinaten* ein, so gilt:

$$\left.\begin{aligned} \frac{\partial f}{\partial x} &= \left(\frac{\partial R}{\partial x} + iR\frac{\partial \Phi}{\partial x}\right)(\cos\Phi + i\sin\Phi), \\ \frac{\partial f}{\partial y} &= \left(\frac{\partial R}{\partial y} + iR\frac{\partial \Phi}{\partial y}\right)(\cos\Phi + i\sin\Phi), \end{aligned}\right\} \tag{30}$$

und die Cauchy-Riemannschen Differentialgleichungen lauten dann wegen (6a):

$$\frac{1}{R}\frac{\partial R}{\partial x} = \frac{\partial \Phi}{\partial y}, \quad \frac{1}{R}\frac{\partial R}{\partial y} = -\frac{\partial \Phi}{\partial x}. \tag{31}$$

Da bei komplex differenzierbaren Funktionen $f'(z) = \frac{\partial f}{\partial x} = \frac{1}{i}\frac{\partial f}{\partial y}$ ist, so folgt aus den Gleichungen (30) unmittelbar die Beziehung:

$$\frac{f'(z)}{f(z)} = \frac{\partial \log R}{\partial x} + i\frac{\partial \Phi}{\partial x} = \frac{\partial \Phi}{\partial y} + \frac{1}{i}\frac{\partial \log R}{\partial y}, \tag{32}$$

die wir für späteren Gebrauch hier anmerken wollen.

Sind *sowohl für die abhängige als auch für die unabhängige Variable Polarkoordinaten gegeben,* so gilt:

$$\left.\begin{aligned} \frac{\partial R}{\partial \varrho} &= \frac{\partial R}{\partial x}\cos\varphi + \frac{\partial R}{\partial y}\sin\varphi, \\ \frac{\partial R}{\partial \varphi} &= -\frac{\partial R}{\partial x}\varrho\sin\varphi + \frac{\partial R}{\partial y}\varrho\cos\varphi, \\ \frac{\partial \Phi}{\partial \varrho} &= \frac{\partial \Phi}{\partial x}\cos\varphi + \frac{\partial \Phi}{\partial y}\sin\varphi, \\ \frac{\partial \Phi}{\partial \varphi} &= -\frac{\partial \Phi}{\partial x}\varrho\sin\varphi + \frac{\partial \Phi}{\partial y}\varrho\cos\varphi. \end{aligned}\right\} \tag{33}$$

Aus (31) und (33) folgt dann für die Cauchy-Riemannschen Differentialgleichungen:

$$\frac{\varrho}{R}\frac{\partial R}{\partial \varrho} = \frac{\partial \Phi}{\partial \varphi}, \quad \frac{1}{R}\frac{\partial R}{\partial \varphi} = -\varrho\frac{\partial \Phi}{\partial \varrho}. \tag{34}$$

Literatur

1. Zur Abhängigkeit der Differentiation von der Richtung:

KASNER, E.: A complete characterisation of the derivate of a polygenic function. Proc. Nat. Acad. Sci. U. S. A. **22**, 172 (1936).

KASNER, E.: Polygenic functions whose associated element-to-point transformation converts unions into points. Bull. Amer. Math. Soc. **44**, 726 (1938).

2. Zur Existenz der komplexen Differentialquotienten:

LOOMANN, H.: Über die Cauchy-Riemannschen Differentialgleichungen. Göttinger Nachrichten 1923.

MENCHOFF, D.: Sur la généralisation des conditions de CAUCHY-RIEMANN. Fund. math. **25**, 59 (1935).

MENCHOFF, D.: Les conditions de monogénéité. Actual. sci. industr. **329**, III Paris (1936).

MEIER, K.: Zum Satz von LOOMANN-MENCHOFF. Comment. Math. Helv. **25**, 181 (1951).

3. Zur partiellen Differentiation nach z und der konjugiert komplexen Größe $\bar{z}$:

POINCARÉ, H.: Sur les propriétés du potentiel et sur les fonctions abéliennes. Acta mathematica **22**, 89 (1899).

WIRTINGER, W.: Zur formalen Theorie der Funktionen von mehreren komplexen Veränderlichen. Math. Ann. **97**, 357 (1927).

KNESER, H.: Die singulären Kanten bei analytischen Funktionen mehrerer Veränderlichen. Math. Ann. **106**, 656 (1932).

KRZOSKA, J.: Über die natürlichen Grenzen analytischer Funktionen mehrerer Veränderlichen. Greifswald, Diss. 1933.

§ 9. Kurvenintegrale

Bei der Einführung des Integrals haben wir zuerst zu beachten, daß es für die Integration im allgemeinen Falle nicht genügt, die Integrationsgrenzen anzugeben. Da wir nicht wie im Reellen nur die reelle Achse als Integrationsweg zur Verfügung haben, vielmehr mit ihr jede andere Kurve gleichberechtigt ist, so stehen uns zur Integration zwischen vorgegebenen Endpunkten unendlich viele Kurven zur Verfügung. Deren Zerlegungen betrachten wir zunächst.

Es sei uns eine *endliche* kompakte Kurve $\mathfrak{J}$ mit der Parameterdarstellung

$$z(\tau) = \varphi(\tau) + i\psi(\tau)\,, \quad \alpha \leqq \tau \leqq \beta\,,$$

vorgelegt. Die Punkte $\alpha = \tau_0, \tau_1, \ldots, \tau_{n-1}, \tau_n = \beta, \tau_k < \tau_{k+1}$, liefern uns eine endliche *Zerlegung* $\mathfrak{Z}$ von $\mathfrak{J}$ mit den Teilpunkten $z_k = z(\tau_k)$. Verbindet man jeden dieser Punkte mit dem vorangehenden durch eine Strecke, so erhält man ein der Kurve einbeschriebenes Sehnenpolygon. Besitzt die gewöhnliche euklidische Länge aller Sehnenpolygone, die man auf diese Weise der Kurve $\mathfrak{J}$ einbeschreiben kann, eine endliche obere Grenze L, so sagt man, $\mathfrak{J}$ sei eine (im euklidischen Sinne) *rektifizierbare Kurve von der Länge L*. In der reellen Analysis zeigt man:

1. Die rektifizierbare Kurve $\mathfrak{J}$ ist länger als jedes einbeschriebene Polygon $\mathfrak{P}$, es sei denn $\mathfrak{J} = \mathfrak{P}$.

2. Jedes Teilstück $z(\tau)$, $\gamma \leqq \tau \leqq \delta$, einer rektifizierbaren Kurve ist selbst rektifizierbar.

3. Jede aus zwei rektifizierbaren Kurven $\mathfrak{J}_1$ und $\mathfrak{J}_2$ zusammengesetzte Kurve $\mathfrak{J}$ ist rektifizierbar und hat als Länge die Summe der Längen von $\mathfrak{J}_1$ und $\mathfrak{J}_2$.

Die rektifizierbaren Kurven erfüllen die nötigen Voraussetzungen für die Kurvenintegrale. Wir werden daher diese Kurven auch *Integrationswege* oder kurz *Wege* nennen. Häufig werden die Wege glatte Kurven sein. Dann sind die Integrale unmittelbar in reelle Integrale überzuführen. Die abgeschlossenen glatten Kurven sind rektifizierbar. Ihre Länge L ist durch das Integral

$$L = \int_\alpha^\beta \sqrt{\varphi'(\tau)^2 + \psi'(\tau)^2}\, d\tau = \int_\alpha^\beta |z'(\tau)|\, d\tau$$

gegeben, welches existiert, weil $|z'(\tau)|$ stückweise stetig ist.

Im Aufbau der Kurvenintegrale setzen wir vorläufig voraus, daß die Kurven beschränkte Integrationswege sind. Die uneigentlichen Integrale folgen später.

Unter einer *ausgezeichneten Zerlegungsfolge* $\mathfrak{Z}_l$ der Kurve $\mathfrak{J}$ versteht man eine Folge von Zerlegungen mit folgender Eigenschaft:

Es soll $\lim \delta_l = 0$ sein, wobei δ_l die maximale Sehnenlänge ist, die bei der l-ten Zerlegung von $\mathfrak{J}$ auftritt:

$$\delta_l = \operatorname*{Max}_{1 \leq \nu \leq n} |z(\tau_\nu) - z(\tau_{\nu-1})| \, ,$$

wobei $\tau_0, \tau_1, \ldots, \tau_n$ die Teilpunkte des Parameterintervalles $\alpha \leq \tau \leq \beta$ der Kurve $\mathfrak{J}$ bei der l-ten Zerlegung sind.

Auf $\mathfrak{J}$ sei eine Funktion $f(z)$ definiert. Dann betrachten wir die *Riemannschen Summen:*

$$S_\mathfrak{J}(\mathfrak{Z}_l, \zeta^{(l)}) = \sum_{n=1}^{r_l} f(\zeta_n^{(l)}) \, (z_n^{(l)} - z_{n-1}^{(l)}) \, .$$

Dabei ist $z_0^{(l)}$ jeweils der Anfangs- und $z_{r_l}^{(l)}$ der Endpunkt von $\mathfrak{J}$, $r_l + 1$ die Anzahl der Teilpunkte bei der l-ten Zerlegung und $\zeta_n^{(l)}$ jeweils ein Punkt auf $\mathfrak{J}$ zwischen $z_{n-1}^{(l)}$ und $z_n^{(l)}$. Existiert bei einer ausgezeichneten Zerlegungsfolge $\mathfrak{Z}_l$ von $\mathfrak{J}$ für jede beliebige Wahl der Zwischenpunkte $\zeta^{(l)}$ der endliche Grenzwert $\lim_{l \to \infty} S_\mathfrak{J}(\mathfrak{Z}_l, \zeta^{(l)})$, so hat dieser nach bekannten Überlegungen aus der Infinitesimalrechnung auch stets den gleichen Wert. Hat der endliche Grenzwert auch noch für jede Wahl der Zerlegungsfolge $\mathfrak{Z}_l$ denselben Wert, so sagt man, $f(z)$ sei längs $\mathfrak{J}$ integrierbar und nennt den endlichen Grenzwert das über $f(z)$ längs $\mathfrak{J}$ erstreckte *eigentliche Integral.* Man bezeichnet es mit

$$\int_\mathfrak{J} f(z) \, dz \, .$$

Neben den Integralen $\int f(z) \, dz$ interessiert man sich häufig auch für Integrale der Form $\int f(z) \, d\bar{z}$. Unter den gleichen Voraussetzungen wie bei der Definition des Integrals $\int f(z) \, dz$ erklärt man das Integral $\int f(z) \, d\bar{z}$ als Grenzwert der Riemannschen Summen

$$S_\mathfrak{J}(\mathfrak{Z}_l, \zeta^{(l)}) = \sum_{n=1}^{r_l} f(\zeta_n^{(l)}) \, (\overline{z_n^{(l)}} - \overline{z_{n-1}^{(l)}}) \, .$$

Spiegelt man $\mathfrak{J}$ durch die Abbildung $w = \bar{z}$ an der reellen Achse, so erhält man eine Kurve $\overline{\mathfrak{J}}$, auf der die Zerlegung $\mathfrak{Z}_l$ eine Zerlegung $\overline{\mathfrak{Z}}_l$ induziert mit den Teilpunkten $w_n^{(l)} = \overline{z_n^{(l)}}$. Den Punkten $\zeta_n^{(l)}$ entsprechen dort die Punkte $\eta_n^{(l)} = \overline{\zeta_n^{(l)}}$. Daher ist

$$S_\mathfrak{J}(\mathfrak{Z}_l, \zeta^{(l)}) = \sum_{n=1}^{r_l} f(\overline{\eta_n^{(l)}}) \, (w_n^{(l)} - w_{n-1}^{(l)}) \, .$$

Bei dem Grenzübergang $n \to \infty$ liefert die rechte Seite das Integral

$$\int_{\overline{\mathfrak{J}}} f(\bar{w}) \, dw = \int_\mathfrak{J} f(\bar{z}) \, dz \, .$$

Es gilt also

$$\int_\mathfrak{J} f(z) \, d\bar{z} = \int_{\overline{\mathfrak{J}}} f(\bar{z}) \, dz \, . \tag{1}$$

Es genügt also, die Integrale $\int f(z) \, dz$ zu betrachten.

Über die Existenz des Integrals sagen die beiden folgenden Sätze aus, die man wie im Reellen beweist:

Satz 46. *Notwendig für die Existenz des eigentlichen Integrals* $\int\limits_{\mathfrak{Z}} f(z)\,dz$ *ist die Beschränktheit von* $f(z)$ *auf* $\mathfrak{Z}$.

Satz 47. *Hinreichend für die Existenz des eigentlichen Integrals* $\int\limits_{\mathfrak{Z}} f(z)\,dz$ *ist die Stetigkeit von* $f(z)$ *auf* $\mathfrak{Z}$.

Unmittelbar aus der Definition des Integrals ergeben sich folgende Regeln:

1. $\int\limits_{\mathfrak{Z}} f(z)\,dz = -\int\limits_{-\mathfrak{Z}} f(z)\,dz$.

Dabei ist $-\mathfrak{Z}$ das in entgegengesetzter Richtung wie $\mathfrak{Z}$ durchlaufene Kurvenstück.

2. $\mathfrak{Z}_1 + \mathfrak{Z}_2$ *sei ein aus* $\mathfrak{Z}_1$ *und* $\mathfrak{Z}_2$ *zusammengesetztes Kurvenstück, wobei der Endpunkt von* $\mathfrak{Z}_1$ *mit dem Anfangspunkt von* $\mathfrak{Z}_2$ *übereinstimmt.* $f(z)$ *sei auf* $\mathfrak{Z}_1$ *und* $\mathfrak{Z}_2$ *definiert. Existieren dann die Integrale von* $f(z)$, *erstreckt über* $\mathfrak{Z}_1$ *und* $\mathfrak{Z}_2$, *so existiert auch* $\int\limits_{\mathfrak{Z}_1+\mathfrak{Z}_2} f(z)\,dz$, *und es gilt:*

$$\int\limits_{\mathfrak{Z}_1+\mathfrak{Z}_2} f(z)\,dz = \int\limits_{\mathfrak{Z}_1} f(z)\,dz + \int\limits_{\mathfrak{Z}_2} f(z)\,dz\,.$$

3. $\int\limits_{\mathfrak{Z}} c f(z)\,dz = c \cdot \int\limits_{\mathfrak{Z}} f(z)\,dz$.

4. $\int\limits_{\mathfrak{Z}} (f_1(z) + f_2(z))\,dz = \int\limits_{\mathfrak{Z}} f_1(z)\,dz + \int\limits_{\mathfrak{Z}} f_2(z)\,dz$,

wenn die beiden rechts stehenden Integrale existieren.

Durch wiederholte Anwendung dieser Regel ergibt sich:

$$\int\limits_{\mathfrak{Z}} \sum_{n=1}^{s} f_n(z)\,dz = \sum_{n=1}^{s} \int\limits_{\mathfrak{Z}} f_n(z)\,dz\,,$$

sofern die rechts stehenden Integrale existieren.

Man achte darauf, daß es so nicht gelingt, die Vertauschbarkeit von Integration und Summation bei *unendlichen* Reihen nachzuweisen, ja, die entsprechende Behauptung ist in dieser Allgemeinheit falsch (s. 12).

5. Wenn $|f(z)| \leqq M$ *auf* $\mathfrak{Z}$ *und* L *die Länge von* $\mathfrak{Z}$ *ist, so gilt:*

$$\left|\int\limits_{\mathfrak{Z}} f(z)\,dz\right| \leqq M \cdot L\,.$$

Sehr häufig werden wir die Kurvenintegrale über geschlossene Kurven zu erstrecken haben. Dann muß notwendig der Richtungssinn, in dem die Kurve zu durchlaufen ist, angegeben werden. Geschieht dies fernerhin nicht, so ist diejenige Durchlaufung gemeint, bei der das Innere zur Linken bleibt (mathematisch positiver Sinn; s. S. 51). Natürlich kann die Angabe über den Durchlaufungssinn einer geschlossenen Kurve nur ausgelassen werden, wenn die Kurve beschränkt ist, da andernfalls das „Innere" nicht definiert ist.

6. Schließlich rechnen wir noch mit dem Integral

$$\int_{\mathfrak{J}} |f(z)| \cdot |dz| \,.$$

Seine Bedeutung ergibt sich aus den obigen Ausführungen unmittelbar. Offenbar ist

$$\left|\int_{\mathfrak{J}} f(z)\, dz\right| \leqq \int_{\mathfrak{J}} |f(z)| \cdot |dz|$$

und

$$\int_{\mathfrak{J}} |f(z)| \cdot |dz| = \int_{\alpha}^{\beta} |f(z(\tau)) \cdot z'(\tau)|\, d\tau \,,$$

wenn $\beta > \alpha$ ist.

Bei unseren späteren Überlegungen ist es manchmal nützlich, ein vorgegebenes Kurvenintegral durch ein Integral zu ersetzen, das über ein Polygon als Kurve erstreckt wird. Darüber gilt

Satz 48. *$\mathfrak{J}$ sei ein beschränkter Integrationsweg. $f(z)$ sei stetig in einer Umgebung $\mathfrak{U}$ von $\mathfrak{J}$. Dann gibt es zu jedem $\varepsilon > 0$ und jedem $\delta > 0$ ein Polygon $\mathfrak{P}$, das*

1. *mit $\mathfrak{J}$ die Endpunkte gemeinsam hat,*
2. *Eckpunkte nur auf $\mathfrak{J}$ hat,*
3. *um weniger als δ von $\mathfrak{J}$ abweicht und für welches*
4. $\left|\int_{\mathfrak{J}} f(z)\, dz - \int_{\mathfrak{P}} f(z)\, dz\right| < \varepsilon$ *ist.*

Ist nämlich $\mathfrak{Z}_l$ eine ausgezeichnete Zerlegungsfolge von $\mathfrak{J}$, so ist nach Definition:

$$\left|\int_{\mathfrak{J}} f(z)\, dz - \sum_n f(z_n^{(l)})\, (z_n^{(l)} - z_{n-1}^{(l)})\right| < \frac{\varepsilon}{2} \tag{2}$$

für ein genügend großes l. Dabei kann l so groß gemacht werden, daß für alle n gilt: $|z' - z''| < \delta_0$ für alle z' und z'' mit $z_{n-1}^{(l)} \leqq z' \leqq z'' \leqq z_n^{(l)}$, wobei $\delta_0 < \delta$ folgendermaßen zu wählen ist: $\mathfrak{U}^*$ sei ein kompaktes Teilgebiet von $\mathfrak{U}$, welches $\mathfrak{J}$ ganz im Innern enthält. Dann sei δ_0 so klein, daß 1. alle Punkte z mit $|z - z^*| < \delta_0$, z^* auf $\mathfrak{J}$, in $\mathfrak{U}^*$ liegen und 2. $|f(z) - f(z')| < \frac{\varepsilon}{2L}$ für alle z und z' aus $\mathfrak{U}^*$ mit $|z - z'| < \delta_0$ ist, wenn L die Länge von $\mathfrak{J}$ bedeutet. Es ist dann:

$$\begin{aligned} &\left|\int_{\mathfrak{P}} f(z)\, dz - \sum_n f(z_n^{(l)})\, (z_n^{(l)} - z_{n-1}^{(l)})\right| \\ &= \left|\sum_n \left[\int_{z_{n-1}^{(l)}}^{z_n^{(l)}} f(z)\, dz - f(z_n^{(l)})\, (z_n^{(l)} - z_{n-1}^{(l)})\right]\right| \\ &= \left|\sum_n \int_{z_{n-1}^{(l)}}^{z_n^{(l)}} (f(z) - f(z_n^{(l)}))\, dz\right| < \frac{\varepsilon}{2L} L = \frac{\varepsilon}{2}\,. \end{aligned} \tag{3}$$

Hierin sind die Integrale jeweils von $z_{n-1}^{(l)}$ nach $z_n^{(l)}$ über die verbindende Strecke zu nehmen. Aus (2) und (3) folgt nun unmittelbar die Behauptung.

Eine ebenso große Bedeutung hat der folgende

Satz 49. *$\mathfrak{G}$ sei ein einfach zusammenhängendes Gebiet, dessen Rand eine rektifizierbare Kurve $\mathfrak{J}$ ist. Die Funktion $f(z)$ sei in $\mathfrak{G} + \mathfrak{J}$ stetig. Dann gibt es zu jedem $\varepsilon > 0$ ein ganz in $\mathfrak{G}$ liegendes einfach geschlossenes Polygon $\mathfrak{P}$, so daß*

$$\left| \int_{\mathfrak{J}} f(z)\, dz - \int_{\mathfrak{P}} f(z)\, dz \right| < \varepsilon. \tag{4}$$

Wir führen den Beweis in mehreren Schritten.

1. Die Längen der kurzen Teilbögen von $\mathfrak{J}$ gehen mit den Sehnenlängen gleichmäßig gegen Null.

Dabei bedeutet ein kurzer Teilbogen einen solchen Bogen zwischen zwei Punkten von $\mathfrak{J}$, dessen Länge kleiner oder gleich der halben Länge L von $\mathfrak{J}$ ist. Anders formuliert lautet die Aussage: Zu jedem $\varepsilon > 0$ gibt es ein $\delta > 0$ derart, daß die Länge eines kurzen Teilbogens kleiner als ε wird, sobald die Sehnenlänge kleiner als δ wird.

Da $\mathfrak{J}$ doppelpunktfrei ist, so ist die Sehnenlänge eines kurzen Bogens von $\mathfrak{J}$ dann und nur dann gleich Null, wenn der Bogen die Länge Null hat, also seine Endpunkte zusammenfallen. Wir markieren nun auf $\mathfrak{J}$ einen Punkt z_0, laufen von hier aus im positiven Sinne längs $\mathfrak{J}$ und messen dabei die Länge l des Bogens von z_0 bis zum Anfangspunkt eines kurzen Teilbogens, der im gleichen Sinne wie $\mathfrak{J}$ orientiert sein möge. Sodann messen wir die Länge λ des kurzen Teilbogens zwischen seinem Anfangs- und Endpunkt. Die Sehnenlänge σ eines solchen Teilbogens ist dann eine stetige Funktion $\sigma(l, \lambda)$ im Rechteck $0 \leqq l \leqq L$, $0 \leqq \lambda \leqq \frac{L}{2}$. Ist nun ε mit $0 < \varepsilon < \frac{L}{2}$ beliebig gegeben, so haben die Sehnenlängen σ aller kurzen Teilbögen mit einer Länge $\lambda \geqq \varepsilon$ eine positive untere Grenze δ. Ist daher $\sigma < \delta$, so muß $\lambda < \varepsilon$ sein.

2. Ist $\varepsilon > 0$ beliebig gegeben, so gibt es ein einfach geschlossenes Polygon $\mathfrak{P}$ in $\mathfrak{G}$ mit folgenden Eigenschaften:

a) Auf $\mathfrak{P}$ gibt es endlich viele zyklisch aufeinanderfolgende voneinander verschiedene Punkte $P_1, P_2, \ldots, P_n$ und dazu

b) auf $\mathfrak{J}$ ebensoviele zyklisch aufeinanderfolgende Punkte $Q_1, Q_2, \ldots, Q_n$ derart, daß die Strecken $P_\nu Q_\nu$ mit $\mathfrak{P}$ und $\mathfrak{J}$ nur die Endpunkte gemeinsam haben und untereinander sich höchstens an den Endpunkten Q_ν berühren; wobei ferner

c) die aus den Teilbögen $P_\nu Q_\nu$, $Q_\nu Q_{\nu+1}$, $Q_{\nu+1} P_{\nu+1}$, $P_{\nu+1} P_\nu$ gebildeten einfach geschlossenen Kurven $\mathfrak{K}_\nu$ eine Länge L_ν kleiner als ε haben (wobei $P_{n+1} = P_1$, $Q_{n+1} = Q_1$ zu setzen ist) und schließlich

d) die Gesamtlänge $\sum_{\nu=1}^{n} L_\nu$ der Kurven $\mathfrak{K}_\nu$ kleiner als $25\,L$ ist.

Wir überdecken die Ebene mit einem achsenparallelen Quadratnetz der Seitenlänge h. Gewisse der Quadrate liegen bei hinreichend kleinem h einschließlich ihres Randes im Innern von $\mathfrak{G}$ (Abb. 7). Nennen wir sie ausgezeichnete Quadrate. Andere grenzen längs einer oder mehrerer Seiten an die ausgezeichneten Quadrate, ohne selbst dazu zu gehören. Sie enthalten dann notwendig Randpunkte von $\mathfrak{G}$, d. h. Punkte von $\mathfrak{J}$. Wir wollen sie Randquadrate nennen.

Nun fixieren wir einen Punkt z_0 in $\mathfrak{G}$. Bei genügend kleinem h gibt es ein ausgezeichnetes abgeschlossenes Quadrat $\mathfrak{Q}_0$, dem z_0 angehört. $\mathfrak{Q}_0$ erweitern wir zu einem abgeschlossenen maximalen Gebiet $\mathfrak{G}_0$ ausgezeichneter Quadrate, indem wir sämtliche ausgezeichneten Quadrate, die mindestens längs einer Seite aneinander stoßen, an den gemeinsamen Randpunkten miteinander verheften. Eventuell gibt es außer $\mathfrak{G}_0$ noch weitere Gebiete ausgezeichneter Quadrate. $\mathfrak{G}_0$ ist einfach zusammenhängend und wird von einem einfach geschlossenen Polygon $\mathfrak{P}$ berandet. Wäre dies nicht der Fall, so würde $\mathfrak{G}_0$ von mehreren einfach geschlossenen Polygonen berandet, von denen mindestens eines im Innern Randpunkte von $\mathfrak{G}$ enthielte. Dies ist aber wegen des einfachen Zusammenhanges von $\mathfrak{G}$ nicht möglich.

Wir betrachten jetzt das Polygon $\mathfrak{P}$. An jede Seite der Länge h grenzt ein Randquadrat. Jedes Randquadrat besitzt ein oder zwei größte zusammenhängende Randstücke, die auch Rand von $\mathfrak{G}_0$ sind, und $\mathfrak{P}$ besteht aus der Gesamtheit dieser Randstücke, die nur an ihren Endpunkten zusammenstoßen. Wir numerieren diese Randstücke zyklisch auf $\mathfrak{P}$ entgegen dem Uhrzeigersinn, nennen sie $\mathfrak{R}_1, \mathfrak{R}_2, \ldots, \mathfrak{R}_n$ und ihre Mittelpunkte $P_1, P_2, \ldots, P_n$. Jedes Randstück $\mathfrak{R}_\nu$ gehört zu nur einem Randquadrat, und daher ist seine Länge höchstens $3h$. Folglich ist auch die Länge der Streckenzüge zwischen P_ν und $P_{\nu+1}$ höchstens $3h$. (Um den Streckenzug $P_n P_1$ und ähnliche zyklische Ausdrücke mitzuerfassen, setzen wir allgemein $P_{n+\mu} = P_\mu$). Jeder Punkt P_ν gehört genau einem abgeschlossenen Randquadrat an. Dieses Randquadrat enthält Punkte von $\mathfrak{J}$, die eine abgeschlossene Punktmenge bilden. Daher gibt es in dieser Punktmenge einen dem Punkt P_ν am nächsten gelegenen Punkt Q_ν. Ihn verbinden wir gradlinig mit P_ν. Dann ist $P_\nu Q_\nu$ eine Strecke, die außer P_ν und Q_ν keine Punkte mit $\mathfrak{P}$ oder $\mathfrak{J}$ gemeinsam hat, und zwei verschiedene solche Strecken haben höchstens dieselben Endpunkte Q_ν und Q_μ. Man überlegt sich, daß die Punkte Q_ν in der gleichen Reihenfolge auf $\mathfrak{J}$ einander folgen wie die Punkte P_ν auf $\mathfrak{P}$, wobei lediglich einige, höchstens drei, aufeinanderfolgende Punkte Q_ν zusammenfallen können. Damit sind die Eigenschaften a) und b) erfüllt. Jetzt müssen wir noch die Seitenlänge h so klein wählen, daß auch die Punkte c) und d) gelten.

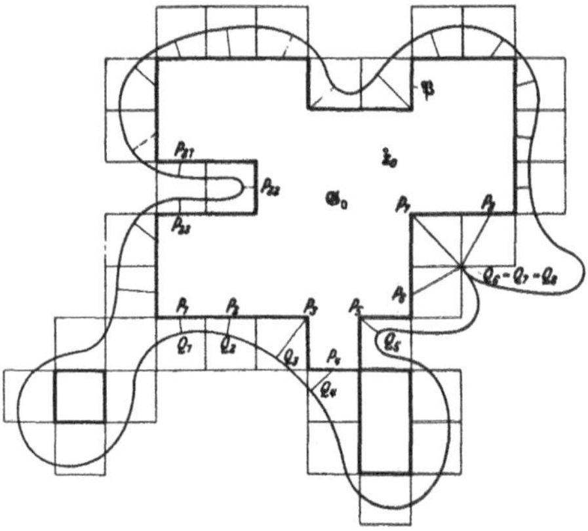

Abb. 7

Dazu fassen wir zwei aufeinanderfolgende Punkte Q_ν und $Q_{\nu+1}$ ins Auge. Sie liegen in zwei sich berührenden Quadraten. Daher ist ihr Abstand höchstens $2\sqrt{2}\,h$, also kleiner als $3h$. Ist nun ε beliebig gegeben, so können wir gemäß Ziffer 1 die Kantenlänge h so klein machen, daß die Längen aller Bögen $Q_\nu Q_{\nu+1}$ auf $\mathfrak{J}$ kleiner als ε werden. Dabei überzeugt man sich sofort, daß der Bogen $Q_{\nu+1} Q_\nu$, der die übrigen Q_μ enthält, stets der längere der beiden Bögen zwischen Q_ν und $Q_{\nu+1}$ ist, wenn h nur klein genug ist.

Jetzt bilden wir aus $P_\nu Q_\nu$, $Q_\nu Q_{\nu+1}$, $Q_{\nu+1} P_{\nu+1}$, $P_{\nu+1} P_\nu$ die einfach geschlossenen Kurven $\mathfrak{K}_\nu$. $P_\nu Q_\nu$ und $Q_{\nu+1} P_{\nu+1}$ haben als Strecken in einem Quadrat höchstens die Längen $\sqrt{2}\,h$. Der Streckenzug $P_{\nu+1} P_\nu$ hat, wie wir bereits feststellten, höchstens die Länge $3h$. Also sind die Längen der Kurven $\mathfrak{K}_\nu$ kleiner als $\varepsilon + 6h$, und dies ist kleiner als 2ε, wenn h hinreichend klein gemacht wird. Die Längen L_ν der

Kurven $\mathfrak{K}_\nu$ können also kleiner als ε gemacht werden. Damit ist auch der Punkt c) erfüllt.

Schätzen wir nun die Gesamtlänge der Kurven $\mathfrak{K}_\nu$ ab. Ist λ_ν die Länge eines Bogens $Q_\nu Q_{\nu+1}$ auf $\mathfrak{J}$, so folgt zunächst, da der Rest der Kurve $\mathfrak{K}_\nu$ kürzer als $6h$ ist, für die Längen L_ν:

$$L_\nu < \lambda_\nu + 6h\,,$$

woraus

$$\sum_{\nu=1}^{n} L_\nu < L + 6nh \tag{5}$$

folgt. Sodann müssen von fünf aufeinanderfolgenden Punkten Q_ν, $Q_{\nu+1}$, $Q_{\nu+2}$, $Q_{\nu+3}$, $Q_{\nu+4}$ mindestens zwei in sich nicht berührenden Randquadraten liegen, da zwei, drei oder vier zusammenliegende Randquadrate höchstens vier aufeinanderfolgende Randstücke $\mathfrak{R}_\nu$ aufweisen können. Daher gibt es mindestens zwei Punkte unter den Q_μ, deren Abstand $\geqq h$ ist. Für die Längen λ_μ zwischen den Q_μ gilt also:

$$\lambda_\nu + \lambda_{\nu+1} + \lambda_{\nu+2} + \lambda_{\nu+3} \geqq h\,.$$

Summiert man hier von 1 bis n, so folgt $4L \geqq n \cdot h$ und in Verbindung mit (5) ergibt sich:

$$\sum_{\nu=1}^{n} L_\nu < 25L\,.$$

Damit ist Ziffer 2 bewiesen.

3. Ist $\mathfrak{C}$ eine einfach geschlossene rektifizierbare Kurve, so ist

$$\int_{\mathfrak{C}} dz = 0\,.$$

Bei jeder Zerlegung von $\mathfrak{C}$ gilt für die Riemannschen Summen:

$$\sum_{n=1}^{\mu_l} (z_n^{(l)} - z_{n-1}^{(l)}) = 0\,,$$

und daraus folgt unmittelbar die Behauptung.

4. Wir beweisen nun die Abschätzung (4).

Sei $\varepsilon > 0$ beliebig gegeben. Dann gibt es wegen der gleichmäßigen Stetigkeit von $f(z)$ in $\mathfrak{G} + \mathfrak{J}$ ein δ, so daß für $|z - z'| < \delta$ stets $|f(z) - f(z')| < \dfrac{\varepsilon}{25L}$ ist. Das so gefundene δ möge nun die Rolle des ε in Ziffer 2 spielen und die Punkte $z_1, z_2, \ldots, z_n$ mögen jeweils im Innern der Kurven $\mathfrak{K}_\nu$ liegen. Dann gilt unter Beachtung von Ziffer 2 und 3:

$$\begin{aligned}\left|\int_{\mathfrak{J}} f(z)\,dz - \int_{\mathfrak{P}} f(z)\,dz\right| &= \left|\sum_{\nu=1}^{n}\int_{\mathfrak{K}_\nu} f(z)\,dz\right| \leqq \sum_{\nu=1}^{n}\left|\int_{\mathfrak{K}_\nu} f(z)\,dz\right|\\ &= \sum_{\nu=1}^{n}\left|\int_{\mathfrak{K}_\nu} f(z)\,dz - f(z_\nu)\int_{\mathfrak{K}_\nu} dz\right|\\ &= \sum_{\nu=1}^{n}\left|\int_{\mathfrak{K}_\nu} [f(z) - f(z_\nu)]\,dz\right| \leqq \sum_{\nu=1}^{n}\frac{\varepsilon}{25L}\cdot L_\nu < \varepsilon\,.\end{aligned}$$

Damit ist Satz 49 bewiesen.

Wir bemerken noch, daß die Polygone $\mathfrak{P}$ so konstruiert sind, daß sie $\mathfrak{J}$ von innen her gleichmäßig approximieren.

Der vorstehende Satz kann dazu benutzt werden, den *Flächeninhalt eines von einer rektifizierbaren Kurve* $\mathfrak{C}$ *berandeten beschränkten Gebietes* $\mathfrak{G}$ zu berechnen.

Wir betrachten wieder eine Überdeckung der Ebene mit einem achsenparallelen Quadratnetz der Seitenlänge h_n. Diejenigen abgeschlossenen Quadrate, die Punkte mit $\mathfrak{G} + \mathfrak{C}$ gemeinsam haben, bilden ein abgeschlossenes Polygongebiet $\mathfrak{G}_n$, das die Vereinigung endlich vieler Quadrate ist. Ihre Anzahl sei k_n. Dann ist der Flächeninhalt dieses Polygongebietes

$$F_n = k_n \cdot h_n^2 .$$

Diejenigen Quadrate von $\mathfrak{G}_n$, die keinen Punkt mit $\mathfrak{C}$ gemeinsam haben, liegen kompakt in $\mathfrak{G}$ und bilden einen aus endlich vielen Polygongebieten bestehenden Bereich $\mathfrak{B}_n$. Eines dieser Polygongebiete ist das in vorstehendem Beweis des Satzes 49 benutzte Gebiet $\mathfrak{G}_0$, das wir nun mit $\mathfrak{G}_n'$ bezeichnen. Es bestehe aus k_n' Quadraten. Dann ist sein Flächeninhalt

$$F_n' = k_n' \cdot h_n^2 .$$

Die übrigen Polygongebiete von $\mathfrak{B}_n$ bestehen aus k_n'' Quadraten mit einem Flächeninhalt

$$F_n'' = k_n'' \cdot h_n^2 .$$

Da die Quadrate von $\mathfrak{B}_n$ zu den Quadraten von $\mathfrak{G}_n$ gehören, so ist

$$F_n' + F_n'' < F_n .$$

Wir wählen jetzt eine Folge $h_1, h_2, h_3, \ldots$ mit $\lim\limits_{n\to\infty} h_n = 0$ so, daß jeweils h_{n+1} so klein ist, daß der Bereich $\mathfrak{B}_n$ kompakt in $\mathfrak{G}_{n+1}'$ liegt. Dann gilt für $n = 1, 2, 3, \ldots$:

$$F_n' \leqq F_n' + F_n'' < F_{n+1}' \leqq F_{n+1}' + F_{n+1}'' < F_{n+1} \leqq F_n . \tag{6}$$

Nun ist, wie man in der Theorie der reellen Funktionen zeigt,

$$\lim_{n\to\infty} F_n' = \lim_{n\to\infty} F_n . \tag{7}$$

Diesen gemeinsamen Grenzwert nennt man den *Flächeninhalt* F *des Gebietes* $\mathfrak{G}$.

F_n' läßt sich leicht berechnen: Es ist zunächst

$$F_n' = \sum_{\nu=1}^{k_n'} h_n^2 = \sum_{\nu=1}^{k_n'} F(\mathfrak{Q}_\nu) ,$$

wobei $F(\mathfrak{Q}_\nu)$ der Flächeninhalt eines in $\mathfrak{G}_n'$ enthaltenen Quadrates $\mathfrak{Q}_\nu$ ist. Nun gilt:

$$F(\mathfrak{Q}_\nu) = \frac{1}{2i} \int_{\mathfrak{C}_\nu} \bar{z}\, dz ,$$

wobei $\mathfrak{C}_\nu$ der positiv durchlaufene Rand von $\mathfrak{Q}_\nu$ ist. Hat $\mathfrak{Q}_\nu$ als linke untere Ecke den Punkt (x_ν, y_ν), so ist

$$\begin{aligned} \int_{\mathfrak{C}_\nu} \bar{z}\, dz &= \int_{x_\nu}^{x_\nu+h_n} (x - i y_\nu)\, dx + \int_{y_\nu}^{y_\nu+h_n} (x_\nu + h_n - i y)\, i\, dy + \\ &+ \int_{x_\nu+h_n}^{x_\nu} (x - i y_\nu - i h_n)\, dx + \int_{y_\nu+h_n}^{y_\nu} (x_\nu - i y)\, i\, dy \\ &= i h_n \int_{x_\nu}^{x_\nu+h_n} dx + i h_n \int_{y_\nu}^{y_\nu+h_n} dy = 2 i h_n^2 . \end{aligned}$$

Also ist

$$F(\mathfrak{Q}_\nu) = h_n^2 = \frac{1}{2i} \int_{\mathfrak{C}_\nu} \bar{z}\, dz .$$

Durchlaufen wir nun die $\mathfrak{C}_\nu$ aller Quadrate $\mathfrak{Q}_\nu$, die zu $\mathfrak{G}_n'$ gehören, in positivem Sinne, so heben sich alle Integrale über die Seiten der $\mathfrak{Q}_\nu$ heraus, die nicht zum Rand von $\mathfrak{G}_n'$ gehören, und es folgt

$$F_n' = \sum_{\nu=1}^{k_n'} \frac{1}{2i} \int_{\mathfrak{C}_\nu} \bar{z}\, dz = \frac{1}{2i} \int_{\mathfrak{P}_n} \bar{z}\, dz\,,$$

wobei $\mathfrak{P}_n$ das positiv orientierte Randpolygon des Gebietes $\mathfrak{G}_n'$ ist. Auf Grund von Formel (4) in Satz 49 gilt dann:

$$\frac{1}{2i} \int_{\mathfrak{C}} \bar{z}\, dz = \lim_{n\to\infty} \frac{1}{2i} \int_{\mathfrak{P}_n} \bar{z}\, dz = \lim_{n\to\infty} F_n' = F\,.$$

Wir haben somit das Ergebnis: *Der Flächeninhalt F eines von einer rektifizierbaren Kurve $\mathfrak{C}$ berandeten Gebietes $\mathfrak{G}$ ist*

$$F = \frac{1}{2i} \int_{\mathfrak{C}} \bar{z}\, dz\,. \tag{8}$$

Es sei bemerkt, daß diese Formel auch dann gilt, wenn $\mathfrak{G}$ mehrfach zusammenhängend ist, also $\mathfrak{C}$ aus endlich vielen rektifizierbaren Kurven besteht, die $\mathfrak{G}$ beranden und die so durchlaufen werden, daß $\mathfrak{G}$ stets zur Linken liegt.

Der folgende Satz gibt uns die Möglichkeit, komplexe Kurvenintegrale auf reelle Integrale zurückzuführen.

Satz 50. *Die Funktion $f(z) = \varphi(x, y) + i\,\psi(x, y)$ sei stetig auf der beschränkten glatten Kurve $\mathfrak{Z}$, die gegeben sei durch $z(\tau) = x(\tau) + i\,y(\tau)$, $\alpha \leqq \tau \leqq \beta$. Dann ist*

$$\int_{\mathfrak{Z}} f(z)\, dz = \int_{\alpha}^{\beta} f(z(\tau)) \cdot z'(\tau)\, d\tau\,.$$

Das reelle Integral einer komplexen Funktion $F(\tau) = \Phi(\tau) + i\,\Psi(\tau)$ ist dabei folgendermaßen zu verstehen:

$$\int_{\alpha}^{\beta} F(\tau)\, d\tau = \int_{\alpha}^{\beta} \Phi(\tau)\, d\tau + i \int_{\alpha}^{\beta} \Psi(\tau)\, d\tau\,.$$

Hiernach lautet die Behauptung unseres Satzes, wenn man $f(z(\tau)) \cdot z'(\tau)$ in Real- und Imaginärteil aufspaltet:

$$\begin{aligned}\int_{\mathfrak{Z}} f(z)\, dz = &\int_{\alpha}^{\beta} \varphi(x(\tau), y(\tau))\, x'(\tau)\, d\tau - \int_{\alpha}^{\beta} \psi(x(\tau), y(\tau))\, y'(\tau)\, d\tau \\ &+ i \int_{\alpha}^{\beta} \varphi(x(\tau), y(\tau))\, y'(\tau)\, d\tau + i \int_{\alpha}^{\beta} \psi(x(\tau), y(\tau))\, x'(\tau)\, d\tau\,.\end{aligned}$$

Zum Beweise wählen wir eine ausgezeichnete Zerlegungsfolge $\mathfrak{Z}_k^*$ des Parameterintervalls (α, β) mit den Teilpunkten $\tau_n^{(k)}$. Ihr entspricht dann eine Zerlegungsfolge $\mathfrak{Z}_k$ von $\mathfrak{Z}$ mit den Teilpunkten $z_n^{(k)} = z(\tau_n^{(k)})$, die infolge der gleichmäßigen Stetigkeit von $z(\tau)$ ebenfalls ausgezeichnet ist. Etwaige Ecken der glatten Kurve $\mathfrak{Z}$ mögen zu den Teilpunkten $z_n^{(k)}$ gehören. Für $\mathfrak{Z}_k$ lautet die zugehörige Riemannsche Summe:

$$S(\mathfrak{Z}_k, \zeta^{(k)}) = \sum_{n=1}^{n_k} f(\zeta_n^{(k)}) \, (z_n^{(k)} - z_{n-1}^{(k)}) \, .$$

Da der Limes von der Wahl der Zwischenpunkte nicht abhängt, dürfen wir allgemein $\zeta_n^{(k)} = z_n^{(k)}$ setzen. Somit ist

$$S(\mathfrak{Z}_k, \zeta^{(k)}) = \sum_{n=1}^{n_k} f(z(\tau_n^{(k)})) \, \frac{z(\tau_n^{(k)}) - z(\tau_{n-1}^{(k)})}{\tau_n^{(k)} - \tau_{n-1}^{(k)}} \, (\tau_n^{(k)} - \tau_{n-1}^{(k)}) \, . \tag{9}$$

Spaltet man nun die rechte Seite in Real- und Imaginärteil auf und geht in üblicher Weise zur Grenze über, so erhält man unter Ausnutzung der Voraussetzungen über die Stetigkeit der Ableitungen $x'(\tau)$ und $y'(\tau)$ die Behauptung des Satzes.

Der vorstehende Satz ist für das praktische Rechnen mit Kurvenintegralen von großer Bedeutung, weil wir nunmehr die Kurvenintegrale auf gewöhnliche reelle Integrale zurückführen können (s. die Beispiele S. 80 und 81).

Wichtig ist auch das folgende *Transformationsgesetz für Kurvenintegrale.*

Die Funktion $f(z)$ sei stetig in der Umgebung der rektifizierbaren Kurve $\mathfrak{C}$. Durch eine Funktion $z = g(w)$ werde ein Gebiet $\mathfrak{G}$ der w-Ebene umkehrbar eindeutig und stetig komplex differenzierbar auf eine Umgebung der Kurve $\mathfrak{C}$ abgebildet. Durch die Umkehrabbildung $w = \check{g}(z)$ wird $\mathfrak{C}$ auf eine rektifizierbare Kurve $\mathfrak{C}^*$ in $\mathfrak{G}$ abgebildet. Dann ist

$$\int_{\mathfrak{C}} f(z) \, dz = \int_{\mathfrak{C}^*} f(g(w)) \, g'(w) \, dw \, . \tag{10}$$

Auf Grund von Satz 48 genügt es, die Formel (10) für glatte Kurvenstücke zu beweisen. Diese können wir nach Satz 50 auf reelle Integrale zurückführen.

Ist $\mathfrak{C}$ glatt, so ist auch $\mathfrak{C}^*$ glatt. $\mathfrak{C}^*$ möge durch $w = w(\tau)$, $\alpha \leqq \tau \leqq \beta$, gegeben sein. Dann ist $\mathfrak{C}$ durch $z = z(\tau) = g(w(\tau))$, $\alpha \leqq \tau \leqq \beta$, gegeben.

Für die linke Seite in (10) ergibt sich

$$\int_{\mathfrak{C}} f(z) \, dz = \int_{\alpha}^{\beta} f(z(\tau)) \cdot z'(\tau) \, d\tau \, .$$

Nun ist aber

$$z'(\tau) = g'(w(\tau)) \cdot w'(\tau) \, ,$$

wie sich sofort durch Aufspaltung von $g(w(\tau))$ in Real- und Imaginärteil und anschließende Differentiation nach den Regeln der reellen Analysis ergibt. Daher ist

$$\int_{\mathfrak{C}} f(z) \, dz = \int_{\alpha}^{\beta} f(g(w(\tau))) \, g'(w(\tau)) \, w'(\tau) \, d\tau \, .$$

Das rechts stehende Integral ist nach Satz 50 aber gerade

$$\int_{\mathfrak{C}^*} f(g(w)) \cdot g'(w) \, dw \, .$$

Aus Satz 50 ergibt sich auch die rechnerisch wichtige, aber nur behutsam anwendbare Folgerung:

Satz 51 *(Integration einer Ableitung). Ist $f(z)$ stetig auf dem kompakten Integrationsweg $\mathfrak{J}$ und gibt es in einem Gebiete $\mathfrak{G}$, das $\mathfrak{J}$ enthält, eine dort überall stetig komplex differenzierbare Funktion $F(z)$, für die in allen Punkten von $\mathfrak{J}$ gilt: $F'(z) = f(z)$, so ist:*

$$\int_{\mathfrak{J}} f(z)\, dz = F(b) - F(a)\,, \tag{11}$$

wo a der Anfangspunkt und b der Endpunkt von $\mathfrak{J}$ sind.

Sei $F'(z) = g(z)$ in $\mathfrak{G}$. Dann ist wegen $g(z) = f(z)$ auf $\mathfrak{J}$:

$$\int_{\mathfrak{J}} f(z)\, dz = \int_{\mathfrak{J}} g(z)\, dz\,.$$

Ist ferner $\mathfrak{P}$ ein $\mathfrak{J}$ einbeschriebenes Polygon mit den gleichen Anfangs- und Endpunkten wie $\mathfrak{J}$, welches ganz in $\mathfrak{G}$ verläuft, und sind seine Eckpunkte

$$a = z_0, z_1, z_2, \ldots, z_{n-1}\,,\ z_n = b\,,$$

so folgt:

$$\int_{\mathfrak{P}} g(z)\, dz = \sum_{\nu=1}^{n} \int_{z_{\nu-1}}^{z_\nu} g(z)\, dz\,,$$

wobei zwischen $z_{\nu-1}$ und z_ν geradlinig zu integrieren ist. Auf einer solchen Strecke gestattet z die Darstellung:

$$z(\tau) = z_{\nu-1} + \tau(z_\nu - z_{\nu-1})\,,\quad 0 \leqq \tau \leqq 1\,.$$

Daher ist nach Satz 50:

$$\int_{z_{\nu-1}}^{z_\nu} g(z)\, dz = \int_0^1 g(z(\tau)) \cdot z'(\tau)\, d\tau = \int_0^1 F'(z(\tau))\, z'(\tau)\, d\tau$$

$$= \int_0^1 \frac{d}{d\tau}\,[F(z(\tau))]\, d\tau = F(z_\nu) - F(z_{\nu-1})\,.$$

Also gilt:

$$\int_{\mathfrak{P}} g(z)\, dz = F(b) - F(a)\,.$$

Nun sei ε beliebig gegeben. Dann gibt es nach Satz 48 ein solches Polygon $\mathfrak{P}$ in $\mathfrak{G}$ mit den Anfangs- und Endpunkten a und b, daß

$$\left|\int_{\mathfrak{J}} g(z)\, dz - \int_{\mathfrak{P}} g(z)\, dz\right| < \varepsilon$$

ist. Da dies für jedes ε gilt, so folgt:

$$\int_{\mathfrak{J}} f(z)\, dz = \int_{\mathfrak{J}} g(z)\, dz = F(b) - F(a)\,.$$

Damit ist der Satz bewiesen.

Eine gewisse Vorsicht bei der Benutzung der obigen Formel ist z. B. dort am Platze, wo das Gebiet $\mathfrak{G}$ nicht mehr einfach zusammenhängend ist und in $\mathfrak{G}$ eine Funktion $f(z)$ gegeben ist, zu der es überall im Kleinen eine Funktion $F(z)$ mit $F'(z) = f(z)$ gibt, die sich in $\mathfrak{G}$ überall stetig fortsetzen läßt. Dann kann es nämlich passieren, daß man bei dieser Fortsetzung auf verschiedenen Wegen zu verschiedenen Werten von $F(z)$ in einem Punkte b gelangt. Demgemäß hängt dann das Integral noch vom Wege und nicht nur von den Endpunkten ab. Wir werden später durch die Einführung der Riemannschen Flächen diese Schwierigkeit beheben. Im Augenblick schließen wir „Funktionen" $F(z)$, die zu einem Punkt z verschiedene Werte liefern, aus unseren Betrachtungen aus. Zum Begriff der Funktion $F(z)$ in $\mathfrak{G}$ gehört ihre *Eindeutigkeit*. Ist eine solche (eindeutige) Funktion $F(z)$ in $\mathfrak{G}$ gegeben und besitzt sie überall in $\mathfrak{G}$ eine komplexe stetige Ableitung $f(z) = F'(z)$, so hängt für Kurven, die *innerhalb des Gebietes $\mathfrak{G}$ verlaufen*, gemäß (11) der Integralwert nur von den Anfangs- und Endpunkten ab und nicht vom Verlauf der Kurven zwischen diesen beiden Punkten.

Beispiele:

1. $\int\limits_0^{1+i} x\,dz$.

a) Der Integrationsweg sei das Geradenstück von 0 nach $1+i$. Seine Gleichung ist $z(\tau) = \tau + i\tau$, $0 \leqq \tau \leqq 1$. Es ist $z'(\tau) = 1 + i$ und

$$\int\limits_0^{1+i} x\,dz = (1+i)\int\limits_0^1 \tau\,d\tau = \frac{1+i}{2}.$$

b) Der Integrationsweg laufe von 0 bis 1 längs der reellen Achse ($\mathfrak{C}_1$) und dann auf einer Parallelen zur y-Achse ($\mathfrak{C}_2$). Wir zerlegen das Integral in $\int\limits_{\mathfrak{C}_1} + \int\limits_{\mathfrak{C}_2}$. $\mathfrak{C}_1$ ist darstellbar durch $z(\tau) = \tau$, $0 \leqq \tau \leqq 1$, also $z'(\tau) = 1$. $\mathfrak{C}_2$ ist darstellbar durch $z(\tau) = 1 + i\tau$, $0 \leqq \tau \leqq 1$, also $z'(\tau) = i$. Auf dem Wege $\mathfrak{C}_1 + \mathfrak{C}_2$ wird

$$\int\limits_0^{1+i} x\,dz = \int\limits_0^1 \tau\,d\tau + i\int\limits_0^1 d\tau = \frac{1}{2} + i.$$

Der Wert des Integrals hängt also vom Wege ab.

2. $\int\limits_{\mathfrak{Z}} (z - z_0)^n\,dz$, $n \geqq 0$ ganz, hängt entgegen dem vorigen Beispiele nicht vom Wege ab. Die Funktion $F(z) = \dfrac{1}{n+1}(z - z_0)^{n+1}$ ist überall eindeutig und differenzierbar, und es ist $F'(z) = (z - z_0)^n$. Also ist nach Satz 51:

$$\int\limits_a^b (z - z_0)^n\,dz = \frac{1}{n+1}\left[(b - z_0)^{n+1} - (a - z_0)^{n+1}\right].$$

Insbesondere verschwindet das Integral auf allen geschlossenen Kurven.

3. $\int\limits_{\mathfrak{C}} (z - z_0)^n\, dz$, $n < -1$ ganz, hängt ebenfalls nicht vom Wege ab, wenn als Gebiet die offene Ebene ohne den Punkt z_0 gewählt wird; denn in diesem Gebiet ist $F(z) = \frac{1}{n+1}(z - z_0)^{n+1}$ überall differenzierbar und eindeutig, so daß wir nach Satz 51 zum gleichen Ergebnis wie unter 2 gelangen.

4. $\int\limits_{\mathfrak{C}} (z - z_0)^{-1}\, dz$. Hier kennen wir vorläufig keine Funktion, deren Ableitung der Integrand ist. Dieser Fall hat auch eine Sonderstellung, wie wir erkennen, wenn wir als $\mathfrak{C}$ den Kreis $\mathfrak{K}$ mit dem Radius ϱ um z_0 wählen. Rechnen wir für diesen Fall die Integrale

$$\int\limits_{\mathfrak{K}} (z - z_0)^n\, dz$$

gemäß Satz 50 aus: $\mathfrak{K}$ hat die Darstellung

$$z = z_0 + \varrho(\cos\tau + i\sin\tau)\,, \quad 0 \leqq \tau \leqq 2\pi\,.$$

Also ist

$$z'(\tau) = \varrho(-\sin\tau + i\cos\tau) = i\,\varrho(\cos\tau + i\sin\tau)\,.$$

Es folgt somit

$$\begin{aligned}\int\limits_{\mathfrak{K}} (z - z_0)^n\, dz &= i\int\limits_0^{2\pi} \varrho^{n+1}(\cos\tau + i\sin\tau)^{n+1}\, d\tau \\ &= i\,\varrho^{n+1}\int\limits_0^{2\pi} \{\cos(n+1)\,\tau + i\sin(n+1)\,\tau\}\, d\tau \\ &= \begin{cases} 0 \text{ für } n \neq -1,\ n \text{ ganz}, \\ 2\pi i \text{ für } n = -1\,. \end{cases}\end{aligned}$$

Ein Analogon zum Mittelwertsatz der Integralrechnung gibt es für komplexe Kurvenintegrale nicht, weil für die komplexen Zahlen keine Ordnungsrelation vorliegt. Betrachten wir etwa

$$\int\limits_{\mathfrak{K}} 2z\, dz\,,$$

wo $\mathfrak{K}$ der obere Halbkreis über der Strecke $(0, \alpha)$ ist. Das Integral hat den Wert α^2. Die Länge von $\mathfrak{K}$ beträgt $\frac{\alpha\pi}{2}$. Würde der Mittelwertsatz gelten, so müßte es auf $\mathfrak{K}$ einen Punkt z_0 geben, so daß $\alpha^2 = \frac{\alpha\cdot\pi}{2}\cdot z_0$ wäre. Da alle Punkte auf $\mathfrak{K}$ außer den Endpunkten nicht reell sind, kann es aber kein solches z_0 auf $\mathfrak{K}$ geben*.

Trotzdem können wir eine Abschätzung der Funktionswerte durch die Ableitung der Funktion und den Integrationsweg aufstellen.

Ist $F(z)$ in der Umgebung der Kurve $\mathfrak{C}$, die von a nach b läuft und die Länge L hat, überall komplex differenzierbar und $F'(z)$ dort stetig, ist ferner M das Maximum von $|F'(z)|$ auf $\mathfrak{C}$, so gilt:

$$|F(b) - F(a)| \leqq LM\,.$$

Es ist nämlich nach Satz 51:

$$F(b) - F(a) = \int\limits_{\mathfrak{C}} F'(z)\, dz$$

und nach Regel 5 (s. S. 71):

$$\left|\int\limits_{\mathfrak{C}} F'(z)\, dz\right| \leqq LM\,.$$

* Doch siehe L. Bieberbach, Lehrbuch der Funktionentheorie, Bd. 1, V, § 5.

Ist $b = a + \Delta$, so folgt:

$$\left|\frac{F(a+\Delta) - F(a)}{\Delta}\right| \leqq \left|\frac{L}{\Delta}\right| \cdot M .$$

Die Kurvenintegrale erstrecken wir schließlich auch über Integrationswege, die *nicht kompakt* sind. Sei $\mathfrak{Z}$ eine solche Kurve mit einer Darstellung

$$z = z(\tau)\,, \quad \alpha < \tau < \beta\,,$$

wobei auch sinngemäß $\alpha = -\infty$ und $\beta = +\infty$ zugelassen ist. Für jedes kompakte endliche Teilstück $\mathfrak{Z}'$ mit den Endpunkten α' und β' existiere das Integral

$$\int_{\mathfrak{Z}'} f(z)\, dz\,.$$

Dann definieren wir das *uneigentliche Integral* über $\mathfrak{Z}$ durch

$$\int_{\mathfrak{Z}} f(z)\, dz = \lim_{\substack{\alpha' \to \alpha \\ \beta' \to \beta}} \int_{\mathfrak{Z}'} f(z)\, dz\,, \tag{12}$$

wobei α' und β' *unabhängig* voneinander auf $\mathfrak{Z}$ gegen α bzw. β streben. Wie im Reellen sprechen wir aber nur dann von der Existenz des uneigentlichen Integrals, wenn der Grenzwert *existiert und endlich* ist.

Entsprechend definieren wir die uneigentlichen Integrale für Kurven $\mathfrak{Z}$, deren Parameterintervalle halboffen sind: $\alpha \leqq \tau < \beta$ und $\alpha < \tau \leqq \beta$ durch die Grenzwerte

$$\lim_{\beta' \to \beta} \int_{\mathfrak{Z}'} f(z)\, dz \quad \text{bzw.} \quad \lim_{\alpha' \to \alpha} \int_{\mathfrak{Z}'} f(z)\, dz\,,$$

wobei $\mathfrak{Z}'$ ein kompaktes Teilstück: $\alpha \leqq \tau \leqq \beta' < \beta$ bzw. $\alpha < \alpha' \leqq \tau \leqq \beta$ ist.

Wie im Reellen läßt sich das uneigentliche Integral (12) mit offenem Parameterintervall als Summe zweier uneigentlicher Integrale mit halboffenen Parameterintervallen darstellen.

Gelegentlich findet man in der Literatur auch uneigentliche Integrale über Kurvenstücke, die im Sinne vorstehender Erklärung nicht existieren, z. B. $\int\limits_{-1}^{2} \frac{1}{z}\, dz$, wobei das Integral über die reelle Achse von -1 nach 2 zu erstrecken ist. In einem solchen Falle, wo in einem inneren Punkte z_0 des Integrationsintervalles $\alpha \leqq z \leqq \beta$ eine Stelle der Unbeschränktheit vorliegt, versteht man dann unter $\int\limits_{\alpha}^{\beta} f(z)\, dz$ den sog. *Hauptwert:*

$$\lim_{\Delta z \to 0} \left(\int_{\alpha}^{z_0 - \Delta z} f(z)\, dz + \int_{z_0 + \Delta z}^{\beta} f(z)\, dz \right), \quad \Delta z > 0\,.$$

So ist in obigem Beispiel:

$$\int_{-1}^{2} \frac{1}{z}\, dz = \lim_{\Delta z \to 0} \left(\int_{-1}^{-\Delta z} \frac{1}{z}\, dz + \int_{\Delta z}^{1} \frac{1}{z}\, dz \right) + \int_{1}^{2} \frac{1}{z}\, dz = \log 2\,.$$

Über die Existenz uneigentlicher Integrale gelten analog zum Reellen die folgenden Aussagen.

Satz 52. *Die glatte Kurve $\mathfrak{Z}$ habe die Darstellung $z(\tau)$, $\tau \geqq \tau_0$ mit $|z(\tau)| > \gamma_1 |\tau|$, $\gamma_1 > 0$. Es gebe ein M, so daß auf $\mathfrak{Z}$ gilt: $|z'(\tau)| < M$. Ferner sei $f(z)$ stetig auf $\mathfrak{Z}$, und für alle z auf $\mathfrak{Z}$ mit $|z| \geqq N > 0$ gelte:*

$$|f(z)| < \frac{\gamma_2}{|z|^{1+\alpha}}, \quad \alpha > 0, \quad \gamma_2 > 0.$$

Dann existiert $\int\limits_{\mathfrak{Z}} f(z)\, dz$.

Satz 53. *Die glatte Kurve $\mathfrak{Z}$ habe die Darstellung $z(\tau)$, $\tau_0 \leqq \tau \leqq \tau_1$ mit $z(\tau_0) = a$ und $z'(\tau_0) \neq 0$. $f(z)$ sei stetig für $\tau_0 < \tau \leqq \tau_1$, und es sei für $\tau_0 < \tau \leqq \tau_2 < \tau_1$:*

$$|f(z)| < \frac{\gamma}{|z-a|^{\alpha}}, \quad \alpha < 1, \quad \gamma > 0.$$

Dann existiert das uneigentliche Integral $\int\limits_{\mathfrak{Z}} f(z)\, dz$.

Beispiele:

5. $\int\limits_{\mathfrak{Z}} \frac{1}{z^2}\, dz$. $\mathfrak{Z}$ sei die Halbgerade $z = \tau$, $\tau \geqq 1$. Das Integral hat den Wert 1.

6. $\int\limits_{\mathfrak{Z}} \frac{1}{z^3}\, dz$. $\mathfrak{Z}$ sei die Kurve, die von dem Teil der reellen Achse gebildet wird, der in $z = 1$ beginnt, über die positiven Zahlen nach $z = \infty$ und dann über die negativen z bis $z = -1$ läuft. Für das Teilstück $(1, \infty)$ erhalten wir den Wert $\frac{1}{2}$, für das weitere Teilstück $(\infty, -1)$ den Wert $-\frac{1}{2}$, also insgesamt den Wert Null.

7. $\int\limits_{\mathfrak{Z}} \frac{1}{1-z^2}\, dz$. $\mathfrak{Z}$ sei die gesamte imaginäre Achse, die im Sinne wachsender Imaginärteile durchlaufen werden möge. Diese Achse stellen wir dar durch $z = i\tau$, $-\infty < \tau < +\infty$. Dann ist

$$\int\limits_{\mathfrak{Z}} \frac{1}{1-z^2}\, dz = i \int\limits_{-\infty}^{+\infty} \frac{1}{1+\tau^2}\, d\tau = i \operatorname{arc\,tg} \tau \Big|_{-\infty}^{+\infty} = \pi i.$$

8. $\mathfrak{K}$ sei die Halbgerade $z(\tau) = a \cdot \tau$, $\tau \geqq 0$, $|a| = 1$. Ferner sei

$$f(z) = \frac{a_0 + a_1 z + \cdots + a_n z^n}{b_0 + b_1 z + \cdots + b_m z^m}, \quad m \geqq n + 2, \quad a_n \neq 0, \quad b_m \neq 0.$$

Auf $\mathfrak{K}$ möge der Nenner nirgends verschwinden. Dann existiert das Integral

$$\int\limits_{\mathfrak{K}} f(z)\, dz;$$

denn es ist $z'(\tau) = a$ und $|z(\tau)| = \tau$, ferner:

$$|f(z)| = \frac{1}{|z|^{m-n}} \left|\frac{a_n}{b_m}\right| \left| \frac{1 + \frac{a_{n-1}}{a_n}\frac{1}{z} + \cdots + \frac{a_0}{a_n}\frac{1}{z^n}}{1 + \frac{b_{m-1}}{b_m}\frac{1}{z} + \cdots + \frac{b_0}{b_m}\frac{1}{z^m}} \right| < 3 \left|\frac{a_n}{b_m}\right| \frac{1}{|z|^2}$$

für $|z| > N$, wenn

$$N = \operatorname{Max}\left[\sqrt[\nu]{2n \left|\frac{a_{n-\nu}}{a_n}\right|}, \sqrt[\mu]{2m \left|\frac{b_{m-\mu}}{b_m}\right|}, 1 \right], \quad \begin{cases} \nu = 1, 2, \ldots, n, \\ \mu = 1, 2, \ldots, m, \end{cases}$$

ist.

Literatur

BROMWICH, T. J. I'A.: An introduction to the theory of infinite series. 2. Aufl. London 1926. App. III.

KNESER, H.: Über den Beweis des Cauchyschen Integralsatzes bei streckbarer Randkurve. Arch. d. Math. 1, 318 (1948).

§ 10. Folgen von Funktionen

Wenn eine Folge von Funktionen $f_n(z)$, $n = 1, 2, \ldots$, in einem Gebiete $\mathfrak{G}$ gegeben ist, die in jedem Punkte von $\mathfrak{G}$ konvergiert, so wird dadurch in $\mathfrak{G}$ die Grenzfunktion

$$F(z) = \lim f_n(z)$$

definiert. Wieweit übertragen sich nun die Eigenschaften der $f_n(z)$ auf $F(z)$? Das ist eine Frage, die in den verschiedensten Abwandlungen immer wieder auftritt. Zur Beantwortung dieser Frage benutzt man vor allem die Begriffe der gleichmäßigen Konvergenz.

Die Folge der $f_n(z)$ heißt *gleichmäßig konvergent* gegen $F(z)$ in einer Menge $\mathfrak{M}$, wenn es zu jedem $\varepsilon > 0$ ein n_0 gibt, so daß für alle $n \geqq n_0$ und alle z aus $\mathfrak{M}$ stets $|F(z) - f_n(z)| < \varepsilon$ ist. Es kann nun vorkommen, daß in einem oder mehreren Punkten z aus $\mathfrak{M}$ die Funktionswerte $f_n(z)$ gegen ∞ konvergieren. In diesem Falle bedienen wir uns zweckmäßig der chordalen Abstände (s. 2), um die Konvergenz zu beschreiben. Auch diese Konvergenz kann gleichmäßig sein, nur müssen wir dies dann folgendermaßen definieren: Die Folge der $f_n(z)$ heißt *gleichmäßig chordal konvergent* gegen $F(z)$ in einer Menge $\mathfrak{M}$, wenn es zu jedem $\varepsilon > 0$ ein n_0 gibt, so daß für alle $n \geqq n_0$ *und alle z aus* $\mathfrak{M}$

$$\chi(F(z), f_n(z)) < \varepsilon$$

ist. Wegen

$$\chi(a, b) = \frac{|a-b|}{\sqrt{(1+|a|^2)(1+|b|^2)}} \leqq |a-b|$$

gilt:

Wenn die Folge der $f_n(z)$ in einer Punktmenge $\mathfrak{M}$ gleichmäßig gegen eine Grenzfunktion $F(z)$ konvergiert, so konvergiert sie dort auch gleichmäßig chordal gegen $F(z)$.

Das Umgekehrte ist dagegen nicht immer richtig. Wenn jedoch $F(z)$ in $\mathfrak{M}$ beschränkt ist, d. h. wenn ein M existiert, so daß für alle z aus $\mathfrak{M}$ die Bedingung $|F(z)| \leqq M$ erfüllt ist, so sind für alle hinreichend großen n auch alle $f_n(z)$ beschränkt. Aus $|F(z)| \leqq M$ folgt nämlich nach 2, (16):

$$\chi(0, F(z)) \leqq \frac{M}{\sqrt{1+M^2}} < 1\,.$$

Wählt man jetzt $\varepsilon < 1 - \frac{M}{\sqrt{1+M^2}}$, so ist für alle $n \geqq n_0$

$$\chi(f_n(z), F(z)) < \varepsilon$$

und daher

$$\frac{|f_n(z)|}{\sqrt{1+|f_n(z)|^2}} = \chi(0, f_n(z)) \leqq \frac{M}{\sqrt{1+M^2}} + \varepsilon = a < 1 .$$

Hieraus folgt aber

$$|f_n(z)| < \frac{a}{\sqrt{1-a^2}} = M' ,$$

also die Beschränktheit aller $f_n(z)$ für $n \geqq n_0$.

Für diese n und z ist nach 2, (16)

$$\begin{aligned} |F(z) - f_n(z)| &= \chi(F(z), f_n(z)) \sqrt{(1+|F(z)|^2)(1+|f_n(z)|^2)} \\ &\leqq \sqrt{(1+M^2)(1+M'^2)}\, \chi(F(z), f_n(z)) . \end{aligned}$$

Daraus ergibt sich unmittelbar

Satz 54. *Wenn die Folge der $f_n(z)$ in einer Punktmenge $\mathfrak{M}$ gleichmäßig chordal gegen eine dort beschränkte Funktion konvergiert, so konvergiert die Folge der $f_n(z)$ dort auch schlechtweg gleichmäßig gegen diese Funktion.*

In bekannter Weise, nämlich mittels des Cauchyschen Konvergenzkriteriums, folgt: Ist bei beliebiger Wahl von $\varepsilon > 0$ die Ungleichung $|f_n(z) - f_m(z)| < \varepsilon$ für alle z einer Punktmenge $\mathfrak{M}$ und alle $n, m \geqq n_0$ erfüllt, so konvergieren die $f_n(z)$ in $\mathfrak{M}$ gleichmäßig gegen eine endliche Grenzfunktion $F(z)$. Gibt es zu jedem $\varepsilon > 0$ ein n_0, so daß $\chi(f_n(z), f_m(z)) < \varepsilon$ für alle z aus $\mathfrak{M}$ und alle $n, m \geqq n_0$ ist, so konvergieren die $f_n(z)$ in $\mathfrak{M}$ gleichmäßig chordal gegen eine Grenzfunktion $F(z)$. Die Umkehrungen, nämlich die Gültigkeit der genannten Cauchyschen Konvergenzkriterien im Falle der gleichmäßigen Konvergenz, sind selbstverständlich.

Die folgenden Aussagen gelten in jedem metrischen Raum und Bildraum. Insbesondere gelten sie also für die gewöhnliche und die chordale Konvergenz, wenn nicht ausdrücklich etwas anderes gesagt wird. *Die Beweise führen wir für den euklidischen Abstand,* sie lassen sich aber unmittelbar auf jeden Abstandsbegriff übertragen.

Satz 55. *Zu jedem Punkte z_0 einer kompakten Menge $\mathfrak{M}$ gebe es eine Umgebung $\mathfrak{U}(z_0)$, so daß die Folge $f_n(z)$ gleichmäßig in $\mathfrak{U}(z_0) \cap \mathfrak{M}$ konvergiert. Dann konvergiert die Folge $f_n(z)$ gleichmäßig in $\mathfrak{M}$.*

$f(z)$ sei die Grenzfunktion der $f_n(z)$ in $\mathfrak{M}$. Wir können nun, da die Punktmenge $\mathfrak{M}$ kompakt ist, endlich viele Punkte $z_1, \ldots, z_s$ in $\mathfrak{M}$ finden, so daß die durch die Voraussetzung des Satzes gelieferten Umgebungen $\mathfrak{U}(z_1), \ldots, \mathfrak{U}(z_s)$ ganz $\mathfrak{M}$ überdecken. Zu jedem ε gibt es wegen der gleichmäßigen Konvergenz in $\mathfrak{U}(z_k)$ nach Voraussetzung ein n_k, $k = 1, \ldots, s$, derart, daß für alle $n \geqq n_k$ gilt: $|f_n(z) - f(z)| < \varepsilon$ für z aus

$\mathfrak{U}(z_k) \cap \mathfrak{M}$. Wir bilden nun $\text{Max}(n_1, \ldots, n_s) = n_0$. Für $n \geqq n_0$ und *alle* z aus $\mathfrak{M}$ ist dann

$$|f_n(z) - f(z)| < \varepsilon .$$

Es kommt häufig vor, daß gleichmäßige Konvergenz in jedem kompakt in einem Gebiete $\mathfrak{G}$ liegenden Gebiete herrscht. Dann sprechen wir abkürzend von *gleichmäßiger Konvergenz im Innern von* $\mathfrak{G}$ oder auch von *kompakter Konvergenz in* $\mathfrak{G}$. Das ist wohl zu unterscheiden von der gleichmäßigen Konvergenz in einem offenen Gebiete $\mathfrak{G}$. So ist im folgenden Beispiel 1 die Folge der Funktionen $f_n(z)$ *im Innern* der offenen Einheitskreisscheibe $\mathfrak{E}$ gleichmäßig konvergent. Die Folge konvergiert aber *nicht* gleichmäßig in $\mathfrak{E}$.

Beispiele:

1. Die Folge der Funktionen $f_n(z) = z^n$ konvergiert in $|z| \leqq \vartheta < 1$ gleichmäßig (also auch gleichmäßig chordal) gegen die Grenzfunktion $F(z) \equiv 0$. Die Folge konvergiert sogar für alle z, für die $|z| < 1$, gegen $F(z) \equiv 0$, aber sie konvergiert dort nicht mehr gleichmäßig.

Es gibt nämlich zu $\varepsilon = \frac{1}{2}$ und jedem n noch z-Werte im Einheitskreis, für die $|z|^n > \frac{1}{2}$ ist, und dies widerspricht der gleichmäßigen Konvergenz. Aus Satz 55 folgt unmittelbar, daß die Folge auch nicht gleichmäßig chordal konvergent ist. Wohl aber herrscht gleichmäßige und gleichmäßig chordale Konvergenz im Innern der Einheitskreisscheibe; denn jedes kompakt in $\mathfrak{E}$ liegende Gebiet liegt in einem Kreise $|z| \leqq \vartheta < 1$.

2. Die Folge der Funktionen

$$f_n(z) = \begin{cases} \dfrac{1}{z - \dfrac{1}{n}} & \text{für } z \neq \dfrac{1}{n}, \\ \infty & \text{für } z = \dfrac{1}{n}, \end{cases} \quad n = 1, 2, \ldots,$$

konvergiert für alle $z \neq 0$, und zwar gegen $F(z) = \frac{1}{z}$. Sie konvergiert gleichmäßig für $|z| \geqq \alpha > 0$ (einschließlich $z = \infty$); denn es ist für $|z| \geqq \alpha$ und $n > \frac{2}{\alpha}$:

$$|F(z) - f_n(z)| = \left| \frac{1}{z} - \frac{1}{z - \frac{1}{n}} \right| = \frac{1}{|z(nz-1)|} \leqq \frac{1}{\alpha(n\alpha - 1)} < \frac{2}{n\alpha^2} .$$

Sie konvergiert aber nicht gleichmäßig in der punktierten Einheitskreisscheibe $0 < |z| \leqq 1$, weil für jedes noch so große, aber feste n

$$|F(z) - f_n(z)| = \frac{1}{|z(nz-1)|}$$

über alle Grenzen wächst, wenn z gegen Null geht.

Die Folge konvergiert aber chordal – sogar gleichmäßig chordal – für alle z (auch für $z = 0$); denn es ist

$$\chi\left(\frac{1}{z}, \frac{1}{z - \frac{1}{n}}\right) = \frac{1}{n\sqrt{|z|^2 + 1} \cdot \sqrt{\left|z - \frac{1}{n}\right|^2 + 1}} < \frac{1}{n} .$$

Mit Hilfe des Begriffs der gleichmäßigen Konvergenz im Innern eines Gebietes können wir unmittelbar aus Satz 55 schließen:

Satz 56. *Zu jedem Punkte z_0 eines Gebietes $\mathfrak{G}$ gebe es eine Umgebung $\mathfrak{U}(z_0)$, in der die Folge $f_n(z)$ gleichmäßig konvergiert. Dann konvergiert die Folge $f_n(z)$ gleichmäßig im Innern von $\mathfrak{G}$.*

Wenn die Funktionen $f_n(z)$ in $\mathfrak{G}$ in gewöhnlichem Sinne gleichmäßig gegen $F(z)$ konvergieren, so ist es selbstverständlich, daß die Funktionen $f_n(z) + a$ in $\mathfrak{G}$ gleichmäßig gegen $F(z) + a$ konvergieren. In bezug auf die gleichmäßig chordale Konvergenz müssen wir jedoch die analoge Aussage besonders beweisen.

Satz 57. *Wenn die Funktionen $f_n(z)$ im Innern von $\mathfrak{G}$ gleichmäßig chordal gegen die Grenzfunktion $F(z)$ konvergieren, so konvergieren für jedes endliche a die Funktionen $f_n(z) + a$ im Innern von $\mathfrak{G}$ gleichmäßig chordal gegen $F(z) + a$.*

Der Beweis folgt unmittelbar aus der Ungleichung

$$\chi(z_1 + a, z_2 + a) \leqq \chi(z_1, z_2) \cdot \left(\sqrt{\left|\frac{a}{2}\right|^2 + 1} + \left|\frac{a}{2}\right|\right)^2,$$

die sich aus 2, Formel (16) und der Ungleichung

$$\frac{1 + |z|^2}{1 + |z + a|^2} \leqq \left(\sqrt{\left|\frac{a}{2}\right|^2 + 1} + \left|\frac{a}{2}\right|\right)^2$$

ergibt, die für alle z der kompakten Ebene gilt; denn setzt man $|z| = r$ und $|a| = \alpha$, so hat man:

$$\frac{1 + |z|^2}{1 + |z + a|^2} \leqq \frac{1 + r^2}{1 + (r - \alpha)^2}.$$

Die rechts stehende Funktion von r hat an der Stelle

$$r_0 = \sqrt{\left(\frac{\alpha}{2}\right)^2 + 1} + \frac{\alpha}{2} = \sqrt{\left|\frac{a}{2}\right|^2 + 1} + \left|\frac{a}{2}\right|$$

das absolute Maximum r_0^2.

Wir kommen nun zum Nachweis, daß die Grenzfunktion $F(z)$ stetig ist, wenn die $f_n(z)$ es sind und gleichmäßige Konvergenz vorliegt.

Satz 58. *Sind die $f_n(z)$ stetig in der Punktmenge $\mathfrak{M}$ und konvergiert die Folge der $f_n(z)$ gleichmäßig in $\mathfrak{M}$, so ist auch die Grenzfunktion $F(z) = \lim f_n(z)$ stetig in $\mathfrak{M}$.*

Es sei z_0 ein Punkt von $\mathfrak{M}$. Wir müssen zeigen, daß es zu z_0 aus $\mathfrak{M}$ und jedem ε ein δ gibt, so daß für alle z aus $\mathfrak{M}$ mit $|z - z_0| < \delta$ stets $|F(z) - F(z_0)| < \varepsilon$ ist. Nun ist

$$|F(z) - F(z_0)| \leqq |F(z) - f_n(z)| + |f_n(z) - f_n(z_0)| + |f_n(z_0) - F(z_0)|.$$

Wegen der gleichmäßigen Konvergenz gibt es zu jedem ε ein genügend großes n derart, daß der erste Absolutbetrag rechts kleiner als $\frac{\varepsilon}{3}$ für alle z aus $\mathfrak{M}$ ist. Das gleiche gilt dann für den dritten Absolutbetrag. Da für das nunmehr festgehaltene n die Funktion $f_n(z)$ stetig ist, so gibt es ein δ, so daß $|f_n(z) - f_n(z_0)| < \frac{\varepsilon}{3}$ für alle z aus $\mathfrak{M}$ mit $|z - z_0| < \delta$ ist. Für diese z ist dann

$$|F(z) - F(z_0)| < \varepsilon\,.$$

Aus dem vorstehenden Satze folgt unmittelbar:

Satz 59. *Sind die Funktionen $f_n(z)$ stetig im Gebiete $\mathfrak{G}$ und konvergiert die Folge der $f_n(z)$ gleichmäßig im Innern von $\mathfrak{G}$, so ist auch die Grenzfunktion $F(z)$ stetig in $\mathfrak{G}$.*

In Formeln können wir die Aussagen der beiden letzten Sätze so ausdrücken:

$$\lim_{z_k \to z_0} \left(\lim_{n\to\infty} f_n(z_k)\right) = \lim_{n\to\infty} \left(\lim_{z_k \to z_0} f_n(z_k)\right),$$

wenn die z_k und ihr Konvergenzpunkt z_0 in $\mathfrak{M}$ bzw. in $\mathfrak{G}$ liegen.

Neben der gleichmäßigen Stetigkeit einer Funktion $f(z)$ in $\mathfrak{G}$ (bzw. im Innern von $\mathfrak{G}$) tritt die *gleichgradige Stetigkeit* einer Menge $\mathfrak{F}$ von Funktionen $f(z)$ in $\mathfrak{G}$ auf. Wir sagen: Die Menge $\mathfrak{F}$ der Funktionen $f(z)$ ist *gleichgradig stetig* in der Punktmenge $\mathfrak{M}$ (in bezug auf alle Funktionen $f(z)$ aus $\mathfrak{F}$ und die Menge $\mathfrak{M}$), wenn es zu jedem $\varepsilon > 0$ ein $\delta > 0$ gibt derart, daß für alle z, z' aus $\mathfrak{M}$ mit $|z - z'| < \delta$ gilt: $|f(z) - f(z')| < \varepsilon$ für alle $f(z)$ aus $\mathfrak{F}$.

Entsprechend wird die gleichgradige Stetigkeit in bezug auf jede andere Metrik definiert.

Gleichgradige Stetigkeit einer Menge von Funktionen *im Innern eines Gebietes* $\mathfrak{G}$ liegt vor, wenn sie in jedem kompakt in $\mathfrak{G}$ gelegenen Teilgebiet vorliegt.

Beispiel:

3. Die Funktionen $f_n(z) = z^n$, $n = 0, 1, 2, \ldots$, sind gleichgradig stetig (also erst recht chordal gleichgradig stetig) für $|z| \leqq \vartheta < 1$, also im Innern des Einheitskreises; denn es ist

$$|z^n - z'^n| = |z - z'| \cdot |z^{n-1} + z^{n-2} z' + \cdots + z'^{n-1}| \leqq |z - z'|\, n\, \vartheta^{n-1}$$

und

$$n\,\vartheta^{n-1} \leqq 1 + \vartheta + \cdots + \vartheta^{n-1} \leqq \frac{1}{1-\vartheta}$$

für alle n. Für $|z - z'| < \delta = \varepsilon \cdot (1 - \vartheta)$ ist also $|z^n - z'^n| < \varepsilon$ für alle n. Jede einzelne dieser Funktionen ist gleichmäßig stetig für $|z| \leqq 1$, dagegen sind die Funktionen $f_n(z)$ nicht gleichgradig stetig für $|z| \leqq 1$. Wählt man nämlich zu $\varepsilon = \frac{1}{2}$ und noch so kleinem δ mit $0 < \delta < 2\pi$ die Punkte $z' = 1$ und $z = \cos\delta + i\sin\delta$, so ist $|z - z'| < \delta$. Aber es läßt sich immer ein n finden, so daß $|z^n - z'^n| = |\cos n\,\delta + i \sin n\,\delta - 1| > \frac{1}{2}$ wird. Selbst im offenen Einheitskreis herrscht keine gleichgradige Stetigkeit; denn man kann z' so nahe bei 1 und z so nahe bei $\cos\delta + i\sin\delta$ wählen, daß immer noch $|z - z'| < \delta$, aber $|z^n - z'^n| > \frac{1}{2}$ gilt.

Für Folgen von Funktionen gilt

Satz 60. *Sind die stetigen Funktionen $f_n(z)$ gleichmäßig konvergent im Innern des Gebietes $\mathfrak{G}$, so sind die $f_n(z)$ gleichgradig stetig im Innern von $\mathfrak{G}$.*

$F(z)$ sei die Grenzfunktion, die nach Satz 59 stetig ist, und $\mathfrak{G}'$ ein kompakt in $\mathfrak{G}$ gelegenes Gebiet. Dann ist $|F(z) - F(z')| < \frac{\varepsilon}{3}$ für alle z, z' aus $\mathfrak{G}'$ mit $|z - z'| < \delta'$, $|f_n(z) - F(z)| < \frac{\varepsilon}{3}$ für alle $n \geqq n_0$ und z aus $\mathfrak{G}'$, $|F(z') - f_n(z')| < \frac{\varepsilon}{3}$ für alle $n \geqq n_0$ und z' aus $\mathfrak{G}'$ und daher:

$$|f_n(z) - f_n(z')| < \varepsilon \tag{1}$$

für alle $n \geqq n_0$ und alle z, z' aus $\mathfrak{G}'$ mit $|z - z'| < \delta'$.

Da für die endlich vielen Funktionen $f_n(z)$, $n < n_0$ stets ein $\delta \leqq \delta'$ existiert, so daß (1) gilt, folgt jetzt unmittelbar die Behauptung.

Entsprechend schließen wir bei der chordalen gleichgradigen Stetigkeit.

Damit sind die wichtigsten Sätze zur gleichmäßigen Konvergenz von Folgen dargestellt. Wir werden sie bei unseren Überlegungen häufig heranziehen.

Carathéodory hat gezeigt, wie man zweckmäßig neben der gleichmäßigen Konvergenz von Funktionenfolgen den im Vergleich dazu weiteren Begriff der *stetigen Konvergenz* verwendet. Eine Folge von Funktionen $f_n(z)$, die alle in einer Punktmenge $\mathfrak{M}$ definiert sind, heißt im Punkte z_0 aus $\mathfrak{M}$ *stetig konvergent relativ zu* $\mathfrak{M}$, wenn für jede gegen z_0 konvergierende Folge von Punkten $z_1, z_2, \ldots$ aus $\mathfrak{M}$ auch die Folge

$$f_n(z_n)$$

konvergiert.

Zunächst ist unmittelbar zu sehen, daß dann die $f_n(z)$ in z_0 schlechtweg konvergieren; denn wir brauchen als Punktfolge nur $z_n = z_0$, $n = 1, 2, \ldots$ zu wählen. Ferner ist bei stetiger Konvergenz der Grenzwert der $f_n(z_n)$ immer der gleiche. Wenn nämlich für die Folge der z_n' der Grenzwert a, für die Folge der z_n'' der Grenzwert b ist, so bilde man die Folge z_n^* mit $z_{2n}^* = z_n'$, $z_{2n-1}^* = z_n''$. Dann konvergieren nach Voraussetzung die $f_n(z_n^*)$; andererseits aber haben die $f_{2n}(z_{2n}^*)$ den Grenzwert a, die $f_{2n-1}(z_{2n-1}^*)$ den Grenzwert b, also muß $a = b$ sein.

Jede unendliche Teilfolge $f_{n_k}(z)$ einer im Punkte z_0 relativ zu $\mathfrak{M}$ stetig konvergierenden Folge $f_n(z)$ ist gleichfalls stetig konvergent in z_0 relativ zu $\mathfrak{M}$. Ist nämlich z_k eine gegen z_0 konvergierende Folge aus $\mathfrak{M}$, so bilden wir irgendeine Folge z_n' aus $\mathfrak{M}$ mit $\lim z_n' = z_0$ und der Bedingung $z_{n_k}' = z_k$. Da nach Voraussetzung $f_n(z_n')$ konvergiert — den Grenzwert nennen wir a —, so ist auch $\lim f_{n_k}(z_k) = \lim f_{n_k}(z_{n_k}') = a$.

Die Definition der stetigen Konvergenz in z_0 ist relativ zu einer Punktmenge $\mathfrak{M}$ gefaßt. Diese Relativierung ist nur erforderlich, wenn

z_0 kein innerer Punkt von $\mathfrak{M}$ ist. Ist nämlich z_0 innerer Punkt der Mengen $\mathfrak{M}$ und $\mathfrak{M}^*$, in denen die $f_n(z)$ definiert seien, so folgt unmittelbar aus der stetigen Konvergenz der $f_n(z)$ in z_0 relativ zu $\mathfrak{M}$ auch die stetige Konvergenz der $f_n(z)$ in z_0 relativ zu $\mathfrak{M}^*$. Bei stetiger Konvergenz in einem offenen Gebiete $\mathfrak{G}$ ist also der Zusatz „relativ zu $\mathfrak{G}$" überflüssig. Dementsprechend wird dieser Zusatz im folgenden oft fehlen.

Die Eignung des Begriffes der stetigen Konvergenz ergibt sich schon aus dem nächsten Satz:

Satz 61 *(Stetige Konvergenz und Funktionen von Funktionen). Die Folge der Funktionen $w = f_n(z)$ sei relativ zur Menge $\mathfrak{M}$ im Punkte z_0 stetig konvergent und habe dort den Grenzwert $w_0 = f(z_0)$. Wenn z dann die Menge $\mathfrak{M}$ durchläuft, so mögen die Punkte $w = f_n(z)$ für alle n in einer Punktmenge $\mathfrak{M}^*$ der w-Ebene liegen; ebenfalls sei w_0 in $\mathfrak{M}^*$ gelegen. Ist dann die Funktionenfolge $g_n(w)$ in w_0 stetig konvergent relativ zu $\mathfrak{M}^*$, so ist auch die Funktionenfolge*

$$F_n(z) = g_n(f_n(z))$$

stetig konvergent in z_0 relativ zu $\mathfrak{M}$.

Für jede Folge w_n aus $\mathfrak{M}^*$ mit $\lim w_n = w_0$ hat $g_n(w_n)$ einen Limes. Bei beliebiger Wahl der z_n in $\mathfrak{M}$ mit $\lim z_n = z_0$ sind aber die $f_n(z_n)$ solche w_n, so daß dann $g_n(f_n(z))$ einen Limes hat.

Einen wichtigen Spezialfall erhalten wir, wenn die $g_n(w)$ alle ein und dieselbe Funktion $G(w)$ sind. Ist dann $G(w)$ stetig in w_0, so ist unter den obigen Voraussetzungen über die $f_n(z)$ die Funktionenfolge $G(f_n(z))$ stetig konvergent in z_0 relativ zu $\mathfrak{M}$.

Die Betrachtungen zur stetigen Konvergenz führen nicht über die zur gleichmäßigen Konvergenz hinaus, wenn die $f_n(z)$ gleichgradig stetig sind. Das erkennen wir aus den beiden folgenden Sätzen.

Satz 62. *Wenn die Folge der auf einer Punktmenge $\mathfrak{M}$ stetigen Funktionen $f_n(z)$ auf $\mathfrak{M}$ gleichmäßig konvergent ist, so ist sie in allen Punkten von $\mathfrak{M}$ auch stetig konvergent relativ zu $\mathfrak{M}$.*

Es sei z_0 ein Punkt in $\mathfrak{M}$, z_n eine Punktfolge von $\mathfrak{M}$, die gegen z_0 konvergiert, und $F(z)$ die Grenzfunktion der Folge $f_n(z)$. Dann gilt zu vorgegebenem ε für $n \geqq n_0$:

$$|f_n(z_n) - F(z_n)| < \varepsilon . \tag{2}$$

Nach Satz 58 ist die Grenzfunktion $F(z)$ stetig in bezug auf $\mathfrak{M}$. Also haben die $F(z_n)$ einen Grenzwert, den dann wegen (2) auch die $f_n(z_n)$ haben müssen.

Satz 63. *Die Folge der $f_n(z)$ sei gleichgradig stetig in der kompakten Menge $\mathfrak{M}$. Sie sei ferner in jedem Punkte von $\mathfrak{M}$ stetig konvergent relativ zu $\mathfrak{M}$. Dann ist die Folge der $f_n(z)$ gleichmäßig konvergent in $\mathfrak{M}$.*

Wir zeigen zunächst, daß unter unseren Voraussetzungen die Grenzfunktion $F(z)$ stetig in bezug auf $\mathfrak{M}$ ist. Zu jedem ε gibt es ein δ, so daß aus

$$|z_0 - z_0'| < \delta \quad (z_0 \text{ und } z_0' \text{ aus } \mathfrak{M})$$

folgt:

$$|f_n(z_0) - f_n(z_0')| < \varepsilon \quad \text{für alle } n\,,$$

also auch:

$$|F(z_0) - F(z_0')| \leqq \varepsilon\,.$$

Wäre nun die Folge der $f_n(z)$ nicht gleichmäßig konvergent, so gäbe es ein ε_0, so daß auf $\mathfrak{M}$ eine Folge z_k und dazu eine Teilfolge n_k der natürlichen Zahlen existierte derart, daß

$$|F(z_k) - f_{n_k}(z_k)| \geqq \varepsilon_0$$

für $k = 1, 2, \ldots$ wäre. Wir können annehmen, daß die z_k gegen z_0 konvergieren. Sicher haben sie nämlich einen Häufungspunkt z_0, und nötigenfalls wählen wir aus den z_k eine gegen z_0 konvergierende Teilfolge aus. Wegen der stetigen Konvergenz der $f_n(z)$ ist dann $\lim f_{n_k}(z_k) = F(z_0)$, also:

$$|F(z_k) - F(z_0)| \geqq \frac{\varepsilon_0}{2} \quad \text{für } k > k_0\,,$$

was im Widerspruch zur Stetigkeit von $F(z)$ steht.

Literatur

MONTEL, P.: Familles normales. Paris 1927.
CARATHÉODORY, C.: Funktionentheorie I. Basel 1950.

§ 11. Unendliche Reihen

Die Behandlung der unendlichen Reihen wird auf die der unendlichen Folgen mit Hilfe der Partialsummen zurückgeführt.

Bei der Bildung unendlicher Reihen ist es jedoch wesentlich, daß die Elemente einem Bereich angehören, in dem eine Addition erklärt ist, die den üblichen Regeln genügt, so daß die Partialsummen gebildet werden können. Diese Bedingungen treffen z. B. auf die komplexen Zahlen selbst und auf die *Funktionen* zu, *deren Wertebereich die komplexen Zahlen* sind. Dabei kann der *Argumentbereich der Funktionen jedem beliebigen topologischen Raum angehören.*

Ist eine Folge endlicher komplexer Zahlen c_n, $n = 0, 1, 2, 3, \ldots$, gegeben mit der Eigenschaft, daß die Folge der Partialsummen $s_p = \sum\limits_{n=0}^{p} c_n$

einen endlichen Grenzwert hat, so bezeichnen wir diesen Grenzwert mit

$$\sum_{n=0}^{\infty} c_n \qquad (1)$$

und sagen, die unendliche Reihe (1) sei *konvergent*.

Wenn eine unendliche Reihe $\sum_{n=0}^{\infty} c_n$ konvergiert, so sind die Folgen der s_p und der c_n beschränkt. Es sei nämlich S der endliche Grenzwert von $\sum_{n=0}^{\infty} c_n$. Dann ist $|s_p - S| < 1$ für $p \geqq p_0$. Da alle s_p endlich sind, können wir zunächst die endliche Zahl $M = \operatorname{Max}(|s_0|, |s_1|, \ldots, |s_{p_0}|)$ bilden. Ferner sei $M^* = \operatorname{Max}(M, |S| + 1)$. Es ist dann in der Tat $|s_p| \leqq M^*$ für $p = 0, 1, 2, \ldots$. Ebenso einfach zeigt man, daß die Folge der c_n beschränkt ist. Darüber hinaus gilt, daß es bei einer konvergenten Reihe zu jedem ε ein n_0 gibt, so daß $|c_n| < \varepsilon$ für alle $n \geqq n_0$ ist.

Da eine Folge komplexer Zahlen $s_p = \sigma_p + i\tau_p$ dann und nur dann gewöhnlich konvergiert, wenn die Folge der Realteile σ_p und die Folge der Imaginärteile τ_p für sich konvergieren, so ergibt sich weiterhin: $\sum_{n=0}^{\infty} c_n = \sum_{n=0}^{\infty} (\alpha_n + i\beta_n)$ ist dann und nur dann konvergent, wenn $\sum_{n=0}^{\infty} \alpha_n$ und $\sum_{n=0}^{\infty} \beta_n$ im Sinne der reellen Analysis konvergieren. Daraus wieder folgt sofort: Ist $\sum_{n=0}^{\infty} |c_n|$ *konvergent* — wir sagen in diesem Falle: $\sum_{n=0}^{\infty} c_n$ *konvergiert absolut* —, so konvergiert auch $\sum_{n=0}^{\infty} c_n$; denn die reelle Reihe $\sum_{n=0}^{\infty} |c_n|$ ist Majorante der reellen Reihen $\sum_{n=0}^{\infty} |\alpha_n|$ und $\sum_{n=0}^{\infty} |\beta_n|$, woraus die Konvergenz der Reihen $\sum_{n=0}^{\infty} \alpha_n$ und $\sum_{n=0}^{\infty} \beta_n$ folgt. Die Umkehrung dieses Sachverhaltes gilt bekanntlich nicht. Schon $\sum_{n=1}^{\infty} \frac{(-1)^n}{n}$ ist konvergent, aber nicht absolut konvergent.

Die Reihenfolge der Glieder in einer unendlichen Reihe darf dann und nur dann beliebig vertauscht werden, wenn die Reihe absolut konvergiert. Konvergiert eine Reihe schlechthin, aber nicht absolut, so kann man durch Umstellung der Glieder stets erreichen, daß die umgestellte Reihe einen anderen Grenzwert als die ursprüngliche Reihe aufweist. Die im Falle der nicht absoluten Konvergenz durch Umstellung erreichbaren Grenzwerte füllen entweder eine Gerade oder die ganze Ebene aus (s. E. STEINITZ). Daher ist besondere Vorsicht bei *Doppelreihen* am Platze.

Ist uns eine Doppelfolge

$$\begin{array}{l} c_{00}, c_{01}, c_{02}, \ldots \\ c_{10}, c_{11}, c_{12}, \ldots \\ c_{20}, c_{21}, c_{22}, \ldots \\ \ldots\ldots\ldots\ldots \end{array}$$

vorgelegt, so können wir von der Summe

$$\sum_{m,n=0}^{\infty} c_{mn}$$

erst dann sprechen, wenn angegeben ist, nach welchem Verfahren die c_{mn} in eine einzige Reihe gebracht werden sollen. Man kann eine Doppelreihe konvergent gegen den Grenzwert S nennen, wenn die Partialsummen der Rechtecke

$$S_{mn} = \sum_{\mu,\nu=0}^{m,n} c_{\mu\nu}$$

stets gegen S konvergieren, falls m und n (unabhängig voneinander) gegen unendlich gehen, d. h. wenn es zu jedem ε Zahlen m_0 und n_0 gibt, so daß

$$|S_{mn} - S| < \varepsilon$$

für alle $m \geqq m_0$, $n \geqq n_0$ ist. Als mögliche Summationen treten ferner auf: die Zeilensummation $\sum\limits_{m=0}^{\infty} \sum\limits_{n=0}^{\infty} c_{mn}$, die Kolonnensummation $\sum\limits_{n=0}^{\infty} \sum\limits_{m=0}^{\infty} c_{mn}$ und schließlich die Diagonalsummation $\sum\limits_{\nu=0}^{\infty} \sum\limits_{m+n=\nu} c_{mn}$. Die Diagonalsummation hat mit der Rechtecksummation die Eigenschaft gemein, daß in ihr jedes Glied an einer endlichen Stelle erscheint, während z. B. bei der Zeilensummation c_{10} und bei der Kolonnensummation c_{01} erst nach unendlich vielen vorhergegangenen Additionen auftreten. Solange keine Summationsvorschrift gegeben ist, pflegt man die c_{mn} einfach nach dem obigen quadratischen Schema anzuordnen. Doch nur *bei der absoluten Konvergenz ist die Reihenfolge der Glieder der Doppelreihe gleichgültig.*

Beispiel:

1. Eine nicht absolut konvergente Doppelreihe liefern die Glieder

$$c_{mn} = \frac{(-1)^{m+n}}{m+n+1}, \quad m, n \geqq 0 .$$

Durch verschiedene Summationen können wir alle reellen Zahlen als Summenwerte erhalten. Die Zeilensummation liefert für die einzelne Zeile:

$$s_m = \sum_{n=0}^{\infty} \frac{(-1)^{m+n}}{m+n+1} = \log 2 - 1 + \frac{1}{2} - \frac{1}{3} + - \cdots + (-1)^m \frac{1}{m},$$

und für die Summe endlich vieler Zeilen:

$$S_m = s_0 + s_1 + \cdots + s_m = \begin{cases} \sigma_{m+1}, & \text{falls } m \text{ gerade,} \\ \dfrac{m+1}{m+2}\,\sigma_{m+2}, & \text{falls } m \text{ ungerade,} \end{cases}$$

mit

$$\sigma_m = m\left(\frac{1}{m(m+1)} + \frac{1}{(m+2)(m+3)} + \cdots\right)$$
$$= \frac{1}{m}\sum_{k=0}^{\infty} \frac{1}{\left(1+\frac{2k}{m}\right)\left(1+\frac{2k+1}{m}\right)}.$$

Setzen wir $x = \frac{2k}{m}$ und $\Delta x = \frac{2}{m}$, so ist

$$\left(1+\frac{2k}{m}\right)\left(1+\frac{2k+1}{m}\right) = (1+x_k)^2 \quad \text{mit} \quad x < x_k < x + \Delta x,$$

und wir erhalten:

$$\sigma_m = \frac{1}{2}\sum_{k=0}^{\infty} \frac{\Delta x}{(1+x_k)^2}.$$

Dies ist eine Riemannsche Summe, die mit wachsendem m konvergiert:

$$\sigma = \lim_{m\to\infty} \sigma_m = \frac{1}{2}\int_0^{\infty} \frac{dx}{(1+x)^2} = \frac{1}{2}.$$

Damit folgt:

$$S = \sum_{m=0}^{\infty}\sum_{n=0}^{\infty} \frac{(-1)^{m+n}}{m+n+1} = \lim_{m\to\infty} S_m = \sigma = \frac{1}{2}.$$

Aus Symmetriegründen ergibt sich dieselbe Kolonnensumme.

Zur Berechnung der Rechtecksumme setzen wir:

$$s_{mn} = \sum_{\nu=0}^{n} \frac{(-1)^{m+\nu}}{m+\nu+1}, \quad m = 0, 1, 2, \ldots,$$

und beachten, daß

$$s_{mn} = s_m - s_{m+n+1}$$

ist. Dann ist

$$S_{mn} = \sum_{\mu=0}^{m}\sum_{\nu=0}^{n} \frac{(-1)^{\mu+\nu}}{\mu+\nu+1} = \sum_{\mu=0}^{m} s_{\mu n}$$
$$= \sum_{\mu=0}^{m} s_\mu - \sum_{\mu=0}^{m} s_{n+\mu+1}.$$

Wegen der Konvergenz der Reihe $\sum_{\mu=0}^{\infty} s_\mu$ gibt es zu jedem ε ein m_0 und ein n_0, so daß

$$\left|\sum_{\mu=0}^{m} s_\mu - S\right| < \frac{\varepsilon}{2} \quad \text{für alle } m \geqq m_0$$

und

$$\left|\sum_{\mu=0}^{m} s_{n+\mu+1}\right| < \frac{\varepsilon}{2} \quad \text{für alle } n \geqq n_0.$$

Daher gilt für alle $m \geqq m_0$, $n \geqq n_0$:

$$|S_{mn} - S| = \left|\sum_{\mu=0}^{m} s_\mu - S - \sum_{\mu=0}^{m} s_{n+\mu+1}\right|$$
$$\leqq \left|\sum_{\mu=0}^{m} s_\mu - S\right| + \left|\sum_{\mu=0}^{m} s_{n+\mu+1}\right| < \varepsilon.$$

Also konvergiert auch die Rechtecksumme gegen $S = \frac{1}{2}$. Dagegen ist die Diagonalreihe divergent:

$$\sum_{\nu=0}^{\infty} \sum_{m+n=\nu} \frac{(-1)^{m+n}}{m+n+1} = \sum_{\nu=0}^{\infty} (-1)^{\nu} = 1 - 1 + 1 - 1 + - \cdots.$$

Eine ausführliche Behandlung der Doppelreihen findet man bei T. J. I'A. BROMWICH, a. a. O.

Sind die Glieder c_n einer vorgegebenen unendlichen Reihe Funktionen von z, also $c_n = f_n(z)$, so ist für die Menge derjenigen z, für die $\Sigma f_n(z)$ konvergiert, eine Funktion $F(z) = \Sigma f_n(z)$ definiert. Zur Behandlung dieser Funktion $F(z)$ führen wir den Begriff der gleichmäßigen Konvergenz einer unendlichen Reihe von Funktionen ein. Sind die $f_n(z)$ in einer Punktmenge $\mathfrak{M}$ definiert, so heißt $\Sigma f_n(z)$ in $\mathfrak{M}$ *gleichmäßig konvergent*, wenn die Folge der Partialsummen $s_m(z) = \sum_{n=0}^{m} f_n(z)$ gleichmäßig konvergiert. Dies ist genau dann der Fall, wenn die Reihe in jedem Punkt $z \in \mathfrak{M}$ konvergiert und es zu jedem $\varepsilon > 0$ ein $n_0(\varepsilon)$ gibt, so daß für alle $n \geqq n_0$ und alle z aus $\mathfrak{M}$

$$\left| \sum_{\nu=n}^{\infty} f_\nu(z) \right| < \varepsilon$$

ist. Auch hier gilt wie bei den Folgen von Funktionen das Cauchysche Konvergenzkriterium: Sind in einer Punktmenge $\mathfrak{M}$ die Funktionen $f_n(z)$ definiert, so ist die Reihe $\Sigma f_n(z)$ dann und nur dann in $\mathfrak{M}$ gleichmäßig konvergent, wenn es zu jedem $\varepsilon > 0$ ein n_0 gibt, so daß für alle $n \geqq n_0$, alle natürlichen p und alle z aus $\mathfrak{M}$ gilt:

$$\left| \sum_{\nu=n}^{n+p} f_\nu(z) \right| < \varepsilon.$$

Eine unendliche Reihe $\Sigma f_n(z)$ heißt in einer Punktmenge $\mathfrak{M}$ *gleichmäßig absolut konvergent*, falls die Reihe $\Sigma |f_n(z)|$ in $\mathfrak{M}$ gleichmäßig konvergiert. Eine Reihe $\Sigma f_n(z)$ kann in einer Punktmenge $\mathfrak{M}$ absolut konvergent und gleichmäßig konvergent sein, ohne daß sie dort gleichmäßig absolut konvergent ist (vgl. das folgende Beispiel 4). Dagegen ist die Umkehrung, daß eine gleichmäßig absolut konvergente Reihe in einer Punktmenge $\mathfrak{M}$ dort absolut und gleichmäßig konvergent ist, selbstverständlich.

Zum Schluß beachten wir noch, daß man aus jeder eigentlich konvergenten Folge a_n, $n = 0, 1, 2, \ldots$, sofort auch eine konvergente Reihe herstellen kann, deren Partialsummen die gegebene Folge ausmachen, nämlich die Reihe

$$a_0 + \sum_{n=1}^{\infty} (a_n - a_{n-1}).$$

Offenbar überträgt sich dabei für Funktionenfolgen auch die gleichmäßige Konvergenz von der Folge auf die Reihe und umgekehrt.

Beispiele:

2. $\sum_{n=0}^{\infty} \frac{z}{(1+z^2)^n}$ ist für $0 \leqq z \leqq 1$ absolut konvergent. Die Reihe ist aber auf dieser Strecke nicht gleichmäßig konvergent; denn es ist

$$\sum_{n=n_1}^{\infty} \frac{z}{(1+z^2)^n} = \begin{cases} 0 & \text{für } z = 0\,, \\ \frac{1}{z(1+z^2)^{n_1-1}} & \text{für } z \neq 0\,. \end{cases}$$

Zu jedem noch so großen n_1 läßt sich daher stets ein z in der Nähe von Null so wählen, daß

$$\left|\frac{1}{z(1+z^2)^{n_1-1}}\right| > 1$$

wird. Also kann die Reihe nicht gleichmäßig konvergent sein.

3. $\sum_{n=1}^{\infty} \frac{(-1)^{n-1}}{z+n}$ ist für $0 \leqq z \leqq 1$ gleichmäßig konvergent; denn es ist

$$0 < \frac{1}{z+n_1} - \frac{1}{z+n_1+1} + \frac{1}{z+n_1+2} - \frac{1}{z+n_1+3} + - \cdots$$
$$< \frac{1}{z+n_1} \leqq \frac{1}{n_1}\,,$$

also

$$\left|\sum_{n=n_1}^{\infty} \frac{(-1)^{n-1}}{z+n}\right| < \frac{1}{n_1}$$

für alle z des Intervalls. Dagegen ist die Reihe nicht absolut konvergent.

4. $\sum_{n=0}^{\infty} \frac{(-1)^n \cdot z}{(1+z^2)^n}$ ist für $0 \leqq z \leqq 1$ gleichmäßig konvergent, absolut konvergent, aber nicht gleichmäßig absolut konvergent. Daß diese Reihe absolut, aber nicht gleichmäßig absolut konvergiert, zeigt Beispiel 2. Um zu zeigen, daß sie gleichmäßig konvergiert, bilden wir

$$\sum_{n=n_1}^{\infty} \frac{(-1)^n z}{(1+z^2)^n} = \frac{(-1)^{n_1} z}{(1+z^2)^{n_1}} \cdot \frac{1+z^2}{2+z^2}\,.$$

Nun nimmt die Funktion $\frac{x}{(1+x^2)^{n_1}}$ im Punkte $x = \frac{1}{\sqrt{2n_1-1}}$ ihr Maximum $\frac{(2n_1-1)^{n_1-\frac{1}{2}}}{(2n_1)^{n_1}} < \frac{1}{\sqrt{2n_1}}$ an, und daher ist für alle z im Intervall $0 \leqq z \leqq 1$:

$$\left|\sum_{n=n_1}^{\infty} \frac{(-1)^n z}{(1+z^2)^n}\right| < \frac{1}{\sqrt{2n_1}}\,.$$

5. $\sum_{m,n=-\infty}^{+\infty} \frac{1}{(z+mw_1+nw_2)^p}$. Hierbei sei p ganz und größer als 2. Ferner sei $\frac{w_1}{w_2}$ nicht reell. Die Gesamtheit der Glieder hat einen Sinn für diejenigen komplexen z, für die $z \neq -mw_1 - nw_2$ ist. Die Ausnahmepunkte sind die Gitterpunkte eines Parallelogrammnetzes, das sich über die ganze Ebene erstreckt und von dem ein Parallelogramm die vier Eckpunkte $mw_1 + nw_2$, $(m+1)w_1 + nw_2$, $mw_1 + (n+1)w_2$, $(m+1)w_1 + (n+1)w_2$ besitzt. Wir zeigen, daß für alle anderen z die Reihe absolut konvergiert und gleichmäßig absolute Konvergenz in allen Gebieten $|z| \leqq M$, $|z + mw_1 + nw_2| \geqq \delta$ herrscht, wie groß auch M und wie klein auch δ gewählt wird, d. h. gleichmäßig absolute Konvergenz liegt in jedem noch so großen Kreis um den Nullpunkt vor, aus dem die Gitterpunkte jeweils mit einer kleinen δ-Umgebung herausgenommen sind. Dasselbe gilt in jedem beschränkten Gebiet, welches die δ-Umgebungen der Gitterpunkte nicht enthält.

Zum Beweis unserer Aussage teilen wir die Paare (m, n) in zwei Klassen ein:

1. Klasse: alle (m, n) mit $|m w_1 + n w_2| < 2M$,
2. Klasse: alle (m, n) mit $|m w_1 + n w_2| \geqq 2M$.

Dann gilt in der ersten Klasse für alle z unseres Gebietes:

$$|z + m w_1 + n w_2| \geqq \delta = \frac{\delta}{2M} 2M > \frac{\delta}{2M} |m w_1 + n w_2|$$

und in der zweiten Klasse:

$$\begin{aligned} |z + m w_1 + n w_2| &\geqq |m w_1 + n w_2| - |z| \geqq |m w_1 + n w_2| - M \\ &\geqq |m w_1 + n w_2| - \frac{1}{2} |m w_1 + n w_2| \\ &= \frac{1}{2} |m w_1 + n w_2| . \end{aligned}$$

Mit $c = \text{Min}\left(\frac{1}{2}, \frac{\delta}{2M}\right)$ ist also für $(m, n) \neq (0, 0)$:

$$\frac{1}{|z + m w_1 + n w_2|^p} \leqq \frac{1}{c^p} \frac{1}{|m w_1 + n w_2|^p},$$

da $m w_1 + n w_2 \neq 0$ für alle $(m, n) \neq (0, 0)$, weil $\frac{w_1}{w_2}$ nicht reell ist.

Die gleichmäßig absolute Konvergenz unserer Reihe ist somit bewiesen, wenn

$$\Sigma' \frac{1}{|m w_1 + n w_2|^p} \tag{2}$$

konvergiert, wobei Σ' bedeutet, daß bei der Summation das Paar $(0, 0)$ auszulassen ist. Das Glied $\frac{1}{z^p}$ ändert an der gleichmäßigen Konvergenz nichts und kann später hinzugefügt werden.

Es gilt nun mit $w_1 = u_1 + i v_1$, $w_2 = u_2 + i v_2$, $\varkappa_1 = \frac{m}{\sqrt{m^2 + n^2}}$, $\varkappa_2 = \frac{n}{\sqrt{m^2 + n^2}}$:

$$|m w_1 + n w_2|^2 = (m^2 + n^2) |\varkappa_1 w_1 + \varkappa_2 w_2|^2 .$$

Der Ausdruck $|\varkappa_1 w_1 + \varkappa_2 w_2|^2$ besitzt eine positive untere Grenze λ, da er wegen $\varkappa_1^2 + \varkappa_2^2 = 1$ nicht verschwinden kann, weil $\frac{w_1}{w_2}$ nicht reell ist.

Daher ist

$$|m w_1 + n w_2| \geqq \lambda^{\frac{1}{2}} (m^2 + n^2)^{\frac{1}{2}}$$

und

$$\Sigma' \frac{1}{|m w_1 + n w_2|^p} \leqq \frac{1}{\lambda^{\frac{p}{2}}} \Sigma' \frac{1}{(m^2 + n^2)^{\frac{p}{2}}} .$$

Nun gilt weiter:

$$\Sigma' \frac{1}{(m^2 + n^2)^{\frac{p}{2}}} = 4 \sum_{\substack{m=1 \\ n=0}}^{\infty} \frac{1}{(m^2 + n^2)^{\frac{p}{2}}} = 4 \sum_{\nu=1}^{\infty} \sum_{m+n=\nu} \frac{1}{(m^2 + n^2)^{\frac{p}{2}}},$$

und wegen $m^2 + n^2 \geqq \frac{1}{2} (m + n)^2$:

$$4 \sum_{\nu=1}^{\infty} \sum_{m+n=\nu} \frac{1}{(m^2 + n^2)^{\frac{p}{2}}} \leqq 4 \sum_{\nu=1}^{\infty} \frac{2^{\frac{p}{2}} \cdot \nu}{\nu^p} = 4 \cdot 2^{\frac{p}{2}} \sum_{\nu=1}^{\infty} \frac{1}{\nu^{p-1}} .$$

Die letzte Reihe ist aber für $p > 2$ konvergent. Also haben wir schließlich für unser Gebiet erhalten:

$$\sum_{m,n=-\infty}^{+\infty} \left| \frac{1}{(z + m w_1 + n w_2)^p} \right| = \frac{1}{|z|^p} + \sum_{m,n=-\infty}^{+\infty}{}' \left| \frac{1}{(z + m w_1 + n w_2)^p} \right|$$
$$\leqq \frac{1}{\delta^p} + \frac{1}{c^p} \cdot \frac{1}{\lambda^{\frac{p}{2}}} 4 \cdot 2^{\frac{p}{2}} \cdot \sum_{\nu=1}^{\infty} \frac{1}{\nu^{p-1}} = A\,,$$

womit unsere Aussage bewiesen ist.

Aus der Tatsache, daß die Konvergenz unendlicher Reihen äquivalent ist mit der Konvergenz der Folgen ihrer Partialsummen, folgen unmittelbar die nachstehenden Aussagen. Zunächst ergibt sich aus 10, Satz 55:

Satz 64. *Zu jedem Punkte z_0 einer kompakten Menge $\mathfrak{M}$ gebe es eine Umgebung $\mathfrak{U}(z_0)$, so daß $\Sigma f_n(z)$ in $\mathfrak{U}(z_0) \cap \mathfrak{M}$ gleichmäßig konvergiert. Dann konvergiert $\Sigma f_n(z)$ gleichmäßig in $\mathfrak{M}$.*

Wie im vorigen Paragraphen für Folgen führen wir ganz analog den Begriff der *gleichmäßigen Konvergenz von $\Sigma f_n(z)$ im Innern eines Gebietes* $\mathfrak{G}$ oder der *kompakten Konvergenz in* $\mathfrak{G}$ ein.

Die gleichmäßige Konvergenz gebrauchen wir auch hier, um aus der Stetigkeit der einzelnen Glieder die Stetigkeit der Grenzfunktion nachzuweisen (vgl. 10, Satz 58).

Satz 65. *Sind die Funktionen $f_n(z)$ stetig in einer Punktmenge $\mathfrak{M}$ und konvergiert $\Sigma f_n(z)$ gleichmäßig in $\mathfrak{M}$, so ist auch die Grenzfunktion $F(z) = \Sigma f_n(z)$ in $\mathfrak{M}$ stetig.*

Die Behauptung des vorstehenden Satzes vermögen wir auch so zu formulieren:

$$\lim_{k\to\infty} \sum_{n=0}^{\infty} f_n(z_k) = \sum_{n=0}^{\infty} \lim_{k\to\infty} f_n(z_k) = \sum_{n=0}^{\infty} f_n(z_0)$$

für jede Folge z_k aus $\mathfrak{M}$ mit $\lim z_k = z_0$, $z_0 \in \mathfrak{M}$.

Der wichtigste Fall unendlicher Reihen in der Funktionentheorie ist der Sonderfall der Potenzreihen. Eine unendliche Reihe

$$\sum_{n=0}^{\infty} a_n (z - z_0)^n\,,$$

in der also die komplexen Funktionen $f_n(z)$ die spezielle Gestalt

$$f_n(z) = a_n (z - z_0)^n$$

haben (a_n, z_0 endliche komplexe Zahlen), nennen wir eine *komplexe Potenzreihe*. z_0 heißt der *Entwicklungspunkt* der Reihe.

Hinsichtlich der Gesamtheit der Punkte z, in denen eine Potenzreihe konvergiert, bestehen zunächst folgende drei Möglichkeiten:

1. Die Reihe konvergiert für alle z der endlichen Ebene. Wir sagen dann: Die Potenzreihe hat den Konvergenzradius ∞.

2. Sie konvergiert nur im Entwicklungspunkt (in dem sie ja trivialerweise stets konvergent ist). Wir sagen: Die Potenzreihe hat den Konvergenzradius 0.

3. Sie konvergiert noch in gewissen, vom Entwicklungspunkt verschiedenen z, aber nicht in jedem Punkt der endlichen Ebene.

Darüber hinaus kann man über den Konvergenzbereich einer Potenzreihe folgende grundlegende Aussagen machen:

Satz 66. *Wenn die Reihe* $\sum_{n=0}^{\infty} a_n(z-z_0)^n$ *im Punkte* $z_1 \neq z_0$ *konvergiert, so konvergiert sie auch in allen Punkten* z *mit*

$$|z-z_0| < |z_1 - z_0|,$$

d. h. im Innern des Kreises um z_0 *mit dem Radius* $|z_1 - z_0|$.

Wenn nämlich die Reihe im Punkte z_1 konvergiert, so gibt es ein M, so daß für alle n gilt:

$$|a_n(z_1 - z_0)^n| < M.$$

Dann ist für $|z-z_0| = \vartheta |z_1 - z_0|$:

$$|\Sigma a_n(z-z_0)^n| \leqq \Sigma |a_n| \cdot |z-z_0|^n < \Sigma M \left|\frac{z-z_0}{z_1-z_0}\right|^n = M \Sigma \vartheta^n.$$

Für $\vartheta < 1$, also für $|z-z_0| < |z_1 - z_0|$, ist die geometrische Reihe $\sum_{n=0}^{\infty} \vartheta^n = \frac{1}{1-\vartheta}$ konvergent und damit auch unsere Potenzreihe.

Hieraus ergibt sich unmittelbar, daß im dritten der oben genannten Fälle die Menge $|z-z_0|$, wenn man z alle Punkte des Konvergenzbereiches durchlaufen läßt, eine endliche obere Grenze R besitzt. Wir nennen R den *Konvergenzradius* der Potenzreihe. Für alle z, für die $|z-z_0| < R$ ist, konvergiert die Reihe; denn zu jedem solchen z gibt es gemäß der Definition von R ein z_1, für das

$$|z-z_0| < |z_1 - z_0| \leqq R$$

ist und für das Konvergenz vorliegt, so daß die Potenzreihe nach Satz 66 im Punkte z konvergieren muß. Da nach Definition von R keine Konvergenz außerhalb des Kreises $|z-z_0| = R$ eintritt, so gilt:

Satz 67. *Zu jeder Potenzreihe* $\sum_{n=0}^{\infty} a_n(z-z_0)^n$ *gibt es einen Konvergenzradius* R, *so daß in allen Punkten* z *mit* $|z-z_0| < R$ *Konvergenz vorliegt, während die Reihe für kein* z, *für das* $|z-z_0| > R$ *ist, konvergiert.*

Der Satz sagt nichts darüber aus, wie sich $\Sigma a_n(z-z_0)^n$ verhält, wenn z auf dem Konvergenzkreis liegt. In diesem Fall kann, wie man aus den Beispielen am Ende dieses Parapraphen ersieht, Konvergenz wie auch Divergenz stattfinden.

Die Punktmenge $|z - z_0| < R$ heißt die *Konvergenzkreisscheibe*. Im Sonderfall tritt also die endliche Ebene als „Konvergenzkreisscheibe mit dem Radius ∞" auf.

Satz 68. *Der Konvergenzradius R der Potenzreihe $\sum_{n=0}^{\infty} a_n(z - z_0)^n$ ist in folgender Weise durch $\overline{\lim}\sqrt[n]{|a_n|}$ bestimmt:*

1. Ist die Folge $\sqrt[n]{|a_n|}$ nicht beschränkt, so ist $R = 0$.

2. Ist die Folge $\sqrt[n]{|a_n|}$ beschränkt und $\overline{\lim}\sqrt[n]{|a_n|}$ von Null verschieden, so gilt:

$$R = \frac{1}{\overline{\lim}\sqrt[n]{|a_n|}}.$$

3. Ist $\overline{\lim}\sqrt[n]{|a_n|} = 0$ und damit $\lim\sqrt[n]{|a_n|} = 0$, so ist $R = \infty$.

1. Herrscht Konvergenz für einen Punkt $z \neq z_0$, so gibt es ein $M > 1$, so daß für alle n gilt:

$$|a_n(z - z_0)^n| < M .$$

Hieraus folgt:

$$\sqrt[n]{|a_n|} < \frac{\sqrt[n]{M}}{|z - z_0|} \leqq \frac{M}{|z - z_0|}$$

für alle $n > 0$. Ist also $\sqrt[n]{|a_n|}$ nicht beschränkt, so kann außer für z_0 selbst keine Konvergenz vorliegen.

2. Es sei $\overline{\lim}\sqrt[n]{|a_n|} = \frac{1}{R}$ und z ein Punkt mit $|z - z_0| = \varrho < R$. Ferner sei ϱ_1 eine Zahl mit $\varrho < \varrho_1 < R$. Dann gilt für fast alle n, d. h. für alle $n \geqq n_0$:

$$\sqrt[n]{|a_n|} < \frac{1}{\varrho_1},$$

und daher für alle $n_1 \geqq n_0$:

$$\left|\sum_{n=n_1}^{\infty} a_n(z - z_0)^n\right| \leqq \sum_{n=n_1}^{\infty} |a_n|\,|z - z_0|^n < \sum_{n=n_1}^{\infty} \left(\frac{\varrho}{\varrho_1}\right)^n = \left(\frac{\varrho}{\varrho_1}\right)^{n_1} \cdot \frac{\varrho_1}{\varrho_1 - \varrho}.$$

Da die rechte Seite mit wachsendem n_1 beliebig klein wird, so konvergiert unsere Potenzreihe im Punkte z.

Ist z ein Punkt mit $|z - z_0| = \varrho > R$, so gilt für unendlich viele n:

$$\sqrt[n]{|a_n|} > \frac{1}{\varrho}.$$

Für diese n ist dann:

$$|a_n(z - z_0)^n| > 1 .$$

Daher kann die Reihe für ein solches z nicht konvergieren. R ist der Konvergenzradius.

3. Sei $\lim \sqrt[n]{|a_n|} = 0$, z ein beliebiger Punkt und $|z - z_0| = \varrho$. Dann gibt es ein n_0, so daß für alle $n \geqq n_0$ gilt:

$$\sqrt[n]{|a_n|} < \frac{1}{2\varrho}.$$

Also folgt für alle $n_1 \geqq n_0$:

$$\sum_{n=n_1}^{\infty} |a_n|\, |z - z_0|^n < \sum_{n=n_1}^{\infty} \left(\frac{1}{2}\right)^n = \left(\frac{1}{2}\right)^{n_1-1}.$$

Die Reihe ist also für alle z konvergent.

Damit ist der Beweis erbracht.

Satz 69. *Eine Potenzreihe konvergiert gleichmäßig absolut im Innern ihres Konvergenzkreises.*

Zum Beweise sei $\mathfrak{G}$ irgendein kompakt im Konvergenzkreis gelegenes Gebiet. Dann gibt es einen Kreis mit dem Radius R_1, der das Gebiet $\mathfrak{G}$ enthält und noch ganz im Innern des Konvergenzkreises liegt. Ist R der Konvergenzradius, so gibt es weiterhin ein R_2 mit $R_1 < R_2 < R$, und für alle $n \geqq n_0$ gilt:

$$\sqrt[n]{|a_n|} < \frac{1}{R_2}.$$

Daher folgt für alle z mit $|z - z_0| < R_1$ und alle $n_1 \geqq n_0$:

$$\sum_{n=n_1}^{\infty} |a_n|\, |z - z_0|^n < \sum_{n=n_1}^{\infty} \left(\frac{R_1}{R_2}\right)^n = \left(\frac{R_1}{R_2}\right)^{n_1} \frac{R_2}{R_2 - R_1}.$$

Die rechte Seite wird mit wachsendem n_1 unabhängig von $z \in \mathfrak{G}$ beliebig klein, und damit ist die gleichmäßig absolute Konvergenz im Innern des Konvergenzkreises bewiesen. Ist der Konvergenzradius $R = \infty$, so konvergiert die Potenzreihe gleichmäßig absolut in jedem beschränkten Gebiet der Ebene.

Da bei einer Potenzreihe jedes einzelne Glied $a_n(z - z_0)^n$ für alle z stetig ist, so schließen wir aus den Sätzen 65 und 69, daß jede durch eine Potenzreihe dargestellte Funktion im Innern des Konvergenzkreises stetig ist.

Beispiele:

6. Für die Reihe $\Sigma\, n!\, (z - z_0)^n$ ist die Folge $\sqrt[n]{n!}$ nicht beschränkt. Sie konvergiert daher für kein $z \neq z_0$.

7. $\Sigma \frac{(z - z_0)^n}{n!}$ konvergiert für jedes z; denn es ist

$$\lim \sqrt[n]{\frac{1}{n!}} = 0.$$

8. $\Sigma\, (z - z_0)^n$ hat den Konvergenzradius 1. Diese Reihe divergiert in allen Punkten des Konvergenzkreises $|z - z_0| = 1$.

9. $\Sigma \frac{(z - z_0)^n}{n^2}$ hat den Konvergenzradius 1. Hier herrscht auf dem ganzen Konvergenzkreis Konvergenz.

10. $\Sigma \frac{(z - z_0)^n}{n}$ hat wieder den Konvergenzradius 1. Auf dem Konvergenzkreis herrscht teils Konvergenz, teils Divergenz: Für $z = z_0 + 1$ erhält man die (divergierende) harmonische, für $z = z_0 - 1$ die (konvergierende) alternierende harmonische Reihe.

11. An dem Beispiel $\Sigma (z - z_0)^n$ sieht man, daß für die ganze offene Konvergenzkreisscheibe $\mathfrak{G}$ keine gleichmäßige Konvergenz vorliegt; denn man kann zu jedem noch so großen n_0 stets noch einen Punkt z aus $\mathfrak{G}$ finden, so daß

$$\left| \sum_{n_0}^{\infty} (z - z_0)^n \right| = \left| \frac{(z - z_0)^{n_0}}{1 - (z - z_0)} \right|$$

größer als jede vorgegebene Zahl ist (weil die rechts unter dem Betragszeichen stehenden Funktionen über alle Grenzen wachsen, wenn $z - z_0$ gegen 1 geht).

Literatur

STEINITZ, E.: Bedingt konvergente Reihen und konvexe Systeme. Journal f. Math. **144**, 1 (1914).

BROMWICH, T. J. I'A.: An introduction to the theory of infinite series. 2. Aufl., London 1926. Chap. V.

LANDAU, E.: Darstellung und Begründung einiger neuerer Ergebnisse der Funktionentheorie. 2. Aufl. Berlin 1929. Chelsea Nachdruck, New York 1946.

BIEBERBACH, L.: Analytische Fortsetzung. Erg. d. Math., Neue Folge, H. 3. Berlin 1955.

§ 12. Vertauschung von Grenzprozessen

Wir haben schon einmal eine Vertauschung von Grenzprozessen vorgenommen, nämlich beim Nachweis, daß für konvergente Funktionenfolgen die Grenzfunktionen unter gewissen Voraussetzungen stetig sind. Hier soll nun gezeigt werden, daß noch weitere Grenzprozesse vertauscht werden dürfen, was nicht minder wichtige Folgen haben wird. Im folgenden betrachten wir ausschließlich gewöhnliche Konvergenz gegen endliche Grenzwerte oder endliche Grenzfunktionen.

Satz 70 *(Integration und Funktionenfolgen). Sind die Funktionen der Folge $f_n(z)$ stetig auf dem Integrationswege $\mathfrak{K}$ und ist die Folge auf $\mathfrak{K}$ gleichmäßig konvergent, so ist*

$$\int_{\mathfrak{K}} (\lim f_n(z))\, dz = \lim \int_{\mathfrak{K}} f_n(z)\, dz\,. \tag{1}$$

Es sei $\lim f_n(z) = F(z)$. Dann ist zu gegebenem ε nach Voraussetzung $|f_n(z) - F(z)| < \varepsilon$ für $n \geqq n_0$ und alle z auf $\mathfrak{K}$. Ferner ist $F(z)$ stetig und damit integrierbar auf $\mathfrak{K}$. Ist nun ε beliebig gegeben und L die Länge von $\mathfrak{K}$, so folgt:

$$\left| \int_{\mathfrak{K}} F(z)\, dz - \int_{\mathfrak{K}} f_n(z)\, dz \right| = \left| \int_{\mathfrak{K}} (F(z) - f_n(z))\, dz \right| \leqq L\varepsilon\,.$$

Diese Ungleichung ist aber gleichbedeutend mit der Behauptung (1).

Die Voraussetzung der gleichmäßigen Konvergenz ist für die Vertauschung der Limiten in Satz 70 erforderlich. Das erkennt man aus folgendem

Beispiel:

1. $\mathfrak{R}$ sei die Strecke $0 \leqq x \leqq 1$ und

$$f_n(x) = 2n^2 x e^{-n^2x^2}.$$

Dann ist $\lim f_n(x) = 0$ für jedes x des Intervalles. Andererseits ist

$$\int_0^1 f_n(x)\,dx = \int_0^1 2n^2 x e^{-n^2x^2}\,dx = \int_0^{n^2} e^{-v}\,dv = 1 - e^{-n^2}.$$

Also ist $\lim \int_0^1 f_n(x)\,dx = 1$ und $\int_0^1 \lim f_n(x)\,dx = 0$.

Satz 71 *(Integration und Summation). Sind die Funktionen der Folge $g_n(z)$ auf dem Integrationswege $\mathfrak{R}$ stetig und ist $\Sigma\, g_n(z)$ auf $\mathfrak{R}$ gleichmäßig konvergent, so ist*

$$\int_{\mathfrak{R}} (\Sigma\, g_n(z))\,dz = \Sigma \int_{\mathfrak{R}} g_n(z)\,dz. \tag{2}$$

Der Beweis ergibt sich ebenso wie der des Satzes 70. Wir schließen aus dem letzten Satz sofort weiter:

Satz 72 *(Integration von Potenzreihen). Die Funktion $f(z) = \Sigma\, c_n(z - z_0)^n$ ist integrierbar über jeden Integrationsweg $\mathfrak{R}$, der ganz im Innern des Konvergenzkreises verläuft. Der Wert des Integrals hängt nicht vom Wege ab.*

Nach Satz 71 und dem Ergebnis von 9, Beispiel 2 ist nämlich

$$\begin{aligned}\int_{\mathfrak{R}} \Sigma\, c_n(z - z_0)^n\,dz &= \Sigma\, c_n \int_{\mathfrak{R}} (z - z_0)^n\,dz \\ &= \Sigma\, c_n \frac{(b - z_0)^{n+1} - (a - z_0)^{n+1}}{n+1}.\end{aligned}$$

In der Summe rechts treten nur der Anfangs- und Endpunkt von $\mathfrak{R}$ auf, nichts aber, was vom weiteren Verlauf von $\mathfrak{R}$ abhängig ist.

Die Frage der Vertauschbarkeit von Differentiation und Summation verschieben wir auf das nächste Kapitel (II, 4), weil sie sich dort mit größerem Erfolg behandeln läßt.

Satz 73. *$f(w, z)$ sei stetig als Funktion beider Veränderlichen, wenn w auf einem kompakten Integrationsweg $\mathfrak{R}$ und z in einer kompakten Punktmenge $\mathfrak{M}$ läuft. Dann ist*

$$\int_{\mathfrak{R}} f(w, z)\,dw$$

eine in $\mathfrak{M}$ stetige Funktion von z.

Zum Beweis sei z_0 ein Punkt aus $\mathfrak{M}$ und z_n, $n = 1, 2, \ldots$, eine Punktfolge aus $\mathfrak{M}$ mit $\lim z_n = z_0$. Wegen der gleichmäßigen Stetigkeit von $f(w, z)$ in $(\mathfrak{R}, \mathfrak{M}) = \{(w, z) \mid w \in \mathfrak{R}, z \in \mathfrak{M}\}$ konvergieren die Funktionen $f(w, z_n)$ gleichmäßig gegen $f(w, z_0)$. So folgt dann aus Satz 70 die Behauptung.

Satz 74 *(Integration und Differentiation). $f(z, \tau)$ sei in den Punkten (z, τ), wo z einen kompakten Integrationsweg $\mathfrak{K}$ und τ ein Intervall $\mathfrak{J}$: $\alpha \leqq \tau \leqq \beta$ durchläuft, als Funktion von z stetig, nach τ differenzierbar, und es sei $f_\tau(z, \tau)$ eine stetige Funktion beider Veränderlichen in $(\mathfrak{K}, \mathfrak{J})$. Dann ist in dem Intervall $\mathfrak{J}$:*

$$\frac{d}{d\tau}\int_{\mathfrak{K}} f(z, \tau)\, dz = \int_{\mathfrak{K}} f_\tau(z, \tau)\, dz\,. \tag{3}$$

Zum Beweise beachten wir zunächst, daß $f_\tau(z, \tau)$ gleichmäßig stetig in $(\mathfrak{K}, \mathfrak{J})$ ist. Infolgedessen gibt es zu jedem ε ein δ, so daß für alle z auf $\mathfrak{K}$ und alle $\tau + \Delta$ aus $\mathfrak{J}$ mit $|\Delta| < \delta$ gilt:

$$\left|\frac{f(z, \tau + \Delta) - f(z, \tau)}{\Delta} - f_\tau(z, \tau)\right| < \varepsilon\,,$$

was sich aus dem Mittelwertsatz der Differentialrechnung ergibt. So folgt, wenn L die Länge von $\mathfrak{K}$ ist,

$$\left|\frac{\int_{\mathfrak{K}} f(z, \tau + \Delta)\, dz - \int_{\mathfrak{K}} f(z, \tau)\, dz}{\Delta} - \int_{\mathfrak{K}} f_\tau(z, \tau)\, dz\right|$$
$$= \left|\int_{\mathfrak{K}} \left(\frac{f(z, \tau + \Delta) - f(z, \tau)}{\Delta} - f_\tau(z, \tau)\right) dz\right| < \varepsilon \cdot L\,.$$

Damit ist die Behauptung (3) bewiesen.

Es gilt ein ganz entsprechender Satz, wenn die zweite Veränderliche komplex ist.

Satz 75 *(Integration und komplexe Differentiation). $f(w, z)$ sei für w auf einem kompakten Wege $\mathfrak{K}$ und z aus einem Gebiete $\mathfrak{G}$ stetig und nach z komplex differenzierbar. $f_z(w, z)$ sei stetig in $(\mathfrak{K}, \mathfrak{G})$. Dann ist in $\mathfrak{G}$ das Integral $\int_{\mathfrak{K}} f(w, z)\, dw$ komplex differenzierbar, und es ist dort*

$$\frac{d}{dz}\int_{\mathfrak{K}} f(w, z)\, dw = \int_{\mathfrak{K}} f_z(w, z)\, dw\,. \tag{4}$$

Zum Beweise bilden wir unter der Voraussetzung, daß $|d|$ so klein gewählt ist, daß die Strecke $\mathfrak{L}$ von z nach $z + d$ ganz in $\mathfrak{G}$ verläuft,

$$\mathfrak{J}(d) = \frac{1}{d}\left(\int_{\mathfrak{K}} f(w, z + d)\, dw - \int_{\mathfrak{K}} f(w, z)\, dw\right) - \int_{\mathfrak{K}} f_z(w, z)\, dw$$
$$= \int_{\mathfrak{K}} \left(\frac{f(w, z + d) - f(w, z)}{d} - f_z(w, z)\right) dw\,.$$

Nun ist nach 9, Satz 51:

$$\int_{\mathfrak{L}} f_z(w, \zeta)\, d\zeta = f(w, z + d) - f(w, z)$$

und ferner:

$$\int_{\mathfrak{L}} f_z(w, z)\, d\zeta = f_z(w, z) \int_{\mathfrak{L}} d\zeta = f_z(w, z) \cdot d\,.$$

Für $\mathfrak{J}(d)$ ergibt sich damit:

$$\mathfrak{J}(d) = \int\limits_{\mathfrak{K}} \frac{1}{d} \left[\int\limits_{\mathfrak{L}} (f_z(w, \zeta) - f_z(w, z))\, d\zeta \right] dw \,.$$

Ist ε beliebig gegeben, so ist für genügend kleines $|d|$ und alle w auf $\mathfrak{K}$:

$$|f_z(w, \zeta) - f_z(w, z)| < \varepsilon \,,$$

also

$$\left| \int\limits_{\mathfrak{L}} (f_z(w, \zeta) - f_z(w, z))\, d\zeta \right| < \varepsilon \cdot |d|$$

und damit

$$|\mathfrak{J}(d)| < \varepsilon \cdot L \,,$$

wobei L die Länge von $\mathfrak{K}$ ist. Damit ist unsere Behauptung nachgewiesen.

Satz 76 *(Vertauschung zweier Integrale). $f(w, z)$ sei stetig als Funktion beider Veränderlichen, wenn w auf $\mathfrak{K}$ und z auf $\mathfrak{L}$ läuft. $\mathfrak{K}$ und $\mathfrak{L}$ seien kompakte Wege. Dann ist*

$$\int\limits_{\mathfrak{K}} \left(\int\limits_{\mathfrak{L}} f(w, z)\, dz \right) dw = \int\limits_{\mathfrak{L}} \left(\int\limits_{\mathfrak{K}} f(w, z)\, dw \right) dz \,. \tag{5}$$

Es ist zunächst klar, daß die Ausdrücke rechts und links unter unseren Voraussetzungen sinnvoll sind, weil die inneren Integrale stetige Funktionen derjenigen Veränderlichen sind, über die nicht integriert wird.

$f(w, z)$ ist gleichmäßig stetig, wenn w auf $\mathfrak{K}$ und z auf $\mathfrak{L}$ läuft. Deshalb ist, wenn $\mathfrak{Y}_k$ eine ausgezeichnete Zerlegungsfolge von $\mathfrak{L}$, $\mathfrak{Z}_l$ eine ebensolche Zerlegungsfolge von $\mathfrak{K}$ ist, für jedes ε:

$$\left| \sum_{\mu=1}^{r_k} f(w, z_\mu^{(k)}) \cdot (z_{\mu+1}^{(k)} - z_\mu^{(k)}) - \int\limits_{\mathfrak{L}} f(w, z)\, dz \right| < \varepsilon \tag{6}$$

für alle w auf $\mathfrak{K}$ und $k \geqq k_0$, und es ist für $l \geqq l_0$:

$$\left| \sum_{\nu=1}^{r_l} f(w_\nu^{(l)}, z_\mu^{(k)})\, (w_\nu^{(l)} - w_{\nu-1}^{(l)}) - \int\limits_{\mathfrak{K}} f(w, z_\mu^{(k)})\, dw \right| < \varepsilon$$

für alle z auf $\mathfrak{L}$ und damit auch für alle $z_\mu^{(k)}$. Es gilt also:

$$\begin{aligned} &\Bigg| \sum_{\mu=1}^{r_k} \sum_{\nu=1}^{r_l} f(w_\nu^{(l)}, z_\mu^{(k)})\, (w_\nu^{(l)} - w_{\nu-1}^{(l)})\, (z_\mu^{(k)} - z_{\mu-1}^{(k)}) \\ &\quad - \sum_{\mu=1}^{r_k} \int\limits_{\mathfrak{K}} f(w, z_\mu^{(k)})\, dw\, (z_\mu^{(k)} - z_{\mu-1}^{(k)}) \Bigg| < \varepsilon \cdot L \,, \end{aligned} \tag{7}$$

wobei L die Länge von $\mathfrak{L}$ ist. Außerdem ergibt sich aus (6):

$$\left| \sum_{\mu=1}^{r_k} \int\limits_{\mathfrak{K}} f(w, z_\mu^{(k)})\, dw\, (z_\mu^{(k)} - z_{\mu-1}^{(k)}) - \int\limits_{\mathfrak{K}} \left(\int\limits_{\mathfrak{L}} f(w, z)\, dz \right) dw \right| < \varepsilon \cdot K \,, \tag{8}$$

worin K die Länge von $\mathfrak{K}$ ist. Aus (7) und (8) folgt somit für alle $k \geqq k_0$ und alle $l \geqq l_0$:

$$\left| \sum_{\mu=1}^{r_k} \sum_{\nu=1}^{r_l} f(w_\nu^{(l)}, z_\mu^{(k)}) (w_\nu^{(l)} - w_{\nu-1}^{(l)}) (z_\mu^{(k)} - z_{\mu-1}^{(k)}) - \int_{\mathfrak{K}} \left(\int_{\mathfrak{L}} f(w, z)\, dz \right) dw \right| < \varepsilon (K + L) .$$

Ebenso ist aber auch:

$$\left| \sum_{\nu=1}^{r_l} \sum_{\mu=1}^{r_k} f(w_\nu^{(l)}, z_\mu^{(k)}) (z_\mu^{(k)} - z_{\mu-1}^{(k)}) (w_\nu^{(l)} - w_{\nu-1}^{(l)}) - \int_{\mathfrak{L}} \left(\int_{\mathfrak{K}} f(w, z)\, dw \right) dz \right| < \varepsilon (K + L)$$

und daher

$$\left| \int_{\mathfrak{K}} \left(\int_{\mathfrak{L}} f(w, z)\, dz \right) dw - \int_{\mathfrak{L}} \left(\int_{\mathfrak{K}} f(w, z)\, dw \right) dz \right| < 2\varepsilon (K + L) .$$

Da dies für jedes ε gilt, so ist unsere Behauptung bewiesen.

Die uneigentlichen Integrale benötigen zu ihrer Definition schon zwei Grenzprozesse, nämlich den der Integralbildung und den der Konvergenz der Integrationsgrenzen (s. 9). Die Vertauschung ist bei ihnen deshalb schwieriger.

Die Sätze 70 bis 76 lassen sich nicht ohne weiteres auf uneigentliche Integrale übertragen. Betrachten wir etwa die Funktionenfolge

$$f_n(x) = \frac{1}{n} \frac{1}{x^{1+\frac{1}{n}}}$$

auf der reellen Achse für $1 \leqq x \leqq \infty$. Sie ist dort gleichmäßig konvergent gegen die Grenzfunktion

$$F(x) = \lim f_n(x) = 0 .$$

Aber es ist

$$\int_1^\infty \lim f_n(x)\, dx = 0 \quad \text{und} \quad \lim \int_1^\infty f_n(x)\, dx = 1 .$$

Ähnliche einfache Beispiele lassen sich auch gegen die Verallgemeinerungen der Sätze 71 bis 76 aufstellen.

Will man bei uneigentlichen Integralen Grenzprozesse vertauschen, so muß man daher noch zusätzliche Bedingungen stellen.

Satz 77. *$\mathfrak{K}$ sei ein vom Punkte a nach ∞ laufender Weg. Auf jedem beschränkten Stück des Weges seien die Funktionen $f_n(z)$ stetig und die Folge $f_n(z)$ gleichmäßig konvergent. Ferner sei mit*

$$g_n(z) = \int_{a\,(\mathfrak{K})}^{z} f_n(\zeta)\, d\zeta \tag{9}$$

die Folge der $g_n(z)$ gleichmäßig konvergent auf der kompakten Kurve $\mathfrak{K}$. Dann ist

$$\int_{\mathfrak{K}} \lim f_n(z)\, dz = \lim \int_{\mathfrak{K}} f_n(z)\, dz .$$

Wir bemerken, daß die Voraussetzungen des Satzes implizit die Forderung enthalten, daß $g_n(\infty)$ endlich ist. Ist a_l eine Folge von Punkten auf $\mathfrak{K}$ mit $\lim a_l = \infty$ und $\mathfrak{K}_l$ das Stück von $\mathfrak{K}$ zwischen a und a_l, so gilt:

$$\begin{aligned}\int_{\mathfrak{K}} \lim_{n\to\infty} f_n(z)\, dz &= \lim_{l\to\infty} \int_{\mathfrak{K}_l} \lim_{n\to\infty} f_n(z)\, dz \\ &= \lim_{l\to\infty}\left(\lim_{n\to\infty} \int_{\mathfrak{K}_l} f_n(z)\, dz\right) \\ &= \lim_{l\to\infty}\left(\lim_{n\to\infty} g_n(a_l)\right) = \lim_{n\to\infty}\left(\lim_{l\to\infty} g_n(a_l)\right) \\ &= \lim_{n\to\infty} g_n(\infty) = \lim_{n\to\infty} \int_{\mathfrak{K}} f_n(z)\, dz\,.\end{aligned}$$

Bei der Behandlung der einzelnen Folgen ist es nützlich, Kriterien dafür zu haben, daß die Voraussetzungen des vorstehenden Satzes erfüllt sind. Wir beweisen dazu

Zusatz 77a. *Die $f_n(z)$ mögen den zuerst genannten Voraussetzungen des Satzes 77 genügen und die Integrale $\int_{\mathfrak{K}} f_n(z)\, dz$ existieren. Dann ist die Folge $g_n(z)$ der Integrale (9) auf der kompakten Kurve $\mathfrak{K}$ dann und nur dann gleichmäßig konvergent, wenn es zu jedem ε ein n_0 und ein z_0 gibt, so daß*

$$\left|\int_{z_0\,(\mathfrak{K})}^{z} f_n(\zeta)\, d\zeta\right| < \varepsilon \tag{10}$$

für alle $n \geqq n_0$ und alle z auf $\mathfrak{K}$ zwischen z_0 und ∞ gilt.

Ist die Folge der $g_n(z)$ gleichmäßig konvergent gegen $g(z)$ auf der kompakten Kurve $\mathfrak{K}$, so ist $g(z)$ dort stetig.

Daher können wir zu jedem gegebenen ε ein z_0 auf $\mathfrak{K}$ so groß wählen, daß für alle z zwischen z_0 und ∞ gilt:

$$|g(z) - g(z_0)| < \frac{\varepsilon}{3}\,.$$

Sodann gibt es ein hinreichend großes n_0, so daß für alle $n \geqq n_0$ und alle z auf $\mathfrak{K}$ gilt:

$$|g_n(z) - g(z)| < \frac{\varepsilon}{3}$$

und damit auch:

$$|g_n(z_0) - g(z_0)| < \frac{\varepsilon}{3}\,.$$

So folgt für alle $n \geqq n_0$ und alle z zwischen z_0 und ∞:

$$|g_n(z) - g_n(z_0)| < \varepsilon\,. \tag{11}$$

Dies ist aber gerade die Behauptung (10).

Umgekehrt sei die Bedingung (10) oder anders geschrieben, die Bedingung (11) erfüllt. Dann gilt auch für $n \geqq n_1$ und alle z mit $z_1 \lesssim z \lesssim \infty$ auf $\mathfrak{K}$:

$$|g_n(z) - g_n(z_1)| \leqq \frac{\varepsilon}{3},$$

also für $n_1 \leqq m \leqq n$:

$$|g_m(z) - g_m(z_1)| \leqq \frac{\varepsilon}{3} \quad \text{und} \quad |g_n(z) - g_n(z_1)| \leqq \frac{\varepsilon}{3}.$$

Ferner folgt aus der gleichmäßigen Konvergenz der $f_n(z)$ auf allen endlichen Stücken die Konvergenz der $g_n(z_1)$; d. h. für $n_2 \leqq m \leqq n$ ist

$$|g_n(z_1) - g_m(z_1)| < \frac{\varepsilon}{3}.$$

Folglich ist für alle z auf $\mathfrak{K}$ mit $z_1 \lesssim z \lesssim \infty$ und alle m, n mit $\operatorname{Max}(n_1, n_2) \leqq m \leqq n$:

$$|g_n(z) - g_m(z)| < \varepsilon.$$

Da die $f_n(z)$ auf dem Stück zwischen a und z_1 auf $\mathfrak{K}$ gleichmäßig konvergieren, so tun dies auch die $g_n(z)$. Es gibt somit ein n_3, so daß für $n_3 \leqq m \leqq n$ und $a \lesssim z \lesssim z_1$ auf $\mathfrak{K}$ gilt:

$$|g_n(z) - g_m(z)| < \varepsilon.$$

Für $\operatorname{Max}(n_1, n_2, n_3) \leqq m \leqq n$ folgt daher für alle z auf der kompakten Kurve $\mathfrak{K}$:

$$|g_n(z) - g_m(z)| < \varepsilon,$$

also die gleichmäßige Konvergenz der $g_n(z)$.

Wir wollen noch ein hinreichendes Kriterium für die Voraussetzungen des Satzes 77 angeben.

Zusatz 77b. *Die Voraussetzungen von Satz 77 sind erfüllt, wenn die Funktionen $f_n(z)$ eine Darstellung*

$$f_n(z) = F(z) \cdot h_n(z), \quad n = 1, 2, 3, \ldots$$

zulassen, wobei $F(z)$ auf jedem beschränkten und abgeschlossenen Stück von $\mathfrak{K}$ stetig ist und

$$\int_{\mathfrak{K}} |F(z)|\,|dz| = A$$

existiert, wobei ferner die $h_n(z)$ auf der kompakten Kurve $\mathfrak{K}$ stetig und gleichmäßig eigentlich konvergent sind.

Aus den Voraussetzungen über die $h_n(z)$ folgt, daß es ein M gibt, so daß für alle $h_n(z)$ und alle z auf $\mathfrak{K}$ gilt: $|h_n(z)| < M$. Dann folgt mit den Bezeichnungen in Satz 77 und seinem Beweis, daß es zu jedem ε ein l_0 gibt, so daß

$$\left|\int_{\substack{a_k \\ (\mathfrak{K})}}^{a_l} f_n(z)\,dz\right| \leqq M \int_{\substack{a_k \\ (\mathfrak{K})}}^{a_l} |F(z)|\,|dz| < \varepsilon$$

ist für alle k und l mit $l_0 \leqq k \leqq l$. Also existieren die Integrale $g_n(\infty)$. Sodann konvergieren die $f_n(z)$ gleichmäßig auf jedem abgeschlossenen und beschränkten Stück von $\mathfrak{K}$. Schließlich gibt es zu jedem ε ein n_0, so daß für alle n und m mit $n_0 \leqq m \leqq n$ und alle z auf $\mathfrak{K}$ gilt:

$$|h_n(z) - h_m(z)| < \varepsilon .$$

Hieraus folgt für die durch (9) gegebenen Funktionen $g_n(z)$:

$$|g_n(z) - g_m(z)| = \left|\int_a^z (f_n(\zeta) - f_m(\zeta))\, d\zeta\right| \leqq \varepsilon \int_a^z |F(\zeta)|\, |d\zeta| \leqq \varepsilon \cdot A ,$$

und somit konvergieren auch die $g_n(z)$ gleichmäßig auf der kompakten Kurve $\mathfrak{K}$.

Satz 77 läßt sich selbstverständlich auch für Reihen formulieren:

Satz 78. *$\mathfrak{K}$ sei ein vom Punkte a nach ∞ laufender Weg. Auf jedem endlichen Stück des Weges seien die Funktionen $f_n(z)$ stetig und die Reihe $\Sigma f_n(z)$ gleichmäßig konvergent. Ferner sei mit*

$$g_n(z) = \int_{a\,(\mathfrak{K})}^{z} f_n(\zeta)\, d\zeta$$

die Reihe $\Sigma g_n(z)$ gleichmäßig konvergent auf der kompakten Kurve $\mathfrak{K}$. Dann ist

$$\int_{\mathfrak{K}} \Sigma f_n(z)\, dz = \Sigma \int_{\mathfrak{K}} f_n(z)\, dz .$$

Zum Beweise bilde man die Folge der Partialsummen und wende dann Satz 77 an. Man ersieht unmittelbar, wie sich auch die Zusätze 77a und 77b auf Reihen übertragen.

Betrachten wir jetzt uneigentliche Integrale, deren Integrand außer von den Integrationsvariablen noch von einem weiteren Parameter abhängt, so benötigen wir bei der Vertauschung von Grenzprozessen wieder einen Begriff gleichmäßiger Konvergenz. Über $\mathfrak{K}$ seien dieselben Voraussetzungen gemacht wie bisher.

Das *uneigentliche Integral* $\int_{\mathfrak{K}} f(w, z)\, dz$ heißt *gleichmäßig konvergent* in bezug auf die Veränderliche w in einer Punktmenge $\mathfrak{M}$, wenn es zu jedem ε ein z_0 auf $\mathfrak{K}$ gibt, so daß für alle z_1 und z_2 auf $\mathfrak{K}$ zwischen z_0 und ∞ und alle w aus $\mathfrak{M}$ gilt:

$$\left|\int_{z_1}^{z_2} f(w, z)\, dz\right| < \varepsilon .$$

Durch das uneigentliche Integral $\int_{\mathfrak{K}} f(w, z)\, dz$ wird für w aus $\mathfrak{M}$ eine Funktion $F(w)$ definiert. Für diese gilt:

Satz 79. *Ist $f(w, z)$ stetig in beiden Veränderlichen für jeden endlichen Punkt z der nach ∞ laufenden Kurve $\mathfrak{K}$ und w aus einer offenen Punktmenge $\mathfrak{M}$, ferner $\int\limits_{\mathfrak{K}} f(w, z)\, dz$ gleichmäßig konvergent in bezug auf die Veränderliche w in jeder kompakten Teilmenge $\mathfrak{M}'$ von $\mathfrak{M}$, so ist $F(w) = \int\limits_{\mathfrak{K}} f(w, z)\, dz$ stetig in $\mathfrak{M}$.*

Zu jedem Punkt w aus $\mathfrak{M}$ gibt es eine kompakte Umgebung $\mathfrak{M}' \subset \mathfrak{M}$. Sei ε beliebig gegeben. Dann gibt es ein z_0 auf $\mathfrak{K}$, so daß für $z_0 \lesssim z_1 \lesssim z_2 \lesssim \infty$ auf $\mathfrak{K}$ gilt:

$$\left|\int_{z_1}^{z_2} f(w, z)\, dz\right| < \frac{\varepsilon}{3}\cdot$$

für alle w aus $\mathfrak{M}'$. Also gilt auch für alle w und w_1 aus $\mathfrak{M}'$:

$$\left|\int_{z_0}^{\infty} f(w, z)\, dz\right| \leqq \frac{\varepsilon}{3}, \quad \left|\int_{z_0}^{\infty} f(w_1, z)\, dz\right| \leqq \frac{\varepsilon}{3}. \tag{12}$$

Ferner ist nach Satz 73:

$$\int_{a}^{z_0} f(w, z)\, dz$$

stetig in $\mathfrak{M}'$, d. h. es gibt zu jedem w aus $\mathfrak{M}'$ ein δ, so daß für alle w_1 aus $\mathfrak{M}'$ mit $|w - w_1| < \delta$ gilt:

$$\left|\int_{a}^{z_0} f(w, z)\, dz - \int_{a}^{z_0} f(w_1, z)\, dz\right| < \frac{\varepsilon}{3}. \tag{13}$$

Aus (12) und (13) folgt dann:

$$\left|\int_{a}^{\infty} f(w, z)\, dz - \int_{a}^{\infty} f(w_1, z)\, dz\right| < \varepsilon$$

und damit die Stetigkeit des Integrals in $\mathfrak{M}$.

Wichtig ist nun wieder die Frage nach der Vertauschbarkeit von Differentiation und Integration. Dabei müssen wir die beiden Fälle, daß nach einer reellen bzw. einer komplexen Veränderlichen differenziert wird, unterscheiden.

Satz 80. *$f(z, \tau)$ sei in jedem endlichen Punkt z der nach ∞ laufenden Kurve $\mathfrak{K}$ und für τ im Intervall $\mathfrak{J}$: $\alpha \leqq \tau \leqq \beta$ in $(\mathfrak{K}, \mathfrak{J})$ stetig in beiden Veränderlichen und nach τ differenzierbar. $f_\tau(z, \tau)$ sei in $(\mathfrak{K}, \mathfrak{J})$ stetig in beiden Veränderlichen. Ferner existiere $\int\limits_{\mathfrak{K}} f(z, \tau)\, dz$, und $\int\limits_{\mathfrak{K}} f_\tau(z, \tau)\, dz$ sei gleichmäßig konvergent in $\mathfrak{J}$. Dann ist*

$$\frac{d}{d\tau}\int_{\mathfrak{K}} f(z, \tau)\, dz = \int_{\mathfrak{K}} f_\tau(z, \tau)\, dz\,.$$

Zu jedem ε gibt es gemäß unserer Voraussetzung ein z_0 auf $\mathfrak{K}$, so daß für alle $z_1 \succ z_0$ auf $\mathfrak{K}$ und alle τ in $\mathfrak{J}$ gilt:

$$\left|\int_{z_0}^{z_1} f_\tau(z,\tau)\,dz\right| < \frac{\varepsilon}{3}$$

und damit

$$\left|\int_{z_0}^{\infty} f_\tau(z,\tau)\,dz\right| \leqq \frac{\varepsilon}{3}. \tag{14}$$

Nun ist

$$\frac{1}{\delta}\left(\int_{z_0}^{z_1} f(z,\tau+\delta)\,dz - \int_{z_0}^{z_1} f(z,\tau)\,dz\right) = \frac{1}{\delta}\int_{z_0}^{z_1}\left(\int_{\tau}^{\tau+\delta} f_\tau(z,\tau)\,d\tau\right)dz,$$

und dies ist nach Satz 76 gleich

$$\frac{1}{\delta}\int_{\tau}^{\tau+\delta}\left(\int_{z_0}^{z_1} f_\tau(z,\tau)\,dz\right)d\tau.$$

Daher folgt

$$\left|\frac{1}{\delta}\left(\int_{z_0}^{z_1} f(z,\tau+\delta)\,dz - \int_{z_0}^{z_1} f(z,\tau)\,dz\right)\right| < \frac{\varepsilon}{3}$$

und, wenn wir nun mit z_1 längs $\mathfrak{K}$ gegen ∞ gehen,

$$\left|\frac{1}{\delta}\left(\int_{z_0}^{\infty} f(z,\tau+\delta)\,dz - \int_{z_0}^{\infty} f(z,\tau)\,dz\right)\right| \leqq \frac{\varepsilon}{3}. \tag{15}$$

Sodann ist nach Satz 74:

$$\frac{d}{d\tau}\int_{a}^{z_0} f(z,\tau)\,dz = \int_{a}^{z_0} f_\tau(z,\tau)\,dz.$$

Also gibt es ein Δ, so daß für alle $\delta \leqq \Delta$ gilt:

$$\left|\frac{1}{\delta}\left(\int_{a}^{z_0} f(z,\tau+\delta)\,dz - \int_{a}^{z_0} f(z,\tau)\,dz\right) - \int_{a}^{z_0} f_\tau(z,\tau)\,dz\right| < \frac{\varepsilon}{3}. \tag{16}$$

Aus (14), (15) und (16) folgt dann:

$$\left|\frac{1}{\delta}\left(\int_{\mathfrak{K}} f(z,\tau+\delta)\,dz - \int_{\mathfrak{K}} f(z,\tau)\,dz\right) - \int_{\mathfrak{K}} f_\tau(z,\tau)\,dz\right| < \varepsilon.$$

Damit ist unser Satz bewiesen.

Ebenso beweist man unter Berücksichtigung von Satz 75:

Satz 81. *$f(w,z)$ sei in jedem endlichen Punkte z des nach ∞ laufenden Weges $\mathfrak{K}$ und für w aus dem Gebiet $\mathfrak{G}$ in $(\mathfrak{K},\mathfrak{G})$ stetig in beiden Veränderlichen und nach w komplex differenzierbar. $f_w(w,z)$ sei in $(\mathfrak{K},\mathfrak{G})$ stetig* *in beiden Veränderlichen. Ferner existiere* $\int\limits_{\mathfrak{K}} f(w, z)\,dz$, *und* $\int\limits_{\mathfrak{K}} f_w(w, z)\,dz$ *sei gleichmäßig konvergent für* w *in* $\mathfrak{G}$. *Dann ist*

$$\frac{d}{dw}\int\limits_{\mathfrak{K}} f(w, z)\,dz = \int\limits_{\mathfrak{K}} f_w(w, z)\,dz\,.$$

Für die gleichmäßige Konvergenz uneigentlicher Integrale ist das folgende hinreichende Kriterium nützlich: Der Weg $\mathfrak{K}$ habe die Darstellung $z(\tau)$, $\tau \geqq \alpha$. Dann ist

$$\int\limits_{\mathfrak{K}} f(w, z)\,dz$$

für w in einer Punktmenge $\mathfrak{M}$ gleichmäßig konvergent, wenn es eine nicht negative Funktion $\mu(\tau)$ gibt, so daß für alle w aus $\mathfrak{M}$ gilt:

$$|f(w, z)\,z'(\tau)| \leqq \mu(\tau)$$

und das Integral

$$\int\limits_{a}^{\infty} \mu(\tau)\,d\tau$$

existiert.

Beispiel:

$$\frac{d}{dw}\int\limits_{\mathfrak{K}} e^{-zw}\frac{\sin z}{z}\,dz = -\int\limits_{\mathfrak{K}} e^{-zw}\sin z\,dz\,,$$

wenn $\mathfrak{K}$ die positive reelle Achse und $\mathfrak{R}(w) > 0$ ist.

Literatur

Bromwich, T. J. I'A.: a. a. O., App. III.

Zweites Kapitel

Die Fundamentalsätze über holomorphe Funktionen

§ 1. Der Begriff der Holomorphie

Der in I, 8 eingeführte Begriff der komplexen Differenzierbarkeit bildet nun, wenn man der Auffassung Riemanns folgt, den Ausgangspunkt zum Aufbau der Funktionentheorie. Eine Funktion $f(z)$ heißt in einem *(offenen) Gebiete* $\mathfrak{G}$ *holomorph*, wenn sie in jedem Punkte z aus $\mathfrak{G}$ komplex differenzierbar ist.

Mit der Bezeichnung „holomorph" schließen wir uns einem weitgehend eingeführten Sprachgebrauch an. In der deutschen Literatur allerdings schwankt die Benennung dieses fundamentalen Begriffes stark. Riemann selbst spricht einfach von einer Funktion einer komplexen Größe z und meint damit ausschließlich die holomorphen Funktionen. Spätere deutsche Autoren sprechen von analytischen, regulär-analytischen und regulären Funktionen. Die Bezeichnung „analytische Funktion" reservieren wir für einen später einzuführenden, eng verwandten, aber doch weiteren Begriff (s. III, 3), der durchgängig in der gesamten Literatur so bezeichnet wird und für den vorliegenden Band auch die Überschrift liefert.

$f(z)$ heißt *holomorph im Punkte* z_0, wenn es eine Umgebung $\mathfrak{U}(z_0)$ gibt, in der $f(z)$ holomorph ist.

Am Beispiel $f(z) = x^2 \cdot y + i x \cdot y^2$ erkennen wir, daß eine Funktion in einem Punkte komplex differenzierbar sein kann, ohne daß sie dort holomorph ist. So ist $f(z)$ für $z = 0$ komplex differenzierbar; denn dort ist $f(z)$ reell-linear approximierbar, und dort sind die Cauchy-Riemannschen Differentialgleichungen

$$2xy = 2xy, \quad x^2 = -y^2$$

erfüllt, während sie für keinen von $z = 0$ verschiedenen Punkt, also in keiner Umgebung $\mathfrak{U}(0)$ gelten (vgl. I, 8, Satz 42 und 43).

Mit $f_1(z)$ und $f_2(z)$ sind auch die Funktionen

$$F_1(z) = f_1(z) + f_2(z),$$
$$F_2(z) = f_1(z) - f_2(z),$$
$$F_3(z) = f_1(z) \cdot f_2(z),$$
$$F_4(z) = \frac{f_1(z)}{f_2(z)}, \text{ wenn in } \mathfrak{G} \text{ (bzw. in } z_0) \ f_2(z) \neq 0 \text{ ist,}$$

in $\mathfrak{G}$ (bzw. in z_0) holomorph, und für die Ableitungen gelten die bekannten Regeln (s. I, 8).

Da die Funktionen $f(z) \equiv c$ und $f(z) \equiv z$ in der endlichen Ebene holomorph sind, so folgt aus den vorstehenden Regeln, daß z^2, cz^2, $a_0 + a_1 z + a_2 z^2$ usw. gleichfalls dort holomorph sind. Allgemein gilt

Satz 1. *Alle Polynome* $a_n z^n + a_{n-1} z^{n-1} + \cdots + a_1 z + a_0$ *sind in sämtlichen endlichen Punkten* z *holomorph.*

Durch Quotientenbildung folgt gleiches für alle rationalen Funktionen

$$R(z) = \frac{a_n z^n + a_{n-1} z^{n-1} + \cdots + a_1 z + a_0}{b_m z^m + b_{m-1} z^{m-1} + \cdots + b_1 z + b_0}, \quad \text{mit} \quad b_m \neq 0,$$

in den endlichen Punkten z, in denen der Nenner nicht verschwindet. Der Nenner ist aber höchstens in m Punkten gleich Null.

Am Beispiel $f(z) = \frac{1}{z}$ erkennen wir ferner, daß eine rationale Funktion auch für $z = \infty$ holomorph sein kann. Um dies bei einer beliebigen rationalen Funktion $R(z)$ zu prüfen, setzen wir $z = \frac{1}{z^*}$ (s. I, 8, S. 64) und erhalten:

$$R^*(z^*) = R\left(\frac{1}{z^*}\right) = z^{*m-n} \frac{a_n + a_{n-1} z^* + \cdots + a_1 z^{*n-1} + a_0 z^{*n}}{b_m + b_{m-1} z^* + \cdots + b_1 z^{*m-1} + b_0 z^{*m}}. \tag{1}$$

Da $b_m \neq 0$ und somit der Quotient holomorph in $z^* = 0$ ist, so ist $R^*(z^*)$ in $z^* = 0$ holomorph, falls $m \geqq n$ ist. Ist jedoch $m < n$ und $a_n \neq 0$, so hat $R^*(z^*)$ für $z^* = 0$ bzw. $R(z)$ für $z = \infty$ keinen endlichen Wert, ist also dort nicht holomorph. Daher gilt:

Satz 2. *Die rationalen Funktionen sind in allen endlichen Punkten, in denen der Nenner nicht verschwindet, holomorph. Sie sind in* $z = \infty$ *dann und nur dann holomorph, wenn (mit* $a_n \neq 0$ *für* $n \geq 1$*)* $m \geqq n$ *ist.*

Sehr wichtig ist ferner

Satz 3. *Sind $w = f(z)$ für $z = z_0$ und $g(w)$ für $w_0 = f(z_0)$ holomorph, so ist $h(z) = g(f(z))$ für $z = z_0$ holomorph.*

Nach Voraussetzung ist nämlich $g(w)$ für w aus $\mathfrak{U}(w_0)$ komplex differenzierbar. Ist nun $\mathfrak{V}(z_0)$ eine genügend kleine Umgebung von z_0, so liefert wegen der Stetigkeit von $f(z)$ diese Funktion in $\mathfrak{V}(z_0)$ nur w-Werte, die in $\mathfrak{U}(w_0)$ liegen. Daher folgt jetzt mittels der Kettenregel (I, 8, Satz 44) die Behauptung.

§ 2. Der Cauchysche Integralsatz

Der Wert von Kurvenintegralen im Komplexen wird im allgemeinen vom Integrationswege abhängen (s. I, 9). Nun war aber schon bei gewissen holomorphen Funktionen wie $f(z) \equiv 1$ und $f(z) \equiv (z - z_0)^n$ aufgefallen, daß ihre Kurvenintegrale unabhängig vom Wege sind. Bevor wir prüfen, wieweit dies allgemein für holomorphe Funktionen gilt, beweisen wir zunächst einen Satz über die vom Wege unabhängigen Kurvenintegrale.

Satz 4. *Ist $f(z)$ in dem endlichen Gebiet $\mathfrak{G}$ stetig und $\int f(z)\, dz$ unabhängig vom Wege in $\mathfrak{G}$, so ist die Funktion $F(z) = \int\limits_{z_0}^{z} f(\zeta)\, d\zeta$ in $\mathfrak{G}$ holomorph, und es gilt dort*

$$F'(z) = f(z)\,,$$

wenn z_0 in $\mathfrak{G}$ fest gewählt wird.

Ist z_1 ein Punkt in $\mathfrak{G}$ und $\mathfrak{U}_\delta(z_1) \subset \mathfrak{G}$ eine kompakt in $\mathfrak{G}$ liegende δ-Umgebung von z_1, ferner z ein Punkt aus $\mathfrak{U}_\delta(z_1)$, so gilt

$$F(z) = \int\limits_{z_0}^{z} f(\zeta)\, d\zeta = \int\limits_{z_0}^{z_1} f(\zeta)\, d\zeta + \int\limits_{z_1}^{z} f(\zeta)\, d\zeta\,.$$

Das erste Integral rechts ist gleich $F(z_1)$. Das zweite Integral erstrecken wir über die in $\mathfrak{U}_\delta(z_1)$ liegende Strecke von z_1 nach z. Dann ist

$$\int\limits_{z_1}^{z} f(\zeta)\, d\zeta = \int\limits_{z_1}^{z} f(z_1)\, d\zeta + \int\limits_{z_1}^{z} [f(\zeta) - f(z_1)]\, d\zeta\,.$$

Das Integral über $f(z_1)$ können wir nach I, 9, Regel 3 und Beispiel 2 auswerten:

$$\int\limits_{z_1}^{z} f(z_1)\, d\zeta = f(z_1)\,(z - z_1)\,.$$

Das letzte Integral können wir nach I, 9, Regel 5 abschätzen. Sei $\varepsilon > 0$ beliebig gegeben. Dann gibt es wegen der Stetigkeit von $f(z)$ ein $\delta^* \leqq \delta$, so daß:

$$|f(\zeta) - f(z_1)| < \varepsilon \quad \text{für} \quad |\zeta - z_1| \leqq \delta^*$$

ist und daher

$$\left|\int\limits_{z_1}^{z} [f(\zeta) - f(z_1)]\, d\zeta\right| \leqq \varepsilon\, |z - z_1| \quad \text{für} \quad |z - z_1| < \delta^*\,.$$

Somit ist

$$F(z) = F(z_1) + f(z_1)\,(z - z_1) + h \cdot |z - z_1| \quad \text{mit} \quad \lim_{z \to z_1} h = 0\,,$$

also gilt: $F'(z_1) = f(z_1)$.

Nunmehr können wir den fundamentalen Satz über die Integration holomorpher Funktionen aufstellen.

Satz 5 *(Cauchyscher Integralsatz). $\mathfrak{G}$ sei ein endliches, einfach zusammenhängendes Gebiet. $f(z)$ sei in $\mathfrak{G}$ holomorph. Dann existiert das Kurvenintegral $\int f(z)\,dz$ für jeden Weg, der in $\mathfrak{G}$ verläuft, und der Wert des Integrals ist der gleiche für alle Wege, die gleichen Anfangs- und Endpunkt haben.*

Wird der Anfangspunkt fest gewählt, so ist also bei allen holomorphen Funktionen in endlichen einfach zusammenhängenden Gebieten das Integral über irgendeinen in z_0 beginnenden und in z endenden Weg nur noch eine Funktion $F(z)$ des Endpunktes z, und es gilt nach Satz 4: $F'(z) = f(z)$.

Die hier auftretenden topologischen Begriffe wie der des einfach zusammenhängenden Gebietes sind in I, 6 erklärt.

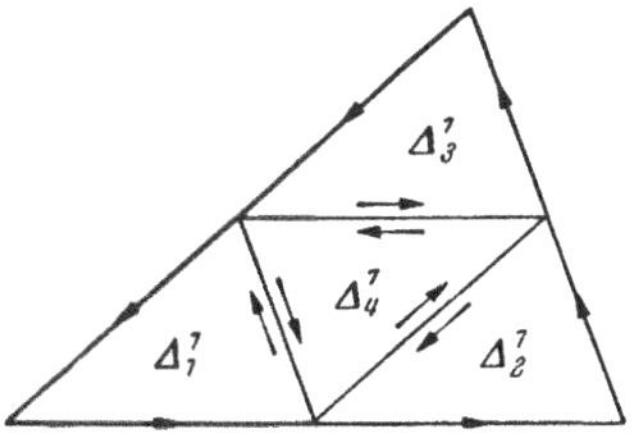

Abb. 8

1. Es sei Δ ein kompaktes Dreieck, das in $\mathfrak{G}$ liegt. Dann werden wir zunächst beweisen:

$$\int_{\Delta} f(z)\,dz = 0\,,$$

wobei das Integral über den Rand von Δ erstreckt wird.

Teilt man Δ durch die Verbindungslinien der Seitenmittelpunkte in vier kongruente Teildreiecke Δ_1^1; Δ_2^1; Δ_3^1; Δ_4^1, so ist:

$$\int_{\Delta} f(z)\,dz = \int_{\Delta_1^1} f(z)\,dz + \int_{\Delta_2^1} f(z)\,dz + \int_{\Delta_3^1} f(z)\,dz + \int_{\Delta_4^1} f(z)\,dz\,;$$

denn rechts wird jede der eingezeichneten Verbindungslinien genau zweimal durchlaufen, und zwar in verschiedenen Richtungen (s. Abb. 8). Die Integrale über diese Strecken fallen also heraus. Die übrigbleibenden Integrale ergeben zusammen das Integral über Δ.

Unter den vier Integralen wählen wir jetzt eines aus, das den größten Betrag hat. Das sei $\int_{\Delta_{k_1}^1} f(z)\,dz$. Dann gilt:

$$\left|\int_{\Delta} f(z)\,dz\right| \leqq 4 \cdot \left|\int_{\Delta_{k_1}^1} f(z)\,dz\right|.$$

Das Dreieck $\Delta_{k_1}^1$ teilen wir jetzt wieder in derselben Weise in Δ_1^2; Δ_2^2; Δ_3^2; Δ_4^2. Es gibt jetzt wieder ein $\Delta_{k_2}^2$, so daß

$$\left|\int_{\Delta_{k_1}^1} f(z)\,dz\right| \leqq 4 \cdot \left|\int_{\Delta_{k_2}^2} f(z)\,dz\right|,$$

also

$$\left|\int_{\Delta} f(z)\,dz\right| \leqq 4^2 \cdot \left|\int_{\Delta_{k_2}^2} f(z)\,dz\right|.$$

Teilen wir jetzt $\Delta_{k_2}^2$ wieder und verfahren immer in der entsprechenden Weise, so erhalten wir eine Folge von kompakten Dreiecken,

$$\Delta_{k_1}^1, \Delta_{k_2}^2, \Delta_{k_3}^3, \ldots \Delta_{k_n}^n, \ldots,$$

von denen jedes im vorhergehenden liegt. Es gilt dabei stets:

$$\left|\int_{\Delta} f(z)\, dz\right| \leqq 4^n \cdot \left|\int_{\Delta_{k_n}^n} f(z)\, dz\right|.$$

Der Durchschnitt der kompakten Dreiecke $\Delta_{k_n}^n$, $n = 1, 2, 3, \ldots$, ist ein Punkt z_0 aus $\mathfrak{G}$.

Da $f(z)$ im Punkte z_0 holomorph ist, so gibt es zu jedem $\varepsilon > 0$ einen Kreis $|z - z_0| < \delta$ um z_0 derart, daß für alle diese z gilt:

$$f(z) = f(z_0) + (z - z_0) f'(z_0) + (z - z_0)\, \eta(z),$$

wobei $|\eta(z)| < \varepsilon$ ist.

Wenn jetzt n groß genug gewählt wird, so liegt das Dreieck $\Delta_{k_n}^n$ in dem Kreise $|z - z_0| < \delta$. Dann hat man:

$$\int_{\Delta_{k_n}^n} f(z)\, dz = f(z_0) \cdot \int_{\Delta_{k_n}^n} dz + f'(z_0) \int_{\Delta_{k_n}^n} (z - z_0)\, dz + \int_{\Delta_{k_n}^n} (z - z_0)\, \eta(z)\, dz.$$

Nun verschwinden, wie früher gezeigt wurde (s. I, 9, Beispiel 2), die beiden ersten Integrale auf der rechten Seite, und wir erhalten:

$$\int_{\Delta_{k_n}^n} f(z)\, dz = \int_{\Delta_{k_n}^n} (z - z_0)\, \eta(z)\, dz.$$

Das rechts stehende Integral läßt sich abschätzen:

$$\left|\int_{\Delta_{k_n}^n} (z - z_0)\, \eta(z)\, dz\right| < S_n \cdot \varepsilon \cdot 2 S_n = 2\varepsilon S_n^2,$$

wobei S_n der halbe Umfang des Dreiecks $\Delta_{k_n}^n$ ist. Ist S_0 der halbe Umfang von Δ, so findet man für die Dreiecke $\Delta_{k_1}^1, \Delta_{k_2}^2, \ldots, \Delta_{k_n}^n, \ldots$:

$$S_1 = \frac{S_0}{2}, \quad S_2 = \frac{S_0}{2^2}, \ldots S_n = \frac{S_0}{2^n}, \ldots.$$

Für hinreichend große n gilt daher:

$$\left|\int_{\Delta} f(z)\, dz\right| < 4^n \cdot 2 \cdot \varepsilon \frac{S_0^2}{(2^n)^2} = 2 \cdot \varepsilon \cdot S_0^2.$$

Da ε beliebig gewählt werden konnte und S_0 eine feste Zahl ist, so folgt

$$\int_{\Delta} f(z)\, dz = 0.$$

2. $\mathfrak{P}$ sei ein einfach geschlossenes Polygon, das in $\mathfrak{G}$ verläuft. Dann gilt:

$$\int_{\mathfrak{P}} f(z)\, dz = 0.$$

Man zerlege das Innere von $\mathfrak{P}$ gemäß I, 6, Satz E in Dreiecke. Wenn man über jedes der so entstehenden Dreiecke $\Delta_1, \ldots, \Delta_n$ im mathematisch positiven Sinne integriert, so ist die Summe dieser Integrale gleich dem Integral über $\mathfrak{P}$; denn jede Hilfsstrecke kommt in zwei aneinanderstoßenden Dreiecken vor, wird also, da das Innere jeweils links liegen soll, in beiden Richtungen durchlaufen, so daß die Integrale über die Hilfsstrecken herausfallen. Die Polygonseiten von $\mathfrak{P}$ werden alle genau einmal, und zwar im positiven Sinne des Polygons $\mathfrak{P}$ durchlaufen. Da

$$\int_{\Delta_1} f(z)\,dz = \int_{\Delta_2} f(z)\,dz = \cdots = \int_{\Delta_n} f(z)\,dz = 0$$

ist, so folgt:

$$\int_{\mathfrak{P}} f(z)\,dz = \sum_{\nu=1}^{n} \int_{\Delta_\nu} f(z)\,dz = 0\,. \tag{1}$$

3. a und b seien zwei Punkte in $\mathfrak{G}$ und $\mathfrak{C}_1$ und $\mathfrak{C}_2$ zwei in $\mathfrak{G}$ von a nach b laufende Wege. Dann ist gemäß der Behauptung in Satz 5:

$$\int_{\mathfrak{C}_1} f(z)\,dz = \int_{\mathfrak{C}_2} f(z)\,dz\,.$$

Wird nämlich $\varepsilon > 0$ beliebig gegeben, so gibt es zunächst nach I, 9, Satz 48 in $\mathfrak{G}$ zwei von a nach b laufende Polygonzüge $\mathfrak{P}_1$ und $\mathfrak{P}_2$, für die gilt:

$$\left|\int_{\mathfrak{P}_k} f(z)\,dz - \int_{\mathfrak{C}_k} f(z)\,dz\right| < \varepsilon\,, \quad k = 1, 2\,. \tag{2}$$

Jetzt werden wir noch zeigen, daß für zwei solche Polygonzüge $\mathfrak{P}_1$ und $\mathfrak{P}_2$ die Integrale gleich sind:

$$\int_{\mathfrak{P}_1} f(z)\,dz = \int_{\mathfrak{P}_2} f(z)\,dz\,. \tag{3}$$

Aus (2) und (3) folgt dann unmittelbar:

$$\left|\int_{\mathfrak{C}_1} f(z)\,dz - \int_{\mathfrak{C}_2} f(z)\,dz\right| < 2\varepsilon$$

und damit die obige Behauptung.

Sollte $\mathfrak{P}_1$ oder $\mathfrak{P}_2$ eine Strecke mehrmals durchlaufen, so können wir durch geringfügige Verschiebung der Eckpunkte der Polygone dahin gelangen, daß dies nicht mehr der Fall ist. Ebenso können wir erreichen, daß $\mathfrak{P}_1$ und $\mathfrak{P}_2$ keine Strecken gemeinsam haben, ohne daß durch diese Veränderungen die Beziehung (2) gestört wird. Hiernach haben $\mathfrak{P}_1$ und $\mathfrak{P}_2$ nur endlich viele Schnittpunkte mit sich selbst und untereinander.

Wir können nun zunächst die Doppelpunkte der Polygone beseitigen.

Betrachten wir etwa das Polygon $\mathfrak{P}_1$. Wir laufen vom Punkte a bis zum ersten Doppelpunkt a_1 auf $\mathfrak{P}_1$. Der nun kommende Teil von $\mathfrak{P}_1$, nennen wir ihn $\mathfrak{P}_1^1$, der von a_1 ausgehend zu a_1 zurückkehrt, ist entweder ein einfach geschlossenes Polygon oder ein geschlossenes Polygon, welches sich selbst überschneidet. Trifft das letztere zu, so sei a_2 von a_1 aus gesehen der erste Doppelpunkt von $\mathfrak{P}_1^1$. Dann gibt es einen Teil $\mathfrak{P}_1^2$ von $\mathfrak{P}_1^1$, der zu a_2 zurückkehrt und der wieder entweder ein einfach geschlossenes Polygon ist oder ein geschlossenes Polygon, das sich selbst überschneidet. Wir bestimmen dann den ersten Doppelpunkt auf $\mathfrak{P}_1^2$ von a_2 aus gerechnet und dazu ein geschlossenes Polygon $\mathfrak{P}_1^3$. Dieses Verfahren setzen wir solange fort, bis wir zu einem einfach geschlossenen Polygon $\mathfrak{P}_1^n$ gelangen, das in einem Punkte a_n beginnt und dort endet. Dies trifft sicher nach endlich vielen Schritten zu, da nur endlich viele Doppelpunkte vorhanden sind. Nach Ziffer 2 verschwindet nun das Integral über $\mathfrak{P}_1^n$. Wir können daher die Schleife $\mathfrak{P}_1^n$ von $\mathfrak{P}_1$ fortlassen, ohne daß sich das Integral über $\mathfrak{P}_1$ ändert. Dabei haben wir aber die Zahl der Doppelpunkte von $\mathfrak{P}_1$ um eins vermindert. Indem wir das vorstehende Verfahren endlich oft wiederholen, können wir sämtliche Doppelpunkte von $\mathfrak{P}_1$ eliminieren und gelangen zu einem einfachen von a nach b laufenden Polygon, das sich nicht selbst überschneidet und denselben Integralwert wie das Polygon $\mathfrak{P}_1$ liefert. Mit $\mathfrak{P}_2$ verfahren wir ebenso.

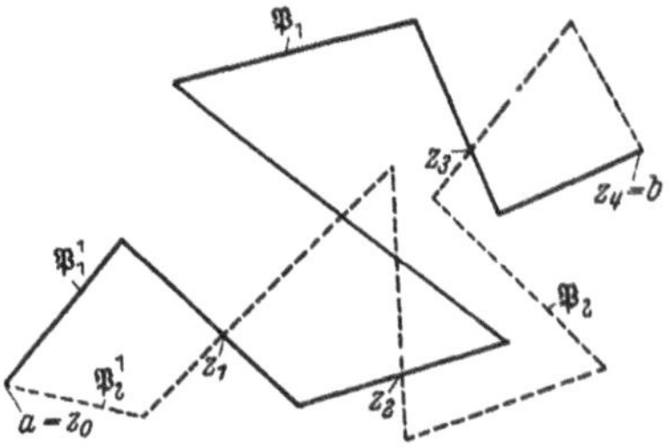

Abb. 9

Nennen wir die doppelpunktfreien Polygone im folgenden wieder $\mathfrak{P}_1$ und $\mathfrak{P}_2$. Wir zeigen dann, daß die Integrale über $\mathfrak{P}_1$ und $\mathfrak{P}_2$ gleich sind.

Dazu laufen wir von $a = z_0$ längs $\mathfrak{P}_1$ bis zum ersten Schnittpunkt z_1 mit $\mathfrak{P}_2$ (Abb. 9). Den Teil von $\mathfrak{P}_1$ zwischen z_0 und z_1 nennen wir $\mathfrak{P}_1^1$, den Teil zwischen z_1 und b dagegen $\tilde{\mathfrak{P}}_1^1$. Entsprechend seien auf $\mathfrak{P}_2$ die Stücke mit $\mathfrak{P}_2^1$ und $\tilde{\mathfrak{P}}_2^1$ bezeichnet. Von z_1 laufen wir auf $\tilde{\mathfrak{P}}_1^1$ bis zum ersten Schnittpunkt z_2 mit $\tilde{\mathfrak{P}}_2^1$. Auf $\tilde{\mathfrak{P}}_1^1$ sei $\mathfrak{P}_1^2$ das Stück zwischen z_1 und z_2 und $\tilde{\mathfrak{P}}_1^2$ das Stück zwischen z_2 und b. Entsprechend lauten auf $\tilde{\mathfrak{P}}_2^1$ die Stücke $\mathfrak{P}_2^2$ und $\tilde{\mathfrak{P}}_2^2$. Wir setzen dies Verfahren fort und laufen jeweils auf $\tilde{\mathfrak{P}}_1^\nu$ vom Punkte z_ν bis zum ersten Schnittpunkt $z_{\nu+1}$ mit $\tilde{\mathfrak{P}}_2^\nu$, bis wir nach endlich vielen Schritten zum Punkte $z_n = b$ gelangt sind. Dadurch haben wir $\mathfrak{P}_1$ und $\mathfrak{P}_2$ je in n Stücke $\mathfrak{P}_1^\nu$ und $\mathfrak{P}_2^\nu$ derart zerlegt, daß jeweils $\mathfrak{P}_1^\nu - \mathfrak{P}_2^\nu$ ein einfach geschlossenes Polygon in $\mathfrak{G}$ bildet. Es ist daher nach Ziffer 2:

$$\int_{\mathfrak{P}_1^\nu} f(z)\,dz = \int_{\mathfrak{P}_2^\nu} f(z)\,dz\,, \quad \nu = 1, 2, \ldots, n\,,$$

und daher ist wegen

$$\mathfrak{P}_1 = \sum_{\nu=1}^{n} \mathfrak{P}_1^\nu\,, \quad \mathfrak{P}_2 = \sum_{\nu=1}^{n} \mathfrak{P}_2^\nu:$$

$$\int_{\mathfrak{P}_1} f(z)\,dz = \int_{\mathfrak{P}_2} f(z)\,dz\,.$$

Damit ist der Cauchysche Integralsatz vollständig bewiesen.

Wie man unmittelbar sieht, ist Satz 5 äquivalent mit

Satz 5a. *$\mathfrak{G}$ sei ein endliches, einfach zusammenhängendes Gebiet. $f(z)$ sei in $\mathfrak{G}$ holomorph. Dann gilt für jeden geschlossenen Weg $\mathfrak{C}$ in $\mathfrak{G}$:*

$$\int_{\mathfrak{C}} f(z)\,dz = 0\,.$$

Wir geben noch folgende Erweiterung des Cauchyschen Integralsatzes an:

Satz 5b. *Ist $f(z)$ im Innern der rektifizierbaren einfach geschlossenen Kurve $\mathfrak{C}$ holomorph und auf $\mathfrak{C}$ noch stetig, so ist*

$$\int_{\mathfrak{C}} f(z)\, dz = 0\,. \tag{4}$$

Zum Beweise ziehen wir I, 9, Satz 49 heran. Danach approximieren die über gewisse einfach geschlossene Polygone $\mathfrak{P}$ im Innern von $\mathfrak{C}$ erstreckten Integrale das Integral über $\mathfrak{C}$. Da nach Satz 5a die Integrale über die Polygone verschwinden, muß (4) gelten.

Die Sätze 5 und 5a bleiben nicht mehr richtig, wenn bei $\mathfrak{G}$ die Voraussetzung der Endlichkeit fallen gelassen wird. Als Beispiel betrachten wir die Funktion $f(z) = \frac{1}{z}$ im Gebiete $|z| > 1$. Dieses Gebiet ist einfach zusammenhängend; denn es läßt sich auf das Innere des Einheitskreises eineindeutig und stetig abbilden. Ferner ist $f(z)$ auch im Unendlichen holomorph. Trotzdem ist (s. I, 9, Beispiel 4)

$$\int_{|z|=2} \frac{1}{z}\, dz = 2\pi i\,.$$

Nach Einführung der Laurent-Entwicklung werden wir auf die Frage der Integration holomorpher Funktionen um den unendlich fernen Punkt zurückkommen und später (s. V, 3, α) diese Unstimmigkeit allgemein beseitigen.

Die Aussagen der Sätze 5 und 5a werden auch falsch, wenn nicht mehr vorausgesetzt wird, daß $\mathfrak{G}$ einfach zusammenhängend ist. Zum Beispiel sei $\mathfrak{G}$ der Kreisring $1 < |z| < 3$. $f(z)$ sei wieder die Funktion $\frac{1}{z}$. Sie ist holomorph in $\mathfrak{G}$. Trotzdem ist

$$\int_{|z|=2} \frac{1}{z}\, dz = 2\pi i\,.$$

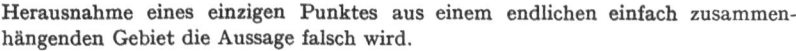

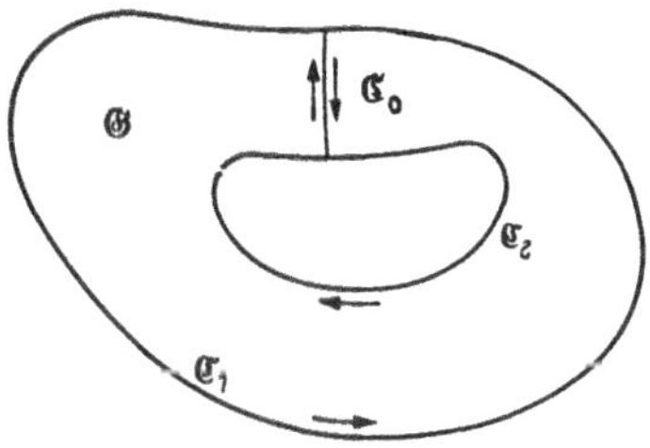

Abb. 10

Wählen wir als Bereich $0 < |z| < 3$, so erkennen wir an demselben Beispiel, wie schon durch Herausnahme eines einzigen Punktes aus einem endlichen einfach zusammenhängenden Gebiet die Aussage falsch wird.

Eine leichte Folgerung aus dem Cauchyschen Integralsatz ist der häufig anzuwendende

Satz 6. *$\mathfrak{G}$ sei ein beschränktes Gebiet, welches von zwei punktfremden rektifizierbaren einfach geschlossenen Kurven $\mathfrak{C}_1$ und $\mathfrak{C}_2$ berandet wird. $f(z)$ sei in $\mathfrak{G}$ holomorph und auf dem Rande noch stetig. Dann ist, wenn $\mathfrak{C}_1$ und $\mathfrak{C}_2$ im mathematisch positiven Sinne durchlaufen werden,*

$$\int_{\mathfrak{C}_1} f(z)\, dz = \int_{\mathfrak{C}_2} f(z)\, dz\,.$$

Zum Beweise ziehen wir eine einfache Verbindungskurve $\mathfrak{C}_0$ von $\mathfrak{C}_1$ nach $\mathfrak{C}_2$ (Abb. 10), so daß $\mathfrak{G}$ ohne $\mathfrak{C}_0$ ein einfach zusammenhängendes Gebiet wird. Den Rand dieses Gebietes können wir im mathematisch positiven Sinne durchlaufen, indem wir zuerst die äußere Kurve $\mathfrak{C}_1$

durchlaufen, dann $\mathfrak{C}_0$, dann $-\mathfrak{C}_2$, darauf $-\mathfrak{C}_0$. Die so durchlaufene geschlossene Kurve sei $\mathfrak{C}$. Dann ist nach einer analogen Überlegung wie beim Beweis von Satz 5b

$$\int_{\mathfrak{C}} f(z)\, dz = 0$$

oder

$$\int_{\mathfrak{C}_1} f(z)\, dz + \int_{\mathfrak{C}_0} f(z)\, dz - \int_{\mathfrak{C}_0} f(z)\, dz - \int_{\mathfrak{C}_2} f(z)\, dz = 0\,,$$

woraus unmittelbar die Behauptung folgt.

Eine Verallgemeinerung dieses Satzes wird später von uns benutzt werden:

Satz 6a. *$\mathfrak{G}$ sei ein beschränktes, von endlich vielen untereinander punktfremden rektifizierbaren einfach geschlossenen Kurven $\mathfrak{C}_0, \mathfrak{C}_1, \ldots, \mathfrak{C}_n$ berandetes Gebiet. Die Kurven $\mathfrak{C}_\nu$ seien so orientiert, daß das Gebiet $\mathfrak{G}$ stets links liegt, wenn $\mathfrak{C}_\nu$ im Sinne der Orientierung durchlaufen wird. $f(z)$ sei in $\mathfrak{G}$ holomorph und auf den $\mathfrak{C}_\nu$ noch stetig. Dann ist*

$$\sum_{\nu=0}^{n} \int_{\mathfrak{C}_\nu} f(z)\, dz = 0\,,$$

wofür man auch kurz $\int_{\mathfrak{C}} f(z)\, dz = 0$ schreibt, wenn $\mathfrak{C} = \mathfrak{C}_0 + \mathfrak{C}_1 + \cdots + \mathfrak{C}_n$ gesetzt wird.

Zum Beweise beachte man zunächst, daß $\mathfrak{G}$ entweder im Innern oder im Äußern der einzelnen Kurve $\mathfrak{C}_\nu$ liegt. Ferner muß es wegen der Beschränktheit von $\mathfrak{G}$ unter den $\mathfrak{C}_\nu$ genau eine geben, in deren Innern $\mathfrak{G}$ liegt. Dies sei $\mathfrak{C}_0$. In bezug auf alle anderen Randkurven $\mathfrak{C}_\nu$ liegt $\mathfrak{G}$ im Äußeren. Nunmehr wird der Beweis ganz analog zu dem von Satz 6 durchgeführt, indem $\mathfrak{G}$ durch endlich viele punktfremde Verbindungskurven zwischen $\mathfrak{C}_0$ und den anderen $\mathfrak{C}_\nu$ in ein einfach zusammenhängendes Gebiet zerschnitten wird (s. Abb. 11).

§ 3. Der Satz von Riemann. Die Cauchyschen Integralformeln

Zunächst erweitern wir nochmals den Cauchyschen Integralsatz. Wir gewinnen einerseits damit eine Darstellung der holomorphen Funktionen in Gebieten durch Werte auf dem Rande und zweitens eine erste Aussage über das Verhalten von Funktionen in Punkten, in denen sie nicht mehr holomorph sind.

Satz 7. *$\mathfrak{G}$ sei ein Gebiet, welches aus einem endlichen einfach zusammenhängenden Gebiet $\mathfrak{G}_0$ dadurch hervorgeht, daß aus $\mathfrak{G}_0$ endlich oder unendlich viele Punkte $z_1, z_2, \ldots$, die sich in $\mathfrak{G}_0$ nicht häufen, herausgenommen werden. Die Funktion $f(z)$ sei in $\mathfrak{G}$ holomorph. Zu jedem z_k gebe es eine Zahl M_k, so daß $|f(z)| < M_k$ ist, wenn z zugleich in $\mathfrak{G}$ und einer genügend kleinen Umgebung von z_k liegt. Dann gilt:*

$$\int_{\mathfrak{C}} f(z)\, dz = 0$$

für jede einfach geschlossene Kurve $\mathfrak{C}$ aus $\mathfrak{G}$.

Im Innern von $\mathfrak{C}$ können nur endlich viele der z_k, die wir mit z_1, $z_2, \ldots, z_n$ bezeichnen wollen, liegen. Um jeden dieser Punkte z_k schlagen wir einen kleinen, ganz im Innern von $\mathfrak{C}$ liegenden Kreis $\mathfrak{C}_k$, so daß die abgeschlossenen Kreisscheiben punktfremd sind (s. Abb. 11). Die Kreise $\mathfrak{C}_k$ mögen positiv orientiert werden. Dann begrenzen $\mathfrak{C}$ und die negativ orientierten Kreise $-\mathfrak{C}_k$ ein Gebiet $\mathfrak{G}^*$, in dem $f(z)$ einschließlich des Randes holomorph ist. Gemäß 2, Satz 6a gilt dann:

$$\int_{\mathfrak{C}} f(z)\, dz = \sum_{k=1}^{n} \int_{\mathfrak{C}_k} f(z)\, dz . \tag{1}$$

Wird jetzt $\varepsilon > 0$ beliebig gegeben, so wählen wir die Radien r_k der Kreise $\mathfrak{C}_k$ noch so klein, daß $\mathfrak{C}_k$ in der im Satz genannten Umgebung von z_k liegt und daß $r_k < \frac{\varepsilon}{2\pi\, n\, M_k}$ ist. Dann folgt:

$$\left| \sum_{k=1}^{n} \int_{\mathfrak{C}_k} f(z)\, dz \right| < \sum_{k=1}^{n} M_k \cdot 2\pi r_k < \varepsilon .$$

Hieraus und aus der Beziehung (1) resultiert unmittelbar die Behauptung des Satzes.

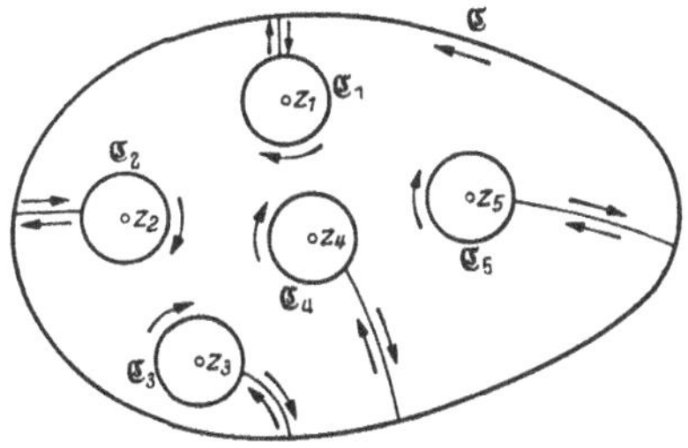

Abb. 11

Satz 8. *Unter den Voraussetzungen von Satz 7 gilt für alle z aus $\mathfrak{G}$, die im Innern von $\mathfrak{C}$ liegen:*

$$f(z) = \frac{1}{2\pi i} \int_{\mathfrak{C}} \frac{f(\zeta)}{\zeta - z}\, d\zeta .$$

Hierbei und im folgenden machen wir die stillschweigende Voraussetzung, daß eine einfach geschlossene Kurve immer positiv orientiert ist, wenn nicht ausdrücklich etwas anderes gesagt ist.

Zum Beweise des Satzes betrachten wir die Funktion

$$F(\zeta) = \frac{f(\zeta) - f(z)}{\zeta - z},$$

bei der ζ in $\mathfrak{G}$ läuft und z beliebig, aber fest in $\mathfrak{G}$ gewählt ist. Dann ist $F(\zeta)$ holomorph in $\mathfrak{G}$ für $\zeta \neq z$. Wegen der Holomorphie von $f(z)$ in $\mathfrak{G}$ gilt:

$$\lim_{\zeta \to z} F(\zeta) = f'(z),$$

also ist insbesondere $F(\zeta)$ in einer genügend kleinen Umgebung von z beschränkt. Im übrigen folgen für $F(\zeta)$ dieselben Eigenschaften, wie wir sie für $f(z)$ in $\mathfrak{G}$ vorausgesetzt haben. Wir können also Satz 7 auf $F(\zeta)$ anwenden und erhalten:

$$0 = \int_{\mathfrak{C}} F(\zeta)\, d\zeta = \int_{\mathfrak{C}} \frac{f(\zeta) - f(z)}{\zeta - z}\, d\zeta = \int_{\mathfrak{C}} \frac{f(\zeta)}{\zeta - z}\, d\zeta - f(z) \cdot \int_{\mathfrak{C}} \frac{d\zeta}{\zeta - z} .$$

Liegt nun z im Innern von $\mathfrak{C}$ und ist $\mathfrak{K}$ ein hinreichend kleiner Kreis um z, der auch noch ganz im Innern von $\mathfrak{C}$ liegt, so gilt nach 2, Satz 6 und I, 9, Beispiel 4:

$$\int_{\mathfrak{C}} \frac{d\zeta}{\zeta - z} = \int_{\mathfrak{K}} \frac{d\zeta}{\zeta - z} = 2\pi i .$$

Damit ergibt sich die Behauptung des Satzes.

Das Integral

$$I(z) = \frac{1}{2\pi i} \int_{\mathfrak{C}} \frac{f(\zeta)}{\zeta - z} d\zeta$$

ist nicht nur für die Punkte z aus $\mathfrak{G}$ und dem Innern von $\mathfrak{C}$, sondern auch für die nicht zu $\mathfrak{G}$ gehörenden Punkte z_k im Innern von $\mathfrak{C}$ definiert. Ferner ist der Integrand $\frac{f(\zeta)}{\zeta - z}$ stetig, wenn z in einer hinreichend kleinen Umgebung von z_k und ζ auf $\mathfrak{C}$ läuft. Daher ist auch $I(z)$ stetig in z_k (s. I, 12, Satz 73). Darüber hinaus ist $I(z)$ in z_k auch komplex differenzierbar; denn der Integrand ist überall im Innern von $\mathfrak{C}$, also auch in z_k nach z komplex differenzierbar. Es gilt daher (s. I, 12, Satz 75):

$$\frac{dI(z)}{dz} = \frac{1}{2\pi i} \int_{\mathfrak{C}} f(\zeta) \frac{d}{dz} \frac{1}{\zeta - z} d\zeta .$$

$I(z)$ ist also eine im Innern von $\mathfrak{C}$ überall holomorphe Funktion. Da nach Satz 8 aber $I(z)$ mit $f(z)$ für alle Punkte $z \neq z_k$ aus dem Innern von $\mathfrak{C}$ übereinstimmt, so folgt unmittelbar

Satz 9 (Riemann). *Die Funktion $f(z)$ sei in einer Umgebung $\mathfrak{U}$ des Punktes z_0 definiert und in allen Punkten $z \neq z_0$ von $\mathfrak{U}$ holomorph. Ferner sei $f(z)$ in $\mathfrak{U}$ beschränkt. Dann gibt es ein endliches a, so daß für jede Folge z_n aus $\mathfrak{U}$ mit $\lim z_n = z_0$ gilt:*

$$\lim f(z_n) = a .$$

Setzt man nachträglich noch $f(z_0) = a$, so ist $f(z)$ auch in z_0 holomorph.

Zum Beweise wähle man einen kleinen Kreis um z_0 als Kurve $\mathfrak{C}$. Hierauf setze man:

$$a = I(z_0) = \frac{1}{2\pi i} \int_{\mathfrak{C}} \frac{f(\zeta)}{\zeta - z_0} d\zeta .$$

Aus den obigen Überlegungen ergibt sich dann die Aussage unseres Satzes.

Satz 9 gilt auch für den Punkt ∞. Um dies einzusehen, transformiere man ihn in den Nullpunkt.

Eine andere wichtige Folgerung aus Satz 8 ist:

Satz 10a *(Erste Cauchysche Integralformel). $f(z)$ sei holomorph in einem von endlich vielen rektifizierbaren einfach geschlossenen Kurven $\mathfrak{C}$ berandeten beschränkten Gebiete $\mathfrak{G}$ und auf dem Rande noch stetig. Dann ist für alle z aus $\mathfrak{G}$:*

$$f(z) = \frac{1}{2\pi i} \int\limits_{\mathfrak{C}} \frac{f(\zeta)}{\zeta - z} d\zeta .$$

Zusatz. *Wird z im Äußeren von $\mathfrak{G}$ gewählt, so verschwindet die rechte Seite.*

Um den Punkt z legen wir eine abgeschlossene Kreisscheibe $\mathfrak{K}$ mit dem Rand $\mathfrak{C}_0$, die ganz im Innern von $\mathfrak{G}$ liegt. Dann ist $\frac{f(\zeta)}{\zeta - z}$ als Funktion von ζ im Gebiet $\mathfrak{G} - \mathfrak{K}$ holomorph, auf $\mathfrak{C}$ und $\mathfrak{C}_0$ stetig, und daher ist nach 2, Satz 6a:

$$\frac{1}{2\pi i} \int\limits_{\mathfrak{C}} \frac{f(\zeta)}{\zeta - z} d\zeta = \frac{1}{2\pi i} \int\limits_{\mathfrak{C}_0} \frac{f(\zeta)}{\zeta - z} d\zeta . \tag{2}$$

Das Innere von $\mathfrak{C}_0$ ist ein Gebiet $\mathfrak{G}$, auf das die Voraussetzungen von Satz 8 zutreffen. Daher gilt:

$$f(z) = \frac{1}{2\pi i} \int\limits_{\mathfrak{C}_0} \frac{f(\zeta)}{\zeta - z} d\zeta .$$

Hieraus ergibt sich in Verbindung mit (2) die erste Cauchysche Integralformel.

Liegt z im Äußeren von $\mathfrak{G}$, so ist $\frac{f(\zeta)}{\zeta - z}$ als Funktion von ζ im Innern von $\mathfrak{G}$ holomorph und auf dem Rande noch stetig. Also verschwindet das Integral nach 2, Satz 6a, womit auch der Zusatz bewiesen ist.

Wir haben in Satz 10a die grundlegende und überraschende Eigenschaft der holomorphen Funktionen gefunden, daß ihre Werte im Innern eines Gebietes schon durch die Werte, die sie auf dem Rande annehmen, völlig bestimmt sind. Darüber hinaus gilt:

Satz 10b *(Die allgemeinen Cauchyschen Integralformeln). $f(z)$ sei holomorph in einem von endlich vielen rektifizierbaren einfach geschlossenen Kurven $\mathfrak{C}$ berandeten beschränkten Gebiete und auf dem Rande noch stetig. Dann ist $f(z)$ in $\mathfrak{G}$ beliebig oft differenzierbar, und für die n-te Ableitung $f^{(n)}(z)$ gilt:*

$$f^{(n)}(z) = \frac{n!}{2\pi i} \int\limits_{\mathfrak{C}} \frac{f(\zeta)}{(\zeta - z)^{n+1}} d\zeta , \quad n = 1, 2, \ldots . \tag{3}$$

Wir führen den Beweis durch vollständige Induktion nach n. Für $n = 0$ liefert Satz 10a die Behauptung. Formel (3) sei für n bewiesen.

Dann folgt aus I, 12, Satz 75 und Formel (3):

$$\begin{aligned} f^{(n+1)}(z) &= \frac{d}{dz} f^{(n)}(z) = \frac{d}{dz} \frac{n!}{2\pi i} \int_{\mathfrak{C}} \frac{f(\zeta)}{(\zeta - z)^{n+1}} d\zeta \\ &= \frac{n!}{2\pi i} \int_{\mathfrak{C}} \frac{d}{dz} \frac{f(\zeta)}{(\zeta - z)^{n+1}} d\zeta \\ &= \frac{n!}{2\pi i} \int_{\mathfrak{C}} (n+1) \frac{f(\zeta)}{(\zeta - z)^{n+2}} d\zeta \\ &= \frac{(n+1)!}{2\pi i} \int_{\mathfrak{C}} \frac{f(\zeta)}{(\zeta - z)^{n+2}} d\zeta . \end{aligned}$$

Der Satz gilt also auch für $n + 1$ und damit für alle n.

Satz 11 *(Beliebig häufige Differenzierbarkeit holomorpher Funktionen). Ist $f(z)$ im endlichen Gebiete $\mathfrak{G}$ einmal komplex differenzierbar, so ist $f(z)$ dort beliebig häufig differenzierbar.*

Zum Beweise können wir um jeden endlichen Punkt z_0 von $\mathfrak{G}$ eine in $\mathfrak{G}$ liegende kompakte Kreisscheibe legen und darauf Satz 10b anwenden.

Die vorstehenden Sätze zeigen, daß aus der komplexen Differenzierbarkeit einer Funktion $f(z)$ weit mehr geschlossen werden kann als aus der reellen Differenzierbarkeit; denn bekanntlich gelten diese Sätze nicht im Reellen oder bei nur reeller Differenzierbarkeit. Zu jedem natürlichen n kann man dort nämlich eine Funktion $f(x)$ angeben, die überall n-mal und nirgends $(n + 1)$-mal differenzierbar ist. Andererseits ist definitionsgemäß eine Funktion, die in einem Punkte komplex differenzierbar ist, dort auch nach x und y differenzierbar, und es gelten die Beziehungen:

$$\begin{aligned} \frac{df}{dz} &= \frac{\partial f}{\partial x} = \frac{1}{i} \frac{\partial f}{\partial y}, \\ \frac{d^2 f}{dz^2} &= \frac{\partial^2 f}{\partial x^2} = \frac{1}{i} \frac{\partial^2 f}{\partial x \partial y} = - \frac{\partial^2 f}{\partial y^2}, \quad \text{usw.} \end{aligned}$$

So folgt also aus Satz 11 auch, daß eine in $\mathfrak{G}$ einmal komplex differenzierbare Funktion dort auch überall beliebig häufig reell differenzierbar ist.

Der folgende Satz zeigt, daß die Aussage des Cauchyschen Integralsatzes für die holomorphen Funktionen charakteristisch ist.

Satz 12 (Morera). *Die Funktion $f(z)$ sei im Gebiete $\mathfrak{G}$ stetig und $\int f(z)\, dz$ sei in $\mathfrak{G}$ lokal unabhängig vom Wege. Dann ist $f(z)$ in $\mathfrak{G}$ holomorph.*

Das Integral $\int f(z)\, dz$ heißt dabei *lokal unabhängig vom Wege*, wenn es in jedem hinreichend kleinen Kreis um einen Punkt z aus $\mathfrak{G}$ bei festen Anfangs- und Endpunkten vom Wege unabhängig ist. Dann folgt, daß es auch in jedem einfach zusammenhängenden Teilgebiet von $\mathfrak{G}$ vom Wege unabhängig ist.

Wird z_0 in $\mathfrak{G}$ fest gewählt und ist $\mathfrak{U}(z_0)$ eine einfach zusammenhängende Umgebung von z_0 in $\mathfrak{G}$, so folgt aus 2, Satz 4 für die Funktion

$$F(z) = \int_{z_0}^{z} f(\zeta)\, d\zeta$$

in $\mathfrak{U}(z_0)$, daß $F'(z) = f(z)$ ist. $F(z)$ ist also holomorph in $\mathfrak{U}(z_0)$ und deshalb dort beliebig häufig differenzierbar, folglich gilt gleiches für $f(z) = F'(z)$. Also ist $f(z)$ auch holomorph in $\mathfrak{G}$.

Zusatz. *Statt die lokale Unabhängigkeit vom Wege von $\int f(z)\,dz$ zu fordern, kann man offenbar in Satz 12 auch verlangen, daß das Integral $\int f(z)\,dz$ für jede geschlossene Kurve in $\mathfrak{G}$ verschwindet, die sich dort auf einen Punkt zusammenziehen läßt.*

Aus den Cauchyschen Integralformeln ergeben sich einige weitere bemerkenswerte Sätze.

Satz 13. *Die Funktion $f(z)$ sei in dem beschränkten Gebiet $\mathfrak{G}$ holomorph, und es gebe eine Konstante $M > 0$, so daß für alle z aus $\mathfrak{G}$ gilt:*

$$|f(z)| < M\,.$$

Dann ist auch die n-te Ableitung $f^{(n)}(z)$ in jedem kompakt in $\mathfrak{G}$ liegenden Teilgebiet $\mathfrak{G}^*$ beschränkt mit einer Schranke M^*, die nur von M, $\mathfrak{G}^*$ und n, aber nicht von $f(z)$ abhängt.

Sei δ der Abstand des Gebietes $\mathfrak{G}^*$ vom Rand von $\mathfrak{G}$. Sei z_0 ein Punkt aus $\mathfrak{G}^*$ und $r < \delta$. Dann legen wir um z_0 einen Kreis $\mathfrak{K}$ mit dem Radius r und erhalten nach (3) die Abschätzung:

$$|f^{(n)}(z_0)| \leqq \frac{n!}{2\pi}\,\frac{M}{r^{n+1}}\,2\pi r = \frac{n!\,M}{r^n}\,.$$

Gehen wir mit r gegen δ, so folgt:

$$|f^{(n)}(z_0)| \leqq \frac{n!\,M}{\delta^n}\,,$$

womit der Beweis geführt ist.

Wir bemerken, daß es für das g a n z e Gebiet $\mathfrak{G}$ keine Schranke für die Ableitungen zu geben braucht. Wir werden im folgenden Paragraphen sehen, daß die Potenzreihe $f(z) = \sum_{\nu=1}^{\infty} \frac{z^\nu}{\nu^2}$ im Einheitskreis $|z| < 1$ eine holomorphe Funktion darstellt. Dort gilt dann die Abschätzung:

$$|f(z)| < \sum_{\nu=1}^{\infty} \frac{1}{\nu^2}\,.$$

Aber schon bei der Ableitung

$$f'(z) = \sum_{\nu=1}^{\infty} \frac{z^{\nu-1}}{\nu}\,,$$

die man, wie auch in 4 gezeigt wird, durch gliedweise Differentiation erhält, ist auf der reellen Achse:

$$f'(x) = \frac{1}{x}\lg\frac{1}{1-x}\,,$$

und dies geht über alle Grenzen, wenn x gegen 1 geht.

Für jede in $\mathfrak{G}$ holomorphe Funktion ist $|f(z)|$ eine stetige Funktion der reellen Veränderlichen x und y. Es gilt also für $|f(z)|$ der Satz über die Annahme des Maximums in jeder kompakten Teilmenge von $\mathfrak{G}$. Dieser Satz ist hier jedoch sehr zu verschärfen.

Satz 14 *(vom Maximum). Nimmt die in $\mathfrak{G}$ holomorphe Funktion $f(z)$ das Maximum ihres Absolutbetrages $|f(z)|$ in einem inneren Punkte von $\mathfrak{G}$ an, so ist $f(z)$ in $\mathfrak{G}$ konstant.*

1. M sei das Maximum von $|f(z)|$ in $\mathfrak{G}$, und dieses Maximum werde in einem inneren endlichen Punkte z_0 angenommen. Ist nun $|f(z)|$ nicht konstant in $\mathfrak{G}$, so gibt es dort einen inneren Punkt z_1 mit $|f(z_1)| < M$. Wir verbinden z_0 mit z_1 in $\mathfrak{G}$ durch ein einfaches Polygon. Wegen der Stetigkeit von $|f(z)|$ gibt es auf dem Polygon, von z_0 aus gesehen, einen ersten Punkt z_2 derart, daß noch $|f(z_2)| = M$ ist, während in beliebiger Nähe von z_2 Punkte auf dem Polygon liegen, für die $|f(z)| < M$ ist. Wählen wir einen solchen Punkt z_3 hinreichend dicht bei z_2, so liegt der Kreis $\mathfrak{K}$ mit dem Mittelpunkt z_2, der durch z_3 läuft, noch ganz im Innern von $\mathfrak{G}$. Sein Radius sei ϱ. Da $|f(z)|$ auf $\mathfrak{K}$ stetig und $|f(z_3)| < M$ ist, so gibt es einen Teilbogen $\mathfrak{C}$ von $\mathfrak{K}$ mit dem Öffnungswinkel γ, auf dem überall $|f(z)| < M$ ist. Nach der 1. Cauchyschen Integralformel ist nun

$$f(z_2) = \frac{1}{2\pi i}\int\limits_{\mathfrak{K}} \frac{f(\zeta)}{\zeta - z_2}\,d\zeta$$

und daher

$$M = |f(z_2)| \leqq \frac{1}{2\pi}\int\limits_{\mathfrak{K}} \frac{|f(\zeta)|}{\varrho}\,\varrho\,d\varphi = \frac{1}{2\pi}\int\limits_{\mathfrak{K}-\mathfrak{C}} |f(\zeta)|\,d\varphi + \\ + \frac{1}{2\pi}\int\limits_{\mathfrak{C}} |f(\zeta)|\,d\varphi < \frac{2\pi-\gamma}{2\pi}M + \frac{\gamma}{2\pi}M = M\,.$$

Dies ist aber ein Widerspruch. Es muß also $|f(z)|$ konstant in $\mathfrak{G}$ sein.

2. Ist $|f(z)|$ konstant, so auch $f(z)$.

Mit $|f(z)|$ ist auch $|f(z)|^2$ konstant:

$$f(z)\cdot\overline{f(z)} = c\,. \tag{4}$$

Wir benutzen den formalen Differentialkalkül (s. I, 8, S. 65) und differenzieren Gleichung (4) partiell nach z:

$$0 = \frac{\partial f}{\partial z}\bar{f} + f\frac{\partial \bar{f}}{\partial z}\,. \tag{5}$$

Da $f(z)$ holomorph ist, so gilt:

$$\frac{\partial f}{\partial z} = f'(z) \quad \text{und} \quad \frac{\partial \bar{f}}{\partial z} = \overline{\frac{\partial f}{\partial \bar{z}}} = 0\,.$$

Aus (5) folgt dann $0 = f'(z)\cdot\overline{f(z)}$. Hieraus ergibt sich $f'(z) \equiv 0$. Wäre nämlich $f'(z_0) \neq 0$, so würde auch in einer Umgebung von z_0 noch

$f'(z) \neq 0$ gelten, und dort wäre dann $\overline{f(z)} = 0$, also $f(z) = 0$ und damit doch $f'(z) = 0$.

Nun ist

$$f'(z) = \frac{\partial f}{\partial x} = \frac{1}{i}\frac{\partial f}{\partial y}.$$

Daher hängt $f(z)$ weder bei festgehaltenem y von x noch bei festgehaltenem x von y ab, ist also konstant.

3. Ist z_0 der Punkt ∞, so transformiere man ihn zunächst in den Nullpunkt. Sodann läßt sich wie vorher schließen.

Damit ist dieser Satz bewiesen.

Eine entsprechende Aussage für das Minimum von $|f(z)|$ gilt nur dann, wenn die holomorphe Funktion $f(z)$ im Gebiete keine Nullstelle hat.

Satz 15 *(vom Minimum). $f(z)$ sei im Gebiet $\mathfrak{G}$ holomorph und von Null verschieden. Nimmt dann $|f(z)|$ das Minimum in einem inneren Punkte von $\mathfrak{G}$ an, so ist $f(z)$ konstant.*

Zum Beweise betrachte man die Funktion $g(z) = \frac{1}{f(z)}$ in $\mathfrak{G}$. Sie ist dort holomorph. Auf sie trifft also der Satz vom Maximum zu. Da nun ein Minimum von $|f(z)|$ ein Maximum von $|g(z)|$ ist, so ergibt sich sofort die Behauptung.

Der Satz vom Maximum läßt sich auf mannigfache Weise erweitern und verschärfen. Hier mögen nur zwei Sätze genannt sein.

Satz 16. *$f(z)$ sei im Gebiet $\mathfrak{G}$ holomorph und nicht konstant. Für jede Folge innerer Punkte $z_1, z_2, z_3, \ldots$ aus $\mathfrak{G}$, die gegen einen Randpunkt von $\mathfrak{G}$ konvergiert, sei $\overline{\lim}\,|f(z)| \leqq M$. Dann gilt für alle z in $\mathfrak{G}$:*

$$|f(z)| < M. \tag{6}$$

Wäre der Satz nicht richtig, so gäbe es ein z_0 in $\mathfrak{G}$ mit

$$|f(z_0)| \geqq M. \tag{7}$$

Hierzu könnte man eine Folge ineinanderliegender Polygongebiete $\mathfrak{G}_n$ mit den Rändern $\mathfrak{P}_n$ wählen, die $\mathfrak{G}$ ausschöpfen und z_0 im Innern enthalten. In diesen Gebieten $\mathfrak{G}_n$ nimmt $f(z)$ sein Maximum jeweils in einem Randpunkt z_n auf $\mathfrak{P}_n$ an. Und für diese Randpunkte gilt nach dem Satz vom Maximum notwendig

$$|f(z_0)| < |f(z_1)| < |f(z_2)| < \cdots. \tag{8}$$

Die z_n können sich nicht im Innern von $\mathfrak{G}$ häufen, weil ein solcher Häufungspunkt außerhalb aller $\mathfrak{G}_n$ liegen muß, was für keinen inneren Punkt von $\mathfrak{G}$ zutrifft. Wählen wir nun eine Teilfolge z_{n_k} der z_n, die gegen einen Randpunkt von $\mathfrak{G}$ konvergiert, so gilt nach (7) und (8) notwendig:

$$\overline{\lim}\,|f(z_{n_k})| > M.$$

Dies widerspricht aber unserer Voraussetzung. Es muß daher für alle z die Beziehung (6) gelten.

Eine andere Folgerung liefert

Satz 17 *(Lindelöfsche Ungleichung). z_0 sei ein innerer Punkt des Gebietes $\mathfrak{G}$. $\mathfrak{R}$ sei die Gesamtheit derjenigen Randpunkte von $\mathfrak{G}$, deren Abstand von z_0 nicht größer als ϱ ist, wobei ϱ eine fest vorgegebene Zahl ist. Auf dem Kreis um den Mittelpunkt z_0 mit dem Radius ϱ gebe es einen Bogen $\mathfrak{C}$, der nicht zu $\mathfrak{G}$ gehört und dessen Länge größer oder gleich $\frac{2\pi\varrho}{n}$, n ganz, ist* (Abb. 12). *$f(z)$ sei eine in $\mathfrak{G}$ holomorphe und auf dem Rande stetige Funktion, und in $\mathfrak{G}$ gelte $|f(z)| < M$. Auf dem Randstück $\mathfrak{R}$ sei $|f(z)| \leqq m < M$. Dann gilt:*

$$|f(z_0)| < M\left(\frac{m}{M}\right)^{\frac{1}{n}}.$$

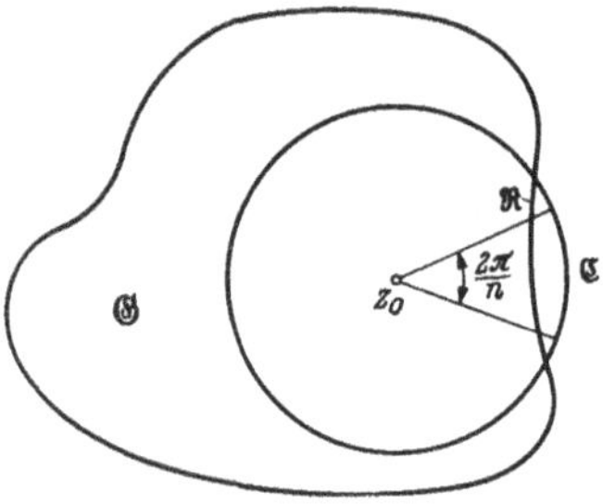

Abb. 12

Zum Beweise drehen wir das Gebiet $\mathfrak{G}$ um den Punkt z_0 um die Winkel $\frac{2\pi k}{n}$, $k = 0, 1, 2, 3, \ldots, n-1$ und gewinnen damit n Gebiete $\mathfrak{G} = \mathfrak{G}_0, \mathfrak{G}_1, \ldots, \mathfrak{G}_{n-1}$, die sämtlich den Punkt z_0 enthalten. Der Durchschnitt dieser Gebiete enthält ein Gebiet $\mathfrak{G}^*$, welches den Punkt z_0 enthält, ganz im Innern des Kreises mit dem Radius ϱ liegt und dessen Rand aus kongruenten Stücken von $\mathfrak{R}$ besteht. In $\mathfrak{G}^*$ ist nun die Funktion

$$F(z) = f_0(z) \cdot f_1(z) \ldots f_{n-1}(z),$$

mit

$$f_k(z) = f\left(z_0 + \left[\cos\frac{2\pi k}{n} - i\sin\frac{2\pi k}{n}\right][z - z_0]\right),$$

$$k = 0, 1, 2, \ldots, n-1,$$

holomorph. Außerdem gilt für alle Funktionen $f_k(z)$ in $\mathfrak{G}^*$:

$$|f_k(z)| < M,$$

und in jedem Randpunkt z von $\mathfrak{G}^*$ für mindestens einen Faktor $f_\lambda(z)$:

$$|f_\lambda(z)| \leqq m.$$

Daher ist auf dem Rand von $\mathfrak{G}^*$ überall

$$|F(z)| \leqq m \cdot M^{n-1},$$

also nach dem Satz vom Maximum:

$$|F(z_0)| = |f(z_0)|^n < m \cdot M^{n-1} = M^n \frac{m}{M}.$$

Hieraus ergibt sich unmittelbar die Behauptung.

Zusatz 17. *Die Verbindung der Ergebnisse der Sätze 16 und 17 lehrt, daß man in der Formulierung des Satzes 17 die Forderung „$|f(z)| \leqq m < M$ auf $\mathfrak{R}$" durch die schwächere Forderung „$\overline{\lim}\,|f(z_n)| \leqq m < M$ für jede gegen einen Punkt von $\mathfrak{R}$ konvergierende Folge z_n" ersetzen kann.*

Literatur

LINDELÖF, E.: Sur un principe générale de l'analyse et ses applications à la théorie de la représentation conforme. Acta Soc. Sci. Fenn. **46**, Nr. 4, S. 6 (1915).

KNESER, H.: Über den Beweis des Cauchyschen Integralsatzes bei streckbarer Randkurve. Arch. d. Math. **1**, 318 (1948).

§ 4. Unendliche Reihen holomorpher Funktionen

Bei der Behandlung holomorpher Funktionen spielt deren Darstellung durch unendliche Reihen und Folgen eine hervorragende Rolle. Einerseits lassen sich auf diese Weise gegebene Funktionen durch elementare holomorphe Funktionen ausdrücken, so daß man ihre Eigenschaften leichter studieren kann, wie das z. B. bei den Potenzreihen der Fall ist; andererseits ist es möglich, auf diesem Wege auch neue Funktionen mit vorgegebenen Eigenschaften zu konstruieren. Wir beginnen damit, die grundlegende Aussage über solche Darstellungen durch Reihen und Folgen zu machen.

Satz 18. *Im Innern des Gebietes $\mathfrak{G}$ sei die unendliche Reihe $\sum_{n=0}^{\infty} f_n(z)$ gleichmäßig konvergent und alle Funktionen $f_n(z)$, $n = 0, 1, 2, \ldots$, seien in $\mathfrak{G}$ holomorph. Dann ist dort auch*

$$F(z) = \sum_{n=0}^{\infty} f_n(z)$$

eine holomorphe Funktion.

Zum Beweise sei z_0 ein endlicher Punkt aus $\mathfrak{G}$. $\mathfrak{K}$ sei ein Kreis um z_0, dessen abgeschlossene Kreisscheibe noch in $\mathfrak{G}$ liegt. Dann ist wegen der Stetigkeit der $f_n(z)$ auch $F(z)$ stetig in $\mathfrak{K}$ (s. I, 11, Satz 65). Ferner ist für jede geschlossene Kurve $\mathfrak{C}$ in $\mathfrak{K}$:

$$\int_{\mathfrak{C}} F(z)\, dz = \sum_{n=0}^{\infty} \int_{\mathfrak{C}} f_n(z)\, dz = 0,$$

und zwar gilt die erste Gleichung wegen I, 12, Satz 71 und die zweite wegen des Cauchyschen Integralsatzes. Nach dem Zusatz zu 3, Satz 12 folgt daraus die Holomorphie von $F(z)$ in $\mathfrak{K}$.

Liegt $z_0 = \infty$ in $\mathfrak{G}$, so setzen wir:

$$G(z^*) = F\left(\frac{1}{z^*}\right) \quad \text{und} \quad g_n(z^*) = f_n\left(\frac{1}{z^*}\right),$$

betrachten die Reihe

$$G(z^*) = \sum_{n=0}^{\infty} g_n(z^*)$$

in einer Umgebung von $z^* = 0$ und schließen genau wie vorher. Damit ist der Satz bewiesen.

Da sich aus jeder Folge eine äquivalente Reihe gewinnen läßt, deren Partialsummen gleich den Gliedern der Folge sind, so gilt auch

Satz 18a. *Im Innern des Gebietes $\mathfrak{G}$ sei die Folge $f_n(z)$, $n = 1, 2, 3, \ldots$ gleichmäßig konvergent. Alle Funktionen $f_n(z)$ seien in $\mathfrak{G}$ holomorph. Dann ist dort auch*

$$F(z) = \lim f_n(z)$$

holomorph.

Bei der Prüfung der Vertauschbarkeit von Grenzprozessen (s. I, 12) haben wir einige wichtige Vertauschungen, bei denen ein Prozeß die komplexe Differentiation war, nicht behandelt. Jetzt können wir dies leicht nachholen.

Satz 19. *Eine im Innern eines endlichen Gebietes $\mathfrak{G}$ gleichmäßig konvergente Reihe holomorpher Funktionen darf man beliebig oft gliedweise differenzieren, d. h. aus*

$$F(z) = \sum_{n=0}^{\infty} f_n(z)$$

folgt:

$$F^{(k)}(z) = \sum_{n=0}^{\infty} f_n^{(k)}(z)\,,$$

und $\sum\limits_{n=0}^{\infty} f_n^{(k)}(z)$ konvergiert gleichmäßig im Innern von $\mathfrak{G}$.

Zum Beweise sei z_0 ein Punkt aus $\mathfrak{G}$. Wir können um ihn einen Kreis $\mathfrak{K}$ mit dem Radius ϱ und außerdem einen Kreis $\mathfrak{K}_0$ mit dem Radius $\frac{\varrho}{2}$ legen, so daß die abgeschlossene Kreisscheibe $\mathfrak{K}$ noch in $\mathfrak{G}$ liegt. Dann ist nach Satz 18 die Funktion $F(z)$ in $\mathfrak{K}$ holomorph.

Da ferner $\sum\limits_{n=0}^{\infty} f_n(z)$ im Innern von $\mathfrak{G}$ gleichmäßig konvergiert, so gibt es zu jedem $\varepsilon > 0$ ein n_0, so daß für $n_1 > n_0$ und alle Punkte ζ auf $\mathfrak{K}$ gilt:

$$\left|F(\zeta) - \sum_{n=0}^{n_1} f_n(\zeta)\right| < \varepsilon\,.$$

Daher ist in $\mathfrak{K}_0$:

$$\left|F^{(k)}(z) - \sum_{n=0}^{n_1} f_n^{(k)}(z)\right| = \left|\frac{k!}{2\pi i}\int_{\mathfrak{K}} \frac{F(\zeta)}{(\zeta - z)^{k+1}}\, d\zeta - \sum_{n=0}^{n_1} \frac{k!}{2\pi i}\int_{\mathfrak{K}} \frac{f_n(\zeta)}{(\zeta - z)^{k+1}}\, d\zeta\right|$$

$$= \left|\frac{k!}{2\pi i}\int_{\mathfrak{K}} \frac{F(\zeta) - \sum\limits_{n=0}^{n_1} f_n(\zeta)}{(\zeta - z)^{k+1}}\, d\zeta\right|$$

$$< \frac{k!}{2\pi}\,\frac{\varepsilon}{\left(\frac{\varrho}{2}\right)^{k+1}}\,2\pi\,\varrho = \frac{2^{k+1}k!}{\varrho^k}\cdot\varepsilon\,.$$

Weil ε beliebig gewählt werden kann, so hat man gleichmäßig in $\mathfrak{K}_0$:

$$F^{(k)}(z) = \sum_{n=0}^{\infty} f_n^{(k)}(z), \quad k = 1, 2, 3, \ldots. \tag{1}$$

Da man jeder Folge eine äquivalente Reihe zuordnen kann, so ergibt sich unmittelbar

Satz 19a. *Eine im Innern eines endlichen Gebietes $\mathfrak{G}$ gleichmäßig konvergente Folge holomorpher Funktionen $f_n(z)$, $n = 1, 2, 3, \ldots$, darf man gliedweise differenzieren, d. h. aus*

$$F(z) = \lim f_n(z)$$

folgt

$$F^{(k)}(z) = \lim f_n^{(k)}(z),$$

und die Folge $f_n^{(k)}(z)$ konvergiert gleichmäßig im Innern von $\mathfrak{G}$.

Im Reellen haben die vorstehenden Sätze bekanntlich kein Analogon. Daher ist es auch nicht verwunderlich, daß ihre Aussagen ihre Gültigkeit dort verlieren, wo der holomorphe Charakter der Funktionen verlorengeht, also z. B. auf dem Rande eines Gebietes. Von einer unendlichen Reihe, die in einem abgeschlossenen Gebiet gleichmäßig konvergiert, braucht die Reihe der Ableitungen durchaus nicht im abgeschlossenen Gebiet wieder gleichmäßig zu konvergieren. Dies zeigt das Beispiel (s. Seite 125):

$$F(z) = \sum_{n=1}^{\infty} \frac{z^n}{n^2}$$

im Einheitskreis. Die Reihe konvergiert gleichmäßig im abgeschlossenen Einheitskreis, aber gleiches gilt nicht mehr für die abgeleitete Reihe

$$F'(z) = \sum_{n=1}^{\infty} \frac{z^{n-1}}{n},$$

die nur im Innern des Einheitskreises gleichmäßig konvergent ist, während sie auf dem Rand nicht einmal mehr überall schlechtweg konvergiert.

Da eine Potenzreihe im Innern ihres Konvergenzkreises gleichmäßig konvergiert (s. I, 11, Satz 69) und die einzelnen Glieder $a_n(z - z_0)^n$ überall im Endlichen holomorphe Funktionen sind, so folgt aus Satz 19

Satz 20. *Jede Potenzreihe $\sum\limits_{n=0}^{\infty} a_n(z - z_0)^n$ stellt im Innern ihres Konvergenzkreises eine holomorphe Funktion dar.*

Nun aber können wir auch die Umkehrung zeigen.

Satz 21 *(Entwickelbarkeit holomorpher Funktionen in Potenzreihen). Ist die Funktion $f(z)$ im endlichen Punkt z_0 holomorph, so läßt sie sich in eine Potenzreihe um z_0 entwickeln. Diese Reihe konvergiert im größten Kreise um z_0, in dem $f(z)$ noch überall holomorph ist.*

Einen solchen größten Kreis muß es geben, sofern man die endliche Ebene als das Innere des Kreises mit dem Radius ∞ auch als einen solchen Kreis zuläßt. Da nämlich die Menge der holomorphen Punkte offen ist, ist die Komplementärmenge abgeschlossen. Gehören nun nicht sämtliche Punkte der endlichen Ebene zur Menge der holomorphen Punkte, so weist die Komplementärmenge einen Punkt z_1 auf, der z_0 am nächsten liegt. Der Kreis mit dem Radius $\varrho = |z_0 - z_1|$ um z_0 ist der gesuchte Kreis $\mathfrak{K}$.

Zu jedem z aus $\mathfrak{K}$ gibt es ein ϱ_1, so daß $|z - z_0| < \varrho_1 < \varrho$ ist. $\mathfrak{K}_1$ sei der Kreis mit dem Radius ϱ_1 um z_0. Dann ist

$$f(z) = \frac{1}{2\pi i}\int_{\mathfrak{K}_1} \frac{f(\zeta)}{\zeta - z}\, d\zeta = \frac{1}{2\pi i}\int_{\mathfrak{K}_1} \frac{f(\zeta)}{(\zeta - z_0) - (z - z_0)}\, d\zeta$$

$$= \frac{1}{2\pi i}\int_{\mathfrak{K}_1} \frac{f(\zeta)\dfrac{1}{\zeta - z_0}}{1 - \dfrac{z - z_0}{\zeta - z_0}}\, d\zeta \tag{2}$$

$$= \frac{1}{2\pi i}\int_{\mathfrak{K}_1} \frac{f(\zeta)}{\zeta - z_0}\sum_{n=0}^{\infty}\left(\frac{z - z_0}{\zeta - z_0}\right)^n d\zeta .$$

Wird z fest in $\mathfrak{K}_1$ gewählt, so gilt für alle ζ auf $\mathfrak{K}_1$ $\left|\frac{z - z_0}{\zeta - z_0}\right| = \varkappa < 1$, und daher konvergiert die zuletzt auftretende Summe gleichmäßig auf der Integrationskurve. Integration und Summation lassen sich somit vertauschen, und es folgt

$$f(z) = \sum_{n=0}^{\infty} \frac{(z - z_0)^n}{2\pi i}\int_{\mathfrak{K}_1} \frac{f(\zeta)}{(\zeta - z_0)^{n+1}}\, d\zeta$$

und mittels der Cauchyschen Integralformeln (s. 3, Satz 10b):

$$f(z) = \sum_{n=0}^{\infty} \frac{f^{(n)}(z_0)}{n!}(z - z_0)^n . \tag{3}$$

Da die Koeffizienten der Entwicklung (3) nicht vom Punkte z abhängen, so gilt diese Darstellung im ganzen Kreis mit dem Radius ϱ. Damit ist Satz 21 bewiesen.

Man nennt die Entwicklung (3) eine *Taylor-Reihe*. Wir haben also noch zusätzlich bewiesen

Zusatz 21. *Eine im Punkte z_0 holomorphe Funktion $f(z)$ läßt sich dort in eine Taylor-Reihe entwickeln, die im größten Kreis um z_0 konvergiert, in dem $f(z)$ noch holomorph ist.*

Die Sätze 20 und 21 zeigen, daß die Möglichkeit der Potenzreihenentwicklung für das holomorphe Verhalten einer Funktion charakteristisch ist. Statt die Forderung der komplexen Differenzierbarkeit in einer Umgebung von z_0 zur Definition des holomorphen Verhaltens zu benutzen, hätten wir auch die Entwickelbarkeit der Funktion in eine Potenzreihe um z_0 verwenden können. Die zitierten Sätze beweisen, daß wir beide Male zum gleichen Ziele gelangen. Man pflegt die Wahl der komplexen Differenzierbarkeit zur Definition der holomorphen Funktionen und den Aufbau der Funktionentheorie auf dieser und den daraus abgeleiteten verwandten Eigenschaften als den *Riemannschen Aufbau* zu bezeichnen. Geht man statt dessen konsequent von den Potenzreihen aus und benutzt sie durchgehend für die Begriffsbildungen und Beweise, so spricht man vom *Weierstraßschen Aufbau.* Demgemäß spricht man auch von „Riemannscher" bzw. „Weierstraßscher Funktionentheorie". Beide charakteristischen Eigenschaften waren allerdings schon vor RIEMANN und WEIERSTRASS bekannt. Die Potenzreihenentwicklung finden wir schon in dem Buche von LAGRANGE: Théorie des fonctions analytiques (1797) und die Cauchy-Riemannschen Differentialgleichungen bereits bei D'ALEMBERT. Trotzdem bezeichnet man mit Recht die funktionentheoretischen Methoden nach RIEMANN und WEIERSTRASS, weil diese zum ersten Male mit den genannten charakteristischen Eigenschaften die Funktionentheorie in weitem Umfange konsequent aufgebaut haben*.

Wir kehren nun zu den Potenzreihen zurück und beweisen, daß die Taylor-Entwicklung die einzige Potenzreihenentwicklung einer in z_0 holomorphen Funktion um diesen Punkt ist.

Satz 22 *(Eindeutigkeit der Potenzreihenentwicklung). Die Funktion $f(z)$ sei in z_0 holomorph und werde in einer Umgebung von z_0 dargestellt durch $\sum_{n=0}^{\infty} a_n(z-z_0)^n$. Dann ist*

$$a_n = \frac{1}{n!} f^{(n)}(z_0)\,.$$

Die Potenzreihe konvergiert gleichmäßig im Innern des Konvergenzkreises. Also ist nach Satz 19:

$$f^{(k)}(z) = \sum_{n=k}^{\infty} n(n-1)\ldots(n-k+1)\, a_n(z-z_0)^{n-k}$$

und

$$f^{(k)}(z_0) = k!\, a_k\,.$$

Aus dem vorstehenden Satz erkennen wir, daß die aus dem Reellen bekannte Taylor-Entwicklung immer die einzige Potenzreihenentwicklung ist, die eine Funktion um einen endlichen Punkt, in dem sie sich holomorph verhält, aufweist. Betrachten wir nun das Verhalten einer im Unendlichen holomorphen Funktion.

Satz 23. *Ist $f(z)$ für $z=\infty$ holomorph, so weist $f(z)$ außerhalb eines genügend großen Kreises mit dem Radius M um den Nullpunkt die Entwicklung*

$$f(z) = a_0 + \frac{a_{-1}}{z} + \frac{a_{-2}}{z^2} + \cdots$$

auf. Diese Entwicklung ist eindeutig bestimmt.

---

* Näheres s. F. KLEIN: Vorlesungen über die Entwicklung der Mathematik im 19. Jahrhundert, I. Berlin 1926, S. 246ff.

Zum Beweise betrachten wir die Funktion

$$g(z^*) = f\left(\frac{1}{z^*}\right)$$

in der Umgebung des Nullpunktes. Unter unseren Voraussetzungen ist $g(z^*)$ holomorph für $|z^*| < \frac{1}{M}$, da $f(z)$ für $|z| > M$ holomorph ist. Also gilt dort:

$$g(z^*) = \sum_{n=0}^{\infty} b_n z^{*n} \tag{4}$$

und somit in der Umgebung des Punktes ∞:

$$f(z) = \sum_{n=0}^{\infty} b_n z^{-n} = \sum_{n=0}^{\infty} a_{-n} z^{-n}, \tag{5}$$

wenn man $b_n = a_{-n}$ setzt. Aus der Eindeutigkeit der Entwicklung (4) ergibt sich auch die Eindeutigkeit der Entwicklung (5).

Wir bemerken an dieser Stelle, daß im Punkte ∞ eine Potenzreihe durch die Ableitungen der Funktionen $g(z^*) = f\left(\frac{1}{z^*}\right)$ eindeutig bestimmt ist.

Beispiel:

Die Funktion $f(z) = \frac{1}{z}$ ist für $z \neq 0$ holomorph. Daher läßt sie sich um jeden Punkt $z_0 \neq 0$ in eine Potenzreihe entwickeln. Es ist

$$f(z) = \frac{1}{z} = \frac{1}{z_0 + (z - z_0)} = \frac{1}{z_0} \frac{1}{1 + \frac{z - z_0}{z_0}}$$
$$= \sum_{n=0}^{\infty} \frac{(-1)^n}{z_0^{n+1}} (z - z_0)^n .$$

Man bestätigt sofort, daß die Koeffizienten dieser Reihe durch die Ableitungen im Punkte z_0 gegeben sind:

$$f^{(n)}(z_0) = n!\,\frac{(-1)^n}{z_0^{n+1}} .$$

Die Reihe ist also die Taylor-Reihe der Funktion im Punkte z_0. Sie konvergiert für $\left|\frac{z - z_0}{z_0}\right| < 1$, d. h. für $|z - z_0| < |z_0|$. Tatsächlich ist der Kreis $|z - z_0| < |z_0|$ der größte Kreis um z_0, in dem $f(z)$ noch holomorph ist.

Um $z = \infty$ hat $f(z)$ die Entwicklung $f(z) = \frac{1}{z}$, d. h. es ist $a_0 = 0$, $a_{-1} = 1$, $a_{-n} = 0$ für $n = 2, 3, \ldots$.

Auf Grund des Beweisganges in Satz **21** können wir leicht den Rest einer Potenzreihenentwicklung explizit angeben, wenn wir nur über endlich viele Glieder summieren.

Satz 24 *(Expliziter Ausdruck für den Rest einer Potenzreihenentwicklung). Ist $f(z)$ im Kreise $\mathfrak{K}$: $|z - z_0| \leqq \varrho$ holomorph, so ist für jedes z im Innern von $\mathfrak{K}$:*

$$f(z) - \sum_{n=0}^{l} \frac{f^{(n)}(z_0)}{n!}(z - z_0)^n = \frac{1}{2\pi i}\int_{\mathfrak{K}} \frac{f(\zeta)}{\zeta - z}\left(\frac{z - z_0}{\zeta - z_0}\right)^{l+1} d\zeta. \tag{6}$$

Aus (2) und (3) entnehmen wir:

$$f(z) - \sum_{n=0}^{l} \frac{f^{(n)}(z_0)}{n!}(z - z_0)^n = \frac{1}{2\pi i}\int_{\mathfrak{K}} \frac{f(\zeta)}{\zeta - z_0} \sum_{n=l+1}^{\infty}\left(\frac{z - z_0}{\zeta - z_0}\right)^n d\zeta$$

$$= \frac{1}{2\pi i}\int_{\mathfrak{K}} \frac{f(\zeta)}{\zeta - z}\left(\frac{z - z_0}{\zeta - z_0}\right)^{l+1} d\zeta.$$

Satz 25 *(Weierstraßscher Doppelreihensatz). Die Potenzreihen*

$$\sum_{n=0}^{\infty} a_n^{(m)}(z - z_0)^n, \quad m = 1, 2, \ldots,$$

mögen alle im Kreise $\mathfrak{K}$: $|z - z_0| < \varrho$ konvergieren und dort die Funktionen $f_m(z)$, $m = 1, 2, \ldots$ darstellen.

$$F(z) = \sum_{m=1}^{\infty} f_m(z) \tag{7}$$

konvergiere gleichmäßig im Innern von $\mathfrak{K}$. Dann hat dort $F(z)$ die konvergente Entwicklung

$$F(z) = \sum_{n=0}^{\infty} b_n(z - z_0)^n, \tag{8}$$

und es ist

$$b_n = \sum_{m=1}^{\infty} a_n^{(m)}. \tag{9}$$

Nach Satz 20 sind die Funktionen $f_m(z)$ in $\mathfrak{K}$ holomorph, nach Satz 18 ist es dann auch $F(z)$, und schließlich ist nach Satz 21 die Funktion $F(z)$ in $\mathfrak{K}$ in eine Potenzreihe (8) entwickelbar. Ferner darf die Reihe (7) gliedweise differenziert werden. Geschieht dies n mal und setzt man sodann $z = z_0$, so folgt in Verbindung mit Satz 22 die Beziehung (9).

Sind die Funktionen $f(z)$ und $g(z)$ im Punkte z_0 holomorph und sind

$$f(z) = \sum_{n=0}^{\infty} a_n(z - z_0)^n \quad \text{und} \quad g(z) = \sum_{n=0}^{\infty} b_n(z - z_0)^n \tag{10}$$

ihre Potenzreihenentwicklungen mit den Konvergenzradien r_1 und r_2, so lauten die *Potenzreihenentwicklungen der Summe und Differenz* dieser Funktionen:

$$f(z) \pm g(z) = \sum_{n=0}^{\infty} (a_n \pm b_n)(z - z_0)^n,$$

und die Reihen konvergieren mindestens im Kreis $|z - z_0| < r$ mit $r = \mathrm{Min}(r_1, r_2)$.

Für das *Produkt* ergibt sich eine Reihe

$$f(z) \cdot g(z) = \sum_{n=0}^{\infty} c_n (z - z_0)^n, \tag{11}$$

die gleichfalls mindestens im Kreis $|z - z_0| < r$ konvergiert und deren Koeffizienten c_n sich wie folgt berechnen:

$$c_n = \sum_{\nu=0}^{n} a_\nu b_{n-\nu}, \quad n = 0, 1, 2, \ldots. \tag{12}$$

Man erhält die Reihe (11) also durch gliedweise Ausmultiplikation der Reihen (10) und Zusammenfassung der Glieder mit gleichen Potenzen in $z - z_0$. Es ist nämlich für $|z - z_0| < r$:

$$\begin{aligned} f(z) \cdot g(z) &= \sum_{\nu=0}^{\infty} [a_\nu (z - z_0)^\nu g(z)] = \sum_{\nu=0}^{\infty} \left[a_\nu (z - z_0)^\nu \sum_{\mu=0}^{\infty} b_\mu (z - z_0)^\mu\right] \\ &= \sum_{\nu=0}^{\infty} \left[\sum_{\mu=0}^{\infty} a_\nu b_\mu (z - z_0)^{\nu+\mu}\right] = \sum_{\nu=0}^{\infty} \left[\sum_{n=\nu}^{\infty} a_\nu b_{n-\nu} (z - z_0)^n\right] \\ &= \sum_{n=0}^{\infty} \left(\sum_{\nu=0}^{n} a_\nu b_{n-\nu}\right) (z - z_0)^n, \end{aligned}$$

wobei die Vertauschung der Summationen beim letzten Übergang aus dem Weierstraßschen Doppelreihensatz (Satz 25) folgt.

Ist $g(z_0) = b_0 \neq 0$, so gibt es einen Kreis $|z - z_0| < r_3$, so daß $g(z)$ für $|z - z_0| < r_3$ holomorph und von Null verschieden ist. Der *Quotient* $\frac{f(z)}{g(z)}$ ist dann für $|z - z_0| < r = \operatorname{Min}(r_1, r_3)$ holomorph und daher dort in eine Potenzreihe

$$\frac{f(z)}{g(z)} = \sum_{n=0}^{\infty} c_n (z - z_0)^n$$

entwickelbar. Wegen $\frac{f(z)}{g(z)} \cdot g(z) = f(z)$ gilt dann nach (12):

$$a_n = \sum_{\nu=0}^{n} b_\nu c_{n-\nu}, \quad n = 0, 1, 2, \ldots,$$

woraus sich die Koeffizienten c_n rekursiv gemäß den Formeln

$$\left.\begin{aligned} c_0 &= \frac{a_0}{b_0}, \\ c_1 &= \frac{a_1}{b_0} - \frac{b_1}{b_0} c_0, \\ &\cdots\cdots\cdots\cdots \\ c_n &= \frac{a_n}{b_0} - \frac{b_n}{b_0} c_0 - \frac{b_{n-1}}{b_0} c_1 - \cdots - \frac{b_1}{b_0} c_{n-1}, \end{aligned}\right\} \tag{13}$$

berechnen.

Ist $w = f(z)$ holomorph für $|z - z_0| < r_1$ und $g(w)$ holomorph für $|w - w_0| < r_2$, $w_0 = f(z_0)$, so gibt es ein $r_3 \leqq r_1$, so daß $w = f(z)$ für $|z - z_0| < r_3$ im Kreis $|w - w_0| < r_2$ liegt. Dann ist die zusammengesetzte Funktion

$$h(z) = g(f(z))$$

im Kreis $|z - z_0| < r_3$ holomorph, also in eine Potenzreihe

$$h(z) = \sum_{\nu=0}^{\infty} c_n (z - z_0)^n$$

entwickelbar. Deren Koeffizienten ergeben sich wie folgt: Zunächst ist für $|z - z_0| < r_1$:

$$w = f(z) = \sum_{\nu=0}^{\infty} a_\nu (z - z_0)^\nu, \quad w_0 = a_0, \tag{14}$$

also

$$w - w_0 = \sum_{\nu=1}^{\infty} a_\nu (z - z_0)^\nu.$$

Dann ist nach (11) und (12), wiederholt angewandt:

$$(w - w_0)^\mu = \sum_{n=\mu}^{\infty} d_n^{(\mu)} (z - z_0)^n, \tag{15}$$

mit

$$d_n^{(\mu)} = \sum_{\nu_1 + \cdots + \nu_\mu = n} a_{\nu_1} \cdot a_{\nu_2} \cdot \ldots \cdot a_{\nu_\mu}, \quad 1 \leqq \mu \leqq n. \tag{16}$$

Dabei ist unabhängig voneinander über alle ganzen $\nu_1, \ldots, \nu_\mu \geqq 1$, deren Summe n ist, zu summieren. Für $|z - z_0| < r_3$ sei nun $|w - w_0| < r_2$, und hierfür sei

$$g(w) = \sum_{\mu=0}^{\infty} b_\mu (w - w_0)^\mu.$$

Dann ist für $|z - z_0| < r_3$ nach (15) und (16):

$$\begin{aligned} h(z) = g(f(z)) &= b_0 + \sum_{\mu=1}^{\infty} b_\mu \sum_{n=\mu}^{\infty} d_n^{(\mu)} (z - z_0)^n \\ &= b_0 + \sum_{n=1}^{\infty} \left(\sum_{\mu=1}^{n} b_\mu d_n^{(\mu)} \right) (z - z_0)^n, \end{aligned}$$

also

$$\begin{aligned} c_0 &= b_0, \\ c_n &= \sum_{\mu=1}^{n} b_\mu \sum_{\nu_1 + \cdots + \nu_\mu = n} a_{\nu_1} \cdot a_{\nu_2} \cdot \ldots \cdot a_{\nu_\mu}, \quad n = 1, 2, 3, \ldots. \end{aligned} \tag{17}$$

Speziell gilt:

$$\left.\begin{aligned} c_1 &= b_1 a_1, \\ c_2 &= b_1 a_2 + b_2 a_1^2, \\ c_3 &= b_1 a_3 + b_2 \cdot 2 a_1 a_2 + b_3 a_1^3, \\ c_4 &= b_1 a_4 + b_2 (2 a_1 a_3 + a_2^2) + b_3 \cdot 3 a_1^2 a_2 + b_4 a_1^4, \\ c_5 &= b_1 a_5 + b_2 (2 a_1 a_4 + 2 a_2 a_3) + b_3 (3 a_1^2 a_3 + 3 a_1 a_2^2) \\ &\quad + b_4 \cdot 4 a_1^3 a_2 + b_5 a_1^5. \end{aligned}\right\} \tag{18}$$

Der Eindeutigkeitssatz für die Potenzreihenentwicklung einer Funktion läßt eine starke Erweiterung zu, die später wesentlich zum Aufbau des Begriffes des analytischen Gebildes verwandt wird.

Satz 26 *(Identitätssatz für Potenzreihen). Die beiden Potenzreihen* $P_1(z) = \sum_{n=0}^{\infty} a_n (z - z_0)^n$ *und* $P_2(z) = \sum_{n=0}^{\infty} b_n (z - z_0)^n$ *mögen in einem Kreis* $\mathfrak{K}$ *mit dem Radius* ϱ *um* z_0 *konvergieren. In* $\mathfrak{K}$ *gebe es unendlich viele von* z_0 *verschiedene Punkte* z_k, $k = 1, 2, 3, \ldots$, *mit* $\lim z_k = z_0$, *so daß für alle diese Punkte*

$$P_1(z_k) = P_2(z_k)$$

ist. Dann sind die beiden Potenzreihen identisch, d. h. es gilt:

$$a_n = b_n$$

für $n = 0, 1, 2, \ldots$.

Man bilde zum Beweise die Differenz

$$P_0(z) = P_1(z) - P_2(z) = \sum_{n=0}^{\infty} (a_n - b_n)(z - z_0)^n ,$$

die für die Folge $z_1, z_2, \ldots$ mit $\lim\limits_{k\to\infty} z_k = z_0$ verschwindet. Gilt nun nicht durchweg $a_n = b_n$, so gibt es ein kleinstes l, so daß $a_l \neq b_l$ ist. Es ist dann, wenn wir $(z - z_0)^l$ ausklammern,

$$\begin{aligned} P_0(z) &= (z - z_0)^l \left((a_l - b_l) + \sum_{\nu=1}^{\infty} (a_{l+\nu} - b_{l+\nu})(z - z_0)^\nu\right) \\ &= (z - z_0)^l\, P(z) , \end{aligned} \tag{19}$$

wobei die Potenzreihe

$$P(z) = (a_l - b_l) + \sum_{\nu=1}^{\infty} (a_{l+\nu} - b_{l+\nu})(z - z_0)^\nu \tag{20}$$

in $\mathfrak{K}$ eine holomorphe Funktion liefert. Da $P_0(z_k) = 0$ und $(z_k - z_0)^l \neq 0$ ist, so folgt aus (19): $P(z_k) = 0$ für alle k und daher aus (20):

$$0 = \lim_{k\to\infty} P(z_k) = a_l - b_l .$$

Es muß also doch $a_l = b_l$ sein, entgegen unserer Annahme.

Die folgende Aussage läßt sich unmittelbar durch die Substitution $z = \frac{1}{z^*}$ auf vorstehenden Satz zurückführen:

Zusatz 26. *Die beiden Entwicklungen um den Punkt* ∞*:*

$$P_1(z) = \sum_{n=0}^{\infty} a_{-n} z^{-n} \quad \textit{und} \quad P_2(z) = \sum_{n=0}^{\infty} b_{-n} z^{-n} \tag{21}$$

mögen außerhalb eines Kreises $\mathfrak{K}$ *konvergieren. Für unendlich viele endliche Punkte* z_k, $k = 1, 2, 3, \ldots$, *die sich gegen* ∞ *häufen, sei*

$$P_1(z_k) = P_2(z_k) .$$

Dann ist

$$a_{-n} = b_{-n} , \quad n = 0, 1, 2, \ldots . \tag{22}$$

Aus Satz 26 erhält man in Verbindung mit Satz 21

Satz 27. *Die Funktionen* $f(z)$ *und* $g(z)$ *seien im Punkte* z_0 *holomorph. Es gebe unendlich viele verschiedene* z_k *mit* z_0 *als Häufungspunkt, für die*

$$f(z_k) = g(z_k) , \quad k = 1, 2, 3, \ldots ,$$

ist. Dann stimmen $f(z)$ *und* $g(z)$ *im größten Kreise um* z_0, *in dem beide noch holomorph sind, überein.*

Dieser Satz läßt sich leicht erweitern zu dem für den ganzen weiteren Aufbau äußerst wichtigen

Satz 28 *(Identitätssatz für holomorphe Funktionen). Im Gebiete* $\mathfrak{G}$ *seien die Funktionen* $f(z)$ *und* $g(z)$ *holomorph. Für unendlich viele* z_k, *die*

sich in einem inneren Punkte von 𝔊 häufen, sei $f(z_k) = g(z_k)$. Dann sind in ganz 𝔊 die Funktionen $f(z)$ und $g(z)$ einander gleich.

z_0 aus 𝔊 sei ein Häufungspunkt der z_k. Dann stimmen zunächst $f(z)$ und $g(z)$ in dem größten Kreis 𝔎 um z_0, der noch in 𝔊 liegt, überein (Satz 27). z_1^* sei irgendein Punkt aus 𝔊. Wir verbinden z_0 mit z_1^* durch ein einfaches Polygon 𝔓, das ganz in 𝔊 verläuft. Würden die beiden Funktionen auf 𝔓 nicht in allen Punkten miteinander übereinstimmen, so gäbe es von z_0 aus gesehen einen ersten Punkt z_2^* auf 𝔓, so daß in jeder noch so kleinen Umgebung dieses Punktes z_2^* nicht alle Funktionswerte miteinander übereinstimmten, während in sämtlichen Punkten auf 𝔓 zwischen z_0 und z_2^* die Funktionswerte gleich sind. Dies widerspricht aber dem Satz 27. Es kann einen solchen Punkt z_2^* nicht geben, und in z_1^*, dem Endpunkt von 𝔓, müssen daher die Funktionswerte übereinstimmen. Da z_1^* beliebig in 𝔊 gewählt war, so ist unser Satz bewiesen.

Durch diesen Identitätssatz unterscheiden sich die komplex differenzierbaren Funktionen ganz wesentlich von den reell differenzierbaren. Kennen wir eine holomorphe Funktion $f(z)$ in einem noch so kleinen Gebiete 𝔊* oder auf einem noch so kleinen Kurvenstück 𝔍, so ist durch Satz 28 festgestellt, daß es in jedem 𝔊* bzw. 𝔍 umfassenden Gebiete 𝔊 keine Funktion außer $f(z)$ geben kann, die in 𝔊 holomorph ist und in 𝔊* bzw. auf 𝔍 mit $f(z)$ übereinstimmt. Gleiches gilt bekanntlich für reell differenzierbare Funktionen durchaus nicht.

Satz 28a. *Die Funktionen $f(z)$ und $g(z)$ seien im endlichen Punkte z_0 holomorph, und es sei für alle nicht negativen ganzen n:*

$$f^{(n)}(z_0) = g^{(n)}(z_0)\,. \tag{23}$$

Dann stimmen $f(z)$ und $g(z)$ miteinander überein in jedem Gebiete, das z_0 umfaßt und in dem beide noch holomorph sind.

Zum Beweise brauchen wir nur beide Funktionen um z_0 in Potenzreihen zu entwickeln. Wegen (23) und Satz 22 sind beide Potenzreihen und damit beide Funktionen im Innern des Konvergenzkreises miteinander identisch. Nun wenden wir Satz 28 an und erhalten die Behauptung unseres Satzes.

Eine unmittelbare Konsequenz von Satz 28 ist die Tatsache, daß das Produkt zweier in einem Gebiet 𝔊 holomorpher Funktionen $f(z)$ und $g(z)$ nur dann identisch Null ist, wenn entweder $f(z)$ oder $g(z)$ identisch verschwindet. Ist nämlich $f(z)\,g(z) \equiv 0$ in 𝔊, z_0 ein endlicher Punkt aus 𝔊 und $z_1, z_2, \ldots$ eine gegen z_0 konvergierende Folge, so ist $f(z_\nu)\,g(z_\nu) = 0$ für alle ν, und daher muß mindestens eine dieser Funktionen in unendlich vielen z_ν verschwinden, also nach Satz 28 identisch Null sein. In Verbindung mit den in 1 abgeleiteten Aussagen folgt so

Satz 29. *Die Gesamtheit der in einem Gebiete $\mathfrak{G}$ (bzw. einem Punkte z_0) holomorphen Funktionen bildet (im Sinne von I, 1) einen Integritätsring.*

Die Gesamtheit dieser Funktionen bildet dagegen keinen Körper, weil der Quotient zweier in $\mathfrak{G}$ (bzw. in z_0) holomorpher Funktionen nicht mehr in $\mathfrak{G}$ holomorph zu sein braucht, nämlich dann nicht, wenn der Nenner irgendwo in $\mathfrak{G}$ (bzw. in z_0) verschwindet.

Eine weitere Folge von Satz 28 ist der häufig zu benutzende

Satz 30 *(Isoliertheit der a-Stellen). Ist die Funktion $f(z)$ in z_0 holomorph und hat sie dort den Wert a, so gibt es einen Kreis $\mathfrak{K}$ um z_0, in dem der Wert a nicht zum zweiten Male angenommen wird, oder es ist $f(z)$ in $\mathfrak{K}$ konstant und gleich a.*

Es sei z_k, $k = 1, 2, 3, \ldots$, eine Folge von Punkten, für die $\lim z_k = z_0$ und $f(z_k) = a$ ist. Dann folgt aus Satz 28, daß die Funktionen $f(z)$ und $F(z) = a$ in jedem Gebiete, das z_0 umfaßt und in dem $f(z)$ holomorph ist, miteinander übereinstimmen. Also liegen die a-Stellen einer in einem Gebiete $\mathfrak{G}$ holomorphen Funktion $f(z)$ entweder in $\mathfrak{G}$ isoliert, oder es ist $f(z) \equiv a$.

Besonders häufig wird der vorstehende Satz für Nullstellen benutzt, und wir merken daher besonders an:

Die Nullstellen einer in einem Gebiete $\mathfrak{G}$ holomorphen, nicht konstanten Funktion liegen in $\mathfrak{G}$ isoliert.

Es ist aber nicht so, daß die Nullstellen oder a-Stellen einer in einem Gebiete $\mathfrak{G}$ holomorphen Funktion sich überhaupt nicht häufen können. Nur können sich diese Stellen im I n n e r n von $\mathfrak{G}$ nicht häufen, dagegen aber wohl gegen den Rand des Gebietes.

Aber auch an den Stellen, die am Rande des Holomorphiegebietes einer Funktion $f(z)$ liegen, kann $f(z)$ nicht beliebig große Mannigfaltigkeiten von a-Stellen haben, ohne daß $f(z) \equiv a$ ist. Das vermögen wir aus der Lindelöfschen Ungleichung zu erschließen.

Satz 31. *Die Funktion $f(z)$ sei holomorph im Gebiete $\mathfrak{G}$, das von einer einfach geschlossenen Kurve berandet werde. Das Kurvenstück $\mathfrak{C}$ sei ein Stück des Randes. Bei jeder Annäherung aus dem Innern von $\mathfrak{G}$ an $\mathfrak{C}$ gehe $f(z)$ gegen a. Dann ist $f(z) \equiv a$.*

Das Kurvenstück $\mathfrak{C}$ habe die Anfangs- und Endpunkte P_1 und P_2. Q sei ein innerer Punkt auf $\mathfrak{C}$. Dann gibt es um Q einen hinreichend kleinen Kreis $\mathfrak{K}$ mit dem Radius ϱ, so daß alle in $\mathfrak{K}$ liegenden Randpunkte von $\mathfrak{G}$ zu $\mathfrak{C}$ gehören und P_1 und P_2 außerhalb $\mathfrak{K}$ liegen. Nun sei z_0 ein Punkt aus $\mathfrak{G}$, der von Q einen Abstand $\varrho_0 < \frac{\varrho}{4}$ hat. Um z_0 wähle man einen Kreis $\mathfrak{K}_1$, der ganz in $\mathfrak{G}$ liegt und dessen Radius $\varrho_1 < \frac{\varrho_0}{2} < \frac{\varrho}{8}$ ist. Sodann sei Q_1 ein Punkt im Äußeren von $\mathfrak{G}$, der von Q um weniger als $\frac{\varrho}{8}$ entfernt ist. Nun sei z_1 irgendein Punkt in $\mathfrak{K}_1$. Um ihn legen wir einen durch Q_1 gehenden Kreis $\mathfrak{K}_2$. Der Mittelpunkt z_1 dieses Kreises $\mathfrak{K}_2$ hat von Q einen Abstand, der kleiner als $\frac{\varrho}{2}$ ist, und sein Radius ϱ_2 ist ebenfalls kleiner als $\frac{\varrho}{2}$. Daher liegt $\mathfrak{K}_2$ ganz im Kreise $\mathfrak{K}$, und alle Randpunkte von $\mathfrak{G}$, deren Abstände von z_1 kleiner oder gleich ϱ_2 sind, gehören zu $\mathfrak{C}$. Außerdem enthält der Kreis $\mathfrak{K}_2$ einen Randbogen, der nicht zu $\mathfrak{G}$ gehört, da er durch den im Äußern von $\mathfrak{G}$ liegenden Punkt Q_1 geht.

Jetzt betrachten wir die Funktion $f(z) - a$ im Durchschnitt von $\mathfrak{G}$ und $\mathfrak{K}$. Dieser Durchschnitt enthält ein Gebiet $\mathfrak{G}_0$, welches den Punkt z_1 enthält. Der Rand von $\mathfrak{G}_0$ besteht aus Punkten von $\mathfrak{C}$ und Punkten des Kreises $\mathfrak{K}$. In $\mathfrak{G}_0$ bleibt $f(z)$ beschränkt. Wäre dies nicht der Fall, so gäbe es eine Folge von Punkten z_k, $k = 1, 2, \ldots$, so daß $f(z_k)$ über alle Grenzen ginge. Diese Punkte hätten notwendig einen Häufungspunkt. Einen solchen kann es aber nicht geben; denn läge er in $\mathfrak{G}_0$ oder auf dem Kreis $\mathfrak{K}$, aber nicht auf $\mathfrak{C}$, so läge er im Innern von $\mathfrak{G}$. Dort ist aber $f(z)$ holomorph. Läge er aber auf $\mathfrak{C}$, so müßte nach der Voraussetzung unseres Satzes $\lim f(z_k) = a$ sein. Auch dies widerspricht der Annahme. Also ist $f(z)$ und damit auch $f(z) - a$ in $\mathfrak{G}_0$ beschränkt.

Nun wenden wir auf die Funktion $f(z) - a$ in $\mathfrak{G}_0$ die Lindelöfsche Ungleichung (3, Satz 17) an. Auf $\mathfrak{C}$ ist $|f(z) - a| = 0$. Daher gilt auch in z_1:

$$|f(z_1) - a| = 0$$

oder $f(z_1) = a$. z_1 war in $\mathfrak{K}_1$ beliebig gewählt. Es gilt also für alle Punkte dieses Kreises $f(z) = a$. Dann folgt aus Satz 28, daß in ganz $\mathfrak{G}$ die Funktion $f(z)$ konstant und gleich a sein muß. Damit ist der Satz bewiesen.

Wir hatten in Satz 30 gesehen, daß die a-Stellen einer Funktion isoliert liegen. Betrachten wir nun eine nicht konstante, im Punkte z_0 holomorphe Funktion $f(z)$, die dort eine Nullstelle hat, so gilt für ihre Potenzreihenentwicklung, da mindestens der erste Koeffizient a_0 verschwindet,

$$f(z) = a_k (z - z_0)^k + a_{k+1} (z - z_0)^{k+1} + \cdots. \tag{24}$$

Dabei ist der Index $k > 0$ so gewählt, daß $a_k \neq 0$ ist, während die Koeffizienten $a_0, a_1, \ldots, a_{k-1}$ verschwinden. Man nennt k die *Ordnung der Nullstelle* von $f(z)$ im Punkte z_0. Offenbar hat $f(z)$ im Punkte z_0 genau dann eine Nullstelle k-ter Ordnung, wenn die Ableitungen $f^{(0)}(z_0) = f(z_0), f^{(1)}(z_0), \ldots, f^{(k-1)}(z_0)$ verschwinden, während $f^{(k)}(z_0) \neq 0$ ist. Schreiben wir ferner (24) in der Form:

$$f(z) = (z - z_0)^k g(z) \tag{25}$$

mit $g(z) = a_k + a_{k+1}(z - z_0) + \cdots$, so sehen wir, daß notwendig und hinreichend dafür, daß $f(z)$ in z_0 eine Nullstelle k-ter Ordnung hat, die

Existenz einer in z_0 holomorphen Funktion $g(z)$ mit $g(z_0) \neq 0$ ist, so daß die Beziehung (25) gilt.

Auch den a-Stellen einer holomorphen Funktion schreibt man eine Ordnung zu. Man sagt: Die Funktion $f(z)$ hat im Punkte z_0 eine *a-Stelle k-ter Ordnung*, wenn sie dort eine Potenzreihenentwicklung

$$f(z) = a + a_k(z - z_0)^k + a_{k+1}(z - z_0)^{k+1} + \cdots$$

mit $a_k \neq 0$ hat. Auch hier ist für eine solche a-Stelle k-ter Ordnung charakteristisch, daß

$$f^{(1)}(z_0) = f^{(2)}(z_0) = \cdots = f^{(k-1)}(z_0) = 0\,, \quad f^{(k)}(z_0) \neq 0$$

ist, oder daß $f(z)$ die Darstellung hat:

$$f(z) = a + (z - z_0)^k g(z) \quad \text{mit} \quad g(z_0) \neq 0\,.$$

Als triviale Folgerung aus Satz 30 ergibt sich noch: *Die Stellen von mindestens zweiter Ordnung einer in einem Gebiet $\mathfrak{G}$ holomorphen, nicht konstanten Funktion $f(z)$ liegen in $\mathfrak{G}$ isoliert.* An diesen Stellen verschwindet, wie wir sahen, die Ableitung von $f(z)$. Daher müssen sie isoliert liegen, sofern nicht $f'(z) \equiv 0$ und damit $f(z) \equiv c$ sein soll.

Schließlich vermerken wir: Hat die Funktion $f(z)$ an der Stelle z_0 eine a-Stelle k-ter Ordnung und ist dort $a \neq 0$, so hat $g(z) = \frac{1}{f(z)}$ dort eine $\frac{1}{a}$-Stelle k-ter Ordnung; denn aus der Entwicklung im Punkte z_0:

$$f(z) = a + a_k(z - z_0)^k + \cdots, \quad a \neq 0,\ a_k \neq 0$$

folgt nach (13) die Entwicklung

$$g(z) = \frac{1}{f(z)} = \frac{1}{a} - \frac{a_k}{a^2}(z - z_0)^k + \cdots.$$

§ 5. Ergänzung reeller Funktionen zu holomorphen Funktionen

In unseren Beispielen für holomorphe Funktionen traten bisher nur rationale Funktionen auf. Nunmehr führen wir die aus der reellen Analysis bekannten transzendenten Funktionen wie e^x, $\sin x$, $\cos x$, $\log x$ durch ein neu aufzustellendes Verfahren auch im Komplexen ein.

Ist uns in einem Intervall $\mathfrak{J}$: $\alpha < x < \beta$ der reellen Achse eine reelle Funktion $f(x)$ gegeben, so nennen wir eine in einem $\mathfrak{J}$ umfassenden Gebiete $\mathfrak{G}$ holomorphe Funktion $F(z)$ eine *holomorphe Ergänzung von $f(z)$ in $\mathfrak{G}$*, wenn

$$F(x) = f(x) \quad \text{für} \quad \alpha < x < \beta$$

ist. Aus Satz 28 ergibt sich unmittelbar

Satz 32. *Zu einer in einem Intervall $\mathfrak{J}$ vorgegebenen reellen Funktion $f(x)$ gibt es in einem $\mathfrak{J}$ umfassenden Gebiete $\mathfrak{G}$ höchstens eine holomorphe Ergänzung $F(z)$.*

Wählen wir statt $\mathfrak{J}$ ein anderes Intervall $\mathfrak{J}^*$ der reellen Achse in $\mathfrak{G}$, so ist, wie wieder aus Satz 28 folgt, die holomorphe Ergänzung in $\mathfrak{G}$ die gleiche, falls $\mathfrak{J}$ und $\mathfrak{J}^*$ ein noch so kleines Teilintervall gemeinsam haben. Andernfalls ist die Aussage falsch. Dies zeigt das Beispiel: $f(x) = |x|$. $\mathfrak{J}$ sei das Intervall $0 < x < 1$, $\mathfrak{J}^*$ das Intervall $-1 < x < 0$, $\mathfrak{G}$ der Einheitskreis. Die holomorphe Ergänzung von $f(x)$ auf $\mathfrak{J}$ lautet $F(z) = z$, auf $\mathfrak{J}^*$ dagegen $F(z) = -z$.

Es braucht aber zu einer reellen Funktion überhaupt keine holomorphe Ergänzung zu existieren. Eine solche Ergänzung gibt es sicher nicht, wenn $f(x)$ im Intervall nicht beliebig oft differenzierbar ist, da für eine holomorphe Funktion die reelle Differenzierbarkeit beliebig hoher Ordnung notwendig ist. Zum Beispiel gibt es keine holomorphe Ergänzung zu $f(x) = |x|^3$ im Intervall $-1 < x < +1$.

Aber die beliebig häufige Differenzierbarkeit einer Funktion allein genügt auch noch nicht, damit eine Funktion eine holomorphe Ergänzung besitzt, vielmehr gilt

Satz 33. *Zu einer in einem Intervall $\mathfrak{J}$ der reellen Achse vorgegebenen reellen Funktion $f(x)$ gibt es dann und nur dann ein $\mathfrak{J}$ enthaltendes Gebiet $\mathfrak{G}$ und in $\mathfrak{G}$ eine holomorphe Ergänzung $F(z)$ von $f(x)$, wenn sich $f(x)$ um jeden Punkt des Intervalls $\mathfrak{J}$ in eine reelle Potenzreihe entwickeln läßt.*

1. $f(x)$ lasse sich um jeden Punkt x_0 von $\mathfrak{J}$ in eine reelle Potenzreihe entwickeln:

$$f(x) = \sum_{n=0}^{\infty} a_n (x - x_0)^n\,, \quad a_n \text{ reell.} \tag{1}$$

Vorstehende Reihe hat einen bestimmten Konvergenzradius r_0 mit $0 < r_0 \leqq \infty$. Wir setzen dann:

$$F(z) = \sum_{n=0}^{\infty} a_n (z - x_0)^n\,. \tag{2}$$

Diese Potenzreihe konvergiert gleichmäßig im Innern des Konvergenzkreises um x_0 mit dem Radius r_0, und auf der reellen Achse stimmt sie in der Umgebung von x_0 mit $f(x)$ überein. Als Gebiet $\mathfrak{G}$ wählen wir nun die Vereinigungsmenge aller dieser Konvergenzkreise. Sie überdeckt $\mathfrak{J}$, enthält also dieses Intervall. Ferner ist sie zusammenhängend, da zwei Punkte sich zunächst mit den Mittelpunkten von zwei Konvergenzkreisen und diese auf $\mathfrak{J}$ miteinander verbinden lassen. Und schließlich definieren die Potenzreihen (2) eine eindeutige Funktion $F(z)$ in $\mathfrak{G}$, da zwei Funktionen (2) im nicht leeren Durchschnitt zweier Konvergenzkreise miteinander übereinstimmen, weil diese stets ein Stück von $\mathfrak{J}$ gemeinsam haben. Also liefert (2) in der Tat eine holomorphe Ergänzung von $f(z)$ in $\mathfrak{G}$.

2. Es gebe ein $\mathfrak{J}$ enthaltendes Gebiet $\mathfrak{G}$ und darin eine Funktion $F(z)$, die mit $f(x)$ auf $\mathfrak{J}$ übereinstimmt. Um jeden Punkt x_0 von $\mathfrak{J}$ läßt sich

$F(z)$ in eine Potenzreihe (2) entwickeln, und ihre Funktionswerte stimmen auf $\mathfrak{J}$ mit $f(x)$ überein. Daher gilt in der Umgebung eines jeden Punktes x_0 für $f(x)$ eine Entwicklung (1). Wir haben nur noch nachzuweisen, daß die Koeffizienten reell sind. Dies folgt daraus, daß die Reihe (2) eine Taylor-Entwicklung ist. Daher gilt:

$$a_n = \frac{1}{n!} F^{(n)}(x_0) .$$

Nun ist aber für x_0:

$$F^{(n)}(x_0) = \frac{d^n F}{d z^n} = \frac{\partial^n F}{\partial x^n} = \frac{d^n f}{d x^n} = f^{(n)}(x_0) ,$$

weil auf der reellen Achse $F(z)$ und $f(x)$ übereinstimmen. $f^{(n)}(x_0)$ ist aber der n-te Differentialquotient der reellen Funktion $f(x)$ im Punkte x_0, also reell. Somit ist auch a_n reell.

Wir untersuchen nun die uns aus dem Reellen bekannten trigonometrischen und hyperbolischen Funktionen sowie die Exponential- und Logarithmusfunktion auf ihre holomorphe Ergänzbarkeit und ihre Beziehungen zueinander.

Die Exponentialfunktion e^x können wir durch die auf der ganzen reellen Achse konvergierende Potenzreihe

$$\sum_{n=0}^{\infty} \frac{x^n}{n!}$$

angeben. Also ist die rechte Seite von

$$e^z = \sum_{n=0}^{\infty} \frac{z^n}{n!} \tag{3}$$

in der ganzen endlichen Ebene konvergent und definiert eine für alle endlichen z holomorphe Funktion, die wir mit e^z oder auch, wenn komplizierte Argumente auftreten, mit $\exp z$ bezeichnen.

Ebenso führen wir die trigonometrischen Funktionen

$$\cos z = 1 - \frac{z^2}{2!} + \frac{z^4}{4!} - \frac{z^6}{6!} + - \cdots , \tag{4}$$

$$\sin z = z - \frac{z^3}{3!} + \frac{z^5}{5!} - \frac{z^7}{7!} + - \cdots \tag{5}$$

ein. Sie sind wieder in der ganzen Ebene holomorph und die einzig möglichen holomorphen Ergänzungen von $\sin x$ und $\cos x$.

Von grundlegender Wichtigkeit ist nun, daß die uns aus dem Reellen bekannten Rechenregeln für die Funktionen e^x, $\sin x$, $\cos x$ auch im Komplexen gelten. Dies weisen wir nun nach. Dabei setzen wir diese Regeln, soweit sie für die reellen Funktionen gelten, als bekannt voraus.

I. Für alle komplexen z_1 und z_2 gilt:

$$e^{z_1+z_2} = e^{z_1} e^{z_2}. \tag{6}$$

Zum Beweise sei zunächst $z_1 = x_1$ reell. Dann stimmen die Funktionen e^{x_1+z} und $e^{x_1} e^z$ für reelle z überein. Da sie beide für alle z holomorph sind, müssen sie identisch sein:

$$e^{x_1+z} = e^{x_1} e^z. \tag{7}$$

Jetzt betrachten wir die Funktionen e^{z+z_2} und $e^z e^{z_2}$. Diese sind wieder für alle z holomorph und stimmen nach (7) für reelle z überein. Also sind sie identisch:

$$e^{z+z_2} = e^z e^{z_2}.$$

Daher gilt (6) für alle z_1 und z_2.

II. Es ist

$$\frac{d}{dz} e^z = e^z. \tag{8}$$

Da e^z für alle z holomorph ist, so gilt dies auch für die Ableitung $\frac{d}{dz} e^z$. Auf der reellen Achse ist

$$\frac{d}{dz} e^z = \frac{\partial}{\partial x} e^z = \frac{d}{dx} e^x = e^x = e^z.$$

Dort stimmen beide Funktionen überein. Daher gilt dies für alle z.

III. Es gelten für alle komplexen z die Beziehungen:

$$\left.\begin{aligned} \cos(-z) &= \cos z, \\ \sin(-z) &= -\sin z, \end{aligned}\right\} \tag{9}$$

$$\cos^2 z + \sin^2 z = 1, \tag{10}$$

$$\left.\begin{aligned} \frac{d}{dz} \cos z &= -\sin z, \\ \frac{d}{dz} \sin z &= \cos z. \end{aligned}\right\} \tag{11}$$

IV. Für alle z_1 und z_2 gelten die Additionstheoreme:

$$\left.\begin{aligned} \cos(z_1 + z_2) &= \cos z_1 \cos z_2 - \sin z_1 \sin z_2, \\ \sin(z_1 + z_2) &= \sin z_1 \cos z_2 + \cos z_1 \sin z_2. \end{aligned}\right\} \tag{12}$$

Die Beweise für die Formeln (9) bis (12) werden analog zu den Beweisen unter Ziffer I und II geführt.

V. Zwischen den trigonometrischen Funktionen und der Exponentialfunktion bestehen die Beziehungen

$$\left.\begin{aligned} \cos z + i \sin z &= e^{iz}, \\ \cos z - i \sin z &= e^{-iz}, \end{aligned}\right\} \tag{13}$$

$$\left.\begin{aligned} \cos z &= \frac{e^{iz} + e^{-iz}}{2}, \\ \sin z &= \frac{e^{iz} - e^{-iz}}{2i}. \end{aligned}\right\} \tag{14}$$

Die erste dieser *Eulerschen Formeln* ergibt sich unmittelbar aus den Potenzreihen (3), (4) und (5); die zweite erhält man, wenn man in der ersten Formel z durch $-z$ ersetzt und die Gleichungen (9) beachtet; schließlich erhält man die Gleichungen (14), wenn man die Gleichungen (13) nach $\cos z$ und $\sin z$ auflöst.

In der reellen Analysis spielen die hyperbolischen Funktionen eine Rolle. Sie lassen sich auch sofort in der ganzen komplexen Ebene holomorph ergänzen. Man definiert sie gewöhnlich durch die Gleichungen*:

$$\left.\begin{aligned}\cosh z &= \frac{e^z + e^{-z}}{2}, \\ \sinh z &= \frac{e^z - e^{-z}}{2},\end{aligned}\right\} \tag{15}$$

und demgemäß lauten ihre Potenzreihenentwicklungen um den Nullpunkt:

$$\left.\begin{aligned}\cosh z &= 1 + \frac{z^2}{2!} + \frac{z^4}{4!} + \cdots, \\ \sinh z &= z + \frac{z^3}{3!} + \frac{z^5}{5!} + \cdots.\end{aligned}\right\} \tag{16}$$

Vergleicht man die Formeln (14) und (15), so erkennt man den engen Zusammenhang mit den trigonometrischen Funktionen:

$$\left.\begin{aligned}\cosh z &= \cos i z, \\ \sinh z &= \frac{1}{i} \sin i z.\end{aligned}\right\} \tag{17}$$

Im Komplexen braucht man daher die hyperbolischen Funktionen neben den trigonometrischen gar nicht besonders zu behandeln. Vielmehr lassen sich ihre sämtlichen Eigenschaften unmittelbar aus den Eigenschaften der trigonometrischen Funktionen ablesen. So erhält man z. B. aus (17) und den Beziehungen (9) bis (12) die Formeln:

$$\left.\begin{aligned}\cosh(-z) &= \cosh z \\ \sinh(-z) &= -\sinh z, \\ \cosh^2 z - \sinh^2 z &= 1, \\ \frac{d}{dz}\cosh z &= \sinh z, \\ \frac{d}{dz}\sinh z &= \cosh z, \\ \cosh(z_1 + z_2) &= \cosh z_1 \cosh z_2 + \sinh z_1 \sinh z_2, \\ \sinh(z_1 + z_2) &= \cosh z_1 \sinh z_2 + \sinh z_1 \cosh z_2.\end{aligned}\right\} \tag{18}$$

Die Gleichungen (12) und (17) gestatten es auch, die trigonometrischen Funktionen sofort in Real- und Imaginärteil aufzuspalten:

$$\left.\begin{aligned}\cos z &= \cos(x + iy) = \cos x \cosh y - i \sin x \sinh y, \\ \sin z &= \sin(x + iy) = \sin x \cosh y + i \cos x \sinh y.\end{aligned}\right\} \tag{19}$$

* Man schreibt statt cosh, sinh häufig 𝔈𝔬𝔣, 𝔖𝔦𝔫 und neuerdings auch kurz ch, sh.

Aus diesen Formeln erkennt man, daß die Funktionen $\cos z$ und $\sin z$ in der komplexen Ebene nicht beschränkt sind, im Gegensatz zu ihrem Verhalten auf der reellen Achse.

Eine Funktion $f(z)$, zu der es eine komplexe Zahl w gibt, so daß für alle z eines Gebietes gilt

$$f(z+w)=f(z)$$

nennen wir *periodisch* mit der Periode w. Es gilt nun

VI. Die Funktion e^z ist periodisch mit der Periode $2\pi i$. Es ist nach (13):

$$e^{2k\pi i}=\cos 2k\pi+i\sin 2k\pi=1\,,\quad k=0,\pm 1,\pm 2,\ldots,$$

und daher nach (6):

$$e^{z+2k\pi i}=e^z\,e^{2k\pi i}=e^z\,. \tag{20}$$

Diese Periodizität der e-Funktion tritt naturgemäß im Reellen nicht in Erscheinung, da es dort keine imaginären Perioden gibt. Ähnlich ist es mit den hyperbolischen Funktionen. Auch sie haben nach (15) und (20) die Periode $2\pi i$.

VII. Die Funktion e^z besitzt in der endlichen Ebene keine Nullstellen.

Es ist nach (6) und (13):

$$e^z=e^x\cdot e^{iy}=e^x(\cos y+i\sin y)\,. \tag{21}$$

Für alle reellen x ist $e^x>0$. Ferner ist nach (10) für alle reellen y:

$$|\cos y+i\sin y|=\sqrt{\cos^2 y+\sin^2 y}=1\,. \tag{22}$$

Daher ist auch $e^z\neq 0$.

VIII. Die Funktionen $\cos z$ und $\sin z$ besitzen in der endlichen Ebene nur Nullstellen in den bekannten Punkten $\frac{\pi}{2}+k\pi$, k ganz, bzw. $k\pi$, k ganz, auf der reellen Achse.

Nach (14) ist

$$\cos z=\frac{1}{2}e^{iz}(1+e^{-2iz})\,.$$

Da $e^{iz}\neq 0$ ist, so kann $\cos z$ nur dort Nullstellen haben, wo

$$e^{-2iz}=-1$$

ist. Hieraus folgt $|e^{-2iz}|=1$. Nun ist nach (21) und (22)

$$|e^{-2iz}|=|e^{2y}(\cos 2x-i\sin 2x)|=e^{2y}\,.$$

Dies ist aber, da y reell ist, nur dann gleich eins, wenn $y=0$ ist. Ebenso zeigt man, daß alle Nullstellen von $\sin z$ reell sind. Da die Nullstellen von $\cos x$ und $\sin x$ auf der reellen Achse an den oben genannten Stellen liegen, ist unsere Aussage bewiesen.

Wir führen jetzt auch noch die Tangens- und Cotangensfunktionen ein und definieren:

$$\tan z = \frac{\sin z}{\cos z}, \quad \cot z = \frac{\cos z}{\sin z} \tag{23}$$

und

$$\tanh z = \frac{\sinh z}{\cosh z} = \frac{1}{i} \tan i z, \quad \coth z = \frac{\cosh z}{\sinh z} = i \cot z .$$

Dort, wo die Nenner der Quotienten verschwinden, ordnen wir den Argumenten jeweils den Funktionswert ∞ zu. Es ist also

$$\tan z = \infty \quad \text{für} \quad z = \frac{\pi}{2} + k\pi, \quad k \text{ ganz},$$

$$\cot z = \infty \quad \text{für} \quad z = k\pi, \quad k \text{ ganz}.$$

Für alle anderen endlichen z sind die Funktionen holomorph.

Zur Aufstellung der Potenzreihenentwicklungen von $\tan z$ und $\cot z$ benötigen wir die Potenzreihenentwicklungen von Quotienten (s. 4, S. 136).

Für $\tan z$ haben wir in der Umgebung des Nullpunktes die Darstellung:

$$\tan z = \frac{z\left(1 - \frac{z^2}{3!} + \frac{z^4}{5!} - + \cdots\right)}{1 - \frac{z^2}{2!} + \frac{z^4}{4!} - + \cdots} .$$

Wir setzen $z^2 = u$ und erhalten unter Benutzung von 4, (13):

$$\frac{1 - \frac{u}{3!} + \frac{u^2}{5!} - + \cdots}{1 - \frac{u}{2!} + \frac{u^2}{4!} - + \cdots} = 1 + \frac{1}{3} u + \frac{2}{15} u^2 + \frac{17}{315} u^3 + \frac{62}{2835} u^4 + \cdots .$$

Daraus ergibt sich die Entwicklung um den Nullpunkt:

$$\tan z = z + \frac{1}{3} z^3 + \frac{2}{15} z^5 + \frac{17}{315} z^7 + \frac{62}{2835} z^9 + \cdots . \tag{24}$$

Entsprechend erhalten wir für

$$z \cot z = \frac{1 - \frac{z^2}{2!} + \frac{z^4}{4!} - + \cdots}{1 - \frac{z^2}{3!} + \frac{z^4}{5!} - + \cdots}$$

die Entwicklung um den Nullpunkt:

$$z \cot z = 1 - \frac{1}{3} z^2 - \frac{1}{45} z^4 - \frac{2}{945} z^6 - \frac{1}{4725} z^8 - \cdots . \tag{25}$$

Zur allgemeinen Berechnung der Koeffizienten der Tangens- und der Cotangens-Reihe s. III, 5.

Die Funktionen $\tan z$ und $z \cot z$ weisen in der Entwicklung um den Nullpunkt nur ungerade bzw. nur gerade Potenzen von z auf. Daher gilt im ersten Fall:

$$\tan(-z) = -\tan z$$

und im zweiten:

$$(-z) \cot(-z) = z \cot z .$$

Man definiert nun:

Die Funktion $f(z)$ heißt eine *gerade Funktion*, wenn mit z auch $-z$ zum Definitionsbereich gehört und für $f(z)$ die Beziehung gilt

$$f(-z) = f(z)\,, \tag{26}$$

und sie heißt eine *ungerade Funktion*, wenn

$$f(-z) = -f(z) \tag{27}$$

ist.

Ist $f(z)$ holomorph und gilt eine der Beziehungen (26) oder (27) für unendlich viele z, die sich in einem holomorphen Punkt z_0 häufen, so gilt die entsprechende Beziehung für alle z des Definitionsbereiches.

Ist die gerade (ungerade) Funktion

$$f(z) = a_0 + a_1 z + a_2 z^2 + \cdots$$

im Nullpunkt holomorph, so verschwinden alle Glieder mit ungeraden (geraden) Exponenten in z; denn in der Reihe

$$0 \equiv f(z) - f(-z) = 2a_1 z + 2a_3 z^3 + \cdots$$
$$(0 \equiv f(z) + f(-z) = 2a_0 + 2a_2 z^2 + \cdots)$$

verschwinden sämtliche Glieder.

Die Funktionen $\cos z$, $z\cot z$, $\cosh z$ sind gerade, die Funktionen $\sin z$, $\tan z$, $\sinh z$ ungerade. Dagegen ist die Funktion e^z weder gerade noch ungerade.

Jede beliebige Funktion $f(z)$, zu deren Definitionsbereich mit z auch $-z$ gehört, läßt sich in die Summe einer geraden und einer ungeraden Funktion zerlegen:

$$f(z) = \frac{1}{2}\,[f(z) + f(-z)] + \frac{1}{2}\,[f(z) - f(-z)]\,. \tag{28}$$

Offenbar ist der erste Summand gerade und der zweite ungerade.

Im folgenden wollen wir nun noch die Logarithmusfunktion und ihre wichtigsten Eigenschaften kennenlernen.

IX. Die e-Funktion besitzt für alle $z \neq 0$ eine „Umkehrfunktion"

$$w = \log z = \log|z| + i\,\operatorname{arc} z\,, \tag{29}$$

die wir als *Logarithmusfunktion* bezeichnen. Sie ist die holomorphe Ergänzung der bekannten reellen Logarithmusfunktion auf der positiven reellen Achse. Für alle $z \neq 0$ gilt identisch:

$$e^{\log z} \equiv z\,.$$

Die Funktion besitzt unendlich viele verschiedene, miteinander zusammenhängende Zweige.

Zur Erläuterung und zum Beweise dieser Aussagen greifen wir auf die Darstellung einer komplexen Zahl z durch Polarkoordinaten (s. I, 1) zurück.

Sie lautet, wenn $r = |z|$ und $\varphi = \operatorname{arc} z$ ist,

$$z = r(\cos\varphi + i\sin\varphi)\,.$$

Dies können wir nun nach Formel (13) schreiben:

$$z = r e^{i\varphi}\,,$$

und wir werden häufig von dieser Schreibweise Gebrauch machen. $e^{i\varphi}$ ist ein Punkt auf dem Einheitskreis; denn es ist

$$|e^{i\varphi}| = |\cos\varphi + i\sin\varphi| = \sqrt{\cos^2\varphi + \sin^2\varphi} = 1\,.$$

φ ist der Bogen auf dem Einheitskreis zwischen dem Punkt 1 und dem Punkt $e^{i\varphi}$, gemessen im mathematisch positiven Sinne.

Es sei nun $w = u + iv$. Nach (6) ist dann

$$e^w = e^{u+iv} = e^u e^{iv}\,. \tag{30}$$

e^w ist also eine Zahl mit dem Betrag e^u und dem Arcus v. Lassen wir u im Bereich $-\infty < u < \infty$ und v im Bereich $-\pi < v \leqq \pi$ laufen, so sehen wir, daß e^w genau einmal alle endlichen komplexen Zahlen z außer $z = 0$ annimmt. Es gibt also zu jeder endlichen komplexen Zahl $z \neq 0$ genau ein $w = u + iv$, so daß $e^w = z$ ist, wenn für v die Beschränkung $-\pi < v \leqq \pi$ gilt. Die Zahl $w = u + iv$ berechnet sich nach (30) und wegen $|z| = e^u$, $u = \log|z|$ und $v = \operatorname{arc} z$ zu

$$w = \log|z| + i\operatorname{arc} z, \quad -\pi < \operatorname{arc} z \leqq \pi\,. \tag{31}$$

Diese komplexe Funktion stellt offenbar die Umkehrung der e-Funktion dar. Auf der positiven reellen Achse stimmt sie mit der reellen Logarithmusfunktion überein. Man bezeichnet sie daher mit

$$w = \log z$$

und nennt sie die komplexe Logarithmusfunktion.

Nun zeigen wir, daß diese Funktion holomorph ist. Dazu betrachten wir das Integral

$$f(z) = \int_1^z \frac{d\zeta}{\zeta}\,. \tag{32}$$

Der Integrand ist mit Ausnahme des Nullpunktes in der endlichen Ebene überall holomorph. Daher stellt das Integral nach dem Cauchyschen Integralsatz und nach 2, Satz 4 eine holomorphe Funktion dar, wenn der Integrationsweg in einem einfach zusammenhängenden Gebiet verläuft. Ein solches Gebiet $\mathfrak{E}_0$ können wir dadurch erhalten, daß wir die im Nullpunkt punktierte Ebene längs der negativen reellen Achse aufschneiden und das Restgebiet betrachten. Dort ist das Integral unabhängig vom Wege.

Zur Berechnung des Integrals können wir in $\mathfrak{E}_0$ den Integrationsweg geeignet legen und erhalten:

$$f(z) = \int_1^z \frac{d\zeta}{\zeta} = \int_1^{|z|} \frac{d\zeta}{\zeta} + \int_{|z|}^z \frac{d\zeta}{\zeta}, \tag{33}$$

wobei das erste Integral rechts über die positive reelle Achse von 1 nach $|z|$ und das zweite auf dem Kreise $|\zeta| = |z|$ von $|z|$ nach $|z|\, e^{i \operatorname{arc} z}$ zu erstrecken ist. Man erhält so $f(z) = \log|z| + i \operatorname{arc} z$, also gerade die durch (31) definierte Funktion $\log z$. Da sie auf der positiven reellen Achse mit der reellen Logarithmusfunktion übereinstimmt, so ist $\log z$ die holomorphe Ergänzung von $\log x$. Außerdem gilt, weil auf der positiven reellen Achse $e^{\log z} = z$ ist, für alle z der aufgeschnittenen Ebene $\mathfrak{E}_0$:

$$e^{\log z} \equiv z .$$

Es erhebt sich noch die Frage, welchen Wert man der Funktion $\log z$ für negative reelle z zuordnen soll. Wir hatten uns zunächst für

$$w = \log|z| + i\pi \tag{34}$$

entschieden. Diesen Wert erhalten wir auch durch das Integral (32), wenn wir vom Punkte 1 über die obere Halbebene zum Punkte z laufen. Genauso gut können wir aber auch durch die untere Halbebene laufen. Wir erhalten dann den Wert

$$w = \log|z| - i\pi . \tag{35}$$

Wenn wir also die Funktion $\log x$ durch die holomorphe Funktion $\log z$, erklärt durch das Integral (32), holomorph ergänzen, so erhalten wir für die Punkte der negativen reellen Achse eine Mehrdeutigkeit. Die gleiche Mehrdeutigkeit erhalten wir aber auch durch die Darstellung (31); denn die Beschränkung von $\operatorname{arc} z$ auf den Bereich $-\pi < \operatorname{arc} z \leqq \pi$ war völlig willkürlich. Diese Schwierigkeit läßt sich auch auf keine Weise beseitigen. Sie liegt in der Natur der Sache und beruht darauf, daß die Funktion e^w einen Wert $z \neq 0$ unendlich häufig annimmt. Ist nämlich $e^{w_0} = z_0$, so ist wegen der Periodizität der e-Funktion auch $e^{w_0 + 2k\pi i} = z_0$ für alle ganzen k. Will man also die e-Funktion umkehren, so hat man mit jedem Wert w_0 auch alle Werte $w_0 + 2k\pi i$ zur Auswahl. Man wird also erwarten müssen, daß auch die Umkehrfunktion $\log z$ nur bis auf Vielfache von $2\pi i$ bestimmt ist. Und gerade dies kommt in der Gleichung (31) zum Ausdruck, wenn wir die Beschränkung für $\operatorname{arc} z$ fallen lassen.

Zum gleichen Ergebnis kommen wir, wenn wir die Funktion $\log z$ durch das Integral (32) erklären, jedoch das Verbot aufheben, bei der

Integration die negativ reelle Achse zu überschreiten. Nur der Nullpunkt selbst muß natürlich von den Integrationswegen frei bleiben, damit das Integral existiert. Wählen wir einen der jetzt zulässigen Wege von 1 bis z_0 und erstrecken das Integral (32) von dort noch geradlinig weiter in die Umgebung von z_0, so ist der Integralwert natürlich eine holomorphe Funktion des Endpunktes z. Zwei verschiedene Kurven $\mathfrak{C}_1$ und $\mathfrak{C}_2$ von 1 nach diesen Punkten z in der Umgebung von z_0 liefern im allgemeinen zwei verschiedene Funktionen. Und diese Funktionen unterscheiden sich genau um Integrale $\int \frac{d\zeta}{\zeta}$, genommen über die geschlossenen Kurven $\mathfrak{C}_1 - \mathfrak{C}_2$. Ein solches Integral können wir zunächst ersetzen durch das Integral über ein geschlossenes Polygon $\mathfrak{P}$. Dieses Polygon zerfällt in ein oder mehrere einfach geschlossene Polygone $\mathfrak{P}_\nu$, $\nu = 1, 2, \ldots, n$. Enthält ein solches Polygon $\mathfrak{P}_\nu$ den Nullpunkt nicht, so ist $\int \frac{d\zeta}{\zeta} = 0$, da die Funktion $\frac{1}{\zeta}$ im Innern von $\mathfrak{P}_\nu$ holomorph ist. Enthält dagegen ein Polygon $\mathfrak{P}_\nu$ den Nullpunkt, so schlage man um diesen einen Kreis $\mathfrak{K}$, der ganz in $\mathfrak{P}_\nu$ liegt. Dann ist nach 2, Satz 6:

$$\int\limits_{\mathfrak{P}_\nu} \frac{d\zeta}{\zeta} = \int\limits_{\mathfrak{K}} \frac{d\zeta}{\zeta} = \pm 2\pi i\,.$$

Das Integral über $\mathfrak{P}$ liefert also einen Wert $2k\pi i$, k ganz. Folglich unterscheiden sich die durch das Integral $\int\limits_1^z \frac{d\zeta}{\zeta}$ gewonnenen Funktionswerte je nach dem Integrationsweg um Vielfache von $2\pi i$, und die Vielfachheit gibt an, wie oft sich die Differenz der beiden Wege um den Nullpunkt im positiven oder negativen Sinne herumwindet.

Die „Logarithmusfunktion", erklärt durch die Formel (31) ohne die Einschränkung für $\operatorname{arc} z$ oder durch das Integral (32), besteht also im strengen Sinne unseres Funktionsbegriffes in jedem einfach zusammenhängenden Gebiet, das nicht den Nullpunkt enthält, aus unendlich vielen verschiedenen Funktionen, die sich jeweils um Konstanten $2k\pi i$ unterscheiden. Wählen wir als größtes einfach zusammenhängendes Gebiet etwa die aufgeschnittene Ebene $\mathfrak{E}_0$, so erhalten wir unendlich viele *Zweige* der Funktion. Den Zweig, der auf der positiven Achse mit der reellen Funktion $\log x$ übereinstimmt, nennen wir den *Hauptzweig*. Ein Zweig, der sich um $2k\pi i$ vom Hauptzweig unterscheidet, sei der k-te Zweig. Längs der negativen reellen Achse hat der k-te Zweig von oben her dieselben Randwerte wie der $(k+1)$-te Zweig von unten. Die Verheftung dieser Zweige wird uns im Kapitel V beschäftigen. Vorläufig scheitert diese Verheftung an der Forderung, daß jede Funktion eine eindeutige Zuordnung darstellt.

§ 6. Ganze Funktionen

Mit $\sin z$, $\cos z$, e^z haben wir Funktionen kennengelernt, deren Potenzreihen in der ganzen Ebene konvergieren. Man nennt allgemein eine in der ganzen endlichen Ebene holomorphe Funktion eine *ganze* Funktion und unterscheidet *ganze rationale* und *ganze transzendente* Funktionen, je nachdem ihre Potenzreihenentwicklungen endlich oder unendlich viele Glieder besitzen. Die Klasse der Polynome machen die ganzen rationalen Funktionen aus, $\sin z$, $\cos z$, e^z sind ganze transzendente Funktionen, $\tan z$ ist keine ganze Funktion.

Wir wollen nun die wichtigsten Eigenschaften der ganzen Funktionen kennenlernen. Bei ihrem Studium spielt der folgende Satz eine hervorragende Rolle.

Satz 34 (LIOUVILLE). *Jede beschränkte ganze Funktion ist eine Konstante.*

Zum Beweise sei

$$f(z) = \sum_{n=0}^{\infty} a_n z^n$$

die für alle endlichen z konvergierende Potenzreihenentwicklung.

Ist nun $|f(z)| < M$ für alle z, so folgt aus der Cauchyschen Integralformel (3, Satz 10b), angewandt auf einen Kreis $\mathfrak{K}$ um den Nullpunkt mit dem Radius ϱ,

$$a_n = \frac{f^{(n)}(0)}{n!} = \frac{1}{2\pi i} \int_{\mathfrak{K}} \frac{f(\zeta)}{\zeta^{n+1}}\, d\zeta \tag{1}$$

und daraus die Abschätzung:

$$|a_n| < \frac{M}{\varrho^n}.$$

Da ϱ beliebig groß gewählt werden kann, so müssen für alle $n > 0$ die Koeffizienten a_n verschwinden, und es ist daher die Funktion $f(z)$ konstant.

Zu jeder ganzen nicht konstanten Funktion $f(z)$ gibt es also Folgen von Punkten $z_1, z_2, z_3, \ldots$, deren Funktionswerte über alle Grenzen wachsen. Natürlich können sich die Punkte nicht im Endlichen häufen, da dort die Funktion holomorph ist. Nun bestehen die zwei Möglichkeiten, daß entweder für j e d e Folge mit $\lim z_n = \infty$ auch gilt: $\lim f(z_n) = \infty$ oder daß dies nicht gilt. Für die Funktionen e^z, $\sin z$, $\cos z$ trifft der letzte Fall zu; denn e^z ist auf der imaginären Achse und $\sin z$ und $\cos z$ sind auf der reellen Achse beschränkt. Dagegen gilt für Polynome, daß sie mit wachsenden z gleichmäßig über alle Grenzen wachsen, und zwar wächst ein Polynom n-ten Grades genauso schnell wie das höchste Glied; denn es gilt

Satz 35. *Zu jedem Polynom*

$$P(z) = a_0 + a_1 z + \cdots + a_n z^n, \quad a_n \neq 0, \ n > 0,$$

und jedem $\varepsilon > 0$ gibt es ein $\varrho > 0$, so daß für alle z mit $|z| > \varrho$ gilt:

$$(1-\varepsilon)\cdot|a_n|\cdot|z|^n < |P(z)| < (1+\varepsilon)\cdot|a_n|\cdot|z|^n\,. \tag{2}$$

Es ist

$$|P(z)| = |a_n|\cdot|z|^n\cdot\left|1+\frac{a_{n-1}}{a_n}\frac{1}{z}+\cdots+\frac{a_1}{a_n}\frac{1}{z^{n-1}}+\frac{a_0}{a_n}\frac{1}{z^n}\right|.$$

Ist jetzt ϱ hinreichend groß, so folgt für alle z mit $|z| > \varrho$:

$$\left|\frac{a_{n-1}}{a_n}\frac{1}{z}+\cdots+\frac{a_1}{a_n}\frac{1}{z^{n-1}}+\frac{a_0}{a_n}\frac{1}{z^n}\right| < \varepsilon\,.$$

Aus diesen beiden Beziehungen folgt die Behauptung.

Eine unmittelbare Folgerung aus den vorstehenden Sätzen ist

Satz 36 *(Fundamentalsatz der Algebra). Jede ganze rationale Funktion n-ten Grades $P_n(z)$ hat eine Darstellung:*

$$P_n(z) = a_n(z-b_1)\,(z-b_2)\ldots(z-b_n)\,,$$

wobei die b_l genau die Nullstellen von $P_n(z)$ durchlaufen, unter Umständen jedoch die einzelnen Nullstellen mehrmals.

Wir beweisen den Satz durch vollständige Induktion nach n. Für $n = 1$ ist die Aussage trivial. Sei der Satz für $n-1$ bewiesen. Hat dann $P_n(z) = a_0 + a_1 z + \cdots + a_n z^n$, $a_n \neq 0$, eine Nullstelle b_n, so folgt durch elementare Division:

$$P_n(z) = (z-b_n)\,P_{n-1}(z) + c\,,$$

wobei $P_{n-1}(z)$ ein Polynom $(n-1)$-ten Grades mit dem höchsten Koeffizienten a_n ist. Wegen $P_n(b_n) = 0$ muß $c = 0$ sein, und da für $P_{n-1}(z)$ der Satz als gültig vorausgesetzt war, gilt auch für $P_n(z)$ die Behauptung.

Wir haben also lediglich noch nachzuweisen, daß $P_n(z)$ mindestens eine Nullstelle b_n hat. Wäre dies nicht der Fall, so müßte

$$f(z) = \frac{1}{P_n(z)}$$

in der endlichen Ebene holomorph sein. Nach Satz 35 ist — etwa für $\varepsilon = \frac{1}{2}$ — im Gebiete $|z| > \varrho$:

$$|f(z)| < \frac{2}{|a_n|\,\varrho^n} = M_1\,.$$

Für $|z| \leqq \varrho$ wäre $f(z)$ holomorph, folglich beschränkt:

$$|f(z)| < M_2\,.$$

Also würde in der offenen Ebene die Funktion $f(z)$ beschränkt und damit konstant sein. Dies ist aber nach Satz 35 für $n > 0$ nicht möglich. $P_n(z)$ muß also eine Nullstelle b_n und damit n Nullstellen $b_1, b_2, \ldots, b_n$ haben.

Es können bei einem Polynom P_n auch mehrere Nullstellen zusammenfallen. P_n hat dann die Darstellung

$$P_n(z) = a_n(z - b_1)^{\nu_1} (z - b_2)^{\nu_2} \ldots (z - b_k)^{\nu_k}, \quad b_j \neq b_l \text{ für } j \neq l,$$

wobei die ν_j die Ordnungen der Nullstellen b_j sind und $\sum_{\varkappa=1}^{k} \nu_\varkappa = n$ ist.

Das in Satz 35 festgestellte Verhalten der Polynome ist für diese charakteristisch. Es gilt nämlich

Satz 37. *Eine ganze Funktion $f(z)$, zu der es eine ganze Zahl $n \geq 0$ sowie positive reelle Zahlen γ und ϱ gibt, so daß $|f(z)| < \gamma |z|^n$ für $|z| > \varrho$ gilt, ist ein Polynom höchstens vom Grade n.*

Wir entwickeln $f(z)$ in eine Potenzreihe: $f(z) = \sum_{\nu=0}^{\infty} a_\nu z^\nu$ und schätzen gemäß Formel (1) die Koeffizienten a_ν ab:

$$|a_\nu| < \gamma\, \varrho_1^{n-\nu},$$

wobei $\varrho_1 > \varrho$ der Radius des Kreises $\mathfrak{K}$ ist. Für $\nu > n$ wird die rechte Seite mit wachsendem ϱ_1 beliebig klein. Also müssen alle a_ν für $\nu > n$ verschwinden. Damit ist der Beweis erbracht.

Für die ganzen transzendenten Funktionen gilt infolgedessen:

Satz 38. *Zu jeder ganzen transzendenten Funktion $T(z)$ gibt es eine Punktfolge $z_1, z_2, \ldots$ mit $\lim z_l = \infty$, so daß für jedes Polynom $P_n(z)$ auch*

$$\lim_{l\to\infty} \frac{T(z_l)}{P_n(z_l)} = \infty$$

ist.

Der Satz besagt also, daß eine ganze transzendente Funktion $T(z)$ in gewissen Punktfolgen schneller gegen Unendlich geht als jede ganze rationale Funktion $P_n(z)$, also insbesondere schneller als jede Potenz von z.

Nach Satz 37 gibt es zu jedem l ein z_l mit $|z_l| > l$, so daß

$$|T(z_l)| > |z_l|^l \tag{3}$$

ist. Sei nun $P_n(z) = a_0 + a_1 z + \cdots + a_n z^n$, $a_n \neq 0$, ein beliebiges Polynom. Dann gilt gemäß (2) und (3), wenn man $\varepsilon = 1$ wählt, für hinreichend große $l > n$:

$$\left|\frac{T(z_l)}{P_n(z_l)}\right| > \frac{|z_l|^l}{2|a_n|\,|z_l|^n} = \frac{|z_l|^{l-n}}{2|a_n|} > \frac{l}{2|a_n|}.$$

Es ist also, wie behauptet,

$$\lim_{l\to\infty} \left|\frac{T(z_l)}{P_n(z_l)}\right| = \infty.$$

Wenn nun auch der Absolutbetrag einer transzendenten Funktion auf geeigneten, gegen Unendlich konvergierenden Punktfolgen schneller als der irgendeines Polynoms noch so hohen Grades wächst, so gibt es stets andere gegen Unendlich konvergierende Punktfolgen, auf denen das Umgekehrte der Fall ist. Es gilt nämlich

Satz 39. *Wenn es zu einer ganzen Funktion $f(z)$ eine ganze Zahl $n \geqq 0$ und positive Zahlen γ und ϱ gibt, so daß*

$$|f(z)| > \gamma |z|^n \quad \text{für} \quad |z| > \varrho \tag{4}$$

ist, so ist $f(z)$ ein Polynom, und zwar von mindestens n-tem Grade.

$f(z)$ hat für $|z| > \varrho$ gemäß (4) keine Nullstellen und für $|z| \leqq \varrho$ höchstens endlich viele. Diese seien $z_1, z_2, \ldots, z_k$ mit den Ordnungen $\nu_1, \nu_2, \ldots, \nu_k$; $\nu_1 + \nu_2 + \cdots + \nu_k = p$. Wir bilden jetzt das Polynom

$$P(z) = (z - z_1)^{\nu_1} (z - z_2)^{\nu_2} \ldots (z - z_k)^{\nu_k} = a_0 + a_1 z + \cdots + a_{p-1} z^{p-1} + z^p$$

und sodann den Quotienten

$$g(z) = \frac{P(z)}{f(z)}\,.$$

$g(z)$ ist eine ganze Funktion ohne Nullstellen; denn dort, wo $f(z)$ verschwindet, verschwindet auch $P(z)$ von gleicher Ordnung und umgekehrt. Daher hat $g(z)$ an diesen Punkten z_l die Darstellung

$$g(z) = \frac{(z - z_l)^{\nu_l}\, P_l(z)}{(z - z_l)^{\nu_l}\, f_l(z)} = \frac{P_l(z)}{f_l(z)}$$

mit $P_l(z_l) \neq 0$, $f_l(z_l) \neq 0$.

Da für $P(z)$ eine Abschätzung (2) – etwa mit $\varepsilon = 1$ – und für $f(z)$ die Abschätzung (4) gilt, so folgt für $g(z)$ und $|z| > \varrho_0$, ϱ_0 hinreichend groß,

$$|g(z)| < \frac{2}{\gamma} |z|^{p-n}.$$

$g(z)$ ist also nach Satz 37 ein Polynom, und da es keine Nullstellen hat, gleich einer Konstanten a. Diese Konstante ist von Null verschieden. Dann kann aber die vorstehende Ungleichung nur dann gelten, wenn $p \geqq n$ ist. Es ist also

$$f(z) = \frac{1}{a} \cdot P(z)$$

ein Polynom, und dessen Grad p ist mindestens gleich n. Aus diesem Satz folgt nun als Gegenstück zu Satz 38:

Satz 40. *Zu jeder ganzen transzendenten Funktion $T(z)$ gibt es eine Punktfolge $z_1, z_2, z_3, \ldots$, mit $\lim z_l = \infty$, so daß für jedes Polynom $P_n(z)$ auch $\lim\limits_{l \to \infty} T(z_l) \cdot P_n(z_l) = 0$ ist.*

Dieser Satz besagt insbesondere, daß in gewissen Punktfolgen eine ganze transzendente Funktion schneller als jede Potenz gegen Null geht.

Mit $T(z)$ ist auch $T(z) \cdot z^l$ transzendent. Daher gibt es nach Satz 39 zu jedem l ein z_l mit $|z_l| > l$ und

$$|T(z_l)|\, |z_l|^l < 1\,. \tag{5}$$

Aus diesen z_l bilden wir die Folge $z_1, z_2, z_3, \ldots$. Sei nun

$$P_n(z) = a_0 + a_1 z + \cdots + a_n z^n, \quad a_n \neq 0,$$

irgendein Polynom. Dann gilt nach der zweiten Ungleichung (2), in der man $\varepsilon = 1$ wähle, für hinreichend große $l > n$:

$$|T(z_l)\, P_n(z_l)| < \frac{2\,|a_n|}{|z_l|^{l-n}} < \frac{2\,|a_n|}{l}.$$

Also ist

$$\lim_{l\to\infty} T(z_l)\, P_n(z_l) = 0.$$

Insbesondere gilt:

$$\lim_{l\to\infty} T(z_l) = 0.$$

Die Funktion $T(z)$ kommt also in jeder noch so kleinen Umgebung des Punktes ∞, also außerhalb jedes noch so großen Kreises, dem Wert Null beliebig nahe. Da mit $T(z)$ auch $T(z) - a$ eine ganze transzendente Funktion ist, so folgt jetzt

Satz 41. *Eine ganze transzendente Funktion besitzt zu jeder Zahl a eine Folge von Punkten $z_1, z_2, z_3, \ldots$ mit* $\lim z_l = \infty$, *so daß* $\lim T(z_l) = a$ *ist. Das gilt auch für $a = \infty$.*

§ 7. Normale Familien holomorpher Funktionen

So wie wir die Kenntnis der Werte einer holomorphen Funktion in gewissen Gebieten allein aus der Kenntnis der Werte dieser Funktion in anderen Punktmengen, z. B. aus den Werten auf dem Rande, erschließen konnten, so vermögen wir auch entsprechende Schlüsse über die gleichmäßige Konvergenz holomorpher Funktionen zu ziehen. Das soll in Verbindung mit der Betrachtung von Folgen holomorpher Funktionen in diesem Abschnitt geschehen.

Satz 42 (Weierstrass). *Die Funktionen $f_n(z)$, $n = 1, 2, \ldots$, seien in einem kompakten Gebiet $\mathfrak{G}$ holomorph. Auf dem Rande von $\mathfrak{G}$ konvergiere die Folge gleichmäßig. Dann konvergiert sie gleichmäßig in ganz $\mathfrak{G}$. Die Grenzfunktion ist im Innern von $\mathfrak{G}$ holomorph.*

Nach Voraussetzung gibt es zu jedem $\varepsilon > 0$ ein n_0, so daß für alle $n, m \geqq n_0$ und alle z auf dem Rande von $\mathfrak{G}$ gilt:

$$|f_n(z) - f_m(z)| < \varepsilon.$$

Diese Beziehung gilt dann nach dem Satz vom Maximum auch für alle Punkte aus $\mathfrak{G}$, woraus die gleichmäßige Konvergenz in $\mathfrak{G}$ folgt. Die Grenzfunktion $F(z) = \lim f_n(z)$ ist nach 4, Satz 18a im Innern von $\mathfrak{G}$ holomorph, und es gilt nach 4, Satz 19a gleichmäßig im Innern von $\mathfrak{G}$: $F'(z) = \lim f_n'(z)$.

Wir betrachten nun Mengen $\mathfrak{M}$ von Funktionen $f(z)$ in einem Gebiet $\mathfrak{G}$. Wir definieren:

Eine Menge $\mathfrak{M}$ von Funktionen $f(z)$ in einem Gebiet heißt *gleichartig beschränkt* in $\mathfrak{G}$, wenn es eine Zahl $M > 0$ gibt, so daß für alle $f(z)$ aus $\mathfrak{M}$ und alle z aus $\mathfrak{G}$ gilt: $|f(z)| \leqq M$.

Eine Menge $\mathfrak{M}$ von Funktionen $f(z)$ in einem Gebiete $\mathfrak{G}$ heißt *im Innern von $\mathfrak{G}$ gleichartig beschränkt*, wenn sie in jedem kompakt in $\mathfrak{G}$ liegenden Gebiet $\mathfrak{G}_0$ gleichartig beschränkt ist.

Eine Menge $\mathfrak{M}$ von Funktionen $f(z)$ in einem endlichen Gebiet $\mathfrak{G}$ heißt (s. I, 10) in $\mathfrak{G}$ *gleichgradig stetig*, wenn es zu jedem $\varepsilon > 0$ ein $\delta > 0$ gibt, so daß für alle Funktionen $f(z)$ aus $\mathfrak{M}$ und alle Paare von Punkten (z_1, z_2) aus $\mathfrak{G}$ mit $|z_1 - z_2| < \delta$ gilt: $|f(z_1) - f(z_2)| < \varepsilon$. Hierbei hängt also δ weder von z_1 und z_2 noch von der Auswahl der Funktion $f(z)$ aus $\mathfrak{M}$ ab.

Eine Menge $\mathfrak{M}$ von Funktionen $f(z)$ im endlichen Gebiet $\mathfrak{G}$ heißt *im Innern von $\mathfrak{G}$ gleichgradig stetig*, wenn sie in jedem kompakten Teilgebiet $\mathfrak{G}_0$ von $\mathfrak{G}$ gleichgradig stetig ist. In diesem Falle hängt also δ nur von $\mathfrak{G}_0$ ab, aber nicht von $f(z)$ aus $\mathfrak{M}$ und auch nicht von z_1 und z_2.

Nun gilt

Satz 43. *Gegeben sei eine Menge $\mathfrak{M}$ von Funktionen $f(z)$ in einem Gebiet $\mathfrak{G}$. Zu jedem z_0 aus $\mathfrak{G}$ gebe es eine Umgebung $\mathfrak{U}(z_0)$, so daß die Funktionen $f(z)$ in $\mathfrak{U}(z_0)$ gleichartig beschränkt sind. Dann sind die Funktionen $f(z)$ im Innern von $\mathfrak{G}$ gleichartig beschränkt.*

Liegt das kompakte Gebiet $\mathfrak{G}_0$ in $\mathfrak{G}$, so wähle man zu jedem z_0 aus $\mathfrak{G}_0$ eine Umgebung $\mathfrak{U}(z_0) \subset \mathfrak{G}$, zu der es eine Zahl $M(z_0)$ gibt, so daß in $\mathfrak{U}(z_0)$ für alle Funktionen $f(z)$ gilt: $|f(z)| \leqq M(z_0)$. Endlich viele der Umgebungen, etwa $\mathfrak{U}(z_1), \ldots, \mathfrak{U}(z_n)$ überdecken $\mathfrak{G}_0$. Ist dann

$$M = \operatorname{Max}(M(z_1), \ldots, M(z_n)),$$

so gilt für alle $f(z)$ in $\mathfrak{G}_0$: $|f(z)| \leqq M$.

Satz 44. *Gegeben sei eine Menge $\mathfrak{M}$ von Funktionen $f(z)$ in einem endlichen Gebiet $\mathfrak{G}$. Zu jedem z_0 aus $\mathfrak{G}$ gebe es eine Umgebung $\mathfrak{U}(z_0) \subset \mathfrak{G}$, so daß die Funktionen $f(z)$ in $\mathfrak{U}(z_0)$ gleichgradig stetig sind. Dann sind die Funktionen $f(z)$ im Innern von $\mathfrak{G}$ gleichgradig stetig.*

Das kompakte Gebiet $\mathfrak{G}_0$ liege in $\mathfrak{G}$. Dann gibt es zu jedem Punkt z_0 aus $\mathfrak{G}_0$ eine Kreisscheibe $\mathfrak{K}(z_0) = \{z \mid |z - z_0| < \delta'(z_0)\} \subset \mathfrak{G}$, so daß die Funktionen $f(z)$ in $\mathfrak{K}(z_0)$ gleichgradig stetig sind. Die darinnen liegenden Kreisscheiben $\mathfrak{K}^*(z_0) = \left\{z \,\middle|\, |z - z_0| < \frac{1}{2}\delta'(z_0)\right\}$ überdecken $\mathfrak{G}_0$. Daher gibt es endlich viele Punkte $z_1, \ldots, z_n$ aus $\mathfrak{G}_0$, so daß auch die Kreisscheiben $\mathfrak{K}^*(z_1), \ldots, \mathfrak{K}^*(z_n)$ das kompakte Gebiet $\mathfrak{G}_0$ überdecken.

Zu $\varepsilon > 0$ gibt es nun für jeden Kreis $\mathfrak{K}(z_\nu) = \{z|\ |z - z_\nu| < \delta'(z_\nu)\}$, $\nu = 1, 2, \ldots, n$, ein $\delta(z_\nu) < \frac{1}{2}\delta'(z_\nu)$, so daß für z' und z'' aus $\mathfrak{K}(z_\nu)$ und $|z' - z''| < \delta(z_\nu)$ gilt: $|f(z') - f(z'')| < \varepsilon$ für alle Funktionen $f(z)$ aus $\mathfrak{M}$. Wählt man nun

$$\delta = \mathrm{Min}(\delta(z_1), \ldots, \delta(z_n)),$$

so gibt es zu zwei Punkten z und z'' aus $\mathfrak{G}_0$ mit $|z' - z''| < \delta$ ein z_ν, so daß

$$|z' - z_\nu| < \frac{1}{2}\delta'(z_\nu)$$

ist. Wegen

$$|z' - z''| < \delta \leqq \delta(z_\nu) < \frac{1}{2}\delta'(z_\nu)$$

gilt dann

$$|z'' - z_\nu| \leqq |z'' - z'| + |z' - z_\nu| < \delta'(z_\nu),$$

d. h. auch z'' liegt in $\mathfrak{K}(z_\nu)$. Da ferner

$$|z' - z''| < \delta \leqq \delta(z_\nu)$$

ist, so folgt

$$|f(z') - f(z'')| < \varepsilon.$$

Legt man als Abstandsbegriff in einem (nicht notwendig endlichen) Gebiet den chordalen Abstand zugrunde, so spricht man von *gleichgradiger chordaler Stetigkeit*, wenn es zu jedem $\varepsilon > 0$ ein $\delta > 0$ gibt, so daß für alle Funktionen $f(z)$ aus $\mathfrak{M}$ und für alle z' und z'' aus $\mathfrak{G}$ mit

$$\chi(z', z'') < \delta$$

gilt:

$$\chi(f(z'), f(z'')) < \varepsilon.$$

Entsprechend spricht man von *gleichgradiger chordaler Stetigkeit im Innern von* $\mathfrak{G}$, wenn dies für jedes kompakte Teilgebiet $\mathfrak{G}_0$ aus $\mathfrak{G}$ gilt. Der Satz 44 gilt dann in analoger Formulierung.

Satz 45. *Gegeben sei eine Menge $\mathfrak{M}$ von Funktionen $f(z)$, die in einem endlichen Gebiete $\mathfrak{G}$ holomorph und im Innern gleichartig beschränkt sind. Dann sind die Funktionen $f(z)$ im Innern von $\mathfrak{G}$ gleichgradig stetig.*

Sei z_0 ein Punkt aus $\mathfrak{G}$. Dann gibt es zu z_0 eine kompakte Kreisscheibe $\mathfrak{K} = \{z|\ |z - z_0| \leqq r\}$, so daß die Funktionen $f(z)$ in $\mathfrak{K}$ gleichartig beschränkt sind: $|f(z)| \leqq M$ für z aus $\mathfrak{K}$. In $\mathfrak{K}$ liegt die Kreisscheibe $\mathfrak{K}^* = \left\{z \,\middle|\, |z - z_0| < \frac{r}{2}\right\}$. Nun seien z_1 und z_2 zwei Punkte aus $\mathfrak{K}^*$. Dann gilt nach der Cauchyschen Integralformel für alle $f(z)$ aus $\mathfrak{M}$:

$$|f(z_1) - f(z_2)| = \frac{1}{2\pi}\left|\int\limits_{\mathfrak{K}} f(\zeta)\left(\frac{1}{\zeta - z_1} - \frac{1}{\zeta - z_2}\right) d\zeta\right|$$
$$= \frac{1}{2\pi}\left|\int\limits_{\mathfrak{K}} f(\zeta) \frac{z_1 - z_2}{(\zeta - z_1)(\zeta - z_2)} d\zeta\right|$$
$$\leqq \frac{1}{2\pi} \cdot 2\pi\, r\, M \frac{|z_1 - z_2|}{\frac{r}{2} \cdot \frac{r}{2}} = \frac{4M}{r}|z_1 - z_2|\,.$$

Ist nun $\varepsilon > 0$ beliebig gegeben, so setze man $\delta = \frac{r\varepsilon}{4M}$. Dann ist

$$|f(z_1) - f(z_2)| < \varepsilon \quad \text{für} \quad |z_1 - z_2| < \delta\,.$$

δ hängt aber nicht mehr von $f(z)$ und auch nicht von z_1 und z_2 ab. Also sind die Funktionen $f(z)$ aus $\mathfrak{M}$ in $\mathfrak{K}^*$ gleichgradig stetig. Da es zu jedem z_0 aus $\mathfrak{G}$ ein solches $\mathfrak{K}^*$ gibt, so folgt nach Satz 44 die gleichgradige Stetigkeit im Innern von $\mathfrak{G}$.

Wir beweisen nun den wichtigen

Satz 46 (Montel). *Eine Menge $\mathfrak{M}$ von holomorphen Funktionen $f(z)$ sei im Innern eines endlichen Gebietes $\mathfrak{G}$ gleichartig beschränkt. Dann enthält jede unendliche Teilmenge $\mathfrak{M}_0$ von Funktionen $f(z)$ aus $\mathfrak{M}$ eine Teilfolge paarweise verschiedener Funktionen $f_1(z), f_2(z), \ldots$, die im Innern von $\mathfrak{G}$ gleichmäßig konvergiert.*

Zum Beweis betrachten wir in $\mathfrak{G}$ die Menge aller Punkte $z = x + iy$ mit rationalen Koordinaten x und y und ordnen sie zu einer Folge z_1, z_2, $z_3, \ldots$ an. Sodann wählen wir aus $\mathfrak{M}_0$ irgendeine Folge von paarweise verschiedenen Funktionen

$$f_{01}(z), f_{02}(z), f_{03}(z), \ldots\,. \tag{1}$$

Im Punkte z_1 ist diese Folge beschränkt. Also gibt es eine Teilfolge von (1), die im Punkte z_1 konvergiert:

$$f_{11}(z), f_{12}(z), f_{13}(z), \ldots, \tag{2}$$

und deren Grenzwert im Punkte z_1 wir $f(z_1)$ nennen:

$$\lim_{n\to\infty} f_{1n}(z_1) = f(z_1)\,.$$

Die Folge (2) enthält eine Teilfolge

$$f_{21}(z), f_{22}(z), f_{23}(z), \ldots, \tag{3}$$

die auch im Punkte z_2 konvergiert:

$$\lim_{n\to\infty} f_{2n}(z_2) = f(z_2)\,.$$

Selbstverständlich gilt auch

$$\lim_{n\to\infty} f_{2n}(z_1) = f(z_1) .$$

Aus der Folge (3) wählen wir eine Teilfolge

$$f_{31}(z), f_{32}(z), f_{33}(z), \ldots , \tag{4}$$

die im Punkte z_3 konvergiert, so daß wir nun haben:

$$\lim_{n\to\infty} f_{3n}(z_m) = f(z_m) , \quad m = 1, 2, 3 .$$

So fortfahrend erhalten wir eine Folge von Folgen $\mathfrak{F}_k$:

$$f_{k1}(z), f_{k2}(z), f_{k3}(z), \ldots , \quad k = 1, 2, 3, \ldots \tag{5}$$

mit

$$\lim_{n\to\infty} f_{kn}(z_m) = f(z_m) , \quad m = 1, 2, \ldots, k . \tag{6}$$

Jede Folge $\mathfrak{F}_{k+1}$ ist Teilfolge von $\mathfrak{F}_k$. Nun bilden wir die *Diagonalfolge*

$$f_{11}(z), f_{22}(z), f_{33}(z), \ldots . \tag{7}$$

Die Glieder $f_{nn}(z)$ dieser Diagonalfolge bilden für $n \geqq k$ eine Teilfolge der Folge $\mathfrak{F}_k$. Daher konvergiert die Folge (7) in jedem Punkte z_k:

$$\lim_{n\to\infty} f_{nn}(z_k) = f(z_k) , \quad k = 1, 2, 3, \ldots . \tag{8}$$

Wir zeigen nun, daß die Folge (7) im Innern von $\mathfrak{G}$ gleichmäßig konvergiert. Zu jedem Punkt z_0 aus $\mathfrak{G}$ gibt es eine kompakte Kreisscheibe $\mathfrak{K} = \{z| \, |z - z_0| \leqq r\} \subset \mathfrak{G}$. Nach I, 10, Satz 56 genügt es, für $\mathfrak{K}$ die Behauptung zu beweisen.

Die Menge der Funktionen $f_{nn}(z)$, $n = 1, 2, 3, \ldots$ ist nach Satz 45 in $\mathfrak{K}$ gleichgradig stetig. Ist $\varepsilon > 0$ beliebig gegeben, so gibt es daher ein $\delta > 0$, so daß für zwei Punkte z' und z'' aus $\mathfrak{K}$ mit $|z' - z''| < \delta$ gilt: $|f_{nn}(z') - f_{nn}(z'')| < \varepsilon$ für alle $n = 1, 2, 3, \ldots$. Zu beliebigem z aus $\mathfrak{K}$ gibt es nun ein rationales z_k aus $\mathfrak{K}$, so daß $|z - z_k| < \delta$ ist. Die Kreise $\mathfrak{K}_k = \{z| \, |z - z_k| < \delta\}$ überdecken daher $\mathfrak{K}$. Da $\mathfrak{K}$ kompakt ist, so gibt es endlich viele der $\mathfrak{K}_k$, sagen wir $\mathfrak{K}_1, \mathfrak{K}_2, \ldots, \mathfrak{K}_p$, für die gleiches gilt. Die Folge (7) konvergiert in den Punkten $z_1, z_2, \ldots, z_p$. Daher gibt es ganze Zahlen $n_1, n_2, \ldots, n_p$, so daß im Punkte $z_\varkappa$ für $n, m \geqq n_\varkappa$ gilt:

$$|f_{nn}(z_\varkappa) - f_{mm}(z_\varkappa)| < \varepsilon , \quad \varkappa = 1, 2, \ldots, p .$$

Ist jetzt

$$n_0 = \mathrm{Max}(n_1, n_2, \ldots, n_p) ,$$

so gilt für $n, m \geqq n_0$ in jedem der Punkte $z_1, z_2, \ldots, z_p$

$$|f_{nn}(z_\varkappa) - f_{mm}(z_\varkappa)| < \varepsilon . \tag{9}$$

Sei jetzt z ein beliebiger Punkt aus $\mathfrak{K}$. Dann gibt es ein $z_\varkappa$, $\varkappa = 1, 2, \ldots, p$, so daß $|z - z_\varkappa| < \delta$ ist.

Daher gilt

$$|f_{nn}(z) - f_{nn}(z_\varkappa)| < \varepsilon \quad \text{für alle } n \tag{10}$$

und

$$|f_{mm}(z) - f_{mm}(z_\varkappa)| < \varepsilon \quad \text{für alle } m\,. \tag{11}$$

Für $n, m \geqq n_0$ gilt aber auch (9) und folglich

$$|f_{nn}(z) - f_{mm}(z)| < 3\varepsilon \quad \text{für alle } n, m \geqq n_0\,.$$

Also ist die Folge (7) in $\mathfrak{K}$ gleichmäßig konvergent und daher auch im Innern von $\mathfrak{G}$.

Mit dem so bewiesenen Satz von Montel haben wir das wichtigste funktionentheoretische Existenztheorem aus dem Problemkreis der *normalen Familien* gewonnen.

Der Begriff der normalen Familie beruht auf der chordalen Konvergenz und Stetigkeit.

In einem Gebiet $\mathfrak{G}$ der geschlossenen Ebene sei eine unendliche Menge $\mathfrak{F}$ von komplexen Funktionen $f(z)$ gegeben, die auch den Wert ∞ annehmen dürfen. Eine solche Menge von Funktionen nennt man *eine normale Familie in* $\mathfrak{G}$, wenn jede unendliche Teilmenge von $\mathfrak{F}$ eine Folge von paarweise verschiedenen Funktionen $f_1(z), f_2(z), \ldots$ enthält, die im Innern von $\mathfrak{G}$ *gleichmäßig chordal konvergiert.*

Man definiert ferner: Eine Menge $\mathfrak{F}$ von Funktionen $f(z)$ bildet *in einem Punkt* z_0 *eine normale Familie,* wenn sie sämtlich in einer Umgebung $\mathfrak{U}(z_0)$ von z_0 erklärt sind und dort eine normale Familie bilden. Es gilt dann der

Satz 47. *Eine Menge $\mathfrak{F}$ von Funktionen $f(z)$ in einem Gebiet $\mathfrak{G}$ bildet dann und nur dann in $\mathfrak{G}$ eine normale Familie, wenn sie in jedem Punkte von $\mathfrak{G}$ eine normale Familie bildet.*

Der Schluß von $\mathfrak{G}$ auf jeden Punkt ist trivial. Die Umkehrung folgt so:

Zunächst sei $\mathfrak{G}$ nicht die geschlossene Ebene. Zu jedem Punkt z aus $\mathfrak{G}$ gibt es eine Umgebung $\mathfrak{U}(z)$, in der $\mathfrak{F}$ eine normale Familie bildet. $\mathfrak{G}$ besitzt eine abzählbare Umgebungsbasis $\mathfrak{V}_1, \mathfrak{V}_2, \mathfrak{V}_3, \ldots$ offener Mengen, d. h. zu jeder beliebigen Umgebung $\mathfrak{U}(z)$ gibt es eine dieser Umgebungen $\mathfrak{V}_\varkappa$, so daß $z \in \mathfrak{V}_\varkappa \subset \mathfrak{U}(z)$ ist. Zu jedem $\mathfrak{V}_\varkappa$ gibt es ein $\mathfrak{V}_\varkappa^*$ der Umgebungsbasis, das kompakt in $\mathfrak{V}_\varkappa$ liegt, so daß $z \in \mathfrak{V}_\varkappa^*$ gilt. Diese $\mathfrak{V}_\varkappa^*$ aus der Umgebungsbasis überdecken $\mathfrak{G}$, und in jedem $\mathfrak{V}_\varkappa$, das in einem der gegebenen $\mathfrak{U}(z)$ enthalten ist, bildet $\mathfrak{F}$ eine normale Familie. Nennen wir die $\mathfrak{V}_\varkappa^*$ nun $\mathfrak{U}_1, \mathfrak{U}_2, \mathfrak{U}_3, \ldots$. Dann gibt es eine Folge voneinander verschiedener Funktionen aus $\mathfrak{F}$:

$$f_{11}(z), f_{12}(z), f_{13}(z), \ldots, \tag{12}$$

die in $\mathfrak{U}_1$ gleichmäßig chordal konvergieren. Die Folge (12) bildet in der $\mathfrak{U}_2$ umfassenden Umgebung $\mathfrak{V}_2$ eine normale Familie, und es gibt daher eine Teilfolge

$$f_{21}(z), f_{22}(z), f_{23}(z), \ldots, \tag{13}$$

die in $\mathfrak{U}_2$ gleichmäßig konvergiert.

So fortfahrend erhalten wir eine Folge von Folgen $\mathfrak{F}_k$:

$$f_{k1}(z), f_{k2}(z), f_{k3}(z), \ldots, \quad k = 1, 2, 3, \ldots,$$

von denen jede in $\mathfrak{U}_1, \mathfrak{U}_2, \ldots, \mathfrak{U}_k$ gleichmäßig chordal konvergiert. Die Diagonalfolge

$$f_{11}(z), f_{22}(z), f_{33}(z), \ldots, \quad k = 1, 2, 3, \ldots$$

konvergiert dann gleichmäßig chordal in jedem $\mathfrak{U}_\varkappa$. Nach I, 10, Satz 56 konvergiert dann die Folge auch gleichmäßig chordal im Innern von $\mathfrak{G}$. Also bildet $\mathfrak{F}$ dort eine normale Familie.

Ist $\mathfrak{G}$ die geschlossene Ebene, so ist $\mathfrak{G}$ kompakt, und endlich viele der Umgebungen $\mathfrak{V}_\varkappa^*$ überdecken $\mathfrak{G}$. Dann ist man nach dem gleichen Schluß wie oben schon nach endlich vielen Schritten zu einer Folge

$$f_{k1}(z), f_{k2}(z), f_{k3}(z), \ldots$$

gelangt, die in den endlich vielen $\mathfrak{V}_\varkappa^*$ gleichmäßig konvergiert, also auch in $\mathfrak{G}$.

Wir kehren nun zu den holomorphen Funktionen zurück und beweisen

Satz 48. *Eine Menge von Funktionen $f(z)$ sei in einem Gebiet $\mathfrak{G}$ holomorph und im Innern gleichartig beschränkt. Dann sind die Funktionen $f(z)$ im Innern von $\mathfrak{G}$ gleichgradig chordal stetig.*

Ist $\mathfrak{G}$ endlich, so sind die kompakt in $\mathfrak{G}$ liegenden Gebiete $\mathfrak{G}_0$ beschränkt, und in diesen sind die gewöhnliche und die chordale Stetigkeit äquivalent. Gilt z. B. für alle Punkte z aus dem obengenannten Gebiet $\mathfrak{G}_0$: $|z| < K$, so wähle man zu gegebenem $\varepsilon > 0$ ein $\delta' = \frac{\delta}{1+K^2}$ (δ von gleicher Bedeutung wie im Beweis zu Satz 45). Für alle z_1, z_2 aus $\mathfrak{G}_0$ mit $\chi(z_1, z_2) < \delta'$ ist dann $|z_1 - z_2| = \sqrt{1+|z_1|^2} \cdot \sqrt{1+|z_2|^2} \cdot \chi(z_1, z_2) < \delta$ und daher

$$\chi(f(z_1), f(z_2)) \leqq |f(z_1) - f(z_2)| < \varepsilon .$$

Ist aber $\mathfrak{G}$ nicht endlich, so können wir annehmen, daß $\mathfrak{G}$ nicht die geschlossene Ebene ist; denn in ihr sind alle holomorphen Funktionen nach dem Satz von LIOUVILLE konstant. In diesem Falle ist nichts zu beweisen. Andernfalls läßt jedoch $\mathfrak{G}$ mindestens einen Punkt a aus. Wir unterwerfen dann die geschlossene Ebene einer Abbildung

$$z = \frac{A z' - B}{\overline{B} z' + \overline{A}}, \quad A\overline{A} + B\overline{B} = 1, \quad \frac{A}{\overline{B}} = a,$$

bei der der Punkt ∞ in den nicht zu $\mathfrak{G}$ gehörenden Punkt a übergeht. Hierbei bleibt nach I, 2 der chordale Abstand ungeändert. Wir betrachten nun die Funktionen

$$g(z') = f\left(\frac{A z' - B}{\bar{B} z' + \bar{A}}\right).$$

Diese Funktionen sind holomorph im Bildgebiet $\mathfrak{G}'$ von $\mathfrak{G}$, welches aber endlich ist, da zu ihm nicht der Punkt ∞ gehört. Ist nun $\mathfrak{G}_0$ irgendein kompakt in $\mathfrak{G}$ liegendes Teilgebiet und $\mathfrak{G}_0'$ sein Bildgebiet in $\mathfrak{G}'$, so gibt es zu jedem $\varepsilon > 0$ ein $\delta > 0$, so daß für zwei Punkte z_1', z_2' aus $\mathfrak{G}_0'$ mit $\chi(z_1', z_2') < \delta$ auch gilt $\chi(g(z_1'), g(z_2')) < \varepsilon$. Dann gilt aber auch in $\mathfrak{G}_0$ für zwei beliebige Punkte z_1, z_2 mit $\chi(z_1, z_2) < \delta$ stets:

$$\chi(z_1', z_2') = \chi(z_1, z_2) < \delta$$

und daher

$$\chi(f(z_1), f(z_2)) = \chi(g(z_1'), g(z_2')) < \varepsilon\,.$$

Damit ist der Satz bewiesen.

Aus dem Beweis zu Satz 48 folgt nun, daß *eine Menge $\mathfrak{F}$ von Funktionen $f(z)$, die in $\mathfrak{G}$ holomorph und gleichartig beschränkt ist, dort eine normale Familie bildet.* In $\mathfrak{G}'$ ist dieses nach dem Satz von MONTEL für die Funktionen $g(z')$ richtig, und daher gilt gleiches für die Funktionen $f(z)$ in $\mathfrak{G}$. Aber es ist keineswegs so, daß eine normale Familie holomorpher Funktionen in einem Gebiet im Innern gleichartig beschränkt sein muß. Eine beschränkte Familie ist normal, aber eine normale Familie braucht noch nicht beschränkt zu sein. Da der Begriff der normalen Familie auf der chordalen Konvergenz beruht, so ist durchaus auch Konvergenz gegen ∞ zugelassen. Es gelten hier nun die folgenden Sätze:

Satz 49. *$f_1(z)$, $f_2(z)$, ... sei eine Folge in einem Gebiet $\mathfrak{G}$ holomorpher Funktionen, die im Innern von $\mathfrak{G}$ gleichmäßig chordal konvergiert. Im Punkte z_0 aus $\mathfrak{G}$ möge sie gegen ∞ konvergieren. Dann konvergiert sie im Innern von $\mathfrak{G}$ gleichmäßig chordal gegen die Konstante ∞.*

Nach I, 10, Satz 62 sind die $f_n(z)$ im Punkte z_0 stetig konvergent. Daher gibt es eine Umgebung $\mathfrak{U}(z_0)$, eine Zahl $M > 0$ und ein n_0, so daß für $n > n_0$ in $\mathfrak{U}(z_0)$ gilt: $|f_n(z)| > M$. Dann sind die Funktionen $g_n(z) = \frac{1}{f_n(z)}$ für $n > n_0$ in $\mathfrak{U}(z_0)$ holomorph und von Null verschieden. Ferner sind sie dort gleichmäßig chordal konvergent und beschränkt. Daher konvergieren sie auch im gewöhnlichen Sinne gleichmäßig gegen eine holomorphe Grenzfunktion $g(z)$. Im Punkte z_0 ist $g(z_0) = 0$. Wir behaupten nun, daß $g(z) \equiv 0$ ist. Wäre dies nicht der Fall, so läge nach 4, Satz 30 die Nullstelle z_0 von $g(z)$ isoliert. Wir würden dann um z_0 in $\mathfrak{U}(z_0)$ einen Kreis $\mathfrak{K}$ so legen, daß auf seinem Rand $g(z) \neq 0$ ist. m sei das Minimum von $|g(z)|$ auf $\mathfrak{K}$. Für hinreichend große n wäre daher auf dem Kreis $\mathfrak{K}$: $|g_n(z) - g(z)| < \frac{m}{2}$. Wegen $|g(z)| \geqq m$ wäre dann $|g_n(z)| > \frac{m}{2}$. Nun sind die Funktionen $g_n(z)$ sämtlich von Null verschieden. Daher gilt nach dem Satz vom Minimum (3, Satz 15) auch in $\mathfrak{K}$ überall $|g_n(z)| > \frac{m}{2}$. Dann kann aber $g(z_0) = \lim g_n(z_0)$ nicht gleich Null sein. Dies ist ein Widerspruch. Es muß $g(z) \equiv 0$ in $\mathfrak{U}(z_0)$ sein. Wegen der gleichmäßigen chordalen Konvergenz der $f_n(z)$ müssen diese in $\mathfrak{U}(z_0)$ gleichmäßig gegen ∞ konvergieren.

Sei jetzt z_1 irgendein Punkt aus $\mathfrak{G}$. Wir verbinden ihn durch ein einfaches Polygon mit z_0. Konvergiert in z_1 die Folge nicht gegen ∞, so gibt es auf dem Polygon von z_0 aus gesehen einen ersten Punkt z_2, so daß zwischen z_0 und z_2 überall Konvergenz gegen ∞ herrscht, in beliebiger Nähe von z_2 aber Punkte auf dem Polygon liegen, für die dies nicht mehr gilt. Wegen der stetigen Konvergenz der Funktionen $f_n(z)$ in z_2 muß in z_2 auch Konvergenz gegen ∞ herrschen. Dann folgt aber nach dem ersten Teil unseres Beweises, daß dies auch noch in einer ganzen Umgebung von z_2 gilt. Es gibt also keinen Punkt z_2 der genannten Art auf dem Polygon. In z_1 herrscht auch Konvergenz gegen ∞. Damit ist der Beweis erbracht. Aus diesem Satz folgt nun

Satz 50. *Enthält die normale Familie $\mathfrak{F}$ von in $\mathfrak{G}$ holomorphen Funktionen keine Folge, die im Innern von $\mathfrak{G}$ gleichmäßig chordal gegen ∞ konvergiert, so ist $\mathfrak{F}$ im Innern von $\mathfrak{G}$ gleichartig beschränkt.*

Wäre dies nicht der Fall, so gäbe es in $\mathfrak{G}$ ein kompaktes Teilgebiet $\mathfrak{G}_0$ und darin eine Punktfolge $z_1, z_2, z_3, \ldots$, so daß zu jedem z_n eine Funktion $f_n(z)$ aus $\mathfrak{F}$ existierte mit $|f_n(z_n)| > n$. Die z_n haben einen Häufungspunkt z_0 in $\mathfrak{G}$ und eine gegen ihn konvergierende Teilfolge. Die zugehörigen $f_n(z)$ besitzen eine im Innern von $\mathfrak{G}$ gleichmäßig chordal konvergente Teilfolge. Also gibt es Punkte z_{n_k} mit $\lim\limits_{k\to\infty} z_{n_k} = z_0$ und dazu Funktionen $f_{n_k}(z)$, die im Innern von $\mathfrak{G}$ gleichmäßig konvergieren, so daß $\lim\limits_{k\to\infty} f_{n_k}(z_{n_k}) = \infty$ ist. Wegen der stetigen Konvergenz der $f_{n_k}(z)$ ist dann auch $\lim\limits_{k\to\infty} f_{n_k}(z_0) = \infty$. Dann konvergieren aber nach Satz 49 die $f_{n_k}(z)$ gleichmäßig chordal gegen ∞. Da es aber eine solche Folge nicht geben soll, müssen die Funktionen von $\mathfrak{F}$ im Innern von $\mathfrak{G}$ gleichartig beschränkt sein.

Nun beweisen wir

Satz 51 (VITALI). *Die Folge $f_n(z)$, $n = 1, 2, 3, \ldots$, bilde im Gebiete $\mathfrak{G}$ eine normale Familie holomorpher Funktionen. In allen Punkten einer Folge z_m, $m = 1, 2, 3, \ldots$, die sich gegen einen inneren Punkt z_0 von $\mathfrak{G}$ häufen, sei die Folge chordal konvergent. Dann konvergiert sie chordal in ganz $\mathfrak{G}$, und zwar gleichmäßig im Innern von $\mathfrak{G}$.*

Wir zeigen zunächst, daß die Folge in jedem Punkte z von $\mathfrak{G}$ konvergiert. Andernfalls gäbe es einen Punkt z^*, in dem die Folge $f_n(z^*)$ zwei Häufungspunkte a und b hätte. Sei $f_n^*(z^*)$ eine Teilfolge, die gegen a und $f_n^{**}(z^*)$ eine solche, die gegen b konvergiert. Jede der Folgen $f_n^*(z)$ und $f_n^{**}(z)$ besitzt eine im Innern von $\mathfrak{G}$ gleichmäßig chordal konvergente Teilfolge $f_{n_k}^*(z)$ und $f_{n_k}^{**}(z)$. Sie konvergieren nach Satz 49 entweder gegen eine holomorphe Grenzfunktion oder gegen die Konstante ∞. In den Punkten z_m konvergieren sie als Teilfolge von $f_n(z_m)$, $n = 1, 2, 3, \ldots$ gegen denselben Wert. Ist auch nur einer der Grenzwerte von $f_n(z_m)$ der Wert ∞, so konvergieren $f_{n_k}^*(z)$ und $f_{n_k}^{**}(z)$ nach Satz 49 gegen ∞. Also ist dann $a = b = \infty$. Sind aber die Grenzwerte von $f_n(z_m)$ endlich: $\lim\limits_{n\to\infty} f_n(z_m) = a_m$, so stimmen die Werte der Grenzfunktionen $F^*(z)$ und $F^{**}(z)$ der Folgen $f_{n_k}^*(z)$ und $f_{n_k}^{**}(z)$ in diesen Punkten überein. Also müssen die Grenzfunktionen, da sie holomorph sind, nach dem Identitätssatz (4, Satz 28) übereinstimmen: $F^*(z) \equiv F^{**}(z)$. Dann ist aber auch

$$\begin{aligned} a &= \lim_{n\to\infty} f_n^*(z^*) = \lim_{k\to\infty} f_{n_k}^*(z^*) = F^*(z^*) \\ &= F^{**}(z^*) = \lim_{k\to\infty} f_{n_k}^{**}(z^*) = \lim_{n\to\infty} f_n^{**}(z^*) = b\,, \end{aligned}$$

im Gegensatz zu unserer Annahme.

Die Grenzfunktion der Folge $f_n(z)$ sei $f(z)$. Wäre die Folge im Innern nicht *gleichmäßig* chordal konvergent, so gäbe es in $\mathfrak{G}$ eine kompakte Punktmenge $\mathfrak{M}$, dazu ein $\varepsilon_0 > 0$, Punkte $z_1', z_2', \ldots$ aus $\mathfrak{M}$ und Funktionen $f_{n_1}(z), f_{n_2}(z), \ldots$ mit $n_1 < n_2 < \cdots$, so daß

$$\chi(f_{n_\nu}(z_\nu') - f(z_\nu')) \geqq \varepsilon_0 \tag{14}$$

wäre. Die Folge $f_{n_\nu}(z)$ hätte — da die Folge $f_n(z)$ eine normale Familie bildet — eine in $\mathfrak{M}$ gleichmäßig konvergente Teilfolge $f_{n_{\nu_\mu}}(z)$. Für diese würde gleichfalls für alle μ

$$\chi\left(f_{n_{\nu_\mu}}(z_{\nu_\mu}') - f(z_{\nu_\mu}')\right) \geqq \varepsilon_0$$

sein, was aber der gleichmäßigen chordalen Konvergenz in $\mathfrak{M}$ widerspricht.

Der Satz von Vitali enthält in Verbindung mit dem Satz von Montel den wichtigen Spezialfall:

Satz 51a. $f_n(z)$, $n = 1, 2, \ldots$, *sei eine unendliche Folge von im Gebiete* $\mathfrak{G}$ *holomorphen und im Innern von* $\mathfrak{G}$ *gleichartig beschränkten Funktionen. Sie sei konvergent in den Punkten* z_m, $m = 1, 2, \ldots$, *die sich in* z_0 *aus* $\mathfrak{G}$ *häufen. Dann konvergiert die Folge* $f_n(z)$ *gleichmäßig im Innern von* $\mathfrak{G}$.

Den letzten Satz sprechen wir wegen seiner Wichtigkeit noch gesondert für Reihen aus:

Satz 51b. *Die Funktionen* $g_n(z)$, $n = 1, 2, \ldots$, *seien im Gebiet* $\mathfrak{G}$ *holomorph. Die Partialsummen* $G_p(z) = \sum_{n=1}^{p} g_n(z)$ *seien im Innern von* $\mathfrak{G}$ *gleichartig beschränkt.* $\sum_{n=1}^{\infty} g_n(z)$ *sei konvergent in den Punkten* $z_1, z_2, \ldots$ *mit dem Häufungspunkt* z_0 *in* $\mathfrak{G}$. *Dann konvergiert* $\sum_{n=1}^{\infty} g_n(z)$ *im Innern von* $\mathfrak{G}$ *gleichmäßig.*

Die durch die Partialsummen definierten Funktionen $G_p(z)$ sind in $\mathfrak{G}$ offenbar holomorph und im Innern gleichartig beschränkt, so daß die Behauptung unmittelbar aus Satz 51a folgt.

Anhang. Harmonische Funktionen

Wir haben zu Beginn unserer Betrachtungen (s. I, 8, Satz 45) gesehen, daß der Realteil $u(x, y)$ und der Imaginärteil $v(x, y)$ einer in $\mathfrak{G}$ holomorphen Funktion $f(z) = u(x, y) + iv(x, y)$ dort harmonische Funktionen sind, wenn u und v noch stetige zweite partielle Ableitungen haben. Später (II, 3, Satz 11) ergab sich, daß eine in $\mathfrak{G}$ holomorphe Funktion dort überall beliebig häufig differenzierbar ist. Also sind unter allen Umständen der Real- und Imaginärteil einer in $\mathfrak{G}$ holomorphen Funktion harmonische Funktionen. Diese harmonischen Funktionen treten in der Physik häufig als Potentiale auf. Deshalb werden sie auch *Potentialfunktionen* genannt. So werden wir veranlaßt, die wichtigsten Eigenschaften der harmonischen Funktionen nunmehr zu behandeln. Wir vermögen sie aus der Theorie der analytischen Funktionen abzulesen, wie man auch umgekehrt in einer rein reellen Analysis die harmonischen Funktionen behandeln und aus den Ergebnissen die Eigenschaften der analytischen Funktionen ablesen könnte. Historisch ging man zunächst diesen Weg, während heute durchweg unser Verfahren angewandt wird.

Eine Funktion $v(x, y)$ heißt zu der harmonischen Funktion $u(x, y)$ in $\mathfrak{G}$ *konjugiert*, wenn $f(z) = u(x, y) + iv(x, y)$ in $\mathfrak{G}$ holomorph ist.

Man sieht unmittelbar ein, daß eine konjugierte Funktion ihrerseits auch wieder harmonisch ist. Ist ferner v zu u und w zu v konjugiert, so sind $f(z) = u + iv$ und $g(z) = v + iw$ in $\mathfrak{G}$ holomorph; also gilt dies auch für $f(z) - ig(z) = u + w$. Da $u + w$ zugleich eine reelle Funktion ist, ist sie gleich einer Konstanten C. Folglich ist

$$w = -u + C.$$

Satz 52. *Alle zu einer harmonischen Funktion* $u(x, y)$ *in einem Gebiete* $\mathfrak{G}$ *konjugierten Funktionen unterscheiden sich nur um eine Konstante,* *und jede Funktion, die sich von einer konjugierten Funktion nur um eine Konstante unterscheidet, ist wieder eine konjugierte Funktion.*

Seien v_1 und v_2 zu u konjugiert. Da dann $u + iv_1 = f_1(z)$ und $u + iv_2 = f_2(z)$ in $\mathfrak{G}$ holomorph sind, so ist

$$f_1(z) - f_2(z) = i(v_1 - v_2)$$

eine rein imaginäre Funktion, die ebenfalls in $\mathfrak{G}$ holomorph und deshalb eine Konstante iC ist. Also hat man

$$v_1 = v_2 + C\,.$$

Ist andererseits

$$f_1(z) = u + iv$$

in $\mathfrak{G}$ holomorph, so ist auch

$$f_2(z) = u + i(v + C) = u + iv + iC$$

in $\mathfrak{G}$ holomorph.

Satz 53. *Zu jeder in einem einfach zusammenhängenden Gebiet $\mathfrak{G}$ zweimal stetig differenzierbaren harmonischen Funktion $u(x, y)$ gibt es eine in $\mathfrak{G}$ holomorphe Funktion, von der sie der Realteil ist. Diese holomorphe Funktion ist eindeutig festgelegt, sobald der Imaginärteil von $f(z)$ in einem Punkte von $\mathfrak{G}$ angegeben ist.*

Aus der reellen Analysis übernehmen wir die Aussage, daß eine zweimal stetig differenzierbare Funktion $v(x, y)$ bis auf eine additive Konstante eindeutig durch

$$\frac{\partial v}{\partial x} = h_1(x, y) \quad \text{und} \quad \frac{\partial v}{\partial y} = h_2(x, y)$$

bestimmt ist, wenn die Beziehung

$$\frac{\partial h_1}{\partial y} = \frac{\partial h_2}{\partial x} \tag{1}$$

gilt. Dabei kann $v(x, y)$ durch das in einem einfach zusammenhängenden Gebiete $\mathfrak{G}$ vom Integrationsweg unabhängige Integral dargestellt werden:

$$v(x, y) = \int\limits_{x_0, y_0}^{x, y} (h_1(x, y)\,dx + h_2(x, y)\,dy) + v_0\,.$$

Nun sei (x_0, y_0) ein beliebiger Punkt aus $\mathfrak{G}$, v_0 eine beliebige Konstante und

$$h_1(x, y) = -\frac{\partial u}{\partial y} \quad \text{und} \quad h_2(x, y) = \frac{\partial u}{\partial x}\,.$$

Da $u(x, y)$ eine harmonische Funktion ist, so ist (1) erfüllt. Daher gelangen wir in

$$v(x, y) = \int\limits_{x_0, y_0}^{x, y} \left(-\frac{\partial u}{\partial y}\,dx + \frac{\partial u}{\partial x}\,dy\right) + v_0 \tag{2}$$

zu der gewünschten Funktion.

$v(x, y)$ ist harmonisch in $\mathfrak{G}$, da

$$\frac{\partial v}{\partial x} = -\frac{\partial u}{\partial y} \quad \text{und} \quad \frac{\partial v}{\partial y} = \frac{\partial u}{\partial x}$$

und damit

$$\frac{\partial^2 v}{\partial x^2} + \frac{\partial^2 v}{\partial y^2} = 0$$

ist. Zugleich ist $v(x, y)$ konjugiert zu $u(x, y)$; denn

$$f(z) = u(x, y) + i v(x, y)$$

ist holomorph in $\mathfrak{G}$, da in $\mathfrak{G}$ die Cauchy-Riemannschen Differentialgleichungen erfüllt sind. Im Punkte (x_0, y_0) hat $f(z)$ den Wert $u_0 + i v_0$, wobei $u_0 = u\ (x_0, y_0)$ ist. Ist v_0 gegeben, so ist $f(z)$ eindeutig bestimmt. Damit ist der Beweis erbracht.

Ist $\mathfrak{G}$ nicht mehr einfach zusammenhängend, so existiert zu einer harmonischen Funktion $u(x, y)$ zunächst im Kleinen eine konjugiert harmonische Funktion, die durch das Integral (2) gegeben ist. Dieses Integral läßt sich in $\mathfrak{G}$ beliebig fortsetzen. Dabei kann es jedoch passieren, daß man zu einem Punkt (x, y) auf verschiedenen Wegen gelangt, die sich nicht in $\mathfrak{G}$ ineinander deformieren lassen. Hierbei kann der Funktionswert von $v(x, y)$ verschiedene Werte annehmen. Man erhält dann verschiedene Zweige von $v(x, y)$ in $\mathfrak{G}$, die sich untereinander in einem einfach zusammenhängenden Teilgebiet von $\mathfrak{G}$ nur durch additive Konstanten unterscheiden, weil die Ableitungen von v eindeutig in $\mathfrak{G}$ bestimmt sind. Im Kleinen sind also die konjugiert harmonischen Funktionen, sobald ein Funktionswert vorgegeben ist, eindeutig bestimmt; nur lassen sich diese im Kleinen gegebenen Funktionen im allgemeinen nicht zu einer eindeutigen Funktion in $\mathfrak{G}$ ergänzen, sobald $\mathfrak{G}$ mehrfach zusammenhängend ist (Beispiel: $\log z = \log |z| + i \operatorname{arc} z$ in der im Nullpunkt punktierten endlichen Ebene).

Nunmehr kommen wir zur *Poissonschen Integralformel*. Wir führen dazu in der Umgebung eines Punktes $z_0 = x_0 + i y_0$ in $\mathfrak{G}$ Polarkoordinaten

$$x - x_0 = r \cos\psi\,,$$
$$y - y_0 = r \sin\psi$$

ein und schreiben statt $u(x, y)$ auch

$$U(r, \psi) = u(x_0 + r\cos\psi,\ y_0 + r\sin\psi)\,.$$

Satz 54 *(Poissonsche Integralformel). Ist $u(x, y)$ harmonisch in $\mathfrak{G}$ und enthält $\mathfrak{G}$ den Punkt z_0, so gilt für $r < R$:*

$$U(r, \psi) = \frac{1}{2\pi} \int_0^{2\pi} U(R, \varphi) \frac{R^2 - r^2}{R^2 - 2rR\cos(\psi - \varphi) + r^2}\, d\varphi\,,$$

wenn $z = x + i y = z_0 + r e^{i\psi}$ ist und der Kreis $|z - z_0| \leq R$ noch in $\mathfrak{G}$ liegt.

$\mathfrak{K}$ sei der Kreis $|z - z_0| = R$. Gemäß Satz 53 bilden wir eine holomorphe Funktion $f(z)$ in $\mathfrak{K}$ mit dem Realteil $\mathrm{Re}(f(z)) = u(x, y)$. Dann gilt nach der Cauchyschen Integralformel:

$$f(z) = \frac{1}{2\pi i}\int\limits_{\mathfrak{K}} \frac{f(\zeta)}{\zeta - z}\,d\zeta = \frac{1}{2\pi}\int\limits_0^{2\pi} f(z_0 + R\cdot e^{i\varphi})\,\frac{R\cdot e^{i\varphi}}{R\cdot e^{i\varphi} - r\cdot e^{i\psi}}\,d\varphi \quad (3)$$

mit $\zeta = z_0 + R\cdot e^{i\varphi}$. Es sei nun

$$z^* - z_0 = \frac{R^2}{\bar{z} - \bar{z}_0} = \frac{R^2}{r}\cdot e^{i\psi}.$$

z^* liegt außerhalb $\mathfrak{K}$. Also ist die Funktion $\frac{f(\zeta)}{\zeta - z^*}$ als Funktion von ζ in $\mathfrak{K}$ holomorph, und es gilt:

$$0 = \frac{1}{2\pi i}\int\limits_{\mathfrak{K}} \frac{f(\zeta)}{\zeta - z^*}\,d\zeta = \frac{1}{2\pi}\int\limits_0^{2\pi} f(z_0 + R\cdot e^{i\varphi})\,\frac{r\cdot e^{i\varphi}}{r\cdot e^{i\varphi} - R\cdot e^{i\psi}}\,d\varphi. \quad (4)$$

Durch Subtraktion von (3) und (4) folgt:

$$f(z) = \frac{1}{2\pi}\int\limits_0^{2\pi} f(z_0 + R\cdot e^{i\varphi})\left[\frac{R\cdot e^{i\varphi}}{R\cdot e^{i\varphi} - r\cdot e^{i\psi}} - \frac{r\cdot e^{i\varphi}}{r\cdot e^{i\varphi} - R\cdot e^{i\psi}}\right]d\varphi$$

$$= \frac{1}{2\pi}\int\limits_0^{2\pi} f(z_0 + R\cdot e^{i\varphi})\,\frac{R^2 - r^2}{R^2 - 2rR\cos(\psi - \varphi) + r^2}\,d\varphi.$$

Und die Abspaltung des Realteils ergibt:

$$U(r, \psi) = \frac{1}{2\pi}\int\limits_0^{2\pi} U(R, \varphi)\,\frac{R^2 - r^2}{R^2 - 2Rr\cos(\psi - \varphi) + r^2}\,d\varphi. \quad (5)$$

Damit ist der Satz bewiesen.

Für den Mittelpunkt z_0 des Kreises ($r = 0$) liefert die Formel (5):

$$u(x_0, y_0) = U(0, \psi) = \frac{1}{2\pi}\int\limits_0^{2\pi} U(R, \varphi)\,d\varphi. \quad (6)$$

Auf der rechten Seite der Gleichung steht der „*Mittelwert*" der Werte von u auf dem Kreis $|z - z_0| = R$. Aus dieser Formel entnehmen wir unmittelbar

Satz 55. *Eine in einem Gebiet $\mathfrak{G}$ harmonische, nicht konstante Funktion nimmt ihr Maximum und ihr Minimum nicht im Innern an.*

Würde sie etwa das Maximum M im inneren Punkt P annehmen und im Punkte Q_0 aus $\mathfrak{G}$ einen kleineren Wert haben, so schließen wir mit Hilfe von Formel (6) wie in 3, Satz 14 und kommen zu einem Widerspruch.

Die Aussage über das Minimum folgt durch Übergang von u zu $-u$.

Wir drücken nun auch die zu $u(x, y)$ konjugierte Funktion $v(x, y) = v(x_0 + r\cos\psi, y_0 + r\sin\psi) = V(r, \psi)$ bis auf eine additive Konstante durch die Randwerte von $u(x, y)$ aus. Addieren wir (3) und (4), so folgt

$$f(z) = \frac{1}{2\pi}\int_0^{2\pi} f(z_0 + R\cdot e^{i\varphi})\left[\frac{R\cdot e^{i\varphi}}{R\cdot e^{i\varphi} - r\cdot e^{i\psi}} + \frac{r\cdot e^{i\varphi}}{r\cdot e^{i\varphi} - R\cdot e^{i\psi}}\right] d\varphi$$

$$= \frac{1}{2\pi}\int_0^{2\pi} f(z_0 + R\cdot e^{i\varphi})\left[1 + i\,\frac{2\,Rr\sin(\psi - \varphi)}{R^2 - 2\,Rr\cos(\psi - \varphi) + r^2}\right] d\varphi.$$

Beachtet man noch, daß $v(x_0, y_0) = \frac{1}{2\pi}\int_0^{2\pi} V(R, \varphi)\,d\varphi$ ist, so liefert die Abspaltung des Imaginärteils:

$$V(r, \psi) = v(x_0, y_0) + \frac{1}{\pi}\int_0^{2\pi} U(R, \varphi)\,\frac{Rr\sin(\psi - \varphi)}{R^2 - 2\,Rr\cos(\psi - \varphi) + r^2}\,d\varphi\,. \tag{7}$$

Da

$$\frac{\zeta + z - 2\,z_0}{\zeta - z} = \frac{R\cdot e^{i\varphi} + r\cdot e^{i\psi}}{R\cdot e^{i\varphi} - r\cdot e^{i\psi}} = \frac{R^2 - r^2 + i\cdot 2Rr\sin(\psi - \varphi)}{R^2 - 2\,Rr\cos(\psi - \varphi) + r^2}$$

ist, so können wir (5) und (7) zusammenfassen und erhalten für $f(z)$:

$$f(z) = \frac{1}{2\pi}\int_0^{2\pi} \frac{\zeta + z - 2z_0}{\zeta - z}\cdot U(R, \varphi)\,d\varphi + i\cdot v(x_0, y_0)\,. \tag{8}$$

$u(x, y)$ ist also durch die Randwerte von u auf $|z - z_0| = R$ völlig bestimmt, $v(x, y)$ und $f(z)$ bis auf die Konstanten $v(x_0, y_0)$ bzw. $iv(x_0, y_0)$.

Entwickeln wir den Bruch $\frac{\zeta + z - 2z_0}{\zeta - z}$ in eine geometrische Reihe.

$$\frac{\zeta + z - 2z_0}{\zeta - z} = 1 + 2\sum_{n=1}^{\infty}\left[\frac{z - z_0}{\zeta - z_0}\right]^n = 1 + 2\sum_{n=1}^{\infty}\left(\frac{r}{R}\right)^n\cdot e^{in(\psi - \varphi)},$$

so dürfen wir gliedweise integrieren, solange $\frac{r}{R} < 1$ ist. Es ergibt sich:

$$f(z) = i\cdot v(x_0, y_0) + \frac{a_0}{2} + \sum_{n=1}^{\infty}\left(\frac{r}{R}\right)^n a_n e^{in\psi}$$

mit

$$a_n = \frac{1}{\pi}\int_0^{2\pi} U(R, \varphi)\,e^{-in\varphi}\,d\varphi\,, \quad n = 0, 1, 2, \ldots\,.$$

Spalten wir in Real- und Imaginärteil auf, so erhalten wir:

$$U(r, \psi) = \frac{\alpha_0}{2} + \sum_{n=1}^{\infty}\left(\frac{r}{R}\right)^n\cdot(\alpha_n\cos n\psi + \beta_n\sin n\psi)\,,$$

$$V(r, \psi) = v(x_0, y_0) + \sum_{n=1}^{\infty}\left(\frac{r}{R}\right)^n(-\beta_n\cos n\psi + \alpha_n\sin n\psi)$$

mit

$$\alpha_n = \frac{1}{\pi}\int_0^{2\pi} U(R,\varphi)\cos n\varphi\, d\varphi\,,$$

$$\beta_n = \frac{1}{\pi}\int_0^{2\pi} U(R,\varphi)\sin n\varphi\, d\varphi\,.$$

Damit haben wir die Potentialfunktionen u und v nach den elementaren Potentialfunktionen $r^n\cdot\cos n\varphi$ und $r^n\cdot\sin n\varphi$ entwickelt, die man bekanntlich erhält, wenn man die Potentialgleichung $\Delta u = 0$ in Polarkoordinaten schreibt und dann eine Separation der Variablen r und φ durchführt.

Wir wollen nun noch *Abschätzungen für den Real- und Imaginärteil* einer in $|z - z_0| < R_0$ holomorphen Funktion $f(z)$, die auf $|z - z_0| = R_0$ noch stetig ist, herleiten, wenn auf dem Rand $|U(R_0, \varphi| \leqq M$ ist. Dazu wählen wir zunächst $R < R_0$, leiten für R die Abschätzungen ab und gehen dann zur Grenze $R \to R_0$ über. Wir bilden für $r < R$ die Ausdrücke

$$U(r,\psi) - u(x_0, y_0) = \frac{1}{2\pi}\int_0^{2\pi} U(R,\varphi)\left[\frac{R^2 - r^2}{R^2 - 2Rr\cos(\psi-\varphi) + r^2} - 1\right] d\varphi$$

$$= \frac{1}{\pi}\int_0^{2\pi} U(R,\varphi)\frac{Rr\cos(\psi-\varphi) - r^2}{R^2 - 2Rr\cos(\psi-\varphi) + r^2}\, d\varphi\,,$$

$$V(r,\psi) - v(x_0, y_0) = \frac{1}{\pi}\int_0^{2\pi} U(R,\varphi)\frac{Rr\sin(\psi-\varphi)}{R^2 - 2Rr\cos(\psi-\varphi) + r^2}\, d\varphi\,.$$

Die Nenner der Integranden sind stets positiv. Daher erhalten wir eine obere Schranke für die Integrale, wenn wir an Stelle von $U(R, \varphi)$ den Wert $+M$ setzen, wo die Zähler positiv sind, und den Wert $-M$ für die negativen Zähler. Mit $\varphi - \psi = \vartheta$ ergibt sich also:

$$|U(r,\psi) - u(x_0, y_0)| \leqq$$

$$\leqq \frac{M}{\pi}\left[\int_{-\vartheta_1}^{\vartheta_1} \frac{Rr\cos\vartheta - r^2}{R^2 - 2Rr\cos\vartheta + r^2}\, d\vartheta - \int_{\vartheta_1}^{2\pi-\vartheta_1} \frac{Rr\cos\vartheta - r^2}{R^2 - 2Rr\cos\vartheta + r^2}\, d\vartheta\right].$$

ϑ_1 und $-\vartheta_1$ sind diejenigen Stellen, bei denen der Zähler den Wert Null hat, also $\vartheta_1 = \operatorname{arc}\cos r/R$. Um die Integrale zu berechnen, wird man das zweite Integral wie folgt zerlegen:

$$-\int_{\vartheta_1}^{2\pi-\vartheta_1} = \int_{-\vartheta_1}^{\vartheta_1} - \int_{-\vartheta_1}^{2\pi-\vartheta_1}\,.$$

Das Integral von $-\vartheta_1$ bis $2\pi - \vartheta_1$ ist das Poissonsche Integral über $U(r, \psi) - u(x_0, y_0)$ für die Funktion $U(r, \psi) \equiv 1$. Es verschwindet also, und wir erhalten, wenn wir noch berücksichtigen, daß der Integrand in ϑ gerade ist,

$$|U(r, \psi) - u(x_0, y_0)| \leqq \frac{4M}{\pi} \int_0^{\vartheta_1} \frac{Rr\cos\vartheta - r^2}{R^2 - 2Rr\cos\vartheta + r^2} d\vartheta .$$

Dieses Integral läßt sich elementar berechnen, und man erhält die „Schwarzsche *Arcussinus-Formel*“:

$$|U(r, \psi) - u(x_0, y_0)| \leqq \frac{4M}{\pi} \cdot \arcsin \frac{r}{R} .$$

Einfacher ist die Abschätzung der Funktion $V(r, \psi)$. Wir setzen auch hier $\vartheta = \varphi - \psi$. Dann gilt:

$$|V(r, \psi) - v(x_0, y_0)| \leqq \frac{2M}{\pi} \int_0^{\pi} \frac{rR\sin\vartheta}{R^2 - 2Rr\cos\vartheta + r^2} d\vartheta ,$$

folglich

$$|V(r, \psi) - v(x_0, y_0)| \leqq \frac{2M}{\pi} \log \frac{R+r}{R-r} .$$

Wir wenden uns jetzt dem *Randwertproblem* harmonischer Funktionen in einem Kreise zu. Bisher haben wir u, v und f im Innern von $|z| \leqq R$ durch die Werte von u auf dem Kreisrande bestimmt unter der Voraussetzung, daß $f(z)$ auf dem Rande noch stetig war. Es liegt jetzt nahe, allein von einer beliebigen reellen stetigen Funktion $g(\varphi)$ der reellen Veränderlichen φ mit der Periode 2π auszugehen und dazu eine Funktion u (und damit dann auch v und f) zu bestimmen, die im Innern des Kreises $|z - z_0| < R$ harmonisch ist und auf dem Rande $z = z_0 + R \cdot e^{i\varphi}$ gerade die stetigen Werte $g(\varphi)$ annimmt. Dazu gehen wir von (8) aus und definieren $u(x, y)$ durch

$$u(x, y) = \operatorname{Re}\left\{\frac{1}{2\pi} \cdot \int_0^{2\pi} \frac{\zeta + z - 2z_0}{\zeta - z} g(\varphi)\, d\varphi\right\} .$$

Darin ist $z = x + iy = z_0 + r \cdot e^{i\psi}$ und $\zeta = z_0 + R \cdot e^{i\varphi}$.

$\frac{1}{2\pi} \int_0^{2\pi} \frac{\zeta + z - 2z_0}{\zeta - z} g(\varphi)\, d\varphi$ ist eine in z holomorphe Funktion; also ist $u(x, y)$ in der Tat für $|z - z_0| < R$ harmonisch.

Schwieriger ist es nachzuweisen, daß

$$\lim_{n\to\infty} u(x_n, y_n) = g(\varphi_0), \quad \text{wenn} \quad \lim_{n\to\infty} (x_n + iy_n) = z_0 + R \cdot e^{i\varphi_0} \tag{9}$$

ist. Es sei

$$K(r, \psi, \varphi) = \frac{1}{2\pi} \cdot \operatorname{Re}\left[\frac{\zeta + z - 2z_0}{\zeta - z}\right] = \frac{1}{2\pi} \frac{R^2 - r^2}{R^2 - 2Rr\cos(\psi - \varphi) + r^2} .$$

Für $r < R$ ist $K(r, \psi, \varphi) > 0$.

Ferner entnehmen wir aus der Poissonschen Integralformel für $u \equiv 1$:

$$\int_0^{2\pi} K(r, \psi, \varphi)\, d\varphi = 1\,. \tag{10}$$

Schließlich konvergiert

$$\int_{\varphi_1}^{\varphi_2} K(r, \psi, \varphi)\, d\varphi\,, \tag{11}$$

erstreckt über einen Teilbogen der Kreisperipherie, gegen 1, falls der Punkt $z = z_0 + r \cdot e^{i\psi}$ gegen einen inneren Punkt z' dieses Bogens geht. Dies ist bewiesen, wenn bekannt ist, daß das Integral über den Restbogen gegen Null konvergiert. Nun ist aber $K(r, \psi, \varphi)$ stetig, solange nicht zugleich r gegen R und ψ gegen φ geht. Außerdem gilt für $\psi \neq \varphi$:

$$K(R, \psi, \varphi) = 0\,.$$

In einer Umgebung des Restbogens konvergiert $K(r, \psi, \varphi)$ sogar gleichmäßig gegen Null, falls z gegen z' konvergiert, so daß die Behauptung über das Restintegral zutreffen muß.

Zum Beweis von (9) sei S die Maximalschwankung von $g(\varphi)$ auf $|z - z_0| = R$ und S_τ das Maximum von

$$|g(\varphi_1) - g(\varphi_2)| \text{ für } |\varphi_1 - \varphi_2| \leqq \tau\,.$$

Wir subtrahieren nun von

$$u(x, y) = \int_0^{2\pi} K(r, \psi, \varphi) \cdot g(\varphi)\, d\varphi$$

folgende Gleichung, die sich aus (10) ergibt:

$$g(\varphi_0) = \int_0^{2\pi} K(r, \psi, \varphi) \cdot g(\varphi_0)\, d\varphi$$

und erhalten

$$u(x, y) - g(\varphi_0) = \int_0^{2\pi} K(r, \psi, \varphi)\, \{g(\varphi) - g(\varphi_0)\}\, d\varphi$$

und damit

$$|u(x, y) - g(\varphi_0)| \leqq \int_0^{2\pi} K(r, \psi, \varphi)\, |g(\varphi) - g(\varphi_0)|\, d\varphi\,.$$

Das Integrationsintervall zerlegen wir in

$$\varphi_0 - \frac{\tau}{2} \leqq \varphi \leqq \varphi_0 + \frac{\tau}{2} \tag{12}$$

und den Restbogen β.

So erhalten wir

$$|u(x, y) - g(\varphi_0)| \leqq S_\tau \int_{\varphi_0 - \frac{\tau}{2}}^{\varphi_0 + \frac{\tau}{2}} K(r, \psi, \varphi)\, d\varphi + S \int_\beta K(r, \psi, \varphi)\, d\varphi\,.$$

Ist nun $\varepsilon > 0$ beliebig gegeben, so wählen wir τ so klein, daß $S_\tau < \frac{\varepsilon}{2}$ wird. Da $K(r, \psi, \varphi)$ auf dem Bogen β für $r \cdot e^{i\psi} \to R \cdot e^{i\varphi_0}$ gleichmäßig gegen Null konvergiert, so können wir δ so klein wählen, daß für

$$|r \cdot e^{i\psi} - R \cdot e^{i\varphi_0}| < \delta$$

auf β gilt:

$$K(r, \psi, \varphi) < \frac{\varepsilon}{4\pi S}.$$

Dann folgt

$$S \int_\beta K(r, \psi, \varphi)\, d\varphi < \frac{\varepsilon}{2}.$$

Ferner ist

$$\int_{\varphi_0 - \frac{\tau}{2}}^{\varphi_0 + \frac{\tau}{2}} K(r, \psi, \varphi)\, d\varphi \leqq \int_0^{2\pi} K(r, \psi, \varphi)\, d\varphi = 1$$

und daher

$$S_\tau \int_{\varphi_0 - \frac{\tau}{2}}^{\varphi_0 + \frac{\tau}{2}} K(r, \psi, \varphi)\, d\varphi < \frac{\varepsilon}{2}.$$

Also gilt für

$$|r \cdot e^{i\psi} - R \cdot e^{i\varphi_0}| < \delta$$

die Abschätzung:

$$|u(x, y) - g(\varphi_0)| < \varepsilon.$$

Satz 56. *Ist $g(\varphi)$ eine stetige Funktion* mod 2π, *so gibt es genau eine harmonische Funktion in $|z - z_0| < R$, die für $z = z_0 + R \cdot e^{i\varphi}$ die stetigen Grenzwerte $g(\varphi)$ hat.*

Daß es mindestens eine Funktion gibt, ist eben gezeigt. Hat man zwei solche Funktionen, so hat ihre Differenz auf dem ganzen Kreisrande den Grenzwert Null. Da diese Differenz selber eine harmonische Funktion ist, muß sie nach dem Satze vom Maximum und Minimum verschwinden.

Aus der Stetigkeit der harmonischen Funktion $u(x, y)$ auf dem Rande eines Kreises folgt n i c h t auch die Stetigkeit der konjugierten Funktion $v(x, y)$ und damit der holomorphen Funktion

$$f(z) = u(x, y) + i v(x, y).$$

Dies zeigt im Einheitskreis das Beispiel:

$$f(z) = \frac{i \log \dfrac{z+1}{z-1}}{\log \log \dfrac{z+1}{z-1}},$$

wenn man den Zweig des Logarithmus wählt, für den $0 \leqq \operatorname{Im}(\log w) < 2\pi$ ist. Es läßt sich leicht zeigen, daß der Realteil $u(x, y)$ dieser Funktion auf dem Rande des Einheitskreises noch stetig ist, während der Imaginärteil $v(x, y)$ bei Annäherung an die Punkte $z = \pm 1$ über alle Grenzen geht.

Die grundlegenden Sätze über die Konvergenz der holomorphen Funktionen haben natürlich auch ein Gegenstück in den Konvergenzsätzen für harmonische Funktionen.

Da eine nicht konstante harmonische Funktion ihre Extrema nicht im Innern eines Gebietes annimmt, so gilt zunächst:

Satz 57. *Die Funktionen $u_n(x, y)$, $n = 1, 2, 3, \ldots$, seien in einem Gebiete $\mathfrak{G}$ harmonisch und auf dem Rande noch stetig. Konvergiert die Folge auf dem Rande gleichmäßig, so konvergiert sie im abgeschlossenen Gebiet gleichmäßig, und zwar wieder gegen eine harmonische Funktion.*

Nach der Voraussetzung gibt es ein n_0, so daß auf dem Rande

$$|u_n - u_m| < \varepsilon \quad \text{für} \quad n, m \geqq n_0$$

ist; folglich gilt dies auch im Innern.

Das harmonische Verhalten der Grenzfunktion zeigen wir für jeden kompakt in $\mathfrak{G}$ liegenden Kreis. Dort ist:

$$u_n(x, y) = \int_0^{2\pi} K(r, \psi, \varphi) \cdot U_n(R, \varphi)\, d\varphi\,.$$

Wegen der gleichmäßigen Konvergenz der u_n gegen eine Grenzfunktion $u_0(x, y)$ folgt:

$$u_0(x, y) = \int_0^{2\pi} K(r, \psi, \varphi) \cdot U_0(R, \varphi)\, d\varphi\,.$$

Oben wurde aber gezeigt, daß das Integral auf der rechten Seite im Innern des Kreises eine harmonische Funktion darstellt.

Tiefer liegt der

Satz 58 (Harnack). *Die Funktionen $u_n(x, y)$, $n = 1, 2, 3, \ldots$, seien im Gebiete $\mathfrak{G}$ harmonisch. Ferner gelte dort in jedem Punkte*

$$u_1(x, y) \leqq u_2(x, y) \leqq u_3(x, y) \leqq \cdots.$$

In einem Punkte $z_0 = x_0 + i y_0$ aus $\mathfrak{G}$ sei die Folge $u_n(x_0, y_0)$ konvergent. Dann konvergiert die Folge $u_n(x, y)$ gleichmäßig im Innern von $\mathfrak{G}$.

Zunächst beweisen wir den Satz für eine Kreisscheibe $\mathfrak{K}_0$: $|z - z_0| < R$, die noch ganz in $\mathfrak{G}$ liegt. Für die Punkte $z = z_0 + r \cdot e^{i\psi}$, $0 \leqq r < R$, gilt

$$\frac{R^2 - r^2}{R^2 - 2Rr\cos(\psi - \varphi) + r^2} \leqq \frac{R + r}{R - r}\,.$$

Ferner dürfen wir annehmen, daß in $\mathfrak{K}_0$ gilt: $u_1(x, y) > 0$ und damit $u_n(x, y) > 0$ für alle n, da dies durch Addition einer geeigneten positiven

Konstanten a zu allen $u_n(x, y)$ erreicht werden kann. Dann folgt unter Berücksichtigung der Poissonschen Formel:

$$u_n(x, y) = U_n(r, \psi) \leqq \frac{1}{2\pi} \frac{R+r}{R-r} \int_0^{2\pi} U_n(R, \varphi)\, d\varphi \equiv \frac{R+r}{R-r} \cdot u_n(x_0, y_0) .$$

Also sind die in jedem Punkte der Kreisscheibe monoton wachsenden $u_n(x, y)$ nach oben beschränkt, folglich konvergent.

Ferner ist

$$|u_n(x, y) - u_m(x, y)| \leqq \left|\frac{R+r}{R-r}\right| \cdot |u_n(x_0, y_0) - u_m(x_0, y_0)| .$$

Daher sind die Funktionen $u_n(x, y)$ im Innern der Kreisscheibe sogar gleichmäßig konvergent. Mit endlich vielen solcher Kreisscheiben $\mathfrak{K}_0, \mathfrak{K}_1, \mathfrak{K}_2, \ldots, \mathfrak{K}_p$ mit den Mittelpunkten $z_0, z_1, z_2, \ldots, z_p$, bei denen der Mittelpunkt z_ν jeweils in der Scheibe $\mathfrak{K}_{\nu-1}$ liegt, können wir jedes im Innern von $\mathfrak{G}$ liegende kompakte Gebiet überdecken. Daraus folgt unmittelbar die Behauptung des Satzes.

Satz 59. *Wenn die Funktionen $u_n(x, y)$, $n = 1, 2, 3, \ldots$, in $\mathfrak{G}$ gleichmäßig konvergieren, so konvergieren ihre Ableitungen auch gleichmäßig gegen die Ableitung der Grenzfunktion.*

Wir brauchen nur zu beachten, daß in Formel (8) die Differentiation nach x und y mit der Integration nach φ vertauscht werden kann. Unter dem Integral tritt weiterhin $U_n(R, \varphi)$, nicht aber eine Ableitung davon auf, so daß wir dieselbe Situation wie bei der Differentiation der Cauchyschen Integralformel haben.

Drittes Kapitel

Die analytischen Funktionen, ihre singulären Stellen und ihre Entwicklungen

§ 1. Analytische Fortsetzung

Der Identitätssatz für holomorphe Funktionen (II, 4, Satz 28) enthält die Tatsache, daß eine in $\mathfrak{G}$ holomorphe Funktion $f(z)$ völlig bestimmt ist, wenn sie uns in einem noch so kleinen Teilgebiet $\mathfrak{G}^*$ von $\mathfrak{G}$ bekannt ist. Wir werden jetzt Methoden kennen lernen, die es uns ermöglichen, die Werte von $f(z)$ in $\mathfrak{G}$ tatsächlich aus den Werten in $\mathfrak{G}^*$ zu berechnen.

Es sei etwa die Potenzreihe $\sum_{n=0}^{\infty} z^n$ vorgelegt. Im Innern des Einheitskreises ist die Reihe konvergent und stellt dort eine holomorphe

Funktion $f(z)$ dar. Für $|z| \geqq 1$ konvergiert die Reihe nicht. Nun gilt aber für $|z| < 1$:

$$\sum_{n=0}^{\infty} z^n = \frac{1}{1-z} .$$

Die Funktion $g(z) = \frac{1}{1-z}$ ist für alle z mit Ausnahme von $z = 1$ definiert und holomorph. Es ist uns also gelungen, die durch die Potenzreihe gegebene Funktion $f(z)$ in die ganze Ebene mit Ausnahme von $z = 1$ holomorph fortzusetzen. Diese „Fortsetzung" einer holomorphen Funktion ist für die Funktionentheorie charakteristisch. Die entsprechende Fragestellung in der reellen Analysis bietet kein Interesse, da dort jede in einem abgeschlossenen Intervall differenzierbare Funktion beliebig weit und auf weitgehend willkürliche Weise differenzierbar fortgesetzt werden kann; und dies gilt selbst dann noch, wenn man von den Funktionen mehrfache Differenzierbarkeit verlangt. Dagegen ist für komplex differenzierbare Funktionen die Fortsetzung, wenn überhaupt, so nur auf eine Weise möglich. Es gilt

Satz 1. *$\mathfrak{G}_1$ und $\mathfrak{G}_2$ seien zwei Gebiete mit nichtleerem Durchschnitt $\mathfrak{D} = \mathfrak{G}_1 \cap \mathfrak{G}_2$. Von den Funktionen $f_1(z)$ und $f_2(z)$ sei $f_1(z)$ in $\mathfrak{G}_1$ und $f_2(z)$ in $\mathfrak{G}_2$ holomorph. In $\mathfrak{D}$ sei $f_1(z) = f_2(z)$. Dann gibt es eine und nur eine Funktion $F(z)$, die in dem Vereinigungsgebiet $\mathfrak{V} = \mathfrak{G}_1 \cup \mathfrak{G}_2$ holomorph ist und in $\mathfrak{G}_1$ mit $f_1(z)$ übereinstimmt.*

Zum Beweise setzen wir $F(z) = f_1(z)$, wenn z in $\mathfrak{G}_1$ und $F(z) = f_2(z)$, wenn z in $\mathfrak{G}_2$ liegt. Da $f_1(z)$ und $f_2(z)$ in $\mathfrak{D}$ gleich sind, so ist $F(z)$ dort eindeutig erklärt, und damit ist eine in $\mathfrak{V}$ eindeutige Funktion $F(z)$ gefunden. Jeder Punkt von $\mathfrak{V}$ ist innerer Punkt von $\mathfrak{G}_1$ oder $\mathfrak{G}_2$, und daher ist in jedem Punkt von $\mathfrak{V}$ die Funktion $F(z)$ holomorph. Jede andere Funktion, die in $\mathfrak{V}$ holomorph ist und in $\mathfrak{G}_1$ mit $f_1(z)$ übereinstimmt, ist nach dem Identitätssatz (II, 4, Satz 28) gleich $F(z)$.

$f_2(z)$ heißt *analytische Fortsetzung* von $f_1(z)$ nach $\mathfrak{G}_2$. Es tritt jetzt die Frage auf: Wenn uns eine holomorphe Funktion $f_1(z)$ in einem Gebiet $\mathfrak{G}_1$ gegeben ist, wie können wir feststellen, ob es ein über $\mathfrak{G}_1$ hinausragendes Gebiet $\mathfrak{G}_2$ gibt, in dem eine analytische Fortsetzung $f_2(z)$ von $f_1(z)$ existiert, und wie läßt sich die Funktion $f_2(z)$ explizit berechnen? Wenn wir eine Antwort auf diese Frage geben wollen, so müssen wir zunächst nach den Eigenschaften der Funktion $f_1(z)$ fragen. Diese kann uns durch eine Potenzreihenentwicklung in einem Punkte von $\mathfrak{G}_1$ gegeben sein, und wir werden dann untersuchen, ob wir aus der Potenzreihenentwicklung auf die Fortsetzbarkeit schließen können und wie diese Fortsetzung auszuführen ist. In der Tat läßt sich eine Fortsetzung, wenn sie überhaupt möglich ist, stets durch *Potenzreihenumwandlung* bewerkstelligen. Man nennt diese Art der Fortsetzung das *Kreisketten-verfahren.* Mit diesem Verfahren wollen wir uns zunächst beschäftigen.

Gegeben sei eine Funktion $f_1(z)$ durch eine Potenzreihe

$$f_1(z) = \sum_{n=0}^{\infty} a_n(z - z_0)^n \tag{1}$$

in ihrem Konvergenzkreis $\mathfrak{K}$: $|z - z_0| < R$. Da sie in diesem Kreis holomorph ist, so läßt sie sich um jeden Punkt z_1 mit $|z_1 - z_0| < R$ ebenfalls in eine Potenzreihe entwickeln:

$$f_1(z) = \sum_{n=0}^{\infty} b_n(z - z_1)^n\,. \tag{2}$$

Die Koeffizienten b_n erhalten wir aus der Taylor-Entwicklung von $f_1(z)$ im Punkte z_1:

$$b_n = \frac{1}{n!} f_1^{(n)}(z_1) = \sum_{m=n}^{\infty} \binom{m}{n} a_m (z_1 - z_0)^{m-n}\,. \tag{3}$$

Die Reihe (2) konvergiert sicher in dem größten Kreise um z_1, der noch ganz in $\mathfrak{K}$ liegt, also im Kreis $\mathfrak{K}_1$: $|z - z_1| < R - |z_1 - z_0|$. Es kann aber durchaus eintreten, daß die Reihe (2) auch noch in einem Kreis $\mathfrak{K}_2$ um z_1, der größer als $\mathfrak{K}_1$ ist, konvergiert. Dann stellt sie dort eine holomorphe Funktion $f_2(z)$ dar, die im Durchschnitt von $\mathfrak{K}$ und $\mathfrak{K}_2$ mit $f_1(z)$ übereinstimmt, also nach dem vorstehenden Satz die analytische Fortsetzung von $f_1(z)$ über den Kreis $\mathfrak{K}$ hinaus ist (s. Abb. 13).

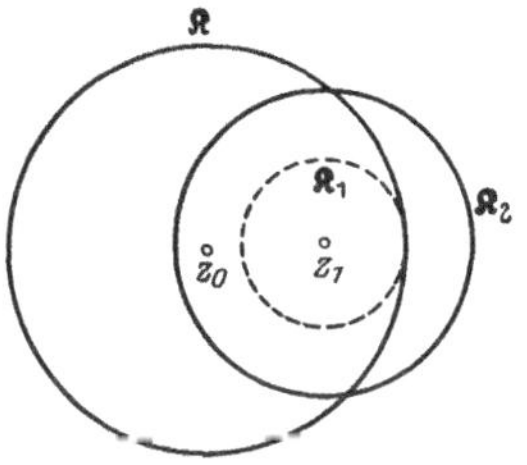

Abb. 13

Wir können nun versuchen, auch über $\mathfrak{K}_2$ hinaus noch eine Fortsetzung zu bekommen, indem wir abermals in einem Punkt z_2 von $\mathfrak{K}_2$ die Potenzreihe (2) umwandeln. Gelingt dies, so läßt sich das Verfahren wiederholen, und man erhält so durch eine Kette von Kreisen, bei denen jeder Kreis den Mittelpunkt des nächsten enthält, eine analytische Fortsetzung.

Dieses *Kreiskettenverfahren* läßt sich insbesondere *längs einer Kurve* $\mathfrak{J}$ durchführen. Sei z. B. $\mathfrak{J}$ ein einfaches Kurvenstück mit dem Anfangspunkt a und dem Endpunkt b. Um den Punkt a sei $f(z)$ durch eine Potenzreihenentwicklung in einem Kreis $\mathfrak{K}_0$ gegeben. Laufen wir von a aus längs $\mathfrak{J}$, so kann es sein, daß wir zu einem Punkt z_1 auf $\mathfrak{J}$ gelangen, derart, daß 1. das Stück (a, z_1) auf $\mathfrak{J}$ noch ganz in $\mathfrak{K}_0$ liegt und 2. die Potenzreihe von $f(z)$ in z_1 in einem Kreis $\mathfrak{K}_1$ um z_1 konvergiert, der über $\mathfrak{K}_0$ hinausragt. Damit haben wir die analytische Fortsetzung von $f(z)$ nach $\mathfrak{K}_1$ gewonnen. Wir laufen nun, wenn möglich, von z_1 aus längs $\mathfrak{J}$ bis zu einem Punkt z_2, so daß 1. das Stück (z_1, z_2) auf $\mathfrak{J}$ noch ganz in $\mathfrak{K}_1$ und 2. die Potenzreihe der Fortsetzung von $f(z)$ in z_2 in einem Kreis $\mathfrak{K}_2$ um z_2 konvergiert, der über $\mathfrak{K}_1$ hinausragt. Gelingt es, dieses Verfahren fortzuführen, bis wir schließlich zu einem Punkt z_n gelangen, so daß das Stück (z_n, b) in $\mathfrak{K}_n$ liegt, so haben wir $f(z)$ längs der Kurve $\mathfrak{J}$ von a nach b analytisch fortgesetzt (s. Abb. 14).

Die resultierende Entwicklung im Punkte b ist unabhängig von der speziellen Wahl der Zwischenpunkte z_ν auf $\mathfrak{J}$. Durch die Fortsetzung mit Hilfe einer Kreiskette wird nämlich in der Umgebung der Kurve $\mathfrak{J}$ eine Funktion $F(z)$ erklärt, die dort holomorph ist. Hat man durch verschiedene Zwischenpunkte zwei solche Funktionen erhalten, so sind beide im Durchschnitt der zugehörigen Umgebung von $\mathfrak{J}$ holomorph, also insbesondere in dem Teilgebiet des Durchschnitts, das $\mathfrak{J}$ enthält. In diesem Teilgebiet stimmen sie aber in der Umgebung des Punktes a überein und müssen daher nach dem Identitätssatz im ganzen Teilgebiet, also auch in der Umgebung des Punktes b, gleich sein.

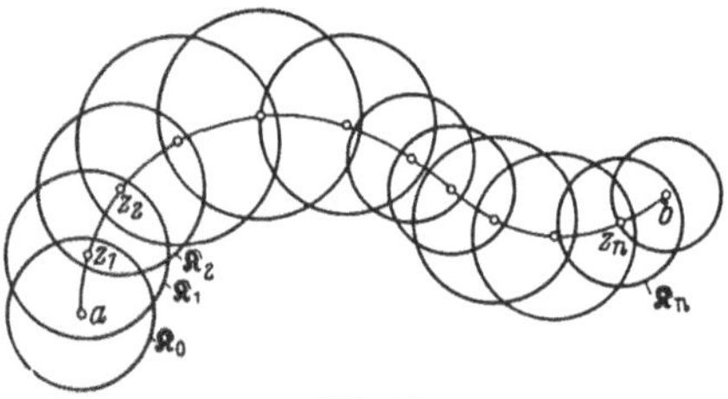

Abb. 14

Wir zeigen nun, daß jede analytische Fortsetzung mit Hilfe des Kreiskettenverfahrens vorgenommen werden kann.

Satz 2. *Die Funktion $f_1(z)$ sei im Gebiete $\mathfrak{G}_1$ holomorph. Im Gebiet $\mathfrak{G}_2$, welches mit $\mathfrak{G}_1$ einen nicht leeren Durchschnitt habe, möge $f_1(z)$ die analytische Fortsetzung $f_2(z)$ besitzen. Ist dann a ein endlicher Punkt aus $\mathfrak{G}_1$, b ein endlicher Punkt aus $\mathfrak{G}_2$ und $\mathfrak{J}$ eine beliebige in $\mathfrak{V} = \mathfrak{G}_1 \cup \mathfrak{G}_2$ von a nach b laufende endliche Kurve, so läßt sich $f_2(b)$ durch analytische Fortsetzung längs $\mathfrak{J}$ mittels des Kreiskettenverfahrens berechnen.*

Um den Beweis zu erbringen, müssen wir auf $\mathfrak{J}$ eine Reihe aufeinander folgender Punkte z_ν und dazu Kreise $\mathfrak{K}_\nu$ finden, die die beim Kreiskettenverfahren angegebenen Eigenschaften haben. Zunächst sei $\mathfrak{J}$ das eineindeutige und stetige Bild $z(t)$ der Strecke $0 \leqq t \leqq 1$ mit $z(0) = a$, $z(1) = b$. Da $\mathfrak{J}$ eine abgeschlossene Punktmenge in dem offenen Gebiet $\mathfrak{V}$ ist, so gibt es eine positive Zahl d, so daß alle Kreise mit dem Radius d, deren Mittelpunkte auf $\mathfrak{J}$ liegen, noch ganz zu $\mathfrak{V}$ gehören. Ferner ist $z(t)$ im abgeschlossenen Intervall $0 \leqq t \leqq 1$ gleichmäßig stetig. Daher gibt es ein $\delta > 0$, so daß $|z(t) - z(t')| < d$ ist, sobald $|t - t'| < \delta$ ist. Wir zerlegen nun das Intervall $0 \leqq t \leqq 1$ in n gleiche Teile, so daß $\frac{1}{n} < \delta$ ist, und bezeichnen die gewonnenen Teilpunkte mit $0 = t_0, t_1, t_2, \ldots, t_n = 1$. Die zugehörigen Punkte auf $\mathfrak{J}$ seien $z_\nu = z(t_\nu)$ mit $z_0 = a$ und $z_n = b$. Schlagen wir dann um jeden Punkt z_ν jeweils einen Kreis $\mathfrak{K}_\nu$ mit dem Radius d, so haben wir eine Kreiskette erhalten, die genau die Bedingungen erfüllt, die wir bei der Fortsetzung von $f_1(z)$ längs $\mathfrak{J}$ benötigen: 1. die Kurvenstücke $(z_\nu, z_{\nu+1})$ liegen jeweils ganz im

Kreis $\mathfrak{K}_\nu$, so daß der Mittelpunkt $z_{\nu+1}$ von $\mathfrak{K}_{\nu+1}$ noch in $\mathfrak{K}_\nu$ liegt; 2. die Fortsetzung der Funktion $f_1(z)$ ist in jedem Kreis $\mathfrak{K}_{\nu+1}$ durch Umwandlung der im Kreise $\mathfrak{K}_\nu$ vorliegenden Potenzreihe möglich. Ist $\mathfrak{J}$ eine beliebige Kurve, so zerlege man sie in endlich viele einfache Kurvenstücke und setze $f_1(z)$ längs dieser Kurvenstücke der Reihe nach fort. Damit ist Satz 2 bewiesen.

Wenn eine analytische Fortsetzung einer Funktion $f(z)$ in einem Gebiete $\mathfrak{G}_1$ in ein Gebiet $\mathfrak{G}_2$ möglich ist, so läßt sie sich also stets mittels des Kreiskettenverfahrens längs einer im Gebiet $\mathfrak{B} = \mathfrak{G}_1 \cup \mathfrak{G}_2$ beliebig verlaufenden Kurve $\mathfrak{J}$ vornehmen. Es erhebt sich nun die umgekehrte Frage: Wenn eine im Gebiet $\mathfrak{G}_1$ gegebene Funktion $f_1(z)$ sich längs jeder Kurve $\mathfrak{J}$ im Gebiet $\mathfrak{B} = \mathfrak{G}_1 \cup \mathfrak{G}_2$ analytisch fortsetzen läßt, existiert dann in $\mathfrak{G}_2$ die analytische Fortsetzung $f_2(z)$ von $f_1(z)$? Diese Frage ist im allgemeinen zu verneinen; denn es kann durchaus sein, daß die Fortsetzung längs verschiedener Kurven $\mathfrak{J}_1$ und $\mathfrak{J}_2$ in $\mathfrak{B}$ zwar immer möglich ist, aber in $\mathfrak{G}_2$ zu verschiedenen Funktionswerten führt. Ein Beispiel liefert uns hierfür die komplexe Logarithmusfunktion (II, 5). Diese Erscheinung wird uns später (Kapitel V) noch ausführlich zu beschäftigen haben, weil wir bei der Aufhebung der Eindeutigkeit nicht mehr von einer Funktion in unserem bisherigen Sinne sprechen können. Jetzt aber können wir noch beweisen:

Satz 3 *(Monodromiesatz). Sind $\mathfrak{J}_0$ und $\mathfrak{J}_1$ zwei Kurven, die von a nach b laufen, ist ferner $f(z)$ holomorph in a, und lassen sich schließlich $\mathfrak{J}_0$ und $\mathfrak{J}_1$ bei festgehaltenen Endpunkten derart stetig ineinander deformieren, daß die Funktion $f(z)$ sich längs jeder Zwischenkurve von a nach b analytisch fortsetzen läßt, so liefern die Fortsetzungen entlang $\mathfrak{J}_0$ und $\mathfrak{J}_1$ dieselbe Potenzreihe in b.*

Man definiert: Zwei von a nach b laufende Kurven $\mathfrak{J}_0$ und $\mathfrak{J}_1$ lassen sich durch die Zwischenkurven $\mathfrak{J}_s$, $0 \leqq s \leqq 1$, stetig ineinander deformieren, wenn es im Quadrat $0 \leqq t \leqq 1$, $0 \leqq s \leqq 1$ eine stetige Funktion $z(t, s)$ gibt, so daß $z(0, s) = a$, $z(1, s) = b$ ist und $z(t, s)$ das Intervall $0 \leqq t \leqq 1$ jeweils eineindeutig auf die Kurve $\mathfrak{J}_s$ abbildet.

Zum Beweise von Satz 3 betrachten wir eine Kurve $\mathfrak{J}_{s_0}$ $0 \leqq s_0 \leqq 1$. $f(z)$ läßt sich längs dieser Kurve analytisch fortsetzen. Die beim Kreiskettenverfahren auftretenden Kreise überdecken eine Umgebung von $\mathfrak{J}_{s_0}$, in der die Potenzreihen eine holomorphe Funktion $F(z)$, nämlich die Fortsetzung von $f(z)$ längs $\mathfrak{J}_{s_0}$, erklären. Wegen der Stetigkeit der Funktion $z(t, s)$ liegen für hinreichend benachbarte s die Kurven $\mathfrak{J}_s$ noch ganz in dieser Umgebung und liefern daher nach dem Identitätssatz dieselbe Entwicklung um den Punkt b wie die Kurve $\mathfrak{J}_{s_0}$. Da es zu jedem s_0 eine Umgebung $|s - s_0| < \delta$ gibt, so daß die vorstehende Aussage gilt, und endlich viele solcher Umgebungen das Intervall $0 \leqq s \leqq 1$

überdecken, so muß sich für alle diese s dieselbe Entwicklung im Punkte b ergeben. Satz 3 ist bewiesen.

Satz 2 lehrte uns, mit welchem Verfahren wir die Fortsetzung einer Funktion längs einer Kurve sicher vornehmen können, wenn die Funktion dort überhaupt fortsetzbar ist, und Satz 3, daß die Fortsetzung zum selben Punkt entlang *verschiedener* Kurven unter gewissen Voraussetzungen zum selben Ergebnis führen muß. Aus dem unten folgenden Beispiel 1 ersehen wir aber, daß es auch Funktionen gibt, die sich entlang einer vorgegebenen Kurve *nicht* fortsetzen lassen.

Wir haben in den vorstehenden Untersuchungen gesehen, wie sich eine analytische Funktion in ihrem Gesamtverhalten bei analytischer Fortsetzung aus einer einzigen konvergenten Potenzreihenentwicklung um einen Punkt z_0 berechnen läßt. Die Potenzreihe ist also ein *Keim*, aus dem sich der Gesamtverlauf der Funktion eindeutig und organisch ergibt. Man nennt daher eine Potenzreihenentwicklung $\sum_{n=0}^{\infty} a_n(z-z_0)^n$, die in einem Kreis $|z-z_0| < \delta$ um den Punkt z_0 konvergiert, einen *analytischen Funktionskeim* oder auch ein *analytisches Funktionselement*. Ein solches Funktionselement bestimmt in der Umgebung von z_0 eine holomorphe Funktion und umgekehrt bestimmt jede in einer Umgebung von z_0 holomorphe Funktion ein analytisches Funktionselement in z_0. Diese Funktionskeime im Punkte z_0 bilden in ihrer Gesamtheit nach II, 4, Satz 29 einen Integritätsring.

Beispiel 1:

$f(z) = \sum_{n=1}^{\infty} z^{n!}$. Die Reihe hat den Einheitskreis als Konvergenzgebiet, stellt also in dessen Innern eine holomorphe Funktion dar. Aber die Funktion läßt sich über keinen Randpunkt hinaus fortsetzen. Dazu zeigen wir zunächst: Wenn man auf einem vom Nullpunkt ausgehenden Strahl, der mit der reellen Achse den Winkel α bildet, mit z gegen den Rand des Einheitskreises läuft, so wird $|f(z)|$ größer als jede vorgegebene Zahl M, falls α ein rationales Vielfaches von 2π ist. Die Gleichung eines solchen Strahles ist:

$$z = \varrho e^{i\alpha} = \varrho e^{\frac{p}{q}\cdot 2\pi i}, \quad 0 \leqq \varrho < 1, \quad p, q \text{ ganz}, \quad q > 0.$$

Auf dem Strahl gilt deshalb:

$$f(z) = \sum_{n=1}^{\infty} \varrho^{n!} e^{n!\frac{p}{q}\cdot 2\pi i}.$$

Für $n \geqq q$ ist $n! \cdot \frac{p}{q}$ ganz, also ist

$$f(z) = \sum_{n=1}^{q-1} \varrho^{n!} \cdot e^{n!\frac{p}{q}2\pi i} + \sum_{n=q}^{\infty} \varrho^{n!}. \tag{4}$$

Der Betrag des ersten Summanden ist kleiner als q, während der zweite Summand mit $\varrho \to 1$ über alle Grenzen geht. Wäre $f(z)$ über den Einheitskreis fortsetzbar, so gäbe es auf seinem Rande einen Bogen, auf dem $f(z)$ holomorph wäre.

Der Bogen enthielte dann einen Punkt $z = e^{2\pi i \frac{p}{q}}$, in dem $f(z)$ stetig wäre. Das widerspricht aber der soeben gemachten Feststellung.

Ein anderes Beispiel einer über den Einheitskreis nicht fortsetzbaren Funktion ist $f(z) = \sum\limits_{n=0}^{\infty} z^{2^n}$. Der Beweis hierfür ergibt sich wie oben, wenn man α die überall dicht liegenden Werte $2\pi \frac{m}{2^k}$; m, k ganz, durchlaufen läßt. Die hier genannten Beispiele gehören einer umfassenden Klasse von im Einheitskreis holomorphen, aber darüber hinaus nicht fortsetzbaren Funktionen $f(z)$ an, die dadurch gekennzeichnet sind, daß nur „wenige" Koeffizienten a_ν der Reihe $f(z) = \sum\limits_{\nu=0}^{\infty} a_\nu z^\nu$ von Null verschieden sind, daß also in ihr große „Lücken" auftreten. Schreibt man nur die Glieder mit von Null verschiedenen Koeffizienten hin: $f(z) = \sum\limits_{\nu=0}^{\infty} b_\nu z^{\lambda_\nu}$, so ist diese Reihe z. B. dann über ihren Konvergenzkreis hinaus nicht fortsetzbar, wenn $\lambda_{\nu+1} - \lambda_\nu \geqq \delta \lambda_\nu$, $\nu = 1, 2, 3, \ldots$, mit festem $\delta > 0$ ist (Hadamardscher Lückensatz).

Beispiel 2:

$\int\limits_0^\infty t^{z-1} e^{-t}\, dt = \int\limits_0^1 t^{z-1} e^{-t}\, dt + \int\limits_1^\infty t^{z-1} e^{-t}\, dt$ ist ein uneigentliches Integral, von dem der erste Teil rechts für $\operatorname{Re}(z) > 0$ und der zweite Teil für alle z existiert. Beide Integrale sind in ihrem Existenzbereich nach z differenzierbar (s. I, 12, Satz 81). Für $\operatorname{Re}(z) > 0$ stellt also

$$\Gamma(z) = \int\limits_0^\infty t^{z-1} e^{-t}\, dt$$

eine holomorphe Funktion dar. Auf der positiven reellen Achse stimmt sie mit der aus dem Reellen bekannten Γ-Funktion überein, ist also deren holomorphe Ergänzung.

Diese Funktion können wir in den Streifen $-1 < \operatorname{Re}(z) \leqq 0$ mit Ausnahme von $z = 0$ analytisch fortsetzen. Durch partielle Integration nach t gewinnen wir nämlich für $\operatorname{Re}(z) > 0$ die Beziehung:

$$\Gamma(z) = \int\limits_0^\infty t^{z-1} e^{-t}\, dt = \lim_{\substack{\alpha \to 0 \\ \beta \to \infty}} \left[\frac{t^z e^{-t}}{z} \right]_{t=\alpha}^{t=\beta} + \frac{1}{z} \int\limits_0^\infty t^z e^{-t}\, dt = \frac{1}{z} \Gamma(z+1)\,.$$

Die rechte Seite ist nun nicht nur für $\operatorname{Re}(z) > 0$, sondern für $\operatorname{Re}(z) > -1$, $z \neq 0$, holomorph. Also gelingt es, im Streifen $-1 < \operatorname{Re}(z) \leqq 0$, $z \neq 0$, eine dort holomorphe Funktion, nämlich $\frac{1}{z} \Gamma(z+1)$, so zu erklären, daß sie auch für $\operatorname{Re}(z) > 0$ holomorph ist und dort mit $\Gamma(z)$ übereinstimmt. Folglich ist sie die analytische Fortsetzung von $\Gamma(z)$ in jenen Streifen hinein. Diese Art der Fortsetzung mittels partieller Integration können wir ständig wiederholen und so $\Gamma(z)$ in die ganze Ebene mit Ausnahme der Punkte $z = -n$, $n = 0, 1, 2, \ldots$, fortsetzen.

Beispiel 3:

$\log z$ (s. a. II, 5). Ausgangspunkt sei die uns aus dem Reellen vertraute Formel:

$$\log x = \frac{x-1}{1} - \frac{(x-1)^2}{2} + \frac{(x-1)^3}{3} \cdots.$$

Ihre holomorphe Ergänzung liefert uns die holomorphe Funktion

$$\log z = \sum_{n=1}^{\infty} \frac{(-1)^{n-1}}{n} (z-1)^n \quad \text{für} \quad |z-1| < 1\,. \tag{5}$$

Diese Reihe läßt sich längs sämtlicher Kurven $\mathfrak{Z}$, die den Nullpunkt vermeiden, durch das Kreiskettenverfahren unbeschränkt fortsetzen; denn sie ist im Kreis $|z-1| < 1$ identisch mit dem Integral $\log z = \int\limits_1^z \frac{d\zeta}{\zeta}$, und dieses ist holomorph für $z \neq 0$, aber auf keine Weise in den Nullpunkt hinein analytisch fortsetzbar. Die Konvergenzradien sind daher bei den Entwicklungen um einen Punkt gleich dem Abstand dieses Punktes vom Nullpunkt. Wir wollen nun versuchen, durch Potenzreihenumwandlung die Entwicklung in einem beliebigen Punkt zu berechnen. Sei z_0 ein Punkt im Konvergenzkreis der Reihe (5). Die Entwicklungskoeffizienten dieser Reihe lauten:

$$a_n = \frac{(-1)^{n-1}}{n}.$$

Setzen wir dies in (3) ein, so erhalten wir für die Koeffizienten der umgewandelten Reihe für $n = 0$:

$$b_0 = \sum_{m=0}^{\infty} \frac{(-1)^{m-1}}{m} (z_0 - 1)^m = \log z_0\,,$$

und für $n > 0$:

$$\begin{aligned} b_n &= \sum_{m=n}^{\infty} \binom{m}{n} \frac{(-1)^{m-1}}{m} (z_0 - 1)^{m-n} \\ &= \frac{(-1)^{n-1}}{n} \sum_{m=n}^{\infty} \binom{m-1}{n-1} (-1)^{m-n} (z_0 - 1)^{m-n} \\ &= \frac{(-1)^{n-1}}{n} \sum_{\nu=0}^{\infty} \binom{n-1+\nu}{n-1} (-1)^{\nu} (z_0 - 1)^{\nu}. \end{aligned}$$

Wegen

$$\binom{n-1+\nu}{n-1} = (-1)^{\nu} \binom{-n}{\nu}$$

liefert dies:

$$\begin{aligned} b_n = \frac{(-1)^{n-1}}{n} \sum_{\nu=0}^{\infty} \binom{-n}{\nu} (z_0 - 1)^{\nu} &= \frac{(-1)^{n-1}}{n} \frac{1}{(1 + (z_0 - 1))^n} \\ &= \frac{(-1)^{n-1}}{n} \frac{1}{z_0^n}. \end{aligned}$$

Wir erhalten also im Punkte z_0 die Entwicklung:

$$\log z = \log z_0 + \sum_{n=1}^{\infty} \frac{(-1)^{n-1}}{n} \left(\frac{z - z_0}{z_0}\right)^n.$$

Wiederholen wir die Umwandlung um einen Punkt z_1 im Konvergenzkreis um z_0, so folgt auf gleichem Wege:

$$\log z = \log z_1 + \sum_{n=1}^{\infty} \frac{(-1)^{n-1}}{n} \left(\frac{z - z_1}{z_1}\right)^n.$$

Setzen wir dies Verfahren fort, so ergibt sich als Entwicklung um einen beliebigen Punkt z^*:

$$\log z = \log z^* + \sum_{n=1}^{\infty} \frac{(-1)^{n-1}}{n} \left(\frac{z - z^*}{z^*}\right)^n.$$

Dabei bemerken wir, daß weder $\log z^*$ noch $\log z$ eindeutig bestimmt sind. Vielmehr sind es diejenigen Werte einer Fortsetzung von $\log z$, die sich gerade durch die hier verwendete Kreiskette ergeben haben. Verbinden wir geradlinig die Mittelpunkte dieser Kreiskette der Reihe nach, so erhalten wir ein vom Punkte 1 zum

Punkte z^* laufendes Polygon $\mathfrak{P}$, und $\log z$ und $\log z^*$ sind die durch die Fortsetzung längs dieses Polygons $\mathfrak{P}$ gewonnenen Werte im Kreise um z^*. Es ist daher vielleicht angezeigt, an dieser Stelle den Index $\mathfrak{P}$ zu verwenden, um diesen Sachverhalt deutlich zum Ausdruck zu bringen:

$$\log_{\mathfrak{P}} z = \log_{\mathfrak{P}} z^* + \sum_{n=1}^{\infty} \frac{(-1)^{n-1}}{n} \left(\frac{z-z^*}{z^*}\right)^n.$$

Da die Fortsetzung der Funktion $\log z$ mittels der Kreiskette mit der Fortsetzung durch das Integral $\int\limits_1^z \frac{d\zeta}{\zeta}$ übereinstimmt, so ist

$$\log_{\mathfrak{P}} z^* = \int\limits_{\substack{1\\(\mathfrak{P})}}^{z^*} \frac{d\zeta}{\zeta},$$

wobei das Integral über das Polygon $\mathfrak{P}$ zu erstrecken ist. Hieraus erkennt man nun, daß $\log_{\mathfrak{P}} z^*$ im Punkte z^* nicht eindeutig bestimmt ist, vielmehr vom Polygon $\mathfrak{P}$ abhängt, und daß verschiedene Polygone $\mathfrak{P}$ zu Werten führen, die sich um Vielfache von $2\pi i$ unterscheiden können. Daher kann hier auch der Monodromiesatz nicht anwendbar sein. In der Tat bemerken wir, daß zwei Kurven $\mathfrak{Z}_1$ und $\mathfrak{Z}_2$ zum gleichen Punkt z^* sich nicht ineinander deformieren lassen, ohne den Nullpunkt zu überschreiten, wenn ihre Differenz $\mathfrak{Z}_1 - \mathfrak{Z}_2$ den Nullpunkt ein- oder mehrfach umläuft.

Erst im Kapitel V werden wir die Möglichkeit haben, die „Funktion $\log z$" in ihrem gesamten Existenzbereich zu betrachten, so daß wir dann den Index $\mathfrak{P}$ wieder fortlassen können.

Beispiel 4:

Die reelle Funktion $f(x) = \sqrt[n]{x}$, $x > 0$, wobei unter $\sqrt[n]{x}$ jeweils die positive Zahl zu verstehen sei, deren n-te Potenz x ist, läßt sich um $x = x_0$ in eine Reihe mit dem Konvergenzradius $\varrho = x_0$ entwickeln. Daraus erhalten wir die holomorphe Funktion

$$f(z) = \sqrt[n]{z_0} \sum_{\nu=0}^{\infty} \binom{\frac{1}{n}}{\nu} \left(\frac{z-z_0}{z_0}\right)^\nu. \tag{6}$$

Das Konvergenzgebiet ist $|z - z_0| < |z_0|$. So können wir in der Ebene unsere Funktion $f(z)$ unbeschränkt fortsetzen, sofern wir den Nullpunkt und den unendlich fernen Punkt meiden. Doch tritt, wenn wir gleichzeitig über verschiedene Kurven unsere Funktion fortsetzen, wie in Beispiel 3 eine Schwierigkeit dadurch auf, daß wir verschiedene Potenzreihenentwicklungen für einen Punkt gewinnen. Setzen wir etwa $f(z)$ auf einem Kreis vom Radius ϱ_0 um den Nullpunkt herum fort, so übersehen wir die Zuordnung der Funktionswerte zu den Argumentwerten aus der Beziehung

$$w^n = f^n(z) = \varrho e^{i\varphi}; \quad w = \varrho^* e^{i\varphi^*},$$

also $\varrho^* = \sqrt[n]{\varrho}$; $\varrho^* > 0$, und $\varphi^* = \frac{\varphi}{n} + \frac{2k\pi}{n}$, $k = 0, 1, 2, \ldots, n-1$.

Nun hatten wir auf der positiv reellen Achse nach Voraussetzung positive Funktionswerte, also ist dort $\varphi^* = \frac{\varphi}{n}$. Wegen der Stetigkeit von $f(z)$ bleibt diese

Beziehung bei Fortsetzung über alle Punkte $z \neq 0$ erhalten. So erhalten wir $f(-\varrho_0) = e^{\frac{\pi i}{n}} \sqrt[n]{\varrho_0}$, wenn wir über die obere Halbebene fortsetzen, und $f(-\varrho_0) = e^{-\frac{i\pi}{n}} \sqrt[n]{\varrho_0}$, wenn wir über die untere Halbebene fortsetzen. Allgemein ergibt sich bei mehrfachem Umlauf:

$$f(-\varrho_0) = e^{\frac{(2k+1)\pi i}{n}} \sqrt[n]{\varrho_0}\,.$$

Die verschiedenen Potenzreihenentwicklungen um $z_0 = -\varrho_0$ lauten:

$$f(z) = e^{\frac{(2k+1)\pi i}{n}} \sqrt[n]{\varrho_0} \sum_{\nu=0}^{\infty} \binom{\frac{1}{n}}{\nu} \left(\frac{z+\varrho_0}{-\varrho_0}\right)^{\nu}, \quad k = 0, 1, 2, \ldots, n-1\,.$$

Um diese Mehrdeutigkeit der Funktion zu vermeiden, schneiden wir wieder entlang der negativ reellen Achse auf und betrachten bis auf weiteres die Funktion $w = \sqrt[n]{z}$ nur in der aufgeschnittenen Ebene. Dabei hätten wir allerdings auf der reellen Achse auch von irgendeiner anderen Lösung $e^{\frac{2k\pi i}{n}} \cdot \sqrt[n]{x}$ der Gleichung $f^n(x) = x$ ausgehen können. Dann hätten wir ebenfalls in der aufgeschnittenen Ebene holomorphe Funktionen gewonnen, nämlich

$$f_k(z) = e^{\frac{2k\pi i}{n}} \sqrt[n]{z}\,, \quad k = 0, 1, 2, \ldots, n-1\,,$$

die sämtlich der Beziehung $f_k^n(z) = z$ genügen. Wie beim Logarithmus ist es auch hier möglich, diese verschiedenen Zweige durch analytische Fortsetzung über die negative reelle Achse hinweg auseinander zu erhalten.

Literatur (zu den Lückensätzen)

Bieberbach, L.: Lehrbuch der Funktionentheorie, II. Leipzig und Berlin 1931.
Dienes, P.: The Taylor series. Oxford 1931.
Bourion, G.: L'ultraconvergence dans les séries de Taylor. Actualités, Paris 1937.
Mandelbrojt, S.: Les singularités des fonctions analytiques représentées par une série de Taylor. Memorial **54**. Paris 1932.

§ 2. Das Schwarzsche Spiegelungsprinzip

In den bisherigen Untersuchungen haben wir als stets anwendbares Verfahren, die analytische Fortsetzung einer gegebenen Funktion zu bewerkstelligen, die wiederholte Umwandlung von Potenzreihen kennengelernt. Dieses Verfahren kommt aber wegen seiner Umständlichkeit bei der Untersuchung spezieller Funktionen häufig nicht in Frage. Wir geben deshalb jetzt eine von H. A. Schwarz herrührende Methode an, die in vielen praktischen Fällen bequem angewandt werden kann. Das ist das Spiegelungsprinzip. Dazu beweisen wir zunächst

Satz 4. *$\mathfrak{G}_1$ und $\mathfrak{G}_2$ seien zwei punktfremde Gebiete, die längs eines offenen Weges $\mathfrak{C}$ aneinandergrenzen, der freier Randbogen* von $\mathfrak{G}_1$*

* Die einfache Randkurve $\mathfrak{C}$ eines Gebietes $\mathfrak{G}$ heißt *freier Randbogen* von $\mathfrak{G}$, wenn sich je zwei verschiedene Punkte von $\mathfrak{C}$ durch eine sonst ganz in $\mathfrak{G}$ verlaufende Kurve $\mathfrak{C}'$ verbinden lassen, so daß $\mathfrak{C}'$ und das zugehörige Teilstück von $\mathfrak{C}$ ein einfach zusammenhängendes Teilgebiet von $\mathfrak{G}$ beranden (Genaues s. IV, 8).

und $\mathfrak{G}_2$ *ist.* $f_1(z)$ *sei in* $\mathfrak{G}_1$, $f_2(z)$ *in* $\mathfrak{G}_2$ *holomorph. Auf* $\mathfrak{C}$ *seien* $f_1(z)$ *und* $f_2(z)$ *noch stetig, und es sei dort* $f_1(z) = f_2(z)$. *Dann gibt es eine Funktion* $F(z)$, *die holomorph in* $\mathfrak{B} = \mathfrak{G}_1 \cup \mathfrak{G}_2 \cup \mathfrak{C}$ *ist und die in* $\mathfrak{G}_1$ *mit* $f_1(z)$ *und in* $\mathfrak{G}_2$ *mit* $f_2(z)$ *übereinstimmt.*

Dies bedeutet, daß $f_1(z)$ die analytische Fortsetzung von $f_2(z)$ ist und umgekehrt.

Zum Beweise wählen wir eine abgeschlossene Teilkurve $\mathfrak{C}_0$ von $\mathfrak{C}$ und ergänzen $\mathfrak{C}_0$ durch zwei in $\mathfrak{G}_1$ bzw. $\mathfrak{G}_2$ verlaufende Wege $\mathfrak{C}_1$ und $\mathfrak{C}_2$ zu einfach geschlossenen Wegen $\mathfrak{C}_0 + \mathfrak{C}_1$ bzw. $-\mathfrak{C}_0 + \mathfrak{C}_2$ derart, daß deren Inneres $\mathfrak{G}_1^*$ bzw. $\mathfrak{G}_2^*$ in $\mathfrak{G}_1$ bzw. $\mathfrak{G}_2$ liegt (s. Abb. 15). Dabei können wir $\mathfrak{C}_0$, $\mathfrak{C}_1$ und $\mathfrak{C}_2$ so orientieren, daß $\mathfrak{G}_1^*$ bzw. $\mathfrak{G}_2^*$ von $\mathfrak{C}_0 + \mathfrak{C}_1$ bzw. $-\mathfrak{C}_0 + \mathfrak{C}_2$ im positiven Sinne umlaufen werden.

Dann gilt in $\mathfrak{G}_1^*$:

$$F_1(z) = \frac{1}{2\pi i} \int\limits_{\mathfrak{C}_0+\mathfrak{C}_1} \frac{f_1(\zeta)}{\zeta - z}\, d\zeta = f_1(z)\,,$$

$$F_2(z) = \frac{1}{2\pi i} \int\limits_{-\mathfrak{C}_0+\mathfrak{C}_2} \frac{f_2(\zeta)}{\zeta - z}\, d\zeta = 0$$

und in $\mathfrak{G}_2^*$:

$$F_1(z) = \frac{1}{2\pi i} \int\limits_{\mathfrak{C}_0+\mathfrak{C}_1} \frac{f_1(\zeta)}{\zeta - z}\, d\zeta = 0\,,$$

$$F_2(z) = \frac{1}{2\pi i} \int\limits_{-\mathfrak{C}_0+\mathfrak{C}_2} \frac{f_2(\zeta)}{\zeta - z}\, d\zeta = f_2(z)\,,$$

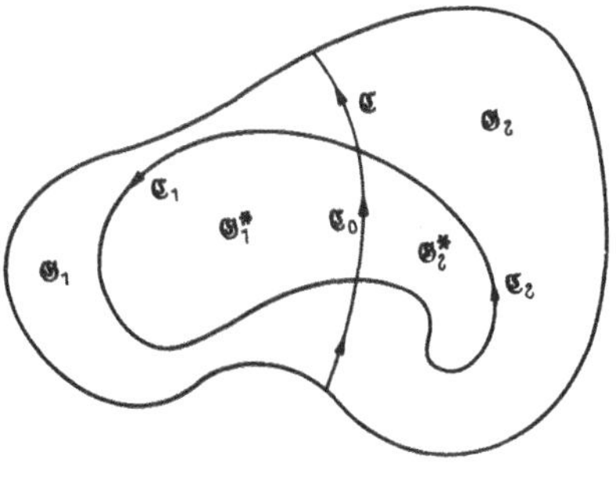

Abb. 15

und zwar folgen die Werte des ersten und letzten Integrals aus der Cauchyschen Integralformel und die des zweiten und dritten Integrals aus dem Cauchyschen Integralsatz. Die Funktionen $F_1(z)$ und $F_2(z)$ sind sowohl in $\mathfrak{G}_1^*$ als auch in $\mathfrak{G}_2^*$ holomorph und daher ist es auch die Funktion $F(z) = F_1(z) + F_2(z)$.

Wegen $f_1(z) = f_2(z)$ auf $\mathfrak{C}_0$ ist sowohl für z in $\mathfrak{G}_1^*$ als auch in $\mathfrak{G}_2^*$:

$$\frac{1}{2\pi i} \int\limits_{\mathfrak{C}_0} \frac{f_1(\zeta)}{\zeta - z}\, d\zeta + \frac{1}{2\pi i} \int\limits_{-\mathfrak{C}_0} \frac{f_2(\zeta)}{\zeta - z}\, d\zeta = 0\,,$$

und daher folgt:

$$F(z) = \frac{1}{2\pi i} \int\limits_{\mathfrak{C}_1} \frac{f_1(\zeta)}{\zeta - z}\, d\zeta + \frac{1}{2\pi i} \int\limits_{\mathfrak{C}_2} \frac{f_2(\zeta)}{\zeta - z}\, d\zeta = \begin{cases} f_1(z) & \text{in } \mathfrak{G}_*\,, \\ f_2(z) & \text{in } \mathfrak{G}_2^*\,. \end{cases}$$

Da die beiden letzten Integrale außerhalb der Kurven $\mathfrak{C}_1$ und $\mathfrak{C}_2$ holomorphe Funktionen von z liefern (s. I, 12, Satz 75), so ist $F(z)$ auch in allen inneren Punkten von $\mathfrak{C}_0$ holomorph, und sie stimmt dort wegen der Stetigkeit von $F(z)$ und von $f_1(z)$ und $f_2(z)$ mit den

Werten $f_1(z) = f_2(z)$ überein. $\mathfrak{C}_0$ war aber eine beliebige Teilkurve von $\mathfrak{C}$; daher ist

$$F(z) = \begin{cases} f_1(z) & \text{in } \mathfrak{G}_1, \\ f_2(z) & \text{in } \mathfrak{G}_2, \\ f_1(z) = f_2(z) & \text{auf } \mathfrak{C} \end{cases}$$

eine in $\mathfrak{V} = \mathfrak{G}_1 \cup \mathfrak{G}_2 \cup \mathfrak{C}$ holomorphe Funktion.

Wir ersehen aus Satz 4, daß die Grenzwerte einer in $\mathfrak{G}$ holomorphen Funktion $f(z)$ auf einem noch so kleinen begrenzenden Wege $\mathfrak{J}$, der freier Randbogen von $\mathfrak{G}$ ist, nicht alle Null sein können, sofern $f(z)$ nicht identisch Null ist. Es wäre nämlich sonst nach Satz 4 die Funktion $f_1(z) \equiv 0$ eine analytische Fortsetzung von $f(z)$ über $\mathfrak{J}$ hinaus, und $f(z)$ müßte dann entgegen der Voraussetzung in $\mathfrak{G}$ identisch verschwinden (s. auch II, 4, Satz 31).

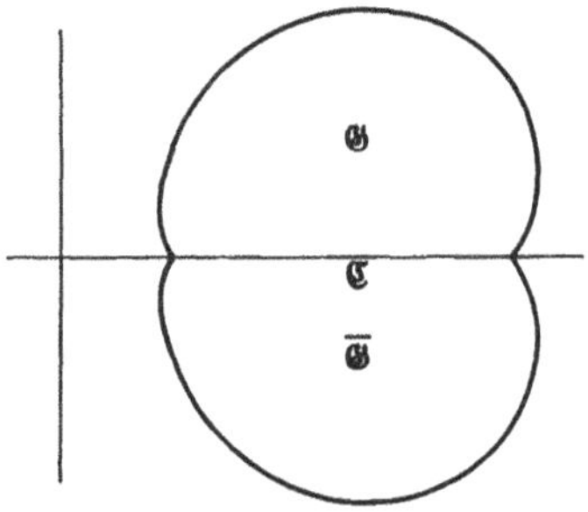

Satz 5 *(Kleiner Schwarzscher Spiegelungssatz). Das Gebiet $\mathfrak{G}$ liege in der oberen Halbebene und enthalte auf seiner Berandung ein Intervall $\mathfrak{C}$ der reellen Achse als freien Randbogen. $f(z)$ sei in $\mathfrak{G}$ holomorph, auf $\mathfrak{C}$ noch stetig und weise dort reelle Werte auf. Dann ist $f(z)$ über $\mathfrak{C}$ hinaus analytisch fortsetzbar.*

Abb. 16

$\overline{\mathfrak{G}}$ sei das Gebiet, das aus $\mathfrak{G}$ durch Spiegelung an der reellen Achse hervorgeht (s. Abb. 16). Dann ist die Funktion $f_1(z) = \overline{f(\bar{z})}$ in $\overline{\mathfrak{G}}$ definiert und dort holomorph; denn es gilt dort [s. I, 8, Formeln (24) und (27)], weil $z^* = \bar{z}$ in $\mathfrak{G}$ liegt und daher $\dfrac{\partial f(z^*)}{\partial \bar{z}^*} = 0$ ist,

$$\frac{\partial f_1(z)}{\partial \bar{z}} = \frac{\partial \overline{f(\bar{z})}}{\partial \bar{z}} = \frac{\partial \overline{f(z^*)}}{\partial z^*} = \overline{\frac{\partial f(z^*)}{\partial \bar{z}^*}} = 0,$$

so daß auch in $\overline{\mathfrak{G}}$ die Cauchy-Riemannschen Bedingungen erfüllt sind. Schließlich ist $f_1(z) = f(z)$ auf $\mathfrak{C}$. Damit sind die Voraussetzungen von Satz 4 erfüllt. $f_1(z)$ ist also die analytische Fortsetzung von $f(z)$ nach $\overline{\mathfrak{G}}$.

Der vorstehende Satz ist von großer Bedeutung. Doch ist er zunächst für die Anwendung noch zu speziell gefaßt. Offenbar bleibt er noch richtig, wenn wir durch eine Funktion $z' = h(z)$, die in einer Umgebung von $\mathfrak{C}$ noch holomorph ist, $\mathfrak{C}$ auf irgendein Kurvenstück abbilden, und ebenso, wenn wir das Bild von $\mathfrak{C}$ auf der reellen Achse in der w-Ebene durch $w' = h^*(w)$ abbilden. Doch können wir das im einzelnen erst ausführen, wenn wir die Umkehrfunktion einer holomorphen Funktion untersucht haben (s. IV, 9).

§ 3. Singuläre Punkte. Die Laurentsche Entwicklung. Meromorphe Funktionen

Die analytische Fortsetzung holomorpher Funktionen kann uns zweierlei Schwierigkeiten bereiten: 1. Es kann die Fortsetzung in einen Punkt z_0 hinein nicht mehr möglich sein. 2. Es kann durch Wahl verschiedener gleichberechtigter Wege verschiedene Fortsetzungen nach einem Punkt z_0 geben. Der Untersuchung solcher Punkte z_0, die uns die erste Schwierigkeit bereiten, ist dieser Paragraph gewidmet. Der Behebung der zweiten, weitaus größeren Schwierigkeit dient das übernächste Kapitel V.

Zunächst haben wir zu beachten, daß bei einer gegebenen Funktion $f(z)$ Punkte auftreten können, in denen $f(z)$ nicht mehr holomorph ist, in die aber trotzdem $f(z)$ hinein analytisch fortgesetzt werden kann. Nehmen wir z. B. die Funktion $f(z) = z$ für $z \neq 0$ und $f(0) = 1$, so ist $f(z)$ im Nullpunkt nicht mehr stetig, also sicher nicht holomorph. Durch nachträgliche Änderung des Funktionswertes im Nullpunkt von 1 in 0 wird aber die abgeänderte Funktion auch dort holomorph.

Allgemein sei in einem Gebiete $\mathfrak{G}$ eine komplexe Funktion $f(z)$ gegeben. In $\mathfrak{G}$ gebe es eine Teilmenge $\mathfrak{M}$, so daß in jeder Umgebung eines Punktes von $\mathfrak{M}$ Punkte aus $\mathfrak{G}$ liegen, in denen $f(z)$ holomorph ist. In den Punkten von $\mathfrak{M}$ sei $f(z)$ nicht holomorph. Gelingt es aber, durch nachträgliche Änderung der Funktionswerte von $f(z)$ in den Punkten von $\mathfrak{M}$ die abgeänderte Funktion in ganz $\mathfrak{G}$ zu einer holomorphen Funktion zu machen, so heißen die Punkte von $\mathfrak{M}$ *hebbare Singularitäten* der ursprünglichen Funktion. Sie werden im folgenden nicht mehr betrachtet. Wir nehmen an, daß sie alle bereits in holomorphe Punkte verwandelt sind.

Fernerhin heißt ein Punkt z_0 *singulärer Punkt* der Funktion $f(z)$, wenn

1. in jeder Umgebung von z_0 noch Punkte liegen, in denen $f(z)$ holomorph ist und

2. es keine Umgebung von z_0 gibt, so daß $f(z)$ von jedem holomorphen Punkt in dieser Umgebung aus in ihr auf beliebigen Wegen analytisch fortgesetzt werden kann.

Gibt es also zu einem Punkt z_0 eine Umgebung, z. B. einen kleinen Kreis, so daß man von jedem holomorphen Punkt in diesem Kreis aus die Funktion in den ganzen Kreis, also auch in z_0 hinein, analytisch fortsetzen kann, so heißt z_0 nicht singulär, auch dann nicht, wenn verschiedene holomorphe Punkte zu verschiedenen Entwicklungen führen, wie dies in den folgenden Beispielen 2 und 3 der Fall ist.

Beispiel 1:

$f(z) = \frac{1}{z}$ ist mit Ausnahme des Nullpunktes überall holomorph, im Nullpunkt aber singulär. Es gibt überhaupt keine analytische Fortsetzung in den Nullpunkt hinein.

Beispiel 2:

$f(z) = \sqrt{z}$ ist in der längs der negativen reellen Achse aufgeschnittenen Ebene holomorph, wenn wir $\sqrt{z}$ auffassen als holomorphe Ergänzung der positiven Funktion $\sqrt{x}$ auf der positiven reellen Achse. Im Nullpunkt ist die Funktion singulär; denn sie läßt sich auf keine Weise in den Nullpunkt hinein analytisch fortsetzen. Auf der negativen reellen Achse ist die Funktion unstetig; denn im Punkte $-r$ hat $f(z)$ den Grenzwert $i\sqrt{r}$ bei Annäherung aus der oberen Halbebene und den Wert $-i\sqrt{r}$ bei Annäherung aus der unteren Halbebene. Sie läßt sich dort also nicht zu einer eindeutigen Funktion holomorph ergänzen. Wohl aber läßt sie sich dorthin analytisch fortsetzen, und zwar sowohl aus der oberen Halbebene als auch aus der unteren Halbebene heraus. Es gibt daher um jeden Punkt $-r$ eine Umgebung (z. B. den Kreis $|z + r| < r$), in der sich $f(z)$ von jedem holomorphen Punkt aus beliebig analytisch fortsetzen läßt. Diese Fortsetzungen stimmen indessen nicht alle miteinander überein, sondern unterscheiden sich durch ihr Vorzeichen, je nachdem ob der holomorphe Ausgangspunkt in der oberen oder in der unteren Halbebene lag. Daher besitzt nach unserer Definition $f(z)$ außer dem Nullpunkt keine singuläre Stelle.

Beispiel 3:

$f(z) = \frac{1}{\sqrt{z} - i}$ ist überall dort holomorph, wo $\sqrt{z}$ holomorph ist und der Nenner nicht verschwindet, also insbesondere in der längs der negativen reellen Achse aufgeschnittenen Ebene. Im Nullpunkt ist die Funktion ebenso wie $\sqrt{z}$ singulär. Auf der negativen reellen Achse liegen analoge Verhältnisse wie bei $\sqrt{z}$ vor. Dort läßt sich die Funktion nicht eindeutig erklären, wohl aber läßt sie sich dorthin sowohl von oben als auch von unten her analytisch fortsetzen mit Ausnahme des Punktes -1. Dort wächst die Funktion über alle Grenzen, wenn man sich diesem Punkt von oben her nähert, während sie sich dorthin von unten her analytisch fortsetzen läßt. Die Funktion hat also im Punkte -1 gemäß unserer Definition eine Singularität.

Es ist nicht sehr befriedigend, daß ein Punkt singulär heißt, wenn man eine Funktion $f(z)$ auf gewissen Wegen dorthin nicht analytisch fortsetzen kann, während es auf anderen Wegen möglich ist. Doch tritt dies nur bei solchen Funktionen auf, die bei analytischer Fortsetzung in einem Gebiete nicht eindeutig bleiben. Wir werden später diese Schwierigkeit durch eine Erweiterung des Argumentbereiches beheben. Im folgenden werden wir uns zunächst nur mit solchen Funktionen beschäftigen, die in allen betrachteten Punkten auch bei analytischer Fortsetzung eindeutig bleiben. In diesem Falle können wir die Forderung 2 für einen singulären Punkt z_0 durch die folgende einfachere Forderung ersetzen:

2'. $f(z)$ läßt sich in den Punkt z_0 hinein nicht analytisch fortsetzen.

Holomorphes und singuläres Verhalten einer Funktion in einem Punkte z_0 schließen sich definitionsgemäß aus. Darüber hinaus können aber bei einer Funktion auch noch Punkte auftreten, die weder holomorph noch singulär sind. Dies sind solche Punkte, in deren Umgebung keine holomorphen Punkte der Funktion liegen. Betrachten wir z. B. die Funktion $f(z) = \sum_{n=1}^{\infty} z^{n!}$ (s. 1, Beispiel 1). Die Punkte $|z| < 1$ sind holomorphe Punkte von $f(z)$, der Rand des Einheitskreises besteht aus singulären Punkten, und die Punkte $|z| > 1$ weisen weder holomorphes noch singuläres Verhalten auf. Wir sagen nun, eine Funktion $f(z)$ heißt *analytisch* in dem offenen oder abgeschlossenen Gebiet $\mathfrak{G}$, wenn 1. sie bei jeder möglichen analytischen Fortsetzung in $\mathfrak{G}$ eindeutig bleibt, 2. sie dort außer holomorphen höchstens noch singuläre Punkte aufweist und 3. je zwei Punkte z_1 und z_2 aus $\mathfrak{G}$, in denen $f(z)$ holomorph ist, sich durch eine Kurve $\mathfrak{J}$ miteinander verbinden lassen, auf der $f(z)$ überall holomorph ist. Wenn also die Funktion $f(z)$ in $\mathfrak{G}$ sich holomorph verhält, so verhält sie sich dort erst recht analytisch.

Eine analytische Funktion läßt sich um jeden holomorphen Punkt, wie wir wissen, in eine Potenzreihe entwickeln. Wir werden jetzt sehen, daß die analytischen Funktionen auch noch in der Umgebung jeder schlichten isolierten singulären Stelle eine Reihenentwicklung ähnlicher Art gestatten. Dabei heißt z_0 eine *schlichte isolierte singuläre Stelle* der Funktion $f(z)$, wenn es eine Umgebung von z_0 gibt, in der $f(z)$ überall außer in z_0 definiert und holomorph, in z_0 aber singulär ist. Wir betrachten also hier nur solche Funktionen, die in einer Umgebung einer singulären Stelle bei beliebiger analytischer Fortsetzung innerhalb dieser Umgebung eindeutig bleiben. Danach ist in dem Beispiel 1 der Nullpunkt eine *schlichte* isolierte Singularität, in den Beispielen 2 und 3 dagegen nicht.

Zur Ableitung der Reihenentwicklung um eine schlichte isolierte Singularität untersuchen wir zunächst den Fall, daß $f(z)$ im Zwischengebiet $\mathfrak{G}$ der beiden konzentrischen Kreise $\mathfrak{K}_1$ und $\mathfrak{K}_2$ um z_0 mit den Radien ϱ_1 und ϱ_2 holomorph ist. z sei ein Punkt in $\mathfrak{G}$. Dann gibt es in $\mathfrak{G}$ zwei konzentrische Kreise $\mathfrak{K}_1'$ und $\mathfrak{K}_2'$ um z_0 mit den Radien ϱ_1' und ϱ_2' derart, daß z auch im Zwischengebiet $\mathfrak{G}'$ zwischen $\mathfrak{K}_1'$ und $\mathfrak{K}_2'$ liegt. Es ist dann offenbar $\varrho_1 < \varrho_1' < |z - z_0| < \varrho_2' < \varrho_2$. Daher folgt (s. II, 3, Satz 10a):

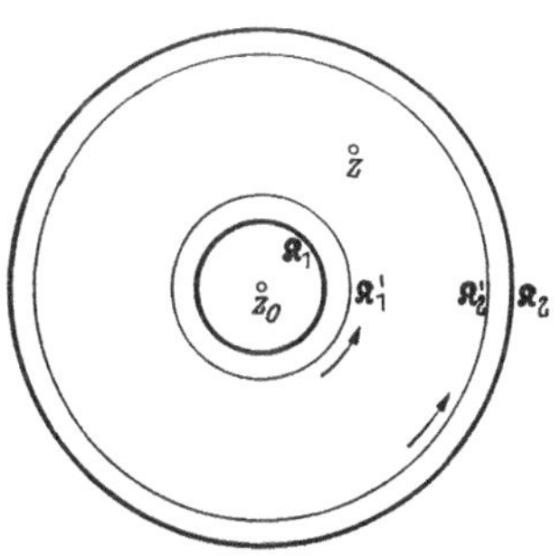

Abb. 17

$$f(z) = \frac{1}{2\pi i} \int_{\mathfrak{K}_2'} \frac{f(\zeta)}{\zeta - z} d\zeta - \frac{1}{2\pi i} \int_{\mathfrak{K}_1'} \frac{f(\zeta)}{\zeta - z} d\zeta, \qquad (1)$$

wenn man $\mathfrak{K}_1'$ und $\mathfrak{K}_2'$ im üblichen Sinne positiv orientiert (s. Abb. 17).

Da auf $\mathfrak{K}_2'$ die Beziehung $\left|\frac{z-z_0}{\zeta-z_0}\right| = \frac{|z-z_0|}{\varrho_2'} < 1$ gilt, so ist dort

$$\frac{1}{\zeta-z} = \frac{1}{(\zeta-z_0)-(z-z_0)} = \frac{1}{\zeta-z_0}\,\frac{1}{1-\dfrac{z-z_0}{\zeta-z_0}} = \sum_{n=0}^{\infty}\frac{(z-z_0)^n}{(\zeta-z_0)^{n+1}},$$

und diese Reihe konvergiert gleichmäßig in ζ und z, wenn ζ auf $\mathfrak{K}_2'$ und z im Innern von $\mathfrak{K}_2'$ läuft, d. h. wenn z in einem Gebiet läuft, welches kompakt in der durch $\mathfrak{K}_2'$ begrenzten offenen Kreisscheibe liegt. Wir dürfen also gliedweise integrieren und erhalten so:

$$\frac{1}{2\pi i}\int_{\mathfrak{K}_2'}\frac{f(\zeta)}{\zeta-z}\,d\zeta = \sum_{n=0}^{\infty}\left(\frac{1}{2\pi i}\int_{\mathfrak{K}_2'}\frac{f(\zeta)}{(\zeta-z_0)^{n+1}}\,d\zeta\right)(z-z_0)^n. \tag{2}$$

Auf $\mathfrak{K}_1'$ ist andererseits $\left|\frac{\zeta-z_0}{z-z_0}\right| = \frac{\varrho_1'}{|z-z_0|} < 1$ und daher

$$\frac{1}{\zeta-z} = \frac{1}{(\zeta-z_0)-(z-z_0)} = \frac{-1}{z-z_0}\,\frac{1}{1-\dfrac{\zeta-z_0}{z-z_0}} = -\sum_{n=1}^{\infty}\frac{(\zeta-z_0)^{n-1}}{(z-z_0)^n}.$$

Diese Reihe konvergiert gleichmäßig in ζ und z, wenn ζ auf $\mathfrak{K}_1'$ und z in einem kompakt im Äußeren von $\mathfrak{K}_1'$ gelegenen Gebiet verläuft. Für diese z dürfen wir wieder gliedweise integrieren und erhalten:

$$\frac{1}{2\pi i}\int_{\mathfrak{K}_1'}\frac{f(\zeta)}{\zeta-z}\,d\zeta = -\sum_{n=1}^{\infty}\left(\frac{1}{2\pi i}\int_{\mathfrak{K}_1'}f(\zeta)\,(\zeta-z_0)^{n-1}\,d\zeta\right)\frac{1}{(z-z_0)^n}. \tag{3}$$

Aus (1), (2) und (3) ergibt sich demnach in $\mathfrak{G}'$ die Entwicklung, wenn wir in (3) den Index n in $-n$ umbenennen,

$$f(z) = \sum_{n=-\infty}^{\infty} a_n(z-z_0)^n \tag{4}$$

mit

$$\left.\begin{aligned} a_n &= \frac{1}{2\pi i}\int_{\mathfrak{K}_2'}\frac{f(\zeta)}{(\zeta-z_0)^{n+1}}\,d\zeta, \quad n = 0, 1, 2, \ldots, \\ a_n &= \frac{1}{2\pi i}\int_{\mathfrak{K}_1'}\frac{f(\zeta)}{(\zeta-z_0)^{n+1}}\,d\zeta, \quad n = -1, -2, \ldots. \end{aligned}\right\} \tag{5}$$

Die Reihe konvergiert gemäß ihrer Ableitung gleichmäßig im Innern des Kreisringes $\mathfrak{G}'$. Da man $\mathfrak{K}_1'$ beliebig dicht an $\mathfrak{K}_1$ und $\mathfrak{K}_2'$ beliebig dicht an $\mathfrak{K}_2$ heranlegen kann, so konvergiert die Reihe auch gleichmäßig im Innern des Kreisringes zwischen den Kreisen $\mathfrak{K}_1$ und $\mathfrak{K}_2$.

Ist $\mathfrak{J}$ eine beliebige in $\mathfrak{G}$ verlaufende Kurve, die den Punkt z_0 einmal im positiven Sinne umläuft, so kann man $\mathfrak{K}_1'$ so nahe an $\mathfrak{K}_1$ legen, daß $\mathfrak{K}_1'$

und $-\mathfrak{Z}$ ein Zwischengebiet beranden, in dem die Funktionen $\frac{f(z)}{(z-z_0)^{n+1}}$ einschließlich des Randes holomorph sind. Daher gilt (s. II, 2, Satz 6):

$$\frac{1}{2\pi i}\int\limits_{\mathfrak{K}_1'} \frac{f(\zeta)}{(\zeta-z_0)^{n+1}}\,d\zeta = \frac{1}{2\pi i}\int\limits_{\mathfrak{Z}} \frac{f(\zeta)}{(\zeta-z_0)^{n+1}}\,d\zeta\,.$$

Ebenso folgt

$$\frac{1}{2\pi i}\int\limits_{\mathfrak{K}_2'} \frac{f(\zeta)}{(\zeta-z_0)^{n+1}}\,d\zeta = \frac{1}{2\pi i}\int\limits_{\mathfrak{Z}} \frac{f(\zeta)}{(\zeta-z_0)^{n+1}}\,d\zeta\,.$$

Man kann also zur Berechnung eines Koeffizienten a_n eine beliebige Kurve $\mathfrak{Z}$ der verlangten Art, z. B. einen beliebigen im Zwischengebiet verlaufenden Kreis $\mathfrak{K}$ mit dem Mittelpunkt z_0 wählen und erhält damit anstelle von (5):

$$a_n = \frac{1}{2\pi i}\int\limits_{\mathfrak{Z}} \frac{f(\zeta)}{(\zeta-z_0)^{n+1}}\,d\zeta\,,\quad n = 0, \pm 1, \pm 2, \ldots\,. \tag{6}$$

Wir bemerken ferner, daß die Entwicklung (4) eindeutig bestimmt ist. Sei

$$f(z) = \sum_{n=-\infty}^{+\infty} b_n (z-z_0)^n$$

irgendeine im Innern des Kreisringes $\mathfrak{G}$ gleichmäßig konvergente Entwicklung der Funktion $f(z)$, so folgt, wenn $\mathfrak{K}$ ein Kreis im Zwischengebiet mit dem Mittelpunkt z_0 ist,

$$a_k = \frac{1}{2\pi i}\int\limits_{\mathfrak{K}} \frac{f(\zeta)}{(\zeta-z_0)^{k+1}}\,d\zeta = \sum_{n=-\infty}^{+\infty} b_n \frac{1}{2\pi i}\int\limits_{\mathfrak{K}} (\zeta-z_0)^{n-k-1}\,d\zeta = b_k\,,$$
$$k = 0, \pm 1, \pm 2, \ldots,$$

da

$$\frac{1}{2\pi i}\int\limits_{\mathfrak{K}} (\zeta-z_0)^l\,d\zeta = \begin{cases} 0 & \text{für } l \neq -1 \\ 1 & \text{für } l = -1 \end{cases}$$

ist (s. I, 9, Beispiel 3 und 4).

Man nennt die Reihe (4) mit den Koeffizienten (6) die *Laurent-Reihe* der Funktion $f(z)$ im Ring zwischen den konzentrischen Kreisen $\mathfrak{K}_1$ und $\mathfrak{K}_2$.

Wir haben also bewiesen:

Satz 6. *Ist die Funktion $f(z)$ in einem Kreisring um z_0 holomorph, so läßt sie sich eindeutig in eine Laurent-Reihe um z_0 entwickeln, die gleichmäßig im Innern des Kreisringes konvergiert.*

Wie bei den Potenzreihen (II, 4, Satz 24) vermögen wir auch hier einen expliziten Ausdruck für den Rest anzugeben, wenn wir die Summation nur über endlich viele Glieder vornehmen. Es ergibt sich:

$$f(z) - \sum_{n=-j}^{k} a_n (z - z_0)^n$$

$$= \frac{1}{2\pi i} \int_{\mathfrak{K}_2'} \frac{f(\zeta)}{\zeta - z} \cdot \left(\frac{z - z_0}{\zeta - z_0}\right)^{k+1} d\zeta - \frac{1}{2\pi i} \int_{\mathfrak{K}_1'} \frac{f(\zeta)}{\zeta - z} \cdot \left(\frac{\zeta - z_0}{z - z_0}\right)^{j} d\zeta,$$

wobei der Radius ϱ_2' des Kreises $\mathfrak{K}_2'$ größer als $|z - z_0|$ und der Radius ϱ_1' von $\mathfrak{K}_1'$ kleiner als $|z - z_0|$ sein muß.

Als weiteres Analogon zu den Potenzreihen (I, 11, Satz 68) können wir bei der Laurent-Reihe

$$f(z) = \sum_{n=-\infty}^{+\infty} a_n (z - z_0)^n$$

die Konvergenzradien, d. h. die Radien des größten Kreisringes bestimmen, in dessen Innern die Reihe gleichmäßig konvergiert. Wie man sich analog zu den Potenzreihen überlegt, konvergiert die Reihe $\sum_{n=-\infty}^{-1} a_n (z - z_0)^n$ gleichmäßig im Äußeren des Kreises $\mathfrak{K}_1$ mit dem Radius $\varrho_1 = \overline{\lim_{n\to\infty}} \sqrt[n]{|a_{-n}|}$ und die Reihe $\sum_{n=0}^{\infty} a_n (z - z_0)^n$ im Innern des Kreises $\mathfrak{K}_2$ mit dem Radius $\varrho_2 = \frac{1}{\overline{\lim_{n\to\infty}} \sqrt[n]{|a_n|}}$. Dabei lassen wir auch hier für die Radien die Grenzwerte Null und Unendlich zu. Die obige Laurent-Reihe besitzt also genau dann ein Konvergenzgebiet, wenn $0 \leqq \varrho_1 < \varrho_2 \leqq \infty$ ist, und zwar konvergiert sie dann gleichmäßig im Innern des Kreisringes $\varrho_1 < |z - z_0| < \varrho_2$.

Die Potenzreihen $\sum_{n=0}^{\infty} a_n (z - z_0)^n$ und $\sum_{n=-\infty}^{-1} a_n (z - z_0)^n$ der Funktion $f(z)$ im Kreisring $\mathfrak{G}$ liefern holomorphe Funktionen $g(z)$ für $|z - z_0| < \varrho_2$ und $h(z)$ für $|z - z_0| > \varrho_1$, wobei $h(z)$ auch im Punkte ∞ holomorph und gleich Null ist. Dabei ist $f(z) = g(z) + h(z)$ für $\varrho_1 < |z - z_0| < \varrho_2$. Dies ist ein Spezialfall eines allgemeinen Sachverhaltes:

Die Funktion $f(z)$ sei im Zwischengebiet $\mathfrak{G}$ zweier einfach geschlossener Kurven $\mathfrak{C}_1$ und $\mathfrak{C}_2$ holomorph, $\mathfrak{C}_1$ liege im Innern von $\mathfrak{C}_2$ (s. Abb. 10). *Dann gibt es zwei eindeutig bestimmte Funktionen $g(z)$ und $h(z)$, von denen $g(z)$ im Innern von $\mathfrak{C}_2$ und $h(z)$ im Äußeren von $\mathfrak{C}_1$ einschließlich des Punktes ∞ holomorph ist, so daß in $\mathfrak{G}$*

$$f(z) = g(z) + h(z) \tag{7}$$

und

$$h(\infty) = 0$$

ist.

Seien $\mathfrak{G}_1 \subset \mathfrak{G}_2 \subset \mathfrak{G}_3 \subset \cdots$ in $\mathfrak{G}$ liegende zweifach zusammenhängende Polygongebiete, die $\mathfrak{G}$ ausschöpfen, so daß die Randkurven $\mathfrak{C}_n'$ und $\mathfrak{C}_n''$ von $\mathfrak{G}_n$ die

Kurve $\mathfrak{C}_1$ im Innern enthalten und jeweils $\mathfrak{C}_n''$ die Kurve $\mathfrak{C}_n'$. Im Zwischengebiet $\mathfrak{G}_n$ ist dann nach der Cauchyschen Integralformel

$$f(z) = \frac{1}{2\pi i}\int\limits_{\mathfrak{C}_n''} \frac{f(\zeta)}{\zeta - z}\,d\zeta - \frac{1}{2\pi i}\int\limits_{\mathfrak{C}_n'} \frac{f(\zeta)}{\zeta - z}\,d\zeta .$$

Nach I, 12, Satz 75 ist

$$g_n(z) = \frac{1}{2\pi i}\int\limits_{\mathfrak{C}_n''} \frac{f(\zeta)}{\zeta - z}\,d\zeta$$

im Innern von $\mathfrak{C}_n''$ holomorph, und

$$h_n(z) = \frac{-1}{2\pi i}\int\limits_{\mathfrak{C}_n'} \frac{f(\zeta)}{\zeta - z}\,d\zeta$$

im Äußeren von $\mathfrak{C}_n'$. Zwischen $\mathfrak{C}_n'$ und $\mathfrak{C}_n''$, also in $\mathfrak{G}_n$, ist daher

$$f(z) = g_n(z) + h_n(z) .$$

Da auf $\mathfrak{C}_n'$ für $z \to \infty$ der Integrand des letzten Integrals gleichmäßig gegen Null konvergiert, so gilt außerdem

$$\lim_{z\to\infty} h_n(z) = 0 . \tag{8}$$

Weiter ist für $n < m$ und z innerhalb von $\mathfrak{C}_n''$:

$$\frac{1}{2\pi i}\int\limits_{\mathfrak{C}_n''} \frac{f(\zeta)}{\zeta - z}\,d\zeta = \frac{1}{2\pi i}\int\limits_{\mathfrak{C}_m''} \frac{f(\zeta)}{\zeta - z}\,d\zeta .$$

Daher gibt es innerhalb $\mathfrak{C}_2$ eine Funktion $g(z)$, so daß für jedes z innerhalb von $\mathfrak{C}_2$ für alle hinreichend großen n, m gilt:

$$g(z) = g_n(z) = g_m(z) = \lim_{n\to\infty} g_n(z) .$$

Analog schließt man, daß für jedes z außerhalb von $\mathfrak{C}_1$ und alle hinreichend großen n, m gilt:

$$h(z) = h_n(z) = h_m(z) = \lim_{n\to\infty} h_n(z) .$$

Also hat man zwischen $\mathfrak{C}_1$ und $\mathfrak{C}_2$:

$$f(z) = g(z) + h(z) ,$$

und wegen (8) gilt auch

$$\lim_{z\to\infty} h(z) = 0 .$$

Damit haben wir zwei Funktionen $g(z)$ und $h(z)$ der verlangten Art gefunden.

Gäbe es zwei weitere Funktionen $g^*(z)$ und $h^*(z)$ der gleichen Art, so wäre in $\mathfrak{G}$:

$$g(z) + h(z) = g^*(z) + h^*(z) ,$$

also

$$g(z) - g^*(z) = h^*(z) - h(z) .$$

Mit

$$F(z) = \begin{cases} g(z) - g^*(z) & \text{im Innern von } \mathfrak{C}_2 \\ h^*(z) - h(z) & \text{im Äußern von } \mathfrak{C}_1 \end{cases}$$

hätten wir dann eine in der geschlossenen Ebene holomorphe Funktion, die nach dem Satz von Liouville notwendig konstant ist. Wegen $\lim\limits_{z\to\infty} h(z) = \lim\limits_{z\to\infty} h^*(z) = 0$ wäre diese Konstante Null, also $g(z) = g^*(z)$ und $h(z) = h^*(z)$.

Man nennt die Aufspaltung (7) der Funktion $f(z)$ die *Laurent-Trennung der Funktion* $f(z)$ *in* $\mathfrak{G}$.

Bisher haben wir uns nur mit Integralen über geschlossene Kurven beschäftigt. In der höheren Funktionentheorie hat sich aber als ein besonderes Hilfsmittel bei der Verheftung lokal gegebener holomorpher Funktionen das Integral über ein einfaches, nicht geschlossenes Kurvenstück bewährt:

$\mathfrak{C}$ sei ein einfaches, rektifizierbares Kurvenstück, das von a nach b läuft. Die Funktion $f(z)$ sei auf $\mathfrak{C}$ holomorph. Dann ist die Funktion

$$F(z) = \frac{1}{2\pi i}\int\limits_{\mathfrak{C}} \frac{f(\zeta)}{\zeta - z}\,d\zeta$$

für alle $z \notin \mathfrak{C}$ holomorph, bei Annäherung an einen inneren Punkt $z \in \mathfrak{C}$, $z \neq a, b$, von beiden Seiten her holomorph fortsetzbar, und die Differenz der so von links und von rechts her gewonnenen Funktionen $F_l(z)$ und $F_r(z)$ ist gleich $f(z)$:

$$F_l(z) - F_r(z) = f(z)\,. \tag{9}$$

$\mathfrak{U}$ sei eine einfach zusammenhängende Umgebung von $\mathfrak{C}$, in der $f(z)$ noch holomorph ist. In $\mathfrak{U}$ verbinde man b mit a durch ein einfaches rektifizierbares Kurvenstück $\mathfrak{C}'$, das $\mathfrak{C}$ außer in a und b nicht trifft. $\mathfrak{C}'$ sei außerdem so gewählt, daß das von $\mathfrak{C} + \mathfrak{C}'$ berandete einfach zusammenhängende Gebiet $\mathfrak{G}'$ links von $\mathfrak{C}$ liegt. $\mathfrak{G}'$ liegt kompakt in $\mathfrak{U}$. Dann ist im Innern von $\mathfrak{G}'$:

$$f(z) = \frac{1}{2\pi i}\int\limits_{\mathfrak{C}} \frac{f(\zeta)}{\zeta - z}\,d\zeta + \frac{1}{2\pi i}\int\limits_{\mathfrak{C}'} \frac{f(\zeta)}{\zeta - z}\,d\zeta\,.$$

Daher ist in $\mathfrak{G}'$:

$$F(z) = f(z) - \frac{1}{2\pi i}\int\limits_{\mathfrak{C}'} \frac{f(\zeta)}{\zeta - z}\,d\zeta\,. \tag{10}$$

Im Äußeren von $\mathfrak{G}'$ ist

$$\frac{1}{2\pi i}\int\limits_{\mathfrak{C}} \frac{f(\zeta)}{\zeta - z}\,d\zeta + \frac{1}{2\pi i}\int\limits_{\mathfrak{C}'} \frac{f(\zeta)}{\zeta - z}\,d\zeta = 0\,,$$

also

$$F(z) = -\frac{1}{2\pi i}\int\limits_{\mathfrak{C}'} \frac{f(\zeta)}{\zeta - z}\,d\zeta\,. \tag{11}$$

Die Funktion $\frac{1}{2\pi i}\int\limits_{\mathfrak{C}'} \frac{f(\zeta)}{\zeta - z}\,d\zeta$ ist in den inneren Punkten von $\mathfrak{C}$ holomorph. Daher kann man gemäß (10) die Funktion $F(z)$ von links her in die inneren Punkte von $\mathfrak{C}$ holomorph fortsetzen und erhält eine Funktion $F_l(z)$ in diesen inneren Punkten. Ebenso ergibt sich aus (11) die holomorphe Fortsetzbarkeit von $F(z)$ von rechts her zu einer Funktion $F_r(z)$. Die Differenz von $F_l(z)$ und $F_r(z)$ ist nach (10) und (11) aber gerade $f(z)$.

Man benutzt diesen Sachverhalt dazu, um Sätze der folgenden Art zu beweisen:

Gegeben seien ein rektifizierbares Kurvenstück $\mathfrak{C}$ und zwei Gebiete $\mathfrak{G}_1$ und $\mathfrak{G}_2$, die längs des offenen Teiles $\mathfrak{C}^0$ von $\mathfrak{C}$ aneinanderstoßen, aber sonst keine Punkte gemeinsam haben. In $\mathfrak{G}_1 + \mathfrak{C}$ sei eine Funktion f_1 gegeben, die dort bis auf isolierte Singularitäten holomorph sei, ebenso eine solche Funktion f_2 in $\mathfrak{G}_2 + \mathfrak{C}$. Ferner sei auf $\mathfrak{C}$ die Funktion $f_1 - f_2$ holomorph. Dann gibt es in $\mathfrak{G}_1 + \mathfrak{C}^0 + \mathfrak{G}_2$ eine Funktion f, so daß $f - f_1$ in $\mathfrak{G}_1 + \mathfrak{C}^0$ holomorph und $f - f_2$ in $\mathfrak{G}_2 + \mathfrak{C}^0$ holomorph ist (Cousinsches Heftungsverfahren).

Mit anderen Worten: Es gibt in $\mathfrak{G}_1 + \mathfrak{C}^0 + \mathfrak{G}_2$ eine Funktion f, die in $\mathfrak{G}_1 + \mathfrak{C}^0$ bzw. $\mathfrak{G}_2 + \mathfrak{C}^0$ Singularitäten derselben Art wie f_1 bzw. f_2 hat.

Zum Beweis wende man den obigen Sachverhalt auf die Funktion $f_2 - f_1$ an: Es sei

$$F(z) = \frac{1}{2\pi i} \int_{\mathfrak{C}} \frac{f_2(\zeta) - f_1(\zeta)}{\zeta - z}\, d\zeta,$$

wobei $\mathfrak{C}$ so orientiert sei, daß $\mathfrak{G}_1$ links und $\mathfrak{G}_2$ rechts von $\mathfrak{C}$ liegt. Dann sind $F_l(z)$ in $\mathfrak{G}_1 + \mathfrak{C}^0$ und $F_r(z)$ in $\mathfrak{G}_2 + \mathfrak{C}^0$ holomorph, wenn $F_l(z) = F(z)$ in $\mathfrak{G}_1$ und $F_r(z) = F(z)$ in $\mathfrak{G}_2$ ist. Ferner ist auf $\mathfrak{C}^0$

$$F_l(z) - F_r(z) = f_2(z) - f_1(z)\,.$$

Folglich ist auf $\mathfrak{C}^0$

$$F_l(z) + f_1(z) = F_r(z) + f_2(z)\,.$$

Die linke Seite ist aber in $\mathfrak{G}_1 + \mathfrak{C}^0$ erklärt, die rechte Seite in $\mathfrak{G}_2 + \mathfrak{C}^0$. Also ist

$$f(z) = \begin{cases} F_l(z) + f_1(z) \text{ in } \mathfrak{G}_1 + \mathfrak{C}^0, \\ F_r(z) + f_2(z) \text{ in } \mathfrak{G}_2 + \mathfrak{C}^0 \end{cases}$$

eine Funktion in $\mathfrak{G}_1 + \mathfrak{C}^0 + \mathfrak{G}_2$, und es ist

$$f(z) - f_1(z) = F_l(z) \text{ in } \mathfrak{G}_1 + \mathfrak{C}^0$$

und

$$f(z) - f_2(z) = F_r(z) \text{ in } \mathfrak{G}_2 + \mathfrak{C}^0$$

holomorph.

Man kann die obige Aussage dazu benutzen, den Mittag-Lefflerschen Satz (s. 7, Satz 24) zu beweisen, den wir allerdings in diesem Buch auf bequemere Weise gewinnen werden. Das vorstehende Heftungsverfahren läßt sich jedoch auf Funktionen mehrerer komplexer Veränderlicher übertragen.

Ist z_0 eine endliche isolierte Singularität oder eine holomorphe Stelle von $f(z)$ und $\mathfrak{K}$ der größte Kreis um z_0, in dem im übrigen $f(z)$ holomorph ist, so weist $f(z)$ nach Satz 6 eine Laurent-Entwicklung in jedem Kreisring um z_0 auf, dessen innerer Kreis $\mathfrak{K}_1$ in der Kreisscheibe von $\mathfrak{K}$ liegt, während der äußere Kreis $\mathfrak{K}$ ist. Wegen der Eindeutigkeit der Entwicklung in jedem Kreisring stimmen alle diese Laurent-Entwicklungen miteinander überein. Lassen wir nun $\mathfrak{K}_1$ auf z_0 zusammenschrumpfen, so erhalten wir die Entwicklung um den Punkt z_0. Ist $f(z)$ in z_0 holomorph, so stimmt die Laurent-Reihe mit der Potenzreihe überein, da diese eine spezielle Laurent-Reihe ist.

Liegt die Stelle z_0 im Unendlichen, so können wir ebenso schließen, wenn wir statt $\mathfrak{K}$ den kleinsten Kreis $\mathfrak{K}^*$ um einen Punkt z_1 wählen, außerhalb dessen $f(z)$ in allen endlichen Punkten holomorph ist. So erhalten wir

Satz 7. *Um eine schlichte isolierte Singularität z_0 läßt sich eine analytische Funktion $f(z)$ stets in eine Laurent-Reihe entwickeln. Ist z_0 endlich, so konvergiert sie im größten, in z_0 punktierten Kreis um z_0, in dem $f(z)$ holomorph ist. Ist $z_0 = \infty$, so konvergiert die Reihe außerhalb des kleinsten*

Kreises um einen beliebigen Punkt z_1, außerhalb dessen $f(z)$ in allen endlichen Punkten noch holomorph ist. Im Innern des Konvergenzgebietes herrscht gleichmäßige Konvergenz.

Da man bei der Laurent-Entwicklung um den Punkt ∞ einen beliebigen endlichen Punkt z_1 als Mittelpunkt des Kreisringes wählen kann, so ist die Entwicklung erst dann eindeutig bestimmt, wenn z_1 festgelegt ist. Als Mittelpunkt wählt man im allgemeinen den Nullpunkt. Wenn daher im folgenden nichts anderes ausdrücklich gesagt ist, so verstehen wir unter der Laurent-Reihe um den Punkt ∞ stets eine Reihe der Form $\sum_{n=-\infty}^{+\infty} a_n z^n$, die außerhalb eines Kreises um den Nullpunkt konvergiert.

Bei der Laurent-Reihe um eine isolierte Singularität unterscheidet man einen Haupt- und einen Nebenteil. Die Glieder, die einzeln in z_0 singulär werden, bilden den *Hauptteil*, die übrigen den *Nebenteil*. Ist z_0 endlich, so ist $\sum_{n=-\infty}^{-1} a_n(z-z_0)^n$ der Hauptteil, $\sum_{n=0}^{\infty} a_n(z-z_0)^n$ der Nebenteil. Ist $z_0=\infty$, so ist $\sum_{n=1}^{\infty} a_n z^n$ der Hauptteil, $\sum_{n=-\infty}^{0} a_n z^n$ der Nebenteil.

Wir bemerken, daß *der Hauptteil einer endlichen isolierten Singularität z_0 für alle $z \neq z_0$ konvergiert,* und damit *gleichmäßig* in jedem Gebiet $|z-z_0| > \varrho > 0$ *einschließlich des Punktes ∞. Dieser Hauptteil liefert also für alle $z \neq z_0$ eine holomorphe Funktion.*

Der Hauptteil einer isolierten Singularität im Punkte ∞ konvergiert für alle endlichen z und liefert für diese eine ganze Funktion.

Weist der Hauptteil nur endlich viele Glieder auf, so nennen wir z_0 eine *außerwesentliche Singularität* oder auch einen *Pol* der Funktion $f(z)$. In diesem Falle hat der Hauptteil die Gestalt $\sum_{n=-p}^{-1} a_n(z-z_0)^n$, $a_{-p} \neq 0$, falls z_0 endlich ist, und die Gestalt $\sum_{n=1}^{p} a_n z^n$, $a_p \neq 0$, falls der Pol im Unendlichen liegt. Man nennt p die *Ordnung des Poles.*

Liegt der Pol im Unendlichen, so ist seine Ordnung unabhängig von der Wahl des Entwicklungspunktes z_1. Dies sieht man so ein: Der Nebenteil $n(z)$ der Entwicklung um den Nullpunkt liefert in der Umgebung des Punktes ∞ eine holomorphe Funktion, ist dort also insbesondere beschränkt: $|n(z)| < M$. Entwickeln wir diesen Teil in die Laurent-Reihe $\sum_{m=-\infty}^{+\infty} b_m(z-z_1)^m$, so lauten die Koeffizienten:

$$b_m = \frac{1}{2\pi i}\int\limits_{\mathfrak{K}} \frac{f(\zeta)}{(\zeta - z_1)^{m+1}}\,d\zeta\,,$$

wobei $\mathfrak{K}$ als Kreis mit beliebig großem Radius um z_1 gewählt werden kann. Ist ϱ dieser Radius, so gilt die Abschätzung:

$$|b_m| \leq \frac{1}{2\pi}\cdot 2\pi\,\varrho\,\frac{M}{\varrho^{m+1}} = \frac{M}{\varrho^m}.$$

Gehen wir hierin mit ϱ gegen ∞, so folgt $b_m = 0$ für alle Koeffizienten mit positivem Index, so daß der holomorphe Teil $n(z)$ auch in der Entwicklung um den Punkt z_1 keinen Beitrag zum Hauptteil liefern kann. Der Hauptteil $\sum\limits_{n=1}^{p} a_n z^n$ der Entwicklung um den Nullpunkt ist aber ein Polynom p-ten Grades mit dem höchsten Koeffizienten a_p und liefert bei der Entwicklung um den Punkt z_1 wieder ein Polynom p-ten Grades in $z - z_1$ mit dem höchsten Koeffizienten a_p.

Enthält der Hauptteil einer schlichten isolierten Singularität unendlich viele von Null verschiedene Glieder, so liegt eine *wesentliche Singularität* vor.

Beispiele:

1. $f(z) = \frac{1}{z^2+1}$. Die Funktion ist singulär in den Punkten $z_0 = \pm i$, im Unendlichen aber holomorph. Um den Punkt i ergibt sich die Entwicklung:

$$f(z) = \frac{1}{(z-i)\,(2i+z-i)} = \frac{1}{2i\,(z-i)}\sum_{n=0}^{\infty}\left(\frac{z-i}{-2i}\right)^n = \sum_{n=-1}^{\infty}\frac{1}{4}\left(\frac{z-i}{-2i}\right)^n.$$

Ersetzt man i durch $-i$, so erhält man die Entwicklung um den Punkt $-i$. In diesen beiden Punkten hat die Funktion jeweils einen Pol erster Ordnung. Die Entwicklung der Funktion im Unendlichen lautet:

$$f(z) = \frac{1}{z^2}\,\frac{1}{1+\frac{1}{z^2}} = \sum_{m=1}^{\infty}(-1)^{m+1}\cdot\frac{1}{z^{2m}}.$$

Sie konvergiert für $|z| > 1$.

Ist z_0 ein beliebiger Punkt der oberen Halbebene, so ist $f(z)$ offensichtlich im Kreisring $|i - z_0| < |z - z_0| < |i + z_0|$ holomorph, dort also in eine Laurent-Reihe entwickelbar. Diese ergibt sich folgendermaßen:

$$\begin{aligned} f(z) &= \frac{1}{(z-i)\,(z+i)} = \frac{-1}{2i}\,\frac{1}{z+i} + \frac{1}{2i}\,\frac{1}{z-i} \\ &= \frac{-1}{2i\,(z-z_0+z_0+i)} + \frac{1}{2i\,(z-z_0+z_0-i)} \\ &= \frac{-1}{2i\,(i+z_0)\left(1+\frac{z-z_0}{i+z_0}\right)} + \frac{1}{2i\,(z-z_0)\left(1-\frac{i-z_0}{z-z_0}\right)} \\ &= \sum_{n=0}^{\infty}\frac{1}{2i}\left(\frac{-1}{i+z_0}\right)^{n+1}(z-z_0)^n + \sum_{n=1}^{\infty}\frac{1}{2i}\,(i-z_0)^{n-1}\,\frac{1}{(z-z_0)^n}. \end{aligned}$$

2. $f(z) = e^{\frac{1}{z}}$. Diese Funktion ist nur im Nullpunkt singulär, wo sie die Entwicklung

$$f(z) = \sum_{n=0}^{\infty}\frac{1}{n!}\,\frac{1}{z^n} = \sum_{n=-\infty}^{0}\frac{1}{(-n)!}\,z^n$$

hat. Dort liegt also eine wesentliche isolierte Singularität. Da die Entwicklung gleichzeitig für den unendlich fernen Punkt gilt, so erkennen wir, daß dort die Funktion holomorph ist.

3. $f(z) = \frac{e^z}{z^2}$. Hier lautet die Entwicklung um den Nullpunkt:

$$f(z) = \sum_{n=-2}^{\infty} \frac{1}{(n+2)!} z^n .$$

Im Nullpunkt liegt ein Pol zweiter Ordnung und im Unendlichen eine wesentliche Singularität.

Satz 8. *Die Funktion $f(z)$ hat im Punkte z_0 dann und nur dann einen Pol p-ter Ordnung, wenn die Funktion $g(z) = (z - z_0)^p f(z)$ (bzw. $g(z) = z^{-p} \cdot f(z)$, falls $z_0 = \infty$ ist) in z_0 holomorph und ungleich Null ist.*

Trifft nämlich das Kriterium für ein endliches z_0 zu, so ist in der Umgebung von z_0:

$$g(z) = \sum_{k=0}^{\infty} b_k (z - z_0)^k , \quad b_0 \neq 0 ,$$

und damit, wenn wir $a_n = b_{n+p}$ setzen,

$$f(z) = \sum_{k=0}^{\infty} b_k (z - z_0)^{k-p} = \sum_{n=-p}^{\infty} a_n (z - z_0)^n ; \quad a_{-p} = b_0 \neq 0 .$$

Hat umgekehrt $f(z)$ in z_0 einen Pol p-ter Ordnung, so ist in der Umgebung von z_0:

$$f(z) = \sum_{n=-p}^{\infty} a_n (z - z_0)^n , \quad a_{-p} \neq 0 ,$$

und daher

$$g(z) = \sum_{n=-p}^{\infty} a_n (z - z_0)^{n+p} = \sum_{k=0}^{\infty} b_k (z - z_0)^k , \quad b_0 = a_{-p} \neq 0 .$$

Analog beweist man den Fall $z_0 = \infty$.

Mittels des vorstehenden Kriteriums erhalten wir einen Einblick in das Verhalten von $f(z)$ in der Umgebung eines Pols.

Satz 9. *Hat $f(z)$ in dem endlichen Punkte z_0 einen Pol, so gibt es zu jedem positiven M ein δ, so daß $|f(z)| > M$ für alle $z \neq z_0$ mit $|z - z_0| < \delta$ gilt. Hat $f(z)$ eine Polstelle im Unendlichen, so gibt es zu jedem positiven M ein ϱ, so daß $|f(z)| > M$ für alle endlichen z mit $|z| > \varrho$ gilt.*

Liegt in z_0 ein Pol p-ter Ordnung von $f(z)$, so gibt es, da $g(z)$ in z_0 nicht verschwindet, ein $\varrho > 0$ und ein $\mu > 0$, so daß für $|z - z_0| < \varrho$ stets $|g(z)| > \mu$ ist.

Es sei nun $\delta_0 = \sqrt[p]{\frac{\mu}{M}}$. Dann ist für alle $z \neq z_0$ mit $|z - z_0| < \delta$, wobei $\delta = \mathrm{Min}(\varrho, \delta_0)$ ist,

$$|f(z)| > \frac{\mu}{|z - z_0|^p} > \frac{\mu}{\delta^p} \geq \frac{\mu}{\delta_0^p} = M .$$

Der Beweis verläuft analog, falls $z_0 = \infty$ ist.

Die Behauptung des vorstehenden Satzes können wir auch so formulieren:

$$\lim_{z\to z_0} f(z) = \infty$$

oder auch:

Zusatz 9. *An einer Polstelle ist $f(z)$ chordal stetig.*

Besitzt eine analytische Funktion $f(z)$ im Gebiet $\mathfrak{G}$ als Singularitäten nur Pole, so nennt man $f(z)$ *meromorph in* $\mathfrak{G}$. Schlechtweg *meromorph* heißt eine Funktion $f(z)$, wenn $\mathfrak{G}$ die endliche Ebene ist. Da definitionsgemäß die Polstellen einer meromorphen Funktion isoliert liegen, so können sie sich in $\mathfrak{G}$ nicht häufen. Sie bilden daher eine abzählbare Punktmenge. Insbesondere können sich die Polstellen einer schlechtweg meromorphen Funktion im Endlichen nicht häufen.

Beispiele meromorpher Funktionen liefern die rationalen Funktionen. Sie sind in der geschlossenen Ebene meromorph. Auf Grund des Fundamentalsatzes der Algebra (II, 6, Satz 36) können wir nämlich eine rationale Funktion $f(z) \not\equiv 0$ in der Form

$$f(z) = c\,\frac{(z-a_1)^{\nu_1}(z-a_2)^{\nu_2}\dots(z-a_k)^{\nu_k}}{(z-b_1)^{\mu_1}(z-b_2)^{\mu_2}\dots(z-b_l)^{\mu_l}} \quad \text{mit} \quad \begin{cases} c \neq 0\,, \\ a_i \neq a_j,\ i \neq j\,, \\ b_i \neq b_j,\ i \neq j\,, \\ a_i \neq b_j\,, \end{cases}$$

schreiben. Singularitäten treten im Endlichen nur in $b_1, b_2, \dots, b_l$ auf. In der Umgebung eines solchen Punktes b_j ist aber

$$g(z) = (z-b_j)^{\mu_j}\cdot f(z) = c\,\frac{(z-a_1)^{\nu_1}\dots(z-a_k)^{\nu_k}}{(z-b_1)^{\mu_1}\dots(z-b_{j-1})^{\mu_{j-1}}(z-b_{j+1})^{\mu_{j+1}}\dots(z-b_l)^{\mu_l}}$$

holomorph und von Null verschieden. Daher liegt nach Satz 8 dort ein Pol der Ordnung μ_j vor. Ist $\sum_{i=1}^{k}\nu_i \leqq \sum_{j=1}^{l}\mu_j$, so ist $f(z)$ im Unendlichen (s. II, 1, Satz 2) holomorph. Ist aber $\sum_{i=1}^{k}\nu_i > \sum_{j=1}^{l}\mu_j$, so ist nach demselben Satz $z^{-p}\cdot f(z)$ mit $p = \sum_{i=1}^{k}\nu_i - \sum_{j=1}^{l}\mu_j$ im Punkte ∞ holomorph. Daher liegt auch dort nach Satz 8 höchstens eine Polstelle.

Die rationalen Funktionen haben also als einzige Singularitäten Pole.

Satz 10. *Hat $f(z)$ im Punkte z_0 einen Pol p-ter Ordnung, so hat $h(z) = \frac{1}{f(z)}$ in z_0 eine Nullstelle p-ter Ordnung, und umgekehrt: hat $f(z)$ in z_0 eine Nullstelle p-ter Ordnung, so hat $h(z)$ in z_0 einen Pol p-ter Ordnung.*

Der Beweis ergibt sich unmittelbar aus Satz 8:

$g(z) = (z - z_0)^p \cdot f(z)$ ist für z_0 holomorph und ungleich Null. Daher ist $k(z) = \frac{1}{g(z)}$ in z_0 ebenfalls holomorph und ungleich Null. Somit gilt:

$$h(z) = \frac{(z - z_0)^p}{g(z)} = (z - z_0)^p \cdot k(z)\,, \quad k(z_0) \neq 0\,.$$

Dies besagt aber genau, daß $h(z)$ im Punkte z_0 eine Nullstelle p-ter Ordnung hat (s. II, 4). Ist $z_0 = \infty$, so folgt der Beweis analog. Ähnlich schließt man bei der zweiten Aussage von Satz 10.

So ergibt sich, daß die Gesamtheit der in einem Gebiete $\mathfrak{G}$ meromorphen Funktionen einen Körper bildet. Dabei ist die Funktion $f(z) \equiv 0$ das Nullelement, durch welches nicht dividiert werden darf. Die vier elementaren Operationen führen diese Funktionen immer wieder in solche Funktionen über. Das Verhalten der Funktionen bei diesen Operationen ist leicht zu übersehen. Bezeichnen wir für den Augenblick eine Nullstelle k-ter Ordnung als „Polstelle $(-k)$-ter Ordnung" und eine holomorphe, von Null verschiedene Stelle als „Polstelle nullter Ordnung", so folgt: Hat $f(z)$ in z_0 eine Polstelle p-ter Ordnung und $g(z)$ in z_0 eine Polstelle q-ter Ordnung, so hat in z_0

$f(z) \cdot g(z)$ eine Polstelle $(p + q)$-ter Ordnung,

$\frac{f(z)}{g(z)}$ eine Polstelle $(p - q)$-ter Ordnung,

$f(z) \pm g(z)$ eine Polstelle von einer Ordnung $r \leqq \mathrm{Max}(p, q)$.

Die Gesamtheit der rationalen Funktionen liegen in jedem zu einem Gebiet $\mathfrak{G}$ gehörenden Funktionenkörper. Sie bilden ihrerseits den Körper der in der geschlossenen Ebene meromorphen Funktionen. Es gilt nämlich:

Satz 11. *Die rationalen Funktionen sind die einzigen Funktionen, die in der geschlossenen Ebene nur Pole als Singularitäten besitzen.*

Zum Beweise habe $F(z)$ nur Pole als Singularitäten. Dies sind dann überhaupt nur endlich viele, die wir $z_1, z_2, \ldots, z_k$ nennen wollen. Die Hauptteile von $F(z)$ in diesen Punkten seien $h_1(z), h_2(z), \ldots, h_k(z)$. Dann ist

$$F(z) - h_1(z) - h_2(z) - \cdots - h_k(z)$$

in der geschlossenen Ebene holomorph, also beschränkt und deshalb nach dem Satze von Liouville eine Konstante. Es ist also

$$F(z) = h_1(z) + h_2(z) + \cdots + h_k(z) + c\,.$$

Da die $h_j(z)$ als Hauptteile mit nur endlich vielen Gliedern rational sind, so ist auch $F(z)$ eine rationale Funktion.

In der Umgebung einer isolierten wesentlichen Singularität verhält sich eine analytische Funktion wesentlich anders als in der Umgebung eines Poles. Das erkennen wir aus

Satz 12 (CASORATI-WEIERSTRASS). *In jeder Umgebung einer schlichten isolierten wesentlich singulären Stelle einer Funktion $f(z)$ kommt die Funktion jedem Werte beliebig nahe.*

Das bedeutet: Ist z_0 eine solche Stelle, so gibt es zu jedem endlichen a, jedem $\varrho > 0$ und jedem $\varepsilon > 0$ ein z_1, so daß

$$\left.\begin{array}{r} |z_1 - z_0| < \varrho, \text{ für } z_0 \neq \infty \\ |z_1| > \varrho, \text{ für } z_0 = \infty \end{array}\right\} \text{ und } |f(z_1) - a| < \varepsilon \tag{12}$$

gilt, und, wenn wir $a = \infty$ wählen, so gibt es ein z_1, so daß

$$\left.\begin{array}{r} |z_1 - z_0| < \varrho, \text{ für } z_0 \neq \infty \\ |z_1| > \varrho, \text{ für } z_0 = \infty \end{array}\right\} \text{ und } |f(z_1)| > \frac{1}{\varepsilon} \tag{13}$$

ist.

Die Negation von (13) würde bedeuten, daß $f(z)$ in einer Umgebung von z_0 beschränkt, also nach dem Satze von RIEMANN (II, 3, Satz 9) holomorph entgegen der Annahme wäre. Die Negation von (12) würde besagen: Es gibt ein a_0, ein ϱ_0 und ein ε_0, so daß $|f(z) - a_0| \geqq \varepsilon_0$ für $|z - z_0| < \varrho_0$ bzw. $|z| > \varrho$ wäre. Wir bilden dann

$$g(z) = \frac{1}{f(z) - a_0}$$

und wissen, daß $g(z)$ für $|z - z_0| < \varrho_0$ bzw. $|z| > \varrho$ beschränkt, also in z_0 holomorph und nicht identisch gleich Null ist. Dann hat aber $f(z) = \frac{1}{g(z)} + a_0$ entgegen der Voraussetzung in z_0 eine holomorphe Stelle oder einen Pol, und $f(z)$ könnte dort keine wesentliche Singularität haben.

In einer schlichten isolierten wesentlich singulären Stelle ist also $f(z)$ sicher nicht mehr chordal, also erst recht nicht gewöhnlich stetig, während $f(z)$ gemäß Zusatz 9 in einem Pol noch chordal stetig bleibt.

So folgt

Satz 13. *Eine im Gebiete $\mathfrak{G}$ analytische Funktion, die dort nur isolierte Singularitäten hat, ist dann und nur dann meromorph in $\mathfrak{G}$, wenn sie dort chordal stetig ist.*

Man darf nun aber nicht schließen wollen, daß eine analytische Funktion an jeder Stelle, an der sie wesentlich singulär ist, nicht mehr chordal stetig ist. So kann z. B. eine im Einheitskreis holomorphe Funktion auf dem Rande noch stetig, aber dort nirgends holomorph sein. Dann sind alle Randpunkte wesentliche Singularitäten, und trotzdem ist die Funktion dort stetig.

Wichtig für die obigen Aussagen (Satz 12 und 13) ist, daß die Singularität schlicht und isoliert liegt. $f(z)$ muß also in einer vollen Umgebung definiert und dort überall mit Ausnahme des singulären Punktes selbst holomorph sein.

Literatur

TIETZ, H.: Laurent-Trennung und zweifach unendliche Faber-Systeme. Math. Ann. 129, 431 (1955).

§ 4. Das Residuum

Beim Cauchyschen Integralsatz war vorausgesetzt, daß die Funktion, über die integriert wurde, im Innern des umschlossenen Gebietes holomorph war. Wir betrachten jetzt auch den Fall, daß das Integral $\int\limits_{\mathfrak{C}} f(z)\,dz$ über eine geschlossene einfache Kurve $\mathfrak{C}$ erstreckt wird, in deren Innern die Funktion $f(z)$ neben Punkten holomorphen Verhaltens auch noch endlich viele isolierte Singularitäten besitzt.

Es sei zunächst $\mathfrak{C}$ ein einfach geschlossener endlicher Weg, der den Punkt z_0 im Innern enthält. Die Funktion $f(z)$ sei im Innern von $\mathfrak{C}$ außer höchstens in z_0 holomorph und auf $\mathfrak{C}$ noch stetig. Wir bilden dann das Integral $\frac{1}{2\pi i}\int\limits_{\mathfrak{C}} f(z)\,dz$. Legen wir einen kleinen Kreis $\mathfrak{K}$ um z_0, so ist

$$\int\limits_{\mathfrak{C}} f(z)\,dz = \int\limits_{\mathfrak{K}} f(z)\,dz\,,$$

wenn $\mathfrak{C}$ und $\mathfrak{K}$ beide so durchlaufen werden, daß das Innere jeweils zur Linken liegt. $f(z)$ weist eine Laurent-Entwicklung um z_0 auf:

$$f(z) = \sum_{n=-\infty}^{+\infty} a_n (z - z_0)^n$$

und gemäß 3, Formel (6) ist

$$\frac{1}{2\pi i}\int\limits_{\mathfrak{K}} f(z)\,dz = a_{-1}\,.$$

Der Wert a_{-1} des Integrals $\frac{1}{2\pi i}\int\limits_{\mathfrak{K}} f(z)\,dz$ heißt das *Residuum* von $f(z)$ an der Stelle z_0. Das Residuum ist also definiert an jeder endlichen holomorphen und jeder endlichen schlichten isolierten singulären Stelle. Es verschwindet an allen endlichen holomorphen Stellen, an den singulären Stellen jedoch nur dann, wenn dort der Koeffizient a_{-1} der Laurent-Reihe gleich Null ist.

Liegt die Stelle z_0 im Unendlichen, so betrachten wir einen geschlossenen einfachen Weg $\mathfrak{C}$, auf dem $f(z)$ noch stetig ist und in dessen Äußeren $f(z)$ holomorph ist. Dann ist wiederum

$$\int\limits_{\mathfrak{C}} f(z)\,dz = \int\limits_{\mathfrak{K}} f(z)\,dz\,,$$

wenn $\mathfrak{K}$ als genügend großer Kreis um $z = 0$ gewählt wird. $\mathfrak{K}$ und $\mathfrak{C}$ durchlaufen wir dabei so, daß das Äußere zur Linken liegt. Um den Punkt ∞ hat $f(z)$ die Laurent-Entwicklung $f(z) = \sum_{n=-\infty}^{+\infty} a_n z^n$. So folgt jetzt:

$$\frac{1}{2\pi i} \int_{\mathfrak{C}} f(z)\, dz = -a_{-1},$$

und zwar ist das Minuszeichen zu wählen, weil $z = \infty$ zur Linken von $\mathfrak{C}$ liegt und $\mathfrak{C}$ daher im negativen Sinne durchlaufen wird. Wieder heißt der Wert $-a_{-1}$ des Integrals das *Residuum* von $f(z)$ in $z = \infty$. Man beachte, daß im Gegensatz zu den endlichen Punkten eine Funktion $f(z)$ für $z = \infty$ holomorph sein und zugleich dort ein Residuum haben kann. Bemerkt sei auch, daß das Residuum im Punkt ∞ bei der Entwicklung $f(z) = \sum_{n=-\infty}^{+\infty} a_n (z - z_1)^n$ um einen beliebigen Punkt z_1 stets denselben Koeffizienten $-a_{-1}$ liefert.

Durch die Substitution $w = \frac{1}{z}$ geht die Entwicklung $f(z) = \sum_{n=-\infty}^{+\infty} a_n z^n$ um den Punkt ∞ in die Entwicklung

$$F(w) = f\left(\frac{1}{w}\right) = \sum_{n=-\infty}^{+\infty} a_{-n} w^n = \sum_{n=-\infty}^{+\infty} b_n w^n$$

um den Nullpunkt über. Das Residuum im Punkte ∞ ist also gleich dem negativen Koeffizienten $-b_1 = -a_{-1}$ der Entwicklung um den Nullpunkt, und nicht etwa gleich dem Residuum im Nullpunkt. Das Residuum ist also gegenüber Transformationen nicht schlechthin invariant! Das Transformationsgesetz werden wir in 5 herleiten.

Zur Ermittlung des Residuums in einem Punkte a ist folgende Regel nützlich: Hat $f(z)$ im Punkte a einen Pol p-ter Ordnung, so ist $f(z) = \frac{1}{(z-a)^p} g(z)$ mit $g(a) \neq 0$. In diesem Falle ist $\frac{g^{(p-1)}(a)}{(p-1)!}$ das Residuum im Punkte a.

Wir bezeichnen das Residuum einer Funktion $f(z)$ an einer Stelle z_0 mit $\operatorname{Res}_{z_0} f(z)$. Ist $\mathfrak{G}$ ein Gebiet und liegen in $\mathfrak{G}$ endlich viele isolierte Singularitäten und evtl. der Punkt ∞, so bezeichnen wir die Summe der Residuen dieser Punkte mit

$$\operatorname{Res}_{\mathfrak{G}} f(z) = \sum_{\nu=1}^{n} \operatorname{Res}_{z_\nu} f(z).$$

Aus der Definition und Darstellung der Residuen durch die Integrale ergibt sich nun unmittelbar

Satz 14 *(Residuensatz). $\mathfrak{G}$ sei ein von endlich vielen endlichen, einfach geschlossenen Wegen $\mathfrak{C}_0, \mathfrak{C}_1, \ldots, \mathfrak{C}_n$ berandetes Gebiet. Die Wege seien so orientiert, daß $\mathfrak{G}$ stets zur Linken liegt. In $\mathfrak{G}$ möge die Funktion $f(z)$ bis auf endlich viele Punkte $z_1, z_2, \ldots, z_p$ holomorph und auf dem Rand $\mathfrak{C} = \mathfrak{C}_0 + \mathfrak{C}_1 + \cdots + \mathfrak{C}_n$ noch stetig sein. Dabei sei stets $z_1 = \infty$, falls ∞ in $\mathfrak{G}$ liegt. Dann ist*

$$\frac{1}{2\pi i}\int\limits_{\mathfrak{C}} f(z)\,dz = \sum_{\nu=0}^{n} \frac{1}{2\pi i}\int\limits_{\mathfrak{C}_\nu} f(z)\,dz = \sum_{\mu=1}^{p} \operatorname*{Res}_{z_\mu} f(z) = \operatorname*{Res}_{\mathfrak{G}} f(z)\,.$$

Zum Beweise umgebe man jeden der Punkte z_μ mit einem kleinen Kreis $\mathfrak{K}_\mu$, der noch ganz in $\mathfrak{G}$ liegt, wobei die $\mathfrak{K}_\mu$ so orientiert seien, daß jeweils z_μ zur Linken liegt. Dann ist nach II, 2, Satz 6a:

$$\frac{1}{2\pi i}\int\limits_{\mathfrak{C}} f(z)\,dz = \sum_{\mu=1}^{p} \frac{1}{2\pi i}\int\limits_{\mathfrak{K}_\mu} f(z)\,dz = \sum_{\mu=1}^{p} \operatorname*{Res}_{z_\mu} f(z)\,,$$

womit der Satz bewiesen ist.

Addiert oder subtrahiert man zwei Funktionen $f(z)$ und $g(z)$, so addieren bzw. subtrahieren sich auch die Residuen. Es gilt:

$$\operatorname*{Res}_{z_0}(f(z) \pm g(z)) = \operatorname*{Res}_{z_0} f(z) \pm \operatorname*{Res}_{z_0} g(z)\,,$$

und daher auch:

$$\operatorname*{Res}_{\mathfrak{G}}(f(z) \pm g(z)) = \operatorname*{Res}_{\mathfrak{G}} f(z) \pm \operatorname*{Res}_{\mathfrak{G}} g(z)\,.$$

Man bestätigt dies unmittelbar durch Addition der Laurent-Entwicklungen beider Funktionen um z_0.

Ist $f(z)$ eine Funktion, die in der kompakten Ebene mit Ausnahme endlich vieler Punkte holomorph ist, und $\mathfrak{C}$ ein einfach geschlossener endlicher Weg, auf dem keine Singularitäten liegen, so können wir $\frac{1}{2\pi i}\int\limits_{\mathfrak{C}} f(z)\,dz$ ausrechnen, indem wir $f(z)$ im Innern oder Äußern von $\mathfrak{C}$ betrachten. Wählen wir $\mathfrak{C}$ so, daß auf $\mathfrak{C}$ und im Innern von $\mathfrak{C}$ keine Singularitäten von $f(z)$ liegen, und durchlaufen wir $\mathfrak{C}$ so, daß das Äußere zur Linken liegt, so folgt:

$$0 = \frac{1}{2\pi i}\int\limits_{\mathfrak{C}} f(z)\,dz = \Sigma \operatorname{Res} f(z)\,.$$

Es gilt also

Satz 15 *(über die Residuensumme). Ist $f(z)$ in der geschlossenen Ebene bis auf isolierte Stellen eindeutig und holomorph, so verschwindet die Residuensumme von $f(z)$.*

Unter die Voraussetzung dieses Satzes fallen die rationalen Funktionen, die ganzen Funktionen, $e^{\frac{1}{z}}$, usw.

Von besonderer Bedeutung ist nun die folgende Anwendung des Residuensatzes:

Satz 16. *$\mathfrak{G}$ sei ein von endlich vielen endlichen, einfach geschlossenen Wegen $\mathfrak{C}_0$, $\mathfrak{C}_1, \ldots, \mathfrak{C}_n$ berandetes Gebiet. Die Kurven seien so orientiert, daß $\mathfrak{G}$ stets zur Linken liegt. Die Funktion $f(z)$ sei in $\mathfrak{G}$ meromorph, auf dem Rand $\mathfrak{C} = \mathfrak{C}_0 + \mathfrak{C}_1 + \cdots + \mathfrak{C}_n$ holomorph und von Null verschieden. Dann ist*

$$\frac{1}{2\pi i}\int\limits_{\mathfrak{C}} \frac{f'(z)}{f(z)}\, dz = N - P\,.$$

N ist dabei die Anzahl der Nullstellen, P die Anzahl der Pole in $\mathfrak{G}$, wobei beide in jedem ihrer Punkte so oft zu zählen sind, wie die Ordnung angibt.

Betrachten wir statt $f(z)$ die Funktion $f_1(z) = f(z) - a$, so können wir auch auf diese Funktion den vorstehenden Satz anwenden. So erhalten wir eine Aussage über die a-Stellen von $f(z)$ (zur Ordnung einer a-Stelle s. II, 4):

Satz 16a. *$\mathfrak{G}$ erfülle die Voraussetzungen von Satz 16. Die Funktion $f(z)$ sei in $\mathfrak{G}$ meromorph, auf $\mathfrak{C}$ holomorph und vom endlichen Werte a verschieden. Dann ist*

$$\frac{1}{2\pi i}\int\limits_{\mathfrak{C}} \frac{f'(z)}{f(z) - a}\, dz = N_a - P\,.$$

N_a ist dabei die Anzahl der a-Stellen, P die Anzahl der Pole in $\mathfrak{G}$, wobei beide in jedem ihrer Punkte so oft zu zählen sind, wie die Ordnung angibt.

Zum Beweise von Satz 16 beachten wir, daß $f(z)$ in $\mathfrak{G}$ nur endlich viele Null- und Polstellen hat. Wie in 3 bezeichnen wir eine Nullstelle n-ter Ordnung als Polstelle $(-n)$-ter Ordnung. Ist dann $z_0 \neq \infty$ eine Polstelle p-ter Ordnung, so hat $f(z)$ in der Umgebung von z_0 die Darstellung:

$$f(z) = (z - z_0)^{-p}\, g(z) \quad \text{mit} \quad g(z_0) \neq 0\,.$$

Daher ist dort

$$f'(z) = -p\,(z - z_0)^{-(p+1)}\, g(z) + (z - z_0)^{-p}\, g'(z) = -p\,(z - z_0)^{-(p+1)}\, h(z)$$

mit

$$h(z) = g(z) - \frac{1}{p}(z - z_0)\, g'(z)\,, \quad \text{also} \quad h(z_0) = g(z_0) \neq 0\,.$$

$\frac{f'(z)}{f(z)}$ hat somit in der Umgebung von z_0 die Gestalt

$$\frac{f'(z)}{f(z)} = \frac{-p}{z - z_0}\, k(z)$$

mit

$$k(z) = \frac{h(z)}{g(z)}\,, \quad \text{also} \quad k(z_0) = 1\,.$$

Daher ergibt sich für $\frac{f'(z)}{f(z)}$ um z_0 die Entwicklung

$$\frac{f'(z)}{f(z)} = \frac{-p}{z - z_0} + a_0 + a_1(z - z_0) + \cdots \tag{1}$$

mit dem Residuum $-p$. Bei einer Nullstelle n-ter Ordnung ist $p = -n$ und somit das Residuum n.

Im Punkte ∞ liefert eine Polstelle p-ter Ordnung die Beziehung

$$f(z) = z^p g(z) \quad \text{mit} \quad g(\infty) \neq 0, \infty .$$

Setzen wir hier $w = \frac{1}{z}$, $f(z) = f\left(\frac{1}{w}\right) = F(w)$, $g(z) = g\left(\frac{1}{w}\right) = G(w)$, so hat $F(w)$ um den Nullpunkt die Gestalt

$$F(w) = w^{-p} G(w) .$$

Daraus folgt nach Formel (1):

$$\frac{F'(w)}{F(w)} = \frac{-p}{w} + b_0 + b_1 w + \cdots ,$$

also:

$$\frac{f'(z)}{f(z)} = -\frac{1}{z^2} \frac{F'\left(\frac{1}{z}\right)}{F\left(\frac{1}{z}\right)} = \frac{p}{z} - \frac{b_0}{z^2} - \frac{b_1}{z^3} - \cdots . \tag{2}$$

Auch hier ist also das Residuum $-p$, und falls ∞ eine Nullstelle n-ter Ordnung ist, gleich n.

Damit folgt jetzt aus dem Residuensatz die Behauptung.

Wenn nun eine Funktion in der kompakten Ebene als Singularitäten nur Pole hat, also eine rationale Funktion ist, so ergibt sich aus Satz 16a und Satz 15, daß die Anzahl der a-Stellen in der kompakten Ebene gleich der Anzahl der Polstellen ist.

Hat die Funktion die Gestalt:

$$R(z) = \frac{P_1(z)}{P_2(z)},$$

wobei $P_1(z)$ und $P_2(z)$ teilerfremde Polynome vom Grade n_1 bzw. n_2 sind, so ist die Anzahl der Pole im Endlichen n_2. Im Unendlichen ist diese Anzahl Null, wenn $n_1 \leqq n_2$, und $n_1 - n_2$, wenn $n_1 > n_2$ ist, also ist die Anzahl der Polstellen insgesamt $\text{Max}(n_1, n_2)$. Man nennt diese Zahl den *Grad* der rationalen Funktion.

So haben wir bewiesen:

Zusatz 16a. *Die Anzahl der a- wie der Polstellen einer rationalen Funktion*

$$R(z) = \frac{P_1(z)}{P_2(z)},$$

wobei $P_1(z)$ und $P_2(z)$ teilerfremde Polynome vom Grade n_1 bzw. n_2 sind, beträgt in der kompakten Ebene $\text{Max}(n_1, n_2)$.

Satz 16a läßt sich noch folgendermaßen verallgemeinern:

Satz 17 *(Summationsformel). Das Gebiet $\mathfrak{G}$ und die Funktion $f(z)$ mögen die Voraussetzungen von Satz 16a erfüllen. Die Funktion $F(z)$ sei in $\mathfrak{G}$ einschließlich des Randes holomorph. In $\mathfrak{G}$ seien $a_1, a_2, \ldots, a_k$ die* *a-Stellen von $f(z)$ mit den Ordnungen $n_1, n_2, \ldots, n_k$ und $b_1, b_2, \ldots, b_l$ die Polstellen von $f(z)$ mit den Ordnungen $p_1, p_2, \ldots, p_l$. Dann ist*

$$\frac{1}{2\pi i}\int_{\mathfrak{C}} F(z)\cdot\frac{f'(z)}{f(z)-a}\,dz = \sum_{\nu=1}^{k} n_\nu F(a_\nu) - \sum_{\mu=1}^{l} p_\mu F(b_\mu).$$

Es genügt offenbar, den Beweis für $a = 0$ zu führen. In $\mathfrak{G}$ liegen Singularitäten der Funktion $F(z)\frac{f'(z)}{f(z)}$ höchstens an den Stellen a_ν und b_μ. Sodann folgt aus den Entwicklungen (1) und (2), daß die Laurent-Reihen der obigen Funktion die Residuen $n_\nu F(a_\nu)$ bzw. $-p_\mu F(b_\mu)$ haben. Damit ist der Satz in Verbindung mit dem Residuensatz bewiesen.

Ein wichtiger Spezialfall tritt ein, wenn $f(z)$ in $\mathfrak{G}$ holomorph und $F(z) \equiv z$ ist. Dann folgt:

$$\frac{1}{2\pi i}\int_{\mathfrak{C}} z\,\frac{f'(z)}{f(z)-a}\,dz = \sum_{\nu=1}^{k} n_\nu z_\nu, \tag{3}$$

wobei z_ν alle a-Stellen von $f(z)$ in $\mathfrak{G}$ durchläuft.

Eine interessante Anwendung von Satz 16 ist der

Satz 18 (Rouché). *$\mathfrak{G}$ erfülle die Voraussetzungen von Satz 16. $f(z)$ und $g(z)$ seien in $\mathfrak{G}$ einschließlich des Randes $\mathfrak{C}$ holomorph und $f(z)$ auf $\mathfrak{C}$ von Null verschieden. Überall auf $\mathfrak{C}$ sei*

$$|g(z)| < |f(z)|. \tag{4}$$

Dann haben die Funktionen $f(z)$ und $f(z) + g(z)$ die gleiche Anzahl von Nullstellen in $\mathfrak{G}$.

Wegen der Voraussetzung (4) ist überall auf $\mathfrak{C}$ die Funktion $f_a(z) = f(z) + a\,g(z)$ von Null verschieden und in $\mathfrak{G} + \mathfrak{C}$ holomorph, sofern $|a| \leqq 1$ ist. Nun ist die Anzahl N_a der Nullstellen von $f_a(z)$ in $\mathfrak{G}$ gegeben durch

$$N_a = \frac{1}{2\pi i}\int_{\mathfrak{C}} \frac{f_a'(z)}{f_a(z)}\,dz = \frac{1}{2\pi i}\int_{\mathfrak{C}} \frac{f'(z) + a\,g'(z)}{f(z) + a\,g(z)}\,dz.$$

Das letzte Integral ist im Kreis $|a| \leqq 1$ eine stetige Funktion von a. Da es andererseits jeweils gleich einer ganzen Zahl N_a ist, so muß N_a konstant sein. Die Spezialfälle $a = 0$ und $a = 1$ liefern die Behauptung des Satzes.

§ 5. Anwendungen des Residuenkalküls

Der Residuensatz ist hervorragend geeignet, *bestimmte reelle und komplexe Integrale* zu berechnen. Wir benötigen dazu einige einfache Tatsachen über die Änderung eines Residuums bei einer Transformation.

Sei $z = g(w)$ eine meromorphe Funktion, die ein Gebiet $\mathfrak{G}^*$ der w-Ebene auf ein Gebiet $\mathfrak{G}$ der z-Ebene eineindeutig abbildet. Wegen der Eineindeutigkeit der Abbildung kann es dann in $\mathfrak{G}^*$ höchstens *einen* Punkt w_0 geben, der in den Punkt ∞ abgebildet wird, und dieser Punkt w_0 muß nach den Ergebnissen des vorigen Paragraphen ein Pol erster Ordnung sein. Alle anderen Punkte aus $\mathfrak{G}^*$ sind einfache Stellen holomorphen Verhaltens von $g(w)$. Dies sieht man folgendermaßen:

Sind w_0 und sein Bild $z_0 = g(w_0)$ endliche Punkte in der w- bzw. z-Ebene, so können wir um w_0 eine so kleine Kreisscheibe $\mathfrak{K}^*$ mit dem Rand $\mathfrak{C}^*$ legen, daß ihr Bild $\mathfrak{K}$ in $\mathfrak{G}$ noch ganz im Endlichen liegt. Das Bild $\mathfrak{C}$ von $\mathfrak{C}^*$ ist der Rand von $\mathfrak{K}$ und wegen der Eineindeutigkeit der Abbildung eine einfach geschlossene Kurve. Umlaufen wir sie positiv, so folgt:

$$1 = \frac{1}{2\pi i} \int\limits_{\mathfrak{C}} \frac{1}{z - z_0} \, dz = \frac{1}{2\pi i} \int\limits_{\mathfrak{C}^*} \frac{g'(w)}{g(w) - g(w_0)} \, dw \, .$$

In dieser Gleichung steht rechts die Anzahl der $g(w_0)$-Stellen von $g(w)$, wenn $\mathfrak{C}^*$ positiv durchlaufen wird, da $g(w)$ in $\mathfrak{K}^*$ holomorph ist. Also kann die vorstehende Beziehung nur dann gelten, wenn $\mathfrak{C}^*$ und $\mathfrak{C}$ beide positiv durchlaufen werden und $g(w_0)$ von erster Ordnung angenommen wird. Ist w_0 oder z_0 der Punkt ∞, so schalte man noch die Transformation $w^* = \frac{1}{w}$ bzw. $z^* = \frac{1}{z}$ ein. Dann folgt, daß auch im Punkte ∞ und an einer Polstelle der Wert $g(w_0)$ stets von erster Ordnung angenommen wird. Das Bild des Kreises $\mathfrak{C}^*$, bei dem w_0 zur Linken liegt, ist eine Kurve $\mathfrak{C}$, bei der auch $z_0 = g(w_0)$ links liegt. Dies ist von Bedeutung für das Transformationsgesetz der Residuen.

Sei $f(z)$ eine analytische Funktion im Gebiet $\mathfrak{G}$ der z-Ebene mit höchstens isolierten Singularitäten. Dann ist in einem Punkte z_0 aus $\mathfrak{G}$:

$$\operatorname*{Res}_{z_0} f(z) = \frac{1}{2\pi i} \int\limits_{\mathfrak{C}} f(z) \, dz \, ,$$

wobei $\mathfrak{C}$ ein hinreichend benachbarter Kreis um z_0 ist, der so orientiert ist, daß z_0 zur Linken liegt. Sein Urbild $\mathfrak{C}^*$ im Gebiet $\mathfrak{G}^*$ der w-Ebene ist eine einfach geschlossene Kurve, die ein Gebiet berandet, welches w_0, das Urbild von z_0, enthält und links von $\mathfrak{C}^*$ liegt. Dann ist

$$\frac{1}{2\pi i} \int\limits_{\mathfrak{C}} f(z) \, dz = \frac{1}{2\pi i} \int\limits_{\mathfrak{C}^*} f(g(w)) \cdot g'(w) \, dw \, .$$

Nach dem Residuensatz ist aber

$$\frac{1}{2\pi i} \int\limits_{\mathfrak{C}^*} f(g(w)) \cdot g'(w) \, dw = \operatorname*{Res}_{w_0} [f(g(w)) \cdot g'(w)] \, .$$

Die Verbindung der letzten drei Gleichungen liefert das *Transformationsgesetz für Residuen bei einer eineindeutigen und meromorphen Abbildung:*

$$\operatorname*{Res}_{z_0} f(z) = \operatorname*{Res}_{w_0} [f(g(w)) \cdot g'(w)] \, .$$

Hieraus folgt unmittelbar auch für Gebiete:

$$\operatorname*{Res}_{\mathfrak{G}} f(z) = \operatorname*{Res}_{\mathfrak{G}^*} [f(g(w)) \cdot g'(w)] . \tag{1}$$

Als erste Anwendung betrachten wir das reelle Integral über eine rationale Funktion $R(x)$, die auf der reellen Achse keine Polstellen besitzt und im Unendlichen von mindestens zweiter Ordnung verschwindet. Dann existiert das uneigentliche Integral (s. I, 9, Satz 52)

$$I = \int_{-\infty}^{+\infty} R(x)\, dx = \int_{-\infty}^{+\infty} R(z)\, dz , \tag{2}$$

erstreckt über die von $-\infty$ nach $+\infty$ durchlaufene reelle Achse.

Durch die umkehrbar eindeutige meromorphe Abbildung der geschlossenen Ebene auf sich:

$$w = \frac{z-i}{z+i} \tag{3}$$

mit der inversen Abbildung $z = -i\,\frac{w+1}{w-1}$ und deren Ableitung $\frac{dz}{dw} = \frac{2i}{(w-1)^2}$ wird aus dem Integral (2):

$$I = \int_{\mathfrak{C}} R\left(-i\,\frac{w+1}{w-1}\right) \frac{2i}{(w-1)^2}\, dw , \tag{4}$$

wobei das Integral (4) in der w-Ebene zunächst als uneigentliches Integral über den im Punkte $+1$ punktierten Einheitskreis zu nehmen ist; denn durch die Abbildung (3) geht die von $-\infty$ nach $+\infty$ durchlaufene reelle Achse in den im Punkte $+1$ punktierten Einheitskreis $\mathfrak{C}$ über, der im positiven Sinne zu durchlaufen ist. Da nun $R(z)$ im Unendlichen eine Nullstelle mindestens zweiter Ordnung hat, so hat $R\left(-i\,\frac{w+1}{w-1}\right)$ im Punkte 1 ebenfalls eine Nullstelle derselben Ordnung, und daher ist die rationale Funktion

$$R^*(w) = R\left(-i\,\frac{w+1}{w-1}\right) \frac{2i}{(w-1)^2}$$

dort holomorph. Das Integral in Formel (4) kann also als eigentliches Integral über den vollen Einheitskreis $\mathfrak{C}$, der Rand der Einheitskreisscheibe $\mathfrak{K}$ ist, erstreckt und nach dem Residuensatz berechnet werden:

$$I = 2\pi i \operatorname*{Res}_{\mathfrak{K}} R^*(w) = 2\pi i \operatorname*{Res}_{\mathfrak{K}} \left[R\left(-i\,\frac{w+1}{w-1}\right) \frac{2i}{(w-1)^2}\right] . \tag{5}$$

Da durch die Abbildung (3) die obere Halbebene $\mathfrak{H}$ der z-Ebene eineindeutig auf den Einheitskreis $\mathfrak{K}$ abgebildet wird, so können wir die Residuensumme unter Verwendung von Formel (1) auch in der oberen Halbebene $\mathfrak{H}$ berechnen und erhalten:

$$I = \int_{-\infty}^{+\infty} R(x)\, dx = 2\pi i \operatorname*{Res}_{\mathfrak{H}} R(z) . \tag{6}$$

Beispiel 1:

$R(x) = \frac{1}{1+x^2}$. $R(z)$ besitzt in der oberen Halbebene eine einzige Polstelle erster Ordnung im Punkte $z = i$ mit der Darstellung

$$R(z) = \frac{1}{z-i}\,\frac{1}{z+i}$$

und dem Residuum $\frac{1}{2i}$. Daher ist nach Formel'(6):

$$\int_{-\infty}^{+\infty} \frac{1}{1+x^2}\,dx = 2\pi i\,\frac{1}{2i} = \pi .$$

Benutzt man Formel (5), so wird $R^*(w) = \frac{1}{2i}\,\frac{1}{w}$ mit dem Residuum $\frac{1}{2i}$ im Nullpunkt, und man erhält:

$$\int_{-\infty}^{+\infty} \frac{1}{1+x^2}\,dx = \frac{1}{2i}\int_{\mathfrak{C}} \frac{1}{w}\,dw = \frac{1}{2i}\cdot 2\pi i = \pi .$$

Beispiel 2:

$R(x) = \frac{1}{(1+x^2)^{n+1}}$. Durch die Transformation (3) geht das Residuum von $R(z)$ im Punkte i über in das Residuum von

$$R^*(w) = \frac{1}{(2i)^{2n+1}}\,\frac{(w-1)^{2n}}{w^{n+1}} = \frac{1}{(2i)^{2n+1}} \sum_{\nu=0}^{2n} (-1)^\nu \binom{2n}{\nu} w^{\nu-n-1}$$

im Punkte 0. Daher ist

$$\int_{-\infty}^{+\infty} \frac{1}{(1+x^2)^{n+1}}\,dx = 2\pi i \operatorname*{Res}_0 R^*(w) = 2\pi i\,\frac{1}{(2i)^{2n+1}}\,(-1)^n \binom{2n}{n} = \frac{\pi}{2^{2n}}\,\frac{(2n)!}{(n!)^2} .$$

In den vorstehenden Fällen wurde das Integral jeweils über eine geschlossene Kurve in der geschlossenen z-Ebene erstreckt. Wir wollen nun reelle Integrale der Form

$$\int_a^b R(x)\,dx$$

berechnen, wobei $R(z)$ im Intervall $a \leqq z \leqq b$ holomorph ist.

Wir betrachten sogleich den allgemeinen Fall

$$\int_{\mathfrak{C}} R(z)\,dz ,$$

wobei $\mathfrak{C}$ eine beliebige einfache beschränkte Kurve in der komplexen Ebene mit den Endpunkten a und b ist, auf der die rationale Funktion $R(z)$ holomorph ist. Wir wollen der Einfachheit wegen annehmen, daß $\mathfrak{C}$ glatt ist (s. I, 6, S. 48). Schneiden wir nun die kompakte Ebene längs der Kurve $\mathfrak{C}$ auf, so ist die Funktion $\log\frac{z-b}{z-a}$ in dem einfach zusammenhängenden Restgebiet $\mathfrak{G}$ einschließlich des unendlich fernen Punktes holomorph, wenn wir von irgendeinem Zweig der Logarithmusfunktion ausgehen und diesen in $\mathfrak{G}$ beliebig analytisch fortsetzen. Die Funktion $R(z)\log\frac{z-b}{z-a}$ ist dann in $\mathfrak{G}$ meromorph und besitzt dort die endlich vielen Polstellen von $R(z)$ als Singularitäten. Legen wir jetzt um $\mathfrak{C}$ eine in $\mathfrak{G}$ verlaufende einfach geschlossene Kurve $\mathfrak{K}$ so dicht bei $\mathfrak{C}$, daß die Polstellen von $R(z)\log\frac{z-b}{z-a}$ alle im Äußeren von $\mathfrak{K}$ liegen, so ist nach dem Residuensatz, wenn wir $\mathfrak{K}$ so durchlaufen, daß das Äußere links liegt,

$$\frac{1}{2\pi i}\int\limits_{\mathfrak{K}} R(z)\log\frac{z-b}{z-a}\,dz = \operatorname*{Res}_{\mathfrak{G}}\left(R(z)\log\frac{z-b}{z-a}\right).$$

Wir ziehen nun (s. Abb. 18) die Kurve $\mathfrak{K}$ so auf $\mathfrak{C}$ zusammen, daß sie besteht: aus dem linken Ufer $\mathfrak{C}_l$ der Kurve $\mathfrak{C}$ zwischen zwei Punkten z_a und z_b, die hinreichend dicht bei a und b liegen, den Kreisen $\mathfrak{K}_a$ und $\mathfrak{K}_b$ um a und b durch z_a bzw. z_b und dem entgegengesetzt durchlaufenen rechten Ufer $\mathfrak{C}_r$ zwischen z_b und z_a. Hierbei bemerken wir, daß sich der Wert der Funktion $\log\frac{z-b}{z-a}$ beim Durchlaufen der Kreise $\mathfrak{K}_a$ und $\mathfrak{K}_b$ jeweils um $2\pi i$ bzw. $-2\pi i$ ändert, so daß der Wert von $\log\frac{z-b}{z-a}$ auf dem linken Ufer um $2\pi i$ größer als auf dem rechten Ufer ist, während sich der Wert von $R(z)$ nicht geändert hat. Daher ist

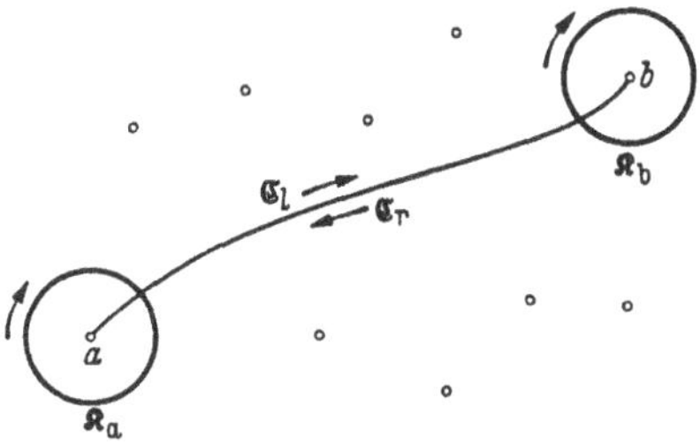

Abb. 18

$$\int\limits_{\mathfrak{C}_r} R(z)\log\frac{z-b}{z-a}\,dz = -\int\limits_{\mathfrak{C}_l} R(z)\left(\log\frac{z-b}{z-a}-2\pi i\right)dz.$$

So folgt nun:

$$\int\limits_{\mathfrak{K}} R(z)\log\frac{z-b}{z-a}\,dz = \int\limits_{\mathfrak{C}_l}+\int\limits_{\mathfrak{K}_a}+\int\limits_{\mathfrak{C}_r}+\int\limits_{\mathfrak{K}_b}$$

$$= 2\pi i\int\limits_{\mathfrak{C}_l} R(z)\,dz + \int\limits_{\mathfrak{K}_a} R(z)\log\frac{z-b}{z-a}\,dz + \int\limits_{\mathfrak{K}_b} R(z)\log\frac{z-b}{z-a}\,dz.$$

Haben die Kreise $\mathfrak{K}_a$ und $\mathfrak{K}_b$ den Radius r, so zeigt eine elementare Abschätzung, daß die beiden rechts stehenden Integrale mindestens wie $K\cdot r\cdot\log\frac{1}{r}$ gegen Null gehen, wenn wir den Übergang $r\to 0$ vollziehen. Dabei geht $\mathfrak{C}_l$ gegen $\mathfrak{C}$, und wir erhalten:

$$\int\limits_{\mathfrak{C}} R(z)\,dz = \operatorname*{Res}_{\mathfrak{G}}\left(R(z)\cdot\log\frac{z-b}{z-a}\right). \tag{7}$$

Da die Summe aller Residuen von $R(z)$ gleich Null ist, so ist es gleichgültig, welchen Zweig der Funktion von $\log\frac{z-b}{z-a}$ wir in $\mathfrak{G}$ wählen, da sich verschiedene Zweige nur um additive Konstanten unterscheiden. Es wird in vielen Fällen praktisch sein, den Hauptzweig, d. h. den Zweig, der im Punkte ∞ den Wert Null hat, zu bevorzugen. Formel (7) bleibt auch dann richtig, wenn wir $\frac{z-b}{z-a}$ noch mit einem beliebigen, von Null verschiedenen komplexen Faktor c multiplizieren:

$$\int\limits_{\mathfrak{C}} R(z)\,dz = \operatorname*{Res}_{\mathfrak{G}}\left[R(z)\cdot\log\left(c\,\frac{z-b}{z-a}\right)\right]. \tag{8}$$

Als Spezialfall erhalten wir, wenn $R(z)$ auf der reellen Achse reell und im Intervall $a \leqq z \leqq b$ holomorph ist,

$$\int_a^b R(x) \cdot dx = \operatorname*{Res}_{\mathfrak{G}} \left(R(z) \cdot \log \frac{z-b}{z-a} \right). \tag{9}$$

Dabei läßt sich der Zweig der Logarithmusfunktion so wählen, daß für alle Polstellen gilt:

$$-\pi < \operatorname{arc} \frac{z-b}{z-a} < \pi .$$

Ein weiterer wichtiger Fall ergibt sich, wenn $a = 0$ und $b = \infty$ gewählt wird und das Integral über die positive reelle Achse zu erstrecken ist. Damit das Integral existiert, muß $R(x)$ im Unendlichen von mindestens zweiter Ordnung verschwinden. Wir führen in diesem Fall eine neue Variable w ein:

$$w = \frac{z-1}{z+1}, \quad z = g(w) = \frac{1+w}{1-w}, \quad g'(w) = \frac{2}{(1-w)^2}.$$

Dabei geht die von 0 nach ∞ aufgeschnittene Ebene $\mathfrak{E}$ in die von -1 nach $+1$ aufgeschnittene Ebene $\mathfrak{G}$ über, und es wird unter Berücksichtigung von (1) und (8):

$$\int_0^\infty R(x)\, dx = \int_{-1}^{+1} R(g(w)) \cdot g'(w)\, dw = \operatorname*{Res}_{\mathfrak{G}} \left(R(g(w))\, g'(w) \cdot \log \frac{w-1}{w+1} \right)$$

$$= -\operatorname*{Res}_{\mathfrak{G}} \left(R(g(w))\, g'(w) \log \frac{1+w}{1-w} \right) = -\operatorname*{Res}_{\mathfrak{E}} (R(z) \log z) .$$

Wir erhalten also die Formel

$$\int_0^\infty R(x)\, dx = -\operatorname*{Res}_{\mathfrak{E}} (R(z) \log z) , \tag{10}$$

wobei für $\log z$ irgendein Zweig der Logarithmusfunktion in der von 0 nach ∞ aufgeschnittenen Ebene zu wählen ist. Man kann sich dabei z. B. auf den Zweig mit

$$0 < \operatorname{arc} z < 2\pi$$

beschränken.

Beispiel 3:

$R(x) = \dfrac{1}{1+x^2}$. $R(z)$ besitzt in den Punkten i und $-i$ Polstellen erster Ordnung, und daher folgt aus (7):

$$\int_a^b \frac{1}{1+x^2}\, dx = \operatorname*{Res}_{i} \left(\frac{1}{1+z^2} \log \frac{z-b}{z-a} \right) + \operatorname*{Res}_{-i} \left(\frac{1}{1+z^2} \log \frac{z-b}{z-a} \right).$$

Wegen

$$\frac{1}{1+z^2} \log \frac{z-b}{z-a} = \frac{1}{z-i} \, \frac{1}{z+i} \log \frac{z-b}{z-a}$$

lauten die Residuen: $\frac{1}{2i}\log\frac{b-i}{a-i}$ und $\frac{1}{-2i}\log\frac{b+i}{a+i}$. Es ist also

$$\int_a^b \frac{1}{1+x^2}\,dx = \frac{1}{2i}\left(\log\left|\frac{b-i}{a-i}\right| + i\,\operatorname{arc}\frac{b-i}{a-i} - \log\left|\frac{b+i}{a+i}\right| - i\,\operatorname{arc}\frac{b+i}{a+i}\right)$$

$$= \frac{1}{2}\left(\operatorname{arc}\frac{1+bi}{1+ai} - \operatorname{arc}\frac{1-bi}{1-ai}\right) = \operatorname{arc}\frac{1+bi}{1+ai}$$

$$= \operatorname{arc\,tg} b - \operatorname{arc\,tg} a$$

mit $-\frac{\pi}{2} < \operatorname{arc\,tg} x < \frac{\pi}{2}$.

Beispiel 4:

$R(x) = \frac{1}{1+x^n}$, $n \geqq 2$ ganz. $R(z)$ besitzt an den Stellen

$$z_\nu = e^{\frac{(2\nu-1)\pi i}{n}}, \quad \nu = 1, 2, \ldots, n,$$

Polstellen erster Ordnung mit den Residuen $-\frac{z_\nu}{n}$; denn es ist wegen $z_\nu^n = -1$:

$$\frac{1}{z^n - z_\nu^n} = \frac{1}{z-z_\nu}\,\frac{z-z_\nu}{z^n-z_\nu^n} = \frac{1}{z-z_\nu}\,\frac{1}{n z_\nu^{n-1}} + \cdots = \frac{1}{z-z_\nu}\,\frac{-z_\nu}{n} + \cdots.$$

Ferner ist

$$\log z_\nu = \frac{(2\nu-1)\pi i}{n}.$$

Also hat $R(z)\log z$ im Punkte z_ν das Residuum $-\frac{(2\nu-1)\pi i}{n^2}\,e^{\frac{(2\nu-1)\pi i}{n}}$, und es wird nach (10):

$$\int_0^\infty \frac{1}{1+x^n}\,dx = \sum_{\nu=1}^{n} \frac{(2\nu-1)\pi i}{n^2}\,e^{\frac{(2\nu-1)\pi i}{n}} = \frac{\frac{\pi}{n}}{\sin\frac{\pi}{n}}.$$

Die letzte Summation im vorstehenden Beispiel ist elementar, aber lästig. Es ist daher nützlich, noch ein Verfahren zu kennen, mit dem man Integrale über rationale Funktionen berechnen kann, wenn diese die spezielle Gestalt $R(w)$ haben, wobei $w = z^n$ ist. So erhält man für $n \geqq 2$, wenn $R(w)$ für $0 \leqq u \leqq \infty$ holomorph ist und im Unendlichen verschwindet,

$$\int_0^\infty R(x^n)\,dx = \frac{1}{n}\int_0^\infty R(u)\,u^{\frac{1}{n}-1}\,du.$$

Das zweite Integral betrachten wir in der w-Ebene, $w = u + iv$, die wir von 0 nach ∞ aufschneiden. Im Restgebiet $\mathfrak{G}$ ist $w^{\frac{1}{n}}$ holomorph und eindeutig, wenn wir uns auf den Zweig von $w^{\frac{1}{n}}$ beschränken, für den $0 < \operatorname{arc} w^{\frac{1}{n}} < \frac{2\pi}{n}$ ist.

Die Integration über den in Abb. 19 gezeigten Weg $\mathfrak{C} = \mathfrak{C}_1 + \mathfrak{C}_M + \mathfrak{C}_2 + \mathfrak{C}_m$ liefert dann für hinreichend großes M und kleines m:

$$\int_{\mathfrak{C}} R(w)\, w^{\frac{1}{n}-1}\, dw = 2\pi i \operatorname*{Res}_{\mathfrak{G}} \left\{R(w)\, w^{\frac{1}{n}-1}\right\}.$$

Eine einfache Abschätzung zeigt, daß die Integrale über $\mathfrak{C}_M$ und $\mathfrak{C}_m$ mit $M \to \infty$ und $m \to 0$ gegen Null gehen. Außerdem unterscheiden sich die Funktionswerte am oberen Ufer $\mathfrak{C}_1$ und unteren Ufer $\mathfrak{C}_2$ um den Faktor $e^{\frac{2\pi i}{n}}$. Daher ist

$$\int_{\mathfrak{C}_2} R(w)\, w^{\frac{1}{n}-1}\, dw = -e^{\frac{2\pi i}{n}} \int_{\mathfrak{C}_1} R(w) \cdot w^{\frac{1}{n}-1}\, dw,$$

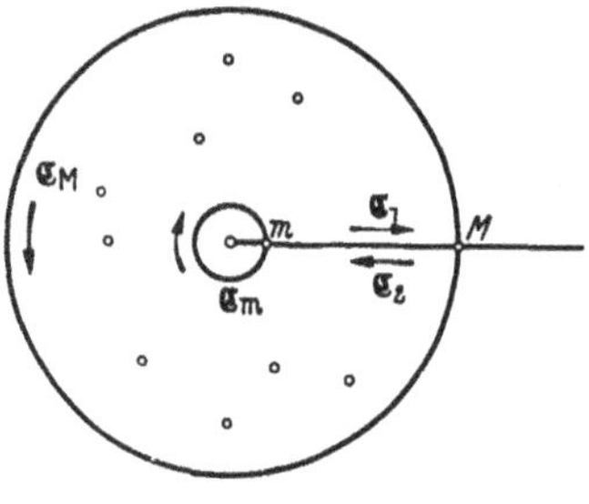

Abb. 19

und somit wird

$$\int_{\mathfrak{C}_1} + \int_{\mathfrak{C}_2} = \left(1 - e^{\frac{2\pi i}{n}}\right) \int_m^M R(u)\, u^{\frac{1}{n}-1}\, du,$$

und wir erhalten:

$$\int_0^\infty R(x^n)\, dx = \frac{\frac{2\pi i}{n}}{1 - e^{\frac{2\pi i}{n}}} \operatorname*{Res}_{\mathfrak{G}} \left\{\frac{R(w)}{w}\, w^{\frac{1}{n}}\right\}$$

mit $0 < \operatorname{arc} w^{\frac{1}{n}} < \frac{2\pi}{n}$.

Beispiel 5:

Benutzen wir diese Formeln zur Berechnung des Integrals in Beispiel 4, so bemerken wir, daß $R(w) = \frac{1}{1+w}$ ist, so daß $\frac{R(w)}{w} w^{\frac{1}{n}}$ in $\mathfrak{G}$ nur die eine Polstelle $w = -1$ mit dem Residuum $-e^{\frac{\pi i}{n}}$ hat. Daher wird

$$\int_0^\infty \frac{1}{1+x^n}\, dx = \frac{-\frac{2\pi i}{n} e^{\frac{\pi i}{n}}}{1 - e^{\frac{2\pi i}{n}}} = \frac{\frac{\pi}{n}}{\sin \frac{\pi}{n}}.$$

Wir können also hier die umständliche Summation vermeiden, die im Beispiel 4 auftrat.

Neben den Integralen über rationale Funktionen lassen sich auch zahlreiche Integrale über transzendente Funktionen mittels des Residuenkalküls berechnen. Dies möge an einigen Beispielen gezeigt werden.

$R(z)$ sei eine rationale Funktion, die auf der reellen Achse keine Polstellen besitzt und im Unendlichen mindestens von erster Ordnung verschwindet. Wir betrachten dann das Integral

$$\int_{-\infty}^{+\infty} R(x)\, e^{i\alpha x}\, dx, \quad \alpha \neq 0 \text{ reell}.$$

Ist $\alpha > 0$, so sei $\mathfrak{C}$ eine Kurve, die aus dem Stück $\mathfrak{C}_1: -M \leq x \leq M$ der reellen Achse und dem Halbkreis $\mathfrak{C}_2$ über $\mathfrak{C}_1$ besteht, wobei M so groß sei, daß alle Polstellen von $R(z)$ in der oberen Halbebene $\mathfrak{H}$ innerhalb $\mathfrak{C}$ liegen. Nach dem Residuensatz ist dann

$$\int_{\mathfrak{C}} R(z)\, e^{i\alpha z}\, dz = 2\pi i \operatorname*{Res}_{\mathfrak{H}}(R(z)\, e^{i\alpha z})\,.$$

Da nun

$$\lim_{M\to\infty} \int_{\mathfrak{C}_2} R(z)\, e^{i\alpha z}\, dz = 0\,, \tag{11}$$

so folgt

$$\int_{-\infty}^{+\infty} R(x)\, e^{i\alpha x}\, dx = 2\pi i \operatorname*{Res}_{\mathfrak{H}}(R(z)\, e^{i\alpha z})\,, \quad \alpha > 0\,. \tag{12}$$

(11) ergibt sich so: Auf $\mathfrak{C}_2$ ist $z = M e^{i\varphi}$ und daher:

$$\int_{\mathfrak{C}_2} R(z)\, e^{i\alpha z}\, dz = \int_0^{\pi} R(M e^{i\varphi})\, e^{i\alpha M\cos\varphi}\, e^{-\alpha M\sin\varphi}\, i M e^{i\varphi}\, d\varphi\,.$$

Wegen $|R(M e^{i\varphi})| < \frac{A}{M}$ können wir dieses Integral abschätzen:

$$\left|\int_{\mathfrak{C}_2} R(z)\, e^{i\alpha z}\, dz\right| \leq A \int_0^{\pi} e^{-\alpha M\sin\varphi}\, d\varphi = 2A \int_0^{\frac{\pi}{2}} e^{-\alpha M\sin\varphi}\, d\varphi\,.$$

Im Intervall $0 \leq \varphi \leq \frac{\pi}{4}$ ist $\cos\frac{\pi}{4} = \frac{1}{\sqrt{2}} \leq \cos\varphi$, und im Intervall $\frac{\pi}{4} \leq \varphi \leq \frac{\pi}{2}$ gilt: $\sin\frac{\pi}{4} = \frac{1}{\sqrt{2}} \leq \sin\varphi$. Also ist

$$\int_0^{\frac{\pi}{4}} e^{-\alpha M\sin\varphi}\, d\varphi \leq \sqrt{2} \int_0^{\frac{\pi}{4}} e^{-\alpha M\sin\varphi} \cos\varphi\, d\varphi = \frac{\sqrt{2}}{\alpha M} \int_0^{\frac{\alpha M}{\sqrt{2}}} e^{-u}\, du$$

$$= \frac{\sqrt{2}}{\alpha M}\left(1 - e^{\frac{-\alpha M}{\sqrt{2}}}\right)$$

und

$$\int_{\frac{\pi}{4}}^{\frac{\pi}{2}} e^{-\alpha M\sin\varphi}\, d\varphi \leq \int_{\frac{\pi}{4}}^{\frac{\pi}{2}} e^{-\frac{\alpha M}{\sqrt{2}}}\, d\varphi = \frac{\pi}{4}\, e^{-\frac{\alpha}{\sqrt{2}} M}\,,$$

und man hat

$$\left|\int_{\mathfrak{C}_2} R(z)\, e^{i\alpha z}\, dz\right| \leq \frac{C_1}{M} + C_2\, e^{-\beta M}$$

mit positiven Konstanten C_1, C_2 und β. Hieraus folgt unmittelbar die Beziehung (11) und damit auch (12).

Ist $\alpha < 0$, so schließe man die Strecke $\mathfrak{C}_1$ durch einen Halbkreis $\overline{\mathfrak{C}}_2$ in der unteren Halbebene $\overline{\mathfrak{H}}$. Die gleichen Abschätzungen liefern dann das Ergebnis

$$\int_{-\infty}^{+\infty} R(x)\, e^{i\alpha x}\, dx = -2\pi i \operatorname*{Res}_{\overline{\mathfrak{H}}}(R(z)\, e^{i\alpha z}) \text{ für } \alpha < 0\,. \tag{13}$$

Unter den gleichen Voraussetzungen für $R(x)$ erhält man aus (12) und (13) unmittelbar die Beziehung

$$\int_{-\infty}^{+\infty} R(x)\cos\alpha x\, dx = \pi i\left[\operatorname*{Res}_{\mathfrak{H}}(R(z)\, e^{i\alpha z}) - \operatorname*{Res}_{\bar{\mathfrak{H}}}(R(z)\, e^{-i\alpha z})\right] \text{ für } \alpha > 0 \quad (14)$$

und

$$\int_{-\infty}^{+\infty} R(x)\sin\alpha x\, dx = \pi\left[\operatorname*{Res}_{\mathfrak{H}}(R(z)\, e^{i\alpha z}) + \operatorname*{Res}_{\bar{\mathfrak{H}}}(R(z)\, e^{-i\alpha z})\right] \text{ für } \alpha > 0\,. \quad (15)$$

Beispiel 6:

$R(z) = \frac{1}{z - i r}$, $r \neq 0$. Aus den Formeln (12) und (13) folgt:

$$\int_{-\infty}^{+\infty} \frac{e^{i\alpha z}}{x - i r}\, dx = \begin{cases} 2\pi i \cdot e^{-\alpha r}, & \alpha > 0,\quad r > 0, \\ -2\pi i \cdot e^{-\alpha r}, & \alpha < 0,\quad r < 0, \\ 0 & , \alpha r < 0\,. \end{cases}$$

Beispiel 7:

$R(z) = \frac{z}{z^2 + r^2}$, $r > 0$. Aus Formel (15) folgt für $\alpha > 0$:

$$\int_0^{\infty} \frac{x\sin\alpha x}{x^2 + r^2}\, dx = \frac{1}{2}\int_{-\infty}^{+\infty} \frac{x\sin\alpha x}{x^2 + r^2}\, dx$$

$$= \frac{\pi}{2}\left[\operatorname*{Res}_{ir}\left(\frac{z}{z^2 + r^2}\, e^{i\alpha z}\right) + \operatorname*{Res}_{-ir}\left(\frac{z}{z^2 + r^2}\, e^{-i\alpha z}\right)\right]$$

$$= \frac{\pi}{2}\left(\frac{1}{2}\, e^{-\alpha r} + \frac{1}{2}\, e^{-\alpha r}\right) = \frac{\pi}{2}\, e^{-\alpha r}\,.$$

Entsprechend erhält man mit $R(z) = \frac{r}{z^2 + r^2}$, $r > 0$, für $\alpha > 0$ aus Formel (14):

$$\int_0^{\infty} \frac{r\cos\alpha x}{x^2 + r^2}\, dx = \frac{\pi}{2}\, e^{-\alpha r}\,.$$

Beispiel 8:

$\int_0^{\infty} \frac{\sin x}{x}\, dx$. Offensichtlich ist

$$\int_0^{\infty} \frac{\sin x}{x}\, dx = \frac{1}{2}\int_{-\infty}^{+\infty} \frac{\sin x}{x}\, dx\,.$$

Die Funktion $\frac{\sin x}{x}$ ist in der endlichen Ebene holomorph, wenn sie im Nullpunkt durch den Wert 1 holomorph ergänzt wird. Das Integral ändert sich nach dem Cauchyschen Integralsatz nicht, wenn wir den Nullpunkt in einem kleinen Halbkreis durch die untere Halbebene umlaufen:

$$\frac{1}{2}\int_{-\infty}^{+\infty} \frac{\sin x}{x}\, dx = \frac{1}{2}\int_{\mathfrak{C}} \frac{\sin z}{z}\, dz,$$

wobei $\mathfrak{C}$ längs der reellen Achse von $-\infty$ bis $-m$, sodann auf einem Halbkreis um den Nullpunkt durch die untere Halbebene von $-m$ bis $+m$ und schließlich wieder längs der reellen Achse von $+m$ bis $+\infty$ läuft. Wir spalten nun das Integral über $\mathfrak{C}$ in die Summe zweier Integrale auf:

$$\frac{1}{2}\int\limits_{\mathfrak{C}} \frac{\sin z}{z}\,dz = \frac{1}{4i}\int\limits_{\mathfrak{C}} \frac{e^{iz}}{z}\,dz - \frac{1}{4i}\int\limits_{\mathfrak{C}} \frac{e^{-iz}}{z}\,dz\,.$$

Um die rechts stehenden Integrale zu berechnen, durchlaufen wir die Kurve $\mathfrak{C}$ nur längs eines Teiles $\mathfrak{C}_1$ von $-M$ bis $+M$ und schließen diesen bei dem ersten Integral durch einen Halbkreis $\mathfrak{C}_2$ in der oberen Halbebene und beim zweiten Integral durch einen Halbkreis $\overline{\mathfrak{C}}_2$ in der unteren Halbebene (s. Abb. 20). Nach dem Residuensatz ist dann, da der Nullpunkt die einzige Polstelle der Integranden mit dem Residuum 1 ist:

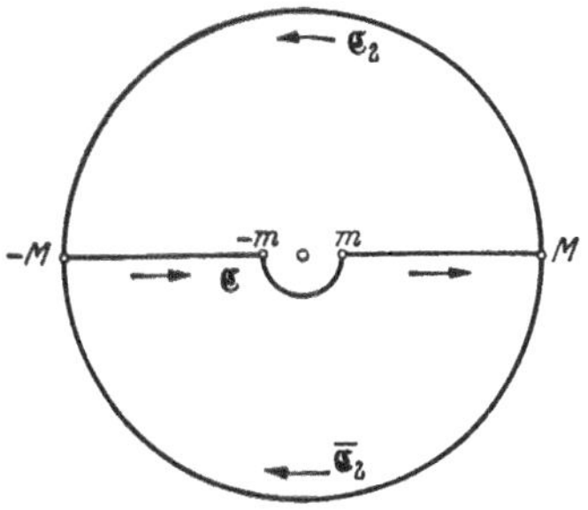

Abb. 20

$$\frac{1}{4i}\int\limits_{\mathfrak{C}_1} \frac{e^{iz}}{z}\,dz + \frac{1}{4i}\int\limits_{\mathfrak{C}_2} \frac{e^{iz}}{z}\,dz = \frac{2\pi i}{4i} = \frac{\pi}{2}$$

und

$$\frac{1}{4i}\int\limits_{\mathfrak{C}_1} \frac{e^{-iz}}{z}\,dz + \frac{1}{4i}\int\limits_{\overline{\mathfrak{C}}_2} \frac{e^{-iz}}{z}\,dz = 0\,.$$

Mit den gleichen Abschätzungen wie bei den Integralen $\int\limits_{-\infty}^{+\infty} R(x)\,e^{i\alpha x}\,dx$ zeigt man, daß

$$\lim_{M\to\infty}\int\limits_{\mathfrak{C}_2} \frac{e^{iz}}{z}\,dz = \lim_{M\to\infty}\int\limits_{\overline{\mathfrak{C}}_2} \frac{e^{-iz}}{z}\,dz = 0$$

ist, und erhält so

$$\int\limits_0^{\infty} \frac{\sin x}{x}\,dx = \frac{\pi}{2}\,.$$

Beispiel 9:

$\int\limits_{-\infty}^{+\infty} e^{-(x+ir)^2}\,dx$. Aus der reellen Analysis ist das Integral

$$\int\limits_{-\infty}^{+\infty} e^{-x^2}\,dx = 2\int\limits_0^{\infty} e^{-x^2}\,dx = \sqrt{\pi} \tag{16}$$

bekannt*. Wir betrachten jetzt ein Rechteck mit den Ecken $-M$, $+M$, $+M+ir$, $-M+ir$. In diesem Rechteck ist e^{-z^2} holomorph und daher:

$$\int\limits_{-M}^{+M} e^{-z^2}\,dz + \int\limits_{+M}^{+M+ir} e^{-z^2}\,dz - \int\limits_{-M+ir}^{+M+ir} e^{-z^2}\,dz - \int\limits_{-M}^{-M+ir} e^{-z^2}\,dz = 0\,.$$

---

* Setzt man $I = \int\limits_{-\infty}^{+\infty} e^{-x^2}\,dx$, so ist $I^2 = \int\limits_{-\infty}^{+\infty} e^{-x^2}\,dx \int\limits_{-\infty}^{+\infty} e^{-y^2}\,dy = \iint\limits_{\mathfrak{E}} e^{-(x^2+y^2)}\,dx\,dy$.
Nach der Koordinatentransformation $x = r\cos\varphi$, $y = r\sin\varphi$ erhält man

$$I^2 = \int\limits_0^{2\pi}\int\limits_0^{\infty} e^{-r^2}\,r\,dr\,d\varphi = \pi\int\limits_0^{\infty} e^{-u}\,du = \pi, \quad \text{also} \quad I = \sqrt{\pi}\,.$$

Nun ist

$$\left|\int_M^{M+ir} e^{-z^2}\,dz\right| = \left|\int_0^r e^{-(M+it)^2}\,dt\right| \leqq e^{-M^2}\left|\int_0^r e^{t^2}\,dt\right| = A\,e^{-M^2}$$

mit einer positiven Konstanten A. Also ist

$$\lim_{M\to\infty}\int_M^{M+ir} e^{-z^2}\,dz = 0\,,$$

entsprechend

$$\lim_{M\to\infty}\int_{-M}^{-M+ir} e^{-z^2}\,dz = 0$$

und somit:

$$\int_{-\infty}^{+\infty} e^{-x^2}\,dx = \int_{-\infty}^{+\infty} e^{-(x+ir)^2}\,dx = \sqrt{\pi}\,.$$

Beispiel 10:

Die *Fresnelschen Integrale* $C = \int_0^\infty \cos t^2\,dt$ und $S = \int_0^\infty \sin t^2\,dt$. Wir fassen die beiden reellen Integrale zu einem komplexen zusammen:

$$E = C + iS = \int_0^\infty e^{it^2}\,dt\,.$$

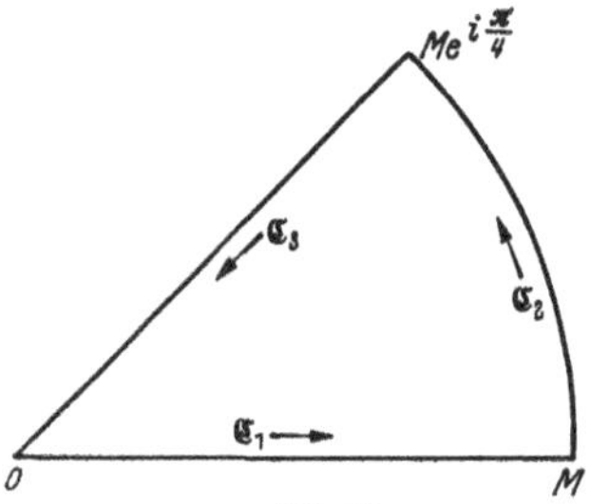

Abb. 21

Diese Form legt es nahe, sie auf das Integral (16) zurückzuführen. Sei $z = r e^{i\varphi}$. Dann integrieren wir die Funktion e^{iz^2} über den Rand $\mathfrak{C} = \mathfrak{C}_1 + \mathfrak{C}_2 + \mathfrak{C}_3$ eines Oktanten mit

$$\mathfrak{C}_1: 0 \leqq r \leqq M,\ \varphi = 0;$$

$$\mathfrak{C}_2: r = M,\ 0 \leqq \varphi \leqq \frac{\pi}{4};$$

$$\mathfrak{C}_3: M \geqq r \geqq 0,\ \varphi = \frac{\pi}{4}$$

(s. Abb. 21). Es ist nach dem Cauchyschen Integralsatz:

$$\int_{\mathfrak{C}} e^{iz^2}\,dz = \int_{\mathfrak{C}_1} e^{iz^2}\,dz + \int_{\mathfrak{C}_2} e^{iz^2}\,dz + \int_{\mathfrak{C}_3} e^{iz^2}\,dz = 0\,.$$

Ferner ist

$$\int_{\mathfrak{C}_1} e^{iz^2}\,dz = \int_0^M e^{ir^2}\,dr\,,\quad \int_{\mathfrak{C}_3} e^{iz^2}\,dz = -e^{i\frac{\pi}{4}}\int_0^M e^{-r^2}\,dr$$

und

$$\left|\int_{\mathfrak{C}_2} e^{iz^2}\,dz\right| = \left|\int_0^{\frac{\pi}{4}} e^{iM^2\cos 2\varphi - M^2\sin 2\varphi}\,iM\,e^{i\varphi}\,d\varphi\right| \leqq \frac{M}{2}\int_0^{\frac{\pi}{2}} e^{-M^2\sin\psi}\,d\psi\,.$$

Dieses letzte Integral schätzt man analog wie das Integral $\int_0^{\frac{\pi}{2}} e^{-\alpha M\sin\varphi}\,d\varphi$ bei der Funktion $R(x)\cdot e^{i\alpha x}$ ab und erhält:

$$\left|\int_{\mathfrak{C}_2} e^{iz^2}\,dz\right| \leqq \frac{A}{M} + B\,M\,e^{-\gamma M^2}$$

mit positiven Konstanten A, B und γ. Es ist also

$$\lim_{M\to\infty} \int_{\mathfrak{C}_2} e^{iz^2}\, dz = 0$$

und daher

$$\int_0^\infty e^{ir^2}\, dr = e^{i\frac{\pi}{4}} \int_0^\infty e^{-r^2}\, dr = \frac{\sqrt{\pi}}{2}\, e^{i\frac{\pi}{4}}.$$

So gewinnt man für die Fresnelschen Integrale die Werte:

$$\int_0^\infty \cos t^2\, dt = \int_0^\infty \sin t^2\, dt = \sqrt{\frac{\pi}{8}}.$$

Beispiel 11:

$\int_{-\infty}^{+\infty} \frac{1}{\cosh x}\, dx$. Wir integrieren über den Rand eines Rechtecks mit den Ecken $-M$, $+M$, $+M+\pi i$, $-M+\pi i$, auf dem der Integrand holomorph ist. Im Innern des Rechtecks liegt eine Polstelle im Punkte $\frac{\pi i}{2}$. Daher ist

$$\int_{-M}^{+M} \frac{1}{\cosh z}\, dz + \int_{+M}^{+M+\pi i} \frac{1}{\cosh z}\, dz - \int_{-M+\pi i}^{+M+\pi i} \frac{1}{\cosh z}\, dz - \int_{-M}^{-M+\pi i} \frac{1}{\cosh z}\, dz$$
$$= 2\pi i \operatorname*{Res}_{\frac{\pi i}{2}} \frac{1}{\cosh z},$$

und wenn man beachtet, daß $\cosh(x+\pi i) = -\cosh x$ ist und eine einfache Abschätzung

$$\lim_{M\to\infty} \int_{M}^{M+\pi i} \frac{1}{\cosh z}\, dz = \lim_{M\to\infty} \int_{-M}^{-M+\pi i} \frac{1}{\cosh z}\, dz = 0$$

liefert, so folgt:

$$2\int_{-\infty}^{+\infty} \frac{1}{\cosh z}\, dz = 2\pi i \operatorname*{Res}_{\frac{\pi i}{2}} \frac{1}{\cosh z}.$$

Nun ist $\cosh z = i \sinh\left(z - \frac{\pi i}{2}\right) = i\left(z - \frac{\pi i}{2}\right)(1 + \cdots)$, so daß $\frac{1}{\cosh z}$ im Punkte $\frac{\pi i}{2}$ das Residuum $\frac{1}{i}$ hat. Das gesuchte Integral hat also den Wert:

$$\int_{-\infty}^{+\infty} \frac{1}{\cosh x}\, dx = \pi.$$

Ein weiteres Anwendungsbeispiel für den Residuenkalkül liefern uns die *Bernoullischen Zahlen und Polynome*, die in manchen Zweigen der Analysis und analytischen Zahlentheorie eine Rolle spielen. Diese Zahlen hängen eng mit den

Entwicklungskoeffizienten der Cotangensfunktion und der Funktion $\frac{1}{e^z - 1}$ zusammen. Es ist

$$\cot z = i\,\frac{e^{iz} + e^{-iz}}{e^{iz} - e^{-iz}} = 2i\left(\frac{1}{2} + \frac{1}{e^{2iz} - 1}\right),$$

so daß es genügt, die Funktion $f(z) = \frac{1}{e^z - 1}$ zu untersuchen. Diese Funktion hat im Nullpunkt einen Pol erster Ordnung, weil

$$f(z) = \frac{1}{e^z - 1} = \frac{1}{z\left(\frac{1}{1!} + \frac{z}{2!} + \frac{z^2}{3!} + \cdots\right)} = \frac{1}{z} - \frac{1}{2} + \sum_{\nu=1}^{\infty} c_\nu z^\nu$$

ist. Hieraus folgt für $\cot z$ die Entwicklung

$$\cot z = \frac{1}{z} + \sum_{n=1}^{\infty} (-4)^n c_{2n-1} z^{2n-1},$$

da $\cot z$ eine ungerade Funktion ist, also alle Koeffizienten c_{2n}, $n = 1, 2, \ldots$, verschwinden. Man setzt nun:

$$c_{2n-1} = \frac{(-1)^{n-1}}{(2n)!} B_n,\; n = 1, 2, 3, \ldots,$$

und nennt die B_n die *Bernoullischen Zahlen*. Für sie gelten die Beziehungen

$$B_n = 2\,\frac{(2n)!}{(2\pi)^{2n}} \sum_{\nu=1}^{\infty} \frac{1}{\nu^{2n}}, \tag{17}$$

die wir im folgenden herleiten wollen.

$f(z)$ ist eine meromorphe Funktion mit den Polstellen erster Ordnung $2k\pi i$, $k = 0, \pm 1, \pm 2, \ldots$. Schlagen wir um jede dieser Polstellen einen Kreis mit dem Radius $\varrho < 1$, so ist $f(z)$ im Restgebiet beschränkt, wie man sogleich sieht. $f(z)$ hat die Periode $2\pi i$. Es genügt deshalb zu zeigen, daß $f(z)$ für $-\pi \leqq \operatorname{Im} z \leqq \pi$ und $|z| \geqq \varrho$ beschränkt ist. Im abgeschlossenen Gebiet $-1 \leqq \operatorname{Re} z \leqq 1$, $-\pi \leqq \operatorname{Im} z \leqq \pi$, $|z| \geqq \varrho$, ist $f(z)$ holomorph und daher beschränkt: $|f(z)| < M_1$. Ferner ist im Halbstreifen $-\pi \leqq \operatorname{Im} z \leqq \pi$, $1 \leqq \operatorname{Re} z$:

$$|f(z)| \leqq \frac{1}{e - 1}$$

und im Halbstreifen $-\pi \leqq \operatorname{Im} z \leqq \pi$, $\operatorname{Re} z \leqq -1$:

$$|f(z)| \leqq \frac{e}{e - 1}.$$

Also ist in dem gesamten Restgebiet

$$|f(z)| \leqq M = \operatorname{Max}\left(M_1, \frac{e}{e - 1}\right). \tag{18}$$

Dies gilt insbesondere auf den Kreisen $\mathfrak{C}_m$: $|z| = (2m + 1)\pi$, $m = 0, 1, 2, \ldots$.

Um in der Entwicklung

$$f(z) = \frac{1}{z} - \frac{1}{2} + \sum_{n=1}^{\infty} \frac{(-1)^{n-1}}{(2n)!} B_n z^{2n-1} \tag{19}$$

die Koeffizienten B_n zu ermitteln, bilden wir $f_n(z) = \frac{1}{z^n} f(z)$. Dann ist

$$f_{2n}(z) = \frac{1}{z^{2n}} f(z) = \frac{1}{z^{2n}}\,\frac{1}{e^z - 1} \quad \text{und} \quad \operatorname*{Res}_0 f_{2n}(z) = \frac{(-1)^{n-1}}{(2n)!} B_n. \tag{20}$$

Andererseits liegen im Kreis $\mathfrak{C}_m$ die Polstellen $2\nu\pi i$, $\nu = 0, \pm 1, \pm 2, \ldots, \pm m$, der Funktionen $f_n(z)$. Für $\nu \neq 0$ hat dort $f_n(z)$ die Darstellung

$$f_n(z) = \frac{1}{z^n} \frac{1}{e^{(z-2\nu\pi i)} - 1} = \frac{1}{z - 2\nu\pi i} \frac{1}{z^n} \frac{1}{1 + \cdots},$$

also das Residuum

$$\operatorname*{Res}_{2\nu\pi i} f_n(z) = \frac{1}{(2\nu\pi i)^n}. \tag{21}$$

Nach dem Residuensatz ist daher wegen (20) und (21):

$$\frac{1}{2\pi i} \int_{\mathfrak{C}_m} f_{2n}(z)\, dz = \sum_{\nu=-m}^{+m} \operatorname*{Res}_{2\nu\pi i} f_{2n}(z) = \frac{(-1)^{n-1}}{(2n)!} B_n + 2 \sum_{\nu=1}^{m} \frac{(-1)^n}{(2\nu\pi)^{2n}},$$

und aus (18) folgt:

$$\left| \int_{\mathfrak{C}_m} f_{2n}(z)\, dz \right| \leq \frac{M}{(2m+1)^{2n}\pi^{2n}} 2\pi (2m+1)\pi = \frac{2\pi M}{(2m+1)^{2n-1}\pi^{2n-1}},$$

also

$$\lim_{m\to\infty} \frac{1}{2\pi i} \int_{\mathfrak{C}_m} f_{2n}(z)\, dz = 0$$

und damit die Formel (17).

Diese Beziehung kann einerseits dazu dienen, die Reihen $\sum_{\nu=1}^{\infty} \frac{1}{\nu^{2n}}$ zu summieren, wenn die Zahlen B_n bekannt sind, andererseits aber auch dazu, die Zahlen B_n vor allem für große n abzuschätzen, da dann die Reihen gut konvergieren.

Aus (19) lassen sich die B_n rekursiv berechnen. Wegen $f(z) \cdot (e^z - 1) \equiv 1$ oder

$$\left(\frac{1}{z} - \frac{1}{2} + \sum_{n=1}^{\infty} \frac{(-1)^{n-1}}{(2n)!} B_n z^{2n-1} \right) \left(\sum_{m=1}^{\infty} \frac{z^m}{m!} \right) \equiv 1$$

gilt für die Koeffizienten jeder Potenz z^{2k}:

$$\frac{1}{(2k+1)!} - \frac{1}{2} \frac{1}{(2k)!} + \sum_{\nu=1}^{k} \frac{(-1)^{\nu-1} B_\nu}{(2\nu)!\,(2k-2\nu+1)!} = 0,$$

oder, wenn wir mit $(2k+1)!$ multiplizieren:

$$1 - \binom{2k+1}{1} \frac{1}{2} + \sum_{\nu=1}^{k} \binom{2k+1}{2\nu} (-1)^{\nu-1} B_\nu = 0. \tag{22}$$

Ausgerechnet ergibt dies:

$$B_1 = \frac{1}{6},\quad B_2 = \frac{1}{30},\quad B_3 = \frac{1}{42},\quad B_4 = \frac{1}{30},$$

$$B_5 = \frac{5}{66},\quad B_6 = \frac{691}{2730},\quad B_7 = \frac{7}{6}, \ldots.$$

Daher findet man aus (17):

$$\sum_{\nu=1}^{\infty} \frac{1}{\nu^2} = \frac{\pi^2}{6};\quad \sum_{\nu=1}^{\infty} \frac{1}{\nu^4} = \frac{\pi^4}{90};\quad \sum_{\nu=1}^{\infty} \frac{1}{\nu^6} = \frac{\pi^6}{945};\quad \sum_{\nu=1}^{\infty} \frac{1}{\nu^8} = \frac{\pi^8}{9450}; \ldots.$$

Setzt man die Bernoullischen Zahlen in die Cotangensreihe ein, so erhält man die Entwicklung um den Nullpunkt:

$$\cot z = \frac{1}{z} - \sum_{n=1}^{\infty} \frac{2^{2n}}{(2n)!} B_n z^{2n-1} = \frac{1}{z} - \frac{1}{3} z - \frac{1}{45} z^3 - \frac{2}{945} z^5 - \frac{1}{4725} z^7 - \cdots,$$

und aus der Identität

$$\tan z = \cot z - 2 \cot 2z$$

gewinnt man sodann die Entwicklung der Tangensfunktion um den Nullpunkt:

$$\tan z = \sum_{n=1}^{\infty} \frac{(2^{2n}-1)\, 2^{2n}}{(2n)!} B_n z^{2n-1} = z + \frac{1}{3} z^3 + \frac{2}{15} z^5 + \frac{17}{315} z^7 + \frac{62}{2835} + \cdots.$$

Als *Bernoullische Polynome* $P_n(u)$ bezeichnet man die Koeffizienten in der Entwicklung der Funktion

$$H(z, u) = \frac{e^{uz} - 1}{e^z - 1} \tag{23}$$

nach z um den Nullpunkt:

$$H(z, u) = \sum_{n=1}^{\infty} \frac{P_n(u)}{n!} z^{n-1}.$$

Daß die $P_n(u)$ in der Tat Polynome sind, zeigt sich sofort, wenn man die Entwicklungen

$$\frac{1}{e^z - 1} = \frac{1}{z} - \frac{1}{2} + \sum_{\nu=1}^{\infty} \frac{(-1)^{\nu-1} B_\nu}{(2\nu)!} z^{2\nu-1}$$

und

$$e^{uz} - 1 = \sum_{\nu=1}^{\infty} \frac{u^\nu z^\nu}{\nu!}$$

miteinander multipliziert. Man erhält dann $P_1(u) = u$ und

$$P_n(u) = u^n - \frac{n}{2} u^{n-1} + \sum_{\nu=1}^{k-1} (-1)^{\nu-1} \binom{n}{2\nu} B_\nu u^{n-2\nu}$$

$$\text{mit } k = \begin{cases} \dfrac{n}{2} & \text{für gerade } n > 1, \\[2mm] \dfrac{n+1}{2} & \text{für ungerade } n > 1. \end{cases}$$

Beschränkt man u auf reelle Werte im Intervall $0 \leqq u \leqq 1$, so lassen sich $P_1(u)$ im offenen Intervall $0 < u < 1$ und die übrigen Polynome $P_n(u)$, $n = 2, 3, \ldots$, im abgeschlossenen Intervall $0 \leqq u \leqq 1$ durch gleichmäßig konvergente Fourier-Reihen von einfacher Gestalt darstellen:

$$P_1(u) = \frac{1}{2} - 2 \sum_{\nu=1}^{\infty} \frac{\sin 2\nu\pi u}{2\nu\pi}, \quad 0 < u < 1, \tag{24}$$

$$\left.\begin{aligned} P_{2k}(u) &= (-1)^k B_k + (-1)^{k+1}\, 2\,(2k)! \sum_{\nu=1}^{\infty} \frac{\cos 2\nu\pi u}{(2\nu\pi)^{2k}}, \\ P_{2k+1}(u) &= (-1)^{k+1}\, 2\,(2k+1)! \sum_{\nu=1}^{\infty} \frac{\sin 2\nu\pi u}{(2\nu\pi)^{2k+1}}, \end{aligned}\right\} \quad \begin{aligned} &0 \leqq u \leqq 1, \\ &k = 1, 2, \ldots. \end{aligned} \tag{25}$$

Zum Beweis dieser Beziehungen verfahren wir wie bei den Bernoullischen Zahlen und berechnen zunächst die Integrale über die Kreise $\mathfrak{C}_m : |z| = (2m+1)\pi$, $m = 0, \pm 1, \pm 2, \ldots$ für die Funktionen

$$H_n(z, u) = \frac{1}{z^n} H(z, u) = \frac{1}{z^n} \frac{e^{uz} - 1}{e^z - 1}.$$

Im Nullpunkt der z-Ebene hat eine solche Funktion das Residuum

$$\operatorname*{Res}_0 H_n(z, u) = \frac{P_n(u)}{n!}$$

und in den Punkten $z = 2\nu\pi i$ die Residuen

$$\operatorname*{Res}_{2\nu\pi i} H_n(z, u) = \frac{e^{2\nu\pi u i} - 1}{(2\nu\pi i)^n}, \quad \nu = \pm 1, \pm 2, \pm 3, \ldots .$$

Es ergibt sich also:

$$\frac{1}{2\pi i}\int_{\mathfrak{C}_m} H_n(z, u)\, dz = \sum_{\nu=-m}^{+m} \operatorname*{Res}_{2\nu\pi i} H_n(z, u) = \frac{P_n(u)}{n!} + \sum_{\substack{\nu=-m \\ \nu \neq 0}}^{+m} \frac{e^{2\nu\pi u i} - 1}{(2\nu\pi i)^n}$$

$$= \begin{cases} \dfrac{P_{2k+1}(u)}{(2k+1)!} - 2(-1)^{k+1} \displaystyle\sum_{\nu=1}^{m} \frac{\sin 2\nu\pi u}{(2\nu\pi)^{2k+1}} & \text{für } n = 2k+1,\ k = 0, 1, 2, \ldots, \\ \dfrac{P_{2k}(u)}{(2k)!} - \dfrac{2(-1)^k}{(2\pi)^{2k}} \displaystyle\sum_{\nu=1}^{m} \frac{1}{\nu^{2k}} + 2(-1)^k \sum_{\nu=1}^{m} \frac{\cos 2\nu\pi u}{(2\nu\pi)^{2k}} & \text{für } n = 2k,\ k = 1, 2, \ldots . \end{cases}$$

Wenn wir nun noch zeigen können, daß die Integrale über $\mathfrak{C}_m$ für $H_1(z, u)$ im Innern des Intervalles $0 < u < 1$ gleichmäßig gegen $\frac{1}{2}$ und für $H_n(z, u)$, $n \geqq 2$, im abgeschlossenen Intervall $0 \leqq u \leqq 1$ gleichmäßig gegen Null konvergieren, so sind die Beziehungen (24) und (25) bei Beachtung von (17) bewiesen.

$H_1(z, u)$ zerlegen wir in zwei Summanden:

$$H_1(z, u) = F(z, u) + G(z) \tag{26}$$

mit

$$F(z, u) = \frac{1}{z}\frac{e^{uz}}{e^z - 1}, \quad G(z) = -\frac{1}{z}\frac{1}{e^z - 1}.$$

Gemäß der Entwicklung (19) ist das Residuum von $G(z)$ im Nullpunkt gleich $\frac{1}{2}$ und in den Punkten $2\nu\pi i$ nach (21) gleich $\frac{-1}{2\nu\pi i}$. Also ist

$$\frac{1}{2\pi i}\int_{\mathfrak{C}_m} G(z)\, dz = \frac{1}{2} + \sum_{\substack{\nu=-m \\ \nu \neq 0}}^{+m} \frac{-1}{2\nu\pi i} = \frac{1}{2}. \tag{27}$$

Um das Integral über $F(z, u)$ abzuschätzen, zerlegen wir den Kreis $\mathfrak{C}_m$: $z = x + iy = (2m+1)\pi e^{i\varphi}$ in vier Teilbögen $\mathfrak{C}_m^{(1)}$, $\mathfrak{C}_m^{(2)}$, $\mathfrak{C}_m^{(3)}$ und $\mathfrak{C}_m^{(4)}$:

$$-\frac{\pi}{2} + \varepsilon \leqq \varphi \leqq \frac{\pi}{2} - \varepsilon; \quad \frac{\pi}{2} - \varepsilon \leqq \varphi \leqq \frac{\pi}{2} + \varepsilon;$$

$$\frac{\pi}{2} + \varepsilon \leqq \varphi \leqq \frac{3\pi}{2} - \varepsilon; \quad \frac{3\pi}{2} - \varepsilon \leqq \varphi \leqq \frac{3\pi}{2} + \varepsilon.$$

Nun ist zunächst auf allen $\mathfrak{C}_m$ für $0 \leqq u \leqq 1$:

$$\left|\frac{e^{uz}}{e^z - 1}\right| \leqq M, \tag{28}$$

wobei M die Konstante in Formel (18) ist; denn man hat auf $\mathfrak{C}_m$ für $x \geqq 0$ wegen (18)

$$\left|\frac{e^{uz}}{e^z - 1}\right| = e^{-(1-u)x}\left|\frac{1}{1 - e^{-z}}\right| \leqq M$$

und für $x \leqq 0$:

$$\left|\frac{e^{uz}}{e^z - 1}\right| = e^{-u|x|}\left|\frac{1}{e^z - 1}\right| \leqq M.$$

Auf $\mathfrak{C}_m^{(1)}$ und $\mathfrak{C}_m^{(3)}$ gilt aber, wenn man u auf das Intervall $\alpha \leqq u \leqq 1 - \alpha$ mit $0 < \alpha < \frac{1}{2}$ beschränkt, die schärfere Abschätzung:

$$\left|\frac{e^{uz}}{e^z - 1}\right| = \left|\frac{e^{-(1-u)z}}{1 - e^{-z}}\right| \leqq \frac{e^{-(2m+1)\pi\alpha\sin\varepsilon}}{1 - e^{-(2m+1)\pi\sin\varepsilon}}. \tag{29}$$

Dies folgt unmittelbar wegen $x \geqq (2m+1)\pi\sin\varepsilon$ auf $\mathfrak{C}_m^{(1)}$ und $x \leqq -(2m+1)\pi\sin\varepsilon$ auf $\mathfrak{C}_m^{(3)}$.

Sei jetzt $\alpha > 0$ fest gegeben und ε^* eine beliebige positive Zahl. Dann wähle man $\varepsilon = \frac{\varepsilon^*}{8M}$ und nun m_0 so groß, daß auf $\mathfrak{C}_{m_0}^{(1)}$ und $\mathfrak{C}_{m_0}^{(3)}$

$$\left|\frac{e^{uz}}{e^z - 1}\right| < \frac{\varepsilon^*}{4\pi}$$

ist, eine Forderung, die wegen (29) stets erfüllbar ist und die damit auch für alle $m \geqq m_0$ gilt. Dann folgt für diese m die Abschätzung:

$$\left|\int_{\mathfrak{C}_m} F(z, u)\, dz\right| \leqq 2\frac{1}{(2m+1)\pi}\frac{\varepsilon^*}{4\pi}(2m+1)\cdot\pi\cdot\pi + 2\frac{1}{(2m+1)\pi}M(2m+1)\pi 2\varepsilon$$
$$= \frac{\varepsilon^*}{2} + \frac{\varepsilon^*}{2} = \varepsilon^*,$$

und somit wegen (26) und (27) die gleichmäßige Konvergenz des Integrals über $H_1(z, u)$ gegen $\frac{1}{2}$.

Um die Formeln (25) zu verifizieren, genügt die einfache Abschätzung

$$\left|\frac{e^{uz} - 1}{e^z - 1}\right| \leqq 2M$$

auf allen $\mathfrak{C}_m$, die sich aus (18) und (28) ergibt und die für alle u mit $0 \leqq u \leqq 1$ gilt. Daher ist

$$\left|\int_{\mathfrak{C}_m} H_n(z, u)\, dz\right| \leqq \frac{1}{[(2m+1)\pi]^n} 2M \cdot 2\pi(2m+1)\pi = \frac{4\pi M}{[(2m+1)\pi]^{n-1}},$$

woraus die Behauptung folgt.

Die Ausdrücke rechts in (24) und (25) sind periodische Funktionen, wenn wir u alle reellen Werte durchlaufen lassen. Die Polynome $P_n(u)$ links sind es gewiß nicht. Die Gleichungen sind deshalb möglich, weil die trigonometrischen Summen *keine* holomorphen Funktionen darstellen. Die einzelnen Summanden sind zwar überall holomorph, die Reihen aber nur auf der reellen Achse konvergent, jedoch an *keiner* nicht reellen Stelle $z = x + iy$, $y \neq 0$, weil dort die einzelnen Summanden mit wachsendem ν über alle Grenzen gehen.

Wir bezeichnen die in den Formeln (24) und (25) auftretenden trigonometrischen Summen mit $\Omega_n(u)$:

$$\Omega_{2k+1}(u) = 2\sum_{\nu=1}^{\infty}\frac{\sin 2\nu\pi u}{(2\nu\pi)^{2k+1}}, \quad k = 0, 1, 2, \ldots,$$

$$\Omega_{2k}(u) = 2\sum_{\nu=1}^{\infty}\frac{\cos 2\nu\pi u}{(2\nu\pi)^{2k}}, \quad k = 1, 2, 3, \ldots.$$

Dann ist im offenen Intervall $0 < u < 1$:

$$\Omega_1(u) = \frac{1}{2} - P_1(u) \tag{30}$$

und im abgeschlossenen Intervall $0 \leqq u \leqq 1$:

$$\left.\begin{aligned} \Omega_{2k}(u) &= \frac{B_k}{(2k)!} + (-1)^{k+1} \frac{P_{2k}(u)}{(2k)!}, \quad k = 1, 2, 3, \ldots, \\ \Omega_{2k+1}(u) &= (-1)^{k+1} \frac{P_{2k+1}(u)}{(2k+1)!} \quad\quad, \quad k = 1, 2, 3, \ldots. \end{aligned}\right\} \tag{31}$$

Die $\Omega_n(u)$ sind $(n-1)$mal im offenen Intervall $0 < u < 1$ und $(n-2)$mal für alle u im abgeschlossenen Intervall gliedweise differenzierbar, und es gilt:

$$\left.\begin{aligned} \Omega'_{2k}(u) &= -\Omega_{2k-1}(u), \quad k = 1, 2, 3, \ldots, \\ \Omega'_{2k+1}(u) &= \Omega_{2k}(u) \quad\quad, \quad k = 1, 2, 3, \ldots, \end{aligned}\right\} \tag{32}$$

woraus sich für die Bernoullischen Polynome nach (30) und (31) entsprechende Beziehungen herleiten lassen, die nun aber wegen der Eindeutigkeit der analytischen Fortsetzung für alle u gelten:

$$\begin{aligned} P'_2(u) &= 2P_1(u) - 1, \\ P'_{2k}(u) &= 2k\, P_{2k-1}(u), \quad k = 2, 3, 4, \ldots, \\ P'_{2k+1}(u) &= (2k+1)\, P_{2k}(u) + (-1)^{k+1}(2k+1)\, B_k, \quad k = 1, 2, 3, \ldots. \end{aligned}$$

Diese Beziehungen lassen sich dazu benutzen, die Bernoullischen Polynome rekursiv zu berechnen.

Aus den Beziehungen (17) und (25) folgt $P_n(0) = P_n(1) = 0$, $n = 2, 3, 4, \ldots$, und weil im Intervall $0 < u < 1$

$$\left| 2\,(2k)! \sum_{\nu=1}^{\infty} \frac{\cos 2\nu\pi u}{(2\nu\pi)^{2k}} \right| < 2\,(2k)! \sum_{\nu=1}^{\infty} \frac{1}{(2\nu\pi)^{2k}} = B_k$$

ist, kann dort $P_{2k}(u)$ nicht verschwinden und hat das Vorzeichen $(-1)^k$. Schließlich entnehmen wir noch aus (24) und (25):

$$\int_0^1 P_1(u)\, du = \frac{1}{2},$$

$$\left.\begin{aligned} \int_0^1 P_{2k}(u)\, du &= (-1)^k B_k \\ \int_0^1 P_{2k+1}(u)\, du &= 0 \end{aligned}\right\} \quad k = 1, 2, 3, \ldots.$$

Im Intervall $0 < u < 1$ ist

$$P_1(u) = u = R(u),$$

wenn wir mit $R(u)$ die periodische Funktion $u - [u]$ bezeichnen, wobei $[u]$ die größte ganze Zahl kleiner oder gleich u ist. Offensichtlich ist dann für alle nicht ganzen u:

$$\Omega_1(u) = \frac{1}{2} - R(u). \tag{33}$$

Sodann folgt aus (25) zunächst für $0 < u < 1$:

$$\left.\begin{aligned} \Omega_{2k}(u) &= \frac{B_k}{(2k)!} + (-1)^{k+1} \frac{P_{2k}(R(u))}{(2k)!} \\ \Omega_{2k+1}(u) &= (-1)^{k+1} \frac{P_{2k+1}(R(u))}{(2k+1)!} \end{aligned}\right\} \quad k = 1, 2, 3, \ldots. \tag{34}$$

Letztere Gleichungen gelten aus Stetigkeitsgründen auch für 0 und 1, und weil $R(u)$ ebenso wie die $\Omega_n(u)$ periodisch mit der Periode 1 ist, für alle reellen u.

Eine Anwendung der Bernoullischen Zahlen und Polynome ergibt sich bei der *Eulerschen Summenformel.*

$f(x)$ habe einen Definitionsbereich, der alle $x \geqq 0$ umfaßt. Dort sei $f(x)$ auch hinreichend oft als Funktion von x differenzierbar. Wir wollen unter dieser Voraussetzung die endliche Summe

$$\sum_{\nu=0}^{n} f(\nu) \tag{35}$$

berechnen. Es ist

$$f(n) - f(\nu) = \int_{\nu}^{n} f'(x)\, dx\,,$$

also

$$\sum_{\nu=0}^{n} \{f(n) - f(\nu)\} = \sum_{\nu=0}^{n} \int_{\nu}^{n} f'(x)\, dx = \int_{0}^{n} \{[x] + 1\} \cdot f'(x)\, dx \tag{36}$$

und daher wegen (33):

$$\sum_{\nu=0}^{n} f(\nu) = (n+1) f(n) - \int_{0}^{n} \left(x + \frac{1}{2}\right) f'(x)\, dx - \int_{0}^{n} \Omega_1(x) f'(x)\, dx\,. \tag{37}$$

Indem wir das zweite Glied partiell integrieren, erhalten wir:

$$\sum_{\nu=0}^{n} f(\nu) = \int_{0}^{n} f(x)\, dx + \frac{1}{2}(f(n) + f(0)) - \int_{0}^{n} \Omega_1(x) f'(x)\, dx\,. \tag{38}$$

Das Integral rechts integrieren wir wieder partiell und fahren so fort. So ergibt sich rekursiv unter Benutzung von (32) die Eulersche Summenformel:

$$\begin{aligned} \sum_{\nu=0}^{n} f(\nu) &= \int_{0}^{n} f(x)\, dx + \frac{1}{2}(f(n) - f(0)) + \sum_{\varkappa=1}^{k} \frac{(-1)^{\varkappa-1} B_\varkappa}{(2\varkappa)!} \times \\ &\times (f^{(2\varkappa-1)}(n) - f^{(2\varkappa-1)}(0)) - (-1)^k \int_{0}^{n} \Omega_{2k+1}(x) f^{(2k+1)}(x)\, dx\,. \end{aligned} \tag{39}$$

Die Reihe

$$\sum_{\varkappa=1}^{\infty} \frac{(-1)^{\varkappa-1} B_\varkappa}{(2\varkappa)!} (f^{(2\varkappa-1)}(n) - f^{(2\varkappa-1)}(0)) \tag{40}$$

wird im allgemeinen nicht konvergieren. Nach (17) wachsen die $B_\varkappa$ für große $\varkappa$ rasch an. Selbst für holomorphe Funktionen tritt Konvergenz nur dann ein, wenn $f(z)$ eine ganze Funktion ist, deren Koeffizienten a_ν der Potenzreihenentwicklungen um die Punkte 0 und n für große k der Bedingung

$$\sqrt[2k-1]{|a_{2k-1}|} < \frac{2\pi}{\sqrt[2k-1]{(2k-1)!}}$$

genügen, wie man unmittelbar mit Hilfe von (17) bestätigt. Daher ist auch bei $f(x) = \dfrac{1}{1+x}$ die Reihe (40) nicht konvergent. Trotzdem ist für diese Funktion (39) gut zur Berechnung von

$$\sum_{\nu=0}^{n} f(\nu) - \int_{0}^{n} f(x)\, dx = \sum_{\nu=1}^{n+1} \frac{1}{\nu} - \log(n+1)$$

zu gebrauchen, weil die ersten Glieder eine gute Approximation liefern.

Für die Restglieder gibt es in den funktionentheoretischen Darstellungen noch eine Reihe anderer Ausdrücke. Es sei $f(z)$ bis auf isolierte Singularitäten a_ν, $\nu = 1, 2, 3, \ldots$, in einer Umgebung der Strecke von $z = m$ bis $z = n$ auf der reellen Achse und in den Punkten $m, m+1, \ldots, n$ holomorph. $\mathfrak{C}$ sei eine einfach geschlossene Kurve in dieser Umgebung, deren Inneres die Punkte $m, m+1, \ldots, n$ enthält und die durch keine Singularität von $f(z)$ geht. Dann ist, weil $\cot \pi z$ nur für $z = \nu$, ν ganz, singulär wird,

$$\sum_{\nu=m}^{n} f(\nu) = \frac{1}{2\pi i} \int_{\mathfrak{C}} \pi \cot \pi z \cdot f(z)\, dz - \sum_{a_\nu, \mathfrak{C}} \operatorname{Res} \{\pi \cot \pi z \cdot f(z)\}, \tag{41}$$

wo $\sum\limits_{a_\nu,\mathfrak{C}} \operatorname{Res}$ die Summe der Residuen von $\pi \cot \pi z \cdot f(z)$ in allen Punkten a_ν im Innern von $\mathfrak{C}$ bedeutet, in denen $f(z)$ singulär wird. Wir sprechen nun vom *Gesamtresiduum* einer in der endlichen Ebene analytischen Funktion $f(z)$ relativ zur Kurvenschar $\mathfrak{C}_j$, $j = 1, 2, \ldots$, wenn 1) die endliche einfach geschlossene Kurve $\mathfrak{C}_{j+1}$ die Kurve $\mathfrak{C}_j$ im Innern enthält, 2) die $\mathfrak{C}_j$ gegen Unendlich konvergieren, 3) die Residuensumme für das Innere von $\mathfrak{C}_j$ mit wachsendem j gegen eine feste Zahl konvergiert (s. den Begriff „résidu integral" bei CAUCHY: Oeuvres de CAUCHY, II, VII, 1827, S. 291). Wenn nun das Gesamtresiduum von $\pi \cot \pi z \cdot f(z)$ verschwindet, so geht (41) über in

$$\sum_{\nu=-\infty}^{+\infty} f(\nu) = -\sum_{a} \operatorname{Res} \{\pi \cot \pi z \cdot f(z)\}, \tag{42}$$

wobei über alle endlichen Residuen a_ν zu summieren ist.

Beispiel 12:

$f(z) = \dfrac{1}{(a+z)^2}$, a nicht ganz. Das Gesamtresiduum von $\pi \cot \pi z \cdot f(z)$ relativ zur Folge der Kreise $|z| = \nu - \dfrac{1}{2}$, $\nu = 1, 2, \ldots$ verschwindet nach (41), da für große ν auf diesen Kreisen $|\pi \cot \pi z| < M$ und $|f(z)| < \dfrac{\gamma}{\nu^2}$ ist. Also folgt

$$\sum_{\nu=-\infty}^{+\infty} \frac{1}{(a+\nu)^2} = -\operatorname*{Res}_{-a} \frac{\pi \cot \pi z}{(a+z)^2} = \frac{\pi^2}{\sin^2 \pi a}.$$

Ebenso ergibt sich für $\dfrac{a}{b} \neq -\nu^2$, ν ganz:

$$\sum_{\nu=0}^{\infty} \frac{1}{a+b\nu^2} = \frac{1}{2a}\left(1 + \sum_{\nu=-\infty}^{+\infty} \frac{\frac{a}{b}}{\frac{a}{b}+\nu^2}\right)$$

$$= \frac{1}{2a}\left(1 - \operatorname*{Res}_{\pm i\sqrt{\frac{a}{b}}} \frac{\frac{a}{b}}{\frac{a}{b}+z^2}\, \pi \cot \pi z\right)$$

$$= \frac{1}{2a}\left(1 + \pi\sqrt{\frac{a}{b}} \coth \pi \sqrt{\frac{a}{b}}\right).$$

Wir knüpfen nochmals an Formel (41) an. $\mathfrak{C}$ schneide die reelle Achse nur in zwei Punkten α und β. Das Integral rechts in (41) zerlegen wir dann in das Integral über den Kurvenbogen $\mathfrak{C}_1$ der oberen Halbebene und den Bogen $\mathfrak{C}_2$ der unteren Halbebene. Die Endpunkte von $\mathfrak{C}_1$ und $\mathfrak{C}_2$ sind α und β. Es sei $\alpha < \beta$. In der oberen Halbebene setzen wir:

$$\frac{1}{i}\cot\pi z = -1 - \frac{2}{e^{-2\pi i z} - 1},$$

in der unteren Halbebene:

$$\frac{1}{i}\cot\pi z = 1 + \frac{2}{e^{2\pi i z} - 1}.$$

Führen wir dies rechts in (41) ein unter der Voraussetzung, daß $f(z)$ im Innern von $\mathfrak{C}$ holomorph ist, so können wir für die dabei auftretenden Integrale $\int\limits_{\mathfrak{C}_1} f(z)\,dz$ und $\int\limits_{\mathfrak{C}_2} f(z)\,dz$ auch schreiben:

$$\mp \int\limits_{\alpha}^{\beta} f(x)\,dx.$$

So erhalten wir statt (41):

$$\sum_{\nu=m}^{n} f(\nu) = \int\limits_{\alpha}^{\beta} f(x)\,dx - \int\limits_{\mathfrak{C}_1} \frac{f(z)\,dz}{e^{-2\pi i z} - 1} + \int\limits_{\mathfrak{C}_2} \frac{f(z)\,dz}{e^{2\pi i z} - 1}. \tag{43}$$

Setzen wir jetzt noch

$$\frac{1}{e^{-2\pi i z} - 1} = e^{2\pi i z} + e^{4\pi i z} \ldots + e^{2m\pi i z} + \frac{e^{2m\pi i z}}{e^{-2\pi i z} - 1},$$

$$\frac{1}{e^{2\pi i z} - 1} = e^{-2\pi i z} + e^{-4\pi i z} \ldots + e^{-2m\pi i z} + \frac{e^{-2m\pi i z}}{e^{2\pi i z} - 1},$$

so erhalten wir schließlich:

$$\sum_{\nu=m}^{n} f(\nu) = \int\limits_{\alpha}^{\beta} f(x)\,dx + 2\sum_{\mu=1}^{m} \int\limits_{\alpha}^{\beta} f(x)\cos 2\mu\pi x\,dx$$
$$+ \int\limits_{\mathfrak{C}_1} \frac{e^{2m\pi i z} f(z)}{e^{-2\pi i z} - 1}\,dz + \int\limits_{\mathfrak{C}_2} \frac{e^{-2m\pi i z} f(z)}{e^{2\pi i z} - 1}\,dz.$$

Literatur

LINDELÖF, E.: Le calcul des résidus. Paris 1905.

§ 6. Normale Familien meromorpher Funktionen

Mit Hilfe der Begriffe der chordalen Stetigkeit und der chordalen Konvergenz können wir ohne Schwierigkeiten den Begriff der in einem Gebiete normalen Familie von den holomorphen auf die meromorphen Funktionen ausdehnen. Wir beweisen zuerst:

Satz 19. *In einem Gebiet $\mathfrak{G}$ sei die Folge der dort meromorphen Funktionen $f_n(z)$ gleichmäßig chordal konvergent. Dann konvergieren in $\mathfrak{G}$ die $f_n(z)$ entweder gegen eine in $\mathfrak{G}$ meromorphe Funktion $f_0(z)$, oder es ist $\lim\limits_{n\to\infty} f_n(z) = \infty$ für jedes z aus $\mathfrak{G}$.*

Im letzteren Falle sagen wir: Die Funktionen $f_n(z)$ konvergieren gleichmäßig gegen die Konstante ∞.

Zunächst folgt aus I, 10, Satz 58, daß $f_0(z)$ in $\mathfrak{G}$ chordal stetig ist, und gleiches gilt für die Konstante ∞. Nun unterscheiden wir zwei Fälle:

1. Im Punkte z_0 aus $\mathfrak{G}$ sei $f_0(z)$ endlich. Dann ist $f_0(z)$ in einer Umgebung $\mathfrak{U}(z_0)$ beschränkt. Wegen der gleichmäßig chordalen Konvergenz ist die Folge der $f_n(z)$ für $n > n_0$ in $\mathfrak{U}(z_0)$ ebenfalls beschränkt und daher nach I, 10, Satz 54 schlechtweg gleichmäßig konvergent gegen $f_0(z)$. Also ist $f_0(z)$ nach II, 4, Satz 18a in $\mathfrak{U}(z_0)$ holomorph.

2. Es sei $f_0(z_0) = \infty$. Für $n > n_0$ ist dann $f_n(z_0) \neq 0$, also $f_n(z) \not\equiv 0$. Wir betrachten jetzt für $n > n_0$ die Funktionen $g_n(z) = \frac{1}{f_n(z)}$, die nach 3, Satz 10 in $\mathfrak{G}$ ebenfalls meromorph sind. Aus I, 2, Formel (18) folgt:

$$\chi(g_n(z), g_m(z)) = \chi(f_n(z), f_m(z)) .$$

Also sind auch die Funktionen $g_n(z)$ in $\mathfrak{G}$ gleichmäßig chordal konvergent. Wegen $\lim\limits_{n\to\infty} f_n(z_0) = \infty$ ist $\lim\limits_{n\to\infty} g_n(z_0) = 0$, und daher gibt es nach 1. eine Umgebung $\mathfrak{U}(z_0)$, in der die Folge $g_n(z)$ gleichmäßig gegen eine holomorphe Grenzfunktion $g_0(z)$ konvergiert.

Ist nun $g_0(z) \not\equiv 0$, so ist $f_0(z) = \frac{1}{g_0(z)}$ in $\mathfrak{U}(z_0)$ meromorph, und wegen

$$\chi(g_n(z), g_0(z)) = \chi(f_n(z), f_0(z))$$

konvergiert die Folge $f_n(z)$ gleichmäßig chordal gegen $f_0(z)$.

Ist aber $g_0(z) \equiv 0$, so gibt es zu jedem $M > 0$ ein n_1, so daß für $n > n_1$ und alle z aus $\mathfrak{U}(z_0)$

$$|g_n(z)| < \frac{1}{M}$$

gilt. Damit ist auch in $\mathfrak{U}(z_0)$ für $n > n_1$:

$$|f_n(z)| > M ,$$

d. h. die Folge $f_n(z)$ konvergiert in $\mathfrak{U}(z_0)$ gleichmäßig gegen die Konstante ∞.

Aus der Eindeutigkeit der analytischen Fortsetzung folgt nun, daß in ganz $\mathfrak{G}$ die Grenzfunktion $f_0(z)$ meromorph ist, oder daß dort $g_0(z) \equiv 0$ ist. Im letzten Fall konvergiert die Folge $f_n(z)$ in ganz $\mathfrak{G}$ gleichmäßig gegen die Konstante ∞. Damit ist Satz 19 bewiesen.

Wir betrachten nun in $\mathfrak{G}$ eine normale *Familie meromorpher Funktionen*, deren Definition wir bereits in II, 7, S. 162 gegeben haben. Für diese Familie gilt

Satz 20. *Die gleichgradige chordale Stetigkeit im Innern von $\mathfrak{G}$ ist notwendig und hinreichend dafür, daß eine Menge meromorpher Funktionen in $\mathfrak{G}$ eine normale Familie meromorpher Funktionen bildet.*

1. Die Menge meromorpher Funktionen $f(z)$ bilde in $\mathfrak{G}$ eine normale Familie, aber sie sei im Innern nicht gleichgradig chordal stetig. Dann gibt es ein kompakt in $\mathfrak{G}$ liegendes Gebiet $\mathfrak{G}^*$, ein $\varepsilon_0 > 0$ und Funktionen $f_1(z), f_2(z), \ldots$, so daß

$$\chi(f_n(z_n'), f_n(z_n'')) \geqq \varepsilon_0 \tag{1}$$

für passende z_n', z_n'' aus $\mathfrak{G}^*$ mit $\chi(z_n', z_n'') < \frac{1}{n}$ wäre. Durch Auswahl von Teilfolgen kann man erreichen, daß

$$\lim_{n\to\infty} z_n' = \lim_{n\to\infty} z_n'' = z_0$$

ist, wobei z_0 im Innern von $\mathfrak{G}$ liegt, und daß die $f_n(z)$ im Innern von $\mathfrak{G}$ gleichmäßig chordal konvergieren, da ja die $f(z)$ eine normale Familie bilden. Aus der gleichmäßigen Konvergenz folgt nach I, 10, Satz 62 die stetige Konvergenz. Dies widerspricht aber der Beziehung (1).

2. Umgekehrt sei die Menge im Innern von $\mathfrak{G}$ gleichgradig chordal stetig. Aus einer unendlichen Teilmenge wähle man eine Teilfolge verschiedener Funktionen aus: $f_1(z), f_2(z), f_3(z), \ldots$. Zu jedem Punkte z_0 aus $\mathfrak{G}$ gibt es hiervon eine Teilfolge, die in z_0 chordal konvergiert. Wie beim Beweis des Satzes von Montel (II, 7, Satz 46) kann man dann auch eine solche Teilfolge $f_1^*(z), f_2^*(z), \ldots$ finden, die in einer in $\mathfrak{G}$ dicht liegenden abzählbaren Punktmenge $z_1, z_2, z_3, \ldots$ konvergiert, etwa in allen endlichen Punkten aus $\mathfrak{G}$ mit rationalen Koordinaten.

Wie im Beweis des Satzes von Montel folgt dann die gleichmäßige Konvergenz der Teilfolge $f_1^*(z), f_2^*(z), \ldots$ im Innern von $\mathfrak{G}$. Man hat lediglich die dort verwendete euklidische Konvergenz und Stetigkeit durch die chordale Konvergenz und Stetigkeit zu ersetzen. Damit ist der Beweis erbracht.

Die normalen Familien holomorpher und meromorpher Funktionen verhalten sich gleich in bezug auf das Auftreten von a-Stellen und Polen. Dabei sollen diese Stellen immer gemäß ihrer Vielfachheit gezählt werden. Darüber machen wir jetzt eine Reihe von Aussagen, von denen die erste zunächst für die holomorphen und dann für die meromorphen Funktionen bewiesen wird.

Satz 21a. *Die Folge der in einem Gebiet $\mathfrak{G}$ holomorphen Funktionen $f_n(z)$ konvergiere dort gleichmäßig gegen $f_0(z)$. $\mathfrak{G}^*$ sei ein kompakt in $\mathfrak{G}$ liegendes Gebiet. Auf dem Rand $\mathfrak{C}^*$ von $\mathfrak{G}^*$ nehme $f_0(z)$ den Wert a nicht an. Dann gibt es ein $n_0 = n_0(\mathfrak{G}^*, a)$, so daß für $n \geqq n_0$ die Anzahl der a-Stellen von $f_n(z)$ in $\mathfrak{G}^*$ mit der Anzahl der a-Stellen übereinstimmt, die $f_0(z)$ dort besitzt.*

Dieser Satz wird in der folgenden schwächeren Formulierung häufig verwendet:

Zusatz 21a. *Nehmen die Funktionen einer in einem Gebiet $\mathfrak{G}$ gleichmäßig konvergenten Folge holomorpher Funktionen dort einen Wert a nicht* *an, so nimmt ihn auch die Grenzfunktion dort nicht an, es sei denn, daß sie identisch gleich der Konstanten a ist.*

Die Funktion $f_0(z)$ hat in $\mathfrak{G}^*$ nur endlich viele a-Stellen $z_1, z_2, \ldots, z_k$, da andernfalls $f_0(z) \equiv a$ wäre, was der Voraussetzung von Satz 21a widerspricht, daß sie auf $\mathfrak{C}^*$ den Wert a nicht annimmt. Wir können annehmen, daß diese Stellen sämtlich im Endlichen liegen, da wir dies durch eine geeignete Transformation $z^* = \frac{1}{z - z_0}$ stets erreichen können. Die Anzahl der a-Stellen sei N_0, wobei jede entsprechend ihrer Ordnung gezählt worden sei. Wir beschreiben nun um die Punkte $z_1, z_2, \ldots, z_k$ Kreise $K_1, K_2, \ldots, K_k$, die samt ihrem Innern ganz in $\mathfrak{G}^*$ liegen und paarweise punktfremd sind. Nehmen wir aus $\mathfrak{G}^*$ die Kreisscheiben heraus, so bleibt ein kompakt in $\mathfrak{G}$ liegendes Gebiet $\mathfrak{G}^{**}$ übrig, in dem $f_0(z)$ den Wert a nicht mehr annimmt. Dann gibt es ein $\varepsilon > 0$, so daß in $\mathfrak{G}^{**}$ für alle z gilt:

$$|f_0(z) - a| > 2\varepsilon .$$

Da die $f_n(z)$ in $\mathfrak{G}^{**}$ gleichmäßig gegen $f_0(z)$ konvergieren, so gibt es ein n_1, so daß für alle $n \geqq n_1$ und alle z aus $\mathfrak{G}^{**}$ gilt:

$$|f_n(z) - f_0(z)| < \varepsilon .$$

Also gilt für $n \geqq n_1$ in $\mathfrak{G}^{**}$:

$$|f_n(z) - a| \geqq |f_0(z) - a| - |f_n(z) - f_0(z)| > \varepsilon ,$$

d. h. alle diese $f_n(z)$ haben in $\mathfrak{G}^{**}$ ebenfalls keine a-Stellen. Die Anzahl N_n der a-Stellen dieser $f_n(z)$ in $\mathfrak{G}^*$ ist also gegeben durch

$$N_n = \sum_{\nu=1}^{k} \frac{1}{2\pi i} \int_{K_\nu} \frac{f_n'(z)}{f_n(z) - a}\, dz .$$

Nun konvergieren aber die Integranden auf den Integrationswegen K_ν mit wachsendem n gleichmäßig gegen $\frac{f_0'(z)}{f_0(z) - a}$, d. h. die N_n konvergieren gegen N_0. Da die N_n ganze Zahlen sind, heißt dies: sie sind von einem gewissen n_0 an mit N_0 identisch.

Wir vermögen den Satz 21a sofort auf meromorphe Funktionen auszudehnen.

Satz 21b. *Die Folge der in einem Gebiet $\mathfrak{G}$ meromorphen Funktionen $f_n(z)$ konvergiere dort gleichmäßig chordal gegen $f_0(z)$. $\mathfrak{G}^*$ sei ein kompakt in $\mathfrak{G}$ liegendes Gebiet. a sei ein Wert, der von der Funktion $f_0(z)$ auf dem Rande $\mathfrak{C}^*$ von $\mathfrak{G}^*$ nicht angenommen wird. Dann gibt es ein $n_0 = n_0(\mathfrak{G}^*, a)$, so daß für $n \geqq n_0$ die Anzahl der a-Stellen von $f_n(z)$ in $\mathfrak{G}^*$ mit der Anzahl der a-Stellen übereinstimmt, die $f_0(z)$ dort besitzt. Dabei ist auch $a = \infty$ zugelassen.*

Es genügt, den Fall zu betrachten, daß $f_0(z)$ in $\mathfrak{G}$ nicht überall holomorph ist, da wir sonst für hinreichend große n in der Voraussetzung von Satz 21a sind.

Ist a endlich, so lege man um jede a-Stelle der Funktion $f_0(z)$ einen solch kleinen Kreis, daß in ihm $f_0(z)$ holomorph ist und die verschiedenen Kreisscheiben paarweise punktfremd sind. Dann verfährt man wie beim Beweis zu Satz 21a, nur benutzt man statt der gewöhnlichen die chordale Stetigkeit und Konvergenz.

Ist $a = \infty$, so ist auf Grund unserer Voraussetzung $f_0(z) \not\equiv \infty$ und $f_0(z) \not\equiv 0$. Dann betrachten wir die Nullstellen der Funktionen $g_0(z) = \frac{1}{f_0(z)}$ und $g_n(z) = \frac{1}{f_n(z)}$ und erhalten das Resultat, daß für hinreichend große n in $\mathfrak{G}^*$ die Anzahl der Polstellen der Funktionen $f_n(z)$ gleich der Anzahl der Polstellen von $f_0(z)$ ist.

Aus dem vorstehenden Satz können wir sofort entsprechende Aussagen für normale Familien ableiten.

Satz 22. *In $\mathfrak{G}$ sei eine normale Familie $\mathfrak{F}$ von dort meromorphen Funktionen $f(z)$ definiert. Gibt es dann keine Folge in $\mathfrak{F}$, die gegen die Konstante a konvergiert, so ist die Zahl der a-Stellen für alle $f(z)$ aus $\mathfrak{F}$ im Innern von $\mathfrak{G}$ beschränkt. Dabei ist auch $a = \infty$ zugelassen.*

Nach diesem Satz gibt es also zu jedem kompakt in $\mathfrak{G}$ liegenden Gebiet $\mathfrak{G}^*$ eine natürliche Zahl $N(\mathfrak{G}^*, a)$, so daß die Zahl der a-Stellen jeder Funktion $f(z)$ aus $\mathfrak{F}$ in $\mathfrak{G}^*$ kleiner als N ist.

Wäre dies nicht der Fall, so gäbe es eine Folge $f_n(z)$ von $\mathfrak{F}$, bei der die Anzahl der a-Stellen von $f_n(z)$ in $\mathfrak{G}^*$ mit wachsendem n über alle Grenzen ginge. Die $f_n(z)$ enthielten eine Teilfolge, die nach Satz 21b nur gegen a konvergieren könnte im Widerspruch zur Voraussetzung.

Den Satz von Montel (II, 7, Satz 46) können wir jetzt erheblich ausdehnen.

Satz 23 *(allgemeiner Montelscher Satz). $\mathfrak{F}$ sei eine Menge von in $\mathfrak{G}$ meromorphen Funktionen. Gibt es dann zu jedem kompakt in $\mathfrak{G}$ liegenden Teilgebiet $\mathfrak{G}^*$ ein a und dazu ein ε mit $0 < \varepsilon < 1$, so daß in $\mathfrak{G}^*$ gleichartig für alle $f(z)$ aus $\mathfrak{F}$ gilt: $\chi(f(z), a) > \varepsilon$, so bildet $\mathfrak{F}$ eine normale Familie.*

Im Spezialfall $a = \infty$ ist dies offenbar der in II, 7 bewiesene Satz 46 von Montel. Auf ihn können wir den Beweis des vorstehenden Satzes leicht zurückführen.

Dazu betrachten wir die Funktionen

$$g(z) = \frac{1 + \bar{a} f(z)}{a - f(z)} = \frac{A f(z) + B}{-\bar{B} f(z) + \bar{A}}$$

mit

$$A = \frac{\bar{a}}{\sqrt{a\bar{a} + 1}}, \quad B = \frac{1}{\sqrt{a\bar{a} + 1}}, \quad A\bar{A} + B\bar{B} = 1.$$

Bei dieser Transformation bleibt nach I, 2 der chordale Abstand erhalten, und der Punkt a geht in den Punkt ∞ über, so daß

$$\chi(f(z), a) = \chi(g(z), \infty) = \frac{1}{\sqrt{|g(z)|^2 + 1}} > \varepsilon$$

ist. Also sind die Funktionen $g(z)$ gleichartig beschränkt:

$$|g(z)| < \sqrt{\frac{1}{\varepsilon^2} - 1}$$

und bilden daher nach dem Satz von MONTEL eine normale Familie. Gleiches gilt dann auch für die Funktionen $f(z)$, da bei unserer Transformation und ihrer Umkehrung

$$f(z) = \frac{a\,g(z) - 1}{g(z) + \bar{a}}$$

der chordale Abstand sich nicht ändert.

Literatur

MONTEL, P.: Leçons sur les Familles Normales. Paris 1927.

VITALI, G.: Sopra le serie di funzioni analitiche. Rc. R. Ist. Lombardo, 2e s. **36**, 772 (1903); Ann. Mat. pura ed appl., 3e s. **10**, 73 (1904).

OSTROWSKI, A.: Über Folgen analytischer Funktionen und einige Verschärfungen des Picardschen Satzes. Math. Z. **24**, 215 (1926).

CARATHÉODORY, C., u. E. LANDAU: Beiträge zur Konvergenz von Funktionenfolgen. Berl. Sitzgsber. **1911**, 587.

§ 7. Partialbruchentwicklung meromorpher Funktionen

Zur Integration der rationalen Funktionen $R(x)$ im Bereiche der reellen Analysis wird bekanntlich die Partialbruchentwicklung vorgenommen. $R(x)$ wird durch eine endliche reelle Summe

$$\sum_{\nu=1}^{k} \sum_{\mu=1}^{p_\nu} \frac{\alpha_\mu^{(\nu)} x + \beta_\mu^{(\nu)}}{(x^2 + \alpha_\nu x + \beta_\nu)^\mu} + \sum_{\nu=1}^{l} \sum_{\mu=1}^{q_\nu} \frac{\gamma_\mu^{(\nu)}}{(x - \gamma_\nu)^\mu} + \sum_{\nu=0}^{p} \delta_\nu x^\nu \tag{1}$$

ausgedrückt, wobei die Polynome $x^2 + \alpha_\nu x + \beta_\nu$ reell irreduzibel sind. Dieses Ergebnis wird dadurch gewonnen, daß man das Nennerpolynom von $R(x)$ in seine Linearfaktoren aufspaltet, die nun neben reellen Wurzeln auch komplexe Nullstellen besitzen können, welche paarweise zueinander konjugiert komplex sind. Man gewinnt dabei im Komplexen für $R(z)$ eine endliche Summe

$$\sum_{\nu=1}^{k} \sum_{\mu=1}^{p_\nu} \frac{a_\mu^{(\nu)}}{(z - a_\nu)^\mu} + \sum_{\nu=0}^{p} b_\nu z^\nu, \tag{2}$$

die reell geschrieben für reelle z die Gestalt (1) hat. Lassen wir also die komplexen Wurzeln des Nennerpolynoms zu, so können wir $R(z)$ und damit auch $R(x)$ durch eine endliche Summe (2) vollständig darstellen.

Vom funktionentheoretischen Gesichtspunkt aus bedeutet dies die Darstellung von $R(z)$ durch die Hauptteile ihrer Polstellen. So schließt sich hier unmittelbar die Frage an, ob sich stets eine beliebige in einem Gebiete $\mathfrak{G}$ meromorphe Funktion dort durch eine Summe über ihre Hauptteile ausdrücken läßt. Dabei ist zu beachten, daß zwar im Innern von $\mathfrak{G}$ die Pole sich nicht zu häufen vermögen, daß aber trotzdem unendlich viele Pole auftreten können. MITTAG-LEFFLER hat nun gezeigt, wie man durch geeignete Wahl von konvergenzerzeugenden Summanden die gleichmäßige Konvergenz der Reihe zu erzwingen vermag. Ja, man braucht nicht einmal von einer gegebenen in $\mathfrak{G}$ meromorphen Funktion auszugehen, sondern kann an beliebigen sich in $\mathfrak{G}$ nicht häufenden Punkten a aus $\mathfrak{G}$ Polstellen mit vorgegebenen Hauptteilen

$$g(z) = \sum_{\mu=1}^{p} \frac{a_\mu}{(z-a)^\mu} \text{ bzw. } g_\infty(z) = \sum_{\mu=1}^{p} b_\mu z^\mu , \text{ falls } a = \infty ,$$

vorschreiben und dazu eine Funktion konstruieren, die genau diese Polstellen mit diesen Hauptteilen besitzt. Mit dieser allgemeinen Aussage und ihrem Beweis wollen wir uns hier beschäftigen.

Es sei an dieser Stelle vermerkt, daß die folgenden Ergebnisse auch dann gelten, wenn man statt der Hauptteile von Polstellen, die *Hauptteile von isolierten wesentlichen Singularitäten* vorgibt, also Laurent-Reihen

$$\sum_{\mu=-\infty}^{-1} a_\mu (z-a)^\mu \text{ bzw. } \sum_{\mu=1}^{\infty} a_\mu z^\mu ,$$

die für alle $z \neq a$ bzw. für alle endlichen z konvergieren. Wir wollen uns jedoch in der Formulierung der Sätze dieses Paragraphen auf Polstellen beschränken, weil diese Sätze in den folgenden Paragraphen 8 und 9 benötigt werden.

Satz 24 (MITTAG-LEFFLER). *In einem Gebiet $\mathfrak{G}$ sei eine im Innern von $\mathfrak{G}$ sich nicht häufende Folge von Punkten a_ν und zu jedem dieser Punkte ein aus endlich vielen Gliedern bestehender Hauptteil vorgegeben. Dann kann man eine Funktion angeben, die in $\mathfrak{G}$ meromorph ist und genau in den Punkten a_ν die vorgeschriebenen Hauptteile besitzt.*

Ist $\mathfrak{G}$ die kompakte Ebene, so können in dieser nur endlich viele Pole: $a_1, a_2, \ldots, a_k$ und evtl. noch der Punkt ∞ liegen. Lauten dann die zugehörigen Hauptteile

$$\sum_{\mu=1}^{p_\nu} \frac{a_\mu^{(\nu)}}{(z-a_\nu)^\mu}, \quad \nu = 1, 2, \ldots, k , \text{ bzw. } \sum_{\nu=1}^{p} b_\nu z^\nu , \tag{3}$$

so liefert die meromorphe Funktion (2) eine gesuchte Funktion. Sie ist in diesem Fall sogar bis auf eine additive Konstante b_0 eindeutig bestimmt, da die Differenz zweier solcher Funktionen in der kompakten Ebene holomorph, also konstant ist.

Ist $\mathfrak{G}$ ein von der kompakten Ebene verschiedenes Gebiet und sind in ihm ebenfalls nur endlich viele Pole $a_1, a_2, \ldots, a_k$ und evtl. der Punkt ∞ mit den Hauptteilen (3) gegeben, so ist auch hier durch (2) eine gesuchte Funktion gegeben, da $\mathfrak{G}$ ein Teilgebiet der kompakten Ebene ist. Hier ist jedoch diese Funktion nur bis auf eine additive in $\mathfrak{G}$ holomorphe Funktion bestimmt.

Schließlich betrachten wir den interessantesten Fall, daß das Gebiet $\mathfrak{G}$ von der kompakten Ebene verschieden ist und in ihm eine unendliche Folge a_ν, $\nu = 1, 2, 3, \ldots$, mit vorgegebenen Hauptteilen $g_\nu(z)$ gegeben ist.

Eventuell kommen unter den Stellen a_ν die Punkte 0 und ∞ vor. Ihre Hauptteile seien $g_0(z)$ und $g_\infty(z)$. Ihre Summe ist dann nach den vorstehenden Überlegungen eine meromorphe Funktion in $\mathfrak{G}$, und diese hat genau an den Entwicklungspunkten 0 und ∞ Pole mit den vorgegebenen Hauptteilen. Die restlichen Punkte a_ν teilen wir in zwei Klassen ein.

Die *erste Klasse* umfasse alle diejenigen von 0 und ∞ verschiedenen Polstellen a_ν aus $\mathfrak{G}$, deren euklidische Entfernung δ_ν vom Rande von $\mathfrak{G}$ der Beziehung genügt:

$$|a_\nu| \cdot \delta_\nu \geqq 1 \,,$$

wobei auch $\delta_\nu = \infty$ zugelassen ist, falls $\mathfrak{G}$ die offene Ebene ist. Diese a_ν können sich nicht im Endlichen häufen; denn aus

$$|a_\nu| < M$$

folgt

$$\delta_\nu > \frac{1}{M} \,,$$

d. h. im Innern von $\mathfrak{G}$ müßte ein endlicher Häufungspunkt liegen, entgegen unserer Voraussetzung.

Es kann sein, daß in dieser Klasse nur endlich viele a_ν liegen. Dies ist z. B. der Fall, wenn $\mathfrak{G}$ beschränkt ist oder den Punkt ∞ enthält.

Sind dann $a_1, a_2, \ldots, a_k$ diese endlich vielen Polstellen mit den Hauptteilen $g_1(z), g_2(z), \ldots, g_k(z)$, so ist

$$\sum_{\nu=1}^{k} g_\nu(z)$$

eine in $\mathfrak{G}$ meromorphe Funktion, die genau an den Stellen $a_1, a_2, \ldots, a_k$ Pole mit den vorgegebenen Hauptteilen hat.

Zu behandeln ist also lediglich noch der Fall, daß $\mathfrak{G}$ endlich, aber nicht beschränkt ist und daß in $\mathfrak{G}$ unendlich viele Punkte $a_1, a_2, a_3, \ldots$ liegen, deren Entfernungen vom Rande von $\mathfrak{G}$ der Beziehung $|a_\nu| \cdot \delta_\nu \geqq 1$

genügen. Ist $\mathfrak{G}$ die endliche Ebene, so gehören alle Polstellen mit Ausnahme des Nullpunktes in diese Klasse. Da die a_ν sich im Endlichen nicht häufen können, so lassen sie sich so umnumerieren, daß

$$0 < |a_1| \leqq |a_2| \leqq |a_3| \leqq \cdots \quad \text{mit} \quad \lim_{\nu \to \infty} a_\nu = \infty \tag{4}$$

ist. Die Hauptteile in den Punkten a_ν seien

$$g_\nu(z) = \sum_{\mu=1}^{p_\nu} \frac{a_\mu^{(\nu)}}{(z - a_\nu)^\mu}.$$

Sie sind jeweils holomorph in den Kreisen $|z| < |a_\nu|$ um den Nullpunkt. Wir können sie also in diesen Kreisen in Potenzreihen

$$g_\nu(z) = \sum_{\varrho=0}^{\infty} c_{\nu\varrho} z^\varrho$$

entwickeln, die im Innern der Kreise gleichmäßig konvergieren. Jetzt wählen wir positive Zahlen ε_ν, so daß $\sum\limits_{\nu=1}^{\infty} \varepsilon_\nu$ konvergiert, sodann Zahlen R_ν mit $0 < R_1 \leqq R_2 \leqq R_3 \leqq \ldots$, $R_\nu < |a_\nu|$ und $\lim R_\nu = \infty$, was wegen (4) möglich ist. Dann lassen sich die Potenzreihenabschnitte

$$h_\nu(z) = \sum_{\varrho=0}^{n_\nu} c_{\nu\varrho} z^\varrho$$

so wählen, daß für jedes ν gilt: für $|z| \leqq R_\nu$ ist

$$|g_\nu(z) - h_\nu(z)| < \varepsilon_\nu.$$

Hieraus folgt, daß

$$\sum_{\nu=1}^{\infty} (g_\nu(z) - h_\nu(z)) \tag{5}$$

in jedem abgeschlossenen beschränkten Gebiet $\mathfrak{G}^*$ der Ebene jeweils nach Herausnahme jener endlich vielen Glieder, deren zugehörige a_ν in $\mathfrak{G}^*$ liegen, gleichmäßig konvergent ist.

Wird nämlich $\varepsilon > 0$ beliebig gegeben, so wähle man ν_0 so groß, daß der Kreis mit dem Radius R_{ν_0} das Gebiet $\mathfrak{G}^*$ im Innern enthält, sodann wähle man $\nu_1 \geqq \nu_0$ so groß, daß $\sum\limits_{\nu=\nu_1}^{\infty} \varepsilon_\nu < \varepsilon$ ist. Dann sind in $\mathfrak{G}$ die Funktionen

$$g_\nu(z) - h_\nu(z) = \sum_{\mu=1}^{p_\nu} \frac{a_\mu^{(\nu)}}{(z - a_\nu)^\mu} - \sum_{\varrho=0}^{n_\nu} c_{\nu\varrho} z^\varrho \tag{6}$$

meromorph, für $\nu \geqq \nu_0$ in $\mathfrak{G}^*$ holomorph, und es gilt dort gleichmäßig

$$\left| \sum_{\nu=\nu_1}^{\infty} (g_\nu(z) - h_\nu(z)) \right| < \varepsilon.$$

Folglich ist dort
$$\sum_{\nu=1}^{\nu_0-1} (g_\nu(z) - h_\nu(z))$$
meromorph als Summe endlich vieler meromorpher Funktionen (6), und diese Summe hat genau in den Punkten a_ν, $\nu = 1, 2, \ldots, \nu_0 - 1$ die vorgegebenen Hauptteile, und es ist in $\mathfrak{G}^*$
$$\sum_{\nu=\nu_0}^{\infty} (g_\nu(z) - h_\nu(z))$$
gleichmäßig konvergent, also holomorph. Die Funktion (5) liefert somit in jedem abgeschlossenen beschränkten Gebiet der Ebene, also auch in der endlichen Ebene, eine meromorphe Funktion, die genau an den Stellen a_ν Pole mit den vorgegebenen Hauptteilen besitzt. Da das Gebiet $\mathfrak{G}$ ein Teilgebiet der endlichen Ebene ist, so gilt gleiches in $\mathfrak{G}$. Es gibt also in jedem Falle zu den Punkten der ersten Klasse eine in $\mathfrak{G}$ meromorphe Funktion mit den verlangten Hauptteilen.

Die Funktionen $h_\nu(z)$ heißen *konvergenzerzeugende Summanden.*

Wir kommen nun zur *zweiten Klasse.* Sie besteht aus den von 0 und ∞ verschiedenen Polstellen a_ν (nennen wir sie wieder $a_1, a_2, a_3, \ldots$), für die
$$|a_\nu| \cdot \delta_\nu < 1 \tag{7}$$
ist. Liegen nur endlich viele a_ν in dieser Klasse, so ist nichts zu beweisen, da dann die Summe der endlich vielen Hauptteile eine meromorphe Funktion mit den vorgeschriebenen Hauptteilen liefert. Sei also die Zahl der a_ν unendlich. Wir bemerken zunächst, daß $\lim\limits_{\nu\to\infty} \delta_\nu = 0$ ist; denn aus $\delta_\nu > \varepsilon > 0$ folgt:
$$|a_\nu| < \frac{1}{\varepsilon}.$$
Dies kann aber nur für endlich viele a_ν und damit für endlich viele δ_ν gelten, da sich die a_ν sonst im Innern von $\mathfrak{G}$ häufen müßten. Es ist daher möglich, die a_ν so zu numerieren, daß für die zugehörigen Randabstände
$$\delta_1 \geqq \delta_2 \geqq \delta_3 \geqq \cdots$$
gilt.

Zu jedem a_ν gibt es nun auf dem Rande von $\mathfrak{G}$ einen Punkt b_ν, so daß
$$|a_\nu - b_\nu| = \delta_\nu, \quad \nu = 1, 2, 3, \ldots,$$
ist. Der Hauptteil $g_\nu(z)$ des Punktes a_ν ist außer in a_ν in der kompakten Ebene holomorph. Daher läßt er sich für alle z mit $|z - b_\nu| > \delta_\nu$ in eine Laurent-Reihe um b_ν entwickeln, die wegen $g_\nu(\infty) = 0$ die Gestalt
$$g_\nu(z) = \sum_{\mu=1}^{\infty} \frac{d_{\nu\mu}}{(z - b_\nu)^\mu} \tag{8}$$
hat. Sie konvergiert gleichmäßig für alle z mit $|z - b_\nu| \geqq R_\nu > \delta_\nu$ einschließlich des Punktes ∞.

Sind nun $\varepsilon_1, \varepsilon_2, \varepsilon_3, \ldots$ positive Zahlen, so daß $\sum\limits_{\nu=1}^{\infty} \varepsilon_\nu$ konvergiert, und wählt man Zahlen $R_\nu > \delta_\nu$, $\nu = 1, 2, 3, \ldots$, mit $R_1 \geqq R_2 \geqq R_3 \geqq \cdots$ und $\lim\limits_{\nu\to\infty} R_\nu = 0$, so lassen sich Abschnitte

$$h_\nu(z) = \sum_{\mu=1}^{n_\nu} \frac{d_{\nu\mu}}{(z - b_\nu)^\mu}$$

der Reihe (8) so angeben, daß für $|z - b_\nu| \geqq R_\nu$ gilt:

$$|g_\nu(z) - h_\nu(z)| < \varepsilon_\nu .$$

Ist jetzt $\mathfrak{G}^*$ ein kompakt in $\mathfrak{G}$ gelegenes Gebiet, so hat es einen positiven Abstand δ vom Rande von $\mathfrak{G}$ (s. I, 4, Satz 27). Daher gibt es ein ν_0, so daß für $\nu \geqq \nu_0$ das Gebiet $\mathfrak{G}^*$ in allen Gebieten $|z - b_\nu| \geqq R_\nu$ liegt, und zu jedem $\varepsilon > 0$ läßt sich ein $\nu_1 \geqq \nu_0$ finden, so daß $\sum\limits_{\nu=\nu_1}^{\infty} \varepsilon_\nu < \varepsilon$ ist. Dann sind in $\mathfrak{G}$ die Funktionen

$$g_\nu(z) - h_\nu(z) = \sum_{\mu=1}^{p_\nu} \frac{a_\mu^{(\nu)}}{(z - a_\nu)^\mu} - \sum_{\mu=1}^{n_\nu} \frac{d_{\nu\mu}}{(z - b_\nu)^\mu} \tag{9}$$

meromorph, für $\nu \geqq \nu_0$ in $\mathfrak{G}^*$ holomorph, und es gilt dort gleichmäßig

$$\left|\sum_{\nu=\nu_1}^{\infty} (g_\nu(z) - h_\nu(z))\right| < \varepsilon .$$

Wie im Falle der ersten Klasse folgt daraus, daß

$$\sum_{\nu=1}^{\infty} (g_\nu(z) - h_\nu(z))$$

eine in $\mathfrak{G}$ meromorphe Funktion ist, die genau in den Punkten a_ν Pole mit den angegebenen Hauptteilen besitzt.

Addiert man die in $\mathfrak{G}$ meromorphen Funktionen, die zu den Punkten 0 und ∞ sowie zur ersten und zweiten Klasse gehören, so hat man eine Funktion gefunden, die in $\mathfrak{G}$ meromorph ist und genau an den vorgeschriebenen Polstellen die angegebenen Hauptteile aufweist. Damit ist Satz 24 bewiesen.

Nennen wir die Punkte der zweiten Klasse a_ν^*, ihre Hauptteile $g_\nu^*(z)$ und ihre konvergenzerzeugenden Summanden $h_\nu^*(z)$, so ist

$$F(z) = g_0(z) + g_\infty(z) + \sum_\nu (g_\nu(z) - h_\nu(z)) + \sum_\nu (g_\nu^*(z) - h_\nu^*(z)) + F_1(z) \tag{10}$$

eine Funktion, die genau an den Stellen 0, ∞, a_ν und a_ν^* Pole mit den gegebenen Hauptteilen besitzt, wenn $F_1(z)$ eine beliebige in $\mathfrak{G}$ holomorphe Funktion ist. Sind 0 oder ∞ keine Polstellen, so fehlen die entsprechenden Hauptteile. Gehören nur endlich viele a_ν zur ersten Klasse oder endlich viele a_ν^* zur zweiten Klasse, so können die zugehörigen Summanden $h_\nu(z)$ bzw. $h_\nu^*(z)$ fortgelassen werden. Die rechte Seite in (10) konvergiert gleichmäßig in jedem kompakt in $\mathfrak{G}$ liegenden Gebiete nach Herausnahme der endlich vielen Glieder, die dort ihre Pole haben.

Ist $\mathfrak{G}$ die endliche Ebene, so tritt $g_\infty(z)$ nicht auf, und die zweite Klasse der Polstellen a_ν^* ist leer. In (10) steht dann rechts nur das erste Glied und die erste Summe, und $F_1(z)$ ist eine beliebige ganze Funktion. Häufig wird der Mittag-Lefflersche Satz nur für diesen Fall ausgesprochen.

Aus Satz 24 folgt unmittelbar:

Satz 24a. *Ist $F(z)$ eine in $\mathfrak{G}$ vorgegebene meromorphe Funktion, so weist $F(z)$ in $\mathfrak{G}$ eine Darstellung* (10) *auf, wobei $g_0(z)$, $g_\infty(z)$, $g_\nu(z)$ und $g_\nu^*(z)$ die Hauptteile von $F(z)$ in* 0, ∞, *a_ν und a_ν^* sind.*

Wir betrachten noch gesondert die Zerlegung der in der endlichen Ebene meromorphen Funktionen. Unter übersichtlichen Voraussetzungen hat CAUCHY ein Verfahren zur Berechnung der konvergenzerzeugenden Summanden $h_\nu(z)$ und ihrer Konvergenzeigenschaften angegeben.

$F(z)$ habe die Polstellen $a_0 = 0$, a_1, a_2, ... mit den Hauptteilen $g_0(z)$, $g_1(z)$, $g_2(z)$, ... Ist der Nullpunkt keine Polstelle, so sei $g_0(z) \equiv 0$.

Sei jetzt $\mathfrak{C}$ ein einfach geschlossener Weg, der durch keine der Polstellen hindurchgeht. $\mathfrak{C}$ berande das Gebiet $\mathfrak{G}$. Dann bilden wir für einen Punkt z aus $\mathfrak{G}$, der nicht auf $\mathfrak{C}$ liegt und von den a_ν verschieden ist, das Integral

$$I(z) = \frac{1}{2\pi i}\int\limits_{\mathfrak{C}} \frac{z^m}{\zeta^m}\,\frac{F(\zeta)}{\zeta - z}\,d\zeta = \operatorname*{Res}_{\zeta\in\mathfrak{G}}\left\{\frac{z^m F(\zeta)}{\zeta^m(\zeta - z)}\right\}, \tag{11}$$

mit $m = 0, 1, 2, 3, \ldots$. Der Integrand besitzt Residuen in den Punkten $\zeta = z$, $\zeta = 0$ und $\zeta = a_\nu$, $\nu = 1, 2, 3, \ldots$. Im Punkte z ist

$$\operatorname*{Res}_{\zeta=z}\left\{\frac{z^m F(\zeta)}{\zeta^m(\zeta - z)}\right\} = F(z)\,. \tag{12}$$

Um den Nullpunkt hat $F(z)$ die Entwicklung

$$F(z) = \sum_{\nu=-p}^{\infty} a_\nu^{(0)} z^\nu = g_0(z) - h_0(z) + r_0(z)$$

mit

$$h_0(z) = -\sum_{\nu=0}^{m-1} a_\nu^{(0)} z^\nu \quad \text{und} \quad r_0(z) = \sum_{\nu=m}^{\infty} a_\nu^{(0)} z^\nu\,.$$

Dann ist

$$\operatorname*{Res}_{\zeta=0}\left\{\frac{z^m F(\zeta)}{\zeta^m(\zeta - z)}\right\} = \operatorname*{Res}_{\zeta=0}\left\{\frac{z^m(g_0(\zeta) - h_0(\zeta))}{\zeta^m(\zeta - z)}\right\} + \operatorname*{Res}_{\zeta=0}\left\{\frac{z^m r_0(\zeta)}{\zeta^m(\zeta - z)}\right\}.$$

Die Funktion $\dfrac{z^m r_0(\zeta)}{\zeta^m(\zeta - z)}$ ist als Funktion von ζ bei festem z im Nullpunkt holomorph. Also verschwindet dort ihr Residuum. Die Funktion $\dfrac{z^m(g_0(\zeta) - h_0(\zeta))}{\zeta^m(\zeta - z)}$ ist rational. Dann ist nach 4, Satz 15 die Summe ihrer sämtlichen Residuen gleich Null. Im Unendlichen verschwindet diese Funktion von mindestens zweiter Ordnung, hat dort also das Residuum Null. Im Endlichen besitzt sie die Polstellen $\zeta = 0$ und $\zeta = z$. Somit ist

$$\operatorname*{Res}_{\zeta=0}\left\{\frac{z^m(g_0(\zeta) - h_0(\zeta))}{\zeta^m(\zeta - z)}\right\} = -\operatorname*{Res}_{\zeta=z}\left\{\frac{z^m(g_0(\zeta) - h_0(\zeta))}{\zeta^m(\zeta - z)}\right\} = -((g_0(z) - h_0(z)),$$

also

$$\operatorname*{Res}_{\zeta=0}\left\{\frac{z^m F(\zeta)}{\zeta^m(\zeta - z)}\right\} = -(g_0(z) - h_0(z)). \tag{13}$$

In einem Punkte $a_\nu \neq 0$ hat $F(z)$ die Darstellung

$$F(z) = g_\nu(z) + r_\nu(z),$$

wobei $r_\nu(z)$ in a_ν holomorph ist. Daher ist

$$\operatorname*{Res}_{\zeta=a_\nu}\left\{\frac{z^m F(\zeta)}{\zeta^m(\zeta - z)}\right\} = \operatorname*{Res}_{\zeta=a_\nu}\left\{\frac{z^m g_\nu(\zeta)}{\zeta^m(\zeta - z)}\right\} + \operatorname*{Res}_{\zeta=a_\nu}\left\{\frac{z^m r_\nu(\zeta)}{\zeta^m(\zeta - z)}\right\}.$$

Das letzte Residuum verschwindet, da die zugehörige Funktion in a_ν holomorph ist. Die Funktion $\frac{z^m g_\nu(\zeta)}{\zeta^m(\zeta - z)}$ ist rational, und im Unendlichen verschwindet sie von mindestens zweiter Ordnung. Die Summe ihrer sämtlichen Residuen ist also Null. Folglich gilt:

$$\operatorname*{Res}_{\zeta=a_\nu}\left\{\frac{z^m g_\nu(\zeta)}{\zeta^m(\zeta - z)}\right\} = -\operatorname*{Res}_{\zeta=z}\left\{\frac{z^m g_\nu(\zeta)}{\zeta^m(\zeta - z)}\right\} - \operatorname*{Res}_{\zeta=0}\left\{\frac{z^m g_\nu(\zeta)}{\zeta^m(\zeta - z)}\right\},$$

und wenn man (12) und (13) beachtet und in diesen Beziehungen $F(z)$ durch $g_\nu(z)$ ersetzt,

$$\operatorname*{Res}_{\zeta=a_\nu}\left\{\frac{z^m F(\zeta)}{\zeta^m(\zeta - z)}\right\} = -(g_\nu(z) - h_\nu(z)). \tag{14}$$

Darin ist $h_\nu(z) = \sum_{\mu=0}^{m-1} c_{\nu\mu} z^\mu$ der Abschnitt der ersten m-Glieder der Potenzreihe von $g_\nu(z)$ im Nullpunkt.

Aus den Beziehungen (11) bis (14) erhält man also für alle z aus $\mathfrak{G}$, die von den a_ν verschieden sind,

$$F(z) = \sum_{a_\nu \in \mathfrak{G}} (g_\nu(z) - h_\nu(z)) + \frac{1}{2\pi i}\int\limits_{\mathfrak{C}} \frac{z^m F(\zeta)}{\zeta^m(\zeta - z)}\, d\zeta, \tag{15}$$

wobei über alle ν zu summieren ist, für die a_ν in $\mathfrak{G}$ liegt.

Können wir nun die endliche Ebene durch Gebiete $\mathfrak{G}_n$ mit einfach geschlossenen Randkurven $\mathfrak{C}_n$ so ausschöpfen, daß dabei die Integrale

$$I_n(z) = \frac{1}{2\pi i}\int\limits_{\mathfrak{C}_n} \frac{z^m F(\zeta)}{\zeta^m(\zeta - z)}\, d\zeta$$

für jedes beschränkte Gebiet der z-Ebene gleichmäßig gegen Null konvergieren, so können wir in (15) über alle ν summieren und erhalten:

$$F(z) = \sum_{\nu=0}^{\infty} (g_\nu(z) - h_\nu(z)),$$

wo dann die Reihe rechts in jedem beschränkten Gebiete nach Abtrennung endlich vieler Glieder gleichmäßig konvergent ist.

Gibt es zu einer solchen Folge von Kurven $\mathfrak{C}_n$ (z. B. zu einer Folge von Kreisen um den Nullpunkt), bei denen das Verhältnis der Länge L_n zum Abstand δ_n vom Nullpunkt beschränkt ist $\left(\frac{L_n}{\delta_n} < A\right)$, ein $m \geqq 0$, so daß zu jedem $\varepsilon > 0$ auf allen $\mathfrak{C}_n$ mit $n \geqq n_0$ gilt:

$$\left|\frac{F(\zeta)}{\zeta^m}\right| < \varepsilon,$$

so sind die $h_\nu(z)$ vom Grade $m - 1$ konvergenzerzeugende Summanden. Sei nämlich $\mathfrak{G}$ ein beschränktes Gebiet ($|z| < M$ für z aus $\mathfrak{G}$), so wähle man zu gegebenem $\varepsilon > 0$ den Index n_0 so groß, daß für $n \geqq n_0$, alle z aus $\mathfrak{G}$ und alle ζ auf den $\mathfrak{C}_n$ gilt: $\left|\frac{z}{\zeta}\right| < \frac{1}{2}$ und $\left|\frac{F(\zeta)}{\zeta^m}\right| < \frac{\pi\varepsilon}{A M^m}$. Für alle z aus $\mathfrak{G}$ ist dann $|I_n(z)| < \varepsilon$.

Nicht immer lassen sich bei vorgegebenen Polstellen und Hauptteilen konvergenzerzeugende Summanden $h_\nu(z)$ von gleichem Grade wählen. Wir orientieren uns über diese Frage für den Fall, daß die Hauptteile der Pole a_n Monome einer festen Ordnung k sind:

$$g_n(z) = \frac{c_n}{(z - a_n)^k}.$$

Ferner seien alle $a_n \neq 0$. Ein konvergenzerzeugender Summand $h_n(z)$ vom Grade l_n lautet:

$$h_n(z) = \frac{c_n}{(-a_n)^k} \sum_{\nu=0}^{l_n} (-1)^\nu \binom{-k}{\nu} \left(\frac{z}{a_n}\right)^\nu = \frac{c_n}{(-a_n)^k} \sum_{\nu=0}^{l_n} \binom{k+\nu-1}{k-1} \left(\frac{z}{a_n}\right)^\nu,$$

und es ist für $\left|\frac{z}{a_n}\right| < 1$:

$$\begin{aligned} g_n(z) - h_n(z) &= \frac{c_n}{(-a_n)^k} \sum_{\nu=l_n+1}^{\infty} \binom{k+\nu-1}{k-1} \left(\frac{z}{a_n}\right)^\nu \\ &= \frac{c_n}{(-a_n)^k} \binom{k+l_n}{k-1} \left(\frac{z}{a_n}\right)^{l_n+1} \cdot \sum_{\mu=0}^{\infty} \frac{\binom{k+l_n+\mu}{k-1}}{\binom{k+l_n}{k-1}} \left(\frac{z}{a_n}\right)^\mu \\ &= \frac{c_n}{(-a_n)^k} \binom{k+l_n}{k-1} \left(\frac{z}{a_n}\right)^{l_n+1} \cdot \left(1 + \sum_{\mu=1}^{\infty} \prod_{\nu=1}^{\mu} \left(\frac{k-1}{l_n+1+\nu} + 1\right) \left(\frac{z}{a_n}\right)^\mu\right). \end{aligned}$$

Wir bemerken nun, daß

$$\left|\sum_{\mu=1}^{\infty} \prod_{\nu=1}^{\mu} \left(\frac{k-1}{l_n+1+\nu} + 1\right) \left(\frac{z}{a_n}\right)^\mu\right| \leqq \sum_{\mu=1}^{\infty} \prod_{\nu=1}^{\mu} \left(\frac{k-1}{\nu} + 1\right) \left|\frac{z}{a_n}\right|^\mu$$

ist und daß die rechts stehende Reihe nach dem Quotientenkriterium für

$$\left|\frac{z}{a_n}\right| < \vartheta < 1$$

gleichmäßig konvergiert. Ist daher $\mathfrak{G}$ ein beschränktes Gebiet und $\varepsilon > 0$ beliebig gegeben, so ist für alle $n \geqq n_0$ unabhängig von l_n:

$$\left|\sum_{\mu=1}^{\infty}\prod_{\nu=1}^{\mu}\left(\frac{k-1}{l_n+1+\nu}+1\right)\left(\frac{z}{a_n}\right)^{\mu}\right| < \varepsilon ,$$

und daher konvergiert die Reihe

$$\sum_{n=n_0}^{\infty}(g_n(z)-h_n(z)) \tag{16}$$

genau dann gleichmäßig absolut in $\mathfrak{G}$, wenn auch die Reihe

$$\sum_{n=1}^{\infty}\left|\frac{c_n}{a_n^k}\binom{k+l_n}{k-1}\left(\frac{z}{a_n}\right)^{l_n+1}\right| \tag{17}$$

dort gleichmäßig konvergiert. Die Gradzahlen l_n der konvergenzerzeugenden Summanden $h_n(z)$ müssen also mindestens so groß gewählt werden, daß die vorstehende Reihe in jedem beschränkten Gebiet gleichmäßig konvergiert. Sie lassen sich genau dann unabhängig von n wählen: $l_n = l$, wenn

$$\sum_{n=1}^{\infty}\left|\frac{c_n}{a_n^{k+l+1}}\right| \tag{18}$$

konvergiert.

Beispiele:

1. $F(z) = \pi\cot\pi z$. Die Polstellen dieser Funktion liegen an den Stellen $z = n$, $n = 0, \pm 1, \pm 2, \ldots$ (s. II, 5). An diesen Stellen hat $F(z)$ die Entwicklung

$$F(z) = \pi\cot\pi(z-n) = \frac{1}{z-n} - \frac{\pi^2}{3}(z-n) - \cdots , \tag{19}$$

besitzt dort also Pole erster Ordnung mit dem Residuum 1. Da

$$\sum_{n=1}^{\infty}\frac{1}{n^2}$$

konvergiert, so können wir gemäß der Beziehung (18) konvergenzerzeugende Summanden $h_n(z)$ vom Grade Null wählen. Nach der Cauchyschen Methode ergibt sich: $h_0(z) = 0$ und $h_n(z) = -\frac{1}{n}$, $n = \pm 1, \pm 2, \ldots$, so daß wir die Entwicklung

$$F(z) = \frac{1}{z} + \sum_{n=-\infty}^{+\infty}{}'\left(\frac{1}{z-n}+\frac{1}{n}\right) + g(z)$$

erhalten. Der Strich am Summenzeichen soll andeuten, daß der Index $n = 0$ bei der Summation auszulassen ist. Nach (15) ist

$$g(z) = \lim_{m\to\infty}\frac{1}{2\pi i}\int_{\mathfrak{C}_m}\frac{z}{\zeta}\,\frac{F(\zeta)}{\zeta-z}\,d\zeta ,$$

wobei über geeignet zu wählende Kurven $\mathfrak{C}_m$, deren Inneres mit wachsendem m die endliche Ebene ausschöpft, zu integrieren ist. Als geeignete Kurven erweisen sich die achsenparallelen Quadrate $\mathfrak{C}_m$ mit den vier Eckpunkten

$$\pm\left(m+\frac{1}{2}\right) \pm i\left(m+\frac{1}{2}\right).$$

Auf den Seiten von $\mathfrak{C}_m$, die parallel zur y-Achse laufen, ist $\zeta = \pm\left(m+\frac{1}{2}\right) + i\tau$, also

$$F(\zeta) = \pi \cot\left(\pm\left(m+\frac{1}{2}\right)\pi + i\tau\pi\right) = -\pi \tan i\tau\pi = -i\pi \tanh \tau\pi$$

und daher

$$|F(\zeta)| < \pi .$$

Auf den Seiten parallel zur x-Achse ist $\zeta = \tau \pm i\left(m+\frac{1}{2}\right)$, also

$$F(\zeta) = \pi \cot\left(\pi\tau \pm i\left(m+\frac{1}{2}\right)\pi\right) = \mp i\pi \frac{e^{(2m+1)\pi \mp 2\pi i\tau}+1}{e^{(2m+1)\pi \mp 2\pi i\tau}-1}$$

und daher

$$|F(\zeta)| < \pi \frac{e^{(2m+1)\pi}+1}{e^{(2m+1)\pi}-1} < 2\pi .$$

Folglich gilt:

$$\left|\frac{1}{2\pi i}\int_{\mathfrak{C}_m} \frac{z}{\zeta}\,\frac{F(\zeta)}{\zeta - z}\,d\zeta\right| < \frac{1}{2\pi}\,\frac{|z|}{m+\frac{1}{2}}\,\frac{2\pi}{\left(m+\frac{1}{2}\right)-|z|}\cdot 4\,(2m+1)$$

$$= \frac{16\,|z|}{(2m+1)-2\,|z|}$$

und somit:

$$g(z) = 0 .$$

Wir haben damit die Partialbruchentwicklung der Cotangensfunktion gewonnen:

$$\pi \cot \pi z = \frac{1}{z} + \sum_{n=-\infty}^{+\infty}{}' \left(\frac{1}{z-n} + \frac{1}{n}\right). \tag{20}$$

Ersetzen wir in der rechts stehenden Summe den Summationsindex n durch $-n$, so erhalten wir:

$$\pi \cot \pi z = \frac{1}{z} + \sum_{n=-\infty}^{+\infty}{}' \left(\frac{1}{z+n} - \frac{1}{n}\right).$$

Bei der Addition beider Darstellungen fallen die konvergenzerzeugenden Summanden fort, und es folgt:

$$\pi \cot \pi z = z \sum_{n=-\infty}^{+\infty} \frac{1}{z^2-n^2} = \frac{1}{z} + 2z\sum_{n=1}^{\infty} \frac{1}{z^2-n^2}. \tag{21}$$

2. *Die Partialbruchzerlegungen der Funktionen* $\frac{1}{\sin z}$, $\frac{1}{\cos z}$ *und* $\tan z$ lassen sich leicht auf die Reihe (20) zurückführen. Es ist

$$\pi \tan \pi z = \pi \cot \pi\left(\frac{1}{2} - z\right)$$

und daher nach (20):

$$\pi \tan \pi z = \frac{1}{\frac{1}{2} - z} + \sum_{n=-\infty}^{+\infty}{}' \left(\frac{1}{\frac{1}{2} - z - n} + \frac{1}{n}\right).$$

Daraus folgt, wenn man hiervon die gleiche Reihe für $z = 0$ subtrahiert,

$$\pi \tan \pi z = -\sum_{n=-\infty}^{+\infty}\left(\frac{1}{z - \frac{2n-1}{2}} + \frac{1}{\frac{2n-1}{2}}\right) = 2z\sum_{n=1}^{\infty} \frac{1}{\left(\frac{2n-1}{2}\right)^2 - z^2}. \tag{22}$$

Ebenso erhält man aus den Beziehungen

$$\frac{1}{\sin\pi z} = \frac{1}{2}\left(\cot\frac{\pi z}{2} + \tan\frac{\pi z}{2}\right) \quad \text{und} \quad \cos\pi z = \sin\pi\left(\frac{1}{2} - z\right)$$

die Entwicklungen

$$\begin{aligned}\frac{\pi}{\sin\pi z} &= \frac{1}{z} + \sum_{n=-\infty}^{+\infty}{}' (-1)^n \left(\frac{1}{z-n} + \frac{1}{n}\right) = z\sum_{n=-\infty}^{+\infty} \frac{(-1)^n}{z^2 - n^2} \\ &= \frac{1}{z} + 2z\sum_{n=1}^{\infty} \frac{(-1)^n}{z^2-n^2}\end{aligned} \tag{23}$$

und

$$\frac{\pi}{\cos\pi z} = \pi + \sum_{n=-\infty}^{+\infty} (-1)^n \left(\frac{1}{z - \frac{2n-1}{2}} + \frac{1}{\frac{2n-1}{2}}\right). \tag{24}$$

Schließlich gewinnen wir durch gliedweise Differentiation der Gleichungen (20) und (22):

$$\left(\frac{\pi}{\sin\pi z}\right)^2 = \sum_{n=-\infty}^{+\infty} \frac{1}{(z-n)^2}, \tag{25}$$

$$\left(\frac{\pi}{\cos\pi z}\right)^2 = \sum_{n=-\infty}^{+\infty} \frac{1}{\left(z - \frac{2n-1}{2}\right)^2}. \tag{26}$$

Hier werden also die gegebenen Funktionen bereits durch die Summe ihrer Hauptteile selbst dargestellt.

3. *Die Weierstraßsche $\wp$-Funktion.* Es seien w_1 und w_2 komplexe Zahlen, deren Quotient nicht reell ist. In den Punkten

$$a_{nm} = n w_1 + m w_2, \quad n, m = 0, \pm 1, \pm 2, \ldots,$$

seien Pole mit den Hauptteilen

$$g_{nm}(z) = \frac{1}{(z - a_{nm})^2}$$

vorgegeben. Um eine zugehörige meromorphe Funktion zu konstruieren und passende konvergenzerzeugende Summanden zu finden, bemerken wir zunächst, daß es feste Zahlen $k > 0$ und $K > 0$ gibt, so daß

$$k\sqrt{n^2+m^2} \leq |a_{nm}| \leq K\sqrt{n^2+m^2} \tag{27}$$

ist. Es genügt offenbar, den Fall $n^2 + m^2 > 0$ zu betrachten. Dann ist

$$\frac{a_{nm}}{\sqrt{n^2+m^2}} = \frac{n}{\sqrt{n^2+m^2}} w_1 + \frac{m}{\sqrt{n^2+m^2}} w_2.$$

Nun liefert

$$f(\varphi) = \cos\varphi \cdot w_1 + \sin\varphi \cdot w_2$$

als Funktion von φ eine nicht entartete Ellipse, deren Halbachsen die Längen k und K haben mögen. Dann ist

$$k \leq |f(\varphi)| \leq K.$$

Setzen wir

$$\cos\varphi = \frac{n}{\sqrt{n^2+m^2}}, \quad \sin\varphi = \frac{m}{\sqrt{n^2+m^2}},$$

so folgt unmittelbar die Beziehung (27).

Ferner gilt im Quadrat

$$n-\frac{1}{2}\leqq x\leqq n+\frac{1}{2},\quad m-\frac{1}{2}\leqq y\leqq m+\frac{1}{2},\quad n^2+m^2\neq 0,$$

die Beziehung

$$\frac{1}{4}(n^2+m^2)\leqq x^2+y^2\leqq\frac{5}{2}(n^2+m^2).$$

$\mathfrak{R}$ sei das Äußere des Kreises $|z|=\frac{1}{2}$. Dann ist für $p>2$:

$$\int\limits_{\mathfrak{R}}\frac{1}{(x^2+y^2)^{\frac{p}{2}}}\,dx\,dy\geqq\left(\frac{2}{5}\right)^{\frac{p}{2}}\sum_{n,m}{}'\frac{1}{(n^2+m^2)^{\frac{p}{2}}}\geqq\left(\frac{2}{5}\right)^{\frac{p}{2}}k^p\sum_{n,m}{}'\frac{1}{|a_{nm}|^p}$$

und

$$\int\limits_{\mathfrak{R}}\frac{1}{(x^2+y^2)^{\frac{p}{2}}}\,dx\,dy=2\pi\int\limits_{\frac{1}{2}}^{\infty}\frac{1}{r^{p-1}}\,dr=\frac{\pi\,2^{p-1}}{p-2}.$$

Die Reihe

$$\sum_{n,m}{}'\frac{1}{|a_{nm}|^p}$$

konvergiert also für alle $p>2$.

Benutzen wir jetzt das Kriterium (18), so bemerken wir, daß wir $l=0$ zu wählen haben. Dann ist

$$h_{nm}(z)=\frac{1}{a_{nm}^2},$$

und wir erhalten die gesuchte Reihe

$$\frac{1}{z^2}+\sum_{n,m}{}'\left(\frac{1}{(z-a_{nm})^2}-\frac{1}{a_{nm}^2}\right).$$

Diese Funktion, die man als Weierstraßsche $\wp$-Funktion bezeichnet, hat eine bemerkenswerte Eigenschaft: Sie ist *doppeltperiodisch* mit den Perioden w_1 und w_2, d. h. sie genügt für alle z den Periodengleichungen

$$\wp(z+w_1)=\wp(z+w_2)=\wp(z).$$

Zum Beweise differenziert man $\wp(z)$ und erhält:

$$\wp'(z)=-2\sum_{n,m}\frac{1}{(z-n\,w_1-m\,w_2)^3}.$$

Aus dieser Reihe erkennt man unmittelbar, daß

$$\wp'(z+w_1)=\wp'(z+w_2)=\wp'(z)$$

ist. Integriert man hier, so folgt z. B.

$$\wp(z+w_1)=\wp(z)+c. \tag{28}$$

Da aber aus

$$\wp(z)=\frac{1}{z^2}+\sum_{n,m}{}'\left(\frac{1}{(z-n\,w_1-m\,w_2)^2}-\frac{1}{(n\,w_1+m\,w_2)^2}\right)$$

folgt:

$$\wp(z)=\wp(-z), \tag{29}$$

so ist nach (28):

$$\wp\left(-\frac{w_1}{2} + w_1\right) = \wp\left(\frac{w_1}{2}\right) = \wp\left(-\frac{w_1}{2}\right) + c$$

und damit nach (29):

$$c = 0 .$$

Ebenso folgt $\wp(z + w_2) = \wp(z)$.

Man nennt eine meromorphe doppeltperiodische Funktion, deren Perioden einen nicht reellen Quotienten besitzen, auch eine *elliptische Funktion* (s. auch IV, 9 und VI, 2).

Literatur

MITTAG-LEFFLER, G.: Sur la représentation analytique des fonctions monogènes uniformes d'une variable indépendante. Acta math. **4**, 1 (1884).

§ 8. Funktionen mit vorgeschriebenen Nullstellen. Holomorphie- und Meromorphie-Gebiete

Wir stellen uns jetzt die Aufgabe, in einem Gebiet $\mathfrak{G}$ zu vorgegebenen Nullstellen a_ν mit vorgegebenen Ordnungen n_ν eine Funktion zu konstruieren, die in $\mathfrak{G}$ holomorph ist und genau diese Nullstellen mit den gegebenen Ordnungen besitzt. Damit die Aufgabe lösbar ist, müssen wir voraussetzen, daß die a_ν sich im Innern von $\mathfrak{G}$ nicht häufen. Wir konstruieren nun zunächst eine Funktion $g(z)$ mit einfachen Polstellen in den a_ν und den Residuen n_ν. Ist nämlich $f(z)$ eine in $\mathfrak{G}$ holomorphe Funktion mit den Nullstellen a_ν, $\nu = 0, 1, 2, \ldots$, von den Ordnungen n_ν, so ist

$$g(z) = \frac{f'(z)}{f(z)} = \frac{d}{dz} \log f(z)$$

eine in $\mathfrak{G}$ meromorphe Funktion mit einfachen Polen an den Stellen a_ν. Die Residuen sind dort n_ν. Eine Funktion $g(z)$ dieser Art ist aber auf Grund der Ergebnisse des vorigen Paragraphen zu konstruieren. Von $g(z)$ zu $f(z)$ finden wir schließlich zurück durch die Gleichung

$$f(z) = f(z_0)\, e^{\int\limits_{z_0}^{z} g(\zeta)\, d\zeta},$$

wobei z_0 ein in $\mathfrak{G}$ gelegener, von den a_ν verschiedener Punkt ist.

Ist $\mathfrak{G}$ die kompakte Ebene, so gibt es keine holomorphe Funktion $f(z)$ der verlangten Art, da diese konstant sein müßte. $\mathfrak{G}$ muß also mindestens einen Randpunkt b besitzen.

Liegen nur endlich viele endliche Nullstellen $a_1, a_2, \ldots, a_n$ vor, so liefert

$$f(z) = \prod_{\nu=1}^{n} (z - a_\nu)^{n_\nu} \tag{1}$$

eine gesuchte Funktion. Ist aber der Punkt ∞ innerer Punkt und b ein endlicher Randpunkt von $\mathfrak{G}$, so wähle man

$$f(z) = \prod_{\nu=1}^{n} \left(\frac{z - a_\nu}{z - b}\right)^{n_\nu} \cdot \frac{1}{(z - b)^{n_\infty}}, \tag{2}$$

wobei der letzte Faktor nur dann auftritt, wenn der Punkt ∞ Nullstelle der Ordnung n_∞ ist.

Betrachten wir nun den Fall, daß unendlich viele Nullstellen in $\mathfrak{G}$ gegeben sind. Gehören der Nullpunkt oder der Punkt ∞ mit den Ordnungen n_0 bzw. n_∞ zu ihnen, so konstruieren wir für sie gesondert zugehörige holomorphe Funktionen:

$$f_0(z) = z^{n_0} \quad \text{bzw.} \quad f_0(z) = \left(\frac{z}{z-b}\right)^{n_0} \tag{3}$$

für den Nullpunkt und

$$f_\infty(z) = \frac{1}{(z-b)^{n_\infty}} \tag{4}$$

für den Punkt ∞.

Die übrigen Nullstellen a_ν teilen wir wie beim Satz von MITTAG-LEFFLER in zwei Klassen ein: $|a_\nu| \cdot \delta_\nu \geqq 1$ und $|a_\nu| \cdot \delta_\nu < 1$. Liegt der bekannteste Fall vor, daß $\mathfrak{G}$ die endliche Ebene ist, so gibt es wieder nur Punkte in der ersten Klasse. Gehören zu einer dieser Klassen nur endlich viele Punkte a_ν, so konstruieren wir für diese gemäß Formel (1) oder (2) holomorphe Funktionen in $\mathfrak{G}$ mit diesen Nullstellen.

Sodann betrachten wir die *erste Klasse*, falls in ihr unendlich viele a_ν liegen. Dies tritt nur ein, wenn der Punkt ∞ Randpunkt von $\mathfrak{G}$ ist. Wir konstruieren eine in der endlichen Ebene meromorphe Funktion $g(z)$ mit den Hauptteilen $g_\nu(z) = \dfrac{n_\nu}{z-a_\nu}$:

$$g(z) = \sum_{\nu=1}^{\infty} (g_\nu(z) - h_\nu(z)) \tag{5}$$

mit

$$h_\nu(z) = -\sum_{\mu=1}^{k_\nu} \frac{n_\nu z^{\mu-1}}{a_\nu^\mu}.$$

Dabei sind die k_ν so zu wählen, daß die Reihe (5) in jedem kompakten Teilgebiet der endlichen Ebene gleichmäßig konvergiert.

Sodann bilden wir das Integral über $g(z)$ längs irgendeines Weges, der die Polstellen a_ν von $g(z)$ vermeidet. Wegen der gleichmäßigen Konvergenz der Reihe (5) dürfen wir gliedweise integrieren und erhalten

$$\int_0^z g(\zeta)\,d\zeta = \sum_{\nu=1}^{\infty} n_\nu \left[\log\left(1-\frac{z}{a_\nu}\right) + \sum_{\mu=1}^{k_\nu} \frac{1}{\mu}\left(\frac{z}{a_\nu}\right)^\mu\right] = \sum_{\nu=1}^{\infty} w_\nu(z).$$

Der Wert $\log\left(1-\dfrac{z}{a_\nu}\right)$ ist durch den Integrationsweg bestimmt und nur bis auf Vielfache von $2\pi i$ festgelegt. Hat man zwei verschiedene Integrationswege, so unterscheiden sich für kleine ν die Integrale über einen Summanden $g_\nu(z) - h_\nu(z)$ unter Umständen um $2k\, n_\nu \pi i$, k ganz. Für große ν liegen aber beide Integrationswege in den Kreisen $|z| < |a_\nu|$, und dann liefern die Integrale die Hauptwerte der Logarithmen, also beidemal dasselbe Ergebnis. Daher ist der Unterschied der Integrale über $g(\zeta)$ bei verschiedenen Integrationswegen ein ganzzahliges Vielfaches von $2\pi i$.

Bilden wir aber die Funktion

$$f_1(z) = e^{\int\limits_0^z g(\zeta)\,d\zeta},$$

so ist diese wieder eindeutig und nicht vom Integrationsweg abhängig.

Ist jetzt $\mathfrak{G}$ ein beschränktes Gebiet der endlichen Ebene, so sind dort die $w_\nu(z)$ für $\nu \geqq \nu_0$ holomorph und gleichmäßig konvergent, d. h. zu jedem $\varepsilon > 0$ existiert ein $\nu_1 > \nu_0$, so daß für alle z aus $\mathfrak{G}$ gilt:

$$\left|\sum_{\nu=\nu_1}^{\infty} w_\nu(z)\right| < \varepsilon .$$

Dann ist aber für $\varepsilon < 1$:

$$\left|1 - e^{\sum\limits_{\nu=\nu_1}^{\infty} w_\nu(z)}\right| < 2\varepsilon$$

und daher

$$\lim_{\nu_1\to\infty} e^{\sum\limits_{\nu=\nu_1}^{\infty} w_\nu(z)} = 1 , \tag{6}$$

und zwar gilt dies gleichmäßig in $\mathfrak{G}$. Folglich ist

$$\begin{aligned} f_1(z) = e^{\int\limits_0^z g(\zeta)\,d\zeta} &= \prod_{\nu=1}^{\nu_1-1} e^{w_\nu(z)}\, e^{\sum\limits_{\nu=\nu_1}^{\infty} w_\nu(z)} = \lim_{\nu_1\to\infty} \prod_{\nu=1}^{\nu_1-1} e^{w_\nu(z)} \cdot \lim_{\nu_1\to\infty} e^{\sum\limits_{\nu=\nu_1}^{\infty} w_\nu(z)} \\ &= \prod_{\nu=1}^{\infty} e^{w_\nu(z)}. \end{aligned}$$

Nun ist

$$\begin{aligned} e^{w_\nu(z)} &= \left[e^{\log\left(1-\frac{z}{a_\nu}\right)}\, e^{\frac{z}{a_\nu}+\frac{1}{2}\left(\frac{z}{a_\nu}\right)^2+\cdots+\frac{1}{k_\nu}\left(\frac{z}{a_\nu}\right)^{k_\nu}}\right]^{n_\nu} \\ &= \left(1-\frac{z}{a_\nu}\right)^{n_\nu}\left[e^{\frac{z}{a_\nu}+\frac{1}{2}\left(\frac{z}{a_\nu}\right)^2+\cdots+\frac{1}{k_\nu}\left(\frac{z}{a_\nu}\right)^{k_\nu}}\right]^{n_\nu}, \end{aligned}$$

also liefert

$$f_1(z) = \prod_{\nu=1}^{\infty}\left(1-\frac{z}{a_\nu}\right)^{n_\nu}\left[e^{\frac{z}{a_\nu}+\frac{1}{2}\left(\frac{z}{a_\nu}\right)^2+\cdots+\frac{1}{k_\nu}\left(\frac{z}{a_\nu}\right)^{k_\nu}}\right]^{n_\nu} \tag{7}$$

eine ganze Funktion, die wegen (6) genau an den Stellen a_ν Nullstellen der Ordnung n_ν aufweist. Das Produkt konvergiert gleichmäßig in jedem beschränkten Gebiet. Ist $\mathfrak{G}$ die endliche Ebene, so ist insbesondere der folgende Satz 26 bewiesen.

Bei den Punkten a_ν der *zweiten Klasse*, bei denen also $|a_\nu| \cdot \delta_\nu < 1$ ist, lautet die Entwicklung des Hauptteils

$$g_\nu(z) = \frac{n_\nu}{z - a_\nu}$$

um einen nächstgelegenen Randpunkt b_ν im Ringgebiet $|z-b_\nu| > |a_\nu - b_\nu|$:

$$g_\nu(z) = n_\nu\left(\frac{1}{z-b_\nu} + \frac{a_\nu - b_\nu}{(z-b_\nu)^2} + \frac{(a_\nu-b_\nu)^2}{(z-b_\nu)^3} + \cdots\right).$$

Also ist für diese Punkte

$$g(z) = \sum_{\nu=1}^{\infty} (g_\nu(z) - h_\nu(z))$$

mit

$$h_\nu(z) = n_\nu \sum_{\mu=0}^{k_\nu} \frac{(a_\nu - b_\nu)^\mu}{(z-b_\nu)^{\mu+1}}$$

eine in $\mathfrak{G}$ meromorphe Funktion, die dort genau die Polstellen a_ν mit den Hauptteilen $\frac{n_\nu}{z-a_\nu}$ besitzt. Dabei sind die Zahlen k_ν so gewählt, daß für $|z-b_\nu| \geqq R_\nu > \delta_\nu$ (s. 7):

$$|g_\nu(z) - h_\nu(z)| = \left|n_\nu \sum_{\mu=k_\nu+1}^{\infty} \frac{(a_\nu-b_\nu)^\mu}{(z-b_\nu)^{\mu+1}}\right| \leqq n_\nu \sum_{\mu=k_\nu+1}^{\infty} \left|\frac{(a_\nu-b_\nu)^\mu}{R_\nu^{\mu+1}}\right| < \varepsilon_\nu \qquad (8)$$

ist und $\sum_{\nu=1}^{\infty} \varepsilon_\nu$ konvergiert.

Integrieren wir jetzt $g(z)$ von einem beliebigen Punkt z_0 in $\mathfrak{G}$ aus, der von allen a_ν verschieden ist, so folgt, wenn wir

$$w_\nu(z) = n_\nu\left[\log\frac{z-a_\nu}{z-b_\nu} + \sum_{\mu=1}^{k_\nu} \frac{1}{\mu}\left(\frac{a_\nu-b_\nu}{z-b_\nu}\right)^\mu\right]$$

setzen,

$$\int_{z_0}^{z} g(\zeta)\, d\zeta = \sum_{\nu=1}^{\infty} (w_\nu(z) - w_\nu(z_0)).$$

Dabei ist auch hier zu beachten, daß das Integral vom Wege abhängt und verschiedene Integrationswege, die die Stellen a_ν vermeiden, Werte liefern, die sich um ganzzahlige Vielfache von $2\pi i$ unterscheiden können. Für große ν verlaufen die Integrationswege ganz außerhalb der Kreise $|z-b_\nu| = R_\nu$. Dort ist dann der Logarithmus durch seinen *Hauptwert* gegeben, und man erhält

$$w_\nu(z) = -n_\nu \sum_{\mu=k_\nu+1}^{\infty} \frac{1}{\mu}\left(\frac{a_\nu-b_\nu}{z-b_\nu}\right)^\mu,$$

woraus insbesondere für große ν wegen $\lim R_\nu = 0$ und (8) die Abschätzung

$$|w_\nu(z_0)| < n_\nu \sum_{\mu=k_\nu+1}^{\infty} \frac{1}{\mu}\left|\frac{a_\nu-b_\nu}{R_\nu}\right|^\mu < \frac{n_\nu R_\nu}{k_\nu+1} \sum_{\mu=k_\nu+1}^{\infty} \left|\frac{(a_\nu-b_\nu)^\mu}{R_\nu^{\mu+1}}\right| < \varepsilon_\nu$$

folgt, so daß

$$k = -\sum_{\nu=1}^{\infty} w_\nu(z_0)$$

konvergiert und das Integral die Gestalt

$$\int_{z_0}^{z} g(\zeta)\, d\zeta = \sum_{\nu=1}^{\infty} w_\nu(z) + k$$

annimmt. Analog den Betrachtungen zur ersten Klasse ist daher

$$\begin{aligned} f_2(z) &= e^{\int_{z_0}^{z} g(\zeta)\, d\zeta - k} = \prod_{\nu=1}^{\infty} e^{w_\nu(z)} \\ &= \prod_{\nu=1}^{\infty} \left(\frac{z-a_\nu}{z-b_\nu}\right)^{n_\nu} \left[e^{\frac{a_\nu-b_\nu}{z-b_\nu} + \frac{1}{2}\left(\frac{a_\nu-b_\nu}{z-b_\nu}\right)^2 + \cdots + \frac{1}{k_\nu}\left(\frac{a_\nu-b_\nu}{z-b_\nu}\right)^{k_\nu}}\right]^{n_\nu} \end{aligned} \tag{9}$$

eine in $\mathfrak{G}$ holomorphe Funktion, die genau an den Stellen a_ν Nullstellen der Ordnung n_ν aufweist.

Als Ergebnis unserer Überlegungen erhalten wir nun unmittelbar die folgenden Resultate:

Satz 25. *Im Gebiet $\mathfrak{G}$, das von der kompakten Ebene verschieden ist, sei eine Folge von Punkten a_ν, $\nu = 0, 1, 2, 3, \ldots$, gegeben, die sich in $\mathfrak{G}$ nicht häufen. Jedem a_ν sei eine natürliche Zahl n_ν zugeordnet. Dann gibt es in $\mathfrak{G}$ holomorphe Funktionen, die genau an den Stellen a_ν Nullstellen mit den Ordnungen n_ν aufweisen. Zwei solche Funktionen unterscheiden sich um einen Faktor, der eine in $\mathfrak{G}$ holomorphe, nirgends verschwindende Funktion ist.*

Zum Beweise teile man die Nullstellen a_ν entsprechend obiger Vorschrift in die Punkte 0, ∞ und die beiden Klassen $|a_\nu| \cdot \delta_\nu \geqq 1$ und $|a_\nu| \cdot \delta_\nu < 1$ ein. Dann ist

$$F_0(z) = f_0(z) \cdot f_\infty(z) \cdot f_1(z) \cdot f_2(z)$$

eine gesuchte Funktion, wobei die Funktionen $f_0(z)$, $f_\infty(z)$, $f_1(z)$ und $f_2(z)$ durch die Formeln (3), (4), (7) und (9) (bzw. (1) und (2)) gegeben sind. Jede andere Funktion $F(z)$ mit den gleichen Nullstellen a_ν und Ordnungen n_ν hat die Gestalt

$$F(z) = F_0(z)\, H(z)\,,$$

wobei $H(z)$ in $\mathfrak{G}$ holomorph und von Null verschieden ist, da $F(z)/F_0(z)$ diese Eigenschaften besitzt.

Ist $\mathfrak{G}$ die endliche Ebene, so ist $H(z)$ eine ganze nicht verschwindende Funktion. Diese hat stets die Gestalt

$$H(z) = e^{G(z)}\,, \tag{10}$$

wobei $G(z)$ eine ganze Funktion ist, und umgekehrt ist $H(z)$ für jede ganze Funktion $G(z)$ eine ganze, nicht verschwindende Funktion.

Der zweite Teil dieser Aussage ist selbstverständlich. Zum Beweise des ersten Teiles bilden wir die Funktion

$$G(z) = \log H(z) ,$$

wobei wir von irgendeinem Zweig von $\log H(z)$ in der Umgebung der Stelle $z = 0$ ausgehen. Da $H(z)$ nirgends verschwindet, so läßt sich $\log H(z)$ in der endlichen Ebene unbeschränkt analytisch fortsetzen. Dann ist nach dem Monodromiesatz (s. 1, Satz 3) $G(z)$ eine ganze Funktion. Damit ergibt sich unmittelbar die Beziehung (10). Gehen wir von einem anderen Zweig von $\log H(z)$ aus, so unterscheidet sich dieser von dem ersten um ein konstantes ganzzahliges Vielfaches von $2\pi i$. Dies ändert an der Beziehung (10) nichts.

So folgt jetzt speziell

Satz 26 (*Produktsatz von* WEIERSTRASS). *Zu den Stellen* $a_0 = 0$, $a_1, a_2, \ldots$, *die sich im Endlichen nicht häufen, seien natürliche Zahlen* n_ν *vorgegeben. Dann ist*

$$F_0(z) = z^{n_0} \prod_{\nu=1}^{\infty} \left(1 - \frac{z}{a_\nu}\right)^{n_\nu} \left[e^{\frac{z}{a_\nu} + \frac{1}{2}\left(\frac{z}{a_\nu}\right)^2 + \cdots + \frac{1}{k_\nu}\left(\frac{z}{a_\nu}\right)^{k_\nu}}\right]^{n_\nu}$$

bei passend gewählten k_ν *eine ganze Funktion, die genau an den Stellen* a_ν *Nullstellen der Ordnungen* n_ν *aufweist. Alle Funktionen dieser Art sind genau von der Gestalt*

$$F(z) = F_0(z)\, e^{G(z)} ,$$

wobei $G(z)$ *eine ganze Funktion ist.*

Aus Satz 25 läßt sich das folgende bemerkenswerte Resultat herleiten.

Satz 27 (*über das Existenzgebiet holomorpher Funktionen*). *Zu jedem Gebiet* $\mathfrak{G}$ *der z-Ebene gibt es eine analytische Funktion, die genau in* $\mathfrak{G}$ *holomorph ist, sich aber in keinen Randpunkt von* $\mathfrak{G}$ *hinein, also auch nicht über* $\mathfrak{G}$ *hinaus analytisch fortsetzen läßt.*

Man nennt Gebiete $\mathfrak{G}$, zu denen es holomorphe Funktionen gibt, die sich über $\mathfrak{G}$ hinaus nicht analytisch fortsetzen lassen, *Holomorphiegebiete.* Der vorstehende Satz kann also auch so formuliert werden: *Jedes Gebiet der z-Ebene ist ein Holomorphiegebiet.*

Zum Beweise nehmen wir zunächst an, daß $\mathfrak{G}$ endlich ist, und schöpfen es von innen her durch eine Folge von Polygonbereichen aus: Im Quadrat $-2^n \leqq x \leqq 2^n$, $-2^n \leqq y \leqq 2^n$ fügen wir alle Quadrate $\frac{k}{2^n} \leqq x \leqq \frac{k+1}{2^n}$, $\frac{l}{2^n} \leqq y \leqq \frac{l+1}{2^n}$, l, k ganz, die ganz im Innern von $\mathfrak{G}$ liegen, zu einem Polygonbereich $\mathfrak{P}_n^*$ zusammen, dessen Rand $\mathfrak{C}_n^*$ aus einem oder mehreren einfach geschlossenen Polygonen besteht. Wir können nun eine Teilfolge $\mathfrak{P}_m = \mathfrak{P}^*_{n_m}$ der Polygonbereiche $\mathfrak{P}^*_n$ so wählen, daß kein $\mathfrak{P}_m$ leer ist und jedes $\mathfrak{P}_m$ ganz in $\mathfrak{P}_{m+1}$ enthalten ist:

$$\mathfrak{P}_1 \subseteq \mathfrak{P}_2 \subseteq \mathfrak{P}_3 \subseteq \cdots .$$

Der Rand $\mathfrak{C}_m$ eines Bereiches $\mathfrak{P}_m$ besteht aus Seiten des Quadratgitters mit der Kantenlänge $\frac{1}{2^{n_m}}$ der einzelnen Quadrate. Auf jedem $\mathfrak{C}_m$ liegen endlich viele Gitterpunkte: $x = \frac{k}{2^{n_m}}$, $y = \frac{l}{2^{n_m}}$, k, l ganz. Die Gitterpunkte aller $\mathfrak{C}_m$ häufen sich nicht im Innern, dagegen gegen jeden Randpunkt von $\mathfrak{G}$. Wir konstruieren nun gemäß Satz 25 eine Funktion $f(z)$, die in $\mathfrak{G}$ holomorph ist und genau in diesen Gitterpunkten Nullstellen erster Ordnung aufweist. Es läßt sich leicht zeigen, daß diese Funktion in keinen Randpunkt von $\mathfrak{G}$, also auch nicht über $\mathfrak{G}$ hinaus analytisch fortgesetzt werden kann:

Sei P ein endlicher Randpunkt von $\mathfrak{G}$ und $\mathfrak{Z}$ eine Kurve, längs der die Fortsetzung von einem inneren Punkt z_0 zum Punkte P möglich wäre. Laufen wir von z_0 aus längs $\mathfrak{Z}$ nach P, so gibt es auf $\mathfrak{Z}$ einen ersten Randpunkt Q von $\mathfrak{G}$ (evtl. ist dies der Punkt P). Sei $\mathfrak{Z}'$ das Stück von $\mathfrak{Z}$ zwischen z_0 und Q. Auch nach Q müßte $f(z)$ sich fortsetzen lassen. Dann gäbe es um Q eine hinreichend kleine Kreisscheibe $\mathfrak{K}$, in der die Fortsetzung holomorph und außer evtl. in Q selbst von Null verschieden wäre. Der letzte Punkt von $\mathfrak{Z}'$ zwischen z_0 und Q auf dem Rand von $\mathfrak{K}$ sei z_1 und $\mathfrak{Z}''$ das in $\mathfrak{K}$ verlaufende Stück von $\mathfrak{Z}'$ zwischen z_1 und Q. Auf $\mathfrak{Z}''$ müßte die Fortsetzung mit $f(z)$ übereinstimmen. Wir zeigen nun, daß wir zu einem Widerspruch kommen: in $\mathfrak{K}$ liegt mindestens noch eine von Q verschiedene Nullstelle der Fortsetzung von $f(z)$.

z_2 sei ein Punkt auf $\mathfrak{Z}''$. Für hinreichend großes m liegt er einschließlich des ihn enthaltenden Quadrates $\mathfrak{Q}_1$ der Seitenlänge $\frac{1}{2^{n_m}}$ ganz im Durchschnitt von $\mathfrak{G}$ und $\mathfrak{K}$. Der Punkt Q liegt ebenfalls in einem Quadrat $\mathfrak{Q}_2$ der Seitenlänge $\frac{1}{2^{n_m}}$, und dieses Quadrat enthält keinen inneren Punkt von $\mathfrak{P}_m$. Wir verbinden nun z_2 geradlinig mit einem Eckpunkt P_1 von $\mathfrak{Q}_1$ und Q mit einem Eckpunkt P_2 von $\mathfrak{Q}_2$. Nunmehr laufen wir von P_1 aus innerhalb $\mathfrak{K}$ längs des Gitternetzes mit der Seitenlänge $\frac{1}{2^{n_m}}$ nach P_2. Dabei gelangen wir zu einem ersten Randpunkt P_3 von $\mathfrak{P}_m$, und dies ist notwendig ein Gitterpunkt auf $\mathfrak{C}_m$. Auf dem Streckenzug von P_1 nach P_3 ist $f(z)$ holomorph und stimmt dort mit der analytischen Fortsetzung um den Punkt Q überein. Im Punkte P_3 liegt aber eine Nullstelle von $f(z)$ und damit eine Nullstelle der analytischen Fortsetzung.

Völlig analog schließt man, wenn der Punkt ∞ Randpunkt ist. Ist er aber innerer Punkt und $\mathfrak{G}$ nicht die kompakte Ebene, so lege man in die Gitterpunkte der $\mathfrak{C}_m$, die auf den Quadratseiten $x = \pm 2^{n_m}$ und $y = \pm 2^{n_m}$ liegen, keine Nullstellen. Sodann schließe man wie vorher. Ist schließlich $\mathfrak{G}$ die kompakte Ebene, so ist nichts zu beweisen. Damit ist der Beweis unseres Satzes erbracht.

Ebenso einfach zeigt man, daß jedes Gebiet $\mathfrak{G}$ in der kompakten Ebene ein *Meromorphiegebiet* ist: Die oben konstruierte Funktion $f(z)$ ist in keinen Randpunkt hinein längs irgendeines Weges meromorph fortsetzbar. Gleiches gilt für die Funktion $\frac{1}{f(z)}$, die überall in $\mathfrak{G}$ meromorph ist. Diese Funktionen sind also in $\mathfrak{G}$, aber nicht darüber hinaus meromorph.

Beispiele:

1. $f(z) = \sin\pi z$. Wir setzen

$$g(z) = \frac{\sin\pi z}{\pi z},$$

dann ist nach 7, Formel (21):

$$\frac{g'(z)}{g(z)} = \pi\cot\pi z - \frac{1}{z} = \sum_{n=1}^{\infty} \frac{2z}{z^2 - n^2},$$

daher

$$\log g(z) - \log g(0) = \sum_{n=1}^{\infty} \log \frac{n^2 - z^2}{n^2}$$

und somit

$$g(z) = g(0) \cdot \prod_{n=1}^{\infty} \left(1 - \frac{z^2}{n^2}\right).$$

Wegen $g(0) = 1$ folgt

$$\sin\pi z = \pi z \prod_{n=1}^{\infty} \left(1 - \frac{z^2}{n^2}\right). \tag{11}$$

Aus dieser *Produktdarstellung der Sinusfunktion* liest man für die Zahl π sofort das *Wallissche Produkt* ab. Für $z = \frac{1}{2}$ ist $\sin\pi z = 1$ und daher

$$1 = \frac{\pi}{2} \prod_{n=1}^{\infty} \left(1 - \frac{1}{4n^2}\right)$$

oder

$$\frac{\pi}{2} = \prod_{n=1}^{\infty} \left(\frac{2n}{2n-1} \frac{2n}{2n+1}\right).$$

Ausgeschrieben lautet dies:

$$\pi = 2 \cdot \frac{2}{1} \cdot \frac{2}{3} \cdot \frac{4}{3} \cdot \frac{4}{5} \cdot \frac{6}{5} \cdot \frac{6}{7} \cdot \frac{8}{7} \cdot \frac{8}{9} \cdots.$$

Setzt man

$$\Gamma(n) = (n-1)!$$

und zieht man die Wurzel aus der Gleichung für π, so folgt die Darstellung

$$\sqrt{\pi} = \lim_{n\to\infty} \frac{2^{2n-1}\,\Gamma^2(n)\sqrt{n}}{\Gamma(2n)}. \tag{12}$$

2. $f(z) = \cos\pi z$. Wie oben erhält man aus 7, Formel (22):

$$\cos\pi z = \prod_{n=1}^{\infty} \left(1 - \frac{4z^2}{(2n-1)^2}\right).$$

§ 9. Die Quotientendarstellung meromorpher Funktionen und der Mittag-Lefflersche Anschmiegungssatz

Aus den Sätzen von MITTAG-LEFFLER und WEIERSTRASS lassen sich einige einfache und doch wichtige Folgerungen ziehen.

Satz 28. *In einem von der kompakten Ebene verschiedenen Gebiet $\mathfrak{G}$ läßt sich jede meromorphe Funktion $F(z)$ als Quotient von zwei in $\mathfrak{G}$ holomorphen Funktionen darstellen, wobei der Zähler $f(z)$ als Nullstellen die Nullstellen von $F(z)$ und der Nenner $g(z)$ als Nullstellen die Pole von $F(z)$ (beide Male in derselben Ordnung) hat.*

Zum Beweise konstruiere man eine in $\mathfrak{G}$ holomorphe Funktion $g(z)$, die genau an den Polstellen von $F(z)$ Nullstellen derselben Ordnung hat. Dann ist

$$f(z) = F(z) \cdot g(z)$$

eine in $\mathfrak{G}$ holomorphe Funktion, die genau an den Nullstellen von $F(z)$ Nullstellen derselben Ordnung hat. Also ist

$$F(z) = \frac{f(z)}{g(z)}$$

und der Satz bewiesen.

Ist $\mathfrak{G}$ die endliche Ebene, so bekommen wir insbesondere mittels 8, Satz 26 die Darstellung

$$F(z) = z^{n_0} \frac{\prod\limits_{\nu=1}^{\infty}\left(1-\frac{z}{a_\nu}\right)^{n_\nu}\left[e^{\frac{z}{a_\nu}+\frac{1}{2}\left(\frac{z}{a_\nu}\right)^2+\cdots+\frac{1}{k_\nu}\left(\frac{z}{a_\nu}\right)^{k_\nu}}\right]^{n_\nu}}{\prod\limits_{\nu=1}^{\infty}\left(1-\frac{z}{a_\nu}\right)^{p_\nu}\left[e^{\frac{z}{b_\nu}+\frac{1}{2}\left(\frac{z}{b_\nu}\right)^2+\cdots+\frac{1}{l_\nu}\left(\frac{z}{b_\nu}\right)^{l_\nu}}\right]^{p_\nu}} \cdot e^{G(z)}.$$

Dabei ist $n_0 \gtreqless 0$, je nachdem der Nullpunkt Nullstelle, von Null verschiedene holomorphe Stelle oder Polstelle ist. Die a_ν und b_ν sind die übrigen Null- und Polstellen von $F(z)$ mit den Ordnungen n_ν bzw. p_ν, und $G(z)$ ist eine ganze Funktion. Nennt man eine Polstelle eine Nullstelle negativer Ordnung $n_\nu = -p_\nu$, so kann man, wenn man Null- und Polstellen nicht mehr voneinander unterscheidet, $F(z)$ auch in der Form

$$F(z) = z^{n_0} \prod_{\nu=1}^{\infty}\left(1-\frac{z}{a_\nu}\right)^{n_\nu}\left[e^{\frac{z}{a_\nu}+\frac{1}{2}\left(\frac{z}{a_\nu}\right)^2+\cdots+\frac{1}{k_\nu}\left(\frac{z}{a_\nu}\right)^{k_\nu}}\right]^{n_\nu} \cdot e^{G(z)}$$

schreiben. Das Produkt ist nun über alle Null- und Polstellen zu erstrecken. Es konvergiert in jedem beschränkten Gebiet $\mathfrak{G}$ gleichmäßig nach Abtrennung der endlich vielen Faktoren, deren Null- und Polstellen in $\mathfrak{G}$ liegen.

Auf Grund der Sätze der vorigen Paragraphen vermögen wir ferner noch eine Verallgemeinerung des Satzes von MITTAG-LEFFLER anzugeben.

Satz 29 *(Mittag-Lefflerscher Anschmiegungssatz). Zu den Punkten a_ν eines endlichen Gebietes $\mathfrak{G}$, die sich im Innern von $\mathfrak{G}$ nicht häufen, seien rationale Funktionen $R_\nu(z) = \sum_{\mu=-p_\nu}^{n_\nu} A_\mu^{(\nu)}(z-a_\nu)^\mu$ vorgegeben. Dann gibt es eine in $\mathfrak{G}$ meromorphe Funktion $F(z)$, die höchstens an den Stellen a_ν Polstellen hat und deren Laurent-Entwicklungen um die Punkte a_ν mit den vorgegebenen rationalen Funktionen $R_\nu(z)$ beginnen.*

Sind die $R_\nu(z)$ Hauptteile, so ist dies offenbar der alte Satz von Mittag-Leffler. Sind die $R_\nu(z)$ Polynome, so behauptet der Satz die Existenz einer holomorphen Funktion, die in den Punkten a_ν mit den Entwicklungen $R_\nu(z)$ beginnt. Dies ist dann eine Verallgemeinerung der Lagrangeschen Interpolationsformel, die wir im Anschluß an den Beweis durch Spezialisierung gewinnen werden.

Zum Beweise wird zunächst eine Funktion $f(z)$ konstruiert, die in $\mathfrak{G}$ holomorph ist und genau in den Punkten a_ν Nullstellen mit Ordnungen $k_\nu > n_\nu$ hat, so daß die Entwicklung von $f(z)$ in a_ν lautet:

$$f(z) = c_\nu(z-a_\nu)^{k_\nu} + \cdots, \; c_\nu \neq 0\,. \tag{1}$$

Sodann bilden wir die Hauptteile $g_\nu(z)$ von $\frac{R_\nu(z)}{f(z)}$ an den Stellen a_ν, demzufolge dort

$$\frac{R_\nu(z)}{f(z)} = g_\nu(z) + P_\nu(z) \tag{2}$$

gilt, wobei $P_\nu(z)$ eine Potenzreihe in $z-a_\nu$ ist. Schließlich sei $g(z)$ eine der durch den Satz von Mittag-Leffler gelieferten Funktionen, die in $\mathfrak{G}$ meromorph sind, als Pole die a_ν und dort die $g_\nu(z)$ als Hauptteile haben. Dann ist

$$F(z) = f(z)\cdot g(z)$$

eine verlangte Funktion.

Die Funktion $F(z)$ ist holomorph für alle von den a_ν verschiedenen z aus $\mathfrak{G}$. $g(z)$ hat um einen Punkt a_ν die Entwicklung $g(z) = g_\nu(z) + Q_\nu(z)$, wobei $Q_\nu(z)$ eine Potenzreihenentwicklung um a_ν ist. Also hat wegen (1) und (2) die Funktion $F(z)$ um a_ν die Laurent-Entwicklung

$$\begin{aligned} F(z) &= f(z)\,(g_\nu(z) + Q_\nu(z)) = f(z)\left(\frac{R_\nu(z)}{f(z)} - P_\nu(z) + Q_\nu(z)\right) \\ &= R_\nu(z) + d_\nu(z-a_\nu)^{k_\nu} + \cdots. \end{aligned}$$

Damit ist der Beweis geführt.

Sehen wir noch zu, wie wir durch Spezialisierung die *Lagrangesche Interpolationsformel* erhalten. Hierbei handelt es sich darum, ein Polynom n-ten Grades zu finden, welches an $n+1$ voneinander verschiedenen Stellen $a_0, a_1, \ldots, a_n$ vorgegebene Werte $A_0, A_1, \ldots, A_n$ annimmt. In diesem Falle ist $R_\nu(z) \equiv A_\nu$, $\nu = 0, 1, 2, \ldots, n$, und $f(z) = \prod_{\nu=0}^{n}(z-a_\nu)$

ist eine Funktion, die genau an den Stellen a_ν Nullstellen 1. Ordnung hat. Sie hat im Punkte a_ν die Entwicklung

$$f(z) = (z - a_\nu) \prod_{\mu=0}^{n}{}' (a_\nu - a_\mu) + \cdots,$$

wobei der Strich an dem Produktzeichen andeutet, daß der Faktor für $\mu = \nu$ auszulassen ist. Daraus folgt:

$$\frac{R_\nu(z)}{f(z)} = \frac{A_\nu}{\prod\limits_{\mu=0}^{n}{}' (a_\nu - a_\mu)} \frac{1}{z - a_\nu} + \cdots.$$

Nun ist

$$g(z) = \sum_{\nu=0}^{n} \frac{A_\nu}{\prod\limits_{\mu=0}^{n}{}' (a_\nu - a_\mu)} \frac{1}{z - a_\nu}$$

eine rationale Funktion mit den Polstellen und Hauptteilen von $\frac{R_\nu(z)}{f(z)}$. Daraus ergibt sich als Funktion, die an den Stellen a_ν die Werte A_ν annimmt,

$$F(z) = f(z) \cdot g(z) = \sum_{\nu=0}^{n} A_\nu \prod_{\mu=0}^{n}{}' \left(\frac{z - a_\mu}{a_\nu - a_\mu}\right),$$

und dies ist ein Polynom von höchstens n-tem Grade. $F(z)$ ist eindeutig bestimmt. Denn ist $G(z)$ ein zweites Polynom dieser Art, so ist $G(z) - F(z)$ ein Polynom vom Grade n mit $n + 1$ Nullstellen. Dann ist aber $G(z) - F(z) \equiv 0$, also $G(z) \equiv F(z)$.

§ 10. Entwicklungen nach Polynomen und rationalen Funktionen

Alle in einem Kreise $\mathfrak{K}$ um $z = a$ holomorphen Funktionen $f(z)$ sind dort in eine Potenzreihe nach $z - a$ entwickelbar. $f(z)$ ist im Innern von $\mathfrak{K}$ also gleichmäßig durch Polynome $\sum\limits_{\nu=0}^{n} a_\nu (z - a)^\nu$ approximierbar. Die Klasse der durch Polynome in $\mathfrak{K}$ gleichmäßig approximierbaren Funktionen geht also weit über die Klasse der approximierenden Funktionen hinaus. Das zeigt die Nützlichkeit solcher Approximationen. Es liegt nun die Frage nahe, wie sich bei irgendeinem Gebiete die dort holomorphen Funktionen approximieren lassen. Darüber gibt es grundlegende Aussagen, denen wir uns jetzt zuwenden.

Satz 30 (von Runge). *Ist die Funktion $f(z)$ holomorph im Gebiete $\mathfrak{G}$, so läßt $f(z)$ sich im Innern von $\mathfrak{G}$ durch rationale Funktionen, deren Pole nicht in $\mathfrak{G}$ liegen, gleichmäßig approximieren.*

Satz 31. *Dann und nur dann lassen sich in einem von der kompakten Ebene verschiedenen Gebiete $\mathfrak{G}$ alle dort holomorphen Funktionen schon durch Polynome approximieren, wenn $\mathfrak{G}$ endlich und einfach zusammenhängend ist.*

Den Beweis dieser beiden Aussagen führen wir in mehreren Schritten. Zunächst schöpfen wir das Gebiet $\mathfrak{G}$ von innen her durch Polygongebiete aus. Im Innern dieser Gebiete stellen wir eine gegebene holomorphe Funktion durch die Cauchysche Integralformel dar. Das so gewonnene Integral approximieren wir durch seine Riemannschen Summen, und diese sind bereits rationale Funktionen, deren Pole jedoch noch in $\mathfrak{G}$, nämlich auf den Randkurven der Polygongebiete liegen. Schließlich verschieben wir die Polstellen in die Randkomponenten von $\mathfrak{G}$ und gewinnen damit die gewünschte Approximation. Führen wir diesen Gedankengang nun in den Einzelheiten aus.

1. Wir können annehmen, daß $\mathfrak{G}$ endlich ist. Da für die geschlossene Ebene nichts zu beweisen ist, so dürfen wir nämlich unterstellen, daß $\mathfrak{G}$ mindestens einen Randpunkt z_0 hat. Diesen bringen wir durch eine eineindeutige Abbildung $z^* = \frac{1}{z - z_0}$ in den Punkt ∞ und gewinnen damit ein endliches Bildgebiet von $\mathfrak{G}$. Gilt für dieses die Behauptung, so auch für das ursprüngliche Gebiet $\mathfrak{G}$, da die vorstehende Abbildung rationale Funktionen stets wieder in solche überführt.

Gemäß der Konstruktion beim Beweis zu 8, Satz 27 schöpfen wir $\mathfrak{G}$ von innen her durch Polygonbereiche $\mathfrak{P}_n$, $n = 1, 2, 3, \ldots$, aus, von denen jeweils $\mathfrak{P}_n$ kompakt in $\mathfrak{P}_{n+1}$ liegt. Der Abstand d_n der Ränder zweier solcher Bereiche $\mathfrak{P}_n$ und $\mathfrak{P}_{n+1}$ ist daher positiv. Jeder Bereich $\mathfrak{P}_n$ kann aus mehreren Gebieten bestehen, und jedes Gebiet wird von einer oder mehreren einfach geschlossenen Randkurven $\mathfrak{C}_{nk}$, $k = 1, 2, \ldots, s_n$ begrenzt, die evtl. in einzelnen Ecken sich berühren können. Zu jeder dieser einfach geschlossenen Randkurven $\mathfrak{C}_{nk}$ gibt es mindestens einen Randpunkt p_{nk} von $\mathfrak{G}$, so daß sich jeder Punkt von $\mathfrak{C}_{nk}$ durch einen nicht in $\mathfrak{P}_n$ eindringenden einfachen Streckenzug mit p_{nk} verbinden läßt. Ist $\mathfrak{C}_{nk}$ eine Randkurve, die ein Gebiet von $\mathfrak{P}_n$ im Innern enthält, so läßt sich sogar jeder Punkt von $\mathfrak{C}_{nk}$ durch einen Streckenzug und eine Halbgerade, die nicht in $\mathfrak{P}_n$ eindringen, mit dem Punkt ∞ verbinden.

2. Nun sei $f(z)$ eine in $\mathfrak{G}$ holomorphe Funktion. Dann gilt in $\mathfrak{P}_{n+1}$

$$f(z) = \frac{1}{2\pi i} \int\limits_{\mathfrak{C}_{n+1}} \frac{f(\zeta)}{\zeta - z}\, d\zeta\,,$$

wobei über den gesamten Rand $\mathfrak{C}_{n+1} = \sum\limits_{k=1}^{s} \mathfrak{C}_{n+1,\,k}$ von $\mathfrak{P}_{n+1}$ im positiven Sinne zu integrieren ist, d. h. so, daß bei jeder einfach geschlossenen Kurve $\mathfrak{C}_{n+1,\,k}$ das Gebiet $\mathfrak{P}_{n+1}$ links liegt. Diese Formel gilt, wie man sich sofort überlegt, auch dann, wenn $\mathfrak{P}_{n+1}$ aus mehreren Gebieten besteht. Wir wählen jetzt eine ausgezeichnete Zerlegungsfolge $\mathfrak{Z}_{k_\nu}: (\zeta_1^{k_\nu}, \zeta_2^{k_\nu}, \ldots, \zeta_{m_{k_\nu}}^{k_\nu})$

auf jedem $\mathfrak{C}_{n+1,k}$ derart, daß sämtliche Ecken von $\mathfrak{C}_{n+1,k}$ unter den $\zeta_\mu^{k_\nu}$ für jedes ν vorkommen, und es sei $\zeta_{m_{k_\nu}+1}^{k_\nu} = \zeta_1^{k_\nu}$. Dann ist in $\mathfrak{P}_{n+1}$:

$$f(z) = \lim_{\nu\to\infty} f_n^{(\nu)}(z)$$

mit

$$f_n^{(\nu)}(z) = \sum_{k=1}^{s} \sum_{\mu=1}^{m_{k_\nu}} \frac{1}{2\pi i} \frac{f(\zeta_\mu^{k_\nu})}{\zeta_\mu^{k_\nu} - z} (\zeta_{\mu+1}^{k_\nu} - \zeta_\mu^{k_\nu}), \tag{1}$$

und zwar gilt dies gleichmäßig in jedem abgeschlossenen Teilgebiet von $\mathfrak{P}_{n+1}$. Dies folgt unmittelbar aus dem Satz von VITALI, da die Folge der vorstehenden rationalen Funktionen $f_n^{(\nu)}(z)$ im Innern von $\mathfrak{P}_{n+1}$ gleichartig beschränkt ist, folglich eine normale Familie in $\mathfrak{P}_{n+1}$ bildet und daher gleichmäßig im Innern von $\mathfrak{P}_{n+1}$ konvergiert.

Sei jetzt $\varepsilon_1 > \varepsilon_2 > \varepsilon_3 > \cdots$ eine Nullfolge. Dann gibt es also zu jedem ε_n eine rationale Funktion $g_n(z) = f_n^{(\nu_n)}(z)$ mit Polen auf $\mathfrak{C}_{n+1}$, so daß in $\mathfrak{P}_n$ gilt:

$$|f(z) - g_n(z)| < \varepsilon_n . \tag{2}$$

3. Die Funktionen $g_n(z)$ haben gemäß (1) die Gestalt

$$g_n(z) = \sum_{k=1}^{s} \sum_{\mu=1}^{m} \frac{b_{k\mu}}{z - a_{k\mu}}, \tag{3}$$

wobei die Polstellen $a_{k\mu}$ auf $\mathfrak{C}_{n+1}$, also außerhalb $\mathfrak{P}_n$ liegen. Eventuell sind einige der $b_{k\mu}$ gleich Null. Wir werden jetzt diese Polstellen zum Rand von $\mathfrak{G}$ hin verschieben. Dazu benutzen wir den folgenden

Hilfssatz *(Polverschiebung). $\mathfrak{C}$ sei eine einfache Kurve, die von a nach b läuft, $\mathfrak{G}$ ein abgeschlossenes Gebiet, das keinen Punkt von $\mathfrak{C}$ enthält. Dann läßt sich jede rationale Funktion $R_0(z)$, die nur einen Pol in a hat, als Grenzwert einer in $\mathfrak{G}$ gleichmäßig konvergierenden Folge von rationalen Funktionen $R_n(z)$ darstellen, die alle nur einen Pol in b haben.*

Wir können, nötigenfalls nach Vornahme einer linearen Transformation, annehmen, daß $\mathfrak{C}$ eine beschränkte Kurve ist. Es sei ferner d der Minimalabstand von $\mathfrak{C}$ in bezug auf $\mathfrak{G}$. Dann unterteilen wir $\mathfrak{C}$ durch Punkte a_k, $k = 0, 1, \ldots, s$, $a_0 = a$, $a_s = b$ so, daß die Entfernung zwischen a_k und a_{k+1} kleiner als d ist.

Da die Funktion $R_0(z)$ nur einen Pol in a hat, so ist sie im Unendlichen holomorph und hat dort einen Wert c. Die Funktion $R_0(z)$ hat dann die Gestalt

$$R_0(z) = c + \sum_{\nu=1}^{n_0} \frac{c_\nu}{(z-a)^\nu}.$$

Legen wir jetzt um a_1 einen Kreis $\mathfrak{K}_1$ mit dem Radius d, so liegt a in diesem Kreis, und wir können daher $R_0(z)$ außerhalb dieses Kreises in eine gleichmäßig konvergente Laurent-Reihe entwickeln:

$$R_0(z) = c + \sum_{\nu=1}^{\infty} \frac{c_{1\nu}}{(z - a_1)^\nu},$$

(bei der alle positiven Potenzen von $z - a_1$ wegen der Holomorphie von $R_0(z)$ im Unendlichen verschwinden). Zu gegebenem $\varepsilon > 0$ können wir also einen endlichen Abschnitt $R_1(z)$ dieser Laurent-Reihe so wählen, daß außerhalb des Kreises $\mathfrak{K}_1$, also auch in $\mathfrak{G}$, gilt:

$$|R_0(z) - R_1(z)| < \frac{\varepsilon}{s}$$

mit

$$R_1(z) = c + \sum_{\nu=1}^{n_1} \frac{c_{1\nu}}{(z - a_1)^\nu}.$$

Wir wiederholen dieses Verfahren mit $R_1(z)$, indem wir jetzt einen Kreis $\mathfrak{K}_2$ um a_2 mit dem Radius d legen und außerhalb dieses Kreises $R_1(z)$ durch eine rationale Funktion $R_2(z)$ mit nur einem Pol in a_2 bis auf $\frac{\varepsilon}{s}$ approximieren, usw. So erhalten wir in $\mathfrak{G}$:

$$|R_{k-1}(z) - R_k(z)| < \frac{\varepsilon}{s}$$

mit

$$R_k(z) = c + \sum_{\nu=1}^{n_k} \frac{c_{k\nu}}{(z - a_k)^\nu}, \quad k = 1, 2, \ldots, s,$$

und damit

$$|R_0(z) - R_s(z)| < \varepsilon,$$

womit der Hilfssatz bewiesen ist.

Ist b der Punkt ∞, so gewinnen wir in $\mathfrak{G}$ durch Einschaltung einer linearen Transformation, die $\mathfrak{C}$ zunächst ins Endliche transformiert, eine Entwicklung von $R_0(z)$ nach Polynomen.

Jetzt können wir den Beweis der Sätze 30 und 31 leicht zu Ende führen. Die einzelnen rationalen Funktionen $\frac{b_{k\mu}}{z - a_{k\mu}}$ in (3) approximieren wir in $\mathfrak{P}_n$ gemäß dem vorstehenden Hilfssatz durch rationale Funktionen $R_{k\mu}(z)$ mit Polstellen in den Punkten $p_{n+1,k}$ des Randes von $\mathfrak{G}$:

$$\left|\frac{b_{k\mu}}{z - a_{k\mu}} - R_{k\mu}(z)\right| < \frac{\varepsilon_n}{sm}, \quad k = 1, 2, \ldots, s, \quad \mu = 1, 2, \ldots, m, \tag{4}$$

wobei die ε_n die Zahlen der Nullfolge in Formel (2) sind. Setzen wir nun

$$f_n(z) = \sum_{k=1}^{s} \sum_{\mu=1}^{m} R_{k\mu}(z), \tag{5}$$

so haben wir rationale Funktionen mit Polstellen in den Punkten $p_{n+1,k}$, also außerhalb $\mathfrak{G}$, gefunden, so daß auf Grund von (2) bis (5) in $\mathfrak{P}_n$ gilt:

$$|f(z) - f_n(z)| < 2\varepsilon_n\,, \quad n = 1, 2, 3, \ldots\,.$$

Diese Funktionen $f_n(z)$ approximieren dann in jedem kompakt in $\mathfrak{G}$ liegenden Teilgebiet $\mathfrak{G}^*$ gleichmäßig die Funktion $f(z)$. Um dies einzusehen, wähle man zu gegebenem $\varepsilon > 0$ die Zahl n_0 so groß, daß für alle $n \geqq n_0$ gilt: $2\varepsilon_n < \varepsilon$ und $\mathfrak{G}^* \subset \mathfrak{P}_n$. Damit ist Satz 30 bewiesen.

Ist $\mathfrak{G}$ einfach zusammenhängend und endlich, so können wir jeden Randpunkt p_{nk} von $\mathfrak{G}$ durch eine Kurve, die nicht in $\mathfrak{P}_n$ eindringt, mit dem Punkt ∞ verbinden. Also können wir dann alle holomorphen Funktionen im Innern von $\mathfrak{G}$ durch rationale Funktionen mit Polen nur im Unendlichen, d. h. durch Polynome gleichmäßig annähern. So ist auch die erste Hälfte von Satz 31 bewiesen.

Ist $\mathfrak{G}$ mehrfach zusammenhängend oder nicht endlich, so gibt es in $\mathfrak{G}$ eine beschränkte geschlossene Kurve $\mathfrak{C}$, die im Innern wenigstens einen nicht zu $\mathfrak{G}$ gehörigen Punkt z_0 enthält. $\dfrac{1}{z - z_0}$ ist dann holomorph in $\mathfrak{G}$. Ließen sich nun alle in $\mathfrak{G}$ holomorphen Funktionen durch Polynome $P_n(z)$ approximieren, so wäre auch

$$\frac{1}{z - z_0} = \lim_{n\to\infty} P_n(z) \tag{6}$$

gleichmäßig im Innern von $\mathfrak{G}$, also insbesondere auf $\mathfrak{C}$. Nach dem Satz von WEIERSTRASS (II, 7, Satz 42) müßte dann die Grenzfunktion überall im Innern von $\mathfrak{G}$ holomorph sein, im Widerspruch zum singulären Verhalten der linken Seite von (6) in z_0.

Aus dem Beweisgang des Rungeschen Satzes ersehen wir, daß uns noch viele Freiheiten für die Wahl der Polstellen unserer approximierenden rationalen Funktionen zur Verfügung stehen. Es sei $\mathfrak{G}' = C\,\mathfrak{G}$ die (abgeschlossene) Komplementärmenge von $\mathfrak{G}$. Die abgeschlossene Teilmenge $\mathfrak{G}'_0$ von $\mathfrak{G}'$ heißt eine *Komponente* von $\mathfrak{G}'$, wenn $\mathfrak{G}'_0$ *nicht* in zwei abgeschlossene, nicht leere Teilmengen zerlegt werden kann, die punktfremd zueinander sind, und es keine $\mathfrak{G}'_0$ echt umfassende Punktmenge aus $\mathfrak{G}'$ mit gleicher Eigenschaft gibt. Dann folgt aus unserem Beweisgang unmittelbar:

Satz 32. *Besteht die Komplementärmenge $\mathfrak{G}'$ eines Gebietes $\mathfrak{G}$ aus abzählbar vielen Komponenten G'_k, $k = 1, 2, 3, \ldots$, und greift man aus jeder Komponente $\mathfrak{G}'_k$ einen Punkt p_k heraus, so ist jede in $\mathfrak{G}$ holomorphe Funktion gleichmäßig in $\mathfrak{G}$ durch rationale Funktionen approximierbar, die nur Pole in den Punkten p_k haben.*

Die Komplementärmenge $\mathfrak{G}'$ braucht nicht notwendig aus abzählbar vielen Komponenten zu bestehen. Aber man kommt gemäß unserer

Konstruktion beim Rungeschen Satz stets mit abzählbar vielen fest gewählten Polstellen p_k der rationalen Funktionen aus. Doch muß jede Komponente, der kein Punkt p_k angehört, mindestens einen Punkt enthalten, der Häufungspunkt der p_k ist. Dies läßt sich ebenso beweisen wie der zweite Teil von Satz 31.

Aus dem Satz von MITTAG-LEFFLER (7, Satz 24) ergibt sich weiter in Verbindung mit dem Satz von RUNGE, daß jede in einem Gebiet $\mathfrak{G}$ meromorphe Funktion sich dort durch eine Reihe rationaler Funktionen, die dann natürlich auch Pole in $\mathfrak{G}$ haben, darstellen läßt, und zwar durch eine Reihe, die im Innern von $\mathfrak{G}$ nach Abtrennung jeweils endlich vieler Glieder gleichmäßig konvergiert.

Die vorstehenden für Gebiete formulierten Aussagen gelten auch für beliebige offene Punktmengen, also für *Bereiche*. Ein solcher Bereich $\mathfrak{B}$ besteht aus endlich oder abzählbar unendlich vielen punktfremden Gebieten $\mathfrak{G}_1, \mathfrak{G}_2, \mathfrak{G}_3, \ldots$:

$$\mathfrak{B} = \mathfrak{G}_1 + \mathfrak{G}_2 + \mathfrak{G}_3 + \cdots.$$

In jedem dieser Gebiete $\mathfrak{G}_\nu$ sei eine holomorphe Funktion $f_\nu(z)$ vorgegeben. Dadurch ist in $\mathfrak{B}$ eine Funktion $f(z)$ erklärt, für die gleichfalls die Aussage des Satzes 30 gilt:

Es gibt rationale Funktionen $R_1(z), R_2(z), \ldots$, die in jeder kompakten Teilmenge $\mathfrak{B}^*$ von $\mathfrak{B}$ gleichmäßig gegen $f(z)$ konvergieren.

Man kann nämlich $\mathfrak{B}$ wieder in einen endlichen Bereich transformieren, diesen durch Polygonbereiche ausschöpfen, die jeweils nur aus endlich vielen Gebieten bestehen, und die Cauchysche Integralformel über die Ränder dieser Polygonbereiche erstrecken. Diese Integrale liefern dann im Innern eines solchen Polygonbereiches genau die Funktion $f(z)$. Sei nämlich

$$\mathfrak{P} = \mathfrak{P}_1 + \mathfrak{P}_2 + \cdots + \mathfrak{P}_k$$

ein solcher Polygonbereich und $\mathfrak{P}_1, \mathfrak{P}_2, \ldots, \mathfrak{P}_k$ seine Komponenten mit den Rändern $\mathfrak{C}_1, \mathfrak{C}_2, \ldots, \mathfrak{C}_k$ und

$$\mathfrak{C} = \mathfrak{C}_1 + \mathfrak{C}_2 + \cdots + \mathfrak{C}_k.$$

Dann ist für z aus dem Innern von $\mathfrak{P}$:

$$\frac{1}{2\pi i}\int_{\mathfrak{C}} \frac{f(\zeta)}{\zeta - z}\, d\zeta = \sum_{\varkappa=1}^{k} \frac{1}{2\pi i}\int_{\mathfrak{C}_\varkappa} \frac{f_\varkappa(\zeta)}{\zeta - z}\, d\zeta.$$

Da aber z nur in einem der $\mathfrak{P}_\varkappa$ liegt, etwa in $\mathfrak{P}_{\varkappa_0}$, so gilt:

$$\frac{1}{2\pi i}\int_{\mathfrak{C}_\varkappa} \frac{f(\zeta)}{\zeta - z}\, d\zeta = \begin{cases} f_{\varkappa_0}(z) & \text{für } \varkappa = \varkappa_0 \\ 0 & \text{für } \varkappa \neq \varkappa_0, \end{cases}$$

also

$$\frac{1}{2\pi i}\int_{\mathfrak{C}} \frac{f(\zeta)}{\zeta - z}\, d\zeta = f_{\varkappa_0}(z) = f(z).$$

Im übrigen schließt man weiter wie oben.

Entsprechend gilt Satz 31 *auch für Bereiche $\mathfrak{B}$, deren zusammenhängende Komponenten $\mathfrak{G}_1, \mathfrak{G}_2, \mathfrak{G}_3, \ldots$ sämtlich einfach zusammenhängend sind.*

Ebenso läßt sich Satz 32 übertragen:

Kann man die abgeschlossene Komplementärmenge $\mathfrak{B}' = C\,\mathfrak{B}$ in abzählbar viele Komponenten $\mathfrak{B}'_\varkappa$ zerlegen, so kann man in jeder dieser Komponenten $\mathfrak{B}'_\varkappa$ eine Stelle $p_\varkappa$ wählen und die Polstellen der rationalen Funktionen ausschließlich in diese Punkte $p_\varkappa$ verlegen.

§ 11. Fourierentwicklungen

Periodische Funktionen entwickelt man zweckmäßig so in unendliche Reihen, daß die in den einzelnen Summanden auftretenden Funktionen – also die Analoga der Funktionen z^ν der Laurent-Entwicklung – die Periodizität schon selbst in Erscheinung treten lassen. Solche Summanden sind z. B. für die Periode p ($p \neq 0$ beliebig komplex) die Funktionen $e^{\frac{2\pi i\cdot nz}{p}}$, $n = 0, \pm 1, \pm 2, \ldots$. Die Entwicklung nach diesen Funktionen – ihre Möglichkeit wird zu diskutieren sein –:

$$f(z) = \sum_{n=-\infty}^{+\infty} a_n e^{\frac{2\pi i n z}{p}} \tag{1}$$

nennt man eine *Fourier-Entwicklung* von $f(z)$.

Setzt man $w = e^{\frac{2\pi i z}{p}}$, so geht, wie wir zeigen werden, (1) in eine Laurent-Reihe über. Wir vermögen auch umgekehrt die Fourier-Entwicklung leicht aus der Laurent-Reihe abzuleiten.

Satz 33. *Die analytische Funktion $f(z)$ sei auf der Geraden g: $z = z_0 + tp$, $-\infty < t < +\infty$, holomorph und habe dort die Periode p, d. h. für alle z auf g gelte:*

$$f(z + p) = f(z)\,. \tag{2}$$

Dann ist die Funktion $f(z)$ für alle z ihres Holomorphiegebietes periodisch mit der Periode p, und sie läßt sich im größten Streifen

$$-\infty \leqq \alpha_0 < \operatorname{Im}\left(\frac{z}{p}\right) < \beta_0 \leqq +\infty\,, \tag{3}$$

der die Gerade g enthält und in dem $f(z)$ holomorph ist, eindeutig in eine Fourier-Reihe entwickeln, die gleichmäßig in jedem Streifen

$$\alpha_0 < \alpha \leqq \operatorname{Im}\left(\frac{z}{p}\right) \leqq \beta < \beta_0 \tag{4}$$

konvergiert. Die Reihe ist divergent im Äußeren des Streifens (3). *Für die Koeffizienten a_n gilt:*

$$a_n = \frac{1}{p}\int_{z_0}^{z_0+p} f(z)\, e^{-\frac{2\pi i n z}{p}}\, dz = e^{-\frac{2\pi i n z_0}{p}} \int_0^1 f(z_0 + tp)\, e^{-2\pi i n t}\, dt\,, \tag{5}$$

$$n = 0, \pm 1, \pm 2, \ldots.$$

Zusatz 33. *$f(z)$ sei eine ganze Funktion mit der Periode p. Dann läßt sie sich in eine Fourier-Reihe* (1) *entwickeln, die in jedem Streifen*

$$-\infty < \alpha < \operatorname{Im}\left(\frac{z}{p}\right) < \beta < \infty$$

gleichmäßig konvergiert.

Der erste Teil von Satz 33 folgt unmittelbar aus dem Identitätssatz: Ist z_1 ein beliebiger Punkt des Holomorphiegebietes und $\mathfrak{C}$ eine einfache Kurve in diesem Gebiet, die von z_1 zu einem Punkt z_2 auf g läuft, so sei $\mathfrak{C}_p$ die aus $\mathfrak{C}$ durch Parallelverschiebung hervorgegangene Kurve, die $z_1 + p$ mit $z_2 + p$ verbindet. Auf $\mathfrak{C}$ ist $f(z)$ holomorph. Also ist auf $\mathfrak{C}_p$ auch $h(z) = f(z - p)$ holomorph. In der Umgebung von $z_2 + p$ gilt auf der Geraden g sodann: $h(z) = f(z - p) = f(z)$. Daher ist $h(z) = f(z)$ im Holomorphiegebiet von $f(z)$. $\mathfrak{C}_p$ gehört also hierzu, und es ist, wie behauptet,

$$f(z_1 + p) = h(z_1 + p) = f(z_1)\,.$$

Wir merken noch an, daß aus dieser Relation die Beziehung

$$f(z + n\,p) = f(z)\,, \quad n = 0, \pm 1, \pm 2, \ldots, \tag{6}$$

für alle z des Holomorphiegebietes folgt.

Wir wählen nun das kleinstmögliche α_0 und das größtmögliche β_0, so daß $f(z)$ im Streifen (3) holomorph ist. Dabei sind wir wegen der Holomorphie von $f(z)$ auf g und der Periodizität von $f(z)$ sicher, daß es solche voneinander verschiedene Zahlen, die evtl. gleich $\pm\infty$ sein können, gibt. Sodann führen wir die neue Variable

$$w = e^{\frac{2i\pi}{p} z} \tag{7}$$

mit der Umkehrung

$$z = \frac{p}{2\pi i} \log w$$

ein. Dabei beachten wir, daß diese Umkehrung zwar nicht eindeutig bestimmt ist, daß sie sich aber unbeschränkt analytisch fortsetzen läßt, solange der Nullpunkt vermieden wird, und daß verschiedene Zweige sich genau um ganzzahlige Vielfache von p unterscheiden. Deuten wir (7) als Abbildung der z- auf die w-Ebene, so sehen wir, daß der Streifen (3) auf den Kreisring $\mathfrak{R}$:

$$e^{-2\pi\beta_0} < |w| < e^{-2\pi\alpha_0}$$

abgebildet wird und die Gerade g auf den in $\mathfrak{R}$ liegenden Kreis $\mathfrak{R}_0$: $|w| = e^{-2\pi \operatorname{Im}\left(\frac{z_0}{p}\right)}$. Punkte, die sich in (3) um ganzzahlige Vielfache von p unterscheiden, werden in $\mathfrak{R}$ in ein und denselben Punkt abgebildet, und jeder Punkt w aus $\mathfrak{K}$ besitzt im Streifen (3) eine Folge von Urbildern $z + n p$, n ganz. Daher ist

$$g(w) = f\left(\frac{p}{2\pi i} \log w\right)$$

wegen der Beziehung (6) eine im Kreisring $\mathfrak{K}$ überall holomorphe und eindeutige Funktion. Sie läßt sich dort in eine im Innern von $\mathfrak{K}$ gleichmäßig konvergente Laurent-Reihe entwickeln:

$$g(w) = \sum_{n=-\infty}^{+\infty} a_n w^n \tag{8}$$

mit

$$a_n = \frac{1}{2\pi i} \int_{\mathfrak{K}_0} \frac{g(w)}{w^{n+1}} dw\,, \quad n = 0, \pm 1, \pm 2, \ldots .$$

Setzt man in diese Formeln die Beziehung (7) ein, so erhält man die Darstellung (1) mit den Koeffizienten (5). Die Aussage über die Eindeutigkeit, die gleichmäßige Konvergenz und die Divergenz folgen aus den entsprechenden Eigenschaften der Laurent-Reihe. Damit ist der Satz bewiesen.

Die Voraussetzungen von Satz 33 können noch weitgehend eingeschränkt werden. So läßt sich z. B. zeigen: Ist $f(z)$ auf einer einfachen, von z_0 nach $z_0 + p$ laufenden Kurve holomorph, gibt es ferner eine Folge von Punkten z_n, $n = 1, 2, 3, \ldots$, so daß $\lim\limits_{n\to\infty} z_n = z_0$ ist, und gilt für diese Punkte $f(z_n + p) = f(z_n)$, so ist $f(z)$ periodisch mit der Periode p. Diese Aussage folgt unmittelbar aus dem Identitätssatz für holomorphe Funktionen. Ist darüber hinaus $f(z)$ auf der ganzen Strecke $z = z_0 + tp$, $0 \leqq t \leqq 1$ holomorph, so ist $f(z)$ auf der ganzen Geraden $-\infty < t < \infty$ holomorph und periodisch, und wir sind in den Voraussetzungen von Satz 33.

Über die Konvergenz der Fourier-Reihen gilt noch

Satz 34. *Die Fourier-Reihe* (1) *konvergiere in zwei Punkten* z_1 *und* z_2 *mit* $\operatorname{Im}\left(\frac{z_1}{p}\right) < \operatorname{Im}\left(\frac{z_2}{p}\right)$. *Dann konvergiert sie gleichmäßig im Innern des Streifens*

$$\operatorname{Im}\left(\frac{z_1}{p}\right) < \operatorname{Im}\left(\frac{z}{p}\right) < \operatorname{Im}\left(\frac{z_2}{p}\right)$$

und stellt dort eine periodische Funktion mit der Periode p *dar.*

Zum Beweise wird der Übergang zur Laurent-Reihe (8) vollzogen. Dann folgt die Behauptung aus der gleichmäßigen Konvergenz der Laurent-Reihe im Innern des Kreisringes

$$e^{-2\pi \operatorname{Im}\left(\frac{z_2}{p}\right)} < |w| < e^{-2\pi \operatorname{Im}\left(\frac{z_1}{p}\right)}.$$

Die Zahlen α_0 und β_0, die die Lage des Konvergenzstreifens (3) festlegen, ergeben sich unmittelbar aus den Konvergenzradien der Laurent-Reihe (s. 3):

$$\left.\begin{aligned} \alpha_0 &= \frac{1}{2\pi} \overline{\lim_{n\to\infty}} \frac{1}{n} \log|a_n|\,, \\ \beta_0 &= \frac{1}{2\pi} \underline{\lim_{n\to-\infty}} \frac{1}{n} \log|a_n|\,. \end{aligned}\right\} \tag{9}$$

Für $a_n = 0$ ist dabei $\log|a_n| = -\infty$ zu setzen, und als Grenzwerte sind $-\infty$ und $+\infty$ zuzulassen. Aus der Kenntnis der periodischen Funktionen in einem Periodenintervall läßt sich also ihre Fourier-Reihe und deren Konvergenzgebiet berechnen.

Auf der Geraden g existiert auch das Integral über $|f(z)|^2$, und wegen der gleichmäßigen Konvergenz der Fourier-Reihe (1) auf g gilt:

$$\begin{aligned} \frac{1}{p}\int_{z_0}^{z_0+p} |f(z)|^2\,dz &= \int_0^1 |f(z_0+tp)|^2\,dt \\ &= \sum_{\nu=-\infty}^{+\infty} \sum_{\mu=-\infty}^{+\infty} a_\nu e^{\frac{2\pi i\nu z_0}{p}} \cdot \bar{a}_\mu e^{-\frac{2\pi i\mu \bar{z}_0}{\bar{p}}} \int_0^1 e^{2\pi i(\nu-\mu)t}\,dt \\ &= \sum_{\nu=-\infty}^{+\infty} \left|a_\nu e^{\frac{2\pi i\nu z_0}{p}}\right|^2 = \sum_{\nu=-\infty}^{+\infty} |a_\nu|^2\, e^{-4\pi\nu \operatorname{Im}\left(\frac{z_0}{p}\right)}. \end{aligned}$$

Geht die Gerade g durch den Nullpunkt, so kann man insbesondere $z_0 = 0$ wählen, und es ist $\operatorname{Im}\left(\frac{z_0}{p}\right) = 0$. Dann folgt:

$$\sum_{\nu=-\infty}^{+\infty} |a_\nu|^2 = \frac{1}{p}\int_0^p |f(z)|^2\,dz = \int_0^1 |f(tp)|^2\,dt\,.$$

Diese Beziehung spielt in der Theorie der reellen Fourier-Reihen eine besondere Rolle und wird *Vollständigkeitsrelation* genannt. Sie ist ein Kriterium dafür, daß sich eine gegebene Funktion $f(z)$ durch die Funktionen $e^{\frac{2\pi i n z}{p}}$ in obiger Weise darstellen läßt. Auf die Bedeutung solcher Relationen werden wir im folgenden Paragraphen noch ausführlich zu sprechen kommen, wenn wir die Entwicklung analytischer Funktionen nach Orthogonalfunktionen behandeln.

Eine Verbindung mit der Theorie der reellen Fourier-Reihen bekommen wir, wenn $f(z)$ auf der reellen Achse reell und periodisch ist. Dann gilt dort insbesondere, wenn wir $a_n = \frac{\alpha_n}{2} - i\frac{\beta_n}{2}$, $n = 0, \pm 1, \pm 2, \ldots$, setzen,

$$f(x) = \sum_{n=-\infty}^{+\infty} \left(\frac{\alpha_n}{2}\cos\frac{2\pi n x}{p} + \frac{\beta_n}{2}\sin\frac{2\pi n x}{p}\right).$$

Und da in diesem Falle $\overline{f(\bar{z})} \equiv f(z)$ ist und die Fourier-Reihe eindeutig bestimmt ist, so folgt:

$$\sum_{n=-\infty}^{+\infty} a_n e^{\frac{2\pi i n z}{p}} = f(z) = \overline{f(\bar{z})} = \sum_{n=-\infty}^{+\infty} \overline{a_n} e^{-\frac{2\pi i n z}{p}} = \sum_{n=-\infty}^{+\infty} \overline{a_{-n}} e^{\frac{2\pi i n z}{p}},$$

also

$$a_n = \overline{a_{-n}} \text{ oder } \alpha_n = \alpha_{-n}; \quad \beta_n = -\beta_{-n}, \quad n = 0, 1, 2, \ldots .$$

Daraus ergibt sich:

$$f(x) = \frac{\alpha_0}{2} + \sum_{n=1}^{\infty} \left(\alpha_n \cos \frac{2\pi n x}{p} + \beta_n \sin \frac{2\pi n x}{p} \right)$$

mit den Koeffizienten

$$\alpha_n = \frac{2}{p} \int_0^p f(x) \cos \frac{2\pi n x}{p} dx; \quad \beta_n = \frac{2}{p} \int_0^p f(x) \sin \frac{2\pi n x}{p} dx.$$

Wir haben dieses Ergebnis für holomorphe Funktionen auf der reellen Achse abgeleitet. Die Möglichkeit, reelle Funktionen durch Fourier-Reihen darzustellen, geht aber weit über die Klasse der holomorphen Funktionen hinaus. Dieser Unterschied ist wohl zu beachten.

Jede stetig differenzierbare reelle Funktion läßt in jedem Intervall ihres Definitionsgebietes eine im Innern des Intervalls gleichmäßig und absolut konvergente Fourier-Entwicklung mit der Intervall-Länge als Periode zu.

Wird aber eine holomorphe Funktion $f(z)$ durch eine gleichmäßig konvergente Fourier-Reihe (1) in einem noch so kleinen Gebiet $\mathfrak{G}$ dargestellt, so ist diese Funktion nach Satz 34 in jedem Streifen (3), dessen sämtliche Geraden durch $\mathfrak{G}$ gehen, holomorph und durch (1) dargestellt, sie hat also insbesondere die Periode p. Dagegen braucht eine reelle Funktion, die in einem Intervall durch eine Fourier-Reihe dargestellt wird, überhaupt nicht periodisch zu sein. Eine holomorphe Funktion, die in einem Intervall der reellen Achse reell, aber nicht periodisch ist, läßt sich dort trotzdem in eine gleichmäßig und absolut konvergente Fourier-Reihe entwickeln. Deren Konvergenzbereich hat aber in der z-Ebene keinen inneren Punkt.

Zum Schluß wollen wir noch einige Bemerkungen über die Perioden holomorpher Funktionen machen. Eine holomorphe, nicht konstante Funktion kann keine beliebig kleinen Perioden aufweisen, da sich sonst gegen jeden inneren Punkt ihres Holomorphiegebietes Stellen mit gleichem Funktionswert häufen müßten.

Auch können sich die Perioden p einer holomorphen Funktion anderswo nirgends häufen; denn aus $\lim\limits_{\nu\to\infty} p_\nu = a$ würden sich andernfalls beliebig kleine Perioden $p_\nu - p_\mu$ ergeben, weil mit zwei Perioden p_1 und p_2 offensichtlich auch $p_1 \pm p_2$ Perioden sind.

Wir sahen in Formel (6), daß mit p auch alle Zahlen np, n ganz, Perioden sind. Eine Periode p, die sich nicht in der Form nq $(n > 1$, q eine Periode) darstellen läßt, heißt eine *Grundperiode*. Ist p eine solche Grundperiode und q eine Periode, die nicht die Form $q = np$, n ganz, hat, so ist $\frac{q}{p}$ nicht reell. Da nämlich die Perioden sich nicht häufen, so gibt es ein kleinstes $r > 0$, so daß rp Periode ist. Da p Periode ist, so ist $0 < r \leqq 1$. Nun ist $1 = nr + s$, $0 \leqq s < r$, $n > 0$ ganz. Dann ist auch $p - n(rp) = sp$ Periode. Da r aber die kleinste Zahl > 0 war, die eine Periode liefert, so ist $s = 0$, also $p = n(rp)$. Nun war p Grundperiode, folglich ist $n = 1$ und $r = 1$. p ist also die kleinste Periode der Gestalt rp, $r > 0$. Ist nun $q = tp$, t reell, so ist $t = n + u$, $0 \leqq u < 1$, n ganz, folglich $up = q - np$ Periode, also $u = 0$ und $q = np$, n ganz. Wenn also die Periode q nicht die Gestalt np hat, so kann $\frac{q}{p}$ nicht reell sein. In der Weierstrassschen $\wp$-Funktion (s. 7, Beispiel 3) haben wir eine Funktion kennengelernt, die zwei Perioden mit nicht reellem Quotienten besitzt.

Beispiele:

1. Als periodische Funktionen sind uns besonders die ganzen Funktionen e^z, e^{-z}, $\sin z$, $\cos z$ vertraut. Ihre Fourier-Entwicklungen sind endlich und bestehen aus nur einem oder zwei Gliedern. Die Perioden sind $2\pi i$ bzw. 2π.

Die Funktion $\cot z$ hat die Periode π. Sie ist bis auf die Punkte $z = n\pi$, n ganz, überall holomorph und daher in der oberen und getrennt davon in der unteren Halbebene jeweils in eine Fourier-Reihe entwickelbar:

$$\cot z = i\,\frac{e^{2iz}+1}{e^{2iz}-1} = -i - 2i\sum_{n=1}^{\infty} e^{2inz} \quad \text{für } \operatorname{Im} z > 0$$

und entsprechend

$$\cot z = i\,\frac{1+e^{-2iz}}{1-e^{-2iz}} = i + 2i\sum_{n=1}^{\infty} e^{-2inz} \quad \text{für } \operatorname{Im} z < 0\,.$$

Ebenso erhält man für $\tan z$ die Reihen:

$$\tan z = -i\,\frac{e^{2iz}-1}{e^{2iz}+1} = i + 2i\sum_{n=1}^{\infty}(-1)^n e^{2inz} \quad \text{für } \operatorname{Im} z > 0$$

und

$$\tan z = -i\,\frac{1-e^{-2iz}}{1+e^{-2iz}} = -i - 2i\sum_{n=1}^{\infty}(-1)^n e^{-2inz} \quad \text{für } \operatorname{Im} z < 0\,.$$

2. In der reellen Analysis sind die Fourier-Reihen

$$\Omega_{2k+1}(x) = 2\sum_{n=1}^{\infty}\frac{\sin 2n\pi x}{(2n\pi)^{2k+1}}\,, \quad k = 0, 1, 2, \ldots,$$

und

$$\Omega_{2k}(x) = 2\sum_{n=1}^{\infty}\frac{\cos 2n\pi x}{(2n\pi)^{2k}}\,, \quad k = 1, 2, 3, \ldots,$$

von Bedeutung. Wir haben früher (s. 5, Formel (30) und (31)) ihre Summen bereits berechnet und festgestellt, daß diese im Intervall $0 < x < 1$ durch die Bernoullischen Polynome dargestellt werden können. Dann können nach den obigen Feststellungen die $\Omega_l(x)$ keine holomorphen Funktionen liefern. Dies bestätigt man auch noch leicht dadurch, daß man die Konstanten α_0 und β_0 des Konvergenzstreifens von $\Omega_l(x)$ nach (9) ermittelt. Es ergibt sich für die Koeffizienten der komplexen Fourier-Reihe: $|a_n| = \left|\frac{1}{2n\pi}\right|^l$ und daher $\alpha_0 = 0$ und $\beta_0 = 0$.

3. *Die Poissonsche Summenformel.* Es sei $f(z)$ holomorph auf der Geraden $\operatorname{Im} z = \alpha$. Ferner sei

$$F(z) = \sum_{n=-\infty}^{+\infty} f(n + i\alpha + z)$$

gleichmäßig konvergent in einer Umgebung der Strecke $0 \leqq z \leqq 1$. Dann ist offensichtlich $F(z)$ auf der Geraden $\operatorname{Im} z = 0$ holomorph und periodisch mit der Periode $p = 1$. Deshalb läßt sich $F(z)$ in eine Fourier-Reihe entwickeln, die die Gestalt hat:

$$F(z) = \sum_{\nu=-\infty}^{+\infty} a_\nu e^{2\pi i\nu z}$$

mit

$$\begin{aligned} a_\nu &= \int_0^1 \sum_{n=-\infty}^{+\infty} f(n + i\alpha + u)\, e^{-2\pi i\nu u}\, du \\ &= \sum_{n=-\infty}^{+\infty} \int_n^{n+1} f(u + i\alpha)\, e^{-2\pi i\nu u}\, du \\ &= \int_{-\infty}^{+\infty} f(u + i\alpha)\, e^{-2\pi i\nu u}\, du\,. \end{aligned}$$

Für $z = 0$ folgt daher die Summenformel

$$\sum_{n=-\infty}^{+\infty} f(n + i\alpha) = \sum_{\nu=-\infty}^{+\infty} \int_{-\infty}^{+\infty} f(u + i\alpha)\, e^{-2\pi i\nu u}\, du\,.$$

Ist $f(z)$ auf der reellen Achse reell und $\alpha = 0$, so hat man speziell

$$\begin{aligned} \sum_{n=-\infty}^{+\infty} f(n) &= \sum_{\nu=-\infty}^{+\infty} \int_{-\infty}^{+\infty} f(u) \cos 2\pi\nu u\, du \\ &= \int_{-\infty}^{+\infty} f(u)\, du + 2\sum_{\nu=1}^{\infty} \int_{-\infty}^{+\infty} f(u) \cos 2\pi\nu u\, du\,. \end{aligned}$$

§ 12. Entwicklungen nach Orthogonalfunktionen

In der reellen Analysis spielen die Entwicklungen willkürlicher Funktionen nach Funktionen orthogonaler Funktionensysteme eine hervorgehobene Rolle. Die Potenzreihen, die Laurent-Reihen und die Fourier-Reihen sind Analoga hierzu in der komplexen Analysis. Die übrigen vorstehend behandelten Entwicklungen gehören im allgemeinen nicht dazu, so nicht die Partialbruchentwicklungen und die Entwicklungen gemäß dem Weierstrassschen bzw. Rungeschen Satze. Das Prinzip der Orthogonalisierung und der Entwicklung nach Orthogonalfunktionen ist ganz der reellen Analysis entnommen, und erst bei den

Konvergenzfragen kommen die Prinzipien der Funktionentheorie zur Geltung. Erst neuerdings sind die Vorteile dieser Entwicklung für die Funktionentheorie entdeckt. BIEBERBACH war der erste, der darauf hinwies, und ST. BERGMAN hat dann dieses Hilfsmittel systematisch ausgebaut. LEHTO verwandte es sehr erfolgreich in der Abbildungstheorie. Hinzu kommt der ganze Vorteil der Orthogonalentwicklungen beim numerischen Rechnen, etwa bei der numerischen Berechnung von Abbildungsfunktionen.

Im folgenden sei $\mathfrak{G}$ ein beliebiges (offenes) Gebiet. $\mathfrak{G}_0$ sei das aus $\mathfrak{G}$ entstehende Gebiet, wenn man aus $\mathfrak{G}$ den unendlich fernen Punkt entfernt, sofern er ihm überhaupt angehört. Eine in $\mathfrak{G}$ komplexwertige Funktion $g(z)$ heißt *in $\mathfrak{G}$ integrierbar*, wenn sie in $\mathfrak{G}_0$ im Lebesgueschen Sinne integrierbar ist. Ist das Integral über $\mathfrak{G}_0$ endlich, so bezeichnen wir es als *Integral von $g(z)$ über $\mathfrak{G}$* und schreiben dafür:

$$I = \int_{\mathfrak{G}} g(z)\, d\omega\,;$$

$d\omega = dx\,dy$ ist dabei das positive reelle Flächenelement der z-Ebene $(z = x + iy)$. $\mathfrak{G}_0$ läßt sich durch eine Folge von abgeschlossenen und beschränkten Gebieten $\mathfrak{G}_n$, $n = 1, 2, 3, \ldots$, derart ausschöpfen, daß jeweils $\mathfrak{G}_n$ in $\mathfrak{G}_{n+1}$ enthalten ist und jeder Punkt z_0 aus $\mathfrak{G}_0$ von einem gewissen n_0 an einschließlich einer Umgebung $\mathfrak{U}(z_0)$ in allen $\mathfrak{G}_n$ enthalten ist. Dann gibt es offenbar zu jedem abgeschlossenen und beschränkten Teilgebiet $\mathfrak{G}^*$ von $\mathfrak{G}$ ein n_1, so daß $\mathfrak{G}^*$ für alle $n > n_1$ in $\mathfrak{G}_n$ enthalten ist.

Ist $g(z)$ in $\mathfrak{G}_0$ im Riemannschen Sinne integrierbar, so existiert das Integral $\int_{\mathfrak{G}} g(z)\, d\omega$ genau dann, wenn der Grenzwert der Riemannschen Integrale

$$\lim_{n\to\infty} \int_{\mathfrak{G}_n} g(z)\, d\omega$$

für jede Folge von Gebieten $\mathfrak{G}_n$, die $\mathfrak{G}_0$ ausschöpfen, existiert und endlich ist, und es ist dann

$$\int_{\mathfrak{G}} g(z)\, d\omega = \lim_{n\to\infty} \int_{\mathfrak{G}_n} g(z)\, d\omega\,.$$

Wir werden es im folgenden stets mit stetigen Funktionen in $\mathfrak{G}_0$ zu tun haben, die in $\mathfrak{G}_0$ immer im Riemannschen Sinne integrierbar sind*. Für sie gilt nach elementaren Ergebnissen der reellen Analysis: Sind $f(z)$ und $g(z)$ in $\mathfrak{G}$ integrierbar, so sind auch $\overline{f(z)}$, $f(z)\cdot g(z)$ und $a\cdot f(z) + b\cdot g(z)$,

* Durch die Beschränkung auf diese Funktionen können wir im folgenden alle Aussagen beweisen, ohne die Ergebnisse der Lebesgueschen Theorie heranzuziehen.

a und b beliebig komplex, in $\mathfrak{G}$ integrierbar. Sodann existieren mit den Integralen über $f(z)$ und $g(z)$ die Integrale von $\overline{f(z)}$ und $a \cdot f(z) + b \cdot g(z)$ über $\mathfrak{G}$, und mit den Bezeichnungen

$$I_f = \int_{\mathfrak{G}} f(z)\, d\omega\,, \quad I_g = \int_{\mathfrak{G}} g(z)\, d\omega$$

ist

$$I_{\bar{f}} = \int_{\mathfrak{G}} \overline{f(z)}\, d\omega = \overline{I_f}$$

und

$$I_{af+bg} = \int_{\mathfrak{G}} (a \cdot f(z) + b \cdot g(z))\, d\omega = a \cdot I_f + b \cdot I_g\,. \tag{1}$$

Dagegen braucht das Integral

$$I_{fg} = \int_{\mathfrak{G}} f(z)\, g(z)\, d\omega$$

nicht zu existieren, wie das einfache Beispiel $f(z) = g(z) = \frac{1}{\sqrt{x}}$ im Quadrat $0 < x < 1$, $0 < y < 1$ zeigt.

Ist $\varrho(z) \geqq 0$ eine reellwertige, nicht negative, integrierbare Funktion in $\mathfrak{G}$, so gilt für jedes abgeschlossene und beschränkte Teilgebiet $\mathfrak{G}^*$ von $\mathfrak{G}$:

$$\int_{\mathfrak{G}^*} \varrho(z)\, d\omega \geqq 0\,.$$

Ist ferner $\mathfrak{G}_n$ in $\mathfrak{G}_{n+1}$ enthalten, so ist

$$\int_{\mathfrak{G}_n} \varrho(z)\, d\omega \leqq \int_{\mathfrak{G}_{n+1}} \varrho(z)\, d\omega\,.$$

Aus dieser Monotonieeigenschaft folgen sofort für die Funktionen $\varrho(z)$ die nachstehenden Resultate:

1. Existiert für irgendeine $\mathfrak{G}_0$ ausschöpfende Folge $\mathfrak{G}_n$, $n = 1, 2, 3, \ldots$, der endliche Grenzwert

$$\lim_{n\to\infty} \int_{\mathfrak{G}_n} \varrho(z)\, d\omega\,,$$

so existiert er für jede Folge dieser Art und ist gleich dem Integral über $\mathfrak{G}$:

$$\int_{\mathfrak{G}} \varrho(z)\, d\omega = \lim_{n\to\infty} \int_{\mathfrak{G}_n} \varrho(z)\, d\omega\,.$$

2. Gibt es eine Zahl M, so daß für alle n gilt:

$$\int_{\mathfrak{G}_n} \varrho(z)\, d\omega \leqq M\,,$$

so existiert das Integral über $\mathfrak{G}$, und es ist

$$\int_{\mathfrak{G}_n} \varrho(z)\, d\omega \leqq \int_{\mathfrak{G}} \varrho(z)\, d\omega \leqq M\,.$$

3. Ist $\varrho(z) \geqq 0$ stetig in $\mathfrak{G}$ und ist

$$\int_{\mathfrak{G}} \varrho(z)\, d\omega = 0,$$

so ist $\varrho(z) \equiv 0$.

Mit diesen elementaren Hilfsmitteln aus der reellen Analysis wenden wir uns jetzt den quadratintegrierbaren Funktionen in einem Gebiete $\mathfrak{G}$ zu.

Eine in $\mathfrak{G}$ integrierbare komplexwertige Funktion $f(z)$ heißt *quadratintegrierbar in* $\mathfrak{G}$, wenn das reelle Integral

$$\int_{\mathfrak{G}} |f(z)|^2\, d\omega \tag{2}$$

existiert und endlich ist.

Satz 35. *$f(z)$ und $g(z)$ seien quadratintegrierbare Funktionen in $\mathfrak{G}$. Dann ist auch $a \cdot f(z) + b \cdot g(z)$ in $\mathfrak{G}$ quadratintegrierbar.*

Nach der Ungleichung

$$|a \cdot f(z) + b \cdot g(z)|^2 \leqq 2|a|^2 \cdot |f(z)|^2 + 2|b|^2 \cdot |g(z)|^2$$

ist für eine ausschöpfende Gebietsfolge $\mathfrak{G}_n$:

$$\int_{\mathfrak{G}_n} |a \cdot f(z) + b \cdot g(z)|^2\, d\omega \leqq 2|a|^2 \int_{\mathfrak{G}_n} |f(z)|^2\, d\omega + 2|b|^2 \int_{\mathfrak{G}_n} |g(z)|^2\, d\omega$$
$$\leqq 2|a|^2 \int_{\mathfrak{G}} |f(z)|^2\, d\omega + 2|b|^2 \int_{\mathfrak{G}} |g(z)|^2\, d\omega.$$

Damit ist gemäß Ziffer 2 der Beweis erbracht.

Satz 36. *Sind $f(z)$ und $g(z)$ quadratintegrierbare Funktionen in $\mathfrak{G}$, so existiert auch das Integral*

$$\int_{\mathfrak{G}} f(z)\, \overline{g(z)}\, d\omega. \tag{3}$$

Zum Beweise bemerken wir, daß

$$f \cdot \overline{g} = \frac{1}{2}|f+g|^2 + \frac{i}{2}|f+ig|^2 - \frac{1+i}{2}|f|^2 - \frac{1+i}{2}|g|^2$$

ist, woraus in Verbindung mit Satz 35 und Formel (1) die Behauptung folgt.

Für die häufig wiederkehrenden Integrale (3) führen wir die Abkürzung ein:

$$(f, \overline{g})_{\mathfrak{G}} = \int_{\mathfrak{G}} f(z) \cdot \overline{g(z)}\, d\omega.$$

Danach ist

$$(f, \overline{f})_{\mathfrak{G}} = \int_{\mathfrak{G}} |f(z)|^2\, d\omega \geqq 0$$

und

$$(f, \overline{g})_{\mathfrak{G}} = (\overline{g}, f)_{\mathfrak{G}},$$
$$\overline{(f, \overline{g})_{\mathfrak{G}}} = (\overline{f}, g)_{\mathfrak{G}} = (g, \overline{f})_{\mathfrak{G}}.$$

Es gilt nun weiter

Satz 37. *Sind die Funktionen* $f_1(z), f_2(z), \ldots, f_n(z)$ *in* $\mathfrak{G}$ *quadratintegrierbar, so ist auch*

$$f(z) = \sum_{\nu=1}^{n} c_\nu f_\nu(z)$$

in $\mathfrak{G}$ *quadratintegrierbar, und es ist*

$$(f, \bar f)_{\mathfrak{G}} = \sum_{\nu,\mu=1}^{n} c_\nu \bar c_\mu (f_\nu, \bar f_\mu)_{\mathfrak{G}}\,. \tag{4}$$

Diese Aussage folgt unmittelbar aus den Sätzen 35 und 36 und der Identität

$$f(z)\cdot\overline{f(z)} = \sum_{\nu,\mu=1}^{n} c_\nu \overline{c_\mu} f_\nu(z)\cdot\overline{f_\mu(z)}\,. \tag{5}$$

Satz 38 *(Cauchy-Schwarzsche Ungleichung). Sind* $f(z)$ *und* $g(z)$ *quadratintegrierbar in* $\mathfrak{G}$, *so gilt:*

$$|(f, \bar g)_{\mathfrak{G}}|^2 \leqq (f, \bar f)_{\mathfrak{G}} \cdot (g, \bar g)_{\mathfrak{G}}\,. \tag{6}$$

Zum Beweise benutzen wir die folgende Aussage: Sind a und c reell, b komplex, und gilt für beliebiges komplexes λ:

$$a + \lambda b + \overline{\lambda b} + \lambda\bar\lambda c \geqq 0\,, \tag{7}$$

so ist

$$a \geqq 0\,,\ c \geqq 0 \quad \text{und} \quad ac - b\bar b \geqq 0\,. \tag{8}$$

Zunächst muß $a \geqq 0$ und $c \geqq 0$ sein, weil sonst für alle hinreichend kleinen bzw. alle hinreichend großen λ die Form (7) negativ wäre. Ist $c = 0$, so muß auch $b = 0$ sein, weil sonst die Form für $\lambda = -\frac{a+1}{2b}$ negativ würde. Ist schließlich $c > 0$, so setze man $\lambda = -\frac{\bar b}{c}$, womit man auch in diesem Falle (8) erhält. Nun gilt für beliebiges komplexes λ:

$$0 \leqq (f + \lambda g, \bar f + \bar\lambda \bar g)_{\mathfrak{G}} = (f, \bar f)_{\mathfrak{G}} + \lambda (g, \bar f)_{\mathfrak{G}} + \bar\lambda (f, \bar g)_{\mathfrak{G}} + \lambda\bar\lambda (g, \bar g)_{\mathfrak{G}}\,.$$

Hieraus folgt in Verbindung mit (7) und (8) die Ungleichung (6).

Wir betrachten jetzt *orthogonale Funktionensysteme* in einem Gebiet $\mathfrak{G}$. Zwei in $\mathfrak{G}$ quadratintegrierbare Funktionen $f(z)$ und $g(z)$ heißen *orthogonal* in $\mathfrak{G}$ zueinander, wenn

$$(f, \bar g)_{\mathfrak{G}} = 0$$

ist. Diese Eigenschaft ist wegen $(g, \bar f)_{\mathfrak{G}} = \overline{(f, \bar g)}_{\mathfrak{G}}$ symmetrisch bezüglich $f(z)$ und $g(z)$.

Ein System quadratintegrierbarer Funktionen $\{p_\nu(z),\ \nu = 1, 2, 3, \ldots\}$ heißt *orthonormal* in $\mathfrak{G}$, wenn

$$(p_\nu, \overline{p_\mu})_{\mathfrak{G}} = \begin{cases} 0 \text{ für } \nu \neq \mu\,, \\ 1 \text{ für } \nu = \mu\,. \end{cases} \tag{9}$$

Offensichtlich läßt sich jedes Orthogonalsystem $\{q_\nu(z),\ (q_\nu, \bar{q}_\nu)_{\mathfrak{G}} > 0,\ \nu = 1, 2, 3, \ldots\}$ durch die Normierung

$$p_\nu(z) = \frac{q_\nu(z)}{\sqrt{(q_\nu, \bar{q}_\nu)_{\mathfrak{G}}}}, \quad \nu = 1, 2, 3, \ldots,$$

in ein Orthonormalsystem verwandeln.

Im folgenden sei $\mathfrak{G}$ ein Gebiet, und in ihm sei ein System stetiger orthonormaler Funktionen $\{p_\nu(z)\}$ gegeben. Dann gelten die nachstehenden wichtigen Aussagen:

Satz 39 *(Besselsche Ungleichung). Ist die Funktion $f(z)$ quadratintegrierbar in $\mathfrak{G}$, so gilt*

$$(f, \bar{f})_{\mathfrak{G}} \geqq \sum_{\nu=1}^{\infty} |(f, \bar{p}_\nu)_{\mathfrak{G}}|^2. \tag{10}$$

Zum Beweise setzen wir $c_\nu = (f, \bar{p}_\nu)_{\mathfrak{G}}$. Es ist dann

$$0 \leqq \left(f - \sum_{\nu=1}^{n} c_\nu p_\nu, \bar{f} - \sum_{\nu=1}^{n} \bar{c}_\nu \bar{p}_\nu\right)_{\mathfrak{G}}$$

$$= (f, \bar{f})_{\mathfrak{G}} - \sum_{\nu=1}^{n} c_\nu (p_\nu, \bar{f})_{\mathfrak{G}} - \sum_{\nu=1}^{n} \bar{c}_\nu (f, \bar{p}_\nu)_{\mathfrak{G}} + \sum_{\nu=1}^{n} |c_\nu|^2 = (f, \bar{f})_{\mathfrak{G}} - \sum_{\nu=1}^{n} |c_\nu|^2.$$

Gehen wir hier zur Grenze $n \to \infty$ über, so folgt (10).

Satz 40 *(Vertauschung von Integration und Summation). Die Funktion $f(z)$ sei in $\mathfrak{G}$ quadratintegrierbar. Ferner sei $\sum_{\nu=1}^{\infty} c_\nu p_\nu(z)$ im Innern von $\mathfrak{G}$ gleichmäßig konvergent und $\sum_{\nu=1}^{\infty} |c_\nu|^2$ konvergent. Dann existiert das Integral $\left(\sum_{\nu=1}^{\infty} c_\nu p_\nu, \bar{f}\right)_{\mathfrak{G}}$, und es ist*

$$\left(\sum_{\nu=1}^{\infty} c_\nu p_\nu, \bar{f}\right)_{\mathfrak{G}} = \sum_{\nu=1}^{\infty} c_\nu (p_\nu, \bar{f})_{\mathfrak{G}}. \tag{11}$$

Die rechte Seite dieser Gleichung konvergiert nach den Ungleichungen von Schwarz (siehe Anm. S. 285) und Bessel absolut:

$$\sum_{\nu=p}^{q} |c_\nu (p_\nu, \bar{f})_{\mathfrak{G}}| \leqq \sqrt{\sum_{\nu=p}^{q} |c_\nu|^2} \sqrt{\sum_{\nu=p}^{q} |(p_\nu, \bar{f})_{\mathfrak{G}}|^2} \leqq \sqrt{\sum_{\nu=p}^{q} |c_\nu|^2} \cdot \sqrt{(f, \bar{f})_{\mathfrak{G}}}.$$

Das links in Gleichung (11) stehende Integral existiert, weil die Funktion $\sum_{\nu=1}^{\infty} c_\nu p_\nu(z)$ in $\mathfrak{G}$ quadratintegrierbar ist. Dies ergibt sich folgendermaßen:

$$\begin{aligned}\left(\sum_{\nu=1}^{n} c_\nu p_\nu(z), \sum_{\nu=1}^{n} \overline{c_\nu p_\nu(z)}\right)_{\mathfrak{G}_m} &\leqq \left(\sum_{\nu=1}^{n} c_\nu p_\nu(z), \sum_{\nu=1}^{n} \overline{c_\nu p_\nu(z)}\right)_{\mathfrak{G}} \\ &= \sum_{\nu=1}^{n} |c_\nu|^2 \leqq \sum_{\nu=1}^{\infty} |c_\nu|^2.\end{aligned} \tag{12}$$

Wegen der gleichmäßigen Konvergenz der Reihe $\sum\limits_{\nu=1}^{\infty} c_\nu p_\nu(z)$ in $\mathfrak{G}_m$ kann man links zur Grenze $n \to \infty$ übergehen und erhält

$$\left(\sum_{\nu=1}^{\infty} c_\nu p_\nu(z), \sum_{\nu=1}^{\infty} \overline{c_\nu p_\nu(z)}\right)_{\mathfrak{G}_m} \leqq \sum_{\nu=1}^{\infty} |c_\nu|^2 ,$$

woraus die Quadratintegrierbarkeit der Funktion $\sum\limits_{\nu=1}^{\infty} c_\nu p_\nu(z)$ in $\mathfrak{G}$ folgt und damit nach Satz 36 die Existenz des Integrals, welches links in (11) steht. Der Grenzübergang $m \to \infty$ in vorstehender Ungleichung liefert

$$\left(\sum_{\nu=1}^{\infty} c_\nu p_\nu(z), \sum_{\nu=1}^{\infty} \overline{c_\nu p_\nu(z)}\right)_{\mathfrak{G}} \leqq \sum_{\nu=1}^{\infty} |c_\nu|^2 . \tag{13}$$

Das Gleichheitszeichen in (11) ergibt sich aus der Abschätzung

$$\left|\left(\sum_{\nu=1}^{\infty} c_\nu p_\nu, \bar{f}\right)_{\mathfrak{G}} - \sum_{\nu=1}^{n} c_\nu (p_\nu, \bar{f})_{\mathfrak{G}}\right|^2 = \left|\left(\sum_{\nu=n+1}^{\infty} c_\nu p_\nu, \bar{f}\right)_{\mathfrak{G}}\right|^2$$

$$\leqq \left(\sum_{\nu=n+1}^{\infty} c_\nu p_\nu, \sum_{\nu=n+1}^{\infty} \overline{c_\nu p_\nu}\right)_{\mathfrak{G}} \cdot (f, \bar{f})_{\mathfrak{G}} \leqq \sum_{\nu=n+1}^{\infty} |c_\nu|^2 \cdot (f, \bar{f})_{\mathfrak{G}} .$$

Damit ist Satz 40 bewiesen.

Satz 41. *Es sei* $f(z) = \sum\limits_{\nu=1}^{\infty} c_\nu p_\nu(z)$ *im Innern von* $\mathfrak{G}$ *gleichmäßig konvergent und* $\sum\limits_{\nu=1}^{\infty} |c_\nu|^2$ *konvergent. Dann ist* $f(z)$ *in* $\mathfrak{G}$ *quadratintegrierbar, und es gilt:*

$$c_\nu = (f, \bar{p}_\nu)_{\mathfrak{G}} \tag{14}$$

und

$$(f, \bar{f})_{\mathfrak{G}} = \sum_{\nu=1}^{\infty} |c_\nu|^2 . \tag{15}$$

Die Quadratintegrierbarkeit von $f(z)$ wurde bereits beim Beweis von Satz 40 gezeigt. Setzt man nun in Formel (11) für $f(z)$ eine der Funktionen $p_\nu(z)$ ein, so folgt

$$(f, \bar{p}_\nu)_{\mathfrak{G}} = \sum_{\mu=1}^{\infty} c_\mu (p_\mu, \bar{p}_\nu)_{\mathfrak{G}} = c_\nu ,$$

womit die Beziehung (14) bewiesen ist. Aus (13) und (10) folgt nun in Verbindung mit (14) die Behauptung (15).

Satz 42. *Die Reihen* $f(z) = \sum\limits_{\nu=1}^{\infty} c_\nu p_\nu(z)$ *und* $g(z) = \sum\limits_{\nu=1}^{\infty} d_\nu p_\nu(z)$ *seien im Innern von* $\mathfrak{G}$ *gleichmäßig konvergent, ferner* $\sum\limits_{\nu=1}^{\infty} |c_\nu|^2$ *und* $\sum\limits_{\nu=1}^{\infty} |d_\nu|^2$ *konvergent. Dann gilt:*

$$(f, \bar{g})_{\mathfrak{G}} = \left(\sum_{\nu=1}^{\infty} c_\nu p_\nu, \sum_{\nu=1}^{\infty} \bar{d}_\nu \bar{p}_\nu\right)_{\mathfrak{G}} = \sum_{\nu=1}^{\infty} c_\nu \bar{d}_\nu .$$

Zum Beweise bemerken wir, daß $f(z)$ und $g(z)$ in $\mathfrak{G}$ quadratintegrierbar sind, und daß gemäß (11)

$$(f, \bar{g})_{\mathfrak{G}} = \left(\sum_{\nu=1}^{\infty} c_\nu p_\nu, \bar{g}\right)_{\mathfrak{G}} = \sum_{\nu=1}^{\infty} c_\nu (p_\nu, \bar{g})_{\mathfrak{G}} = \sum_{\nu=1}^{\infty} c_\nu \left(p_\nu, \sum_{\mu=1}^{\infty} \bar{d}_\mu \bar{p}_\mu\right)_{\mathfrak{G}} = \sum_{\nu=1}^{\infty} c_\nu \bar{d}_\nu$$

ist.

Liegt eine in $\mathfrak{G}$ quadratintegrierbare Funktion $f(z)$ vor, die nicht in der Form $\sum_{\nu=1}^{\infty} c_\nu p_\nu(z)$, mit $\sum_{\nu=1}^{\infty} |c_\nu|^2$ konvergent, darstellbar ist, so hat man aber doch in dieser Reihe, wenn man $c_\nu = (f, \bar{p}_\nu)_{\mathfrak{G}}$ setzt, die bestmögliche mittlere quadratische Approximation von $f(z)$ durch die $p_\nu(z)$ vor sich, wie der folgende Satz zeigt.

Satz 43. *$f(z)$ sei quadratintegrierbar in $\mathfrak{G}$. Mit $c_\nu = (f, \bar{p}_\nu)_{\mathfrak{G}}$, $\nu = 1, 2, 3, \ldots$, sei $\sum_{\nu=1}^{\infty} c_\nu p_\nu(z)$ im Innern von $\mathfrak{G}$ gleichmäßig konvergent. Setzt man dann*

$$g(z) = f(z) - \sum_{\nu=1}^{\infty} c_\nu p_\nu(z)\,,$$

so gilt für jede Funktion

$$h(z) = f(z) - \sum_{\nu=1}^{\infty} d_\nu p_\nu(z)\,,$$

bei der $\sum_{\nu=1}^{\infty} d_\nu p_\nu(z)$ im Innern von $\mathfrak{G}$ gleichmäßig konvergiert und $\sum_{\nu=1}^{\infty} |d_\nu|^2$ konvergent ist,

$$(h, \bar{h})_{\mathfrak{G}} \geqq (g, \bar{g})_{\mathfrak{G}}\,, \tag{16}$$

und das Gleichheitszeichen gilt nur, wenn $d_\nu = c_\nu$ für $\nu = 1, 2, 3, \ldots$ ist.

Nach Satz 41 sind $g(z)$ und $h(z)$ in $\mathfrak{G}$ quadratintegrierbar, und nach Satz 40, 41 und 42 ist

$$(h, \bar{h})_{\mathfrak{G}} = (f, \bar{f})_{\mathfrak{G}} - \sum_{\nu=1}^{\infty} d_\nu \bar{c}_\nu - \sum_{\nu=1}^{\infty} c_\nu \bar{d}_\nu + \sum_{\nu=1}^{\infty} |d_\nu|^2$$

und

$$(g, \bar{g})_{\mathfrak{G}} = (f, \bar{f})_{\mathfrak{G}} - \sum_{\nu=1}^{\infty} |c_\nu|^2\,.$$

Also hat man

$$(h, \bar{h})_{\mathfrak{G}} - (g, \bar{g})_{\mathfrak{G}} = \sum_{\nu=1}^{\infty} |c_\nu - d_\nu|^2 \geqq 0\,,$$

und das Gleichheitszeichen gilt nur für $c_\nu = d_\nu$, $\nu = 1, 2, 3, \ldots$.

Damit ist Satz 43 bewiesen.

Satz 44. *Die in Satz 43 auftretende Funktion $g(z)$ ist orthogonal zu allen Funktionen $p_\nu(z)$, $\nu = 1, 2, 3, \ldots$.*

In der Tat ist

$$(g, \bar{p}_\nu)_{\mathfrak{G}} = (f, \bar{p}_\nu)_{\mathfrak{G}} - c_\nu = 0\,.$$

Bisher war nicht vorausgesetzt, daß die quadratintegrierbaren Funktionen $f(z)$ in $\mathfrak{G}$ holomorph sein sollten. Wir interessieren uns in der Funktionentheorie aber gerade für die holomorphen Funktionen. Demzufolge betrachten wir nun die *Familie* $\mathfrak{F}_{\mathfrak{G}}$ *der in* $\mathfrak{G}$ *holomorphen quadratintegrierbaren Funktionen.* Diese Familie besteht in der kompakten und in der endlichen Ebene, wie wir noch sehen werden, nur aus der Funktion $f(z) \equiv 0$. Alle anderen einfach zusammenhängenden Gebiete lassen sich nach dem später zu beweisenden Riemannschen Abbildungssatz auf beschränkte Gebiete eineindeutig und konform abbilden; und für alle Gebiete, die sich so auf beschränkte Gebiete abbilden lassen, gibt es nichtkonstante quadratintegrierbare Funktionen.

Wird nämlich das Gebiet $\mathfrak{G}$ der z-Ebene durch die eineindeutige Transformation $z = g(w)$ auf das Gebiet $\mathfrak{G}^*$ der w-Ebene konform abgebildet, ist ferner $f(z)$ quadratintegrierbar in $\mathfrak{G}$, so gilt nach bekannten Sätzen der reellen Analysis:

$$\int_{\mathfrak{G}} |f(z)|^2\, d\omega = \int_{\mathfrak{G}^*} |f(g(w))|^2\, |g'(w)|^2\, d\omega^*\,, \tag{17}$$

wenn $w = u + iv$ und $d\omega^* = du \cdot dv$ ist. Gehört daher $f(z)$ zur Familie $\mathfrak{F}_{\mathfrak{G}}$, so gehört $f^*(w) = f(g(w)) \cdot g'(w)$ zur Familie $\mathfrak{F}_{\mathfrak{G}^*}$. Auch der Punkt ∞ bereitet bei diesem Transformationsgesetz keine Schwierigkeiten, wenn er in den Gebieten $\mathfrak{G}$ oder $\mathfrak{G}^*$ liegen sollte.

Nun gibt es in allen beschränkten Gebieten trivialerweise von Null verschiedene holomorphe quadratintegrierbare Funktionen, z. B. alle ganzen Funktionen. Also gibt es solche Funktionen auch in allen Gebieten, die sich auf beschränkte Gebiete konform abbilden lassen.

Betrachten wir zunächst einen Kreisring $\mathfrak{R}$ mit dem Mittelpunkt z_0 und den Radien r und R, mit $o < r < R$.

Eine Funktion der Familie $\mathfrak{F}_{\mathfrak{G}}$ läßt sich dort in eine Laurent-Reihe

$$f(z) = \sum_{\nu=-\infty}^{+\infty} a_\nu (z - z_0)^\nu$$

entwickeln, die im Innern von $\mathfrak{R}$ gleichmäßig konvergiert. Wir schöpfen $\mathfrak{R}$ durch eine Folge von Kreisringen $\mathfrak{R}_n$, $n = 1, 2, 3, \ldots$, mit den Radien r_n und R_n aus. Dann ist wegen der gleichmäßigen Konvergenz in $\mathfrak{R}_n$:

$$\int_{\mathfrak{R}_n} |f(z)|^2\, d\omega = \int_{\mathfrak{R}_n} \sum_{\nu,\mu=-\infty}^{+\infty} a_\nu \bar{a}_\mu (z - z_0)^\nu\, (\bar{z} - \bar{z}_0)^\mu\, d\omega$$
$$= \sum_{\nu,\mu=-\infty}^{+\infty} a_\nu \bar{a}_\mu \int_{\mathfrak{R}_n} (z - z_0)^\nu\, (\bar{z} - \bar{z}_0)^\mu\, d\omega\,.$$

Führen wir hier Polarkoordinaten $z - z_0 = r \cdot e^{i\varphi}$ ein, so wird $d\omega = r \cdot dr \cdot d\varphi$, und daher ist

$$\int_{\mathfrak{K}_n} (z - z_0)^\nu \cdot (\bar{z} - \bar{z}_0)^\mu \, d\omega = \int_{r_n}^{R_n} \int_0^{2\pi} r^{\nu+\mu+1} e^{i(\nu-\mu)\varphi} \, d\varphi \, dr$$

$$= \begin{cases} 0 & , \quad \nu \neq \mu , \\ \dfrac{\pi}{\nu+1} (R_n^{2\nu+2} - r_n^{2\nu+2}) , & \nu = \mu \neq -1 , \\ 2\pi \log \dfrac{R_n}{r_n} & , \quad \nu = \mu = -1 . \end{cases}$$

Also folgt:

$$\int_{\mathfrak{K}_n} |f(z)|^2 \, d\omega = 2\pi \, |a_{-1}|^2 \log \frac{R_n}{r_n} + \pi \sum_{\substack{\nu=-\infty \\ \nu \neq -1}}^{+\infty} \frac{|a_\nu|^2}{\nu+1} (R_n^{2\nu+2} - r_n^{2\nu+2}) \tag{18}$$

und damit

$$\int_{\mathfrak{K}} |f(z)|^2 \, d\omega = 2\pi \, |a_{-1}|^2 \log \frac{R}{r} + \pi \sum_{\substack{\nu=-\infty \\ \nu \neq -1}}^{+\infty} \frac{|a_\nu|^2}{\nu+1} (R^{2\nu+2} - r^{2\nu+2}) . \tag{19}$$

Ist $\mathfrak{K}$ eine Kreisscheibe mit dem Radius R, so fallen die negativen ν fort. Dann sind auch die $\mathfrak{K}_n$ Kreisscheiben mit den Radien R_n, und man hat statt (18) und (19):

$$\int_{\mathfrak{K}_n} |f(z)|^2 \, d\omega = \pi \sum_{\nu=0}^{\infty} \frac{|a_\nu|^2}{\nu+1} \cdot R_n^{2\nu+2} \tag{20}$$

und

$$\int_{\mathfrak{K}} |f(z)|^2 \, d\omega = \pi \sum_{\nu=0}^{\infty} \frac{|a_\nu|^2}{\nu+1} \cdot R^{2\nu+2} . \tag{21}$$

Aus diesen Ergebnissen können wir einige bemerkenswerte Folgerungen ziehen.

Ist $f(z)$ eine ganze, in der endlichen Ebene holomorphe, quadratintegrierbare Funktion, so muß sie identisch verschwinden; denn wäre auch nur ein a_ν der Potenzreihenentwicklung um z_0 von Null verschieden, so würde das Glied $\pi \dfrac{|a_\nu|^2}{\nu+1} R_n^{2\nu+2}$ in Formel (20) mit wachsenden R_n über alle Grenzen gehen und damit auch das Integral (20).

Besitzt ein Gebiet $\mathfrak{G}$ einen isolierten Randpunkt z_0 und ist $f(z)$ in $\mathfrak{G}$ holomorph und quadratintegrierbar, so ist $f(z)$ in z_0 holomorph. Legt man nämlich um z_0 einen hinreichend benachbarten Kreisring $\mathfrak{K}_n$ mit den Radien r_n und R_n, so ist

$$\int_{\mathfrak{G}} |f(z)|^2 \, d\omega \geqq \int_{\mathfrak{K}_n} |f(z)|^2 \, d\omega .$$

Geht man nun bei festem R_n mit r_n gegen Null, so gehen in Formel (18) die Glieder mit negativem ν über alle Grenzen, wenn nicht alle diese a_ν verschwinden. Also ist $f(z)$ in z_0 holomorph.

Ebenso folgert man aus (18), daß *eine in einem nicht endlichen Gebiet $\mathfrak{G}$ holomorphe, quadratintegrierbare Funktion $f(z)$ im Unendlichen von min-*

destens zweiter Ordnung verschwindet; denn in diesem Falle müssen in (18) alle a_ν mit $\nu \geqq -1$ gleich Null sein.

Sind also $\mathfrak{G}^*$ und $\mathfrak{G}$ zwei Gebiete, von denen $\mathfrak{G}^*$ aus $\mathfrak{G}$ dadurch hervorgeht, daß aus $\mathfrak{G}$ abzählbar viele Punkte, die sich im Innern von $\mathfrak{G}$ nicht häufen, entfernt werden, so ist die Familie $\mathfrak{F}_{\mathfrak{G}^*}$ der in $\mathfrak{G}^*$ holomorphen quadratintegrierbaren Funktionen gleich der Familie $\mathfrak{F}_{\mathfrak{G}}$ der entsprechenden Funktionen in $\mathfrak{G}$.

So erkennen wir, daß die Familie $\mathfrak{F}_{\mathfrak{G}}$ nur eine Teilmenge aller in $\mathfrak{G}$ holomorphen Funktionen bildet. Dies gilt auch bereits in beschränkten, einfach zusammenhängenden Gebieten. Zum Beispiel ist die Funktion

$$f(z) = \frac{1}{R - (z - z_0)} = \sum_{\nu=0}^{\infty} \frac{1}{R^{\nu+1}} (z - z_0)^\nu$$

im Kreis $\mathfrak{K}$ mit dem Radius R um z_0 nicht quadratintegrierbar, weil für sie die Reihe (21) nicht konvergiert.

Schließlich bemerken wir noch, daß mit einer Funktion $f(z)$ nicht notwendig die Ableitung $f'(z)$ quadratintegrierbar ist, wie die Funktion

$$f(z) = \log(1 + z) = \sum_{\nu=1}^{\infty} \frac{(-1)^{\nu-1}}{\nu} z^\nu$$

im Einheitskreis lehrt.

Als wichtigstes Resultat halten wir fest:

Satz 45. *Gehört die Funktion $f(z)$ zur Familie $\mathfrak{F}_{\mathfrak{G}}$ und ist $(f, \bar{f})_{\mathfrak{G}} \leqq M$, so gilt für alle Punkte z aus $\mathfrak{G}$ die Abschätzung*

$$|f(z)| \leqq \sqrt{\frac{M}{\pi}} \frac{1}{\varrho}, \tag{22}$$

wobei ϱ der Abstand des Punktes z vom nächsten Randpunkt von $\mathfrak{G}$ ist. Gehört der Punkt ∞ zu $\mathfrak{G}$, so ist stets $f(\infty) = 0$.

Ist $\mathfrak{K}$ der Kreis um z mit dem Radius ϱ, so gilt wegen $\mathfrak{K} \subset \mathfrak{G}$ und (21):

$$M \geqq (f, \bar{f})_{\mathfrak{G}} \geqq (f, \bar{f})_{\mathfrak{K}} \geqq \pi |a_0|^2 \cdot \varrho^2 .$$

Da aber $a_0 = f(z)$ ist, so folgt nun die Ungleichung (22). Die Aussage über den unendlich fernen Punkt wurde oben bereits bewiesen.

Satz 46 *(Quadratintegrierbarkeit und normale Familien). Die Funktionen $f(z)$ der Familie $\mathfrak{F}_{\mathfrak{G}}$, für die $(f, \bar{f})_{\mathfrak{G}} \leqq M$ ist, bilden in $\mathfrak{G}$ eine normale Familie.*

Auf Grund von Satz 45 ist die Menge dieser Funktionen im Innern von $\mathfrak{G}$ gleichartig beschränkt, bildet also nach dem Satz von MONTEL (II, 7, Satz 46) eine normale Familie.

Unter den quadratintegrierbaren Funktionen greifen wir nun die *Minimalfunktionen* heraus. Wir betrachten in $\mathfrak{G}$ diejenigen Funktionen aus $\mathfrak{F}_{\mathfrak{G}}$, die in einem vorgegebenen Punkt z_0 aus $\mathfrak{G}$ eine Potenzreihenentwicklung der Gestalt

$$f(z) = (z - z_0)^\nu + \sum_{\mu=\nu+1}^{\infty} a_\mu (z - z_0)^\mu, \quad \nu = 0, 1, 2, \ldots, \tag{23}$$

haben oder, falls $z_0 = \infty$ ist, eine Entwicklung im Unendlichen:

$$f(z) = -\frac{1}{z^{\nu+2}} + \sum_{\mu=\nu+1}^{\infty} \frac{a_\mu}{z^{\mu+2}}, \quad \nu = 0, 1, 2, \ldots. \tag{24}$$

Eine Funktion dieser Gestalt heißt *Minimalfunktion ν-ter Stufe*, wenn unter allen Funktionen dieser Art für sie das Integral $(f, f)_{\mathfrak{G}}$ ein Minimum hat. Wir bezeichnen sie mit $M_\nu(z, z_0)$.

Wegen Satz 46 gibt es in einem Gebiet $\mathfrak{G}$ Minimalfunktionen ν-ter Stufe, wenn es dort überhaupt holomorphe quadratintegrierbare Funktionen mit den Entwicklungen

$$g(z) = \sum_{\mu=\nu}^{\infty} b_\mu (z - z_0)^\mu \quad \text{bzw.} \quad g(z) = \sum_{\mu=\nu}^{\infty} \frac{b_\mu}{z^{\mu+2}}, \quad b_\nu \neq 0,$$

gibt. Sicher existieren solche Funktionen aller Stufen in jedem beschränkten Gebiet und nach (17) in jedem auf beschränkte Gebiete konform abbildbaren Gebiet. Daher gilt

Satz 47. *In allen beschränkten Gebieten und allen Gebieten, die sich auf beschränkte Gebiete eineindeutig und konform abbilden lassen, gibt es zu jedem Bezugspunkt z_0 Minimalfunktionen aller Stufen.*

Im folgenden sollen nun die eindeutige Bestimmtheit und die *Orthogonalitätseigenschaften* der Minimalfunktionen gezeigt werden.

Satz 48. *$M_\nu(z, z_0)$ sei eine Minimalfunktion ν-ter Stufe in einem Gebiet $\mathfrak{G}$. Die Funktion $h(z)$ sei in $\mathfrak{G}$ holomorph und quadratintegrierbar, und sie habe in der Umgebung von z_0 die Entwicklung*

$$h(z) = \sum_{\mu=\nu+1}^{\infty} b_\mu (z - z_0)^\mu \quad \text{bzw.} \quad h(z) = \sum_{\mu=\nu+1}^{\infty} b_\mu \frac{1}{z^{\mu+2}}. \tag{25}$$

Dann sind $M_\nu(z, z_0)$ und $h(z)$ orthogonal zueinander.

Für beliebiges komplexes λ ist $M_\nu + \lambda h$ quadratintegrierbar in $\mathfrak{G}$ und eine bei der Definition der Minimalfunktionen ν-ter Stufe zur Konkurrenz zugelassene Funktion. Daher ist wegen der Minimaleigenschaft von $M_\nu(z, z_0)$:

$$\begin{aligned}(M_\nu, \overline{M}_\nu)_{\mathfrak{G}} &\leq (M_\nu + \lambda h, \overline{M}_\nu + \overline{\lambda h})_{\mathfrak{G}} \\ &= (M_\nu, \overline{M}_\nu)_{\mathfrak{G}} + \lambda (h, \overline{M}_\nu)_{\mathfrak{G}} + \overline{\lambda} (M_\nu, \overline{h})_{\mathfrak{G}} + \lambda \overline{\lambda} (h, \overline{h})_{\mathfrak{G}}\end{aligned}$$

oder

$$0 \leq \lambda (h, \overline{M}_\nu)_{\mathfrak{G}} + \overline{\lambda} (M_\nu, \overline{h})_{\mathfrak{G}} + \lambda \overline{\lambda} (h, \overline{h})_{\mathfrak{G}}.$$

Dies ist eine Form der Gestalt (7) mit $a = 0$. Daher folgt aus (8), wie behauptet,

$$(h, \overline{M}_\nu)_{\mathfrak{G}} = 0 .$$

Satz 49. *Zu einem Punkt z_0 in einem Gebiet $\mathfrak{G}$ gibt es in $\mathfrak{G}$ höchstens eine Minimalfunktion ν-ter Stufe $M_\nu(z, z_0)$.*

Seien $M_\nu(z, z_0)$ und $M_\nu^*(z, z_0)$ zwei solche Funktionen mit

$$(M_\nu, \overline{M}_\nu)_{\mathfrak{G}} = (M_\nu^*, \overline{M_\nu^*})_{\mathfrak{G}} . \tag{26}$$

Es ist dann

$$M_\nu^*(z, z_0) = M_\nu(z, z_0) + h(z) ,$$

wobei $h(z)$ die Gestalt (25) hat. Nach Satz 48 gilt ferner

$$(h, \overline{M}_\nu)_{\mathfrak{G}} = (M_\nu, \bar{h})_{\mathfrak{G}} = 0 . \tag{27}$$

Also ergibt sich aus

$$(M_\nu^*, \overline{M_\nu^*})_{\mathfrak{G}} = (M_\nu, \overline{M}_\nu)_{\mathfrak{G}} + (h, \overline{M}_\nu)_{\mathfrak{G}} + (M_\nu, \bar{h})_{\mathfrak{G}} + (h, \bar{h})_{\mathfrak{G}}$$

in Verbindung mit (26) und (27):

$$(h, \bar{h})_{\mathfrak{G}} = 0$$

und daher wegen der Stetigkeit von $h(z)$:

$$h(z) \equiv 0 ,$$

womit der Beweis geführt ist.

Aus den vorstehenden Sätzen folgt nun unmittelbar:

Satz 50. *Die Minimalfunktionen $M_\nu(z, z_0)$ eines Gebietes $\mathfrak{G}$ bezüglich eines festen Punktes z_0 in $\mathfrak{G}$ sind paarweise orthogonal zueinander: $(M_\nu, \overline{M}_\mu) = 0$ für $\nu \neq \mu$.*

Das *Transformationsgesetz der Minimalfunktionen* bei konformen Abbildungen ist leicht anzugeben. Wird das Gebiet $\mathfrak{G}^*$ der w-Ebene durch die meromorphe Funktion $z = g(w)$ auf das Gebiet $\mathfrak{G}$ der z-Ebene eineindeutig abgebildet, so daß $z_0 = g(w_0)$ ist, ist ferner $M_\nu(z, z_0)$ die Minimalfunktion ν-ter Stufe in $\mathfrak{G}$ bezüglich z_0, so ist

$$M_\nu^*(w, w_0) = K_\nu \cdot M_\nu(g(w), g(w_0)) \cdot g'(w) \tag{28}$$

die Minimalfunktion ν-ter Stufe in $\mathfrak{G}^*$ bezüglich w_0. Dabei ist K_ν eine Konstante, die vom ersten Koeffizienten b_1 der Entwicklung von $g(w)$ im Punkte w_0 abhängt.

Lauten die Entwicklungen im Punkte w_0:

(a) $z = z_0 + b_1(w - w_0) + b_2(w - w_0)^2 + \cdots$, falls z_0 endlich und w_0 endlich,

(b) $z = z_0 + \frac{b_1}{w} + \frac{b_2}{w^2} + \cdots$, falls z_0 endlich und $w_0 = \infty$,

(c) $z = \frac{b_1}{w - w_0} + \frac{b_2}{(w - w_0)^2} + \cdots$, falls $z_0 = \infty$ und w_0 endlich,

(d) $z = b_1 w + b_2 + \frac{b_3}{w} + \cdots$, falls $z_0 = \infty$ und $w_0 = \infty$,

so ist in den Fällen (a) und (b): $K_\nu = \frac{1}{b_1^{\nu+1}}$ und in den Fällen (c) und (d): $K_\nu = b_1^{\nu+1}$.

Um das Gesetz (28) zu bestätigen, bemerken wir, daß jede gemäß (23) oder (24) normierte Funktion $f(z)$ in $\mathfrak{G}$ durch die Transformation

$$f^*(w) = K_\nu \cdot f(g(w)) \cdot g'(w)$$

in eine ebensolche Funktion in $\mathfrak{G}^*$ übergeht und umgekehrt und daß die Integrale über $\mathfrak{G}$ und $\mathfrak{G}^*$ sich nach dem Transformationsgesetz (17) nur um den allen Integralen gemeinsamen Faktor $|K_\nu|^2$ unterscheiden. Daher hat die ν-te Minimalfunktion in $\mathfrak{G}$ als Bild im Sinne von (28) die ν-te Minimalfunktion in $\mathfrak{G}^*$ und umgekehrt.

Das Gesetz (28) liefert einen interessanten Zusammenhang mit der Abbildungstheorie. Wir werden im nächsten Kapitel den Riemannschen Abbildungssatz kennenlernen, der aussagt, daß jedes einfach zusammenhängende Gebiet $\mathfrak{G}$ der w-Ebene, welches mehr als einen Randpunkt enthält, so auf einen Kreis der z-Ebene abgebildet werden kann, daß ein beliebiger Punkt w_0 in den Mittelpunkt z_0 des Kreises übergeht, wobei die Ableitung im Punkte w_0 noch beliebig vorgeschrieben werden kann. Wir wollen der Einfachheit wegen annehmen, daß w_0 endlich ist.

Nun ergeben sich im Kreis $|z - z_0| < R$ die Minimalfunktionen $M_\nu(z, z_0)$ bezüglich des Mittelpunktes sofort aus der Entwicklung

$$f(z) = (z - z_0)^\nu + \sum_{\mu=\nu+1}^{\infty} a_\mu (z - z_0)^\mu$$

der bei der Bildung der $M_\nu(z, z_0)$ zur Konkurrenz zugelassenen Funktionen. Nach (21) ist

$$(f, \bar{f})_{\mathfrak{K}} = \frac{\pi R^{2\nu+2}}{\nu + 1} + \pi \sum_{\mu=\nu+1}^{\infty} \frac{|a_\mu|^2}{\mu + 1} R^{2\mu+2},$$

und daher ist offensichtlich

$$M_\nu(z, z_0) = (z - z_0)^\nu, \quad \nu = 0, 1, 2, \ldots, \tag{29}$$

mit

$$(M_\nu, \overline{M}_\nu)_{\mathfrak{G}} = \frac{\pi R^{2\nu+2}}{\nu + 1}. \tag{30}$$

Ist jetzt $z = g(w)$ die Abbildungsfunktion des Gebietes $\mathfrak{G}$ auf den Kreis $\mathfrak{K}$, wobei w_0 in z_0 übergehen möge, so sind nach (28)

$$M_0^*(w, w_0) = \frac{g'(w)}{g'(w_0)} \quad \text{und} \quad M_1^*(w, w_0) = \frac{g(w) - g(w_0)}{[g'(w_0)]^2} g'(w)$$

die beiden ersten Minimalfunktionen in $\mathfrak{G}$. Daher ist

$$g(w) = g(w_0) + g'(w_0) \frac{M_1^*(w, w_0)}{M_0^*(w, w_0)}.$$

Sind die Minimalfunktionen $M_0^*(w, w_0)$ und $M_1^*(w, w_0)$ bekannt, so läßt sich also die Abbildungsfunktion $g(w)$ von $\mathfrak{G}$ auf den Kreis bestimmen. Dies kann dazu benutzt werden, die Abbildungsfunktion zu bestimmen, indem man zunächst $M_0^*(w, w_0)$ und $M_1^*(w, w_0)$ aufstellt.

Darüber hinaus erkennt man aus vorstehender Formel, daß die Abbildungsfunktion $g(w)$ mit gegebenen Werten $g(w_0)$ und $g'(w_0)$ eindeutig bestimmt ist, wenn ihre Existenz gesichert ist. Durch $|g'(w_0)|$ ist der Radius des Kreises eindeutig bestimmt.

Von den Minimalfunktionen $M_\nu(z, z_0)$ wissen wir nach Satz 50, daß sie ein Orthogonalsystem bilden. Normieren wir sie:

$$N_\nu(z, z_0) = \frac{M_\nu(z, z_0)}{\sqrt{(M_\nu, \overline{M}_\nu)_{\mathfrak{G}}}}, \quad \nu = 0, 1, 2, \ldots, \tag{31}$$

so erhalten wir ein *Orthonormalsystem*, dessen Funktionen sich auch so charakterisieren lassen: Unter den Funktionen der Familie $\mathfrak{F}_{\mathfrak{G}}$, die im Punkte z_0 eine Entwicklung

$$f(z) = a(z - z_0)^\nu + \sum_{\mu=\nu+1}^{\infty} a_\mu (z - z_0)^\mu,$$

bzw. im Fall $z_0 = \infty$:

$$f(z) = \frac{-a}{z^{\nu+2}} + \sum_{\mu=\nu+1}^{\infty} \frac{a_\mu}{z^{\mu+2}}$$

mit positivem reellem a haben und für die

$$(f, \bar{f})_{\mathfrak{G}} = 1$$

ist, ist $N_\nu(z, z_0)$ diejenige, für die a maximal ist. Die Äquivalenz dieser Charakterisierung mit der Definition (31) durch die Minimalfunktionen liegt auf der Hand.

Das Transformationsgesetz der Funktionen $N_\nu(z, z_0)$ bei der konformen Abbildung $z = g(w)$ des Gebietes $\mathfrak{G}^*$ der w-Ebene auf ein Gebiet $\mathfrak{G}$ der z-Ebene lautet nach (28), (31) und (17):

$$N_\nu^*(w, w_0) = \frac{K_\nu}{|K_\nu|} N_\nu(g(w), g(w_0)) \cdot g'(w). \tag{32}$$

Im Kreis ergeben sich nach (29) und (30) die normierten Funktionen

$$N_\nu(z, z_0) = \sqrt{\frac{\nu+1}{\pi}} \cdot \frac{(z - z_0)^\nu}{R^{\nu+1}}. \tag{33}$$

Die normierten Minimalfunktionen $N_\nu(z, z_0)$ bilden keineswegs die einzigen Orthonormalsysteme aus $\mathfrak{F}_{\mathfrak{G}}$ in $\mathfrak{G}$. Im Kreisring $\mathfrak{K}$ haben wir z. B. in den Funktionen $(z - z_0)^\nu$, $\nu = 0, \pm 1, \pm 2, \ldots$ ein Orthogonalsystem kennengelernt, welches wir auch leicht in ein Orthonormalsystem verwandeln können, das aber mit keinem der Systeme $M_\nu(z, z_0)$ in $\mathfrak{K}$ zusammenfällt. So wenden wir uns nun dem Studium allgemeiner Orthonormalsysteme aus $\mathfrak{F}_{\mathfrak{G}}$ zu.

Satz 51. *Für jedes Orthonormalsystem* $\{p_\nu(z),\ \nu = 1, 2, \ldots\}$ *aus der Familie* $\mathfrak{F}_{\mathfrak{G}}$ *und jeden Punkt* ζ *aus* $\mathfrak{G}$ *gilt:*

$$\sum_{\nu=1}^{\infty} |p_\nu(\zeta)|^2 \leq \frac{1}{\pi \varrho_\zeta^2}, \tag{34}$$

wenn ϱ_ζ *der Abstand des Punktes* ζ *vom Rande von* $\mathfrak{G}$ *ist.*

Zum Beweis bilden wir die Funktion

$$K_n(z,\zeta) = \sum_{\nu=1}^{n} p_\nu(z)\cdot\overline{p_\nu(\zeta)}\,,\quad n = 1, 2, 3, \ldots\,. \tag{35}$$

Sie ist als Funktion von z quadratintegrierbar in $\mathfrak{G}$, und es ist

$$(K_n, \overline{K}_n)_{\mathfrak{G}} = \sum_{\nu,\mu=1}^{n} (p_\nu, \overline{p_\mu})_{\mathfrak{G}}\cdot\overline{p_\nu(\zeta)}\cdot p_\mu(\zeta) = \sum_{\nu=1}^{n} |p_\nu(\zeta)|^2\,.$$

Betrachten wir die Funktion $K_n(z,\zeta)$ speziell im Punkte $z=\zeta$, so folgt aus Satz 45 die Abschätzung

$$\sum_{\nu=1}^{n} |p_\nu(\zeta)|^2 \leqq \sqrt{\frac{1}{\pi}\sum_{\nu=1}^{n} |p_\nu(\zeta)|^2\cdot\frac{1}{\varrho_\zeta}}$$

und damit:

$$\sum_{\nu=1}^{n} |p_\nu(\zeta)|^2 \leqq \frac{1}{\pi\,\varrho_\zeta^2}\,.$$

Gehen wir hier mit n gegen ∞, so haben wir die Beziehung (34) bewiesen.

Ferner gilt:

Satz 52. *Ist* $\sum_{\nu=1}^{\infty} |c_\nu|^2$ *konvergent und* $\{p_\nu(z)\}$ *ein Orthonormalsystem aus der Familie* $\mathfrak{F}_{\mathfrak{G}}$, *so ist* $f(z) = \sum_{\nu=1}^{\infty} c_\nu p_\nu(z)$ *im Innern von* $\mathfrak{G}$ *gleichmäßig konvergent und die Funktion* $f(z)$ *ist quadratintegrierbar in* $\mathfrak{G}$.

Nach der Schwarzschen Ungleichung* ist nämlich

$$\left|\sum_{\nu=n}^{m} c_\nu p_\nu(z)\right| \leqq \sqrt{\sum_{\nu=n}^{m} |c_\nu|^2}\sqrt{\sum_{\nu=n}^{m} |p_\nu(z)|^2} \leqq \frac{1}{\sqrt{\pi\,\varrho_z}}\sqrt{\sum_{\nu=n}^{m} |c_\nu|^2}\,,$$

woraus die gleichmäßige Konvergenz im Innern von $\mathfrak{G}$ folgt. Aus Satz 41 ergibt sich dann, daß $f(z)$ in $\mathfrak{G}$ quadratintegrierbar ist.

Aus Satz 52 folgt in Verbindung mit Satz 51, daß die Funktion

$$K(z,\zeta) = \sum_{\nu=1}^{\infty} p_\nu(z)\,\overline{p_\nu(\zeta)} \tag{36}$$

bei festem ζ als Funktion von z zur Familie $\mathfrak{F}_{\mathfrak{G}}$ gehört.

Wir setzen

$$K(\zeta) = K(\zeta,\zeta) = \sum_{\nu=1}^{\infty} |p_\nu(\zeta)|^2\,. \tag{37}$$

---

* $\left|\sum_{\nu=1}^{n} a_\nu b_\nu\right| \leqq \sum_{\nu=1}^{n} |a_\nu|\cdot|b_\nu| \leqq \sqrt{\sum_{\nu=1}^{n} |a_\nu|^2}\cdot\sqrt{\sum_{\nu=1}^{n} |b_\nu|^2}$. Diese Formel gilt auch für $n=\infty$, falls die Summen der rechten Seiten konvergieren.

Ist dann ζ ein Punkt, für den nicht alle $p_\nu(\zeta)$ verschwinden, so hat die Funktion

$$K^*(z, \zeta) = \frac{K(z, \bar{\zeta})}{K(\zeta)} \tag{38}$$

im Punkte $z = \zeta$ den Wert 1. Es gilt nun

Satz 53 *(Minimaleigenschaft der Funktion $K^*(z, \zeta)$). Unter den Funktionen $f(z) = \sum_{\nu=1}^{\infty} c_\nu p_\nu(z)$, mit $\sum_{\nu=1}^{\infty} |c_\nu|^2$ konvergent, für die $f(\zeta) = 1$ ist, ist $K^*(z, \zeta)$ diejenige eindeutig bestimmte Funktion, für die das Integral $(f, f)_{\mathfrak{G}}$ sein Minimum annimmt.*

Nach Satz 41 ist

$$(K^*, \overline{K^*})_{\mathfrak{G}} = \frac{1}{K^2(\zeta)} \cdot \sum_{\nu=1}^{\infty} |p_\nu(\zeta)|^2 = \frac{1}{\sum_{\nu=1}^{\infty} |p_\nu(\zeta)|^2} = \frac{1}{K(\zeta)}. \tag{39}$$

Ferner ist

$$f(\zeta) = \sum_{\nu=1}^{\infty} c_\nu p_\nu(\zeta) = 1$$

und

$$(f, \bar{f})_{\mathfrak{G}} = \sum_{\nu=1}^{\infty} |c_\nu|^2. \tag{40}$$

Daher gilt nach der Schwarzschen Ungleichung:

$$1 = \left| \sum_{\nu=1}^{\infty} c_\nu p_\nu(\zeta) \right| \leq \sum_{\nu=1}^{\infty} |c_\nu p_\nu(\zeta)| \leq \sqrt{\sum_{\nu=1}^{\infty} |c_\nu|^2} \cdot \sqrt{\sum_{\nu=1}^{\infty} |p_\nu(\zeta)|^2}$$

und somit wegen (39) und (40):

$$(f, \bar{f})_{\mathfrak{G}} \geq (K^*, \overline{K^*})_{\mathfrak{G}}.$$

Die eindeutige Bestimmtheit der Funktion mit minimalem Integral zeigt man ebenso wie in den Sätzen 48 und 49 die Eindeutigkeit der Minimalfunktionen.

Die Funktion $K(z, \bar{\zeta})$ hängt nach diesem Satz nicht von der speziellen Wahl des Orthonormalsystems $\{p_\nu(z)\}$ in $\mathfrak{G}$ ab, sondern nur von der Klasse der Funktionen, die sich durch die $p_\nu(z)$ darstellen lassen. Genau besagt dies: Sind in $\mathfrak{G}$ zwei Orthonormalsysteme $\{p_\nu(z)\}$ und $\{q_\nu(z)\}$ gegeben und läßt sich jede in $\mathfrak{G}$ quadratintegrierbare Funktion $f(z)$, die die Gestalt $f(z) = \sum_{\nu=1}^{\infty} c_\nu p_\nu(z)$, $\sum_{\nu=1}^{\infty} |c_\nu|^2$ konvergent, hat, auch in der Form $f(z) = \sum_{\nu=1}^{\infty} d_\nu q_\nu(z)$, $\sum_{\nu=1}^{\infty} |d_\nu|^2$ konvergent, darstellen und umgekehrt, so ist zunächst nach Satz 53: $K^*(z, \zeta)$ für beide Systeme dieselbe Funktion. Außerdem ist nach (39) für beide Systeme $K(\zeta)$ gleich und damit auch $K(z, \bar{\zeta})$:

$$K(z, \bar{\zeta}) = \sum_{\nu=1}^{\infty} p_\nu(z) \cdot \overline{p_\nu(\zeta)} = \sum_{\nu=1}^{\infty} q_\nu(z) \cdot \overline{q_\nu(\zeta)}.$$

Wir betrachten nun in $\mathfrak{G}$ alle möglichen Orthonormalsysteme $\{p_\nu^{(\alpha)}(z),\ \nu = 1, 2, 3, \ldots\}$ aus der Familie $\mathfrak{F}_{\mathfrak{G}}$. Zu jedem dieser Systeme bilden wir die Funktion

$$K_\alpha(\zeta) = \sum_{\nu=1}^{\infty} |p_\nu^{(\alpha)}(\zeta)|^2 .$$

Für jedes feste ζ ist die Menge dieser Werte gemäß Satz **51** beschränkt. Daher existiert für jedes ζ die obere Grenze

$$K_0(\zeta) = \sup K_\alpha(\zeta) = \sup \sum_{\nu=1}^{\infty} |p_\nu^{(\alpha)}(\zeta)|^2 . \tag{41}$$

Wir nennen $K_0(\zeta)$ den *Kern des Gebietes* $\mathfrak{G}$.

$K_0(\zeta)$ läßt sich mit Hilfe der Minimalfunktionen berechnen. Verschwindet in ζ jede in $\mathfrak{G}$ quadratintegrierbare Funktion, so ist für jedes der obigen Orthonormalsysteme $p_\nu^{(\alpha)}(\zeta) = 0$ für alle ν und daher $K_0(\zeta) = 0$. Gibt es aber in $\mathfrak{G}$ eine quadratintegrierbare Funktion, die in ζ nicht verschwindet, so existiert in $\mathfrak{G}$ die Minimalfunktion 0-ter Stufe $M_0(z, \zeta)$, für die $M_0(\zeta, \zeta) = 1$ ist und deren Integral über $\mathfrak{G}$ unter allen diesen Funktionen ein Minimum annimmt. Es ist daher für jedes Orthonormalsystem $\{p_\nu^{(\alpha)}(z)\}$:

$$\frac{1}{K_\alpha(\zeta)} = (K_\alpha^*, \overline{K_\alpha^*})_{\mathfrak{G}} \geqq (M_0, \overline{M}_0)_{\mathfrak{G}} ,$$

weil K_α^* bei der Bildung von $M_0(z, \zeta)$ zur Konkurrenz zugelassen ist. Also gilt auch:

$$K_0(\zeta) = \sup K_\alpha(\zeta) \leqq \frac{1}{(M_0, \overline{M}_0)_{\mathfrak{G}}} . \tag{42}$$

Andererseits ist das System $\{N_\nu(z, \zeta)\}$, $\nu = 0, 1, 2, \ldots$, ein Orthonormalsystem, und es ist

$$N_0(\zeta, \zeta) = \frac{1}{\sqrt{(M_0, \overline{M}_0)_{\mathfrak{G}}}} , \quad N_\nu(\zeta, \zeta) = 0 , \quad \nu = 1, 2, 3, \ldots ,$$

so daß für den Kern $K_N(\zeta)$ des Systems $\{N_\nu\}$ gilt:

$$K_N(\zeta) = \sum_{\nu=0}^{\infty} |N_\nu(\zeta, \zeta)|^2 = \frac{1}{(M_0, \overline{M}_0)_{\mathfrak{G}}} .$$

Nach (41) ist also

$$K_0(\zeta) \geqq K_N(\zeta) = \frac{1}{(M_0, \overline{M}_0)_{\mathfrak{G}}} ,$$

woraus sich in Verbindung mit (42)

$$K_0(\zeta) = |N_0(\zeta, \zeta)|^2 = \frac{1}{(M_0, \overline{M}_0)_{\mathfrak{G}}}$$

ergibt.

Auf Grund dieser Beziehung folgt nun

Satz 54 *(Charakterisierung des Kerns). Betrachtet man alle Funktionen $f(z)$ aus $\mathfrak{F}_{\mathfrak{G}}$ mit $(f, \bar{f})_{\mathfrak{G}} = 1$, so ist*

$$K_0(\zeta) = \operatorname{Max} |f(\zeta)|^2 .$$

Diese Charakterisierung folgt unmittelbar aus der Charakterisierung der normierten Minimalfunktion $N_0(z, \zeta)$. Der Kern $K_0(\zeta)$ ist eine wichtige Größe, die es gestattet zu entscheiden, ob ein vorgelegtes Orthonormalsystem abgeschlossen ist. Wir definieren:

Ein Orthonormalsystem $\{p_\nu(z)\}$ aus der Familie $\mathfrak{F}_{\mathfrak{G}}$ heißt *abgeschlossen,* wenn jede Funktion aus $\mathfrak{F}_{\mathfrak{G}}$, für die

$$(f, \bar{p}_\nu)_{\mathfrak{G}} = 0 , \quad \nu = 1, 2, 3, \ldots , \tag{43}$$

ist, identisch verschwindet.

Das System $\{p_\nu(z)\}$ heißt *vollständig,* wenn jede Funktion $f(z)$ aus $\mathfrak{F}_{\mathfrak{G}}$ sich nach den $p_\nu(z)$ entwickeln läßt:

$$f(z) = \sum_{\nu=1}^{\infty} c_\nu p_\nu(z) \quad \text{mit} \quad \sum_{\nu=1}^{\infty} |c_\nu|^2 \text{ konvergent.} \tag{44}$$

Es gilt:

Satz 55. *Ein Orthonormalsystem $\{p_\nu(z)\}$ aus $\mathfrak{F}_{\mathfrak{G}}$ ist dann und nur dann abgeschlossen, wenn für alle ζ aus $\mathfrak{G}$*

$$K_0(\zeta) = \sum_{\nu=1}^{\infty} |p_\nu(\zeta)|^2 \tag{45}$$

gilt.

1. Für alle ζ aus $\mathfrak{G}$ gelte (45). $f(z)$ sei orthogonal zu allen $p_\nu(z)$. Wenn nun $f(z)$ nicht identisch verschwindet, so kann man $f(z)$ normieren und erhält eine zu allen $p_\nu(z)$ orthogonale normierte Funktion $p_0(z)$. Das System $\{p_\nu(z),\ \nu = 0, 1, 2, \ldots\}$ ist wieder ein Orthonormalsystem. Dann muß nach (41) und (45)

$$p_0(\zeta) \equiv 0$$

sein, also doch $f(z)$ identisch verschwinden.

2. Gilt (45) nicht in $\mathfrak{G}$, so gibt es einen Punkt ζ, für den

$$K_0(\zeta) > \sum_{\nu=1}^{\infty} |p_\nu(\zeta)|^2 > 0$$

ist. Dann existiert nach (41) ein weiteres Orthonormalsystem $\{q_\nu(z)\}$, so daß

$$\sum_{\nu=1}^{\infty} |p_\nu(\zeta)|^2 < \sum_{\nu=1}^{\infty} |q_\nu(\zeta)|^2$$

ist. Setzen wir für dieses zweite System

$$K_1(z, \bar{\zeta}) = \sum_{\nu=1}^{\infty} q_\nu(z) \cdot \overline{q_\nu(\zeta)}\,, \quad K_1(\zeta) = \sum_{\nu=1}^{\infty} |q_\nu(\zeta)|^2$$

und

$$K_1^*(z, \zeta) = \frac{K_1(z, \bar{\zeta})}{K_1(\zeta)}\,,$$

so ist nach (39):

$$(K_1^*, \overline{K_1^*})_{\mathfrak{G}} < (K^*, \overline{K^*})_{\mathfrak{G}}\,.$$

Daher ist wegen Satz 53 die Funktion $K_1^*(z, \zeta)$ nicht durch die $p_\nu(z)$ darstellbar. Wir bilden dann die Funktion

$$f(z) = K_1^*(z, \zeta) - \sum_{\nu=1}^{\infty} c_\nu p_\nu(z)$$

mit $c_\nu = (K_1^*, \bar{p}_\nu)_{\mathfrak{G}}$, die quadratintegrierbar, aber sicher nicht identisch Null ist, obwohl nach Satz 44: $(f, \bar{p}_\nu)_{\mathfrak{G}} = 0$ für alle ν ist. Das System der $p_\nu(z)$ kann also nicht abgeschlossen sein.

Aus dem ersten Teil des Beweises zum vorstehenden Satz und dem Identitätssatz für holomorphe Funktionen ergibt sich:

Satz 56. *Gilt für ein Orthonormalsystem $\{p_\nu(z)\}$ in einem Gebiete $\mathfrak{G}$ und eine im Innern von $\mathfrak{G}$ sich häufende Punktfolge $\zeta_1, \zeta_2, \ldots$:*

$$K_0(\zeta_\mu) = \sum_{\nu=1}^{\infty} |p_\nu(\zeta_\mu)|^2\,, \tag{46}$$

so ist das Orthonormalsystem abgeschlossen.

Satz 57. *Ein Orthonormalsystem $\{p_\nu(z)\}$ in einem Gebiete $\mathfrak{G}$ ist dann und nur dann vollständig, wenn es abgeschlossen ist.*

1. Das System sei abgeschlossen. Wäre es nicht vollständig, so gäbe es in $\mathfrak{G}$ eine quadratintegrierbare Funktion $g(z)$, die nicht durch die $p_\nu(z)$ in der Form $\sum_{\nu=1}^{\infty} c_\nu p_\nu(z)$, mit $\sum_{\nu=1}^{\infty} |c_\nu|^2$ konvergent, darstellbar wäre. Wie oben für $K_1^*(z, \zeta)$ könnten wir dann zu $g(z)$ eine Funktion $f(z)$ konstruieren, die zu allen $p_\nu(z)$ orthogonal ist, die aber nicht identisch verschwindet. Das System könnte daher nicht abgeschlossen sein.

2. Das System sei vollständig. $f(z)$ sei in $\mathfrak{G}$ quadratintegrierbar, also durch

$$f(z) = \sum_{\nu=1}^{\infty} c_\nu p_\nu(z)\,, \quad \sum_{\nu=1}^{\infty} |c_\nu|^2 \text{ konvergent,}$$

darstellbar, und es sei $(f, \bar{p}_\nu)_{\mathfrak{G}} = 0$ für alle ν. Dann verschwinden nach Satz 41 alle c_ν, und es ist $f(z) \equiv 0$. Also ist das System abgeschlossen.

Satz 58. *Das System der normierten Minimalfunktionen $N_\nu(z, \zeta)$, $\nu = 0, 1, 2, \ldots$, zu einem beliebigen Punkt ζ in $\mathfrak{G}$ ist abgeschlossen.*

Es sei $f(z)$ in $\mathfrak{G}$ quadratintegrierbar und $(f, \overline{N}_\nu)_{\mathfrak{G}} = 0$ für alle existierenden Funktionen $N_\nu(z, \zeta)$, aber es sei $(f, \bar{f})_{\mathfrak{G}} = \alpha > 0$. ζ sei endlich. Im Punkte ζ hat $f(z)$ eine Entwicklung

$$f(z) = \sum_{\mu=\nu}^{\infty} a_\mu (z - \zeta)^\mu \quad \text{mit} \quad a_\nu \neq 0 \,.$$

Durch Multiplikation mit einer geeigneten Konstanten können wir erreichen, daß $(f, \bar{f})_{\mathfrak{G}} = 1$ und $a_\nu > 0$ reell ist. Dann existiert die Funktion $N_\nu(z, \zeta)$ mit einer Entwicklung

$$N_\nu(z, \zeta) = \sum_{\mu=\nu}^{\infty} b_\mu (z - \zeta)^\mu \,, \quad b_\nu > 0 \,.$$

Sie ist unter allen Funktionen $f(z)$ mit der obigen Normierung diejenige, für die a_ν maximal ist. Jetzt bilden wir die Funktion

$$g(z) = \frac{1}{\sqrt{a_\nu^2 + b_\nu^2}} \left(a_\nu f(z) + b_\nu N_\nu(z, \zeta) \right) .$$

Für sie ist wegen $(f, \overline{N}_\nu)_{\mathfrak{G}} = 0$ ebenfalls

$$(g, \bar{g})_{\mathfrak{G}} = \frac{1}{a_\nu^2 + b_\nu^2} \left(a_\nu^2 (f, \bar{f})_{\mathfrak{G}} + b_\nu^2 (N_\nu, \overline{N}_\nu)_{\mathfrak{G}} \right) = 1 \,,$$

und sie beginnt mit der Entwicklung

$$g(z) = \sqrt{a_\nu^2 + b_\nu^2}\,(z - \zeta)^\nu + \cdots .$$

Dies ist wegen $\sqrt{a_\nu^2 + b_\nu^2} > b_\nu$ aber nicht möglich; denn b_ν war maximal. Es muß $f(z) \equiv 0$ sein. Ebenso schließt man, falls $\zeta = \infty$ ist.

Aus Satz 53 folgt sofort

Satz 59. *Die Funktion* $K^*(z, \zeta)$ *ist für alle abgeschlossenen Orthonormalsysteme aus der Familie* $\mathfrak{F}_{\mathfrak{G}}$ *gleich, und zwar gleich der Minimalfunktion* $M_0(z, \zeta)$.

Da außerdem $K(\zeta)$ für alle diese Systeme gleich ist (Satz 54), so gilt ferner nach (38):

Satz 60. *Für alle abgeschlossenen Orthonormalsysteme* $\{p_\nu(z)\}$ *aus der Familie* $\mathfrak{F}_{\mathfrak{G}}$ *ist die Funktion*

$$K(z, \bar{\zeta}) = \sum_{\nu=1}^{\infty} p_\nu(z) \cdot \overline{p_\nu(\zeta)}$$

dieselbe.

Diese Funktion heißt die *Kernfunktion* des Gebietes $\mathfrak{G}$. Sie hängt also nur vom Gebiet $\mathfrak{G}$ und nicht von der speziellen Auswahl des abgeschlossenen Orthonormalsystems ab. Sie existiert für alle Gebiete, in denen es von Null verschiedene quadratintegrierbare holomorphe Funktionen gibt. Sie hat speziell die Gestalt

$$K(z, \bar{\zeta}) = \sum_{\nu=0}^{\infty} N_\nu(z, \zeta_0) \overline{N_\nu(\zeta, \zeta_0)},$$

wobei ζ_0 ein beliebiger Punkt aus $\mathfrak{G}$ sein kann.

Im Kreis mit dem Mittelpunkt 0 und dem Radius R erhält man nach (33):

$$K(z, \bar{\zeta}) = \frac{1}{\pi} \sum_{\nu=0}^{\infty} (\nu + 1) \frac{(z\bar{\zeta})^\nu}{R^{2\nu+2}} = \frac{1}{\pi} \frac{R^2}{(R^2 - z\bar{\zeta})^2}.$$

Die Kernfunktion $K(z, \bar{\zeta})$ liefert uns für die Funktionen aus $\mathfrak{F}_{\mathfrak{G}}$ eine *Integralformel:*

Satz 61. *Gehört* $f(z)$ *zur Familie* $\mathfrak{F}_{\mathfrak{G}}$, *so gilt*

$$f(z) = \int_{\mathfrak{G}} f(\zeta) \cdot K(z, \bar{\zeta})\, d\omega_\zeta. \tag{47}$$

Ist nämlich $\{p_\nu(z)\}$ irgendein vollständiges Orthonormalsystem aus $\mathfrak{F}_{\mathfrak{G}}$, so läßt sich $f(z)$ in der Form

$$f(z) = \sum_{\nu=1}^{\infty} c_\nu p_\nu(z), \quad \sum_{\nu=1}^{\infty} |c_\nu|^2 \text{ konvergent},$$

darstellen, und es ist

$$c_\nu = (f, \bar{p}_\nu)_{\mathfrak{G}}.$$

Daher gilt nach Satz 40:

$$f(z) = \sum_{\nu=1}^{\infty} (f, \bar{p}_\nu)_{\mathfrak{G}}\, p_\nu(z) = \sum_{\nu=1}^{\infty} \int_{\mathfrak{G}} f(\zeta) \overline{p_\nu(\zeta)}\, d\omega_\zeta \cdot p_\nu(z)$$
$$= \int_{\mathfrak{G}} f(\zeta) \sum_{\nu=1}^{\infty} p_\nu(z) \overline{p_\nu(\zeta)}\, d\omega_\zeta = \int_{\mathfrak{G}} f(\zeta)\, K(z, \bar{\zeta})\, d\omega_\zeta.$$

Damit ist der Beweis erbracht.

Wir sahen in Satz 43, daß wir für eine beliebige, nicht notwendig holomorphe, aber quadratintegrierbare Funktion $f(z)$ in

$$f_0(z) = \sum_{\nu=1}^{\infty} c_\nu p_\nu(z), \quad c_\nu = (f, \bar{p}_\nu)_{\mathfrak{G}},$$

die bestmögliche mittlere quadratische Approximation von $f(z)$ durch das orthonormale Funktionensystem $\{p_\nu(z)\}$ erhalten. Wenden wir dies auf die Funktionen $p_\nu(z)$ eines v o l l s t ä n d i g e n Orthonormalsystems aus $\mathfrak{F}_{\mathfrak{G}}$ an, so gewinnen wir die bestmögliche Approximation durch eine Funktion aus $\mathfrak{F}_{\mathfrak{G}}$. Diese kann offensichtlich nicht von einem speziellen Orthonormalsystem abhängen. Das läßt sich tatsächlich durch eine Integralformel für $f_0(z)$ explizit zeigen. Wir erhalten nämlich auf dem gleichen Wege wie oben:

$$f_0(z) = \int_{\mathfrak{G}} f(\zeta) \cdot K(z, \bar{\zeta})\, d\omega_\zeta .$$

Zum Schluß wollen wir noch einen wichtigen Ergänzungssatz beweisen.

Satz 62. *Jedes Orthonormalsystem $\{p_\nu(z),\ \nu = 1, 2, 3, \ldots\}$ aus $\mathfrak{F}_{\mathfrak{G}}$ läßt sich zu einem vollständigen Orthonormalsystem ergänzen.*

Wir wissen, daß es in $\mathfrak{G}$ vollständige Orthonormalsysteme gibt (Satz 57 und 58), und greifen eines dieser Systeme heraus:

$$q_1(z),\ q_2(z),\ q_3(z),\ \ldots . \tag{48}$$

Nehmen wir nun an, das System

$$p_1(z),\ p_2(z),\ p_3(z),\ \ldots \tag{49}$$

sei nicht vollständig. Es kann dann nicht jedes $q_\nu(z)$ eine Darstellung (44) haben. Ist $q_{k_1}(z)$ das erste q_ν, das nicht so darstellbar ist, so bilden wir die Funktion

$$q(z) = q_{k_1}(z) - \sum_{\nu=1}^{\infty} c_\nu p_\nu(z) \quad \text{mit} \quad c_\nu = (q_{k_1}, \bar{p}_\nu)_{\mathfrak{G}} .$$

Sie ist orthogonal zu allen $p_\nu(z)$. Normieren wir sie, so erhalten wir eine Funktion $p_1^*(z)$, so daß das System

$$\{p_1^*(z),\ p_1(z),\ p_2(z),\ \ldots\} \tag{50}$$

orthonormal ist. Außerdem ist

$$q_{k_1}(z) = a p_1^*(z) + \sum_{\nu=1}^{\infty} c_\nu p_\nu(z)\,, \quad \sum_{\nu=1}^{\infty} |c_\nu|^2 \text{ konvergent.}$$

Jetzt gehen wir zu $q_{k_2}(z)$ über und gelangen ebenso zu einem Orthonormalsystem

$$\{p_2^*(z),\ p_1^*(z),\ p_1(z),\ p_2(z),\ \ldots\} .$$

Bei Fortsetzung des Verfahrens gewinnen wir schließlich das Orthonormalsystem

$$\left\{\begin{matrix} p_1(z),\ p_2(z),\ p_3(z),\ldots \\ p_1^*(z),\ p_2^*(z),\ p_3^*(z),\ldots \end{matrix}\right\}, \tag{51}$$

und jede Funktion $q_\nu(z)$ läßt sich in der Form

$$q_\nu(z) = \sum_{\mu=1}^{\mu_\nu} a_\mu p_\mu^*(z) + \sum_{\mu=1}^{\infty} c_\mu p_\mu(z)\,, \quad \sum_{\mu=1}^{\infty} |c_\mu|^2 \text{ konvergent,}$$

darstellen.

Wir zeigen nun, daß das System (51) abgeschlossen ist. Sei $f(z)$ eine Funktion aus der Familie $\mathfrak{F}_{\mathfrak{G}}$, die orthogonal zu allen Funktionen $p_\nu(z)$

und $p_\nu^*(z)$ ist. Dann ist sie auch orthogonal zu allen Funktionen $q_\nu(z)$; denn es gilt nach Satz 40:

$$(f, \bar{q}_\nu)_{\mathfrak{G}} = \sum_{\mu=1}^{\mu_\nu} \bar{a}_\mu (f, \bar{p}_\mu^*)_{\mathfrak{G}} + \sum_{\mu=1}^{\infty} \bar{c}_\mu (f, \bar{p}_\mu)_{\mathfrak{G}} = 0 .$$

Da das System (48) aber vollständig und damit abgeschlossen war, so ist $f(z) \equiv 0$. Also ist auch das System (51) abgeschlossen und damit vollständig.

§ 13. Quadratintegrierbare Funktionen als Hilbertscher Raum

Wir können die Ergebnisse des letzten Paragraphen besonders prägnant darstellen, wenn wir die quadratintegrierbaren Funktionen eines gegebenen Gebietes als einen Hilbertschen Raum ansehen.

Eine Menge $\mathfrak{H}$ von Elementen f, g, ... bildet einen *Hilbertschen Raum*, wenn folgendes gilt:

I. $\mathfrak{H}$ ist ein *linearer* Vektorraum über dem Körper der komplexen Zahlen, d. h.

1. zwischen je zwei Elementen f und g aus $\mathfrak{H}$ ist eine Addition $f + g$ erklärt mit den Eigenschaften

a) $f + g$ ist ein Element aus $\mathfrak{H}$,

b) $f + g = g + f$,

c) $(f + g) + h = f + (g + h)$;

2. für jedes Element f aus $\mathfrak{H}$ und jede komplexe Zahl a ist eine Multiplikation $a \cdot f = f \cdot a$ erklärt, so daß

a) $a \cdot f$ ein Element aus $\mathfrak{H}$,

b) $1 \cdot f = f$,

c) $a(f + g) = a f + a g$, $(a + b) f = a f + b f$,

d) $a(b f) = (a b) f$ ist.

3. in $\mathfrak{H}$ existiert ein Nullelement f_0, so daß

a) $f + f_0 = f$ für jedes f aus $\mathfrak{H}$,

b) $a \cdot f_0 = f_0$ für jede komplexe Zahl a,

c) $0 \cdot f = f_0$ für jedes f aus $\mathfrak{H}$ ist.

Sofern keine Verwechslung mit der Zahl 0 möglich ist, bezeichnet man auch f_0 mit 0.

II. Zu je zwei Elementen f und g aus $\mathfrak{H}$ ist ein *Skalarprodukt* $(f, \bar{g})$ erklärt, welches eine komplexe Zahl ist und den folgenden Relationen genügt:

1. $(af, \bar{g}) = a(f, \bar{g})$,
2. $(f_1 + f_2, \bar{g}) = (f_1, \bar{g}) + (f_2, \bar{g})$,
3. $(f, \bar{g}) = \overline{(g, \bar{f})}$,
4. $(f, \bar{f}) \geqq 0$,
5. $(f, \bar{f}) = 0$ gilt dann und nur dann, wenn $f = f_0 = 0$ ist.

Man bezeichnet $\sqrt{(f, \bar{f})} = \|f\|$ als Abstand des Elementes f vom Nullelement $f_0 = 0$.

III. Zu jedem n, $n = 1, 2, 3, \ldots$, gibt es n linear unabhängige Elemente $f_1, f_2, \ldots, f_n$, d. h. aus $a_1 f_1 + a_2 f_2 + \cdots + a_n f_n = 0$ folgt für diese Elemente stets $a_1 = a_2 = \cdots = a_n = 0$.

IV. $\mathfrak{H}$ ist *separabel*, d. h. es gibt in $\mathfrak{H}$ abzählbar viele Elemente $f_1, f_2, f_3, \ldots$, so daß für jedes f aus $\mathfrak{H}$ und jedes $\varepsilon > 0$ eine Zahl $n = n(f, \varepsilon)$ existiert, so daß $\|f_n - f\| < \varepsilon$ ist.

V. $\mathfrak{H}$ ist vollständig, d. h. ist $f_1, f_2, f_3, \ldots$ eine Folge aus $\mathfrak{H}$, so daß für jedes $\varepsilon > 0$ ein n_0 existiert mit

$$\|f_m - f_n\| < \varepsilon \quad \text{für} \quad m, n \geqq n_0\,, \tag{1}$$

so gibt es ein Element f aus $\mathfrak{H}$ derart, daß zu jedem $\varepsilon > 0$ ein n_1 existiert mit

$$\|f_n - f\| < \varepsilon \quad \text{für} \quad n \geqq n_1\,. \tag{2}$$

Im Sinne dieser Definition bilden die in einem Gebiet quadratintegrierbaren Funktionen einen Hilbertschen Raum, wenn sie ein unendliches Orthonormalsystem zulassen.

Als Skalarprodukt $(f, \bar{g})$ wählen wir das Integral $(f, \bar{g})_{\mathfrak{G}}$. Die Eigenschaften I und II sind dann in unseren Sätzen enthalten. Eigenschaft III folgt aus der Existenz unendlicher Orthonormalsysteme, da deren n erste Funktionen linear unabhängig sind. Um Eigenschaft IV zu zeigen, wähle man ein vollständiges Orthonormalsystem $\{p_\nu(z)\}$ und bilde die Abschnitte $\sum\limits_{\nu=1}^{n} c_\nu p_\nu(z)$ mit rationalen c_ν. Diese Abschnitte sind abzählbar und erfüllen, wie man unmittelbar sieht, die Bedingung IV. Schließlich folgt aus (1) nach 12, Satz 45 im Innern von $\mathfrak{G}$ die gleichmäßige Konvergenz der Funktionen $f_\nu(z)$ gegen eine holomorphe Grenzfunktion $f(z)$. Ist $\mathfrak{G}^*$ ein kompakt in $\mathfrak{G}$ liegendes Teilgebiet, so ist dort zu gegebenem $\varepsilon > 0$ für $n, m \geqq n_0 = n_0(\varepsilon, \mathfrak{G})$:

$$(f_m - f_n, \overline{f_m} - \overline{f_n})_{\mathfrak{G}^*} \leqq (f_m - f_n, \overline{f_m} - \overline{f_n})_{\mathfrak{G}} < \varepsilon\,.$$

Geht man nun mit m gegen ∞, so erhält man in $\mathfrak{G}^*$:

$$(f - f_n, \bar{f} - \bar{f}_n)_{\mathfrak{G}^*} \leqq \varepsilon\,.$$

Da dies für alle $\mathfrak{G}^*$ in $\mathfrak{G}$ gilt, so folgt in $\mathfrak{G}$:

$$(f - f_n, \bar{f} - \bar{f}_n)_{\mathfrak{G}} \leqq \varepsilon\,.$$

Insbesondere ist also $f - f_n$ in $\mathfrak{G}$ quadratintegrierbar und damit auch f. So ist auch Eigenschaft V bewiesen.

Durch den Abstand $\|f-g\|$ zweier Funktionen aus $\mathfrak{H}$ ist dort eine *Metrik* erklärt, d. h. es gelten die Regeln

1. $\|f-g\| \geqq 0$,
2. $\|f-g\| = 0$ gilt dann und nur dann, wenn $f = g$ ist,
3. $\|f-g\| = \|g-f\|$.
4. Es gilt die Dreiecksungleichung

$$\|f-g\| + \|g-h\| \geqq \|f-h\| .$$

Die Eigenschaften 1. bis 3. folgen unmittelbar aus der Definition des Abstandes. Um Eigenschaft 4. zu zeigen, ersetzen wir in Ziffer II, 4 die Funktion f durch $(g, \bar{g})f - (f, \bar{g})g$. Die Auswertung der Ungleichung liefert dann sofort die Cauchy-Schwarzsche Ungleichung:

$$(f, \bar{f})\,(g, \bar{g}) \geqq (f, \bar{g})\,(g, \bar{f}) . \tag{3}$$

Nun schreiben wir in der Dreiecksungleichung 4:

$$f - g = f_1 , \quad g - h = g_1 .$$

Für diese Funktionen folgt aus (3):

$$\|f_1\|^2 \cdot \|g_1\|^2 \geqq |(f_1, \bar{g}_1)^2| = |(g_1, \bar{f}_1)^2| ,$$

daher

$$2\,\|f_1\|^2 \cdot \|g_1\|^2 \geqq |(f_1, \bar{g}_1)^2 + (g_1, \bar{f}_1)^2| \geqq (f_1, \bar{g}_1)^2 + (g_1, \bar{f}_1)^2 .$$

Ferner gilt nach (3):

$$2\,\|f_1\|^2\,\|g_1\|^2 \geqq 2\,(f_1, \bar{g}_1)\,(g_1, \bar{f}_1) ,$$

also

$$4\,\|f_1\|^2\,\|g_1\|^2 \geqq [(f_1, \bar{g}_1) + (g_1, \bar{f}_1)]^2$$

und somit

$$2\,\|f_1\| \cdot \|g_1\| \geqq (f_1, \bar{g}_1) + (g_1, \bar{f}_1) .$$

Hieraus folgt schließlich

$$(\|f_1\| + \|g_1\|)^2 \geqq (f_1 + g_1, \bar{f}_1 + \bar{g}_1) = \|f_1 + g_1\|^2 ,$$

womit die Dreiecksungleichung bewiesen ist.

Wir bemerken, daß die Konvergenz bei den Eigenschaften IV und V in bezug auf diese Metrik erklärt ist.

Aus dem Gesamtraum $\mathfrak{H} = \mathfrak{F}_{\mathfrak{G}}$ aller in einem Gebiete $\mathfrak{G}$ quadratintegrierbaren Funktionen ergeben sich Hilbertsche Teilräume $\mathfrak{H}_A$, wenn man den Funktionen irgendwelche Bedingungen A auferlegt, die folgenden Forderungen genügen:

a) Mit f und g kommt die Eigenschaft A auch allen Funktionen $af + bg$ zu.

b) Mit den Funktionen einer Folge $f_1, f_2, f_3, \ldots$, die im Sinne von V konvergiert, kommt die Eigenschaft A auch der Grenzfunktion f zu.

c) Es gibt unendlich viele linear unabhängige Funktionen aus $\mathfrak{H}$, die die Eigenschaft A besitzen.

Beispiele für Teilräume bilden in Gebieten, die sich auf beschränkte Gebiete eineindeutig und konform abbilden lassen,

1. alle Funktionen f aus $\mathfrak{H}$, die in endlich vielen fest vorgegebenen Punkten $a_1, a_2, \ldots, a_p$ in $\mathfrak{G}$ Nullstellen haben, deren Ordnung jeweils mindestens n_ν, $\nu = 1, 2, 3, \ldots, p$, ist;

2. alle Funktionen f aus $\mathfrak{H}$, deren Integrale $\int f(z)\,dz$ in $\mathfrak{G}$ eindeutig bleiben (in einfach zusammenhängenden Gebieten ist dieser Teilraum $\mathfrak{H}_A$ mit $\mathfrak{H}$ identisch);

3. alle Funktionen f aus $\mathfrak{H}$, die nach n-maliger Integration noch eindeutige Integrale liefern;

4. alle Funktionen f aus $\mathfrak{H}$, die gleichzeitig den Bedingungen 1 und 3 genügen;

5. alle Funktionen aus $\mathfrak{H}$, die in einem $\mathfrak{G}$ umfassenden Gebiet $\mathfrak{G}^*$ auch noch quadratintegrierbar sind, usw.

Dagegen bilden die nachfolgenden Funktionenmengen aus $\mathfrak{H}$ keine Hilbertschen Räume:

6. alle Funktionen aus $\mathfrak{H}$, die in einem Punkt z_0 aus $\mathfrak{G}$ den Wert 1 annehmen (Eigenschaft a ist verletzt);

7. alle Funktionen aus $\mathfrak{H}$, die in $\mathfrak{G}$ beschränkt sind (Eigenschaft b ist nicht erfüllt; z. B. ist im Kreis $|z-1| < 1$ die Funktion $\frac{1}{\sqrt{z}}$ quadratintegrierbar, sie ist nicht beschränkt, aber im Sinne von V durch die beschränkten Funktionen $\frac{1}{\sqrt{z+\frac{1}{n}}}$ approximierbar);

8. alle Linearkombinationen eines endlichen Systems quadratintegrierbarer Funktionen $f_1, f_2, \ldots, f_n$ (Eigenschaft c ist verletzt).

Diejenigen Teilmengen aus $\mathfrak{H}$, die Hilbertsche Teilräume $\mathfrak{H}_A$ bilden, lassen sich in der gleichen Weise behandeln wie der gesamte Raum $\mathfrak{H}$. Für sie gibt es in bezug auf die Eigenschaft A vollständige Orthonormalsysteme $\{p_\nu^{(A)}(z)\}$. Sie besitzen eine Kernfunktion

$$K_A(z, \bar{\zeta}) = \sum_{\nu=1}^{\infty} p_\nu^{(A)}(z) \cdot \overline{p_\nu^{(A)}(\zeta)}$$

und einen Kern

$$K_A(\zeta) = K_A(\zeta, \bar{\zeta});$$

schließlich gilt auch für sie die Integralformel

$$f(z) = \int_{\mathfrak{G}} f(\zeta)\, K_A(z, \bar{\zeta})\, d\omega_\zeta,$$

wenn $f(z)$ eine Funktion aus $\mathfrak{H}_A$ ist.

Ferner läßt sich für die Teilräume das *Minimalproblem* in gleicher Weise lösen wie im Gesamtraum $\mathfrak{H}$: Man sondere aus dem Raum $\mathfrak{H}_A$ diejenigen Funktionen aus, die eine Eigenschaft B besitzen, welche folgenden Bedingungen genügt:

1. es gibt wenigstens eine Funktion f aus $\mathfrak{H}_A$, die die Eigenschaft B besitzt,

2. mit jeder im Sinne von V konvergenten Folge $f_1, f_2, f_3, \ldots$ aus $\mathfrak{H}_A$, deren Funktionen die Eigenschaften B besitzen, soll auch die Grenzfunktion f die Eigenschaft B besitzen.

Unter allen Funktionen dieser Art gibt es dann wenigstens eine, die das Integral $(f, \bar{f})_{\mathfrak{G}}$ zum Minimum macht. Dies läßt sich ebenso zeigen wie die Existenz der Minimalfunktionen in 12, Satz 47.

Beispiele für die Eigenschaft B sind:

1. die Funktionen f aus $\mathfrak{H}_A$, die in vorgegebenen Punkten $z_1, z_2, \ldots, z_n$ aus $\mathfrak{G}$ vorgegebene Werte $a_1, a_2, \ldots, a_n$ haben;

2. die Funktionen f aus $\mathfrak{H}_A$, die eindeutige Integrale besitzen und bei denen die Integrale zwischen fest vorgegebenen Punktepaaren $(z_1^{(1)}, z_2^{(1)}), \ldots, (z_1^{(n)}, z_2^{(n)})$ vorgegebene Werte $b_1, b_2, \ldots, b_n$ haben.

Wenn es in $\mathfrak{G}$ Funktionen dieser Art gibt, so ist für sie das Minimumproblem lösbar.

Literatur

Bieberbach, L.: Zur Theorie und Praxis der konformen Abbildung. Rc. Circ. Math. Palermo **38**, 98 (1914).

Fejér, L.: Interpolation und konforme Abbildung. Nachr. Ges. Wiss. Göttingen, Math.-phys. Kl. **1918**, 319.

Szegö, G.: Über orthogonale Polynome, die zu einer gegebenen Kurve der komplexen Ebene gehören. Math. Z. **9**, 218 (1921).

Bochner, S.: Über orthogonale Systeme analytischer Funktionen. Math. Z. **14**, 180 (1922).

Bergmann, S.: Über die Entwicklung der harmonischen Funktionen der Ebene und des Raumes. Math. Ann. **86**, 237 (1922).

Wirtinger, W.: Über eine Minimalaufgabe im Gebiete der analytischen Funktionen. Mh. Math. u. Phys. **39**, 377 (1932).

Martin, W. T.: On a minimum problem in the theory of analytic functions of several variables. Trans. Amer. Math. Soc. **48**, 350 (1940).

Lehto, O.: Anwendung orthogonaler Systeme auf gewisse funktionentheoretische Extremal- und Abbildungsprobleme. Ann. Acad. Sci. Fenn. A, I, **59** (1949).

Bergman, S.: The kernel function and conformal mapping. New York 1950.

Schiffer, M., u. D. C. Spencer: Functionals of finite Riemann surfaces. Princeton 1954.

§ 14. Asymptotische Entwicklungen

In der komplexen Analysis werden ebenso wie im Reellen Funktionen in bezug auf ihr Verhalten in der Nähe des unendlich fernen Punktes miteinander verglichen. Das geschieht vor allem, um gegebene Funktionen für große Argumentwerte durch einfacher gebaute ersetzen zu können, die z. B. der numerischen Behandlung leichter zugänglich sind. Je nachdem, ob man sich für die relative oder absolute Abweichung interessiert, vergleicht man das asymptotische Verhalten zweier Funktionen in bezug auf Division und Subtraktion.

Zwei Funktionen $f(z)$ und $g(z)$ nennen wir in einem sich nach Unendlich erstreckenden Gebiet $\mathfrak{G}$ *asymptotisch äquivalent in bezug auf Division*, geschrieben

$$f(z) \underset{d}{\sim} g(z)\,,$$

wenn es eine von Null verschiedene Zahl a gibt, so daß zu jedem $\varepsilon > 0$ ein $M > 0$ existiert, für das

$$\left|\frac{f(z)}{g(z)} - a\right| \leqq \varepsilon$$

ist für alle z aus $\mathfrak{G}$ mit $|z| > M$. Um den Fall $g(z) = 0$ mit zu erfassen, schreibt man vorstehende Ungleichung auch in der Form

$$|f(z) - a g(z)| \leqq \varepsilon |g(z)|\,. \tag{1}$$

Die obige Äquivalenz ist symmetrisch und transitiv. Aus (1) folgt nämlich wegen $a \neq 0$ für $\varepsilon < |a|$:

$$|g(z)| \leqq \frac{1}{|a| - \varepsilon}\,|f(z)|$$

und daher

$$\left|g(z) - \frac{1}{a} f(z)\right| \leqq \frac{\varepsilon}{|a|}\,|g(z)| \leqq \frac{\varepsilon}{|a|\,(|a| - \varepsilon)}\,|f(z)|\,.$$

Ist also $\varepsilon^* > 0$ beliebig gegeben, so wähle man $\varepsilon = \dfrac{|a|^2 \varepsilon^*}{|a|\,\varepsilon^* + 1}$; dann ist für das zugehörige M und alle z aus $\mathfrak{G}$ mit $|z| > M$:

$$\left|g(z) - \frac{1}{a} f(z)\right| \leqq \varepsilon^*\,|f(z)|\,.$$

Damit ist die Symmetrie bewiesen. Analog beweist man die Transitivität. Ist $a = 1$, so nennen wir $f(z)$ und $g(z)$ *asymptotisch gleich* in bezug auf Division und schreiben

$$f(z) \underset{d}{\simeq} g(z)\,.$$

Asymptotisch äquivalent in bezug auf Subtraktion, geschrieben

$$f(z) \underset{s}{\sim} g(z)\,,$$

heißen zwei Funktionen $f(z)$ und $g(z)$, wenn es zu jedem $\varepsilon > 0$ ein $M > 0$ gibt, so daß für alle z aus $\mathfrak{G}$ mit $|z| > M$ gilt:

$$|f(z) - g(z)| < \varepsilon\,. \tag{2}$$

Auch diese Beziehung ist offensichtlich symmetrisch und transitiv.

Die Äquivalenzen bezüglich Division und Subtraktion sind im allgemeinen voneinander unabhängig, wie man aus dem nachfolgenden Beispiel 1 erkennt. Dagegen folgt aus $f(z) \underset{d}{\simeq} g(z)$ für den Logarithmus dieser Funktionen

$$\log f(z) \underset{s}{\sim} \log g(z)\,,$$

wenn man solche Zweige wählt, daß $\log f(z) - \log g(z) = \log \frac{f(z)}{g(z)}$ den Hauptwert des Logarithmus von $\frac{f(z)}{g(z)}$ liefert. Ebenso gilt die Umkehrung: aus $f(z) \underset{s}{\sim} g(z)$ folgt

$$e^{f(z)} \underset{d}{\simeq} e^{g(z)} .$$

Beide Aussagen folgen aus der Stetigkeit der Logarithmus- und der e-Funktion.

Beispiele:

1. $$f(z) = \frac{a_0 + a_1 z + \cdots + a_n z^n}{b_0 + b_1 z + \cdots + b_m z^m}, \quad a_n \neq 0, \quad b_m \neq 0 .$$

Es ist für alle n und m:

$$f(z) \underset{d}{\simeq} \frac{a_n}{b_m} z^{n-m} .$$

Ferner gilt, wenn wir $P_n(z) = \sum_{\nu=0}^{n} a_\nu z^\nu$, $Q_m(z) = \sum_{\nu=0}^{m} b_\nu z^\nu$ und

$$P_n(z) = A(z)\, Q_m(z) + B(z)$$

setzen, wobei $A(z)$ und $B(z)$ Polynome sind, so daß der Grad von $B(z)$ kleiner als m ist:

$$f(z) = A(z) + \frac{B(z)}{Q_m(z)}$$

und daher

$$f(z) \underset{s}{\sim} A(z) .$$

Ist $A(z) \neq \frac{a_n}{b_m} z^{n-m}$, so ist $f(z) \underset{d}{\simeq} \frac{a_n}{b_m} z^{n-m}$, aber nicht $f(z) \underset{s}{\sim} \frac{a_n}{b_m} z^{n-m}$. Und für $n < m$ ist $f(z) \underset{s}{\sim} 0$, aber nicht $f(z) \underset{d}{\sim} 0$.

2. $$f(z) = \cos z = \frac{e^{iz} + e^{-iz}}{2} .$$

Im Winkelraum $\pi + \alpha < \operatorname{arc} z < 2\pi - \alpha$, $0 < \alpha < \frac{\pi}{2}$, ist $f(z) \underset{d}{\simeq} \frac{e^{iz}}{2}$; denn dort gilt:

$$\left| \frac{2 \cos z}{e^{iz}} - 1 \right| = |e^{-2iz}| = e^{2y} < e^{-2|z| \sin \alpha} .$$

Ferner ist dort $f(z) \underset{s}{\sim} \frac{e^{iz}}{2}$. Im Winkelraum $\alpha < \operatorname{arc} z < \pi - \alpha$ gilt dagegen

$$f(z) \underset{d}{\simeq} \frac{e^{-iz}}{2} \quad \text{und} \quad f(z) \underset{s}{\sim} \frac{e^{-iz}}{2} .$$

Liegt asymptotische Äquivalenz in bezug auf Subtraktion zwischen zwei Funktionen $f(z)$ und $g(z)$ vor, so nennt man $g(z)$ eine asymptotische Darstellung von $f(z)$.

Besonders einfach werden diese Darstellungen bei Funktionen, die in *allen endlichen* Punkten z mit $|z| > M$ holomorph sind. Dann ist auf Grund des Satzes von Riemann (II, 3, Satz 9) $f(z) - g(z)$ auch in $z = \infty$ holomorph und wegen (2) gleich Null. Also gilt:

$$f(z) = g(z) + \sum_{n=1}^{\infty} \frac{a_n}{z^n}, \tag{3}$$

wobei die unendliche Reihe für $|z| \geqq R$ konvergiert. Daher ist auch

$$z^m \left(f(z) - g(z) - \sum_{n=1}^{m} \frac{a_n}{z^n} \right) = \frac{a_{m+1}}{z} + \frac{a_{m+2}}{z^2} + \cdots$$

für $|z| \geqq R$ konvergent. Also gibt es zu jedem $\varepsilon > 0$ und jedem m ein $R_0 \geqq R$, so daß für $|z| > R_0$:

$$\left| z^m \left(f(z) - g(z) - \sum_{n=1}^{m} \frac{a_n}{z^n} \right) \right| < \varepsilon \tag{4}$$

ist.

Man nennt die Darstellung (3), wenn die Beziehung (4) erfüllt ist, eine *asymptotische Entwicklung* von $f(z)$. Man spricht auch dann von solchen Entwicklungen, wenn $f(z)$ und $g(z)$ nur in einem Teil einer Umgebung von $z = \infty$ miteinander verglichen werden und wenn in diesem Teil die Beziehung (4) gilt.

Es wird bei solchen eingeschränkten asymptotischen Entwicklungen im allgemeinen nicht möglich sein, $f(z) - g(z)$ in eine konvergente Reihe um $z = \infty$ zu entwickeln, und zwar schon deshalb nicht, weil $f(z) - g(z)$ evtl. gar nicht in diese Umgebung hinein holomorph und eindeutig analytisch fortgesetzt werden kann. Dann kann dort auch keine asymptotische Entwicklung (3) mit konvergenter Reihe $\sum_{n=1}^{\infty} \frac{a_n}{z^n}$ vorliegen. Wohl aber läßt sich häufig mit Erfolg eine *divergente Reihenentwicklung* (3) *verwenden*. Diese kann durchaus zu jedem m und $\varepsilon > 0$ die Bedingung (4) erfüllen, und sie wird dann ebenfalls als *asymptotische Entwicklung* in dem betrachteten Teil der Umgebung des Punktes ∞ bezeichnet und $f(z) \sim g(z) + \sum_{n=1}^{\infty} \frac{a_n}{z^n}$ geschrieben. Eine Potenzreihenentwicklung $\sum_{n=1}^{\infty} \frac{a_n}{z^n}$ um $z = \infty$ ist ein spezieller Fall einer asymptotischen Entwicklung.

Beispiele:

3. $$f(z) = \int_{-\infty}^{z} \frac{e^{\zeta - z}}{\zeta} \, d\zeta = \int_{0}^{\infty} \frac{e^{-t}}{z - t} \, dt .$$

Das Integral existiert für alle z in der von 0 nach ∞ längs der positiven reellen Achse aufgeschnittenen Ebene. Es ist in diesem Gebiet unabhängig vom Integrationsweg, wenn dieser bei der Darstellung durch das erste Integral zunächst aus dem Unendlichen kommend parallel zur negativen reellen Achse verläuft. Integrieren wir n mal partiell, so folgt:

$$f(z) = \sum_{\nu=1}^{n} \frac{(\nu - 1)!}{z^\nu} + n! \int_{-\infty}^{z} \frac{e^{\zeta - z}}{\zeta^{n+1}} \, d\zeta .$$

Ist nun $x = \operatorname{Re} z \leqq 0$, so können wir das rechts stehende Integral leicht abschätzen, indem wir parallel zur negativen reellen Achse bis zum Punkte z integrieren. Dort gilt:

$$\left| n! \int_{-\infty}^{z} \frac{e^{\zeta - z}}{\zeta^{n+1}} d\zeta \right| < \frac{n!}{|z|^{n+1}} \int_{-\infty}^{0} e^t \, dt = \frac{n!}{|z|^{n+1}}.$$

Ist $\operatorname{Re} z > 0$, so integrieren wir zuerst parallel zur negativen reellen Achse bis zum Punkte $\pm i|z|$, je nachdem z in der oberen oder unteren Halbebene liegt, und sodann von $\pm i|z|$ bis zum Punkte z auf dem kurzen Kreisbogen des Kreises $\zeta = |z|$. Dann ist für das erste Stück

$$\left| n! \int_{-\infty}^{\pm i|z|} \frac{e^{\zeta - z}}{\zeta^{n+1}} d\zeta \right| < \frac{n!}{|z|^{n+1}} e^{-x}$$

und für das zweite Stück nach nochmaliger partieller Integration

$$\left| n! \int_{\pm i|z|}^{z} \frac{e^{\zeta - z}}{\zeta^{n+1}} d\zeta \right| < \frac{n!}{|z|^{n+1}} (1 + e^{-x}) + \frac{(n+1)!}{|z|^{n+1}} \frac{\pi}{2},$$

folglich

$$\left| n! \int_{-\infty}^{z} \frac{e^{\zeta - z}}{\zeta^{n+1}} d\zeta \right| < \frac{n!}{|z|^{n+1}} \left(3 + (n+1) \frac{\pi}{2}\right).$$

Es ist also für $0 < \operatorname{arc} z < 2\pi$:

$$f(z) \sim \sum_{n=1}^{\infty} \frac{(n-1)!}{z^n} \tag{5}$$

und

$$\left| f(z) - \sum_{\nu=1}^{n} \frac{(\nu - 1)!}{z^\nu} \right| < \frac{n!}{|z|^{n+1}} \cdot K, \tag{6}$$

also

$$\left| z^n \left(f(z) - \sum_{\nu=1}^{n} \frac{(\nu-1)!}{z^\nu} \right) \right| < \varepsilon \quad \text{für} \quad |z| > \frac{n!\,K}{\varepsilon},$$

wobei $K = 3 + (n+1) \frac{\pi}{2}$ für die gesamte aufgeschnittene Ebene und $K = 1$ für die linke Halbebene ist.

Liegt z in der rechten Halbebene, so kann man den Integrationsweg auch so wählen, daß man durch z die senkrechte Gerade zur Strecke $(0, z)$ legt und nun längs der von links kommenden Halbgeraden integriert. Dann erhält man die Abschätzung

$$\left| n! \int_{-\infty}^{z} \frac{e^{\zeta - z}}{\zeta^{n+1}} d\zeta \right| < \frac{n!}{|z|^{n+1}} \cdot \frac{|z|}{|y|};$$

also hat man im Winkelraum $\alpha < \operatorname{arc} z < 2\pi - \alpha$. $0 < \alpha < \frac{\pi}{2}$, die Konstante $K = \frac{1}{\sin \alpha}$, die für nicht zu kleine α besser als die Konstante $K = 3 + (n+1) \frac{\pi}{2}$ ist. Dagegen hat die letztgenannte Konstante den Vorteil, für alle z der aufgeschnittenen Ebene zu gelten.

4. $$f(z) = \int_{0}^{\infty} \frac{e^{-zt}}{1 + t^2} dt.$$

$f(z)$ existiert für $\mathrm{Re}\, z \geqq 0$. Für $\mathrm{Re}\, z > 0$ können wir das Integral längs des Halbstrahles $t = \frac{s}{z}$, $s \geqq 0$, erstrecken und erhalten dann:

$$\int_0^\infty \frac{e^{-zt}}{1+t^2}\, dt = \int_0^\infty \frac{z\, e^{-s}}{z^2+s^2}\, ds = \frac{i}{2}\int_0^\infty \frac{e^{-s}}{iz-s}\, ds - \frac{i}{2}\int_0^\infty \frac{e^{-s}}{-iz-s}\, ds .$$

Die letzten beiden Integrale können wir gemäß (5) und (6) asymptotisch darstellen und erhalten so für $\mathrm{Re}\, z > 0$:

$$\int_0^\infty \frac{e^{-zt}}{1+t^2}\, dt \sim \sum_{\nu=1}^{\infty} (-1)^{\nu-1} \frac{(2\nu-2)!}{z^{2\nu-1}} \tag{7}$$

mit der Abschätzung

$$\left| \int_0^\infty \frac{e^{-zt}}{1+t^2}\, dt - \sum_{\nu=1}^{n} (-1)^{\nu-1} \frac{(2\nu-2)!}{z^{2\nu-1}} \right| < \frac{(2n)!}{z^{2n+1}} \cdot K , \tag{8}$$

$$K = 3 + (2n+1)\frac{\pi}{2} .$$

Im Winkelraum $-\left(\frac{\pi}{2}-\alpha\right) < \operatorname{arc} z < \left(\frac{\pi}{2}-\alpha\right)$, $0 < \alpha < \frac{\pi}{2}$, hat man auch die Konstante $K = \frac{1}{\sin\alpha}$.

5. $$f(z) = \int_0^\infty \frac{\Omega_1(t)}{z+t}\, dt .$$

$\Omega_1(t)$ ist dabei die in 5, Formel (30) eingeführte periodische Funktion, die im Periodenintervall $0 < t < 1$ die Summe $\frac{1}{2} - t$ hat:

$$\Omega_1(t) = \frac{1}{\pi} \sum_{n=1}^{\infty} \frac{\sin 2\pi n t}{n} . \tag{9}$$

Das Integral existiert in der von 0 nach $-\infty$ längs der negativen reellen Achse aufgeschnittenen Ebene.

Nun gelten für die Funktionen $\Omega_k(t)$, $k = 1, 2, 3, \ldots$, die Beziehungen (s. 5):

$$\left.\begin{aligned} \Omega_{2k-1}(t) &= -\Omega'_{2k}(t) \\ \Omega_{2k}(t) &= \Omega'_{2k+1}(t) \end{aligned}\right\} \quad k = 1, 2, 3, \ldots, \tag{10}$$

und

$$\left.\begin{aligned} \Omega_{2k-1}(0) &= 0 \\ \Omega_{2k}(0) &= \frac{B_k}{(2k)!} \end{aligned}\right\} \quad k = 1, 2, 3, \ldots, \tag{11}$$

wobei die B_k die Bernoullischen Zahlen sind, und es ist

$$|\Omega_{2k}(t)| \leqq \frac{B_k}{(2k)!}, \quad k = 1, 2, 3, \ldots . \tag{12}$$

Integrieren wir jetzt $(2n+1)$-mal partiell, so folgt wegen (10) und (11):

$$\int_0^\infty \frac{\Omega_1(t)}{z+t}\, dt = \sum_{\nu=1}^{n+1} \frac{(-1)^{\nu-1} B_\nu}{(2\nu-1)\, 2\nu\, z^{2\nu-1}} - (-1)^n (2n+1)! \int_0^\infty \frac{\Omega_{2n+2}(t)}{(z+t)^{2n+2}}\, dt .$$

Das rechts stehende Integral schätzen wir für $y \neq 0$ unter Berücksichtigung von (12) ab:

$$\left|\int_0^\infty \frac{\Omega_{2n+2}(t)}{(z+t)^{2n+2}}\,dt\right| < \frac{B_{n+1}}{(2n+2)!}\int_0^\infty \frac{1}{[(x+t)^2+y^2]^{n+1}}\,dt$$

$$< \frac{B_{n+1}}{(2n+2)!}\int_{-\infty}^{+\infty} \frac{1}{[(x+t)^2+y^2]^{n+1}}\,dt \tag{13}$$

$$= \frac{B_{n+1}}{(2n+2)!\,|y|^{2n+1}}\int_{-\infty}^{+\infty} \frac{1}{(1+t^2)^{n+1}}\,dt\,.$$

Für das letzte Integral ergibt sich mit Hilfe des Residuenkalküls:

$$\int_{-\infty}^{+\infty} \frac{1}{(1+t^2)^{n+1}}\,dt = 2\pi i \operatorname*{Res}_{t=i} \frac{1}{(1+t^2)^{n+1}} = \pi \frac{(2n)!}{2^{2n}\,n!^2}\,.$$

Nach der Darstellung von π durch das Wallissche Produkt (s. 8) ist nun

$$\frac{\pi}{2} = \lim_{n\to\infty} \frac{2\cdot 2\cdot 4\cdot 4\ldots(2n-2)\,2n}{1\cdot 3\cdot 3\cdot 5\ldots(2n-1)\,(2n-1)} = \lim_{n\to\infty} \frac{1}{2n}\left(\frac{2^{2n}\,n!^2}{(2n)!}\right)^2.$$

Da ferner

$$\frac{1}{2n}\left(\frac{2^{2n}\,n!^2}{(2n)!}\right)^2 = \frac{(2n+1)^2}{2n\,(2n+2)}\,\frac{1}{2n+2}\left(\frac{2^{2n+2}\,(n+1)!^2}{(2n+2)!}\right)^2$$

$$> \frac{1}{2n+2}\left(\frac{2^{2n+2}\,(n+1)!^2}{(2n+2)!}\right)^2$$

ist, so folgt:

$$\frac{1}{2n}\left(\frac{2^{2n}\,n!^2}{(2n)!}\right)^2 > \frac{\pi}{2}$$

und damit

$$\int_{-\infty}^{+\infty} \frac{1}{(1+t^2)^{n+1}}\,dt < \sqrt{\frac{\pi}{n}}\,.$$

Somit erhalten wir:

$$\left|(-1)^n\,(2n+1)!\int_0^\infty \frac{\Omega_{2n+2}(t)}{(z+t)^{2n+2}}\,dt\right|$$

$$< \frac{B_{n+1}}{(2n+1)\cdot(2n+2)\,|z|^{2n+1}}\left(\left|\frac{z}{y}\right|^{2n+1}(2n+1)\sqrt{\frac{\pi}{n}}\right). \tag{14}$$

Ist $x \geqq 0$, so ist $(x+t)^2 + y^2 \geqq t^2 + |z|^2$. Dann ist

$$\int_0^\infty \frac{1}{[(x+t)^2+y^2]^{n+1}}\,dt \leqq \int_0^\infty \frac{1}{(t^2+|z|^2)^{n+1}}\,dt = \frac{1}{2\,|z|^{2n+1}}\int_{-\infty}^{+\infty} \frac{1}{(1+t^2)^{n+1}}\,dt\,,$$

und damit gewinnen wir aus der ersten Ungleichung (13) in der rechten Halbebene die schärfere Abschätzung

$$\left|(-1)^n\,(2n+1)!\int_0^\infty \frac{\Omega_{2n+2}(t)}{(z+t)^{2n+2}}\,dt\right|$$

$$< \frac{B_{n+1}}{(2n+1)\,(2n+2)\,|z|^{2n+1}}\cdot\frac{2n+1}{2}\sqrt{\frac{\pi}{n}}\,. \tag{15}$$

Beschränken wir uns schließlich auf einen schmalen Winkelraum um die positive reelle Achse: $-\beta < \operatorname{arc} z < \beta$. Dann ist

$$\int_0^\infty \frac{1}{[(x+t)^2+y^2]^{n+1}}\,dt \leqq \int_0^\infty \frac{1}{(x+t)^{2n+2}}\,dt = \frac{1}{2n+1}\,\frac{1}{x^{2n+1}}. \tag{16}$$

So erhalten wir aus (14), (15) und (16) das Resultat: Die Funktion $f(z)$ besitzt in der von 0 nach $-\infty$ längs der negativen reellen Achse aufgeschnittenen Ebene die Darstellung:

$$f(z) = \int_0^\infty \frac{\Omega_1(t)}{z+t}\,dt \sim \sum_{\nu=1}^{\infty} \frac{(-1)^{\nu-1} B_\nu}{(2\nu-1)\,2\nu}\,\frac{1}{z^{2\nu-1}}, \tag{17}$$

und es gilt die Abschätzung

$$\left| f(z) - \sum_{\nu=1}^{n} \frac{(-1)^{\nu-1} B_\nu}{(2\nu-1)\,2\nu}\,\frac{1}{z^{2\nu-1}} \right| < \frac{B_{n+1}}{(2n+1)\,(2n+2)}\,\frac{1}{|z|^{2n+1}}\cdot K. \tag{18}$$

Dabei ist im Winkelraum $-\pi+\alpha < \operatorname{arc} z < \pi-\alpha$, $0<\alpha<\frac{\pi}{2}$:

$$K = \left(1 + \frac{2n+1}{\sin^{2n+1}\alpha}\sqrt{\frac{\pi}{n}}\right),$$

in der Halbebene $-\frac{\pi}{2} \leqq \operatorname{arc} z \leqq \frac{\pi}{2}$ ist

$$K = \left(1 + \frac{2n+1}{2}\sqrt{\frac{\pi}{n}}\right)$$

und in einem Winkelraum $-\beta < \operatorname{arc} z < \beta$, $0<\beta<\frac{\pi}{2}$:

$$K = \left(1 + \frac{1}{\cos^{2n+1}\beta}\right).$$

6. Die asymptotische Entwicklung der Γ-Funktion.

Im Reellen gilt für alle $x \neq 0, -1, -2, \ldots$:

$$\Gamma(x) = \lim_{n\to\infty} \frac{n!\, n^x}{x(x+1)\ldots(x+n)}. \tag{19}$$

Diese Gaußsche Produktdarstellung der Γ-Funktion gilt auch für alle komplexen z, die von den Werten $0, -1, -2, \ldots$ verschieden sind, und liefert für diese z eine holomorphe Funktion; denn es ist

$$\Gamma(z) = \lim_{n\to\infty} \frac{e^{z\left(\log n - \frac{1}{1} - \frac{1}{2} - \cdots - \frac{1}{n}\right)}}{z}\cdot\frac{e^{\frac{z}{1}}}{1+\frac{z}{1}}\cdot\frac{e^{\frac{z}{2}}}{1+\frac{z}{2}}\cdots\frac{e^{\frac{z}{n}}}{1+\frac{z}{n}}$$

$$= \frac{e^{-zC}}{z}\prod_{n=1}^{\infty}\frac{e^{\frac{z}{n}}}{1+\frac{z}{n}}$$

eine Weierstraßsche Produktdarstellung. C ist dabei die *Eulersche Konstante*:

$$C = \lim_{n\to\infty}\left(\frac{1}{1}+\frac{1}{2}+\cdots+\frac{1}{n}-\log n\right) = 0{,}5772156649\ldots.$$

Wir erkennen aus (19), daß $\Gamma(z)$ in den Punkten $-k = 0, -1, -2, \ldots$ Pole erster Ordnung mit den Residuen $\frac{(-1)^k}{k!}$ hat.

Schneiden wir die komplexe Ebene von 0 nach $-\infty$ längs der negativen reellen Achse auf, so ist in dem Restgebiet $\log\Gamma(z)$ holomorph, wenn wir etwa den Hauptzweig der Logarithmusfunktion betrachten, und es ist dort

$$\begin{aligned}\log\Gamma(z) &= \lim_{n\to\infty} \log \frac{n!\, n^z}{z(z+1)\ldots(z+n)} \\ &= \lim_{n\to\infty}\left[z\log n + \sum_{\nu=0}^{n-1}\log(1+\nu) - \sum_{\nu=0}^{n}\log(z+\nu)\right].\end{aligned}$$

Nach der Eulerschen Summenformel (s. 5, Formel (38)) ist

$$\sum_{\nu=0}^{n}\log(z+\nu) = \int_0^n \log(z+t)\,dt + \frac{1}{2}(\log z + \log(z+n)) - \int_0^n \frac{\Omega_1(t)}{z+t}\,dt.$$

Wegen

$$\begin{aligned}\int_0^n \log(z+t)\,dt &= [(z+t)\log(z+t) - (z+t)]_0^n \\ &= (z+n)\log(z+n) - z\log z - n\end{aligned}$$

wird also

$$\sum_{\nu=0}^{n}\log(z+\nu) = \left(z+n+\frac{1}{2}\right)\log(z+n) - \left(z-\frac{1}{2}\right)\log z - n - \int_0^n \frac{\Omega_1(t)}{z+t}\,dt.$$

Damit ergibt sich:

$$\begin{aligned}&z\log n + \sum_{\nu=0}^{n-1}\log(1+\nu) - \sum_{\nu=0}^{n}\log(z+\nu) \\ &= \left(z-\frac{1}{2}\right)\log z - \left(z+n+\frac{1}{2}\right)\log\left(1+\frac{z}{n}\right) \\ &+ 1 - \int_0^{n-1}\frac{\Omega_1(t)}{1+t}\,dt + \int_0^n \frac{\Omega_1(t)}{z+t}\,dt.\end{aligned}$$

Nun ist

$$\lim_{n\to\infty}\left(z+n+\frac{1}{2}\right)\log\left(1+\frac{z}{n}\right) = z.$$

Setzen wir noch

$$\gamma = 1 - \int_0^\infty \frac{\Omega_1(t)}{1+t}\,dt,$$

so folgt schließlich:

$$\log\Gamma(z) = \left(z-\frac{1}{2}\right)\log z - z + \gamma + \int_0^\infty \frac{\Omega_1(t)}{z+t}\,dt. \tag{20}$$

Wir wollen noch die Konstante γ bestimmen. Aus (19) entnehmen wir:

$$\Gamma(1) = \lim_{n\to\infty} \frac{n}{n+1} = 1$$

und

$$\Gamma(z+1) = \lim_{n\to\infty} \frac{n!\, n^{z+1}}{(z+1)(z+2)\ldots(z+n)(z+n+1)}$$

$$= \lim_{n\to\infty} \frac{n!\, n^{z}}{z(z+1)\ldots(z+n)} \frac{z\,n}{z+n+1} = z\,\Gamma(z)$$

und somit für positive ganze n:

$$\Gamma(n) = (n-1)!\,.$$

Das Integral in (20) verschwindet, wenn $z = n$ gegen ∞ geht. Daher ist

$$\gamma = \lim_{n\to\infty}\left[\log\Gamma(n) - \left(n - \frac{1}{2}\right)\log n + n\right].$$

Ebenso ist aber auch

$$\gamma = \lim_{n\to\infty}\left[\log\Gamma(2n) - \left(2n - \frac{1}{2}\right)\log 2n + 2n\right]$$

und daher:

$$\begin{aligned}\gamma = 2\gamma - \gamma &= \lim_{n\to\infty}\Big[2\log\Gamma(n) - (2n-1)\log n + 2n \\ &\qquad - \log\Gamma(2n) + \left(2n - \frac{1}{2}\right)\log 2n - 2n\Big] \\ &= \lim_{n\to\infty}\left[\log\frac{2^{2n-1}\,\Gamma^2(n)\sqrt{n}}{\Gamma(2n)} + \frac{1}{2}\log 2\right] \\ &= \log\left[\sqrt{2}\lim_{n\to\infty}\frac{2^{2n-1}\,\Gamma^2(n)\sqrt{n}}{\Gamma(2n)}\right].\end{aligned}$$

Den hier auftretenden Grenzwert haben wir früher (s. 8, Formel (12)) bereits berechnet. Er ist $\sqrt{\pi}$, so daß wir $\gamma = \log\sqrt{2\pi}$ und damit die *Stirlingsche Formel*

$$\log\Gamma(z) = \left(z - \frac{1}{2}\right)\log z - z + \log\sqrt{2\pi} + \int_0^\infty \frac{\Omega_1(t)}{z+t}\,dt$$

gewonnen haben.

Für das letzte Integral haben wir in Beispiel 5 eine asymptotische Entwicklung aufgestellt. Ist z positiv reell, so können wir für die Konstante K den Wert 2 einsetzen und haben dann in (17) eine Entwicklung, deren Fehler bei der numerischen Berechnung kleiner als das letzte berücksichtigte Glied ist.

Für $\Gamma(z)$ selbst gewinnen wir die Darstellung

$$\Gamma(z) = \sqrt{\frac{2\pi}{z}}\left(\frac{z}{e}\right)^z \cdot e^{\frac{B_1}{1\cdot 2}\frac{1}{z} - \frac{B_2}{3\cdot 4}\frac{1}{z^3} + \cdots + (-1)^{n-1}\frac{B_n}{(2n-1)2n}\frac{1}{z^{2n-1}} + R_n}$$

mit

$$|R_n| < \frac{B_{n+1}}{(2n+1)(2n+2)}\frac{1}{|z|^{2n+1}} \cdot K\,.$$

Kehren wir nun zur allgemeinen Behandlung asymptotischer Entwicklungen zurück.

Satz 63 *(Eindeutigkeit der asymptotischen Entwicklung). Sind* $\sum_{n=1}^{\infty} \frac{a_n}{z^n}$ *und* $\sum_{n=1}^{\infty} \frac{b_n}{z^n}$ *zwei asymptotische Entwicklungen von* $f(z)$ *in einem sich ins Unendliche erstreckenden Gebiet* $\mathfrak{G}$ *der Ebene, so ist* $a_n = b_n$ *für* $n = 1, 2, \ldots$

Nach der Definition der asymptotischen Entwicklung ist nämlich

$$\left| z^k \left(\sum_{n=1}^{k} \frac{a_n}{z^n} - \sum_{n=1}^{k} \frac{b_n}{z^n} \right) \right| < \varepsilon \quad \text{für} \quad |z| > M(\varepsilon, k)\,. \tag{21}$$

Hieraus ergibt sich zunächst $a_1 = b_1$. Gilt nun $a_j = b_j$ für $j = 1, 2, \ldots, k-1$, so folgt aus (21):

$$|a_k - b_k| < \varepsilon \quad \text{für} \quad |z| > M(\varepsilon, k)$$

und damit $a_k = b_k$. So ergibt sich durch vollständige Induktion die Behauptung.

Es ist aber im Gegensatz zu der Aussage von Satz 63 umgekehrt durch eine asymptotische Darstellung eine Funktion nicht festgelegt. So ist die Reihe $\sum_{n=0}^{\infty} \frac{0}{z^n}$ nicht nur eine asymptotische Darstellung von $f(z) \equiv 0$, sondern zugleich auch von $e^{-\gamma z}$, $\gamma > 0$ im Winkelraum $\mathfrak{W}$:

$$-\frac{\pi}{2} < \alpha < \operatorname{arc} z < \beta < +\frac{\pi}{2}\,; \tag{22}$$

denn dort ist (4) erfüllt, weil für alle k

$$|z^k(e^{-\gamma z} - 0)| < \varepsilon \quad \text{für} \quad |z| > M(\varepsilon, k) \tag{23}$$

ist. Hat daher irgendeine Funktion $f(z)$ eine asymptotische Darstellung

$$f(z) \sim \sum_{n=1}^{\infty} \frac{a_n}{z^n} \tag{24}$$

in einem Winkelraum (22) der rechten Halbebene, so ist (24) zugleich eine asymptotische Darstellung von $f(z) + a e^{-\gamma z}$, weil aus (23) und (24)

$$\left| z^k \left(f(z) + a e^{-\gamma z} - \sum_{n=0}^{k} \frac{a_n}{z^n} \right) \right| < \varepsilon \quad \text{für} \quad |z| > M(\varepsilon, k)$$

folgt. Die hier aufgezeigte Unbestimmtheit der durch die asymptotische Darstellung approximierten Funktion braucht sich im praktischen Rechnen nicht störend bemerkbar zu machen. Sie tut es dann nicht, wenn im Spezialfalle als $M(\varepsilon, k)$ eine Funktion gewählt werden kann, die für die vorgegebenen Erfordernisse mit fallendem ε und wachsendem k genügend langsam ansteigt.

Die asymptotischen Darstellungen lassen sich einigen wichtigen Operationen unterwerfen.

Satz 64 *(Elementare Operationen und asymptotische Entwicklungen). Ist* $f(z) \sim \sum_{n=0}^{\infty} \frac{a_n}{z^n}$ *und* $g(z) \sim \sum_{n=0}^{\infty} \frac{b_n}{z^n}$ *im Winkelraum* $\mathfrak{W}$, *so gilt dort:*

$$a f(z) + b g(z) \sim \sum_{n=0}^{\infty} \frac{a a_n + b b_n}{z^n}, \tag{25}$$

$$f(z) \cdot g(z) \sim \sum_{n=0}^{\infty} \left(\sum_{q=0}^{n} a_q b_{n-q} \right) \frac{1}{z^n}, \tag{26}$$

und wenn $a_0 = a_1 = 0$:

$$\int_z^{\infty} f(\zeta)\, d\zeta \sim \sum_{n=2}^{\infty} \frac{a_n}{(n-1)\, z^{n-1}}. \tag{27}$$

Die Integration ist dabei auf der in $\mathfrak{W}$ *liegenden, durch* 0 *und* z *laufenden Halbgeraden zwischen* z *und* ∞ *vorzunehmen.*

Offensichtlich können wir statt (27) auch ohne die Einschränkung $a_0 = a_1 = 0$ sagen: in $\mathfrak{W}$ ist

$$\int_z^{\infty} \left(f(\zeta) - a_0 - \frac{a_1}{\zeta} \right) d\zeta \sim \sum_{n=2}^{\infty} \frac{a_n}{(n-1)\, z^{n-1}}. \tag{28}$$

Der Beweis von (25) ist unmittelbar klar. Zum Beweise von (26) gehen wir aus von den in $\mathfrak{W}$ gültigen Beziehungen

$$\left.\begin{aligned}
&\lim_{z \to \infty} z^k \left(f(z) - \sum_{n=0}^{k} \frac{a_n}{z^n} \right) = 0, \\
&\lim_{z \to \infty} z^k \left(g(z) - \sum_{n=0}^{k} \frac{b_n}{z^n} \right) = 0, \\
&\lim_{z \to \infty} \sum_{n=0}^{k} \frac{a_n}{z^n} = a_0, \\
&\lim_{z \to \infty} g(z) = b_0.
\end{aligned}\right\} \tag{29}$$

Daher ist dort auch

$$\begin{aligned}
&\lim_{z \to \infty} z^k \left(f(z)\, g(z) - \sum_{n=0}^{k} \left(\sum_{q=0}^{n} a_q b_{n-q} \right) \frac{1}{z^n} \right) \\
&= \lim_{z \to \infty} \left\{ z^k \left(f(z) - \sum_{n=0}^{k} \frac{a_n}{z^n} \right) g(z) + \sum_{n=0}^{k} \frac{a_n}{z^n} \cdot z^k \left(g(z) - \sum_{n=0}^{k} \frac{b_n}{z^n} \right) \right. \\
&\qquad \left. + \sum_{n=1}^{k} \left(\sum_{q=n}^{k} a_q b_{n+k-q} \right) \frac{1}{z^n} \right\} = 0.
\end{aligned}$$

Zum Beweise von (28) sei für $|z| > M(\varepsilon, k)$ in $\mathfrak{W}$:

$$\left| f(z) - a_0 - \frac{a_1}{z} - \sum_{n=2}^{k} \frac{a_n}{z^n} \right| < \frac{\varepsilon}{|z|^k}.$$

Dann ist

$$\left| \int_z^\infty \left(f(\zeta) - a_0 - \frac{a_1}{\zeta} \right) d\zeta - \sum_{n=2}^{k} \frac{a_n}{n-1} \frac{1}{z^{n-1}} \right|$$

$$= \left| \int_z^\infty \left(f(\zeta) - a_0 - \frac{a_1}{\zeta} - \sum_{n=2}^{k} \frac{a_n}{\zeta^n} \right) d\zeta \right|$$

$$< \varepsilon \int_{|z|}^\infty \frac{1}{|\zeta|^k} d|\zeta| = \frac{\varepsilon}{(k-1)\,|z|^{k-1}},$$

womit der Beweis geführt ist.

Eine unmittelbare Folgerung der Aussagen (25) und (26) ist

Satz 65. *Ist $P(w)$ ein Polynom in w und $f(z) \sim \sum_{n=0}^{\infty} \frac{a_n}{z^n}$ in $\mathfrak{W}$, so ist $P(f(z)) \sim P\left(\sum_{n=0}^{\infty} \frac{a_n}{z^n}\right)$ in $\mathfrak{W}$.*

Wir merken ohne Beweis noch an:

Satz 66. *Unter den Voraussetzungen von Satz 64 und $b_0 \neq 0$ ist*

$$\frac{f(z)}{g(z)} \sim \sum_{n=0}^{\infty} \frac{c_n}{z^n} \quad \text{in } \mathfrak{W}, \tag{30}$$

wobei $\sum_{n=0}^{\infty} \frac{c_n}{z^n}$ sich durch formale Division der beiden asymptotischen Entwicklungen von $f(z)$ und $g(z)$ ergibt.

Literatur

Borel, E.: Leçon sur les séries divergentes. 2. Aufl. Paris 1928.

Bromwich, T. J. I'A.: An introduction to the theorie of infinite series. 2. Aufl. London 1949.

de Brujin, N. G.: Asymptotic methods in analysis. Amsterdam/Groningen 1958.

Van der Corput, J. G.: Asymptotic developments I. Fundamental theorems of asymptotics. Journal d'Analyse Mathemathique Jerusalem. **4**, 341 (1954—1956).

Erdelyi, A.: Asymptotic expansions. Dover publications 1956.

Ford, W. F.: The asymptotic developments of functions defined by Maclaurin series. Univ. of Michigan Studies, Vol. XI. Ann Arbor, Univ. of Michigan Press 1936.

Knopp, K.: Unendliche Reihen. 4. Aufl. Berlin-Heidelberg 1947.

Poincaré, H.: Sur les intégrales irrégulières des équationes linéaires. Acta math. **8**, 295 (1886).

Schmidt, Herm.: Beiträge zu einer Theorie der allgemeinen asymptotischen Darstellungen. Math. Ann. **113**, 629 (1937).

Whittaker, E. T., u. G. N. Watson: A course of modern analysis. 4. Aufl. Cambridge 1958. Chapt. VIII.

Viertes Kapitel

Konforme Abbildungen

§ 1. Die Umkehrfunktionen

Will man nach dem Vorbilde der Darstellung einer reellen Funktion $\eta = f(\xi)$ als Kurve in der (ξ, η)-Ebene eine komplexe Funktion $w = f(z)$ geometrisch interpretieren, so kann dies nur im vierdimensionalen Raume geschehen, da man für das Argument z und den Funktionswert w jeweils zwei Dimensionen benötigt. Man erhält dann eine komplexe „Kurve", die eine zweidimensionale Fläche im vierdimensionalen (w, z)-Raum ist. Eine andere Möglichkeit, eine komplexe Funktion geometrisch zu veranschaulichen, besteht darin, die Zuordnung $w = f(z)$ als *Abbildung eines Bereiches der z-Ebene in einen Bereich der w-Ebene* zu deuten (s. I, 5 u. 7). Wir sprechen von den *Bildern* in der w-Ebene, die durch $w = f(z)$ von Punkten der z-Ebene geliefert werden. Wird die Abbildung durch eine holomorphe Funktion vermittelt, so nennen wir sie eine *holomorphe Abbildung*. Bei diesen Abbildungen weisen die Beziehungen zwischen den Originalpunkten in der z-Ebene und den Bildpunkten in der w-Ebene wesentliche Eigenschaften auf, mit denen wir uns jetzt beschäftigen werden.

Satz 1 *(über die Gebietstreue). Ist die Funktion $w = f(z)$ im Gebiet $\mathfrak{G}$ der z-Ebene holomorph und nicht konstant, so ist in der w-Ebene das Bild $\mathfrak{G}^*$ von $\mathfrak{G}$ wieder ein Gebiet.*

Dieser Satz ist durchaus nicht trivial und trifft für nichtanalytische Funktionen keineswegs allgemein zu. Satz 1 besagt, daß $\mathfrak{G}^*$ zusammenhängend und offen ist. Daher haben wir diese beiden Aussagen zu beweisen. Von denen wurde die erste in I, 5, Satz 29a bewiesen. Der zweite Teil des Satzes ist eine funktionentheoretische Aussage:

$\mathfrak{G}^*$ ist offen. Dazu haben wir zu zeigen, daß es zu jedem Punkte w_1 aus $\mathfrak{G}^*$ eine Umgebung gibt, die nur Punkte aus $\mathfrak{G}^*$ enthält. Ist $w_1 = f(z_1)$, so nimmt $f(z)$ in einer genügend kleinen Umgebung $\mathfrak{U}_\delta(z_1)$ den Wert w_1 nicht noch einmal an (s. II, 4, Satz 30). Die Ordnung der w_1-Stelle in z_1 möge k sein. Dann ist für einen Kreis $\mathfrak{K}$ um z_1, der in $\mathfrak{U}_\delta(z_1)$ gelegen ist,

$$\frac{1}{2\pi i}\int\limits_{\mathfrak{K}} \frac{f'(z)}{f(z) - w_1}\, dz = k\,.$$

Aus der Stetigkeit von $f(z)$ folgt, daß es ein positives ε gibt, so daß die Werte w, für die $|w - w_1| < \varepsilon$ gilt, nicht auf $\mathfrak{K}$ angenommen werden. Für diese w ist ebenfalls

$$\frac{1}{2\pi i}\int\limits_{\mathfrak{K}} \frac{f'(z)}{f(z) - w}\, dz = k > 0\,,$$

weil die linke Seite eine stetige Funktion von w ist. Das bedeutet aber, daß alle w, für die $|w - w_1| < \varepsilon$ ist, k-mal im Innern von $\mathfrak{K}$ angenommen werden, also als Bildpunkte von Punkten aus $\mathfrak{G}$ auftreten und somit zu $\mathfrak{G}^*$ gehören. Damit ist der Satz bewiesen.

In nur endlich vielen Punkten innerhalb $\mathfrak{K}$ kann ein Wert von höherer als erster Ordnung angenommen werden, da in solchen Punkten $f'(z)$ verschwindet, und diese können sich im Innern von $\mathfrak{K}$ nicht häufen, da $f(z)$ nicht konstant ist. Also gibt es ein $\varepsilon_1 \leqq \varepsilon$, so daß alle $w \neq w_1$, für die $|w - w_1| < \varepsilon_1$ ist, im Innern von $\mathfrak{K}$ nur von erster Ordnung, und zwar genau k-mal, angenommen werden. Damit ist über Satz 1 hinaus bewiesen:

Satz 2 *(Ein-k-deutige Abbildung). Nimmt die in z_1 holomorphe Funktion $f(z)$ den Wert w_1 in z_1 von k-ter Ordnung an, so gibt es zu jedem genügend kleinen Kreis $\mathfrak{K}$ um z_1 ein ε, so daß jeder Punkt $w \neq w_1$ aus $|w - w_1| < \varepsilon$ als Bild von genau k verschiedenen Punkten aus dem Innern von $\mathfrak{K}$ auftritt.*

Ist $k = 1$ und wählen wir $\mathfrak{K}$ so klein, daß $|f(z) - f(z_1)| < \varepsilon$ ist, so ist die Zuordnung der Kreisscheibe von $\mathfrak{K}$ zu ihrem Bilde in der w-Ebene eineindeutig. Dieses Bild ist nach Satz 1 ein Gebiet. In ihm liegt $w_1 = f(z_1)$. Also gilt

Satz 2a *(Ein-eindeutige Abbildung). Ist $w = f(z)$ in z_1 holomorph und wird $w_1 = f(z_1)$ von 1. Ordnung angenommen, so gibt es eine Umgebung $\mathfrak{U}(z_1)$, die eineindeutig und umkehrbar stetig auf eine Umgebung $\mathfrak{U}^*(w_1)$ von w_1 abgebildet wird.*

In $\mathfrak{U}^*(w_1)$ ist also eine Funktion definiert, die die durch $f(z)$ gegebene Zuordnung rückgängig macht. Diese Funktion nennen wir die *Umkehrfunktion* (inverse Funktion) und bezeichnen sie mit $z = \check{f}(w)$ (gelesen: f-invers). Offensichtlich ist $\check{f}(f(z)) \equiv z$.

Man beachte, daß hier im Gegensatz zu den stetig differenzierbaren reellen Funktionen das Nichtverschwinden der 1. Ableitung nicht nur hinreichend, sondern auch notwendig für die eindeutige Umkehrbarkeit einer Funktion ist. Ist $w = f(z)$ in einem Gebiete $\mathfrak{G}$ holomorph und ist dort überall $f'(z) \neq 0$, so braucht die Gesamtabbildung von $\mathfrak{G}$ auf das Bildgebiet $\mathfrak{G}^*$ im Großen jedoch nicht eineindeutig zu sein. So bildet z. B. die Funktion $w = z^2$ das Gebiet $\mathfrak{G}$: $0 < |z| < 1$ auf das Gebiet $\mathfrak{G}^*$: $0 < |w| < 1$ ab. Obwohl aber in $\mathfrak{G}$ überall $f'(z) = 2z \neq 0$ ist, tritt jeder Punkt w aus $\mathfrak{G}^*$ zweimal als Bildpunkt auf. Nur genügend kleine Umgebungen $\mathfrak{U}(z_0)$ und $\mathfrak{U}^*(w_0)$ sind eineindeutig aufeinander bezogen. Wir sprechen von der *Eineindeutigkeit im Kleinen* und sehen an diesem Beispiel, daß aus der Eineindeutigkeit im Kleinen die im Großen nicht folgt. Selbst wenn $\mathfrak{G}$ und $\mathfrak{G}^*$ beide einfach zusammenhängend sind und $f'(z) \neq 0$ in $\mathfrak{G}$ ist, braucht die Abbildung im Großen nicht umkehrbar eindeutig zu sein.

Betrachten wir etwa als Gebiet $\mathfrak{G}$ den Kreis $|z| < 3$, aus dem die oberen Hyperbeläste $3x^2 - y^2 = 3$, $y \geqq 0$ herausgenommen sind. Dieses Gebiet ist einfach zusammenhängend, und in ihm hat die Funktion $w = 3z - z^3$ eine nichtverschwindende Ableitung. Das Bildgebiet $\mathfrak{G}^*$ ist das von der einfach geschlossenen Kurve $\mathfrak{C}$: $w = 9e^{i\varphi}(1 - 3e^{2i\varphi})$ berandete Gebiet, wobei φ im Bereich

$$\varphi_0 \leqq \varphi \leqq \pi - \varphi_0, \quad \pi + \varphi_0 \leqq \varphi \leqq 2\pi - \varphi_0$$

mit

$$\varphi_0 = \arcsin \sqrt{\frac{2}{3}}$$

läuft. Die Abbildung ist aber nicht eineindeutig. Zum Beispiel ist der Nullpunkt in $\mathfrak{G}^*$ Bild der drei Punkte $z = 0$ und $z = \pm\sqrt{3}$ aus $\mathfrak{G}$. Die Struktur der Abbildung läßt sich leicht untersuchen, wenn man die Kreise $|z| = r$ in $\mathfrak{G}$ betrachtet, deren Bilder dann Epizykloiden in $\mathfrak{G}^*$ sind.

Die Eineindeutigkeit einer Abbildung im Großen läßt sich nur unter starken Voraussetzungen zeigen. Eine derartige Aussage liefert z. B. der folgende

Satz 3. *$\mathfrak{G}$ sei ein konvexes Gebiet. Die Funktion $f(z)$ sei in $\mathfrak{G}$ holomorph, und es gebe eine komplexe Zahl $a \neq 0$, so daß für alle z aus $\mathfrak{G}$*

$$|f'(z) - a| < |a| \tag{1}$$

ist. Dann bildet $f(z)$ das Gebiet $\mathfrak{G}$ eineindeutig ab.

Dem Satz liegt der folgende Gedanke zugrunde: Die Funktion $h(z) = az$ bildet das Gebiet $\mathfrak{G}$ eineindeutig auf ein ähnliches Gebiet $\mathfrak{G}^*$ ab. Ist jetzt $f(z)$ eine Funktion, deren Ableitung $f'(z)$ sich in $\mathfrak{G}$ nur wenig von $h'(z) = a$ unterscheidet, so wird auch $f(z)$ sich nur wenig von $h(z)$ unterscheiden, und es steht zu erwarten, daß auch $f(z)$ das Gebiet $\mathfrak{G}$ noch eineindeutig abbildet. Die obige Ungleichung gibt an, wie groß z. B. in einem konvexen Gebiet die Differenz von $f'(z)$ und a sein darf. Dabei heißt ein Gebiet $\mathfrak{G}$ *konvex*, wenn je zwei Punkte aus $\mathfrak{G}$ sich durch eine Strecke verbinden lassen, die auch noch in $\mathfrak{G}$ liegt.

Wir haben zu zeigen, daß $f(z_1) \neq f(z_2)$ für $z_1 \neq z_2$ ist. Hierzu verbinden wir z_1 geradlinig mit z_2. Die Verbindungsstrecke liegt in $\mathfrak{G}$, da $\mathfrak{G}$ konvex ist. Dann gilt:

$$f(z_2) - f(z_1) = \int_{z_1}^{z_2} f'(z)\,dz = a(z_2 - z_1) + \int_{z_1}^{z_2} (f'(z) - a)\,dz\,,$$

und hieraus folgt wegen (1) die Abschätzung

$$|f(z_2) - f(z_1)| > |a|\,|z_2 - z_1| - |a|\,|z_2 - z_1| = 0\,.$$

Folglich ist $f(z_1) \neq f(z_2)$.

Bevor wir ein weiteres Ergebnis über die eineindeutige Abbildung im Großen herleiten, zeigen wir den wichtigen

Satz 4 *(Holomorphie der Umkehrfunktion). Ist die Funktion $w = f(z)$ in z_1 holomorph und wird $w_1 = f(z_1)$ in z_1 von 1. Ordnung angenommen, so ist die Umkehrfunktion $z = \check{f}(w)$ in einer Umgebung $\mathfrak{U}^*(w_1)$ holomorph, und es ist $\check{f}'(w) = \dfrac{1}{f'(\check{f}(w))}$.*

Nach Definition ist $z = \check{f}(f(z))$. Wir bilden nun den Differenzenquotienten für $z + h$ und z, wobei beide Punkte in der in Satz 2a genannten Umgebung $\mathfrak{U}(z_1)$ liegen. Gemäß Satz 2a ist dann

$$h^* = f(z + h) - f(z) \neq 0 .$$

Daher erhalten wir:

$$\frac{(z+h)-z}{h} = 1 = \frac{\check{f}(f(z+h)) - \check{f}(f(z))}{h} = \frac{\check{f}(w+h^*) - \check{f}(w)}{h^*} \cdot \frac{f(z+h) - f(z)}{h} .$$

Also ergibt sich im Limes:

$$\check{f}'(w) = \frac{1}{f'(z)} = \frac{1}{f'(\check{f}(w))} .$$

Wir sind nun in der Lage, einen weiteren Satz über die Eineindeutigkeit einer Abbildung zu beweisen.

Satz 5. *Sei $\mathfrak{G}$ ein einfach zusammenhängendes Gebiet in der endlichen z-Ebene, die Funktion $w = f(z)$ in $\mathfrak{G}$ holomorph und $f'(z) \neq 0$ in $\mathfrak{G}$. Die durch $w = f(z)$ vermittelte Abbildung sei eigentlich. Dann bildet $f(z)$ das Gebiet $\mathfrak{G}$ eineindeutig auf $\mathfrak{G}^*$ ab, und $\mathfrak{G}^*$ ist wieder einfach zusammenhängend.*

Nach I, 5, S. 43 heißt eine Abbildung *eigentlich*, wenn die Urbilder kompakter Mengen kompakt sind.

Zunächst zeigen wir, daß sich die Umkehrfunktion $z = \check{f}(w)$ in $\mathfrak{G}^*$ beliebig analytisch fortsetzen läßt, wobei alle auftretenden Funktionswerte in $\mathfrak{G}$ liegen. Sei w_0 ein Punkt in $\mathfrak{G}^*$ und z_0 ein Originalpunkt von w_0 in $\mathfrak{G}$. $\mathfrak{C}^*$ sei eine von w_0 ausgehende Kurve in $\mathfrak{G}^*$. In w_0 betrachten wir die Funktion $z = \check{f}(w)$, für die $z_0 = \check{f}(w_0)$ ist. Für eine Umgebung von w_0 liegen die Bildpunkte $z = \check{f}(w)$ in $\mathfrak{U}(z_0)$, und dort sind $f(z)$ und $\check{f}(w)$ zueinander invers. Daher bildet dort $z = \check{f}(w)$ die Kurve $\mathfrak{C}^*$ auf den Anfang eines in z_0 beginnenden Kurvenstückes $\mathfrak{C}$ aus $\mathfrak{G}$ ab. Die Fortsetzung von $\check{f}(w)$ längs $\mathfrak{C}^*$ ist nun solange möglich, wie das Bild $\mathfrak{C}$ von $\mathfrak{C}^*$ bei dieser Fortsetzung in $\mathfrak{G}$ verläuft, und aus der Eindeutigkeit der analytischen Fortsetzung folgt, daß längs $\mathfrak{C}$ und $\mathfrak{C}^*$ die Funktion $f(z)$ und die Fortsetzung von $\check{f}(w)$ zueinander invers bleiben. Nun ist aber offenbar längs der ganzen Kurve $\mathfrak{C}^*$ diese Fortsetzung möglich, da $\mathfrak{C}^*$ kompakt ist und folglich alle Urbilder in der kompakten Urbildmenge von $\mathfrak{C}^*$, also in $\mathfrak{G}$ liegen. Damit ist der erste Punkt bewiesen.

Als zweites zeigen wir nun die Eineindeutigkeit der Abbildung. Seien z_1 und z_2 zwei Punkte aus $\mathfrak{G}$ mit demselben Bildpunkt w_0 in $\mathfrak{G}^*$. Verbinden wir z_1 und z_2 durch eine in $\mathfrak{G}$ verlaufende einfache Kurve $\mathfrak{C}$, so ist deren Bild in $\mathfrak{G}^*$ eine geschlossene Kurve $\mathfrak{C}^*$. Ist nun $z = \check{f}(w)$ die Umkehrung der Funktion $w = f(z)$ in einer Umgebung von z_1, so können wir diese Umkehrung längs $\mathfrak{C}^*$ beliebig analytisch fortsetzen. Durchlaufen wir $\mathfrak{C}^*$ einmal, so gelangen wir zum Funktionswert z_2. Bei einem weiteren Umlauf erhalten wir einen Funktionswert z_3 aus $\mathfrak{G}$ und so fort. Und in der Umgebung jedes dieser Punkte $z_1, z_2, z_3, \ldots$ ist die analytische Fortsetzung von $z = \check{f}(w)$ die Umkehrung von $w = f(z)$, und es ist $f(z_\nu) = w_0$ für alle diese z_ν.

Die Folge der Punkte z_ν muß sich auf Grund der Voraussetzung unseres Satzes nun in $\mathfrak{G}$ häufen, da der Punkt w_0 eine kompakte Menge bildet, also die Punkte z_ν in der kompakten Urbildmenge von w_0 liegen. Sei z_0 ein solcher Häufungspunkt. Dann ist in $\mathfrak{U}(z_0)$ die Funktion $w = f(z)$ eindeutig umkehrbar. Daher sind wegen $w_0 = f(z_\nu)$ alle z_ν aus $\mathfrak{U}(z_0)$ gleich z_0. Es gibt also eine geschlossene, durch z_0 laufende Kurve $\mathfrak{K}$ in $\mathfrak{G}$, deren Bild in $\mathfrak{G}^*$ die ein- oder mehrfach durchlaufene Kurve $\mathfrak{C}^*$ ist. Da $\mathfrak{G}$ einfach zusammenhängend ist, können wir $\mathfrak{K}$ in $\mathfrak{G}$ stetig auf z_0 zusammenziehen. Dabei zieht sich das Bild von $\mathfrak{K}$, die eventuell mehrmals durchlaufene Kurve $\mathfrak{C}^*$, in $\mathfrak{G}^*$ stetig auf w_0 zusammen. Dies ist nur möglich, wenn im Innern von $\mathfrak{C}^*$ nur Punkte aus $\mathfrak{G}^*$ liegen. In diesem Falle führt aber nach dem Monodromiesatz die analytische Fortsetzung von $z = \check{f}(w)$ längs $\mathfrak{C}^*$ zum selben Funktionselement zurück. Insbesondere ist also $z_2 = z_1$. Zu einem Bildpunkt w_0 gibt es also nur einen Originalpunkt. Die Abbildung ist eineindeutig.

Der einfache Zusammenhang von $\mathfrak{G}^*$ ist nunmehr trivial. Damit ist Satz 5 bewiesen.

Weiter gilt:

Satz 5a. *Ist $\mathfrak{G}$ ein nicht einfach zusammenhängendes Gebiet, die Abbildung $w = f(z)$ in $\mathfrak{G}$ eigentlich, $f(z)$ in $\mathfrak{G}$ holomorph und $f'(z) \neq 0$, so ist auch $\mathfrak{G}^*$ nicht einfach zusammenhängend.*

Sei $\mathfrak{G}^*$ einfach zusammenhängend. $\mathfrak{C}$ sei eine geschlossene Kurve in $\mathfrak{G}$. Sie besitzt in $\mathfrak{G}^*$ als Bild eine geschlossene Kurve $\mathfrak{C}^*$. z_0 sei ein Punkt auf $\mathfrak{C}$ und w_0 der Bildpunkt auf $\mathfrak{C}^*$. Die Funktion $w = f(z)$ läßt sich in einer Umgebung von z_0 umkehren: $z = \check{f}(w)$, $z_0 = \check{f}(w_0)$. Wie im ersten Teil des Beweises zu Satz 5 folgt, daß sich diese Funktion $z = \check{f}(w)$ beliebig in $\mathfrak{G}^*$ analytisch fortsetzen läßt und dabei stets invers zu $w = f(z)$ in den Bildpunkten $z = \check{f}(w)$ ist. Längs $\mathfrak{C}^*$ ergibt sich bei dieser Fortsetzung als Bild von $\mathfrak{C}^*$ die Kurve $\mathfrak{C}$. Zieht man jetzt $\mathfrak{C}^*$ stetig auf einen Punkt in $\mathfrak{G}^*$ zusammen, so zieht sich das durch $z = \check{f}(w)$ vermittelte Bild $\mathfrak{C}$ von $\mathfrak{C}^*$ gleichfalls auf einen Punkt zusammen. Also ist auch $\mathfrak{G}$ einfach zusammenhängend.

Wir können nun *die Umkehrfunktion* auch *explizit durch ein Integral ausdrücken*. Dazu wählen wir in $\mathfrak{U}_\varepsilon^*(w_1)$ eine einfach geschlossene Kurve

$\mathfrak{C}^*$, die w_1 im Innern enthält. Sie ist das Bild einer einfach geschlossenen Kurve $\mathfrak{C}$ in $\mathfrak{U}_\delta(z_1)$, die z_1 umschließt. Daher ist (s. III, 4, (3)):

$$z = \check{f}(w) = \frac{1}{2\pi i} \int_{\mathfrak{C}} \zeta \frac{f'(\zeta)}{f(\zeta) - w} \, d\zeta \,. \tag{2}$$

Da holomorphe Funktionen uns besonders in Gestalt von Potenzreihen entgegentreten, so seien die wichtigen Sätze 2, 2a und 4 für diesen Fall eigens formuliert:

Satz 6. *Ist $P(z)$ eine Potenzreihe um z_1, so gibt es dann und nur dann eine in einer Umgebung von $w_1 = P(z_1)$ konvergente Potenzreihe $\check{P}(w)$ um w_1 mit*

$$\check{P}(P(z)) \equiv z \,, \tag{3}$$

wenn der Koeffizient des linearen Gliedes von $P(z)$ von Null verschieden ist.

Wir wollen die Glieder der Potenzreihe $\check{P}(w)$ explizit angeben. Dies kann durch Koeffizientenvergleich in Formel (3) nach II, 4, Formeln (17) und (18) mit $c_1 = 1$, $c_2 = c_3 = \cdots = 0$ geschehen.

Hieraus resultieren der Reihe nach die Koeffizienten

$$\left.\begin{aligned}
b_1 &= \frac{1}{a_1} \\
b_2 &= \frac{-a_2}{a_1^3} \\
b_3 &= \frac{-a_1 a_3 + 2a_2^2}{a_1^5} \\
b_4 &= \frac{-a_1^2 a_4 + 5a_1 a_2 a_3 - 5a_2^3}{a_1^7} \\
b_5 &= \frac{-a_1^3 a_5 + 6a_1^2 a_2 a_4 + 3a_1^2 a_3^2 - 21 a_1 a_2^2 a_3 + 14 a_2^4}{a_1^9} \\
&\cdots
\end{aligned}\right\} \tag{4}$$

Allgemein ist b_n der Quotient aus einem homogenen Polynom $(n-1)$-ten Grades der Koeffizienten $a_1, a_2, \ldots, a_n$ und dem Nenner a_1^{2n-1}. Wir wollen das Bildungsgesetz der Koeffizienten b_n nicht näher untersuchen, jedoch noch ein anderes Verfahren zu ihrer Berechnung kennenlernen.

Wieder drücken wir die Umkehrfunktion $z = \check{P}(w)$ wie in (2) durch

$$z = \check{P}(w) = \frac{1}{2\pi i} \int_{\mathfrak{C}} \zeta \frac{P'(\zeta)}{P(\zeta) - w} \, d\zeta \tag{5}$$

aus, wobei $\mathfrak{C}$ das durch $z = \check{P}(w)$ vermittelte Bild eines Kreises $\mathfrak{K}$ um den Punkt w_1 der w-Ebene ist. Liegt w in $\mathfrak{K}$, so ist für ζ auf $\mathfrak{C}$:

$|P(\zeta) - w_1| > |w - w_1|$ und deshalb, wenn man nach $w - w_1$ entwickelt,

$$\begin{aligned} z &= \frac{1}{2\pi i} \int_{\mathfrak{C}} \frac{\zeta P'(\zeta)}{(P(\zeta) - w_1) - (w - w_1)} \, d\zeta \\ &= \sum_{k=0}^{\infty} \frac{1}{2\pi i} \int_{\mathfrak{C}} \frac{\zeta P'(\zeta)}{(P(\zeta) - w_1)^{k+1}} \, d\zeta \cdot (w - w_1)^k . \end{aligned} \tag{6}$$

Die Koeffizienten b_k der Reihe (4) lauten also:

$$b_k = \frac{1}{2\pi i} \int_{\mathfrak{C}} \frac{\zeta P'(\zeta)}{(P(\zeta) - w_1)^{k+1}} \, d\zeta, \quad k = 0, 1, 2, \ldots, \tag{7}$$

oder

$$b_k = \operatorname*{Res}_{z_1} \frac{z P'(z)}{(P(z) - w_1)^{k+1}} . \tag{8}$$

Dieses Residuum ist andererseits gleich dem Koeffizienten c_k in der Entwicklung der Funktion

$$\frac{z P'(z) (z - z_1)^{k+1}}{(P(z) - w_1)^{k+1}} = \sum_{\nu=0}^{\infty} c_\nu (z - z_1)^\nu ,$$

also

$$b_k = \frac{1}{k!} \left[\frac{d^k}{d z^k} \left(z P'(z) \left(\frac{z - z_1}{P(z) - w_1} \right)^{k+1} \right) \right]_{z=z_1}, \quad k = 1, 2, 3, \ldots . \tag{9}$$

Eine etwas einfachere Gestalt gewinnen die Koeffizienten b_k, wenn man in (7) zunächst partiell integriert. Dann wird

$$b_k = \frac{1}{2\pi i k} \int_{\mathfrak{C}} \frac{1}{(P(\zeta) - w_1)^k} \, d\zeta, \quad k = 1, 2, 3, \ldots,$$

also

$$b_k = \frac{1}{k} \operatorname*{Res}_{z_1} \frac{1}{(P(z) - w_1)^k} \tag{10}$$

und

$$b_k = \frac{1}{k!} \left[\frac{d^{k-1}}{d z^{k-1}} \left(\frac{z - z_1}{P(z) - w_1} \right)^k \right]_{z=z_1}, \quad k = 1, 2, 3, \ldots . \tag{11}$$

Nach den Formeln (10) und (11) lassen sich die Koeffizienten b_k der Umkehrpotenzreihe $z = \check{P}(w)$ ohne Rekursion direkt berechnen, und in Spezialfällen gelangt man mit ihnen schneller zum Ziel als mit Hilfe des zuerst erläuterten Verfahrens.

Beispiel:

$w = P(z) = z \cdot e^z = \sum_{\nu=1}^{\infty} \frac{1}{(\nu - 1)!} z^\nu$, $z_1 = w_1 = 0$. Gemäß Formel (11) ist

$$b_k = \frac{1}{k!} \left[\frac{d^{k-1}}{d z^{k-1}} e^{-kz} \right]_{z=0} = (-1)^{k-1} \frac{k^{k-1}}{k!},$$

also

$$z = \check{P}(w) = \sum_{k=1}^{\infty} (-1)^{k-1} \frac{k^{k-1}}{k!} w^k .$$

Die Darstellung der Umkehrfunktion durch das Integral (2) hat noch eine bemerkenswerte Konsequenz bezüglich der Konvergenz der Umkehrfunktionen einer gleichmäßig konvergenten Funktionenfolge $f_1(z), f_2(z), f_3(z), \ldots$. Konvergieren nämlich die Funktionen $f_n(z)$ in $\mathfrak{U}(z_1)$ gleichmäßig gegen $f(z)$, so folgt unter der Voraussetzung, daß $f'(z_1) \neq 0$ ist und $\mathfrak{U}(z_1)$ genügend klein gewählt ist:

$$\lim_{n\to\infty} \frac{1}{2\pi i} \int\limits_{\mathfrak{C}} \frac{\zeta f_n'(\zeta)}{f_n(\zeta) - w}\, d\zeta = \frac{1}{2\pi i} \int\limits_{\mathfrak{C}} \frac{\zeta f'(\zeta)}{f(\zeta) - w}\, d\zeta = \check{f}(w)\,.$$

Andererseits gilt, weil in $\mathfrak{U}(z_1)$ für $n \geqq n_0$ auch $f_n'(z) \neq 0$ ist und $f_n(z)$ den Wert w ebenso wie $f(z)$ nur einmal annimmt:

$$\frac{1}{2\pi i} \int\limits_{\mathfrak{C}} \zeta \frac{f_n'(\zeta)}{f_n(\zeta) - w}\, d\zeta = \check{f}_n(w)\,.$$

Also ist $\check{f}(w) = \lim \check{f}_n(w)$ für w aus $\mathfrak{U}(z_1)$. Wir haben somit:

Satz 7. *Es sei $f_n(z)$ eine Folge von Funktionen, die in einer Umgebung $\mathfrak{U}(z_1)$ des Punktes z_1 holomorph sind und dort gleichmäßig gegen $f(z)$ konvergieren. Ferner sei $f'(z_1) \neq 0$. Dann sind für $n \geqq n_0$ die $f_n(z)$ in einer Umgebung $\mathfrak{U}_1(z_1) \subset \mathfrak{U}(z_1)$ umkehrbar, und in einer Umgebung $\mathfrak{U}^*(w_1)$, $w_1 = f(z_1)$, gilt gleichmäßig: $\lim\limits_{n\to\infty} \check{f}_n(w) = \check{f}(w)$.*

Wir haben bisher die Abbildungen nur in endlichen und holomorphen Punkten untersucht. Zieht man auch den unendlich fernen Punkt mit in Betracht, so hat man statt der holomorphen nun meromorphe Funktionen zuzulassen. Für sie gelten die angegebenen Sätze in analoger Weise, wenn man noch statt der gewöhnlichen die chordale Stetigkeit heranzieht. Insbesondere ist die *Umkehrung einer meromorphen Funktion* in der Umgebung eines Wertes, der von erster Ordnung angenommen wird, wieder eine meromorphe Funktion. Um all dies einzusehen, genügt die Bemerkung, daß man mittels der eineindeutigen und meromorphen Transformation $w = \frac{1}{z}$ den Punkt ∞ sofort ins Endliche holen kann.

§ 2. Analytische Funktionen und konforme Abbildung

Wir wollen nunmehr geometrische Eigenschaften der durch *holomorphe Funktionen* vermittelten Abbildungen kennenlernen, und zwar zunächst als wichtigste die Winkeltreue.

Wir betrachten zwei einschließlich der Endpunkte stetig differenzierbare Kurvenstücke, die einen gemeinsamen Anfangspunkt z_0 besitzen. Ist $\mathfrak{C}_1$ eines dieser Kurvenstücke, so gibt es also eine Parameterdarstellung $z = g_1(\tau)$, $0 \leqq \tau \leqq \tau_1$, $g_1(0) = z_0$, für die der Grenzwert $g_1'(\tau)$ auf $\mathfrak{C}_1$

überall existiert und dort nirgends Null ist (siehe I, 6, S. 48). Für den Punkt z_0 ist dann

$$z = z_0 + t\, g_1'(0)\,, \quad 0 \leqq t < \infty\,,$$

die von z_0 aus in Richtung der Kurve $\mathfrak{C}_1$ weisende Halbgerade $\mathfrak{T}_1$. Offenbar hängt die Lage von $\mathfrak{T}_1$ nicht von der speziellen Wahl des Parameters τ ab, da bei einem anderen Parameter sich $g_1'(0)$ nur mit einem positiven Faktor multipliziert. Für eine zweite in z_0 beginnende Kurve $\mathfrak{C}_2$ mit der Darstellung $z = g_2(\tau)$, $0 \leqq \tau \leqq \tau_2$, $g_2(0) = z_0$, $g_2'(\tau) \neq 0$, können wir ebenfalls die vom Punkte z_0 in Richtung $\mathfrak{C}_2$ weisende Halbgerade $\mathfrak{T}_2$ bestimmen:

$$z = z_0 + t\, g_2'(0)\,, \quad 0 \leqq t < \infty\,.$$

Ist $\varphi_1 = \operatorname{arc} g_1'(0)$ und $\varphi_2 = \operatorname{arc} g_2'(0)$, so ist

$$\varphi = \varphi_2 - \varphi_1$$

der Winkel zwischen $\mathfrak{T}_1$ und $\mathfrak{T}_2$. Diese Größe φ bezeichnen wir als den *Winkel zwischen den beiden Kurvenstücken* $\mathfrak{C}_1$ *und* $\mathfrak{C}_2$ *im Punkte* z_0. Er ist durch die Reihenfolge $\mathfrak{C}_1$, $\mathfrak{C}_2$ der beiden Kurvenstücke eindeutig bis auf Vielfache von 2π bestimmt. Durch Vertauschung der Reihenfolge $\mathfrak{C}_1$, $\mathfrak{C}_2$ in $\mathfrak{C}_2$, $\mathfrak{C}_1$ ändert φ sein Vorzeichen.

Wir nennen nun eine Abbildung *winkeltreu* in z_0, wenn sie in der Umgebung von z_0 stetig differenzierbar ist und durch sie je zwei in z_0 beginnende Kurvenstücke auf Bildkurven abgebildet werden, die sich im Bildpunkt w_0 von z_0 unter dem gleichen Winkel wie die Originalkurven schneiden. Sind diese beiden Winkel nicht gleich, sondern stets einander entgegengesetzt gleich, also φ und $-\varphi$, so spricht man auch von *Winkeltreue mit Umlegung des Drehsinnes.*

Beispiele:

Jede Drehung, jede Parallelverschiebung und jede Drehstreckung, kurz jede Abbildung $w = az + b$, $a \neq 0$, ist eine winkeltreue Abbildung. Die Spiegelung an der reellen Achse, analytisch durch $w = \bar{z}$ charakterisiert, liefert eine winkeltreue Abbildung mit Umlegung des Drehsinnes.

Eine im Kleinen eineindeutige Abbildung eines Gebietes $\mathfrak{G}$ auf ein Gebiet $\mathfrak{G}^*$, die in jedem Punkte von $\mathfrak{G}$ winkeltreu ist, heißt *lokal konform* oder kurz *konform.* Wir wollen nun die Bedingungen für konforme Abbildungen aufstellen und beweisen zunächst

Satz 8. *Die Funktion $w = f(z)$ sei im Punkte z_0 holomorph und nehme dort den Wert w_0 von k-ter Ordnung an. Sind dann $\mathfrak{C}_1$ und $\mathfrak{C}_2$ zwei im Punkte z_0 beginnende stetig differenzierbare Kurvenstücke, so gibt es eine Umgebung $\mathfrak{U}(z_0)$ derart, daß die in $\mathfrak{U}(z_0)$ liegenden Stücke von $\mathfrak{C}_1$ und $\mathfrak{C}_2$ auf zwei in w_0 beginnende stetig differenzierbare Kurvenstücke $\mathfrak{C}_1^*$ und $\mathfrak{C}_2^*$ abgebildet werden. Ist ferner φ der Winkel zwischen $\mathfrak{C}_1$ und $\mathfrak{C}_2$ und φ^* der Winkel zwischen $\mathfrak{C}_1^*$ und $\mathfrak{C}_2^*$, so ist*

$$\varphi^* = k\,\varphi \pmod{2\pi}\,. \tag{1}$$

Die Kurve $\mathfrak{C}$ sei in der Form $z = g(\tau)$, $0 \leqq \tau \leqq \tau_1$, $g(0) = z_0$, $g'(\tau) \neq 0$, gegeben. In einer Umgebung $\mathfrak{U}(z_0)$ hat $f(z)$ die Darstellung

$$w = f(z) = w_0 + (z - z_0)^k h(z)\,, \quad h(z) \neq 0\,.$$

Dann wird in $\mathfrak{U}(z_0)$ durch diese Funktion $\mathfrak{C}$ auf die Kurve $\mathfrak{C}^*$:

$$w = w_0 + (g(\tau) - z_0)^k h(g(\tau))$$

abgebildet. Auf $\mathfrak{C}^*$ führen wir nun den Parameter

$$\sigma = \tau^k$$

ein. Dann ist in einer Umgebung $\mathfrak{U}(w_0)$ die Kurve $\mathfrak{C}^*$ in Abhängigkeit von σ gegeben, und es ist für $\sigma > 0$ mit $\tau = \sigma^{\frac{1}{k}}$:

$$\frac{dw}{d\sigma} = \left[h\left(g\left(\sigma^{\frac{1}{k}}\right)\right) + \frac{1}{k}\left(g\left(\sigma^{\frac{1}{k}}\right) - z_0\right) h'\left(g\left(\sigma^{\frac{1}{k}}\right)\right)\right] \left[\frac{g\left(\sigma^{\frac{1}{k}}\right) - z_0}{\sigma^{\frac{1}{k}}}\right]^{k-1} g'\left(\sigma^{\frac{1}{k}}\right). \tag{2}$$

Man erkennt, daß für $\sigma > 0$ die Kurve $\mathfrak{C}^*$ stetig differenzierbar ist. Für $\sigma = 0$ gilt wegen $w = w_0 + (g(\tau) - z_0)^k h(g(\tau))$ auf $\mathfrak{C}^*$ und $h(g(0)) = h(z_0) \neq 0$, $g'(0) \neq 0$:

$$\left.\frac{dw}{d\sigma}\right|_{\sigma=0} = \lim_{\sigma\to 0} \frac{w - w_0}{\sigma} = \lim_{\sigma\to 0} \left[\frac{g\left(\sigma^{\frac{1}{k}}\right) - z_0}{\sigma^{\frac{1}{k}}}\right]^k h\left(g\left(\sigma^{\frac{1}{k}}\right)\right) = [g'(0)]^k h(z_0) \neq 0\,.$$

Andererseits ist nach (2) auch

$$\lim_{\sigma\to 0} \frac{dw}{d\sigma} = [g'(0)]^k h(z_0)$$

Also ist, wie behauptet, $\mathfrak{C}^*$ einschließlich des Anfangspunktes w_0 stetig differenzierbar. Die in Richtung $\mathfrak{C}^*$ weisende Halbgerade $\mathfrak{T}^*$ genügt der Gleichung

$$w = w_0 + t\,[g'(0)]^k h(z_0)\,, \quad 0 \leqq t < \infty\,. \tag{3}$$

Sind nun zwei stetig differenzierbare Kurven $\mathfrak{C}_1$ und $\mathfrak{C}_2$, die in z_0 beginnen, in der Form $z = g_1(\tau)$, $0 \leqq \tau \leqq \tau_1$, und $z = g_2(\tau)$, $0 \leqq \tau \leqq \tau_2$, gegeben und ist $\varphi_1 = \operatorname{arc} g_1'(0)$, $\varphi_2 = \operatorname{arc} g_2'(0)$, so folgt aus (3) für die Richtungswinkel φ_1^* und φ_2^* von $\mathfrak{T}_1^*$ und $\mathfrak{T}_2^*$:

$$\varphi_1^* = k \operatorname{arc} g_1'(0) + \operatorname{arc} h(z_0)\,,$$
$$\varphi_2^* = k \operatorname{arc} g_2'(0) + \operatorname{arc} h(z_0)$$

und damit für den Winkel φ^* zwischen $\mathfrak{C}_1^*$ und $\mathfrak{C}_2^*$:

$$\varphi^* = \varphi_2^* - \varphi_1^* = k(\varphi_2 - \varphi_1) = k\varphi\,.$$

Hiermit ist auch die Beziehung (1) bewiesen.

Satz 8 ist unmittelbar auf *meromorphe Funktionen* auszudehnen, wenn wir festsetzen, daß die *Winkel im Punkte* ∞ dadurch gemessen werden sollen, daß man die Winkel der Bildkurven bei der Transformation $w' = \frac{1}{w}$ im Nullpunkt mißt. Entsprechendes gilt, wenn z_0 der unendlich ferne Punkt ist.

Diese Art, die Winkel im Punkte ∞ zu messen, wird dadurch nahegelegt, daß man die durch meromorphe Funktionen vermittelten Abbildungen nicht in der komplexen Ebene, sondern auf der *Riemannschen Zahlensphäre* betrachtet. In I, 2 haben wir die Abbildung der z-Ebene auf die Zahlensphäre mittels der stereographischen Projektion studiert. Diese Abbildung hat die bemerkenswerte Eigenschaft, konform zu sein: Zwei in einem Punkte z_0 beginnende Kurven $\mathfrak{C}_1$ und $\mathfrak{C}_2$ bilden in z_0 denselben Winkel φ wie ihre Bildkurven $\mathfrak{C}_1^*$ und $\mathfrak{C}_2^*$ auf der Sphäre im Bildpunkt P_0 von z_0, und zwar unter Beibehaltung des Drehsinnes, wenn wir die Kurven auf der Sphäre vom Mittelpunkt der Kugel aus betrachten. Diese Konformität ist leicht einzusehen. Sind $\mathfrak{T}_1$ und $\mathfrak{T}_2$ die beiden in Richtung $\mathfrak{C}_1$ und $\mathfrak{C}_2$ weisenden Halbgeraden in z_0 und projizieren wir $\mathfrak{T}_1$ und $\mathfrak{T}_2$ vom Nordpol N aus auf die Sphäre, so gehen sie in zwei Teilbögen $\mathfrak{T}_1^*$ und $\mathfrak{T}_2^*$ von Kreisen über, die in P_0 beginnen und beide im Nordpol N enden. Die Winkel zwischen $\mathfrak{T}_1^*$ und $\mathfrak{T}_2^*$ in den Punkten N und P_0 sind, vom Mittelpunkt der Kugel aus betrachtet, entgegengesetzt gleich. Da nun im Nordpol die in Richtung $\mathfrak{T}_1^*$ und $\mathfrak{T}_2^*$ weisenden Halbgeraden parallel zu den Halbgeraden $\mathfrak{T}_1$ und $\mathfrak{T}_2$ sind, so ist der Winkel zwischen ihnen gleich φ, wenn wir ihn von außerhalb der Kugel betrachten. Von innen her gesehen ist er gleich $-\varphi$ und daher der Winkel zwischen $\mathfrak{T}_1^*$ und $\mathfrak{T}_2^*$ in P_0 wiederum gleich φ, so daß die Bildkurven sich in P_0 unter dem gleichen Winkel wie die Originalkurven in z_0 treffen.

Einer meromorphen Abbildung in der z-Ebene entspricht eine Abbildung auf der Zahlensphäre. Durch die Zwischenschaltung einer oder zweier Abbildungen $w' = \frac{1}{w}$ bzw. $z' = \frac{1}{z}$ kann man nun den Punkt ∞ ins Endliche holen. Diesen Abbildungen entsprechen aber Drehungen der Zahlensphäre (s. I, 2), die offensichtlich konform sind. Messen wir also in der oben angegebenen Weise die Winkel im Punkte ∞, so bedeutet dies, daß wir auf der Zahlensphäre die Winkel im Nordpol messen. Und so erkennt man, daß für die meromorphen Funktionen die gleichen Ergebnisse bezüglich der Konformität gelten wie für die holomorphen, da man die Polstellen durch die genannten Drehungen der Zahlensphäre in holomorphe endliche Stellen verwandeln kann.

Kehren wir nun wieder zu den holomorphen Funktionen zurück. Als wichtigste Folgerung aus Satz 8 ergibt sich sofort

Satz 9 *(Hauptsatz über die lokal-konforme Abbildung). Ist die Funktion $w = f(z)$ in z_0 holomorph und nimmt sie den Wert $w_0 = f(z_0)$ von erster Ordnung an, so wird eine genügend kleine Umgebung $\mathfrak{U}(z_0)$ eineindeutig und konform auf eine Umgebung $\mathfrak{U}^*(w_0)$ abgebildet.*

Auch dieser Satz gilt für meromorphe Funktionen und auch, wenn $z_0 = \infty$ ist.

Wir beweisen nun die Umkehrung des vorstehenden Satzes.

Satz 10. *Hat die Funktion $w = f(z)$ stetige partielle Ableitungen 1. Ordnung im Gebiete $\mathfrak{G}$ und ist die durch $w = f(z)$ vermittelte Abbildung von $\mathfrak{G}$ konform, so ist $f(z)$ in $\mathfrak{G}$ holomorph, und es ist dort $f'(z) \neq 0$.*

Um die Holomorphie von $f(z)$ zu beweisen, genügt es zu zeigen, daß überall in $\mathfrak{G}$ die Cauchy-Riemannschen Differentialgleichungen erfüllt sind (s. I, 8, Satz 43). Aus Satz 8 folgt dann, daß überall in $\mathfrak{G}$ notwendig $f'(z) \neq 0$ sein muß.

z_0 liege in $\mathfrak{G}$, und $z = z_0 + t\,e^{i\varphi}$, $0 \leqq t < \infty$, sei die Gleichung einer in z_0 beginnenden Halbgeraden $\mathfrak{T}$. Die Funktion $f(z)$ bilde $\mathfrak{T}$ auf die in $w_0 = f(z_0)$ beginnende Kurve $\mathfrak{C}$ ab. Dann besitzt diese in der Umgebung von w_0 die Darstellung

$$w = g(t) = f(z_0 + t\,e^{i\varphi})\,.$$

Verschwinden jetzt in z_0 die partiellen Ableitungen $\frac{\partial f}{\partial z}$ und $\frac{\partial f}{\partial \bar{z}}$ (über die Ableitungen $\frac{\partial f}{\partial z}$ und $\frac{\partial f}{\partial \bar{z}}$ s. I, 8), so ist nichts mehr zu beweisen. Andernfalls ist im Punkte z_0 für alle φ mit höchstens zwei Ausnahmen $\varphi_1, \varphi_2 \pmod{2\pi}$: $\frac{\partial f}{\partial z} e^{i\varphi} + \frac{\partial f}{\partial \bar{z}} e^{-i\varphi} \neq 0$. Die Kurve $\mathfrak{C}$ hat dann im Punkte w_0 eine Richtung, die durch die Halbgerade $\mathfrak{T}^*$:

$$w = w_0 + t\left(\frac{\partial f}{\partial z} e^{i\varphi} + \frac{\partial f}{\partial \bar{z}} e^{-i\varphi}\right), \quad 0 \leqq t < \infty\,,$$

gegeben ist. Soll nun für beliebige Werte φ, die von den Ausnahmewerten verschieden sind, die Halbgerade $\mathfrak{T}^*$ die Darstellung $w = w_0 + s\,e^{i(\varphi+\psi)}$ mit festem ψ haben (dies ist offenbar notwendig, wenn die Abbildung konform sein soll), so muß

$$\frac{w - w_0}{e^{i\varphi}} = t\left(\frac{\partial f}{\partial z} + \frac{\partial f}{\partial \bar{z}} \cdot e^{-2i\varphi}\right)$$

die feste Richtung $e^{i\psi}$ haben. Dies ist für beliebige $\varphi \neq \varphi_1, \varphi_2$ aber nur möglich, wenn $\frac{\partial f}{\partial \bar{z}} = 0$ ist, also die Cauchy-Riemannschen Differentialgleichungen erfüllt sind. Damit ist der Satz bewiesen.

Wäre $f(z)$ eine eineindeutige winkeltreue Abbildung mit Umlegung des Drehsinnes, so müßte für beliebiges φ (bis auf 2 Ausnahmen)

$$\frac{w - w_0}{e^{-i\varphi}} = t\left(\frac{\partial f}{\partial z} e^{2i\varphi} + \frac{\partial f}{\partial \bar{z}}\right)$$

eine feste Richtung haben, und es würde $\frac{\partial f}{\partial z} = 0$ folgen. Funktionen, die dieser Differentialgleichung genügen, erhalten wir genau dann, wenn wir von einer holomorphen Funktion $f(z)$ zu $\overline{f(z)}$ übergehen. Funktionen mit ersten stetigen Ableitungen $\frac{\partial f}{\partial z}$ und $\frac{\partial f}{\partial \bar{z}}$, die in einem Bereiche $\mathfrak{G}$ der Differentialgleichung $\frac{\partial f}{\partial z} = 0$ genügen, nennen wir *antiholomorph*.

Wir schließen noch einen Satz über Folgen winkeltreuer Abbildungen an.

Satz 11 *(Folgen konformer Abbildungen). Gegeben sei in einem Gebiete $\mathfrak{G}$ eine Folge von Funktionen $f_n(z)$ derart, daß $f_n(z)$ das Gebiet $\mathfrak{G}$ jeweils eineindeutig und konform auf ein Gebiet $\mathfrak{G}_n$ abbildet. Die $f_n(z)$ mögen im Innern von $\mathfrak{G}$ gleichmäßig gegen $f_0(z)$ konvergieren. Dann bildet $w = f_0(z)$ das Gebiet $\mathfrak{G}$ entweder auf einen Punkt oder aber eineindeutig und konform auf ein Gebiet $\mathfrak{G}_0$ ab.*

Wir können sogleich den allgemeinen Fall meromorpher Funktionen $f_n(z)$ behandeln, die wegen der Eineindeutigkeit höchstens einen Pol besitzen. Gemäß III, 6, Satz 19 ist dann $f_0(z)$ entweder meromorph oder konstant, wobei auch die Konstante ∞ zugelassen ist. Ist die Funktion $f_0(z)$ nicht konstant, so nimmt sie nach III, 6, Satz 21b jeden Wert höchstens einmal an, da dies für die $f_n(z)$ gilt. Also liefert $f_0(z)$ eine eineindeutige Abbildung. Diese ist wegen der gleichmäßigen Konvergenz im Innern von $\mathfrak{G}$ meromorph, also konform. Ist $f_0(z)$ konstant, so wird dadurch $\mathfrak{G}$ auf einen Punkt abgebildet. Damit ist der Satz bewiesen.

Ist $\mathfrak{G}$ endlich und sind die $f_n(z)$ holomorph, so sind auch die $\mathfrak{G}_n$ und das Gebiet $\mathfrak{G}_0$ endlich. Die Gebiete $\mathfrak{G}_n$ brauchen aber nicht gegen $\mathfrak{G}_0$ oder den Grenzpunkt zu konvergieren. So bilden z. B. die Funktionen $f_n(z) = \frac{z}{n}$ die endliche Ebene eineindeutig auf sich ab. Die $\mathfrak{G}_n$ sind also die endliche Ebene, während die Grenzfunktion $f_0(z) \equiv 0$ diese Ebene auf den Nullpunkt abbildet.

Die Abbildungen durch holomorphe und antiholomorphe Funktionen haben noch eine weitere Eigenschaft, der wir uns jetzt zuwenden. Eine Abbildung $w = f(z)$ eines Gebietes $\mathfrak{G}$ heißt *streckentreu im Kleinen*, wenn sie die Umgebung eines jeden Punktes z_0 von $\mathfrak{G}$ so abbildet, daß jedes in z_0 endende glatte Kurvenstück $\mathfrak{C}$: $z = g(\tau)$, $0 \leqq \tau \leqq \tau_1$, $g(0) = z_0$, $g'(\tau) \neq 0$, in ein in $w_0 = f(z_0)$ endendes glattes Kurvenstück $\mathfrak{C}^*$: $w = h(\tau) = f(g(\tau))$, $0 \leqq \tau \leqq \tau_1$, $h(0) = w_0$, $h'(\tau) \neq 0$, so übergeht, daß $d\sigma^* = \gamma(z_0)\, d\sigma$ ist, wobei $d\sigma = |g'(0)|\, d\tau$ und $d\sigma^* = |h'(0)|\, d\tau$ die Linienelemente von $\mathfrak{C}$ und $\mathfrak{C}^*$ in den Punkten z_0 und w_0 sind und $\gamma(z_0) \neq 0$ ist. $\gamma(z_0)$ heißt der *Vergrößerungsfaktor* in z_0. Wichtig ist, daß γ nur von z_0 und nicht von $\mathfrak{C}$ abhängt.

Satz 12. *Ist die Funktion $f(z)$ in $\mathfrak{G}$ holomorph und ist dort $f'(z) \neq 0$, so wird $\mathfrak{G}$ durch $f(z)$ in jedem Punkte streckentreu im Kleinen abgebildet, und das Vergrößerungsverhältnis in einem Punkte z ist $|f'(z)|$.*

Umgekehrt gilt: Hat $f(z)$ in $\mathfrak{G}$ stetige partielle Ableitungen erster Ordnung und ist die durch $f(z)$ vermittelte Abbildung in jedem Punkte von $\mathfrak{G}$ streckentreu im Kleinen, so ist $f(z)$ entweder in $\mathfrak{G}$ holomorph oder antiholomorph.

Zum Beweise des ersten Teiles gehen wir von der Gleichung

$$d\sigma^* = |h'(0)|\, d\tau = |f'(z_0)|\, |g'(0)|\, d\tau = |f'(z_0)|\, d\sigma$$

aus und bemerken, daß in der Tat $\gamma(z_0) = |f'(z_0)| \neq 0$ ist und $\gamma(z_0)$ nicht von der Wahl der Kurve $\mathfrak{C}$ abhängt.

Genügt andererseits $w = f(z)$ den Voraussetzungen des zweiten Teiles des Satzes, so hat man

$$d\sigma^* = |h'(0)|\, d\tau = \left| \frac{\partial f}{\partial z} g'(0) + \frac{\partial f}{\partial \bar{z}} \bar{g}(0) \right| d\tau .$$

Dabei sind $\frac{\partial f}{\partial z}$ und $\frac{\partial f}{\partial \bar{z}}$ die partiellen Ableitungen von $w = f(z)$ im Punkte z_0 nach z und $\bar{z}$. Setzt man jetzt $g'(0) = r e^{i\varphi}$, so folgt hieraus

$$d\sigma^* = \left| \frac{\partial f}{\partial z} + \frac{\partial f}{\partial \bar{z}} e^{-2i\varphi} \right| d\sigma .$$

Soll nun der Faktor

$$\gamma(z_0) = \left| \frac{\partial f}{\partial z} + \frac{\partial f}{\partial \bar{z}} e^{-2i\varphi} \right|$$

von Null verschieden und unabhängig von der Kurve $\mathfrak{C}$, also unabhängig von φ sein, so muß entweder $\frac{\partial f}{\partial z} \neq 0$, $\frac{\partial f}{\partial \bar{z}} = 0$ oder $\frac{\partial f}{\partial \bar{z}} \neq 0$, $\frac{\partial f}{\partial z} = 0$ sein. Aus Stetigkeitsgründen gelten im ganzen Gebiet $\mathfrak{G}$ entweder die ersten oder die zweiten Beziehungen. Im ersten Falle ist $f(z)$ in $\mathfrak{G}$ holomorph, im zweiten dagegen antiholomorph. Damit ist unsere Behauptung bewiesen.

Wir haben hiermit die Einsicht gewonnen, daß eine Funktion $f(z)$ mit stetigen partiellen Ableitungen, die eine winkeltreue Abbildung mit oder ohne Umlegung des Drehsinnes liefert, zugleich auch streckentreu im Kleinen abbildet. Transformationen mit diesen beiden Eigenschaften nennt man auch *Ähnlichkeitstransformationen im Kleinen.* Die einzigen Abbildungen dieser Art werden durch holomorphe und antiholomorphe Funktionen geliefert. Die holomorphen Abbildungen sind zunächst durch die Erhaltung des Drehsinnes ausgezeichnet. Diese Tatsache ist von geringer Bedeutung und rechtfertigt noch nicht die Bevorzugung der holomorphen Funktionen. Dafür liegt ein viel tieferer Grund vor. Die holomorphen Funktionen und die durch sie geleisteten Abbildungen weisen eine wichtige transitive Eigenschaft auf: Führt man zwei holomorphe Abbildungen hintereinander aus, so ist das Gesamtresultat wieder eine holomorphe Abbildung. Das trifft bei den Abbildungen durch antiholomorphe Funktionen nicht zu, wie das Beispiel $w = \bar{z}$ bereits zeigt. Wiederholt man nämlich diese Transformation, so erhält man $w = z$ und damit keine antiholomorphe, sondern eine holomorphe Abbildung.

§ 3. Die linearen Transformationen

Wir beschäftigen uns nunmehr mit denjenigen konformen Abbildungen der geschlossenen z-Ebene auf sich, die lückenlos eineindeutig sind. Es wird sich zeigen, daß diese Abbildungen in mannigfacher Hinsicht die einfachsten sind. $z' = f(z)$ sei eine Funktion, die eine solche Abbildung liefert. Dann kann $f(z)$ nur einen Pol haben, und zwar an jener Stelle, die auf den Punkt ∞ abgebildet wird. Dieser Pol muß wegen der Eineindeutigkeit der Abbildung von erster Ordnung sein. Also muß $f(z)$ folgende Gestalt haben:

$$f(z) = \frac{a}{z-b} + c\,, \quad a \neq 0\,,$$

falls der Pol im Endlichen liegt, oder

$$f(z) = a z + b\,, \quad a \neq 0\,, \tag{1}$$

falls er im Unendlichen liegt. Beidemal kann man $f(z)$ in der Form

$$f(z) = \frac{a z + b}{c z + d}\,, \quad a d - b c \neq 0\,, \tag{2}$$

darstellen. Umgekehrt bildet jede Funktion (2) die geschlossene Ebene eineindeutig auf sich ab. Die Umkehrfunktion muß wieder die Gestalt (2) haben. Sie läßt sich wegen $ad - bc \neq 0$ elementar berechnen:

$$\check{f}(z') = \frac{d z' - b}{-c z' + a}\,. \tag{3}$$

Ist $ad - bc = 0$, so ist $f(z)$ konstant oder nicht definiert. Da die Abbildung (2) eineindeutig ist, so ist sie nach den Ergebnissen des vorigen Paragraphen überall konform. Man nennt eine Abbildung (2) eine *lineare Transformation.* Wir haben also bewiesen:

Satz 13. *Die eineindeutigen und konformen Abbildungen der geschlossenen Ebene auf sich sind genau die linearen Transformationen* (2).

Wird durch $z' = f(z)$ die endliche Ebene eineindeutig und konform auf sich abgebildet, so kann wegen des Satzes von CASORATI-WEIERSTRASS (III, 3, Satz 12) $f(z)$ in $z = \infty$ nur einen Pol und wegen der Eineindeutigkeit im Endlichen sogar nur einen Pol erster Ordnung haben. Diese Abbildung hat daher die Gestalt (1). Umgekehrt liefert auch jede Abbildung (1) eine eineindeutige Abbildung der endlichen Ebene auf sich. Es gilt somit

Satz 14. *Die eineindeutigen und konformen Abbildungen der endlichen Ebene auf sich sind genau die ganzen linearen Transformationen* (1).

Die Transformation (1) ist eine Ähnlichkeitstransformation der Ebene. Ist $a = r \cdot e^{i\varphi}$, so wird jeder Punkt z um den Faktor r gestreckt, um den Winkel φ gedreht und danach um die Strecke b verschoben.

Wir haben also in (1) eine Drehstreckung, gefolgt von einer Parallelverschiebung vor uns. Diese Abbildung führt alle geometrischen Figuren in ähnliche Figuren über. Insbesondere gehen Geraden in Geraden und Kreise in Kreise über.

Eine weitere wichtige Transformation ist

$$z' = \frac{1}{z}. \tag{4}$$

Sie führt den Nullpunkt in den Punkt ∞ und diesen in den Nullpunkt über. Setzen wir $z = r \cdot e^{i\varphi}$ und $z' = r' \cdot e^{i\varphi'}$, so erkennen wir, daß $r' = \frac{1}{r}$ und $\varphi' = -\varphi$ ist. Die Abbildung kommt also dadurch zustande, daß man zunächst z am Einheitskreis spiegelt (Abbildung durch reziproke Radien) und sodann den Bildpunkt nochmals an der reellen Achse. Der Einheitskreis geht durch Spiegelung an der reellen Achse in sich über. Bedeutungsvoll bei dieser Abbildung ist, daß die Kreise und Geraden der Ebene auch in ihrer Gesamtheit wieder in sich übergehen. Dies ist unmittelbar klar: Die Kreise und Geraden der Ebene sind eineindeutig den Kreisen auf der Riemannschen Zahlensphäre zugeordnet (s. I, 2), und der Abbildung (4) entspricht dort eine Drehung der Sphäre. Man kann dies auch direkt ausrechnen: Die Kreise und Geraden genügen genau den Gleichungen

$$a z\bar{z} + b z + \bar{b}\bar{z} + c = 0\,, \quad b\bar{b} - ac > 0\,; \quad a, c \text{ reell}\,.$$

Und durch die Transformation (4) geht eine solche Gleichung in

$$c z'\overline{z'} + \bar{b} z' + b\overline{z'} + a = 0$$

über, also wieder in die Gleichung einer Geraden oder eines Kreises.

Aus den beiden bisher behandelten Transformationen (1) und (4) können wir nun alle linearen Abbildungen zusammensetzen.

Ist $c = 0$ bei der Transformation (2), so ist nichts zu zeigen. Für $c \neq 0$ liefern die Transformationen

$$z'' = cz + d\,, \quad z''' = \frac{1}{z''}\,, \quad z' = -\frac{ad - bc}{c} z''' + \frac{a}{c}\,,$$

hintereinander ausgeführt, die Transformation (2). Hieraus und aus den vorangehenden Überlegungen folgt dann sofort

Satz 15. *Bei einer linearen Transformation geht die Gesamtheit der Geraden und Kreise wieder in sich über.*

Für den ferneren Aufbau ist nun die folgende, beinahe selbstverständliche Tatsache sehr wichtig:

Zwei lineare Transformationen hintereinander ausgeführt ergeben wieder eine lineare Transformation. Die zusammengesetzte Transformation berechnet sich folgendermaßen:

Ist

$$z' = \frac{az + b}{cz + d}, \quad D_1 = ad - bc \neq 0$$

und

$$z'' = \frac{\alpha z' + \beta}{\gamma z' + \delta}, \quad D_2 = \alpha\delta - \beta\gamma \neq 0,$$

so folgt

$$z'' = \frac{(\alpha a + \beta c) z + (\alpha b + \beta d)}{(\gamma a + \delta c) z + (\gamma b + \delta d)}$$

mit

$$D = (\alpha a + \beta c)(\gamma b + \delta d) - (\alpha b + \beta d)(\gamma a + \delta c) = D_1 D_2 \neq 0.$$

Jede lineare Transformation ist durch eine Koeffizientenmatrix $\mathfrak{A} = \begin{pmatrix} a & b \\ c & d \end{pmatrix}$, die wegen $ad - bc \neq 0$ nicht singulär ist, bestimmt. Nach vorstehendem Ergebnis erhält man also eine Koeffizientenmatrix $\mathfrak{A}$ der Transformation, die durch die Folge der Transformationen mit den Matrizen $\mathfrak{A}_1$ und $\mathfrak{A}_2$ entsteht, indem man das Matrizenprodukt

$$\mathfrak{A} = \mathfrak{A}_2 \cdot \mathfrak{A}_1$$

bildet. Schaltet man mehrere Transformationen mit den Matrizen $\mathfrak{A}_1, \mathfrak{A}_2, \ldots, \mathfrak{A}_n$ hintereinander, so ist das Resultat eine Transformation mit der Matrix

$$\mathfrak{A} = \mathfrak{A}_n \cdot \mathfrak{A}_{n-1} \cdots \mathfrak{A}_2 \cdot \mathfrak{A}_1 .$$

Dabei bemerken wir, daß die zu einer Transformation gehörende Matrix nur bis auf einen allen vier Koeffizienten gemeinsamen Faktor bestimmt ist. Dies kann dazu benutzt werden, die Koeffizienten so zu normieren, daß die Determinante der Matrix gleich 1 ist. Um eine solche normierte Form herzustellen, hat man jeden Koeffizienten a, b, c, d der Matrix durch eine fest gewählte Wurzel aus der Determinante $ad - bc$ zu dividieren. Dann ist die Matrix durch die Abbildung bis auf den Faktor ± 1 bestimmt. Eine solche Normierung bringt einige Vorteile bei der Charakterisierung der Transformationen mit sich. So sahen wir z. B. in I, 2, (26), daß bei normierter Matrix genau diejenigen linearen Transformationen den Drehungen der Riemannschen Zahlenkugel entsprechen, für die $d = \bar{a}$ und $c = -\bar{b}$ war.

Wir wollen jetzt die einzelnen Transformationen nach dem Verhalten in ihren *Fixpunkten* charakterisieren. Die endlichen Fixpunkte berechnen sich aus der Gleichung

$$z = \frac{az + b}{cz + d}$$

oder

$$cz^2 + (d - a) z - b = 0 .$$

Ist $c \neq 0$, so erhält man die beiden Fixpunkte

$$z_{1,2} = \frac{a-d}{2c} \pm \frac{1}{2c}\sqrt{(a+d)^2 - 4\,(ad-bc)}\,, \tag{5}$$

die evtl. zusammenfallen können. Ist $c = 0$ und $d - a \neq 0$, so ergibt sich ein endlicher Fixpunkt

$$z_1 = \frac{b}{d-a}\,.$$

Ist ferner $c = 0$, $d - a = 0$, $b \neq 0$, so gibt es keinen endlichen Fixpunkt. Ist schließlich $c = 0$, $d - a = 0$, $b = 0$, so sind alle Punkte Fixpunkte, es liegt die Identität vor. Im Punkte ∞ liegt genau dann ein Fixpunkt vor, wenn $c = 0$ ist. So erhalten wir als Resultat: *Eine lineare Transformation, die nicht die Identität ist, besitzt einen oder zwei Fixpunkte.*

Wir nehmen nun an, daß eine Transformation in der normierten Form

$$z' = l(z) = \frac{az+b}{cz+d}\,, \quad ad - bc = 1 \tag{6}$$

vorliegt.

Hat sie genau zwei Fixpunkte z_1 und z_2, so können wir diese durch eine Transformation der z-Ebene auf die w-Ebene:

$$w = L(z) = \alpha\frac{z-z_1}{z-z_2} \quad \text{oder} \quad w = L(z) = \alpha\frac{z-z_2}{z-z_1} \tag{7}$$

in die Punkte 0 und ∞ der w-Ebene bringen. Transformieren wir gleichzeitig die Originalpunkte z und ihre Bildpunkte z' durch (7) in Punkte w und w' der w-Ebene, so hat dort die Abbildung

$$w' = L(l(L^{-1}(w)))$$

der w-Ebene auf sich die Fixpunkte 0 und ∞ und daher die Normalform

$$w' = Kw\,, \quad K \neq 0; 1\,. \tag{8}$$

Durch Vertauschung der Punkte z_1 und z_2 erhält man die mit (8) äquivalente Form:

$$w' = K'w, \ \text{mit} \ K' = \frac{1}{K}\,. \tag{9}$$

Die Normalformen (8) und (9) sind durch die Abbildung $l(z)$ eindeutig bestimmt. Jede andere Transformation $\hat{w} = \hat{L}(z)$, die z_1 und z_2 in die Punkte 0 und ∞ der $\hat{w}$-Ebene überführt, vermittelt in der w-Ebene eine Abbildung

$$\hat{w} = \beta w \quad \text{oder} \quad \hat{w} = \frac{\beta}{w}\,, \tag{10}$$

so daß wir in den Variablen $\hat{w}'$ und $\hat{w}$ die gleichen Abbildungen (8) und (9) erhalten. Auch bemerken wir, daß wegen (10) jede Transformation, die z_1 und z_2 in 0 und ∞ überführt, die Gestalt (7) hat. Daher können wir nach (7), (8) und (9) jede lineare Transformation mit den Fixpunkten z_1 und z_2 in der Form

$$\frac{z'-z_1}{z'-z_2} = K\frac{z-z_1}{z-z_2} \tag{11}$$

schreiben.

Nach dem Wert von K teilt man die Transformationen in verschiedene Klassen ein (was für K und $\frac{1}{K}$ dieselbe Einteilung liefert). Ist $K = e^{i\vartheta}$, $0 < \vartheta < 2\pi$, so stellt (8) eine Drehung der w-Ebene um den Nullpunkt dar. Die zugehörigen Abbildungen der z-Ebene nennt man *elliptisch*. Ist $K = r$ positiv reell, aber von 1 verschieden, so liefert (8) eine reine Streckung oder Schrumpfung der w-Ebene. Die zugeordneten Abbildungen der z-Ebene heißen *hyperbolisch*. Ist schließlich $K = r \cdot e^{i\vartheta}$, $0 < \vartheta < 2\pi$, $r \neq 1$ positiv reell, so erhalten wir eine Drehstreckung der w-Ebene und nennen dann die Abbildung der z-Ebene *loxodromisch*.

Liegt nur ein Fixpunkt z_0 vor, so können wir diesen durch eine Transformation

$$w = \frac{\alpha}{z-z_0} \tag{12}$$

in den Punkt ∞ überführen. In der w-Ebene hat dann die Abbildung die Gestalt

$$w' = w + \beta\,, \quad \beta \neq 0\,,$$

und durch geeignete Wahl von α können wir erreichen, daß $\beta = 1$ wird, so daß wir die normierte Form

$$w' = w + 1 \tag{13}$$

gewinnen. Sie stellt in der w-Ebene eine Verschiebung um den Wert 1 in Richtung der positiven reellen Achse dar. Man bezeichnet Transformationen der z-Ebene, die auf diese Normalform führen, als *parabolisch*.

Wir wollen nun sehen, wie man auf einfachem Wege aus der Normalform (6) sofort entscheiden kann, von welchem Typ die Transformation ist. Dazu bringen wir zunächst die Form (8) auf die Normalform

$$w' = \frac{Aw+B}{Cw+D}\,, \quad AD - BC = 1\,, \tag{14}$$

indem wir $A = \pm\sqrt{K}$, $B = C = 0$, $D = \pm\frac{1}{\sqrt{K}}$ setzen. Bilden wir nun die *Spur* $A + D$ der Matrix $\begin{pmatrix} A & B \\ C & D \end{pmatrix}$:

$$A + D = \pm\left(\sqrt{K} + \frac{1}{\sqrt{K}}\right),$$

so bemerken wir, daß $A + D$ für die Normalformen (8) und (9) denselben Wert hat. Bei den elliptischen Transformationen ist nun

$$A + D = \pm\, 2 \cos \frac{\vartheta}{2}$$

reell und liegt im Bereich $|A + D| < 2$. Bei den hyperbolischen Transformationen ist

$$A + D = \pm \left(\sqrt{r} + \frac{1}{\sqrt{r}}\right)$$

ebenfalls reell, liegt aber wegen $r \neq 1$ im Bereich $|A + D| > 2$. Bei den loxodromischen Transformationen ist dagegen

$$A + D = \pm \left[\left(\sqrt{r} + \frac{1}{\sqrt{r}}\right) \cos \frac{\vartheta}{2} + i \left(\sqrt{r} - \frac{1}{\sqrt{r}}\right) \sin \frac{\vartheta}{2}\right],$$

also wegen $r \neq 1$ und $0 < \frac{\vartheta}{2} < \pi$ nicht reell.

Die parabolische Normalform (13) hat ebenfalls eine Gestalt (14) mit $A = B = D = +1$ oder $= -1$, $C = 0$. Dort ist also $A + D = \pm 2$ wieder reell und $|A + B| = 2$.

Wir werden nun sogleich zeigen, daß bei der Transformation einer linearen Abbildung in eine andere Ebene die Spur sich höchstens um das Vorzeichen ändern kann, wenn die lineare Abbildung in normierter Gestalt vorliegt. Dann haben wir als Ergebnis

Satz 16. *Eine lineare Transformation*

$$z' = \frac{az + b}{cz + d}, \quad ad - bc = 1,$$

die nicht die Identität ist, ist

a) *elliptisch, wenn $a + d$ reell und $|a + d| < 2$ ist,*
b) *parabolisch, wenn $a + d$ reell und $|a + d| = 2$ ist,*
c) *hyperbolisch, wenn $a + d$ reell und $|a + d| > 2$ ist,*
d) *loxodromisch, wenn $a + d$ nicht reell ist.*

Zum Beweis haben wir die Invarianz der Spur zu zeigen. Sei $z' = \frac{az + b}{cz + d}$ die betrachtete Abbildung, die durch $w = \frac{\alpha z + \beta}{\gamma z + \delta}$, mit der Umkehrung $z = \frac{\delta w - \beta}{-\gamma w + \alpha}$, in die w-Ebene transformiert wird. Dort laute sie $w' = \frac{Aw + B}{Cw + D}$. Es seien nun die Koeffizienten normiert zu $ad - bc = 1$, $\alpha\delta - \beta\gamma = 1$. Dann ist auch $AD - BC = 1$, da für die Matrix $\begin{pmatrix} A & B \\ C & D \end{pmatrix}$ gilt:

$$\begin{pmatrix} A & B \\ C & D \end{pmatrix} = \begin{pmatrix} \alpha & \beta \\ \gamma & \delta \end{pmatrix} \begin{pmatrix} a & b \\ c & d \end{pmatrix} \begin{pmatrix} \delta & -\beta \\ -\gamma & \alpha \end{pmatrix}.$$

Berechnet man hieraus A und D, so folgt sofort $A + D = a + d$. Da die einzelnen Matrizen jedoch nur bis auf den Faktor ± 1 bestimmt sind, so sind auch A und D nur bis auf diesen Faktor festgelegt, und man hat, wie behauptet, $A + D = \pm (a + d)$.

Wir haben bei unseren bisherigen Überlegungen die Fixpunkte z_1 und z_2 in zwei andere Punkte (0 und ∞) übergeführt. Dabei sahen wir, daß die zugehörige Abbildungsfunktion nur bis auf einen willkürlichen Faktor, die Zahl α in Formel (7), bestimmt war. Schreibt man aber nun für 3 Punkte ihre Bilder vor, so ist die lineare Abbildung völlig bestimmt. Es gilt

Satz 17. *Zu je drei voneinander verschiedenen Punkten z_1, z_2, z_3 und z_1', z_2', z_3' gibt es genau eine lineare Transformation, die z_k in z_k', $k = 1, 2, 3$, überführt.*

Die lineare Funktion

$$w = L_1(z) = \frac{z - z_1}{z - z_3} \cdot \frac{z_2 - z_3}{z_2 - z_1} \tag{15}$$

führt die Punkte z_1, z_2, z_3 in 0, 1, ∞ über. Ebenso nimmt

$$w = L_2(z') = \frac{z' - z_1'}{z' - z_3'} \cdot \frac{z_2' - z_3'}{z_2' - z_1'} \tag{16}$$

für z_1', z_2', z_3' die Werte 0, 1, ∞ an. Wir bilden nun

$$z' = \check{L}_2(L_1(z)) = l(z) ,$$

wobei $\check{L}_2(w)$ die Umkehrfunktion von $L_2(z')$ ist. Dann führt die lineare Transformation $l(z)$ die Punkte z_k in z_k' über, $k = 1, 2, 3$.

Die so gefundene Funktion ist die einzige lineare Funktion dieser Art. Ist nämlich $z' = l_1(z)$ irgendeine solche Funktion, so hat die Funktion $\check{l}_1(l(z))$ die drei Fixpunkte z_1, z_2, z_3, muß also nach unseren Feststellungen die Identität sein. Dies heißt aber, daß $\check{l}_1(z')$ die Umkehrfunktion von $l(z)$, also $l_1(z) \equiv l(z)$ ist. Damit ist der Satz bewiesen.

Aus (15) und (16) folgt:

$$\frac{z - z_1}{z - z_3} \cdot \frac{z_2 - z_3}{z_2 - z_1} = \frac{z' - z_1'}{z' - z_3'} \cdot \frac{z_2' - z_3'}{z_2' - z_1'} .$$

Setzen wir hier für z einen beliebigen Punkt z_4 und für z' den Bildpunkt z_4' ein, so erhalten wir:

$$\frac{z_4' - z_1'}{z_4' - z_3'} \cdot \frac{z_2' - z_3'}{z_2' - z_1'} = \frac{z_4 - z_1}{z_4 - z_3} \cdot \frac{z_2 - z_3}{z_2 - z_1} . \tag{17}$$

Nun waren z_k, $k = 1, 2, 3, 4$, willkürliche Punkte der z-Ebene. So ergibt sich nach einer Umnumerierung der Punkte

Satz 18. *Das Doppelverhältnis*

$$DV(z_1, z_2, z_3, z_4) = \frac{z_1 - z_3}{z_1 - z_4} : \frac{z_2 - z_3}{z_2 - z_4} \tag{18}$$

bleibt bei linearen Transformationen erhalten.

§ 4. Transformationsgruppen

Bei unseren bisherigen Betrachtungen haben wir wiederholt die grundlegende Tatsache benutzt, daß zwei ineinandergesetzte lineare Transformationen sowie die Umkehrung einer solchen Transformation wieder Transformationen dieser Art ergeben. Daher bildet die Gesamtheit der linearen Transformationen bezüglich des „Ineinandersetzens“ als Kompositionsvorschrift im Sinne der Algebra eine *Gruppe*. Hierunter versteht man bekanntlich eine nicht leere Menge $\mathfrak{H}$ von Elementen $A, B, C, \ldots$, zwischen denen eine Verknüpfung definiert ist, so daß folgende Gesetze gelten:

1. Zu je zwei Elementen A und B aus $\mathfrak{H}$ gibt es ein eindeutig bestimmtes Element $C = AB$ aus $\mathfrak{H}$.

2. Für je drei Elemente A, B, C aus $\mathfrak{H}$ gilt das assoziative Gesetz

$$A(BC) = (AB)C .$$

3. Es gibt ein eindeutig bestimmtes Einheitselement I aus $\mathfrak{H}$, so daß für alle A aus $\mathfrak{H}$ gilt:

$$IA = AI = A .$$

4. Zu jedem Element A aus $\mathfrak{H}$ gibt es ein eindeutig bestimmtes inverses Element A^{-1} aus $\mathfrak{H}$, so daß

$$A^{-1}A = AA^{-1} = I$$

ist.

Gilt für je zwei Elemente A und B aus $\mathfrak{H}$ das kommutative Gesetz $AB = BA$, so heißt die Gruppe *abelsch*. Doch schon viele naheliegende Transformationsgruppen sind nicht abelsch.

Der Begriff der *Gruppe von Transformationen* ist für den folgenden Aufbau grundlegend. Wir formulieren deshalb ihre Definition noch einmal explizit.

Eine vorgegebene Menge $\mathfrak{M}$ von eineindeutigen Abbildungen eines Gebietes $\mathfrak{G}$ auf sich bildet eine Transformationsgruppe, wenn

1. die Umkehrung jeder Transformation aus $\mathfrak{M}$ zu $\mathfrak{M}$ gehört und

2. je zwei Transformationen aus $\mathfrak{M}$, hintereinander ausgeführt, wieder eine Transformation aus $\mathfrak{M}$ ergeben.

Es ist unmittelbar einzusehen, daß unter diesen Voraussetzungen $\mathfrak{M}$ eine Gruppe bildet, wobei die Komposition in diesem Falle das Ineinandersetzen von Transformationen bedeutet.

Man bezeichnet die eineindeutigen und meromorphen Abbildungen eines Gebietes $\mathfrak{G}$ auf sich auch als *Automorphismen* des Gebietes $\mathfrak{G}$ und spricht demzufolge von einer *Automorphismengruppe*.

Beispiele von Transformationsgruppen aus dem Bereich der linearen Abbildungen sind außer der Gesamtheit aller linearen Transformationen:

1. die Drehstreckungen $z' = az$, $a \neq 0$,
2. die Parallelverschiebungen $z' = z + b$,
3. die ganzen linearen Transformationen $z' = az + b$, $a \neq 0$,
4. die Gesamtheit der linearen Transformationen, die eine vorgegebene Punktmenge, z. B. ein beliebiges Gebiet $\mathfrak{G}$, in sich überführen,
5. die in I, 2 behandelten linearen Transformationen, die den Drehungen der Riemannschen Zahlensphäre entsprechen,
6. die Transformationen

$$z' = \frac{az + b}{cz + d}, \quad ad - bc = 1; \quad a, b, c, d \text{ ganz}. \tag{1}$$

Diese Gruppe heißt die *Modulgruppe*.

Außer der geschlossenen Ebene bietet sich als Gebiet $\mathfrak{G}$ in den Beispielen 1 bis 3 die endliche Ebene und in Beispiel 6, wie wir sogleich sehen werden, die obere oder untere Halbebene an. Die Modulgruppe ist nämlich eine Untergruppe der Gruppe der linearen Transformationen der oberen Halbebene auf sich, mit der wir uns jetzt näher beschäftigen werden.

Satz 19. *Die Transformationen*

$$z' = \frac{\alpha z + \beta}{\gamma z + \delta}, \quad \alpha\delta - \beta\gamma = 1, \tag{2}$$

mit reellen Koeffizienten α, β, γ, δ *führen die obere Halbebene in sich über. Umgekehrt hat jede lineare Transformation, die die obere Halbebene auf sich abbildet und in der normierten Form* (2) *dargestellt ist, reelle Koeffizienten* α, β, γ, δ.

Der erste Teil des Satzes ist unmittelbar einzusehen. Für die Imaginärteile eines Punktes $z = x + iy$ und seines Bildpunktes $z' = x' + iy'$ gilt:

$$y' = \frac{y(\alpha\delta - \beta\gamma)}{(\gamma x + \delta)^2 + (\gamma y)^2}. \tag{3}$$

Ein Punkt mit positivem Imaginärteil geht also wieder in einen solchen Punkt über und umgekehrt.

Zum Beweise des zweiten Teiles nutzt man zunächst aus, daß die reelle Achse wieder in sich übergeht. Daher lassen sich reelle α, β, γ, δ so bestimmen, daß $\alpha\delta - \beta\gamma = \pm 1$ ist*. Da die obere Halbebene in sich übergeht, muß nach (3) dann $\alpha\delta - \beta\gamma = 1$ sein. Nun sind bei der Normierung (2) die Koeffizienten α, β, γ, δ bis auf das Vorzeichen eindeutig bestimmt, also stets reell.

Bemerkt sei, daß die Transformationen (2) auch die linearen Automorphismen der unteren Halbebene sind.

---

* Man wähle etwa drei reelle Punkte und ihre reellen Bildpunkte und berechne aus den sich ergebenden Gleichungen (2) reelle α, β, γ, δ. Diese sind dann bis auf einen gemeinsamen reellen Faktor eindeutig bestimmt. Man kann dann den Faktor so wählen, daß $\alpha\delta - \beta\gamma = +1$ oder $= -1$ ist.

Bevor wir nun die Gruppe der linearen Transformationen des Einheitskreises auf sich betrachten, wollen wir einige allgemeine Überlegungen zu den *Transformationsgruppen* anstellen. Wir beginnen mit

Satz 20. *$w = f(z)$ sei eine eineindeutige und konforme Abbildung eines Gebietes $\mathfrak{G}$ der z-Ebene auf ein Gebiet $\mathfrak{G}^*$ der w-Ebene. Ferner durchlaufe $z' = t(z)$ die Gesamtheit aller Automorphismen des Gebietes $\mathfrak{G}$. Dann durchläuft*

$$w' = t^*(w) = f(t(\check{f}(w))) \tag{4}$$

genau die Gesamtheit aller Automorphismen des Gebietes $\mathfrak{G}^*$.

Offenbar ist (4) eine eineindeutige und konforme Abbildung des Gebietes $\mathfrak{G}^*$ auf sich, wenn $z' = t(z)$ eine solche Abbildung des Gebietes $\mathfrak{G}$ ist.

Umgekehrt ist aber auch zu irgendeinem Automorphismus $t^*(w)$ des Gebietes $\mathfrak{G}^*$ die Transformation

$$z' = t(z) = \check{f}(t^*(f(z))) \tag{5}$$

eine eineindeutige und konforme Abbildung des Gebietes $\mathfrak{G}$ auf sich. Da ferner aus (4) die Beziehung (5) und umgekehrt aus (5) die Beziehung (4) folgt, so sind die Abbildungen $t(z)$ und $t^*(w)$ eineindeutig aufeinander bezogen. Damit ist der Satz bewiesen.

Genau wie Satz 20 beweist man

Satz 20a. *$w = l_0(z)$ sei eine lineare Abbildung eines Gebietes $\mathfrak{G}$ der z-Ebene auf ein Gebiet $\mathfrak{G}^*$ der w-Ebene. Ferner durchlaufe $z' = l(z)$ die Gesamtheit aller linearen Transformationen des Gebietes $\mathfrak{G}$ auf sich. Dann durchläuft*

$$w' = l^*(w) = l_0(l(\check{l}_0(w)))$$

genau die Gesamtheit aller linearen Transformationen des Gebietes $\mathfrak{G}^*$ auf sich.

Wir wollen die Zusammenhänge zwischen den verschiedenen Transformationsgruppen noch kurz betrachten. Dazu fassen wir die Automorphismen $z' = s(z)$, $z' = t(z)$, ... des Gebietes $\mathfrak{G}$ als Elemente einer Gruppe $\mathfrak{M}$ auf und bezeichnen sie mit großen Buchstaben: S, T, ... Der Komposition $z' = s(t(z))$ entspreche das Gruppenelement ST, der inversen Transformation $z = \check{s}(z')$ das inverse Element S^{-1} und der Identität $z' = z$ das Einheitselement I. Ebenso ordnen wir den Automorphismen $w' = s^*(w)$, $w' = t^*(w)$, ... des Gebietes $\mathfrak{G}^*$ die Elemente S^*, T^*, ... einer Gruppe $\mathfrak{M}^*$ zu und der Identität $w' = w$ das Einheitselement I^* von $\mathfrak{M}^*$. Schließlich sei noch F ein Element, welches der Abbildung $w = f(z)$ des Gebietes $\mathfrak{G}$ auf $\mathfrak{G}^*$ entspricht, und F^{-1} sei der Umkehrung $z = \check{f}(w)$ zugeordnet. F ist im allgemeinen kein Gruppenelement, sondern eine Abbildung zweier verschiedener Gebiete $\mathfrak{G}$ und $\mathfrak{G}^*$

aufeinander. Daher ist F anwendbar auf die Gruppenelemente T von $\mathfrak{M}$, so daß FT wieder eine Abbildung von $\mathfrak{G}$ auf $\mathfrak{G}^*$ ist, und umgekehrt ist T auf F^{-1} (aber offensichtlich nicht immer auf F) anwendbar und liefert in der Form TF^{-1} eine Abbildung von $\mathfrak{G}^*$ auf $\mathfrak{G}$. Entsprechend ist F^{-1} auf die Elemente T^* und diese sind wiederum auf F anwendbar, wobei sich wieder Abbildungen von $\mathfrak{G}^*$ auf $\mathfrak{G}$ bzw. von $\mathfrak{G}$ auf $\mathfrak{G}^*$ ergeben. Für F gelten noch die Beziehungen:

$$F^{-1}F = I\,, \quad FF^{-1} = I^*\,. \tag{6}$$

Mit Hilfe unserer Gruppen- und Abbildungselemente schreibt sich nun (4) in der Form:

$$T^* = FTF^{-1}\,. \tag{7}$$

Durch die Abbildung F der Gebiete $\mathfrak{G}$ und $\mathfrak{G}^*$ aufeinander wird also in der Gestalt (7) eine Abbildung der Automorphismengruppe $\mathfrak{M}$ in die Automorphismengruppe $\mathfrak{M}^*$ vermittelt, und diese Abbildung ist, wie wir bereits sahen, eine *eineindeutige Abbildung der Gruppen aufeinander*. Die Umkehrung der Abbildung (7) ist durch Gleichung (5) gegeben. Wir bekommen sie aber auch sofort aus (6) und (7), indem wir in (7) von links mit F^{-1} und von rechts mit F multiplizieren:

$$F^{-1}T^*F = T\,. \tag{8}$$

Man nennt die eineindeutige Abbildung zweier Gruppen $\mathfrak{H}$ und $\mathfrak{H}^*$ aufeinander einen *Isomorphismus*, wenn die Abbildung operationstreu ist, d. h. wenn das Bild des Produktes zweier Elemente gleich dem Produkt der Bilder ist:

$$(AB)^* = A^*B^*\,. \tag{9}$$

Ist $\mathfrak{H}$ eine Gruppe und besteht eine eineindeutige und operationstreue Abbildung von $\mathfrak{H}$ auf eine Menge $\mathfrak{H}^*$ in bezug auf eine gegebene Verknüpfung in $\mathfrak{H}^*$, so ist auch $\mathfrak{H}^*$ eine Gruppe, und die Einheitselemente und die Inversen sind eineindeutig aufeinander bezogen, wie leicht einzusehen ist.

Nach diesen elementaren gruppentheoretischen Überlegungen wenden wir uns wieder den Transformationsgruppen zu. Es gilt

Satz 21. *Die Automorphismengruppen $\mathfrak{M}$ und $\mathfrak{M}^*$ der Gebiete $\mathfrak{G}$ und $\mathfrak{G}^*$ werden durch die Abbildung* (7) *aufeinander isomorph abgebildet.*

In der Tat ist wegen (6):

$$(ST)^* = FSTF^{-1} = FSF^{-1}FTF^{-1} = S^*T^*\,.$$

Es ist selbstverständlich, daß alle hier angestellten Überlegungen genau so gelten, wenn alle Transformationen und Abbildungen linear sind.

Für das Studium der Transformationen von Gebieten auf sich ist die Möglichkeit, die Transformationen in einem Bildgebiet zu betrachten, von großem Nutzen, vornehmlich bei allen Eigenschaften, die gegenüber einer Abbildung des Gebietes invariant sind oder deren Transformationsgesetze leicht zu übersehen sind. Geht z. B. bei einer Transformation T eine Punktmenge $\mathfrak{A}$ in sich über, so geht bei der isomorphen Transformation T^* das Bild $\mathfrak{A}^*$ von $\mathfrak{A}$ ebenfalls in sich über. Fixelemente gehen also wieder in solche über. Wir werden hiervon wiederholt Gebrauch machen.

Nun wenden wir uns den linearen Abbildungen zu, die das Innere des Einheitskreises auf sich transformieren, und benutzen zu ihrer Bestimmung Satz 20a. Die Abbildung L_0:

$$w = l_0(z) = \frac{z + i}{iz + 1} \tag{10}$$

mit der Umkehrung L_0^{-1}:

$$z = \check{l}_0(w) = \frac{w - i}{-iw + 1} \tag{11}$$

führt das Innere des Einheitskreises in die obere Halbebene über; denn die Punkte $z = -i$, 1, i, 0 gehen der Reihe nach in $w = 0$, 1, ∞, i über und daher die Peripherie des Kreises in die reelle Achse und das Innere in die obere Halbebene. Nun lauten die linearen Transformationen L^* der oberen Halbebene auf sich nach (2):

$$w' = l^*(w) = \frac{\alpha w + \beta}{\gamma w + \delta}, \quad \alpha\delta - \beta\gamma = 1, \quad \alpha, \beta, \gamma, \delta \text{ reell}. \tag{12}$$

Daher erhält man für die Gesamtheit der linearen Transformationen L des Einheitskreises auf sich nach (8):

$$L = L_0^{-1} L^* L_0 .$$

Die Koeffizienten der Transformationen L ergeben sich nach (10), (11) und (12) aus der Matrizengleichung

$$\begin{pmatrix} 1 & -i \\ -i & 1 \end{pmatrix} \begin{pmatrix} \alpha & \beta \\ \gamma & \delta \end{pmatrix} \begin{pmatrix} 1 & i \\ i & 1 \end{pmatrix} = \begin{pmatrix} (\alpha+\delta) + i(\beta-\gamma), & (\beta+\gamma) + i(\alpha-\delta) \\ (\beta+\gamma) - i(\alpha-\delta), & (\alpha+\delta) - i(\beta-\gamma) \end{pmatrix}. \tag{13}$$

Die Determinante der rechts stehenden Matrix hat den Wert 4. Normieren wir die Matrix, so erhalten wir für L die Darstellung

$$z' = l(z) = \frac{az + b}{\bar{b}z + \bar{a}}, \quad a\bar{a} - b\bar{b} = 1, \tag{14}$$

mit

$$a = \frac{\alpha + \delta}{2} + i\,\frac{\beta - \gamma}{2}, \quad b = \frac{\beta + \gamma}{2} + i\,\frac{\alpha - \delta}{2}. \tag{15}$$

Also hat jede lineare Transformation des Einheitskreises auf sich die Gestalt (14). Umgekehrt lassen sich aber auch zu jeder linearen Abbildung (14) reelle Zahlen α, β, γ, δ so bestimmen, daß (15) und damit

$\alpha\delta - \beta\gamma = 1$ gilt. Dann ist aber L das Bild der zu diesen α, β, γ, δ gehörenden Transformation L^* und somit eine lineare Transformation des Einheitskreises auf sich. Diese Transformationen sind also genau durch die Abbildungen (14) gegeben.

Man kann Gleichung (14) noch in einer anderen Gestalt schreiben. Da in (14) notwendig $a \neq 0$ ist, kann man

$$z_0 = -\frac{b}{a} \quad \text{und} \quad e^{i\vartheta_0} = -\frac{a}{\bar{a}}, \quad 0 \leqq \vartheta_0 < 2\pi,$$

setzen und gewinnt so die Darstellung

$$z' = l(z) = e^{i\vartheta_0}\frac{z - z_0}{\bar{z}_0 z - 1}, \quad |z_0| < 1, \quad 0 \leqq \vartheta_0 < 2\pi. \tag{16}$$

Umgekehrt kann man auch aus (16) leicht die Form (14) gewinnen, indem man

$$a = \mp \frac{i e^{i\frac{\vartheta_0}{2}}}{\sqrt{1 - z_0\bar{z}_0}}, \quad b = \pm \frac{i z_0 e^{i\frac{\vartheta_0}{2}}}{\sqrt{1 - z_0\bar{z}_0}}$$

setzt. Wir erhalten also als Resultat

Satz 22. *Die Gesamtheit der linearen Transformationen des Innern des Einheitskreises auf sich ist durch die Abbildungen* (14) *wie auch* (16) *gegeben.*

Wir bemerken, daß diese Transformationen auch das Äußere des Einheitskreises auf sich abbilden. Durch Verwendung der Transformation $z' = \frac{1}{z}$ zeigt man ferner, daß die linearen Transformationen, die das Innere und das Äußere des Einheitskreises vertauschen, durch

$$z' = l(z) = \frac{az + b}{\bar{b}z + \bar{a}}, \quad a\bar{a} - b\bar{b} = -1, \tag{17}$$

oder

$$z' = l(z) = e^{i\vartheta_0}\frac{z - z_0}{\bar{z}_0 z - 1}, \quad |z_0| > 1, \quad 0 \leqq \vartheta_0 < 2\pi, \tag{18}$$

gegeben sind, wobei in (18) für $z_0 = \infty$ die Form

$$z' = l(z) = e^{i\vartheta_0}\frac{1}{z} \tag{19}$$

zu wählen ist.

Wir schließen hier unsere Überlegungen zu den linearen Abbildungen des Einheitskreises mit der folgenden Abschätzung dieser Funktionen:

Für $|z| < 1$ und $|z_0| < 1$ gilt:

$$\frac{|z| - |z_0|}{1 - |z|\,|z_0|} \leqq \left|\frac{z - z_0}{\bar{z}_0 z - 1}\right| \leqq \frac{|z| + |z_0|}{1 + |z|\,|z_0|} < 1. \tag{20}$$

Diese Abschätzung, die offenbar nicht selbstverständlich ist, wird später benötigt.

Es ist

$$1 - \left|\frac{z - z_0}{\bar{z}_0 z - 1}\right|^2 = \frac{(1 - |z|^2)(1 - |z_0|^2)}{|1 - z\bar{z}_0|^2} \tag{21}$$

und

$$1 - \left(\frac{|z| \pm |z_0|}{1 \pm |z|\,|z_0|}\right)^2 = \frac{(1 - |z|^2)(1 - |z_0|^2)}{(1 \pm |z|\,|z_0|)^2}, \tag{22}$$

wobei stets das obere oder das untere Vorzeichen gilt. Nun ist weiter

$$1 - |z|\,|z_0| \leqq |1 - z\bar{z}_0| \leqq 1 + |z|\,|z_0|, \tag{23}$$

und es folgt aus (21), (22) und (23):

$$1 - \left(\frac{|z| - |z_0|}{1 - |z|\,|z_0|}\right)^2 \geqq 1 - \left|\frac{z - z_0}{\bar{z}_0 z - 1}\right|^2 \geqq 1 - \left(\frac{|z| + |z_0|}{1 + |z|\,|z_0|}\right)^2.$$

Hieraus resultieren sofort die beiden ersten Ungleichungen (20). Die letzte Ungleichung (20) ergibt sich aus (22) für das positive Vorzeichen, da der rechts stehende Ausdruck in (22) größer als Null ist.

Wir wollen noch feststellen, wann in Formel (20) die Gleichheitszeichen stehen. Bei der ersten Ungleichung ist dies genau dann der Fall, wenn in der ersten Ungleichung (23) das Gleichheitszeichen steht und $|z| \geqq |z_0|$ ist. Das Gleichheitszeichen in (23) steht aber genau dann, wenn $z\bar{z}_0$ positiv reell ist, d. h. wenn z und z_0 auf einem vom Nullpunkt ausgehenden Halbstrahl liegen, wenn also

$$0 \leqq |z_0| \leqq |z| \text{ und } \operatorname{arc} z = \operatorname{arc} z_0 \text{ für } z_0 \neq 0 \tag{24}$$

gilt. Ebenso überlegt man sich, daß in der zweiten Ungleichung (20) genau dann das Gleichheitszeichen steht, wenn $z_0 = 0$ oder

$$\operatorname{arc} z = \operatorname{arc} z_0 + \pi \text{ für } z_0 \neq 0 \tag{25}$$

ist.

§ 5. Das Schwarzsche Lemma und die invarianten Metriken der linearen Transformationsgruppen

Wir haben bisher alle linearen Abbildungen des Einheitskreises auf sich angegeben. Es erhebt sich naturgemäß im Anschluß hieran die Frage nach den weiteren eineindeutigen und konformen Abbildungen des Einheitskreises auf sich. Wir werden nun die überraschende Feststellung machen, daß es keine weiteren solchen Automorphismen gibt.

Wir beginnen mit der Betrachtung innerer Abbildungen.

Eine meromorphe Abbildung $z' = f(z)$ des Gebietes $\mathfrak{G}$ in sich heißt eine *innere Abbildung* von $\mathfrak{G}$. Wird $\mathfrak{G}$ durch die Abbildung eineindeutig auf sich abgebildet, so ist diese Abbildung ein *Automorphismus*.

Betrachten wir jetzt die inneren Abbildungen des Einheitskreises, bei der natürlich die Abbildungen holomorph sind. Hier gilt

Satz 23 *(Schwarzsches Lemma). Die Funktion $z' = f(z)$ liefere eine innere Abbildung des Einheitskreises mit 0 als Fixpunkt. Dann gilt für alle z aus dem Einheitskreis:*

$$|f(z)| \leqq |z|.$$

Das Gleichheitszeichen steht für irgendein $z \neq 0$ dann und nur dann, wenn

$$f(z) = z \cdot e^{i\vartheta_0}, \quad \vartheta_0 \text{ reell}, \tag{1}$$

ist.

Zum Beweise betrachten wir die Funktion

$$g(z) = \frac{f(z)}{z}.$$

Sie ist holomorph für alle z des Einheitskreises, da $f(z)$ im Nullpunkt eine Nullstelle hat und daher der Quotient $\frac{f(z)}{z}$ dort holomorph ist. Auf einem Kreis um den Nullpunkt mit dem Radius $r < 1$ ist wegen $|f(z)| < 1$:

$$|g(z)| = \frac{|f(z)|}{|z|} < \frac{1}{r}.$$

Nach dem Satz vom Maximum (II, 3, Satz 14) gilt dies dann auch im Innern des Kreises. Durch den Grenzübergang $r \to 1$ folgt für alle z des Einheitskreises:

$$|g(z)| \leqq 1 \tag{2}$$

oder

$$|f(z)| \leqq |z|.$$

Gilt das Gleichheitszeichen in (2) auch nur in einem inneren Punkte, so ist

$$g(z) = \text{const} = e^{i\vartheta_0},$$

also

$$f(z) = z \cdot e^{i\vartheta_0}$$

und daher:

$$|f(z)| = |z|.$$

Im anderen Falle gilt für alle z im Einheitskreis:

$$|g(z)| < 1 \tag{3}$$

und daher für alle $z \neq 0$:

$$|f(z)| < |z|.$$

Damit ist das Lemma bewiesen.

Da $g(0) = f'(0)$ ist, so folgt, daß bei einer inneren Abbildung des Einheitskreises, bei der der Nullpunkt Fixpunkt ist, die Beziehung

$$|f'(0)| \leqq 1 \tag{4}$$

gilt, wobei das Gleichheitszeichen dann und nur dann auftritt, wenn $f(z)$ eine Drehung um den Nullpunkt ist.

Andererseits ist für jeden nullpunktstreuen Automorphismus $z' = f(z)$ auch die Umkehrung $z = \check{f}(z')$ ein solcher Automorphismus und daher auch

$$|\check{f}'(0)| = \frac{1}{|f'(0)|} \leqq 1,$$

woraus

$$|f'(0)| = 1$$

folgt. Damit haben wir das Resultat

Satz 24. *Die einzigen nullpunktstreuen Automorphismen des Einheitskreises sind die Drehungen um den Nullpunkt.*

Hieraus folgt sofort

Satz 25. *Alle Automorphismen des Einheitskreises sind lineare Transformationen.*

Es sei nämlich T ein solcher Automorphismus. Er führe den Nullpunkt in den Punkt z_0 über. L sei die folgende lineare Transformation des Einheitskreises, die z_0 auf den Nullpunkt abbildet:

$$z' = l(z) = \frac{z - z_0}{\bar{z}_0 z - 1}.$$

Dann ist $L_0 = LT$ ein Automorphismus, der den Nullpunkt fest läßt und daher nach Satz 24 eine lineare Transformation der Form (1). Hieraus folgt, daß $T = L^{-1} L_0$ selbst eine lineare Transformation ist.

Die durch die Gleichungen 4, (14) oder 4, (16) gegebene Gruppe linearer Transformationen ist also die volle Automorphismengruppe des Einheitskreises.

Das Schwarzsche Lemma läßt sich noch folgendermaßen aussprechen: Bei einer nullpunktstreuen inneren Abbildung des Einheitskreises liegt der Bildpunkt stets näher am Nullpunkt als der Originalpunkt, es sei denn die innere Abbildung eine Drehung um den Nullpunkt.

Lassen wir nunmehr alle inneren Abbildungen des Einheitskreises zu, so können wir gewiß nicht mehr sagen, daß der Abstand zweier beliebiger Punkte z_1 und z_2 durch die Abbildung nicht vergrößert wird. Zum Beispiel ist

$$z' = \frac{z - \frac{4}{5}}{\frac{4}{5} z - 1}$$

nach 4, (16) eine Abbildung des Einheitskreises auf sich, aber die Punkte $\frac{1}{2}$ und $\frac{4}{5}$ mit dem Abstand $\frac{3}{10}$ gehen in die Punkte $\frac{1}{2}$ und 0 mit dem Abstand $\frac{1}{2}$ über. Trotzdem können wir mittels des Schwarzschen Lemmas leicht eine Aussage über den Abstand zweier Punkte und ihrer Bildpunkte gewinnen.

Sei $z' = f(z)$ eine innere Abbildung des Einheitskreises, die zwei beliebige Punkte z_1 und z_2 in die Punkte z_1' und z_2' überführe.

$$w = l_1(z) = \frac{z - z_1}{\bar{z}_1 z - 1}$$

und

$$w' = l_2(z') = \frac{z' - z_1'}{\bar{z}_1' z' - 1}$$

sind lineare Transformationen des Einheitskreises, die z_1 bzw. z_1' auf Null abbilden. Dann ist

$$w' = f^*(w) = l_2(f(\check{l}_1(w)))$$

eine nullpunktstreue innere Abbildung des Einheitskreises und daher nach dem Schwarzschen Lemma $|w'| \leqq |w|$. So folgt insbesondere für die Punkte z_2 und z_2':

$$\left|\frac{z_2' - z_1'}{\bar{z}_1' z_2' - 1}\right| \leqq \left|\frac{z_2 - z_1}{\bar{z}_1 z_2 - 1}\right|.$$

Die Punkte z_1 und z_2 waren aber beliebig gewählt. Das Gleichheitszeichen gilt für irgend zwei verschiedene Punkte z_1, z_2 und ihre Bildpunkte z_1', z_2' dann und nur dann, wenn $z' = f(z)$ eine lineare Transformation des Einheitskreises ist. Der Ausdruck

$$D(z_1, z_2) = \left|\frac{z_2 - z_1}{\bar{z}_1 z_2 - 1}\right| \tag{5}$$

ist also invariant gegenüber allen Automorphismen des Einheitskreises, und er verkleinert sich bei allen inneren Abbildungen, die keine Automorphismen sind.

Es liegt daher nahe, $D(z_1, z_2)$ als Maß für den Abstand zweier Punkte im Einheitskreis zu benutzen. Ein solches Abstandsmaß in einem Gebiete $\mathfrak{G}$ — bezeichnen wir es mit $E(z_1, z_2)$ — nennt man eine *Metrik*, wenn folgende charakteristischen Eigenschaften erfüllt sind (siehe I, 3, S. 23):

1. $E(z_1, z_1) = 0$.
2. $E(z_1, z_2) > 0$ für $z_1 \neq z_2$.
3. $E(z_1, z_2) = E(z_2, z_1)$.
4. $E(z_1, z_2) + E(z_2, z_3) \geqq E(z_1, z_3)$.

Der Ausdruck $D(z_1, z_2)$ ist nun in der Tat eine solche Metrik im Einheitskreis. Die Eigenschaften 1 bis 3 folgen unmittelbar aus (5). Zum Beweis der Eigenschaft 4 nutzen wir die Invarianz von $D(z_1, z_2)$ aus und bringen durch eine lineare Transformation den Punkt z_1 in den Nullpunkt. Dann haben wir die Dreiecksungleichung nur noch für drei Punkte $0, z_2, z_3$ zu beweisen. Für diese lautet sie:

$$|z_2| + \left|\frac{z_3 - z_2}{\bar{z}_2 z_3 - 1}\right| \geqq |z_3|. \tag{6}$$

Diese Ungleichung folgt aber wegen $1 - |z_2|\,|z_3| \leqq 1$ sofort aus der linken Ungleichung 4, (20).

Wir haben früher (s. I, 2) eine Metrik der geschlossenen Ebene kennengelernt, nämlich den chordalen Abstand $\chi(z_1, z_2)$. Bei ihm gilt gleichfalls die Dreiecksungleichung unter Ausschluß des Gleichheitszeichens, wenn z_1, z_2, z_3 voneinander verschieden sind. Bemerkenswert ist, daß $\chi(z_1, z_2)$ gegenüber der Gruppe der Sphärendrehungen

$$z' = \frac{az + b}{-\bar{b}z + \bar{a}}, \quad a\bar{a} + b\bar{b} = 1, \tag{7}$$

invariant ist. Die formale Ähnlichkeit dieser Gruppe mit der Gruppe

$$z' = \frac{az + b}{\bar{b}z + \bar{a}}, \quad a\bar{a} - b\bar{b} = 1, \tag{8}$$

der Einheitskreistransformationen ist augenscheinlich. Offenbar sind beide Gruppen Spezialfälle einer von ε abhängigen Gruppe $\mathfrak{G}_\varepsilon$:

$$z' = \frac{az + b}{-\varepsilon \bar{b} z + \bar{a}}, \quad a\bar{a} + \varepsilon b\bar{b} = 1, \tag{9}$$

für die man die Gruppeneigenschaften sofort bestätigt, wenn ε reell fest gewählt wird.

Für verschiedene ε zerfallen diese Gruppen in drei Klassen: $\varepsilon > 0$, $\varepsilon = 0$, $\varepsilon < 0$, die ein wesentlich verschiedenes Verhalten zeigen.

Durch die Streckung $w = \left|\sqrt{\varepsilon}\right| \cdot z$ der z-Ebene läßt sich die Transformation (9) für $\varepsilon > 0$ auf die Gestalt (7) und für $\varepsilon < 0$ auf die Gestalt (8) bringen. So erhält man die drei wesentlich verschiedenen Gruppen $\mathfrak{G}_1$ der Sphärendrehungen, $\mathfrak{G}_{-1}$ der Einheitskreistransformationen und $\mathfrak{G}_0$ der Bewegungen der endlichen Ebene. Diese drei Gruppen lassen sich nicht mehr ineinander transformieren; denn die Gruppe $\mathfrak{G}_0$ besitzt einen Fixpunkt (den Punkt ∞) für alle Transformationen, was aber weder bei $\mathfrak{G}_1$ noch bei $\mathfrak{G}_{-1}$ der Fall ist, und $\mathfrak{G}_{-1}$ besitzt für alle Transformationen einen Fixkreis (den Einheitskreis), der wiederum bei $\mathfrak{G}_1$ kein Gegenstück hat.

Den Bewegungen der Ebene ist die invariante euklidische Metrik $E_0(z_1, z_2) = |z_1 - z_2|$ angepaßt, so daß wir für alle drei Gruppen zugeordnete invariante Metriken besitzen. Von diesen drei Metriken ist aber nur die euklidische zur Längenmessung im Sinne der Elementargeometrie geeignet, weil nur bei ihr auf einer Geraden Streckenlängen addiert werden können. Gleiches können wir bei dem chordalen Abstand $\chi(z_1, z_2)$ aber auch mühelos erreichen, wenn wir vom chordalen Abstand zur Bogenlänge $E_1(z_1, z_2)$ auf der Kugel vom Radius $\frac{1}{2}$ übergehen:

$$E_1(z_1, z_2) = \arcsin \chi(z_1, z_2). \tag{10}$$

Damit haben wir in der geschlossenen Ebene ein *Modell der sphärischen Geometrie* vor uns, und die „Geraden" in dieser Geometrie sind die Bilder der größten Kugelkreise. Diese sind durch die Ebenen

$$\alpha\xi + \beta\eta + \gamma\left(\zeta - \frac{1}{2}\right) = 0, \quad \alpha^2 + \beta^2 + \gamma^2 > 0,$$

die durch den Mittelpunkt der Kugel laufen, gegeben. Setzen wir hierin die Transformationsformel I, 2, (22) ein, so erhalten wir als Bilder die Kreise ($c = \alpha + i\beta$):

$$\gamma z\bar{z} + \bar{c}z + c\bar{z} - \gamma = 0, \quad c\bar{c} + \gamma^2 > 0. \tag{11}$$

In der *euklidischen Geometrie* der Ebene sind die Geraden durch die Gleichungen

$$\bar{c}z + c\bar{z} - \gamma = 0\,, \quad c\bar{c} > 0 \tag{12}$$

gegeben. Wir können die „Geraden“ beider Geometrien in der Form

$$\varepsilon\gamma z\bar{z} + \bar{c}z + c\bar{z} - \gamma = 0\,, \quad c\bar{c} + \varepsilon\gamma^2 > 0 \tag{13}$$

schreiben. Bemerkenswert ist nun, daß diese Form für $\varepsilon = -1$ auch die „Geraden“ in der *hyperbolischen Geometrie*, deren Bewegungen die Einheitskreistransformationen sind, liefert. Dies wollen wir nun kurz auseinandersetzen. Dazu müssen wir allerdings von unserer Metrik $D(z_1, z_2)$, ähnlich wie beim chordalen Abstand, zu einer Metrik

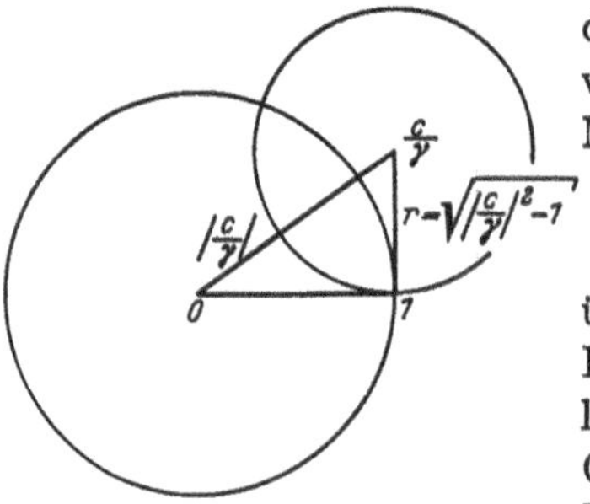

Abb. 22

$$E_{-1}(z_1, z_2) = \frac{1}{2}\log\frac{1 + D(z_1, z_2)}{1 - D(z_1, z_2)} \tag{14}$$

übergehen, die es gestattet, auf „Geraden“ Längen zu addieren. Zu dieser Metrik gelangen wir über die „Geraden“ unserer Geometrie, nämlich die *Orthokreise* des Einheitskreises. In der Tat liefert die Gleichung (13) für $\varepsilon = -1$ und $\gamma = 0$ genau alle Geraden durch den Nullpunkt, und diese stehen auf dem Einheitskreis senkrecht. Für $\gamma \neq 0$ erhält man die Kreise

$$\left|z - \frac{c}{\gamma}\right| = \sqrt{\left|\frac{c}{\gamma}\right|^2 - 1}\,,$$

die (s. Abb. 22) gerade die nicht entarteten Orthokreise liefern. Ihr Mittelpunkt ist $\frac{c}{\gamma}$ und ihr Radius $r = \sqrt{\left|\frac{c}{\gamma}\right|^2 - 1}$.

Die Orthokreise gehen in ihrer Gesamtheit durch eine lineare Transformation des Einheitskreises in sich über, da Kreise in Kreise übergehen und die Winkel sich nicht ändern. Hieraus folgt, daß zwei Punkte im Einheitskreis genau einen Orthokreis bestimmen. Ist z_1 einer dieser Punkte, so werfe man ihn durch eine lineare Transformation in den Nullpunkt. Durch ihn und das Bild z_2^* des zweiten Punktes z_2 geht aber genau ein Orthokreis, nämlich die Gerade durch den Nullpunkt und z_2^*. Also ist deren Original auch der einzige Orthokreis durch z_1 und z_2.

Um nun zu unserer invarianten Metrik zu gelangen, nutzen wir die Invarianz des Doppelverhältnisses aus. Auf dem Orthokreis, der durch zwei Punkte z_1 und z_2 läuft, sind noch die beiden Schnittpunkte h und k

mit dem Einheitskreis gegeben. Wir bezeichnen sie so, daß die Punkte z_1, z_2, h, k zyklisch aufeinander folgen. Dann ist das Doppelverhältnis

$$D\,V(z_1, z_2) = D\,V(z_1, z_2, h, k) = \frac{z_1 - h}{z_1 - k} : \frac{z_2 - h}{z_2 - k}$$

invariant gegenüber den linearen Transformationen des Einheitskreises auf sich; denn sind bei einer solchen Abbildung z_1', z_2' die Bilder von z_1, z_2 und h' und k' die zyklisch auf dem Orthokreis durch z_1' und z_2' folgenden Punkte auf dem Einheitskreis, so geht notwendig h in h' und k in k' über. Daher können wir das Doppelverhältnis leicht berechnen. Durch eine lineare Transformation

$$z' = e^{i\vartheta_0} \frac{z - z_1}{\bar{z}_1 z - 1}$$

können wir z_1 in den Nullpunkt und bei geeigneter Wahl von ϑ_0 den Punkt z_2 in den Punkt

$$r = \left| \frac{z_2 - z_1}{\bar{z}_1 z_2 - 1} \right|$$

überführen. Die reelle Achse ist der Orthokreis durch 0 und r und die Punkte h und k sind: $h = +1$ und $k = -1$. Daher ist

$$D\,V(z_1, z_2) = D\,V(0, r) = \frac{0 - 1}{0 + 1} : \frac{r - 1}{r + 1} = \frac{1 + r}{1 - r} = \frac{1 + \left| \frac{z_2 - z_1}{\bar{z}_1 z_2 - 1} \right|}{1 - \left| \frac{z_2 - z_1}{\bar{z}_1 z_2 - 1} \right|}.$$

Dieser Bruch ist reell und größer oder gleich 1, und er nimmt den Wert 1 nur für $z_1 = z_2$ an. Bilden wir jetzt

$$E_{-1}(z_1, z_2) = \frac{1}{2} \log D\,V(z_1, z_2) = \frac{1}{2} \log \frac{|\bar{z}_1 z_2 - 1| + |z_2 - z_1|}{|\bar{z}_1 z_2 - 1| - |z_2 - z_1|},$$

so haben wir eine Funktion gefunden, die die Eigenschaft einer Metrik hat. Die Forderungen 1 bis 3 sind für $E_{-1}(z_1, z_2)$ offenbar trivialerweise erfüllt. Um die Dreiecksungleichung zu beweisen, transportieren wir wieder von drei Punkten z_1, z_2, z_3 den Punkt z_1 in den Nullpunkt und den Punkt z_2 in den Punkt $r = \left| \frac{z_2 - z_1}{\bar{z}_1 z_2 - 1} \right|$. Das Bild von z_3 wollen wir z nennen. Wir haben dann zu zeigen, daß

$$\log \frac{1 + r}{1 - r} + \log \frac{1 + \left| \frac{z - r}{r z - 1} \right|}{1 - \left| \frac{z - r}{r z - 1} \right|} \geqq \log \frac{1 + |z|}{1 - |z|} \tag{15}$$

ist. Diese Ungleichung ist offensichtlich äquivalent mit der Ungleichung

$$\log \frac{1 + \left| \frac{z - r}{r z - 1} \right|}{1 - \left| \frac{z - r}{r z - 1} \right|} \geqq \log \frac{1 + \frac{|z| - r}{1 - |z| r}}{1 - \frac{|z| - r}{1 - |z| r}}. \tag{16}$$

Nun ist $\log \frac{1+x}{1-x}$ für $-1 < x < 1$ im engeren Sinne monoton wachsend, und daher ist (16) wiederum äquivalent mit

$$\left|\frac{z-r}{rz-1}\right| \geqq \frac{|z|-r}{1-|z|r}. \tag{17}$$

Dies ist aber gerade die erste Ungleichung 4, (20), womit (15) und somit die Dreiecksungleichung bewiesen ist.

Das Gleichheitszeichen in (15) steht genau dann, wenn in (17) dieses Zeichen steht, und dies ist nach 4, (24) genau dann der Fall, wenn z reell und $0 \leqq r \leqq z$ ist. In diesem Falle fallen entweder zwei oder drei der Punkte zusammen, oder aber die Strecken $(0, r)$ und (r, z) folgen auf der reellen Achse aufeinander. Dies bedeutet, daß die Originalpunkte z_1, z_2, z_3 auf einem Orthokreis liegen und dort innerhalb des Einheitskreises zyklisch aufeinander folgen. Dann setzt sich die Länge der Gesamtstrecke, in unserer Metrik E_{-1} gemessen, additiv aus den Längen der aneinanderstoßenden Einzellängen zusammen.

Basierend auf diesem Längenbegriff können wir jetzt im Einheitskreis eine Geometrie aufbauen, in der die Orthokreise die Rolle der Geraden spielen. Der Rand des Einheitskreises repräsentiert die unendlich fernen Punkte unserer Geometrie; denn rücken wir mit einem Punkt z_2 gegen diesen Rand, während z_1 im „Endlichen", d. h. in einem abgeschlossenen Teilbereich im Innern bleibt, so geht $E_{-1}(z_1, z_2)$ gegen Unendlich. Insbesondere haben alle Orthokreise eine unendliche Länge. In dieser hyperbolischen Geometrie gelten alle Gesetze der euklidischen Geometrie mit Ausnahme des Parallelenaxioms und den daraus hergeleiteten Gesetzen. In der Tat gibt es durch jeden nicht auf einem gegebenen Orthokreis liegenden Punkt unendlich viele Orthokreise, die den gegebenen Kreis nicht schneiden, die also als Parallelen anzusprechen sind.

Es ist nicht unsere Aufgabe, hier die hyperbolische Geometrie zu behandeln. Wir wollen nur noch von den drei Metriken, die wir in diesem Paragraphen behandelt haben, die Linienelemente aufstellen. Diese ergeben sich unmittelbar aus den Gleichungen I, 2 (16) und den Beziehungen (10), (5), (14) dieses Paragraphen, wenn man den Grenzübergang $z_1 \to z_2 \to z$ vollzieht, zu

$$ds = \frac{|dz|}{1+\varepsilon|z|^2}. \tag{18}$$

Aus diesen Linienelementen gewinnt man sofort die von uns hergeleiteten Metriken zurück, wenn man die Invarianz dieser Linienelemente gegenüber den Gruppen (9) ausnutzt. Man kann dann zwei Punkte z_1 und z_2 in die Punkte 0 und $r > 0$ transformieren. Dazu benutze man die Transformation

$$z' = e^{i\vartheta_0}\frac{z-z_1}{1+\varepsilon\bar{z}_1 z},$$

die man sofort in die Gestalt (9) bringen kann, und wähle ϑ_0 so, daß das Bild r von z_2 positiv reell wird. Es ist dann

$$r = \left|\frac{z_2 - z_1}{1 + \varepsilon \bar{z}_1 z_2}\right| . \tag{19}$$

Als Distanz der Punkte 0 und r erhält man nun:

$$E_\varepsilon(0, r) = \int_0^r \frac{dr}{1 + \varepsilon r^2} = \begin{cases} \text{arc tan } r \text{ für } \varepsilon = 1 , \\ r \text{ für } \varepsilon = 0 , \\ \text{Ar tan } r \text{ für } \varepsilon = -1 . \end{cases} \tag{20}$$

Setzt man hierin (19) ein, so hat man eine Form unserer Metriken $E_\varepsilon(z_1, z_2)$ gewonnen, die man wegen der Identitäten

$$\text{arc tan} r = \text{arc sin} \frac{r}{\sqrt{1 + r^2}}$$

und

$$\text{Ar tan} r = \frac{1}{2} \log \frac{1 + r}{1 - r}$$

leicht in die Gestalten (10) und (14) bringen kann.

Fassen wir noch das Ergebnis unserer Überlegungen zusammen.

Satz 26. *Die Gruppen $\mathfrak{G}_\varepsilon$ linearer Transformationen (ε reell):*

$$z' = \frac{a z + b}{-\varepsilon \bar{b} z + \bar{a}} , \quad a \bar{a} + \varepsilon b \bar{b} = 1 ,$$

sind die Bewegungsgruppen von Geometrien mit den „Geraden"

$$\varepsilon \gamma z \bar{z} + \bar{c} z + c \bar{z} - \gamma = 0 , \quad c \bar{c} + \varepsilon \gamma^2 > 0 ,$$

und den Metriken

$$d s = \frac{|d z|}{1 + \varepsilon |z|^2} .$$

Für $\varepsilon = 1$ erhält man die sphärische Geometrie, für $\varepsilon = 0$ die euklidische Geometrie und für $\varepsilon = -1$ die hyperbolische, nichteuklidische Geometrie. Dabei sind die Gebiete der Variablen z für $\varepsilon = 1$ die geschlossene Ebene, für $\varepsilon = 0$ die endliche Ebene und für $\varepsilon = -1$ der Einheitskreis.

§ 6. Innere Abbildungen mit Fixpunkten

Wir wenden uns in diesem Paragraphen den inneren Abbildungen beliebiger Gebiete zu und beginnen mit

Satz 27. *Die Funktion $z' = f(z)$ liefere eine innere Abbildung des beschränkten Gebietes $\mathfrak{G}$. Der Punkt z_0 in $\mathfrak{G}$ sei Fixpunkt. Dann gilt: $|f'(z_0)| \leqq 1$. Ist die Abbildung ein Automorphismus von $\mathfrak{G}$, so ist $|f'(z_0)| = 1$.*

1. Da $\mathfrak{G}$ beschränkt ist und $f(z)$ nur Werte aus $\mathfrak{G}$ annehmen kann, so gibt es eine nur vom Gebiet $\mathfrak{G}$ abhängende positive Zahl M, so daß $|f(z)| < M$ ist. Nach II, 3, Satz 13 gibt es dann eine nur von z_0 und M

abhängende Schranke M_1, so daß $|f'(z_0)| < M_1$ ist. Wir bilden nun die iterierten Funktionen

$$\begin{aligned} f_1(z) &= f(z)\,, \\ f_2(z) &= f(f_1(z))\,, \\ &\dots \\ f_n(z) &= f(f_{n-1}(z))\,. \end{aligned}$$

Die $f_n(z)$ sind in $\mathfrak{G}$ holomorph und liefern sämtlich dort innere Abbildungen. Also ist $|f_n(z)| < M$ und daher auch $|f_n'(z_0)| < M_1$. Nach der Kettenregel gilt im Punkte z_0:

$$f_n'(z_0) = [f'(z_0)]^n$$

und somit für alle n:

$$|f'(z_0)|^n < M_1\,.$$

Dies ist aber nur möglich, wenn

$$|f'(z_0)| \leqq 1 \tag{1}$$

ist.

2. Bildet $z' = f(z)$ das Gebiet $\mathfrak{G}$ eineindeutig auf sich ab, so gilt gleiches für die Umkehrfunktion $z = \check{f}(z')$, und es ist $z_0 = \check{f}(z_0)$. Daher folgt für die Umkehrfunktion:

$$|\check{f}'(z_0)| = \frac{1}{|f'(z_0)|} \leqq 1\,,$$

woraus sich in Verbindung mit (1) die Beziehung

$$|f'(z_0)| = 1$$

ergibt.

Der vorstehende Satz gilt sicher nicht mehr für alle unbeschränkten Gebiete, z. B. nicht für die endliche Ebene. Läßt sich aber ein unbeschränktes Gebiet auf ein beschränktes Gebiet abbilden, so gilt er auch für das unbeschränkte Gebiet. Dies beruht auf folgendem

Satz 28. *Das Gebiet $\mathfrak{G}$ werde durch die Funktion $w = f(z)$ auf das Gebiet $\mathfrak{G}^*$ eineindeutig und konform abgebildet. $z' = t(z)$ sei eine innere Abbildung von $\mathfrak{G}$ mit dem endlichen Fixpunkt z_0. Dann ist*

$$w' = t^*(w) = f(t(\check{f}(w))) \tag{2}$$

eine innere Abbildung von $\mathfrak{G}^*$ mit dem Fixpunkt $w_0 = f(z_0)$, und es ist

$$t^{*\prime}(w_0) = t'(z_0)\,. \tag{3}$$

Daß (2) eine innere Abbildung von $\mathfrak{G}^*$ mit dem Fixpunkt w_0 liefert, ist unmittelbar klar. Die Beziehung (3) erhält man durch Differentiation von (2) im Punkte w_0.

Nunmehr erhält man Satz 27 sofort für alle Gebiete, die sich auf beschränkte Gebiete eineindeutig und konform abbilden lassen, auf Grund der Beziehung (3).

Beim Einheitskreis sahen wir, daß nullpunktstreue innere Abbildungen $z' = f(z)$ mit $f'(0) = e^{i\vartheta}$ bei gegebenem ϑ eindeutig bestimmte Automorphismen waren. Wir wollen jetzt entsprechende Aussagen für beliebige beschränkte Gebiete gewinnen.

Wir beweisen zunächst einen

Hilfssatz. *T sei eine innere Abbildung des Gebietes $\mathfrak{G}$. Es gebe eine Folge natürlicher Zahlen $n_1, n_2, n_3, \ldots$ derart, daß die iterierten Abbildungen $T^{n_1}, T^{n_2}, \ldots$ im Innern von $\mathfrak{G}$ gleichmäßig gegen einen Automorphismus T_0 von $\mathfrak{G}$ konvergieren. Dann ist T selbst ein Automorphismus von $\mathfrak{G}$.*

1. Die Abbildung T, gegeben durch $z' = t(z) = t_1(z)$, ist sicher eine eineindeutige Abbildung des Gebietes $\mathfrak{G}$ auf ein Teilgebiet von $\mathfrak{G}$. Sind nämlich $z' = t_n(z)$ und $z' = t_0(z)$ die zu T^n und T_0 gehörenden Abbildungsfunktionen und wäre $t(z_1) = t(z_2)$ für zwei Punkte $z_1 \neq z_2$ aus $\mathfrak{G}$, so wäre auch $t_{n_\nu}(z_1) = t_{n_\nu}(z_2)$ und damit $t_0(z_1) = t_0(z_2)$ entgegen der Voraussetzung.

2. Jeder Punkt z_1 aus $\mathfrak{G}$ ist bei der Transformation T Bild eines Punktes aus $\mathfrak{G}$. Es gibt also ein z_0, so daß $z_1 = t_1(z_0)$ ist. Wäre dies nicht der Fall, wäre also z_1 ein Punkt, der bei der Transformation T nicht als Bildpunkt auftritt, so wäre er auch bei keiner Transformation T^{n_ν} Bildpunkt eines Punktes aus $\mathfrak{G}$; denn aus $z_1 = t_{n_\nu}(z_2)$ würde folgen, da $z_3 = t_{n_\nu - 1}(z_2)$ in $\mathfrak{G}$ liegt, daß $z_1 = t_1(z_3)$ wäre. Wenn aber z_1 von keiner Transformation T^{n_ν} als Bildpunkt angenommen wird, dann kann er auch von der Grenztransformation nicht angenommen werden, da diese als Automorphismus nicht konstant ist. Andererseits nimmt aber ein Automorphismus jeden Wert aus $\mathfrak{G}$ an. Also muß auch T jeden Wert annehmen und ist damit selbst ein Automorphismus.

Diesen Hilfssatz können wir noch wesentlich verschärfen. Es gilt

Satz 29. *T sei eine innere Abbildung des beschränkten Gebietes $\mathfrak{G}$. Es gebe eine Folge natürlicher Zahlen $n_1 < n_2 < \cdots$ derart, daß die iterierten Abbildungen $T^{n_1}, T^{n_2}, \ldots$ im Innern von $\mathfrak{G}$ gleichmäßig gegen eine nicht konstante Funktion konvergieren. Dann ist T ein Automorphismus von $\mathfrak{G}$.*

Mit den Bezeichnungen des Hilfssatzes konvergieren die Funktionen $t_{n_\nu}(z)$ im Innern von $\mathfrak{G}$ gleichmäßig gegen die nicht konstante Grenzfunktion $t_0(z)$. Es gibt daher ein kompakt in $\mathfrak{G}$ gelegenes Teilgebiet $\mathfrak{G}_0$, welches durch $z' = t_0(z)$ eineindeutig auf ein Gebiet $\mathfrak{G}_0^*$ in $\mathfrak{G}$ abgebildet wird. Da nun die $t_{n_\nu}(z)$ gleichmäßig gegen $t_0(z)$ konvergieren, so gibt es gemäß 1, Satz 7 ein Teilgebiet $\mathfrak{G}_1$ von $\mathfrak{G}_0$, in dem auch die $t_{n_\nu}(z)$ für $\nu > \nu_0$ holomorph umkehrbar sind: $z = \check{t}_{n_\nu}(z')$, und es gibt ein

Teilgebiet $\mathfrak{G}_1^*$ von $\mathfrak{G}_0^*$, in dem diese $\check{t}_{n_\nu}(z')$ gleichmäßig gegen $\check{t}_0(z')$ konvergieren und daher für $\nu > \nu_1$ nur Werte aus $\mathfrak{G}_0$ annehmen. Also sind in $\mathfrak{G}_1^*$ die Funktionen

$$t_{n_{\nu+1}-n_\nu}(z') = t_{n_{\nu+1}}(\check{t}_{n_\nu}(z'))$$

erklärt, und sie konvergieren mit wachsendem ν in $\mathfrak{G}_1^*$ gleichmäßig gegen

$$t_0(\check{t}_0(z')) \equiv z' .$$

Die Transformationen $z' = t_{n_{\nu+1}-n_\nu}(z)$ sind als Iterierte von $z' = t(z)$ innere Abbildungen von $\mathfrak{G}$ und bilden daher, weil sie gleichartig beschränkt sind, nach dem Satz von MONTEL (II, 7, Satz 46) eine normale Familie. Dann konvergiert aber nach dem Satz von VITALI (II, 7, Satz 51) die Folge $t_{n_{\nu+1}-n_\nu}(z)$ gleichmäßig in ganz $\mathfrak{G}$ gegen die Identität. Diese ist ein Automorphismus. Gemäß unserem Hilfssatz ist, wie behauptet, auch T ein Automorphismus.

Nun können wir den folgenden wichtigen Satz beweisen:

Satz 30 *(Kriterium für Automorphismen). Wenn bei einer inneren Abbildung $z' = t(z)$ eines beschränkten Gebietes $\mathfrak{G}$ in einem Fixpunkt z_0 die Beziehung $|t'(z_0)| = 1$ gilt, so ist die Abbildung ein Automorphismus.*

Bezeichnen wir die Iterierten der Abbildung mit $z' = t_n(z)$, $n = 1, 2, 3, \ldots$, so bildet diese Menge eine normale Familie in $\mathfrak{G}$. Es gibt daher eine im Innern von $\mathfrak{G}$ gleichmäßig konvergente Teilfolge $t_{n_\nu}(z)$. Wegen $|t'_{n_\nu}(z_0)| = |t'(z_0)|^{n_\nu} = 1$ kann die Grenzfunktion nicht konstant sein. Dann ist nach Satz 29 die Abbildung ein Automorphismus.

Nunmehr vermögen wir die Automorphismengruppen mit einem Fixpunkt z_0 für beschränkte Gebiete leicht anzugeben. Wir werden zeigen, daß sie isomorph zu den einfachsten Untergruppen der Drehungsgruppen des Kreises sind.

Satz 31. *Ist $z' = f(z)$, mit $f(z_0) = z_0$ und $f'(z_0) > 0$ reell, ein Automorphismus eines beschränkten Gebietes $\mathfrak{G}$, welches den Punkt z_0 enthält, so ist $f(z) \equiv z$.*

Nach Satz 27 ist $f'(z_0) = 1$. Daher hat $f(z)$ in z_0 eine Entwicklung

$$f(z) = z + a_\nu(z - z_0)^\nu + \cdots .$$

Wir nehmen an, a_ν sei der erste nicht verschwindende Koeffizient für $\nu > 1$. Dann besitzen die Iterierten die Entwicklungen

$$f_n(z) = z + n\, a_\nu(z - z_0)^\nu + \cdots .$$

Daher ist für die ν-te Ableitung einer solchen Funktion im Punkte z_0:

$$\frac{f_n^{(\nu)}(z_0)}{\nu!} = n \cdot a_\nu . \tag{4}$$

Nun sind die Funktionen $f_n(z)$ in $\mathfrak{G}$ gleichartig beschränkt. Also folgt aus II, 3, Satz 13, daß auch die ν-ten Ableitungen im Punkte z_0 gleichartig beschränkt sind. Dies ist wegen (4) aber nur möglich, wenn $a_\nu = 0$ ist. $f(z)$ muß also die Gestalt $f(z) \equiv z$ haben.

Eine unmittelbare Folgerung dieses Satzes ist

Satz 32 *(Eindeutigkeitssatz). Liefern $f_1(z)$ und $f_2(z)$ Automorphismen eines beschränkten Gebietes $\mathfrak{G}$ und gelten für einen inneren Punkt z_0 aus $\mathfrak{G}$ die Gleichungen $f_1(z_0) = f_2(z_0)$ und $\operatorname{arc} f_1'(z_0) = \operatorname{arc} f_2'(z_0)$, so ist $f_1(z) \equiv f_2(z)$.*

Es sei $z_1 = f_1(z_0) = f_2(z_0)$. Dann ist $f(z) = \check{f}_2(f_1(z))$ ein Automorphismus von $\mathfrak{G}$ mit $f(z_0) = \check{f}_2(z_1) = z_0$ und $f'(z_0) = \check{f}_2'(z_1) \cdot f_1'(z_0) = \frac{f_1'(z_0)}{f_2'(z_0)} > 0$. Nach Satz 31 ist daher $f(z) \equiv z$ und damit $f_1(z) \equiv f_2(z)$.

Wir sind jetzt in der Lage, die Automorphismengruppen mit gegebenem Fixpunkt zu übersehen. Es gilt

Satz 33. *Die Automorphismen eines beschränkten Gebietes $\mathfrak{G}$, die in $\mathfrak{G}$ einen gegebenen Fixpunkt z_0 besitzen, bilden eine abelsche Gruppe, die isomorph zu einer Untergruppe der Drehungsgruppe $w' = e^{i\vartheta} w$ ist.*

Jeder Automorphismus A der Gruppe hat nach Satz 27 in z_0 eine Entwicklung

$$z' = z_0 + e^{i\vartheta}(z - z_0) + \cdots. \tag{5}$$

Wir ordnen nun A die Drehung D mit der Darstellung

$$w' = e^{i\vartheta} w \tag{6}$$

zu. Diese Zuordnung ist nach Satz 32 eineindeutig. Die Gesamtheit derjenigen Drehungen D, die den Automorphismen A zugeordnet sind, bildet eine Gruppe. Sind nämlich ϑ_1 und ϑ_2 die Drehwinkel zweier solcher Drehungen D_1 und D_2, so gibt es zugehörige Automorphismen A_1 und A_2 mit Entwicklungen (5), wobei anstelle von ϑ die Winkel ϑ_1 und ϑ_2 auftreten. Der Automorphismus $A_{12} = A_2 A_1$ besitzt dann die Entwicklung

$$z' = z_0 + e^{i(\vartheta_1 + \vartheta_2)}(z - z_0) + \cdots.$$

Daher gibt es eine zugehörige Drehung D_{12} mit der Darstellung

$$w' = e^{i(\vartheta_1 + \vartheta_2)} w.$$

D_{12} ist aber gerade das Produkt von D_1 und D_2. Mit D_1 und D_2 gehört also auch $D_{12} = D_2 D_1$ zur Menge unserer Drehungen, und die Zuordnung zwischen den Automorphismen und den Drehungen ist operatortreu.

Nach den Überlegungen in § 4 bilden daher die den Automorphismen zugeordneten Drehungen eine Gruppe. Da diese abelsch ist, so ist auch die Automorphismengruppe mit dem Fixpunkt z_0 abelsch.

Satz 33 gilt nicht mehr für die endliche Ebene. In ihr haben wir als Gruppe der Automorphismen mit dem Nullpunkt als Fixpunkt zwar nur die linearen Transformationen $z' = az$, $a \neq 0$ (s. 3, Satz 14), doch ist diese Gruppe umfassender als die der Drehungen, da nicht notwendig $|a| = 1$ ist. Allerdings gilt hier noch ein Eindeutigkeitssatz. Für die geschlossene Ebene ist die Gruppe der Automorphismen mit einem Fixpunkt noch größer, z. B. für den Fixpunkt Null: $z' = \frac{a \cdot z}{b \cdot z + 1}$, $a \neq 0$ (s. 3, Satz 13). Jetzt ist sogar der Eindeutigkeitssatz verletzt, auch ist die Gruppe nicht mehr abelsch. Die Abbildungsfunktionen $z' = z$ und $z' = \frac{z}{z+1}$ haben im Nullpunkt gleiche erste Ableitungen, und die Transformationen $z' = \frac{z}{z+1}$ und $z' = 2z$ sind nicht miteinander vertauschbar.

Die Automorphismengruppen mit Fixpunkten haben bei beschränkten Gebieten nur wenige Drehungsgruppen als isomorphe Bilder, so daß es für sie nur wenige Möglichkeiten gibt. Wir wollen eine *Gruppe von Transformationen geschlossen* nennen, wenn es zu jeder unendlichen Folge von Transformationen aus ihr eine gegen eine Transformation der Gruppe gleichmäßig konvergierende Teilfolge gibt. Es ist nun die Gesamtheit $\mathfrak{M}$ der Automorphismen eines beschränkten Gebietes $\mathfrak{G}$, die einen inneren Punkt z_0 festlassen, stets eine geschlossene Gruppe, den trivialen Fall eingeschlossen, daß die Gruppe nur aus endlich vielen Elementen besteht. T_k, $k = 1, 2, \ldots$, sei eine unendliche Folge verschiedener Transformationen aus $\mathfrak{M}$. Dann bilden wegen der Beschränktheit von $\mathfrak{G}$ die zugehörigen Funktionen $t_k(z)$ eine normale Familie. Es gibt also eine Teilfolge T_{k_ν}, so daß die $t_{k_\nu}(z)$ im Innern von $\mathfrak{G}$ gleichmäßig gegen eine Funktion $t_0(z)$ konvergieren. Nach III, 6, Satz 21a nimmt dann entweder $t_0(z)$ ebenfalls jeden Wert aus $\mathfrak{G}$ genau einmal an, ist also ein Automorphismus, oder $t_0(z)$ ist konstant. Letzteres kann wegen $|t'_{k_\nu}(z_0)| = 1$ nicht eintreten. Also ist $t_0(z)$ ein Automorphismus und wegen $t_{k_\nu}(z_0) = z_0$ ist auch $t_0(z_0) = z_0$. Die Funktion $t_0(z)$ gehört also zu $\mathfrak{M}$.

Da $\mathfrak{M}$ zu einer Untergruppe der Drehungsgruppe $w' = e^{i\vartheta} w$ isomorph ist, so muß auch diese Untergruppe geschlossen sein, weil aus der Konvergenz einer Folge $t_k(z)$ die Konvergenz von $t'_k(z_0) = e^{i\vartheta_k}$ und damit von $w' = e^{i\vartheta_k} w$ folgt.

Wir zeigen nun: Die Drehungsgruppe $w' = e^{i\vartheta} w$ besitzt keine echte geschlossene unendliche Untergruppe. Sei ϑ_0 irgendeine reelle Zahl, mit $0 \leqq \vartheta_0 < 2\pi$. Ist nun $\mathfrak{U}$ eine unendliche geschlossene Untergruppe der Drehungsgruppe, so gibt es zu jedem $\varepsilon > 0$ zwei Werte ϑ_1 und ϑ_2, so daß $0 < \vartheta_2 - \vartheta_1 < \varepsilon$ ist und die Transformationen $w' = e^{i\vartheta_1} w$ und $w' = e^{i\vartheta_2} w$ zu $\mathfrak{U}$ gehören. Dann gehören auch alle Transformationen $w' = e^{in(\vartheta_2 - \vartheta_1)} w$, n ganz, zu $\mathfrak{U}$. Hierunter gibt es sicher eine, für die $0 \leqq n(\vartheta_2 - \vartheta_1) - \vartheta_0 < \varepsilon$ ist. Also häufen sich die Winkel der Drehungen aus $\mathfrak{U}$ gegen jeden Winkel ϑ_0. Da $\mathfrak{U}$ geschlossen sein soll, muß $w' = e^{i\vartheta_0} w$

zu $\mathfrak{U}$ gehören. $\mathfrak{U}$ ist also die volle Drehungsgruppe. So haben wir bewiesen:

Satz 34. *Die Gruppe der Automorphismen eines beschränkten Gebietes $\mathfrak{G}$, die einen inneren Punkt z_0 festlassen, ist entweder isomorph zur vollen Drehungsgruppe oder nur zu einer endlichen Drehungsgruppe.*

§ 7. Der Riemannsche Abbildungssatz

Nach den Untersuchungen über die linearen Abbildungen, die Automorphismen und die inneren Abbildungen liegt es nahe zu fragen, unter welchen Bedingungen zwei Gebiete aufeinander eineindeutig und konform abgebildet werden können. Liegt die Möglichkeit einer solchen Abbildung vor, so lassen sich auf Grund der vorangegangenen Untersuchungen weitgehende Aussagen über die Struktur der inneren Abbildungen und Automorphismen des einen Gebietes machen, wenn die des anderen bekannt sind. Über diese Möglichkeit werden wir nun eine Reihe sehr übersichtlicher und interessanter Resultate gewinnen. Fragen wir zunächst einmal, wann sich Gebiete sicher *nicht* so aufeinander abbilden lassen. Da eine eineindeutige und konforme Abbildung immer auch topologisch ist, so ist die Abbildung von zwei Gebieten aufeinander nicht möglich, wenn diese verschieden zusammenhängend sind (s. I, 6). So ist ein einfach zusammenhängendes Gebiet nicht auf ein mehrfach zusammenhängendes Gebiet topologisch abbildbar. Ferner ist aus topologischen Gründen die kompakte Ebene auf kein anderes Gebiet topologisch abbildbar, da sie das einzige einfach zusammenhängende kompakte Gebiet ist und die Kompaktheit wegen der eineindeutigen und stetigen Abbildung eine topologische Invariante ist.

Darüber hinaus gibt es aber auch Gebiete, die sich zwar topologisch, aber nicht konform aufeinander abbilden lassen. So hat die punktierte Ebene, d. h. die geschlossene Ebene, aus der genau ein Punkt z_0 herausgenommen ist, als konformes Bild stets wieder eine solche Ebene. Die Abbildungsfunktion $w = f(z)$ muß nämlich wegen der Eineindeutigkeit der Abbildung in der Umgebung des Punktes z_0 auch in diesem Punkt und damit in der geschlossenen Ebene meromorph sein. Wegen der Eineindeutigkeit ist dann die Abbildung eine lineare Transformation. Diese ergibt als Bild der punktierten Ebene wieder eine solche Ebene, und die herausgenommenen Punkte gehen ineinander über. Als Bild der endlichen Ebene tritt also niemals der Einheitskreis auf (was auch aus dem Satz von LIOUVILLE unmittelbar folgt), obwohl beide Gebiete durch die Abbildung $z' = \frac{z}{\sqrt{1+|z|^2}}$ mit der Umkehrung $z = \frac{z'}{\sqrt{1-|z'|^2}}$ topologisch und sogar reell-analytisch aufeinander abgebildet werden. Darüber hinaus gilt aber

Satz 35. *Alle einfach zusammenhängenden Gebiete in der geschlossenen Ebene, die von der geschlossenen und der einmal punktierten Ebene verschieden sind, lassen sich eineindeutig und konform aufeinander abbilden.*

Diese Aussage ist eine unmittelbare Folge von

Satz 36 *(Riemannscher Abbildungssatz). Jedes einfach zusammenhängende Gebiet $\mathfrak{G}$, das mehr als einen Randpunkt hat, läßt sich eineindeutig und konform auf das Innere des Einheitskreises abbilden.*

Wir führen den Beweis in zwei Schritten.

1. *Die Abbildung von $\mathfrak{G}$ auf ein Teilgebiet des Einheitskreises.* a und b seien zwei Punkte, die nicht in $\mathfrak{G}$ liegen, z. B. zwei Randpunkte von $\mathfrak{G}$. Wir bilden dann durch die Funktion

$$z' = \frac{z - a}{z - b} \tag{1}$$

das Gebiet $\mathfrak{G}$ eineindeutig und konform auf ein Gebiet $\mathfrak{G}'$ der z'Ebene ab, welches die Punkte 0 und ∞ nicht enthält. $\mathfrak{G}'$ ist also ein einfach zusammenhängendes Teilgebiet der in 0 und ∞ punktierten Ebene $\mathfrak{E}'$.

Wir betrachten jetzt die Funktion

$$z' = f(z'') = z''^2 . \tag{2}$$

Sie bildet die in 0 und ∞ punktierte Ebene $\mathfrak{E}''$ lokal konform auf $\mathfrak{E}'$ ab; denn die Ableitung $2z''$ ist überall in $\mathfrak{E}''$ von Null verschieden. Die Abbildung ist nicht eineindeutig. Vielmehr ist jeder Punkt z' aus $\mathfrak{E}'$ das Bild zweier Punkte z'' und $-z''$ aus $\mathfrak{E}''$. Sei nun z_0 irgendein Punkt aus $\mathfrak{G}'$ und z_0'' einer der beiden Originalpunkte von z_0' in $\mathfrak{E}''$. Dann können wir $f(z'')$ in der Umgebung von z_0'' umkehren und erhalten eine Funktion

$$z'' = \check{f}(z') ,$$

für die

$$z' \equiv f(\check{f}(z')) \equiv [\check{f}(z')]^2 \tag{3}$$

ist. $\check{f}(z')$ ist also einer der beiden Werte z'' oder $-z''$. Nun läßt sich $\check{f}(z')$ in $\mathfrak{E}'$ beliebig analytisch fortsetzen. Diese Fortsetzung braucht nicht eindeutig zu bleiben, vielmehr ändert sich ein Funktionswert bei einem geschlossenen Umlauf um den Nullpunkt um den Faktor -1. Solange wir uns aber bei der Fortsetzung auf das einfach zusammenhängende Teilgebiet $\mathfrak{G}'$ von $\mathfrak{E}'$ beschränken, können zwei von z_0' nach z' in $\mathfrak{G}'$ verlaufende Wege stets ineinander deformiert werden. Daher ist auf Grund des Monodromiesatzes (III, 1, Satz 3) diese Fortsetzung in $\mathfrak{G}'$ eindeutig und liefert dort eine holomorphe Funktion, die wir in ganz $\mathfrak{G}'$ mit $\check{f}(z')$ bezeichnen wollen. Wegen des Identitätssatzes gilt dort überall die Beziehung (3). $z'' = \check{f}(z')$ bildet nun $\mathfrak{G}'$ eineindeutig und konform auf ein Gebiet $\mathfrak{G}''$ der z''-Ebene ab, welches wieder einfach zusammenhängend ist und die Punkte 0 und ∞ nicht enthält.

Mit z_0'' ist auch $-z_0''$ ein Originalpunkt von z_0'. In der Umgebung von $-z_0''$ können wir ebenfalls $f(z'')$ umkehren. Dabei erhalten wir die Funktion

$$z'' = -\check{f}(z') . \tag{4}$$

Sie hat die gleichen Eigenschaften wie $\check{f}(z')$ und bildet $\mathfrak{G}'$ eineindeutig auf ein Gebiet $\mathfrak{G}''_-$ ab. $\mathfrak{G}''_-$ geht wegen (4) aus $\mathfrak{G}''$ durch Spiegelung am Nullpunkt hervor. Diese beiden Gebiete sind punktfremd; denn wäre etwa für einen Punkt z_1'':

$$z_1'' = \check{f}(z_1') \quad \text{und} \quad z_1'' = -\check{f}(z_2') ,$$

so würde aus (3) folgen: $z_1' = z_2'$ und damit $\check{f}(z_1') = -\check{f}(z_1')$, also $z_1'' = 0$. $\mathfrak{G}''$ und $\mathfrak{G}''_-$ enthalten aber den Punkt 0 nicht.

Um nun $\mathfrak{G}''$ auf ein Teilgebiet des Einheitskreises abzubilden, legen wir irgendeine Kreisscheibe in $\mathfrak{G}''_-$. Im Äußeren dieser Scheibe liegt $\mathfrak{G}''$. Bilden wir jetzt dieses Äußere durch eine lineare Transformation auf das Innere des Einheitskreises ab, so ist unser Problem gelöst. $\mathfrak{G}$ ist über $\mathfrak{G}'$ und $\mathfrak{G}''$ auf ein Teilgebiet des Einheitskreises eineindeutig und konform abgebildet. Durch eine anschließende lineare Transformation des Einheitskreises können wir dabei stets erreichen, daß ein beliebiger Punkt z_0 aus $\mathfrak{G}$ in den Nullpunkt übergeht.

2. *Die Abbildung eines Teilgebietes des Einheitskreises auf den vollen Einheitskreis.* Bezeichnen wir dieses Teilgebiet wieder mit $\mathfrak{G}$ und nehmen wir an, daß der Nullpunkt in $\mathfrak{G}$ liegt. Dann betrachten wir in $\mathfrak{G}$ sämtliche holomorphen Funktionen $f(z)$, für die folgendes gilt:

a) $f(z_1) \neq f(z_2)$ für $z_1 \neq z_2$ in $\mathfrak{G}$,
b) $|f(z)| < 1$ in $\mathfrak{G}$,
c) $f(0) = 0$,
d) $f'(0) > 0$.

Dies ist eine unendliche Funktionenmenge $\mathfrak{M}$ (z. B. gehören alle Funktionen $f(z) \equiv \alpha z$ mit $0 < \alpha < 1$ dazu), die wegen b) eine normale Familie bildet. Ferner gibt es wegen b) nach II, 3, Satz 13 eine Zahl M, so daß für alle Funktionen unserer Menge $f'(0) < M$ gilt. Daher existiert die obere Grenze

$$\varrho = \sup f'(0) , \tag{5}$$

und es ist ϱ positiv und endlich. Wir zeigen nun, daß es in $\mathfrak{M}$ eine Funktion $f_0(z)$ gibt, für die $f_0'(0) = \varrho$ ist und daß dann diese Funktion $f_0(z)$ das Gebiet $\mathfrak{G}$ auf den Einheitskreis eineindeutig und konform abbildet.

Wir wählen eine unendliche Folge von Funktionen $f_n(z)$, $n = 1, 2, 3, \ldots$, aus $\mathfrak{M}$, so daß

$$\lim_{n\to\infty} f_n'(0) = \varrho \tag{6}$$

ist. Eine solche Folge existiert sicher. Da $\mathfrak{M}$ eine normale Familie bildet, können wir eine in $\mathfrak{G}$ gleichmäßig konvergente Teilfolge $f_{n_k}(z)$, $k = 1, 2, 3, \ldots$, der $f_n(z)$ auswählen, die im Innern von $\mathfrak{G}$ gleichmäßig gegen eine dort holomorphe Grenzfunktion $f_0(z)$ konvergiert. Dabei konvergieren die Ableitungen im Nullpunkt gegen die Ableitung von $f_0(z)$ im Nullpunkt, so daß wegen (6)

$$\lim_{k\to\infty} f'_{n_k}(0) = \lim_{n\to\infty} f'_n(0) = \varrho = f'_0(0)$$

ist. $f_0(z)$ ist daher nicht konstant. Weil die Funktionen $f_{n_k}(z)$ in $\mathfrak{G}$ jeden Wert nur einmal annehmen, so gilt gleiches für $f_0(z)$, womit bereits die Beziehung a) nachgewiesen ist. Aus $|f_{n_k}(z)| < 1$ folgt $|f_0(z)| \leqq 1$. Da aber $f_0(z)$ nicht konstant ist, so kann das Maximum von $|f_0(z)|$ in $\mathfrak{G}$, welches kleiner oder gleich Eins ist, nicht im Innern angenommen werden, womit auch b) gezeigt ist. c) und d) sind selbstverständlich. Damit ist die Existenz von $f_0(z)$ bewiesen.

$z^* = f_0(z)$ bildet $\mathfrak{G}$ wegen der Eigenschaften a) und b) eineindeutig und konform auf ein Teilgebiet $\mathfrak{G}_1$ des Einheitskreises ab. $\mathfrak{G}_1$ ist einfach zusammenhängend. Wir behaupten, daß $\mathfrak{G}_1$ der ganze Einheitskreis ist. Um dies nachzuweisen, zeigen wir, daß aus der Annahme, $\mathfrak{G}_1$ sei nicht der Einheitskreis, die Existenz einer Funktion $f(z)$ mit den Bedingungen a) bis d) folgt, für die $f'(0) > \varrho$ ist. Dies würde der Definition von ϱ widersprechen. Sei also $\mathfrak{G}_1$ vom Einheitskreis verschieden. Dann gibt es einen Punkt a mit $0 < |a| < 1$, der nicht zu $\mathfrak{G}_1$ gehört. Der Punkt $\frac{1}{\bar{a}}$ liegt außerhalb des Einheitskreises und gehört ebenfalls nicht zu $\mathfrak{G}_1$. Wie unter Ziffer 1 zeigt man dann, daß die Funktionen

$$z' = \frac{a - z^*}{1 - \bar{a} z^*}, \tag{7}$$

$$z'' = \breve{g}(z'), \tag{8}$$

wobei $\breve{g}(z')$ eine der beiden in $\mathfrak{G}_1$ definierten Umkehrfunktionen von

$$z' = g(z'') = z''^2 \tag{9}$$

ist, und schließlich

$$w = \frac{b - z''}{1 - \bar{b} z''}, \quad b = \breve{g}(a), \tag{10}$$

wenn wir sie zur Funktion $w = h(z^*)$ zusammensetzen, das Gebiet $\mathfrak{G}_1$ auf ein Gebiet $\mathfrak{G}_2$ eineindeutig abbilden. Dieses Gebiet liegt wieder im Einheitskreis; denn die Abbildungen (7), (8) und (10) führen Punkte aus dem Einheitskreis immer wieder in solche Punkte über. Ferner ist $h(0) = 0$.

Die Umkehrung $z^* = \check{h}(w)$ läßt sich auf Grund von (7), (9) und (10) leicht berechnen. Es ist

$$z^* = \check{h}(w) = w\,\frac{c - w}{1 - \bar{c}w}\,, \quad c = \frac{2b}{1 + b\bar{b}} \quad \text{und} \quad \check{h}'(0) = c\,.$$

Dies ist eine innere Abbildung des Einheitskreises mit $\check{h}(0) = 0$ und $|\check{h}'(0)| = |c| < 1$.

Hieraus folgt für die Funktion $h(z^*)$:

$$|h'(0)| > 1\,.$$

Bilden wir jetzt die Funktion $f(z) = \frac{b}{|b|}\,h(f_0(z))$, so erkennen wir, daß sie $\mathfrak{G}$ eineindeutig auf ein Gebiet $\mathfrak{G}^*$ im Einheitskreis abbildet, und es ist

$$f(0) = 0 \quad \text{und} \quad f'(0) = \frac{b}{|b|}\,h'(0)\cdot f_0'(0) = \frac{1 + b\bar{b}}{2|b|}\,\varrho > \varrho\,.$$

Wir sind in der Tat zu einem Widerspruch gelangt. $\mathfrak{G}_1$ muß der Einheitskreis sein. Damit ist in Verbindung mit Ziffer 1 der Riemannsche Abbildungssatz bewiesen.

Der zweite Teil des Beweises ist als Existenzbeweis im Sinne von Montel geführt worden. Man kann aber auch einen konstruktiven Weg einschlagen, indem man die Abbildungsfunktion durch einen Iterationsprozeß approximativ herstellt. Dazu bedient man sich der konstruierten Abbildungsfunktion $w = h(z)$ aus dem vorstehenden Beweis, bei der man als Punkt a einen dem Nullpunkt am nächsten gelegenen Randpunkt von $\mathfrak{G}$ wählt. Dann kann man zeigen, daß das Bildgebiet $\mathfrak{G}_1$ einen Kreis um den Nullpunkt enthält, dessen Radius größer als $|a|$ ist. Iteriert man dies Verfahren, so erhält man eine Folge von Gebieten, die den Einheitskreis völlig ausschöpfen. Bei geeigneter Normierung der Ableitungen im Nullpunkt konvergieren die Abbildungsfunktionen, und die Grenzfunktion ergibt die gesuchte Abbildung.

Wir wollen nun einige einfache *Folgerungen aus dem Riemannschen Abbildungssatz* formulieren, die sich sofort aus unseren Überlegungen über die Automorphismen und eineindeutigen Abbildungen ergeben.

Satz 37. *Sind $\mathfrak{G}_1$ und $\mathfrak{G}_2$ einfach zusammenhängende Gebiete mit mehr als je einem Randpunkt, so gibt es eine eineindeutige konforme Abbildung $w = f(z)$ von $\mathfrak{G}_1$ auf $\mathfrak{G}_2$, bei der ein vorgegebener Punkt z_0 aus $\mathfrak{G}_1$ in einen vorgegebenen Punkt w_0 aus $\mathfrak{G}_2$ übergeht. Die Gesamtheit dieser Abbildungen ist einparametrig. Sind z_0 und w_0 endlich, so sind die Abbildungen eineindeutig den Winkeln $\vartheta = \operatorname{arc} f'(z_0)$ zugeordnet. $|f'(z_0)|$ ist für alle Abbildungen gleich.*

Sind z_0 oder w_0 unendlich, so sind die Abbildungen eineindeutig den Winkeln $\vartheta = \operatorname{arc} a_1$ zugeordnet, wobei a_1 der erste Koeffizient der Entwicklung von $w = f(z)$ in z_0 ist:

$$w = \frac{a_1}{z - z_0} + a_2 + a_3(z - z_0) + \cdots, \qquad \text{falls } z_0 \text{ endlich, } w_0 \text{ unendlich,}$$

$$w - w_0 = \frac{a_1}{z} + \frac{a_2}{z^2} + \cdots, \qquad \text{falls } z_0 \text{ unendlich, } w_0 \text{ endlich,}$$

$$w = a_1 z + a_2 + \frac{a_3}{z} + \cdots, \qquad \text{falls } z_0 \text{ und } w_0 \text{ unendlich.}$$

$|a_1|$ ist für alle diese Abbildungen konstant.

Es genügt, den Fall endlicher Werte z_0 und w_0 zu betrachten, da man durch Transformationen $z' = \frac{1}{z}$ und $w' = \frac{1}{w}$ die unendlich fernen Punkte ins Endliche holen kann.

Nach dem Beweisgang zum Riemannschen Abbildungssatz gibt es konforme Abbildungen von $\mathfrak{G}_1$ und $\mathfrak{G}_2$ auf den Einheitskreis, deren Abbildungsfunktionen $z' = f_1(z)$ und $w' = f_2(w)$ den Bedingungen

$$f_1(z_0) = 0,\ f_1'(z_0) > 0 \quad \text{und} \quad f_2(w_0) = 0,\ f_2'(w_0) > 0 \tag{11}$$

genügen. $f_1(z)$ und $f_2(w)$ sind eindeutig bestimmt; denn für irgendeine Funktion $f_1^*(z)$ mit $f_1^*(z_0) = 0$, $f_1^{*\prime}(z_0) > 0$, die $\mathfrak{G}_1$ auf den Einheitskreis konform abbildet, ist $g(z') = f_1^*(\check{f}_1(z'))$ ein nullpunktstreuer Automorphismus des Einheitskreises mit der Ableitung im Nullpunkt:

$$g'(0) = \frac{f_1^{*\prime}(z_0)}{f_1'(z_0)} > 0.$$

Nach 6, Satz 31 ist daher $g(z') \equiv z'$, also $f_1^*(z) \equiv f_1(z)$. Ebenso schließt man auf die Eindeutigkeit von $f_2(w)$.

Ist $w' = l(z') = e^{i\vartheta} z'$ ein nullpunktstreuer Automorphismus des Einheitskreises, so ist

$$w = f(z) = \check{f}_2(l(f_1(z))) \tag{12}$$

eine konforme Abbildung von $\mathfrak{G}_1$ auf $\mathfrak{G}_2$ mit $w_0 = f(z_0)$, und umgekehrt hat jede solche Abbildung $w = f(z)$ von $\mathfrak{G}_1$ auf $\mathfrak{G}_2$ die Gestalt (12); denn

$$w' = l(z') = f_2(f(\check{f}_1(z')))$$

ist ein nullpunktstreuer Automorphismus $w' = e^{i\vartheta} z'$ des Einheitskreises, so daß (12) gilt. Die Abbildungen $w = f(z)$ mit $w_0 = f(z_0)$ und die Automorphismen $w' = e^{i\vartheta} z'$ sind also eineindeutig aufeinander bezogen. Nach (12) ist dabei

$$f'(z_0) = \frac{f_1'(z_0)}{f_2'(w_0)} \cdot e^{i\vartheta},$$

wegen (11) also

$$\operatorname{arc} f'(z_0) = \vartheta \quad \text{und} \quad |f'(z_0)| = \frac{f_1'(z_0)}{f_2'(w_0)}.$$

Damit ist der Satz bewiesen.

Speziell gilt, wenn $\mathfrak{G}_2$ der Einheitskreis ist,

Satz 37a. *Zu jedem einfach zusammenhängenden Gebiet $\mathfrak{G}$, das mehr als einen Randpunkt hat, gibt es genau eine Funktion $w = f(z)$, die $\mathfrak{G}$ eineindeutig und konform auf den Einheitskreis $\mathfrak{K}_0$ so abbildet, daß ein vorgegebener Punkt z_0 aus $\mathfrak{G}$ in einen vorgegebenen Punkt w_0 aus $\mathfrak{K}_0$ übergeht und daß zugleich $f'(z_0) > 0$ ist.*

Schließlich folgt unmittelbar aus 4, Satz 20:

Satz 38. *Ist $\mathfrak{G}$ ein einfach zusammenhängendes Gebiet der z-Ebene mit mehr als einem Randpunkt und vermittelt $w = f(z)$ eine eineindeutige und konforme Abbildung von $\mathfrak{G}$ auf den Einheitskreis $\mathfrak{K}_0$, so stellen die Transformationen*

$$z' = g(z) = \check{f}(l(f(z))),$$

wobei $w' = l(w)$ die Automorphismen von $\mathfrak{K}_0$ durchläuft, die Gesamtheit aller Automorphismen von $\mathfrak{G}$ dar.

§ 8. Das Verhalten der Abbildungsfunktionen am Rande

Wenn die Funktion $w = f(z)$ das Gebiet $\mathfrak{G}$ auf das Gebiet $\mathfrak{G}^*$ konform abbildet, so ist damit über das Verhalten von $f(z)$ auf dem Rande von $\mathfrak{G}$, wenn nicht besondere Annahmen über $\mathfrak{G}$ bzw. $\mathfrak{G}^*$ gemacht werden, zunächst nichts ausgesagt. So kann z. B. $f(z)$ in einen Punkt des Randes von $\mathfrak{G}$ holomorph fortsetzbar sein oder auch nicht. Dieser letzte Fall tritt tatsächlich ein. Nehmen wir als Gebiet $\mathfrak{G}$ das Innere des Einheitskreises und als $\mathfrak{G}^*$ ein Gebiet von einfachem Zusammenhang, dessen Randkurve einmal stetig aber nirgends zweimal differenzierbar ist. Nach dem Riemannschen Abbildungssatz gibt es eine Funktion $w = f(z)$, die $\mathfrak{G}$ konform auf $\mathfrak{G}^*$ abbildet. $f(z)$ kann aber in keinem Punkt z_0 des Randes von $|z| < 1$ holomorph sein. Sonst gäbe es eine Umgebung $\mathfrak{U}(z_0)$, so daß $f(z)$ dort auch holomorph wäre. Ein in $\mathfrak{U}(z_0)$ gelegenes Stück des Einheitskreises $z = e^{i\tau}$, $\tau_1 \leqq \tau \leqq \tau_2$, würde dann abgebildet auf $w = f(e^{i\tau})$, $\tau_1 \leqq \tau \leqq \tau_2$. Das ist ein beliebig häufig differenzierbares Kurvenstück $\mathfrak{C}$, welches auf dem Rande von $\mathfrak{G}^*$ liegen müßte, wie wir sogleich sehen werden. Dies ist aber nicht möglich, da der Rand von $\mathfrak{G}^*$ eine nirgends zweimal differenzierbare Kurve sein sollte.

Daß als Bild eines Randstückes von $\mathfrak{G}$ nur ein Teil des Randes von $\mathfrak{G}^*$ auftreten kann, folgt unmittelbar aus

Satz 39. *Wird das Gebiet $\mathfrak{G}$ durch die Funktion $w = f(z)$ topologisch auf das Gebiet $\mathfrak{G}^*$ abgebildet, ist ferner $z_1, z_2, z_3, \ldots$ eine Folge von Punkten aus $\mathfrak{G}$, die sich im Innern von $\mathfrak{G}$ nicht häuft, so häuft sich die Bildfolge $w_1, w_2, w_3, \ldots, w_\nu = f(z_\nu)$, nicht im Innern von $\mathfrak{G}^*$.*

Wäre nämlich w_0 ein in $\mathfrak{G}^*$ liegender Häufungspunkt der w_ν und $w_{n_1}, w_{n_2}, w_{n_3}, \ldots$ eine gegen w_0 konvergierende Teilfolge, wäre ferner z_0 der

Urbildpunkt von w_0, so hätte man wegen der Stetigkeit der Umkehrfunktion $z = \check{f}(w)$ entgegen der Voraussetzung:

$$\lim_{\nu\to\infty} z_{n_\nu} = \lim_{\nu\to\infty} \check{f}(w_{n_\nu}) = \check{f}\left(\lim_{\nu\to\infty} w_{n_\nu}\right) = \check{f}(w_0) = z_0 .$$

Bei dem vorstehenden Satz ist zu beachten, daß, wenn die z_n gegen einen Punkt auf dem Rande von $\mathfrak{G}$ konvergieren, die w_n ein analoges Verhalten in $\mathfrak{G}^*$ noch nicht aufzuweisen brauchen. Es wird lediglich behauptet, daß der [chordale] Mindestabstand der einzelnen w_n vom Rande von $\mathfrak{G}^*$ mit wachsendem n gegen Null konvergiert, wenn dies bei den z_n zutrifft. Eine darüber hinausgehende Aussage ist, wenn sie ohne weitere Voraussetzung gemacht wird, sogar falsch. So bildet die Funktion $w = u + iv = f(z) = \frac{x}{y} + iy$ das Dreieck $0 < x < y$, $0 < y < 1$, topologisch auf das Quadrat $0 < u < 1$, $0 < v < 1$ ab; aber es gibt gegen $z_0 = 0$ konvergierende Randfolgen im Dreieck, denen im Quadrat Randfolgen entsprechen, die jeden Punkt der Quadratseite $0 \leqq u \leqq 1$, $v = 0$ als Häufungspunkt besitzen.

Anders liegen die Verhältnisse, wenn die Abbildung $w = f(z)$ konform ist. Zwar folgt auch hier im allgemeinen aus der Konvergenz einer Folge $z_1, z_2, z_3, \ldots$ gegen einen Randpunkt nicht die Konvergenz der Bildfolge $w_1, w_2, w_3, \ldots$. Aber es sind doch unter sehr allgemeinen Voraussetzungen weitgehende Aussagen über das Verhalten der Abbildungsfunktion auf dem Rande möglich. Wir wollen im folgenden nachweisen, daß die Funktion, die die Gebiete $\mathfrak{G}$ und $\mathfrak{G}^*$ eineindeutig und konform aufeinander abbildet, auch eine eineindeutige Abbildung des Randes von $\mathfrak{G}$ auf den Rand von $\mathfrak{G}^*$ liefert, wenn für die Ränder gewisse einfache Voraussetzungen gegeben sind.

Bevor wir das Hauptergebnis unserer Überlegungen formulieren, müssen wir den Begriff des *Randpunktes* eines Gebietes genauer festlegen, als dies in I, 3 für beliebige Punktmengen in der Ebene geschehen ist.

Wir nennen einen Randpunkt z_0 des Gebietes $\mathfrak{G}$ *erreichbar*, wenn es ein halboffenes einfaches Kurvenstück gibt, das in einem Punkt z_1 von $\mathfrak{G}$ beginnt, ganz in $\mathfrak{G}$ verläuft und als einzigen weiteren Häufungspunkt den Punkt z_0 hat. Eine solche einfache Kurve, die bis auf den Endpunkt z_0 ganz in $\mathfrak{G}$ verläuft, heißt ein *Randschnitt* von $\mathfrak{G}$. Offenbar ist die Wahl des inneren Punktes z_1 von $\mathfrak{G}$ gleichgültig; kann man nämlich z_0 in der eben angegebenen Weise mit z_1 verbinden, so kann man z_0 in gleicher Weise mit jedem anderen Punkt von $\mathfrak{G}$ verbinden. Infolgedessen können wir bei der Betrachtung von Randschnitten eines festen Gebietes $\mathfrak{G}$ gegebenenfalls annehmen, daß sie sämtlich in einem einmal gewählten Punkte z_1 von $\mathfrak{G}$ beginnen.

Es gibt Gebiete mit nicht erreichbaren Randpunkten. Wählen wir z. B. das Quadrat $\mathfrak{Q}$: $0 < x < 1$, $0 < y < 1$, und nehmen wir daraus die unendlich vielen Stacheln $\mathfrak{S}_n$: $x = \frac{1}{n}$, $0 < y \leqq \frac{1}{2}$, $n = 2, 3, 4, \ldots$, weg, so sind im Restgebiet $\mathfrak{G}$ die Randpunkte $z_0 = i y_0$ für $0 \leqq y_0 < \frac{1}{2}$ nicht erreichbar (s. Abb. 23).

Bei den nicht erreichbaren Randpunkten z_0 bemerken wir folgende Eigenschaft: Es gibt Punktfolgen $z_1, z_2, z_3, \ldots$ aus $\mathfrak{G}$ mit $\lim_{\nu \to \infty} z_\nu = z_0$,

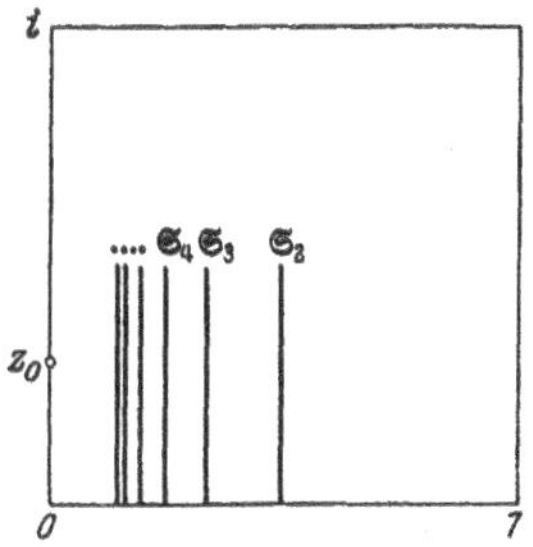

Abb. 23

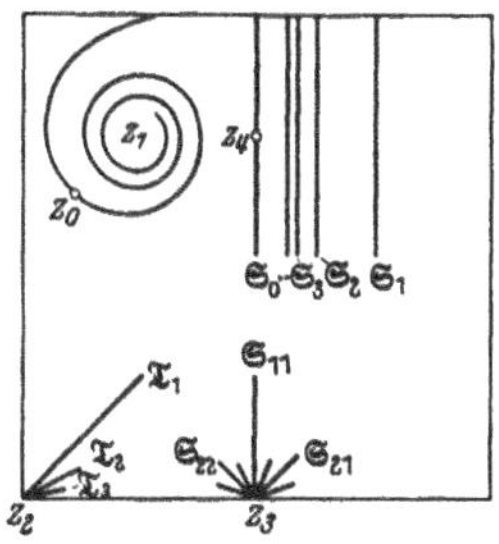

Abb. 24

bei denen keine unendliche Teilfolge auf einem Randschnitt liegt. Diese Eigenschaft ist schlechthin *nicht* charakteristisch für nicht erreichbare Randpunkte. So sind z. B. in Abb. 24 aus dem Quadrat $\mathfrak{Q}$: $0 < x < 1$, $0 < y < 1$, u. a. die Stacheln $\mathfrak{S}_0$: $x = \frac{1}{2}$ und $\mathfrak{S}_n$: $x = \frac{1}{2} + \frac{1}{4n}$, $n = 1, 2, \ldots$, $\frac{1}{2} \leqq y < 1$, entfernt. Auf dem Grenzstachel $\mathfrak{S}_0$ ist ein Punkt z_4: $x_4 = \frac{1}{2}$, $\frac{1}{2} < y_4 \leqq 1$, von links her erreichbar, dagegen nicht von rechts her. Demzufolge trifft auf z_4 die obige Eigenschaft zu, obwohl er als erreichbar bezeichnet werden muß. Wenn wir im folgenden auf die Betrachtung der nicht erreichbaren Randpunkte verzichten, so ist es selbstverständlich, daß wir auch Randpunkte, wie sie auf dem Stachel $\mathfrak{S}_0$ liegen, nicht betrachten werden. Wir definieren daher:

Ein Randpunkt z_0 eines Gebietes $\mathfrak{G}$ heißt *normal*, wenn jede gegen z_0 konvergierende Folge von Punkten $z_1, z_2, z_3, \ldots$ aus $\mathfrak{G}$ eine unendliche Teilfolge enthält, die auf einem Randschnitt liegt.

Ein einfaches Kriterium dafür, daß eine Punktfolge, die gegen einen Randpunkt konvergiert, auf einem Randschnitt liegt, liefert

Satz 40. *Eine gegen einen Randpunkt z_0 konvergierende Punktfolge $z_1, z_2, z_3, \ldots$ eines Gebietes $\mathfrak{G}$ liegt dann und nur dann auf einem Randschnitt $\mathfrak{S}$, wenn es zu jedem $\varepsilon > 0$ ein n_0 gibt, so daß alle Punkte z_n für $n \geqq n_0$ innerhalb des Durchschnitts $\mathfrak{K}_\varepsilon \cap \mathfrak{G}$ miteinander verbindbar sind, wobei $\mathfrak{K}_\varepsilon$ die Kreisscheibe $\chi(z, z_0) < \varepsilon$ ist.*

Es sei $\varepsilon_1, \varepsilon_2, \varepsilon_3, \ldots$ eine Nullfolge. Zu jedem ε_ν gebe es ein n_ν, so daß alle Punkte z_n für $n \geqq n_\nu$ in $\mathfrak{K}_{\varepsilon_\nu} \cap \mathfrak{G}$ miteinander verbindbar sind. Wir verbinden dann $z_1, z_2, \ldots, z_{n_1}$ der Reihe nach durch einen Streckenzug in $\mathfrak{G}$ miteinander, ebenso die Punkte $z_{n_1}, z_{n_1+1}, \ldots, z_{n_2}$ in $\mathfrak{K}_{\varepsilon_1} \cap \mathfrak{G}$, sodann die Punkte $z_{n_2}, z_{n_2+1}, \ldots, z_{n_3}$ in $\mathfrak{K}_{\varepsilon_2} \cap \mathfrak{G}$ usw. So erhalten wir einen halboffenen Streckenzug in $\mathfrak{G}$, der auf dem Rand von $\mathfrak{G}$ den einzigen Häufungspunkt z_0 hat. Indem wir die Eckpunkte dieses Streckenzuges ein wenig verändern, können wir erreichen, daß auf dem neuen Streckenzug $\mathfrak{P}$ nur einfache Schnittpunkte auftreten und die Punkte z_n in keinem dieser Doppelpunkte liegen. Nennen wir die Doppelpunkte der Reihe nach $\zeta_1, \zeta_2, \zeta_3, \ldots$, wenn wir den Streckenzug

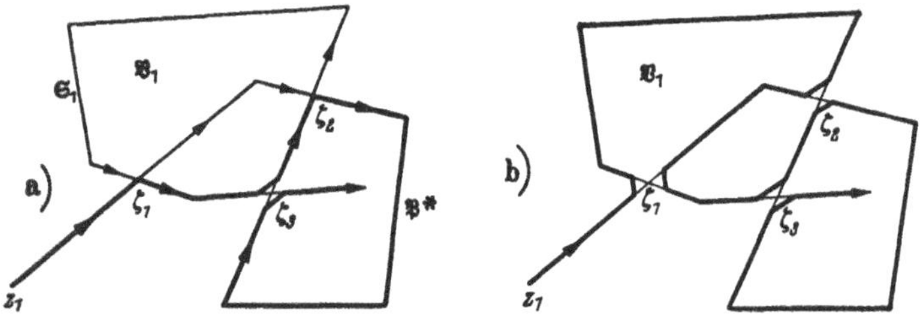

Abb. 25

von z_1 aus durchlaufen. Diese Richtung wollen wir als positiv bezeichnen. Zu jedem ζ_ν gibt es eine Umgebung $\mathfrak{U}_\nu$ in $\mathfrak{G}$, die keinen Punkt der Folge $z_1, z_2, z_3, \ldots$ enthält. Von z_1 aus gelangen wir zum Punkte ζ_1. Dort überschreiten wir aber die Kreuzung nicht, sondern biegen nach rechts oder links in der positiven Richtung des Streckenzuges ab. Wir gelangen in dieser Richtung zu einer nächsten Kreuzung ζ_{n_1} und verfahren dort wie in ζ_1. So fortfahrend gewinnen wir einen Streckenzug $\mathfrak{P}^*$, der auf dem Rand von $\mathfrak{G}$ den einzigen Häufungspunkt z_0 hat. $\mathfrak{P}^*$ hat keine Schnittpunkte mehr, wohl aber können in einzelnen Ecken ζ_{n_k} Berührungspunkte auftreten. Diese lassen sich durch kurze Verbindungsstrecken innerhalb $\mathfrak{U}_{n_k}$ aufheben (s. z. B. den Punkt ζ_3 in Abb. 25a). Nachdem dies für alle ζ_{n_k} geschehen ist, laufen wir wieder von z_1 aus längs $\mathfrak{P}$. Im Punkte ζ_1 liegt entweder ein Berührungspunkt von $\mathfrak{P}^*$ vor, oder aber ein Teil $\mathfrak{S}_1$ des Streckenzuges $\mathfrak{P}$ begrenzt ein einfach zusammenhängendes Vieleck $\mathfrak{B}_1$, welches in ζ_1 und evtl. noch in weiteren Punkten ζ_i den Streckenzug $\mathfrak{P}^*$ berührt. Den Streckenzug $\mathfrak{S}_1$, der $\mathfrak{B}_1$ berandet, sowie $\mathfrak{P}^*$ trennen wir nun in ζ_1 auf und schleifen durch kurze Verbindungsstrecken, die innerhalb $\mathfrak{U}_1$ liegen, den Streckenzug $\mathfrak{S}_1$ in $\mathfrak{P}^*$ ein (s. Abb. 25b). Etwaige weitere Berührungspunkte von $\mathfrak{S}_1$ mit $\mathfrak{P}^*$ heben wir wie bei $\mathfrak{P}^*$ auf. Nun laufen wir wieder von ζ_1 längs $\mathfrak{P}$, bis wir zu einem Punkt ζ_{k_1} kommen, der kein Berührungspunkt von $\mathfrak{P}^* + \mathfrak{S}_1$ ist. Dort verfahren wir wie in ζ_1 und setzen dieses Verfahren fort.

So gewinnen wir einen unendlichen Streckenzug, der keine Doppelpunkte mehr aufweist, auf dem sämtliche Punkte $z_1, z_2, z_3, \ldots$ liegen und der auf dem Rande von $\mathfrak{G}$ den einzigen Häufungspunkt z_0 hat. Dieser Streckenzug ist ein Randschnitt.

Der zweite Teil des Satzes ist trivial.

Man verdeutliche sich den Begriff des normalen Randpunktes an Hand von Abb. 24. Dort sind aus dem Quadrat $\mathfrak{Q}: 0 < x < 1, 0 < y < 1$, verschiedene Einschnitte entfernt: die Stacheln $\mathfrak{S}_n$: $x = \frac{1}{2} + \frac{1}{4n}$, $n = 1, 2, 3, \ldots$; $\frac{1}{2} \leqq y < 1$, der Stachel $\mathfrak{S}_0$: $x = \frac{1}{2}$, $\frac{1}{2} \leqq y < 1$, die Stacheln $\mathfrak{T}_n$: $y = \frac{x}{n}$, $0 < x \leqq \frac{1}{4n}$, $n = 1, 2, 3, \ldots$, die Stacheln $\mathfrak{S}_{nm}$: $z = \frac{1}{2} + r \cdot e^{i\varphi_{nm}}$, $0 < r \leqq \frac{1}{4n}$, $\varphi_{nm} = \frac{2m-1}{2^n}\pi$, $n = 1, 2, 3, \ldots$; $m = 1, 2, 3, \ldots, 2^{n-1}$, und schließlich eine vom Rand ausgehende, sich um den Punkt z_1 windende Spirale von unendlicher Länge. In dem Restgebiet sind alle Randpunkte normal bis auf die Punkte z_4: $x_4 = \frac{1}{2}$, $\frac{1}{2} < y_4 \leqq 1$, auf dem Stachel $\mathfrak{S}_0$.

Um unsere folgenden Aussagen übersichtlich formulieren zu können, ist es zweckmäßig, einen Randpunkt z_0, der von zwei oder mehr Seiten erreichbar ist, mehrfach zu zählen, und zwar je nach der Zahl der nichtäquivalenten Randpunktfolgen. Wir setzen daher fest:

1. Eine Folge von Punkten z_n, $n = 1, 2, 3, \ldots$, aus einem Gebiet $\mathfrak{G}$, die gegen einen Randpunkt z_0 konvergiert und auf einem Randschnitt $\mathfrak{S}$ liegt, *heißt ein über z_0 gelegener erreichbarer Randpunkt P*. z_0 heißt der *Grundpunkt* oder die *komplexe Koordinate* von P.

2. Zwei über z_0 gelegene erreichbare Randpunkte $P = \{z_1, z_2, z_3, \ldots\}$ und $P' = \{z'_1, z'_2, z'_3, \ldots\}$ heißen genau dann *gleich*, wenn die Punkte z_n, z'_n, $n = 1, 2, 3, \ldots$ sämtlich auf einem Randschnitt $\mathfrak{S}$ liegen.

Diese Gleichheit ist offenbar eine Äquivalenzrelation. Außerdem erkennt man, daß jeder Randschnitt einen erreichbaren Randpunkt P über seinem Endpunkt z_0 definiert. Zwei solche in z_0 endende Randschnitte liefern genau dann denselben erreichbaren Randpunkt P über z_0, wenn sie in jedem Durchschnitt $\mathfrak{U}_\varepsilon \cap \mathfrak{G}$ miteinander verbindbar sind.

Nach der vorstehenden Definition können über einem Randpunkt z_0 mehrere erreichbare Randpunkte liegen. So liegen in Abb. 24 über z_0 zwei, über z_1 ein, über z_2 abzählbar unendlich viele, über z_3 nichtabzählbar unendlich viele erreichbare Randpunkte.

Ähnlich, wie man Punktfolgen aus $\mathfrak{G}$, die auf Randschnitten liegen, als erreichbare Randpunkte bezeichnet, lassen sich gewisse Folgen, die samt ihren Teilfolgen auf keinem Randschnitt liegen, als *über z_0 gelegene nicht erreichbare Randpunkte* definieren. Es läßt sich zeigen, daß jede Folge von Punkten aus $\mathfrak{G}$, die gegen z_0

konvergiert und keine Teilfolge enthält, die auf einem Randschnitt liegt, stets eine Teilfolge enthält, die einen nicht erreichbaren Randpunkt definiert. Wir wollen hier jedoch nicht der Frage nachgehen, welche Folgen sinnvoll als nicht erreichbare Randpunkte zu bezeichnen sind und wann solche Folgen denselben Randpunkt liefern sollen. Es sei dieserhalb auf die Primendentheorie von CARATHÉODORY verwiesen. Jedoch erkennt man auf Grund der Definition des normalen Randpunktes, daß ein Randpunkt z_0 eines Gebietes $\mathfrak{G}$ dann und nur dann normal ist, wenn über ihm nur erreichbare Randpunkte liegen.

Wir definieren jetzt in der Menge der Punkte $P = z$ aus $\mathfrak{G}$, vereinigt mit der Menge $\mathfrak{R}$ der erreichbaren Randpunkte P von $\mathfrak{G}$, eine *Metrik* $d(P_1, P_2)$. Dazu verbinden wir die Grundpunkte z_1 und z_2 von P_1 und P_2 (es sei $z_i = P_i$, falls P_i in $\mathfrak{G}$ liegt) durch eine bis höchstens auf z_1 oder z_2 in $\mathfrak{G}$ liegende einfache Kurve $\mathfrak{C}$. Dabei seien die Enden dieser Kurve Randschnitte, die P_1 bzw. P_2 definieren, falls P_1 oder P_2 erreichbare Randpunkte sind. Sind P_1 und P_2 Randpunkte, so nennt man eine solche Kurve $\mathfrak{C}$ einen *Querschnitt* in $\mathfrak{G}$. Die Kurve $\mathfrak{C}$ hat einen *Durchmesser* $\Delta(\mathfrak{C})$, d. i. der größte chordale Abstand je zweier ihrer Punkte. Als *Entfernung* $d(P_1, P_2)$ bezeichnen wir jetzt die untere Grenze der Durchmesser $\Delta(\mathfrak{C})$ aller solcher Verbindungskurven. Ist $\mathfrak{G}$ beschränkt, so können wir dem Entfernungsbegriff $d(P_1, P_2)$ statt des chordalen den euklidischen Abstand zugrunde legen.

Die so definierte Entfernung liefert eine *Metrik* (s. S. 23) für das Gebiet $\mathfrak{G}$ und seine erreichbaren Randpunkte.

1. *Es gilt* $d(P_1, P_2) = 0$ *dann und nur dann, wenn* $P_1 = P_2$ *ist.* Sind P_1 und P_2 innere Punkte von $\mathfrak{G}$, so ist diese Aussage trivial. Ist $P_1 = z_1$ innerer Punkt und P_2 Randpunkt über z_2, so ist $P_1 \neq P_2$, weil schon $z_1 \neq z_2$ ist. Daher gilt $d(P_1, P_2) \geqq \chi(z_1, z_2) > 0$. Sind P_1 und P_2 Randpunkte über z_1 und z_2 und ist $z_1 \neq z_2$, so ist $P_1 \neq P_2$ und $d(P_1, P_2) \geqq \chi(z_1, z_2) > 0$. Wir haben noch den Fall zu behandeln, daß P_1 und P_2 Randpunkte über demselben Grundpunkt z_0 sind. Es sei $P_1 = P_2$. $z_{11}, z_{12}, z_{13}, \ldots$ und $z_{21}, z_{22}, z_{23}, \ldots$ seien auf Randschnitten $\mathfrak{S}_1$ und $\mathfrak{S}_2$ liegende Folgen, die P_1 und P_2 definieren. Da $P_1 = P_2$ ist, so gibt es einen Randschnitt $\mathfrak{S}$, auf dem alle Punkte der beiden Folgen liegen. Dieser Randschnitt $\mathfrak{S}$ verbindet offenbar innerhalb $\mathfrak{G}$ und innerhalb jeder noch so kleinen Umgebung von z_0 Punkte auf $\mathfrak{S}_1$ mit Punkten aus $\mathfrak{S}_2$. Daher gibt es innerhalb jeder dieser Umgebungen Kurven, die z_0 mit z_0 verbinden und deren Enden Randschnitte sind, die P_1 und P_2 definieren. Die Durchmesser dieser Kurven können beliebig klein gemacht werden, und somit ist $d(P_1, P_2) = 0$. Sei umgekehrt $d(P_1, P_2) = 0$. $z_{11}, z_{12}, z_{13}, \ldots$ und $z_{21}, z_{22}, z_{23}, \ldots$ seien Punktfolgen, die P_1 und P_2 definieren und auf Randschnitten $\mathfrak{S}_1$ und $\mathfrak{S}_2$ liegen. Innerhalb jeder Umgebung $\chi(z, z_0) < \varepsilon$ gibt es Kurven $\mathfrak{C}_\varepsilon$, die z_0 mit z_0 verbinden und deren Enden $\mathfrak{C}_{\varepsilon 1}$ und $\mathfrak{C}_{\varepsilon 2}$ Randschnitte sind, die ebenfalls P_1 und P_2 definieren. Innerhalb $\chi(z, z_0) < \varepsilon$ kann

$\mathfrak{C}_{\varepsilon 1}$ mit $\mathfrak{S}_1$ und $\mathfrak{C}_{\varepsilon 2}$ mit $\mathfrak{S}_2$ verbunden werden. Also können auch innerhalb $\chi(z, z_0) < \varepsilon$ für $n \geqq n_0$ alle Punkte z_{1n} mit allen Punkten z_{2n} verbunden werden. Nach Satz 40 liegen dann die Punkte z_{1n} und z_{2n} auf einem Randschnitt $\mathfrak{S}$. Die beiden Folgen definieren also denselben erreichbaren Randpunkt, und es ist $P_1 = P_2$.

2. *Es gilt* $d(P_1, P_2) = d(P_2, P_1)$ *trivialerweise.*

3. *Es gilt* $d(P_1, P_2) + d(P_2, P_3) \geqq d(P_1, P_3)$.

Seien P_1, P_2, P_3 drei Punkte mit den Grundpunkten z_1, z_2, z_3, und sei $\varepsilon > 0$ gegeben. Dann gibt es eine z_1 und z_2 verbindende Kurve $\mathfrak{C}_1$, für deren Durchmesser $\Delta(\mathfrak{C}_1)$ gilt: $\Delta(\mathfrak{C}_1) < d(P_1, P_2) + \varepsilon$. Ebenso gibt es eine z_2 und z_3 verbindende Kurve $\mathfrak{C}_2$, so daß $\Delta(\mathfrak{C}_2) < d(P_2, P_3) + \varepsilon$. Ist P_2 innerer Punkt von $\mathfrak{G}$, so verbinden $\mathfrak{C}_1$ und $\mathfrak{C}_2$ zusammen die Punkte z_1 und z_3. Liegt aber P_2 über z_2 auf dem Rande von $\mathfrak{G}$, so können wir in $\mathfrak{G}$ innerhalb $\chi(z, z_2) < \varepsilon$ die Kurven $\mathfrak{C}_1$ und $\mathfrak{C}_2$ miteinander verbinden und damit z_1 und z_3 innerhalb $\mathfrak{G}$. Sind nun w_1 und w_2 zwei Punkte auf dieser Verbindungskurve, so ist stets, wie man sofort sieht,

$$\chi(w_1, w_2) \leqq d(P_1, P_2) + d(P_2, P_3) + 4\varepsilon,$$

woraus unmittelbar die Dreiecksungleichung folgt.

Ist $\mathfrak{G}$ ein Gebiet in der geschlossenen z-Ebene, welches dort nur normale Randpunkte besitzt, so bezeichnen wir nunmehr als *Rand* $\mathfrak{R}$ *von* $\mathfrak{G}$ die Menge aller erreichbaren Randpunkte von $\mathfrak{G}$. Legt man die obige Metrik zugrunde, so bildet $\mathfrak{G} + \mathfrak{R}$ zunächst einen *folgenkompakten metrischen Raum*. Dies besagt, daß jede unendliche Punktfolge aus $\mathfrak{G} + \mathfrak{R}$ mindestens einen Häufungspunkt in $\mathfrak{G} + \mathfrak{R}$ besitzt. Ist nämlich $P_1, P_2, P_3, \ldots$ eine Punktfolge aus $\mathfrak{G} + \mathfrak{R}$, so gibt es in $\mathfrak{G}$ eine Punktfolge $z_1, z_2, z_3, \ldots$, so daß $d(P_n, z_n) < \varepsilon_n$ und $\lim\limits_{n\to\infty} \varepsilon_n = 0$ ist. Die z_n besitzen mindestens einen Häufungspunkt z_0, und es gibt daher eine Teilfolge $z_{11}, z_{12}, z_{13}, \ldots$, die gegen z_0 konvergiert. Liegt z_0 in $\mathfrak{G}$, so sei $z_0 = P_0$. Andernfalls liegt z_0 auf dem Rande von $\mathfrak{G}$, und da z_0 normal ist, kann die obige Folge so gewählt werden, daß sie auf einem Randschnitt liegt und einen erreichbaren Randpunkt P_0 definiert. In beiden Fällen gilt

$$\lim_{n\to\infty} d(P_0, z_{1n}) = 0.$$

Aus der Dreiecksungleichung folgt dann für die zu den z_{1n} gehörenden Punkte P_{1n} aus der Folge $P_1, P_2, P_3, \ldots$ die Beziehung $\lim\limits_{n\to\infty} d(P_0, P_{1n}) = 0$.

Da ferner $\mathfrak{G} + \mathfrak{R}$ eine *abzählbare Basis* besitzt, nämlich die Menge der Umgebungen $\mathfrak{U} = \{P \mid d(P, z_\nu) < \varepsilon_\mu\}$, wobei die z_ν alle Punkte aus $\mathfrak{G}$ mit rationalen Koordinaten und die ε_μ alle positiven rationalen Zahlen durchlaufen, so ist $\mathfrak{G} + \mathfrak{R}$ nach I, 3, Satz 14a auch *überdeckungskompakt*, also schlechthin *kompakt*.

Sei jetzt $\mathfrak{G}^*$ ebenfalls ein Gebiet mit nur normalen Randpunkten und $\mathfrak{R}^*$ sein Rand. Eine topologische Abbildung $w = f(z)$ des Gebietes $\mathfrak{G}$ auf $\mathfrak{G}^*$ liefert in gewissem Sinne eine Abbildung der Ränder $\mathfrak{R}$ und $\mathfrak{R}^*$ aufeinander. Ist P erreichbarer Randpunkt von $\mathfrak{R}$ und Q ein ebensolcher Punkt von $\mathfrak{R}^*$, so heißt Q Bildpunkt von P, wenn es eine P definierende Randfolge $z_1, z_2, z_3, \ldots$ in $\mathfrak{G}$ gibt, deren Bilder $w_1, w_2, w_3, \ldots$ in $\mathfrak{G}^*$ eine Q definierende Randfolge sind. Nach Satz 39 ist jedem Randpunkt P auf $\mathfrak{R}$ mindestens ein Bildpunkt Q auf $\mathfrak{R}^*$ zugeordnet. Gibt es zu einem Randpunkt P nur einen Bildpunkt Q auf $\mathfrak{R}^*$, so soll damit der Wert der Abbildungsfunktion im Punkte P definiert sein: $Q = f(P)$.

Schließlich wollen wir noch für Gebiete mit nur normalen Randpunkten eine *Orientierung des Randes* $\mathfrak{R}$ festlegen. Wir sagen: Drei erreichbare Randpunkte P_1, P_2, P_3 eines einfach zusammenhängenden Gebietes $\mathfrak{G}$ folgen im positiven Sinne aufeinander, wenn ein von P_3 nach P_1 laufender Querschnitt $\mathfrak{Q}$, der im Innern von $\mathfrak{G}$ stückweise differenzierbar ist, dasjenige von den beiden Gebieten, in die er $\mathfrak{G}$ zerlegt, zur Linken läßt, in dem P_2 erreichbarer Randpunkt ist. Man überlegt sich, daß diese Definition unabhängig von der speziellen Wahl des Querschnittes $\mathfrak{Q}$ sowie invariant gegenüber einer zyklischen Vertauschung der drei Punkte ist. Ferner ist diese Definition invariant gegenüber konformen Abbildungen von $\mathfrak{G}$, sofern diese nach $\mathfrak{G} + \mathfrak{R}$ topologisch fortsetzbar sind.

Wir sind nun in der Lage, die folgende Aussage zu machen:

Satz 41 *(über die Abbildung der Ränder). $\mathfrak{G}$ und $\mathfrak{G}^*$ seien einfach zusammenhängende Gebiete mit nur normalen Randpunkten. Bildet dann die Funktion $w = f(z)$ die Gebiete $\mathfrak{G}$ und $\mathfrak{G}^*$ eineindeutig und konform aufeinander ab, so läßt sich diese Abbildung auf eine und nur eine Weise zu einer topologischen Abbildung von $\mathfrak{G} + \mathfrak{R}$ auf $\mathfrak{G}^* + \mathfrak{R}^*$ fortsetzen. Eine Orientierung von $\mathfrak{R}$ induziert eine gleichsinnige Orientierung von $\mathfrak{R}^*$.*

Wir beweisen den Satz in mehreren Schritten. Besitzen $\mathfrak{G}$ und $\mathfrak{G}^*$ nur je einen Randpunkt, so ist nichts zu zeigen. Daher dürfen wir annehmen, daß $\mathfrak{G}$ und $\mathfrak{G}^*$ je mehr als einen Randpunkt enthalten. Diese Gebiete lassen sich durch einfache Abbildungen, wobei Randschnitte in Randschnitte übergehen, auf beschränkte Gebiete abbilden (s. den Beweis des Riemannschen Abbildungssatzes). Also genügt es, letztere zu betrachten. Für sie beweisen wir jetzt den entscheidenden

Hilfssatz. *Die Funktion $w = f(z)$ bilde das beschränkte einfach zusammenhängende Gebiet $\mathfrak{G}$ der z-Ebene eineindeutig und konform auf ein ebensolches Gebiet $\mathfrak{G}^*$ der w-Ebene ab, das nur normale Randpunkte besitzen möge. Dann ist das Bild jedes Randschnittes von $\mathfrak{G}$ ein Randschnitt von $\mathfrak{G}^*$.*

Zum Beweise sei $\mathfrak{S}$ ein Randschnitt von $\mathfrak{G}$ mit der Darstellung: $z(\tau)$, $\alpha \leqq \tau < \beta$, und $z_0 = \lim\limits_{\tau \to \beta} z(\tau)$ sei der einzige Häufungspunkt auf dem Rande von $\mathfrak{G}$. Das Bild $\mathfrak{S}^*$ von $\mathfrak{S}$ ist ein halboffenes einfaches Kurvenstück in $\mathfrak{G}^*$ mit der Darstellung $w(\tau) = f(z(\tau))$, $\alpha \leqq \tau < \beta$. Geht τ gegen β, so geht $w(\tau)$ nach Satz 39 gegen den Rand von $\mathfrak{G}^*$. Besitzt $w(\tau)$ dort nur einen Häufungspunkt w_0, so ist $\mathfrak{S}^*$ Randschnitt. Gilt dies nicht, so seien w_1 und w_2 zwei solche Häufungspunkte. Da w_1 und w_2 normal sind, so können wir zwei Folgen $\tau_{1\nu}$ und $\tau_{2\nu}$, $\nu = 1, 2, 3, \ldots$, finden, so daß folgendes zutrifft (s. Abb. 26):

1. $\lim\limits_{\nu\to\infty} \tau_{1\nu} = \lim\limits_{\nu\to\infty} \tau_{2\nu} = \beta$,

2. $\tau_{11} < \tau_{21} < \tau_{12} < \tau_{22} < \tau_{13} < \tau_{23} < \cdots$,

3. die Punkte $w_{i\nu} = w(\tau_{i\nu})$ liegen jeweils auf Randschnitten $\mathfrak{J}_i$ mit den Randpunkten w_i, $i = 1, 2$, so daß $\mathfrak{J}_1$ und $\mathfrak{J}_2$ nur den Anfangspunkt w_0 gemeinsam haben und von den einfachen Kurvenstücken $\mathfrak{C}_\nu$ mit der Darstellung $w(\tau)$, $\tau_{1\nu} \leqq \tau \leqq \tau_{2\nu}$, nur die Endpunkte $w_{1\nu}$ und $w_{2\nu}$ auf $\mathfrak{J}_1$ bzw. $\mathfrak{J}_2$ liegen.

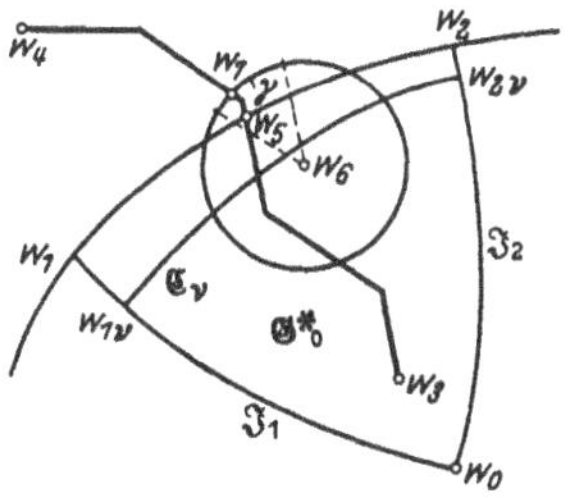

Abb. 26

Die Randschnitte $\mathfrak{J}_1$ und $\mathfrak{J}_2$ bilden zusammen einen *Querschnitt* $\mathfrak{J}_1 + \mathfrak{J}_2$, d. h. ein einfaches in $\mathfrak{G}^*$ verlaufendes offenes Kurvenstück, dessen Enden Randschnitte sind. Dieser Querschnitt $\mathfrak{J}_1 + \mathfrak{J}_2$ zerlegt $\mathfrak{G}^*$ in zwei einfach zusammenhängende Gebiete $\mathfrak{G}_0^*$ und $\mathfrak{G}_{00}^*$. Die Kurvenstücke $\mathfrak{C}_\nu$ verlaufen bis auf die Endpunkte ganz in $\mathfrak{G}_0^*$ oder ganz in $\mathfrak{G}_{00}^*$. Da die $\mathfrak{C}_\nu$ paarweise punktfremd sind, so verlaufen in einem dieser Gebiete, sagen wir in $\mathfrak{G}_0^*$, unendlich viele von ihnen. Nennen wir diese Teilfolge wieder $\mathfrak{C}_\nu$, so erhalten wir als weitere Eigenschaft der Folgen $\tau_{1\nu}$ und $\tau_{2\nu}$:

4. Die Randschnitte $\mathfrak{J}_1$ und $\mathfrak{J}_2$ trennen von $\mathfrak{G}^*$ ein einfach zusammenhängendes Gebiet $\mathfrak{G}_0^*$ ab, in dem die Kurvenstücke $\mathfrak{C}_\nu$ Querschnitte sind.

Jetzt sei w_3 ein Punkt in $\mathfrak{G}_0^*$ und w_4 ein Punkt im Äußeren von $\mathfrak{G}^*$. Wir können w_3 und w_4 durch einen Polygonzug verbinden, der $\mathfrak{J}_1 + \mathfrak{J}_2$ nicht trifft. Laufen wir von w_4 nach w_3, so gibt es auf dem Polygonzug einen ersten Punkt w_5 auf dem Rande von $\mathfrak{G}_0^*$. Dieser Punkt w_5 hat einen positiven Abstand $d > 0$ von $\mathfrak{J}_1 + \mathfrak{J}_2$ und dem Punkte w_4. In genügender Nähe von w_5 können wir einen Punkt w_6 in $\mathfrak{G}_0^*$ wählen und um ihn einen Kreis $\mathfrak{K}$ mit dem Radius ϱ schlagen, so daß $|w_5 - w_6| < \varrho < \frac{d}{2}$ ist. w_4 liegt außerhalb dieses Kreises $\mathfrak{K}$ und daher schneidet $\mathfrak{K}$ den Polygonzug zwischen w_4 und w_5 in einem Punkt w_7. Es gibt also auf dem Kreis einen Bogen γ der Länge $\frac{2\pi\varrho}{n}$, n ganz, der nicht zu $\mathfrak{G}_0^*$ gehört.

Da die Kurvenstücke $\mathfrak{C}_\nu$ mit wachsendem ν Parameterwerten τ entsprechen, die gegen β konvergieren, so gibt es zu jedem $\varepsilon > 0$ ein ν_0, so daß für alle $\nu \geqq \nu_0$ die Randdistanz der Punkte $w(\tau)$ auf $\mathfrak{C}_\nu$ kleiner als ε ist.

Ist daher ν hinreichend groß, so enthält das ganz im Innern von $\mathfrak{G}^*$ liegende Gebiet $\mathfrak{G}_\nu^*$, welches durch $\mathfrak{C}_\nu$ von $\mathfrak{G}_0^*$ abgetrennt wird, den Punkt w_6. $\mathfrak{G}_\nu^*$ wird berandet von $\mathfrak{C}_\nu$ und den Stücken $\mathfrak{Z}_{1\nu}$ und $\mathfrak{Z}_{2\nu}$ der Randschnitte $\mathfrak{Z}_1$ und $\mathfrak{Z}_2$, die zwischen w_0 und $w_{1\nu}$ bzw. zwischen w_0 und $w_{2\nu}$ liegen. Der Durchschnitt $\mathfrak{D}_\nu = \mathfrak{G}_\nu^* \cap \mathfrak{K}$ eines solchen Gebietes $\mathfrak{G}_\nu^*$ mit der offenen Kreisscheibe $\mathfrak{K}$ enthält ein einfach zusammenhängendes Gebiet $\mathfrak{D}_\nu^*$, welches den Punkt w_6 als inneren Punkt aufweist und dessen Rand ausschließlich aus Punkten von $\mathfrak{C}_\nu$ und Randpunkten von $\mathfrak{K}$ besteht.

Nun betrachten wir die Funktion

$$z = F(w) = \check{f}(w) - z_0 ,$$

wobei $\check{f}(w)$ die Umkehrfunktion von $f(z)$ ist. Sie ist in $\mathfrak{G}^*$ holomorph und beschränkt: $|F(w)| < M$, da $\mathfrak{G}$ beschränkt ist. Liegt w auf $\mathfrak{C}_\nu$, so liegt $\check{f}(w)$ auf $\mathfrak{S}$, und zwar bei wachsendem ν in beliebiger Nähe von z_0. Ist also $\varepsilon > 0$ beliebig gegeben, so gibt es dazu ein ν_0, so daß für $\nu \geqq \nu_0$ auf $\mathfrak{C}_\nu$ gilt:

$$|F(w)| < \varepsilon .$$

Damit sind wir in den Voraussetzungen der Lindelöfschen Ungleichung (s. II, 3, Satz 17): $F(w)$ ist im abgeschlossenen Gebiet $\mathfrak{D}_\nu^*$ holomorph. Auf dem Kreis $\mathfrak{K}$ um w_6 liegt ein Bogen der Länge $\frac{2\pi\varrho}{n}$, der außerhalb $\mathfrak{D}_\nu^*$ liegt. In den Randpunkten von $\mathfrak{D}_\nu^*$, die innerhalb $\mathfrak{K}$ liegen und die sämtlich zu $\mathfrak{C}_\nu$ gehören, ist $|F(w)| < \varepsilon$. Daher gilt

$$|F(w_6)| < M^{1-\frac{1}{n}} \varepsilon^{\frac{1}{n}}.$$

Weil dies für jedes ε gilt, muß $F(w_6) = 0$ und $\check{f}(w_6) = z_0$ sein. Das ist aber nicht möglich, da w_6 innerer Punkt von $\mathfrak{G}^*$, z_0 jedoch Randpunkt von $\mathfrak{G}$ ist. Damit ist der Hilfssatz gewonnen.

Jetzt können wir Satz 41 beweisen. Zunächst folgt aus dem Hilfssatz, daß *die erreichbaren Randpunkte von* $\mathfrak{G}$ *und* $\mathfrak{G}^*$ auf genau eine Weise *eineindeutig aufeinander* so *abgebildet* werden können, daß die Abbildung von $\mathfrak{G} + \mathfrak{R}$ auf $\mathfrak{G}^* + \mathfrak{R}^*$ stetig ist. Sei P mit dem Grundpunkt z_0 ein Punkt aus $\mathfrak{R}$. Er werde definiert durch eine auf einem Randschnitt $\mathfrak{S}_1$ liegende Punktfolge $z_{11}, z_{12}, z_{13}, \ldots$ mit $\lim_{n\to\infty} z_{1n} = z_0$. Die Bildfolge $w_{11}, w_{12}, w_{13}, \ldots$ liegt auf dem Bild $\mathfrak{S}_1^*$ des Randschnittes $\mathfrak{S}_1$, welches wieder Randschnitt mit einem Endpunkt w_0 ist, so daß $\lim_{n\to\infty} w_{1n} = w_0$ gilt. Die Folge (w_{1n}) definiert daher einen über w_0 liegenden erreichbaren Randpunkt Q von $\mathfrak{G}^*$. Jede andere den Punkt P definierende Folge $z_{21}, z_{22}, z_{23}, \ldots$ liefert eine Bildfolge $w_{21}, w_{22}, w_{23}, \ldots$, die gleichfalls auf einem Randschnitt liegt und damit einen erreichbaren Randpunkt Q^* von $\mathfrak{G}^*$ definiert. Nun gibt es einen Randschnitt $\mathfrak{S}$, auf dem sämtliche Punkte z_{in}, $i = 1, 2$; $n = 1, 2, 3, \ldots$, liegen. Sein Bild ist wieder ein Randschnitt $\mathfrak{S}^*$, auf dem alle Punkte w_{in}, $i = 1, 2$; $n = 1, 2, 3, \ldots$, liegen. Daher ist $Q = Q^*$, d. h. jedem erreichbaren Randpunkt P von $\mathfrak{G}$ ist eindeutig ein erreichbarer Randpunkt Q zugeordnet. Damit ist die Funktion f in $\mathfrak{G}$ zu einer Funktion auf $\mathfrak{G} + \mathfrak{R}$ fortgesetzt, die wir auch dort mit f bezeichnen wollen. Wir schreiben also $Q = f(P)$. Umgekehrt ist auch jedem erreichbaren Randpunkt Q von $\mathfrak{G}^*$ eindeutig ein solcher Punkt $P^* = \check{f}(Q)$ von $\mathfrak{G}$ bei der Abbildung durch die Umkehrfunktion $\check{f}$ in $\mathfrak{G}^*$ zugeordnet, und man sieht unmittelbar, daß $\check{f}(f(P)) = P$ ist. Die konforme Abbildung zweier einfach zusammenhängender Gebiete $\mathfrak{G}$ und $\mathfrak{G}^*$ aufeinander läßt sich also zu einer umkehrbar eindeutigen Abbildung auch der erreichbaren Randpunkte aufeinander erweitern, wenn die Ränder von $\mathfrak{G}$ und $\mathfrak{G}^*$ normal sind.

Wir müssen noch zeigen, daß die *Erweiterung auf dem Rande stetig* ist. Sei P ein erreichbarer Randpunkt von $\mathfrak{G}$ und $P_1, P_2, P_3, \ldots$ eine gegen P konvergierende Punktfolge aus $\mathfrak{G} + \mathfrak{R}$, wobei $\mathfrak{R}$ die Menge aller erreichbaren Randpunkte von $\mathfrak{G}$ ist. Wir zerlegen die Folge P_n in zwei Teilfolgen, von denen die eine alle Randpunkte und die andere alle inneren Punkte enthält. Es genügt, für jede dieser Folgen die Behauptung zu beweisen.

$z_1, z_2, z_3, \ldots$ sei eine gegen P konvergierende Folge aus $\mathfrak{G}$. Es gibt dann zu $\varepsilon > 0$ ein n_0, so daß $d(z_n, P) < \varepsilon$ für $n \geqq n_0$ ist. Daher ist z_n innerhalb des Kreises $\mathfrak{K}_\varepsilon$: $\chi(z, z_0) < \varepsilon$ um den Grundpunkt z_0 von P durch einen P definierenden Randschnitt mit z_0 verbindbar. Also sind innerhalb des Durchschnitts $\mathfrak{K}_\varepsilon \cap \mathfrak{G}$ auch alle z_n für $n \geqq n_0$ untereinander verbindbar. Dann läßt sich ein Randschnitt $\mathfrak{S}$ finden, auf dem alle z_n liegen und der P definiert (s. Satz 40). Die Bilder w_n der Punkte z_n liegen auf einem $Q = f(P)$ definierenden Randschnitt $\mathfrak{S}^*$, dem Bilde von $\mathfrak{S}$ und konvergieren gegen den Grundpunkt w_0 von Q. Offensichtlich gilt dann für sie $\lim\limits_{n\to\infty} d(w_n, Q) = 0$.

Sei nun $P_1, P_2, P_3, \ldots$ eine gegen P konvergierende Folge erreichbarer Randpunkte. Wegen $\lim\limits_{n\to\infty} d(P_n, P) = 0$ gibt es für alle $n = 1, 2, 3, \ldots$ Querschnitte $\mathfrak{C}_n$ in $\mathfrak{G}$, deren Endstücke Randschnitte sind, die P bzw. P_n definieren und deren Durchmesser $\Delta(\mathfrak{C}_n)$ gegen Null konvergieren. $Q = f(P)$ und $Q_n = f(P_n)$ seien die Bilder der Punkte P und P_n. Das Bild von $\mathfrak{C}_n$ ist ein Querschnitt $\mathfrak{C}_n^*$ in $\mathfrak{G}^*$, dessen Enden Randschnitte sind, die die Punkte Q und Q_n definieren. Auf jedem $\mathfrak{C}_n^*$ wählen wir jetzt einen Punkt w_n aus $\mathfrak{G}^*$, so daß $\lim\limits_{n\to\infty} d(w_n, Q_n) = 0$ ist. Dies ist möglich, weil das eine Ende von $\mathfrak{C}_n^*$ ein den Punkt Q_n definierender Randschnitt ist. Die Urbilder $z_n = \check{f}(w_n)$ liegen jeweils auf $\mathfrak{C}_n$. Daher ist $\lim_{n\to\infty} d(z_n, P) = 0$. Nach dem vorigen Abschnitt folgt daraus $\lim_{n\to\infty} d(w_n, Q) = 0$ und somit wegen der Dreiecksungleichung $\lim_{n\to\infty} d(Q_n, Q) = 0$.

Die Abbildung f ist also auch auf dem Rande stetig und damit in $\mathfrak{G} + \mathfrak{R}$ gleichmäßig stetig. Die *Eindeutigkeit* einer solchen stetigen Fortsetzung folgt daraus, daß jeder Punkt P aus $\mathfrak{R}$ Häufungspunkt von Punkten aus $\mathfrak{G}$ und jeder Punkt Q von $\mathfrak{R}^*$ Häufungspunkt von Punkten aus $\mathfrak{G}^*$ ist. Die Aussage über die Orientierungen der Ränder folgt unmittelbar aus der Definition der Orientierung und den Eigenschaften der konformen Abbildung. Hiermit ist Satz 41 bewiesen.

Wir nennen den Rand eines einfach zusammenhängenden Gebietes $\mathfrak{G}$ *einfach*, wenn sämtliche Randpunkte z von $\mathfrak{G}$ normal sind und über jedem dieser Punkte genau ein erreichbarer Randpunkt liegt. Offenbar dürfen wir in diesem Falle die erreichbaren Randpunkte von $\mathfrak{G}$ mit ihren Grundpunkten identifizieren. Es gilt nun

Satz 42. *Der Rand eines einfach zusammenhängenden Gebietes $\mathfrak{G}$ mit mehr als einem Randpunkt ist dann und nur dann einfach, wenn er eine geschlossene einfache Kurve ist.*

1. Hat ein einfach zusammenhängendes Gebiet $\mathfrak{G}$ einen einfachen Rand $\mathfrak{R}$, so gilt für eine Punktfolge $z_0, z_1, z_2, z_3, \ldots$ aus $\mathfrak{G} + \mathfrak{R}$ dann und nur dann $\lim_{n\to\infty} d(z_n, z_0) = 0$, wenn auch $\lim_{n\to\infty} \chi(z_n, z_0) = 0$ ist. Wegen $\chi(z_n, z_0) \leqq d(z_n, z_0)$ folgt aus $\lim_{n\to\infty} d(z_n, z_0) = 0$ stets

$$\lim_{n\to\infty} \chi(z_n, z_0) = 0\,.$$

Die Umkehrung ist trivial, falls z_0 in $\mathfrak{G}$ liegt, weil für hinreichend große n beide Entfernungen übereinstimmen. Liegt z_0 auf $\mathfrak{R}$, so gibt es zu jedem z_n einen Punkt z_n' in $\mathfrak{G}$, so daß $\lim_{n\to\infty} d(z_n, z_n') = 0$ ist. Hieraus folgt $\lim_{n\to\infty} \chi(z_n, z_n') = 0$ und damit auch $\lim_{n\to\infty} \chi(z_n', z_0) = 0$. Aus Satz 40 folgt jetzt unmittelbar $\lim_{n\to\infty} d(z_n', z_0) = 0$, weil jede gegen z_0 konvergierende Folge von Punkten aus $\mathfrak{G}$ auf einem Randschnitt liegt. Hieraus resultiert $\lim_{n\to\infty} d(z_n, z_0) = 0$. Die Stetigkeit in $\mathfrak{G} + \mathfrak{R}$ zieht also in diesem Falle die gewöhnliche Stetigkeit in $\mathfrak{G} + \mathfrak{R}$ nach sich. In Verbindung mit dem Riemannschen Abbildungssatz und Satz 41 folgt daraus, daß $\mathfrak{R}$ eine geschlossene einfache Kurve ist*.

* Wir benutzen der Kürze wegen hier unsere funktionentheoretischen Abbildungssätze. Der Nachweis läßt sich aber auch rein topologisch führen. Siehe etwa B. v. Kerékjártó: Vorlesungen über Topologie. Berlin 1923.

2. Sei umgekehrt $\mathfrak{G}$ von einer geschlossenen einfachen Kurve $\mathfrak{R}$ berandet. Wir können annehmen, daß $\mathfrak{G}$ beschränkt ist. z_0 sei ein Punkt auf $\mathfrak{R}$ und $z_1, z_2, z_3, \ldots$ eine gegen z_0 konvergierende Folge von Punkten aus $\mathfrak{G}$. Um z_0 legen wir den Kreis $\mathfrak{K}_\varepsilon$: $|z - z_0| < \varepsilon$ und zeigen, daß es ein n_0 gibt, so daß für $n \geqq n_0$ alle z_n in $\mathfrak{K}_\varepsilon \cap \mathfrak{G}$ miteinander verbindbar sind. Gesetzt, dies wäre nicht der Fall. Dann gäbe es in $\mathfrak{K}_\varepsilon \cap \mathfrak{G}$ eine Folge $z_1, z_2, z_3, \ldots$, die gegen z_0 konvergierte, wobei aber z_{2n-1} nicht mit z_{2n}, $n = 1, 2, 3, \ldots$, in $\mathfrak{K}_\varepsilon \cap \mathfrak{G}$ verbindbar wäre. Verbinden wir dann z_{2n-1} einmal geradlinig durch eine Strecke $\mathfrak{S}_n$ mit z_{2n} und sodann noch durch einen einfachen Polygonzug $\mathfrak{P}_n$ in $\mathfrak{G}$, so erhalten wir eine geschlossene Kurve (s. Abb. 27). Dabei können wir den Polygonzug $\mathfrak{P}_n$ stets so legen, daß er die Strecke $\mathfrak{S}_n$ nur endlich oft schneidet. $z_{2n-1} = z_{n0}, z_{n1}, \ldots, z_{nm} = z_{2n}$ seien der Reihe nach die Schnittpunkte von $\mathfrak{P}_n$ mit $\mathfrak{S}_n$. Der Polygonzug $\mathfrak{P}_{nk}$ zwischen $z_{n,k-1}$ und z_{nk} bildet mit der Strecke $\mathfrak{S}_{nk}$ zwischen $z_{n,k-1}$ und z_{nk} eine geschlossene einfache Kurve, die ein Gebiet $\mathfrak{G}_{nk}$ berandet. Wenigstens eines dieser Gebiete $\mathfrak{G}_{nk}$ muß außerhalb $\mathfrak{K}_\varepsilon \cap \mathfrak{G}$ Randpunkte von $\mathfrak{G}$, also Punkte von $\mathfrak{R}$, enthalten. Andernfalls könnte man nämlich alle $\mathfrak{G}_{nk}$ bei fest gehaltenen Eckpunkten $z_{n,k-1}$ und z_{nk} der Reihe nach in Polygonzüge deformieren, die in $\mathfrak{K}_\varepsilon \cap \mathfrak{G}$ verlaufen.

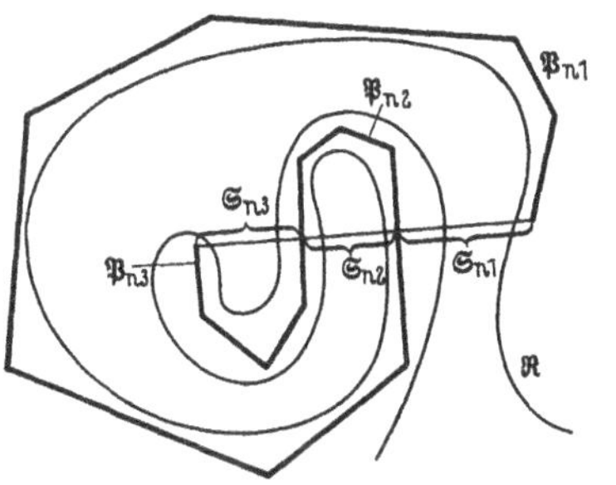

Abb. 27

Damit könnte man aber entgegen der Voraussetzung z_{2n-1} mit z_{2n} in $\mathfrak{K}_\varepsilon \cap \mathfrak{G}$ verbinden. Sei z_n^* ein Punkt auf $\mathfrak{R}$ in $\mathfrak{G}_{nk}$, aber außerhalb $\mathfrak{K}_\varepsilon$. Da $\mathfrak{G}$ Punkte außerhalb $\mathfrak{G}_{nk}$ enthält und beschränkt ist, so hat auch sein Rand $\mathfrak{R}$ Punkte außerhalb $\mathfrak{G}_{nk}$. Laufen wir von z_n^* auf $\mathfrak{R}$ nach beiden Seiten, so erhalten wir wenigstens zwei Schnittpunkte mit dem Rand von $\mathfrak{G}_{nk}$. Diese müssen auf der Strecke $\mathfrak{S}_{nk}$ liegen, da $\mathfrak{P}_{nk}$ ganz in $\mathfrak{G}$ liegt. Wir haben also auf $\mathfrak{R}$ zwischen z_{2n-1} und z_{2n} zwei Punkte $z_n^{(1)}$ und $z_n^{(2)}$ von $\mathfrak{R}$ und auf dem Kurvenstück von $\mathfrak{R}$ zwischen $z_n^{(1)}$ und $z_n^{(2)}$ den Punkt z_n^* außerhalb $\mathfrak{K}_\varepsilon$. Da die $z_n^{(1)}$ und $z_n^{(2)}$ gegen z_0 konvergieren, kann dies für die Punkte z_n^* nicht der Fall sein. Also ist $\mathfrak{R}$ entgegen der Voraussetzung in z_0 nicht stetig. Damit ist in Verbindung mit Satz 40 der Nachweis erbracht, daß z_0 einfach ist.

Auf Grund der vorstehenden Ergebnisse können wir noch den folgenden Satz aussprechen:

Satz 43. *Werden die beiden einfach zusammenhängenden Gebiete $\mathfrak{G}$ und $\mathfrak{G}^*$ je von einer geschlossenen einfachen Kurve berandet, so wird bei einer eineindeutigen und konformen Abbildung $w = f(z)$ von $\mathfrak{G}$ auf $\mathfrak{G}^*$ das abgeschlossene Gebiet $\mathfrak{G} + \mathfrak{R}$ durch die stetige Fortsetzung von f nach $\mathfrak{G} + \mathfrak{R}$ eineindeutig und gleichmäßig chordal stetig auf das abgeschlossene Gebiet*

$\mathfrak{G}^* + \mathfrak{R}^*$ *abgebildet. Ferner wird eine Orientierung des Randes* $\mathfrak{R}$ *von* $\mathfrak{G}$ *auf eine gleichsinnige Orientierung des Randes* $\mathfrak{R}^*$ *von* $\mathfrak{G}^*$ *abgebildet.*

Dieser Satz folgt unmittelbar aus den Sätzen 41 und 42.

Satz 44 *(Festlegung der Abbildungsfunktion). Sind* $\mathfrak{G}$ *und* $\mathfrak{G}^*$ *einfach zusammenhängende Gebiete mit je mehr als einem und nur normalen Randpunkten, so gibt es genau eine Abbildungsfunktion* $w = f(z)$, *die* $\mathfrak{G}$ *auf* $\mathfrak{G}^*$ *eineindeutig und konform abbildet und eine der folgenden beiden Bedingungen erfüllt:*

1. *sie führt einen beliebig gegebenen Punkt* z_1 *aus* $\mathfrak{G}$ *in einen vorgegebenen Punkt* w_1 *aus* $\mathfrak{G}^*$ *und ihre stetige Fortsetzung einen gegebenen erreichbaren Randpunkt* P *von* $\mathfrak{G}$ *in einen ebensolchen gegebenen Randpunkt* Q *von* $\mathfrak{G}^*$ *über;*

2. *die stetige Fortsetzung führt drei vorgegebene erreichbare Randpunkte* P_1, P_2, P_3 *von* $\mathfrak{G}$ *in drei ebensolche im gleichen Sinne aufeinanderfolgende Punkte* Q_1, Q_2, Q_3 *von* $\mathfrak{G}^*$ *über.*

1. Auf Grund des Riemannschen Abbildungssatzes gibt es zwei eindeutig bestimmte Funktionen $z^* = g(z)$ und $w^* = h(w)$, die $\mathfrak{G}$ bzw. $\mathfrak{G}^*$ konform auf den Einheitskreis so abbilden, daß vorgegebene Punkte z_1 bzw. w_1 in den Nullpunkt übergehen und dort die Ableitungen $g'(z_1)$ und $h'(w_1)$ positiv reell sind. Dabei mögen die erreichbaren Randpunkte P bzw. Q in $z_0^* = e^{i\varphi}$ bzw. $w_0^* = e^{i\psi}$ auf dem Rand des Einheitskreises übergehen. $w = f(z)$ sei eine konforme Abbildung von $\mathfrak{G}$ auf $\mathfrak{G}^*$, die z_1 in w_1 überführe. Dann ist $w^* = h(f(\check{g}(z^*)))$ eine nullpunktstreue konforme Abbildung des Einheitskreises auf sich. Es gibt genau eine solche Abbildung (s. 5, Satz 24), nämlich $w^* = e^{i(\psi-\varphi)} z^* = l(z^*)$, die z_0^* in w_0^* überführt. Also ist

$$f(z) = \check{h}(l(g(z)))$$

die Funktion mit der unter 1. verlangten Eigenschaft, die eindeutig bestimmt ist.

2. z_1 und w_1 seien willkürliche, aber fest gewählte Punkte in $\mathfrak{G}$ bzw. $\mathfrak{G}^*$. Die im vorigen Abschnitt betrachteten Funktionen $g(z)$ und $h(w)$ mögen P_1, P_2, P_3 und Q_1, Q_2, Q_3 in z_1^*, z_2^*, z_3^* und w_1^*, w_2^*, w_3^* auf dem Rand des Einheitskreises überführen. $w = f(z)$ sei eine konforme Abbildung von $\mathfrak{G}$ auf $\mathfrak{G}^*$. $w^* = h(f(\check{g}(z^*)))$ ist dann eine konforme Abbildung des Einheitskreises auf sich. Nun gibt es genau eine lineare Transformation $w^* = l(z^*)$, bei der die Punkte z_i^* der Reihe nach in die Punkte w_i^* übergehen (s. 3, Satz 17). Sie führt den Rand des Einheitskreises in sich über, da beide Punktetripel auf ihm liegen. Das Innere des Einheitskreises geht dabei genau dann in sich über, wenn die Punktetripel gleichsinnig aufeinander folgen. Dies ist aber der Fall, weil die Tripel P_1, P_2, P_3 und Q_1, Q_2, Q_3 gleichsinnig aufeinander folgen. Daher

ist $f(z) = \check{h}(l(g(z)))$ eine Funktion mit den unter 2. verlangten Eigenschaften. Sie ist eindeutig bestimmt, weil $l(z^*)$ eindeutig bestimmt ist. Damit ist der Satz bewiesen.

Wir schließen unsere Überlegungen mit einigen Bemerkungen über die Randabbildung allgemeinerer Gebiete.

Der Beweis zu Satz 41 läßt sich ohne große Mühe auf n-fach zusammenhängende Gebiete mit nur normalen Randpunkten übertragen. Dort treten im Hilfssatz Häufungspunkte w_1 und w_2 eines Randschnittes $\mathfrak{S}^*$ auf. Diese müssen in mehrfach zusammenhängenden Gebieten notwendig auf demselben Randkontinuum liegen, da sonst $\mathfrak{S}^*$ Häufungspunkte im Innern von $\mathfrak{G}^*$ hätte, deren Bildpunkte in $\mathfrak{G}$ sich gegen den Rand häufen würden. Sodann kann man wie dort Randschnitte $\mathfrak{Z}_1$ und $\mathfrak{Z}_2$ finden, die zusammen von $\mathfrak{G}^*$ ein einfach zusammenhängendes Gebiet $\mathfrak{G}_0^*$ abtrennen mit den gleichen Eigenschaften wie dort. Schließlich kann man durch einfache eineindeutige Abbildungen, wie wir sie beim Riemannschen Abbildungssatz kennengelernt haben und bei denen Randschnitte in Randschnitte übergehen, die Gebiete $\mathfrak{G}$ und $\mathfrak{G}^*$ auf beschränkte Gebiete abbilden, und zwar $\mathfrak{G}^*$ so, daß das Randkontinuum, auf dem $\mathfrak{Z}_1$ und $\mathfrak{Z}_2$ enden, in die äußere Begrenzung des Bildgebietes übergeht. Von dieser Stelle ab verläuft dann der Beweis des Hilfssatzes und der Beweis von Satz 41 wie dort. So haben wir als Ergebnis

Satz 45. *Werden zwei n-fach zusammenhängende Gebiete $\mathfrak{G}$ und $\mathfrak{G}^*$ mit nur normalen Randpunkten durch eine Funktion f eineindeutig und konform aufeinander abgebildet, so gibt es eine eindeutig bestimmte Fortsetzung von f, die $\mathfrak{G} + \mathfrak{R}$ topologisch auf $\mathfrak{G}^* + \mathfrak{R}^*$ abbildet, wobei $\mathfrak{R}$ und $\mathfrak{R}^*$ die Ränder von $\mathfrak{G}$ bzw. $\mathfrak{G}^*$ sind.*

Schließlich sei $\mathfrak{G}$ ein beliebiges Gebiet, welches durch eine Funktion $w = f(z)$ auf ein Gebiet $\mathfrak{G}^*$ abgebildet werde. Es gebe in $\mathfrak{G}$ einen Querschnitt $\mathfrak{C}_0$, der von $\mathfrak{G}$ ein einfach zusammenhängendes Gebiet $\mathfrak{G}_0$ abtrennt, welches von einer geschlossenen einfachen Kurve berandet wird. Endet die Kurve $\mathfrak{C}_0$ in zwei verschiedenen Randpunkten von $\mathfrak{G}$, so trennt sie von seinem Rand $\mathfrak{R}$ ein einfaches Kurvenstück $\mathfrak{C}$ ab. Man nennt ein solches Kurvenstück einen *freien Randbogen von* $\mathfrak{G}$. (In Abb. 24 liegt der Punkt z_4 auf einem freien Randbogen von $\mathfrak{G}$.) Es läßt sich jetzt zeigen:

Satz 46. *P sei erreichbarer Randpunkt eines Gebietes $\mathfrak{G}$ und innerer Punkt eines freien Randbogens $\mathfrak{C}$. Durch die Funktion $w = f(z)$ werde $\mathfrak{G}$ auf ein Gebiet $\mathfrak{G}^*$ eineindeutig und konform abgebildet. In $\mathfrak{G}^*$ besitze P als Bild einen erreichbaren Randpunkt Q, der innerer Punkt eines freien Randbogens $\mathfrak{C}^*$ von $\mathfrak{G}^*$ ist. Dann gibt es einen freien Randbogen $\mathfrak{C}_\alpha \subset \mathfrak{C}$, der P enthält, einen freien Randbogen $\mathfrak{C}_\alpha^* \subset \mathfrak{C}^*$, der Q enthält, und eine eindeutig* *bestimmte Fortsetzung von f nach $\mathfrak{G} + \mathfrak{C}_\alpha$, die $\mathfrak{G} + \mathfrak{C}_\alpha$ topologisch auf $\mathfrak{G}^* + \mathfrak{C}_\alpha^*$ abbildet.*

Es genügt, alle Überlegungen im Endlichen durchzuführen. Sei $\mathfrak{C}_0$ ein Querschnitt in $\mathfrak{G}$, der zusammen mit $\mathfrak{C}$ ein einfach zusammenhängendes Teilgebiet $\mathfrak{G}_0$ von $\mathfrak{G}$ berandet (Abb. 28a). $z^{(1)}$ und $z^{(2)}$ seien die Endpunkte von $\mathfrak{C}_0$. Ferner sei $z_1, z_2, z_3, \ldots$ eine P definierende Folge auf einem Randschnitt $\mathfrak{S}$ in $\mathfrak{G}_0$, deren Bildfolge $w_1, w_2, w_3, \ldots$ in $\mathfrak{G}^*$ ein Bild Q von P definiert und dort auf dem Randschnitt $\mathfrak{S}^* = f(\mathfrak{S})$ liegt.

Sei $\mathfrak{G}_0^* = f(\mathfrak{G}_0)$. Zu Q gibt es einen freien Randbogen $\mathfrak{C}_\alpha^*$ von $\mathfrak{G}_0^*$, auf dem Q innerer Punkt ist. Wäre dies nicht der Fall, so müßten sich notwendig gegen Q Randpunkte von $\mathfrak{G}_0^*$ häufen, die nicht auch Randpunkte von $\mathfrak{G}^*$ sind (Abb. 28b). Dies könnten aber nur Punkte auf $\mathfrak{C}_0^*$, dem Bild von $\mathfrak{C}_0$, sein. Wir könnten sie insbesondere so wählen, daß ihre Urbildpunkte auf $\mathfrak{C}_0$ sich gegen einen Endpunkt, etwa gegen $z^{(1)}$, häufen und daß sie selbst mit den Punkten $w_1, w_2, w_3, \ldots$ auf einem Randschnitt $\mathfrak{S}^*$ von $\mathfrak{G}^*$ lägen. Es ergäbe sich also folgende Situation: Auf $\mathfrak{S}^*$ hätte man Punkte $v_{k_1}, v_{k_2}, v_{k_3}, \ldots$ von $\mathfrak{C}_0^*$, so daß auf $\mathfrak{S}^*$ die Kurvenstücke $\mathfrak{C}_\nu^*$ zwischen w_{k_ν} und v_{k_ν} bis auf v_{k_ν} zu $\mathfrak{G}_0^*$ gehörten. Die Urbildkurven $\mathfrak{C}_\nu$ der $\mathfrak{C}_\nu^*$ würden in $\mathfrak{G}_0$ Punkte auf $\mathfrak{S}$ mit Punkten auf $\mathfrak{C}_0$ verbinden und mit wachsendem ν in beliebiger Nähe von $\mathfrak{C}$ verlaufen. Wie im Hilfssatz zu Satz 41 könnten wir dann schließen, daß $w = f(z)$ konstant wäre.

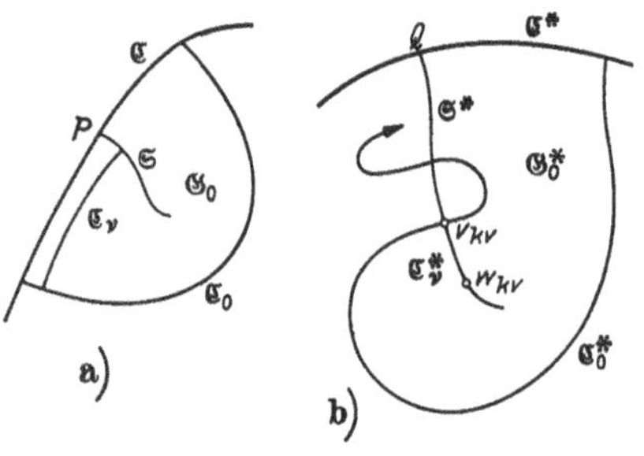

Abb. 28

Es gibt also einen freien Randbogen $\mathfrak{C}_\alpha^*$ von $\mathfrak{G}_0^*$, der Q enthält. Verbinden wir die Endpunkte von $\mathfrak{C}_\alpha^*$ durch einen Querschnitt $\mathfrak{C}_\beta^*$ in $\mathfrak{G}_0^*$, so begrenzen $\mathfrak{C}_\alpha^*$ und $\mathfrak{C}_\beta^*$ zusammen ein einfach zusammenhängendes Teilgebiet $\mathfrak{G}_1^*$ von $\mathfrak{G}_0^*$. Das Urbildgebiet $\mathfrak{G}_1$ in $\mathfrak{G}_0$ ist von gleicher Struktur, da nach dem Hilfssatz zu Satz 41 das Bild $\mathfrak{C}_\beta$ von $\mathfrak{C}_\beta^*$ ein Querschnitt in $\mathfrak{G}_0$ ist. Seine Endpunkte liegen auf $\mathfrak{C}$ und begrenzen auf ihm ein Kurvenstück $\mathfrak{C}_\alpha$. $\mathfrak{C}_\alpha$ und $\mathfrak{C}_\beta$ begrenzen $\mathfrak{G}_1$. Damit sind wir in den Voraussetzungen von Satz 43 und unser Satz ist bewiesen.

Literatur

CARATHÉODORY, C.: Über die gegenseitige Beziehung der Ränder bei der konformen Abbildung des Inneren einer Jordanschen Kurve. Math. Ann. 73, 305 (1913).

— Über die Begrenzung einfach zusammenhängender Gebiete. Math. Ann. 73, 323 (1913).

§ 9. Spiegelungen und analytische Fortsetzung

In III, 2 haben wir uns mit dem Schwarzschen Spiegelungsprinzip beschäftigt und gesehen, wie es bequem für die analytische Fortsetzung gebraucht werden kann. Hier wollen wir den dort bewiesenen kleinen Schwarzschen Spiegelungssatz erweitern.

Wir führen zunächst den Begriff des analytischen Kurvenstückes ein. Das einfache Kurvenstück $\mathfrak{C}$ heißt ein *analytisches Kurvenstück*, wenn es zu jedem inneren Punkt z_0 von $\mathfrak{C}$ eine Umgebung $\mathfrak{U}(z_0)$ gibt, in der für $\mathfrak{C} \cap \mathfrak{U}(z_0)$ eine Parameterdarstellung $z = g(t)$, $\alpha < t < \beta$, $z_0 = g(t_0)$ gilt, bei der $g(t)$ um t_0 in eine Potenzreihe

$$g(t) = z_0 + a_1(t - t_0) + a_2(t - t_0)^2 + \cdots, \quad a_1 \neq 0,$$

entwickelbar ist. Die Funktion $g(t)$ läßt sich dann derart in die t-Ebene hinein fortsetzen, daß sie in einer Umgebung $\mathfrak{U}(t_0)$ des Punktes t_0 noch holomorph ist und eine konforme Abbildung von $\mathfrak{U}(t_0)$ auf eine Umgebung $\mathfrak{U}(z_0)$ des Punktes z_0 liefert. Dabei ist $\mathfrak{C}$ in $\mathfrak{U}(z_0)$ das Bild des in $\mathfrak{U}(t_0)$ liegenden Stückes der reellen Achse. (Noch in diesem Paragraphen zeigen wir, daß wir mit einer einzigen solchen Funktion $g(t)$ für ganz $\mathfrak{C}$ auskommen.) Nunmehr beweisen wir

Satz 47 *(Großer Schwarzscher Spiegelungssatz). Das Gebiet $\mathfrak{G}$ enthalte auf seiner Berandung als freien Randbogen das analytische Kurvenstück $\mathfrak{C}$. Die Funktion $w = f(z)$ sei in $\mathfrak{G}$ holomorph, auf $\mathfrak{C}$ noch stetig und bilde die inneren Punkte von $\mathfrak{C}$ auf innere Punkte eines analytischen Kurvenstückes $\mathfrak{C}^*$ ab. Dann ist $f(z)$ mittels eines Spiegelungsverfahrens über die inneren Punkte von $\mathfrak{C}$ hinaus analytisch fortsetzbar.*

Sei z_0 ein innerer Punkt von $\mathfrak{C}$ und w_0 sein Bildpunkt auf $\mathfrak{C}^*$. $z = g(t)$ und $w = h(s)$ mögen die oben genannten Parameterdarstellungen von $\mathfrak{C}$ und $\mathfrak{C}^*$ in der Umgebung der Punkte z_0 und w_0 liefern, wobei $t_0 = \check{g}(z_0)$ und $s_0 = \check{h}(w_0)$ die zu z_0 und w_0 gehörenden Parameter seien. Um w_0 können wir einen so kleinen Kreis $\mathfrak{K}^*$ legen, daß er durch $s = \check{h}(w)$ konform auf eine Umgebung des Punktes s_0 abgebildet wird. Ferner läßt sich um z_0 ein hinreichend kleiner Kreis $\mathfrak{K}$ legen, so daß folgendes gilt: 1. er wird durch $\mathfrak{C}$ in zwei Teile zerlegt, von denen ein Teil $\mathfrak{K}_0$ in $\mathfrak{G}$ liegt und ein Stück von $\mathfrak{C}$, auf dem z_0 liegt, als freien Randbogen enthält; 2. $t = \check{g}(z)$ bildet ihn konform auf eine Umgebung des Punktes t_0 ab. Diese wird dann durch die reelle Achse in zwei Teile zerlegt, von denen etwa der obere, den wir $\mathfrak{G}_0$ nennen, das Bild von $\mathfrak{K}_0$ ist; 3. die Bildpunkte von $\mathfrak{K}_0$ und seinem Rand liegen nach der Abbildung $w = f(z)$ in $\mathfrak{K}^*$.

Die Funktion

$$s = F(t) = \check{h}(f(g(t)))$$

ist jetzt in $\mathfrak{G}_0$ holomorph, auf dem zu $\mathfrak{G}_0$ gehörenden Randintervall $\mathfrak{J}$ der reellen Achse stetig, und ihre Funktionswerte sind auf $\mathfrak{J}$ reell. Daher läßt sich $F(t)$ nach dem kleinen Spiegelungssatz (III, 2, Satz 5) über die reelle Achse in das Spiegelbild $\overline{\mathfrak{S}}_0$ von $\mathfrak{S}_0$ fortsetzen, und zwar ist in $\overline{\mathfrak{S}}_0$

$$s = F(t) = \overline{F(\bar{t})}\,.$$

Hieraus gewinnen wir die Fortsetzung von $w = f(z)$ in der Umgebung von z_0 über $\mathfrak{C}$ hinaus:

$$w = f(z) = h(F(\check{g}(z))) = h(\overline{F(\overline{\check{g}(z)})})\,.$$

Da diese Überlegung für jeden inneren Punkt z_0 auf $\mathfrak{C}$ gilt, so ist Satz 47 bis auf die Worte „mittels eines Spiegelungsverfahrens" bewiesen. Was wir unter der *Spiegelung* einer holomorphen Funktion $w = f(z)$ an einer analytischen Kurve $\mathfrak{C}$ zu verstehen haben, geht aus dem Beweis von Satz 47 hervor. Wir haben die Kurve $\mathfrak{C}$ in der Umgebung eines Punktes z_0 durch $z = g(t)$ auf die Strecke $\alpha < t < \beta$ in der Umgebung von $t_0 = \check{g}(z_0)$ abzubilden, wobei gleichzeitig die Umgebungen von z_0 und t_0 konform aufeinander bezogen werden. Die durch die Spiegelung entlang der reellen t-Achse festgelegte Zuordnung von Punkten der z-Ebene zueinander ist die oben benutzte Spiegelung an der Kurve $\mathfrak{C}$. So folgt, daß $g(\bar{t})$ der Spiegelpunkt von $g(t)$ in bezug auf $\mathfrak{C}$ ist. Ist $g_1(u)$, $\gamma < u < \delta$, eine zweite Parameterdarstellung von $\mathfrak{C}$ in der Umgebung von z_0 und $u_0 = \check{g}_1(z_0)$, so hat $u = \check{g}_1(g(t)) = g_2(t)$ für reelle t reelle Funktionswerte. Also ist in der Umgebung von t_0 nach III, 2:

$$\overline{g_2(\bar{t})} = g_2(t)\,.$$

Aus

$$g_1(u) = g(t)$$

folgt daher

$$g_1(\bar{u}) = g_1(\overline{g_2(t)}) = g_1(g_2(\bar{t})) = g(\bar{t})\,;$$

in Worten: Die Spiegelung an $\mathfrak{C}$ ist unabhängig von der speziellen Parameterdarstellung. Die Fortsetzung durch Spiegelung wird nun so vorgenommen, daß mit der Spiegelung in der z-Ebene an der Kurve $\mathfrak{C}$ gleichzeitig die Spiegelung in der w-Ebene an der Kurve $\mathfrak{C}^*$ vorgenommen wird.

Die *Spiegelungen an Kreisbögen* sollen zeigen, wie im einzelnen diese Art der analytischen Fortsetzung vor sich geht. Da wir diese Bögen durch lineare Transformationen in die reelle Achse überführen können, so vermögen wir hier explizit die Spiegelung anzugeben.

Zwei Punkte z und z^* heißen in bezug auf den Kreis $\mathfrak{K}$ *zueinander (hyperbolisch) invers*, wenn sie auf demselben Halbstrahl durch den Mittelpunkt a von $\mathfrak{K}$ liegen und das Produkt ihrer Entfernungen von a gleich dem Quadrat des Radius von $\mathfrak{K}$ ist. Diese Zuordnung heißt die *Inversion* an $\mathfrak{K}$. Ist der Kreis $\mathfrak{K}$ zu einer Geraden g entartet, so heißen zwei Punkte z und z^* invers zueinander, wenn sie im elementar-geometrischen Sinn spiegelbildlich zu g liegen.

Liegen z und z^* invers zu einem Kreis $\mathfrak{K}$, so gehen sämtliche Orthokreise von $\mathfrak{K}$ durch z auch durch z^*. Es genügt, dies für den Einheitskreis zu zeigen. Dort ergibt sich für z der inverse Punkt $z^* = \frac{1}{\bar{z}}$. Nun lauten die Orthokreise zum Einheitskreis (s. 5, (13)):

$$\gamma z\bar{z} + \bar{c}z + c\bar{z} + \gamma = 0\,, \quad c\bar{c} - \gamma^2 > 0\,, \quad \gamma \text{ reell}\,.$$

Mit z genügt aber auch z^* der vorstehenden Gleichung.

Da bei einer linearen Transformation Kreise in Kreise und Orthokreise in Orthokreise übergehen (wobei die Geraden als entartete Kreise anzusehen sind), so gilt der

Hilfssatz 1. *Bei einer linearen Transformation gehen inverse Punkte zu einem Kreis $\mathfrak{K}$ in inverse Punkte des Bildkreises $\mathfrak{K}^*$ über.*

Nun bedeutet die Spiegelung an der reellen Achse den Übergang von einem Punkt z zum inversen Punkt $\bar{z}$ bezüglich dieser Geraden. Da ferner jeder Kreisbogen $\mathfrak{K}_0$ auf einem Kreise $\mathfrak{K}$ durch eine lineare Transformation in eine Strecke der reellen Achse übergeführt werden kann, so folgt

Hilfssatz 2. *Die Spiegelung am Bogen $\mathfrak{K}_0$ eines Kreises $\mathfrak{K}$ ist die Inversion an $\mathfrak{K}$.*

Formelmäßig können wir die Inversion am Kreise $\mathfrak{K}$ sofort angeben. Genügt $\mathfrak{K}$ der Gleichung $|z - a| = r$, so ist für einen Punkt z der inverse Punkt

$$z^* = a + \frac{r^2}{\bar{z} - \bar{a}}\,. \tag{1}$$

In Verbindung mit dem großen Schwarzschen Spiegelungssatz ergibt sich daher

Satz 48. *Gegeben seien zwei Kreise $\mathfrak{K}$ und $\mathfrak{K}^*$ mit den Gleichungen $|z - a| = r$, $|w - b| = s$. Die Funktion $w = f(z)$ sei auf der einen Seite eines auf $\mathfrak{K}$ liegenden Kreisbogens $\mathfrak{K}_0$ holomorph, auf $\mathfrak{K}_0$ noch stetig, und ihre Funktionswerte dort mögen auf $\mathfrak{K}^*$ liegen. Die durch Spiegelung gewonnene analytische Fortsetzung von $w = f(z)$ über $\mathfrak{K}_0$ hinaus lautet dann*

$$w = f(z) = b + \frac{s^2}{\overline{f\left(a + \frac{r^2}{\bar{z} - \bar{a}}\right)} - \bar{b}}\,. \tag{2}$$

In der Tat! Ist z Spiegelpunkt von z^* an $\mathfrak{K}$ und $w^* = f(z^*)$, so ist $w = f(z)$ Spiegelpunkt von w^* an $\mathfrak{K}^*$. Also hat man

$$w = f(z) = b + \frac{s^2}{\overline{w^*} - \bar{b}}\,,$$

woraus sich in Verbindung mit (1) Formel (2) ergibt.

Auf Grund des großen Schwarzschen Spiegelungssatzes können wir jetzt die im vorigen Paragraphen gewonnenen Aussagen über die Randabbildung bei konformen Abbildungen zu Aussagen über die Holomorphie der Abbildungsfunktion auf dem Rande erweitern.

Satz 49 *(Holomorphie der Abbildungsfunktion auf dem Rande). Das Gebiet* $\mathfrak{G}$ *besitze auf seinem Rand als freien Randbogen das analytische Kurvenstück* $\mathfrak{C}$. *Durch die Funktion* $w = f(z)$ *werde* $\mathfrak{G}$ *auf ein Gebiet* $\mathfrak{G}^*$ *eineindeutig und konform abgebildet und dabei* $\mathfrak{C}$ *durch die stetige Fortsetzung von* f *nach* $\mathfrak{C}$ *auf einen freien Randbogen* $\mathfrak{C}^*$, *der gleichfalls ein analytisches Kurvenstück ist. Dann läßt sich* $w = f(z)$ *über* $\mathfrak{C}$ *hinaus durch Spiegelung analytisch fortsetzen.*

Der Beweis ist durch 8, Satz 46 und Satz 47 gegeben.

Eine unmittelbare Folgerung von Satz 49 und 8, Satz 43 ist

Satz 49a. $\mathfrak{G}$ *und* $\mathfrak{G}^*$ *seien zwei einfach zusammenhängende Gebiete, die je von einer geschlossenen einfachen Kurve berandet werden, die ihrerseits aus je endlich vielen analytischen Kurvenstücken bestehen. Bildet dann die Funktion* $w = f(z)$ *die Gebiete eineindeutig und konform aufeinander ab, so ist* $f(z)$ *bis auf höchstens endlich viele Ausnahmepunkte über den Rand von* $\mathfrak{G}$ *hinaus analytisch fortsetzbar.*

Die Ausnahmepunkte sind höchstens die Punkte, in denen zwei analytische Kurvenstücke des Randes $\mathfrak{G}$ aneinanderstoßen und die Punkte, in deren Bildpunkten zwei analytische Kurvenstücke des Randes von $\mathfrak{G}^*$ zusammenkommen.

Bisher haben wir das analytische Kurvenstück durch eine analytische Parameterdarstellung im Kleinen definiert. Es läßt sich jetzt zeigen, daß es eine solche Darstellung auch im Großen gibt.

Satz 50. *Zu einem analytischen Kurvenstück* $\mathfrak{C}$ *gibt es eine Parameterdarstellung* $z = h(t)$, $\alpha \leqq t \leqq \beta$, *so daß* $h(t)$ *um jeden Punkt* t_0 *des Intervalles* $\alpha < t < \beta$ *in eine Potenzreihe*

$$h(t) = z_0 + b_1(t - t_0) + b_2(t - t_0)^2 + \cdots, \quad b_1 \neq 0,$$

entwickelbar ist.

Man verbinde die Endpunkte von $\mathfrak{C}$ durch eine einfache Kurve $\mathfrak{C}_0$, so daß eine geschlossene einfache Kurve $\mathfrak{C}_1 = \mathfrak{C} + \mathfrak{C}_0$ entsteht. Sodann bilde man durch eine Funktion $z = h(t)$ die obere t-Halbebene konform auf das Innere von $\mathfrak{C}_1$ ab. $z = h(t)$ ist nach 8, Satz 43 auf die reelle Achse topologisch fortsetzbar. Dabei kann $h(t)$ gemäß 8, Satz 44 so gewählt werden, daß $\mathfrak{C}$ als Bild eines vorgegebenen Intervalles $\alpha \leqq t \leqq \beta$ erscheint. Wir sind damit in den Voraussetzungen von Satz 49 und können die Funktion $z = h(t)$ über das Intervall $\alpha < t < \beta$ analytisch fortsetzen. Daher erscheint $\mathfrak{C}$ als Bild des Intervalles $\alpha \leqq t \leqq \beta$. Hieraus folgt durch Betrachtung der Winkelabbildung in einem Punkte t_0, $\alpha < t_0 < \beta$, daß $h'(t_0) \neq 0$ ist (s. 2, Satz 8). Damit ist Satz 50 bewiesen.

Wir haben in 8, Satz 44 die Abbildungsfunktion $w = f(z)$ zweier einfach zusammenhängender Gebiete aufeinander durch drei reelle Parameter eindeutig festgelegt, und zwar einmal, indem wir für einen inneren Punkt und einen Randpunkt die Bildpunkte vorgaben, und einmal durch Vorgabe der Bildpunkte dreier Randpunkte. Bei den von analytischen Kurvenstücken berandeten Gebieten können wir diese Kriterien noch dadurch vermehren, daß wir in gewissen Punkten des Randes die erste oder zweite Ableitung in geeigneter Weise vorschreiben. So können wir z. B. zu zwei Punkten z_1 und z_2 auf dem Rand von $\mathfrak{G}$ die Bildpunkte w_1 und w_2 auf dem Rand von $\mathfrak{G}^*$ beliebig vorgeben und, falls sowohl z_1 als auch w_1 innere Punkte der begrenzenden analytischen Kurvenstücke $\mathfrak{C}$ bzw. $\mathfrak{C}^*$ sind, den Betrag der ersten Ableitung von $f(z)$ in z_1. Ist nämlich $z = G(t)$ eine Abbildung der oberen t-Halbebene auf $\mathfrak{G}$, bei der $G(0) = z_1$ und $G(\infty) = z_2$ ist und $w = F(s)$ eine Abbildung der oberen s-Halbebene auf $\mathfrak{G}^*$ mit $F(0) = w_1$ und $F(\infty) = w_2$, so durchläuft

$$w = f(z) = F(l(\check{G}(z))) \tag{3}$$

die Gesamtheit aller Abbildungen von $\mathfrak{G}$ auf $\mathfrak{G}^*$ mit $w_1 = f(z_1)$, $w_2 = f(z_2)$, wenn $s = l(t)$ alle Abbildungen $s = \alpha \cdot t$, $\alpha > 0$, durchläuft. Für $f'(z_1)$ ergibt sich aus (3):

$$f'(z_1) = \alpha \cdot \frac{F'(0)}{G'(0)}. \tag{4}$$

Gibt man also $|f'(z_1)| > 0$ beliebig vor, so erhält man

$$\alpha = \left| f'(z_1) \cdot \frac{G'(0)}{F'(0)} \right| \tag{5}$$

und damit nach (3) die gesuchte Abbildung, die eindeutig bestimmt ist. Es gilt also

Satz 51 *(Festlegung der Abbildungsfunktion durch Randbedingungen). $\mathfrak{G}$ und $\mathfrak{G}^*$ seien einfach zusammenhängende Gebiete, die von je endlich vielen analytischen Kurvenstücken berandet werden. Dann gibt es genau eine Funktion $w = f(z)$, die $\mathfrak{G}$ auf $\mathfrak{G}^*$ eineindeutig und konform abbildet und die folgende Bedingungen erfüllt: sie führt zwei gegebene Punkte z_1 und z_2 auf dem Rand von $\mathfrak{G}$ in zwei gegebene Punkte w_1 und w_2 auf dem Rand von $\mathfrak{G}^*$ über, wobei z_1 und w_1 innere Punkte zweier analytischer Randkurvenstücke seien, und sie hat für $|f'(z_1)|$ einen vorgegebenen positiven Wert.*

Anstatt den Bildpunkt w_2 eines zweiten Randpunktes z_2 zur Festlegung der Abbildung heranzuziehen, kann man neben $|f'(z_1)|$ auch den Wert der zweiten Ableitung $f''(z_1)$ im Punkte z_1 geeignet vorschreiben. $\mathfrak{G}$ werde in der Umgebung des Punktes z_1 von einem analytischen Kurvenstück $\mathfrak{C}$ begrenzt, das im Punkte z_1, wenn man es in bezug auf $\mathfrak{G}$ positiv durchläuft, den Winkel φ mit der positiven x-Richtung der z-Ebene bildet und dort die Krümmung $\varkappa_z$ hat. Dann läßt sich die Abbildung $z = G(t)$ der oberen t-Halbebene auf $\mathfrak{G}$ so normieren, daß

$$G(0) = z_1, \; G'(0) = e^{i\varphi}, \; G''(0) = i\,\varkappa_z \cdot e^{i\varphi}$$

ist. Entsprechend läßt sich die Abbildung $w = F(s)$ der oberen s-Halbebene auf das Gebiet $\mathfrak{G}^*$ so normieren, daß

$$F(0) = w_1, \; F'(0) = e^{i\psi}, \; F''(0) = i\,\varkappa_w e^{i\psi}$$

ist, wenn ψ der Winkel des analytischen Kurvenstücks $\mathfrak{C}^*$ im Punkte w_1 gegen die positive u-Richtung der w-Ebene und $\varkappa_w$ die Krümmung in w_1 ist. Die allgemeinste Abbildung von $\mathfrak{G}$ auf $\mathfrak{G}^*$ hat dann die Gestalt (3), wobei nun $s = l(t)$ alle Abbildungen

$$s = \frac{\alpha t}{1 + \beta t}, \quad \alpha > 0, \quad \beta \text{ beliebig reell},$$

durchläuft. Daher gilt für die Funktion $f(z)$:

$$f(z_1) = w_1, \; f'(z_1) = \alpha e^{i(\psi - \varphi)}, \; f''(z_1) = [-2\alpha\beta + i(\alpha^2\varkappa_w - \alpha\varkappa_z)]\, e^{i(\psi - 2\varphi)}.$$

Hieraus erkennt man, daß *die Abbildung eindeutig bestimmt ist, wenn* $|f'(z_1)| = \alpha$ *und* $f''(z_1)$ *auf der durch* α *gegebenen Geraden*

$$f''(z_1) = [-2\alpha\beta + i(\alpha^2\varkappa_w - \alpha\varkappa_z)]\, e^{i(\psi - 2\varphi)}, \quad -\infty < \beta < \infty,$$

gegeben wird.

Aus der letzten Gleichung entnimmt man außerdem, daß in gewissen Fällen die Abbildung allein durch Vorgabe von $f''(z_1)$ bestimmt ist. Ist z. B. $\varkappa_w = 0$, $\varkappa_z \neq 0$ oder $\varkappa_w \neq 0$, $\varkappa_z = 0$ oder $\frac{\varkappa_z}{\varkappa_w} < 0$, so durchläuft $f''(z_1)$ mit $l(t)$ genau einmal eine Halbebene, so daß für jeden Wert von $f''(z_1)$ aus dieser Halbebene α und β und damit $f(z)$ eindeutig bestimmt sind. Ist aber $\varkappa_w = \varkappa_z = 0$, so ist $f''(z_1) = -2\alpha\beta \cdot e^{i(\psi - 2\varphi)}$, und durch $f''(z_1)$ allein sind α und β nicht zu ermitteln. Und im Falle $\frac{\varkappa_z}{\varkappa_w} > 0$ durchläuft $f''(z_1)$ mit $l(t)$ wieder eine Halbebene, aber in dieser gibt es einen Parallelstreifen, den $f''(z_1)$ zweimal durchläuft, so daß für die Werte von $f''(z_1)$ aus diesem Streifen zwei Funktionen existieren.

Auch in den Ausnahmepunkten der analytischen Kurvenbögen läßt sich die Abbildungsfunktion näher untersuchen. Das kann in dem sehr allgemeinen Fall geschehen, daß in einem Randpunkt z_0 zwei dort noch differenzierbare einfache Kurven unter einem gewissen Winkel zusammenstoßen. Wir beschäftigen uns hier nur mit einem sehr speziellen Fall.

Satz 52 *(Die Abbildungsfunktion in Eckpunkten des Randes). $\mathfrak{G}$ sei ein Gebiet, das in einer Umgebung des Randpunktes z_0 allein von zwei Strecken berandet wird, die in z_0 einen Winkel $\alpha \cdot \pi \neq 0$ einschließen. $w = f(z)$ bilde $\mathfrak{G}$ auf ein Gebiet $\mathfrak{G}^*$ eineindeutig und konform so ab, daß als Bild von z_0 ein erreichbarer Randpunkt w_0 auf einem freien analytischen Randbogen von $\mathfrak{G}^*$ erscheint. Dann ist die Abbildungsfunktion $w = f(z)$ in z_0 nach nicht negativen Potenzen von $t = (z - z_0)^{\frac{1}{\alpha}}$ entwickelbar:*

$$f(z) = \sum_{\nu=0}^{\infty} a_\nu \left[(z - z_0)^{\frac{1}{\alpha}}\right]^\nu,$$

wobei $(z - z_0)^{\frac{1}{\alpha}}$ ein Zweig der Funktion $e^{\frac{1}{\alpha}\log(z - z_0)}$ ist, durch den dann die Koeffizienten a_ν mit $a_1 \neq 0$ bestimmt sind.

Durch die Transformation $t = g(z) = (z - z_0)^{\frac{1}{\alpha}}$ wird in einer Umgebung $|z - z_0| < r$ von z_0 der zu $\mathfrak{G}$ gehörende Sektor $\mathfrak{W}_\alpha$ zwischen den beiden Strecken konform auf einen Sektor $\mathfrak{W}_\pi$ vom Winkel π in der Umgebung des Nullpunktes abgebildet. $w = f(\breve{g}(t)) = h(t)$ bildet dann $\mathfrak{W}_\pi$ auf ein Teilgebiet $\mathfrak{G}_\pi^*$ von $\mathfrak{G}^*$ ab und w_0 erscheint als Bildpunkt des Nullpunktes auf einem freien analytischen Randboden von $\mathfrak{G}_\pi^*$. Dort ist die Abbildung $h(t)$ noch umkehrbar stetig (s. 8, Satz 46) und folglich nach Satz 49 durch Spiegelung in den Nullpunkt analytisch fortsetzbar. Es gilt also $h(t) = \sum_{\nu=0}^{\infty} a_\nu t^\nu$ und somit im Sektor $\mathfrak{W}_\alpha$:

$$f(z) = \sum_{\nu=0}^{\infty} a_\nu \left[(z - z_0)^{\frac{1}{\alpha}}\right]^\nu.$$

Wegen der Konformität von $h(t)$ im Nullpunkt ist dabei $a_1 \neq 0$.

Auf Grund der vorstehend geschilderten Einsichten gelingt es uns in vielen Fällen, die Abbildungsfunktion völlig festzulegen.

Beispiele:

1. Die Abbildung eines Rechtecks auf die obere Halbebene. Gegeben sei ein Rechteck $\mathfrak{R}$ mit den Seitenlängen a und b in der z-Ebene, dessen eine Seite a

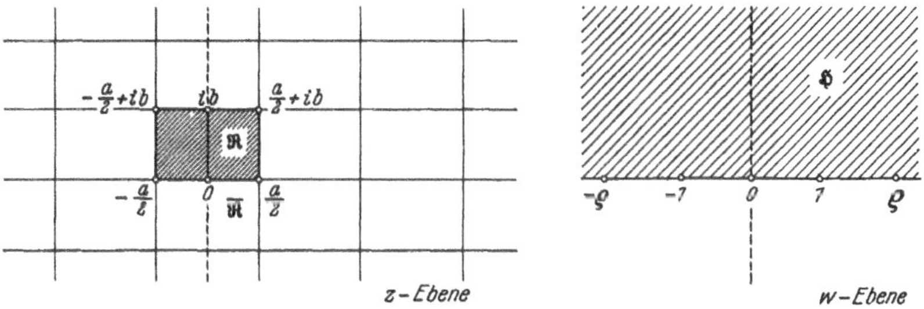

Abb. 29

auf der reellen Achse liege und den Nullpunkt als Mittelpunkt habe. Die Ecken sind dann $\frac{a}{2}, \frac{a}{2} + ib, -\frac{a}{2} + ib, -\frac{a}{2}$. Die Funktion $w = f(z)$ bilde $\mathfrak{R}$ auf die obere Halbebene $\mathfrak{H}$ so ab, daß $\frac{a}{2}$ in 1, $-\frac{a}{2}$ in -1 und ib in ∞ übergeht (s. Abb. 29). Spiegeln wir jetzt sowohl $\mathfrak{R}$ als auch $\mathfrak{H}$ an der imaginären Achse, so gehen $\mathfrak{R}$ und $\mathfrak{H}$ je in sich über, und wir erhalten wieder eine konforme Abbildung von $\mathfrak{R}$ auf $\mathfrak{H}$ mit der gleichen Normierung wie oben. Die Abbildung lautet $w = -\overline{f(-\bar{z})}$. Da durch die Normierung die Abbildungsfunktion eindeutig bestimmt ist (s. 8, Satz 44), so gilt

$$f(z) = -\overline{f(-\bar{z})}. \tag{6}$$

Für die Punkte auf dem Rande von $\mathfrak{R}$ ist $f(z)$ reell, so daß für sie $f(z) = -f(-\bar{z})$ gilt. Hieraus folgt z. B. $f(0) = 0$ und $f\left(\frac{a}{2} + ib\right) = -f\left(-\frac{a}{2} + ib\right)$. Weil die Ränder von $\mathfrak{R}$ und $\mathfrak{H}$ gleichsinnig durchlaufen werden, so muß $f\left(\frac{a}{2} + ib\right) > 1$ sein, und man hat

$$f\left(\frac{a}{2} + ib\right) = \varrho\,, \; f\left(-\frac{a}{2} + ib\right) = -\varrho\,, \quad 1 < \varrho < \infty\,.$$

Eine Spiegelung von $\mathfrak{R}$ an der reellen Achse liefert die Fortsetzung von $f(z)$ in das Rechteck $\overline{\mathfrak{R}}$ unterhalb der reellen Achse, wo man die Werte

$$f(z) = \overline{f(\bar{z})} \tag{7}$$

erhält. Aus (6) und (7) folgt in $\mathfrak{R} \cup \overline{\mathfrak{R}}$:

$$f(z) = -f(-z)\,.$$

$f(z)$ ist also eine ungerade Funktion.

Auf allen freien Rechteckseiten von $\mathfrak{R}$ und $\overline{\mathfrak{R}}$ nimmt $f(z)$ reelle Werte an. Daher kann $f(z)$ über alle diese Seiten durch Spiegelung analytisch fortgesetzt werden. Gleiches gilt für alle so durch mehrfache Spiegelung von $\mathfrak{R}$ gewonnenen Rechtecke. So läßt sich also $f(z)$ in sämtliche Rechtecke des aus $\mathfrak{R}$ durch Parallelverschiebungen $z' = z + ka + ilb$, k, l ganz, gewonnenen Rechtecknetzes analytisch fortsetzen. Dabei hat man bei jeder Spiegelung in der z-Ebene die Spiegelung in der w-Ebene an der reellen Achse zu vollziehen. Da dort eine zweimalige Spiegelung die Rückkehr zum alten Funktionswert bedeutet und in der z-Ebene eine zweimalige Spiegelung in derselben Richtung eine Parallelverschiebung um $2a$ bzw. $2ib$ liefert, so hat die Funktion $f(z)$ die zwei Perioden $w_1 = 2a$ und $w_2 = 2ib$, d. h. es gilt

$$f(z + mw_1 + nw_2) = f(z)\,, \quad m, n \text{ ganz.}$$

Wir müssen die Funktion $f(z)$ noch in den Ecken des Rechtecknetzes sowie in den Spiegelpunkten von ib betrachten.

Nach Satz 52 ist sie in den Eckpunkten, d. h. in allen Punkten $z_{kl} = \frac{a}{2} + ka + ilb$, k, l ganz, nach Potenzen von $(z - z_{kl})^2$ entwickelbar, und zwar nimmt sie dort ihre Funktionswerte, das sind die Werte ± 1 und $\pm\varrho$, von genau 2. Ordnung an. Im Punkte ib und seinen Spiegelpunkten $ib + ka + 2ilb$, k, l ganz, hat $f(z)$ Pole erster Ordnung. Dies ergibt sich sofort aus Satz 52, wenn man zuvor den Punkt $w = \infty$ durch die Transformation $w' = \frac{1}{w}$ ins Endliche holt.

$w = f(z)$ ist also eine in der endlichen z-Ebene meromorphe Funktion mit den Perioden w_1 und w_2, deren Quotient $\frac{w_1}{w_2}$ nicht reell ist, und somit eine elliptische Funktion (s. III, 7, Beispiel 3).

Die Umkehrfunktion $z = \check{f}(w)$, die zunächst in der oberen Halbebene $\mathfrak{H}$ gegeben ist, läßt sich gleichfalls durch Spiegelung in der abgeschlossenen Ebene unbegrenzt fortsetzen, solange die Punkte ± 1 und $\pm\varrho$ vermieden werden. Sie bleibt jedoch bei dieser Fortsetzung nicht eindeutig. Vielmehr erkennt man aus dem Spiegelungsverfahren, daß zu jedem Punkt w als Werte bei der analytischen Fortsetzung mit $z = \check{f}(w)$ auch alle Punkte $z + mw_1 + nw_2$ und $a - z + mw_1 + nw_2$, m, n ganz, auftreten, je nachdem auf welchem Wege die Fortsetzung durchgeführt wird. Die Ableitung $\check{f}'(w)$ kann zu jedem Punkt w nur noch höchstens zwei Werte annehmen, die sich um den Faktor -1 unterscheiden. In den Eckpunkten z_{kl} des Rechtecknetzes in der z-Ebene hatte $f(z)$ die Entwicklung

$$w = f(z) = w_{kl} + \sum_{\nu=1}^{\infty} a_\nu (z - z_{kl})^{2\nu}\,, \quad a_1 \neq 0\,.$$

Dabei ist w_{kl} einer der Werte ± 1 und $\pm\varrho$. Die Umkehrung $z = \check{f}(w)$ genügt daher in den letztgenannten Punkten einer Beziehung

$$(z - z_{kl})^2 = \sum_{\nu=1}^{\infty} b_\nu (w - w_{kl})^\nu , \quad b_1 = \frac{1}{a_1} \neq 0 ,$$

so daß in der Umgebung einer dieser Stellen jeder Zweig von $\check{f}(w)$ die Gestalt

$$\check{f}(w) = z_{kl} + \sqrt{w - w_{kl}} \cdot g(w)$$

hat, wobei $g(w)$ in w_{kl} holomorph und von Null verschieden ist. Für $\check{f}'(w)$ erhält man daraus in der Umgebung von w_{kl} die Darstellung

$$\check{f}'(w) = \frac{1}{\sqrt{w - w_{kl}}} \left(\frac{1}{2} g(w) + (w - w_{kl})\, g'(w) \right) .$$

Im Unendlichen sind alle Zweige von $\check{f}(w)$ holomorph. Also gilt gleiches dort für die Ableitung $\check{f}'(w)$, die dort Nullstellen 2. Ordnung hat. So folgt nun, daß

$$h(w) = \check{f}'(w) \cdot \sqrt{(w^2 - 1)(w^2 - \varrho^2)}$$

eine in der geschlossenen Ebene unbegrenzt fortsetzbare holomorphe Funktion, also konstant ist. Wir erhalten daraus

$$\check{f}(w) = C \int_0^w \frac{1}{\sqrt{(\eta^2 - 1)(\eta^2 - \varrho^2)}}\, d\eta . \tag{8}$$

Der Ausdruck rechts heißt ein elliptisches Integral. Zu Beginn des nächsten Kapitels verschaffen wir uns im Begriff der Riemannschen Fläche das Mittel, Funktionen dieser Art näher zu studieren.

Das Integral (8) kann dazu benutzt werden, die zunächst unbekannte Konstante ϱ in der Abbildung $w = f(z)$ zu ermitteln. Nach (8) hängt das Seitenverhältnis $\frac{a}{b}$ des Rechtecks $\mathfrak{R}$ wie folgt mit ϱ zusammen:

$$\frac{a}{b} = 2\, \frac{\displaystyle\int_0^1 \frac{1}{\sqrt{(1 - x^2)(\varrho^2 - x^2)}}\, dx}{\displaystyle\int_1^\varrho \frac{1}{\sqrt{(x^2 - 1)(\varrho^2 - x^2)}}\, dx} = 2\, \frac{K\left(\frac{1}{\varrho}\right)}{K\left(\sqrt{1 - \frac{1}{\varrho^2}}\right)} .$$

$K(k)$ ist dabei das reelle vollständige elliptische Integral 1. Gattung:

$$K(k) = \int_0^{\frac{\pi}{2}} \frac{d\varphi}{\sqrt{1 - k^2 \sin^2 \varphi}} ,$$

welches in tabellierter Form vorliegt*. Für $\frac{a}{b} = 2$ erhält man beispielsweise $\varrho = \sqrt{2} = 1{,}4142\ldots$ und für $\frac{a}{b} = 1$ den Wert $\varrho = 3 + \sqrt{8} = 5{,}8284\ldots$.

---

* Siehe z. B. E. JAHNKE, F. EMDE u. E. LÖSCH: Tafeln höherer Funktionen. 6. Aufl. Stuttgart 1960.

2. Die allgemeine Polygonabbildung (s. Abb. 30). $\mathfrak{P}$ sei ein Polygon mit den Eckpunkten $a_1, a_2, \ldots, a_n$ und den Winkeln $\alpha_1 \cdot \pi, \alpha_2 \cdot \pi, \ldots, \alpha_n \cdot \pi$. Es ist also $\alpha_1 + \alpha_2 + \cdots + \alpha_n = n - 2$. $w = f(z)$ bewirke eine konforme Abbildung des Polygons $\mathfrak{P}$ der z-Ebene auf die obere w-Halbebene, wobei die Eckpunkte der Reihe nach in die Punkte $\varrho_1, \varrho_2, \ldots, \varrho_n$ auf der reellen Achse übergehen mögen. Machen wir zunächst die Voraussetzung, daß keiner der Eckpunkte von $\mathfrak{P}$ auf den unendlich fernen Punkt abgebildet wird. Dann wissen wir, daß $f(z)$ in den Eckpunkten sich nach nicht negativen Potenzen von $t = (z - a_k)^{\frac{1}{\alpha_k}}$ entwickeln läßt:

$$f(z) = \sum_{\nu=0}^{\infty} c_\nu \left[(z - a_k)^{\frac{1}{\alpha_k}}\right]^\nu, \quad c_1 \neq 0, \tag{9}$$

und in allen übrigen Punkten des abgeschlossenen Polygons $\mathfrak{P}$ mit Ausnahme des Originalpunktes a_0 von $w = \infty$ holomorph ist. In a_0 hat $f(z)$ einen Pol 1. Ordnung.

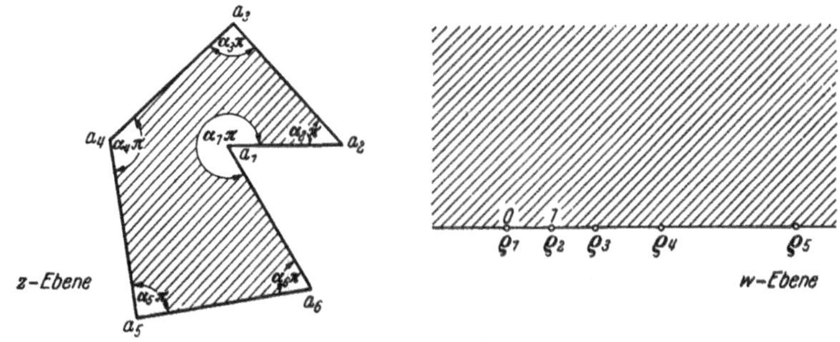

Abb. 30

Spiegeln wir nun $\mathfrak{P}$ an einer Seite (a_k, a_{k+1}), $a_{n+1} = a_1$, und dann das so gewonnene Polygon $\mathfrak{P}'$ nochmals an (a'_m, a'_{m+1}), dem Bild der Seite (a_m, a_{m+1}), so gelangen wir zu einem Polygon $\mathfrak{P}^*$, das allein durch Drehung und Verschiebung, d. h. durch eine Transformation $z^* = az + b$, aus $\mathfrak{P}$ hervorgeht. Durch die Spiegelungen wird $f(z)$ in $\mathfrak{P}'$ und $\mathfrak{P}^*$ fortgesetzt. Die Umkehrfunktion $\check{f}(w)$, die die obere Halbebene auf $\mathfrak{P}$ abbildet, wird dabei über die auf der reellen Achse liegende Strecke $(\varrho_k, \varrho_{k+1})$, das Bild der Strecke (a_k, a_{k+1}), in die untere Halbebene fortgesetzt und bei der zweiten Spiegelung über die Strecke $(\varrho_m, \varrho_{m+1})$ zurück in die obere Halbebene. Man gelangt dabei zu einer Funktion $f^*(w)$, die die obere Halbebene auf $\mathfrak{P}^*$ abbildet. Ist $z = \check{f}(w)$, so ist $f^*(w) = z^* = az + b$, und z und z^* sind zwei durch die doppelte Spiegelung auseinander hervorgehende Punkte. Also ist

$$f^*(w) = a\check{f}(w) + b,$$

woraus man

$$\frac{f^{*\prime\prime}(w)}{f^{*\prime}(w)} = \frac{\check{f}''(w)}{\check{f}'(w)} = h(w) \tag{10}$$

erhält. Die Funktion $h(w)$ kann in der geschlossenen w-Ebene höchstens mit Ausnahme der Punkte $\varrho_1, \varrho_2, \ldots, \varrho_n$ beliebig analytisch fortgesetzt werden, und diese Fortsetzung bleibt nach (10) eindeutig. Da $w = f(z)$ in a_k die Entwicklung (9) hat, so gilt für die einzelnen Zweige von $z = \check{f}(w)$ in einer Umgebung von ϱ_k, $k = 1, 2, \ldots$, eine Darstellung

$$z = \check{f}(w) = a_k + (w - \varrho_k)^{\alpha_k} [b_0 + b_1 (w_0 - \varrho_k) + \cdots], \quad b_0 \neq 0,$$

woraus sich für $h(w)$ die Entwicklung

$$h(w) = \frac{\alpha_k - 1}{w - \varrho_k} + c_0 + c_1 (w - \varrho_k) + \cdots \tag{11}$$

ergibt. $h(w)$ ist also eine rationale Funktion. Da $\check{f}(w)$ wegen der durch $f(z)$ geleisteten Abbildung im Unendlichen holomorph ist, verschwindet dort $h(w)$, so daß wir erhalten:

$$h(w) = \sum_{k=1}^{n} \frac{\alpha_k - 1}{w - \varrho_k}.$$

So folgt

$$\check{f}'(w) = C\, e^{\int_{w_0}^{w} h(u)\, du} = C_1 (w - \varrho_1)^{\alpha_1 - 1} \ldots (w - \varrho_n)^{\alpha_n - 1}$$

und

$$z = \check{f}(w) = C_1 \int_{w_0}^{w} (u - \varrho_1)^{\alpha_1 - 1} \ldots (u - \varrho_n)^{\alpha_n - 1} du + C_2. \tag{12}$$

Zugleich sehen wir, wie (8) ein Spezialfall von (12) ist.

Wir verlegen nun den Punkt ϱ_n ins Unendliche durch die Transformation

$$w = \varrho_n - \frac{1}{w^*}$$

und heben damit unsere bisherige Voraussetzung auf. Zugleich führen wir die entsprechende Transformation der Integrationsvariablen durch:

$$u = \varrho_n - \frac{1}{u^*}.$$

So folgt aus (12):

$$z = C_1 \int_{w_0^*}^{w^*} \left(\varrho_n - \frac{1}{u^*} - \varrho_1\right)^{\alpha_1 - 1} \ldots \left(\varrho_n - \frac{1}{u^*} - \varrho_{n-1}\right)^{\alpha_{n-1} - 1} \times$$
$$\times \left(-\frac{1}{u^*}\right)^{\alpha_n - 1} \frac{du^*}{u^{*2}} + C_2.$$

Beachten wir ferner, daß $\alpha_1 + \alpha_2 + \cdots + \alpha_n = n - 2$ und daher

$$\left(\frac{1}{u^*}\right)^{\alpha_n - 1} \cdot \frac{1}{u^{*2}} = (u^*)^{\sum_{k=1}^{n-1} (\alpha_k - 1)}$$

ist, so ergibt sich

$$z = C_1^* \int_{w_0^*}^{w^*} (u^* - \varrho_1^*)^{\alpha_1 - 1} \ldots (u^* - \varrho_{n-1}^*)^{\alpha_{n-1} - 1} \cdot du^* + C_2^*.$$

Dabei ist $\varrho_m^* = \dfrac{1}{\varrho_n - \varrho_m}$, $m = 1, 2, \ldots, n - 1$. Durch eine ganze lineare Transformation können wir zweien der ϱ_m^* noch beliebige endliche Werte erteilen. Nehmen wir an, daß $a_1, a_2, \ldots, a_n$ auf dem Rande von $\mathfrak{P}$ in positivem Sinne aufeinanderfolgen und wählen wir für ϱ_1^* und ϱ_2^* die Werte 0 und 1, so erhalten wir, wenn wir noch $w_0^* = 0$ setzen,

$$z = C_1^* \int_{0}^{w^*} u^{*\alpha_1 - 1} (u^* - 1)^{\alpha_2 - 1} \ldots (u^* - \varrho_{n-1}^*)^{\alpha_{n-1} - 1} \cdot du^* + C_2^*. \tag{13}$$

Darin ist $C_2^* = a_1$, und in $C_1^* = c e^{i\varphi}$ ist $\varphi = \operatorname{arc}(a_n - a_{n-1})$. Die noch unbekannten positiven Größen $c, \varrho_3^*, \varrho_4^*, \ldots, \varrho_{n-1}^*$ müssen aus den reellen Integralen

$$|a_k - a_{k-1}| = c \int_{\varrho_{k-1}^*}^{\varrho_k^*} u^{\alpha_1-1}(u-1)^{\alpha_2-1}(u-\varrho_3^*)^{\alpha_3-1}\ldots(u-\varrho_{k-1}^*)^{\alpha_{k-1}-1}\times$$
$$\times(\varrho_k^*-u)^{\alpha_k-1}\ldots(\varrho_{n-1}^*-u)^{\alpha_{n-1}-1}\,du\,,$$
$$k = 2, 3, 4, \ldots, n-1, \quad \varrho_1^* = 0, \quad \varrho_2^* = 1,$$

ermittelt werden. In (13) ist auch die Abbildung eines Dreiecks auf die obere Halbebene enthalten. Aber alle so gewonnenen Funktionen haben die Eigenschaft, nach zweimaliger Spiegelung eine Funktion zu liefern, die im ursprünglichen Definitionsbereich, nämlich in der oberen Halbebene, erklärt ist, aber mit der Ursprungsfunktion nicht zusammenfällt. Solche „mehrblättrigen" Funktionen werden zu Beginn des nächsten Kapitels behandelt.

3. Abbildung eines Kreissektors auf die obere Halbebene (s. Abb. 31). $\mathfrak{G}$ sei der Sektor $0 < |z| < 1$, $0 < \operatorname{arc} z < \alpha\pi$. Hier brauchen wir vom Spiegelungsprinzip keinen Gebrauch zu machen. Durch

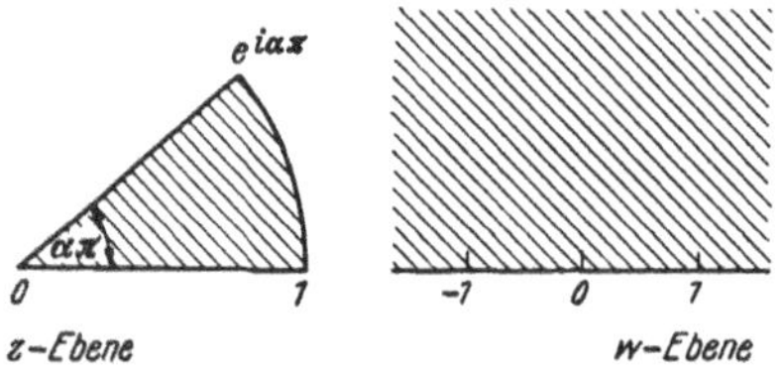

Abb. 31

$$z' = z^{\frac{1}{\alpha}}.$$

bilden wir $\mathfrak{G}$ auf den Halbkreis $\mathfrak{H}: 0 < |z'| < 1$, $0 < \operatorname{arc} z' < \pi$, ab. Durch

$$z'' = \frac{1+z'}{1-z'}$$

geht $\mathfrak{H}$ in den ersten Quadranten $\mathfrak{Q}$: $0 < |z''|$, $0 < \operatorname{arc} z'' < \frac{\pi}{2}$ über, dieser durch

$$z''' = z''^2$$

in die obere Halbebene. Dabei gehen die Punkte $0, 1, e^{i\alpha\pi}$ der Reihe nach in $1, \infty, 0$ über. Bringen wir diese durch die lineare Transformation

$$w = \frac{z'''-1}{z'''+1}$$

in die Punkte $0, 1, -1$, so erhalten wir in

$$w = \frac{2z^{\frac{1}{\alpha}}}{1+z^{\frac{2}{\alpha}}} \tag{14}$$

diejenige Funktion, die $\mathfrak{G}$ auf die obere Halbebene so abbildet, daß die Punkte $0, 1, e^{i\alpha\pi}$ der Reihe nach in die Punkte $0, 1, -1$ übergehen. Ist $\alpha = \frac{1}{n}$, n ganz, so liefert (14) die rationale Funktion

$$w = \frac{2z^n}{1+z^{2n}}.$$

4. Abbildung eines nullwinkligen Kreisbogendreiecks auf die obere Halbebene (s. Abb. 32). Auf einem Kreise $\mathfrak{C}$ seien drei Punkte z_1, z_2, z_3 gegeben, und je zwei von ihnen seien in der durch $\mathfrak{C}$ begrenzten Kreisscheibe $\mathfrak{K}$ durch Orthokreisbogen verbunden. Diese Orthokreise begrenzen dann ein in $\mathfrak{K}$

gelegenes nullwinkliges Kreisbogendreieck $\mathfrak{D}$. Die Ecken eines solchen nullwinkligen Dreiecks nennen wir *Spitzen*. Ist umgekehrt ein nullwinkliges Kreisbogendreieck $\mathfrak{D}$ gegeben, so stehen seine Seiten orthogonal zum Kreise $\mathfrak{C}$ durch die drei Spitzen. Wir wollen die Abbildung von $\mathfrak{D}$ auf die obere Halbebene studieren. Dazu genügt es, als Kreis $\mathfrak{C}$ die reelle Achse und als Spitzen die Stellen 0, 1 und ∞ zu wählen (s. Abb. 33). Das in der oberen Halbebene gelegene Kreisbogendreieck $\mathfrak{G}_0$ mit diesen Spitzen wird dann durch den Halbkreis $\mathfrak{h}$: $\left|z - \frac{1}{2}\right| = \frac{1}{2}, 0 \leqq \operatorname{arc}\left(z - \frac{1}{2}\right) \leqq \pi$, und die beiden Halbgeraden $\mathfrak{g}_0$: $x = 0$, $0 \leqq y \leqq \infty$, und $\mathfrak{g}_1$: $x = 1$, $0 \leqq y \leqq \infty$, begrenzt. Die Funktion $w = f(z)$ bilde jetzt $\mathfrak{G}_0$ auf die obere Halbebene so ab, daß die Punkte 0, 1, ∞ wieder in 0, 1, ∞ übergehen. Diese Funktion können wir durch Spiegelung an den drei Seiten von $\mathfrak{G}_0$ analytisch fortsetzen. Bei jeder solchen Spiegelung geht die obere Halbebene $\mathfrak{H}$ in sich über. So wird $f(z)$ in ein

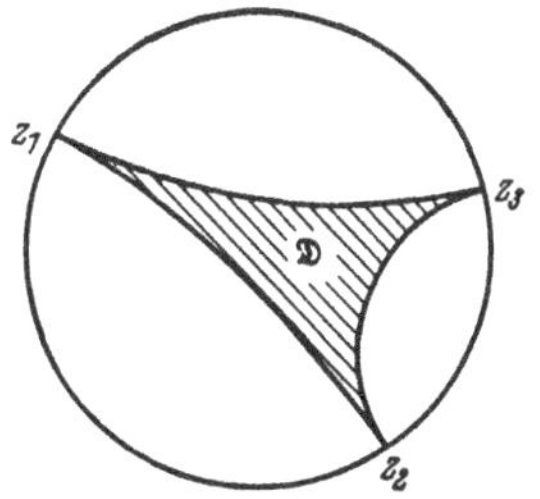

Abb. 32

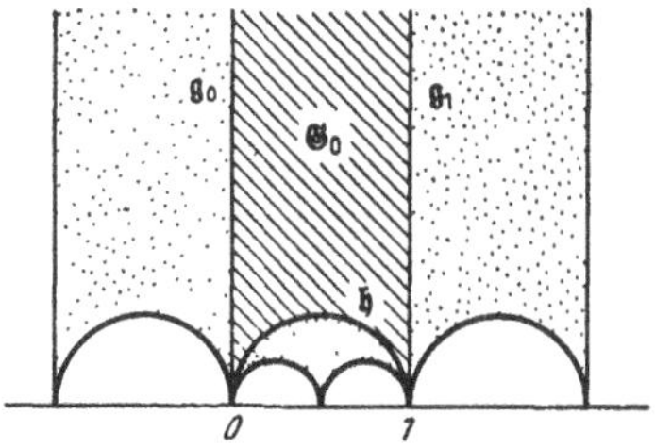

Abb. 33

in $\mathfrak{H}$ liegendes Kreisbogensechseck $\mathfrak{G}_1$ fortgesetzt, dessen Seiten alle orthogonal zur reellen Achse sind, auf der die Spitzen des Sechsecks liegen. Indem wir nun wieder an den sechs Seiten von $\mathfrak{G}_1$ spiegeln, gelangen wir zu einem Kreisbogen-30-Eck $\mathfrak{G}_2$, sodann zu einem Kreisbogen-870-Eck $\mathfrak{G}_3$ usw. Wir behaupten, daß wir bei ständiger Wiederholung in der Grenze gerade die obere Halbebene $\mathfrak{H}$ ausfüllen. Jedenfalls sind die begrenzenden Kreisbögen der so gewonnenen n-Ecke $\mathfrak{G}_\nu$ alle orthogonal zur reellen Achse, wo sie beginnen und enden. Würde nun $\mathfrak{H}$ nicht ganz ausgefüllt werden, so gäbe es in $\mathfrak{H}$ einen Punkt z_0, der im Innern von $\mathfrak{H}$, aber auf dem Rande des von den ineinanderliegenden n-Ecken $\mathfrak{G}_\nu$ ausgeschöpften Gebietes läge. Gegen z_0 müßten sich nun Seiten $\mathfrak{B}_\nu$ der n-Ecke $\mathfrak{G}_\nu$ häufen. Da diese alle zur reellen Achse orthogonal sind und sich nicht schneiden, so konvergieren die $\mathfrak{B}_\nu$ notwendig in ihrer ganzen Länge gegen einen durch z_0 laufenden, zur reellen Achse orthogonalen Kreisbogen $\mathfrak{B}_0$. Die Spiegelungen an den $\mathfrak{B}_\nu$ müssen gegen die Spiegelung an $\mathfrak{B}_0$ konvergieren. Die Spiegelung der n-Ecke an $\mathfrak{B}_0$ führt aber über z_0 hinaus, also tun dies auch die Spiegelungen an den $\mathfrak{B}_\nu$ für hinreichend große ν. Das ist ein Widerspruch gegen die Voraussetzung für z_0. Also wird $f(z)$ ins ganze Innere von $\mathfrak{H}$ fortgesetzt. Andererseits muß die reelle Achse natürliche Grenze von $f(z)$ sein, weil sich die Spitzen der n-Ecke überall auf ihr häufen und $f(z)$ — vom Innern der n-Ecke kommend — in den Spitzen gegen die Werte 0, 1 oder ∞ strebt. Dies wäre aber nicht möglich, wenn $f(z)$ in einem Randpunkt holomorph wäre. $f(z)$ nimmt alle anderen Werte im Innern von $\mathfrak{G}_1$ an; denn die in der oberen Halbebene gelegenen Werte nimmt $f(z)$ schon in $\mathfrak{G}_0$ an, die der unteren Halbebene im ersten Spiegeldreieck, die reellen Werte außer 0, 1, ∞ auf der in $\mathfrak{H}$ liegenden Berandung von $\mathfrak{G}_0$. $f(z)$ hat also folgende Eigenschaften:

1. $f(z)$ ist in $\mathfrak{H}$ holomorph,
2. $f(z)$ läßt sich nicht über $\mathfrak{H}$ hinaus analytisch fortsetzen,

3. $f(z)$ nimmt alle Werte mit Ausnahme von 0, 1, ∞ in $\mathfrak{H}$ unendlich häufig an, und zwar jedesmal von erster Ordnung,

4. $f(z)$ nimmt die Werte 0, 1, ∞ in $\mathfrak{H}$ nicht an.

Durch unser Spiegelungsverfahren erscheinen als Bilder von $\mathfrak{G}_0$ stets wieder Kreisbogendreiecke. Geht ein solches Dreieck durch eine gerade Anzahl von Spiegelungen aus $\mathfrak{G}_0$ hervor, so ist die zugehörige Abbildung konform und sogar eine lineare Transformation S der oberen Halbebene in sich:

$$z' = s(z) = \frac{az+b}{cz+d}, \quad ad - bc = 1,\ a, b, c, d \text{ reell}. \tag{15}$$

Diese Transformationen bilden eine Gruppe $\mathfrak{G}$, die eine Untergruppe aller linearen Transformationen der oberen Halbebene in sich ist. Da der geraden Anzahl von Spiegelungen in der z-Ebene in der w-Ebene die Identität entspricht, so folgt $f(z') = f(z)$. Unsere Abbildungsfunktion $w = f(z)$ genügt also den Funktionalgleichungen

$$f(s(z)) = f(z),$$

wobei $s(z)$ alle Transformationen der Gruppe $\mathfrak{G}$ durchläuft. Solche Funktionen, die gegenüber einer Gruppe linearer Transformationen invariant sind, nennt man *automorphe* Funktionen. Die obige Gruppe $\mathfrak{G}$ besteht aus allen Transformationen S der Gestalt

$$s(z) = \frac{az+2b}{2cz+d}, \quad a, b, c, d \text{ ganz},\ ad - 4bc = 1, \tag{16}$$

die offensichtlich eine Gruppe bilden. Spiegelt man nämlich $\mathfrak{G}_0$ zunächst an der Geraden $x = 1$ und das Spiegelbild sodann an $x = 2$, so erhält man die Translation T:

$$t(z) = z + 2.$$

Sodann liefern die Spiegelungen an den Kreisen $\left|z - \frac{1}{2}\right| = \frac{1}{2}$ und $\left|z - \frac{1}{4}\right| = \frac{1}{4}$ die Transformation U:

$$u(z) = \frac{z}{2z+1}.$$

Damit gehören T, U und somit auch T^n und U^m mit den Darstellungen $t_n(z) = z + 2n$ und $u_m(z) = \frac{z}{2mz+1}$, n, m ganz, sowie alle anderen Transformationen, die man aus T und U durch Gruppenoperationen gewinnen kann, zu $\mathfrak{G}$. Zunächst ist klar, daß alle diese Transformationen die Gestalt (16) haben. Umgekehrt läßt sich dann aber jede Transformation S der Gestalt (16) durch T und U erzeugen; denn man kann S, falls $c \neq 0$ ist, stets in der Form

$$S = T^{n_1} \cdot U^{\delta_1} \cdot S_1,\ n_1 \text{ ganz},\quad \delta_1 = \pm 1,$$

darstellen, wobei S_1 die Form

$$S_1(z) = \frac{a'z+2b'}{2c'z+d'}, \quad a', b', c', d' \text{ ganz}, \quad a'd' - 4b'c' = 1,$$

hat und $|c'| < |c|$ ist. Man kann nun wieder S_1 entsprechend darstellen und erhält nach endlich vielen Schritten, da schließlich der Koeffizient c' gleich Null werden muß, die Darstellung

$$S = T^{n_1} U^{\delta_1} T^{n_2} U^{\delta_2} \ldots T^{n_{k-1}} U^{\delta_{k-1}} T^{n_k}.$$

Die Gruppe 𝔊 ist eine Untergruppe der Modulgruppe (s. 4). Funktionen, die — wie unsere Abbildungsfunktion $f(z)$ — in der oberen Halbebene holomorph und automorph bezüglich einer solchen Gruppe sind, heißen *allgemeine Modulfunktionen*. Unter *Modulfunktionen* schlechtweg verstehen wir solche Funktionen, die in der oberen Halbebene holomorph und automorph bezüglich der vollen Modulgruppe sind.

Literatur

Ferrand, Jaqueline: Étude de la representation conforme au voisinage de la frontière. Thèse, faculté d. Sci. d. Paris 1942.

Carathéodory: Conformal representation. Cambridge tracts Nr. 28. 2. Aufl. 1952.

§ 10. Die Familie der schlichten Funktionen. Verzerrungssätze

Wir nennen eine Funktion $w = f(z)$ *schlicht in einem Gebiete* 𝔊 der z-Ebene, wenn sie in 𝔊 jeden Wert a höchstens einmal annimmt, also 𝔊 eineindeutig auf eine Punktmenge der w-Ebene abbildet. Offenbar ist bei einer in einem endlichen Gebiet 𝔊 holomorphen und schlichten Funktion notwendig $f'(z) \neq 0$; doch ist diese Bedingung im allgemeinen Falle nicht hinreichend (s. 1). Die Eigenschaft der Schlichtheit ist schwer analytisch voll auszuwerten. Doch fußt auf ihr die Uniformisierungstheorie, so wie sie im nächsten Kapitel aufgebaut wird. Es ist nun eine besondere Technik entwickelt worden, um die Schlichtheit einer Funktion ausnutzen zu können. Im Zentrum der Ergebnisse steht der Koebesche Verzerrungssatz. Doch wollen wir uns zunächst mit einigen leichter zugänglichen Sätzen über schlichte Funktionen beschäftigen.

Satz 53 *(über die Grenzfunktionen von schlichten Funktionen). Sind die Funktionen $f_n(z)$, $n = 1, 2, 3, \ldots$, im Gebiete 𝔊 holomorph und schlicht und konvergieren sie im Innern von 𝔊 gleichmäßig gegen die Funktion $f_0(z)$, so ist $f_0(z)$ entweder schlicht in 𝔊 oder eine Konstante.*

Nimmt nämlich $f_0(z)$ den Wert a innerhalb 𝔊 zweimal an und ist $f_0(z) \not\equiv a$, so gibt es ein kompakt in 𝔊 liegendes Gebiet 𝔊*, in dem $f_0(z)$ den Wert a nicht auf dem Rande, aber mindestens zweimal im Innern annimmt. Nach III, 6, Satz 21a gibt es dann ein n_0, so daß für $n \geqq n_0$ gleiches für die $f_n(z)$ gilt, was der Voraussetzung des vorstehenden Satzes widersprechen würde.

Als Umkehrung folgt ebenso unmittelbar

Satz 54. *Wenn die Funktionen $f_n(z)$, $n = 1, 2, 3, \ldots$, im Gebiete 𝔊 holomorph sind und im Innern von 𝔊 gegen eine in 𝔊 schlichte Funktion $f_0(z)$ gleichmäßig konvergieren, so gibt es zu jedem kompakt in 𝔊 liegenden Gebiet 𝔊* ein n_0, so daß $f_n(z)$ für $n \geqq n_0$ schlicht in 𝔊* ist.*

Darüber hinaus gilt

Satz 55. *Die Funktionen $f_n(z)$, $n = 1, 2, 3, \ldots$, mögen im Gebiete 𝔊 holomorph sein und im Innern von 𝔊 gegen eine in 𝔊 schlichte Funktion*

$f_0(z)$ gleichmäßig konvergieren. Dann konvergieren die Funktionen $\check{f}_0(f_n(z))$ im Innern von $\mathfrak{G}$ gleichmäßig gegen die Identität.

Da $w = f_0(z)$ in $\mathfrak{G}$ schlicht ist, so existiert im Bildgebiet $\mathfrak{G}^*$ von $\mathfrak{G}$ die Umkehrfunktion $z = \check{f}_0(w)$. Ist nun $\mathfrak{G}_1$ ein kompakt in $\mathfrak{G}$ gelegenes Teilgebiet, so liegt das Bildgebiet $\mathfrak{G}_1^*$ bei der Abbildung $w = f_0(z)$ kompakt in $\mathfrak{G}^*$. Weil ferner die $f_n(z)$ gleichmäßig gegen $f_0(z)$ konvergieren, gehören für alle hinreichend großen n alle Bildpunkte $f_n(z)$ von $\mathfrak{G}_1$ einem Gebiet $\mathfrak{G}_2^*$ an, das auch noch kompakt in $\mathfrak{G}^*$ liegt. Dort existiert $\check{f}_0(w)$, also auch $\check{f}_0(f_n(z))$ in $\mathfrak{G}_1$. Wegen der gleichmäßigen Stetigkeit von $\check{f}_0(w)$ in $\mathfrak{G}_2^*$ konvergiert die Folge $\check{f}_0(f_n(z))$ in $\mathfrak{G}_1$ gleichmäßig gegen $\check{f}_0(f_0(z))$, also gegen die Identität.

Zusatz 55. *Die drei vorstehenden Sätze gelten ganz entsprechend für meromorphe Funktionen, wenn man an die Stelle der gleichmäßigen Konvergenz die gleichmäßige chordale Konvergenz setzt.*

Nunmehr beweisen wir den für die weiteren Überlegungen wichtigen

Satz 56. *Die Funktionen $f(z)$, die im Einheitskreis holomorph und schlicht sind und für die $f(0) = 0$, $f'(0) = 1$ gilt, bilden dort eine normale Familie.*

Ist $w = f(z)$ eine schlichte Funktion, so bildet sie den Einheitskreis auf ein Gebiet $\mathfrak{G}$, dessen Rand $\mathfrak{R}$ sein möge, eineindeutig ab. a sei ein Punkt von $\mathfrak{R}$, der dem Nullpunkt am nächsten liegt. Da $f(z)$ schlicht ist, so kann a nicht gleich Null sein, da der Nullpunkt als Bild eines inneren Punktes des Einheitskreises innerer Punkt von $\mathfrak{G}$ ist. Daher ist $|a| > 0$, und der Kreis um den Nullpunkt der w-Ebene mit dem Radius $|a|$ liegt im Bildgebiet des Einheitskreises. Nun betrachten wir die Funktion

$$w_1 = g(z) = \frac{f(z)}{a}.$$

Das Bildgebiet $\mathfrak{G}_1$ des Einheitskreises umfaßt bei dieser Funktion den Einheitskreis, und der Rand $\mathfrak{R}_1$ von $\mathfrak{G}_1$ enthält den Punkt 1. Durch die Funktion

$$w_2 = h(w_1) = \sqrt{w_1 - 1}$$

und die Festsetzung $h(0) = i$ wird nun $\mathfrak{G}_1$ auf ein Gebiet $\mathfrak{G}_2$ eineindeutig abgebildet (s. den Beweis des Riemannschen Abbildungssatzes: 7, Satz 36).

Der Einheitskreis der w_1-Ebene liegt in $\mathfrak{G}_1$. Also fällt sein Bild bei der Abbildung $w_2 = \sqrt{w_1 - 1}$ in $\mathfrak{G}_2$ und enthält den Punkt i. Um i gibt es einen kleinen Kreis $\mathfrak{K}$, der ganz im Bild des Einheitskreises enthalten ist und somit für sämtliche Funktionen $h(g(z))$ im Bildgebiet $\mathfrak{G}_2$ jeder dieser Funktionen liegt. Dann liegt aber der gleich große Kreis $\overline{\mathfrak{K}}$ um den Punkt $-i$ außerhalb aller Gebiete $\mathfrak{G}_2$. Zunächst ist die

Abbildung der Gebiete $\mathfrak{G}_1$ und $\mathfrak{G}_2$ aufeinander umkehrbar eindeutig. Es liefert aber bei der Umkehrtransformation $w_1 = \check{h}(w_2) = w_2^2 + 1$ jeder Punkt w_2 des Kreises $\mathfrak{K}$ den gleichen Wert w_1 wie der Punkt $-w_2$ im Kreis $\overline{\mathfrak{K}}$, d. h. kein Punkt aus $\overline{\mathfrak{K}}$ kann zu $\mathfrak{G}_2$ gehören, da sonst die Abbildung $w_2 = h(w_1)$ nicht eineindeutig wäre. Die Funktionen $h(g(z))$ nehmen somit keinen Wert in $\overline{\mathfrak{K}}$ an und bilden daher nach dem allgemeinen Montelschen Satz (III, 6, Satz 23) eine normale Familie. Da außerdem $h(0) = i$ für alle diese Funktionen ist, so kann keine Grenzfunktion die Konstante Unendlich sein. Ebenso wie $h(g(z))$ bilden auch die Funktionen

$$g(z) = \check{h}(h(g(z))) = [h(g(z))]^2 + 1$$

eine normale Familie.

Betrachten wir nun eine Funktion $F(w) = \check{f}(aw)$. Sie liefert offensichtlich eine innere Abbildung des Einheitskreises mit Null als Fixpunkt. Daher ist (s. 6, Satz 27):

$$|F'(0)| = |a| \leqq 1 .$$

Dann bilden mit den Funktionen $g(z)$ auch die Funktionen

$$f(z) = a \cdot g(z)$$

eine normale Familie. Damit ist der Satz bewiesen.

Als einfache Folgerung ergibt sich in Verbindung mit II, 7, Satz 50:

Satz 57. *Die Menge der im Einheitskreis holomorphen und schlichten Funktionen mit $f(0) = 0$ und $f'(0) = 1$ ist im Innern des Einheitskreises gleichartig beschränkt.*

Der Satz besagt also, daß es zu jedem ganz im Innern des Einheitskreises liegenden abgeschlossenen Gebiet $\mathfrak{G}$ eine feste Zahl $M(\mathfrak{G})$ gibt, so daß für alle Funktionen der Familie gilt: $|f(z)| < M(\mathfrak{G})$, wenn z in $\mathfrak{G}$ liegt.

Ferner gilt nach der Cauchyschen Integralformel für alle z aus $\mathfrak{G}$ nach dem vorstehenden Satz:

$$|f^{(n)}(z)| = \left| \frac{n!}{2\pi i} \int\limits_{\mathfrak{K}} \frac{f(\zeta)}{(\zeta - z)^{n+1}} d\zeta \right| \leqq \frac{n!}{2\pi} \cdot \frac{M(\mathfrak{K})}{d^{n+1}} 2\pi = M_n(\mathfrak{G}) .$$

Darin ist $\mathfrak{K}$ ein Kreis im Einheitskreis, der $\mathfrak{G}$ ganz im Innern enthält, und d der Minimalabstand des Randes von $\mathfrak{G}$ von $\mathfrak{K}$. Es gibt also zu jedem ganz im Einheitskreis liegenden abgeschlossenen Teilgebiet $\mathfrak{G}$ ein $M_n(\mathfrak{G})$, so daß die n-ten Ableitungen aller Funktionen der Familie dem Betrage nach kleiner als $M_n(\mathfrak{G})$ sind. Wir fassen dieses Ergebnis zusammen:

Satz 58. *Die Menge der n-ten Ableitungen, $n = 0, 1, 2, 3, \ldots$, der im Einheitskreis holomorphen und schlichten Funktionen $f(z)$ mit $f(0) = 0$, $f'(0) = 1$ ist für jedes feste n im Innern des Einheitskreises gleichartig beschränkt.*

Die hier angeführten Sätze sagen aus, daß die schlichten Funktionen im Einheitskreis nicht beliebig wachsen können, wenn sie im Nullpunkt normiert sind. Legt man um den Nullpunkt der z-Ebene einen Kreis mit einem Radius kleiner als 1, so liegen sämtliche Bildgebiete der Funktionen der Familie im Innern eines festen Kreises in der w-Ebene. Die Ränder der Bildgebiete können also dem unendlich fernen Punkt nicht beliebig nahe kommen. Wir werden nun sehen, daß ebenso wie nach oben auch nach unten Schranken für die Ränder der Abbildungsgebiete vorliegen, mit anderen Worten, daß der Rand eines Bildgebietes dem Nullpunkt nicht beliebig nah kommen kann.

Satz 59. *Die Bilder des Einheitskreises, die durch die im Einheitskreis holomorphen und schlichten Funktionen $f(z)$ mit $f(0) = 0$ und $f'(0) = 1$ geliefert werden, überdecken stets die Kreisscheibe $|w| < \varrho_0$, wo ϱ_0 eine von der einzelnen Funktion $f(z)$ unabhängige positive Konstante ist.*

Wäre unsere Behauptung falsch, so könnte man eine Folge von Funktionen $f_1(z)$, $f_2(z)$, ... wählen, deren zugehörige Minimalabstände $|a_1|$, $|a_2|$, ... aus dem Beweis zu Satz 56 gegen Null konvergieren. Die zugehörigen Funktionen $g_1(z)$, $g_2(z)$, ... enthalten dann eine gleichmäßig konvergente Teilfolge $g_{1n}(z)$, die nicht gegen die Konstante Unendlich konvergiert, da $g_n(0) = 0$ für alle n ist. Die $g_{1n}(z)$ sind im Innern des Einheitskreises (d. h. in jedem abgeschlossenen Teilgebiet) gleichartig beschränkt, also konvergieren die $f_{1n}(z) = a_{1n} \cdot g_{1n}(z)$ im Innern des Einheitskreises gleichmäßig gegen $f_0(z) \equiv 0$. Das gleiche gilt dann auch für die Ableitungen $f'_{1n}(z)$, die ja gleichmäßig gegen $f'_0(z) \equiv 0$ konvergieren. Dies ist aber wegen $f'_n(0) = 1$ nicht möglich.

Es gibt also *einen Kreis um den Nullpunkt mit einem Radius $\varrho_0 > 0$, der allen schlichten Bildgebieten des Einheitskreises, deren Abbildungsfunktionen den Bedingungen $f(0) = 0$, $f'(0) = 1$ genügen, gemeinsam ist.*

Sicherlich ist $\varrho_0 \leqq \frac{1}{4}$; denn die Abbildungen

$$w = \frac{z}{(1 + e^{i\alpha} z)^2}$$

bilden den Einheitskreis auf die von $\frac{1}{4} e^{-i\alpha}$ bis ∞ längs des Strahles $t \cdot e^{-i\alpha}$, $\frac{1}{4} \leqq t \leqq \infty$, aufgeschnittene Ebene ab. Bei dieser Abbildung ist $\varrho = \frac{1}{4}$, $f(0) = 0$, $f'(0) = 1$. Wir werden im Anschluß an den Koebeschen Verzerrungssatz zeigen, daß bei *allen* Abbildungen der verlangten Art der Kreis um den Nullpunkt mit dem Radius $\varrho_0 = \frac{1}{4}$ im Bildgebiet der Abbildung liegt (Zusatz 64b).

Auch für die Ableitungen $f'(z)$ gibt es eine Abschätzung nach unten:

Satz 60. *$w = f(z)$ sei eine schlichte und holomorphe Funktion im Einheitskreis $\mathfrak{K}$, und es sei $f(0) = 0$, $f'(0) = 1$. Dann gibt es zu jedem* *kompakt in $\mathfrak{K}$ liegenden Teilgebiet $\mathfrak{G}$ eine nur von $\mathfrak{G}$, aber nicht von $f(z)$ abhängende feste Zahl $m(\mathfrak{G}) > 0$, so daß in $\mathfrak{G}$*

$$|f'(z)| > m(\mathfrak{G})$$

ist.

Angenommen, der Satz sei nicht richtig. Dann gibt es ein kompakt in $\mathfrak{K}$ liegendes Gebiet $\mathfrak{G}$ und dazu eine Folge von in $\mathfrak{K}$ schlichten Funktionen $f_n(z)$ mit Punkten z_n in $\mathfrak{G}$, so daß

$$|f_n'(z_n)| < \frac{1}{n}, \quad n = 1, 2, 3, \ldots,$$

und $f_n(0) = 0, f_n'(0) = 1$ ist. Die z_n haben in $\mathfrak{K}$ wenigstens einen Häufungspunkt z_0. Eine Teilfolge der $f_n(z)$, deren z_n gegen z_0 konvergieren, enthält dann mindestens eine im Innern von $\mathfrak{K}$ gleichmäßig konvergente Teilfolge $f_{1n}(z)$, und für die zugehörigen Punkte z_{1n} gilt $\lim\limits_{n\to\infty} z_{1n} = z_0$. Die Grenzfunktion sei $f_0(z)$. Da die Ableitungen $f_{1n}'(z)$ im Innern von $\mathfrak{K}$ gleichmäßig gegen $f_0'(z)$ konvergieren, so ist $f_0'(z_0) = 0$, da die $|f_n'(z_n)|$ für hinreichend große n beliebig klein werden. Andererseits kann $f_0'(z)$ nicht die Konstante Null sein, da $f_n'(0) = 1$ für alle n, also auch $f_0'(0) = 1$ ist. Somit ist $f_0(z)$ schlicht in $\mathfrak{K}$ (Satz 53) und daher $f_0'(z_0) \neq 0$. Dieser Widerspruch löst sich nur so, daß $|f'(z)| > m$ für ein passendes $m > 0$ und alle Funktionen der Familie und alle z aus $\mathfrak{G}$ ist.

Nunmehr können wir uns leicht von der Voraussetzung lösen, daß die Schlichtheit auf den Einheitskreis zu beziehen ist.

Satz 61 *(Die Familie der schlichten Funktionen). Die Menge $\mathfrak{M}$ der in einem vorgegebenen endlichen Gebiete $\mathfrak{G}$ holomorphen und dort schlichten Funktionen $f(z)$ mit $|f(z_0)| \leqq A_0$ und $B_0 \leqq |f'(z_0)| \leqq C_0$, z_0 ein Punkt aus $\mathfrak{G}$, A_0, B_0 und C_0 positive Konstanten, bildet eine normale Familie. Die Grenzfunktionen der in $\mathfrak{G}$ konvergenten Folgen dieser Familie gehören selbst der normalen Familie an. Zu jedem kompakt in $\mathfrak{G}$ liegenden Gebiet $\mathfrak{G}^*$ gibt es feste positive Konstanten A^*, B^* und C^*, die nur von A_0, B_0, C_0 und $\mathfrak{G}^*$ abhängen, so daß in $\mathfrak{G}^*$ gilt: $|f(z)| \leqq A^*$, $B^* \leqq |f'(z)| \leqq C^*$.*

Sei z ein Punkt aus $\mathfrak{G}$. Wir verbinden ihn in $\mathfrak{G}$ mit z_0 durch eine Kette von Kreisen $\mathfrak{K}_0, \mathfrak{K}_1, \mathfrak{K}_2, \ldots, \mathfrak{K}_n$ mit den Mittelpunkten z_i und den Radien r_i, $i = 0, 1, 2, \ldots, n$, z_i in $\mathfrak{K}_{i-1}$, $i = 1, 2, \ldots, n$. Die Funktionen $g(w) = \dfrac{f(r_0 w + z_0) - f(z_0)}{r_0 \cdot f'(z_0)}$ sind im Einheitskreis der w-Ebene schlicht und normiert: $g(0) = 0$, $g'(0) = 1$. Sie bilden dort eine normale Familie (Satz 56), und es gibt zum Punkte $w_1 = \dfrac{z_1 - z_0}{r_0}$, für den $|w_1| < 1$ gilt, feste positive Zahlen a_1, b_1, c_1, die nicht von $g(w)$ abhängen, so daß

$$|g(w_1)| \leqq a_1, \quad b_1 \leqq |g'(w_1)| \leqq c_1 \tag{1}$$

gilt (Sätze 57, 58 und 60). Dann bilden wegen

$$|f(z_0)| \leqq A_0,\ B_0 \leqq |f'(z_0)| \leqq C_0$$

auch die Funktionen $f(z) = r_0 \cdot f'(z_0) \cdot g\left(\frac{z - z_0}{r_0}\right) + f(z_0)$ eine normale Familie in $\mathfrak{K}_0$, und es ist nach (1) für alle diese Funktionen:

$$|f(z_1)| \leqq A_1\,, \quad B_1 \leqq |f'(z_1)| \leqq C_1\,,$$

wobei die Konstanten $A_1 = A_0 + r_0 \cdot C_0 \cdot a_1$, $B_1 = B_0 \cdot b_1$, $C_1 = C_0 \cdot c_1$ nicht von $f(z)$ abhängen. Wir können nun nach dem gleichen Verfahren rekursiv die Normalität der Funktionen $f(z)$ in den Kreisen $\mathfrak{K}_\nu$ sowie die Beziehungen

$$|f(z_\nu)| \leqq A_\nu\,, \quad B_\nu \leqq |f'(z_\nu)| \leqq C_\nu\,, \quad \nu = 1, 2, \ldots, n\,,$$

nachweisen, wobei A_ν, B_ν und C_ν feste positive Konstanten sind.

Es gibt also zu jedem Punkt z aus $\mathfrak{G}$ eine Kreisscheibe $\mathfrak{K}$ um z, so daß die Funktionen $f(z)$ dort eine normale Familie bilden und positive Zahlen A, B, C existieren, für die in $\mathfrak{K}$

$$|f(z)| \leqq A\,, \quad B \leqq |f'(z)| \leqq C$$

gilt. Dies folgt nach dem gleichen Schluß wie oben.

Damit ist die Normalität der Familie bereits nachgewiesen. Wegen der Beschränkung für die Ableitungen kann keine Grenzfunktion konstant sein. Also gehören die Grenzfunktionen der Familie an. Da man jedes kompakt in $\mathfrak{G}$ liegende Gebiet $\mathfrak{G}^*$ durch endlich viele Kreisscheiben $\mathfrak{K}$ der vorstehenden Art überdecken kann, erhält man sofort die übrigen Behauptungen des Satzes.

Satz 62. *Zu jedem kompakt in einem endlichen Gebiet $\mathfrak{G}$ liegenden Teilgebiet $\mathfrak{G}^*$ gibt es eine nur von $\mathfrak{G}^*$ abhängende positive Zahl k, $0 < k < 1$, so daß für jede in $\mathfrak{G}$ holomorphe und schlichte Funktion $f(z)$ und beliebige Punkte z_1 und z_2 aus $\mathfrak{G}^*$ die Beziehung*

$$k < \left|\frac{f'(z_1)}{f'(z_2)}\right| < \frac{1}{k} \tag{2}$$

gilt.

Sei z_0 ein Punkt aus $\mathfrak{G}^*$. Dann genügt die in $\mathfrak{G}$ schlichte Funktion

$$g(z) = \frac{f(z) - f(z_0)}{f'(z_0)}$$

den Bedingungen $g(z_0) = 0$ und $g'(z_0) = 1$. Daher gilt nach Satz 61 in $\mathfrak{G}^*$:

$$0 < B < |g'(z)| < C$$

mit festen, nur von $\mathfrak{G}^*$ abhängenden Konstanten B und C. Hieraus folgt:

$$0 < \frac{B}{C} < \left|\frac{g'(z_1)}{g'(z_2)}\right| < \frac{C}{B}\,,$$

woraus sich unmittelbar die Behauptung ergibt.

Mit den Sätzen 61 und 62 haben wir bereits die wichtigsten *Verzerrungssätze* gewonnen. Die Ableitung $f'(z)$ ist ein Maß für die lokale Verzerrung der durch die Funktion $f(z)$ vermittelten Abbildung. Unsere Sätze besagen nun, daß bei schlichten Funktionen diese Verzerrung in bestimmten Grenzen liegen muß, die nicht von der Funktion abhängen. Im Einheitskreis wollen wir die auftretenden Grenzen genau bestimmen. Zunächst beweisen wir

Satz 63 *(Flächensatz). Die Funktion*

$$w = g(z) = z + b_0 + \frac{b_1}{z} + \frac{b_2}{z^2} + \cdots$$

bilde das Äußere des Einheitskreises auf eine Umgebung $\mathfrak{G}$ *des Punktes* ∞ *schlicht ab. Dann gilt*

$$1 - \sum_{n=1}^{\infty} n|b_n|^2 \geqq 0\,. \tag{3}$$

Der links stehende Ausdruck ist, wie wir noch sehen werden, bis auf den Faktor π der äußere Inhalt des Komplements von $\mathfrak{G}$. Daher folgt aus (3)

Satz 63a. *Wird das Äußere des Einheitskreises durch die im Punkte* ∞ *normierte Funktion* $w = g(z) = z + b_0 + \frac{b_1}{z} + \frac{b_2}{z^2} + \cdots$ *auf eine Umgebung* $\mathfrak{G}$ *des Punktes* ∞ *schlicht abgebildet, so ist der äußere Inhalt des Komplements von* $\mathfrak{G}$ *stets kleiner als* π, *es sei denn* $g(z) = z + b_0$.

Zum Beweise von Satz 63 beachten wir, daß das Bild $\mathfrak{C}_\varrho$ des Kreises $\mathfrak{K}_\varrho: |z| = \varrho,\ \varrho > 1$, eine analytische Kurve ist, deren Inneres den Inhalt

$$\mathfrak{J}_\varrho = \frac{i}{2}\int_{\mathfrak{C}_\varrho} w\,d\overline{w} \geqq 0$$

hat, wobei $\mathfrak{C}_\varrho$ positiv zu umlaufen ist (s. I, 9, (8), S. 77). Setzt man in diese Formel $w = g(z)$ ein, so folgt:

$$\mathfrak{J}_\varrho = \frac{i}{2}\int_{\mathfrak{K}_\varrho} g(z)\cdot\overline{g'(z)}\,d\overline{z}\,.$$

Auf $\mathfrak{K}_\varrho$ ist nun $z\cdot\overline{z} = \varrho^2$, also

$$\overline{g'(z)} = 1 - \sum_{n=1}^{\infty} n\,\frac{\overline{b}_n}{\overline{z}^{n+1}} = 1 - \sum_{n=1}^{\infty} n\,\overline{b}_n\,\frac{z^{n+1}}{\varrho^{2n+2}}$$

und $d\overline{z} = -\frac{\varrho^2}{z^2}\,dz$. Somit ist:

$$\mathfrak{J}_\varrho = \frac{1}{2i}\int_{\mathfrak{K}_\varrho}\left(z + \sum_{n=0}^{\infty}\frac{b_n}{z^n}\right)\left(\frac{\varrho^2}{z^2} - \sum_{n=1}^{\infty} n\,\overline{b}_n\,\frac{z^{n-1}}{\varrho^{2n}}\right)dz$$

$$= \pi\left(\varrho^2 - \sum_{n=1}^{\infty} n|b_n|^2\,\frac{1}{\varrho^{2n}}\right) \geqq 0\,.$$

Dabei ist berücksichtigt, daß auch der zweite Faktor unter dem Integral für $0 < |z| < \varrho^2$, also auf $\mathfrak{R}_\varrho$, holomorph ist, so daß man gliedweise ausmultiplizieren und integrieren darf. Beim Grenzübergang $\varrho \to 1$ erhält man die Ungleichung (3). Zudem ist $\mathfrak{J} = \lim_{\varrho \to 1} \mathfrak{J}_\varrho$ der äußere Inhalt des Komplements von $\mathfrak{G}$. Damit sind Satz 63 und gleichzeitig Satz 63a bewiesen.

Nunmehr zeigen wir

Satz 64 *(Koebescher Verzerrungssatz). Die durch $f(0) = 0$ und $f'(0) = 1$ normierte Funktion $w = f(z)$ bilde den Einheitskreis holomorph und schlicht ab. Dann gilt für $|z| < 1$:*

$$\frac{1-|z|}{(1+|z|)^3} \leqq |f'(z)| \leqq \frac{1+|z|}{(1-|z|)^3} \tag{4}$$

und

$$\frac{|z|}{(1+|z|)^2} \leqq |f(z)| \leqq \frac{|z|}{(1-|z|)^2}. \tag{5}$$

Zusatz 64a. *Das Gleichheitszeichen tritt außerhalb des Nullpunktes dann und nur dann auf, wenn $f(z) = \frac{z}{(1+e^{i\alpha}z)^2}$, α reell, ist.*

Zusatz 64b. *Das Bildgebiet des Einheitskreises überdeckt die Kreisscheibe mit dem Radius $\varrho_0 = \frac{1}{4}$ um 0. Diese Schranke kann nicht mehr verschärft werden. Sie wird für die Funktionen $f(z) = \frac{z}{(1+e^{i\alpha}z)^2}$ und nur für diese angenommen.*

Gleichzeitig mit dem Beweis des Koebeschen Verzerrungssatzes gewinnen wir den

Satz 65 *(Bieberbachscher Drehungssatz). Unter den Voraussetzungen des Satzes 64 gilt die Beziehung*

$$|\operatorname{arc} f'(z)| \leqq 2 \log \frac{1+|z|}{1-|z|}. \tag{6}$$

Zum Beweise der Sätze 64 und 65 zeigen wir zuerst, daß mit $f(z)$ auch ein geeigneter Zweig von $\sqrt{f(z^2)}$, den wir mit $h(z) = +\sqrt{f(z^2)}$ bezeichnen wollen, den Voraussetzungen des Koebeschen Verzerrungssatzes genügt. Es sei im Einheitskreis

$$f(z) = z + a_2 z^2 + a_3 z^3 + \cdots,$$

also

$$f(z^2) = z^2 (1 + a_2 z^2 + a_3 z^4 + \cdots).$$

Wegen der Voraussetzung der Schlichtheit von $f(z)$ verschwindet auch $f(z^2)$ außer im Nullpunkt nirgends im Einheitskreis. Da um $z = 0$ gilt:

$$\pm\sqrt{f(z^2)} = \pm\left(z + \frac{a_2}{2} z^3 + \cdots\right),$$

so sind die beiden Funktionen $\pm\sqrt{f(z^2)}$ im Einheitskreis beliebig analytisch fortsetzbar, also dort überall holomorph. Die beiden zuletzt angegebenen Entwicklungen gelten also im ganzen Einheitskreis, und jede der beiden Funktionen $\pm\sqrt{f(z^2)}$ stellt dort eine holomorphe ungerade Funktion dar. Die Funktion

$$h(z) = +\sqrt{f(z^2)} = z + \frac{a_2}{2} z^3 + \cdots$$

ist wie $f(z)$ normiert. Außerdem ist sie schlicht; denn aus $h(z_1) = h(z_2)$ folgt: $f(z_1^2) = f(z_2^2)$, $z_1^2 = z_2^2$, $z_1 = \pm z_2$. Da $h(z)$ ungerade ist, liefert $z_1 = -z_2$ die Gleichheit $h(z_1) = h(-z_2) = -h(z_2) = -h(z_1)$, $h(z_1) = 0$, also $z_1 = z_2 = 0$. Somit ist stets $z_1 = z_2$, und $h(z)$ ist schlicht.

Zur weiteren Durchführung des Beweises wenden wir den Flächensatz auf die Funktion

$$w^* = g(z^*) = \frac{1}{h\left(\frac{1}{z^*}\right)} = z^* - \frac{a_2}{2}\frac{1}{z^*} + \cdots$$

an und erhalten aus (3):

$$|a_2| \leq 2\,. \tag{7}$$

Das Gleichheitszeichen tritt wegen (3) dann und nur dann auf, wenn

$$g(z^*) = z^* + \frac{e^{i\alpha}}{z^*}, \quad \alpha \text{ reell},$$

also

$$h(z) = \frac{z}{1 + e^{i\alpha} z^2}$$

und somit

$$f(z) = \frac{z}{(1 + e^{i\alpha} z)^2}$$

ist.

Es sei nun z_0 ein beliebiger Punkt aus dem Einheitskreis. Da

$$z = \frac{w + z_0}{1 + w\bar{z}_0} \tag{8}$$

den Einheitskreis der w-Ebene auf den Einheitskreis der z-Ebene eineindeutig abbildet, so ist

$$F(w) = \frac{f\left(\frac{w + z_0}{1 + w\bar{z}_0}\right) - f(z_0)}{(1 - |z_0|^2)\, f'(z_0)} \tag{9}$$

eine schlichte Funktion im Einheitskreis der w-Ebene, für die dort die Entwicklung

$$F(w) = w + \frac{1}{2}\left(\frac{f''(z_0)}{f'(z_0)}(1 - |z_0|^2) - 2\bar{z}_0\right) w^2 + \cdots \tag{10}$$

gilt. Nach (7) ist also

$$\left|\frac{f''(z_0)}{f'(z_0)}(1 - |z_0|^2) - 2\bar{z}_0\right| \leq 4$$

oder

$$\left|z_0 \frac{f''(z_0)}{f'(z_0)} - 2\frac{|z_0|^2}{1 - |z_0|^2}\right| \leq \frac{4|z_0|}{1 - |z_0|^2}\,. \tag{11}$$

Diese wichtige Ungleichung, die für jeden Punkt $z = r \cdot e^{i\varphi}$ aus dem Einheitskreis gilt, werden wir nun integrieren. Für holomorphe Funktionen $g(z)$ gilt

$\frac{\partial g(z)}{\partial r} = g'(z)\,\frac{\partial z}{\partial r} = g'(z)\cdot\frac{z}{r}$, also $r\,\frac{\partial g(z)}{\partial r} = z\,\frac{dg(z)}{dz}$. Diese Beziehung wenden wir auf die Funktion $\log f'(z) = \log|f'(z)| + i\,\mathrm{arc} f'(z)$ an und erhalten:

$$\mathrm{Re}\left(z\,\frac{f''(z)}{f'(z)}\right) = \mathrm{Re}\left(z\,\frac{d\log f'(z)}{dz}\right) = \mathrm{Re}\left(r\,\frac{\partial \log f'(z)}{\partial r}\right) = r\,\frac{\partial \log|f'(z)|}{\partial r} \tag{12}$$

und entsprechend:

$$\mathrm{Im}\left(z\,\frac{f''(z)}{f'(z)}\right) = r\,\frac{\partial\, \mathrm{arc} f'(z)}{\partial r}. \tag{13}$$

Nun folgt aus (11):

$$\left|\mathrm{Re}\left(z\,\frac{f''(z)}{f'(z)}\right) - 2\,\frac{r^2}{1-r^2}\right| \leqq \frac{4r}{1-r^2}, \tag{14}$$

also

$$-\frac{2r(2-r)}{1-r^2} \leqq \mathrm{Re}\left(z\,\frac{f''(z)}{f'(z)}\right) \leqq \frac{2r(2+r)}{1-r^2}$$

und in Verbindung mit (12):

$$-2\,\frac{2-r}{1-r^2} \leqq \frac{\partial \log|f'(z)|}{\partial r} \leqq 2\,\frac{2+r}{1-r^2}.$$

Durch Integration von 0 bis r und Übergang zur Exponentialfunktion ergibt sich daraus:

$$\frac{1-r}{(1+r)^3} \leqq |f'(z)| \leqq \frac{1+r}{(1-r)^3}. \tag{15}$$

Damit ist bereits die Beziehung (4) nachgewiesen.

Ebenso resultiert aus (11):

$$\left|\mathrm{Im}\left(z\,\frac{f''(z)}{f'(z)}\right)\right| \leqq \frac{4r}{1-r^2},$$

also wegen (13):

$$\frac{\partial\,|\mathrm{arc} f'(z)|}{\partial r} \leqq \frac{4}{1-r^2},$$

und hieraus folgt durch Integration von 0 bis r:

$$|\mathrm{arc} f'(z)| \leqq 2\log\frac{1+r}{1-r},$$

womit auch (6) bewiesen ist.

Aus (15) ergibt sich sofort die zweite Ungleichung in (5):

$$|f(z)| \leqq \int_0^r |f'(\varrho)|\,d\varrho \leqq \int_0^r \frac{1+\varrho}{(1-\varrho)^3}\,d\varrho = \frac{r}{(1-r)^2}.$$

Um die linke Ungleichung in (5) zu gewinnen, integrieren wir in der w-Ebene geradlinig von 0 bis zu einem Punkt w_0, der auf der Bildkurve des Kreises $\mathfrak{K}_r\,(r = |z|)$ dem Nullpunkt am nächsten liegt. Ist $\mathfrak{C}$ das Urbild der Strecke $(0, w_0)$, so folgt:

$$|f(z)| \geqq |w_0| = \left|\int_0^{w_0} dw\right| = \int_0^{w_0} |dw|$$

$$= \int_{\mathfrak{C}} |f'(z)|\,|dz| \geqq \int_0^r \frac{1-\varrho}{(1+\varrho)^3}\,d\varrho = \frac{r}{(1+r)^2},$$

so daß nun Satz 64 vollständig bewiesen ist.

Aus der linken Seite der Ungleichung (5) folgt für den Grenzfall $|z| \to 1$ die erste Aussage von Zusatz 64b.

Ein Gleichheitszeichen in den Ungleichungen (4) und (5) kann für einen Punkt $z_0 \neq 0$ höchstens dann auftreten, wenn es auch in den Ungleichungen (14) und (11) auftritt. Dann muß aber notwendig $\operatorname{Im}\left(z_0 \frac{f''(z_0)}{f'(z_0)}\right) = 0$ sein und $F(w)$ die Gestalt

$$F(w) = \frac{w}{(1 + e^{i\alpha} w)^2} = w - 2e^{i\alpha} w^2 + \cdots$$

haben. Der Vergleich mit (10) lehrt, wenn man berücksichtigt, daß $z_0 \frac{f''(z_0)}{f'(z_0)}$ reell ist, daß auch $z_0 \cdot e^{i\alpha} = \pm r_0$ reell sein muß. Für $f(z)$ ergibt sich in diesem Falle aus (8) und (9):

$$\begin{aligned} f(z) &= (1 - |z_0|^2) f'(z_0) \cdot F\left(\frac{z - z_0}{1 - z\bar{z}_0}\right) + f(z_0) \\ &= \frac{1 \pm r_0}{1 \mp r_0} f'(z_0) \frac{-z_0 + z(1 + |z_0|^2) - z^2 \bar{z}_0}{(1 + e^{i\alpha} z)^2} + f(z_0) . \end{aligned}$$

Da nun $f(0) = 0$ ist, so folgt:

$$f(z) = \frac{(1 \pm r_0)^3}{1 \mp r_0} f'(z_0) \frac{z}{(1 + e^{i\alpha} z)^2},$$

und aus $f'(0) = 1$ ergibt sich schließlich:

$$f(z) = \frac{z}{(1 + e^{i\alpha} z)^2} .$$

Für diese Funktion treten die Gleichheitszeichen auf jedem Kreis $|z| = r < 1$ aber je einmal auf. Damit sind die Sätze 64 und 65 und die Zusätze 64a und 64b vollständig bewiesen.

Satz 59 läßt folgende Abschätzung zu: Es gibt eine feste positive Zahl $\varrho_1 > 0$, so daß das Bild jeder im Einheitskreis holomorphen und schlichten Funktion $f(z)$ mit $f'(0) = 1$ eine Kreisscheibe vom Radius ϱ_1 überdeckt. Nach Zusatz 64b ist $\varrho_1 \geqq \frac{1}{4}$; denn schon um den Bildpunkt $f(0)$ gibt es einen solchen Kreis. Tatsächlich ist die obere Grenze aller solchen Zahlen ϱ_1 aber wesentlich größer und liegt zwischen $\frac{1}{2}$ und $\frac{\pi}{4}$. Erstaunlich ist nun, daß eine solche Zahl auch dann existiert, wenn $f(z)$ nicht notwendig schlicht ist.

Hier gilt

Satz 66 (*von* BLOCH). *Die Funktion $f(z)$ sei holomorph im Einheitskreis und $f'(0) = 1$. Dann gibt es ein Teilgebiet des Einheitskreises, welches durch $f(z)$ schlicht auf eine Kreisscheibe vom Radius ϱ abgebildet wird. Dabei ist ϱ eine feste, nicht von $f(z)$ abhängende positive Zahl.*

Die obere Grenze aller positiven Zahlen ϱ dieser Art heißt die *Blochsche Konstante B*. Wir nehmen zunächst an, $f(z)$ sei einschließlich des Randes im Einheitskreis holomorph. Sodann sei

$$M(r) = \operatorname*{Max}_{|z| \leqq r} |f'(z)| .$$

$M(r)$ ist eine stetige, nicht abnehmende Funktion von r, $0 \leqq r \leqq 1$. Die Hilfsfunktion

$$\varphi(r) = (1 - r) M(r) \tag{16}$$

ist gleichfalls stetig, und es ist $\varphi(0) = 1$, $\varphi(1) = 0$. Daher gibt es ein r_0 $(0 \leqq r_0 < 1)$, so daß $\varphi(r_0) = 1$, aber $\varphi(r) < 1$ für $r > r_0$ ist. Sei z_0 ein Punkt, für den $|z_0| = r_0$ und $|f'(z_0)| = M(r_0)$ ist. Dann gilt wegen (16) und $\varphi(r_0) = 1$:

$$|f'(z_0)| = \frac{1}{1-r_0}. \tag{17}$$

Um z_0 schlagen wir den Kreis $\mathfrak{K}$ mit dem Radius $\varrho = \frac{1-r_0}{2}$, der noch ganz im Einheitskreis liegt. In $\mathfrak{K}$ gilt:

$$|f'(z)| \leqq M\left(\frac{1+r_0}{2}\right),$$

und da

$$\left(1 - \frac{1+r_0}{2}\right) M\left(\frac{1+r_0}{2}\right) < 1$$

ist, so ist

$$|f'(z)| < \frac{2}{1-r_0} = \frac{1}{\varrho}$$

und damit

$$|f'(z) - f'(z_0)| < \frac{1}{\varrho} + \frac{1}{1-r_0} = \frac{3}{2\varrho}$$

in $\mathfrak{K}$. Nach dem Schwarzschen Lemma (5, Satz 23) folgt hieraus:

$$|f'(z) - f'(z_0)| \leqq \frac{3}{2\varrho}\,\frac{|z-z_0|}{\varrho} = \frac{3}{2\varrho^2}\,|z-z_0|\,.$$

Für $|z - z_0| < \frac{\varrho}{3}$ ist dann:

$$|f'(z) - f'(z_0)| < \frac{1}{2\varrho} = |f'(z_0)|\,.$$

Aus dieser Ungleichung ersehen wir (s. 1, Satz 3), daß $f(z)$ im Kreis $|z - z_0| < \frac{\varrho}{3}$ schlicht ist. Dann ist die Funktion

$$g(w) = \frac{f\left(z_0 + \frac{\varrho}{3}\,w\right) - f(z_0)}{\frac{\varrho}{3} f'(z_0)}$$

schlicht im Einheitskreis der w-Ebene, und dort ist $g(0) = 0$ und $g'(0) = 1$. Also enthält das Bildgebiet des Einheitskreises der w-Ebene einen Kreis mit dem Radius $\varrho_1 \geqq \frac{1}{4}$. Wegen $\left|\frac{\varrho}{3} f'(z_0)\right| = \frac{\varrho}{3} \cdot \frac{1}{2\varrho} = \frac{1}{6}$ enthält das durch $f(z)$ vermittelte Bild des Kreises $|z - z_0| < \varrho$ einen Kreis vom Radius $\frac{\varrho_1}{6} \geqq \frac{1}{24}$, der das schlichte Bild eines Teilgebietes des Einheitskreises ist.

Den Fall, daß $f(z)$ nur in $|z| < 1$ als holomorph vorausgesetzt wird, erledigt man dadurch, daß man die Funktion

$$h(z) = \frac{f(kz)}{k}, \quad 0 < k < 1\,,$$

betrachtet und dann zur Grenze $k \to 1$ übergeht. Damit ist der Blochsche Satz bewiesen.

Der genaue Wert der Blochschen Konstanten B ist bislang nicht bekannt. Sicher gilt:

$$\frac{\sqrt{3}}{4} = 0{,}43\ldots \leqq B \leqq \frac{\Gamma\left(\frac{1}{3}\right)\Gamma\left(\frac{11}{12}\right)}{\sqrt{\sqrt{3}+1}\;\Gamma\left(\frac{1}{4}\right)} = 0{,}47\ldots\,.$$

Literatur

GRONWALL, T. H.: Some remarks on conformal representation. Ann. Math. (2) **16**, 72 u. 138 (1914—1915).

BIEBERBACH, L.: Über die Koeffizienten derjenigen Potenzreihen, welche eine schlichte Abbildung des Einheitskreises vermitteln. Sitzgsber. preuß. Akad. Wiss. **38**, 940 (1916).

— Aufstellung und Beweis des Drehungssatzes für schlichte konforme Abbildungen. Math. Z. **2**, 295 (1919).

— Neuere Untersuchungen über Funktionen von komplexen Variablen. Enzyklopädie math. Wiss. II C 4, Nr. 64 (1921).

MONTEL, P.: Leçons sur les fonctions univalentes oǜ multivalentes. Collection Borel. Paris 1933.

AHLFORS, L. V., u. H. GRUNSKY: Über die Blochsche Konstante. Math. Z. **42** (1937), S. 671.

GOLUSIN, G. M.: Interior problems of the theory of schlicht functions. Translated from the Russian article: Uspekhi matem. Nauk **6**, 26 (1939), by T. C. DOYLE, A. C. SCHAEFFER and D. C. SPENCER. Washington Office of Naval Research 1947.

SCHAEFFER, A. C., and D. C. SPENCER: Coefficient regions for schlicht functions. Amer. Math. Soc. Publ. Bd. **35**, New York 1950.

NEHARI, Z.: Conformal Mapping. New York, Toronto, London 1952.

NEVANLINNA, R.: Eindeutige analytische Funktionen. 2. Aufl. IV, § 3. Berlin 1953.

AHLFORS, L. V.: Complex Analysis. New York, Toronto, London 1953.

PESCHL, E.: Les invariants différentiels non holomorphes et leur rôle dans la théorie des fonctions. Rend. Sem. Mat. di Messina, **1**, 100 (1955).

PRIWALOW, I. I.: Randeigenschaften analytischer Funktionen. Deutscher Verlag der Wissenschaften, Berlin 1956.

GOLUSIN, G. M.: Geometrische Funktionentheorie. Berlin 1957.

JENKINS, J. A.: Univalent functions and conformal mapping. Berlin-Göttingen-Heidelberg 1958.

— On the schlicht Bloch constant. Journ. of Mathematics and Mechanics **10**, 729 (1961).

Fünftes Kapitel

Der Gesamtverlauf der analytischen Funktionen und ihre Riemannschen Flächen

§ 1. Beispiele mehrblättriger Riemannscher Flächen

Einige der wichtigsten Funktionen, auf die wir bisher gestoßen waren, machten bei der analytischen Fortsetzung grundsätzliche Schwierigkeiten, so z. B. $w = \log z$ und $w = z^{\frac{1}{n}}$ (II, 5; III, 1) sowie die bei den Polygonabbildungen auftretenden Integrale (IV, 9).

Das Wesentliche am Begriff der Funktion $w = f(z)$ ist, daß jedem z aus der Menge der Argumente *eindeutig* ein Funktionswert w zugeordnet wird. Nun sehen wir aber bei den obigen Funktionen, daß wir bei der analytischen Fortsetzung eines vorgegebenen holomorphen Funktionselementes (etwa einer Potenzreihe um einen bestimmten Punkt) unter

Umständen in ein und demselben Punkt zu verschiedenen Funktionswerten kommen können, wenn wir die Fortsetzung längs verschiedener Wege bewerkstelligen. Wenn wir also ein vorgegebenes Funktionselement auf alle möglichen Weisen fortsetzen, so ist die so entstehende Gesamtheit von miteinander zusammenhängenden Funktionselementen im allgemeinen *nicht* mehr als *Funktion der Veränderlichen z* anzusprechen. Der naheliegende Versuch, eine eindeutige Funktion dadurch zu bekommen, daß man die Fortsetzung beendet, sobald man schon überdeckte Gebiete erreicht, ist unzweckmäßig und bei komplizierten Funktionen kaum durchführbar. Die „Abschneidung" der Funktionselemente bleibt immer willkürlich, und an den Schnittstellen wird die Funktion unstetig, obgleich man sie in die Schnittstellen hinein von der einen oder anderen Seite analytisch fortsetzen kann, so daß diese Punkte in keiner Weise vor anderen holomorphen Punkten ausgezeichnet sind.

RIEMANN hat nun gezeigt, wie man ohne künstliche Abschneidung die Gesamtheit der miteinander zusammenhängenden analytischen Funktionselemente zu einer Funktion zusammenfassen kann. Allerdings kann es sich dabei nicht mehr um eine Funktion der komplexen Veränderlichen z handeln, vielmehr wird die Eindeutigkeit dadurch erzwungen, daß der Argumentbereich verändert wird. Als solcher wird bei allen Funktionen, bei denen die Schwierigkeit der Mehrdeutigkeit auftritt, nicht mehr die z-Ebene bzw. ein Teil von ihr, sondern eine jeweils geeignete der z-Ebene überlagerte Fläche gewählt. So entsteht der *Begriff der Riemannschen Fläche.*

Bevor wir diesen abstrakten Begriff einführen, wollen wir uns das Grundsätzliche an einzelnen Beispielen überlegen.

1. *Die Riemannsche Fläche von* $\log z$.

Um das Verhalten der Funktion $\log z$ bei analytischer Fortsetzung zu beschreiben, haben wir die z-Ebene längs der negativen reellen Achse aufgeschnitten und die in dieser aufgeschnittenen Ebene sich ergebenden Zweige der Logarithmusfunktion studiert (II, 5). Wir erhielten so abzählbar unendlich viele Zweige

$$\log z = \log|z| + 2k\pi i + i \operatorname{arc} z\,, \quad -\pi < \operatorname{arc} z < \pi\,, \qquad (1)$$
$$k = 0,\ \pm 1,\ \pm 2, \ldots,$$

und auf der negativen reellen Achse nahm der k-te Zweig von oben her dieselben Werte wie der $(k+1)$-te Zweig von unten her an. Um nun die Funktion $\log z$ in ihrem Gesamtverlauf eindeutig zu machen, denken wir uns abzählbar unendlich viele Exemplare $\mathfrak{E}_k$, $k = 0, \pm 1, \pm 2, \ldots$, der z-Ebene entlang der negativ reellen Halbachse aufgeschnitten. Auf einem Blatte $\mathfrak{E}_k$ wählen wir zur Definition von $\log z$ genau den k-ten Zweig (1). Dann weisen das obere Ufer am Schnitte des k-ten Blattes und das untere Ufer am Schnitte des $(k+1)$-ten Blattes die gleichen Werte auf. Dementsprechend verheften wir entlang dieser Schnitte das k-te und das $(k+1)$-te Blatt, so daß um den Nullpunkt herum die unendlich vielen Blätter wie eine flachgedrückte Wendeltreppe zusammenhängen. An den Verheftungsstellen, den *Verzweigungsschnitten*, ist $\log z$ jetzt auch eindeutig und holomorph erklärt. Ausgenommen ist immer nur der Nullpunkt. Wir haben so in der Gesamtheit der verhefteten Blätter $\mathfrak{E}_k$ einen Argumentbereich für $\log z$ gefunden, in dem $\log z$ eindeutig erklärt ist und doch der analytischen Fortsetzung keine Grenzen gesetzt sind. Und alle Potenzreihen, die man durch beliebige Fortsetzung einer Ausgangsreihe von $\log z$, etwa von

$$\log z = (z-1) - \frac{(z-1)^2}{2} + \frac{(z-1)^3}{3} - + \cdots$$

im 0-ten Blatt, gewinnen kann, kommen als Potenzreihen um einen Punkt des Gebildes vor. Wir nennen dieses Gebilde die *Riemannsche Fläche von* $\log z$. Die Punkte 0 und ∞ heißen *Verzweigungspunkte unendlicher Ordnung* oder *logarithmische Verzweigungspunkte*. Sie unterscheiden sich von den übrigen Stellen dadurch, daß wir beim Umlaufen der Stelle innerhalb einer genügend kleinen Umgebung nicht zum Ausgangspunkt zurückkehren. Im Gegensatz dazu sind die übrigen Verheftungsstellen vor den anderen Punkten auf der Fläche nicht ausgezeichnet. Vielmehr bekommen wir genau dieselbe Fläche, wenn wir anstatt entlang der negativ reellen Halbachse die Ebene längs irgendeiner anderen von 0 nach ∞ laufenden Kurve aufschneiden. Die Verzweigungsschnitte werden also nur zur Konstruktion der Fläche hilfsweise herangezogen im Gegensatz zu den Verzweigungspunkten, die auch auf der fertigen Fläche eine Ausnahmestellung einnehmen.

2. *Die Riemannsche Fläche von* $\sqrt{z}$.

Ausgehend von der Potenzreihenentwicklung

$$P(z) = 1 + \binom{\frac{1}{2}}{1}(z-1) + \binom{\frac{1}{2}}{2}(z-1)^2 + \binom{\frac{1}{2}}{3}(z-1)^3 \ldots \tag{2}$$

im Punkte 1 können wir diese Funktion in der endlichen Ebene unbegrenzt analytisch fortsetzen, solange wir den Nullpunkt vermeiden. Dabei stellen sich zu jedem Punkt $z = re^{i\varphi}$, $r \neq 0$, genau zwei Funktionswerte ein: $f_1(z) = \sqrt{r}\,e^{\frac{i\varphi}{2}}$ und $f_2(z) = -\sqrt{r}\,e^{\frac{i\varphi}{2}}$. Demgemäß genügt es hier, zwei Exemplare der z-Ebene zu wählen und sie etwa längs der negativen reellen Achse aufzuschneiden. Das eine Blatt betrachten wir dann als Argumentbereich von $f_1(z)$, das andere als Bereich von $f_2(z)$. Dabei stellen wir fest, daß die Werte auf dem oberen Ufer des ersten Blattes mit den Werten auf dem unteren Ufer des zweiten Blattes und die Werte auf dem oberen Ufer des zweiten Blattes mit den Werten auf dem unteren Ufer des ersten Blattes übereinstimmen. Wir heften dementsprechend die Blätter kreuzweise aneinander. Es gibt also auf dem so gewonnenen Gebilde zwei übereinanderliegende negativ reelle Halbachsen: eine, wo die erste Verheftung, und eine zweite, wo die zweite Verheftung Platz findet. Dabei erinnern wir uns, daß wir es mit abstrakten z-Ebenen zu tun haben, so daß wir uns nicht daran stören, daß bei einer Vorstellung der Blätter im dreidimensionalen Raum diese Blätter sich gegenseitig entlang der Halbachse durchdringen müßten. (Der rein logische Aufbau der Gebilde wird im nächsten Paragraphen durchgeführt.) Auf der so gewonnenen Riemannschen Fläche ist $w = \sqrt{z}$ eine eindeutige und holomorphe Funktion der Punkte dieser Fläche außerhalb 0 und ∞. 0 und ∞ heißen *Verzweigungspunkte erster Ordnung.*

3. *Die Riemannsche Fläche von* $w = \sqrt{(z-a)(z-b)}$, $a \neq b$, $a, b \neq 0$.

Wir gehen von einer Potenzreihenentwicklung um 0 aus. Die Entwicklung gewinnen wir aus

$$f(z) = \sqrt{(z-a)(z-b)} = \sqrt{ab}\left(1-\frac{z}{a}\right)^{\frac{1}{2}}\left(1-\frac{z}{b}\right)^{\frac{1}{2}}$$

durch die binomische Entwicklung um $z = 0$, nachdem wir für $\sqrt{ab}$ einen der beiden möglichen Werte gewählt haben. Diese Potenzreihe läßt sich unbeschränkt fortsetzen, solange wir die Punkte a und b vermeiden. Die Fortsetzung ist eindeutig, wenn wir die Ebene entlang einer Strecke von a nach b aufschneiden. An den beiden Ufern des Schnittes hat $f(z)$ entgegengesetzte Werte; denn ein Weg, der in der aufgeschnittenen Ebene die beiden Ufer verbindet, umläuft den einen der Punkte a und b genau einmal, den anderen aber nicht. Daher ändert von den beiden Ausdrücken $\sqrt{z-a}$ und $\sqrt{z-b}$ der eine das Vorzeichen, der andere dagegen nicht. Dementsprechend wählen wir eine zweite Ebene, schneiden sie ebenso auf und gehen wieder von der binomischen Entwicklung um $z = 0$ aus, wählen jedoch für $\sqrt{ab}$ den entgegengesetzten Wert. Heften wir die beiden Blätter entlang des Schnittes kreuzweise zusammen, so haben wir die gesuchte Riemannsche Fläche. 0 und ∞ sind jetzt keine Verzweigungspunkte, sie treten vielmehr in beiden Blättern getrennt voneinander auf. a und b sind Verzweigungspunkte erster Ordnung. Um $z = a$ haben wir nämlich die Darstellung

$$f(z) = \sqrt{(z-a)(a-b+z-a)} = \sqrt{a-b}\sqrt{z-a}\left(1+\frac{z-a}{a-b}\right)^{\frac{1}{2}}$$

$$= \sqrt{a-b}\sqrt{z-a}\left[1+\binom{\frac{1}{2}}{1}\frac{z-a}{a-b}+\binom{\frac{1}{2}}{2}\left(\frac{z-a}{a-b}\right)^2+\cdots\right].$$

Da $\sqrt{a-b}\left[1+\binom{\frac{1}{2}}{1}\frac{z-a}{a-b}+\cdots\right]$ nach Wahl einer der beiden Werte von $\sqrt{a-b}$ in einer Umgebung von $z = a$ eine holomorphe und eindeutige Funktion liefert, so hängt das analytische Verhalten von $f(z)$ in $z = a$ allein von $\sqrt{z-a}$ ab, und diese Funktion hat im Punkte a (ebenso wie $\sqrt{z}$ im Nullpunkt) eine Verzweigungsstelle erster Ordnung. Genauso schließt man für den Punkt b.

In den unendlich fernen Punkten der beiden Blätter hat die Funktion je einen Pol erster Ordnung. Es ist dort nämlich

$$f(z) = \pm z\left(1 - \frac{a}{z}\right)^{\frac{1}{2}}\left(1 - \frac{b}{z}\right)^{\frac{1}{2}} = \pm z\left(1 - \frac{1}{2}(a+b)\frac{1}{z} + \cdots\right),$$

wo die unendliche Reihe in der letzten Klammer nach fallenden Potenzen von z fortschreitet.

4. *Die Riemannsche Fläche von* $w = \sqrt{\frac{z-a}{z-b}}$, $a \neq b$, $a, b \neq 0$.

Die Fläche ist wieder zweiblättrig; a und b sind die Verzweigungspunkte erster Ordnung. Über dem Nullpunkt hat die Funktion in den beiden Blättern je einen der beiden voneinander verschiedenen Werte $\pm\sqrt{\frac{a}{b}}$. Über dem unendlich fernen Punkt tritt in einem Blatt der Wert 1, im anderen Blatt der Wert -1 auf. Dort ist die Funktion also jeweils holomorph.

5. *Die Riemannsche Fläche von* $w = \sqrt{(z-a_1)(z-a_2)(z-a_3)(z-a_4)}$, *wo die* a_n *paarweise voneinander verschieden sein sollen.*

Da

$$f(z) = \sqrt{z-a_1}\cdot\sqrt{(z-a_2)(z-a_3)(z-a_4)}$$

ist und der zweite Faktor sich in $z = a_1$ holomorph verhält, so hat $f(z)$ in a_1 (und ebenso in a_2, a_3, a_4) einen Verzweigungspunkt erster Ordnung. Wir erhalten die Fläche, indem wir in zwei Exemplare der z-Ebene Schnitte S_1 und S_2 von a_1 nach a_2 und von a_3 nach a_4 legen und entlang dieser Schnitte die Blätter wieder kreuzweise verheften. Die Riemannsche Fläche hat zwei Blätter und ist nur in den Punkten a_1, a_2, a_3, a_4 verzweigt. Um $z = \infty$ haben wir in den beiden Blättern die Entwicklungen

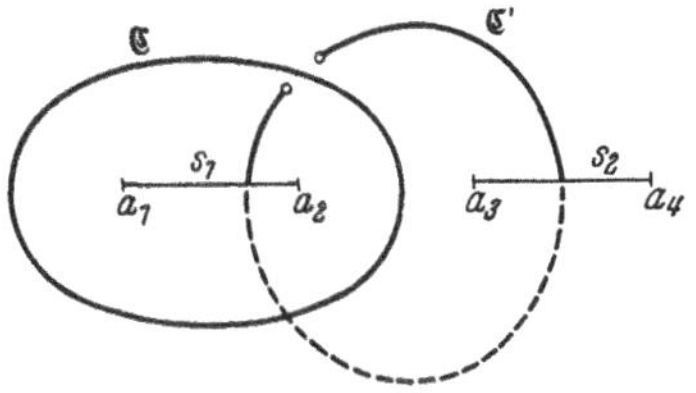

Abb. 34

$$f(z) = \pm z^2\left[\left(1 - \frac{a_1}{z}\right)\left(1 - \frac{a_2}{z}\right)\left(1 - \frac{a_3}{z}\right)\left(1 - \frac{a_4}{z}\right)\right]^{\frac{1}{2}}$$
$$= \pm z^2\left(1 + \frac{c_1}{z} + \frac{c_2}{z^2} + \cdots\right).$$

Dort liegen also Pole 2-ter Ordnung vor.

Diese Riemannsche Fläche weist eine Eigenschaft auf, die wir bei Gebieten der Ebene nicht kennen. Wir können auf der Fläche geschlossene Kurven ziehen, die die Fläche nicht zerlegen, d. h. es gilt nicht der Jordansche Kurvensatz. Wir wählen etwa auf dem einen Blatt eine einfach geschlossene Kurve $\mathfrak{C}$, die a_1 und a_2, aber nicht a_3 und a_4 umschließt. Dann können wir immer noch von einem Ufer der Kurve zum anderen auf einer Jordan-Kurve $\mathfrak{C}'$ kommen, die die gegebene Kurve $\mathfrak{C}$ nicht schneidet, indem wir über die Schnitte S_1 und S_2 durch das zweite Blatt laufen (s. Abb. 34). Diese Eigenschaft der Riemannschen Fläche werden wir später noch genauer zu untersuchen haben.

6. *Die Riemannsche Fläche von* $w = \sqrt[k]{z - z_0}$, $k > 1$ *eine natürliche Zahl.*

Die Fläche besteht aus k übereinandergelagerten z-Ebenen, die entlang einer von z_0 nach ∞ reichenden Kurve aufgeschnitten und dann zyklisch verheftet sind: das erste Blatt mit dem zweiten, das zweite mit dem dritten, schließlich das k-te wieder mit dem ersten. Die Punkte z_0 und ∞, die im Gegensatz zu den übrigen Punkten der Fläche nur einmal auftreten, heißen Verzweigungspunkte $(k - 1)$-ter Ordnung.

7. *Die Riemannsche Fläche von* $w = \sqrt{f(z)}$, $f(z)$ *eine ganze Funktion, die mindestens eine Nullstelle ungerader Ordnung besitzt.*

Die Fläche ist zweiblättrig mit Verzweigungsstellen erster Ordnung dort, wo $f(z)$ in ungerader Ordnung verschwindet. Hat $f(z)$ für $z = \infty$ einen Pol ungerader Ordnung, so liegt über $z = \infty$ auch noch eine Verzweigungsstelle.

Die Entwicklungen von $w = \sqrt{f(z)}$ in einem Punkte z_0 erhält man wie folgt.

a) $f(z) = (z - z_0)^{2k} f_1(z)$; $k \geqq 0$, $f_1(z_0) = a_0 \neq 0$.

$$w = (z - z_0)^k \sqrt{f_1(z)} = \pm (z - z_0)^k \sqrt{a_0}\,(1 + b_1(z - z_0) + \cdots),$$

also ist $w = \sqrt{f(z)}$ über z_0 in beiden Blättern holomorph.

b) $f(z) = (z - z_0)^{2k+1} f_1(z)$; $k \geqq 0$, $f_1(z_0) = a_0 \neq 0$.

$$w = \sqrt{z - z_0}\,(z - z_0)^k \sqrt{a_0}\,(1 + b_1(z - z_0) + \cdots).$$

$w = \sqrt{f(z)}$ hat eine Verzweigungsstelle erster Ordnung für $z = z_0$.

Ebenso schließt man, falls $f(z)$ im Punkte ∞ einen Pol hat.

8. *Die Riemannsche Fläche von* $w = e^{\sqrt{z}}$.

Sie ist die gleiche wie die von $w = \sqrt{z}$, aus der der Punkt über ∞ herausgenommen ist.

9. *Die Riemannsche Fläche von* $w = \sqrt{e^z}$.

Da e^z für kein z verschwindet, so gibt es keine Verzweigungspunkte. Die beiden Blätter sind ohne Zusammenhang. $\sqrt{e^z}$ stellt also zwei verschiedene ganze Funktionen dar, nämlich $w = e^{\frac{z}{2}}$ und $w = -e^{\frac{z}{2}}$.

10. *Die Riemannsche Fläche von* $w = \sqrt{\sum_{n=1}^{\infty} z^{n!}}$.

Die Fläche besteht nicht, wie es in den vorhergehenden Beispielen der Fall war, aus verhefteten ganzen Ebenen, sondern sie wird, da

$$f(z) = \sum_{n=1}^{\infty} z^{n!}$$

den Einheitskreis als natürliche Grenze hat (s. III, 1, Beispiel 1), von zwei übereinander gelagerten Kreisscheiben gebildet. Ihre Verzweigungsstellen sind die Nullstellen ungerader Ordnung von $f(z)$, insbesondere also $z = 0$.

11. *Die Riemannsche Fläche von* $w = f^{\alpha}(z)$, $f(z)$ *ganz mit mindestens einer Nullstelle,* α *irrational.*

Diese Funktion ist definiert durch

$$w = e^{\alpha \cdot \log f(z)}.$$

Ihre Riemannsche Fläche ist wie die des Logarithmus unendlich vielblättrig mit Verzweigungsstellen unendlicher Ordnung an den Nullstellen von $f(z)$.

a) z_0 sei keine Nullstelle von $f(z)$, also

$$f(z) = a_0(1 + b_1(z - z_0) + \cdots), \quad a_0 \neq 0,$$

und

$$\log f(z) = \log a_0 + 2k\pi i + \log(1 + b_1(z - z_0) + \cdots),$$

wobei $\log a_0$ irgendeiner der Logarithmuswerte von a_0 ist und $\log(1 + b_1(z - z_0) + \cdots)$ der Zweig des Logari hmus ist, der für $z = z_0$ den Wert Null hat. Dann ist

$$w = e^{2\alpha k\pi i} e^{\alpha \cdot \log a_0} (1 + b_1(z - z_0) + \cdots)^\alpha = e^{2\alpha k\pi i} P(z - z_0).$$

Da α nicht rational ist, so sind dies abzählbar unendlich viele voneinander verschiedene Potenzreihenentwicklungen, zu denen abzählbar unendlich viele Blätter gehören.

b) z_0 sei Nullstelle von $f(z)$, also

$$f(z) = (z - z_0)^k a_0(1 + b_1(z - z_0) + \cdots), \quad a_0 \neq 0.$$

Dann ist

$$\log f(z) = k \cdot \log(z - z_0) + \log a_0 + 2l\pi i + \log(1 + b_1(z - z_0) + \cdots)$$

und

$$w = e^{\alpha k \cdot \log(z - z_0) + 2\alpha l\pi i} P(z - z_0).$$

Hieraus ersehen wir, daß über z_0 Verzweigungspunkte unendlich hoher Ordnung der zu $w = f^\alpha(z)$ gehörigen Riemannschen Fläche liegen und daß in der Umgebung von z_0 die Menge der Blätter in k Klassen zerfällt, so daß in jeder Klasse die Blätter zur Umgebung eines logarithmischen Verzweigungspunktes verheftet sind.

12. *Die Riemannsche Fläche von* $\sqrt[2]{\sqrt[3]{z} - 1}$.

Die Fläche hat 6 Blätter. Die ersten und die zweiten 3 Blätter haben je einen gemeinsamen Verzweigungspunkt zweiter Ordnung in $z = 0$. Das erste und vierte Blatt haben einen gemeinsamen Verzweigungspunkt erster Ordnung in $z = 1$, und alle Blätter haben einen gemeinsamen Verzweigungspunkt fünfter Ordnung für $z = \infty$.

Die Riemannschen Flächen vieler Funktionen, so schon von $w = \sqrt{z}$, sind in dem hier beschriebenen Sinne im dreidimensionalen Raum nicht realisierbar. Trotzdem ist es für alle, die sich mit mehrblättrigen Funktionen zu beschäftigen haben, von Wichtigkeit, eine sichere Anschauung davon zu haben. Deshalb sind die zahlreichen Beispiele hier angegeben.

Darüber hinaus ist es nützlich, sich auch über die topologische Struktur der Riemannschen Flächen zu orientieren. Dies ist bei den meisten unserer Beispiele besonders einfach. Bei der Fläche von $w = \log z$ sind die über einem Punkt z gelegenen Punkte der Fläche dadurch voneinander unterschieden, daß ihre Funktionswerte w verschieden sind. Da außerdem zu verschiedenen z-Werten stets verschiedene w-Werte gehören, so können wir die Punkte der Fläche eineindeutig der Menge der angenommenen w-Werte zuordnen. Aus der Darstellung $w = \log|z| + i \operatorname{arc} z$ ersehen wir aber, daß w die Gesamtheit der Punkte der endlichen w-Ebene durchläuft. Somit läßt sich durch die Umkehrfunktion $z = e^v$ die Fläche auf die endliche v-Ebene eineindeutig abbilden, wenn wir noch $v = w$ setzen, falls w der zu dem betreffenden Punkt gehörige Wert von

$\log z$ ist. Da die Zuordnung zwischen den v-Werten und den Punkten der Riemannschen Fläche topologisch ist, so hat die Fläche die topologische Struktur der endlichen Ebene. Den verschiedenen Blättern $\mathfrak{E}_k$, $k = 0, \pm 1, \pm 2, \ldots$, entsprechen in der v-Ebene jeweils Parallelstreifen

$$P_k\colon -\pi + 2k\pi < \operatorname{Im}(v) < \pi + 2k\pi .$$

Bei der Riemannschen Fläche von $w = \sqrt{z}$ sind die verschiedenen Punkte ebenfalls durch verschiedene w-Werte bestimmt, so daß wir auch hier die Fläche durch $z = v^2$ eineindeutig als Bild der in den Punkten Null und Unendlich punktierten v-Ebene darstellen können, wenn wir wieder $v = w$ setzen. Es ist bemerkenswert, daß die Verzweigungspunkte Null und Unendlich und ihre Umgebungen als holomorphe bzw.

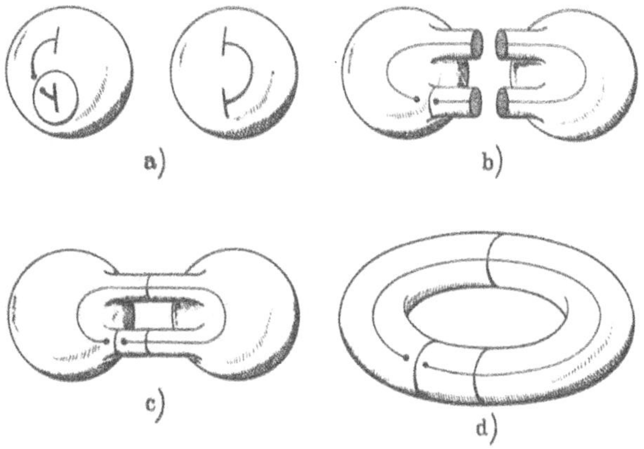

Abb. 35

meromorphe Bilder der Punkte Null und Unendlich und deren Umgebungen erscheinen und daß die Funktion $w = \sqrt{z}$ selbst eine holomorphe oder meromorphe Funktion in diesen Punkten ist: $w = v$. Dies legt den Gedanken nahe, solche *Verzweigungspunkte*, die dann notwendig endliche Ordnung haben, mit *zur Riemannschen Fläche* hinzuzunehmen. Geschieht dies, so erscheint als Bild der Riemannschen Fläche von $w = \sqrt{z}$ die geschlossene v-Ebene, die homöomorph zur Riemannschen Zahlensphäre ist. Die Riemannsche Fläche hat also die topologische Struktur einer Kugeloberfläche.

Die Riemannsche Fläche von $w = \sqrt{(z-a)(z-b)}$ können wir nicht durch die Umkehrfunktion eineindeutig auf ein Gebiet der v-Ebene abbilden. Sie ist aber die gleiche Fläche wie bei der Funktion $w = \sqrt{\frac{z-a}{z-b}}$, und deren Umkehrung $z = \frac{a - b \cdot v^2}{1 - v^2}$ liefert für beide Flächen die eineindeutige Zuordnung auf die in Null und Unendlich punktierte v-Ebene, die wieder durch Hinzunahme der Verzweigungspunkte zu einer geschlossenen Fläche von der Struktur einer Sphäre gemacht werden kann. Die Eineindeutigkeit erreichen wir im ersten Fall durch die Zuordnung $v = \frac{w}{z-b}$ und im zweiten wie vorher durch $v = w$. Beidemale sind die Funktionen $w = \sqrt{(z-a)(z-b)} = \frac{(a-b)v}{1-v^2}$ und $w = \sqrt{\frac{z-a}{z-b}} = v$ in den Bildern der Verzweigungspunkte holomorph oder meromorph.

Von völlig anderer Struktur ist die Riemannsche Fläche von $w = \sqrt{(z-a_1)(z-a_2)(z-a_3)(z-a_4)}$. Die beiden doppelt geschlitzten Blätter können wir auf zwei doppelt geschlitzte Sphären topologisch abbilden (Abb. 35a), die Umgebungen der Schlitze zu Röhrenansätzen verformen (Abb. 35b) und diese entsprechend der Zuordnung der Schlitze verheften (Abb. 35c). Schließlich können wir die durch zwei Röhren verbundenen Sphären noch zu einem Torus deformieren (Abb. 35d). Auf ihm erscheinen die in Abb. 34 gezeigten Kurven $\mathfrak{C}$ und $\mathfrak{C}'$ als Breiten- und Längenkreise.

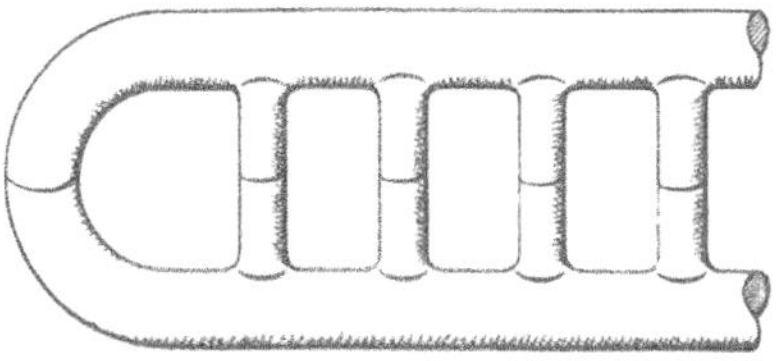
Abb. 36

Bei der Fläche von $w = \sqrt{f(z)}$, $f(z)$ ganz, wollen wir annehmen, daß $f(z)$ unendlich viele Nullstellen $a_1, a_2, a_3, \ldots$ ungerader Ordnung hat. Wir führen dann punktfremde Schnitte von a_1 nach a_2, a_3 nach a_4 usw. Dadurch zerfällt die Fläche in zwei Blätter, die wir nach dem Vorbild von Abb. 35 auf eine Fläche im Raum abbilden. Es ergibt sich dann ein Gebilde, wie es Abb. 36 zeigt. Die Fläche ist von unendlich hohem Zusammenhang.

Schließlich bemerken wir noch, daß die Riemannsche Fläche von $w = e^{\sqrt{z}}$ sich bei Hinzufügung ihrer Verzweigungspunkte von der Riemannschen Fläche von $\sqrt{z}$ durch den unendlich fernen Verzweigungspunkt unterscheidet, weil $w = e^{\sqrt{z}} = e^v$ dort wesentlich singulär ist. Die Fläche hat also die topologische Struktur der einmal punktierten Sphäre, während $\sqrt{z}$ eine Fläche von der Struktur der geschlossenen Sphäre hat.

§ 2. Allgemeine Einführung der Riemannschen Fläche

Die Ausführungen des letzten Paragraphen müssen uns vom grundsätzlichen Standpunkt aus unbefriedigt lassen. Wir können so noch nicht übersehen, ob wir für beliebig komplizierte Funktionen — man denke nur an Häufungen von Verzweigungsstellen — auf diese Weise stets einen Argumentbereich konstruieren können, auf dem die Funktion eindeutig ist. Außerdem haben wir bei der Zerschneidung und Heftung mit den geschlossenen z-Ebenen operiert, als wären sie konkret wie Papierblätter, um dann doch wie bei $\sqrt{z}$ dort, wo gerade durch die konkrete Vorstellung Schwierigkeiten entstehen, uns daran zu erinnern, daß wir diese z-Ebenen nicht in den dreidimensionalen euklidischen Raum einzubetten brauchen. Dies gelang uns erst bei einigen Flächen, wenn wir nur die topologische Struktur ins Auge faßten. Aber auch hierbei ist nicht zu übersehen, ob die topologische Abbildung auf eine Fläche im dreidimensionalen Raume stets möglich ist. All dies zwingt uns dazu, nunmehr die neuen Bereiche axiomatisch aufzubauen.

α) Definition der Riemannschen Fläche

Ausgangspunkt unserer Überlegungen ist der Begriff des Hausdorff-Raumes, den wir in I, 3 eingeführt haben.

Ein Hausdorff-Raum $\mathfrak{H}$, der durch die Axiome A_1 bis A_4 (s. I, 3, S. 22) definiert ist, heißt eine *zweidimensionale Mannigfaltigkeit* $\mathfrak{M}$, wenn er den folgenden Axiomen genügt:

A_5. *$\mathfrak{H}$ ist zusammenhängend (s. I, 3).*

A_6. *Zu jedem Punkt $P_0 \in \mathfrak{H}$ gibt es eine offene Umgebung $\mathfrak{U}(P_0)$ und in $\mathfrak{U}(P_0)$ eine komplexwertige Funktion $t = \varphi(P)$, die $\mathfrak{U}(P_0)$ topologisch (s. I, 5, S. 42) auf ein einfach zusammenhängendes endliches Gebiet $\mathfrak{G}$ der komplexen t-Ebene abbildet.*

Die Umkehrfunktion in $\mathfrak{G}$: $P = f(t) = \check{\varphi}(t)$ bildet $\mathfrak{G}$ topologisch auf $\mathfrak{U}(P_0)$ ab. Wir nennen $P = f(t)$ eine *lokale Abbildungsfunktion* und $t = u + iv$ einen *lokalen Parameter* oder eine *lokale komplexe Koordinate* auf $\mathfrak{M}$. u und v heißen *lokale reelle Koordinaten.*

Die Mannigfaltigkeit $\mathfrak{M}$ hat also lokal die Struktur der euklidischen (u, v)-Ebene. Man sagt daher, sie sei *zweidimensional lokal euklidisch.* Man kann also die lokalen topologischen Eigenschaften in einer Umgebung $\mathfrak{U}$ der Mannigfaltigkeit $\mathfrak{M}$ im Bild $\mathfrak{G}$ von $\mathfrak{U}$ in der euklidischen Ebene studieren. Zweidimensionale Mannigfaltigkeiten sind u. a. die Ebene, die Oberfläche der Kugel, die Oberfläche des Torus, usw.

Ein System $\{\mathfrak{G}, P = f(t), \mathfrak{U}\}$, wobei $P = f(t)$ eine topologische Abbildung von $\mathfrak{G}$ auf $\mathfrak{U}$ liefert, und $\mathfrak{U}$ eine offene Menge auf $\mathfrak{M}$ ist, heißt eine *Karte.* Eine Menge $\mathfrak{A}$ von Karten $\{\mathfrak{G}, P = f(t), \mathfrak{U}\}$, deren Umgebungen $\mathfrak{U}$ *die gesamte Mannigfaltigkeit* $\mathfrak{M}$ *überdecken,* heißt ein *Atlas der Mannigfaltigkeit* $\mathfrak{M}$.

Hat man zwei Karten $\{\mathfrak{G}_1, P = f_1(t_1), \mathfrak{U}_1\}$ und $\{\mathfrak{G}_2, P = f_2(t_2), \mathfrak{U}_2\}$ gegeben, so kann es sein, daß $\mathfrak{U}_1 \cap \mathfrak{U}_2$ nicht leer ist. Dann vermittelt die Funktion $P = f_1(t_1)$ eine Abbildung einer offenen Teilmenge $\mathfrak{B}_{12} \subset \mathfrak{G}_1$ auf $\mathfrak{U}_1 \cap \mathfrak{U}_2$, und ebenso vermittelt $P = f_2(t_2)$ eine Abbildung einer offenen

Teilmenge $\mathfrak{B}_{21} \subset \mathfrak{G}_2$ auf $\mathfrak{U}_1 \cap \mathfrak{U}_2$. Daher vermittelt die Funktion

$$t_2 = f_{12}(t_1) = \check{f}_2(f_1(t_1)) \tag{1}$$

eine topologische Abbildung von $\mathfrak{B}_{12}$ auf $\mathfrak{B}_{21}$ (s. Abb. 37).

Zu jedem Punkt t_{10} aus $\mathfrak{B}_{12}$ gibt es dann eine offene einfach zusammenhängende Umgebung $\mathfrak{G}_3$, die in $\mathfrak{B}_{12}$ enthalten ist und die durch die Funktion $P = f_1(t_1)$ topologisch auf eine Umgebung $\mathfrak{U}_3$ des Punktes $P_0 = f_1(t_{10})$ abgebildet wird. In $\{\mathfrak{G}_3, P = f_1(t_1), \mathfrak{U}_3\}$ hat man dann wieder eine Karte von $\mathfrak{M}$ erhalten.

Bildet man das Gebiet $\mathfrak{G}$ einer Karte $\{\mathfrak{G}, P = f(t), \mathfrak{U}\}$ durch eine Funktion $t^* = g(t)$ auf ein Gebiet $\mathfrak{G}^*$ der t^*-Ebene topologisch ab, so hat man in $\{\mathfrak{G}^*, P = f^*(t^*), \mathfrak{U}\}$ mit $f^*(t^*) = f(\check{g}(t^*))$ wiederum eine Karte von $\mathfrak{M}$ erhalten.

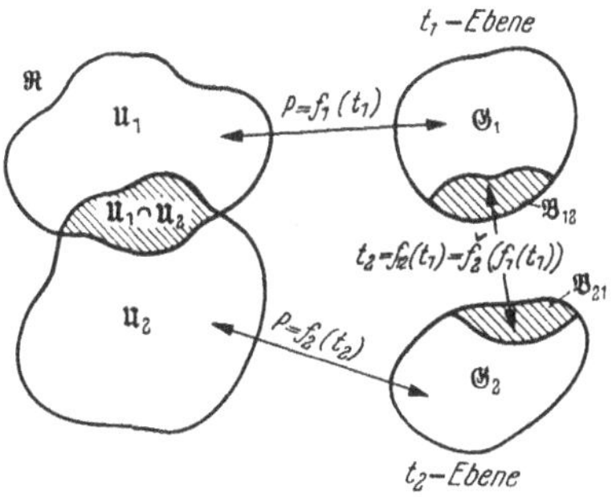

Abb. 37

Wir betrachten nun auf $\mathfrak{M}$ die Gesamtheit $\overline{\mathfrak{A}}$ aller möglichen Karten $\{\mathfrak{G}, P = f(t), \mathfrak{U}\}$. Diese Gesamtheit nennt man einen *vollständigen Atlas der Mannigfaltigkeit* $\mathfrak{M}$.

Auf Grund der lokal-euklidischen Struktur einer Mannigfaltigkeit $\mathfrak{M}$ *besitzt jeder Punkt* $P \in \mathfrak{M}$ *eine abzählbare Umgebungsbasis*. Man erhält eine solche Basis als Bild einer entsprechenden Basis in einem lokalen Parameter t. Daher gelten für Mannigfaltigkeiten die Sätze 17 und 18 aus I, 4.

Wir prägen nun einer Mannigfaltigkeit $\mathfrak{M}$ komplexe Strukturen auf und definieren die *(allgemeine oder abstrakte) Riemannsche Fläche:*

Unter einer *(abstrakten) Riemannschen Fläche* $\mathfrak{R}$ verstehen wir eine zweidimensionale Mannigfaltigkeit $\mathfrak{M}$ mit einem Atlas $\mathfrak{A}^*$ von Karten $\{\mathfrak{G}, P = f(t), \mathfrak{U}\}$ mit folgender Eigenschaft:

A_7^*. *Sind* $\{\mathfrak{G}_1, P = f_1(t_1), \mathfrak{U}_1\}$ *und* $\{\mathfrak{G}_2, P = f_2(t_2), \mathfrak{U}_2\}$ *irgend zwei Karten aus* $\mathfrak{A}^*$, *für die* $\mathfrak{U}_1 \cap \mathfrak{U}_2$ *nicht leer ist, und werden die Bereiche* $\mathfrak{B}_{12} \subset \mathfrak{G}_1$ *und* $\mathfrak{B}_{21} \subset \mathfrak{G}_2$ *durch* $P = f_1(t_1)$ *bzw.* $P = f_2(t_2)$ *auf* $\mathfrak{U}_1 \cap \mathfrak{U}_2$ *abgebildet, so ist die Abbildung*

$$t_2 = \check{f}_2(f_1(t_1)) \tag{2}$$

von $\mathfrak{B}_{12}$ *auf* $\mathfrak{B}_{21}$ *eineindeutig und konform* (s. Abb. 37).

Gilt die vorstehende Beziehung, so sagt man, die Karten aus $\mathfrak{A}^*$ seien *holomorph miteinander verträglich.*

Wir sondern jetzt aus dem vollständigen Atlas $\overline{\mathfrak{A}}$ von $\mathfrak{M}$ alle Karten $\{\mathfrak{G}_1, P = f_1(t_1), \mathfrak{U}_1\}$ aus, für die die Funktionen $t_2 = f_{12}(t_1)$ aus (1) holomorph sind, wenn die Karten $\{\mathfrak{G}_2, P = f_2(t_2), \mathfrak{U}_2\}$ zu $\mathfrak{A}^*$ gehören. Die Gesamtheit $\overline{\mathfrak{A}^*}$ dieser Karten heißt der *vollständige Atlas der Riemannschen Fläche* $\mathfrak{R}$.

Hat man dann zwei beliebige Karten $\{\mathfrak{G}_1, P = f_1(t_1), \mathfrak{U}_1\}$ und $\{\mathfrak{G}_2, P = f_2(t)_2, \mathfrak{U}_2\}$ aus dem vollständigen Atlas $\overline{\mathfrak{A}^*}$, für die $\mathfrak{U}_1 \cap \mathfrak{U}_2$ nicht leer ist, so sind die Funktionen (1) gleichfalls holomorph. Ist nämlich P_0 ein Punkt aus $\mathfrak{U}_1 \cap \mathfrak{U}_2$, so gibt es eine Karte $\{\mathfrak{G}_3, P = f_3(t_3), \mathfrak{U}_3\}$ aus dem Atlas $\mathfrak{A}^*$, so daß P_0 in $\mathfrak{U}_3$ liegt. Dann gibt es eine Umgebung $\mathfrak{U}$ von P_0 mit

$$\mathfrak{U} \subset \mathfrak{U}_1 \cap \mathfrak{U}_2 \cap \mathfrak{U}_3,$$

dazu Gebiete $\mathfrak{G}_1^* \subset \mathfrak{G}_1$, $\mathfrak{G}_2^* \subset \mathfrak{G}_2$, $\mathfrak{G}_3^* \subset \mathfrak{G}_3$, so daß die Funktionen $P = f_1(t_1)$, $P = f_2(t_2)$, $P = f_3(t_3)$ diese Gebiete $\mathfrak{G}_1^*$, $\mathfrak{G}_2^*$, $\mathfrak{G}_3^*$ jeweils topologisch auf $\mathfrak{U}$ abbilden. Da die Funktionen

$$t_3 = f_{13}(t_1) \quad \text{und} \quad t_3 = f_{23}(t_2)$$

samt ihren Umkehrungen in $\mathfrak{G}_1^*$ und $\mathfrak{G}_2^*$ holomorph sind, so ist auch die Funktion

$$t_2 = f_{12}(t_1) = \check{f}_{23}(f_{13}(t_1))$$

samt ihrer Umkehrung in $\mathfrak{G}_1^*$ holomorph.

Hat man auf $\mathfrak{M}$ einen zweiten Atlas $\mathfrak{A}^{**}$ gegeben, so kann es sein, daß dieser Atlas mit dem ersten Atlas $\mathfrak{A}^*$ holomorph verträglich ist, d. h. es kann sein, daß stets für eine Karte $\{\mathfrak{G}_1, P = f_1(t_1), \mathfrak{U}_1\}$ aus $\mathfrak{A}^*$ und eine Karte $\{\mathfrak{G}_2, P = f_2(t_2), \mathfrak{U}_2\}$ aus $\mathfrak{A}^{**}$, für die $\mathfrak{U}_1 \cap \mathfrak{U}_2$ nicht leer ist, die Bilder $\mathfrak{B}_{12} \subset \mathfrak{G}_1$ und $\mathfrak{B}_{21} \subset \mathfrak{G}_2$ von $\mathfrak{U}_1 \cap \mathfrak{U}_2$ durch die Funktion

$$t_2 = \check{f}_2(f_1(t_1))$$

konform aufeinander bezogen sind. In diesem Falle sind die vollständigen Atlanten $\overline{\mathfrak{A}^*}$ und $\overline{\mathfrak{A}^{**}}$ gleich; denn jede Karte aus $\overline{\mathfrak{A}^*}$ ist mit jeder Karte aus $\mathfrak{A}^{**}$ holomorph verträglich und jede Karte aus $\overline{\mathfrak{A}^{**}}$ mit jeder Karte aus $\mathfrak{A}^*$.

Jede Karte aus $\mathfrak{A}^{**}$ gehört nämlich zu $\overline{\mathfrak{A}^*}$ und jede Karte aus $\mathfrak{A}^*$ zu $\overline{\mathfrak{A}^{**}}$.

Man kann also sagen:

Zwei holomorph verträgliche Atlanten $\mathfrak{A}^*$ und $\mathfrak{A}^{**}$ liefern dieselbe Riemannsche Fläche $\mathfrak{R}$. Den zugehörigen vollständigen Atlas $\overline{\mathfrak{A}^*}$ bezeichnet man als eine *komplexe Struktur auf* $\mathfrak{M}$.

Beispiele:

1. Die endliche z-Ebene $\mathfrak{E}_z$ wird zu einer Riemannschen Fläche, wenn man als Atlas $\mathfrak{A}^*$ die einzige Karte $\{\mathfrak{E}_t, z = t, \mathfrak{E}_z\}$ wählt, wobei $\mathfrak{E}_t$ die endliche t-Ebene ist. Der vollständige Atlas $\overline{\mathfrak{A}^*}$ dieser Fläche besteht aus der Gesamtheit aller Karten $\{\mathfrak{G}_t, z = f(t), \mathfrak{G}_z\}$, wobei $\mathfrak{G}_t$ alle endlichen, einfach zusammenhängenden Gebiete der t-Ebene, $z = f(t)$ alle schlichten holomorphen Abbildungen der Gebiete $\mathfrak{G}_t$ und $\mathfrak{G}_z$ alle durch diese Abbildungen gewonnenen Bildgebiete durchlaufen.

2. Jedes endliche Gebiet $\mathfrak{G}_z$ der z-Ebene wird zu einer Riemannschen Fläche, wenn man als Atlas $\mathfrak{A}^*$ etwa alle Karten $\{\mathfrak{K}_t, z = t, \mathfrak{K}_z\}$ wählt, wobei $\mathfrak{K}_z$ alle in $\mathfrak{G}_z$ liegenden Kreisscheiben durchläuft.

3. Die geschlossene z-Ebene $\overline{\mathfrak{E}}_z$ wird zu einer Riemannschen Fläche, wenn man als Atlas $\mathfrak{A}^*$ etwa die beiden Karten $\{\mathfrak{E}_{t_1}, z = t_1, \mathfrak{E}_z\}$ und $\left\{\mathfrak{E}_{t_2}, z = \frac{1}{t_2}, \overline{\mathfrak{E}}_z - \{0\}\right\}$ wählt. Der Durchschnitt $\mathfrak{E}_z \cap (\overline{\mathfrak{E}}_z - \{0\}) = \overline{\mathfrak{E}}_z - \{0, \infty\}$ vermittelt zwischen t_2 und t_1 die konforme Abbildung $t_2 = \frac{1}{t_1}$. Also ist $\overline{\mathfrak{E}}_z$ eine Riemannsche Fläche.

Zu einer Mannigfaltigkeit $\mathfrak{M}$ können verschiedene komplexe Strukturen und damit verschiedene Riemannsche Flächen gehören.

Beispiel:

4. $\mathfrak{M}$ sei die halbe Kugelschale:

$$\mathfrak{M} = \{(p_1, p_2, p_3) \mid p_1^2 + p_2^2 + (1 - p_3)^2 = 1\,,\ 0 \leqq p_3 < 1\}\,.$$

a) Wir projizieren sie vom Punkte (0, 0, 1) aus zentral auf die Ebene $p_3 = 0$, in der wir die p_1-Achse mit der t_1-Achse und die p_2-Achse mit der t_2-Achse identifizieren. Diese Abbildung $P = f(t)$, $P = (p_1, p_2, p_3)$, $t = t_1 + i\,t_2$, wird durch die Zuordnung

$$P = f(t):\quad p_1 = \frac{t_1}{\sqrt{1 + t_1^2 + t_2^2}}\,,\quad p_2 = \frac{t_2}{\sqrt{1 + t_1^2 + t_2^2}}\,,\quad p_3 = 1 - \frac{1}{\sqrt{1 + t_1^2 + t_2^2}}$$

vermittelt. Hierdurch wird $\mathfrak{M}$ zu einer Riemannschen Fläche $\mathfrak{R}_1$, die durch die einzige Karte $\{\mathfrak{E},\ P = f(t),\ \mathfrak{M}\}$ beschrieben wird, in der t in der endlichen Ebene $\mathfrak{E}$ läuft und eine komplexe Koordinate von $\mathfrak{R}_1$ ist.

b) Projizieren wir $\mathfrak{M}$ parallel zur p_3-Achse auf $\mathfrak{E}$, deren Koordinaten wir nun mit $s = s_1 + i\,s_2$ bezeichnen, so ergibt sich die Abbildung

$$P = g(s):\quad p_1 = s_1,\ p_2 = s_2,\ p_3 = 1 - \sqrt{1 - s_1^2 - s_2^2}\,.$$

Hierdurch erhalten wir, wenn wir s als komplexe Koordinate von $\mathfrak{M}$ wählen, eine Riemannsche Fläche $\mathfrak{R}_2$, die durch die Karte $\{\mathfrak{K},\ P = g(s),\ \mathfrak{M}\}$ gegeben ist, wobei $\mathfrak{K}$ die Einheitskreisscheibe ist.

c) $\mathfrak{R}_1$ und $\mathfrak{R}_2$ sind nicht holomorph miteinander verträglich, da sonst die Funktion $s = \check{g}(f(t)) = h(t) = \dfrac{t}{\sqrt{1 + t\bar{t}}}$ die endliche Ebene auf den Einheitskreis holomorph abbilden würde, was aber dem Satz von Liouville widerspricht.

Man sieht aus dem vorstehenden Beispiel, daß eine Mannigfaltigkeit $\mathfrak{M}$ verschiedene komplexe Strukturen tragen, also zu verschiedenen Riemannschen Flächen gehören kann. Man nennt $\mathfrak{M}$ einen *Träger der Riemannschen Fläche* $\mathfrak{R}$ und die in den Karten von $\mathfrak{R}$ auftretenden Parameter t die *lokalen komplexen Koordinaten* oder auch *lokale komplexe Parameter der Riemannschen Fläche* $\mathfrak{R}$. Eine Riemannsche Fläche $\mathfrak{R}$ ist hiernach eine zweidimensionale Mannigfaltigkeit $\mathfrak{M}$ mit einer *fest vorgegebenen* komplexen Struktur.

Wir bemerken noch, daß jede Riemannsche Fläche $\mathfrak{R}$ *orientierbar* ist. Eine Mannigfaltigkeit heißt dabei *orientierbar*, wenn sich die Gebiete $\mathfrak{G}$ aller ihrer Karten $\{\mathfrak{G},\ P = f(t),\ \mathfrak{U}\}$ so orientieren lassen, daß folgendes gilt: Sind $\{\mathfrak{G}_1,\ P = f_1(t_1),\ \mathfrak{U}_1\}$ und $\{\mathfrak{G}_2,\ P = f_2(t_2),\ \mathfrak{U}_2\}$ zwei Karten mit nicht leerem Durchschnitt $\mathfrak{U}_1 \cap \mathfrak{U}_2$, und sind $\mathfrak{B}_{12} \subset \mathfrak{G}_1$ und $\mathfrak{B}_{21} \subset \mathfrak{G}_2$ die Bilder von $\mathfrak{U}_1 \cap \mathfrak{U}_2$ in der t_1- bzw. t_2-Ebene, so geht durch die Abbildung $t_2 = \check{f}_2(f_1(t_1))$ von $\mathfrak{B}_{12}$ auf $\mathfrak{B}_{21}$ die durch $\mathfrak{G}_1$ induzierte Orientierung von $\mathfrak{B}_{12}$ stets in die durch $\mathfrak{G}_2$ induzierte Orientierung von $\mathfrak{B}_{21}$ über. Da nun bei eineindeutigen und konformen Abbildungen die Orientierung eines Gebietes sich nicht ändert, so erhält man eine Orientierung einer Riemannschen Fläche $\mathfrak{R}$, wenn man alle Ebenen der lokalen Parameter t gleichsinnig orientiert.

Die holomorphen und meromorphen Funktionen auf einer Riemannschen Fläche $\mathfrak{R}$ ordnen sich dem Begriff der *holomorphen Abbildung einer Riemannschen Fläche* $\mathfrak{R}$ *in eine Riemannsche Fläche* $\mathfrak{R}^*$ *unter* (vgl. hierzu I, 5).

Eine stetige Abbildung $P^* = g(P)$ des Trägers $\mathfrak{M}$ von $\mathfrak{R}$ in den Träger $\mathfrak{M}^*$ von $\mathfrak{R}^*$ heißt eine holomorphe Abbildung der Riemannschen Fläche $\mathfrak{R}$ in die Riemannsche Fläche $\mathfrak{R}^*$, wenn in den lokalen Koordinaten t von $\mathfrak{R}$ und t^* von $\mathfrak{R}^*$ die Funktionen $t^* = \check{f}^*(g(f(t)))$ holomorph sind. Diese Definition ist offensichtlich unabhängig von der speziellen Wahl der Karten von $\mathfrak{R}$ bzw. $\mathfrak{R}^*$.

Ist $P^* = g(P)$ eine topologische Abbildung der Träger $\mathfrak{M}$ und $\mathfrak{M}^*$ aufeinander, die $\mathfrak{R}$ auf $\mathfrak{R}^*$ holomorph abbildet, so heißt die Abbildung *biholomorph*. Sie ist in den lokalen Parametern von $\mathfrak{R}$ und $\mathfrak{R}^*$ in beiden Richtungen holomorph.

Riemannsche Flächen, die sich biholomorph aufeinander abbilden lassen, heißen *global holomorph äquivalent* oder auch *holomorph äquivalent im Großen*. (Dieser Begriff der globalen Äquivalenz Riemannscher Flächen liefert eine *Äquivalenzrelation* im Sinne der Algebra; er ist analog wie der Isomorphiebegriff in der klassischen Algebra gebildet.)

Hat man eine topologische Abbildung $P^* = g(P)$ des Trägers $\mathfrak{M}$ einer Riemannschen Fläche $\mathfrak{R}$ auf eine Mannigfaltigkeit $\mathfrak{M}^*$ gegeben, so induziert diese Abbildung eine komplexe Struktur auf $\mathfrak{M}^*$; sie erzeugt also eine Riemannsche Fläche $\mathfrak{R}^*$ mit dem Träger $\mathfrak{M}^*$, so daß $\mathfrak{R}$ und $\mathfrak{R}^*$ global holomorph äquivalent sind und $P^* = g(P)$ eine zugehörige biholomorphe Abbildung von $\mathfrak{R}$ auf $\mathfrak{R}^*$ ist. Man betrachte hierzu einen Atlas $\mathfrak{A}^*$ von Karten $\{\mathfrak{G}, P = f(t), \mathfrak{U}\}$ auf $\mathfrak{R}$. Sodann sei für jede dieser Karten $\mathfrak{U}^* = g(\mathfrak{U})$ das Bild von $\mathfrak{U}$ in $\mathfrak{M}^*$. Dann bildet die Gesamtheit der Karten $\{\mathfrak{G}, P^* = g(f(t)), \mathfrak{U}^*\}$ einen Atlas $\mathfrak{A}^{**}$, der eine Riemannsche Fläche $\mathfrak{R}^*$ mit dem Träger $\mathfrak{M}^*$ definiert.

Das Interesse der Funktionentheorie gilt denjenigen *komplexwertigen Funktionen* $w = h(P)$ auf $\mathfrak{R}$, die in den lokalen Parametern t der Karten von $\mathfrak{R}$ holomorph oder meromorph sind, für die also $w = h(f(t))$ in $\mathfrak{G}$ holomorph oder meromorph ist, falls $\{\mathfrak{G}, P = f(t), \mathfrak{U}\}$ eine Karte von $\mathfrak{R}$ ist.

Danach sind die *holomorphen Funktionen* $w = h(P)$ auf $\mathfrak{R}$ genau die holomorphen Abbildungen von $\mathfrak{R}$ in die endliche w-Ebene $\mathfrak{E}_w$ (letztere aufgefaßt als Riemannsche Fläche im Sinne von Beispiel 1). Ist nämlich $\{\mathfrak{E}_s, w = s, \mathfrak{E}_w\}$ die zugehörige Karte (siehe Beispiel 1), so ist die Abbildung $s = h(f(t))$ genau dann holomorph, wenn auch die Funktion $w = h(f(t))$ holomorph ist.

Ferner sind die *meromorphen Funktionen* $w = h(P)$ auf $\mathfrak{R}$ genau die holomorphen Abbildungen von $\mathfrak{R}$ in die geschlossene w-Ebene $\overline{\mathfrak{E}_w}$ (aufgefaßt als Riemannsche Fläche im Sinne von Beispiel 3), bei denen das Bild von $\mathfrak{R}$ nicht nur aus dem Punkt ∞ besteht. Liegt nämlich $w_0 = h(P)$ in der Karte $\{\mathfrak{E}_{t_1}, w = t_1, \mathfrak{E}_w\}$ und ist $P_0 = f(t_0)$, so ist die Abbildung $t_1 = h(f(t))$ genau dann in t_0 holomorph, wenn auch die Funktion $w = h(f(t))$ in t_0 holomorph ist. Dies gilt also für alle endlichen w_0. Ist aber $w_0 = \infty$, so liegt w_0 in der Karte $\left\{\mathfrak{E}_{t_2},\ w = \frac{1}{t_2},\ \overline{\mathfrak{E}_w} - \{0\}\right\}$ und ist das Bild des Punktes $t_2 = 0$ in $\mathfrak{E}_{t_2}$. In diesem Falle ist die Abbildung $t_2 = \frac{1}{h(f(t))}$ genau dann im Punkte t_0 holomorph und nicht identisch Null, wenn die Funktion $w = h(f(t))$ in t_0 einen Pol hat.

Hat man eine Abbildung $z = F(P)$ einer Mannigfaltigkeit $\mathfrak{M}$ in die geschlossene Ebene $\overline{\mathfrak{E}_z}$ gegeben, so sagt man, $\mathfrak{M}$ *werde durch diese Abbildung der Ebene* $\overline{\mathfrak{E}_z}$ *überlagert*. Ist P ein Punkt auf $\mathfrak{M}$ und $z = F(P)$, so heißt z der *Grundpunkt von* P *in* $\overline{\mathfrak{E}_z}$, und wir sagen, *$P$ liegt über z*. Einen Punkt P nennt man *endlich*, falls der Grundpunkt z endlich ist, andernfalls *unendlich fern*.

Die Zuordnung der z zu den P braucht dabei keineswegs eineindeutig zu sein: Einem Punkte z der Ebene können verschiedene Punkte von $\mathfrak{M}$ überlagert sein. Ist bei einer solchen Überlagerung die Zuordnung eineindeutig und umkehrbar stetig, so heißt die überlagerte Mannigfaltigkeit $\mathfrak{M}$ *schlicht über der z-Ebene*.

Es läßt sich zeigen, daß man auf jeder Riemannschen Fläche $\mathfrak{R}$ eine nicht konstante meromorphe Funktion $z = F(P)$ finden kann*. Dies bedeutet, daß man *jede Riemannsche Fläche durch eine meromorphe Funktion der z-Ebene überlagern kann*. Wir wollen diese Tatsache hier nicht beweisen. Indessen soll diese Eigenschaft anstelle von A_7^* zur Definition der „konkreten" Riemannschen Fläche benutzt werden.

Unter einer *konkreten Riemannschen Fläche* $\mathfrak{R}$ *über der z-Ebene* verstehen wir eine zweidimensionale Mannigfaltigkeit $\mathfrak{M}$, auf der eine nicht konstante Funktion $z = F(P)$ und ein Atlas $\mathfrak{A}$ gegeben sind, die dem folgenden Axiom genügen:

A_7. *Für jede Karte* $\{\mathfrak{G},\ P = f(t),\ \mathfrak{U}\}$ *aus* $\mathfrak{A}$ *ist die Funktion*

$$z = F(f(t)) = g(t) \tag{3}$$

in $\mathfrak{G}$ *nicht konstant und meromorph.*

Man kann den Atlas $\mathfrak{A}$ wieder zu einem vollständigen Atlas $\overline{\mathfrak{A}}$ von $\mathfrak{R}$ ergänzen, der aus der Gesamtheit aller Karten $\{\mathfrak{G},\ P = f(t),\ \mathfrak{U}\}$ von $\mathfrak{M}$ besteht, für die in $\mathfrak{G}$ die Funktion (3) meromorph ist.

Man nennt in einer Karte $\{\mathfrak{G},\ P = f(t),\ \mathfrak{U}\}$ die Variable t einen *ortsuniformisierenden Parameter*, kurz eine *Ortsuniformisierende* von $\mathfrak{U}$, $z = g(t) = F(f(t))$ die zugehörige *lokale analytische Abbildungsfunktion*.

Nun folgt sofort, daß die Abbildung $z = F(P)$ stetig ist; denn aus $\lim\limits_{n\to\infty} P_n = P_0$ auf $\mathfrak{R}$ folgt in einer Umgebung von t_0, dem Bildpunkt von P_0, für die Bildpunkte t_n der P_n: $\lim\limits_{n\to\infty} t_n = t_0$ und daher

$$\lim_{n\to\infty} z_n = \lim_{n\to\infty} g(t_n) = g(t_0) = z_0.$$

---

* Einen Beweis für diese Tatsache hat zuerst T. Radó gegeben. Als neuere Darstellungen s. F. Nevanlinna, A. Pfluger.

Durch die Funktion $z = F(P)$ ist der Mannigfaltigkeit $\mathfrak{M}$ eine komplexe Struktur im Sinne von A_7^* aufgeprägt. Hat man nämlich zwei Karten $\{\mathfrak{G}_1, P = f_1(t_1), \mathfrak{U}_1\}$ und $\{\mathfrak{G}_2, P = f_2(t_2), \mathfrak{U}_2\}$ aus $\mathfrak{A}$ gegeben, für die $\mathfrak{U}_1 \cap \mathfrak{U}_2$ nicht leer ist, sind ferner $\mathfrak{B}_{12} \subset \mathfrak{G}_1$ und $\mathfrak{B}_{21} \subset \mathfrak{G}_2$ die Bilder von $\mathfrak{U}_1 \cap \mathfrak{U}_2$ in $\mathfrak{G}_1$ bzw. $\mathfrak{G}_2$, so liefert die Funktion

$$t_2 = f_{12}(t_1) = \check{f}_2(f_1(t_1))\cdot$$

eine eineindeutige Abbildung von $\mathfrak{B}_{12}$ auf $\mathfrak{B}_{21}$. Andererseits ist

$$g_1(t_1) = F(f_1(t_1)) = F(f_2(f_{12}(t_1))) = g_2(f_{12}(t_1))\,.$$

Da nun $\mathfrak{B}_{12}$ und $\mathfrak{B}_{21}$ nach A_6 endlich und $g_1(t_1)$ in $\mathfrak{B}_{12}$ sowie $g_2(t_2)$ in $\mathfrak{B}_{21}$ meromorph sind, so muß $f_{12}(t_1)$ in $\mathfrak{B}_{12}$ holomorph und wegen der Eineindeutigkeit der Abbildung konform sein. Dies gilt zunächst für alle Punkte aus $\mathfrak{B}_{12}$, in denen 1. $g_1(t_1)$ holomorph ist und 2. in deren Bildpunkten $t_2 = f_{12}(t_1)$ in $\mathfrak{B}_{21}$ auch $g_2(t_2)$ holomorph und $g_2'(t_2) \neq 0$ ist; denn dort ist in einer Umgebung von t_1:

$$f_{12}(t_1) = \check{g}_2(g_1(t_1))$$

holomorph. Die Ausnahmepunkte 1 liegen aber in $\mathfrak{B}_{12}$ isoliert, da $g_1(t_1)$ dort meromorph ist. Ebenso liegen die Ausnahmepunkte 2 in $\mathfrak{B}_{12}$ isoliert, da ihre Bildpunkte in $\mathfrak{B}_{21}$ isoliert liegen, und damit wegen der topologischen Abbildung $t_2 = f_{12}(t_1)$ auch ihre Urbilder in $\mathfrak{B}_{12}$. Da aber die Abbildung $t_2 = f_{12}(t_1)$ in den Ausnahmepunkten beschränkt bleibt, da $\mathfrak{B}_{12}$ und $\mathfrak{B}_{21}$ endlich sind, und $t_2 = f_{12}(t_1)$ stetig ist, so folgt nach dem Satz von Riemann (II, 3, Satz 9) auch die Holomorphie in diesen Punkten.

Wir haben damit aus A_7 als Aussage A_7^* gewonnen. Wir werden im folgenden, wenn nichts anderes gesagt wird, stets konkrete Riemannsche Flächen über der z-Ebene $\overline{\mathfrak{E}}_z$ betrachten.

β) Ortsuniformisierende und Verzweigungspunkte

Setzt man in obiger Überlegung $\mathfrak{U}_1 = \mathfrak{U}_2 = \mathfrak{U}$, so erkennt man, daß zwei lokale analytische Abbildungsfunktionen $g_1(t_1)$ und $g_2(t_2)$ ein und derselben Umgebung $\mathfrak{U}$ sich um eine Funktion $t_2 = f_{12}(t_1)$ unterscheiden, die das Gebiet $\mathfrak{G}_1$ konform auf das Gebiet $\mathfrak{G}_2$ abbildet:

$$g_1(t_1) = g_2(f_{12}(t_1))\,; \tag{4}$$

und umgekehrt liefert jede holomorphe und schlichte Funktion $t_2 = f_{12}(t_1)$ in $\mathfrak{G}_1$ eine lokale Abbildungsfunktion für $\mathfrak{U}$:

$$g_2(t_2) = g_1(\check{f}_{12}(t_2))\,.$$

Da nun $f_{12}'(t_1) \neq 0$ ist, so hat $g_1(t_1)$ genau dann im Bildpunkt t_{10} eines Punktes P_0 eine a-Stelle k-ter Ordnung, wenn auch $g_2(t_2)$ im Bildpunkt t_{20} von P_0 eine solche Stelle hat (wobei auch $a = \infty$ zugelassen ist).

Ist jetzt P_0 ein Punkt, der im Durchschnitt zweier Umgebungen $\mathfrak{U}_1$ und $\mathfrak{U}_2$ liegt und $\mathfrak{U}(P_0)$ eine Umgebung von P_0 in diesem Durchschnitt, so sind die lokalen analytischen Abbildungsfunktionen von $\mathfrak{U}_1$ und $\mathfrak{U}_2$ auch solche Funktionen in $\mathfrak{U}(P_0)$. Daher hängt die Ordnung der a-Stellen der Funktionen $g_1(t_1)$ und $g_2(t_2)$ in den Bildpunkten von P_0 nicht von den Umgebungen $\mathfrak{U}_1$ und $\mathfrak{U}_2$ und auch nicht von den speziell gewählten Funktionen $P = f_1(t_1)$ und $P = f_2(t_2)$ ab, für die $g_1(t_1) = F(f_1(t_1))$ und $g_2(t_2) = F(f_2(t_2))$ ist. So haben wir das Ergebnis:

Satz 1. *Einem Punkt P_0 der konkreten Riemannschen Fläche $\mathfrak{R}$ kommt unabhängig von der speziellen Wahl der Karten $\{\mathfrak{S}, P = f(t), \mathfrak{U}(P_0)\}$ die Eigenschaft zu, daß die lokale analytische Abbildungsfunktion $z = g(t) = F(f(t))$ im Bildpunkt t_0 von P_0 eine k-fache a-Stelle* hat, wenn $a = F(P_0)$ *der Grundpunkt von P_0 ist (a kann natürlich auch der Punkt ∞ sein).*

Im Falle $k = 1$ heißt $\mathfrak{R}$ in P_0 *unverzweigt* und P_0 ein *gewöhnlicher Punkt auf* $\mathfrak{R}$. Ist $k > 1$, so heißt P_0 ein *Verzweigungspunkt* $(k-1)$*-ter Ordnung auf* $\mathfrak{R}$. Ist $a = F(P_0)$ endlich, so heißt P_0 ein *endlicher Punkt auf* $\mathfrak{R}$, ist $a = \infty$, so heißt P_0 ein *unendlich ferner Punkt auf* $\mathfrak{R}$.

Es sei hervorgehoben, daß *die Verzweigungspunkte sowie die unendlich fernen Punkte auf $\mathfrak{R}$ sich von den gewöhnlichen endlichen Punkten nicht unterscheiden, solange wir die Fläche im Sinne von A_7^* als allgemeine Riemannsche Fläche ansehen; die Unterscheidung wird erst möglich und nötig, sobald wir die Fläche der geschlossenen z-Ebene überlagern, sie also als konkrete Riemannsche Fläche betrachten.*

Bei unserer Einführung der Riemannschen Fläche treten neben den gewöhnlichen Punkten nur Verzweigungspunkte endlicher Ordnung als Punkte der Fläche auf. „Verzweigungspunkte unendlicher Ordnung", wie wir sie z. B. bei der Riemannschen Fläche von $\log z$ kennengelernt haben, werden gemäß unserer Definition nicht als Punkte der Riemannschen Fläche, sondern nur als „Randpunkte" dieser Fläche zugelassen.

Satz 2. *Die Verzweigungspunkte einer Riemannschen Fläche liegen isoliert.*

Es sei P_0 ein Verzweigungspunkt, $\mathfrak{U}(P_0)$ eine Umgebung von P_0, t eine Ortsuniformisierende von $\mathfrak{U}(P_0)$ und $z = g(t)$ die lokale analytische Abbildungsfunktion. Liegt in $\mathfrak{U}(P_0)$ ein weiterer Verzweigungspunkt P_1, so ist t Ortsuniformisierende auch für jede in $\mathfrak{U}(P_0)$ enthaltene Umgebung von P_1. Dann muß in t_1 entweder die Ableitung von $g(t)$ verschwinden oder ein Pol mindestens zweiter Ordnung von $g(t)$ vorliegen. Lägen jetzt in jeder Umgebung von P_0 noch weitere Verzweigungspunkte, so müßten sich in t_0 die Nullstellen von $g'(t)$ oder die Polstellen von $g(t)$ häufen. Im ersten Fall wäre $g(t)$ konstant, im zweiten dagegen in t_0 wesentlich singulär. Beide Fälle sind aber ausgeschlossen.

Wir stellen uns jetzt die Aufgabe, unter allen Ortsuniformisierenden irgendwelcher Umgebungen eines Punktes P_0 eine bestimmte auszuzeichnen.

Zunächst möge P_0 ein endlicher gewöhnlicher Punkt mit $z_0 = F(P_0)$ sein. $\{\mathfrak{G}^*, P = f^*(t^*), \mathfrak{U}^*\}$ sei eine Karte, so daß P_0 in $\mathfrak{U}^*$ liegt. Dann hat die lokale analytische Abbildungsfunktion $z = g^*(t^*) = F(f^*(t^*))$ um den Bildpunkt t_0^* von P_0 in $\mathfrak{G}^*$ eine Entwicklung

$$z = g^*(t^*) = z_0 + a_1(t^* - t_0^*) + a_2(t^* - t_0^*)^2 + \cdots, \quad a_1 \neq 0 .$$

Eine genügend kleine Kreisscheibe $|t^* - t_0^*| < r$ wird durch

$$t = a_1(t^* - t_0^*) + a_2(t^* - t_0^*)^2 + \cdots = h(t^*)$$

eineindeutig und holomorph auf ein Gebiet $\mathfrak{G}$ abgebildet, welches $t = 0$ enthält. Die Kreisscheibe um t_0^* wird durch $f^*(t^*)$ auf eine Umgebung $\mathfrak{U} \subset \mathfrak{U}^*$ des Punktes P_0 abgebildet. Dann ist $\{\mathfrak{G}, P = f(t), \mathfrak{U}\}$ mit $f(t) = f^*(\check{h}(t))$ eine Karte auf $\mathfrak{R}$. Für diese ist

$$\begin{aligned} z = g(t) &= F(f(t)) = F(f^*(\check{h}(t))) = g^*(\check{h}(t)) \\ &= g^*(t^*) = z_0 + h(t^*) = z_0 + t . \end{aligned}$$

Also besitzt die Karte $\{\mathfrak{G}, P = f(t), \mathfrak{U}\}$ die lokale analytische Abbildungsfunktion

$$z = g(t) = z_0 + t . \tag{5}$$

Ist zweitens P_0 endlicher Verzweigungspunkt der Ordnung $k - 1$, so lautet die Entwicklung von $g^*(t^*)$ um t_0:

$$z = g^*(t^*) = z_0 + a_k(t^* - t_0^*)^k + a_{k+1}(t^* - t_0^*)^{k+1} + \cdots, \quad a_k \neq 0,\ k \geqq 2 .$$

In diesem Falle wird durch

$$t = (t^* - t_0^*) \sqrt[k]{a_k + a_{k+1}(t^* - t_0^*) + \cdots},$$

wo $\sqrt[k]{a_k + \cdots}$ eine durch eine der k Wurzeln gegebene holomorphe Funktion ist, ein genügend kleiner Kreis $|t^* - t_0^*| < r$ eineindeutig und holomorph auf ein Gebiet um $t = 0$ abgebildet. Wie oben schließt man, daß t Ortsuniformisierende einer Umgebung von P_0 ist. Die zugehörige lokale analytische Abbildungsfunktion ist

$$z = g(t) = z_0 + t^k . \tag{6}$$

Ganz entsprechend beweist man, daß für genügend kleine Umgebungen eines unendlich fernen Punktes P_0 auf $\mathfrak{R}$

$$z = g(t) = \frac{1}{t} \tag{7}$$

bzw.

$$z = g(t) = \frac{1}{t^k} \tag{8}$$

als lokale analytische Abbildungsfunktionen gewählt werden können. Es gilt daher

Satz 3. *Für genügend kleine Umgebungen eines endlichen Punktes P_0 mit $z_0 = F(P_0)$ ist, falls P_0 gewöhnlich, $z = g(t) = z_0 + t$, und falls P_0 Verzweigungspunkt der Ordnung $k-1$ ist, $z = g(t) = z_0 + t^k$ eine lokale analytische Abbildungsfunktion. Für genügend kleine Umgebungen eines unendlich fernen Punktes P_0 ist $z = g(t) = \frac{1}{t}$ bzw. $z = g(t) = \frac{1}{t^k}$ eine lokale analytische Abbildungsfunktion.*

Die so dem Punkte P_0 zukommende Ortsuniformisierende t in der lokalen analytischen Abbildungsfunktion $g(t)$ nennen wir fernerhin eine *ausgezeichnete Ortsuniformisierende von P_0*. Es sei vermerkt, daß in (5) und (7) die ausgezeichneten Ortsuniformisierenden t eindeutig bestimmt sind, während in (6) und (8) mit t auch die Variablen

$$t_\nu = e^{\frac{2\pi i \nu}{k}}\, t, \quad \nu = 1, 2, \ldots, k-1,$$

und nur diese ausgezeichnete Ortsuniformisierende sind, in denen $g(t_\nu)$ jedoch die gleiche Gestalt wie in (6) und (8) hat.

Die ausgezeichneten Ortsuniformisierenden legen es nahe, auch ein *ausgezeichnetes Umgebungssystem* auf $\mathfrak{R}$ einzuführen. Hinreichend kleine Kreise $\mathfrak{K}$ um den Nullpunkt der t-Ebene werden durch die ausgezeichnete lokale Abbildungsfunktion eines Punktes P_0 auf Umgebungen um P_0 abgebildet, so daß die Karten $\{\mathfrak{K}, P = f(t), \mathfrak{U}\}$ mit $g(t) = F(f(t))$ in ihrer Gesamtheit einen Atlas für unsere Riemannsche Fläche $\mathfrak{R}$ liefern. Mittels dieses Umgebungssystems und der zugehörigen ausgezeichneten Ortsuniformisierenden können wir nun die Art, in der die Riemannsche Fläche durch die Zuordnung $z = F(P)$ der z-Ebene überlagert ist, folgendermaßen beschreiben: Umgebungen eines endlichen oder unendlich fernen gewöhnlichen Punktes sind die Bilder $\mathfrak{U}$ schlichter Kreisscheiben $\mathfrak{K}_1$, da die zugehörige Abbildungsfunktion $z = z_0 + t$ bzw. $z = \frac{1}{t}$ eine eineindeutige Beziehung zwischen z und t und damit zwischen den Punkten der Umgebung auf $\mathfrak{R}$ und ihren Grundpunkten herstellt.

Liegt ein endlicher Verzweigungspunkt P_0 der Ordnung $k-1$ (also mit der lokalen Abbildungsfunktion $z = z_0 + t^k$ und der Umkehrung $t = \sqrt[k]{z - z_0}$) vor, so werden (entsprechend wie bei der früher (1, Ziffer 6) zur Funktion $\sqrt[k]{z - z_0}$ konstruierten Riemannschen Fläche) k zyklisch miteinander verbundene Kreisscheiben $\mathfrak{K}$ um z_0 zu einer k-fachen Kreisscheibe $\mathfrak{K}_k$ verbunden und durch $t = \sqrt[k]{z - z_0}$ eineindeutig und bis auf z_0 selbst auch konform auf eine Kreisscheibe um $t = 0$ abgebildet. Ein „Kreissektor" mit der Spitze in z_0 und dem Öffnungswinkel 2π geht dabei in einen Kreissektor mit dem Öffnungswinkel $\frac{2\pi}{k}$ und der Spitze $t = 0$ in der t-Ebene über. Man sieht leicht, daß Analoges für Umgebungen eines unendlich fernen Verzweigungspunktes der Ordnung $k-1$ zutrifft. Die topologischen Bilder $\mathfrak{U}$ dieser k-fach zyklisch verhefteten Kreisscheiben um z_0 bzw. ∞ sind dann die zugehörigen Umgebungen auf $\mathfrak{R}$. Nun können wir diese Kreisscheiben $\mathfrak{K}_1$ bzw. $\mathfrak{K}_k$ als Umgebungen einer über der z-Ebene liegenden Riemannschen Fläche $\mathfrak{R}^*$ auffassen, deren Atlas $\mathfrak{A}^*$ aus den Karten $\{\mathfrak{K}, z = g(t), \mathfrak{K}_k\}$ besteht, wobei $z = g(t)$ für endliche Punkte durch (5) und (6) und für unendliche Punkte durch (7) und (8) gegeben ist.

Besonderes Interesse für die Beschreibung einer konkreten Riemannschen Fläche verdienen die *Elementargebiete* und „*Blätter*". Ist P_0 ein Punkt von $\mathfrak{R}$, so verstehen wir unter dem *Elementargebiet* $\mathfrak{E}(P_0)$ auf $\mathfrak{R}$ das Bild des größten Kreises um den Nullpunkt der t-Ebene, der durch die ausgezeichnete Ortsuniformisierende noch eineindeutig in $\mathfrak{R}$ abgebildet wird. Ist P_0 gewöhnlich, so ist $\mathfrak{E}(P_0)$ eine „schlichte Kreisscheibe $\mathfrak{K}_1$", ist P_0 ein Verzweigungspunkt $(k-1)$-ter Ordnung, so ist $\mathfrak{E}(P_0)$ eine „k-fache Kreisscheibe $\mathfrak{K}_k$". Die Gesamtheit der durch die Elementargebiete gegebenen Karten nennen wir den *ausgezeichneten Atlas* der *konkreten* Riemannschen Fläche.

Unter einem *Blatt* der Riemannschen Fläche $\mathfrak{R}$ versteht man ein schlicht über der z-Ebene liegendes Gebiet von $\mathfrak{R}$ (s. unten unter γ), das sich ohne Aufgabe der Schlichtheit auf $\mathfrak{R}$ nicht erweitern läßt. Die „Zerschneidung" einer Riemannschen Fläche in Blätter ist weitgehend willkürlich, nur müssen die Verzweigungspunkte stets auf den „Zerlegungsschnitten" („Verzweigungsschnitten") liegen.

Hiernach kann man sich die Riemannsche Fläche vorstellen als eine aus endlich oder unendlich vielen „Blättern" bestehende Fläche, die über der z-Ebene liegt und deren Blätter miteinander zusammenhängen, so daß die Fläche lokal von schlichten Kreisscheiben oder von endlich oft gewundenen Überlagerungen von Kreisscheiben mit dem Mittelpunkt als Verzweigungspunkt überdeckt ist.

In dieser Form läßt sich eine *konkrete Riemannsche Fläche rein geometrisch geben.* Als Träger $\mathfrak{M}$ von $\mathfrak{R}$ wähle man irgendeine (durch Verheftung einzelner Blätter aufgebaute) verzweigt über der z-Ebene $\overline{\mathfrak{E}}_z$ liegende Mannigfaltigkeit, die von einem System von Umgebungen überdeckt ist, die wie folgt gegeben sind:

a) schlichte Kreisscheiben $\mathfrak{K}_{z_0}^{(1)}$ über der endlichen z-Ebene $\mathfrak{E}_z$ mit dem Mittelpunkt z_0: $|z - z_0| < r$,

b) schlichte Kreisscheiben $\mathfrak{K}_{\infty}^{(1)}$ über der geschlossenen z-Ebene $\overline{\mathfrak{E}}_z$ um den Punkt ∞: $|z| > \frac{1}{r}$,

c) k-fach gewundene Kreisscheiben $\mathfrak{K}_{z_0}^{(k)}$ über Grundkreisscheiben $|z - z_0| < r^k$ in der endlichen z-Ebene $\mathfrak{E}_z$ mit dem Verzweigungspunkt z_0,

d) k-fach gewundene Kreisscheiben $\mathfrak{K}_{\infty}^{(1)}$. über Grundkreisscheiben $|z| > \frac{1}{r^k}$ in der geschlossenen z-Ebene $\overline{\mathfrak{E}}_z$ mit dem Verzweigungspunkt ∞.

Die Karten eines Atlasses $\mathfrak{A}^*$ der zugehörigen Riemannschen Fläche $\mathfrak{R}$ können dann folgendermaßen gegeben werden:

a) $\{\mathfrak{K}_t, z = z_0 + t, \mathfrak{K}^{(1)}_{z_0}\}$,

b) $\left\{\mathfrak{K}_t, z = \frac{1}{t}, \mathfrak{K}^{(1)}_{\infty}\right\}$,

c) $\{\mathfrak{K}_t, z = z_0 + t^k, \mathfrak{K}^{(k)}_{z_0}\}$,

d) $\left\{\mathfrak{K}_t, z = \frac{1}{t^k}, \mathfrak{K}^{(k)}_{\infty}\right\}$,

wobei die $\mathfrak{K}_t = \{t \mid |t| < r\}$ Kreisscheiben um den Nullpunkt sind, und die Abbildungsfunktionen der Karten c und d als topologische Abbildungen der Kreisscheiben $\mathfrak{K}_t$ auf die k-fachen Kreisscheiben $\mathfrak{K}^{(k)}$ auf $\mathfrak{M}$ zu verstehen sind.

Die Umkehrungen der vorstehenden Abbildungsfunktionen lauten

a) $t = z - z_0$,

b) $t = \frac{1}{z}$,

c) $t = \sqrt[k]{z - z_0} = (z - z_0)^{1/k}$,

d) $t = \sqrt[k]{\frac{1}{z}} = \frac{1}{z^{1/k}}$,

von denen die letzten beiden in den k-fachen Kreisscheiben $\mathfrak{K}^{(k)}$ eindeutig sind.

Genau genommen liefern die angegebenen analytischen Ausdrücke der Abbildungsfunktionen in den Karten die Grundpunkte von $\mathfrak{M}$ in der z-Ebene $\overline{\mathfrak{E}}_z$, die Punkte P von $\mathfrak{M}$ mit den Grundpunkten z müssen also noch durch eine Zuordnung zu den verschiedenen „Blättern" von $\mathfrak{M}$ getrennt werden.

Wir notieren noch zum Schluß den aus der Stetigkeit der lokalen analytischen Abbildungsfunktionen unmittelbar folgenden

Satz 4. *Ist z_0 der Grundpunkt eines Punktes P_0 auf einer Riemannschen Fläche $\mathfrak{R}$, so gibt es zu jeder Umgebung $\mathfrak{V}(z_0)$ in der z-Ebene eine Umgebung $\mathfrak{U}(P_0)$ auf $\mathfrak{R}$, die ganz über $\mathfrak{V}(z_0)$ liegt (also: zu jedem Punkte P_0 auf $\mathfrak{R}$ gibt es beliebig kleine Umgebungen).*

Zum Beweise genügt die Bemerkung, daß es sicher hinreichend kleine *ausgezeichnete* Umgebungen um P_0 gibt, die ganz über $\mathfrak{V}(z_0)$ liegen, und daß in jeder solchen Umgebung wiederum eine Umgebung $\mathfrak{U}(P_0)$ des vorgegebenen Umgebungssystems liegt.

γ) Gebiete und Kurven auf Riemannschen Flächen

Wir haben nun Begriffe, die uns in der Ebene geläufig sind (s. I, 6), auf Riemannsche Flächen zu übertragen.

Eine nicht leere, offene zusammenhängende Menge $\mathfrak{G}$ auf $\mathfrak{R}$ heißt ein *Gebiet auf* $\mathfrak{R}$. So ist z. B. $\mathfrak{R}$ selbst ein Gebiet.

Eine Punktmenge $\mathfrak{K}$ auf $\mathfrak{R}$ wird als einfaches *Kurvenstück* auf $\mathfrak{R}$ bezeichnet, wenn sie ein topologisches Bild eines beschränkten, abgeschlossenen Intervalles $\mathfrak{J}$ der reellen Achse ist. Eine Punktmenge $\mathfrak{K}$ heißt eine *abgeschlossene Kurve*, wenn sie ein eindeutiges, stetiges Bild $z(\tau)$, $\alpha \leqq \tau \leqq \beta$, eines Intervalles $\mathfrak{J}$ der reellen τ-Achse ist und in den lokalen Parametern die Struktur einer ebenen Kurve hat (s. I, 6). Durch die Orientierung des Intervalles $\mathfrak{J}$ ist auch $\mathfrak{K}$ orientiert. Fallen Anfangs- und Endpunkte der Kurve auf $\mathfrak{R}$ zusammen, so heißt die Kurve *geschlossen*. Mit Ausnahme dieser zusammenfallenden Punkte werden alle anderen mehrfach auftretenden Punkte mehrfach gezählt. Eine Kurve heißt *einfach geschlossen*, wenn sie geschlossen ist und auf ihr keine mehrfachen Punkte auftreten. Ein einfaches Teilkurvenstück von $\mathfrak{K}$, das in einer Umgebung $\mathfrak{U}$ einer Karte $\{\mathfrak{G}, P = f(t), \mathfrak{U}\}$ liegt, erscheint in $\mathfrak{G}$ gleichfalls als Kurvenstück. Demgemäß bezeichnet man eine Kurve auf $\mathfrak{R}$ als *glatt* bzw. *analytisch*, wenn die Bildkurven in den Ortsuniformisierenden glatt bzw. analytisch sind.

Satz 5. *Eine Punktmenge $\mathfrak{M}$ von $\mathfrak{R}$ ist dann und nur dann ein Gebiet, wenn sie offen ist und je zwei ihrer Punkte sich durch ein ganz in $\mathfrak{M}$ verlaufendes einfaches Kurvenstück verbinden lassen.*

Dieser Satz gilt für beliebige zweidimensionale Mannigfaltigkeiten. Sei $\mathfrak{M}$ ein Gebiet. Dann betrachten wir einen beliebigen Punkt P_0 aus $\mathfrak{M}$. Ist $\mathfrak{M}_1$ die Gesamtheit aller Punkte aus $\mathfrak{M}$, die sich mit P_0 in $\mathfrak{M}$ durch eine einfache Kurve verbinden lassen, so gilt:

$\mathfrak{M}_1$ *ist offen*. Ist nämlich P_1 ein Punkt aus $\mathfrak{M}_1$ und $\mathfrak{U} \subset \mathfrak{M}$ eine Umgebung von P_1, die zu einer Karte $\{\mathfrak{G}, P = f(t), \mathfrak{U}\}$ aus dem vollständigen Atlas von $\mathfrak{R}$ gehört, so ist jeder Punkt P aus $\mathfrak{U}$ gleichfalls mit P_0 durch eine einfache Kurve verbindbar, da sein Bild t in $\mathfrak{G}$ mit dem Bildpunkt t_1 von P_1 in $\mathfrak{G}$ durch eine einfache Kurve verbindbar ist. Also ist P in $\mathfrak{U}$ mit P_1 durch eine einfache Kurve verbindbar, woraus leicht folgt, daß P auch mit P_0 verbindbar ist. Also ist $\mathfrak{M}_1$ offen.

Die Aussage unseres Satzes behauptet nun, daß $\mathfrak{M}_1 = \mathfrak{M}$ ist. Wäre dies nicht so, so gäbe es in $\mathfrak{M}_2 = \mathfrak{M} - \mathfrak{M}_1$ einen Punkt P_2, der nicht mit P_0 verbindbar wäre. Wie bei $\mathfrak{M}_1$ schließt man, daß auch $\mathfrak{M}_2$ offen ist, da in einer Umgebung $\mathfrak{U} \subset \mathfrak{M}$ eines Punktes P_2, die zu einer Karte $\{\mathfrak{G}, P = f(t), \mathfrak{U}\}$ aus dem vollständigen Atlas von $\mathfrak{R}$ gehört, kein Punkt P mit P_0 verbindbar wäre, weil dies sonst auch für P_2 zuträfe. In diesem Falle hätten wir

$$\mathfrak{M} = \mathfrak{M}_1 + \mathfrak{M}_2 ,$$

wobei $\mathfrak{M}_1$ und $\mathfrak{M}_2$ offen sind. Dann kann aber $\mathfrak{M}$ nicht zusammenhängend, also kein Gebiet sein.

Ist umgekehrt $\mathfrak{M}$ offen und lassen sich stets zwei Punkte aus $\mathfrak{M}$ durch eine einfache Kurve verbinden, so ist $\mathfrak{M}$ *zusammenhängend*, also ein Gebiet.

Wäre etwa $\mathfrak{M} = \mathfrak{M}_1 + \mathfrak{M}_2$, $\mathfrak{M}_1$ und $\mathfrak{M}_2$ offen und nicht leer, ferner P_1 ein Punkt aus $\mathfrak{M}_1$ und P_2 ein Punkt aus $\mathfrak{M}_2$, schließlich $\mathfrak{K}$ eine von P_1 nach P_2 laufende Kurve. Dann wäre aber die Punktmenge $\mathfrak{K} = (\mathfrak{M}_1 \cap \mathfrak{K}) + (\mathfrak{M}_2 \cap \mathfrak{K})$ nach I, 3 nicht zusammenhängend, was I, 5, Satz 29a widerspricht.

Wir sehen, daß diese Schlußweise für beliebige Mannigfaltigkeiten gilt. Darüber hinaus lassen sich auf Riemannschen Flächen zwei Punkte P_1 und P_2 stets durch glatte, sogar durch stückweise analytische Kurvenstücke verbinden. Das Bild $\mathfrak{K}$ eines kompakten Intervalles $\mathfrak{J}$ ist nämlich nach I, 5, Satz 29 wieder kompakt und kann durch endlich viele Umgebungen $\mathfrak{U}_1, \ldots, \mathfrak{U}_n$ überdeckt werden, die in $\mathfrak{M}$ liegen und zu Karten $\{\mathfrak{G}_\nu, P = f_\nu(t), \mathfrak{U}_\nu\}$, $\nu = 1, 2, \ldots, n$, des vollständigen Atlas von $\mathfrak{R}$ gehören. Diese Karten können so gewählt werden, daß $\mathfrak{K}$ die Vereinigung von endlich vielen einfachen Kurvenstücken $\mathfrak{K}_\nu$ ist, deren Bilder jeweils in $\mathfrak{G}_\nu$ liegen. Dort können aber Anfangs- und Endpunkt von $\mathfrak{K}_\nu$ durch einen Polygonzug $\mathfrak{P}_\nu \subset \mathfrak{G}_\nu$ verbunden werden. Also kann man auch P_1 und P_2 durch solche Kurven verbinden, die in endlich viele Stücke zerfallen, deren Bilder in den $\mathfrak{G}_\nu$ Strecken, also analytische Kurvenstücke sind. Läßt man eventuell auftretende Schleifen fort, so erhält man ein einfaches stückweise analytisches Kurvenstück, das P_1 und P_2 verbindet. Auf konkreten Riemannschen Flächen läßt sich überdies das einfache Kurvenstück stets so wählen, daß sein Bild in der z-Ebene ein Streckenzug ist. Dies folgt aus den nachstehenden Überlegungen.

Jeder Kurve $\mathfrak{K}$ auf einer konkreten Riemannschen Fläche $\mathfrak{R}$ entspricht vermöge der Abbildung $z = F(P)$ eindeutig eine *Spur* $\mathfrak{K}_z$ in der z-Ebene. Diese Spur ist eine Kurve, falls $\mathfrak{K}$ durch keinen Verzweigungspunkt läuft. Für glatte Kurven $\mathfrak{K}$ ist $\mathfrak{K}_z$ stets wieder eine solche Kurve, auch dann, wenn $\mathfrak{K}$ durch Verzweigungspunkte läuft. Ist die Kurve dagegen nicht glatt, so können in der Umgebung der Verzweigungspunkte unendlich viele Überschneidungen von $\mathfrak{K}_z$ vorkommen, ohne daß dies bei $\mathfrak{K}$ der Fall war. Stücke einer Spurkurve $\mathfrak{K}_z$ können sich überschneiden und überdecken, ohne daß dies für $\mathfrak{K}$ zutrifft. Ist die Spur $\mathfrak{K}_z$ von $\mathfrak{K}$ ein Streckenzug der z-Ebene, so heißt $\mathfrak{K}$ ein *Streckenzug* auf $\mathfrak{R}$. Durch die Orientierung von $\mathfrak{K}$ ist auch $\mathfrak{K}_z$ orientiert. Liegt umgekehrt in der z-Ebene eine orientierte Kurve $\mathfrak{K}_z$ vor, die durch keinen Grundpunkt eines Verzweigungspunktes läuft, und ist ein dem Anfangspunkt von $\mathfrak{K}_z$ überlagerter Punkt P auf $\mathfrak{R}$ gegeben, so gibt es höchstens ein Kurvenstück $\mathfrak{K}$ auf $\mathfrak{R}$, das $\mathfrak{K}_z$ als Spurkurve hat und in P beginnt. Läuft $\mathfrak{K}_z$ durch den Grundpunkt eines Verzweigungspunktes und trifft das über $\mathfrak{K}_z$ liegende Bild $\mathfrak{K}$, wenn man es von P aus durchläuft, auf einen Verzweigungspunkt, so gibt es mehrere Kurven über $\mathfrak{K}_z$, die sich von $\mathfrak{K}$ im Verzweigungspunkt gabeln. $\mathfrak{K}$ existiert immer und ist eindeutig bestimmt, wenn 1. jeder Punktfolge von $\mathfrak{K}_z$ nur Punktfolgen auf $\mathfrak{R}$ mit mindestens einem Häufungspunkt auf $\mathfrak{R}$ überlagert sind und 2. keinem Punkt von $\mathfrak{K}_z$ ein Verzweigungspunkt überlagert ist. Ist $\mathfrak{K}_z$ geschlossen, so braucht offenbar $\mathfrak{K}$ nicht geschlossen zu sein. Die Orientierung von $\mathfrak{K}_z$ induziert eine Orientierung von $\mathfrak{K}$.

Beispiel:

$\mathfrak{R}$ sei die Fläche von $\log z$, $\mathfrak{K}_z$ der Einheitskreis. P_0 sei der Punkt auf $\mathfrak{R}$ mit $\log 1 = 0$. Wird $\mathfrak{K}_z$ im positiven Sinne durchlaufen, so endet $\mathfrak{K}$ im Punkte P_1 mit $\log 1 = +2\pi i$, anderenfalls im Punkte P_{-1} mit $\log 1 = -2\pi i$. Während also $\mathfrak{K}_z$ geschlossen ist, ist $\mathfrak{K}$ nicht geschlossen.

Den einfachen Zusammenhang von Gebieten auf $\mathfrak{R}$ definieren wir wie bei Gebieten der Ebene und ebenso den *n-fachen Zusammenhang* (s. I, 6).

δ) Überdeckungssätze auf konkreten Riemannschen Flächen

Satz 6. *Jede Riemannsche Fläche $\mathfrak{R}$ läßt sich durch höchstens abzählbar viele Elementargebiete überdecken.*

Als erstes zeigen wir, daß über einem beliebigen Grundpunkt z_0 höchstens abzählbar viele Punkte von $\mathfrak{R}$ liegen: Es folgt aus Satz 5 und den anschließenden Überlegungen, daß jeder Punkt P über z_0 sich mit einem vorgegebenen Punkt P_0 über z_0 durch einen Streckenzug $\mathfrak{S}$ verbinden läßt, der folgende Eigenschaften besitzt:

a) mit Ausnahme höchstens von P_0 und P sind alle Punkte von $\mathfrak{S}$ gewöhnlich,

b) die Spur $\mathfrak{S}_z$ von $\mathfrak{S}$ ist ein endlicher Streckenzug, dessen Eckpunkte höchstens bis auf die Endpunkte rationale Koordinaten haben.

Wegen Eigenschaft b) sind die Streckenzüge $\mathfrak{S}_z$ höchstens abzählbar. Nach Eigenschaft a) liegen über jedem $\mathfrak{S}_z$ höchstens k Streckenzüge $\mathfrak{S}$, wenn $k-1$ die Ordnung von P_0 ist. Es folgt, daß auch die Streckenzüge $\mathfrak{S}$ und damit die Punkte P über z_0 höchstens abzählbar sind.

Hiernach sind auch die Elementargebiete aller Punkte von $\mathfrak{R}$, deren Grundpunkte z rationale Koordinaten haben oder die über dem Punkt ∞ liegen, höchstens abzählbar. Sie überdecken $\mathfrak{R}$ bis auf diejenigen endlichen Verzweigungspunkte, deren Grundpunkte keine rationalen Koordinaten haben. Gelingt es uns also nachzuweisen, daß auf einer Riemannschen Fläche überhaupt nur höchstens abzählbar viele Verzweigungspunkte liegen können, so brauchen wir nur noch deren Elementargebiete hinzuzunehmen, um eine Überdeckung von $\mathfrak{R}$ durch abzählbar viele Elementargebiete herzustellen.

Für diesen Nachweis ordnen wir dem Grundpunkt z_0 eines endlichen Verzweigungspunktes P_0 eine offene Kreisscheibe $\mathfrak{K}_0$ um z_0 zu, deren Radius r_0 höchstens halb so groß wie der Radius der Grundkreisscheibe des Elementargebietes von P_0 ist. Wir werden jetzt zeigen, daß ein Punkt P, der über einem Punkt z liegt, der zu mehreren solchen offenen Kreisscheiben gehört, stets höchstens im Elementargebiet eines einzigen der zugehörigen Verzweigungspunkte liegt.

Es seien zunächst P_0 und P_0^* zwei über demselben Grundpunkt z_0 liegende Verzweigungspunkte mit den Ordnungen $k_1 - 1$ und $k_2 - 1$; $\mathfrak{K}_1$ und $\mathfrak{K}_2$ mit den Radien r_1 und r_2 seien die ihnen entsprechenden offenen Kreisscheiben um z_0; dabei möge etwa $r_1 \geqq r_2$ sein. Ist dann $z \neq z_0$ ein Punkt, der in $\mathfrak{K}_2$ und also auch in $\mathfrak{K}_1$ liegt, so liegen über z genau k_1 Punkte $P_1, \ldots, P_k$ im Elementargebiet $\mathfrak{E}(P_0)$, und wir behaupten, daß keiner der Punkte P_ν zugleich in $\mathfrak{E}(P_0^*)$ liegt. Läge etwa P_ν in $\mathfrak{E}(P_0^*)$, so müßte über der Verbindungsstrecke (z, z_0) innerhalb des Durchschnittes von $\mathfrak{E}(P_0)$ und $\mathfrak{E}(P_0^*)$ sowohl ein Kurvenstück von P_ν nach P_0 als auch ein Kurvenstück von P_ν nach P_0^* verlaufen, was ausgeschlossen ist.

Sind andererseits P_1 und P_2 zwei Verzweigungspunkte mit verschiedenen Grundpunkten z_1 und z_2, so wollen wir wieder annehmen, daß für die zugehörigen Grundkreisscheiben $\mathfrak{K}_1$ und $\mathfrak{K}_2$ gilt: $r_1 \geqq r_2$. Da der Durchschnitt von $\mathfrak{K}_1$ und $\mathfrak{K}_2$ nicht leer sein soll, so liegt der Grundpunkt z_2 von P_2 in der Grundkreisscheibe des Elementargebietes $\mathfrak{E}(P_1)$. Es sei z ein Punkt aus dem Durchschnitt $\mathfrak{K}_1 \cap \mathfrak{K}_2$ und P ein in $\mathfrak{E}(P_1)$ liegender Punkt über z. Läge P auch in $\mathfrak{E}(P_2)$, so würde die Verbindungsstrecke (z, z_2) die Spur von 2 Kurvenstücken im Durchschnitt $\mathfrak{E}(P_1) \cap \mathfrak{E}(P_2)$ sein, und zwar 1. von einem Kurvenstück von P zu einem gewöhnlichen Punkt von $\mathfrak{E}(P_1)$ und 2. von einem Kurvenstück von P zum Verzweigungspunkt P_2. Das ist wieder unmöglich. Damit ist die oben formulierte Behauptung vollständig bewiesen.

Wären nun mehr als abzählbar viele Verzweigungspunkte auf $\mathfrak{R}$ vorhanden, so müßte es insbesondere einen Punkt z_0 mit rationalen Koordinaten geben, der in überabzählbar vielen Grundkreisscheiben $\mathfrak{K}$ der Verzweigungspunkte enthalten wäre. In den zugehörigen überabzählbar vielen Elementargebieten lägen, wie oben bewiesen, überabzählbar viele Punkte über z_0. Das kann aber nach dem ersten Teil des Beweises nicht zutreffen. Die Verzweigungspunkte von $\mathfrak{R}$ sind höchstens abzählbar. Der Beweis unseres ersten Überdeckungssatzes ist also erbracht. Wir haben als Nebenergebnisse:

Satz 6a. *Auf einer Riemannschen Fläche liegen höchstens abzählbar viele Verzweigungspunkte.*

Satz 6b (*von* Poincaré *und* Volterra). *Über einem Punkt z liegen höchstens abzählbar viele Punkte einer Riemannschen Fläche.*

Satz 6c. *Eine Riemannsche Fläche $\mathfrak{R}$ kann in abzählbar viele Blätter zerlegt werden, und jede Zerlegung von $\mathfrak{R}$ in Blätter enthält höchstens abzählbar viele.*

Da jedes Elementargebiet eine abzählbare Umgebungsbasis besitzt, und es abzählbar viele Elementargebiete gibt, die $\mathfrak{R}$ überdecken, so haben wir als weiteres Ergebnis:

Satz 7. *Eine konkrete Riemannsche Fläche $\mathfrak{R}$ besitzt eine abzählbare Basis.*

Aus den vorstehenden Überlegungen folgt nun

Satz 8. *Jede kompakte Riemannsche Fläche $\mathfrak{R}$ besteht aus einer endlichen Anzahl von kompakten Ebenen, die durch endlich viele Verzweigungspunkte und über endlich viele Verzweigungsschnitte miteinander verbunden sind.*

Über einem Grundpunkt z_0 liegen höchstens endlich viele Punkte P von $\mathfrak{R}$. Andernfalls hätten wir eine Folge $P_\nu(z_0)$, $\nu = 1, 2, 3, \ldots$, die sich auf $\mathfrak{R}$ nicht häuft, da ein Häufungspunkt $P_0(z_0)$ dieser Folge auf $\mathfrak{R}$ in einer endlichblättrigen Umgebung liegen würde, in der über z_0 nur endlich viele Punkte liegen können.

Sodann gibt es eine kleinste Zahl n, so daß über jedem Punkt z höchstens n Punkte der Fläche liegen. Wäre dies nicht so, dann gäbe es einen Grundpunkt z_0 und eine gegen z_0 konvergierende Folge von Grundpunkten z_n, denen eine unbeschränkt anwachsende Zahl von Punkten P von $\mathfrak{R}$ überlagert wäre. Die P hätten auf $\mathfrak{R}$ Häufungspunkte über z_0, die sämtlich zu $\mathfrak{R}$ gehören. Da nun z_0 wie jedem Punkte von $\mathfrak{R}$ nur endlich viele Punkte von $\mathfrak{R}$ überlagert sein können und jeder dieser Punkte über z_0 höchstens ein Verzweigungspunkt endlicher Ordnung ist, so gibt es mindestens ein P_0 über z_0, das Konvergenzpunkt einer Teilfolge P_ν der P ist, bei der die Zahl der den Grundpunkten überlagerten Punkte unbeschränkt wächst. Das widerspricht der Definition eines Verzweigungspunktes endlicher Ordnung. Also gibt es die Zahl n der Behauptung. Da die Verzweigungspunkte von $\mathfrak{R}$ isoliert liegen und die Zahl der Blätter beschränkt ist, so kann es nur endlich viele solcher Punkte geben. Ist ferner z_0 ein Punkt, über dem genau n Punkte der Fläche liegen, so können diese Punkte keine Verzweigungspunkte sein. Legen wir nun n kompakte Ebenen über die z-Ebene und ordnen wir dem Punkte z_0 jeder dieser Ebenen genau einen der über z_0 liegenden Punkte von $\mathfrak{R}$ zu, so können wir wegen der gleichen lokalen topologischen Struktur der Ebenen und der Riemannschen Fläche die Zuordnung für alle n Ebenen gleichzeitig über die ganze Riemannsche Fläche fortsetzen, solange wir die Grundpunkte der Verzweigungspunkte vermeiden, da die Riemannsche Fläche keine Randpunkte hat. Bei einem Umlauf um den Grundpunkt eines Verzweigungspunktes vertauschen sich entsprechend der Ordnung dieses Punktes eine entsprechende Anzahl der Ebenen, die in den Verzweigungspunkten selbst miteinander verheftet sind.

Verbindet man die Grundpunkte der Verzweigungspunkte der Reihe nach durch eine einfache Kurve miteinander und schneidet man alle

Ebenen längs dieser Kurve auf, so erhält man n einzelne aufgeschnittene Ebenen, die nun entsprechend der Struktur der Verzweigungspunkte der Fläche $\mathfrak{R}$ miteinander zu verheften sind. Die eineindeutige Zuordnung der Punkte von $\mathfrak{R}$ zu den Punkten der n-blättrigen Fläche über der z-Ebene liefert die Aussage unseres Satzes.

ε) Die Triangulierung Riemannscher Flächen

Wir benötigen noch einige Überlegungen zur Triangulierung Riemannscher Flächen.

Unter einem *Dreieck Δ auf einer Mannigfaltigkeit* $\mathfrak{M}$ verstehen wir ein kompaktes Gebiet auf $\mathfrak{M}$, für das eine topologische Abbildung auf ein euklidisches Dreieck D der Ebene vorliegt. Die Bilder der drei Eckpunkte des Dreiecks D heißen die *Eckpunkte von Δ*, die Bilder der drei Kanten von D die *Kanten von Δ*.

Die *Mannigfaltigkeit* $\mathfrak{M}$ *heißt trianguliert,* wenn auf $\mathfrak{M}$ ein System von endlich oder abzählbar unendlich vielen Dreiecken gewählt ist, so daß

1. jeder Punkt von $\mathfrak{M}$ in mindestens einem der abgeschlossenen Dreiecke liegt,
2. zwei Dreiecke entweder überhaupt keinen Punkt, nur eine Ecke oder nur eine Kante gemeinsam haben,
3. jede Kante in genau zwei Dreiecken liegt,
4. die in einer Ecke zusammenstoßenden Dreiecke einen endlichen Zyklus bilden, in dem jedes Dreieck mit dem folgenden eine Kante gemeinsam hat.

Satz 9. *Auf einer über der z-Ebene liegenden Riemannschen Fläche $\mathfrak{R}$ sei zu jedem Punkt P eine Umgebung $\mathfrak{U}(P)$ gegeben. Dann läßt sich $\mathfrak{R}$ so triangulieren, daß jedes Dreieck ganz in einer Umgebung $\mathfrak{U}(P)$ liegt.*

Zum Beweise beachten wir, daß sich an der Triangulierbarkeit nichts ändert, wenn wir die z-Ebene einer linearen Transformation unterwerfen und der Riemannschen Fläche die neuen Koordinaten als Grundpunkte zuordnen. Da die Verzweigungspunkte und damit ihre Grundpunkte abzählbar sind, so können wir die lineare Transformation so einrichten, daß bei der transformierten Fläche 1. über dem Punkt ∞ kein Verzweigungspunkt liegt und 2. die Koordinaten aller Verzweigungspunkte irrational sind. Die so gewonnene Fläche können wir nun leicht triangulieren.

Zu jedem über dem unendlich fernen Punkt gelegenen Punkt P unserer Fläche gibt es eine natürliche Zahl n, so daß das Äußere des Quadrates mit den Eckpunkten $2^n(1+i), 2^n(1-i), 2^n(-1+i), 2^n(-1-i)$, einschließlich des Randes ganz zur Umgebung $\mathfrak{U}(P)$ gehört. All diese Quadrataußenflächen gehören zu unserer Riemannschen Fläche. Es sind abzählbar viele. Nennen wir sie $q_{11}, q_{12}, q_{13}, \ldots$. Wir schneiden das Äußere der Quadrate aus unserer Fläche heraus und betrachten den Rest der Fläche. Sodann parkettieren wir die z-Ebene durch Quadrate der Kantenlänge 1, die durch die Gitterpunkte $m + n i$ (m, n ganz) als Eckpunkte gegeben sind. Dieses Quadratnetz stanzen wir durch unsere Fläche durch. Kein Verzweigungspunkt liegt auf dem Rande eines solchen Quadrates. Es gibt nun auf der Riemannschen Fläche drei Arten von Quadratflächen. Erstens solche, die einschließlich des Randes schlicht auf der Fläche und in einer Umgebung $\mathfrak{U}(P)$ liegen. Zweitens solche, die im Innern genau einen Verzweigungspunkt P der Ordnung $k - 1$ enthalten, der z-Ebene k-fach überlagert sind und einschließlich des Randes in einer Umgebung $\mathfrak{U}(P)$ liegen. Drittens alle übrigen Quadratflächen. Die Quadratflächen der ersten und zweiten Art, die nicht in den $q_{11}, q_{12}, q_{13}, \ldots$ liegen, fügen wir zu den letzteren Quadraten hinzu und nennen sie $q_{21}, q_{22}, q_{23}, \ldots$. Sodann betrachten wir den Rest der Fläche und stanzen ein Gitternetz mit den Eckpunkten $\frac{1}{2}(m + ni)$ (m, n ganz) durch die Fläche durch. Wir erhalten wieder drei Arten von Quadratflächen wie oben und fügen die Flächen erster und zweiter Art, die nicht in den bereits vorhandenen Quadraten liegen, zu den übrigen hinzu. Es seien die Quadrate $q_{31}, q_{32}, q_{33}, \ldots$. Dieses Verfahren setzen wir fort, stets mit Gitternetzen der Kantenlänge $\frac{1}{2^l}$ durch die Eckpunkte $\frac{1}{2^l}(m + ni)$. Auf diese Weise schöpfen wir die ganze Riemannsche Fläche durch Quadratflächen aus, die entweder schlicht sind oder aber einen Verzweigungspunkt $(k - 1)$-ter Ordnung enthalten und dann der Ebene k-fach überlagert sind. Die Quadrate sind abzählbar.

Die so durch Quadratflächen aufgeteilte Riemannsche Fläche läßt sich nun in einfacher Weise triangulieren, indem wir nämlich jedes Quadrat triangulieren, und zwar folgendermaßen: Ein schlichtes Quadrat auf unserer Fläche hat jeweils 4 Kanten, ein nicht schlichtes $4k$ Kanten, wenn das Quadrat der Ebene k-fach überlagert ist. Auf jeder dieser Kanten können noch weitere Eckpunkte von angrenzenden Quadraten kleinerer Kantenlänge liegen. Aber dies können auf jeder Kante nur endlich viele sein; denn andernfalls würden sich Quadrate gegen einen Punkt der Kante häufen, und dies müßte dann ein Randpunkt der Fläche sein, was aber nicht der Fall sein kann, da ja jedes Quadrat ganz auf der Fläche liegt. Also liegen auf dem Rand eines jeden Quadrates nur endlich viele Eckpunkte des eigenen und der angrenzenden Quadrate.

Ist das betrachtete Quadrat endlich und schlicht, so verbinden wir jeden dieser Eckpunkte geradlinig mit dem Mittelpunkt des Quadrates

(Abb. 38a). Ist das Quadrat endlich und nicht schlicht, so verbinden wir jeden Eckpunkt auf dem Rand mit dem Verzweigungspunkt (Abb. 38b). Ist schließlich das Quadrat nicht endlich und damit schlicht, so verbinden wir jeden Eckpunkt auf dem Rand durch einen Strahl mit dem unendlich fernen Punkt, wobei die rückwärtige Verlängerung des Strahles durch den Nullpunkt gehen möge (Abb. 38c). Auf diese Weise wird jedes Quadrat trianguliert, und die so entstehende Triangulation der Riemannschen Fläche erfüllt die geforderten Bedingungen.

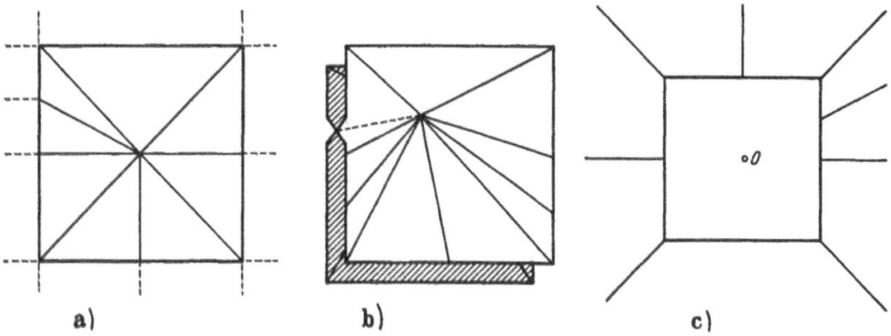

Abb. 38.

Ist die Fläche kompakt, so wird die Triangulation durch endlich viele Dreiecke geleistet; andernfalls dagegen durch abzählbar unendlich viele. Als Nebenergebnis haben wir

Satz 10. *Eine über der z-Ebene liegende Riemannsche Fläche $\mathfrak{R}$ läßt sich so triangulieren, daß jedes Dreieck schlicht über der z-Ebene liegt.*

Die Verzweigungspunkte liegen in den Ecken von Dreiecken, und diese bilden im Verzweigungspunkt einen die Ebene k-fach überdeckenden Dreiecksstern mit dem Verzweigungspunkt als gemeinsamem Eckpunkt.

Literatur

Radó, T.: Über den Begriff der Riemannschen Fläche. Acta Szeged **2**, 101 (1925).

Stoilow, S.: Leçons sur les principes topologiques de la théorie des fonctions analytiques. Paris 1938.

Waerden, B. L. van der: Topologie und Uniformisierung der Riemannschen Flächen. Sitzgsber. sächs. Akad. Wiss. **93**, 147 (1941).

Nevanlinna, R.: Uniformisierung. Berlin 1953.

Contributions to the theory of Riemann surfaces. Ann. of Math. Studies Bd. **30**, Princeton 1953.

Weyl, H.: Die Idee der Riemannschen Fläche. 3. Aufl. Stuttgart 1955.

Springer, G.: Introduction to Riemann surfaces. Cambridge, Mass.: Addison-Wesley Press 1957.

Pfluger, A.: Theorie der Riemannschen Flächen. Berlin-Göttingen-Heidelberg 1957.

§ 3. Analysis auf konkreten Riemannschen Flächen

α) Funktionen und Kurvenintegrale

Wir betrachten jetzt *komplexwertige Funktionen* $w = G(P)$ auf einer Riemannschen Fläche $\mathfrak{R}$.

Bei einer konkreten Riemannschen Fläche $\mathfrak{R}$ ist $\mathfrak{R}$ mittels einer Funktion $z = F(P)$ der z-Ebene überlagert. In der Umgebung eines gewöhnlichen Punktes auf $\mathfrak{R}$ läßt sich dann $z = F(P)$ umkehren: $P = \check{F}(z)$, und dort erscheint dann die Funktion $w = G(P)$ als Funktion der komplexen Variablen z:

$$w = g(z) = G(\check{F}(z)) .$$

Diese Überlegung gilt in allen gewöhnlichen Punkten von $\mathfrak{R}$. Dabei ist jedoch zu beachten, daß $w = g(z)$ nicht notwendig eine (eindeutige) Funktion von z ist: Derselbe Grundpunkt z kann zu mehreren solchen Punkten auf $\mathfrak{R}$ gehören, und entsprechend ergeben sich dann möglicherweise verschiedene Funktionen $w = g(z)$ in der Umgebung von z.

Ist ein Punkt P von $\mathfrak{R}$ ein Verzweigungspunkt, so gibt es möglicherweise keine Umgebung dieses Punktes, so daß die Zuordnung $w = g(z)$ der Funktion $w = G(P)$ zu den Punkten $z = F(P)$ eindeutig bleibt. In diesem Falle läßt sich aber trotzdem dort das Verhalten der Funktion in einer k-blättrigen Kreisscheibe völlig übersehen, wenn man die Funktion etwa in einer ausgezeichneten Ortsuniformisierenden betrachtet. Bedient man sich (z. B. bei lokalen Untersuchungen) der bequemeren Schreibweise $w = g(z)$, so muß diese jeweils näher erläutert werden. *Grundsätzlich halten wir streng an dem früher entwickelten Begriff der Funktion fest*, wonach jedem zugelassenen Argument *eindeutig* nur ein Funktionswert zugeordnet ist. *Gerade dazu haben wir die Riemannsche Fläche eingeführt.*

Die Funktion $w = G(P)$ ist genau dann in einem Gebiet $\mathfrak{G}$ auf $\mathfrak{R}$ meromorph, wenn sie sich in jedem Punkte P_0 aus $\mathfrak{G}$ mit dem Grundpunkt z_0 in eine Laurentreihe nach einer ausgezeichneten Ortsuniformisierenden entwickeln läßt:

$$w = G(\check{F}(z)) = g(z) = \begin{cases} \sum\limits_{\nu=-p}^{\infty} a_\nu (z - z_0)^{\nu/k}, & \text{falls } z_0 \text{ endlich,} \\ \sum\limits_{\nu=-p}^{\infty} a_\nu \dfrac{1}{z^{\nu/k}}, & \text{falls } z_0 = \infty . \end{cases}$$

Dies ist eine gewöhnliche Laurentreihe, falls z_0 kein Verzweigungspunkt ist. Ist $G(P)$ in P_0 holomorph, so ist in obigen Entwicklungen $p = 0$.

Das geschilderte Verhalten von $w = G(P)$ in der Umgebung eines Punktes nennt man, wenn man die Funktion $w = G(\check{F}(z)) = g(z)$ lokal über der z-Ebene betrachtet, auch *algebroid* und die Entwicklung nach einer ausgezeichneten Ortsuniformisierenden ein *algebroides Funktions-*

element. $G(P)$ ist also meromorph in $\mathfrak{G}$ auf $\mathfrak{R}$, wenn $g(z)$ sich in jedem Punkte von $\mathfrak{G}$ algebroid verhält. Ist $G(P)$ überall auf $\mathfrak{R}$ meromorph, so ist $G(P)$ *eine Funktion des Funktionenkörpers der Riemannschen Fläche* $\mathfrak{R}$. Die Gesamtheit aller auf $\mathfrak{R}$ meromorphen Funktionen $G(P)$ bildet nämlich einen Körper im Sinne der Algebra (siehe III, 3).

Die Definitionen der holomorphen bzw. meromorphen Funktionen auf $\mathfrak{R}$ decken sich mit dem Begriff der holomorphen bzw. meromorphen Funktionen in .Gebieten der z-Ebene, falls $\mathfrak{R}$ schlicht ist. Im anderen Falle gehen sie darüber hinaus. So ist z. B. die Funktion

$$w = g(z) = \frac{1}{1 - \sqrt{z}}$$

in $z = 0$ im gewöhnlichen Sinne singulär, dagegen als Funktion auf der Riemannschen Fläche von $\sqrt{z}$ (1, Beispiel 2) holomorph; denn $g(z)$ läßt sich um $z = 0$ nach positiven Potenzen der Ortsuniformisierenden $t = \sqrt{z}$ entwickeln. Ferner ist auf dieser Fläche von $\sqrt{z}$ die Funktion $e^{\sqrt{z}}$ über $z = 0$ holomorph, dagegen zeigt sie für $z = \infty$ ein nicht-algebroides Verhalten; sie ist dort wesentlich singulär.

Satz 11 *(holomorphe Äquivalenz). Durch eine nicht konstante meromorphe Funktion $w = G(P)$ auf einer über der z-Ebene liegenden Riemannschen Fläche $\mathfrak{R}$ wird diese auf eine Riemannsche Fläche $\mathfrak{R}^*$ über der w-Ebene holomorph äquivalent abgebildet.*

Dieser Satz ist für abstrakte Riemannsche Flächen trivial. Es bedarf jedoch bei geometrisch gegebenen Flächen eines Beweises, da hier die Träger $\mathfrak{M}$ über der z-Ebene und $\mathfrak{M}^*$ über der w-Ebene verschieden sind. Zum Beweis ordne man jedem Punkt P von $\mathfrak{R}$ mit dem Grundpunkt $z = F(P)$ anstelle von z den Grundpunkt $w = G(P)$ zu. Die mit dieser Zuordnung versehene Mannigfaltigkeit ist eine Riemannsche Fläche $\mathfrak{R}^*$ über der w-Ebene.

Die Riemannsche Fläche $\mathfrak{R}$ ist durch eine Zuordnung $z = F(P)$ der z-Ebene überlagert, und ist $P = g(t)$ eine lokale Abbildungsfunktion, so ist $z = F(g(t))$ als lokal analytische Abbildungsfunktion meromorph. Die lokal analytischen Abbildungsfunktionen von $\mathfrak{R}^*$ sind entsprechend $w = G(g(t))$ und nach Voraussetzung gleichfalls meromorph. Die Beziehung zwischen den ausgezeichneten Ortsuniformisierenden ist leicht zu übersehen. Ist z. B. $w = G(g(t))$ holomorph in der ausgezeichneten Ortsuniformisierenden t eines Punktes P von $\mathfrak{R}$:

$$w = G(g(t)) = w_0 + a_n t^n + a_{n+1} t^{n+1} + \cdots, \quad a_n \neq 0, \tag{1}$$

so ist die ausgezeichnete Ortsuniformisierende t^* des Bildpunktes P^* von P eine der Wurzeln:

$$t^* = \sqrt[n]{w - w_0} = t\sqrt[n]{a_n + a_{n+1} t + \cdots} = b_1 t + b_2 t^2 + \cdots, \quad b_1 \neq 0.$$

Die Umkehrung dieser Gleichung sei

$$t = c_1 t^* + c_2 t^{*2} + \cdots, \quad c_1 \neq 0 . \tag{2}$$

Ist dann P endlich und die ausgezeichnete Ortsuniformisierende t von der Form

$$t = \sqrt[m]{z - z_0},$$

so ist

$$z = z_0 + (c_1 t^* + c_2 t^{*2} + \cdots)^m . \tag{3}$$

(2) gibt die Beziehung zwischen den beiden ausgezeichneten Ortsuniformisierenden an, (3) die Entwicklung der Funktion $z = F(P)$ nach den ausgezeichneten Ortsuniformisierenden von $\mathfrak{R}^*$. Vorausgesetzt war, daß die Grundpunkte zu P und P^* endlich sind. Andernfalls ist analog zu schließen.

Beispiel:

$w = z^2$ bildet die kompakte Ebene holomorph äquivalent auf die Riemannsche Fläche ab, die zu $z = \sqrt{w}$ gehört. Auch im Nullpunkt herrscht holomorphe Äquivalenz, da die Winkel in der Ortsuniformisierenden zu messen sind. Wird jedoch die Abbildung der kompakten Ebene durch $w = z^2$ auf sich selbst betrachtet, so herrscht im Nullpunkt bekanntlich keine Winkeltreue mehr.

Die Einführung der *Kurvenintegrale über Funktionen auf einer konkreten Riemannschen Fläche* geschieht vorläufig in der Weise, daß wir die in den jeweiligen Blättern gegebenen Funktionen über die Spurkurven integrieren. Dazu setzen wir voraus, daß die Kurven $\mathfrak{C}$, über die integriert wird, stückweise glatt sind und durch keinen Verzweigungspunkt oder den Punkt ∞ laufen. Ist dann $G(P)$ eine stetige Funktion auf $\mathfrak{C}$, so existiert für die Funktion $g(z) = G(\check{F}(z))$ das Integral über die Spurkurve $\mathfrak{C}_z$:

$$\int_{\mathfrak{C}_z} g(z)\, dz = \int_{\mathfrak{C}_z} G(\check{F}(z))\, dz .$$

Statt dessen schreiben wir auch kurz: $\int_{\mathfrak{C}} g(z)\, dz$.

Wir werden später den Integralbegriff auf Riemannschen Flächen noch allgemeiner — aber gleichzeitig einfacher — fassen (s. VI, 3).

Satz 12 *(Cauchyscher Integralsatz). Es sei $\mathfrak{G}$ ein beschränktes, von n einfach geschlossenen Kurven berandetes, kompakt auf einer Riemannschen Fläche $\mathfrak{R}$ liegendes Gebiet. Die Funktion $G(P)$ sei in $\mathfrak{G}$ holomorph und auf dem Rande $\mathfrak{C}$ von $\mathfrak{G}$ noch stetig. Die Randkurven $\mathfrak{C}$ mögen durch keinen Verzweigungspunkt laufen und sie seien so orientiert, daß $\mathfrak{G}$ beim Durchlaufen von $\mathfrak{C}$ links liegt. Dann ist*

$$\int_{\mathfrak{C}} g(z)\, dz = 0 .$$

Zunächst nehmen wir an, daß $\mathfrak{C}$ aus n geschlossenen Polygonen besteht. Sodann denken wir uns $\mathfrak{R}$ im Sinne von 2, Satz 10, irgendwie trianguliert. Zu jedem Punkt von $\mathfrak{G}$ gibt es eine Umgebung, die höchstens mit endlich vielen Dreiecken Punkte gemeinsam hat. Endlich viele dieser Umgebungen überdecken $\mathfrak{G}$. Also wird $\mathfrak{G}$ auch von endlich vielen Dreiecken überdeckt. Der Durchschnitt von $\mathfrak{G}$ mit den Dreiecken zerfällt in endlich viele Polygongebiete $\mathfrak{P}_\nu$, die entweder ganze Dreiecke oder der Durchschnitt von Dreiecken mit $\mathfrak{G}$ sind. Da die Dreiecke schlicht sind, sind auch die $\mathfrak{P}_\nu$ schlicht. $g(z) = G(\check{F}(z))$ ist in jedem $\mathfrak{P}_\nu$ als Funktion von z holomorph und auf dem Rande $\mathfrak{C}_\nu$ von $\mathfrak{P}_\nu$ noch stetig, und daher ist nach dem Cauchyschen Integralsatz der Ebene:

$$\int_{\mathfrak{C}_\nu} g(z)\, dz = 0\,.$$

Sind alle $\mathfrak{P}_\nu$ positiv orientiert, so ist $\mathfrak{C} = \sum_\nu \mathfrak{C}_\nu$, da alle Polygonseiten im Innern von $\mathfrak{G}$ je zweimal in entgegengesetzter Richtung durchlaufen werden. So folgt unmittelbar die Behauptung.

Besteht $\mathfrak{C}$ nicht notwendig aus Polygonen, so approximiere man $\mathfrak{C}$ durch n einfach geschlossene Polygone $\mathfrak{P}$, die ganz in $\mathfrak{G}$ liegen, durch keinen Verzweigungspunkt laufen und jeweils Teilgebiete von $\mathfrak{G}$ berandten, die $\mathfrak{G}$ ausschöpfen. Nach obigem gilt dann:

$$\int_{\mathfrak{P}} g(z)\, dz = 0\,.$$

Liegen die Polygone $\mathfrak{P}$ hinreichend dicht an $\mathfrak{C}$, so kann man die n Zwischengebiete zwischen $\mathfrak{P}$ und $\mathfrak{C}$ in kleine einfach zusammenhängende Gebiete $\mathfrak{G}_\nu$ zerlegen, die schlicht über der z-Ebene liegen. Ist $\mathfrak{C}_\nu$ der Rand von $\mathfrak{G}_\nu$, so hat man $\sum_\nu \mathfrak{C}_\nu = \mathfrak{C} - \mathfrak{P}$.

Also hat man:

$$\int_{\mathfrak{C}_\nu} g(z)\, dz = 0$$

und daher

$$\int_{\mathfrak{C}} g(z)\, dz = \int_{\mathfrak{P}} g(z)\, dz + \sum_\nu \int_{\mathfrak{C}_\nu} g(z)\, dz = 0\,.$$

Damit ist der Beweis geführt.

$G(P)$ sei holomorph in der Umgebung $\mathfrak{U}$ eines Punktes P_0 auf einer konkreten Riemannschen Fläche $\mathfrak{R}$, höchstens mit Ausnahme von P_0 selbst, P_0 liege in der Umgebung $\mathfrak{U}$ der Karte $\{\mathfrak{G}, P = f(t), \mathfrak{U}\}$, und es sei $z = F(f(t)) = g(t)$. Dann versteht man unter dem *Residuum* der Funktion $G(P)$ im Punkte P_0 den Koeffizienten von $\frac{1}{t - t_0}$ in der Laurent-Entwicklung von $G(f(t))\, g'(t)$ nach einer zu $\mathfrak{U}$ gehörenden Ortsuniformisierenden t, wobei t_0 das Bild von P_0 ist. Wir bezeichnen das Residuum mit $\operatorname{Res}_{P_0} G(P)$.

Diese Definition des Residuums von $G(P)$ in einem Punkte P_0 ist unabhängig von der speziellen Wahl der Ortsuniformisierenden; denn das Integral $\int G(f(t))\, g'(t)\, dt$ ist invariant gegenüber der konformen Zuordnung zweier Ortsuniformisierenden t und t^*:

$$\int_{\mathfrak{C}_t} G(f(t))\, g'(t)\, dt = \int_{\mathfrak{C}_{t^*}} G(f^*(t^*))\, g^{*\prime}(t^*)\, dt^* = \int_{\mathfrak{C}_z} \tilde{g}(z)\, dz\,,$$

wenn $\mathfrak{C}_t$ und $\mathfrak{C}_{t^*}$ die Bildkurven einer Kurve $\mathfrak{C}$ auf $\mathfrak{R}$ sind, deren Spurkurve $\mathfrak{C}_z$ ist, und $G(f(t)) = G(f(\breve{g}(z))) = \tilde{g}(z)$ gesetzt wird. Nun ist aber das Residuum in P_0 definiert als

$$\operatorname*{Res}_{t_0}\{G(f(t))\, g'(t)\} = \frac{1}{2\pi i} \int_{\mathfrak{C}_t} G(f(t))\, g'(t)\, dt\,,$$

wobei über eine hinreichend kleine, um t_0 herumlaufende einfach geschlossene Kurve $\mathfrak{C}_t$ zu integrieren ist. So folgt die Invarianz.

Für die *Berechnung des Residuums* ist häufig die ausgezeichnete Ortsuniformisierende in einem endlichen Punkte z_0:

$$t = \sqrt[k]{z - z_0}\,, \quad \text{bzw.} \quad t = \frac{1}{\sqrt[k]{z}}$$

im Punkte ∞, besonders geeignet. Bei ihr ist

$$g'(t) = k\, t^{k-1} \quad \text{bzw.} \quad g'(t) = -k\, t^{-k-1}\,.$$

Lautet die Entwicklung von $\tilde{g}(z)$

$$\tilde{g}(z) = \sum_{n=-\infty}^{+\infty} a_n \left(\sqrt[k]{z - z_0}\right)^n \quad \text{bzw.} \quad \tilde{g}(z) = \sum_{n=-\infty}^{+\infty} b_n \left(\frac{1}{\sqrt[k]{z}}\right)^n,$$

so ist das Residuum

$$c_{-1} = k \cdot a_{-k} \quad \text{bzw.} \quad d_{-1} = -k \cdot b_k\,.$$

Beispiel:

Das Residuum der Funktion $f(z) = \frac{1}{z}$ im Nullpunkt der Riemannschen Fläche von $\sqrt[k]{z}$ ist k. Die Funktion hat im Punkte $z = \infty$ der kompakten z-Ebene als Riemannsche Fläche das Residuum -1.

Satz 13 *(Residuensatz). $\mathfrak{G}$ sei ein von endlich vielen beschränkten, durch keinen Verzweigungspunkt laufenden, einfach geschlossenen Kurven berandetes Gebiet auf einer Riemannschen Fläche $\mathfrak{R}$. Die Funktion $G(P)$ sei in $\mathfrak{G}$ bis auf endlich viele Stellen $P_1, P_2, \ldots, P_k$ holomorph und auf dem Rande $\mathfrak{C}$ von $\mathfrak{G}$ noch stetig. Die über dem Punkt ∞ liegenden Stellen von $\mathfrak{G}$ mögen sämtlich in den Punkten $P_1, P_2, \ldots, P_k$ enthalten sein. Dann ist die Summe der Residuen von $G(P)$ in $\mathfrak{G}$ durch*

$$\operatorname*{Res}_{\mathfrak{G}} G(P) = \sum_{j=1}^{k} \operatorname*{Res}_{P_j} G(P) = \frac{1}{2\pi i} \int_{\mathfrak{C}} \tilde{g}(z)\, dz$$

gegeben.

Zum Beweise umgeben wir die für $G(P)$ singulären Stellen in $\mathfrak{G}$ und die unendlich fernen Punkte von $\mathfrak{G}$ mit ganz im Innern von $\mathfrak{G}$ liegenden paarweise punktfremden einfachen bzw. mehrfachen Kreisscheiben mit den Rändern $\mathfrak{C}_j$. Dann ist nach dem Cauchyschen Integralsatz, falls k solcher Punkte P_j vorliegen,

$$\frac{1}{2\pi i}\int\limits_{\mathfrak{C}} \tilde{g}(z)\,dz = \sum_{j=1}^{k} \frac{1}{2\pi i}\int\limits_{\mathfrak{C}_j} \tilde{g}(z)\,dz\,.$$

Die Ortsuniformisierende t_j von P_j bildet die Kreisscheibe um P_j samt dem Rand von $\mathfrak{C}_j$ schlicht auf ein einfach zusammenhängendes Gebiet der t_j-Ebene mit dem Rand $\mathfrak{C}_j^*$ ab, und es ist

$$\frac{1}{2\pi i}\int\limits_{\mathfrak{C}_j} \tilde{g}(z)\,dz = \frac{1}{2\pi i}\int\limits_{\mathfrak{C}_j^*} G(f(t_j))\,g'(t_j)\,dt_j = \operatorname*{Res}_{P_j} G(P)\,.$$

So folgt die Behauptung.

β) Analytische Funktionen und korrespondierende Riemannsche Flächen

Es bleibt jetzt noch übrig zu zeigen, daß wir, wieweit wir irgendeine Potenzreihenentwicklung auch fortsetzen, immer eine konkrete Riemannsche Fläche $\mathfrak{R}$ finden können, auf der die durch die Fortsetzung entstehende Funktion $w = f(P)$ überall definiert ist und sich durchweg algebroid verhält. Wir sagen, eine durch $z = F(P)$ der z-Ebene überlagerte Riemannsche Fläche $\mathfrak{R}$ und eine Funktion $f(P)$ heißen *korrespondierend,* wenn 1. $f(P)$ auf $\mathfrak{R}$ überall definiert ist, 2. $f(P)$ überall auf $\mathfrak{R}$ meromorph ist, 3. $f(P)$ in zwei über demselben Grundpunkt liegenden Punkten von $\mathfrak{R}$ stets verschiedene Funktionselemente aufweist, 4. es keine Riemannsche Fläche $\mathfrak{R}^*$ gibt, von der $\mathfrak{R}$ ein echter Teil ist, so daß auf $\mathfrak{R}^*$ die vorstehenden Eigenschaften 1 bis 3 erfüllt sind.

Sind $\mathfrak{R}$ und $\mathfrak{R}^*$ zwei zu $f(P)$ korrespondierende Flächen über der z-Ebene, so sind sie punktweise eineindeutig durch die um diese Punkte gültigen Entwicklungen von $f(P)$ so aufeinander bezogen, daß 1. die zugeordneten Punkte über denselben Grundpunkten liegen und 2. die zugeordneten Punkte die gleichen Ortsuniformisierenden aufweisen. Zwei solche Riemannsche Flächen können wir als identisch ansehen.

Satz 14. *Zu jedem Funktionselement P^* in der z-Ebene gibt es eine Riemannsche Fläche $\mathfrak{R}$ über der z-Ebene, so daß die aus dem Funktionselement durch unbeschränkte analytische Fortsetzung auf $\mathfrak{R}$ definierte Funktion $f(P)$ mit $\mathfrak{R}$ korrespondiert.*

Zum Beweise setzen wir zunächst das gegebene analytische Funktionselement P^* z. B. durch das Kreiskettenverfahren auf alle möglichen Arten analytisch fort. Wir erhalten so aus dem gegebenen Funktionselement eine Gesamtheit von holomorphen Funktionselementen P. Gelangen wir bei dieser Fortsetzung in die Umgebung einer isolierten singulären Stelle z_0 oder des Punktes ∞, so versuchen wir, die Funktion um z_0 bzw. ∞ in eine Laurent-Reihe nach $z - z_0$ bzw. $\frac{1}{z}$ mit endlich vielen negativen Potenzen oder in eine Laurent-Reihe, die nach Potenzen von $\sqrt[k]{z - z_0}$ bzw. $\frac{1}{\sqrt[k]{z}}$ fortschreitet und dabei wieder höchstens endlich viele kritische Glieder enthält, zu entwickeln. Gelingt eine derartige Entwicklung, so nehmen wir sie als zusätzliches algebroides Funktionselement zu den bisherigen holomorphen Funktionselementen hinzu. Die Gesamtheit aller dieser Funktionselemente P bezeichnen wir als *analytisches Gebilde der Funktion* $w = f(P)$, deren Werte w die Werte der Funktionselemente im jeweiligen Entwicklungspunkt von P sind.

Das analytische Gebilde liefert uns nun die Punkte der gesuchten Riemannschen Fläche $\mathfrak{R}$, wenn wir die Funktionselemente als Punkte bezeichnen und in ihm folgenden Umgebungsbegriff einführen: Unter einer Kreisumgebung $\mathfrak{U}$ eines Punktes (d. h. Funktionselementes) P_0 verstehen wir die Menge aller Punkte P (d. h. Funktionselemente), die aus P_0 durch nur einmalige Umbildung hervorgehen und deren Entwicklungspunkte z eine (gegebenenfalls k-fache) Kreisscheibe $\mathfrak{K}_k$ um z_0 bilden.

Eine Menge von Punkten P (d. h. Funktionselementen) heißt eine Umgebung von P_0 (d. h. des Funktionselementes), wenn die Menge eine Kreisumgebung von P_0 enthält.

Der hiermit im analytischen Gebilde eingeführte Umgebungsbegriff erfüllt die Axiome A_1 bis A_6, und wenn wir jedem Funktionselement P als Grundpunkt $z = F(P)$ seinen Entwicklungspunkt zuordnen, auch A_7:

Die Kreisscheibe $\mathfrak{K}_k$ können wir nämlich durch die ausgezeichnete Ortsuniformisierende t uniformisieren, wodurch wir eine Karte $\{\mathfrak{K}, z = g(t), \mathfrak{K}_k\}$ erhalten, bei der die meromorphe Funktion $z = g(t)$ die Kreisscheibe $\mathfrak{K}$ topologisch auf $\mathfrak{K}_k$ abbildet. Die Punkte von $\mathfrak{K}_k$, der k-fachen Kreisscheibe über der z-Ebene, entsprechen nun eineindeutig den Funktionselementen P, wobei jeweils P und der zugehörige Punkt aus $\mathfrak{K}_k$ denselben Grundpunkt z haben:

$$z = F(P) .$$

Diese Funktion, als Abbildung von $\mathfrak{U}$ auf $\mathfrak{K}_k$ aufgefaßt, können wir also in $\mathfrak{U}$ eindeutig umkehren: $P = \check{F}(z)$, so daß wir in

$$\{\mathfrak{K}, P = h(t), \mathfrak{U}\}$$

mit $h(t) = \check{F}(g(t))$ eine Karte der aus dem analytischen Gebilde von $w = f(P)$ bestehenden Riemannschen Fläche $\mathfrak{R}$ haben. $\mathfrak{R}$ ist das genaue Existenzgebiet von $w = f(P)$.

Für die folgenden Überlegungen ist es zweckmäßig, die Funktion $w = f(P)$ auf der konkreten Riemannschen Fläche $\mathfrak{R}$ *über der z-Ebene* zu betrachten und die dann entstehende „Funktion" $w = f(\check{F}(z))$ kurz mit $w = f(z)$ zu bezeichnen. $w = f(z)$ heißt dann eine *analytische Funktion*. Dabei müssen wir uns jedoch darüber klar sein, daß die Variable z hier nicht *in der z-Ebene* variiert, sondern in einer Fläche *über der z-Ebene*.

Wir bemerken noch, daß auf der zu $f(z)$ korrespondierenden Riemannschen Fläche $\mathfrak{R}$ auch jede rationale Funktion $R(f(z))$ von $f(z)$ meromorph ist. Doch braucht die korrespondierende Riemannsche Fläche von $R(f(z))$ nicht mit der von $f(z)$ übereinzustimmen. In einem solchen Falle ist zwar $R(f(z))$ eine Funktion des Funktionenkörpers von $\mathfrak{R}$, $R(f(z))$ aber nicht korrespondierend zu $\mathfrak{R}$. So ist z. B. die Riemannsche Fläche von $w = (\sqrt{z})^2 = z$ die schlichte Ebene, während die Riemannsche Fläche von $\sqrt{z}$ zweiblättrig ist.

Wir nennen eine Funktion $f(z)$ *einblättrig* (dem Sprachgebrauch folgend auch *eindeutig*), wenn ihre korrespondierende Riemannsche Fläche einblättrig ist. Die übrigen analytischen Funktionen nennen wir *mehrblättrig* (dem Sprachgebrauch folgend auch *mehrdeutig*). $f(z)$ heißt *unverzweigt über der z-Ebene*, wenn ihre korrespondierende Fläche keine Verzweigungspunkte enthält. Eine einblättrige Funktion ist stets unverzweigt. Unter einem *Zweig* einer analytischen Funktion versteht man die analytische Funktion unter Beschränkung ihrer Argumente auf ein Blatt der korrespondierenden Riemannschen Fläche. Alle diese Begriffe sind gemäß den obigen Ausführungen nur sinnvoll auf konkreten Riemannschen Flächen. Diese Begriffe werden jedoch auch relativiert. Die Funktion $f(z)$ heißt *unverzweigt auf einer Riemannschen Fläche* $\mathfrak{R}$, wenn sie nach Vorgabe eines ihrer Funktionselemente auf $\mathfrak{R}$ sich dort unbeschränkt fortsetzen läßt, ohne dabei in den lokalen Koordinaten andere Singularitäten als Pole zu bekommen. Die Funktion $f(z)$ heißt *schlicht auf* $\mathfrak{R}$, wenn sie dort niemals in zwei verschiedenen Punkten denselben Wert annimmt.

Beispiele:

1. *Einblättrige Funktionen* sind z. B. die ganzen Funktionen. Bei den Polynomen ist $\mathfrak{R}$ die kompakte Ebene, bei den ganzen transzendenten Funktionen ist $\mathfrak{R}$ die endliche Ebene. Die Funktion $f(z) = \sum_{n=1}^{\infty} z^{n!}$ hat die Einheitskreisscheibe als Riemannsche Fläche.

2. Die Funktionen $\log z$ und z^α, α irrational, sind *mehrblättrig*, aber *unverzweigt* über der z-Ebene.

3. Die Funktionen in 1, Beispiele 2, 3, 4, 5, 6, 7, 8, 10, 12 sind *mehrblättrig* und *verzweigt*.

4. Die Funktion $\sqrt{z}$ ist *über der in* 0 *und* ∞ *punktierten Ebene unverzweigt*.

5. Die Funktion z^α, α irrational, ist auf der Fläche $\mathfrak{R}$ von $\log z$ *schlicht*.

γ) Die Inversen der ganzen rationalen Funktionen

Als einfachste Beispiele für mehrblättrige Funktionen behandeln wir die Inversen der ganzen rationalen Funktionen.

Satz 15. *Zu jeder ganzen rationalen Funktion n-ten Grades*

$$w = g(z) = a_0 + a_1 z + \cdots + a_n z^n\,, \quad a_n \neq 0,\ n \geqq 1\,,$$

gibt es eine Umkehrfunktion $z = \check{g}(w)$ *und eine dazu korrespondierende Riemannsche Fläche* $\mathfrak{R}$ *mit folgenden Eigenschaften:*

1. $\mathfrak{R}$ *ist eine n-blättrige kompakte Riemannsche Fläche über der w-Ebene, die über dem Punkt* ∞ *einen Verzweigungspunkt* $(n-1)$*-ter Ordnung hat.*

2. $\check{g}(w)$ *ist schlicht auf* $\mathfrak{R}$ *und besitzt nur im Verzweigungspunkt über dem Punkt* ∞ *einen Pol erster Ordnung.*

Die Riemannsche Fläche von $g(z)$ ist die geschlossene Ebene. Auf ihr ist $w = g(z)$ meromorph. Also bildet sie nach Satz 11 diese auf eine Riemannsche Fläche $\mathfrak{R}$ über der w-Ebene holomorph äquivalent ab. Da die geschlossene Ebene kompakt ist, so ist auch $\mathfrak{R}$ kompakt, also nach 2, Satz 5 eine endlichblättrige Fläche mit endlich vielen Verzweigungspunkten. Als Ortsuniformisierende kann in den endlichen Punkten von $\mathfrak{R}$ überall $t = z$ gewählt werden und im unendlich fernen Punkt $s = \frac{1}{z}$. Die Umkehrfunktion $z = \check{g}(w)$ ist auf $\mathfrak{R}$ schlicht und überall holomorph bis auf einen über $w = \infty$ liegenden Punkt, wo sie einen Pol 1. Ordnung in s hat.

Dort hat die lokale analytische Abbildungsfunktion $w = g\left(\frac{1}{s}\right)$ einen Pol n-ter Ordnung, also $\mathfrak{R}$ gemäß 2, Satz 1 eine Verzweigungsstelle $(n-1)$-ter Ordnung. Die Riemannsche Fläche ist in der Umgebung von $w = \infty$ demnach n-blättrig, also als kompakte Fläche überall n-blättrig. Endliche Verzweigungspunkte besitzt sie dort, wo $g'(t)$ verschwindet, also über den Werten $w_1, \ldots, w_{n-1}$, die den $n-1$ Nullstellen $z_1, \ldots, z_{n-1}$ des Polynoms $g'(t)$ entsprechen. Fallen k der Nullstellen in einem Punkt z_0 zusammen, so hat die Umkehrfunktion $z = \check{g}(w)$ im Bildpunkt von z_0 über $w_0 = g(z_0)$ eine Verzweigungsstelle k-ter Ordnung.

Diese Einsicht über das Zustandekommen der Verzweigungsstellen der Umkehrfunktion ist nicht auf ganze rationale Funktionen beschränkt. Es gilt

Satz 16 (*Verzweigungsstellen der Umkehrfunktion*). *Dann und nur dann hat die Umkehrfunktion von* $w = f(z)$ *auf ihrer Riemannschen Fläche* $\mathfrak{R}^*$ *im Bildpunkt* P^* *eines Punktes* P *der Riemannschen Fläche* $\mathfrak{R}$ *von* $f(z)$ *einen Verzweigungspunkt* $(k-1)$*-ter Ordnung, wenn* $f(z)$ *in* P *eine a-Stelle k-ter Ordnung in der Ortsuniformisierenden besitzt.*

Dies folgt unmittelbar aus Satz 11 und der dort angegebenen Entwicklung (1).

Ist speziell $w = f(z)$ über einem Punkte z_0 holomorph im gewöhnlichen Sinne, so hat die Umkehrfunktion im Bildpunkt genau dann eine Verzweigungsstelle $(k-1)$-ter Ordnung, wenn $f(z)$ in z_0 eine a-Stelle k-ter Ordnung hat.

§ 4. Die algebraischen Funktionen

α) Algebraische Funktionen und algebraische Gleichungen

Nachdem wir als Riemannsche Flächen der Inversen zu den nicht konstanten ganzen rationalen Funktionen stets kompakte Mannigfaltigkeiten erhielten, liegt die Frage nahe, wie die Gesamtheit der Funktionen zu charakterisieren ist, deren korrespondierende Riemannsche Flächen kompakt sind. Falls die kompakte Fläche schlicht ist, muß die Funktion rational sein (s. III, 3, Satz 11), und umgekehrt haben offenbar alle rationalen Funktionen als ihre korrespondierenden Riemannschen Flächen die geschlossene Ebene. Wir wollen nun eine Funktion *algebraisch* nennen, wenn ihre korrespondierende Riemannsche Fläche $\mathfrak{R}$ kompakt ist. Diese Benennung wird gerechtfertigt durch den

Satz 17 *(Über die Äquivalenz der Definitionen). Eine Funktion $w = f(z)$ ist dann und nur dann algebraisch, wenn sie für alle z einer irreduziblen algebraischen Gleichung*

$$\sum_{j,k=0}^{n,m} a_{jk}\, w^j z^k = 0\,, \tag{1}$$

$n \geqq 1$, $a_{nk} \neq 0$ *für mindestens ein k, genügt. Der Grad n in w ist gleich der Blätterzahl der Riemannschen Fläche $\mathfrak{R}$ von $f(z)$.*

Die Irreduzibilität der Gleichung besagt: Die linke Seite läßt sich nicht als Produkt zweier nicht konstanter Faktoren

$$\Sigma\, b_{jk}\, w^j z^k \quad \text{und} \quad \Sigma\, c_{jk}\, w^j z^k$$

darstellen.

Satz 17 liefert also den Äquivalenznachweis für die funktionentheoretische und algebraische Definition der algebraischen Funktionen.

1. Wir beweisen zunächst: Ist $\mathfrak{R}$ kompakt, so genügt $w = f(z)$ einer algebraischen Gleichung.

Liegt über z kein Verzweigungspunkt von $\mathfrak{R}$, so sind in einer Umgebung dieses Punktes n Funktionselemente von $f(z)$ definiert, die wir mit $f_1(z), \ldots, f_n(z)$ bezeichnen. Betrachten wir nun die elementarsymmetrischen Funktionen in den $f_\nu(z)$

$$\begin{aligned}
R_1(z) &= f_1(z) + f_2(z) + \cdots + f_n(z)\,,\\
R_2(z) &= f_1(z)\, f_2(z) + f_1(z)\, f_3(z) + \cdots + f_{n-1}(z)\, f_n(z)\,,\\
&\vdots\\
R_n(z) &= f_1(z)\, f_2(z) \ldots f_n(z)\,,
\end{aligned}$$

so können wir diese, solange wir die Grundpunkte der endlich vielen Verzweigungspunkte vermeiden, unbeschränkt fortsetzen. Wir müssen dabei allerdings Pole zulassen, da die $f_j(z)$ sich meromorph verhalten. Setzen wir entlang irgendeines geschlossenen Weges fort, so kommen wir bei jedem $R_j(z)$ immer zu seinem Ausgangselement zurück. Umschließen wir nämlich mit dem Wege einen oder mehrere Grundpunkte von Verzweigungspunkten, so vertauschen sich einige oder alle der $f_k(z)$ untereinander. Wegen der Symmetrie hat dies aber keinen Einfluß auf die $R_j(z)$. Diese sind also in der z-Ebene, mit Ausnahme der Punkte $z_1, \ldots, z_l$, über denen Verzweigungspunkte liegen, meromorph. Die Fortsetzungen der $f_l(z)$ haben um die $z_1, \ldots, z_l$ Entwicklungen nach gebrochenen Potenzen mit nur endlich vielen Gliedern negativer Potenz in den Ortsuniformisierenden. So folgt in einem endlichen Punkte eine Entwicklung

$$R_j(z) = \sum_{\nu=-m}^{\infty} b_\nu (z - z_k)^{\frac{\nu}{p}},$$

bzw. im Punkte $z_k = \infty$:

$$R_j(z) = \sum_{\nu=-m}^{\infty} b_\nu \frac{1}{z^{\nu/p}}.$$

Wegen der Eindeutigkeit der $R_j(z)$ folgt $b_\nu = 0$, wenn ν kein Vielfaches von p ist, also hat $R_j(z)$ auch in z_k höchstens einen Pol. Die $R_j(z)$ sind also rationale Funktionen in z. Wir bilden jetzt

$$\begin{aligned}(w - f_1(z))\,(w - f_2(z)) \ldots (w - f_n(z))\\ = w^n - R_1(z)\, w^{n-1} + \cdots + (-1)^n R_n(z)\,.\end{aligned} \tag{2}$$

Dieser Ausdruck verschwindet, welches Funktionselement von $w = f(z)$ auch für w eingesetzt wird. Rechts in (2) multiplizieren wir mit dem Hauptnenner der $R_j(z)$. So geht (2) über in

$$P(w, z) = Q_0(z)\, w^n + Q_1(z)\, w^{n-1} + \cdots + Q_n(z)\,, \tag{3}$$

wo die $Q_j(z)$ ganze rationale Funktionen in z ohne einen gemeinsamen Teiler sind; ferner ist $Q_0(z) \not\equiv 0$. (3) ist also in der Form (1) darstellbar.

Das Polynom (3) ist irreduzibel. Wäre

$$P(w, z) = P_1(w, z) \cdot P_2(w, z)\,,$$

wo $P_1(w, z)$ und $P_2(w, z)$ wieder von der Form (3) wären, so müßte wegen

$$P(f(z), z) \equiv 0$$

in der Umgebung einer Stelle z_0 mindestens einer der Faktoren verschwinden, etwa

$$P_1(f(z), z) \equiv 0\,.$$

Dann würde dies auf Grund des Identitätssatzes überall auf $\mathfrak{R}$ gelten, da $\mathfrak{R}$ zusammenhängend ist. Da es zu jedem z-Wert im allgemeinen n Werte $f_j(z)$ gibt, muß $P_1(w, z)$ vom Grade n in w, also $P_2(w, z)$ vom Grade Null, also eine Funktion von z allein sein. Weil die $Q_\nu(z)$ teilerfremd sind, muß $P_2(w, z)$ sogar eine Konstante sein. Somit ist $P(w, z)$ irreduzibel.

2. Es sei jetzt umgekehrt eine irreduzible algebraische Gleichung

$$P(w, z) = 0 \tag{4}$$

gegeben, wobei $P(w, z)$ die Gestalt (3) hat. Wir wollen zeigen, daß die Lösungen von (4) genau eine algebraische Funktion mit n Blättern ausmachen. Dazu beweisen wir zunächst einige Hilfssätze.

Hilfssatz 1. *Sind die Polynome $P_1(w, z)$ und $P_2(w, z)$ teilerfremd, so gibt es Polynome $Q_1(w, z)$, $Q_2(w, z)$ und $T(z)$, so daß*

$$Q_1(w, z) \cdot P_1(w, z) + Q_2(w, z) \cdot P_2(w, z) = T(z) \tag{5}$$

ist und $T(z)$ nicht identisch verschwindet.

Man fasse $P_1(w, z)$ und $P_2(w, z)$ auf als Polynome in w mit rationalen Koeffizienten in z. Man lasse $S_1(w, z)$ und $S_2(w, z)$ alle Polynome dieser Art durchlaufen und betrachte die Polynome

$$H(w, z) = S_1(w, z) \cdot P_1(w, z) + S_2(w, z) \cdot P_2(w, z) . \tag{6}$$

$H_0(w, z)$ sei eines dieser Polynome, welches nicht identisch verschwindet und von kleinstem Grad $k \geqq 0$ in w ist. Jedes Polynom $H(w, z)$ hat dann die Form

$$H(w, z) = Q(w, z) \cdot H_0(w, z) + R(w, z) ,$$

wobei $R(w, z)$ im Falle $k = 0$ identisch verschwindet und für $k > 0$ einen Grad kleiner als k hat. Nun gehört $R(w, z)$ zu den Polynomen (6). Es kann also keinen kleineren Grad als k haben, wenn es nicht identisch verschwindet. Somit hat jedes $H(w, z)$ die Gestalt

$$H(w, z) - Q(w, z) \cdot H_0(w, z) .$$

Setzt man $S_1 = 1$, $S_2 = 0$ oder $S_1 = 0$, $S_2 = 1$, so sieht man, daß $P_1(w, z)$ und $P_2(w, z)$ zu den Polynomen $H(w, z)$ gehören. Auch sie haben daher die Form

$$P_1(w, z) = Q_1(w, z) \cdot H_0(w, z) ; \quad P_2(w, z) = Q_2(w, z) \cdot H_0(w, z) .$$

Man kann den Hauptnenner und einen gemeinsamen Faktor der Koeffizienten von $H_0(w, z)$ zu den $Q_1(w, z)$ und $Q_2(w, z)$ hinzunehmen. Dann ist $H_0(w, z)$ ein Polynom in w mit ganzen teilerfremden Koeffizienten $G_\nu(z)$ in z:

$$H_0(w, z) = G_0(z)\, w^k + G_1(z)\, w^{k-1} + \cdots + G_k(z) .$$

Somit hat man:

$$P_1(w, z) = \frac{P_1^*(w, z)}{N_1(z)} H_0(w, z) , \quad P_2(w, z) = \frac{P_2^*(w, z)}{N_2(z)} H_0(w, z) ,$$

wobei $P_1^*(w, z)$ und $P_2^*(w, z)$ Polynome in w mit ganzen Koeffizienten in z sind. Dabei sind letztere zusammen mit den Nennern $N_1(z)$ bzw.

$N_2(z)$ jeweils teilerfremd. Wir behaupten, daß $N_1(z)$ und $N_2(z)$ konstant sind. Sei

$$P_1^*(w, z) = K_0(z)\, w^l + K_1(z)\, w^{l-1} + \cdots + K_l(z)\,.$$

Dann lehrt der Koeffizientenvergleich der Polynome $N_1(z) \cdot P_1(w, z)$ mit $P_1^*(w, z) \cdot H_0(w, z)$, daß $N_1(z)$ in jedem Koeffizienten des letzten Polynoms enthalten sein muß. Sei $N_1^*(z)$ ein irreduzibler Teiler von $N_1(z)$, $G_\nu(z)$ der erste Koeffizient von $H_0(w, z)$ und $K_\mu(z)$ der erste Koeffizient von $P_1^*(w, z)$, in dem $N_1^*(z)$ nicht enthalten ist. Dann lautet der Koeffizient von $w^{k+l-\nu-\mu}$ des Polynoms $P_1^*(w, z) \cdot H_0(w, z)$:

$$G_\nu(z) \cdot K_\mu(z) + G_{\nu+1}(z) \cdot K_{\mu-1}(z) + \cdots + G_{\nu-1}(z) \cdot K_{\mu+1}(z) + \cdots.$$

In sämtlichen Summanden außer dem ersten ist $N_1^*(z)$ enthalten. Dann kann es aber in der Summe nicht enthalten sein. Es gibt daher kein irreduzibles $N_1^*(z)$, vielmehr muß $N_1(z)$ konstant sein. Es ist also

$$P_1(w, z) = P_1^*(w, z) \cdot H_0(w, z)\,; \quad P_2(w, z) = P_2^*(w, z) \cdot H_0(w, z)\,.$$

Da $P_1(w, z)$ und $P_2(w, z)$ teilerfremd sein sollten, muß $H_0(w, z)$ konstant sein. Wir können $H_0(w, z) = 1$ setzen und haben damit, da $H_0(w, z)$ zu den Polynomen (6) gehört, die Beziehung:

$$Q_1^*(w, z) \cdot P_1(w, z) + Q_2^*(w, z) \cdot P_2(w, z) = 1\,.$$

Die Multiplikation mit dem Hauptnenner $T(z)$ der $Q_1^*(w, z)$ und $Q_2^*(w, z)$ liefert die Behauptung des Satzes.

Hilfssatz 2 *(Eindeutigkeit des irreduziblen Polynoms). Ist die algebraische Funktion $w = f(z)$ Wurzel der beiden irreduziblen Polynome $P_1(w, z) = \Sigma\, a_{jk}\, w^j z^k$ und $P_2(w, z) = \Sigma\, b_{jk}\, w^j z^k$, so gibt es eine Zahl a, so daß $P_1(w, z) = a \cdot P_2(w, z)$ ist.*

Wäre die Behauptung nicht richtig, so wären $P_1(w, z)$ und $P_2(w, z)$ wegen ihrer Irreduzibilität teilerfremd. Dann gäbe es nach Hilfssatz 1 nicht identisch verschwindende Polynome $Q_1(w, z)$ und $Q_2(w, z)$ und ein nicht identisch verschwindendes Polynom $T(z)$, so daß

$$Q_1(w, z) \cdot P_1(w, z) + Q_2(w, z) \cdot P_2(w, z) = T(z)$$

wäre. Die linke Seite verschwindet identisch für $w = f(z)$, so daß wir zu einem Widerspruch kommen.

Zusatz. *Wenn die algebraische Funktion $w = f(z)$ für unendlich viele Punkte z_j auf der reellen Achse reelle Werte aufweist, so genügt sie einer irreduziblen algebraischen Gleichung mit reellen Koeffizienten.*

Gemäß Voraussetzung genügt $f(z)$ zunächst einer irreduziblen algebraischen Gleichung

$$\sum_{\nu=0}^{n} a_\nu(z)\, f^\nu(z) = 0\,,$$

wobei die $a_\nu(z)$ Polynome in z sind. In den Punkten z_j gilt für den Realteil:

$$0 = \operatorname{Re} \sum_{\nu=0}^{n} a_\nu(z_j)\, f^\nu(z_j) = \sum_{\nu=0}^{n} \operatorname{Re}(a_\nu(z_j))\, f^\nu(z_j)\,.$$

Nun ist $b_\nu(x) = \operatorname{Re}(a_\nu(x))$ ein Polynom mit reellen Koeffizienten, also gilt:

$$\sum_{\nu=0}^{n} b_\nu(z_j)\, f^\nu(z_j) = 0$$

und wegen des Identitätssatzes (II, 4, Satz 28):

$$\sum_{\nu=0}^{n} b_\nu(z)\, f^\nu(z) \equiv 0\,,$$

woraus die Behauptung folgt.

Hilfssatz 3 *(Isoliertheit der mehrfachen Wurzeln). Nur für endlich viele z können mehrfache Wurzeln des irreduziblen Polynoms $\Sigma\, a_{\nu\mu} w^\nu z^\mu$ auftreten.*

Zum Polynom $P(w, z) = \sum_{\nu,\mu=0}^{n,m} a_{\nu\mu} w^\nu z^\mu$ bilden wir die Ableitung

$$P_w(w, z) = \frac{\partial P(w, z)}{\partial w} = \sum_{\nu,\mu=0}^{n,m} \nu \cdot a_{\nu\mu} w^{\nu-1} z^\mu\,.$$

Wegen der Irreduzibilität von $P(w, z)$ und des um 1 kleineren Grades von $P_w(w, z)$ in w sind $P(w, z)$ und $P_w(w, z)$ zueinander teilerfremd. Also gilt nach Hilfssatz 1:

$$Q_1(w, z) \cdot P(w, z) + Q_2(w, z) \cdot P_w(w, z) \equiv T(z)\,.$$

Nur für diejenigen z, für die das Polynom $T(z)$ verschwindet, können mehrere Wurzeln $w(z)$ zusammenfallen.

Nun können wir im Beweis von Satz 17 fortfahren.

Betrachten wir einen Punkt $z = z_0$, in dem unser Polynom $P(w, z)$ genau n verschiedene endliche Wurzeln $w_1^0, w_2^0, \ldots, w_n^0$ besitzt. Dann gibt es n Funktionen $w_1(z), w_2(z), \ldots, w_n(z)$, die in z_0 holomorph sind, für die gilt

$$w_l(z_0) = w_l^0$$

und die, soweit man sie fortsetzen kann, die Gleichung

$$P(w_l, z) \equiv 0$$

befriedigen.

Um das zu zeigen, schlagen wir in der w-Ebene um jeden Punkt w_l^0 einen Kreis $\mathfrak{K}_l$, der jeweils außer w_l^0 keinen der Punkte $w_1^0, w_2^0, \ldots, w_n^0$ im Innern oder auf dem Rande enthält. Das Polynom $P(w, z_0)$ hat in jedem Punkte w_l^0 eine einfache Nullstelle. Daher ist nach III, 4, Satz 16

$$\frac{1}{2\pi i} \int_{\mathfrak{K}_l} \frac{P_w(w, z_0)}{P(w, z_0)}\, dw = 1\,, \quad l = 1, 2, \ldots, n\,. \tag{7}$$

Ändert man jetzt z in einer Umgebung von z_0 stetig ab, so ändert sich auch das Integral

$$\frac{1}{2\pi i}\int\limits_{\mathfrak{K}_l} \frac{P_w(w, z)}{P(w, z)}\, dw \tag{8}$$

stetig. Da es ganzzahlig ist, ist sein Wert wegen (7) gleich 1, d. h. das Polynom $P(w, z)$ hat für alle z einer Umgebung von z_0 genau n verschiedene Wurzeln $w_1(z), w_2(z), \ldots, w_n(z)$. Für diese gilt gemäß III, 4, Formel (3):

$$w_l = w_l(z) = \int\limits_{\mathfrak{K}_l} \frac{w\, P_w(w, z)}{P(w, z)}\, dw\,, \quad l = 1, 2, \ldots, n\,. \tag{9}$$

Die Integrale sind aber holomorphe Funktionen in z.

Nach diesem Verfahren können wir die $w_l(z)$ längs eines jeden Weges in der z-Ebene, auf dem $P(w, z) = 0$ in allen Punkten n verschiedene endliche Wurzeln hat, zu einer n-blättrigen Funktion $w(z)$ fortsetzen. Dabei lassen wir die Möglichkeit noch offen, daß $w(z)$ in endlich viele Funktionen zerfällt. Da es gemäß Hilfssatz 3 nur endlich viele Ausnahmepunkte gibt, so können wir $w(z)$ in alle anderen Punkte fortsetzen. Nach dem Identitätssatz bleibt ferner $P(w(z), z) \equiv 0$ bei jeder dieser Fortsetzungen bestehen.

3. Es ist noch das Verhalten von $w(z)$ in den Ausnahmepunkten z_j zu untersuchen. Wir behaupten, daß sich $w(z)$ auch dort noch algebroid verhält. Wird ein solcher Punkt z_j umlaufen, so liefert die Fortsetzung von $w_l(z)$ wieder eine Wurzel von $P(w, z) = 0$, die jedoch eine Funktion $w_k(z)$, $k \neq l$, sein kann. Also kann in z_j kein Verzweigungspunkt höherer als n-ter Ordnung für $w(z)$ vorliegen. $w(z)$ weist also sicher eine Laurent-Entwicklung nach $(z - z_j)^{\frac{1}{p}}$, $p \leqq n$, auf. Durch Einführung einer Ortsuniformisierenden t gemäß $z - z_j = t^p$ läßt sich $w(z)$ zu einer eindeutigen Funktion $\tilde{w}(t)$ in einer Umgebung des Nullpunktes machen, die höchstens mit Ausnahme des Nullpunktes holomorph ist. Im Nullpunkt selbst kann aber $\tilde{w}(t)$ höchstens einen Pol haben, da $\tilde{w}(t)$ jeden Wert höchstens m-mal annimmt. Es würde dem Satz von Casorati-Weierstrass widersprechen, wenn $\tilde{w}(t)$ dort eine wesentliche Singularität hätte, wie man sich sofort überlegt.

Völlig analoge Überlegungen gelten auch für den Punkt ∞.

4. Wir wissen jetzt, daß die $w_l(z)$ Zweige algebraischer Funktionen sind. Wir müssen noch zeigen, daß wir es hier mit den n Zweigen einer einzigen n-blättrigen Funktion zu tun haben. Angenommen, das sei nicht der Fall und man käme etwa bei Fortsetzung des Zweiges $w_1(z)$ nur immer bis $w_k(z)$, $k < n$, während die übrigen Zweige nie durch Fortsetzung von $w_1(z)$ erhalten werden könnten. Dann bildeten die ersten k Zweige zusammen eine algebraische Funktion $f(z)$. Diese müßte

nach Ziffer 1 einer irreduziblen algebraischen Gleichung k-ten Grades in w genügen. Wir bezeichnen diese Gleichung mit $K(w, z) = 0$. Da $P(w, z)$ auch irreduzibel ist, so gilt nach Hilfssatz 2:

$$P(w, z) = a \cdot K(w, z) .$$

Die n Zweige $w_l(z)$ sind also Zweige einer einzigen algebraischen Funktion $w(z)$.

Satz 18. *Die durch die irreduzible Gleichung*

$$F(w, z) = \sum_{\nu=0}^{n} a_\nu(z)\, w^\nu = 0$$

mit ganzen rationalen $a_\nu(z)$ definierte algebraische Funktion $w = f(z)$ hat dann und nur dann über dem endlichen Punkte z_0 einen Pol, wenn $a_n(z)$ dort verschwindet.

1. Ist $a_n(z_0) \neq 0$, so gilt in einer Umgebung $\mathfrak{U}(z_0)$ von z_0:

$$w^n + a^*_{n-1}(z)\, w^{n-1} + \cdots + a^*_0(z) = 0$$

mit rationalen Funktionen $a^*_\nu(z)$, die in $\mathfrak{U}(z_0)$ beschränkt sind. Die n Wurzeln sind dann gleichfalls in $\mathfrak{U}(z_0)$ beschränkt, da für eine Folge von Punkten $z_l \in \mathfrak{U}(z_0)$ mit $w_k(z_l) \to \infty$ die mit vorstehender Gleichung äquivalente Beziehung

$$w_k^n \left(1 + \frac{a^*_{n-1}(z)}{w_k} + \cdots + \frac{a^*_0(z)}{w_k^n}\right) = 0$$

bei beschränkten $a^*_\nu(z)$ nicht bestehen kann. Also ist $f(z)$ in $\mathfrak{U}(z_0)$ beschränkt.

2. Es sei $a_n(z_0) = 0$. Dann setzen wir: $w^* = \dfrac{1}{w}$ und schreiben:

$$F(w, z) = \frac{1}{w^{*n}}\left(a_n(z) + \cdots + a_0(z)\, w^{*n}\right) = \frac{1}{w^{*n}} F_1(w^*, z) .$$

$F_1(w^*, z) = 0$ wird befriedigt durch

$$w^* = g(z) = \frac{1}{f(z)}$$

und durch keine andere Funktion, da sonst $F(w, z)$ reduzibel wäre. $g(z)$ ist eine n-blättrige algebraische Funktion. Da nun $F_1(w^*, z_0) = 0$ insbesondere die Lösung $w^* = 0$ hat, weist $g(z)$ über z_0 mindestens eine Nullstelle und damit $f(z)$ mindestens einen Pol auf.

β) Körper algebraischer Funktionen

Wir haben früher den Begriff des „Funktionenkörpers einer Riemannschen Fläche $\mathfrak{R}$" eingeführt (3, α). $f(P)$ ist eine Funktion des Funktionenkörpers der konkreten Riemannschen Fläche $\mathfrak{R}$ über der z-Ebene, wenn $f(P)$ eine Funktion auf $\mathfrak{R}$ ist, die sich über der z-Ebene überall algebroid verhält. Ist $\mathfrak{R}$ korrespondierend zu einer algebraischen Funktion, so können wir die Funktionen auf $\mathfrak{R}$ leicht charakterisieren.

Satz 19. *$F(z)$ gehört dann und nur dann zum Funktionenkörper $\mathfrak{K}$ der zur algebraischen Funktion $A(z)$ korrespondierenden Riemannschen Fläche $\mathfrak{R}$, wenn $F(z)$ sich rational durch z und $A(z)$ ausdrücken läßt.*

Mit diesem Satze wird gezeigt, daß unser Begriff Funktionenkörper auch vom algebraischen Standpunkt aus richtig gewählt ist; denn die Gesamtheit der Funktionen, die sich rational durch z und $A(z)$ ausdrücken lassen, bilden im Sinne der Algebra einen Körper.

Ist $F(z) = R(A(z), z)$ eine rationale Funktion von $A(z)$ und z, so gilt für $F(z)$ in einer Umgebung des Punktes P von $\mathfrak{R}$, wenn t eine Ortsuniformisierende von P ist,

$$F(z) = \frac{\sum\limits_{n=\nu}^{\infty} a_n t^n}{\sum\limits_{n=\mu}^{\infty} b_n t^n} = \sum_{n=\nu-\mu}^{\infty} c_n t^n . \tag{10}$$

$F(z)$ verhält sich also algebroid in P. Das „dann" ist bewiesen.

Schwieriger ist es, die Umkehrung nachzuweisen. Von $F(z)$ sei also nun vorausgesetzt, daß es zum Funktionenkörper der Riemannschen Fläche $\mathfrak{R}$ gehöre. Die Blätterzahl von $\mathfrak{R}$ sei n. Dann bilden wir in bezug auf die Zweige $A_j(z)$ und $F_j(z)$ die Funktionen

$$\begin{aligned} R_0(z) &= F_1(z) + F_2(z) + \cdots + F_n(z)\,, \\ R_1(z) &= F_1(z)\,A_1(z) + F_2(z)\,A_2(z) + \cdots + F_n(z)\,A_n(z)\,, \\ R_2(z) &= F_1(z)\,A_1^2(z) + F_2(z)\,A_2^2(z) + \cdots + F_n(z)\,A_n^2(z)\,, \\ &\cdots\cdots\cdots\cdots\cdots\cdots\cdots\cdots \\ R_{n-1}(z) &= F_1(z)\,A_1^{n-1}(z) + F_2(z)\,A_2^{n-1}(z) + \cdots + F_n(z)\,A_n^{n-1}(z)\,. \end{aligned} \tag{11}$$

Wie zu Beginn des Beweises von Satz 17 folgt, daß die $R_j(z)$ rationale Funktionen sind. Wir können das System (11) nach den $F_1(z), \ldots, F_n(z)$ eindeutig auflösen, wenn die Determinante

$$D(z) = \begin{vmatrix} 1 & 1 & \ldots & 1 \\ A_1(z) & A_2(z) & \ldots & A_n(z) \\ \cdots & \cdots & \cdots & \cdots \\ A_1^{n-1}(z) & A_2^{n-1}(z) & \ldots & A_n^{n-1}(z) \end{vmatrix} \tag{12}$$

nicht verschwindet. Vertauscht man Zeilen und Spalten, zieht sodann die letzte Zeile von allen vorhergehenden ab, multipliziert darauf jede Spalte mit A_n und subtrahiert sie von der nächsten, so ergibt sich:

$$D(z) = \begin{vmatrix} 0 & A_1 - A_n & A_1^2 - A_1 A_n & \ldots & A_1^{n-1} - A_1^{n-2} A_n \\ 0 & A_2 - A_n & A_2^2 - A_2 A_n & \ldots & A_2^{n-1} - A_2^{n-2} A_n \\ \cdots & \cdots & \cdots & \cdots & \cdots \\ 0 & A_{n-1} - A_n & A_{n-1}^2 - A_{n-1} A_n & \ldots & A_{n-1}^{n-1} - A_{n-1}^{n-2} A_n \\ 1 & 0 & 0 & \ldots & 0 \end{vmatrix} .$$

Entwickelt man nach der ersten Spalte und zieht in der ersten Zeile der neuen Determinante $A_1 - A_n$ usw., in der letzten $A_{n-1} - A_n$ heraus, so ergibt sich für $D(z)$:

$$(-1)^{n-1}(A_1 - A_n)(A_2 - A_n)\ldots(A_{n-1} - A_n)\begin{vmatrix} 1 & A_1 & A_1^2 & \ldots & A_1^{n-2} \\ 1 & A_2 & A_2^2 & \ldots & A_2^{n-2} \\ \ldots & \ldots & \ldots & \ldots & \ldots \\ 1 & A_{n-1} & A_{n-1}^2 & \ldots & A_{n-1}^{n-2} \end{vmatrix}.$$

So kann man systematisch weiter abbauen und erhält schließlich:

$$D(z) = (-1)^{\frac{n(n-1)}{2}} \prod_{i<k} (A_i(z) - A_k(z)).$$

$D(z)$ kann nur dort verschwinden, wo mehrere der Zweige von $A(z)$ übereinstimmen. Ferner sieht man, daß

$$D^2(z) = \prod_{i<k} (A_i(z) - A_k(z))^2 \tag{13}$$

in den $A_\nu(z)$ symmetrisch ist. Deshalb ergibt sich wie zu Beginn von Satz 17, daß $D^2(z)$ rational ist. $z_1, \ldots, z_\mu$ seien die Punkte, in denen $D^2(z)$ verschwindet oder einen Pol hat. Für $z \neq z_1, \ldots, z_\mu$ gilt dann:

$$F_1(z) = \frac{1}{D(z)}\begin{vmatrix} R_0 & 1 & \ldots & 1 \\ R_1 & A_2 & \ldots & A_n \\ \ldots & \ldots & \ldots & \ldots \\ R_{n-1} & A_2^{n-1} & \ldots & A_n^{n-1} \end{vmatrix}$$

$$= \frac{1}{D^2(z)}\begin{vmatrix} R_0 & 1 & \ldots & 1 \\ R_1 & A_2 & \ldots & A_n \\ \ldots & \ldots & \ldots & \ldots \\ R_{n-1} & A_2^{n-1} & \ldots & A_n^{n-1} \end{vmatrix}\begin{vmatrix} 1 & \ldots & 1 \\ A_1 & \ldots & A_n \\ \ldots & \ldots & \ldots \\ A_1^{n-1} & \ldots & A_n^{n-1} \end{vmatrix}.$$

Führen wir die Multiplikation der beiden letzten Determinanten durch, indem wir gliedweise Zeile mit Zeile multiplizieren, so entsteht eine Determinante, bei der das Glied der j-ten Zeile und k-ten Spalte folgendermaßen aussieht:

$$\begin{aligned} & R_{j-1}A_1^{k-1} + A_2^{j+k-2} + \cdots + A_n^{j+k-2} \\ &= R_{j-1}A_1^{k-1} - A_1^{j+k-2} + \sum_{\nu=1}^{n} A_\nu^{j+k-2}. \end{aligned} \tag{14}$$

Die Summe ganz rechts ist als symmetrische Funktion eine rationale Funktion in z. Der Ausdruck (14) ist also eine rationale Funktion in z und eine ganze rationale Funktion in $A_1(z)$. Unsere Determinante enthält daher nur Glieder, die rational in z und ganz rational in $A_1(z)$ sind; sie ist also gleichfalls rational in z und ganz rational in $A_1(z)$, also etwa von der Gestalt $R^*(A_1(z), z)$. So folgt

$$\begin{aligned} F_1(z) &= \frac{R^*(A_1(z), z)}{D^2(z)} = R(A_1(z), z) \\ &= a_l(z)\, A_1^l(z) + \cdots + a_1(z)\, A_1(z) + a_0(z). \end{aligned} \tag{15}$$

Es gilt natürlich ebenso:

$$F_j(z) = R(A_j(z), z), \quad j = 1, 2, \ldots, n,$$

da die Beziehung (15) bei analytischer Fortsetzung auf der Riemannschen Fläche erhalten bleibt und sich dabei lediglich die $A_1(z)$ in die $A_j(z)$ und die $F_1(z)$ in die zugehörigen $F_j(z)$ verwandeln. Damit ist unsere Behauptung bewiesen.

Zusatz 19. *Gehört $F(z)$ zu $\mathfrak{K}$, so gestattet $F(z)$ genau eine Darstellung*

$$F(z) = b_{n-1}(z)\, A^{n-1}(z) + \cdots + b_1(z)\, A(z) + b_0(z) \tag{16}$$

mit rationalen Funktionen $b_j(z)$, wobei n die Blätterzahl von $\mathfrak{R}$ ist.

Die Elemente $1, A, A^2, \ldots, A^{n-1}$ bilden (im Sinne der Algebra) eine Basis des Körpers $\mathfrak{K}$.

Gemäß (15) hat $F(z)$ nämlich eine Darstellung

$$F(z) = a_l(z)\, A^l(z) + \cdots + a_1(z)\, A(z) + a_0(z).$$

Wir dividieren nun das Polynom

$$F(w, z) = a_l(z)\, w^l + \cdots + a_1(z)\, w + a_0(z)$$

durch das zu $A(z)$ gehörige irreduzible Polynom $P(w, z)$, das in w vom n-ten Grade ist:

$$F(w, z) = Q(w, z) \cdot P(w, z) + R(w, z),$$

wo $R(w, z)$ in w von niederem als n-tem Grade ist. So folgt

$$F(A(z), z) \equiv R(A(z), z),$$

also eine Darstellung (16). Diese ist eindeutig, weil sonst die Differenz der beiden Darstellungen eine in z identisch erfüllte Gleichung für $A(z)$ von niederem als n-tem Grade liefern würde.

Zum Schluß zeigen wir noch

Satz 20. *Jede überall auf einer kompakten Riemannschen Fläche $\mathfrak{R}$ holomorphe Funktion $f(z)$ ist eine Konstante.*

Wegen der Stetigkeit von $f(z)$ auf $\mathfrak{R}$ nimmt $|f(z)|$ dort sein Maximum an. Dies geschehe im Punkte P. Dann betrachten wir $f(z)$ in einer Umgebung von P als Funktion der ausgezeichneten Ortsuniformisierenden t. $f(z(t))$ ist in einer Umgebung von $t = 0$ holomorph und nimmt im Nullpunkt ein Maximum seines absoluten Betrages an, also ist $f(z(t))$ konstant.

Satz 21 *(Residuensatz auf kompakten Riemannschen Flächen). Ist $f(z)$ meromorph auf der kompakten Riemannschen Fläche $\mathfrak{R}$, so verschwindet die Summe der Residuen von $f(z)$.*

$f(z)$ hat auf $\mathfrak{R}$ nur endlich viele Pole. Nun wählen wir eine endliche schlichte Kreisscheibe $\mathfrak{K}$ mit dem Rand $\mathfrak{C}$ auf $\mathfrak{R}$ derart, daß in $\mathfrak{K} + \mathfrak{C}$ kein Pol von $f(z)$ liegt. Dann ist

$$\frac{1}{2\pi i}\int_{\mathfrak{C}} f(z)\, dz = 0\,.$$

Andererseits können wir diese Integration als Integration über den negativ umlaufenen Rand von $\mathfrak{R} - \mathfrak{K}$ auffassen. Nach 3, Satz 13 ergibt dies das Negative der Summe der Residuen von $f(z)$ auf $\mathfrak{R}$. Also folgt unsere Behauptung.

Daraus schließen wir sofort

Satz 22. *Jede auf einer kompakten Riemannschen Fläche meromorphe nicht konstante Funktion $f(z)$ nimmt jeden Wert gleich oft an.*

Zum Beweise wird die Funktion

$$g(z) = \frac{f'(z)}{f(z) - a}$$

betrachtet. Das ist auch eine meromorphe Funktion auf $\mathfrak{R}$. Also ist ihre Residuensumme 0. Andererseits ist ihre Residuensumme $A - P$, wo A die Anzahl der a-Stellen von $f(z)$ auf $\mathfrak{R}$ und P die Anzahl der Polstellen ist.

Daß das Residuum von $g(z)$ die Ordnung der a- oder Polstellen angibt, wenn P_0 ein gewöhnlicher Punkt ist, ergibt sich nach III, 4, Satz 16a.

Ist P_0 ein Verzweigungspunkt $(k-1)$-ter Ordnung mit dem Grundpunkt z_0, so gilt, wenn $\mathfrak{C}$ ein k-facher kleiner Kreis um z_0 ist,

$$\int_{\mathfrak{C}} \frac{f'(z)}{f(z) - a}\, dz = \int_{\mathfrak{C}^*} \frac{f'(z(t))}{f(z(t)) - a}\, z'(t)\, dt\,,$$

wobei $\mathfrak{C}^*$ ein Kreis in der Ebene der ausgezeichneten Ortsuniformisierenden t um den Nullpunkt ist. Das ergibt, wenn $\mathfrak{C}$ und $\mathfrak{C}^*$ genügend klein sind, die Ordnung der a- bzw. Polstelle im Verzweigungspunkt, gemessen in der Ortsuniformisierenden t, nämlich die Ordnung der a- bzw. Polstelle von $f(z(t))$ im Nullpunkt.

Dementsprechend müssen wir zu Satz 22 hinzufügen:

Zusatz 22. *In einem Verzweigungspunkt ist die Ordnung der a- bzw. Polstelle von $f(z)$ als Ordnung dieser Stelle in der Ortsuniformisierenden zu zählen.*

Die Anzahl der a-Stellen einer algebraischen Funktion $A(z)$ auf einer Riemannschen Fläche $\mathfrak{R}$ nennt man die *Wertigkeit der Funktion $A(z)$ auf $\mathfrak{R}$*. Ist $\mathfrak{R}$ die Fläche von $A(z)$, so ist die Wertigkeit gleich dem Grad m in z des irreduziblen Polynoms $P(w, z)$, für das $P(A(z), z) \equiv 0$

ist. Das Polynom $P(a, z)$ ist nämlich für fast alle komplexen Zahlen a vom Grade m und hat daher m Wurzeln.

Satz 23. *Sind $Z = f(z)$ und $W = g(z)$ Funktionen des Funktionenkörpers einer kompakten Riemannschen Fläche $\mathfrak{R}$, so genügen $f(z)$ und $g(z)$ einer irreduziblen algebraischen Gleichung $P(f(z), g(z)) \equiv 0$.*

Zum Beweise bilden wir durch $Z = f(z)$ die Riemannsche Fläche $\mathfrak{R}$ holomorph äquivalent auf eine Riemannsche Fläche $\mathfrak{R}^*$ über der Z-Ebene ab. Dann verhält sich

$$W = g(z) = g(\check{f}(Z))$$

auf $\mathfrak{R}^*$ algebraisch; also gibt es ein irreduzibles Polynom $P(W, Z)$, so daß

$$P(g(\check{f}(Z)), Z) \equiv 0 \tag{17}$$

und damit

$$P(g(z), f(z)) \equiv 0 \tag{18}$$

ist, wie behauptet wurde.

Die Grade von W und Z in $P(W, Z)$ werden im folgenden näher charakterisiert.

Satz 24. *$Z = f(z)$ habe als Funktion auf der Riemannschen Fläche $\mathfrak{R}$ die Wertigkeit μ und $W = g(z)$ die Wertigkeit ν. Dann ist P in W vom Grade $m = \frac{\mu}{q}$, in Z vom Grade $n = \frac{\nu}{q}$, wobei q eine ganze Zahl ist.*

$Z = f(z)$ bildet $\mathfrak{R}$ holomorph äquivalent auf eine μ-blättrige Fläche $\mathfrak{R}^*$ über der Z-Ebene ab. Auf $\mathfrak{R}^*$ ist $W(Z)$ eine algebraische Funktion. In verschiedenen Blättern kann $W(Z)$ gleiche Funktionselemente haben, etwa über einem gewöhnlichen Punkt Z gerade q solcher gleichen Elemente. Bei analytischer Fortsetzung ändert sich hieran nichts, d. h. jedes Funktionselement tritt genau q-mal auf. Dies bedeutet aber, daß $\mathfrak{R}^*$ der Riemannschen Fläche $\mathfrak{R}_0^*$ von $W(Z)$ genau q-mal unverzweigt überlagert ist.

Ebenso bildet $W = g(z)$ die Fläche $\mathfrak{R}$ holomorph äquivalent auf eine ν-blättrige Fläche $\mathfrak{R}^{**}$ über der W-Ebene ab, die wiederum der Riemannschen Fläche $\mathfrak{R}_0^{**}$ von $Z(W)$ überlagert ist. Da nun $W(Z)$ die Fläche $\mathfrak{R}^*$ holomorph äquivalent auf $\mathfrak{R}^{**}$ und die Fläche $\mathfrak{R}_0^*$ holomorph äquivalent auf $\mathfrak{R}_0^{**}$ abbildet, so ist $\mathfrak{R}^{**}$ auch $\mathfrak{R}_0^{**}$ genau q-mal überlagert.

$P(W, Z)$ ist in W vom Grade m, $\mathfrak{R}_0^*$ ist daher m-blättrig; $\mathfrak{R}^*$ ist μ-blättrig, folglich ist $\mu = q \cdot m$. $\mathfrak{R}_0^{**}$ ist n-blättrig, $\mathfrak{R}^{**}$ aber ν-blättrig, und damit ist $\nu = q \cdot n$. Ist $q = 1$, tritt also jedes Element $W(Z)$ und $Z(W)$ auf $\mathfrak{R}$ nur je einmal auf, so heißen $Z = f(z)$ und $W = g(z)$ *zueinander irrationale Funktionen des Körpers*. In diesem Falle ist $\mathfrak{R}^* = \mathfrak{R}_0^*$ und $\mathfrak{R}^{**} = \mathfrak{R}_0^{**}$, d. h. die Riemannschen Flächen $\mathfrak{R}$, $\mathfrak{R}^*$ und $\mathfrak{R}^{**}$ sind zueinander holomorph äquivalent. Daher gilt

Satz 25. *Jede Funktion $S(z)$ des algebraischen Funktionenkörpers $\mathfrak{K}$ einer kompakten Riemannschen Fläche $\mathfrak{R}$ läßt sich als rationale Funktion von irgend zwei zueinander irrationalen Funktionen $Z = f(z)$ und $W = g(z)$ des Körpers darstellen.*

In der Tat! Wegen der holomorphen Äquivalenz von $\mathfrak{R}$ und der durch $Z = f(z)$ erzeugten Fläche $\mathfrak{R}^*$ ist $S(z) = S(\check{f}(Z))$ auf $\mathfrak{R}^*$ algebraisch. $\mathfrak{R}^*$ ist die Fläche von $W(Z)$, also ist nach Satz 19 die Funktion $S(\check{f}(Z))$ durch $W(Z)$ und Z rational darstellbar und somit $S(z)$ durch $Z = f(z)$ und $W = g(z)$.

Insbesondere lassen die Funktionen, von denen wir ausgegangen sind, nämlich z und $A(z)$, eine solche Darstellung zu. Wir haben also nach Satz 19 und 25:

$$\left.\begin{aligned} Z &= R_1(z, w) \\ W &= R_2(z, w) \end{aligned}\right\} \qquad (19\text{a})$$

und

$$\left.\begin{aligned} z &= R_3(Z, W) \\ w &= R_4(Z, W)\,. \end{aligned}\right\} \qquad (19\text{b})$$

Dabei ist wesentlich benutzt, daß $w = A(z)$ einer algebraischen Gleichung $P(w, z) = 0$ genügte, und es folgte dann, daß entsprechend galt $Q(W, Z) = 0$. Eine rationale Transformation (19a) heißt eine *birationale Transformation*, wenn sie unter der Voraussetzung, daß eine algebraische Gleichung $F(w, z) = 0$ besteht, eine rationale Transformation (19b) zur Folge hat. Weisen die Gleichungen (19a) unabhängig von der Gleichung $F(w, z) = 0$ die Gleichungen (19b) als Auflösung auf, so sprechen wir von einer *Cremona-Transformation*.

Rationale Funktionen $R(z, w)$ als Funktionen der beiden unabhängigen Veränderlichen weisen Unbestimmtheitspunkte auf, wo Zähler und Nenner zugleich verschwinden. Ist aber w eine algebraische Funktion von z, wie es bei den birationalen Transformationen immer zutrifft, so ist $U = R(z, w(z))$ auch eine algebraische Funktion, hat also auch als Singularitäten, gemessen in den Ortsuniformisierenden, nur Pole.

Beispiele:

1. Die projektiven Transformationen

$$Z = \frac{a_{11} z + a_{12} w + a_{13}}{a_{31} z + a_{32} w + a_{33}}\,, \quad W = \frac{a_{21} z + a_{22} w + a_{23}}{a_{31} z + a_{32} w + a_{33}}\,,$$

mit nicht verschwindender Determinante: $|a_{jk}| \neq 0$ sind Cremona-Transformationen.

2. Die Gleichungen

$$Z = \frac{z}{w}\,, \quad W = w$$

mit dem Umkehrsystem

$$z = WZ\,, \quad w = W$$

bilden eine Cremona-Transformation.

3. Das System
$$Z = z^2, \quad W = w^2$$
bildet keine Cremona-Transformation. Gibt man aber außerdem die algebraische Beziehung $F(w, z) = Az + Bw - 1 = 0$ vor, so haben wir eine birationale Transformation vor uns. Die Gleichung liefert zwischen W und Z die Beziehung
$$Q(W, Z) = A^4Z^2 + B^4W^2 - 2A^2B^2WZ - 2A^2Z - 2B^2W + 1 = 0.$$
Jedem Punkt der algebraischen Fläche $Q(W, Z) = 0$ über der Z-Ebene entspricht eineindeutig ein Punkt von $P(w, z) = 0$. Die Transformationsformeln lauten:
$$w = \frac{B^2W - A^2Z + 1}{2B}, \quad z = \frac{A^2Z - B^2W + 1}{2A}.$$

Die kompakten Riemannschen Flächen sind geschlossene zweidimensionale Mannigfaltigkeiten, die eine Reihe charakteristischer topologischer Eigenschaften besitzen. Diese wollen wir im Anhang zu diesem Kapitel gesondert behandeln. Auf die Ergebnisse dieses Anhanges werden wir im folgenden gelegentlich Bezug nehmen.

γ) Algebraische Funktionen und algebraische Kurven

Wenn die irreduzible Gleichung $F(w, z) = 0$ einer algebraischen Funktion $w = f(z)$ eine reelle Funktion $u = f(x)$, $u = w$ reell, $x = z$ reell, als Lösung hat, so bildet die Gesamtheit der reellen Lösungen (u, x) eine Kurve in der (u, x)-Ebene. Eine solche Kurve heißt eine *algebraische* Kurve. Derartige Kurven sind früh und ausführlich vom geometrischen Standpunkt untersucht worden. Die dabei auftretenden Begriffe sind dann auch auf „Kurven mit komplexen Veränderlichen und Koeffizienten" übertragen worden. So kann auch $w = f(z)$ als komplexe „Kurve" betrachtet werden. Das bedeutet durchaus nicht nur eine worttechnische Übersetzung. Vielmehr wird, wie wir sehen werden, $w = f(z)$ in der Kurventheorie von einem anderen Gesichtspunkt aus als in der Funktionentheorie behandelt.

Es sei $F(w, z) = 0$ die zu $w = f(z)$ gehörige irreduzible Gleichung. Dann ist in der funktionentheoretischen Darstellung die Funktion w die Gesamtheit der Funktionselemente, die der Gleichung $F(w, z) = 0$ genügt, und ihr Existenzgebiet ist die zugehörige Riemannsche Fläche. In der kurventheoretischen Darstellung faßt man dagegen die Gesamtheit der Punkte im 4-dimensionalen (w, z)-Raum, die der Gleichung $F(w, z) = 0$ genügen, zusammen. Diese Gesamtheit stellt dort eine 2-dimensionale Fläche dar, die man dann als *komplexe Kurve* bezeichnet. Wegen der Mehrdeutigkeit von $f(z)$ genügt auch in diesem Falle zur Charakterisierung eines Kurvenpunktes noch nicht die Angabe der z-Koordinate, wohl aber die Angabe der z- und w-Koordinate. Sind z- und w-Wert gegeben, so haben wir es immer mit demselben Punkt der Kurve im (w, z)-Raume zu tun. Deshalb sprechen wir vom Punkte

(b, a) und meinen damit den Kurvenpunkt $z = a$, $w = b$. Auf der zugehörigen Riemannschen Fläche braucht durch diese beiden Angaben offenbar der Punkt noch nicht festgelegt zu sein; denn zwei Punkte mit gleicher z-Koordinate a fallen auf der Riemannschen Fläche nur dann zusammen, wenn die zugehörigen Funktionselemente $w = w_1(z)$ und $w = w_2(z)$ identisch sind, d. h. wenn in der Entwicklung um den Punkt a beide Potenzreihen identisch sind.

Ist $w = f(z)$ ein algebroides Funktionselement über der z-Ebene, das der Gleichung $F(w, z) = 0$ der Kurve in der Umgebung des Punktes (w_0, z_0) genügt, so bezeichnet man

$$w = w_0 + f'(z_0)(z - z_0)$$

als *Tangente* an die Kurve im Punkte (w_0, z_0). Dabei ist

$$f'(z_0) = \lim_{z \to z_0} \frac{f(z) - f(z_0)}{z - z_0}.$$

Dieser Grenzwert existiert auch dann, wenn (w_0, z_0) ein endlicher Verzweigungspunkt ist; denn dort gilt

$$w - w_0 = \sum_{\nu=n}^{\infty} a_\nu (z - z_0)^{\frac{\nu}{k}}, \quad n \geqq 1,$$

also

$$\frac{w - w_0}{z - z_0} = \sum_{\nu=n}^{\infty} a_\nu (z - z_0)^{\frac{\nu - k}{k}}$$

und

$$f'(z_0) = \begin{cases} 0 \text{ für } n > k, \\ a_k \text{ für } n = k, \\ \infty \text{ für } n < k. \end{cases}$$

Ist $f'(z_0) = \infty$, so heißt die Tangente $z = z_0$. Sie läuft dann parallel zur w-Achse. Eine algebraische Kurve hat also in jedem ihrer endlichen Punkte mindestens eine Tangente. Sie kann aber mehrere Tangenten dort haben.

(w_0, z_0) heißt ein *Wendepunkt*, wenn $f''(z_0) = 0$ ist. Ferner spricht man von einem *singulären Kurvenpunkt* (w_0, z_0), wenn $F_w(w, z)$ und $F_z(w, z)$ zugleich verschwinden.

Es kann $f(z)$ über z_0 nur holomorphe Zweige haben, und doch kann ein singulärer Kurvenpunkt vorliegen. Umgekehrt kann $f(z)$ über z_0 einen singulären Punkt haben und doch kann die Kurve in (w_0, z_0) einen gewöhnlichen Punkt haben.

Ein Beispiel für den letzten Fall ist die Funktion $w = \sqrt{z}$. Sie ist für $z = 0$ singulär; von der zugehörigen irreduziblen Gleichung $w^2 - z = 0$ verschwindet aber im Nullpunkt die partielle Ableitung nach z nicht, und in der Tat hat die Kurve in $(0, 0)$ die gewöhnliche Tangente $z = 0$.

Allgemein können wir sagen: Wenn in einem Kurvenpunkt (w_0, z_0) der Kurve $F(w, z) = 0$ gilt: $F_w(w_0, z_0) = 0$ und $F_z(w_0, z_0) \neq 0$, so läßt sich $F(w, z) = 0$ in der Umgebung von (w_0, z_0) nach z auflösen:

$$z = z_0 + a_n(w - w_0)^n + a_{n+1}(w - w_0)^{n+1} + \cdots, \text{ mit } n \geqq 2\,.$$

Die Tangente $z = z_0$ verläuft dann parallel zur w-Achse, und die zugehörige Funktion $w = f(z)$ hat über z_0 eine Verzweigungsstelle $(n - 1)$-ter Ordnung. Diese Verzweigungsstelle ist von erster Ordnung, wenn (w_0, z_0) kein Wendepunkt ist, sonst von höherer Ordnung.

Nun ein Beispiel zum ersten Fall, in dem $f(z)$ in allen über z_0 gelagerten Punkten holomorph ist, aber die Kurve in (w_0, z_0) einen singulären Kurvenpunkt hat. Das tritt ein, wenn die Kurve sich selbst überschneidet. Die irreduzible Gleichung

$$w^3 + z^3 - 3wz = 0 \tag{20}$$

stellt eine Kurve dar, deren reeller Teil das *Descartessche Blatt* heißt. Im Nullpunkt überschneidet sich die reelle Kurve selbst. Laut Definition der singulären Kurvenpunkte ist der Punkt (0, 0) singulär, da sowohl F_w als auch F_z dort verschwindet.

Wir sprechen von einem *Doppelpunkt* (b, a) einer Kurve, wenn $F_w(b, a)$ und $F_z(b, a)$ verschwinden, aber mindestens eine der partiellen Ableitungen zweiter Ordnung nach w und z im Punkte (b, a) von Null verschieden sind. Entsprechend spricht man von einem *q-fachen Kurvenpunkt* (b, a), wenn alle partiellen Ableitungen bis zur $(q - 1)$-ten Ordnung im Punkte (b, a) verschwinden, aber mindestens eine partielle Ableitung q-ter Ordnung ungleich Null ist.

Um das Verhalten der durch Gleichung (20) gegebenen Funktion im Nullpunkt zu untersuchen, führen wir die Transformation

$$z = \frac{3t}{1 + t^3} \tag{21}$$

ein. Sie bildet eine Umgebung des Nullpunktes der t-Ebene umkehrbar eindeutig auf eine Umgebung des Nullpunktes der z-Ebene ab, ist also insbesondere nach t auflösbar: $t = t(z)$. Die Funktion

$$w = \frac{3t^2}{1 + t^3} \tag{22}$$

ist in der Umgebung des Nullpunktes der t-Ebene holomorph und eindeutig, also auch eine holomorphe Funktion von z:

$$w = f(z) = \frac{3\,[t(z)]^2}{1 + [t(z)]^3}\,. \tag{23}$$

Nun wird aber Gleichung (20) durch (21) und (22), also auch durch (23), identisch erfüllt, d. h. $w = f(z)$ ist ein im Nullpunkt holomorphes Funktionselement der durch Gleichung (20) gegebenen algebraischen Gleichung mit $f(0) = 0$.

Ein zweites Funktionselement über dem Nullpunkt der z-Ebene erhalten wir, wenn wir die Ortsuniformisierende t durch die Gleichung

$$z = \frac{3t^2}{1 + t^3} \tag{24}$$

einführen. Sie bildet eine schlichte Umgebung des Nullpunktes der t-Ebene auf eine doppelt überdeckte Umgebung des Nullpunktes der z-Ebene ab, in der dieser Nullpunkt Verzweigungspunkt erster Ordnung ist. Die Funktion

$$w = \frac{3t}{1+t^3} \tag{25}$$

ist in der Ortsuniformisierenden t holomorph und erfüllt mit (24) Gleichung (20) identisch. Daher stellt die so gewonnene Funktion $w = f(z)$ ein algebroides Funktionselement unserer Gleichung (20) mit einem Verzweigungspunkt erster Ordnung im Nullpunkt und $f(0) = 0$ dar. Weitere Funktionselemente als die durch Gleichung (22) in Verbindung mit (21) und die durch Gleichung (25) in Verbindung mit (24) gegebenen Elemente kann unsere Funktion im Nullpunkt nicht aufweisen, da Gleichung (20) in w vom Grade 3 ist. Also hat die Funktion in $z = 0$ einen Doppelpunkt.

Indessen liegt noch über dem Punkt $z = 0$ eine singuläre Stelle unserer Funktion $w = f(z)$, nämlich eine Verzweigungsstelle erster Ordnung. Diese Verzweigungsstelle über dem Nullpunkt bringen wir dadurch fort, daß wir die eineindeutige Transformation

$$\begin{aligned} z &= z^* + w^*, \\ w &= z^* - w^* \end{aligned} \tag{26}$$

vornehmen. Durch diese Transformation geht die dreiblättrige Riemannsche Fläche der Funktion $w = f(z)$ in die zweiblättrige Riemannsche Fläche der Funktion $w^* = f^*(z^*)$ über, die durch die algebraische Gleichung

$$3w^{*2}(1 + 2z^*) - z^{*2}(3 - 2z^*) = 0$$

gegeben ist. Für die reelle Kurve bedeutet die Transformation (26) eine Drehstreckung um den Nullpunkt. Dabei behält natürlich die reelle Bildkurve ihren Doppelpunkt in (0, 0) bei. Bei der Funktion $w^* = f^*(z^*)$ äußert sich das nur noch darin, daß in den beiden dem Nullpunkt überlagerten schlichten Punkten der Funktionswert gleichzeitig verschwindet, während die Funktionselemente verschieden sind:

$$w^* = \pm z^* \sqrt{\frac{3 - 2z^*}{3 + 6z^*}}.$$

Man sieht an diesem Beispiel der Funktion $w^* = f^*(z^*)$, wie Doppelpunkte einer Kurve Punkte holomorphen Verhaltens der zugehörigen Funktion sein können. Bei der komplexen Auffassung des Kurvenbegriffes tritt diese Erscheinung immer ein, wenn in überlagerten schlichten Punkten der zugehörigen Riemannschen Fläche die Funktion gleiche Werte hat.

Weist die algebraische Kurve $F(w, z) = 0$ in (b, a) einen q-fachen Kurvenpunkt auf, so hat $F(w, z)$ im Punkte (b, a) die Entwicklung

$$F(w, z) = P_q(w - b, z - a) + P_{q+1}(w - b, z - a) + \cdots, \tag{27}$$

worin P_q ein nicht identisch verschwindendes homogenes Polynom in $w - b$ und $z - a$ ist und entsprechend die $P_{q+1}, P_{q+2}, \ldots$ homogene Polynome in $w - b$ und $z - a$ vom Grade ihres Indexes sind. Die Tangenten im Punkte (b, a) an die Kurve $F(w, z) = 0$ sind – wie wir sehen werden – durch die Gleichung

$$P_q(w - b, z - a) = 0 \tag{28}$$

gegeben. Dieses Polynom zerfällt in q Linearfaktoren:

$$P_q(w-b, z-a) = A_0 \cdot L_1 \ldots L_q ,$$

von denen jeder die Form

$$L_\nu = A_\nu(w-b) + B_\nu(z-a)$$

hat, worin A_ν und B_ν nicht beide gleichzeitig verschwinden. Diese Linearfaktoren liefern die Gleichungen der q Tangenten im q-fachen Kurvenpunkte:

$$A_\nu(w-b) + B_\nu(z-a) = 0 . \tag{29}$$

Ist $A_\nu = 0$, so lautet die Gleichung der Tangente $z = a$, und diese läuft parallel zur w-Achse. Liegt dagegen keine Tangente parallel zur w-Achse, so sind alle A_ν von Null verschieden, und dann läßt sich Gl. (27) in der Form schreiben:

$$F(w, z) \equiv (z-a)^q Q_q\left(\frac{w-b}{z-a}\right) + (z-a)^{q+1} Q_{q+1}\left(\frac{w-b}{z-a}\right) + \cdots, \tag{30}$$

worin Q_q ein Polynom genau vom Grade q und die $Q_{q+1}, Q_{q+2}, \ldots$ Polynome höchstens vom Grade ihres Indexes in $\frac{w-b}{z-a}$ sind. Statt (30) können wir schreiben:

$$F(w, z) \equiv (z-a)^q \left\{Q_q\left(\frac{w-b}{z-a}\right) + (z-a)\, Q_{q+1}\left(\frac{w-b}{z-a}\right) + \cdots\right\}.$$

Auf unserer Kurve ist also

$$Q_q\left(\frac{w-b}{z-a}\right) + (z-a)\, Q_{q+1}\left(\frac{w-b}{z-a}\right) + \cdots \equiv 0 .$$

Da nun auf einem durch (b, a) gehenden Kurvenzweig $\lim\limits_{z \to a} \frac{w-b}{z-a} = w'(a)$ ist, so folgt

$$Q_q(w'(a)) = 0 .$$

Das Polynom $Q_q(x)$ verschwindet somit für jede der Ableitungen $w'(a)$, d. h. es enthält den Linearfaktor

$$\frac{w-b}{z-a} - w'(a) ,$$

und dieser Linearfaktor liefert eine der Gleichungen (29). Durch eine lineare Transformation

$$\begin{aligned} w-b &= \alpha w^* + \beta z^* , \\ z-a &= \gamma w^* + \delta z^* , \end{aligned} \quad \begin{vmatrix} \alpha & \beta \\ \gamma & \delta \end{vmatrix} = 1 ,$$

mit der Umkehrtransformation

$$\begin{aligned} w^* &= \delta(w-b) - \beta(z-a) , \\ z^* &= -\gamma(w-b) + \alpha(z-a) \end{aligned}$$

geht die Ableitung $w'(a)$ über in

$$w^{*\prime}(0) = \frac{\delta w'(a) - \beta}{-\gamma w'(a) + \alpha},$$

und die Linearfaktoren

$$L_\nu = A_\nu(w - b) + B_\nu(z - a)$$

von $P_q(w - b, z - a)$ in die Linearfaktoren

$$L_\nu^* = A_\nu^* w^* + B_\nu^* z^*$$

mit

$$A_\nu^* = \alpha A_\nu + \gamma B_\nu, \quad B_\nu^* = \beta A_\nu + \delta B_\nu.$$

Daher kann man α, β, γ, δ so wählen, daß keine Tangente parallel zur w^*-Achse verläuft, d. h. daß kein A_ν^* verschwindet.

Daraus folgt, daß auch den Tangenten, die Parallelen zur w-Achse sind, Linearfaktoren von $P_q(w - b, z - a)$ entsprechen. Diese Linearfaktoren lassen sich leicht bestimmen. Aus $w'(a) = \infty$ folgt

$$w^{*\prime}(0) = -\frac{\delta}{\gamma},$$

und wegen

$$w^{*\prime}(0) = -\frac{B_\nu^*}{A_\nu^*} = -\frac{\beta A_\nu + \delta B_\nu}{\alpha A_\nu + \gamma B_\nu}$$

ist

$$\frac{A_\nu}{B_\nu} = 0,$$

d. h. einer Tangente parallel zur w-Achse entspricht ein Linearfaktor

$$L_\nu = z - a.$$

Damit sehen wir, daß jeder Tangente ein Linearfaktor zugeordnet ist.

Umgekehrt entspricht auch jedem Linearfaktor L_ν eine Tangente durch den Punkt (b, a). Wir können wieder voraussetzen, daß kein A_ν verschwindet. Dann möge der Linearfaktor

$$(w - b) + \frac{B_\nu}{A_\nu}(z - a)$$

in $P_q(w - b, z - a)$ etwa k-mal auftreten. Wir setzen dann

$$u = \frac{w - b}{z - a}$$

und schreiben

$$\left(u + \frac{B_\nu}{A_\nu}\right)^k \cdot R_{q-k}(u) + (z - a)\, Q_{q+1}(u) + \cdots = 0, \tag{31}$$

wobei R_{q-k} ein Polynom $(q - k)$-ten Grades in u ist, welches für $u = -\frac{B_\nu}{A_\nu}$ nicht verschwindet. Die Auflösung von (31) nach u liefert dann eine

Entwicklung nach gebrochenen Potenzen von $z - a$, die die Form

$$u + \frac{B_\nu}{A_\nu} = a_0(z-a)^{\frac{n}{l}} + \cdots \tag{32}$$

hat, wobei sicher $n > 0$ ist, da sonst die Gl. (31) für $z = a$ nicht erfüllt sein kann. Aus (32) folgt aber

$$w - b = -\frac{B_\nu}{A_\nu}(z-a) + a_0(z-a)^{\frac{n+l}{l}} + \cdots$$

und damit

$$w'(a) = -\frac{B_\nu}{A_\nu}.$$

Einem Funktionselement können evtl. mehrere gleiche Linearfaktoren entsprechen. So hat z. B. die algebraische Funktion der irreduziblen Gleichung

$$P(w, z) = w^2 - z^3 = 0$$

im Punkte (0, 0) nur das eine Funktionselement

$$w = z^{\frac{3}{2}}$$

und damit die eine Tangente

$$w = 0.$$

Dagegen gehören hierzu die beiden Linearfaktoren

$$L_1 = w, \quad L_2 = w$$

des Polynoms

$$P_2(w, z) = w^2.$$

In diesem Falle wollen wir die Tangente doppelt und im allgemeinen Fall k-fach zählen. In diesem Sinne entsprechen dann einem q-fachen Kurvenpunkt genau q Tangenten, nämlich die Tangenten

$$A_\nu(w-b) + B_\nu(z-a) = 0.$$

Sind diese Tangenten sämtlich voneinander verschieden und verläuft keine parallel zur w-Achse, so entspricht jeder Tangente genau ein holomorphes Funktionselement; denn in diesem Falle läßt sich (31) in per Form

$$G(u, z) = u + \frac{B_\nu}{A_\nu} + (z-a)\frac{Q_{q+1}(u)}{R_{q-1}(u)} + \cdots \equiv 0 \tag{33}$$

schreiben, wobei die Quotienten $\frac{Q_{q+1}(u)}{R_{q-1}(u)}$ im Punkte $-\frac{B_\nu}{A_\nu}$ holomorph sind. Daher ist im Punkte $\left(-\frac{B_\nu}{A_\nu}, a\right)$:

$$\frac{\partial G(u, z)}{\partial u} = 1,$$

und die Gl. (33) läßt sich holomorph nach u auflösen:

$$u = \frac{w-b}{z-a} = g(z),$$

also

$$w = b + (z-a)\, g(z).$$

Wir haben also folgendes Ergebnis:

Satz 26. *Die algebraische Kurve $F(w,z) = 0$ weise in dem endlichen Punkt $w = b$, $z = a$ einen q-fachen Kurvenpunkt mit lauter verschiedenen Tangenten auf, von denen keine parallel zur w-Achse verläuft. Dann ist*

$$F(w,z) \equiv (z-a)^q\, Q_q\left(\frac{w-b}{z-a}\right) + (z-a)^{q+1}\, Q_{q+1}\left(\frac{w-b}{z-a}\right) + \cdots,$$

wobei Q_q ein Polynom q-ten Grades ist und die $Q_{q+1}, Q_{q+2}, \ldots$ Polynome sind, deren Grade höchstens gleich dem Grad des Indexes sind. Die algebraische Funktion $w(z)$, die der Gleichung $F(w,z) = 0$ genügt, besitzt im Punkte $z = a$ genau q verschiedene holomorphe Funktionselemente, deren Ableitungen $w'(a)$ genau die q verschiedenen Nullstellen des Polynoms Q_q sind.

Ein Kurvenpunkt (b, a) heißt eine *Spitze*, wenn dort mindestens zwei Tangenten zusammenfallen. Dies kann dann auftreten, wenn im Punkte (b, a) ein Funktionselement nach keiner der beiden Variablen holomorph auflösbar ist oder wenn dort mehrere Funktionselemente zusammenfallende Tangenten besitzen. Das können insbesondere zwei holomorphe Funktionselemente w_1 und w_2 sein, für die dann

$$w_1(a) = w_2(a) = b$$

und

$$w_1'(a) - w_2'(a)$$

ist. Eine Spitze kann also ein *holomorpher Punkt der Funktion sein.* Sie ist aber immer ein *singulärer Punkt der Kurve.* Ein q-facher Kurvenpunkt, der nicht zugleich eine Spitze ist, ist ein Punkt mit q verschiedenen Tangenten.

Literatur

SEVERI, F.: Vorlesungen über algebraische Geometrie (Übersetzung von E. LÖFFLER). Leipzig u. Berlin 1921.

APPEL, P., et E. GOURSAT: Théorie des fonctions algébriques et leurs intégrales. 2 Bd. Paris 1929/30.

BLISS, G. A.: Algebraic Functions. Amer. Math. Soc. Publ. Bd. 16, New York 1934.

ENRIQUES, F., e O. CHISINI: Lezioni sulla teoria geometrica delle equazioni e delle funzioni algebriche. Bd. 1–4. Bologna (Bd. 4: 1934).

ZARISKI, O.: Algebraic Surfaces. Erg. Math. 3, H. 5 (1934).

WAERDEN, B. L. VAN DER: Einführung in die algebraische Geometrie. Berlin 1939.

WEIL, A.: Foundations of Algebraic Geometry. Amer. Math. Soc. Publ. Bd. 29, New York 1946.

WALKER, R. J.: Algebraic Curves. Princeton 1950.

LEFSCHETZ, S.: Algebraic Geometry. Princeton 1953.

COOLIDGE, J. L.: A treatise on algebraic plane curves. Dover publications 1959.

An älterer Literatur ist noch zu nennen:

STAHL, H.: Theorie der abelschen Funktionen. Leipzig 1896.

— Abriß einer Theorie der algebraischen Funktionen einer Veränderlichen. Leipzig 1911.

HENSEL, K., u. G. LANDSBERG: Theorie der algebraischen Funktionen einer Variablen. Leipzig 1902.

LANDFRIEDT, E.: Theorie der algebraischen Funktionen und ihrer Integrale. Sammlung Schubert, XXXI. Leipzig 1902.

LORIA, G.: Spezielle algebraische und transzendente ebene Kurven. Leipzig 1902.

WIELEITNER, H.: Theorie der ebenen algebraischen Kurven höherer Ordnung. Sammlung Schubert, XLIII. Leipzig 1905.

SCHEFFERS, G.: Anwendung der Differential- und Integralrechnung auf Geometrie. Bd. I: Einführung in die Theorie der Kurven. Leipzig 1910.

§ 5. Uniformisierungstheorie. Die universelle Überlagerungsfläche

α) Problemstellung

In einer genügend kleinen Umgebung jeder Stelle P_0 ist die zu einer beliebigen analytischen Funktion $w = f(z)$ gehörende konkrete Riemannsche Fläche $\mathfrak{R}$ uniformisierbar.

Sei $z = F(P)$ die Funktion, die $\mathfrak{R}$ der z-Ebene überlagert, und $w = G(P)$ die zu der analytischen Funktion $w = f(z)$ gehörende Funktion auf $\mathfrak{R}$, für die also in den schlichten Punkten von $\mathfrak{R}$ lokal $w = f(z) = G(\check{F}(z))$ ist. Dann wird die lokale Uniformisierung durch eine lokale Abbildungsfunktion $P = f_1(t)$ geleistet, die ein schlichtes Gebiet $\mathfrak{G}$ in der t-Ebene topologisch auf eine Umgebung von P_0 auf der Riemannschen Fläche abbildet. Daher können wir die gegebene Funktion $w = f(z)$ in der Form

$$z = g_1(t), \quad w = g_2(t) = f(g_1(t)),$$

darstellen, wobei $g_1(t) = F(f_1(t))$ und $g_2(t) = G(f_1(t))$ in $\mathfrak{G}$ meromorph und eindeutig sind. Dagegen kann $f(z)$ in P_0 einen Verzweigungspunkt haben. Eine mehrblättrige Funktion läßt sich also im Kleinen uniformisieren, d. h. durch zwei eindeutige Funktionen eines komplexen Parameters t darstellen. Im folgenden werden wir der Frage nachgehen, ob diese Zusammenhänge auch im Großen bestehen.

In einzelnen Fällen ist uns eine Uniformisierung im Großen bekannt. So wird die Funktion $w = z^{\frac{1}{n}}$ durch die Ortsuniformisierende des Nullpunktes $t = z^{\frac{1}{n}}$ überall uniformisiert. Es ist

$$w = t, \quad z = t^n.$$

Zu der algebraischen Funktion $w = f(z)$, die durch die Gleichung

$$w^3 + z^3 - wz = 0$$

definiert ist, können wir die Ortsuniformisierende t durch die Beziehung $z = \frac{t^2}{1+t^3}$ einführen. Die Gleichungen

$$w = \frac{t}{1+t^3}, \quad z = \frac{t^2}{1+t^3}$$

uniformisieren die zugehörige Riemannsche Fläche auch im Großen. Ebenso können wir $w = \sqrt{1 - z^2}$ mittels der auf der zugehörigen Riemannschen Fläche definierten Funktion

$$t = \sqrt{\frac{1-z}{1+z}}$$

in der Form

$$w = \frac{2t}{1+t^2}, \quad z = \frac{1-t^2}{1+t^2}$$

uniformisieren. Ist $t = l(t^*)$ eine lineare Transformation, so läßt sich die Funktion $w = \sqrt{1 - z^2}$ auch durch t^* uniformisieren, indem man t durch t^* ersetzt. Wir erhalten hier also gleich unendlich viele solcher Darstellungen.

Die Frage nach der Möglichkeit, eine beliebige analytische Funktion $w = f(z)$ in allen Punkten ihres algebroiden Verhaltens, d. h. in allen Punkten ihrer Riemannschen Fläche $\mathfrak{R}$, global durch zwei eindeutige meromorphe Funktionen in einem schlichten Gebiet $\mathfrak{G}$ der geschlossenen t-Ebene

$$z = g_1(t), \quad w = g_2(t) = f(g_1(t))$$

darzustellen, heißt *Uniformisierungsproblem*.

Gelingt es uns, $\mathfrak{R}$ eineindeutig und meromorph durch die Umkehrung einer Funktion $P = f_1(t)$ auf ein schlichtes Gebiet $\mathfrak{G}$ in der t-Ebene abzubilden, so ist das Problem gelöst; denn dann sind $g_1(t) = F(f_1(t))$ und $g_2(t) = G(f_1(t))$ eindeutig in $\mathfrak{G}$. Eine solche Abbildung ist aber im allgemeinen nicht möglich, z. B. dann nicht, wenn $\mathfrak{R}$ eine algebraische Riemannsche Fläche vom Geschlecht $p > 0$ ist. Wir werden aber zeigen, daß die Uniformisierung stets in folgendem Sinne durchführbar ist: Es gibt ein Gebiet $\mathfrak{G}$ der t-Ebene und eine *lokal topologische* Abbildung $P = f_1(t)$ von $\mathfrak{G}$ auf $\mathfrak{R}$, so daß für *alle* Grundpunkte $z = F(P)$ auf $\mathfrak{R}$ gilt:

$$z = F(f_1(t)) = g_1(t) \quad \text{und} \quad w = G(f_1(t)) = g_2(t) = f(g_1(t)).$$

Jedoch braucht zur Lösung des Uniformisierungsproblems die Zuordnung der Punkte P zu den t-Werten *im Großen nicht eineindeutig* zu sein; nur zu dem laufenden t müssen die Punkte P auf $\mathfrak{R}$ eindeutig zugeordnet sein, aber es können zu einem Punkt P mehrere, in vielen Fällen sogar unendlich viele t-Werte gehören. $t = \check{f}_1(P)$ braucht also auf $\mathfrak{R}$ nicht eindeutig zu sein, wohl aber muß die Funktion $t = \check{f}_1(P)$ auf $\mathfrak{R}$ unbegrenzt fortsetzbar sein und in ihrem Gesamtverlauf auf ihrer korrespondierenden Riemannschen Fläche eine schlichte Funktion sein.

Wir gehen nun folgendermaßen vor:

Zunächst zeigen wir, daß es zu jeder Riemannschen Fläche $\mathfrak{R}$ eine durch $\mathfrak{R}$ eindeutig bestimmte *universelle Überlagerungsfläche* $\mathfrak{F}$ gibt, d. h. eine einfach zusammenhängende Riemannsche Fläche, die der Fläche $\mathfrak{R}$ unverzweigt und unbegrenzt überlagert ist. Ihre Konstruktion und ihre Eigenschaften werden wir unter β) erklären. Die Überlagerung ordnet jedem Punkt Q auf $\mathfrak{F}$ eindeutig einen Spurpunkt $P = \Pi(Q)$ auf $\mathfrak{R}$ so zu, daß diese Abbildung Π lokal topologisch ist.

Sodann beweisen wir, daß es auf $\mathfrak{F}$ stets *schlichte* meromorphe Funktionen $t = H(Q)$ gibt. Zu einer solchen Funktion gelangen wir über den

Satz 27 *(Hauptsatz der konformen Abbildung). Jede einfach zusammenhängende Riemannsche Fläche läßt sich durch eine biholomorphe Abbildung auf die geschlossene Ebene, die endliche Ebene oder das Innere des Einheitskreises abbilden.*

Dieser Satz ist eine wesentliche Verschärfung des Riemannschen Abbildungssatzes. Man kann ihn auch so formulieren:

Jede einfach zusammenhängende Riemannsche Fläche ist global holomorph äquivalent einer der drei oben genannten Flächen.

Eine schlichte meromorphe Funktion $t = H(Q)$ auf $\mathfrak{F}$ bildet $\mathfrak{F}$ stets biholomorph auf ein einfach zusammenhängendes Gebiet $\mathfrak{G}$ der t-Ebene ab, und umgekehrt ist jede solche Abbildung schlicht auf $\mathfrak{F}$. Eine derartige meromorphe Funktion $t = H(Q)$ heißt eine *Uniformisierungstranszendente von* $\mathfrak{R}$. Mit Satz 26 hat man also die Existenz einer solchen Transzendenten nachgewiesen.

Auf Grund der Konstruktion von $\mathfrak{F}$ hat eine Uniformisierungstranszendente die folgenden Eigenschaften:

1. nach Festlegung eines Funktionselementes von $t = H(Q)$ als Funktionselement auf $\mathfrak{R}$: $t = H(\check{\Pi}(P)) = h(P)$, läßt die so lokal eingeführte Funktion $h(P)$ sich unbeschränkt, d. h. längs jeden Weges, auf $\mathfrak{R}$ fortsetzen, sie ist dabei in den Ortsuniformisierenden unverzweigt und besitzt in diesen als Singularitäten höchstens Pole;

2. $h(P)$ hat bei Fortsetzung auf $\mathfrak{R}$ längs zweier zwischen zwei Punkten P_1 und P_2 verlaufender Wege dann und nur dann im Endpunkt dieselben Funktionswerte, wenn erstens die Funktionswerte im Anfangspunkt dieselben sind und zweitens die beiden Wege sich auf $\mathfrak{R}$ stetig ineinander deformieren lassen.

$h(P)$ gehört nach dieser Definition, sobald $\mathfrak{R}$ eine algebraische Riemannsche Fläche vom Geschlecht $p > 0$ ist, niemals zum Funktionenkörper von $\mathfrak{R}$, da es in diesem Falle zwischen zwei Punkten P_1 und P_2 auf $\mathfrak{R}$ stets Wege gibt, die sich nicht ineinander deformieren lassen, die Funktionen des Funktionenkörpers aber auf $\mathfrak{R}$ eindeutig sind. Es sei weiterhin bemerkt, daß es durchaus möglich ist, daß eine Riemannsche Fläche eine Uniformisierende besitzt, die keine Transzendente ist. Dies gilt z. B. für den doppelt überdeckten Kreisring $1 < |z| < 2$ auf der Riemannschen Fläche von $\sqrt{z}$. Dieses Gebilde ist eine Riemannsche Fläche, die durch die Funktionen $z = t^2$, $w = t$ uniformisiert wird. Aber $t(P) = \sqrt{z}$ ist auf diesem Gebilde eindeutig, obwohl das Gebilde nicht einfach zusammenhängend ist.

Die Eigenschaft 2 liefert also mehr als die Uniformisierung von $\mathfrak{R}$. So gelangen wir also über den Hauptsatz der konformen Abbildung zu

Satz 28 *(Hauptsatz der Uniformisierungstheorie). Zu jeder Riemannschen Fläche gibt es Uniformisierungstranszendenten.*

Ist $t = H(Q)$ eine solche Uniformisierungstranszendente, so ist $P = \Pi(\check{H}(t)) = f_1(t)$ im zugehörigen t-Gebiet definiert, und dort ist $z = F(f_1(t)) = g_1(t)$ meromorph. Damit ist dann die Uniformisierung der zu $\mathfrak{R}$ gehörenden analytischen Funktionen gelungen. Da jede analytische Funktion ihre korrespondierende Riemannsche Fläche besitzt, so folgt

Satz 29. *Jede analytische Funktion läßt sich global uniformisieren.*

β) Konstruktion der universellen Überlagerungsfläche

Wir stellen jetzt zu einer Riemannschen Fläche $\mathfrak{R}$ ihre universelle Überlagerungsfläche $\mathfrak{F}$ auf. Da keine Verwechslung möglich ist, wollen wir die Träger dieser Riemannschen Flächen auch mit $\mathfrak{R}$ bzw. $\mathfrak{F}$ bezeichnen. P_0 und P_1 seien zwei Punkte auf $\mathfrak{R}$. Alle auf $\mathfrak{R}$ von P_0 nach P_1 verlaufenden orientierten Kurven $\mathfrak{C}$ teilen wir in Klassen ein derart, daß in einer Klasse alle und nur die Kurven enthalten sind, die sich bei festen Endpunkten P_0 und P_1 auf $\mathfrak{R}$ stetig ineinander deformieren lassen. Wir bezeichnen eine solche Klasse mit $\mathfrak{K}(P_0, P_1)$. Kurven einer Klasse $\mathfrak{K}(P_0, P_1)$ heißen zueinander *homotop*. Ist $\mathfrak{K}(P_0, P_1)$ eine Klasse von Kurven zwischen P_0 und P_1 und $\mathfrak{K}(P_1, P_2)$ eine solche zwischen P_1 und P_2, so definieren wir als Summe

$$\mathfrak{K}(P_0, P_1) + \mathfrak{K}(P_1, P_2) = \mathfrak{K}(P_0, P_2)$$

diejenige Klasse von Kurven zwischen P_0 und P_2, in der die Kurven $\mathfrak{C}_2 = \mathfrak{C}_0 + \mathfrak{C}_1$ liegen, wobei $\mathfrak{C}_0$ aus $\mathfrak{K}(P_0, P_1)$ und $\mathfrak{C}_1$ aus $\mathfrak{K}(P_1, P_2)$ ist. Offensichtlich ist die Klasse $\mathfrak{K}(P_0, P_2)$ unabhängig von der speziellen Wahl der Kurven $\mathfrak{C}_0$ und $\mathfrak{C}_1$ und daher durch $\mathfrak{K}(P_0, P_1)$ und $\mathfrak{K}(P_1, P_2)$ eindeutig bestimmt. Unter der Klasse $-\mathfrak{K}(P_0, P_1)$ verstehen wir diejenige Klasse $\mathfrak{K}(P_1, P_0)$, in der die von P_1 nach P_0 verlaufenden Kurven $-\mathfrak{C}$ liegen, wenn $\mathfrak{C}$ in $\mathfrak{K}(P_0, P_1)$ liegt.

Jetzt greifen wir auf $\mathfrak{R}$ einen fest gewählten Punkt P_0 heraus. $\mathfrak{F}$ sei die Menge aller Paare $\{P, \mathfrak{K}(P_0, P)\}$, wobei $P \in \mathfrak{R}$ und $\mathfrak{K}(P_0, P)$ eine zu P gehörende Klasse ist. Ein solches Paar nennen wir einen Punkt von $\mathfrak{F}$ und bezeichnen ihn mit $Q = \{P, \mathfrak{K}(P_0, P)\}$. Zwei Punkte $Q_1 = \{P_1, \mathfrak{K}(P_0, P_1)\}$ und $Q_2 = \{P_2, \mathfrak{K}(P_0, P_2)\}$ sollen dann und nur dann gleich sein, wenn $P_1 = P_2$ und $\mathfrak{K}(P_0, P_1) = \mathfrak{K}(P_0, P_2)$ ist. P heißt der *Spurpunkt* von $Q = \{P, \mathfrak{K}(P_0, P)\}$ auf $\mathfrak{R}$. Wir bezeichnen ihn mit $P = \Pi(Q)$.

Um die so gewonnene Menge $\mathfrak{F}$ zu einer Riemannschen Fläche zu machen, müssen wir sie topologisieren, d. h. auf ihr einen Umgebungsbegriff einführen, und sie mit einer komplexen Struktur versehen.

$\mathfrak{U}(P_1)$ sei eine einfach zusammenhängende Umgebung von P_1 auf $\mathfrak{R}$ aus einer Karte $\{\mathfrak{G}, P = f(t), \mathfrak{U}(P_1)\}$. Ist P ein Punkt in $\mathfrak{U}(P_1)$, so sind alle von P_1 nach P in $\mathfrak{U}(P_1)$ verlaufenden Kurven stetig ineinander überführbar. Also gibt es genau eine Klasse $\mathfrak{K}_0(P_1, P)$, die Kurven enthält, welche in $\mathfrak{U}(P_1)$ liegen. Ist nun $Q_1 = \{P_1, \mathfrak{K}(P_0, P_1)\}$, so bezeichnen wir die Gesamtheit derjenigen Punkte $Q = \{P, \mathfrak{K}(P_0, P)\}$ als *offene Umgebung* $\mathfrak{V}(Q_1)$, bei denen P in $\mathfrak{U}(P_1)$ liegt und

$$\mathfrak{K}(P_0, P) = \mathfrak{K}(P_0, P_1) + \mathfrak{K}_0(P_1, P)$$

ist. Hierbei sehen wir, daß sich die Punkte P aus $\mathfrak{U}(P_1)$ und Q aus $\mathfrak{V}(Q_1)$ eineindeutig und umkehrbar stetig entsprechen: $Q = \check{\Pi}(P)$. $\{\mathfrak{G}, Q = \check{\Pi}(f(t)), \mathfrak{V}(Q_1)\}$ sei dann eine Karte auf $\mathfrak{F}$, und die Gesamtheit dieser Karten bildet einen Atlas auf $\mathfrak{F}$. Damit wird $\mathfrak{F}$ zu einer Riemannschen Fläche. $\mathfrak{F}$ hat also lokal die gleiche topologische und komplexe Struktur wie $\mathfrak{R}$. Hieraus folgt, daß $\mathfrak{F}$ die Axiome A_1 bis A_7 erfüllt. Die Axiome A_1 bis A_3 sind evident. A_4 ist selbstverständlich, wenn die Grundpunkte P_1 und P_2 zweier Punkte $Q_1 = \{P_1, \mathfrak{K}_1(P_0, P_1)\}$ und $Q_2 = \{P_2, \mathfrak{K}_2(P_0, P_2)\}$ voneinander verschieden sind. Ist aber $P_1 = P_2$, so sind die beiden aus $\mathfrak{U}(P_1)$ erzeugten Umgebungen $\mathfrak{V}(Q_1)$ und $\mathfrak{V}(Q_2)$ punktfremd; denn aus $Q \in \mathfrak{V}(Q_1)$ und $Q \in \mathfrak{V}(Q_2)$ würde folgen $\mathfrak{K}_1(P_0, P_1) + \mathfrak{K}_0(P_1, P) = \mathfrak{K}_2(P_0, P_1) + \mathfrak{K}_0(P_1, P)$, also $\mathfrak{K}_1(P_0, P_1) = \mathfrak{K}_2(P_0, P_1)$ und damit $Q_1 = Q_2$. Somit gilt auch A_4. A_6, A_7^* und A_7 sind wieder gemäß unserer Konstruktion richtig, wenn wir noch auf $\mathfrak{F}$ setzen: $z = F^*(Q) = F(\Pi(Q))$. Schließlich ergibt sich A_5 für die Fläche $\mathfrak{F}$ wie folgt.

Eine von einem Punkt $Q_1 = \{P_1, \mathfrak{K}(P_0, P_1)\}$ zu einem Punkt $Q_2 = \{P_2, \mathfrak{K}(P_0, P_2)\}$ verlaufende *Kurve* $\mathfrak{C}^*$ *auf* $\mathfrak{F}$ wird erklärt als die Gesamtheit aller Punkte $Q = \{P, \mathfrak{K}(P_0, P)\}$, bei denen P auf einer von P_1 nach P_2 verlaufenden Kurve $\mathfrak{C}$ liegt und $\mathfrak{K}(P_0, P) = \mathfrak{K}(P_0, P_1) + \mathfrak{K}(P_1, P)$ ist, wobei $\mathfrak{K}(P_1, P)$ diejenige Klasse bedeutet, die das Kurvenstück zwischen P_1 und P von $\mathfrak{C}$ enthält. Insbesondere muß also $\mathfrak{K}(P_0, P_2) = \mathfrak{K}(P_0, P_1) + \mathfrak{K}(P_1, P_2)$ sein, wobei $\mathfrak{K}(P_1, P_2)$ die Klasse der Kurve $\mathfrak{C}$ ist. $\mathfrak{C}$ heißt die *Spurkurve von* $\mathfrak{C}^*$. Wir erkennen, daß es zu jeder Kurve $\mathfrak{C}$ mit dem Anfangspunkt P_1 auf $\mathfrak{R}$ genau eine Kurve $\mathfrak{C}^*$ auf $\mathfrak{F}$ gibt, die in einem Punkt $Q_1 = \{P_1, \mathfrak{K}(P_0, P_1)\}$ auf $\mathfrak{F}$ beginnt und $\mathfrak{C}$ als Spurkurve besitzt. Da die Abbildung $P = \Pi(Q)$ lokal topologisch ist, so durchläuft Q auf $\mathfrak{F}$ stetig die Kurve $\mathfrak{C}^*$, wenn P auf $\mathfrak{R}$ stetig die Kurve $\mathfrak{C}$ durchläuft. Sind nun die beiden Punkte Q_1 und Q_2 auf $\mathfrak{F}$ durch $\mathfrak{K}(P_0, P_1)$ und $\mathfrak{K}(P_0, P_2)$ definiert, so wähle man aus diesen Klassen je eine Kurve $\mathfrak{C}_1$ und $\mathfrak{C}_2$ auf $\mathfrak{R}$ und bilde daraus die Kurve $\mathfrak{C} = -\mathfrak{C}_1 + \mathfrak{C}_2$, die von $P_1 = \Pi(Q_1)$ nach $P_2 = \Pi(Q_2)$ läuft. Über $\mathfrak{C}$ liegt genau eine Kurve $\mathfrak{C}^*$ auf $\mathfrak{F}$, die in Q_1 beginnt und in einem Punkt Q_2^* mit $P_2 = \Pi(Q_2^*)$ endet. Sei $Q_2^* = \{P_2, \mathfrak{K}^*(P_0, P_2)\}$. In $\mathfrak{K}^*(P_0, P_2)$ liegt die Kurve $\mathfrak{C}_1 + \mathfrak{C} = \mathfrak{C}_1 + (-\mathfrak{C}_1 + \mathfrak{C}_2) = \mathfrak{C}_2$. Also ist, da $\mathfrak{C}_2$ aus $\mathfrak{K}(P_0, P_2)$

stammt, $\mathfrak{K}^*(P_0, P_2) = \mathfrak{K}(P_0, P_2)$ und somit $Q_2^* = Q_2$. Somit verbindet $\mathfrak{C}^*$ den Punkt Q_1 mit Q_2, und $\mathfrak{F}$ ist nach 2, Satz 5, zusammenhängend.

$\mathfrak{F}$ ist also eine Riemannsche Fläche mit den folgenden Eigenschaften:

1. Jedem Punkt $Q = \{P, \mathfrak{K}(P_0, P)\}$ von $\mathfrak{F}$ ist eindeutig der Spurpunkt $P = \Pi(Q)$ auf $\mathfrak{R}$ zugeordnet, und $\Pi(Q)$ ist stetig.

2. Ein Punkt $Q = \{P, \mathfrak{K}(P_0, P)\}$ von $\mathfrak{F}$ und der zugeordnete Punkt $P = \Pi(Q)$ von $\mathfrak{R}$ haben die gleichen Ortsuniformisierenden.

3. Wird ein Punkt Q auf $\mathfrak{F}$ vorgegeben und auf $\mathfrak{R}$ eine vom zugeordneten Punkt P auf $\mathfrak{R}$ ausgehende in einem Punkte P_1 auf $\mathfrak{R}$ endende Kurve $\mathfrak{C}$, so gibt es genau eine in Q beginnende und auf $\mathfrak{F}$ verlaufende Kurve $\mathfrak{C}^*$, deren Spurkurve auf $\mathfrak{R}$ die Kurve $\mathfrak{C}$ ist.

4. $\mathfrak{F}$ ist einfach zusammenhängend.

Wegen 1. ist $\mathfrak{F}$ eine Überlagerungsfläche von $\mathfrak{R}$, wegen 2. eine unverzweigte, wegen 3. eine unbegrenzte und wegen 4. eine *universelle Überlagerungsfläche* von $\mathfrak{R}$. Es gibt nach 4. zu $\mathfrak{F}$ keine Riemannsche Fläche $\mathfrak{F}^* \neq \mathfrak{F}$, die eine unverzweigte und unbegrenzte Überlagerungsfläche von $\mathfrak{F}$ wäre.

Die Eigenschaften 1. bis 3. folgen aus der Konstruktion von $\mathfrak{F}$ und den vorangehenden Bemerkungen. Die Eigenschaft 4. ergibt sich folgendermaßen: $\mathfrak{C}_1^*$ und $\mathfrak{C}_2^*$ seien zwei Kurven auf $\mathfrak{F}$, die von Q_1 nach Q_2 führen. Q_1 sei definiert durch $\{P_1, \mathfrak{K}(P_0, P_1)\}$, Q_2 durch $\{P_2, \mathfrak{K}(P_0, P_2\}$. $\mathfrak{C}_1$ und $\mathfrak{C}_2$ seien auf $\mathfrak{R}$ die Spurkurven von $\mathfrak{C}_1^*$ und $\mathfrak{C}_2^*$. $\mathfrak{C}_0$ gehöre zur Klasse $\mathfrak{K}(P_0, P_1)$. Dann gehören sowohl $\mathfrak{C}_0 + \mathfrak{C}_1$ als auch $\mathfrak{C}_0 + \mathfrak{C}_2$ zur Klasse $\mathfrak{K}(P_0, P_2)$, da die zugehörigen Kurven $\mathfrak{C}_1^*$ und $\mathfrak{C}_2^*$ auf $\mathfrak{F}$ beide vom Punkte Q_1 zum Punkte Q_2 führen, also $\mathfrak{C}_0 + \mathfrak{C}_1$ und $\mathfrak{C}_0 + \mathfrak{C}_2$ auf $\mathfrak{R}$ ineinander deformierbar sind. Das bedeutet aber, daß $\mathfrak{C}_1$ und $\mathfrak{C}_2$ auf $\mathfrak{R}$ und damit auch $\mathfrak{C}_1^*$ und $\mathfrak{C}_2^*$ auf $\mathfrak{F}$ stetig ineinander übergeführt werden können. Folglich ist $\mathfrak{F}$ einfach zusammenhängend.

Schließlich notieren wir noch: Die universelle Überlagerungsfläche $\mathfrak{F}$ einer Riemannschen Fläche $\mathfrak{R}$ ist unabhängig von der Wahl des Bezugspunktes P_0 auf $\mathfrak{R}$. Ist P_0' ein anderer Punkt auf $\mathfrak{R}$, so wähle man irgendeine Wegeklasse $\mathfrak{K}_0(P_0, P_0')$, deren Kurven P_0 mit P_0' verbinden. Dann lassen sich die Klassen $\mathfrak{K}(P_0, P)$ und $\mathfrak{K}(P_0', P)$ der von P_0 bzw. P_0' ausgehenden Kurven eineindeutig aufeinander beziehen durch die Vorschrift

$$\mathfrak{K}(P_0, P) = \mathfrak{K}_0(P_0, P_0') + \mathfrak{K}(P_0', P) .$$

Da $\mathfrak{K}_0(P_0, P_0')$ eine feste Klasse ist, so kann man die Punkte $Q = \{P, \mathfrak{K}(P_0, P)\} = \{P, \mathfrak{K}_0(P_0, P_0') + \mathfrak{K}(P_0', P)\}$ mit den Punkten $Q = \{P, \mathfrak{K}(P_0', P)\}$ identifizieren. Man erhält damit beidemal die gleiche Fläche.

γ) Triangulierung einfach zusammenhängender Flächen

Wir sahen in 2, ε, daß jede konkrete Riemannsche Fläche $\mathfrak{R}$ trianguliert werden kann. Ist $\mathfrak{R}$ einfach zusammenhängend, so gilt darüber hinaus:

Satz 30. *Man kann die Dreiecke $\Delta_1, \Delta_2, \Delta_3, \ldots$ einer beliebigen Triangulation einer nicht kompakten, einfach zusammenhängenden Fläche $\mathfrak{R}$ so umnumerieren, daß jedes Dreieck Δ_{n+1} der Triangulation mit der Summe der vorangehenden:*

$$\mathfrak{F}_n = \Delta_1 + \Delta_2 + \cdots + \Delta_n$$

entweder genau eine oder genau zwei Kanten gemeinsam hat. Bei dieser Numerierung bilden die Summen

$$\begin{aligned} \mathfrak{F}_1 &= \Delta_1 \\ \mathfrak{F}_2 &= \Delta_1 + \Delta_2 \\ &\ldots\ldots\ldots\ldots \\ \mathfrak{F}_n &= \Delta_1 + \Delta_2 + \cdots + \Delta_n \\ &\ldots\ldots\ldots\ldots\ldots\ldots \end{aligned}$$

eine zunehmende und $\mathfrak{R}$ erschöpfende Folge kompakter, durch geschlossene einfache Kurven berandeter Gebiete.

Die $\mathfrak{F}_n$ bezeichnen wir als *Flächenstücke* von $\mathfrak{R}$.

Der vorstehende Satz ist leicht einzusehen. Man beginne mit irgendeinem Dreieck Δ_1. Seine Ecken seien A_1, A_2, A_3 (s. Abb. 39). Längs A_1A_3 füge man ein Dreieck Δ_2 hinzu und nun der Reihe nach die Dreiecke mit A_1 als Ecke in zyklischer Reihenfolge, bis der Stern in A_1 ausgefüllt ist und das letzte Dreieck wieder an Δ_1 längs A_1A_2 angrenzt. Nun versuche man im Punkte A_2 das Verfahren fortzusetzen und fülle dort den Stern in A_2 aus und schließlich auch noch den Stern in A_3. Zum Schluß ist das Dreieck Δ_1 ganz in die angrenzenden Dreiecke eingeschlossen. Der Rand des so entstehenden Gebildes ist einfach geschlossen. Er ist ein geschlossenes Polygon mit k Eckpunkten, die man zyklisch numerieren kann: $B_1, B_2, \ldots, B_k$. Nun fülle man, längs B_1B_k beginnend, den Stern in B_1 aus, sodann den Stern in B_2 usw., bis alle Sterne B_i ausgefüllt sind. Die Ecken des neu entstehenden Polygons bezeichne man zyklisch mit $C_1, C_2, \ldots, C_m$ und setze dieses Verfahren fort. Ist diese Art der Heftung durchführbar? Überlegen wir dazu, was dabei geschehen kann: $\mathfrak{F}_n$ sei noch von der verlangten Art. Dann kann es offenbar nie geschehen, daß ein Dreieck Δ_{n+1} längs *dreier* Seiten angeheftet werden muß; denn in diesem Falle wäre $\mathfrak{F}_n$ nicht

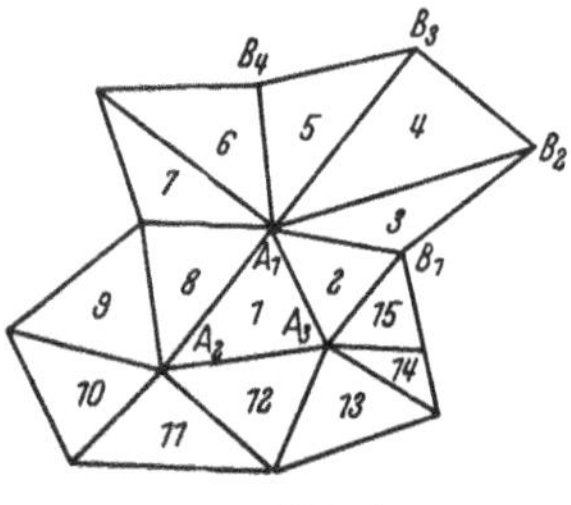

Abb. 39

von einer geschlossenen einfachen Kurve berandet (Abb. 40a) oder nicht einfach zusammenhängend (Abb. 40b). Wird das Dreieck Δ_{n+1} längs *zweier* Seiten angeheftet, so ist die dritte Seite frei, und die Heftung liefert ordnungsgemäß eine Fläche $\mathfrak{F}_{n+1}$ der verlangten Art, wenn es $\mathfrak{F}_n$ war (Abb. 40c). Wird das Dreieck Δ_{n+1} längs *einer* Seite angeheftet, so sind zwei Fälle möglich. Entweder ist die gegenüberliegende Ecke

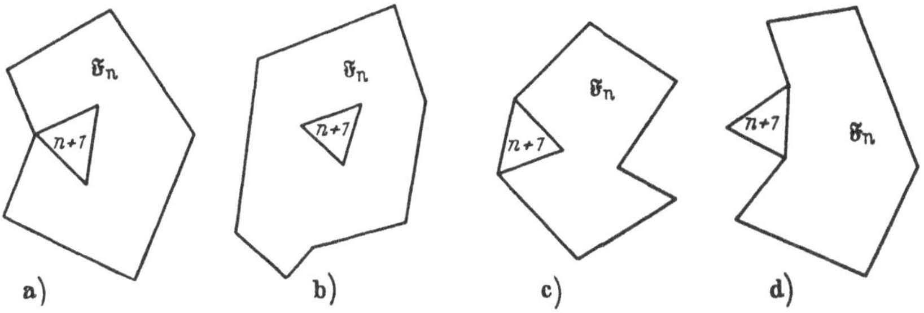

Abb. 40

frei, dann wird $\mathfrak{F}_n$ vorschriftsmäßig zu $\mathfrak{F}_{n+1}$ erweitert (Abb. 40d), oder die gegenüberliegende Ecke fällt mit einer Ecke von $\mathfrak{F}_n$ zusammen (Abb. 41). Der letzte Fall stört also unseren Gang. In diesem Falle wird $\mathfrak{F}_n + \Delta_{n+1}$ von zwei einfach geschlossenen Kurven $\mathfrak{C}_1$ und $\mathfrak{C}_2$ berandet, die sich in einem Punkt berühren, aber sonst keinen Punkt gemeinsam haben. Da $\mathfrak{R}$ einfach zusammenhängend ist, so beranden $\mathfrak{C}_1$ und $\mathfrak{C}_2$ Gebiete $\mathfrak{G}_1$ und $\mathfrak{G}_2$ von $\mathfrak{R}$, so daß $\mathfrak{G}_1 + \mathfrak{C}_1$ und $\mathfrak{G}_2 + \mathfrak{C}_2$ kompakt sind. $\mathfrak{G}_1$ und $\mathfrak{G}_2$ können nicht punktfremd sein, weil sonst $\mathfrak{G}_1 + (\mathfrak{F}_n + \Delta_{n+1}) + \mathfrak{G}_2$ eine kompakte zweidimensionale Mannigfaltigkeit wäre, was nicht möglich ist, da $\mathfrak{R}$ nicht kompakt ist. Hat eines der Gebiete $\mathfrak{G}_1$ oder $\mathfrak{G}_2$ einen inneren Punkt mit $\mathfrak{F}_n + \Delta_{n+1}$ gemeinsam, so gehören sämtliche inneren Punkte von $\mathfrak{F}_n + \Delta_{n+1}$ zu diesem Gebiet, weil es sonst im Innern von $\mathfrak{F}_n + \Delta_{n+1}$ einen Randpunkt des Gebietes geben müßte. Also ist eines der Gebiete $\mathfrak{G}_1$ oder $\mathfrak{G}_2$ punktfremd zu $\mathfrak{F}_n + \Delta_{n+1}$. Nennen wir es $\mathfrak{G}$ und seinen Rand $\mathfrak{C}$. $\mathfrak{G} + \mathfrak{C}$ liegt kompakt in $\mathfrak{R}$. Daher wird $\mathfrak{G} + \mathfrak{C}$ von endlich vielen Dreiecken überdeckt, und da der Rand von $\mathfrak{G} + \mathfrak{C}$ aus Dreieckskanten besteht, ist $\mathfrak{G} + \mathfrak{C}$ selbst die Summe von endlich vielen Dreiecken. Nennen wir sie $\Delta_{n+2}, \Delta_{n+3}, \ldots, \Delta_{n+k}$. Wir lassen nun zunächst Δ_{n+1} beiseite und heften eines der $\Delta_{n+2}, \ldots, \Delta_{n+k}$ an $\mathfrak{F}_n$ an. Von den an $\mathfrak{F}_n$ angrenzenden Dreiecken dieser Reihe muß sich

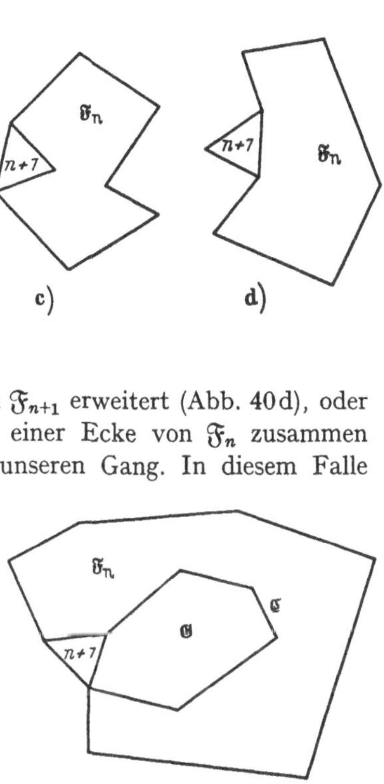

Abb. 41

wenigstens eines vorschriftsmäßig anheften lassen; denn sonst gäbe es ein Dreieck der Reihe, welches ein Teilgebiet $\mathfrak{G}_1$ von $\mathfrak{G}$ abgrenzt, ähnlich wie vorher $\varDelta_{n+1}$ das Gebiet $\mathfrak{G}$. Aus den Dreiecken von $\mathfrak{G}_1$ gäbe es eines, welches ein Gebiet $\mathfrak{G}_2$ abgrenzt, usw. Dieses Verfahren bricht aber nach endlich vielen Schritten ab, da nur endlich viele Dreiecke zur Verfügung stehen. Das letzte Gebiet $\mathfrak{G}_i$ dieser Kette besteht daher entweder aus nur einem Dreieck, und dieses ist dann, weil es längs zweier Seiten an $\mathfrak{F}_n$ angrenzt, vorschriftsmäßig angefügt, oder aber $\mathfrak{G}_i$ besteht aus mehreren Dreiecken, die sich vorschriftsmäßig anheften lassen. Auf jeden Fall ist es also möglich, $\mathfrak{F}_n$ um ein Dreieck zu vermehren und $\mathfrak{G}$ um eines zu vermindern. Das Restgebiet von $\mathfrak{G}$ kann man dann durch Heftung von Dreiecken weiter verringern, bis man schließlich $\mathfrak{G}$ durch ordnungsgemäße Erweiterung der $\mathfrak{F}_n$ ausgeschöpft hat. Und dann kann man schließlich $\varDelta_{n+1}$ längs zweier Seiten anheften. Danach läßt sich unser Verfahren fortsetzen, bis man evtl. wieder einen solchen Fall antrifft und wieder entsprechend verfährt. Damit ist nachgewiesen, daß das Heftungsverfahren nach dieser Modifizierung in der verlangten Art möglich ist.

Daß man bei dieser Art der Heftung jedes Dreieck erreicht, ist klar; denn von einer Kette von Dreiecken, die $\varDelta_1$ mit einem anderen Dreieck verbindet, werden bei jedem Umlauf um ein Polygongebiet mindestens zwei Dreiecke erfaßt, also wird nach endlich vielen Schritten jedes Dreieck der Fläche erreicht.

Damit ist unser Satz bewiesen.

Die *Triangulation einer kompakten, einfach zusammenhängenden Fläche* $\mathfrak{R}$ kann man genau wie im Falle der nicht kompakten Flächen beginnen. Sobald man das Dreieck $\varDelta_1$ gewählt hat, bilden die übrigen endlich vielen Dreiecke ein einfach zusammenhängendes Gebiet $\mathfrak{G}$, wie es in Abb. 41 auftrat. Und wir sahen, daß dieses Gebiet durch den vorgeschriebenen Heftungsprozeß ausgefüllt werden konnte bis auf ein letztes Dreieck, welches dann längs aller drei Kanten mit den übrigen verheftet werden muß. So ist auch in diesem Falle eine Numerierung im Sinne des Satzes 30 bis auf das letzte Dreieck, welches die Fläche schließt, möglich. Allerdings ist die Numerierung hier endlich.

δ) Die Abbildung der universellen Überlagerungsfläche

Nach den topologischen Vorbereitungen wenden wir uns nun den Beweisen der angekündigten Sätze zu und beginnen mit dem Hauptsatz der konformen Abbildung, Satz 27.

$\mathfrak{R}$ sei eine einfach zusammenhängende Riemannsche Fläche und bereits im Sinne von 2, ε trianguliert. Jedes einzelne Dreieck liege ganz in einer Umgebung $\mathfrak{U}$, die zu einer Karte $\{\mathfrak{U}', P = f(t), \mathfrak{U}\}$ gehört. Ferner sei die Numerierung wie in Satz 30 durchgeführt. Dann zeigen wir zunächst

Satz 31. *Das Innere eines jeden der unendlich vielen Flächenstücke* $\mathfrak{F}_1 = \Delta_1$, $\mathfrak{F}_2 = \Delta_1 + \Delta_2$, $\mathfrak{F}_3 = \Delta_1 + \Delta_2 + \Delta_3$, ... *einer nicht kompakten, einfach zusammenhängenden Riemannschen Fläche* $\mathfrak{R}$ *läßt sich biholomorph auf eine offene Kreisscheibe* $\mathfrak{K}_n$ *abbilden. Der Rand von* $\mathfrak{F}_n$ *wird dabei topologisch auf den Rand von* $\mathfrak{K}_n$ *bezogen.*

Wir beweisen den Satz durch vollständige Induktion. $\mathfrak{F}_1$ liegt in einer Umgebung $\mathfrak{U}$. Durch die zugehörige lokale Abbildungsfunktion $P = f(t)$ wird also $\mathfrak{F}_1$ auf ein schlichtes, beschränktes, einfach zusammenhängendes Gebiet der t-Ebene abgebildet. Nach dem Riemannschen Abbildungssatz läßt sich dieses Gebiet und damit auch $\mathfrak{F}_1$ biholomorph auf das Innere des Einheitskreises abbilden. Die Randzuordnung ist dabei topologisch (IV, 8, Satz 41).

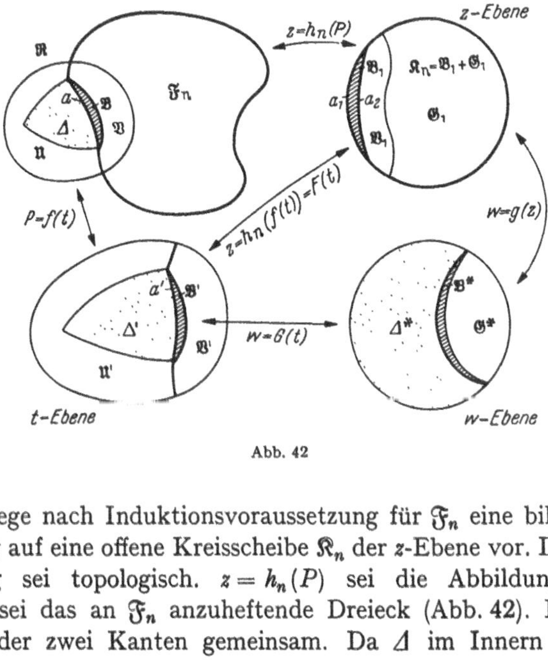

Abb. 42

Nun liege nach Induktionsvoraussetzung für $\mathfrak{F}_n$ eine biholomorphe Abbildung auf eine offene Kreisscheibe $\mathfrak{K}_n$ der z-Ebene vor. Die Ränderzuordnung sei topologisch. $z = h_n(P)$ sei die Abbildungsfunktion. $\Delta = \Delta_{n+1}$ sei das an $\mathfrak{F}_n$ anzuheftende Dreieck (Abb. 42). Es hat mit $\mathfrak{F}_n$ eine oder zwei Kanten gemeinsam. Da Δ im Innern einer Umgebung $\mathfrak{U}$ liegt, die durch eine lokale Abbildungsfunktion $P = f(t)$ eineindeutig auf eine Umgebung $\mathfrak{U}'$ in der t-Ebene bezogen ist, so wird dadurch Δ auf ein schlichtes abgeschlossenes Gebiet Δ' in $\mathfrak{U}'$ abgebildet. Ferner wird die gemeinsame Kante a (bzw. die beiden gemeinsamen Kanten) von $\mathfrak{F}_n$ und Δ durch $z = h_n(P)$ topologisch auf einen Kreisbogen a_1 auf dem Rande von $\mathfrak{K}_n$ bezogen und durch $t = \check{f}(P)$ auf den Bogen a' von Δ'. Ein Stück $\mathfrak{B}$ von $\mathfrak{F}_n$ mit a als Randstück liegt in $\mathfrak{U}$. Das Bild $\mathfrak{B}_1$ von $\mathfrak{B}$ in der z-Ebene ist ein Stück des Kreises $\mathfrak{K}_n$, auf dessen Rand a_1 liegt. In der t-Ebene ist das Bild von $\mathfrak{B}$ ein Teil $\mathfrak{B}'$

von $\mathfrak{U}'$. Daher sind $\mathfrak{B}'$ in der t-Ebene und $\mathfrak{B}_1$ in der z-Ebene durch die Funktionen $z = h_n(P)$ und $P = f(t)$ biholomorph aufeinander abgebildet:

$$z = F(t) = h_n(f(t)) \,. \tag{1}$$

Nun setzen wir auf a_1 in $\mathfrak{K}_n$ ein Kreisbogenzweieck $\mathfrak{B}_1$ mit dem zweiten Randbogen a_2 und einem solch kleinen Öffnungswinkel $\frac{\pi}{2^m}$ auf, daß $\mathfrak{B}_1$ noch ganz in $\mathfrak{V}_1$ liegt. Dann liegt das Bild $\mathfrak{B}$ von $\mathfrak{B}_1$ auf $\mathfrak{R}$ noch ganz in $\mathfrak{U}$ und das Bild $\mathfrak{B}'$ von $\mathfrak{B}_1$ in der t-Ebene noch ganz in $\mathfrak{U}'$. Die letztere Abbildung wird durch Gl. (1) vermittelt.

Wir zeigen nun, daß es holomorphe Funktionen

$$w = g(z) \quad \text{und} \quad w = G(t) \tag{2}$$

gibt, von denen die erste den Kreis $\mathfrak{K}_n$ auf ein Gebiet* $\mathfrak{B}^* + \mathfrak{S}^*$ und die zweite $\Delta' + \mathfrak{B}'$ auf ein Gebiet $\Delta^* + \mathfrak{B}^*$ derart abbildet, daß folgendes gilt (Abb. 42):

1. $\Delta^* + \mathfrak{B}^* + \mathfrak{S}^*$ bilden eine offene Kreisscheibe $\mathfrak{K}_{n+1}$.
2. $w = g(z)$ bildet $\mathfrak{B}_1$ auf $\mathfrak{B}^*$ und $\mathfrak{S}_1 = \mathfrak{K}_n - \mathfrak{B}_1$ auf $\mathfrak{S}^*$ biholomorph ab.
3. $w = G(t)$ bildet $\mathfrak{B}'$ auf $\mathfrak{B}^*$ und Δ' auf Δ^* biholomorph ab.
4. In $\mathfrak{B}'$ gilt die Identität

$$G(t) \equiv g(F(t)) \,. \tag{3}$$

Man nennt diese Konstruktion, bei der wegen (3) die biholomorphe Beziehung $z = F(t)$ zwischen $\mathfrak{B}'$ und $\mathfrak{B}_1$ erhalten bleibt, die Heftung des Dreiecks Δ' an $\mathfrak{K}_n$. Den Beweis dieser Möglichkeit der Heftung führen wir nach dem Schema von Abb. 43.

Zunächst bilden wir durch die Funktion $w_1 = A_1(t)$ das einfach zusammenhängende schlichte Gebiet $\Delta' + \mathfrak{B}'$ auf einen Kreis $\Delta'' + \mathfrak{B}_1''$ derart ab, daß der Mittelpunkt des Kreises im Innern von Δ'' liegt. Dann ist durch die Abbildung

$$w_1 = A_1 \check{F}(z) = g_1(z)$$

$\mathfrak{B}_1$ konform auf $\mathfrak{B}_1''$ bezogen. Diese Abbildung $g_1(z)$ ist nach dem Spiegelungsprinzip (IV, 9, Satz 48) nach $\mathfrak{B}_2$, dem Spiegelbild von $\mathfrak{B}_1$ an a_2, fortsetzbar. Das Bild von $\mathfrak{B}_2$ in der w_1-Ebene ist $\mathfrak{B}_2''$, das Spiegelbild von $\mathfrak{B}_1''$ am Kreisbogen a'', dem Bild von a_2. Das Gebiet $\Delta'' + \mathfrak{B}_1'' + \mathfrak{B}_2''$ ist einfach zusammenhängend und schlicht. Es läßt sich also mittels einer Funktion $w_2 = A_2(w_1)$ konform auf einen Kreis $\Delta''' + \mathfrak{B}_1''' + \mathfrak{B}_2'''$ so abbilden, daß der Mittelpunkt des Kreises im Innern von Δ''' liegt. Dann ist durch die Abbildung

$$w_2 = A_2 g_1(z) = g_2(z)$$

* Unter der Summe zweier oder mehrerer Gebiete wollen wir stets das Innere der Vereinigung der abgeschlossenen Gebiete verstehen.

das Kreisbogenzweieck $\mathfrak{B}_1 + \mathfrak{B}_2$ mit dem Öffnungswinkel $\frac{\pi}{2^{m-1}}$ und den Seiten a_1 und a_3 auf $\mathfrak{B}_1''' + \mathfrak{B}_2'''$ bezogen. Wieder liefert das Spiegelungsprinzip die Fortsetzung der Abbildung nach $\mathfrak{B}_3$, dem Spiegelbild von $\mathfrak{B}_1 + \mathfrak{B}_2$ an a_3, und das Bildgebiet ist $\mathfrak{B}_3'''$, das Spiegelbild von $\mathfrak{B}_1''' + \mathfrak{B}_2'''$

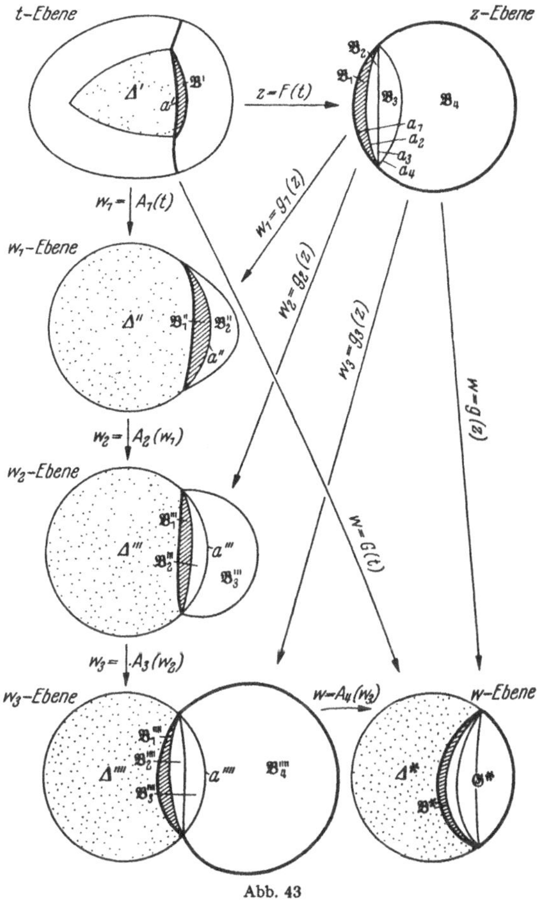

Abb. 43

an a''', dem Bild von a_3. Das Gebiet $\Delta''' + \mathfrak{B}_1''' + \mathfrak{B}_2''' + \mathfrak{B}_3'''$ ist einfach zusammenhängend und schlicht und läßt sich wieder auf einen Kreis abbilden. Dieses Verfahren setzen wir fort, bis nach m Schritten der Kreis $\mathfrak{K}_n$ durch Kreisbogenzweiecke völlig ausgeschöpft ist. Danach hat man zwei Abbildungen:

$$w = A_{m+1} A_m \ldots A_2 A_1(t) = G(t) \tag{4}$$

und

$$w = A_{m+1} A_m \ldots A_2 A_1 \check{F}(z) = g(z) \tag{5}$$

mit folgenden Eigenschaften: $G(t)$ bildet Δ' und $\mathfrak{B}'$ auf Δ^* und $\mathfrak{B}^* = \mathfrak{B}_1^{(m+2)}$ ab (Eigenschaft 3). $g(z)$ bildet $\mathfrak{B}_1$ und $\mathfrak{G}_1 = \mathfrak{B}_2 + \mathfrak{B}_3 + \cdots + \mathfrak{B}_{m+1}$ auf $\mathfrak{B}^* = \mathfrak{B}_1^{(m+2)}$ und $\mathfrak{G}^* = \mathfrak{B}_2^{(m+2)} + \mathfrak{B}_3^{(m+2)} + \cdots + \mathfrak{B}_{m+1}^{(m+2)}$ ab (Eigenschaft 2). $\Delta^* + \mathfrak{B}^* + \mathfrak{G}^*$ ist eine offene Kreisscheibe (Eigenschaft 1).

Aus (4) und (5) folgt unmittelbar:

$$g(F(t)) = A_{m+1} A_m \ldots A_2 A_1 \check{F} F(t) = A_{m+1} A_m \ldots A_2 A_1(t) = G(t) \qquad (6)$$

in $\mathfrak{B}'$ (Eigenschaft 4). Hiermit ist die Heftung durchgeführt. Nach den Ergebnissen über die Ränderzuordnung (IV, 8, Satz 41) sind alle auftretenden Ränder topologisch aufeinander bezogen.

Nunmehr betrachten wir die korrespondierenden Vorgänge der Heftung auf der Riemannschen Fläche $\mathfrak{R}$. Die Funktion

$$w = g(z) = g(h_n(P)) = h^*(P) \qquad (7)$$

bildet $\mathfrak{F}_n$ auf $\mathfrak{B}^* + \mathfrak{G}^*$ ab und die Funktion

$$w = G(t) = G(\check{f}(P)) = h^{**}(P) \qquad (8)$$

das Gebiet $\Delta + \mathfrak{B}$ auf $\Delta^* + \mathfrak{B}^*$. Liegt P in $\mathfrak{B}$, so sind dort $h^*(P)$ und $h^{**}(P)$ definiert und wegen (7), (1), (6) und (8) identisch:

$$h^*(P) = g(z) = g(F(t)) = G(t) = h^{**}(P)\,.$$

$h^*(P)$ ist in $\mathfrak{F}_n$ definiert, $h^{**}(P)$ in $\Delta + \mathfrak{B}$. Also sind sie die analytische Fortsetzung voneinander und Zweige einer Funktion

$$w = h_{n+1}(P)\,,$$

die $\mathfrak{F}_{n+1} = \mathfrak{F}_n + \Delta$ auf die Kreisscheibe $\mathfrak{K}_{n+1} = \Delta^* + \mathfrak{B}^* + \mathfrak{G}^*$ biholomorph abbildet. Somit ist Satz 30 bewiesen.

Die Abbildungsfunktion $h_n(P)$ können wir noch besonders *normieren*. Für alle Betrachtungen sei die Umgebung $\mathfrak{U}_1$ des Dreiecks Δ_1 ein für allemal fest auf die Umgebung $\mathfrak{U}_1'$ in der t-Ebene bezogen. Die Abbildungsfunktion sei $P = f_1(t)$. Die Abbildungsfunktion $h_n(P)$ sei nun so normiert, daß stets für die Funktion $h_n(f_1(t)) = F_n(t)$ und für einen festen Punkt $P_0 = f_1(t_0)$ aus dem Innern von Δ_1 gilt:

$$F_n(t_0) = 0 \text{ und } F_n'(t_0) = 1$$

und daß außerdem der Kreis $\mathfrak{K}_n$ die Gestalt $|w| < r_n$ hat. Durch eine lineare Transformation der w-Ebene ist dies stets erreichbar und $h_n(P)$ und $\mathfrak{K}_n$ sind durch diese Forderung eindeutig bestimmt.

Ist jetzt $\mathfrak{F}$ eine *nicht kompakte Riemannsche Fläche*, so sind wir mit dem *Beweis des Hauptsatzes der konformen Abbildung* schnell fertig. Wir bilden die Funktionen

$$h_{1\nu}(z) = h_\nu(\check{h}_1(z))\,, \quad \nu = 1, 2, 3, \ldots\,.$$

Sie sind in $\mathfrak{K}_1$ sämtlich holomorph, schlicht und im Nullpunkt normiert. Folglich bilden sie eine normale Familie (IV, 10, Satz 61). Sie besitzen also eine gleichmäßig konvergente Teilfolge $h_{11}^{(1)}(z)$, $h_{12}^{(1)}(z)$, $h_{13}^{(1)}(z)$, ..., die im Innern von $\mathfrak{K}_1$ gegen eine schlichte Funktion geht. Gleiches gilt für die Folge $h_1(P)$, $h_2(P)$, $h_3(P)$, ... in $\mathfrak{F}_1$. Sie besitzt dort die Teilfolge

$$h_1^{(1)}(P),\ h_2^{(1)}(P),\ h_3^{(1)}(P),\ \ldots, \tag{9}$$

die im Innern von $\mathfrak{F}_1$ gegen eine schlichte holomorphe Funktion $h_0(P)$ gleichmäßig konvergiert. Nun bilden wir die Funktionen

$$h_{2\nu}(z) = h_\nu^{(1)}(\check{h}_2(z))\,, \quad \nu = 2, 3, 4, \ldots,$$

in $\mathfrak{K}_2$. Wie oben geben sie Anlaß zu einer Teilfolge

$$h_2^{(2)}(P),\ h_3^{(2)}(P),\ h_4^{(2)}(P),\ \ldots,$$

die im Innern von $\mathfrak{F}_2$ gegen eine schlichte Funktion gleichmäßig konvergiert, die wir wieder mit $h_0(P)$ bezeichnen können, da sie in $\mathfrak{F}_1$ mit der Grenzfunktion $h_0(P)$ der Folge (9) übereinstimmt. So fortfahrend erhalten wir eine Folge von Folgen, deren erste Funktionen

$$h_1^{(1)}(P),\ h_2^{(2)}(P),\ h_3^{(3)}(P)\,, \ldots$$

für $\nu \geqq n$ in $\mathfrak{F}_n$ erklärt sind und dort gegen die schlichte Grenzfunktion $h_0(P)$ gleichmäßig konvergieren. Da die $\mathfrak{F}_n$ die Fläche $\mathfrak{R}$ ausschöpfen, so ist $z = h_0(P)$ schlicht auf $\mathfrak{R}$ und bildet daher $\mathfrak{R}$ auf ein schlichtes offenes Gebiet $\mathfrak{G}$ der z-Ebene ab. $\mathfrak{G}$ ist einfach zusammenhängend und daher nach dem Riemannschen Abbildungssatz die end liche z-Ebene oder ein einfach zusammenhängendes Gebiet der z-Ebene, welches sich auf einen Kreis $\mathfrak{K}_0$ um den Nullpunkt so abbilden läßt, daß die resultierende Abbildungsfunktion $h(P)$ im gleichen Sinne wie die $h_n(P)$ normiert ist. Damit ist der Hauptsatz der konformen Abbildung (Satz 27) für nicht kompakte einfach zusammenhängende Riemannsche Flächen bewiesen.

Es sei nun $\mathfrak{R}$ *kompakt*. $\mathfrak{R}$ besteht also aus einem Flächenstück $\mathfrak{F}_n$ und dem Schlußdreieck Δ, welches längs aller drei Kanten a_1, a_2, a_3 mit $\mathfrak{F}_n$ verheftet ist. Wir punktieren nun das Dreieck Δ in einem inneren Punkt Q. Der Rest $\mathfrak{F}_n + \Delta - Q = \mathfrak{R}_0$ ist dann eine einfach zusammenhängende, nicht kompakte Fläche, die wir nach dem soeben bewiesenen ersten Teil auf die endliche Ebene oder die offene Kreisscheibe abbilden können. Der letzte Fall scheidet hierbei aus; denn sonst wäre die Abbildungsfunktion auf ganz $\mathfrak{R}_0$ holomorph, in der Umgebung von Q beschränkt und eindeutig, also nach Q holomorph fortsetzbar und damit nach 4, Satz 20 konstant. Also wird $\mathfrak{R}_0$ auf die endliche Ebene abgebildet. Ordnen wir dem Punkt Q den unendlich fernen Punkt zu, so ist damit die kompakte Fläche $\mathfrak{R}$ auf die geschlossene Ebene abgebildet. Damit ist Satz 27 in jedem Falle bewiesen.

Zur Uniformisierungstranszendenten kommen wir nun folgendermaßen. $\mathfrak{R}$ sei eine beliebige Riemannsche Fläche, $\mathfrak{F}$ ihre universelle Überlagerungsfläche. $\mathfrak{F}$ ist einfach zusammenhängend. Also gibt es eine Funktion $t = h(P)$, die $\mathfrak{F}$ auf ein schlichtes Gebiet (Kreis, endliche Ebene oder geschlossene Ebene) abbildet. $t = h(P)$ ist eine Uniformisierungstranszendente. Damit ist auch der *Hauptsatz der Uniformisierungstheorie* (Satz 28) und Satz 29, wonach jede analytische Funktion global uniformisierbar ist, bewiesen.

Wir wollen unsere Überlegungen noch durch einige Zusatzbetrachtungen ergänzen und uns die im vorstehenden Beweis auftretenden Abbildungsfunktionen etwas genauer ansehen.

Satz 32. *Ist $\mathfrak{R}$ eine nicht kompakte, einfach zusammenhängende Riemannsche Fläche und $h_n(P)$ die Folge der in P_0 normierten Abbildungsfunktionen der F_n, so wachsen die Radien r_n der zugehörigen Kreisscheiben $\mathfrak{K}_n$ monoton und konvergieren gegen den Radius r_0 der Kreisscheibe $\mathfrak{K}_0$, auf die $\mathfrak{R}$ durch $h(P)$ abgebildet wird. Ist $\mathfrak{K}_0$ die endliche Ebene, so wachsen die Radien gegen ∞. Die Funktion $h(P)$ ist die Grenzfunktion $h_0(P)$ der im Innern von $\mathfrak{R}$ gleichmäßig konvergierenden $h_n(P)$.*

Bildet die von der Identität verschiedene Funktion $f(z)$, mit $f(0) = 0$, $f'(0) = 1$, den Kreis $|z| < r$ auf ein Teilgebiet des Kreises $|z| < R$ ab, so ist $R > r$. Die Funktion $g(z) = \frac{1}{R} f(rz)$ ist nämlich eine innere Abbildung des Einheitskreises mit $g(0) = 0$, und daher gilt nach dem Schwarzschen Lemma (IV, 5, Satz 23):

$$\left|\frac{1}{R} f(rz)\right| = |g(z)| \leqq |z|\,,$$

also

$$\frac{r}{R}\,|f'(0)| = |g'(0)| = \lim_{z\to 0}\left|\frac{g(z)}{z}\right| \leqq 1\,.$$

Das Gleichheitszeichen gilt nur für die Funktionen $g(z) = z \cdot e^{i\vartheta_0}$, also für die Funktionen $f(z) = Rg\left(\frac{z}{r}\right) = \frac{R}{r}\, z \cdot e^{i\vartheta_0}$, und somit wegen $f'(0) = 1$ nur für die Identität, die aber ausgeschlossen sein sollte. Es ist daher $r < R$.

Nun bildet die Funktion $h_{n+1}(\check{h}_n(z))$ unter den oben angegebenen Bedingungen für $f(z)$ den Kreis $\mathfrak{K}_n$ auf ein Teilgebiet $\mathfrak{K}_n^*$ von $\mathfrak{K}_{n+1}$ ab. Folglich ist $r_{n+1} > r_n$. Die Folge der r_n wächst also monoton und ist deshalb konvergent mit endlichem oder unendlichem Grenzwert r.

Die Funktion $h(P)$ bilde $\mathfrak{R}$ auf den Kreis $\mathfrak{K}_0$ mit endlichem Radius r_0 biholomorph ab. $h(\check{h}_n(z))$ bildet folglich unter den oben für $f(z)$ gemachten

Voraussetzungen den Kreis $\mathfrak{K}_n$ auf einen Teil von $\mathfrak{K}_0$ ab. Daher ist $r_n < r_0$ und

$$r = \lim_{n\to\infty} r_n \leqq r_0 . \tag{10}$$

Die Grenzfunktion $h_0(P)$ einer Teilfolge der $h_n(P)$ kann keinen Wert annehmen, der außerhalb des Kreises $|z| \leqq r$ liegt, und da $\mathfrak{R}$ nur aus inneren Punkten besteht, auch keinen Wert, der auf $|z| = r$ liegt. Deshalb wird bei der normierten Abbildung $h_0(\check{h}(z))$ auch $\mathfrak{K}_0$ auf ein Teilgebiet des Kreises $|z| < r$ abgebildet. Wäre nun $h_0(\check{h}(z))$ nicht die Identität, so müßte $r_0 < r$ sein, was wegen (10) nicht möglich ist. Also ist

$$h_0(\check{h}(z)) \equiv z$$

und damit

$$h_0(P) = h(P) .$$

Ist r unendlich, so bildet $h_0(P)$ die Riemannsche Fläche $\mathfrak{R}$ auf die endliche Ebene ab, und dann ist wegen der gleichen Normierung der Funktionen $h_0(P)$ und $h(P)$ im Punkte P_0:

$$h_0(P) = h(P) .$$

Im Gang des Beweises zu Satz **27** war $h_0(P)$ die Grenzfunktion einer Teilfolge der $h_n(P)$. Tatsächlich konvergieren die $h_n(P)$ aber auch in ihrer Gesamtheit im Innern von $\mathfrak{R}$ gleichmäßig gegen $h_0(P)$; denn andernfalls müßte es eine zweite Teilfolge geben, die dort gegen eine von $h_0(P)$ verschiedene Grenzfunktion $h_0^*(P)$ gleichmäßig konvergieren würde. Auch diese Funktion $h_0^*(P)$ würde nach denselben Überlegungen wie oben $\mathfrak{R}$ auf eine Kreisscheibe um den Nullpunkt oder die offene Ebene abbilden. Wegen der Normierung im Punkte P_0 sind dann aber beide Funktionen identisch:

$$h_0(P) \equiv h_0^*(P) .$$

Also konvergieren die $h_n(P)$ im Innern von $\mathfrak{R}$ gleichmäßig gegen $h_0(P)$, und $h_0(P)$ bildet $\mathfrak{R}$ auf eine Kreisscheibe oder die endliche Ebene ab.

Wenn die Riemannsche Fläche $\mathfrak{R}$ durch $P^* = f(P)$ auf die Riemannsche Fläche $\mathfrak{R}^*$ biholomorph abgebildet wird und wenn $t = h(P)$ eine Uniformisierungstranszendente auf $\mathfrak{R}$ ist, so ist offenbar $t = h(\check{f}(P^*))$ eine Uniformisierungstranszendente auf $\mathfrak{R}^*$. Wie man aus der Darstellung $Q = \{P, \mathfrak{K}(P_0, P)\}$ der Punkte der universellen Überlagerungsfläche erkennt, wird durch $P^* = f(P)$ die universelle Überlagerungsfläche $\mathfrak{F}$ von $\mathfrak{R}$ auf $\mathfrak{F}^*$ von $\mathfrak{R}^*$ biholomorph abgebildet. Daraus folgt, daß eine *ausgezeichnete Uniformisierungstranszendente* t von $\mathfrak{R}$ bei der Abbildung in eine ausgezeichnete Uniformisierungstranszendente von $\mathfrak{R}^*$ übergeht. Dabei ist eine ausgezeichnete Uniformisierungstranszendente dadurch definiert, daß sie die universelle Überlagerungsfläche $\mathfrak{F}$ von $\mathfrak{R}$ auf ein *Normalgebiet*, nämlich den Einheitskreis, die endliche oder die kompakte Ebene abbildet. Bei dieser Definition fällt die Normierung in einem Punkte P_0 fort. Infolgedessen gibt es mit einer ausgezeichneten Uniformisierungstranszendenten gleich unendlich viele; denn ist $t = h(P)$ eine solche Funktion, so auch

$$t^* = L(h(P)) = h^*(P)\ ,$$

worin

$$t^* = L(t)$$

ein Automorphismus des Normalgebietes, also eine lineare Transformation ist. Damit ist aber schon die Gesamtheit der ausgezeichneten Uniformisierungstranszendenten erfaßt; denn sind

$$t = h(P) \quad \text{und} \quad t^* = h^*(P)$$

zwei solche Funktionen, so bildet

$$t^* = h^*(\check{h}(t)) = L(t)$$

das Normalgebiet auf sich ab, und daher ist $L(t)$ eine lineare Transformation, so daß $h(P)$ und $h^*(P)$ durch die obige Beziehung zusammenhängen.

Die Gruppen der linearen Transformationen sind voneinander verschieden, je nachdem das Normalgebiet der Einheitskreis, die endliche Ebene oder die kompakte Ebene ist.

Ist das Normalgebiet die kompakte Ebene, so sprechen wir vom *elliptischen Fall*, bei der endlichen Ebene vom *parabolischen Fall* und beim Einheitskreis vom *hyperbolischen Fall*. Universelle Überlagerungsflächen, deren Normalgebiete gleich sind, heißen vom gleichen Typus.

Wir fassen das Ergebnis zusammen in eine Aussage über die Mannigfaltigkeit der Uniformisierungstranszendenten:

Satz 33. *Die ausgezeichnete Uniformisierungstranszendente einer Riemannschen Fläche $\mathfrak{R}$ ist bis auf eine lineare Transformation des Normalgebietes bestimmt. Im elliptischen Falle treten dabei alle linearen Transformationen, im parabolischen Falle die ganzen linearen Transformationen und im hyperbolischen Falle die linearen Transformationen des Einheitskreises auf.*

Im ersten Fall ist die Mannigfaltigkeit reell-6-parametrig. Die sechs Parameter sind die drei komplexen Verhältnisse der Zahlen a, b, c, d in der Abbildung

$$w = \frac{az+b}{cz+d}\,.$$

Im zweiten Falle stehen 4 Parameter zur Verfügung, nämlich die komplexen Zahlen a und b in der Abbildung

$$w = az + b\,.$$

Im dritten Falle gibt es drei reelle Parameter, nämlich ϑ und die komplexe Zahl z_0 in der Abbildung

$$w = e^{i\vartheta}\,\frac{z - z_0}{\bar{z}_0 z - 1}\,.$$

Es tritt nun die Frage auf, wann die universelle Überlagerungsfläche $\mathfrak{F}$ einer Riemannschen Fläche $\mathfrak{R}$ auf die kompakte Ebene, wann auf die endliche Ebene und wann auf den Einheitskreis abgebildet werden kann. Auf diese Frage wollen wir in den folgenden Untersuchungen eingehen.

§ 6. Uniformisierungstheorie. Die Typen der Überlagerungsflächen

Um den Typus der universellen Überlagerungsfläche $\mathfrak{F}$ einer Riemannschen Fläche $\mathfrak{R}$ zu ermitteln, ziehen wir den Begriff der *Decktransformation* heran. Darunter versteht man eine topologische Abbildung von $\mathfrak{F}$ auf sich, bei der die Spurpunkte auf $\mathfrak{R}$ von Original- und Bildpunkt die gleichen sind. Eine solche Abbildung ist offenbar biholomorph.

In bezug auf die Grundpunkte in der Ebene schreibt sich bei einer konkreten Riemannschen Fläche eine solche Decktransformation $z^* \equiv z$, da ja Original- und Bildpunkt auf $\mathfrak{R}$ denselben Spurpunkt, also dieselbe z Koordinate haben. Aber nicht jede Transformation von $\mathfrak{F}$ auf sich, die sich in der Form $z^* \equiv z$ schreiben läßt, ist immer eine Decktransformation. So sei z. B. $\mathfrak{R}$ die in 0 und ∞ punktierte Ebene. Dann ist $\mathfrak{F}$ die Riemannsche Fläche von $w = \log z$. Jede Transformation $w^* = w + 2k\pi i$, k ganz, liefert eine Decktransformation von $\mathfrak{F}$; denn für die zugehörigen Spurpunkte z^* und z auf $\mathfrak{R}$ gilt $z^* = z \cdot e^{2k\pi i} = z$. Hier gilt, daß jede Transformation von $\mathfrak{F}$ mit $z^* = z = z \cdot e^{2k\pi i}$ eine Decktransformation ist. Dagegen gibt es bei der Riemannschen Fläche $\mathfrak{R}$ von $\sqrt{z}$, die in den Punkten 0 und ∞ punktiert ist, zu jedem Grundpunkt z zwei Punkte $P_1(z)$ und $P_2(z)$ auf $\mathfrak{R}$. $\mathfrak{F}$ ist in diesem Falle ebenfalls die Fläche von $w = \log z$. Aber die Decktransformationen von $\mathfrak{F}$ erhalten wir durch die Beziehung $w^* = w + 4k\pi i$; denn erst nach einem zweimaligen Umlauf um den Nullpunkt kehren wir zum selben Punkt auf $\mathfrak{R}$ zurück. Auch in diesem Falle gilt für die Grundpunkte $z^* = z \cdot e^{4k\pi i} = z$. Aber die Abbildung $z^* = z \cdot e^{2\pi i} = z$ führt auf $\mathfrak{R}$ von einem Punkt $P_1(z)$ zu dem davon verschiedenen Punkt $P_2(z)$, also zu keiner Decktransformation von $\mathfrak{F}$. Der Begriff der Decktransformation von $\mathfrak{F}$ ist also *relativ zu* $\mathfrak{R}$ zu bilden.

Wir beweisen nun

Satz 34. *Eine Decktransformation ist eindeutig bestimmt, wenn man zu einem Punkt auf der universellen Überlagerungsfläche seinen Bildpunkt festlegt.*

Q_0 und Q_0^* seien zwei Punkte auf $\mathfrak{F}$ mit gleichem Spurpunkt P_0 auf $\mathfrak{R}$. Q sei ein weiterer Punkt auf $\mathfrak{F}$. $\mathfrak{C}^*$ sei eine Kurve auf $\mathfrak{F}$, die Q_0 mit Q verbindet. $\mathfrak{C}$ sei die Spurkurve von $\mathfrak{C}^*$ auf $\mathfrak{R}$. Bei einer Decktransformation, die Q_0 in Q_0^* überführt, geht $\mathfrak{C}^*$ in eine in Q_0^* beginnende Kurve $\mathfrak{C}^{**}$ über, die dieselbe Spurkurve $\mathfrak{C}$ auf $\mathfrak{R}$ wie $\mathfrak{C}^*$ hat, und bei der jeder Bildpunkt denselben Spurpunkt wie der Originalpunkt hat. Nun gibt es nach Eigenschaft 3 der universellen Überlagerungsfläche genau eine Kurve $\mathfrak{C}^{**}$ auf $\mathfrak{F}$, die in Q_0^* beginnt und die das Bild von $\mathfrak{C}$, also auch von $\mathfrak{C}^*$, ist. Also hat $\mathfrak{C}^{**}$ genau einen Endpunkt Q^*, der das Bild von Q ist. Die Abbildung ist somit durch die Zuordnung von Q_0 zu Q_0^* eindeutig festgelegt.

Sofort folgt hieraus der

Satz 35. *Eine Decktransformation, die nicht die Identität ist, besitzt keinen Fixpunkt.*

Zu jeder Decktransformation von $\mathfrak{F}$ gibt es eine inverse Decktransformation, und zwei Decktransformationen, hintereinander geschaltet, liefern wieder eine Decktransformation. Daher bildet die Gesamtheit der Decktransformationen von $\mathfrak{F}$ eine Gruppe Γ. Sie ist isomorph zur Fundamentalgruppe von $\mathfrak{R}$. Darunter versteht man die Wegegruppe (Homotopiegruppe) der in einem festen Punkt P_0 auf $\mathfrak{R}$ beginnenden, nach P_0 zurückkehrenden Wege, d. h. die Menge der Klassen $\mathfrak{K}(P_0, P_0)$, die bezüglich der in 5, β definierten Addition eine Gruppe bilden. Jeder Klasse $\mathfrak{K}(P_0, P_0)$ solcher Wege entspricht genau ein Punkt Q_0 auf $\mathfrak{F}$ über P_0, jedem Q_0 eine Decktransformation und der Addition der Klassen das Hintereinanderschalten der Decktransformationen.

Die Gruppe Γ ist überall auf $\mathfrak{F}$ *eigentlich diskontinuierlich* (s. S. 513): zu jedem Punkt Q auf $\mathfrak{F}$ gibt es eine Umgebung $\mathfrak{U}(Q)$ derart, daß jede nicht identische Transformation von Γ die Umgebung $\mathfrak{U}(Q)$ in eine Punktmenge transformiert, die keinen Punkt mit $\mathfrak{U}(Q)$ gemeinsam hat. Dies folgt daraus, daß jeder Punkt Q' in einer genügend kleinen Umgebung $\mathfrak{U}(Q)$ der einzige Punkt in $\mathfrak{U}(Q)$ ist, der $P' = \Pi(Q')$ als Spurpunkt auf $\mathfrak{R}$ hat. Also kann keine nicht identische Transformation von Γ einen Punkt aus $\mathfrak{U}(Q)$ wieder in $\mathfrak{U}(Q)$ abbilden.

Aus $\mathfrak{F}$ und der Gruppe Γ der Decktransformationen gewinnen wir die Riemannsche Fläche $\mathfrak{R}$ zurück, wenn wir Punkte auf $\mathfrak{F}$, die durch eine Decktransformation auseinander hervorgehen, identifizieren. Man bezeichnet diesen Vorgang als *Quotientenbildung von* $\mathfrak{F}$ *nach der Gruppe* Γ und schreibt:

$$\mathfrak{R} = \mathfrak{F}/\Gamma .$$

Bilden wir nun $\mathfrak{F}$ gemäß 5, Satz 27 auf eines der Normalgebiete ab, so wird gleichzeitig die Fundamentalgruppe Γ isomorph auf eine eigentlich diskontinuierliche Gruppe $\mathfrak{G}$ von Automorphismen des Normalgebietes abgebildet; denn jeder Decktransformation von $\mathfrak{F}$ entspricht ein Automorphismus des Normalgebietes, also eine lineare Transformation, und keine dieser Transformationen außer der Identität hat im Normalgebiet einen Fixpunkt. Wegen der topologischen Abbildung von $\mathfrak{F}$ auf das Normalgebiet ist auch $\mathfrak{G}$ eigentlich diskontinuierlich.

Zwei Punkte des Normalgebietes $\mathfrak{N}$ heißen *äquivalent*, wenn sie durch eine lineare Transformation aus $\mathfrak{G}$ aufeinander abgebildet werden. Solchen Punkten entsprechen auf $\mathfrak{F}$ Punkte, die durch eine Decktransformation auseinander hervorgehen. Die Klassen äquivalenter Punkte des Normalgebietes sind daher eineindeutig den Punkten von $\mathfrak{R}$ zugeordnet. Da $\mathfrak{G}$ eigentlich diskontinuierlich im Normalgebiet ist, so können sich äquivalente Punkte im Innern des Normalgebietes nicht häufen.

Es läßt sich nun auch in $\mathfrak{N}$ der Quotientenraum nach $\mathfrak{G}$ bilden:

$$\mathfrak{R}' = \mathfrak{N}/\mathfrak{G} .$$

$\mathfrak{R}'$ ist eine allgemeine Riemannsche Fläche, die biholomorph äquivalent zu $\mathfrak{R}$ ist, wie man unmittelbar erkennt.

Eine Umgebung irgendeines Punktes des Normalgebietes, die keine zwei verschiedenen zueinander äquivalenten Punkte enthält, läßt sich zu einem größten offenen zusammenhängenden Gebiet mit gleicher Eigenschaft erweitern. Dies führt uns zum Begriff des *Fundamentalbereichs* $\mathfrak{F}_0$ eines Normalgebietes $\mathfrak{N}$. Darunter verstehen wir eine offene Punktemenge von $\mathfrak{N}$ mit folgenden Eigenschaften:

1. $\mathfrak{F}_0$ enthält keine zwei äquivalenten Punkte bezüglich der Gruppe $\mathfrak{G}$.
2. $\mathfrak{F}_0$ läßt sich nicht zu einer größeren offenen Punktmenge mit gleicher Eigenschaft erweitern.

$\mathfrak{C}_0$ sei der Rand von $\mathfrak{F}_0$ im Innern von $\mathfrak{N}$. Dann ist $\mathfrak{F}_0 + \mathfrak{C}_0$ bezüglich $\mathfrak{N}$ abgeschlossen, d. h. jeder in $\mathfrak{N}$ liegende Häufungspunkt von $\mathfrak{F}_0 + \mathfrak{C}_0$ gehört wieder zu $\mathfrak{F}_0 + \mathfrak{C}_0$. Es kann sein, daß $\mathfrak{C}_0$ leer ist. Dann ist $\mathfrak{F}_0$ gleich dem ganzen Normalgebiet $\mathfrak{N}$. Ist $\mathfrak{C}_0$ nicht leer, so ist kein Punkt von $\mathfrak{C}_0$ äquivalent zu einem inneren Punkt von $\mathfrak{F}_0$; denn andernfalls wäre eine ganze Umgebung eines solchen Punktes äquivalent zu einer Umgebung des Bildpunktes von $\mathfrak{F}_0$. Keiner der Punkte der Umgebung könnte also zu $\mathfrak{F}_0$ gehören und der betrachtete Punkt kein Randpunkt sein.

Ferner gibt es in jeder Umgebung eines Randpunktes von $\mathfrak{F}_0$ Punkte, die nicht zu $\mathfrak{F}_0 + \mathfrak{C}_0$ gehören. Träfe dies nicht zu, so gäbe es einen Randpunkt R_0 und dazu eine Umgebung $\mathfrak{U}(R_0)$, so daß alle Punkte aus $\mathfrak{U}(R_0)$ zu $\mathfrak{F}_0 + \mathfrak{C}_0$ gehörten. Da kein Punkt von $\mathfrak{C}_0$ zu einem Punkt von $\mathfrak{F}_0$ äquivalent ist, so könnten wir die Punkte von $\mathfrak{C}_0$ in $\mathfrak{U}(R_0)$ zu $\mathfrak{F}_0$

hinzunehmen und erhielten eine größere offene Punktmenge mit den Eigenschaften des Fundamentalbereiches, was aber ausgeschlossen sein soll.

Da in $\mathfrak{F}_0$ jeder Punkt P von $\mathfrak{R}$ höchstens einen Bildpunkt hat, so bildet die Umkehrfunktion $P = \check{h}(t)$ einer ausgezeichneten Uniformisierungstranszendenten $t = h(P)$ den Bereich $\mathfrak{F}_0$ auf einen Bereich $\mathfrak{B}$ von $\mathfrak{R}$ ab und den Rand $\mathfrak{C}_0$ von $\mathfrak{F}_0$ *eindeutig* und stetig auf den Rand $\mathfrak{C}$ von $\mathfrak{B}$. Offenbar bilden $\mathfrak{B} + \mathfrak{C}$ die ganze Fläche $\mathfrak{R}$, wobei es allerdings vorkommen kann, daß zwei verschiedenen Randpunkten von $\mathfrak{C}_0$ *ein* Punkt auf $\mathfrak{R}$ entspricht. Gäbe es außerhalb $\mathfrak{B} + \mathfrak{C}$ noch weitere Punkte auf $\mathfrak{R}$, so gäbe es auch im Normalgebiet $\mathfrak{N}$ noch Punkte, die zu keinem Punkt von $\mathfrak{F}_0 + \mathfrak{C}_0$ äquivalent wären, und es wäre daher $\mathfrak{F}_0$ noch zu vergrößern.

Wir zeigen nun, daß wir $\mathfrak{F}_0$ als einfach zusammenhängendes Gebiet wählen können.

Satz 36. *Es gibt ein zusammenhängendes Fundamentalgebiet $\mathfrak{F}_0$, und jedes solche Gebiet ist auch einfach zusammenhängend.*

Wir gehen aus von einer Triangulierung auf $\mathfrak{R}$. Bildet man die universelle Überlagerungsfläche $\mathfrak{F}$ von $\mathfrak{R}$, so überträgt sich die Triangulierung von $\mathfrak{R}$ in eine Triangulierung auf $\mathfrak{F}$ und durch die ausgezeichnete Uniformisierungstranszendente in eine Triangulierung des Normalgebietes $\mathfrak{N}$. Die Dreiecke können sich nicht im Innern von $\mathfrak{N}$ häufen, da der Häufungspunkt das Bild eines inneren Punktes von $\mathfrak{F}$ wäre und ein solcher Punkt einschließlich einer Umgebung nur endlich vielen Dreiecken angehören kann.

Bei einer Decktransformation von $\mathfrak{F}$ bleibt die Triangulierung von $\mathfrak{F}$ ungeändert, und zwei ineinander übergehende Dreiecke haben auf $\mathfrak{R}$ dasselbe Spurdreieck. Zwei Dreiecke, die bei einer Transformation der Gruppe Γ ineinander übergehen, sind also kongruente Bilder voneinander, und wenn ein innerer Punkt eines Dreiecks Δ_1 durch eine Transformation von Γ in einen inneren Punkt von Δ_2 übergeht, so sind Δ_1 und Δ_2 kongruent. Das gleiche gilt auch in $\mathfrak{N}$. Die dorthin übertragene Triangulation von $\mathfrak{F}$ ist von der Art, daß sie bei jeder Transformation der Gruppe $\mathfrak{G}$ in sich übergeht und zwei Dreiecke stets kongruente Bilder bezüglich $\mathfrak{G}$ sind, wenn sie im Innern je einen Punkt enthalten, die zueinander äquivalent sind.

Da bei einer Decktransformation, die nicht die Identität ist, kein Punkt eines abgeschlossenen Dreiecks in einen anderen Punkt des abgeschlossenen Dreiecks übergehen kann, so folgt insbesondere, daß kein Dreieck in $\mathfrak{N}$ zwei äquivalente Punkte enthalten kann.

Wir denken uns jetzt die Dreiecke von $\mathfrak{R}$ so numeriert, daß die aus den Dreiecken $\Delta_1 + \Delta_2 + \cdots + \Delta_n$ zusammengesetzten Flächenstücke $\mathfrak{F}_n$ so auseinander hervorgehen, daß $\mathfrak{F}_{n+1} = \mathfrak{F}_n + \Delta_{n+1}$ ist, wobei Δ_{n+1} an $\mathfrak{F}_n$

mindestens längs einer Kante a_n angeheftet wird. Da jedes Dreieck vorkommt, schöpfen die $\mathfrak{F}_n$ die Fläche $\mathfrak{R}$ aus. Jetzt versehen wir alle Dreiecke auf $\mathfrak{F}$ mit demselben Spurdreieck Δ_ν mit der Nummer ν und gleichfalls deren Bilder Δ_ν^* in $\mathfrak{N}$. Dort beginnen wir mit irgendeinem Dreieck Δ_1^*. Der Kante a_1 von Δ_1 entspricht eine Kante a_1^* von Δ_1^*. Daran heften wir das angrenzende Dreieck Δ_2^* in $\mathfrak{N}$. Es gibt genau eines. Es sei $\mathfrak{F}_2^* = \Delta_1^* + \Delta_2^*$. $\mathfrak{F}_2$ hat die Kante a_2, an die Δ_3 geheftet wird. An das Bild a_2^* von a_2 in $\mathfrak{F}_2^*$ grenzt genau ein Dreieck Δ_3^*. Wir heften es an. Hat es mit $\mathfrak{F}_2^*$ noch eine weitere Kante gemeinsam, so heften wir es auch längs dieser Kante an. So fahren wir fort und erhalten eine Folge von Gebieten $\mathfrak{F}_\nu^*$ in $\mathfrak{N}$, die mit wachsendem ν gegen ein Grenzgebiet $\mathfrak{F}_0^*$ gehen, welches aus Dreiecken $\Delta_1^*, \Delta_2^*, \Delta_3^*, \ldots$ besteht, und zwar kommt zu jeder Nummer ν genau ein Dreieck Δ_ν^* in $\mathfrak{F}_0^*$ vor.

Offensichtlich ist $\mathfrak{F}_0$, das Innere von $\mathfrak{F}_0^*$, ein zusammenhängendes Gebiet, welches nicht mehr vergrößert werden kann, ohne daß dann zwei innere Punkte äquivalent sind.

Wir zeigen, daß $\mathfrak{F}_0$ sogar einfach zusammenhängend ist. Ist $\mathfrak{F}_0$ die geschlossene Ebene, so ist nichts zu beweisen. Andernfalls können wir voraussetzen, daß $\mathfrak{F}_0$ endlich ist. Nehmen wir an, $\mathfrak{F}_0$ wäre nicht einfach zusammenhängend. Dann gibt es eine einfach geschlossene Kurve $\mathfrak{C}_0$ in $\mathfrak{F}_0$, deren Inneres nicht ganz zu $\mathfrak{F}_0$, wohl aber ganz zum Normalgebiet $\mathfrak{N}$ gehört. Da die Dreiecke von $\mathfrak{F}_0$ sich im Innern von $\mathfrak{N}$ nicht häufen können, so muß es im Innern von $\mathfrak{C}_0$ eine ganze Umgebung eines Punktes t^* geben, die nicht zu $\mathfrak{F}_0$ gehört, die aber äquivalente Punkte in $\mathfrak{F}_0$ besitzt. Insbesondere sei t in $\mathfrak{F}_0$ der äquivalente Punkt zu t^*. Die Transformation der Gruppe $\mathfrak{G}$, die t in t^* transformiert, transformiert $\mathfrak{F}_0$ in ein im Innern von $\mathfrak{C}_0$ liegendes *nicht* einfach zusammenhängendes Gebiet $\mathfrak{F}_1$, welches keinen inneren Punkt mit $\mathfrak{F}_0$ gemeinsam hat. Wieder gibt es eine einfach geschlossene Kurve $\mathfrak{C}_1$ in $\mathfrak{F}_1$, die im Innern Punkte enthält, die nicht zu $\mathfrak{F}_1$ gehören. Wir können also das Verfahren fortgesetzt wiederholen und erhalten eine Folge von einander umschließenden Gebieten $\mathfrak{F}_\nu$, die die äquivalenten Bilder voneinander sind und sich nicht überdecken. Daher müßte es im Innern von $\mathfrak{N}$ einen Häufungspunkt äquivalenter Punkte geben, was aber nicht der Fall ist. Damit ist Satz 36 vollständig bewiesen.

Da $\mathfrak{F}_0 + \mathfrak{C}_0$ als Bild auf $\mathfrak{R}$ ein Gebiet $\mathfrak{B} + \mathfrak{C}$ hat derart, daß $\mathfrak{B}$ und $\mathfrak{F}_0$ eineindeutig aufeinander abgebildet sind und $\mathfrak{B} + \mathfrak{C}$ alle Punkte von $\mathfrak{R}$ überdecken, so schneidet $\mathfrak{C}$ die Riemannsche Fläche $\mathfrak{R}$ zu einem einfach zusammenhängenden Gebiet $\mathfrak{B}$ auf. Es gilt daher

Satz 37. *$\mathfrak{R}$ sei eine Riemannsche Fläche, $\mathfrak{F}$ die universelle Überlagerungsfläche von $\mathfrak{R}$ und $\mathfrak{N}$ das Normalgebiet von $\mathfrak{F}$, auf welches $\mathfrak{F}$ durch die biholomorphe Abbildung $t = h(Q)$ bezogen wird. Sei $\mathfrak{F}_0$ ein einfach zusammenhängendes Fundamentalgebiet der zu den Decktransformationen gehörenden*

Gruppe $\mathfrak{G}$ in $\mathfrak{N}$. Dann wird durch die Transformation $P = \Pi(\check{h}(t))$ das Fundamentalgebiet $\mathfrak{F}_0$ auf ein Gebiet $\mathfrak{B}$ auf $\mathfrak{R}$ biholomorph abgebildet, das mit seinem Rand $\mathfrak{C}$ ganz $\mathfrak{R}$ überdeckt. $\mathfrak{C}$ schneidet die Riemannsche Fläche $\mathfrak{R}$ zu dem einfach zusammenhängenden Gebiet $\mathfrak{B}$ auf.

Der Rand $\mathfrak{C}$ (der nach den vorstehenden Überlegungen aus Dreieckskanten besteht, wenn man $\mathfrak{F}_0$ aus Dreiecken aufbaut) trennt also $\mathfrak{R}$ in der Umgebung jedes seiner Punkte in zwei oder mehr Teile auf. Im Bildgebiet $\mathfrak{F}_0$ gibt es daher zu jedem Punkt P von $\mathfrak{C}$ mindestens zwei Punkte, die auf $\mathfrak{C}_0$ liegen und als Bild den Punkt P auf $\mathfrak{C}$ haben. Diese Punkte auf $\mathfrak{C}_0$ sind zueinander äquivalent.

Wir führen nun die angekündigte Einteilung der Riemannschen Flächen durch. Dabei machen wir wiederholt von den Ergebnissen des Anhangs zu diesem Kapitel Gebrauch.

1. *Der elliptische Fall.* Das Normalgebiet ist die geschlossene Ebene. Jede lineare Transformation in der geschlossenen Ebene besitzt mindestens einen Fixpunkt (s. IV, 3).

Da aber eine Decktransformation, die nicht die Identität ist, auf $\mathfrak{F}$ keinen Fixpunkt hat, so besteht Γ und damit auch $\mathfrak{G}$ nur aus der Identität. Also gibt es zu jedem Punkt P auf $\mathfrak{R}$ nur einen Punkt Q auf $\mathfrak{F}$, der P als Spurpunkt hat. Man kann daher $Q = P$ setzen, und es ist $\mathfrak{F} = \mathfrak{R}$. Da $\mathfrak{F}$ biholomorph auf $\mathfrak{N}$ abbildbar ist, so ist die gegebene Riemannsche Fläche ein biholomorphes Bild der geschlossenen Ebene und damit eine kompakte Riemannsche Fläche vom Geschlecht $p = 0$.

Auch die Umkehrung gilt: Jede kompakte Riemannsche Fläche $\mathfrak{R}$ vom Geschlecht $p = 0$ hat als Normalgebiet die geschlossene Ebene. Dies folgt daraus, daß zwei Wege, die auf $\mathfrak{R}$ von einem Punkt P_0 zu einem Punkt P führen, stets ineinander deformierbar sind, so daß es zu jedem Punkt P auf $\mathfrak{R}$ nur einen Punkt auf $\mathfrak{F}$ mit gleichem Spurpunkt P gibt. Daher ist $\mathfrak{F} = \mathfrak{R}$. Da $\mathfrak{F}$ auf ein Normalgebiet abbildbar ist, so kann dieses nur die volle Ebene sein, weil die punktierte Ebene und die Kreisscheibe nicht kompakt sind.

Die Uniformisierungstranszendente $t = h(z)$ ist eine Funktion, deren Riemannsche Fläche $\mathfrak{R}$ ist; denn zu zwei verschiedenen Punkten auf $\mathfrak{R}$ liefert sie zwei verschiedene Funktionswerte, also erst recht zwei verschiedene Funktionselemente. *Zu einer geometrisch gegebenen kompakten Riemannschen Fläche $\mathfrak{R}$ vom Geschlecht $p = 0$ gibt es also stets Funktionen, deren Riemannsche Fläche $\mathfrak{R}$ ist.* Alle diese Funktionen lassen sich durch zwei rationale Funktionen

$$z = R_1(t)\,, \quad w = R_2(t)$$

uniformisieren. Ist nämlich $w = f(z)$ eine solche Funktion, so ist die Umkehrfunktion von $t = h(z)$ in der geschlossenen t-Ebene meromorph, also rational: $z = \check{h}(t) = R_1(t)$. $w = f(z) = f(\check{h}(t))$ ist ebenfalls in der geschlossenen t-Ebene meromorph, also auch rational: $w = R_2(t)$.

Auch die Umkehrung gilt: Wenn die analytische Funktion $w = f(z)$ sich durch zwei rationale Funktionen

$$z = R_1(t) \, , \quad w = R_2(t)$$

uniformisieren läßt, so ist ihre Riemannsche Fläche kompakt und vom Geschlecht Null.

Die Funktionen $z = R_1(t)$ und $w = R_2(t)$ sind in der geschlossenen t-Ebene meromorph. Daher bildet $z = R_1(t)$ die geschlossene t-Ebene biholomorph auf eine endlichblättrige kompakte Riemannsche Fläche $\mathfrak{R}_0$ über der z-Ebene ab. Auf $\mathfrak{R}_0$ ist die Funktion $w = R_2(t) = R_2(\check{R}_1(z))$ eindeutig und meromorph. Zu jedem Punkt P von $\mathfrak{R}_0$ gehört eindeutig ein Punkt Q von $\mathfrak{R}$ mit gleichem Grundpunkt z. Daher ist $\mathfrak{R}_0$ eine endliche Überlagerungsfläche von $\mathfrak{R}$, die allerdings über $\mathfrak{R}$ verzweigt sein kann.

$\mathfrak{R}$ ist sicher algebraisch, da $\mathfrak{R}$ als stetiges Bild der kompakten Fläche $\mathfrak{R}_0$ wieder kompakt ist. $\mathfrak{R}_0$ ist einfach zusammenhängend. Dann ist auch $\mathfrak{R}$ einfach zusammenhängend. Ist nämlich $\mathfrak{C}$ eine geschlossene einfache Kurve auf $\mathfrak{R}$, so läßt sie sich zunächst so deformieren, daß über ihr kein Verzweigungspunkt von $\mathfrak{R}_0$ liegt. Dann wähle man auf $\mathfrak{R}_0$ einen Punkt P_0 über einem Punkt P von $\mathfrak{C}$. Durchläuft man jetzt $\mathfrak{C}$ von P aus, so erhält man darüber auf $\mathfrak{R}_0$ eine von P_0 ausgehende Kurve $\mathfrak{C}_0$. Nach eventuell mehrfachem Umlauf auf $\mathfrak{C}$ in $\mathfrak{R}$ gelangt man auf $\mathfrak{R}_0$ zu P_0 zurück und hat damit eine einfache geschlossene Kurve $\mathfrak{C}_1$ auf $\mathfrak{R}_0$. Diese hat als Spur auf $\mathfrak{R}$ die mehrfach durchlaufene Kurve $\mathfrak{C}$. Nun kann man $\mathfrak{C}_1$ stetig in $\mathfrak{R}_0$ zusammenziehen. Ihr Bild in $\mathfrak{R}$, also die mehrfach durchlaufene Kurve $\mathfrak{C}$, wird damit gleichfalls stetig zusammengezogen. Hierbei wird auch die einfach durchlaufene Kurve $\mathfrak{C}$ zusammengezogen. $\mathfrak{R}$ ist also einfach zusammenhängend, womit alles bewiesen ist.

Damit übersehen wir vollständig den elliptischen Fall: *Die Riemannschen Flächen vom elliptischen Typus sind genau die Flächen aller rationalen Funktionen und ihrer Umkehrungen. Die Funktionen auf diesen Flächen sind genau diejenigen, die sich durch zwei rationale Funktionen $z = R_1(t)$, $w = R_2(t)$ uniformisieren lassen.*

2. *Der parabolische Fall.* Das Normalgebiet ist die endliche Ebene. Ihre einzigen Automorphismen ohne endlichen Fixpunkt lauten:

$$t^* = t + a \, , \quad a \neq 0 \, . \tag{1}$$

Für die zugehörigen diskontinuierlichen Gruppen $\mathfrak{G}$ bestehen dann folgende Möglichkeiten. Entweder besteht die Gruppe $\mathfrak{G}$ nur aus der Identität, oder es gibt in ihr wenigstens eine weitere Transformation (1).

Mit zwei Transformationen $t^* = t + a$ und $t^* = t + b$ gehören auch alle Transformationen $t^* = t + ma + nb$, m, n ganz, zu $\mathfrak{G}$. Die Perioden a der Translationen (1) aus $\mathfrak{G}$ können sich im Endlichen nicht häufen. Daher gibt es eine von Null *verschiedene* Periode w_1 mit kleinstem Absolutbetrag $|w_1|$, und alle Transformationen der Gestalt

$$t^* = t + mw_1, \quad m \text{ ganz}, \tag{2}$$

gehören zu $\mathfrak{G}$. Ferner gilt, wie in III, 11 gezeigt wurde, daß jede Periode a der Gestalt $a = rw_1$, r reell, einen Wert mw_1 mit ganzzahligem m hat.

Gibt es noch weitere Perioden b, so können die Quotienten $\frac{b}{w_1}$ nicht reell sein. Unter ihnen gibt es dann eine solche Periode w_2, für die $|w_2|$ minimal ist. Wir haben also die Relationen:

$$0 < |w_1| \leqq |w_2|, \tag{3a}$$

$$|a| \geqq |w_1| \text{ für alle Perioden } a \neq 0, \tag{3b}$$

$$|b| \geqq |w_2| \text{ für alle Perioden } b \neq mw_1. \tag{3c}$$

Ist jetzt eine beliebige Periode c gegeben, so hat diese notwendig die Gestalt

$$c = mw_1 + nw_2, \quad m, n \text{ ganz}; \tag{4}$$

denn zunächst läßt sie sich in der Form

$$c = rw_1 + sw_2, \quad r, s \text{ reell}, \tag{5}$$

schreiben. Nun haben r und s die Form

$$r = m + r_1, \quad -\frac{1}{2} < r_1 \leqq \frac{1}{2}, \quad m \text{ ganz},$$

$$s = n + s_1, \quad -\frac{1}{2} < s_1 \leqq \frac{1}{2}, \quad n \text{ ganz},$$

und da (4) Periode ist, so gehört mit (5) auch

$$c_1 = r_1 w_1 + s_1 w_2$$

zu ihnen. Ist $s_1 = 0$, so folgt $r_1 = 0$, weil r_1 ganz sein muß. Wäre aber $s_1 \neq 0$, so hätte man

$$|c_1| < |r_1| \cdot |w_1| + |s_1| \cdot |w_2| \leqq \frac{1}{2} |w_1| + \frac{1}{2} |w_2| \leqq |w_2|$$

im Widerspruch zu (3c). Die Gruppe $\mathfrak{G}$ enthält also ausschließlich Transformationen der Gestalt

$$t^* = t + mw_1 + nw_2, \quad m, n \text{ ganz}. \tag{6}$$

Damit kennen wir alle diskontinuierlichen Untergruppen der Automorphismengruppe der endlichen Ebene.

Demgemäß unterscheiden wir im parabolischen Fall drei Möglichkeiten.

a) $\mathfrak{G}$ besteht nur aus der Identität. Dann ist $\mathfrak{F} = \mathfrak{R}$ und $\mathfrak{R}$ biholomorph auf die endliche Ebene abbildbar. Die Uniformisierungstranszendente $t = h(z)$ ist daher die Umkehrung einer in der endlichen Ebene meromorphen Funktion. Hier sind nun zwei Fälle zu unterscheiden.

α) $z = \check{h}(t)$ ist nicht rational. Dann ist $\mathfrak{R}$ die Riemannsche Fläche von $h(z)$. Es gibt in diesem Falle also sicher eine Funktion mit der Riemannschen Fläche $\mathfrak{R}$. Ist $w = f(z)$ irgendeine Funktion auf $\mathfrak{R}$, so ist

$$z = \check{h}(t) = G_1(t)$$

eine meromorphe Funktion und ebenso

$$w = f(z) = f(\check{h}(t)) = G_2(t) .$$

Alle diese Funktionen lassen sich also durch zwei meromorphe Funktionen uniformisieren, von denen wenigstens die erste nicht rational ist.

β) $z = \check{h}(t)$ ist rational. Dann ist $\mathfrak{R}$ *nicht* die Riemannsche Fläche $\mathfrak{R}_0$ von $h(z)$, da letztere kompakt ist. Vielmehr ist $\mathfrak{R}$ in diesem Falle die punktierte Riemannsche Fläche $\mathfrak{R}_0$, d. h. die Riemannsche Fläche $\mathfrak{R}_0$ von $h(z)$, aus der der Bildpunkt von $t = \infty$ herausgenommen ist. Es läßt sich aber sofort eine Funktion konstruieren, deren Riemannsche Fläche $\mathfrak{R}$ ist. Durch $t = h(z)$ wird $\mathfrak{R}_0$ biholomorph auf die geschlossene t-Ebene abgebildet. $\mathfrak{R}_0$ habe n Blätter, und z_0 sei ein Punkt, über dem weder ein Verzweigungspunkt von $\mathfrak{R}_0$ noch das Bild von $t = \infty$ liegt. Dann hat $t = h(z)$ über z_0 genau n verschiedene Funktionswerte $t_1, t_2, \ldots, t_n$ und damit auch n verschiedene Funktionselemente. Nun bilden wir die Funktion

$$w = g(t) = t + (t - t_1)(t - t_2) \ldots (t - t_n)\, e^t .$$

Sie ist in der endlichen t-Ebene holomorph, in den Punkt $t = \infty$ nicht fortsetzbar und hat in den Punkten $t_1, t_2, \ldots, t_n$ die n verschiedenen Funktionswerte $t_1, t_2, \ldots, t_n$. Daher ist

$$w = g(h(z))$$

eine zu $\mathfrak{R}$ gehörende Funktion, deren Riemannsche Fläche $\mathfrak{R}$ ist.

Jede Funktion $w = f(z)$ auf $\mathfrak{R}$ ist durch zwei meromorphe Funktionen uniformisierbar, nämlich durch

$$z = \check{h}(t) = G_1(t)$$

und

$$w = f(z) = f(\check{h}(t)) = G_2(t) .$$

Ist $\mathfrak{R}$ die Riemannsche Fläche von $w = f(z)$, so ist $G_2(t)$ nicht rational.

Damit übersehen wir den Fall a): *Die parabolischen Riemannschen Flächen, deren Gruppe $\mathfrak{G}$ nur aus der Identität besteht, sind genau α) die Riemannschen Flächen der Umkehrfunktionen aller in der endlichen Ebene meromorphen, nicht rationalen Funktionen und β) die einmal punktierten Riemannschen Flächen vom Geschlecht $p = 0$.*

Zum Fall α) gehören z. B. die Riemannschen Flächen von $w = \log z$, $w = \arcsin z$, $w = \operatorname{arc\,tg} z$ usw. Zum Fall β) gehören die Riemannsche Fläche von $w = e^z$ (die endliche Ebene), die Flächen aller meromorphen nicht rationalen Funktionen, die Fläche von $w = e^{\sqrt{z}}$, usw.

b) $\mathfrak{G}$ ist die zyklische Gruppe der Translationen $t^* = t + n a$, n ganz. Als Fundamentalgebiet kann ein Parallelstreifen in der t-Ebene gewählt werden, dessen begrenzende Geraden auf a senkrecht stehen und voneinander den Abstand $|a|$ haben. Identifiziert man gegenüberliegende Punkte auf den begrenzenden Geraden, so erhält man das topologische Bild der Riemannschen Fläche $\mathfrak{R}$, welches die topologische Struktur eines sich beiderseits ins Unendliche erstreckenden Schlauches hat. Durch die Transformation $\tau = e^{\frac{2\pi i t}{a}}$ geht das geschlossene Fundamentalgebiet in die in Null und Unendlich punktierte schlichte Ebene $\mathfrak{E}_0$ über. Diese ist also das biholomorphe Bild der Riemannschen Fläche $\mathfrak{R}$. Lautet die Abbildungsfunktion von $\mathfrak{R}$ auf die doppelt punktierte Ebene $\mathfrak{E}_0$:

$$\tau = h_1(z)\,,$$

so ist

$$z = \check{h}_1(\tau) = H_1(\tau)$$

in $\mathfrak{E}_0$ eine eindeutige meromorphe Funktion von τ. Ist $w = f(z)$ eine Funktion auf $\mathfrak{R}$, so ist auch

$$w = f(z) = f(\check{h}_1(\tau)) = H_2(\tau)$$

in $\mathfrak{E}_0$ eindeutig und meromorph.

$\tau = h_1(z)$ ist *keine* Uniformisierungstranszendente, da für $h_1(z)$ die Eigenschaft 2 der Transzendenten nicht erfüllt ist. Eine Uniformisierungstranszendente ist $t = \frac{a}{2\pi i}\log\tau = \frac{a}{2\pi i}\log h_1(z) = h(z)$. Wir haben wieder mehrere Fälle zu unterscheiden, wenn wir die Riemannschen Flächen, die zu unserem Fall b) gehören, charakterisieren wollen.

α) $z = \check{h}_1(\tau)$ ist in $\mathfrak{E}_0$ meromorph und in Null und Unendlich wesentlich singulär. Dann ist $\mathfrak{R}$ die Riemannsche Fläche von $h_1(z)$. Jede Funktion $w = f(z)$ auf $\mathfrak{R}$ läßt sich durch

$$z = \check{h}_1(\tau) = H_1(\tau) \quad \text{und} \quad w = f(\check{h}_1(\tau)) = H_2(\tau)$$

uniformisieren, wobei $H_1(\tau)$ und $H_2(\tau)$ in $\mathfrak{E}_0$ meromorph sind und $H_1(\tau)$ in Null und Unendlich wesentlich singulär ist.

β) $z = \check{h}_1(\tau)$ ist in $\mathfrak{E}_0$ und im Nullpunkt meromorph, aber im Punkte Unendlich wesentlich singulär. $\mathfrak{R}$ ist dann *nicht* die Riemannsche Fläche von $h_1(z)$, da letztere nach a, α) einfach, $\mathfrak{R}$ aber zweifach zusammenhängend ist. $\mathfrak{R}$ ist in diesem Falle eine einmal punktierte Fläche der Gestalt a, α). Auch hier läßt sich eine Funktion finden, deren Riemannsche Fläche $\mathfrak{R}$ ist. Wir betrachten dazu eine Funktion

$$w = g(\tau) ,$$

die in der doppelt punktierten τ-Ebene $\mathfrak{E}_0$ meromorph, in Null und Unendlich aber wesentlich singulär ist.

$$w = g(h_1(z))$$

ist dann eine Funktion auf $\mathfrak{R}$, die nicht in den Bildpunkt P von $\tau = 0$ algebroid fortgesetzt werden kann. Die Riemannsche Fläche $\mathfrak{R}_0$ von $g(h_1(z))$ braucht aber nicht mit $\mathfrak{R}$ identisch zu sein. Wenn wir jedoch $g(\tau)$ so wählen können, daß in den verschiedenen Blättern über einem Grundpunkt z die Funktion $g(h_1(z))$ stets verschiedene Funktionselemente hat, so ist $\mathfrak{R}$ die Riemannsche Fläche von $g(h_1(z))$. Die Verzweigungspunkte von $\mathfrak{R}$ sind abzählbar. Folglich gibt es einen Grundpunkt z_0 von $\mathfrak{R}$, über dem kein Verzweigungspunkt liegt. Ist nun $g(h_1(z))$ von der Art, daß über einem solchen Punkt z_0 sämtliche Funktionselemente von $g(h_1(z))$ auf $\mathfrak{R}$ voneinander verschieden sind, so gilt dies für alle Grundpunkte von $\mathfrak{R}$, wie aus der Eindeutigkeit der analytischen Fortsetzung längs eines Weges folgt. Unsere Aufgabe ist daher gelöst, wenn wir eine Funktion $g(\tau)$ finden können, die über einem Grundpunkt z_0 stets verschiedene Funktionswerte in den verschiedenen Blättern von $\mathfrak{R}$ liefert.

z_0 sei ein Grundpunkt der angegebenen Art und $P_1, P_2, P_3, \ldots$ seien die Punkte auf $\mathfrak{R}$ mit diesem Grundpunkt z_0. Durch

$$\tau = h_1(z)$$

werden die Punkte $P_1, P_2, P_3, \ldots$ auf Bildpunkte $\tau_1, \tau_2, \tau_3, \ldots$ in der τ-Ebene abgebildet. Die Punkte $\tau_1, \tau_2, \tau_3, \ldots$ können sich in der endlichen τ-Ebene nicht häufen, da

$$z = \check{h}_1(\tau)$$

für sie stets denselben Wert z_0 liefert. Dann gibt es nach dem Weierstraßschen Produktsatz (III, 8, Satz 26) eine ganze Funktion $g_1(\tau)$ mit den Nullstellen $\tau_1, \tau_2, \tau_3, \ldots$, die im Unendlichen wesentlich singulär ist. Nun bilden wir die Funktion

$$g(\tau) = \tau + e^{\frac{1}{\tau}} g_1(\tau) .$$

$g(\tau)$ ist offensichtlich in Null und Unendlich wesentlich singulär, und in den Punkten $\tau_1, \tau_2, \tau_3, \ldots$ hat sie die sämtlich voneinander verschiedenen

Funktionswerte $\tau_1, \tau_2, \tau_3, \ldots$. Dies sind dann auch die Funktionswerte von

$$w = g(h_1(z))$$

in den Punkten $P_1, P_2, P_3, \ldots$ über z_0. $\mathfrak{R}$ ist daher die Riemannsche Fläche von $w = g(h_1(z))$.

Jede Funktion $w = f(z)$, deren Riemannsche Fläche $\mathfrak{R}$ ist, läßt sich durch

$$z = \check{h}_1(\tau) = H_1(\tau)$$

und

$$w = f(\check{h}_1(\tau)) = H_2(\tau)$$

uniformisieren, wobei $H_1(\tau)$ eine meromorphe, nicht rationale Funktion ist und $H_2(\tau)$ in der doppelt punktierten τ-Ebene $\mathfrak{E}_0$ meromorph und in $\tau = 0$ wesentlich singulär ist.

β') $z = \check{h}_1(\tau)$ *ist in* $\mathfrak{E}_0$ *und im Unendlichen meromorph, aber im Punkte Null wesentlich singulär.* Dieser Fall läßt sich durch die Transformation $\tau = \frac{1}{\tau'}$ auf den Fall β) zurückführen und liefert daher dieselben Riemannschen Flächen wie dort.

γ) $z = \check{h}_1(\tau)$ ist *in der geschlossenen τ-Ebene meromorph.* Dann ist $\mathfrak{R}$ die zweifach punktierte Riemannsche Fläche $\mathfrak{R}_0$ von $\tau = h_1(z)$. $\mathfrak{R}_0$ ist vom Geschlecht $p = 0$. Auch hier läßt sich sofort eine Funktion angeben, deren Riemannsche Fläche $\mathfrak{R}$ ist. z_0 sei ein Grundpunkt, über dem kein Verzweigungspunkt von $\mathfrak{R}$ und keiner der aus $\mathfrak{R}_0$ herausgenommenen beiden Punkte liegt. $P_1, P_2, \ldots, P_n$ seien die Punkte auf $\mathfrak{R}$ über z_0 und $\tau_1, \tau_2, \ldots, \tau_n$ ihre Bildpunkte in der τ-Ebene. Wir bilden dann die Funktion

$$g(\tau) = \tau + (\tau - \tau_1)(\tau - \tau_2) \ldots (\tau - \tau_n)\, e^{\tau + \frac{1}{\tau}}.$$

$w = g(h_1(z))$ hat dann die verlangte Eigenschaft.

Jede Funktion $w = f(z)$, deren Riemannsche Fläche $\mathfrak{R}$ ist, läßt sich durch

$$z = \check{h}_1(\tau) = H_1(\tau)$$

und

$$w = f(\check{h}_1(\tau)) = H_2(\tau)$$

uniformisieren, wobei $H_1(\tau)$ rational und $H_2(\tau)$ für $\tau = 0$ und $\tau = \infty$ wesentlich singulär ist.

Gehen wir durch

$$\tau = e^{\frac{2\pi i t}{a}}$$

zur Uniformisierungstranszendenten t über und beachten wir, daß τ in der endlichen t-Ebene die Werte Null und Unendlich nicht annimmt, so sehen wir, daß die unter b) behandelten Funktionen sich durch zwei periodische meromorphe Funktionen

$$z = H_1\left(e^{\frac{2\pi i t}{a}}\right) = K_1(t)\,,$$

$$w = H_2\left(e^{\frac{2\pi i t}{a}}\right) = K_2(t)$$

uniformisieren lassen.

Eine Fläche der Gestalt α) liefert die Funktion

$$w = \log z + \sqrt{\log^2 z + 1}\,;$$

denn sie ist die Umkehrung von

$$z = e^{\frac{1}{2}\left(w - \frac{1}{w}\right)}.$$

Eine Fläche der Gestalt β) hat die Funktion

$$w = e^{\frac{1}{\log z}},$$

die sich durch

$$z = e^{\tau}\,,\quad w = e^{\frac{1}{\tau}}$$

oder durch die Uniformisierungstranszendente t mittels

$$z = e^{e^t}\,,\quad w = e^{e^{-t}}$$

uniformisieren läßt.

Schließlich liefert die Funktion

$$w = e^{\sqrt{z} + \frac{1}{\sqrt{z}}}$$

ein Beispiel für den Fall γ).

c) $\mathfrak{G}$ *ist die Gruppe der Translationen* $t^* = t + m w_1 + n w_2$, m, n *ganz,* $\frac{w_1}{w_2}$ *nicht reell.* Als Fundamentalgebiet kann man das Parallelogramm mit den Ecken 0, w_1, $w_1 + w_2$, w_2 wählen. Nach Identifizierung äquivalenter Seiten des Parallelogramms erhält man eine Fläche, die topologisch äquivalent einem Torus ist. Da $\mathfrak{R}$ das topologische Bild des durch die Identifizierung geschlossenen Fundamentalgebietes ist, so ist $\mathfrak{R}$ eine kompakte Riemannsche Fläche vom Geschlecht $p = 1$. Ist $w = f(z)$ eine Funktion auf $\mathfrak{R}$ und ist

$$t = h(z)$$

eine Uniformisierungstranszendente, so ist

$$w = f(\check{h}(t))$$

eine meromorphe doppeltperiodische Funktion in der t-Ebene. In III, 7, Beispiel 3 haben wir gesehen, daß es zu jeder Gruppe $\mathfrak{G}$ eine doppeltperiodische Funktion $\wp(t)$ gibt, die im Fundamentalparallelogramm nur an einer Stelle $m w_1 + n w_2$ einen Pol besitzt. Daraus folgt sofort, daß es zu jeder Fläche $\mathfrak{R}$ eine Funktion $w = f(z)$ gibt, deren Riemannsche

Fläche $\mathfrak{R}$ ist. Ist nämlich z_0 ein Punkt, über dem kein Verzweigungspunkt von $\mathfrak{R}$ liegt, ist ferner P_0 ein Punkt über z_0 auf $\mathfrak{R}$, so kann man die Uniformisierungstranszendente $t = h(z)$ von $\mathfrak{R}$ so wählen, daß P_0 Bild des Nullpunktes der t-Ebene ist. Folglich ist

$$w = \wp(h(z))$$

eine eindeutige Funktion auf $\mathfrak{R}$, die über z_0 nur in P_0 einen Pol hat. Dann müssen aber die Funktionselemente in allen anderen über z_0 liegenden Punkten auf $\mathfrak{R}$ untereinander verschieden sein, da sonst aus der Eindeutigkeit der analytischen Fortsetzung folgen würde, daß es über z_0 noch einen weiteren Punkt mit einer Polstelle gäbe. Daher hat $w = \wp(h(z))$ genau so viele Blätter wie $\mathfrak{R}$, und $\mathfrak{R}$ muß die Riemannsche Fläche von $w = \wp(h(z))$ sein.

Ist $w = f(z)$ irgendeine Funktion auf $\mathfrak{R}$, so läßt sie sich durch zwei doppeltperiodische Funktionen

$$z = P_1(t)\,, \quad w = P_2(t)$$

uniformisieren; denn

$$z = \check{h}(t) = P_1(t)$$

und

$$w = f(\check{h}(t)) = P_2(t)$$

sind solche Funktionen.

Beispiele für Riemannsche Flächen dieser Art sind die Flächen der Funktionen

$$w = \sqrt{(z - a_1)(z - a_2)(z - a_3)(z - a_4)}\,,$$

die durch die abelschen Integrale $t = \int \frac{dz}{w}$ uniformisiert werden, die wir im Kapitel VI genauer behandeln werden.

Es gilt nun auch die Umkehrung: Jede kompakte Riemannsche Fläche vom Geschlecht $p = 1$ besitzt als Normalgebiet die endliche Ebene, und ihre Gruppe $\mathfrak{G}$ ist eine Translationsgruppe $t^* = t + m w_1 + n w_2$, m, n ganz, $\frac{w_1}{w_2}$ nicht reell. Den Beweis hierfür werden wir erst im nächsten Kapitel führen (VI, 1, Satz 12).

3. *Der hyperbolische Fall.* In allen bisher nicht aufgezählten Fällen ist die universelle Überlagerungsfläche auf den Einheitskreis abbildbar. Den Decktransformationen entspricht dann eine eigentlich diskontinuierliche Gruppe $\mathfrak{G}$ von Transformationen des Einheitskreises in sich. Eine Funktion auf einer solchen Riemannschen Fläche geht durch eine ausgezeichnete Uniformisierungstranszendente in eine Funktion im Einheitskreis über, die gegenüber den Transformationen von $\mathfrak{G}$ invariant ist. Solche Funktionen nennt man automorphe Funktionen. Wir werden sie im folgenden Kapitel näher untersuchen.

Fassen wir das Ergebnis unserer bisherigen Überlegungen zusammen:

Satz 38. *Die der z-Ebene überlagerten Riemannschen Flächen* $\mathfrak{R}$ *lassen sich nach der Struktur ihrer Überlagerungsflächen* $\mathfrak{F}$, *deren biholomorphes Bild jeweils ein Normalgebiet* $\mathfrak{N}$ *ist, in folgende Typen einteilen, die sich gegenseitig ausschließen:*

1. Elliptischer Fall. $\mathfrak{N}$ *ist die geschlossene Ebene. Alle algebraischen Riemannschen Flächen* $\mathfrak{R}$ *vom Geschlecht* $p = 0$. *Es sind genau die Flächen der Funktionen* $w = f(z)$, *die sich durch rationale Funktionen*

$$z = R_1(t), \quad w = R_2(t)$$

uniformisieren lassen. $\mathfrak{F} = \mathfrak{R}$. *Die Gruppe* $\mathfrak{G}$ *der zu den Decktransformationen gehörenden Automorphismen von* $\mathfrak{N}$ *besteht nur aus der Identität.*

2. Parabolischer Fall. $\mathfrak{N}$ *ist die endliche Ebene.*

a) $\mathfrak{G}$ *besteht nur aus der Identität:* $\mathfrak{F} = \mathfrak{R}$.

α) Die Riemannschen Flächen der Umkehrfunktionen aller in der endlichen Ebene meromorphen, nicht rationalen Funktionen.

β) Die punktierten Riemannschen Flächen vom Geschlecht $p = 0$.

b) $\mathfrak{G}$ *ist die zyklische Gruppe der Translationen* $t^* = t + na$, n *ganz.*

α) Die Riemannschen Flächen der Umkehrfunktionen aller in der in Null und Unendlich punktierten Ebene meromorphen Funktionen, die in Null und Unendlich wesentlich singulär sind.

β) Die einmal punktierten Flächen vom Typus a, α).

γ) Die zweimal punktierten Riemannschen Flächen vom Geschlecht $p = 0$.

c) $\mathfrak{G}$ *ist die Gruppe der Translationen* $t^* = t + m w_1 + n w_2$, m, n *ganz,* $\frac{w_1}{w_2}$ *nicht reell.*

Alle algebraischen Riemannschen Flächen vom Geschlecht $p = 1$.

3. Hyperbolischer Fall. $\mathfrak{N}$ *ist der Einheitskreis.*

Alle Riemannschen Flächen $\mathfrak{R}$, *die nicht unter 1. und 2. fallen, insbesondere alle algebraischen Riemannschen Flächen vom Geschlecht* $p > 1$.

Die vorstehenden Ergebnisse lassen sich dazu benutzen, den Picardschen Satz zu beweisen.

Der Satz von Casorati-Weierstrass (III, 3, Satz 12) besagt, daß eine eindeutige Funktion in jeder Umgebung einer isolierten wesentlichen Singularität jedem Wert beliebig nahekommt. Eine solche Funktion braucht nicht jeden Wert in einer solchen Umgebung anzunehmen, wie das Beispiel $e^{\frac{1}{z}}$ zeigt. $e^{\frac{1}{z}}$ hat im Nullpunkt eine wesentliche Singularität, nimmt jedoch den Wert Null nicht an. Aber es läßt sich zeigen, daß eine eindeutige holomorphe Funktion in einer Umgebung einer isolierten wesentlichen Singularität nicht mehr als einen Wert auslassen kann. Es gilt hier:

Satz 39 (von PICARD). *Die Funktion $f(z)$ sei in der Umgebung eines Punktes z_0 eindeutig und meromorph. In z_0 besitze $f(z)$ eine wesentliche Singularität. Dann nimmt $f(z)$ in jeder Umgebung von z_0 jeden Wert mit höchstens zwei Ausnahmen an.*

Bei dieser Formulierung des Satzes ist ∞ als Wert zugelassen. Betrachtet man eine Funktion, die in der Umgebung von z_0 holomorph ist, in z_0 aber eine wesentliche Singularität besitzt, so nimmt sie in der Umgebung von z_0 den Wert ∞ nicht an. Dann lautet die vorstehende Aussage:

Satz 39a. *Die Funktion $f(z)$ sei in der Umgebung eines Punktes z_0 holomorph und eindeutig. In z_0 besitze $f(z)$ eine wesentliche Singularität. Dann nimmt $f(z)$ in jeder Umgebung von z_0 jeden Wert mit höchstens einer Ausnahme an.*

Zum Beweis des Satzes 39 nehmen wir an, die Funktion $w = f(z)$ lasse in einer Umgebung von z_0 drei Werte a, b, c aus. Dann nimmt die Funktion

$$w' = g(z) = \frac{f(z) - a}{f(z) - c} : \frac{b - a}{b - c}$$

die drei Werte 0, 1, ∞ nicht an, d. h. $g(z)$ erfüllt die Voraussetzungen von Satz 39a und läßt die beiden Werte 0 und 1 aus. Wenn wir nun nachweisen können, daß $g(z)$ in z_0 keine wesentliche Singularität besitzen kann, so kann auch

$$f(z) = \frac{c(b-a)\,g(z) - a(b-c)}{(b-a)\,g(z) - (b-c)}$$

in z_0 keine wesentliche Singularität besitzen.

Wir führen den Beweis in zwei Schritten.

1. $\mathfrak{G}$ sei ein schlichtes Gebiet. Im Gebiet $\mathfrak{G}$ liege eine unendliche Menge eindeutiger und holomorpher Funktionen $g(z)$ vor, von denen keine die Werte 0 und 1 annimmt. Dann bildet die Menge in $\mathfrak{G}$ eine normale Familie.

Betrachten wir die Riemannsche Fläche $\mathfrak{R}$, die wir dadurch erhalten, daß wir die kompakte w-Ebene in den drei Punkten 0, 1, ∞ punktieren. $\mathfrak{R}$ ist die zweimal punktierte endliche Ebene und fällt daher nicht unter die Fälle 1 und 2 von Satz 38. Folglich ist die universelle Überlagerungsfläche $\mathfrak{F}$ von $\mathfrak{R}$ vom hyperbolischen Typus und auf den Einheitskreis der t-Ebene durch eine Funktion $t = h(Q)$ biholomorph abbildbar, wobei $w = \Pi(Q)$ der Grundpunkt von Q ist.

Sei jetzt z_0 irgendein Punkt aus $\mathfrak{G}$ und $\mathfrak{K}$ ein Kreis um z_0, der ganz in $\mathfrak{G}$ liegt. In diesem Kreis betrachten wir eine Funktion $w = g(z)$. Dem Punkt z_0 sei in der w-Ebene der Punkt $w_0 = g(z_0)$ zugeordnet. t_0 sei ein Punkt im Einheitskreis mit $w_0 = \Pi(\check{h}(t_0))$. Dann läßt sich $w = \Pi(\check{h}(t)) = \varphi(t)$ in der Umgebung von t_0 holomorph umkehren:

$t = \check{\varphi}(w)$. Jetzt bilden wir in der Umgebung von z_0 die Funktion $t = \check{\varphi}(g(z))$. Sie läßt sich in $\mathfrak{K}$ unbeschränkt analytisch fortsetzen und liefert daher, da $\mathfrak{K}$ einfach zusammenhängend ist, eine eindeutige holomorphe Funktion in $\mathfrak{K}$. Da ihre Funktionswerte sämtlich im Einheitskreis liegen, so bildet nach dem Satz von MONTEL (II, 7, Satz 46) die Menge aller so gewonnenen Funktionen $t = \check{\varphi}(g(z))$ in $\mathfrak{K}$ eine normale Familie. Nehmen wir jetzt die Funktionen $g(z) = \varphi(\check{\varphi}(g(z)))$, so bilden auch diese eine normale Familie in $\mathfrak{K}$. Gemäß II, 7, Satz 47 gilt dann Gleiches auch in $\mathfrak{G}$.

2. Sei $g(z)$ eine Funktion, die in der Umgebung einer Stelle z_0, außer in z_0, holomorph und eindeutig ist und dort die Werte 0 und 1 nicht annimmt. Dann kann z_0 keine wesentliche Singularität von $g(z)$ sein.

$\mathfrak{U}(z_0)$ sei eine in z_0 punktierte Kreisscheibe um z_0, in der $g(z)$ holomorph ist. $\mathfrak{K}_0$ sei ein Kreis um z_0, der ganz in $\mathfrak{U}(z_0)$ liegt. Sein Radius sei r_0. Dann bilden wir die Kreise $\mathfrak{K}_n$ um z_0 mit den Radien $r_n = \frac{r_0}{2^n}$ (Abb. 44). Die Kreisringe zwischen den Kreisen $\mathfrak{K}_n$ und $\mathfrak{K}_{n+1}$ nennen wir $\mathfrak{B}_n$.

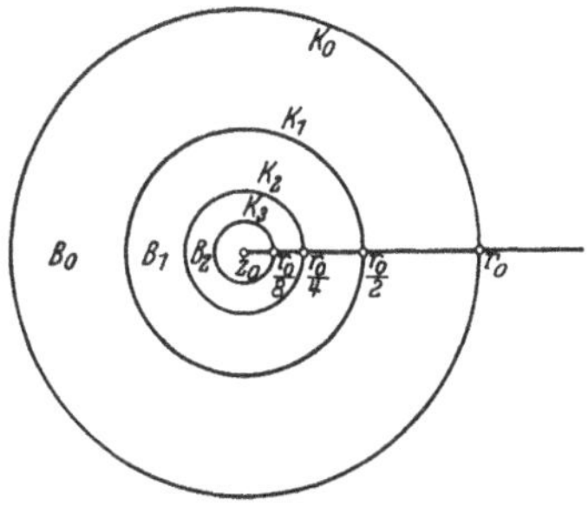

Abb. 44

Nun betrachten wir die Funktionen

$$g_n(z) = g\left(z_0 + \frac{z - z_0}{2^n}\right).$$

Sie sind in $\mathfrak{U}(z_0)$ holomorph, also auch in jedem der Kreisringe $\mathfrak{B}_n$. Ferner nimmt $g_n(z)$ in $\mathfrak{B}_0$ dieselben Werte an wie $g(z)$ in $\mathfrak{B}_n$. Nun bilden die Funktionen $g_n(z)$ in $\mathfrak{U}(z_0)$ eine normale Familie, weil sie die Werte 0 und 1 nicht annehmen. Daher gibt es eine Teilfolge $g_{n_k}(z)$, die im Innern von $\mathfrak{U}(z_0)$, also z. B. in $\mathfrak{B}_0$, gleichmäßig konvergiert. Hier sind nun zwei Fälle möglich:

a) Die $g_{n_k}(z)$ konvergieren gleichmäßig gegen eine holomorphe Grenzfunktion. Dann gilt im abgeschlossenen Kreisring $\mathfrak{B}_0$ für alle k:

$$|g_{n_k}(z)| < M\,.$$

Da $g(z)$ im Kreisring $\mathfrak{B}_{n_k}$ dieselben Werte annimmt wie $g_{n_k}(z)$ in $\mathfrak{B}_0$, so gilt in $\mathfrak{B}_{n_k}$:

$$|g(z)| < M\,.$$

Es gilt also auf dem Kreis $\mathfrak{K}_{n_1}$: $|g(z)| < M$ und ebenso auf den Kreisen $\mathfrak{K}_{n_k}$: $|g(z)| < M$. Dann ist aber nach dem Satz vom Maximum

$$|g(z)| < M$$

im Kreisring zwischen $\mathfrak{K}_{n_1}$ und $\mathfrak{K}_{n_k}$, und weil mit wachsendem k der Kreis $\mathfrak{K}_{n_k}$ auf z_0 zusammenschrumpft, so ist $g(z)$ in der Umgebung von z_0 beschränkt, also in z_0 holomorph.

b) Die $g_{n_k}(z)$ konvergieren gleichmäßig gegen ∞. Dann betrachte man statt $g(z)$ die Funktion $h(z) = \frac{1}{g(z)}$, die ebenfalls in $\mathfrak{U}(z_0)$ holomorph und von 0 und 1 verschieden ist. Die Funktionen

$$h_{n_k}(z) = h\left(z_0 + \frac{z - z_0}{2^{n_k}}\right) = \frac{1}{g\left(z_0 + \frac{z - z_0}{2^{n_k}}\right)} = \frac{1}{g_{n_k}(z)}$$

konvergieren dann in $\mathfrak{B}_0$ gleichmäßig gegen Null, und man schließt wie unter a), daß $h(z)$ in z_0 holomorph sein muß. Auch in diesem Falle hat $g(z)$ keine wesentliche Singularität in z_0. Damit ist der Picardsche Satz bewiesen.

Als weitere Anwendung des Uniformisierungssatzes zeigen wir, daß *die komplexe Zahlenebene $\mathfrak{E}$ nur durch Hinzunahme des einen unendlich fernen Punktes zu einer kompakten Riemannschen Fläche $\mathfrak{R}$ fortgesetzt werden kann.* Dabei versteht man allgemein unter einer Fortsetzung einer Riemannschen Fläche $\mathfrak{R}_1$ eine Riemannsche Fläche $\mathfrak{R}_2$, die ein zu $\mathfrak{R}_1$ biholomorph äquivalentes Teilgebiet enthält.

$\mathfrak{E}'$ sei ein biholomorph äquivalentes Bild von $\mathfrak{E}$, welches echt in $\mathfrak{R}$ enthalten ist. Dann besitzt die universelle Überlagerungsfläche $\tilde{\mathfrak{E}}$ von $\mathfrak{E}$ ein biholomorph äquivalentes Bild $\tilde{\mathfrak{E}}'$ in der universellen Überlagerungsfläche $\tilde{\mathfrak{R}}$ von $\mathfrak{R}$. Da $\mathfrak{E} = \tilde{\mathfrak{E}}$ ist, so enthält die einfach zusammenhängende Riemannsche Fläche $\tilde{\mathfrak{R}}$ ein echtes Teilgebiet, welches zur endlichen Ebene biholomorph äquivalent ist. Also enthält auch das Normalgebiet $\mathfrak{N}$ von $\mathfrak{R}$ ein zur endlichen Ebene biholomorph äquivalentes echtes Teilgebiet $\mathfrak{E}''$, welches als endlich angenommen werden kann. $\mathfrak{E}''$ muß dann notwendig die endliche Ebene sein, da sonst $\mathfrak{E}''$ und damit dann auch $\mathfrak{E}$ auf den Einheitskreis abbildbar wäre, was dem Satz von Liouville widerspricht. Also ist $\mathfrak{N}$ die Zahlenkugel. Dann aber ist auch $\mathfrak{R} = \mathfrak{N}$, was zu zeigen war.

Literatur

Behnke, H., u. K. Stein: Modifikation komplexer Mannigfaltigkeiten und Riemannscher Gebiete. Math. Ann. **124**, 1 (1951).

Grauert, H., u. R. Remmert: Zur Theorie der Modifikationen I. Math. Ann. **129**, 274 (1955).

§ 7. Schleifenintegrale und transzendente Funktionen

Riemannsche Flächen, die beim Studium spezieller Funktionen auftreten, sind fast immer einer komplexen Ebene überlagert. Einige solcher Flächen und auf ihnen spezielle Integrale wollen wir nun noch betrachten. Wenn man eine Riemannsche Fläche $\mathfrak{R}$ der z-Ebene überlagert, so treten häufig – wie bei der Funktion $\log z$ – Stellen z_0 der

z-Ebene auf, in deren Umgebung die Riemannsche Fläche einer in z_0 punktierten Kreisscheibe $\mathfrak{K}$ unbegrenzt überlagert ist. Ist diese Überlagerung nicht endlichblättrig, so spricht man von einer *logarithmischen Verzweigungsstelle P der Riemannschen Fläche $\mathfrak{R}$ über z_0*. Eine solche Verzweigungsstelle gehört niemals zur Fläche, sondern ist stets Randpunkt von $\mathfrak{R}$, und Funktionen $f(z)$ auf $\mathfrak{R}$, die in überlagerten Punkten über $\mathfrak{K}$ stets verschiedene Funktionselemente haben, sind niemals aus $\mathfrak{K}$ heraus in z_0 hinein fortsetzbar.

Wir nennen eine solche logarithmische Verzweigungsstelle P eine *Stelle der Bestimmtheit* einer Funktion $f(z)$, wenn es eine reelle Zahl k gibt, so daß

$$\lim_{z \to z_0} |z - z_0|^k \, |f(z)| = 0$$

ist, falls sich z innerhalb $\mathfrak{K}$ entlang irgendeiner Kurve dem Punkte z_0 nähert, auf der $|\operatorname{arc}(z - z_0)|$ beschränkt ist. Andernfalls heißt die Stelle P eine *Stelle der Unbestimmtheit*.

Die logarithmischen Verzweigungsstellen, die Stellen der Bestimmtheit sind, spielen bei den folgenden Betrachtungen über Schleifenintegrale eine wesentliche Rolle.

Beispiele:

1. Funktionen mit einer Stelle der Bestimmtheit über z_0 sind:

$$w = (z - z_0)^r; \; w = \log(z - z_0); \; w = g_0(z) \log(z - z_0);$$

$$w = (z - z_0)^r \{g_1(z) + g_2(z) \cdot \log(z - z_0) + \cdots + g_k(z) \cdot \log^k(z - z_0)\},$$

wo r nicht rational ist und alle $g_i(z)$ sich meromorph in $z = z_0$ verhalten.

2. Eine Funktion mit einer Stelle der Unbestimmtheit über z_0 ist

$$w = e^{\frac{1}{z - z_0}} \log(z - z_0).$$

Viele transzendente Funktionen sind durch Integrale darstellbar, die auf Flächen mit logarithmischen Verzweigungsstellen um Stellen der Bestimmtheit erstreckt werden. Einige solche Integraldarstellungen, die typisch für diese Zusammenhänge sind, wollen wir jetzt betrachten.

1. *Die Γ-Funktion.* Wir gehen aus von der Funktion

$$f(t) = (-t)^{z-1} e^{-t}, \tag{1}$$

setzen $-t = e^{\log t - \pi i}$ und betrachten die Funktion (1) auf der Fläche $\mathfrak{R}$ von $\log t = \log|t| + i\varphi$, $0 < |t| < \infty$, $-\infty < \varphi < +\infty$. Auf $\mathfrak{R}$ wählen wir einen Integrationsweg $\mathfrak{C}$, der vom Punkt ∞ aus dem Winkelraum $0 \leqq \varphi < \frac{\pi}{2} - \varepsilon$ kommt, den Nullpunkt positiv umläuft und dann im

Winkelraum $\frac{3\pi}{2} + \varepsilon < \varphi \leqq 2\pi$ wieder zum Punkt ∞ läuft (s. Abb. 45a). Sodann bilden wir das Integral

$$\int_{\mathfrak{C}} (-t)^{z-1} e^{-t} \, dt .$$

$\mathfrak{C}$ läßt sich bei festgehaltenen Endpunkten, die über dem Punkt ∞ liegen, in einen Weg $\mathfrak{C}^* = \mathfrak{C}_1 + \mathfrak{C}_2 + \mathfrak{C}_3$ deformieren (Abb. 45b), so daß $\mathfrak{C}_1$ und $\mathfrak{C}_3$ über der positiven reellen Achse zwischen ∞ und $\delta > 0$ verlaufen, und zwar gilt für $\mathfrak{C}_1$: $\varphi = 0$, $\infty > |t| \geqq \delta > 0$, und für $\mathfrak{C}_3$: $\varphi = 2\pi$, $\delta \leqq |t| < \infty$. Beide Stücke werden durch einen Kreis $\mathfrak{C}_2$: $|t| = \delta$, $0 \leqq \varphi \leqq 2\pi$ verbunden. Die Integrale über $\mathfrak{C}$ und $\mathfrak{C}^*$ konvergieren wegen der starken Konvergenz von e^{-t} in den genannten Winkelräumen für beliebige z, und sie liefern beide denselben Wert.

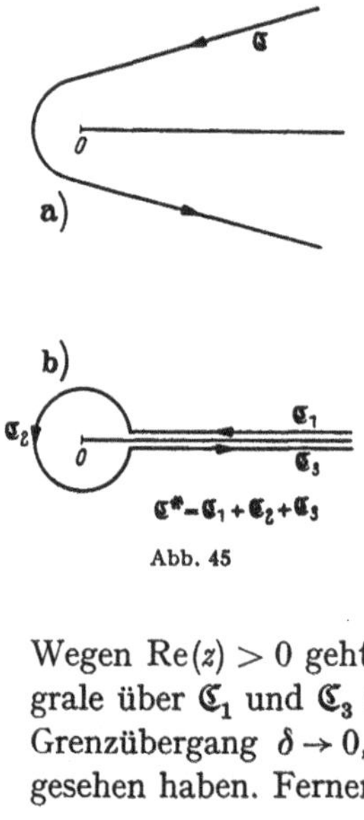

Abb. 45

Da die Endpunkte der Integrationswege nicht auf $\mathfrak{R}$ liegen, nennen wir die Integrale *uneigentliche Schleifenintegrale.*

Für $\mathrm{Re}(z) > 0$ lassen sich die Integrale über $\mathfrak{C}$ und $\mathfrak{C}^*$ auswerten, indem man bei $\mathfrak{C}^*$ mit δ gegen Null geht. Es ist dann:

$$\int_{\mathfrak{C}} = \int_{\mathfrak{C}^*} = \lim_{\delta \to 0} \left(\int_{\mathfrak{C}_1} + \int_{\mathfrak{C}_2} + \int_{\mathfrak{C}_3} \right) .$$

Auf $\mathfrak{C}_2$ ist nun $t = \delta e^{i\varphi}$, also $-t = e^{\log\delta + i(\varphi - \pi)}$ und daher mit $\psi = \varphi - \pi$:

$$\int_{\mathfrak{C}_2} = -\, i\, e^{z \log\delta} \int_{-\pi}^{\pi} e^{i\psi z + \delta e^{i\psi}} \, d\psi .$$

Wegen $\mathrm{Re}(z) > 0$ geht dieser Ausdruck mit $\delta \to 0$ gegen Null. Die Integrale über $\mathfrak{C}_1$ und $\mathfrak{C}_3$ fassen wir zusammen und vollziehen sogleich den Grenzübergang $\delta \to 0$, der wegen $\mathrm{Re}(z) > 0$ erlaubt ist, wie wir oben gesehen haben. Ferner beachten wir, daß auf dem oberen Integrationsweg

$$(-t)^{z-1} = e^{(z-1)(\log|t| - \pi i)} ,$$

auf dem unteren dagegen

$$(-t)^{z-1} = e^{(z-1)(\log|t| + \pi i)}$$

ist. Daher folgt

$$\int_{\mathfrak{C}} = \lim_{\delta \to 0} \left(\int_{\mathfrak{C}_1} + \int_{\mathfrak{C}_2} + \int_{\mathfrak{C}_3} \right) = \lim_{\delta \to 0} \left(\int_{\mathfrak{C}_1} + \int_{\mathfrak{C}_3} \right) = -2i \sin \pi z \int_0^{\infty} e^{(z-1)\log t} e^{-t} \, dt .$$

Für reelles $z > 0$ wissen wir aus der reellen Analysis, daß

$$\int_0^\infty t^{z-1}\, e^{-t}\, dt = \Gamma(z)$$

ist. Folglich gilt für diese z:

$$\int_{\mathfrak{C}} (-t)^{z-1}\, e^{-t}\, dt = -2i \sin\pi z \cdot \Gamma(z)\,. \tag{2}$$

Das Integral links existiert für alle z und liefert eine holomorphe, also ganze Funktion von z, und es ist somit

$$\Gamma(z) = \frac{-1}{2i\sin\pi z} \int_{\mathfrak{C}} (-t)^{z-1}\, e^{-t}\, dt\,.$$

Diese Beziehung heißt *Hankelsche Formel für* $\Gamma(z)$. Sie liefert die analytische Fortsetzung von $\Gamma(z)$ in die endliche Ebene, und wir erkennen aus ihr, daß $\Gamma(z)$ für alle $z \neq -k$, $k = 0, 1, 2, \ldots$, holomorph ist und in diesen Ausnahmepunkten Pole mit den Residuen $\frac{(-1)^k}{k!}$ hat.

Aus den Produktdarstellungen der Sinus- und Γ-Funktion (s. III, 8, Beispiel 1, und III, 14, Beispiel 6) folgt die Beziehung

$$\Gamma(z)\,\Gamma(1-z) = \frac{\pi}{\sin\pi z}\,.$$

In Verbindung mit (2), worin wir z durch $1 - z$ ersetzen, ergibt sich daher:

$$\frac{1}{\Gamma(z)} = \frac{-1}{2\pi i} \int_{\mathfrak{C}} (-t)^{-z}\, e^{-t}\, dt\,.$$

Wir entnehmen hieraus, daß $\frac{1}{\Gamma(z)}$ eine ganze Funktion ist.

Damit haben wir die Funktionen $\Gamma(z)$ und $\frac{1}{\Gamma(z)}$ durch uneigentliche Schleifenintegrale dargestellt.

2. *Doppelschleifen auf Riemannschen Flächen mit logarithmischen Verzweigungen.* Wir wählen die Riemannsche Fläche $\mathfrak{R}$ einer Funktion $g(t) = (t-a_1)^{\alpha_1}(t-a_2)^{\alpha_2}(t-a_3)^{\alpha_3}$ mit reellen, nicht rationalen $\alpha_1, \alpha_2, \alpha_3$, für die auch $k_1\alpha_1 + k_2\alpha_2 + k_3\alpha_3$ für beliebige ganze k_1, k_2, k_3, die nicht sämtlich verschwinden, irrational ist. $\mathfrak{R}$ hat über den vier Punkten a_1, a_2, a_3, ∞ logarithmische Verzweigungspunkte. Auf $\mathfrak{R}$ betrachten wir die Funktion

$$f(t) = (t-a_1)^{d_1}(t-a_2)^{d_2}(t-a_3)^{d_3}\,, \tag{3}$$

wobei d_1, d_2, d_3 beliebige komplexe Zahlen sind. Sie ist festgelegt, sobald wir für einen gewöhnlichen Punkt P auf $\mathfrak{R}$ einen Zweig der Funktion bestimmt haben. Die Funktion (3) wollen wir nun über eine Doppelschleife auf $\mathfrak{R}$ integrieren. Unter einer *Doppelschleife* $\mathfrak{S}$ *um die Punkte* a_1

und a_2 verstehen wir eine geschlossene Kurve auf $\mathfrak{R}$, deren Spur $\mathfrak{S}_t$ in der t-Ebene folgenden Verlauf hat (s. Abb. 46a): Von einem Punkte t_0 aus umläuft sie zunächst a_1 im positiven Sinne, sodann a_2 im negativen Sinne, hierauf auch a_1 im negativen Sinne und schließlich noch a_2 im positiven Sinne, um dann zu t_0 zurückzukehren. Dabei ist die Schleife so geführt, daß sie in je zwei beliebig kleine Kreise um a_1 und a_2 und in ein vierfach durchlaufenes Stück einer Verbindungskurve $\mathfrak{C}_0$ zwischen a_1 und a_2 deformiert werden kann, ohne die Punkte a_3 oder ∞ zu überschreiten (Abb. 46b). Man überlegt sich leicht, daß jede über der Spur $\mathfrak{S}_t$ liegende Doppelschleife auf $\mathfrak{R}$ dort geschlossen ist; denn das Funktionselement von $g(t)$ in t_0 ändert sich nicht, da die Schleife jeden der Punkte a_1 und a_2 zweimal, aber entgegengesetzt umläuft, während der Punkt a_3 von ihr nicht umlaufen wird. Die Schleife liegt in der Gestalt, wie sie Abb. 46b zeigt, doppelpunktfrei auf $\mathfrak{R}$. Sie ist dort jedoch erst dann festgelegt, wenn von einem gewöhnlichen Punkt t_0 auf $\mathfrak{C}$ der über t_0 liegende Punkt P auf $\mathfrak{R}$ gegeben ist. Sind P und P^* zwei verschiedene Punkte auf $\mathfrak{R}$ über t_0, so läßt sich P mit P^* auf $\mathfrak{R}$ durch eine Kurve $\mathfrak{C}$ verbinden, deren Spur in der z-Ebene jeden der Punkte a_ν jeweils k_ν-mal umläuft. Auf einem solchen Weg ändert sich die Funktion (3) um einen Faktor

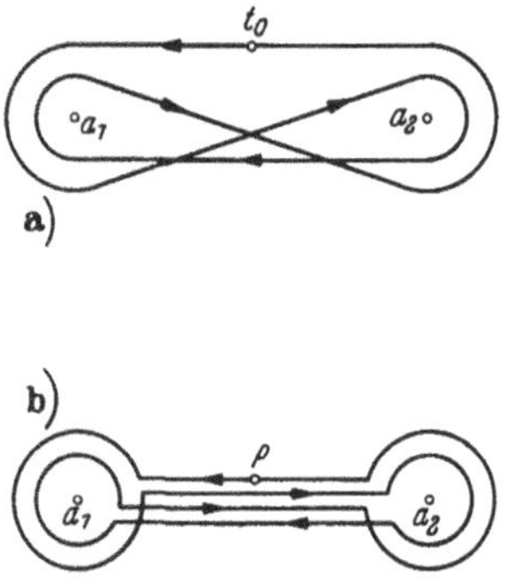

Abb. 46

$$e^{2\pi i(k_1 d_1 + k_2 d_2 + k_3 d_3)}\,.$$

Gleiches gilt für alle Punkte mit gleichem Grundpunkt der durch P und P^* bestimmten Schleifen $\mathfrak{S}$ und $\mathfrak{S}^*$. Daher ist

$$\int_{\mathfrak{S}^*} (t-a_1)^{d_1}(t-a_2)^{d_2}(t-a_3)^{d_3}\,dt$$
$$= e^{2\pi i(k_1 d_1 + k_2 d_2 + k_3 d_3)} \int_{\mathfrak{S}} (t-a_1)^{d_1}(t-a_2)^{d_2}(t-a_3)^{d_3}\,dt\,.$$

Eine Doppelschleife kann man beschreiben, indem man die Verbindungskurve $\mathfrak{C}_0$ von a_1 nach a_2, einen Punkt P über $\mathfrak{C}_0$ und die Reihenfolge der Umläufe von P aus um a_1 und a_2 etwa in der Form a_1^+, a_2^-, a_1^-, a_2^+ angibt, wobei das Vorzeichen $+$ oder $-$ anzeigt, ob der betreffende Punkt positiv oder negativ umlaufen wird.

$\mathfrak{S}(\mathfrak{C}_0, P, a_1^+, a_2^-, a_1^-, a_2^+)$ wäre also die in Abb. 46a oder b gezeigte Schleife.

Ist $\operatorname{Re}(d_1) > -1$ und $\operatorname{Re}(d_2) > -1$, so kann man das Integral über $\mathfrak{S}$ berechnen, indem man die kleinen Kreise um a_1 und a_2 auf a_1 und a_2

zusammenzieht, wobei die Integrale über diese Kreise gegen Null gehen, so daß das Schleifenintegral übergeht in die Summe der vier Integrale, die über die Kurven $\mathfrak{C}_{01}$, $\mathfrak{C}_{02}$, $\mathfrak{C}_{03}$, $\mathfrak{C}_{04}$ zu erstrecken sind, die über $\mathfrak{C}_0$ liegen. Dabei hat man zu beachten, daß die Werte der Funktion auf den Wegen $\mathfrak{C}_{02}$ von a_2^+ nach a_1^+, $\mathfrak{C}_{03}$ von a_1^+ nach a_2^-, $\mathfrak{C}_{04}$ von a_2^- nach a_1^- gegenüber den Werten auf $\mathfrak{C}_{01}$ von a_1^- nach a_2^+ sich der Reihe nach um die Faktoren $e^{2\pi i d_2}$, $e^{2\pi i(d_1+d_2)}$, $e^{2\pi i d_1}$ unterscheiden, so daß

$$\begin{aligned}&\int_{\mathfrak{S}} (t-a_1)^{d_1}(t-a_2)^{d_2}(t-a_3)^{d_3}\,dt\\ &= (1-e^{2\pi i d_1})(1-e^{2\pi i d_2})\int_{\mathfrak{C}_{01}} (t-a_1)^{d_1}(t-a_2)^{d_2}(t-a_3)^{d_3}\,dt\end{aligned} \tag{4}$$

ist.

Völlig analoge Überlegungen gelten, wenn nur zwei endliche Verzweigungspunkte a_1 und a_2 oder irgendwie endlich viele solcher Punkte $a_1, a_2, \ldots, a_k$, $k \geqq 2$, vorliegen, zu denen die Riemannsche Fläche einer Funktion

$$g(t) = (t-a_1)^{\alpha_1}\ldots(t-a_k)^{\alpha_k}$$

betrachtet wird, deren Exponenten α_i so reell gewählt sind, daß $\Sigma\, k_i \alpha_i$ irrational ist, wenn die k_i ganz sind und nicht sämtlich verschwinden.

3. *Die B-Funktion.* Wir setzen $k = 2$, $a_1 = 0$, $a_2 = 1$ und lassen $\mathfrak{C}_0$ von 0 nach 1 laufen. $\mathfrak{S} = \mathfrak{S}(\mathfrak{C}_0, P, 0^+, 1^-, 0^-, 1^+)$ sei die Schleife um die Punkte 0 und 1. Dann bilden wir das Schleifenintegral über die Funktion $t^{a-1}(1-t)^{b-1}$ und erhalten dabei für alle a und b eine holomorphe Funktion dieser beiden Parameter:

$$F(a,b) = \int_{\mathfrak{S}} t^{a-1}(1-t)^{b-1}\,dt\,,$$

wobei wir auf der von 0^- nach 1^+ laufenden Strecke $t^{a-1}(1-t)^{b-1}$ für reelle positive a und b reell wählen. Dadurch ist $\mathfrak{S}$ auf $\mathfrak{R}$ eindeutig festgelegt. Es ist nun analog zu (4):

$$F(a,b) = (1-e^{2\pi i a})(1-e^{2\pi i b})\int_0^1 t^{a-1}(1-t)^{b-1}\,dt\,. \tag{5}$$

Rechts steht für reelle positive a und b die aus dem Reellen bekannte B-Funktion $B(a, b)$, für die wir somit die Darstellung durch ein Schleifenintegral gefunden haben:

$$B(a,b) = \frac{1}{(1-e^{2\pi i a})(1-e^{2\pi i b})}\int_{\mathfrak{S}} t^{a-1}(1-t)^{b-1}\,dt\,,$$

und dieses Schleifenintegral setzt die reelle B-Funktion ins Komplexe fort. Das Integral rechts in (5) wird als *Eulersches Integral 1. Gattung* bezeichnet. Ist a oder b ganz, so verschwindet das Schleifenintegral. Man kann dann $B(a, b)$ durch einen Grenzübergang ermitteln.

4. *Die hypergeometrische Funktion* $F(a, b; c; z)$. Wir setzen $k = 3$, $a_1 = 0$, $a_2 = 1$, $a_3 = z$, und lassen $\mathfrak{C}_0$ von 1 nach ∞ längs der positiven reellen Achse laufen. z möge nicht auf $\mathfrak{C}_0$ liegen. $\mathfrak{S} = \mathfrak{S}(\mathfrak{C}_0, P, 1^+, \infty^-, 1^-, \infty^+)$ sei eine Schleife um 1 und ∞ (s. Abb. 47), über die wir das Integral

$$\int_{\mathfrak{S}} t^{d_1}(t-1)^{d_2}(t-z)^{d_3}\, dt \tag{6}$$

bilden. Dieses Integral liefert eine holomorphe Funktion von d_1, d_2, d_3 und allen z, die nicht auf $\mathfrak{C}_0$ liegen. Wir wählen die Schleife auf $\mathfrak{R}$ so, daß die Funktion auf dem von 1^- nach ∞^+ laufenden Weg $\mathfrak{C}_{01}$ für reelle d_1, d_2, d_3 und reelle z, die zwischen $-\infty$ und 1 liegen, reell ist. Analog zu Formel (4) beweist man dann:

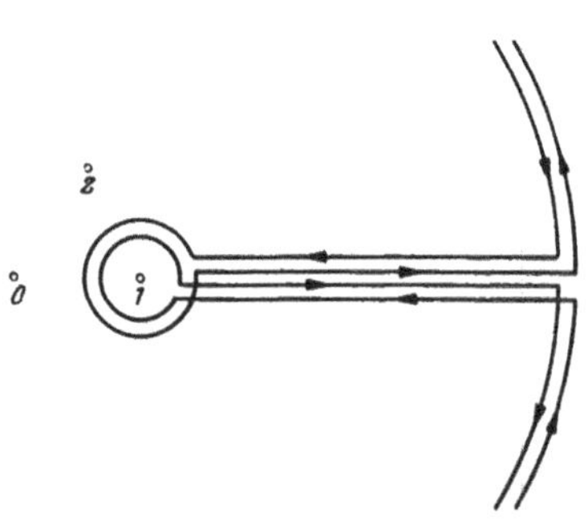

Abb. 47

$$\int_{\mathfrak{S}} t^{d_1}(t-1)^{d_2}(t-z)^{d_3}\, dt = (1-e^{2\pi i d_2}) \times \\ \times (1-e^{2\pi i d_4}) \int_1^{\infty} t^{d_1}(t-1)^{d_2}(t-z)^{d_3}\, dt \tag{7}$$

mit $d_4 = -(d_1 + d_2 + d_3)$. Die Substitution $t = \frac{1}{s}$ und die Entwicklung nach z für $|z| < 1$ liefert für das rechts stehende Integral:

$$\begin{aligned}\int_0^1 s^{d_4-2}(1-s)^{d_2}(1-sz)^{d_3}\, ds &= \sum_{n=0}^{\infty} (-1)^n \binom{d_3}{n} z^n \int_0^1 s^{d_4+n-2}(1-s)^{d_2}\, ds \\ &= \sum_{n=0}^{\infty} (-1)^n \binom{d_3}{n} \mathrm{B}(d_4+n-1, d_2+1)\, z^n .\end{aligned} \tag{8}$$

Die letzte Reihe ist — wie wir gleich sehen werden — die Darstellung einer altbekannten Funktion. Wir beachten vorher noch, daß die im Reellen bestehenden Beziehungen

$$\mathrm{B}(a, b) = \frac{\Gamma(a)\,\Gamma(b)}{\Gamma(a+b)} \quad \text{und} \quad \binom{a}{n} = \frac{\Gamma(a+1)}{\Gamma(n+1)\,\Gamma(a-n+1)}$$

wegen der Eindeutigkeit der analytischen Fortsetzung auch im Komplexen gelten. Daher ist

$$\binom{d_3}{n} \mathrm{B}(d_4+n-1, d_2+1) = \frac{\binom{d_4+n-2}{n}\binom{d_3}{n}}{\binom{d_2+d_4+n-1}{n}} \mathrm{B}(d_4-1, d_2+1)\,. \tag{9}$$

Nun konvergiert die von GAUSS eingeführte *hypergeometrische Reihe*

$$F(a, b; c; z) = 1 + \frac{a \cdot b}{1 \cdot c} z + \frac{a(a+1)\,b(b+1)}{1 \cdot 2 \cdot c(c+1)} z^2 + \cdots$$

$$= \sum_{n=0}^{\infty} (-1)^n \frac{\binom{-a}{n}\binom{b+n-1}{n}}{\binom{c+n-1}{n}} z^n$$

für $|z| < 1$. Für sie erhalten wir nach (7) und (9), wenn wir $d_1 = a - c$, $d_2 = c - b - 1$, $d_3 = -a$ und $d_4 = b + 1$ setzen, die Darstellung:

$$F(a, b; c; z)$$
$$= \frac{1}{(1 - e^{2\pi i b})\,(1 - e^{2\pi i (c-b)})\,B(b; c-b)} \int_{\mathfrak{S}} t^{a-c}(t-1)^{c-b-1}(t-z)^{-a}\,dt\,.$$

Durch das Schleifenintegral rechts läßt sich somit die hypergeometrische Funktion $F(a, b; c; z)$ in die von 1 nach ∞ längs der positiven reellen Achse aufgeschnittene Ebene analytisch fortsetzen. Für ganzes b oder $c - b$ verschwindet das Schleifenintegral über $\mathfrak{S}$. Man kann dann $F(a, b; c; z)$ durch einen Grenzübergang ermitteln.

Literatur

WHITTAKER, E. T., u. G. N. WATSON: A course of modern analysis. 4. Aufl. Cambridge 1958.

Anhang.
Zur Topologie der algebraischen Riemannschen Flächen

Die konkreten Riemannschen Flächen sind bisher abstrakt erklärt worden als zweidimensionale Mannigfaltigkeiten, deren Punkten eindeutig komplexe Zahlen als Grundpunkte zugeordnet sind und die sich in einer Umgebung eines jeden ihrer Punkte durch eine dort holomorphe Funktion, die Ortsuniformisierende dieses Punktes, topologisch auf ein ebenes Gebiet abbilden lassen. Wir haben bewiesen, daß das analytische Gebilde einer analytischen Funktion nach Einführung eines Umgebungsbegriffes eine Riemannsche Fläche darstellt, und umgekehrt läßt sich zeigen (Kap. VI), daß jede geometrisch konkret vorgegebene Riemannsche Fläche durch das analytische Gebilde einer geeigneten analytischen Funktion realisiert werden kann. Erinnern wir uns jetzt daran, daß wir zunächst mit Hilfe des Axioms A_7^* die Riemannsche Fläche als zweidimensionale Mannigfaltigkeit mit einer komplexen Struktur erklärt hatten, so liegt es nahe zu versuchen, eine konkret über der z-Ebene liegende Riemannsche Fläche topologisch auf eine singularitätenfreie im Raum liegende Fläche (im gewöhnlichen geometrischen Sinn des Wortes) abzubilden. Gelingt dies, so haben wir ein „Modell" der Riemannschen Fläche, auf dem es nicht nur keine Selbstdurchdringungen gibt, sondern auf dem auch Verzweigungsschnitte und Verzweigungspunkte in keiner Weise vor anderen Kurven bzw. Punkten der Fläche ausgezeichnet sein werden, dessen „Zusammenhangsverhältnisse“ (Rückkehrschnitte und dergleichen) also leichter zu übersehen sind. So ist z. B. die Sphäre ein derartiges topologisches Modell der Riemannschen Fläche der Funktion $f(z) = z$; denn diese Riemannsche Fläche wird bekanntlich durch die geschlossene Ebene dargestellt, und sie läßt sich durch die stereographische Projektion topologisch auf die Sphäre abbilden. Da in diesem

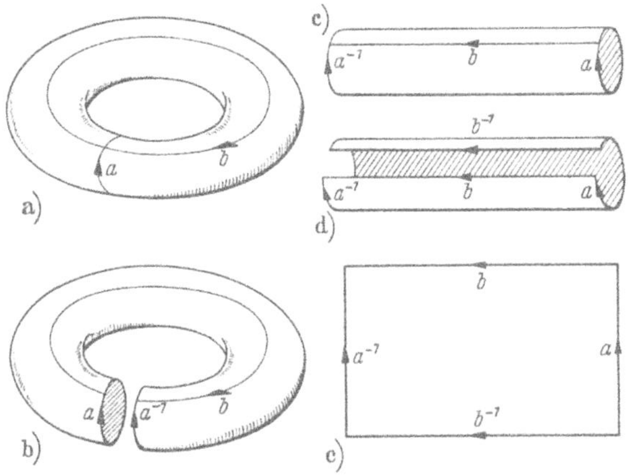

Abb. 48

Fall die Zuordnung der Punkte der Riemannschen Fläche zu den Punkten des topologischen Modells sehr einfach zu übersehen ist, ordnet man den Punkten des Modells sinngemäß wieder die komplexen Zahlen als Grundpunkte zu und erhält so eine holomorph äquivalente Darstellung der Riemannschen Fläche von $f(z) = z$.

Das Bestreben, einfache topologische Modelle oder *„topologische Normalformen“* für die Riemannschen Flächen aufzustellen, hat im Falle der *algebraischen Riemannschen Flächen* vollen Erfolg gehabt. Die algebraischen Riemannschen Flächen sind nämlich topologisch äquivalent mit den orientierbaren geschlossenen Flächen, und diese lassen sich verhältnismäßig leicht klassifizieren und auf besonders einfache Normalformen bringen, nämlich auf Sphären mit aufgesetzten „Henkeln“.

Bevor wir die Normierung der algebraischen Riemannschen Flächen im einzelnen durchführen, erläutern wir die dabei zur Anwendung kommenden Methoden der Flächentopologie an einigen Beispielen.

Wir ziehen auf der Ringfläche (Torus) einen Breitenkreis b und einen Meridiankreis a und schneiden dann die Ringfläche längs a und b auf. Die aufgeschnittene Fläche verzerren wir in ein ebenes Rechteck

(Abb. 48a–e). Eine Verzerrung, Deformation o. ä. stellt stets den Übergang von einer Figur zu einer ihr *homöomorphen*, d. h. einer ihr topologisch äquivalenten Figur dar. Das Rechteck ist homöomorph zur Ringfläche, wenn wir gegenüberliegende Seiten miteinander *identifizieren* (aneinanderheften). Mit dieser Identifizierungsvorschrift zusammen heißt das Rechteck ein *Fundamentalpolygon* der Ringfläche. Durch derartige Fundamentalpolygone lassen sich eine ganze Reihe geschlossener Flächen darstellen.

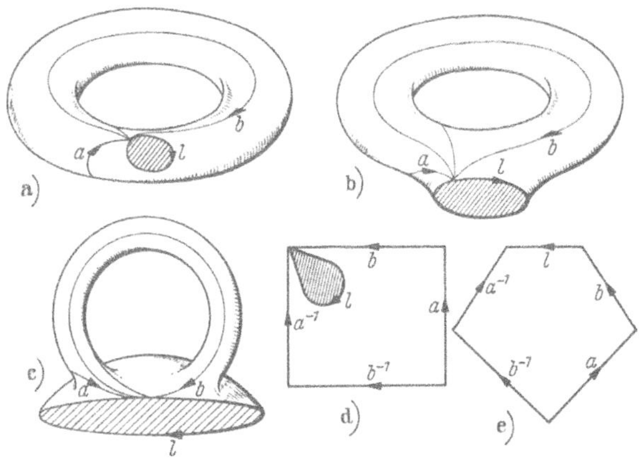

Abb. 49

Schneiden wir aus der Ringfläche ein Loch heraus, dessen Rand l durch den Schnittpunkt 0 von a und b geht, so läßt sich die gelochte Ringfläche zum *Henkel* verzerren (Abb. 49a–c).

Auch vom Henkel stellen wir ein Fundamentalpolygon her, indem wir das entsprechende Loch aus dem Fundamentalpolygon der Ringfläche ausschneiden, den Lochrand in der Ecke aufschneiden und das Ganze in ein konvexes Fünfeck verzerren. Dieses Fünfeck ist ein Fundamentalpolygon des Henkels. Es besitzt eine „freie Seite", den Lochrand l; die anderen Seiten sind paarweise miteinander zu identifizieren (Abb. 49d und e).

Setzen wir zwei Henkel mit den Lochrändern aufeinander, so entsteht die *Doppelringfläche* (Abb. 50a). Sie ist äquivalent einer Sphäre mit zwei Henkeln, während die Ringfläche einer Sphäre mit einem Henkel entspricht. Das Fundamentalpolygon der Doppelringfläche erhält man, wenn man die Fundamentalpolygone zweier Henkel längs der freien Seiten aneinanderheftet, so daß sie in dem entstehenden Achteck eine Diagonale bilden, diese Diagonale auslöscht und das Achteck noch in ein konvexes Achteck verzerrt (Abb. 50b und c).

Man kann nun aus der Doppelringfläche wieder ein Loch ausschneiden, auf den Lochrand einen Henkel setzen und erhält so die Sphäre mit drei aufgesetzten Henkeln. Ihr Fundamentalpolygon ist ein 12-Eck. Allgemein bekommt man als Fundamentalpolygon einer *Sphäre mit p Henkeln ein $4p$-Eck.*

Die Fundamentalpolygone lassen sich sehr einfach durch ein Schema ihrer Seiten beschreiben. Zu dem Zweck bezeichnen wir zunächst *äquivalente* (d. h. miteinander zu identifizierende) Seiten mit dem gleichen Buchstaben. Dann *orientieren* wir jede Seite, indem wir sie in einer bestimmten Richtung durchlaufen. Äquivalente Seiten sollen

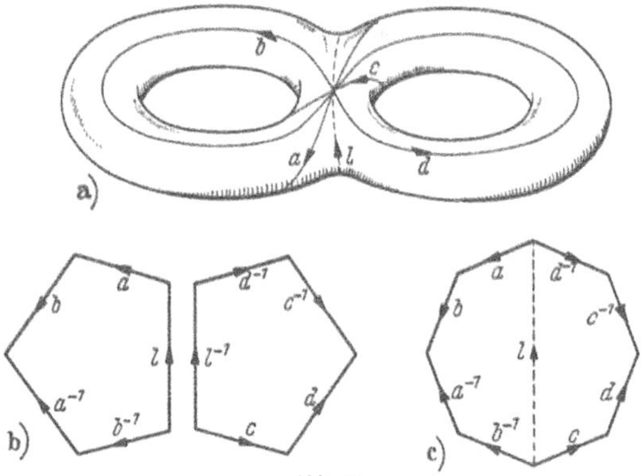

Abb. 50

übereinstimmend orientiert werden, d. h. so, daß sie bei der Identifizierung in gleicher Richtung durchlaufen werden. Schließlich durchlaufen wir den Rand des Polygons und versehen dabei jede Seite mit dem Exponenten $+1$ oder -1, je nachdem ob dabei die Seite in ihrer eigenen Richtung oder entgegengesetzt durchlaufen wird. Die Ring- und die Doppelringfläche können wir dann bei passender Wahl der Bezeichnungen (wie in den Abbildungen) durch das Schema

$$a b a^{-1} b^{-1}$$

bzw.

$$a_1 b_1 a_1^{-1} b_1^{-1} a_2 b_2 a_2^{-1} b_2^{-1}$$

angeben. Wir nennen diese Schemata die *Randzyklen* der betreffenden Fundamentalpolygone. Der Randzyklus der Sphäre mit p Henkeln lautet

$$a_1 b_1 a_1^{-1} b_1^{-1} \ldots a_p b_p a_p^{-1} b_p^{-1} . \tag{1}$$

Das *Fundamentalpolygon der Sphäre* selbst erhalten wir, wenn wir die Sphäre längs eines Großkreisbogens a aufschneiden und dann zu einem Zweieck mit dem Randzyklus

$$a a^{-1} \tag{2}$$

verzerren. Dieses Zweieck ist bereits das gesuchte Fundamentalpolygon.

Wir werden die Homöomorphie zwischen den algebraischen Riemannschen Flächen und den Sphären mit p Henkeln dadurch beweisen, daß wir die Flächen polygonal zerlegen, die Polygone zu einem einzigen Polygon, dem Fundamentalpolygon der Fläche, vereinigen und dieses Fundamentalpolygon in zulässiger Weise so abändern, daß sein Randzyklus entweder die Form (2) oder die Form (1) annimmt. Es gilt der folgende *Hauptsatz:*

Satz 40. *Jede algebraische Riemannsche Fläche ist homöomorph einer Sphäre mit einer eindeutig bestimmten Zahl p von Henkeln* ($p \geqq 0$). *Die Zahl p, die eine topologische Invariante der Fläche darstellt, heißt das Geschlecht der Fläche.*

Wir führen den Beweis in mehreren Schritten.

1. Jede algebraische Riemannsche Fläche kann topologisch auf eine Sphäre mit p Henkeln ($p \geqq 0$) abgebildet werden.

α) Zerschneidung der Fläche. Die vorgegebene algebraische Riemannsche Fläche $\mathfrak{R}$ setzt sich aus endlich vielen, etwa n Blättern zusammen, von denen jedes, wenn man seine Randpunkte hinzu nimmt, die geschlossene Ebene ganz überdeckt. Es seien $z_1, z_2, \ldots, z_k$ diejenigen Punkte der z-Ebene, über denen Verzweigungspunkte von $\mathfrak{R}$ liegen. Durch eine lineare Transformation können wir erreichen, daß keiner von ihnen der Punkt ∞ ist. z^* sei ein Punkt, der auf keiner Verbindungsgeraden zweier z_i liegt. Über z^* liegen n gewöhnliche Punkte von $\mathfrak{R}$. Wir verbinden z^* geradlinig mit z_i, verlängern über z_i hinaus geradlinig bis ∞ und schneiden $\mathfrak{R}$ in allen Blättern längs der Halbgeraden $[z_i, \infty]$ auf. Dadurch zerfällt $\mathfrak{R}$ in n kongruente einfach zusammenhängende Blätter. Diese Blätter werden alle positiv orientiert, wodurch ihr Rand mit orientiert wird. Bezeichnen wir die von z_i nach ∞ laufenden Schnittufer, bei denen die Blätter links liegen, mit Buchstaben $a, b, c, \ldots$, so seien die mit ihnen verhefteten Ufer $a^{-1}, b^{-1}, c^{-1}, \ldots$. Die n Blätter bilden wir jetzt unter Beibehaltung der Orientierung auf n regelmäßige $2k$-Ecke ab, so daß die Schnittufer eines Blattes in die Seiten der $2k$-Ecke übergehen. Die Seiten der $2k$-Ecke bezeichnen wir in gleicher Weise wie die Ufer der Blätter von $\mathfrak{R}$, so daß jedes $2k$-Eck genau k der positiv orientierten Seiten $a, b, c, \ldots$ und k der negativ orientierten Seiten $a^{-1}, b^{-1}, c^{-1}, \ldots$ enthält. Die positive Orientierung der Seiten $a, b, c, \ldots$ stimmt mit der Orientierung der $2k$-Ecke überein.

β) Herstellung eines Fundamentalpolygons. Wir zeigen jetzt, wie sich aus den $2k$-Ecken durch Ausführen einiger Identifizierungsvorschriften ein einziges Polygon, ein *Fundamentalpolygon* der Fläche erhalten läßt. Es seien $\Pi_1, \ldots, \Pi_n$ die $2k$-Ecke. Das Polygon Π_1 enthält notwendig eine positiv orientierte Seite, die äquivalent mit einer Seite eines der $\Pi_2, \ldots, \Pi_n$ ist. Wäre nämlich das nicht der Fall, so wären die Seiten von Π_1 nur unter sich zu verheften und ebenso die Seiten der $\Pi_2, \ldots, \Pi_n$; die

Riemannsche Fläche wäre also nicht zusammenhängend. Es ist aber jede (auch nicht algebraische) Riemannsche Fläche zusammenhängend. Die Bezeichnung sei so gewählt, daß die Seite a von Π_1 äquivalent mit der Seite a^{-1} von Π_2 ist.

Legen wir die beiden $2k$-Ecke längs a und a^{-1} aneinander, so sehen wir, daß die beiden Richtungen von a und a^{-1} zusammenfallen, und wir können daher die Seiten a und a^{-1} verheften und aus Π_1 und Π_2 ein einziges Polygon gewinnen, welches wir wieder zu einem konvexen Polygon Π' deformieren können. Dabei bemerken wir, daß die Orientierung des Polygons Π' dieselbe wie diejenige von Π_1 und Π_2 ist: Beim positiven Umlauf des Randes von Π' werden sämtliche Seiten ebenso

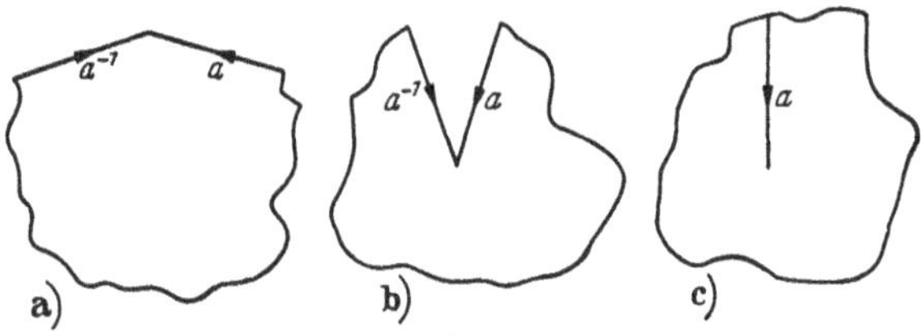

Abb. 51

wie beim positiven Umlauf von Π_1 und Π_2 durchlaufen. Wie oben schließen wir, daß Π' eine positiv orientierte Seite enthält, die äquivalent mit einer der Seiten von $\Pi_3, \ldots, \Pi_n$ ist. Also können wir eines der Polygone $\Pi_3, \ldots, \Pi_n$ mit Π' nach dem eben angegebenen Verfahren zu einem Polygon Π'' zusammenfassen. Dann gilt wieder das, was wir über den Zusammenhang der Fläche sagten, und eines der restlichen $n-3$ Polygone kann mit Π'' vereinigt werden, usw. Am Ende haben wir nur durch Ausführung einiger vorgeschriebener Identifizierungen aus den n Polygonen $\Pi_1, \ldots, \Pi_n$ ein einziges Polygon Π hergestellt, das wir *Fundamentalpolygon* der Fläche nennen.

Bei diesem Prozeß bleibt die vorgegebene positive Orientierung der $\Pi_1, \ldots, \Pi_n$ auch bei den Polygonen $\Pi', \Pi'', \ldots$ und schließlich beim Polygon Π erhalten. Daher treten nun bei dem Polygon Π sämtliche Seiten wieder paarweise in der Form $a, a^{-1}, b, b^{-1}, \ldots$ usw. auf. Hier sehen wir nochmals, daß die Riemannsche Fläche orientierbar ist.

γ) Beiziehen von Polygonseiten. Stoßen auf dem Rand von Π zwei äquivalente Seiten a und a^{-1} zusammen, hat also der Randzyklus die Form*

$$\ldots a a^{-1} \ldots,$$

so können wir diese beiden Seiten durch Verzerren des Polygons (Abb. 51a–c) aneinanderheften und weglöschen. Man bezeichnet diesen

* Punkte in Randzyklen oder Wellenlinien in den Bildern sollen Seitenfolgen ausdrücken, deren genaue Struktur im Augenblick nicht benötigt wird.

Vorgang als „Beiziehen" der Seiten a und a^{-1}. Das Beiziehen äquivalenter Seiten wiederholen wir solange, bis wir entweder zu einem Zweieck aa^{-1} oder zu einem Polygon $\Pi^{(1)}$ gelangen, in dem es keine aneinanderstoßenden äquivalenten Seiten mehr gibt. Im ersten Fall ist die Fläche $\mathfrak{R}$ homöomorph zur Sphäre (womit dann alles gezeigt ist), im zweiten Fall müssen wir noch evtl. die folgenden Abänderungen vornehmen.

δ) Herstellung eines Polygons, dessen Eckpunkte sämtlich äquivalent sind. Wir werden jetzt durch zulässige Operationen, die von einem Polygon jeweils zu einem homöomorphen Polygon führen, aus dem Polygon $\Pi^{(1)}$ ein Polygon $\Pi^{(2)}$ herstellen, dessen sämtliche Eckpunkte äquivalent sind, d. h. demselben Punkt der Fläche entsprechen. Äquivalente Eckpunkte bezeichnen wir mit dem gleichen Buchstaben.

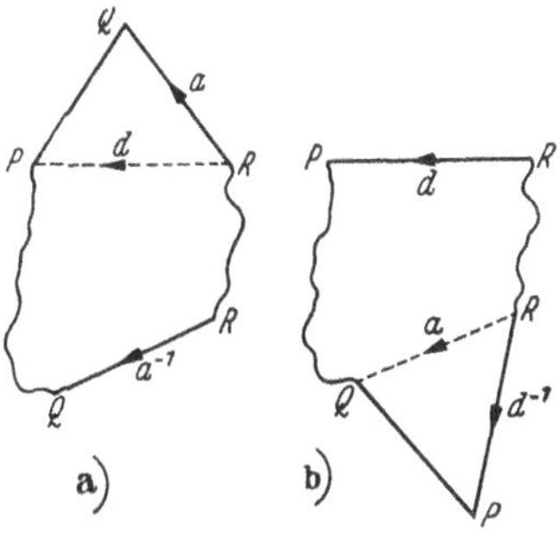

Abb. 52

Sind schon in $\Pi^{(1)}$ alle Ecken äquivalent, so ist nichts zu beweisen. Im anderen Falle sei P irgendein Eckpunkt von $\Pi^{(1)}$, den wir auszeichnen wollen. Umlaufen wir jetzt das Polygon in positivem Sinne, so gibt es eine Seite b mit dem Endpunkt P und einem Anfangspunkt Q, der nicht zu P äquivalent ist. Q sei der Endpunkt einer Seite a, R deren Anfangspunkt. Dabei ist es gleichgültig, ob R mit P oder Q äquivalent ist. Q und R sind auch die End- und Anfangspunkte von a^{-1}, und a und a^{-1} stoßen nicht aneinander. Wir haben also die in Abb. 52a dargestellte Situation.

Wir ziehen nun die Diagonale d von R nach P, schneiden das Dreieck PQR längs PR ab und heften es längs QR an a^{-1} an (Abb. 52b). Das Polygon in Abb. 52b hat genau soviele Ecken wie das Ausgangspolygon in Abb. 52a, aber der Punkt P kommt jetzt einmal mehr vor und der Punkt Q einmal weniger.

In dem neuen Polygon zieht man jetzt wieder, soweit möglich, Seiten bei, bis man entweder zu dem schon erledigten Fall des Zweiecks oder zu einem Polygon mit lauter äquivalenten Ecken oder zu einem Polygon kommt, in dem man nicht mehr beiziehen kann, in dem aber die von P verschiedenen Eckpunkte mindestens einmal weniger als in $\Pi^{(1)}$ vorkommen. Wir wiederholen dann fortgesetzt das ganze Verfahren. Auf diese Weise haben wir nach endlich vielen Umformungen entweder ein Zweieck oder ein Polygon $\Pi^{(2)}$ mit lauter äquivalenten Ecken P erhalten.

ε) Normierung. Hat etwa der Randzyklus von $\Pi^{(2)}$ schon die Form (1) oder (2), so ist nichts mehr zu zeigen. Im anderen Falle muß es im Randzyklus von $\Pi^{(2)}$ mindestens zwei Paare äquivalenter Seiten geben, die „über Kreuz" liegen, d. h. der Randzyklus hat die Form

$$\ldots a \ldots b \ldots a^{-1} \ldots b^{-1} \ldots .$$

Denn wären alle Seiten der Teilfolge $a \ldots a^{-1}$ nur unter sich zugeordnet, so wären die Eckpunkte der Seiten zwischen a und a^{-1} nicht äquivalent mit den Eckpunkten der Seiten zwischen a^{-1} und a; das widerspräche aber der Konstruktion von $\Pi^{(2)}$. Die Seiten a, b, a^{-1}, b^{-1} lassen sich nun, wie aus Abb. 53a–c ersichtlich, mittels analoger Operationen wie oben durch eine Seitenfolge $a_1 b_1 a_1^{-1} b_1^{-1}$ ersetzen. Durch mehrfache Anwendung dieser Normierung erhält der Randzyklus schließlich die Form (1).

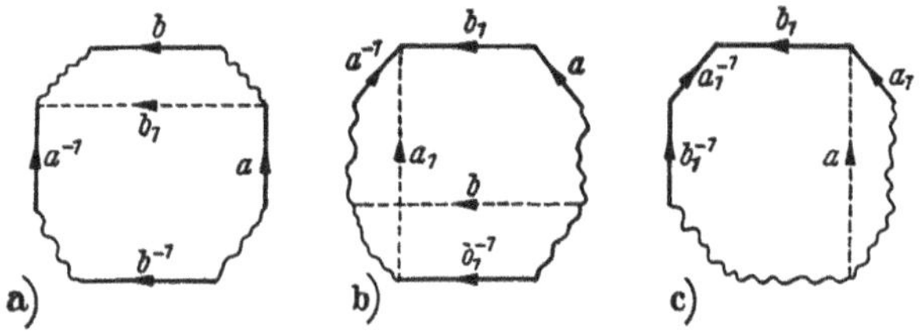

Abb. 53

Damit haben wir die Fundamentalpolygone der algebraischen Riemannschen Flächen auf die beiden Normalformen (1) und (2) gebracht, womit bewiesen ist, daß jede algebraische Riemannsche Fläche homöomorph zur Sphäre oder zu einer Sphäre mit p Henkeln ist. Hiermit ist der erste Teil unseres Satzes bewiesen.

2. Zwei Sphären mit verschiedener Zahl von Henkeln sind nicht zueinander homöomorph.

Den Beweis für diesen zweiten Teil führen wir, indem wir zeigen, daß die Henkelzahl p eindeutig durch die sog. Eulersche Charakteristik der Fläche bestimmt ist, deren topologische Invarianz leicht gezeigt werden kann. Wir benötigen zu dem Zweck den Begriff der polygonalen Zerlegung einer kompakten Fläche.

Auf einer kompakten Fläche $\mathfrak{R}$ sei ein System endlich vieler geschlossener Kurven gewählt, von denen je zwei nur endlich viele Punkte gemeinsam haben. Durch die Kurven werde $\mathfrak{R}$ so in endlich viele Flächenstücke zerlegt, daß jedes Flächenstück homöomorph einem von einem einfach geschlossenen Streckenzug berandeten Polygon der Ebene ist. Wir nennen jedes derartige Gebiet dann ein *Polygon auf* $\mathfrak{R}$; die Bilder der Seiten des ebenen Polygons heißen die *Seiten des Polygons* auf $\mathfrak{R}$, deren Endpunkte die *Ecken des Polygons*. Eine *polygonale Zerlegung der Fläche* liegt vor, wenn folgende Bedingungen erfüllt sind:

a) Jeder Punkt von $\mathfrak{R}$ liegt in mindestens einem der Polygone.

b) Je zwei Polygone haben entweder gar keinen Punkt oder genau eine Ecke oder genau eine Seite gemeinsam.

c) Jede Seite gehört genau zwei Polygonen an.

Jede kompakte triangulierbare Fläche besitzt polygonale Zerlegungen, z. B. die Dreiecke der Triangulation. Die Gesamtzahl der Polygone ist dabei stets endlich. Das ist charakteristisch für kompakte triangulierbare Flächen.

Es gilt nun der folgende wichtige

Satz 41 *(Eulerscher Polyedersatz). Es sei $\mathfrak{Z}_1$ eine polygonale Zerlegung der kompakten triangulierbaren Fläche $\mathfrak{R}_1$, $\mathfrak{Z}_2$ eine polygonale Zerlegung der zu $\mathfrak{R}_1$ homöomorphen Fläche $\mathfrak{R}_2$. Mit E_1, K_1, F_1 bezeichnen wir die Anzahl der Ecken, Kanten und Flächen (Polygone) bei $\mathfrak{Z}_1$; E_2, K_2, F_2 seien die entsprechenden Größen bei $\mathfrak{Z}_2$. Dann ist*

$$E_1 - K_1 + F_1 = E_2 - K_2 + F_2 .$$

Die Wechselsumme $N = E - K + F$ stellt also eine topologische Invariante der Fläche dar, sie wird als die *Eulersche Charakteristik* der Fläche bezeichnet.

Zum Beweise des Eulerschen Polyedersatzes bilden wir die Fläche $\mathfrak{R}_2$ topologisch auf die Fläche $\mathfrak{R}_1$ ab. Dabei geht die Zerlegung $\mathfrak{Z}_2$ von $\mathfrak{R}_2$ in eine Zerlegung von $\mathfrak{R}_1$ über, die genau dasselbe Schema von Ecken, Kanten und Flächen aufweist wie $\mathfrak{Z}_2$; wir bezeichnen sie deshalb ebenfalls mit $\mathfrak{Z}_2$. Es bleibt also zu zeigen, daß für zwei beliebige Zerlegungen $\mathfrak{Z}_1$ und $\mathfrak{Z}_2$ der Fläche $\mathfrak{R}_1$ die Wechselsumme $E - K + F$ die gleiche ist.

Dazu betrachten wir zunächst ein Polygon Π mit n Ecken in der Ebene; die Wechselsumme ist hier

$$N_0 = n - n + 1 = 1 .$$

$\mathfrak{Z}$ sei eine Zerlegung von Π in Teilpolygone, N die zugehörige Wechselsumme. Wir behaupten, daß $N = N_0$ ist. Löschen wir nämlich eine innere Kante der Zerlegung $\mathfrak{Z}$ und entsteht dadurch wieder eine Zerlegung von Π in Teilpolygone, so haben sich E überhaupt nicht, K und F je um 1 vermindert. N ist also konstant geblieben. Löschen wir einen ganzen, inneren, aus k Kanten bestehenden Kantenzug, der die gemeinsame Begrenzung zweier Polygone von $\mathfrak{Z}$ bildet, so vermindern sich E um $k - 1$, K um k, F um 1; auch hierbei ändert sich N also nicht. Auf diese Weise entfernen wir alle inneren Kanten aus Π. Sind dann noch überflüssige Eckpunkte auf den Seiten von Π vorhanden, so lassen wir diese einfach fort; dabei vermindern sich jedesmal E und K je um 1, während F ungeändert bleibt. Somit ist in der Tat $N = N_0$.

Nun betrachten wir die beiden polygonalen Zerlegungen $\mathfrak{Z}_1$ und $\mathfrak{Z}_2$ von $\mathfrak{R}_1$. Durch geringfügige Änderung des Kantenverlaufs von $\mathfrak{Z}_1$ können wir erreichen, daß $\mathfrak{Z}_1$ und $\mathfrak{Z}_2$ nur endlich viele gemeinsame

Punkte aufweisen, ohne daß dabei die Wechselsumme von $\mathfrak{Z}_1$ sich geändert hätte. $\mathfrak{Z}_1$ und $\mathfrak{Z}_2$ bilden dann zusammen eine polygonale Zerlegung $\mathfrak{Z}_3$ von $\mathfrak{R}_1$, die wir uns dadurch entstanden denken können, daß man jedes Polygon von $\mathfrak{Z}_1$ irgendwie in Teilpolygone zerlegt hat. Wegen der Homöomorphie zwischen den Polygonen von $\mathfrak{Z}_1$ und den ebenen Polygonen können wir aus der eben geführten Betrachtung folgern, daß die Zahl $N = E - K + F$ für die Zerlegungen $\mathfrak{Z}_3$ und $\mathfrak{Z}_1$ übereinstimmt. Da nun $\mathfrak{Z}_3$ ebenso als weitere Zerlegung von $\mathfrak{Z}_2$ aufgefaßt werden kann, stimmt N also auch für $\mathfrak{Z}_3$ und $\mathfrak{Z}_2$ überein. Daraus folgt aber für die Zerlegungen $\mathfrak{Z}_1$ und $\mathfrak{Z}_2$: $N_1 = N_2$, wie behauptet wurde.

Die Charakteristik der Sphäre und der Sphäre mit p Henkeln erhalten wir jetzt sofort aus den Normalformen (1) und (2). Ein Fundamentalpolygon Π der Fläche ist leicht polygonal zerlegbar. Entfernt man sodann wie beim Beweis des Eulerschen Polyedersatzes alle inneren Kanten und Ecken, so ändert sich die Wechselsumme $E - K + F$ nicht. Das Fundamentalpolygon Π hat also dieselbe Wechselsumme wie die polygonal zerlegte Fläche. Für Π ist im Falle der Sphäre: $E = 2$, $K = 1$, $F = 1$ und im Falle der Sphäre mit p Henkeln: $E = 1$, $K = 2p$, $F = 1$. Also erhält man als Charakteristik der Sphäre:

$$N = 2 - 1 + 1 = 2\,, \tag{3}$$

als Charakteristik der Sphäre mit p Henkeln:

$$N = 1 - 2p + 1 = -2(p - 1)\,. \tag{4}$$

Ordnen wir der Sphäre die Henkelzahl $p = 0$ zu, so lassen sich beide Beziehungen zu

$$N = E - K + F = -2(p - 1) \tag{5}$$

zusammenfassen. Es folgt hieraus, daß zwei Sphären mit verschiedenen Henkelzahlen p_1, p_2 ($p_i \geqq 0$) verschiedene Charakteristiken haben und deshalb nach dem Eulerschen Polyedersatz nicht homöomorph sind. Damit ist auch der zweite Teil unseres Satzes 40 bewiesen.

In der kombinatorischen Topologie definiert man die kompakten Flächen als Punktmengen, die eine Zerlegung in endlich viele Polygone im Sinne der Bedingungen a, b, c gestatten. Dieser Flächenbegriff schließt die kompakten Flächen des dreidimensionalen euklidischen Raumes und die algebraischen Riemannschen Flächen ein. Man kann dann zeigen, daß zwei orientierbare kompakte Flächen dann und nur dann homöomorph sind, wenn sie den gleichen Wert der Eulerschen Charakteristik haben. Der Beweis verläuft genauso wie der Beweis des Satzes 40: die Flächen werden längs der Polygonränder aufgeschnitten, die Polygone jeder Fläche zu Fundamentalpolygonen der Fläche vereinigt und die Fundamentalpolygone auf die Normalformen (1) bzw. (2) gebracht.

Jede orientierbare kompakte Fläche ist demnach homöomorph einer Sphäre mit einer eindeutig bestimmten Zahl p von Henkeln ($p \geqq 0$). Die Henkelzahl p ist also eine topologische Invariante, welche die orientierbaren kompakten Flächen vollständig charakterisiert. Sie heißt das *Geschlecht* der Fläche. Nach der Beziehung (5) kann das Geschlecht p eindeutig durch die Charakteristik der Fläche ausgedrückt werden.

Aus (5) geht noch hervor, daß die Charakteristik einer orientierbaren kompakten Fläche stets gerade ist. Zum Beispiel hat die Sphäre die Charakteristik 2 und das Geschlecht 0, die Ringfläche die Charakteristik 0 und das Geschlecht 1.

Das Geschlecht p einer orientierbaren, kompakten Fläche, insbesondere also einer algebraischen Riemannschen Fläche, bestimmt die *Zusammenhangseigenschaften* der Fläche vollständig, wie wir nunmehr zeigen werden.

Unter einem *Rückkehrschnitt* auf der Fläche $\mathfrak{R}$ verstehen wir eine einfach geschlossene Kurve auf $\mathfrak{R}$, die die Fläche nicht zerlegt. Gelegentlich wird in der Literatur als Rückkehrschnitt *jede* einfach geschlossene Kurve auf $\mathfrak{R}$ bezeichnet. Dann sind drei verschiedene Kurventypen zu unterscheiden: erstens die einfach geschlossenen Kurven, die sich stetig auf einen Punkt zusammenziehen lassen (man nennt eine solche Kurve *nullhomotop*). Schneidet man die Fläche $\mathfrak{R}$ längs einer solchen Kurve auf, so wird $\mathfrak{R}$ stets in zwei Teile zerlegt, von denen wenigstens einer einfach zusammenhängend ist. Jede Funktion auf einer Riemannschen Fläche $\mathfrak{R}$, die sich auf $\mathfrak{R}$ unbeschränkt analytisch fortsetzen läßt, bleibt auf Grund des Monodromiesatzes (III, 1, Satz 3) eindeutig, wenn man sie längs einer solchen Kurve analytisch fortsetzt und zum selben Kurvenpunkt zurückkehrt. Sodann gibt es zweitens die einfach geschlossenen Kurven, die die Fläche zerlegen, aber sich nicht notwendig stetig auf einen Punkt zusammenziehen lassen (solche Kurven heißen *nullhomolog*). Hierher gehört z. B. die Kurve l bei der Doppelringfläche (Abb. 50a). Eine Funktion, die sich auf $\mathfrak{R}$ unbeschränkt fortsetzen läßt, braucht längs einer solchen Kurve nicht eindeutig zu bleiben. Ist die Funktion aber ein Integral $\int f(z)\, dz$ auf $\mathfrak{R}$ über eine Funktion $f(z)$, die in einem der beiden Teile von $\mathfrak{R}$ holomorph und eindeutig ist, so ist dieses Integral bei holomorpher Fortsetzung längs der Kurve eindeutig. Dies beruht darauf, daß in diesem Fall für die Kurve der Cauchysche Integralsatz gilt. Trianguliert man nämlich den genannten Teil von $\mathfrak{R}$, so verschwindet das Integral über jeden Rand eines Dreiecks. Und da sich die Kurve gerade aus den Dreiecksseiten zusammensetzt, die nur einmal durchlaufen werden, während die Integrale über alle anderen Dreiecksseiten sich gerade aufheben, so leuchtet die Behauptung unmittelbar ein. Schließlich gibt es drittens die einfach geschlossenen Kurven, die die Fläche $\mathfrak{R}$ nicht zerlegen. Nur diese Kurven wollen wir hier als Rückkehrschnitte im engeren Sinne bezeichnen. Für sie brauchen auch die Integrale über eindeutige Funktionen nicht eindeutig zu bleiben, wie wir aus der Theorie der abelschen Integrale wissen (Kap. VI).

Zwei Rückkehrschnitte heißen *konjugiert*, wenn sie sich in einem Punkt durchsetzen, im übrigen aber keinen Punkt gemeinsam haben. Das „durchsetzen" bedeutet: Beide Rückkehrschnitte laufen durch einen Punkt P, und der zweite Rückkehrschnitt hat mit jedem der beiden Gebiete, in die eine genügend kleine, einfach zusammenhängende offene Umgebung $\mathfrak{U}(P)$ durch das in ihr verlaufende Stück des ersten Rückkehrschnittes zerlegt wird, Punkte gemeinsam, wie klein auch $\mathfrak{U}(P)$ gewählt wird.

Es gilt nun

Satz 42. *Jede orientierbare kompakte Fläche (insbesondere also jede algebraische Riemannsche Fläche) vom Geschlecht p läßt sich durch p Paare konjugierter Rückkehrschnitte in ein einfach zusammenhängendes (insbesondere also schlichtartiges) Gebiet zerlegen.*

Dabei heißt ein Gebiet auf einer Riemannschen Fläche *schlichtartig*, falls es sich biholomorph auf ein schlichtes Gebiet in der geschlossenen Ebene abbilden läßt.

Ein System derartiger konjugierter Rückkehrschnitte wird durch die $2p$ einfach geschlossenen Kurven geliefert, die den $2p$ Paaren äquivalenter Seiten des Fundamentalpolygons entsprechen. Die Menge aller Flächenpunkte, die nicht auf diesen $2p$ Kurven liegen, entspricht dem Inneren des Fundamentalpolygons, ist also ein einfach zusammenhängendes Gebiet. Damit ist der Satz bewiesen.

Ein Beispiel einer derartigen *kanonischen Zerschneidung* der Fläche gibt Abb. 50a für den Fall $p = 2$.

Es folgt aus Satz 42, daß jede geschlossene Kurve auf einer Fläche vom Geschlecht p stetig so deformiert werden kann, daß sie aus endlich vielen einfach geschlossenen Teilkurven zusammengesetzt erscheint, von denen jede entweder kein Rückkehrschnitt ist oder in einen der eben angegebenen $2p$ Rückkehrschnitte deformiert werden kann.

Ferner läßt sich beweisen, daß es auf einer Fläche vom Geschlecht p stets p punktfremde einfach geschlossene Kurven gibt, die zusammen die Fläche nicht zerstückeln, während jedes System von $p + 1$ punktfremden einfach geschlossenen Kurven die Fläche zerlegt. Dieser Satz enthält eine weitere invariante Charakterisierung des Geschlechtes p. Jede Fläche vom Geschlecht p hat nach I, 6 den *Zusammenhang* $2p + 1$. Die Sphäre ist also z. B. einfach zusammenhängend, während die Ringfläche den Zusammenhang 3 besitzt.

Es ist schließlich noch von Interesse, wie sich das Geschlecht einer algebraischen Riemannschen Fläche berechnet, wenn man die Zahl der Blätter und die Zahl und Ordnungen der Verzweigungspunkte kennt.

Eine solche Fläche habe also n Blätter und k Verzweigungspunkte der Ordnungen $w_1, w_2, \ldots, w_k$, wobei ein Verzweigungspunkt die Ordnung w_i hat, wenn er ein $(w_i + 1)$-facher Windungspunkt ist, d. h. eine $(w_i + 1)$-blättrige Kreisscheibe als Umgebung besitzt.

$z_1, z_2, \ldots, z_r$ seien die verschiedenen Grundpunkte der Verzweigungspunkte. Wir triangulieren jetzt die Ebene so, daß die Punkte $z_1, z_2, \ldots, z_r$ Eckpunkte sind. Diese Triangulierung stanzen wir durch die Riemannsche Fläche durch und erhalten damit auch für sie eine Triangulierung.

Betrachten wir zunächst die Triangulierung der Ebene, so gilt für die Zahlen E_0, K_0, F_0 ihrer Ecken, Kanten und Flächen:

$$N_0 = E_0 - K_0 + F_0 = 2\,.$$

Da wir n Blätter über der Ebene haben, so gilt für die n Blätter entsprechend:

$$N_n = E_n - K_n + F_n = 2n\,.$$

Heften wir aber die Dreiecke so zusammen, daß sie die Riemannsche Fläche bilden, so erkennen wir, daß die Zahl K ihrer Kanten ebenfalls K_n, die Zahl ihrer Flächen F ebenfalls F_n ist. Dagegen ist die Zahl der Eckpunkte E geringer als bei den n Ebenen, da in jedem Verzweigungspunkt $w_i + 1$ Ecken verheftet sind. Daher ist die Zahl der Eckpunkte:

$$E = E_n - (w_1 + w_2 + \cdots + w_k)\,.$$

Es gilt also:

$$\begin{aligned} N = E - K + F &= E_n - K_n + F_n - (w_1 + w_2 + \cdots + w_k) \\ &= 2n - (w_1 + w_2 + \cdots + w_k)\,. \end{aligned}$$

Beachten wir noch (5), so folgt:

$$-2(p-1) = 2n - (w_1 + w_2 + \cdots + w_k)$$

oder

$$p = \frac{1}{2}(w_1 + w_2 + \cdots + w_k) - n + 1\,.$$

Bezeichnen wir die Summe aller Ordnungen der Verzweigungspunkte mit w, so erhalten wir

Satz 43. *Eine algebraische Riemannsche Fläche, die n Blätter besitzt und k Verzweigungspunkte mit der Gesamtordnung*

$$w = w_1 + w_2 + \cdots + w_k\,,$$

hat das Geschlecht $p = \frac{w}{2} - n + 1$.

Literatur

Seifert, H., u. W. Threlfall: Lehrbuch der Topologie. Leipzig 1934.

Sechstes Kapitel

Funktionen auf Riemannschen Flächen

§ 1. Eigentlich diskontinuierliche Gruppen linearer Transformationen

In den Untersuchungen des Kapitels V haben wir gezeigt, wie sich eine gegebene Riemannsche Fläche $\mathfrak{R}$ uniformisieren läßt, indem man ihre universelle Überlagerungsfläche $\mathfrak{F}$ auf ein Normalgebiet $\mathfrak{N}$ abbildet. Der Gruppe Γ der Decktransformationen von $\mathfrak{F}$ entsprach in $\mathfrak{N}$ eine diskontinuierliche Gruppe $\mathfrak{G}$ linearer Transformationen. Wir erkannten, daß der Quotientenraum $\mathfrak{N}/\mathfrak{G}$ eine allgemeine Riemannsche Fläche bildet, die zu $\mathfrak{R}$ global holomorph äquivalent ist. Eine Funktion auf $\mathfrak{R}$ liefert vermöge der Abbildung von $\mathfrak{R}$ auf $\mathfrak{N}/\mathfrak{G}$ eine Funktion auf $\mathfrak{N}/\mathfrak{G}$. Diese kann wiederum als eine Funktion in $\mathfrak{N}$ betrachtet werden, die gegenüber der Gruppe $\mathfrak{G}$ *automorph* ist, d. h. sie besitzt in Punkten aus $\mathfrak{N}$, die durch eine Transformation aus $\mathfrak{G}$ auseinander hervorgehen, dieselben Funktionswerte. Umgekehrt liefert jede bezüglich $\mathfrak{G}$ automorphe Funktion in $\mathfrak{N}$ eine Funktion von $\mathfrak{N}/\mathfrak{G}$ und damit eine Funktion auf $\mathfrak{R}$. Das Studium der Funktionen auf $\mathfrak{R}$ ist also äquivalent dem Studium der automorphen Funktionen von $\mathfrak{N}$ bezüglich $\mathfrak{G}$.

So wenden wir uns nun der Untersuchung diskontinuierlicher Gruppen und der zugehörigen automorphen Funktionen zu. Zunächst ist es erforderlich, die auftretenden Begriffe zu präzisieren.

Eine Gruppe $\mathfrak{G}$ linearer Transformationen heißt *diskontinuierlich*, wenn sie keine Teilfolge verschiedener Transformationen enthält, die gegen die Identität konvergiert.

Dies besagt: $\mathfrak{G}$ soll keine Folge paarweise verschiedener Transformationen

$$z_\nu^* = \frac{a_\nu z + b_\nu}{c_\nu z + d_\nu}$$

mit $\lim \frac{a_\nu}{d_\nu} = 1$, $\lim \frac{b_\nu}{d_\nu} = \lim \frac{c_\nu}{d_\nu} = 0$ enthalten.

Eine diskontinuierliche Gruppe enthält nur abzählbar viele verschiedene Transformationen. Wir schreiben diese Transformationen in der Gestalt

$$z^* = \frac{az+b}{cz+d}, \quad ad - bc = 1 .$$

Gäbe es überabzählbar viele Quadrupel (a, b, c, d) mit $ad - bc = 1$, die zu Transformationen der Gruppe gehören, so hätten diese Quadrupel notwendig einen endlichen Häufungspunkt $(\alpha, \beta, \gamma, \delta)$ mit $\alpha\delta - \beta\gamma = 1$. Dann gäbe es eine Teilfolge verschiedener Transformationen

$$t_\nu(z) = \frac{a_\nu z + b_\nu}{c_\nu z + d_\nu}, \quad \nu = 1, 2, 3, \ldots ,$$

mit $\lim\limits_{\nu\to\infty}(a_\nu, b_\nu, c_\nu, d_\nu) = (\alpha, \beta, \gamma, \delta)$, und in den Transformationen

$$\check{t}_{\nu+1}(t_\nu(z)) = \frac{(d_{\nu+1}a_\nu - b_{\nu+1}c_\nu)\, z + (d_{\nu+1}b_\nu - b_{\nu+1}d_\nu)}{(a_{\nu+1}c_\nu - c_{\nu+1}\,a_\nu)\, z + (a_{\nu+1}d_\nu - c_{\nu+1}b_\nu)}$$

hätten wir eine Folge verschiedener Transformationen, die gegen die Identität konvergiert.

Eine Gruppe $\mathfrak{G}$ linearer Transformationen heißt *eigentlich diskontinuierlich*, wenn es einen Punkt z_0 und eine Umgebung $\mathfrak{U}(z_0)$ von z_0 gibt, so daß jede Transformation der Gruppe $\mathfrak{G}$, die nicht die Identität ist, alle Punkte aus $\mathfrak{U}(z_0)$ in Punkte außerhalb von $\mathfrak{U}(z_0)$ transformiert.

An einem Beispiel werden wir zeigen, daß es diskontinuierliche Gruppen gibt, die nicht eigentlich diskontinuierlich sind. In manchen Fällen kann man aber aus der Diskontinuität einer Gruppe auf die eigentliche Diskontinuität schließen. Es gilt

Satz 1. *$\mathfrak{G}$ sei eine diskontinuierliche Gruppe linearer Transformationen, die in einem Gebiet $\mathfrak{B}$ eine normale Familie bilden. Dann ist $\mathfrak{G}$ eigentlich diskontinuierlich.*

Sei z_0 irgendein innerer endlicher Punkt von $\mathfrak{B}$ und $\mathfrak{U}_1 \supset \mathfrak{U}_2 \supset \cdots$ eine Folge beschränkter, ineinander liegender Umgebungen von z_0, die auf z_0 zusammenschrumpfen. Nehmen wir an, $\mathfrak{G}$ sei nicht eigentlich diskontinuierlich. Dann gibt es zu jedem $\mathfrak{U}_\nu$ eine Transformation $t_\nu(z)$ ungleich der Identität aus $\mathfrak{G}$ und dazu ein Punktepaar z_ν, z_ν^* aus $\mathfrak{U}_\nu$, $\nu = 1, 2, \ldots$, so daß

$$z_\nu^* = t_\nu(z_\nu)$$

ist. Es lassen sich sogar die $t_\nu(z)$ so wählen, daß alle untereinander verschieden sind. Wäre dies nicht der Fall, so gäbe es von einem ν_0 an nur noch endlich viele verschiedene Transformationen mit der verlangten Eigenschaft. Dann könnte man in $\mathfrak{U}_{\nu_0}$ einen Punkt $z^* \neq z_0$ wählen und dazu eine in $\mathfrak{U}_{\nu_0}$ gelegene Umgebung $\mathfrak{U}^*$ von z^*, die durch die endlich vielen Transformationen in Umgebungen übergeführt würden, die mit $\mathfrak{U}^*$ keinen Punkt gemeinsam haben. Gleiches gilt selbstverständlich für die übrigen Transformationen aus $\mathfrak{G}$. Also wäre $\mathfrak{G}$ doch eigentlich diskontinuierlich.

Mit den $t_\nu(z)$ haben auch die Inversen $\check{t}_\nu(z)$ die Eigenschaft, jeweils Punkte aus $\mathfrak{U}_\nu$ ineinander überzuführen, z. B. z_ν^* in z_ν. Da $\mathfrak{G}$ eine normale Familie in $\mathfrak{B}$ bildet, dürfen wir – evtl. nach Übergang zu einer Teilfolge – annehmen, daß die beiden Folgen

$$t_1(z)\,,\ t_2(z)\,,\ \ldots \tag{1}$$

und

$$\check{t}_1(z)\,,\ \check{t}_2(z)\,,\ \ldots \tag{2}$$

im Innern von $\mathfrak{B}$ gleichmäßig konvergieren. Die Grenzfunktionen können nicht die Konstante ∞ sein, da die Bilder der Punkte z_ν bzw. z_ν^*

in $\mathfrak{U}_1$ liegen. Die z_ν und z_ν^* konvergieren gegen z_0. Folglich liegt in der Umgebung von z_0 in beiden Fällen Konvergenz gegen eine holomorphe Grenzfunktion mit z_0 als Fixpunkt vor.

Wir können also die Transformationen in der Gestalt

$$t_\nu(z) = \frac{a_\nu(z - z_0) + b_\nu}{c_\nu(z - z_0) + 1}, \quad \nu = 1, 2, 3, \ldots,$$

schreiben. Die Entwicklung um z_0 liefert

$$t_\nu(z) = b_\nu + (a_\nu - b_\nu c_\nu) \sum_{\mu=1}^{\infty} (-c_\nu)^{\mu-1} (z - z_0)^\mu, \quad \nu = 1, 2, 3, \ldots .$$

Daher hat die Grenzfunktion die Gestalt

$$t(z) = b + (a - bc) \sum_{\mu=1}^{\infty} (-c)^{\mu-1} (z - z_0)^\mu = \frac{a(z - z_0) + b}{c(z - z_0) + 1}$$

mit

$$a = \lim_{\nu\to\infty} a_\nu, \quad b = \lim_{\nu\to\infty} b_\nu, \quad c = \lim_{\nu\to\infty} c_\nu .$$

Aus der gleichmäßigen Konvergenz der linearen Transformationen (1) in der Umgebung eines Punktes z_0 folgt also die Konstanz oder Linearität der Grenzfunktion. $t(z)$ ist genau dann konstant, wenn $a - bc = 0$ ist. Wir zeigen nun, daß beide Fälle nicht möglich sind.

Ist $t(z)$ nicht konstant, so konvergieren die $\check{t}_\nu(z)$ nach IV, 1, Satz 7 gegen

$$\check{t}(z) = \frac{z - b}{-cz + a} + z_0 .$$

Dann hat man aber in

$$\check{t}_{\nu+1}(t_\nu(z)) = \frac{(a_\nu - b_{\nu+1}c_\nu)(z - z_0) + (b_\nu - b_{\nu+1})}{(a_{\nu+1}c_\nu - c_{\nu+1}a_\nu)(z - z_0) + (a_{\nu+1} - c_{\nu+1}b_\nu)} + z_0$$

eine Folge von Funktionen aus $\mathfrak{G}$, die von der Identität verschieden sind und gegen die Identität konvergieren. Dies ist nicht möglich, weil $\mathfrak{G}$ diskontinuierlich ist.

Ist hingegen $t(z)$ konstant, so schließt man wie oben, daß die $\check{t}_\nu(z)$ gleichfalls gegen eine Konstante konvergieren. Im Innern von $\mathfrak{B}$, also auch in der Umgebung von z_0, konvergieren dann die Ableitungen von $t_\nu(z)$ und $\check{t}_\nu(z)$ gleichmäßig gegen Null. Man hat daher wegen der stetigen Konvergenz der Ableitungen und wegen $\lim_{\nu\to\infty} z_\nu = \lim_{\nu\to\infty} z_\nu^* = z_0$:

$$\lim_{\nu\to\infty} \check{t}'_\nu(z_\nu^*) \cdot t'_\nu(z_\nu) = 0 .$$

Hierzu steht aber im Widerspruch, daß wegen $z_\nu^* = t_\nu(z_\nu)$ und $\check{t}_\nu(t_\nu(z)) \equiv z$ gilt:

$$\check{t}'_\nu(z_\nu^*)\, t'_\nu(z_\nu) = 1 .$$

Damit ist Satz 1 bewiesen.

Es folgt jetzt sofort

Satz 2. *$\mathfrak{G}$ sei eine diskontinuierliche Gruppe linearer Transformationen, die Automorphismen eines Gebietes $\mathfrak{B}$ sind, welches biholomorph auf ein beschränktes Gebiet abgebildet werden kann. Dann ist $\mathfrak{G}$ eigentlich diskontinuierlich.*

Ist S die Abbildung von $\mathfrak{B}$ auf das beschränkte Gebiet $\mathfrak{B}^*$ und ist $\mathfrak{G} = \{T\}$ die gegebene Gruppe, so ist $\mathfrak{G}^* = \{STS^{-1}\}$ eine Gruppe von Automorphismen des Gebietes $\mathfrak{B}^*$. Nach dem Satz von MONTEL bildet sie in $\mathfrak{B}^*$ eine normale Familie. Offensichtlich gilt dann gleiches für die Gruppe $\mathfrak{G}$ in $\mathfrak{B}$.

Beispiele:

1. Die *Modulgruppe* mit den Transformationen

$$t(z) = \frac{az+b}{cz+d}, \quad ad - bc = 1, \ a, b, c, d \text{ ganz},$$

ist eigentlich diskontinuierlich, da sie aus Automorphismen der oberen Halbebene besteht.

Ebenso sind sämtliche diskontinuierlichen Gruppen des Einheitskreises eigentlich diskontinuierlich.

Auch die Gruppe der Translationen $t^* = t + a$ bildet in der endlichen Ebene eine normale Familie, und daher müssen ihre diskontinuierlichen Untergruppen eigentlich diskontinuierlich sein. Dies stimmt überein mit den Ergebnissen von V, 6, wonach die diskontinuierlichen Translationsgruppen die einfach- und doppeltperiodischen Gruppen sind, die beide eigentlich diskontinuierlich sind. Im Endlichen besitzen sie keinen Häufungspunkt äquivalenter Punkte.

2. Eine diskontinuierliche, aber nicht eigentlich diskontinuierliche Gruppe $\mathfrak{G}$ ist die Picardsche Gruppe

$$z^* = \frac{az+b}{cz+d}, \quad ad - bc = 1,$$

wobei a, b, c, d alle zulässigen ganzen Gaußschen Zahlen $n + mi$ durchlaufen. Diese Gruppe enthält keine Folge verschiedener Transformationen, die gegen die Identität konvergiert; denn eine solche Folge ließe sich in der Gestalt

$$z_\nu^* = \frac{\alpha_\nu z + \beta_\nu}{\gamma_\nu z + 1}, \quad \nu = 1, 2, 3, \ldots,$$

mit

$$\alpha_\nu = \frac{a_\nu}{d_\nu}, \quad \beta_\nu = \frac{b_\nu}{d_\nu}, \quad \gamma_\nu = \frac{c_\nu}{d_\nu}, \quad a_\nu d_\nu - b_\nu c_\nu = 1$$

und $\lim\limits_{\nu\to\infty} \alpha_\nu = 1$, $\lim\limits_{\nu\to\infty} \beta_\nu = 0$, $\lim\limits_{\nu\to\infty} \gamma_\nu = 0$ schreiben. Wegen

$$\lim(\alpha_\nu - \beta_\nu \gamma_\nu) = \lim \frac{1}{d_\nu^2} = 1$$

müßte für hinreichend große ν

$$d_\nu = \pm 1, \quad a_\nu = d_\nu, \ b_\nu = c_\nu = 0$$

sein. Die zugehörigen Transformationen wären die Identität. Also ist die Gruppe diskontinuierlich. Aber sie ist nicht eigentlich diskontinuierlich.

Die ganzen Gaußschen Zahlen bilden einen Integritätsring $\mathfrak{J}$ mit einem euklidischen Divisionsalgorithmus, in dem daher die eindeutige Zerlegung in Primelemente gilt*. Ist nun irgendeine „rationale" Zahl $r_1 + ir_2$ gegeben, so läßt sie sich in der Form

$$r_1 + ir_2 = \frac{b}{d}, \quad b = m_1 + in_1, \quad d = m_2 + in_2,$$

schreiben, wobei Zähler und Nenner in $\mathfrak{J}$ teilerfremd sind. Daher ist 1 größter gemeinsamer Teiler von b und d und in der Gestalt

$$1 = ad - bc$$

mit ganzen Gaußschen Zahlen a und c darstellbar. Dann gehört die Transformation

$$z' = \frac{az + b}{cz + d}$$

zu $\mathfrak{G}$. Durch sie geht der Nullpunkt in $r_1 + ir_2$ über. $r_1 + ir_2$ war aber willkürlich gewählt. Also sind alle Gaußschen rationalen Zahlen zum Nullpunkt, folglich auch untereinander äquivalent, und $\mathfrak{G}$ kann nicht eigentlich diskontinuierlich sein.

Im folgenden werden wir unseren Untersuchungen ausschließlich eigentlich diskontinuierliche Gruppen zugrunde legen.

Nützlich für das Studium der Transformationsgruppen ist der Begriff des isometrischen Kreises. Fragt man bei einer linearen Transformation

$$z^* = t(z) = \frac{az + b}{cz + d}, \quad ad - bc = 1, \tag{3}$$

nach denjenigen Punkten, in denen bei der durch $t(z)$ vermittelten Abbildung die infinitesimalen euklidischen Längen ungeändert bleiben, für die also $|t'(z)| = 1$ ist, so erhält man die notwendige und hinreichende Bedingung

$$|t'(z)| = \frac{1}{|cz + d|^2} = 1$$

oder

$$|cz + d| = 1. \tag{4}$$

Die Punktmenge, für die diese Bedingung zutrifft, ist für $c \neq 0$ ein Kreis $\mathfrak{J}$ mit dem Mittelpunkt $z_t = -\frac{d}{c}$ und dem Radius $r_t = \frac{1}{|c|}$. Man nennt $\mathfrak{J}$ den *isometrischen Kreis* der Transformation (3). Ist $c = 0$, so ist der Punkt ∞ Fixpunkt, und in diesem Falle ist die Bedingung (4) nur für $|d| = 1$, dann aber für alle z der endlichen Ebene erfüllt. Für $c = 0$ und $|d| \neq 1$ gibt es dagegen keine isometrischen Punktmengen.

Sehen wir zunächst von dem Fall $c = 0$ ab. Dann ist im Innern des isometrischen Kreises $\mathfrak{J}$:

$$|t'(z)| = \frac{1}{|cz + d|^2} > 1.$$

Dort werden also alle infinitesimalen Längen vergrößert, während im Äußeren von $\mathfrak{J}$ diese Längen verkleinert werden:

$$|t'(z)| = \frac{1}{|cz + d|^2} < 1.$$

* Siehe etwa B. L. van der Waerden: Algebra I. 5. Aufl. Berlin 1960.

Nun geht durch die Transformation $z^* = t(z)$ der isometrische Kreis $\mathfrak{J}$ in den isometrischen Kreis $\mathfrak{J}'$ der Umkehrtransformation

$$z = \check{t}(z^*) = \frac{d z^* - b}{-c z^* + a}$$

über; denn es gilt für alle z, wenn $z^* = t(z)$ ist:

$$\check{t}'(z^*) \cdot t'(z) = 1 ,$$

und hieraus folgt weiter, daß das Innere von $\mathfrak{J}$ in das Äußere von $\mathfrak{J}'$ und das Äußere von $\mathfrak{J}$ in das Innere von $\mathfrak{J}'$ transformiert wird. Der Mittelpunkt von $\mathfrak{J}'$ ist $z_t' = \frac{a}{c}$ und der Radius $r_t' = \frac{1}{|c|} = r_t$ (letzteres ist auch wegen der Isometrie der Kreise $\mathfrak{J}$ und $\mathfrak{J}'$ evident). Unmittelbar folgt jetzt

Satz 3. *Zu zwei Kreisen $\mathfrak{J}$ und $\mathfrak{J}'$ mit gleichem Radius und zwei Punkten z_1 auf $\mathfrak{J}$ und z_1^* auf $\mathfrak{J}'$ gibt es genau eine lineare Transformation $z^* = t(z)$, so daß $\mathfrak{J}$ ihr isometrischer Kreis, $\mathfrak{J}'$ das Bild von $\mathfrak{J}$ und $z_1^* = t(z_1)$ ist.*

Die Existenz einer solchen linearen Transformation ist leicht einzusehen. Sind die Mittelpunkte z_t und z_t' der Kreise $\mathfrak{J}$ und $\mathfrak{J}'$ voneinander verschieden, so spiegele man die z-Ebene an der Mittelsenkrechten der Verbindungsstrecke $[z_t, z_t']$, sodann spiegele man am Kreis $\mathfrak{J}'$ und schließlich drehe man die Ebene um den Punkt z_t', bis sich als Bild von z_1 der Punkt z_1^* ergibt. Offensichtlich erhält man so eine lineare Abbildung, die auf $\mathfrak{J}$ isometrisch ist, $\mathfrak{J}$ in $\mathfrak{J}'$ und z_1 in z_1^* überführt. Fallen z_t und z_t' zusammen, so spiegele man zunächst an der Winkelhalbierenden des Winkels $z_1 z_t z_1^*$ und sodann an $\mathfrak{J} = \mathfrak{J}'$.

Die Eindeutigkeit der Abbildung folgt so: Da das Äußere von $\mathfrak{J}$ in das Innere von $\mathfrak{J}'$ übergeht, so werden $\mathfrak{J}$ und $\mathfrak{J}'$ gegensinnig durchlaufen. Ferner sind wegen der Isometrie einander zugeordnete Bögen auf $\mathfrak{J}$ und $\mathfrak{J}'$ gleich lang. Also sind durch Vorgabe des Bildpunktes z_1^* eines Punktes z_1 von $\mathfrak{J}$ alle Bildpunkte von Punkten auf $\mathfrak{J}$ bestimmt. Daraus resultiert dann die Eindeutigkeit der Abbildung nach IV, 3, Satz 17.

Wir wollen noch die *Fixkreise* der linearen Transformationen $z^* = t(z)$ ermitteln. Darunter versteht man orientierte Kreise, die als Ganzes einschließlich ihrer Orientierung in sich übergehen. Im Gegensatz zu den isometrischen Kreisen gehen Fixkreise bei linearen Abbildungen $w^* = LtL^{-1}(w)$ immer wieder in Fixkreise über (s. IV, 4). Daher treten nur dann Fixkreise auf, wenn bei der Normalform der linearen Transformation solche auftreten. Diese hat nach IV, 3, (8) und (13) die Gestalt $z' = Kz$ oder $z' = z + 1$. Ist $K = e^{i\vartheta}$, $0 < \vartheta < 2\pi$, also die Transformation elliptisch, so sind die konzentrischen Kreise um den Nullpunkt Fixkreise. Für $\vartheta = \pi$ gehen auch noch die Geraden durch den Nullpunkt in sich über. Sie sind jedoch – da sie ihre Orientierung umkehren – keine Fixkreise. Ist

$K = r$, $0 < r < \infty$, $r \neq 1$, also die Transformation hyperbolisch, so sind die Geraden durch den Nullpunkt, d. h. die Kreise durch die Fixpunkte 0 und ∞, Fixkreise. Bei der parabolischen Transformation $z' = z + 1$ sind die sich im Fixpunkt ∞ berührenden Geraden $\operatorname{Im}(z) = c$ die Fixkreise. Ist schließlich $K = r e^{i\vartheta}$, $0 < \vartheta < 2\pi$, $0 < r < \infty$, $r \neq 1$, also die Transformation loxodromisch, so gibt es keine Fixkreise. Zwar gehen auch hier für $\vartheta = \pi$ die Geraden durch den Nullpunkt in sich über, aber sie erhalten dabei die entgegengesetzte Orientierung, sind also keine Fixkreise im Sinne unserer Definition.

Liegt eine Transformation (3) mit $c \neq 0$ vor, so lassen sich die Fixkreise mit Hilfe der isometrischen Kreise $\mathfrak{J}$ und $\mathfrak{J}'$ bestimmen:

Wir sahen im Beweis zu Satz 3, daß sich die linearen Transformationen, die isometrische Kreise haben, dadurch herstellen lassen, daß man zunächst eine Spiegelung an einer Geraden, sodann eine Spiegelung am isometrischen Kreis $\mathfrak{J}'$ und dann evtl. noch eine Drehung um den Mittelpunkt von $\mathfrak{J}'$ ausführt. Bei der Spiegelung an der Geraden und der Drehung ändert sich der Radius eines Kreises nicht. Höchstens bei der Spiegelung am isometrischen Kreis $\mathfrak{J}'$ kann dies geschehen. Für das Bild eines Fixkreises darf sich aber auch bei der Spiegelung an $\mathfrak{J}'$ der Radius nicht ändern. Daraus folgt, daß der Fixkreis zu $\mathfrak{J}'$ orthogonal sein muß. Sind nämlich die Kreise $|z - a| = r$ und $|z - b| = s$ gegeben, so geht bei der Spiegelung

$$z' = a + \frac{r^2}{\bar{z} - \bar{a}} \tag{5}$$

am ersten Kreis (s. IV, 9, (1)) der zweite Kreis über in den Kreis

$$\left| z - a - \frac{r^2(b - a)}{|b - a|^2 - s^2} \right| = \left| \frac{r^2 s}{|b - a|^2 - s^2} \right|, \quad \text{falls} \quad |b - a| \neq s\,, \tag{6}$$

und in die Gerade

$$(z - a)(\bar{b} - \bar{a}) + (\bar{z} - \bar{a})(b - a) = r^2\,, \quad \text{falls} \quad |b - a| = s$$

ist. Ein Kreis mit gleich großem Radius s ergibt sich folglich genau dann, wenn $|b - a|^2 - s^2 = r^2$ oder $s^2 - |b - a|^2 = r^2$ ist. Im ersten Falle sind die beiden Kreise zueinander orthogonal, wie behauptet wurde. Der zweite Fall kann aber nicht eintreten; denn bei der Spiegelung an einer Geraden geht ein Kreis in einen entgegengesetzt orientierten Kreis über. Dieser Bildkreis geht, wenn er der Bedingung $s^2 - |b - a|^2 = r^2$ genügt, bei der Spiegelung am isometrischen Kreis $\mathfrak{J}'$ in einen gleichsinnig orientierten Kreis über, dessen Orientierung sich auch bei der folgenden Drehung nicht ändert, so daß in summa ein entgegengesetzt orientierter Kreis herauskommt. Der gegebene Kreis kann also nicht Fixkreis sein.

So haben wir das Resultat, daß der Kreis $\mathfrak{J}'$ orthogonal zu sämtlichen Fixkreisen ist, und gleiches gilt offensichtlich auch für $\mathfrak{J}$. Die

Kreise $\mathfrak{J}$ und $\mathfrak{J}'$ gehören also zu den Orthogonaltrajektorien der Fixkreise. Da die Fixkreise und ihre Orthogonaltrajektorien aus den Normalformen der elliptischen, hyperbolischen und parabolischen Transformationen sofort zu entnehmen sind, so erhalten wir die folgende Struktur der Abbildungen:

1. Elliptische Transformationen $t(z)$ mit den endlichen Fixpunkten z_1 und z_2 (Abb. 54).

Die Orthogonaltrajektorien zu den Fixkreisen bilden das Kreisbüschel durch die Fixpunkte z_1 und z_2. Unter ihnen gibt es genau einen Kreis $\mathfrak{J}$, der durch die Transformation in einen gleich großen Kreis $\mathfrak{J}'$ übergeht. $\mathfrak{J}$ und $\mathfrak{J}'$ sind die isometrischen Kreise von $t(z)$ und $\check{t}(z)$. Die Fixkreise sind die Orthogonaltrajektorien zum genannten Kreisbüschel. Jeder Fixkreis enthält den einen Fixpunkt im Innern, den anderen im Äußeren.

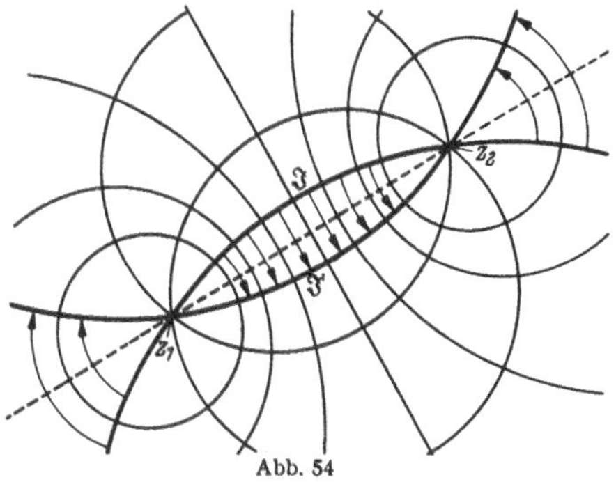

Abb. 54

2. Hyperbolische Transformationen $t(z)$ mit den endlichen Fixpunkten z_1 und z_2 (Abb. 55).

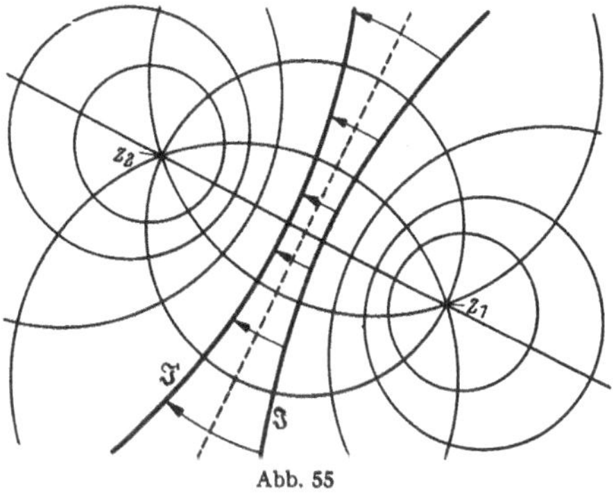

Abb. 55

Hier bilden die Fixkreise das Büschel durch die Fixpunkte z_1 und z_2. Auf den Fixkreisen werden die einzelnen Punkte alle vom einen Fixpunkt weg zum anderen hin verschoben. Unter den Orthogonaltrajektorien gibt es zwei gleich große Kreise $\mathfrak{J}$ und $\mathfrak{J}'$, die ineinander übergehen.

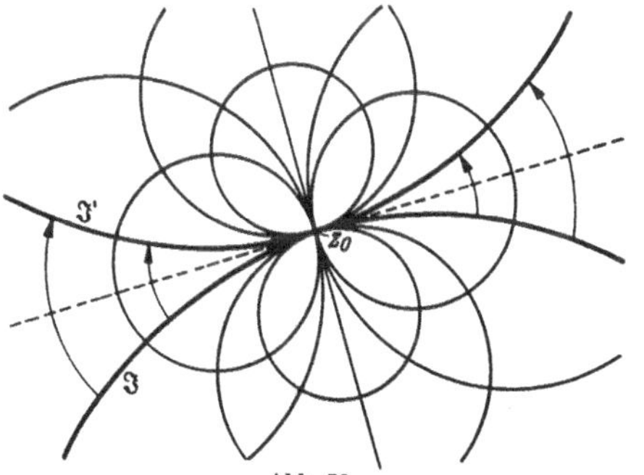

Abb. 56

3. Parabolische Transformationen $t(z)$ mit einem im Endlichen liegenden Fixpunkt z_0 (Abb. 56).

Die Abbildung erscheint als Grenzfall zusammenfallender Fixpunkte $z_1 = z_2 = z_0$ sowohl für den elliptischen als auch für den hyperbolischen Fall.

Wir wenden uns nun wieder dem Studium der eigentlich diskontinuierlichen Gruppen zu. Dabei nehmen wir jetzt an, daß der bei der Definition benutzte Punkt z_0 der Punkt ∞ ist. Als Umgebung $\mathfrak{U}(z_0)$ können wir dann das Äußere eines hinreichend großen Kreises $\mathfrak{K}_\varrho$ mit dem Radius ϱ wählen. Für alle Transformationen $t(z)$ der Gruppe, mit Ausnahme der Identität, ist dann $c \neq 0$ in der Darstellung (3). Als Bild des Punktes ∞ erscheint bei einer Transformation $t(z)$ der Mittelpunkt $z_t' = \frac{a}{c}$ des isometrischen Kreises $\mathfrak{J}'$ der Umkehrtransformation $\check{t}(z)$. Also liegen alle Mittelpunkte der isometrischen Kreise im Innern des Kreises $\mathfrak{K}_\varrho$.

Unsere Gruppe enthalte mehr als zwei Transformationen.

$$t(z) = \frac{az+b}{cz+d}, \quad ad - bc = 1, \quad c \neq 0,$$

$$s(z) = \frac{\alpha z+\beta}{\gamma z+\delta}, \quad \alpha\delta - \beta\gamma = 1, \quad \gamma \neq 0,$$

seien zwei solche Transformationen, deren Produkt nicht die Identität ist. Dann ist

$$s(t(z)) = \frac{(\alpha a + \beta c) z + (\alpha b + \beta d)}{(\gamma a + \delta c) z + (\gamma b + \delta d)}$$

und $\gamma a + \delta c \neq 0$. Daher ist der Mittelpunkt z_{st} des isometrischen Kreises von $s(t(z))$:

$$z_{st} = -\frac{\gamma b + \delta d}{\gamma a + \delta c}.$$

Ferner sind die Mittelpunkte der zu $t(z)$, $\check{t}(z)$, $s(z)$ gehörenden isometrischen Kreise:

$$z_t = -\frac{d}{c}, \quad z_t' = \frac{a}{c}, \quad z_s = -\frac{\delta}{\gamma};$$

folglich ist

$$(z_{st} - z_t)(z_t' - z_s) = \left(\frac{d}{c} - \frac{\gamma b + \delta d}{\gamma a + \delta c}\right)\left(\frac{a}{c} + \frac{\delta}{\gamma}\right) = \frac{1}{c^2}.$$

Für r_t, den Radius des isometrischen Kreises von $t(z)$, gilt daher

$$r_t^2 = \frac{1}{|c|^2} = |z_{st} - z_t| \cdot |z_t' - z_s|.$$

Die Punkte z_{st}, z_t, z_t' und z_s liegen in $\mathfrak{K}_\varrho$. Daher ist der Abstand von je zweien dieser Punkte kleiner als 2ϱ und folglich:

$$r_t < 2\varrho.$$

Die isometrischen Kreise liegen also alle ganz im Innern eines Kreises $\mathfrak{K}_{3\varrho}$ mit dem Radius 3ϱ.

Nun wird bei jeder Transformation $t(z)$ das Äußere des isometrischen Kreises $\mathfrak{J}$ in das Innere des isometrischen Kreises $\mathfrak{J}'$ von $\check{t}(z)$ transformiert. Somit liegen die Bilder des Äußeren von $\mathfrak{K}_{3\varrho}$ im Innern von $\mathfrak{K}_{3\varrho}$

und liefern dort eine Menge von Kreisscheiben, die paarweise punktfremd sind. Wäre nämlich z_0 ein Punkt aus zwei Kreisscheiben $\mathfrak{K}_t$ und $\mathfrak{K}_s$, den Bildern des Äußeren von $\mathfrak{K}_{3\varrho}$ bei den voneinander verschiedenen Transformationen $t(z)$ und $s(z)$, so wäre

$$z_0 = t(z_1) \,, \quad z_0 = s(z_2) \,,$$

wobei z_1 und z_2 zwei Punkte aus dem Äußeren von $\mathfrak{K}_{3\varrho}$ sind. Dann wäre

$$z_2 = s^{-1} t(z_1) \,.$$

Dies widerspricht aber den Eigenschaften von $\mathfrak{K}_{3\varrho}$. Aus unseren Überlegungen folgt nun

Satz 4. *Die eigentlich diskontinuierliche Gruppe* $\mathfrak{G}$ *enthalte die linearen Transformationen* $t_0(z) = z, t_1(z), t_2(z), \ldots$. *Eine Umgebung des Punktes* ∞ *enthalte keine zwei äquivalenten Punkte. Dann konvergieren die Radien* r_n *der zu den Transformationen* $t_n(z)$ *gehörenden isometrischen Kreise* $\mathfrak{J}_n$ *mit wachsendem* n *gegen Null.*

Betrachten wir eine Transformation $t_n(z)$. $\mathfrak{J}_n$ sei ihr isometrischer Kreis, $\mathfrak{J}'_n$ sein Bild, r_n der Radius von $\mathfrak{J}_n$ und $\mathfrak{J}'_n$. Der Kreis $\mathfrak{K}_n$ mit dem Radius 4ϱ um den Mittelpunkt von $\mathfrak{J}_n$ enthält $\mathfrak{K}_{3\varrho}$ im Innern. Bei der oben (S. 517) beschriebenen Konstruktion von $t_n(z)$ mittels Spiegelungen geht $\mathfrak{K}_n$ in einen Kreis $\mathfrak{K}'_n$ um den Mittelpunkt von $\mathfrak{J}'_n$ mit dem Radius $\varrho_n = \frac{r_n^2}{4\varrho}$ über. Das Innere dieses Kreises liegt im Bild des Äußeren von $\mathfrak{K}_{3\varrho}$. Die Kreise $\mathfrak{K}'_n$ liegen also in $\mathfrak{K}_{3\varrho}$ und sind punktfremd. Ihre Radien ϱ_n müssen folglich mit wachsendem n gegen Null konvergieren. Gleiches gilt dann auch für die Radien r_n, was bewiesen werden sollte.

Für eine spätere Anwendung notieren wir, daß $\Sigma\, \varrho_n^2$ und damit auch Σr_n^4 konvergiert, da die Summe der Flächeninhalte der Kreise $\mathfrak{K}'_n$ nicht größer als der Inhalt von $\mathfrak{K}_{3\varrho}$ ist.

Wir sind jetzt in der Lage, in einfacher Weise einen *Fundamentalbereich* $\mathfrak{F}_0$ zu einer eigentlich diskontinuierlichen Gruppe $\mathfrak{G}$ zu konstruieren. Darunter verstehen wir eine offene Punktmenge, die keine zwei äquivalenten Punkte bezüglich $\mathfrak{G}$ enthält und nicht zu einem größeren Bereich dieser Art erweitert werden kann (vgl. V, 6). Es gilt

Satz 5. $\mathfrak{G}$ *sei eine eigentlich diskontinuierliche Gruppe linearer Transformationen. Eine Umgebung des Punktes* ∞ *enthalte keine zwei äquivalenten Punkte. Dann bildet der offene Kern der Punkte außerhalb aller isometrischen Kreise einen Fundamentalbereich* $\mathfrak{F}_0$ *von* $\mathfrak{G}$.

Keine zwei Punkte aus $\mathfrak{F}_0$ können äquivalent sein, da sonst der eine im Innern eines isometrischen Kreises liegen müßte.

Andererseits läßt sich $\mathfrak{F}_0$ nicht erweitern; denn in jeder Umgebung eines nicht zu $\mathfrak{F}_0$ gehörenden Punktes z_0 liegen stets äquivalente Bilder zu Punkten aus $\mathfrak{F}_0$. Wäre dies nicht der Fall, so gäbe es einen Kreis $\mathfrak{K}_0$

um einen Punkt z_0, der samt seinem Innern mit allen kongruenten Bildern außerhalb $\mathfrak{F}_0$ läge. Dann liegt z_0 im Innern oder auf dem Rand eines isometrischen Kreises $\mathfrak{J}_s$. Der Mittelpunkt z_s von $\mathfrak{J}_s$ muß außerhalb $\mathfrak{K}_0$ liegen, da ja der Mittelpunkt z_s zu ∞ äquivalent ist und der Punkt ∞ in $\mathfrak{F}_0$ liegt. Durch die zu $\mathfrak{J}_s$ gehörige Transformation $s(z)$ geht $\mathfrak{J}_s$ in den gleich großen Kreis $\mathfrak{J}_s'$ über und $\mathfrak{K}_0$ in einen Kreis $\mathfrak{K}_1$, dessen Radius r_1 sich nach (6) zu

$$r_1 = \frac{r_s^2 r}{r_0^2 - r^2}$$

berechnet, worin r_s der Radius von $\mathfrak{J}_s$, r der Radius von $\mathfrak{K}_0$ und $r_0 = |z_0 - z_s|$ ist. Da nun noch $r < r_0 \leqq r_s < 2\varrho$ ist, so gilt

$$r_1 = \frac{r}{\frac{r_0^2}{r_s^2} - \frac{r^2}{r_s^2}} \geqq \frac{r}{1 - \frac{r^2}{r_s^2}} > \frac{r}{1 - \frac{r^2}{4\varrho^2}},$$

also

$$r_1 > kr \quad \text{mit} \quad k = \frac{r}{1 - \frac{r^2}{4\varrho^2}} > 1 .$$

Der Mittelpunkt von $\mathfrak{K}_1$ liegt wieder im Innern oder auf dem Rand eines isometrischen Kreises, und es folgt, wenn wir das obige Verfahren für $\mathfrak{K}_1$ wiederholen, für den Radius r_2 des Bildkreises $\mathfrak{K}_2$:

$$r_2 > k' r_1 \quad \text{mit} \quad k' = \frac{1}{1 - \frac{r_1^2}{4\varrho^2}} > \frac{1}{1 - \frac{r^2}{4\varrho^2}} = k ,$$

also

$$r_2 > kr_1 > k^2 r .$$

Nach n-maliger Wiederholung erhalten wir einen Kreis $\mathfrak{K}_n$, für dessen Radius r_n gilt:

$$r_n > k^n r .$$

Da $k > 1$ war, so wachsen die Radien r_n der Kreise $\mathfrak{K}_n$ über alle Grenzen. Die Mittelpunkte liegen in $\mathfrak{K}_{3\varrho}$. Somit muß schließlich ein Kreis $\mathfrak{K}_n$ Punkte aus $\mathfrak{F}_0$ enthalten entgegen unserer Annahme. $\mathfrak{F}_0$ läßt sich also nicht mehr vergrößern. Damit ist der Satz bewiesen.

Eine weitere Folgerung können wir noch aus den letzten Überlegungen ziehen:

Satz 6. *Die Bilder von $\mathfrak{F}_0$ kommen jedem Punkt der Ebene beliebig nahe.*

Satz 6 besagt, daß die Menge der nicht zu $\mathfrak{F}_0$ und seinen Bildern gehörenden Punkte nirgends dicht liegt. Diese Menge besteht zunächst aus allen Punkten, die auf dem Rand von $\mathfrak{F}_0$ und seinen Bildbereichen liegen und zu denen es jeweils eine Umgebung gibt, in der zu jedem Punkt nur endlich viele äquivalente Punkte liegen. Punkte, in deren

Umgebung es nur endlich viele zueinander äquivalente gibt, wollen wir als *gewöhnliche Punkte* der Gruppe $\mathfrak{G}$ bezeichnen. Offenbar gehören die Punkte aus $\mathfrak{F}_0$ sowie ihre Bilder zu den gewöhnlichen Punkten. Alle Punkte, die als Häufungspunkte von äquivalenten Punkten auftreten, gehören zu den Punkten, die weder in $\mathfrak{F}_0$ noch in den Bildbereichen von $\mathfrak{F}_0$ liegen. Diese Häufungspunkte äquivalenter Punkte bezüglich der Gruppe $\mathfrak{G}$ heißen *Grenzpunkte* der Gruppe $\mathfrak{G}$.

Die Menge der Grenzpunkte bildet für jede zur Gruppe gehörende automorphe (nicht konstante) Funktion eine natürliche Grenze; denn jede dieser Funktionen ist dort, falls sie in der Umgebung eines Grenzpunktes existiert, wesentlich singulär, da sich gegen jeden Grenzpunkt unendlich viele äquivalente Punkte häufen. Weiterhin gilt folgendes:

Jeder Grenzpunkt P der Gruppe $\mathfrak{G}$ ist Häufungspunkt von Zentren isometrischer Kreise. Da nämlich in jeder Umgebung von P unendlich viele zu einem Punkt äquivalente Bilder liegen und es zu jedem Bildpunkt einen zu ihm gehörigen isometrischen Kreis gibt, in dem er liegt, so gibt es unendlich viele isometrische Kreise, die Punkte in der Umgebung von P haben. Da die Radien jeder Folge isometrischer Kreise gegen Null konvergieren, so häufen sich deren Mittelpunkte gegen P. Daraus folgt nun

Satz 7. *In jeder Umgebung eines Grenzpunktes P einer eigentlich diskontinuierlichen Gruppe $\mathfrak{G}$ gibt es zu jedem Punkt der Ebene unendlich viele äquivalente Bildpunkte höchstens mit Ausnahme von P selbst und eines anderen Punktes.*

$\mathfrak{J}_1'$, $\mathfrak{J}_2'$, ... sei eine Folge isometrischer Kreise, deren Mittelpunkte gegen P konvergieren und deren Radien dann gegen Null gehen. $t_n(z)$ seien zugehörige Transformationen, deren isometrische Kreise $\mathfrak{J}_1$, $\mathfrak{J}_2$, ... in $\mathfrak{J}_1'$, $\mathfrak{J}_2'$, ... übergehen. Die Mittelpunkte der Kreise $\mathfrak{J}_n$ haben mindestens einen Häufungspunkt P'. Wir können annehmen, daß sie nur diesen Häufungspunkt haben, da wir sonst eine Teilfolge mit dieser Eigenschaft auswählen. Nun sind zwei Fälle möglich.

1. $P' \neq P$. Sei Q ein Punkt, der von P und P' verschieden ist. Dann liegen für hinreichend große n die Kreise $\mathfrak{J}_n$ und $\mathfrak{J}_n'$ getrennt, $\mathfrak{J}_n'$ in der gegebenen Umgebung $\mathfrak{U}$ von P, P außerhalb $\mathfrak{J}_n$ und Q außerhalb $\mathfrak{J}_n$ und $\mathfrak{J}_n'$. Durch $t_n(z)$ geht dann Q in einen Punkt im Inneren von $\mathfrak{J}_n'$ über, liegt also in der Umgebung $\mathfrak{U}$. Ist zufällig $t_n(Q) = P$, so ist P kein Fixpunkt von t_n, also ist $t_n(P) \neq t_n(Q)$ von P verschieden. Weil aber P außerhalb $\mathfrak{J}_n$ lag, liegt $t_n(P)$ in $\mathfrak{J}_n'$. Also liegt $t_n(Q) \neq P$ oder $t_n(t_n(Q)) \neq P$ in $\mathfrak{J}_n'$ und damit auch in $\mathfrak{U}$.

2. $P' = P$. Seien nun Q_1 und Q_2 von P und voneinander verschieden. Ist dann n hinreichend groß, so liegen Q_1 und Q_2 außerhalb aller isometrischen Kreise $\mathfrak{J}_n$ und $\mathfrak{J}_n'$. Dann liegen aber alle Bildpunkte $t_n(Q_1)$ und $t_n(Q_2)$ innerhalb der zugehörigen Kreise $\mathfrak{J}_n'$. Höchstens für einen der beiden Punkte Q_1, Q_2 kann für alle hinreichend großen n gelten

$t_n(Q_1) = P$ oder $t_n(Q_2) = P$. Gilt dies etwa für Q_1, so gilt für alle von Q_1 verschiedenen Punkte Q_2 der Ebene $t_n(Q_2) \neq P$, und damit ist auch in diesem Fall der Satz bewiesen.

Daß P und ein anderer Punkt Ausnahmepunkte sein können, zeigt die Gruppe der Transformationen $z' = 2^n z$, n ganz, bei der 0 und ∞ solche Punkte sind.

Satz 8. *Enthält die Menge der Grenzpunkte mehr als zwei Punkte, so ist sie perfekt, d. h. sie ist abgeschlossen, und jeder Punkt der Menge ist Häufungspunkt der Menge.*

Daß die Menge abgeschlossen ist, ist klar. Daß jeder Punkt Häufungspunkt von Punkten der Menge ist, folgt aus Satz 7.

Satz 9. *Wenn eine abgeschlossene Punktmenge $\mathfrak{M}$, die mehr als einen Punkt enthält, durch alle Transformationen der Gruppe $\mathfrak{G}$ in sich selbst transformiert wird, so enthält sie sämtliche Grenzpunkte der Gruppe $\mathfrak{G}$.*

Angenommen, P sei ein Grenzpunkt der Gruppe, der nicht zu $\mathfrak{M}$ gehört. Dann gibt es, da $\mathfrak{M}$ abgeschlossen ist, um P eine Umgebung, die keine Punkte von $\mathfrak{M}$ enthält. Sind nun P_1 und P_2 zwei Punkte von $\mathfrak{M}$, so hat nach Satz 7 wenigstens einer von ihnen Bildpunkte in der Umgebung von P, und dies widerspricht der Voraussetzung des Satzes. So ist auch dieser Satz bewiesen.

Kehren wir nun zum Fundamentalbereich $\mathfrak{F}_0$ zurück, und untersuchen wir seinen Rand.

Wir können die Randpunkte P von $\mathfrak{F}_0$ in drei Klassen einteilen:

1. P ist ein Grenzpunkt der Gruppe.

2. P ist ein gewöhnlicher Punkt der Gruppe und liegt genau auf einem isometrischen Kreis.

3. P ist ein gewöhnlicher Punkt der Gruppe und liegt auf mindestens zwei isometrischen Kreisen. P heißt in diesem Fall eine *Ecke* von $\mathfrak{F}_0$.

Zum Fall 3 wollen wir noch folgenden Spezialfall rechnen: Ist P ein Fixpunkt einer elliptischen Transformation, deren isometrischer Kreis in sich übergeht, so wollen wir P auch als Ecke mit dem Winkel π bezeichnen und zu Fall 3 hinzurechnen.

Betrachten wir die Punkte, die zu Kategorie 2 gehören. P sei ein solcher Punkt. Dann ist er kein Fixpunkt irgendeiner Transformation; denn die Fixpunkte, die zu einer nicht elliptischen Transformation T gehören, sind Grenzpunkte der Gruppe, da sie bei den Transformationen T^n Häufungspunkte äquivalenter Punkte sind. Die Fixpunkte der elliptischen Transformationen dagegen gehören stets zu mindestens zwei isometrischen Kreisen, wenn man den zu Fall 3 gerechneten Sonderfall mit hinzunimmt. Also geht bei einer Transformation T der Punkt P in einen Punkt $P' \neq P$ über. Ist T diejenige Transformation, auf deren isometrischem Kreis $\mathfrak{J}_t$ der Punkt P liegt, so liegt P' auf $\mathfrak{J}'_t$, dem isometrischen Kreis der Umkehrtransformation.

P' kann in keinem isometrischen Kreis $\mathfrak{J}_s$ einer Transformation S liegen; denn die Transformation S würde die infinitesimalen Längen in P' vergrößern. Also würde ST die Längen in P vergrößern, P müßte im isometrischen Kreis $\mathfrak{J}_{st}$ von ST liegen und könnte kein Randpunkt von $\mathfrak{F}_0$ sein.

P' kann auch nicht auf dem Rand eines von $\mathfrak{J}'_t$ verschiedenen isometrischen Kreises $\mathfrak{J}_s$ liegen, da sonst ST die Längen in P ungeändert ließe, also P auch noch auf dem isometrischen Kreis $\mathfrak{J}_{st}$ liegen müßte. Die Möglichkeit, daß T und ST denselben isometrischen Kreis haben, scheidet aus, da durch T das Innere von $\mathfrak{J}_t$ in das Äußere von $\mathfrak{J}'_t$ und durch ST in das Äußere von $\mathfrak{J}'_{st}$ überginge, also durch $S = (ST)\,T^{-1}$ das Äußere von $\mathfrak{J}'_t$ in das Äußere von $\mathfrak{J}'_{st}$. Die einzigen Transformationen S, die eine solche Möglichkeit zulassen, sind die kongruenten Abbildungen der Ebene $w = e^{i\vartheta} z + b$, die aber nicht zu unserer Gruppe gehören. P' liegt also auf einem einzigen isometrischen Kreis und gehört daher ebenfalls zu Kategorie 2. Der Kreisbogen von $\mathfrak{J}_t$, auf dem P liegt, ist daher kongruent auf einen Kreisbogen von $\mathfrak{J}'_t$ bezogen, der ebenfalls ein Stück des Randes von $\mathfrak{F}_0$ ist.

Die Randpunkte der Kategorie 2 bilden also eine Menge paarweise kongruenter Kreisbogenstücke, die äquivalent aufeinander bezogen sind. Diese Kreisbogenstücke gleicher Länge werden als *Seiten* des Fundamentalbereiches $\mathfrak{F}_0$ bezeichnet. In den Ecken stoßen je zwei Seiten von $\mathfrak{F}_0$ zusammen.

Nachdem wir uns einen Überblick über die Struktur der Transformationen, der Fundamentalbereiche und der Grenzpunkte verschafft haben, wollen wir uns nun noch kurz mit der Struktur der Gruppen befassen.

Ist $\mathfrak{B}$ ein Gebiet der Ebene, welches durch alle Transformationen einer Gruppe in sich transformiert wird, so spricht man von einer *Funktionsgruppe* und nennt $\mathfrak{B}$ ein *Diskontinuitätsgebiet* dieser Gruppe. Offenbar bildet dann der Teil von $\mathfrak{F}_0$, der in $\mathfrak{B}$ liegt, einen Fundamentalbereich für das Gebiet $\mathfrak{B}$. Unter den Funktionsgruppen spielen noch diejenigen mit einem *Hauptkreis* eine besondere Rolle; das sind solche Gruppen, die das Innere eines festen Kreises, den man einen Hauptkreis nennt, stets in sich überführen. Dem entsprechend teilt man die Funktionsgruppen in folgende Klassen ein:

1. *Elementare Gruppen.* Diese bestehen aus den endlichen Gruppen und den Gruppen mit einem oder zwei Grenzpunkten.

2. *Fuchssche Gruppen.* Dies sind alle nicht endlichen Gruppen mit einem Hauptkreis.

3. *Kleinsche Gruppen.* Das sind alle Gruppen, die nicht zu 1 und 2 gehören.

Die Gruppen der ersten Klasse lassen sich vollständig übersehen. Die *endlichen Gruppen* sind die Transformierten solcher Gruppen, denen auf der Riemannschen Zahlensphäre die endlichen Bewegungsgruppen entsprechen. Dies sind zunächst die Gruppen, die die regelmäßigen Körper, die man der Zahlenkugel einbeschreiben kann, in sich überführen, sodann die Gruppen der Drehungen der Kugel um eine Achse um Winkel $\frac{2k\pi}{n}$, $k = 0, 1, 2, \ldots, n-1$, wozu noch die Vertauschung der Pole der Achse kommen kann, also die Transformierten von Gruppen der Gestalt

$$\left.\begin{array}{l} \text{a)}\ z' = e^{\frac{2k\pi i}{n}} z, \\ \text{b)}\ z' = e^{\frac{2k\pi i}{n}} z, \quad z' = e^{\frac{2k\pi i}{n}} \frac{1}{z} \end{array}\right\} k = 0, 1, 2, \ldots, n-1 .$$

Die *Gruppen mit einem Grenzpunkt* erhält man, wenn man die Perioden $n\omega$, n ganz, oder die Perioden $n\omega_1 + m\omega$, n, m ganz, $\frac{\omega_1}{\omega_2}$ nicht reell, wählt und alle Bewegungen betrachtet, die die Gesamtheit der Perioden in sich überführen. Die Transformierten dieser Gruppen und ihre nicht endlichen Untergruppen besitzen einen Grenzpunkt.

Die *Gruppen mit zwei Grenzpunkten* haben eine der Formen

$$\left.\begin{array}{ll} \text{a)}\ z' = K^n z & |K| \neq 1, \\ \text{b)}\ z' = K^n K_1^m z & K_1 = e^{\frac{2\pi i}{k}}, \\ \text{c)}\ z' = K^n z;\ z' = \frac{K^n}{z} & m = 0, 1, \ldots, k-1, \\ \text{d)}\ z' = K^n K_1^m z;\ z' = \frac{K^n K_1^m}{z} & n = 0, \pm 1, \pm 2, \ldots, \end{array}\right.$$

oder sie sind die Transformierten einer solchen Gruppe (siehe L. R. Ford).

Die Gruppen der zweiten Klasse, die Fuchsschen Gruppen, werden wir im Einheitskreis betrachten. Dann ist der Einheitskreis Fixkreis. Folglich enthält eine solche Gruppe keine loxodromischen Transformationen, da diese keine Fixkreise besitzen. Enthält die Gruppe hyperbolische oder parabolische Transformationen, so sind deren Fixpunkte Grenzpunkte der Gruppe und liegen nach Satz 9 auf dem Einheitskreis. Bei den elliptischen Transformationen liegen die Fixpunkte spiegelbildlich zum Einheitskreis, wie sich aus der Normalform der Abbildung ohne weiteres ergibt. Ferner sahen wir, daß die isometrischen Kreise orthogonal zu den Fixkreisen liegen. Zu diesen Fixkreisen gehört der Einheitskreis. Daher gilt

Satz 10. *Bei den Fuchsschen Gruppen sind alle isometrischen Kreise orthogonal zum Hauptkreis.*

Für die Grenzpunkte, die sämtlich auf dem Einheitskreis liegen, folgt

Satz 11. *Wenn die Menge der Grenzpunkte einer Fuchsschen Gruppe mehr als zwei Punkte enthält, so ist diese Menge entweder der gesamte Hauptkreis, oder sie ist auf dem Hauptkreis perfekt und nirgends dicht.*

Wir haben zu zeigen, daß es in jeder Umgebung $\mathfrak{U}$ eines beliebigen Punktes P des Hauptkreises einen Punkt Q gibt und dazu eine Umgebung $\mathfrak{V}$, in der kein Grenzpunkt liegt, falls dies für irgendeinen Punkt Q_1 des Kreises zutrifft. Ist P kein Grenzpunkt, so ist nichts zu beweisen. P sei also Grenzpunkt und $\mathfrak{U}$ eine Umgebung von P. Höchstens ein Punkt P_1 hat nach Satz 7 in $\mathfrak{U}$ keinen Bildpunkt. Trifft dies gerade für Q_1 zu, so wählen wir in einer Umgebung $\mathfrak{V}_1$ von Q_1 einen Punkt Q_2 mit einer Umgebung $\mathfrak{V}_2$, in der kein Grenzpunkt liegt. Q_2 hat dann in $\mathfrak{U}$ mindestens einen äquivalenten von P verschiedenen Punkt P_2, und da Q_2 ein gewöhnlicher Punkt der Gruppe ist, so ist auch P_2 ein gewöhnlicher Punkt. Er liegt also in einer Umgebung, in der kein Grenzpunkt liegt. Damit ist der Satz bewiesen.

Man teilt nun die Menge der Fuchsschen Gruppen in zwei Kategorien ein:

a) Fuchssche Gruppen erster Art oder Gruppen, für welche jeder Punkt des Hauptkreises Grenzpunkt ist. In diesem Fall ist der Hauptkreis *Grenzkreis*, und man spricht von *Grenzkreisgruppen*.

b) Fuchsche Gruppen zweiter Art oder Gruppen, deren Grenzpunkte auf dem Hauptkreis nirgends dicht liegen.

Im Fall a) zerlegt der Hauptkreis die Ebene in zwei Gebiete, von denen jedes durch die Transformationen der Gruppe in sich transformiert wird. Im Fall b) bildet die Menge der gewöhnlichen Punkte ein Gebiet.

Da durch die Spiegelung am Hauptkreis alle isometrischen Kreise als Orthogonalkreise in sich übergehen, so geht bei solch einer Spiegelung auch der Fundamentalbereich, den wir mit Hilfe der isometrischen Kreise konstruierten, in sich über. Daher gibt es einen Teil $\mathfrak{F}_0$ des Fundamentalbereiches, der im Hauptkreis liegt und der den Nullpunkt enthält. Dieser Teil geht bei allen Transformationen der Gruppe in sich über. Er ist ein Gebiet und wird berandet von einer Menge paarweise kongruenter Seiten, die auf isometrischen Kreisen liegen. Die paarweise kongruenten Seiten gehören zu den isometrischen Kreisen von hyperbolischen, parabolischen oder elliptischen Transformationen, deren Fixpunkte auf dem Hauptkreis oder spiegelbildlich zu ihm liegen. Dann liegen auch die Seiten spiegelbildlich zu einem Durchmesser des Hauptkreises. Wir wollen $\mathfrak{F}_0$ ein *Fundamentalgebiet* der Gruppe für den Einheitskreis nennen.

Besonders übersichtlich liegen die Verhältnisse, wenn nur endlich viele Paare kongruenter Seiten auftreten. Es sind dann drei Fälle möglich. Entweder liegt der Teil $\mathfrak{F}_0$ im Innern des Hauptkreises einschließlich des Randes im Hauptkreis (Abb. 57a), oder $\mathfrak{F}_0$ grenzt nur mit *parabolischen Spitzen* an den Hauptkreis (Abb. 57b), oder $\mathfrak{F}_0$ hat eine oder mehrere Seiten mit dem Hauptkreis gemeinsam (Abb. 57c).

Im ersten und zweiten Fall haben wir es mit Fuchsschen Gruppen 1. Art, im dritten mit Fuchsschen Gruppen 2. Art zu tun.

Von besonderem Interesse sind für uns die Gruppen, die sich bei der Uniformisierung Riemannscher Flächen als isomorphe Bilder der Gruppen von Decktransformationen ergeben. Bei den Flächen vom hyperbolischen Typus sind dies stets Fuchssche Gruppen, die keine elliptischen Transformationen enthalten. Ist eine solche Fläche kompakt, so ergibt sich eine Gruppe, deren Fundamentalgebiet $\mathfrak{F}_0$ kompakt im Einheitskreis liegt (Abb. 57a). Wird die Fläche von einem oder mehreren Kontinua berandet, so erhält man eine Gruppe, deren Grenzpunkte nirgends dicht auf dem Einheitskreis liegen (Abb. 57c). Gruppen,

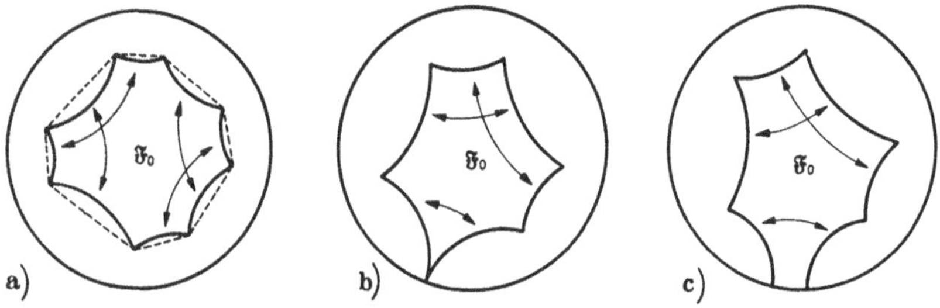

Abb. 57

deren Fundamentalgebiete wie in Abb. 57b liegen, erhält man z. B. bei Flächen, die aus kompakten Flächen durch Herausnahme isolierter Punkte entstehen. Diese isolierten Punkte werden dann zu parabolischen Spitzen auf dem Rande des Einheitskreises.

Bei der Typeneinteilung der Riemannschen Flächen (V, 6, Satz 37) waren wir noch den Beweis dafür schuldig geblieben, daß eine kompakte Fläche vom Geschlecht $p = 1$ stets vom parabolischen Typus ist. Diesen Beweis können wir nun sehr leicht nachholen.

Satz 12. *Eine kompakte hyperbolische Riemannsche Fläche ist stets vom Geschlecht* $p > 1$.

In der Uniformisierungstheorie wurde gezeigt, daß die Gruppe $\mathfrak{G}$ des Einheitskreises $\mathfrak{R}$ eine zur Riemannschen Fläche biholomorph äquivalente Fläche $\mathfrak{R}/\mathfrak{G}$ erzeugt. Die topologische Struktur dieser Fläche erhält man, indem man in einem Fundamentalgebiet äquivalente Seiten identifiziert. Nun war es uns möglich, mit Hilfe der isometrischen Kreise ein Fundamentalgebiet $\mathfrak{F}_0$ im Einheitskreis zu konstruieren. Ein solches Gebiet enthält den Nullpunkt und wird von $2n$ paarweise kongruenten Seiten berandet, die auf isometrischen Kreisen liegen. Die Ecken mögen k verschiedenen Punkten $P_1, \ldots, P_k$ auf $\mathfrak{R}$ entsprechen (jedem Punkt P entsprechen zwei oder mehr Ecken von $\mathfrak{F}_0$). Durch die Bilder der Seiten des Fundamentalgebietes auf $\mathfrak{R}$ wird $\mathfrak{R}$

in eine einfach zusammenhängende Fläche zerschnitten, die von n Kanten berandet wird und k Ecken besitzt. Daher folgt für das Geschlecht p von $\mathfrak{R}$ nach der Eulerschen Polyederformel (V, Anhang, (5)) die Beziehung:

$$p - 1 = \frac{1}{2}(n - k - 1)\,. \tag{7}$$

Andererseits gilt folgendes: Ein dem Fundamentalgebiet $\mathfrak{F}_0$ umbeschriebenes $2n$-Eck (Abb. 57a) hat die Winkelsumme $2\pi(n-1)$, während $\mathfrak{F}_0$ die Winkelsumme $2\pi k$ hat; denn die Umgebung eines Punktes P_ν auf $\mathfrak{R}$ wird, gemessen in einer Ortsuniformisierenden, durch die Bilder der Seiten von $\mathfrak{F}_0$ in mehrere Winkelräume unterteilt, und jeder dieser Winkelräume erscheint als Winkelraum mit gleichem Winkel in einer Ecke von $\mathfrak{F}_0$. Die Summe dieser Winkel von $\mathfrak{F}_0$, die zu einem Punkt P_ν auf $\mathfrak{R}$ gehören, ist also 2π und die gesamte Winkelsumme von $\mathfrak{F}_0$ gerade $2\pi k$. Da nun die Winkelsumme $2\pi k$ von $\mathfrak{F}_0$ kleiner als die Winkelsumme $2\pi(n-1)$ des umbeschriebenen $2n$-Ecks ist, so folgt $n - 1 - k > 0$ und hieraus in Verbindung mit (7):

$$p > 1\,.$$

Damit ist Satz 12 bewiesen und gleichzeitig gezeigt, daß eine algebraische Riemannsche Fläche vom Geschlecht $p = 1$ stets als Normalgebiet die endliche Ebene besitzt, also parabolisch ist.

Wir wollen unsere Betrachtungen über die Struktur der Gruppen mit einer Bemerkung über die *Erzeugenden* schließen. Ohne Beweis sei mitgeteilt, daß die Transformationen, die die paarweise kongruenten Seiten eines Fundamentalgebietes $\mathfrak{F}_0$ aufeinander abbilden, die gesamte Gruppe erzeugen, sofern es möglich ist, einen Punkt aus $\mathfrak{F}_0$ mit all seinen kongruenten Bildern zu verbinden, ohne dabei durch einen Grenzpunkt zu laufen. Jedes Element der Gruppe läßt sich dann als Produkt endlich vieler der Erzeugenden und ihrer inversen Transformationen darstellen. Bei den obengenannten einfachen Fällen wird die Gruppe also von endlich vielen Elementen erzeugt (s. L. R. Ford).

Literatur

Fricke, R., u. F. Klein: Vorlesungen über die Theorie der automorphen Funktionen. Leipzig 1897–1912.

Schlesinger, L.: Automorphe Funktionen. Leipzig 1924.

Ford, L. R.: Automorphic functions. 2. Aufl. New York 1951. (Siehe dort weitere Literaturangaben.)

§ 2. Die Konstruktion automorpher Funktionen. Poincarésche Thetareihen. Elliptische Funktionen

Eine Funktion $f(z)$ heißt *automorph* bezüglich einer eigentlich diskontinuierlichen Gruppe $\mathfrak{G}$ linearer Transformationen $t_0(z), t_1(z), t_2(z), \ldots$, wenn

1. $f(z)$ eine in einem Diskontinuitätsgebiet der Gruppe $\mathfrak{G}$ eindeutige meromorphe Funktion ist,

2. mit einem Punkt z auch $t_n(z)$ für alle Transformationen der Gruppe im Existenzgebiet von $f(z)$ liegt und dabei stets

3. $f(t_n(z)) = f(z)$ ist.

Man bezeichnet wegen der ersten Bedingung die hier behandelten Funktionen auch als *eindeutige* automorphe Funktionen. Da wir uns jedoch nur mit eindeutigen Funktionen beschäftigen wollen, lassen wir diesen Zusatz fort.

Unter einer *einfach automorphen Funktion* $f(z)$ versteht man eine automorphe Funktion, für die folgendes zutrifft:

1. Die Gruppe $\mathfrak{G}$ besitzt ein Fundamentalgebiet $\mathfrak{F}_0$, das von endlich vielen Paaren kongruenter Seiten berandet wird.

2. Das Existenzgebiet der Funktion wird von Grenzpunkten der Gruppe $\mathfrak{G}$ berandet.

3. In jeder parabolischen Spitze P strebt die Funktion für jede gegen P gehende Folge von Punkten z aus dem Fundamentalgebiet $\mathfrak{F}_0$ gegen einen Grenzwert, der endlich oder unendlich sein kann.

Solche einfach automorphen Funktionen haben die folgenden Eigenschaften:

Identifiziert man die zueinander kongruenten Randpunkte von $\mathfrak{F}_0$, so erhält man bei Hinzunahme der parabolischen Spitzen eine kompakte Mannigfaltigkeit mit einem lokal holomorph verträglichen Parametersystem, in dem die Funktion $f(z)$ meromorph ist. Man bekommt also eine allgemeine Riemannsche Fläche, die durch die Funktion $w = f(z)$ auf eine kompakte Riemannsche Fläche $\mathfrak{R}$ über der w-Ebene biholomorph abgebildet wird. Jede andere einfach automorphe Funktion $g(z)$, die zur selben Gruppe $\mathfrak{G}$ gehört und dasselbe Existenzgebiet wie $f(z)$ hat, ist dann auf der Riemannschen Fläche $\mathfrak{R}$ meromorph, wenn man sie als Funktion auf $\mathfrak{R}$ auffaßt. Daher gilt nach V, 4, Satz 23, daß zwischen den beiden Funktionen $f(z)$ und $g(z)$ eine algebraische Beziehung besteht:

Satz 13. *Zwei einfach automorphe Funktionen mit demselben Existenzgebiet, die zur selben Gruppe $\mathfrak{G}$ gehören, sind durch eine irreduzible algebraische Gleichung*

$$F(f, g) = \sum_{i=0}^{m} \sum_{k=0}^{n} a_{ik} f^i g^k = 0$$

miteinander verbunden.

Auch die übrigen Sätze über algebraische Funktionen lassen sich auf die einfach automorphen Funktionen leicht übertragen. Wir können uns ihre Aufzählung hier ersparen.

Man gelangt umgekehrt zu einer einfach automorphen Funktion und ihrer eigentlich diskontinuierlichen Gruppe auf folgende Weise: Auf einer Riemannschen Fläche $\mathfrak{R}$ einer algebraischen Funktion $f(z)$ seien endlich viele Punkte $P_1, P_2, \ldots, P_n$ ausgezeichnet und jedem eine Ordnung $\nu_1, \nu_2, \ldots, \nu_n$ zugeordnet, die entweder ganz und $\geqq 2$ oder ∞ ist. Sodann überlagere man der Fläche $\mathfrak{R}$ eine universelle einfach zusammenhängende Überlagerungsfläche $\mathfrak{F}$, die der Fläche $\mathfrak{R}$ bis auf die Punkte P_k lokal einfach, in den Punkten P_k aber lokal ν_k-fach überlagert ist. Einem Punkt Q auf $\mathfrak{F}$ mit dem Spurpunkt P auf $\mathfrak{R}$, der von den Punkten P_k verschieden ist, ordne man einen Punkt Q^* auf $\mathfrak{F}$ mit dem gleichen Spurpunkt P zu. Dann läßt sich diese Zuordnung zu einer Decktransformation von $\mathfrak{F}$ fortsetzen. Bildet man jetzt $\mathfrak{F}$ auf ein Normalgebiet ab, so entspricht der Gruppe der Decktransformationen eine eigentlich diskontinuierliche Gruppe $\mathfrak{G}$, zu der die Funktion $f(z)$ eine einfach automorphe Funktion ist. Die Gruppe $\mathfrak{G}$ enthält jetzt im Gegensatz zu unseren früheren Gruppen des Normalgebietes auch elliptische Transformationen. Die Fixpunkte dieser Transformationen im Normalgebiet sind die Bildpunkte der Punkte von $\mathfrak{F}$, die über den Punkten P_k mit endlicher Ordnung ν_k liegen.

Wir kommen nun zur expliziten Konstruktion automorpher Funktionen zu einer gegebenen Gruppe $\mathfrak{G}$. Zunächst einige Bezeichnungen: $t_0(z), t_1(z), t_2(z), \ldots$ seien die Transformationen der Gruppe $\mathfrak{G}$. Dann bezeichnen wir die Bilder eines Punktes z in folgender Weise:

$$z_i = t_i(z) = \frac{a_i z + b_i}{c_i z + d_i}\,, \quad a_i d_i - b_i c_i = 1\,, \quad i = 0, 1, 2, \ldots . \tag{1}$$

Die identische Transformation sei stets $z_0 = t_0(z) = z$. Ferner schreiben wir

$$\begin{aligned} z_{ij} &= t_j(z_i) = t_j(t_i(z)) = t_{ij}(z)\,, \\ z_{ijk} &= t_k(t_j(t_i(z))) = t_{ijk}(z) \end{aligned} \tag{2}$$

usw.

Betrachten wir zunächst eine endliche Gruppe $\mathfrak{G}$, bestehend aus den Transformationen $t_i(z)$, $i = 0, 1, 2, \ldots, m$. Sei $H(z)$ eine beliebige rationale Funktion in der Ebene, und bilden wir die Funktion

$$\varphi(z) = H(z) + H(z_1) + \cdots + H(z_m)\,.$$

Diese Funktion ist rational. Unterwerfen wir z einer Transformation $t_k(z)$ der Gruppe $\mathfrak{G}$, so wird

$$\varphi(z_k) = H(z_k) + H(z_{k1}) + \cdots + H(z_{km})\,.$$

Nun sind z_k und die z_{ki} die Menge der Transformierten von $z, z_1, \ldots, z_m$. Sie stimmen daher bis auf die Reihenfolge mit den Punkten $z, z_1, \ldots, z_m$ überein. Also bleibt $\varphi(z)$ ungeändert, und es ist $\varphi(z_k) = \varphi(z)$. $\varphi(z)$ ist eine automorphe Funktion bezüglich der endlichen Gruppe $\mathfrak{G}$. Allgemein hat jede rationale symmetrische Funktion der

$$H(z), H(z_1), \ldots, H(z_m)$$

die Eigenschaft, eine zur Gruppe $\mathfrak{G}$ gehörende automorphe Funktion zu sein.

Liegt eine unendliche Gruppe vor, so ist das vorstehende Verfahren nicht ohne weiteres anwendbar, da dann die analog gebildete unendliche

Summe durchaus nicht zu konvergieren braucht. Ähnlich wie man beim Mittag-Lefflerschen Satz und beim Weierstraßschen Produktsatz konvergenzerzeugende Summanden und Faktoren einführt, hat H. POINCARÉ auch hier konvergenzerzeugende Faktoren eingeführt und die nach ihm benannte *Thetareihe* gebildet:

$$\Theta(z) = \sum_{i=0}^{\infty} H(t_i(z)) \left(\frac{d t_i(z)}{d z}\right)^m = \sum_{i=0}^{\infty} (c_i z + d_i)^{-2m} H(z_i), \tag{3}$$

worin $H(z)$ eine rationale Funktion ist, deren Pole nicht mit Grenzpunkten der Gruppe $\mathfrak{G}$ zusammenfallen. Untersuchen wir die Eigenschaften dieser Reihe, indem wir im Augenblick ihre Konvergenz voraussetzen! Möge z der Transformation $t_k(z)$ unterworfen werden. Dann ist

$$\begin{aligned} \Theta(z_k) &= \sum_{i=0}^{\infty} H(t_i(z_k)) \left(\frac{d t_i(z_k)}{d z_k}\right)^m \\ &= \sum_{i=0}^{\infty} H(t_{ki}(z)) \left(\frac{d t_{ki}(z)}{d z}\right)^m \frac{1}{\left(\frac{d z_k}{d z}\right)^m} \\ &= \Theta(z) \frac{1}{\left(\frac{d z_k}{d z}\right)^m} = (c_k z + d_k)^{2m} \Theta(z), \end{aligned} \tag{4}$$

weil mit $t_i(z)$ auch die Transformationen $t_{ki}(z)$ die gesamte Gruppe $\mathfrak{G}$ durchlaufen.

Wir bemerken hier, daß die Funktionen $\Theta(z)$ selbst keine automorphen Funktionen sind, aber sie stehen mit diesen im engsten Zusammenhang. Sind $\Theta_1(z)$ und $\Theta_2(z)$ zwei verschiedene Reihen (3) mit demselben m, und ist $c\Theta_1(z) \not\equiv \Theta_2(z)$ für alle c, so ist der Quotient $F(z) = \frac{\Theta_1(z)}{\Theta_2(z)}$ eine nicht konstante automorphe Funktion; denn es gilt:

$$F(z_k) = \frac{\Theta_1(z_k)}{\Theta_2(z_k)} = \frac{(c_k z + d_k)^{2m} \Theta_1(z)}{(c_k z + d_k)^{2m} \Theta_2(z)} = F(z). \tag{5}$$

Wir wollen nun die Konvergenz der Reihen beweisen unter der Voraussetzung, daß der Punkt ∞ weder Grenzpunkt noch Fixpunkt irgendeiner Transformation aus $\mathfrak{G}$ ist. Dann gilt

Satz 14. *Ist $m \geqq 2$ und ∞ gewöhnlicher Punkt und nicht Fixpunkt einer Transformation der Gruppe $\mathfrak{G}$, so definiert die Thetareihe* (3) *eine eindeutige analytische Funktion, welche in jedem Gebiet, welches keine Grenzpunkte der Gruppe enthält, höchstens Pole aufweist.*

Sei $\mathfrak{B}$ irgendein kompaktes Gebiet, welches keine Grenzpunkte im Innern oder auf dem Rande enthält. In diesem Gebiet können nur endlich viele Glieder der Thetareihe Polstellen haben. Solche Polstellen können zunächst dort liegen, wo $z = -\frac{d_i}{c_i}$ ist, also in den Mittelpunkten der isometrischen Kreise. Diese häufen sich aber nur gegen die Grenzpunkte. Daher können in $\mathfrak{B}$ nur endlich viele solcher Stellen liegen. Von den übrigen Mittelpunkten isometrischer Kreise haben alle Punkte z aus $\mathfrak{B}$ einen Mindestabstand $d > 0$, also gilt hier

$$\left|z + \frac{d_i}{c_i}\right| \geqq d > 0 .$$

$H(z)$ hat nur endlich viele Polstellen, und diese fallen nicht mit Grenzpunkten zusammen. Daher kann man alle Polstellen von $H(z)$ in endlich viele abgeschlossene Gebiete, die keine Grenzpunkte enthalten, einschließen, z. B. in endlich viele kleine Kreise, so daß außerhalb dieser Kreise $|H(z)| < M$ ist. Nun liegen die Bildgebiete $\mathfrak{B}_i$ von $\mathfrak{B}$ bei den Transformationen $t_i(z)$ für hinreichend große i ganz in den zugehörigen isometrischen Kreisen $\mathfrak{J}_i'$ der Umkehrtransformationen der $t_i(z)$. Die Kreise $\mathfrak{J}_i'$ häufen sich aber gegen die Grenzpunkte, so daß dann alle $\mathfrak{B}_i$ ganz außerhalb der kleinen Kreise um die Polstellen von $H(z)$ liegen. Folglich ist für hinreichend große i in $\mathfrak{B}$:

$$|H(z_i)| < M .$$

Schließen wir also die endlich vielen Glieder aus, für die $\left|z + \frac{d_i}{c_i}\right| < d$ sein kann oder $|H(z_i)| \geqq M$ möglich ist, so folgt für die übrigen Glieder:

$$|(c_i z + d_i)^{-2m} H(z_i)| = \left|\frac{H(z_i)}{c_i^{2m}\left(z + \frac{d_i}{c_i}\right)^{2m}}\right| < \frac{M}{d^{2m}} \cdot |c_i|^{-2m} ,$$

und daher gilt für ihre Summe:

$$|\Sigma'(c_i z + d_i)^{-2m} H(z_i)| < \frac{M}{d^{2m}} \cdot \Sigma' |c_i|^{-2m} .$$

Die Reihe $\Sigma' |c_i|^{-2m}$ konvergiert aber für $m \geqq 2$, da die Reihe $\Sigma' |c_i|^{-4} = \Sigma' r_i^4$ konvergiert, wie wir im Anschluß an 1, Satz 4 feststellten.

Damit ist die gleichmäßige Konvergenz der Thetareihe in $\mathfrak{B}$ bewiesen. Die Thetareihe stellt also außerhalb der Grenzpunkte eine meromorphe Funktion dar.

Es läßt sich zeigen, daß die Thetareihe auch dann noch konvergiert, wenn der Punkt ∞ kein Grenzpunkt, wohl aber Fixpunkt endlich vieler elliptischer Transformationen aus $\mathfrak{G}$ ist. Für $m = 1$ konvergiert die Reihe im allgemeinen nicht, wohl aber im Spezialfall der Fuchsschen Gruppen 2. Art, für die der Punkt ∞ gewöhnlicher Punkt ist.

Der Beweisgedanke für die Konvergenz der Reihen $\Sigma' r_i^4$ bzw. $\Sigma' r_i^2$ ist in diesen Fällen der gleiche wie oben. Man zeigt im ersten Fall, daß das Äußere eines hinreichend großen Kreises durch die Transformationen der Gruppen auf Kreisscheiben in einem endlichen Kreis abgebildet werden, die sich dort höchstens k-mal überdecken können, wobei k eine feste Zahl ist. Daraus folgt dann die Konvergenz der Reihe $\Sigma' r_i^4$. Bei der Fuchsschen Gruppe 2. Art transformiert man den Einheitskreis so auf die obere Halbebene, daß der Punkt ∞ kein Grenzpunkt wird. Dann zeigt man, daß die Bilder des Äußeren eines hinreichend großen Kreises um den Nullpunkt punktfremd sind, orthogonal zur reellen Achse und in einem endlichen Kreis liegen. Daraus ergibt sich die Konvergenz der Reihe $\Sigma' r_i^2$. Aus der Konvergenz dieser Reihen folgt dann wie oben die Konvergenz der Thetareihe. (Zu den Einzelheiten siehe: L. R. FORD, loc. cit.)

Wir sind nun sicher, daß es zu jeder eigentlich diskontinuierlichen Gruppe auch nicht konstante automorphe Funktionen gibt. Man wähle z. B. irgendeine rationale Funktion $H_1(z)$, deren Pole im Fundamentalbereich der Gruppe liegen. $\Theta_1(z)$ besitzt dann die gleichen Pole im Fundamentalbereich, sodann Pole in den Bildern der gegebenen Polstellen und evtl. noch in den Mittelpunkten der isometrischen Kreise. Man wähle nun eine rationale Funktion $H_2(z)$, deren Pole im Fundamentalbereich liegen und von den Polstellen von $\Theta_1(z)$ verschieden sind, und bilde daraus $\Theta_2(z)$. Dann hat man in dem Quotienten von $\Theta_1(z)$ und $\Theta_2(z)$ eine nicht konstante automorphe Funktion zur Gruppe $\mathfrak{G}$ gefunden.

Hiermit ist die folgende Frage beantwortet: Kann man eine allgemeine Riemannsche Fläche, die durch lokal holomorph verträgliche Koordinaten gegeben ist, stets der z-Ebene überlagern? Mittels der Uniformisierungstheorie konnten wir zeigen, daß eine solche Fläche, die eine Triangulierung besitzt, stets biholomorph äquivalent zur Riemannschen Fläche $\mathfrak{N}/\mathfrak{G}$ eines Normalgebietes $\mathfrak{N}$ nach einer eigentlich diskontinuierlichen Gruppe $\mathfrak{G}$ ist*. Da nun die automorphen Funktionen zur Gruppe $\mathfrak{G}$ gerade Funktionen auf $\mathfrak{N}/\mathfrak{G}$ sind, so ist mit ihrer Existenz die Frage für triangulierbare Flächen positiv beantwortet.

Es erhebt sich noch die weitere Frage: Ist eine der Ebene überlagerte Riemannsche Fläche $\mathfrak{R}$ stets das analytische Gebilde einer passend gewählten Funktion? Beantwortet ist diese Frage bereits für elliptische und parabolische Flächen. Wir wollen sie hier noch für kompakte hyperbolische Flächen untersuchen. Eine solche Fläche $\mathfrak{R}$ sei der w-Ebene überlagert. Durch $z = h(w)$ werde ihre universelle Überlagerungsfläche auf den Einheitskreis $\mathfrak{N}$ abgebildet, und $\mathfrak{G}$ sei die zugehörige diskontinuierliche Gruppe.

---

* Wir haben beim Beweis des großen Uniformisierungssatzes keinen Gebrauch davon gemacht, daß die gegebene Riemannsche Fläche einer komplexen Ebene überlagert ist, sondern nur benutzt, daß sie triangulierbar ist. Die tiefliegende Aussage, daß eine allgemeine Riemannsche Fläche stets triangulierbar ist, wurde von T. RADÓ bewiesen. Diese Tatsache ist nicht trivial, da es zweidimensionale Mannigfaltigkeiten gibt, die nicht triangulierbar sind. Aus der Triangulierbarkeit folgt, daß eine derartige Mannigfaltigkeit eine abzählbare Basis besitzt, aber es gibt einfache Mannigfaltigkeiten, die keine abzählbare Basis besitzen, also auch nicht triangulierbar sein können. Hierfür hat H. PRÜFER ein Beispiel angegeben. Eine solche Mannigfaltigkeit kann aber niemals eine komplexe Struktur tragen (s. a. R. NEVANLINNA und A. PFLUGER, V, 2).

Sei w_0 ein endlicher Punkt der w-Ebene, über dem kein Verzweigungspunkt von $\mathfrak{R}$ liegt. $P_1, P_2, \ldots, P_n$ seien die Punkte von $\mathfrak{R}$ über w_0, ferner $z_1, z_2, \ldots, z_n$ ihre Bildpunkte im Fundamentalgebiet von $\mathfrak{G}$ in $\mathfrak{N}$ und deren äquivalente Bilder $t_i(z_j)$. Dann bilden wir die Poincaréschen Thetareihen

$$\Theta_\nu(z) = \sum_{i=0}^{\infty} \frac{1}{z_\nu - t_i(z)} \left(\frac{d t_i(z)}{d z}\right)^2, \quad \nu = 1, 2, \ldots, n. \tag{6}$$

Die Pole von $\frac{d t_i(z)}{d z} = \frac{1}{(c_i z + d_i)^2}$ sind die Mittelpunkte der isometrischen Kreise und liegen außerhalb $\mathfrak{N}$. Die Reihe $\Theta_\nu(z)$ hat also genau die Pole $t_i(z_\nu)$.

Weiter betrachten wir die Funktion $H(z) = \frac{1}{w - w_0} \left(\frac{dw}{dz}\right)^2$, wobei $w = \check{h}(z)$ ist. Sie genügt dem gleichen Transformationsgesetz wie die $\Theta_\nu(z)$:

$$H(t_i(z)) = H(z) \left(\frac{d z}{d t_i(z)}\right)^2 \tag{7}$$

und hat in den Punkten z_ν und $t_i(z_\nu)$ Polstellen 1. Ordnung. Folglich sind

$$F_\nu(z) = \frac{\Theta_\nu(z)}{H(z)}, \quad \nu = 1, 2, \ldots, n,$$

automorphe Funktionen, die jeweils an der Stelle z_ν und den äquivalenten Punkten $t_i(z_\nu)$ von Null verschiedene Werte a_ν haben, während sie an den Punkten z_μ und $t_i(z_\mu)$, $\mu \neq \nu$, Nullstellen 1. Ordnung haben. Die Funktion

$$F(z) = \sum_{\nu=1}^{n} \frac{\nu}{a_\nu} F_\nu(z) \tag{8}$$

hat dann an den Stellen $z_1, z_2, \ldots, z_n$ die Werte 1, 2, ..., n und hat daher auch als Funktion auf $\mathfrak{R}$ über w_0 die voneinander verschiedenen Werte 1, 2, ..., n. Somit ist $F(z)$ eine algebraische Funktion auf $\mathfrak{R}$, und folglich ist nach früherem (s. V, 4, Satz 24 usw.) $\mathfrak{R}$ die Riemannsche Fläche von $F(z)$. So haben wir als Ergebnis

Satz 15. *Jede allgemeine (triangulierbare) Riemannsche Fläche $\mathfrak{R}$ läßt sich der z-Ebene biholomorph äquivalent überlagern. Jede kompakte Riemannsche Fläche über der z-Ebene ist das analytische Gebilde einer passenden algebraischen Funktion.*

Zu den parabolischen Riemannschen Flächen haben wir bereits früher Funktionen konstruiert (s. V, 6). Diese Flächen waren biholomorph äquivalent der Fläche $\mathfrak{N}/\mathfrak{G}$, wobei $\mathfrak{N}$ die endliche Ebene und $\mathfrak{G}$ eine diskontinuierliche Translationsgruppe ist. Von besonderem Interesse sind hier die kompakten Flächen vom Geschlecht $p = 1$, zu denen die doppeltperiodischen Gruppen gehören. Die Funktionen dieser Flächen sind die in der endlichen Ebene meromorphen doppeltperiodischen oder auch *elliptischen Funktionen.* Unter ihnen spielte eine besondere Rolle die

Weierstraßsche $\wp$-Funktion, die wir in III, 7 (Beispiel 3) konstruierten und durch die sich alle anderen elliptischen Funktionen ausdrücken lassen, wie wir noch sehen werden.

Wenden wir uns zunächst den allgemeinen Eigenschaften elliptischer Funktionen zu. Die Gruppe $\mathfrak{G}$ bestehe aus den Translationen

$$z^* = z + m w_1 + n w_2\,, \quad m, n \text{ ganz}\,, \quad \frac{w_1}{w_2} \text{ nicht reell}\,. \tag{9}$$

Ein Periodenparallelogramm $z = z_0 + r_1 w_1 + r_2 w_2$, $0 \leqq r_1 < 1$, $0 \leqq r_2 < 1$, liefert ein vollständiges Repräsentantensystem für die Punkte unserer Riemannschen Fläche $\mathfrak{N}/\mathfrak{G}$. Dabei kann z_0 beliebig gewählt werden. Wir können z. B. z_0 stets so legen, daß keine Null- oder Polstelle einer betrachteten elliptischen Funktion auf dem Rand des Periodenparallelogrammes liegt. Es gilt nun zunächst

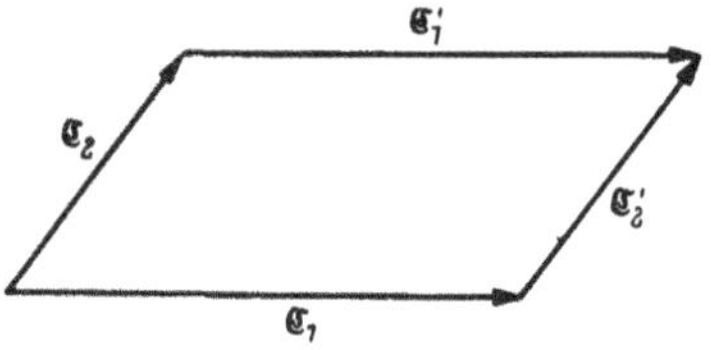

Abb. 58

Satz 16. *Sind $a_1, a_2, \ldots, a_r$ die a-Stellen und $p_1, p_2, \ldots, p_r$ die Polstellen einer elliptischen Funktion $f(z)$ in einem Periodenparallelogramm, so gilt*

$$a_1 + a_2 + \cdots + a_r \equiv p_1 + p_2 + \cdots + p_r \mod(w_1, w_2)\,. \tag{10}$$

Dabei ist jede a-Stelle und jede Polstelle so oft aufgeführt, wie ihre Ordnung angibt.

Wir legen das Periodenparallelogramm so, daß keine a- oder Polstelle auf seinem Rand $\mathfrak{C}$ liegt. Gemäß III, 4, Satz 17 ist dann

$$\frac{1}{2\pi i}\int\limits_{\mathfrak{C}} z\,\frac{f'(z)}{f(z)-a}\,dz = (a_1 + a_2 + \cdots + a_r) - (p_1 + p_2 + \cdots + p_r)\,. \tag{11}$$

Sind $\mathfrak{C}_1$ und $\mathfrak{C}_1'$ sowie $\mathfrak{C}_2$ und $\mathfrak{C}_2'$ gegenüberliegende Seiten des Periodenparallelogramms in Richtung der Perioden w_1 bzw. w_2 (Abb. 58), so ist

$$\frac{f'(z+w_i)}{f(z+w_i)-a} = \frac{f'(z)}{f(z)-a}\,, \quad i = 1, 2\,,$$

und daher

$$\frac{1}{2\pi i}\int\limits_{\mathfrak{C}} z\,\frac{f'(z)}{f(z)-a}\,dz = -\,w_2\,\frac{1}{2\pi i}\int\limits_{\mathfrak{C}_1}\frac{f'(z)}{f(z)-a}\,dz + w_1\,\frac{1}{2\pi i}\int\limits_{\mathfrak{C}_2}\frac{f'(z)}{f(z)-a}\,dz\,.$$

Setzen wir nun $w = f(z) - a$, so werden wegen der Periodizität der Funktion $f(z) - a$ die Wege $\mathfrak{C}_1$ und $\mathfrak{C}_2$ zu geschlossenen Wegen $\mathfrak{C}_1^*$ und $\mathfrak{C}_2^*$ der w-Ebene, und es folgt

$$\frac{1}{2\pi i}\int\limits_{\mathfrak{C}} z\,\frac{f'(z)}{f(z)-a}\,dz = -\,w_2\,\frac{1}{2\pi i}\int\limits_{\mathfrak{C}_1^*}\frac{dw}{w} + w_1\,\frac{1}{2\pi i}\int\limits_{\mathfrak{C}_2^*}\frac{dw}{w} = m w_1 + n w_2\,,$$

wobei m und n ganze Zahlen sind. Damit ist in Verbindung mit (11) Formel (10) bewiesen.

Aus Formel (10) folgt, daß es keine elliptische Funktion gibt, die im Periodenparallelogramm genau einen Pol 1. Ordnung hat, weil dann auch genau eine Nullstelle darin liegen müßte. Nach (10) fielen dann beide Stellen zusammen.

Wir zeigen nun, daß die Bedingung (10) auch hinreicht, um eine elliptische Funktion mit diesen a- und Polstellen zu konstruieren.

Satz 17. *Zu gegebenen a-Stellen* $a_1, a_2, \ldots, a_r$ *und gegebenen Polstellen* $p_1, p_2, \ldots, p_r$ *in einem Periodenparallelogramm, die der Bedingung* (10) *genügen, gibt es eine elliptische Funktion* $f(z)$, *die genau diese a- und Polstellen im Periodenparallelogramm hat. Dabei sind mehrfache a- oder Polstellen so oft aufgeführt, wie ihre Vielfachheit angibt.*

Zur Konstruktion der gewünschten Funktion bilden wir zunächst eine ganze Funktion $\sigma(z)$, die genau an den Stellen $w = m w_1 + n w_2$ Nullstellen 1. Ordnung hat. Zuständig für die Lösung dieser Aufgabe ist der Produktsatz von WEIERSTRASS (III, 8, Satz 26). Danach leistet die *Weierstraßsche σ-Funktion*

$$\sigma(z) = z \prod_{w \neq 0} \left(1 - \frac{z}{w}\right) e^{\frac{z}{w} + \frac{1}{2}\left(\frac{z}{w}\right)^2} \tag{12}$$

das Verlangte. Gemäß ihrer Herleitung in III, 8 hat sie die Gestalt

$$\sigma(z) = c_0 e^{h(z)}, \tag{13}$$

wobei

$$h(z) = \int_{z_0}^{z} \zeta(u)\, du \tag{14}$$

und $\zeta(z)$ eine meromorphe Funktion mit Polen 1. Ordnung mit dem Residuum 1 in den Punkten $w = m w_1 + n w_2$ ist. Eine solche Funktion gewinnt man nach dem Satz von MITTAG-LEFFLER (III, 7, Satz 24) aus der *Weierstraßschen ζ-Funktion:*

$$\zeta(z) = \frac{1}{z} + \sum_{w \neq 0} \left(\frac{1}{z - w} + \frac{1}{w} + \frac{z}{w^2}\right),$$

wobei gerade soviel Glieder der konvergenzerzeugenden Summanden berücksichtigt sind, daß die rechts stehende Reihe konvergiert (s. III, 7, Bedingung (18)). Damit ist in Verbindung mit (13) und (14) auch die Konvergenz von (12) gesichert. Offenbar ist

$$\zeta(z) = \frac{d}{dz} \log \sigma(z) = \frac{\sigma'(z)}{\sigma(z)}. \tag{15}$$

Aus $\zeta(z)$ gewinnt man durch Differentiation

$$\zeta'(z) = -\left[\frac{1}{z^2} + \sum_{w \neq 0} \left(\frac{1}{(z - w)^2} - \frac{1}{w^2}\right)\right].$$

Dies ist aber bis auf das Vorzeichen gerade die Weierstraßsche $\wp$-Funktion (s. III, 7, Beispiel 3):

$$\wp(z) = -\zeta'(z) \,. \tag{16}$$

Wegen $\wp(z + w) = \wp(z)$ ist nach (16):

$$\zeta(z + w) = \zeta(z) + \eta \,, \tag{17}$$

und daher nach (13) und (14):

$$\sigma(z + w) = c e^{\eta z} \sigma(z) \,. \tag{18}$$

In $\sigma(z)$ haben wir also eine ganze Funktion gefunden, die genau an den Stellen $w = mw_1 + nw_2$ Nullstellen 1. Ordnung besitzt und zudem der Funktionalgleichung (18) genügt.

Nun seien $a_1, a_2, \ldots, a_r$ gegebene a-Stellen und $p_1, p_2, \ldots, p_r$ Polstellen im Periodenparallelogramm, die der Beziehung

$$a_1 + a_2 + \cdots + a_r \equiv p_1 + p_2 + \cdots + p_r \mod(w_1, w_2)$$

genügen. Indem wir gegebenenfalls einen der Punkte durch einen äquivalenten Punkt ersetzen, können wir erreichen, daß

$$a_1 + a_2 + \cdots + a_r = p_1 + p_2 + \cdots + p_r \tag{19}$$

ist. Dabei liegt der evtl. ausgewechselte Punkt in einem anderen Periodenparallelogramm. Dann bilden wir die Funktion

$$f(z) = \frac{\sigma(z - a_1)\, \sigma(z - a_2) \ldots \sigma(z - a_r)}{\sigma(z - p_1)\, \sigma(z - p_2) \ldots \sigma(z - p_r)} + a \,. \tag{20}$$

Sie hat genau in den Punkten a_ν und deren kongruenten Bildern die verlangten a-Stellen, in den Punkten p_ν und deren kongruenten Bildern die gegebenen Polstellen, und wegen (18) und (19) ist sie periodisch mit den Perioden $mw_1 + nw_2$. Damit ist der Satz bewiesen.

Jede andere Funktion $f^*(z)$ dieser Art hat die Gestalt

$$f^*(z) = c\bigl(f(z) - a\bigr) + a \,, \tag{21}$$

wobei c eine von Null verschiedene Konstante ist.

Wir wollen die Konstante η in Formel (17) noch näher bestimmen. Nach (16) und (17) ist

$$\eta = -\int\limits_z^{z+w} \wp(\zeta)\, d\zeta \,,$$

und das Integral ist unabhängig vom Punkt z und vom Integrationsweg. Wegen $w = mw_1 + nw_2$ ist daher

$$\eta = m\eta_1 + n\eta_2$$

mit

$$\eta_i = -\int\limits_z^{z+w_i} \wp(\zeta)\, d\zeta \,, \quad i = 1, 2 \,. \tag{22}$$

η_1 und η_2 hängen nur von w_1 und w_2 ab. Zwischen den Perioden w_1 und w_2 und den Integralen η_1 und η_2 über diese Perioden besteht die *Legendresche Relation*

$$\eta_1 w_2 - \eta_2 w_1 = 2\pi i . \tag{23}$$

Man erhält die linke Seite durch Integration der Funktion $\zeta(z)$ über den Rand eines Periodenparallelogramms unter Beachtung von (17) und die rechte Seite nach dem Residuensatz, da in einem solchen Parallelogramm bei geeigneter Lage die Funktion $\zeta(z)$ genau einen Pol 1. Ordnung mit dem Residuum 1 hat.

Aus Satz 16 und den Formeln (20) und (21) folgt, daß jede elliptische Funktion sich durch die Funktion $\wp(z)$ ausdrücken läßt. Wir wollen nun zeigen, daß noch eine direkte Darstellung durch die $\wp$-Funktion möglich ist. Mit $\wp(z)$ ist auch $\wp'(z)$ doppeltperiodisch. Daher ist auch jede Funktion

$$f(z) = R_1(\wp(z)) + \wp'(z)\, R_2(\wp(z)) \tag{24}$$

eine elliptische Funktion, wenn $R_1(v)$ und $R_2(v)$ rationale Funktionen in v sind. Nun gilt auch die Umkehrung:

Satz 18. *Jede elliptische Funktion $f(z)$ läßt sich in der Form* (24) *darstellen, wobei $R_1(v)$ und $R_2(v)$ rationale Funktionen in v sind, die durch $f(z)$ eindeutig bestimmt sind.*

Zum Beweise zerlegen wir $f(z)$ in einen geraden Anteil $g_1(z)$ und einen ungeraden Anteil $u(z)$:

$$f(z) = g_1(z) + u(z)$$

mit

$$g_1(z) = \frac{1}{2}(f(z) + f(-z))\,; \quad u(z) = \frac{1}{2}(f(z) - f(-z))\,.$$

$u(z)$ schreiben wir als Produkt: $u(z) = \wp'(z)\, g_2(z)$. Da $\wp'(z)$ ungerade ist, so ist $g_2(z)$ gerade, und wir haben

$$f(z) = g_1(z) + \wp'(z)\, g_2(z)\,.$$

Wir haben zu zeigen, daß eine elliptische gerade Funktion $g(z)$ eine rationale Funktion von $\wp(z)$ ist.

a und b seien zwei verschiedene Werte, die $g(z)$ nur von 1. Ordnung annimmt. Wegen $g(z) = g(-z)$ ist mit z_0 auch $-z_0$ eine a- bzw. b-Stelle von $g(z)$, und es ist $z_0 \not\equiv -z_0 \bmod (w_1, w_2)$, weil aus $z_0 \equiv -z_0$ folgen würde $z_0 + h \equiv -z_0 + h$ und $g(z_0 + h) = g(-z_0 + h) = g(z_0 - h)$, also $g'(z_0) = 0$ entgegen unserer Annahme. Wir können daher die a- und b-Stellen in einem Periodenparallelogramm einteilen in Paare

$a_1, a_2, \ldots, a_r, a_1^*, a_2^*, \ldots, a_r^*$ und $b_1, b_2, \ldots, b_r, b_1^*, b_2^*, \ldots, b_r^*$ mit $a_i \equiv -a_i^*$ und $b_i \equiv -b_i^*$. Bilden wir dann die Funktionen

$$G(z) = \frac{g(z) - a}{g(z) - b}$$

und

$$H(z) = \prod_{i=1}^{r} \frac{\wp(z) - \wp(a_i)}{\wp(z) - \wp(b_i)},$$

so bemerken wir, daß beide Funktionen die gleichen Null- und Polstellen, die alle von 1. Ordnung sind, besitzen. Daher ist $G(z) = C H(z)$, wobei C eine von Null verschiedene Konstante ist. $H(z)$ ist aber eine rationale Funktion von $\wp(z)$. Damit ist eine Darstellung (24) gewonnen. Daß sie eindeutig ist, folgt so: Gäbe es zwei solche Darstellungen, so hätte man in der Differenz eine Beziehung

$$\Delta R_1(\wp(z)) + \wp'(z)\, \Delta R_2(\wp(z)) \equiv 0 .$$

Hier muß nun $\Delta R_1(\wp(z)) \equiv 0$ und $\Delta R_2(\wp(z)) \equiv 0$ sein, weil sonst der erste Summand gerade und der zweite ungerade wäre. Da $\wp(z)$ nicht konstant ist, folgt $\Delta R_1(u) \equiv 0$ und $\Delta R_2(u) \equiv 0$, womit alles bewiesen ist.

Literatur

HURWITZ, A., u. R. COURANT: Vorlesungen über allgemeine Funktionentheorie und elliptische Funktionen. Mit einem Anhang von H. RÖHRL. 4. Auflage. Berlin-Heidelberg-New York 1964.

§ 3. Differentiale, Integrale und Divisoren auf Riemannschen Flächen

Von den Riemannschen Flächen haben uns zwei konkrete Formen besonders interessiert: einmal alle der z-Ebene überlagerten Riemannschen Flächen, die sich z. B. als analytische Gebilde analytischer Funktionen ergaben; sodann die Quotientenräume $\mathfrak{N}/\mathfrak{G}$ eines Normalgebietes $\mathfrak{N}$ nach einer eigentlich diskontinuierlichen Transformationsgruppe $\mathfrak{G}$ des Gebietes $\mathfrak{N}$. Wir erkannten, daß eine (triangulierbare) Riemannsche Fläche in jeder der beiden Formen dargestellt werden kann. Beide Formen haben ihre Bedeutung vor allem für das Studium globaler Eigenschaften analytischer Funktionen und der Frage nach der Existenz solcher Funktionen zu einer gegebenen Fläche. Für die Untersuchung lokaler Eigenschaften von Funktionen auf einer Riemannschen Fläche ist dagegen die allgemeine Form der lokal uniformisierbaren Mannigfaltigkeit bequemer zu handhaben, weil die Sonderstellung der Verzweigungspunkte und des Punktes ∞ nicht in Erscheinung tritt, auch bringt sie das typische lokale Verhalten von Funktionen schärfer zum Ausdruck als die Flächen in konkreter Form. Selbst für gewisse globale Betrachtungen ist diese Form zweckmäßig. Wir werden sie daher im folgenden unseren Betrachtungen weitgehend zugrunde legen.

Unter einer *meromorphen Funktion* $F(P)$ *auf einer Riemannschen Fläche* $\mathfrak{R}$ versteht man eine Funktion, die in den ortsuniformisierenden Parametern meromorph ist. Ist $P(t)$ eine lokale Abbildungsfunktion, so sei $f(t) = F(P(t))$. In einem anderen Parameter t^*, der mit t in einer geeigneten gemeinsamen Umgebung durch eine biholomorphe Beziehung $t = t(t^*)$ verbunden ist, gilt dann für die Funktion $f^*(t^*) = F(P(t^*))$:

$$f^*(t^*) = f(t(t^*)) . \tag{1}$$

Offensichtlich ist auch umgekehrt durch eine Menge von meromorphen Funktionen $\{f(t), f^*(t^*), \ldots\}$, die zu einem Umgebungssystem von $\mathfrak{R}$ mit den lokalen Parametern $\{t, t^*, \ldots\}$ erklärt sind, eine meromorphe *Funktion auf* $\mathfrak{R}$ definiert, wenn im Durchschnitt je zweier Umgebungen die Relation (1) erfüllt ist.

Differential- und Integraloperationen auf $\mathfrak{R}$ müssen wir jetzt in den lokalen Parametern vornehmen. Differenziert man eine Funktion auf $\mathfrak{R}$ nach den Parametern, so gewinnt man wieder ein System von meromorphen Funktionen in den einzelnen Umgebungen der lokalen Parameter: $\{g(t), g^*(t^*), \ldots\}$, mit $g(t) = \frac{df(t)}{dt}$, $g^*(t^*) = \frac{df^*(t^*)}{dt^*}, \ldots$. Nun gilt aber für die Funktionen $g(t)$, $g^*(t^*)$, $\ldots$ nicht das Transformationsgesetz (1), vielmehr folgt aus (1):

$$g^*(t^*) = g(t(t^*)) \frac{dt(t^*)}{dt^*} . \tag{2}$$

Man nennt ein System von Funktionen $\{g(t), g^*(t^*), \ldots\}$, welches dem Transformationsgesetz (2) genügt, ein *Differential 1. Grades* (oder auch *gewöhnliches Differential*) *auf* $\mathfrak{R}$. Ein solches Differential braucht nicht notwendig die Ableitung einer Funktion auf $\mathfrak{R}$ zu sein, wie das Beispiel des Differentials $\frac{1}{t}$ in der Umgebung des Nullpunktes zeigt.

Allgemein heißt ein System meromorpher Funktionen $\{g(t), g^*(t^*), \ldots\}$ in den lokalen Parametern t, t^*, $\ldots$ einer Riemannschen Fläche $\mathfrak{R}$ ein *Differential n-ten Grades* auf $\mathfrak{R}$, wenn im Durchschnitt je zweier Umgebungen das Transformationsgesetz

$$g^*(t^*) = g(t(t^*)) \left(\frac{dt(t^*)}{dt^*}\right)^n \tag{3}$$

gilt (in der Literatur findet man auch die Bezeichnung: *Differential n-ter Ordnung*). In symmetrischer Form schreiben wir für ein solches Differential auf $\mathfrak{R}$:

$$d\zeta^n = d\zeta^n_{P,t} = g(t)\, dt^n \tag{4}$$

und meinen damit, daß $g(t)$ die einer Ortsuniformisierenden t des Punktes P zugeordnete Funktion ist, die im Durchschnitt zweier Umgebungen dem Transformationsgesetz (3) gehorcht. Dabei darf n alle ganzen Zahlen durchlaufen. Ist $n = 0$, so haben wir eine Funktion vor uns, für $n = 1$ liegt ein gewöhnliches Differential vor. Uns interessieren außerdem noch besonders die Differentiale 2-ten und (-1)-ten Grades, die wir *quadratische* bzw. *reziproke Differentiale* nennen.

Wir definieren nun für die Differentiale eine Addition, Multiplikation und Division. Sind a und b komplexe Zahlen und $d\zeta^n = g(t)\,dt^n$ und $d\eta^n = h(t)\,dt^n$ zwei Differentiale gleichen Grades n, so erklären wir als lineare Verbindung $a\,d\zeta^n + b\,d\eta^n$ das Differential

$$a\,d\zeta^n + b\,d\eta^n = (a g(t) + b h(t))\,dt^n\,, \tag{5}$$

welches wieder vom Grade n ist.

Die Differentiale n-ten Grades auf einer Riemannschen Fläche bilden dann im Sinne der Algebra einen *linearen Vektorraum** über dem Körper der komplexen Zahlen. Das Nullelement des Vektorraumes ist das Differential $0 \cdot dt^n$.

Als *Produkt zweier Differentiale* $d\zeta^m = g(t)\,dt^m$ und $d\eta^n = h(t)\,dt^n$ definieren wir das Differential

$$d\zeta^m \cdot d\eta^n = g(t)\,h(t)\,dt^{m+n} \tag{6}$$

vom Grade $n + m$ und als *inverses Differential* zu $d\zeta^m = g(t)\,dt^m$, $g(t) \not\equiv 0$, das Differential

$$d\zeta^{-m} = \frac{1}{g(t)}\,dt^{-m} \tag{7}$$

mit dem Grad $-m$. Daß die rechts stehenden Ausdrücke tatsächlich Differentiale der angegebenen Grade liefern, folgt unmittelbar aus dem Transformationsgesetz (3). So erkennen wir, daß bei diesen Definitionen die nicht verschwindenden Differentiale eine multiplikative abelsche Gruppe bilden. Das Einselement der Gruppe ist die Funktion $d\zeta^0 = 1$. Die Funktionen, also die Differentiale 0-ten Grades, bilden eine Untergruppe.

Auf Grund dieses Zusammenhangs lassen sich aus je zwei Differentialen $d\zeta^m$ und $d\eta^m \neq 0$ gleichen Grades m durch Division meromorphe Funktionen auf $\mathfrak{R}$ erzeugen:

$$f = \frac{d\zeta^m}{d\eta^m}\,.$$

Ist P_0 irgendein Punkt auf einer Riemannschen Fläche $\mathfrak{R}$ und $d\zeta^n$ ein nicht verschwindendes Differential auf $\mathfrak{R}$, so hat dieses in einem lokalen Parameter t mit $P_0 = P(t_0)$ die Entwicklung

$$d\zeta^n = \sum_{\lambda=l}^{\infty} a_\lambda (t - t_0)^\lambda\,dt^n\,, \quad a_l \neq 0\,. \tag{8}$$

* Zur Definition des linearen Vektorraumes siehe III, 13, Ziffer I.

l heißt die *Ordnung des Differentials* $d\zeta^n$ *im Punkte* P_0. Sie ist offensichtlich unabhängig von der Wahl des lokalen Parameters. Wir schreiben daher:

$$l = w_{P_0}(d\zeta^n)\,. \tag{9}$$

Es gibt eine Umgebung des Punktes P_0, in der außer höchstens in P_0 die Ordnung gleich Null ist. Daher besitzt die Menge der Punkte, in denen ein nicht verschwindendes Differential $d\zeta^n$ eine von Null verschiedene Ordnung hat, auf $\mathfrak{R}$ keinen Häufungspunkt.

Ein Punkt P auf $\mathfrak{R}$ heißt *gewöhnlicher Punkt des Differentials* $d\zeta^n$, wenn $l = w_P(d\zeta^n) \geqq 0$ ist. Ist $l = w_P(d\zeta^n) > 0$, so heißt P eine *Nullstelle* l*-ter Ordnung von* $d\zeta^n$. Ist dagegen $l = w_P(d\zeta^n) < 0$, so heißt P ein *Pol* $(-l)$*-ter Ordnung* von $d\zeta^n$. Ein Differential, welches auf $\mathfrak{R}$ nur gewöhnliche Punkte hat, heißt ein *überall endliches Differential auf* $\mathfrak{R}$.

Ein Differential (8) läßt sich in einem Pol P_0 in einen Hauptteil

$$h(t)\,dt^n = \sum_{\lambda=l}^{-1} a_\lambda (t - t_0)^\lambda\,dt^n,\; l \leqq -1\,,$$

und einen holomorphen Anteil

$$g(t)\,dt^n = \sum_{\lambda=0}^{\infty} a_\lambda (t - t_0)^\lambda\,dt^n$$

zerlegen. Geht man zu einem anderen lokalen Parameter t^* über, so hat man eine Zerlegung

$$d\zeta^n = h^*(t^*)\,dt^{*n} + g^*(t^*)\,dt^{*n}\,.$$

Hierin ist $h^*(t^*)\,dt^{*n}$ allein durch $h(t)\,dt^n$ bestimmt, hängt aber nicht von $g(t)\,dt^n$ ab, während $g^*(t^*)\,dt^{*n}$ durch $g(t)\,dt^n$ und $h(t)\,dt^n$ bestimmt ist. Es ist daher sinnvoll, von einem *Hauptteil* in einem Punkt P_0 auf $\mathfrak{R}$ zu sprechen, da die Hauptteile der Differentiale in den verschiedenen Koordinatensystemen einander ein eindeutig zugeordnet sind.

Von besonderer Bedeutung sind die gewöhnlichen Differentiale $d\zeta$ auf $\mathfrak{R}$, weil über sie integriert werden kann; denn sie genügen denselben Transformationsgesetzen (2) wie die Integranden von Kurvenintegralen. Wir haben früher bereits Integrale auf konkreten, der z-Ebene überlagerten Riemannschen Flächen kennengelernt (s. V, 3, α). Dort konnten wir in allen lokal schlichten Umgebungen als Ortsuniformisierende die Variable z wählen und demzufolge ein Differential 1. Grades auf $\mathfrak{R}$ in der Gestalt $g(P(z))\,dz$ durch die Funktion $g(P)$ auf $\mathfrak{R}$ geben, so daß die Integrale als „Integrale über Funktionen $g(P)$ auf $\mathfrak{R}$" erschienen. Tatsächlich integrierten wir aber auch dort über Differentiale 1. Grades, da wir wiederholt das Transformationsgesetz (2) für die Integranden heranzogen. Dies war entscheidend für die Definition des Residuums „einer Funktion" an einer Stelle P, welches wir als Entwicklungskoeffizient des durch die Funktion gegebenen Differentials $g(P(z))\,dz$ erklärten und dann als invariant gegenüber der Wahl der Ortsuniformisierenden erkannten.

Liegt die Riemannsche Fläche $\mathfrak{R}$ nur als Mannigfaltigkeit mit komplexer Struktur vor, so können Kurvenintegrale und damit auch die Residuen auf $\mathfrak{R}$ sinnvoll nur für Differentiale 1. Grades erklärt werden, da sie invariant gegenüber der Wahl der lokalen Parameter sein sollen.

Als *Residuum eines Differentials* 1. Grades $d\zeta$ in einem Punkt P_0 auf $\mathfrak{R}$ (geschrieben: $\operatorname*{Res}_{P_0} d\zeta$) erklären wir den Entwicklungskoeffizienten a_{-1} der Funktion $g(t)$ des Differentials $d\zeta = g(t)\,dt$ an der Stelle t_0, für die $P_0 = P(t_0)$ ist:

$$g(t) = a_{-n}(t-t_0)^{-n} + \cdots + a_{-1}(t-t_0)^{-1} + a_0 + a_1(t-t_0) + \cdots. \tag{10}$$

Es ist gegeben durch das Integral

$$a_{-1} = \frac{1}{2\pi i}\int\limits_{\mathfrak{C}_t} g(t)\,dt\,, \tag{11}$$

erstreckt über eine einfach geschlossene Kurve $\mathfrak{C}_t$, die in hinreichender Nähe den Punkt t_0 im positiven Sinne umläuft. Die Invarianz des Residuums gegenüber der Wahl des lokalen Parameters ist wegen (11) evident (s. a. V, 3, α).

Zerlegt man in einem Pol eines gewöhnlichen Differentials den Hauptteil in einen residuenfreien Teil $h_1(t)\,dt = \sum\limits_{\lambda=-n}^{-2} a_\lambda (t-t_0)^\lambda\,dt$ und das Glied $h_2(t)\,dt = \frac{a_{-1}}{t-t_0}\,dt$, so sieht man, daß beim Übergang zu einem anderen Parameter t^* sowohl $h_1(t)\,dt$ allein den Summanden $h_1^*(t^*)\,dt^* = \sum\limits_{\lambda=-n}^{-2} a_\lambda^*(t^*-t_0^*)^\lambda\,dt^*$ als auch $h_2(t)\,dt$ allein das Glied $h_2^*(t^*)\,dt^* = \frac{a_{-1}}{t^*-t_0^*}\,dt^*$ bestimmen.

Integrale auf Riemannschen Flächen $\mathfrak{R}$ können nur über Kurven $\mathfrak{C}$ erstreckt werden, die durch gewöhnliche Punkte des zu integrierenden Differentials $d\zeta$ laufen. Man zerlege zur Berechnung des Integrals $\int\limits_{\mathfrak{C}} d\zeta$ die Kurve $\mathfrak{C}$ in endlich viele Stücke $\mathfrak{C}_\nu$, $\nu = 1, 2, \ldots, n$, so daß jeweils das Bild $\mathfrak{C}_{t_\nu}$ von $\mathfrak{C}_\nu$ in einer Umgebung einer Ortsuniformisierenden t_ν liegt, in der $d\zeta = g_\nu(t_\nu)\,dt_\nu$ sei. Dann ist

$$\int\limits_{\mathfrak{C}} d\zeta = \sum_{\nu=1}^{n} \int\limits_{\mathfrak{C}_\nu} d\zeta = \sum_{\nu=1}^{n} \int\limits_{\mathfrak{C}_{t_\nu}} g_\nu(t_\nu)\,dt_\nu\,.$$

Offensichtlich ist das Integral unabhängig von der Zerlegung und der Wahl der Ortsuniformisierenden. Ist die obere Grenze variabel, so nennen wir eine Funktion

$$\zeta = \int_{P_0}^{P} d\zeta + C$$

ein *unbestimmtes Integral* auf $\mathfrak{R}$. Wir beachten aber, daß ζ im allgemeinen *keine Funktion auf* $\mathfrak{R}$ ist. Die Riemannsche Fläche $\mathfrak{R}_\zeta$ von ζ ergibt sich folgendermaßen: Punktiert man die Riemannsche Fläche $\mathfrak{R}$ in den Polen des Differentials $d\zeta$, so erhält man eine Fläche $\mathfrak{R}'$, auf der das Integral ζ unbegrenzt holomorph fortsetzbar ist. Die Riemannsche Fläche, auf der das Integral erklärt ist, ist daher eine solche Fläche, die $\mathfrak{R}'$ lokal schlicht überlagert ist. Entscheidend für die lokale Struktur von $\mathfrak{R}_\zeta$ ist das Verhalten des Differentials in den Polen. Ist P_0 ein solcher Punkt, t eine zugehörige Ortsuniformisierende und $d\zeta = g(t)\,dt$ mit einer Entwicklung (10), so hat das Integral in der Umgebung von t_0 die Gestalt

$$a_{-1}\log(t - t_0) + f(t) + c\,, \tag{12}$$

wobei

$$f(t) = \frac{a_{-n}}{-n+1}(t - t_0)^{-n+1} + \cdots + \frac{a_{-2}}{-1}(t - t_0)^{-1} + a_0(t - t_0) + \frac{a_1}{2}(t - t_0)^2 + \cdots$$

in t_0 meromorph und c eine Konstante ist, die vom globalen Verlauf des Integrationsweges $\mathfrak{C}$ von P_0 nach P abhängt.

Ist $a_{-1} = 0$, so verhält sich das Integral in der Umgebung von P_0 meromorph. Daher können wir in diesem Fall die zum Integral gehörende Fläche durch Hinzunahme der über P_0 liegenden Punkte zu einer lokal schlicht über P_0 liegenden Fläche $\mathfrak{R}_\zeta$ ergänzen, auf der das Integral meromorph ist. Ist dagegen $a_{-1} \neq 0$, so ist die zum Integral gehörende Fläche $\mathfrak{R}_\zeta$ über P_0 logarithmisch verzweigt. Die globale Struktur von $\mathfrak{R}_\zeta$ hängt von den Integralwerten längs geschlossener Kurven ab.

Entsprechend dem lokalen Verhalten der Differentiale und Integrale unterscheiden wir bei ihnen drei Typen. Besitzt das Differential $d\zeta$ keine Polstelle auf $\mathfrak{R}$, so heißt $d\zeta$ ein *Differential 1. Gattung*. Besitzt $d\zeta$ wenigstens eine Polstelle, aber keine Polstelle mit einem Residuum, so liegt ein *Differential 2. Gattung* vor. Ist schließlich wenigstens eine Polstelle mit einem von Null verschiedenen Residuum vorhanden, so haben wir ein *Differential 3. Gattung* vor uns. Man bezeichnet die zugehörigen Integrale entsprechend als *Integrale 1., 2.* und *3. Gattung*.

Ist $\mathfrak{C}$ eine geschlossene Kurve auf $\mathfrak{R}$, die dort ein Gebiet $\mathfrak{G}$ berandet, und ist $d\zeta$ ein Differential auf $\mathfrak{R}$, welches auf $\mathfrak{C}$ nur gewöhnliche Punkte hat, so ist

$$\frac{1}{2\pi i}\int_{\mathfrak{C}} d\zeta = \operatorname*{Res}_{\mathfrak{G}} d\zeta\,, \tag{13}$$

wobei $\operatorname*{Res}_{\mathfrak{G}} d\zeta$ die Summe der Residuen des Differentials $d\zeta$ im Gebiet $\mathfrak{G}$ auf $\mathfrak{R}$ ist.

Der Beweis dieser Behauptung läßt sich, da $\mathfrak{R}$ als triangulierbar vorausgesetzt ist, in gleicher Weise führen wie in V, 3, α. Unter Benutzung der Tatsache, daß $\mathfrak{R}$ der z-Ebene überlagert werden kann, folgt sie aber auch unmittelbar aus dem Residuensatz für konkrete Riemannsche Flächen (V, 3, Satz 13).

Die über $\mathfrak{R}$ liegende Riemannsche Fläche $\mathfrak{R}_\zeta$ eines Integrals 1. oder 2. Gattung auf $\mathfrak{R}$ ist $\mathfrak{R}$ lokal schlicht überlagert. Also ist die universelle Überlagerungsfläche $\overline{\mathfrak{R}}$ von $\mathfrak{R}$ auch universelle Überlagerungsfläche von $\mathfrak{R}_\zeta$. Somit ist das Integral auf $\overline{\mathfrak{R}}$ unbegrenzt fortsetzbar und eine eindeutige Funktion $\mathfrak{Z}(Q)$, wobei Q die Punkte von $\overline{\mathfrak{R}}$ durchläuft. Läuft man auf $\mathfrak{R}$ längs zweier im gleichen Punkte O beginnenden Wege in die Umgebung eines Punktes P_0, so unterscheiden sich die Integrale gemäß (12) wegen $a_{-1} = 0$ um eine additive Konstante. Der Differenz der Wege entspricht auf $\overline{\mathfrak{R}}$ eine Decktransformation $Q^* = S(Q)$. Somit gilt auf $\overline{\mathfrak{R}}$:

$$\mathfrak{Z}(Q^*) = \mathfrak{Z}(S(Q)) = \mathfrak{Z}(Q) + c_S\,, \tag{14}$$

wobei c_S eine nur von S abhängige Konstante ist.

Eine auf $\mathfrak{R}$ unbegrenzt fortsetzbare Funktion, die auf der universellen Überlagerungsfläche $\overline{\mathfrak{R}}$ von $\mathfrak{R}$ bei jeder Decktransformation einer Funktionalgleichung (14) genügt, heißt auch eine *additive Funktion auf* $\mathfrak{R}$. Integrale 1. und 2. Gattung sind also additive Funktionen auf $\mathfrak{R}$.

Offenbar ist auch jede additive Funktion auf $\mathfrak{R}$ ein Integral 1. oder 2. Gattung. Differenziert man nämlich eine solche additive Funktion, so erhält man auf $\mathfrak{R}$ ein Differential 1. oder 2. Gattung, und die Integration dieses Differentials liefert nach Addition einer passenden Konstanten die gegebene additive Funktion.

Da die Differentiale 1. und 2. Gattung keine von Null verschiedenen Residuen besitzen, so ist gemäß (13) das Integral über ein solches Differential für jeden auf $\mathfrak{R}$ berandenden geschlossenen Weg $\mathfrak{C}$ gleich Null. Solche nullhomologen Wege sind nicht notwendig nullhomotop. Daher ist eine Fläche, auf der sämtliche Integrale 1. und 2. Gattung eindeutig bleiben, nicht immer gleich der universellen Überlagerungsfläche $\overline{\mathfrak{R}}$ von $\mathfrak{R}$, und zwar gibt es solche von $\overline{\mathfrak{R}}$ verschiedenen Flächen immer dann, wenn es eben nullhomologe Wege auf $\mathfrak{R}$ gibt, die nicht nullhomotop sind, wie z. B. bei den kompakten Riemannschen Flächen vom Geschlecht $p > 1$ (V, Anhang). Ebenso wie wir mit Hilfe von Klassen homotoper Wege die universelle Überlagerungsfläche $\overline{\mathfrak{R}}$ konstruierten, läßt sich mit Hilfe der Klassen homologer Wege die *Integralfläche* $\mathfrak{R}^*$ *von* $\mathfrak{R}$ konstruieren, auf der dann sämtliche Integrale 1. und 2. Gattung von $\mathfrak{R}$ eindeutig sind. Da $\mathfrak{R}^*$ der Fläche $\mathfrak{R}$ lokal schlichtüberlagert ist, so ist die universelle Überlagerungsfläche $\overline{\mathfrak{R}}$ wiederum

$\mathfrak{R}^*$ schlicht überlagert, und $\bar{\mathfrak{R}}$ ist auch die universelle Überlagerungsfläche von $\mathfrak{R}^*$ [1]).

Ist die *Riemannsche Fläche* $\mathfrak{R}$ *kompakt*, so nennt man die Integrale auf ihr *Abelsche Integrale*. N. H. ABEL hat diese Integrale erstmalig systematisch studiert. Die zugehörigen Differentiale heißen entsprechend *Abelsche Differentiale*. Für ein solches Abelsches Differential $d\zeta$ auf einer kompakten Riemannschen Fläche $\mathfrak{R}$ gilt stets $\operatorname*{Res}_{\mathfrak{R}} d\zeta = 0$, wie unmittelbar aus (13) folgt, wenn man als Kurve $\mathfrak{C}$ eine hinreichend kleine geschlossene Kurve um eine gewöhnliche Stelle von $d\zeta$ wählt (s. V, 4, Satz 21; man beachte, daß in diesem Satz 21 unter dem Residuum von $f(z)$ das Residuum des Differentials $f(z)\,dz$ zu verstehen ist). Die Anwendung dieses Ergebnisses auf das Differential $d\zeta = \frac{f'(t)}{f(t)-a}\,dt$ lehrt, daß eine meromorphe, nicht konstante Funktion auf einer kompakten Riemannschen Fläche $\mathfrak{R}$ jeden Wert a gleich oft annimmt (V, 4, Satz 22).

Zur Konstruktion von Funktionen zu einer gegebenen Riemannschen Fläche uniformisierten wir die Fläche. Je nach der Struktur des Normalgebietes $\mathfrak{N}$ und der zugehörigen eigentlich diskontinuierlichen Gruppe $\mathfrak{G}$ konnten wir nach verschiedenen Verfahren Funktionen auf der Fläche finden (s. V, 6 und VI, 2). Für die Flächen, deren Normalgebiet $\mathfrak{N}$ der Einheitskreis der ζ-Ebene ist, lieferten uns die Quotienten Poincaréscher Thetareihen solche Funktionen auf $\mathfrak{N}/\mathfrak{G}$. Die Thetareihen selbst waren aber keine Funktionen auf $\mathfrak{N}/\mathfrak{G}$. Ihr Bildungsgesetz 2, (3) und ihr Transformationsgesetz 2, (4) zeigen uns nun, daß sie Differentiale m-ten Grades auf $\mathfrak{N}/\mathfrak{G}$ sind. Damit haben wir ein Verfahren in der Hand, solche Differentiale zu konstruieren, indem wir Reihen der Form

$$\Theta(\zeta)\,d\zeta^m = \sum_{t\in\mathfrak{G}} H(t(\zeta))\,dt^m(\zeta)$$

aufstellen, wobei $H(\zeta)$ eine rationale Funktion von ζ, deren Pole nicht auf dem Einheitskreis liegen, ist und $t = t(\zeta)$ alle Transformationen aus $\mathfrak{G}$ durchläuft. Wir hatten festgestellt, daß diese Reihen für $m \geqq 2$ im Innern von $\mathfrak{N}$ gleichmäßig konvergieren (2, Satz 14). Differentiale von besonders einfacher Struktur erhalten wir, wenn wir $m = 2$ setzen und für $H(\zeta)$ die einfache rationale Funktion $\frac{1}{\eta-\zeta}$ wählen. Dann gewinnen wir das quadratische Differential

$$W(\eta,\zeta)\,d\zeta^2 = \sum_{t\in\mathfrak{G}} \frac{1}{\eta - t(\zeta)}\,dt^2(\zeta)\,. \tag{15}$$

---

[1]) Gruppentheoretisch ist die Gruppe $\mathfrak{G}^*$ der Decktransformationen von $\bar{\mathfrak{R}}$ nach $\mathfrak{R}^*$ die Kommutatorgruppe von $\mathfrak{G}$, wobei $\mathfrak{G}$ die Gruppe der Decktransformationen von $\bar{\mathfrak{R}}$ nach $\mathfrak{R}$ ist, und es ist $\mathfrak{R} = \bar{\mathfrak{R}}/\mathfrak{G}$, $\mathfrak{R}^* = \bar{\mathfrak{R}}/\mathfrak{G}^*$, $\mathfrak{R} = \mathfrak{R}^*/\mathfrak{G}^{**}$, wobei $\mathfrak{G}^{**} = \mathfrak{G}/\mathfrak{G}^*$ die Faktorgruppe von $\mathfrak{G}$ nach $\mathfrak{G}^*$ ist.

Wir wissen, daß die rechts stehende Reihe für festes η mit $|\eta| \neq 1$ im Innern von $\mathfrak{N}$ gleichmäßig konvergiert. Der Konvergenzbeweis zu 2, Satz 14 lehrt aber sofort, daß die Reihe in (15) für $|\eta| < 1$ im Innern von $\mathfrak{N}$ gleichmäßig in ζ und η konvergiert, so daß $W(\eta, \zeta)$ in $\mathfrak{N}$ meromorph in η und ζ ist.

Polstellen des Differentials $W(\eta, \zeta)\, d\zeta^2$ liegen genau in den Punkten $t(\eta)$, $t \in \mathfrak{S}$. Folglich besitzt das Differential (15) auf $\mathfrak{R}$ keine Polstelle, wenn $|\eta| > 1$ ist und, falls $|\eta| < 1$ ist, genau eine Polstelle 1. Ordnung in dem zu η gehörenden Grundpunkt. Da η in $\mathfrak{N}$ beliebig gewählt werden kann, so gilt

Satz 19. *Auf einer Riemannschen Fläche $\mathfrak{R}$ vom hyperbolischen Typus gibt es überall endliche quadratische Differentiale. Zu jedem Punkt P_0 auf $\mathfrak{R}$ existiert ein quadratisches Differential, welches genau an der Stelle P_0 einen Pol erster Ordnung besitzt und sonst überall auf $\mathfrak{R}$ holomorph ist.*

Das Differential (15) wird ausreichen, alle uns interessierenden Existenzsätze für kompakte hyperbolische Riemannsche Flächen zu erschließen. Dazu bedienen wir uns der Theorie der Divisoren, die wir zunächst darstellen wollen, wobei wir uns auf kompakte Riemannsche Flächen beschränken.

Auf einer kompakten Riemannschen Fläche $\mathfrak{R}$ sei ein Differential $d\zeta^n \not\equiv 0$ gegeben. Dieses Differential besitzt an höchstens endlich vielen Stellen $P_1, P_2, \ldots, P_r$ eine von Null verschiedene Ordnung α_ν. Jedem Punkt P auf $\mathfrak{R}$ ordnen wir das Symbol P^α zu, wobei $\alpha = w_P(d\zeta^n)$ die Ordnung des Differentials $d\zeta^n$ im Punkte P ist. Aus diesen Symbolen bilden wir das formale Produkt

$$\mathfrak{d} = \Pi P^\alpha . \tag{16}$$

Dieses Produkt zeigt an, an welchen Stellen das Differential $d\zeta^n$ eine Null- oder Polstelle hat und von welcher Ordnung die Stelle ist. Es treten in $\mathfrak{d}$ nur endlich viele $\alpha \neq 0$ auf. Um $\mathfrak{d}$ zu charakterisieren, genügt es daher, nur die Stellen P_ν aufzuführen, in denen $d\zeta^n$ eine von Null verschiedene Ordnung hat. Dann hat $\mathfrak{d}$ die Gestalt

$$\mathfrak{d} = \prod_\nu P_\nu^{\alpha_\nu} . \tag{16a}$$

Eine wichtige Aufgabe der Funktionentheorie besteht darin, zu vorgegebenen Null- und Polstellen eine Funktion oder ein Differential zu finden. Dies bedeutet: man gebe ein Produkt (16) mit ganzen α vor, von denen höchstens endlich viele von Null verschieden sind, und suche dazu Funktionen oder Differentiale. Dies führt dazu, die Produkte (16) für sich zu betrachten und ihre Eigenschaften zu untersuchen, um daraus Rückschlüsse auf die Existenz und die Vielheit zugehöriger Differentiale und Funktionen zu ziehen.

Man nennt ein formales Produkt der Gestalt (16), bei dem nur endlich viele α von Null verschieden sind, einen *Divisor* auf der Riemannschen Fläche $\mathfrak{R}$. Dabei ist im allgemeinen nichts über seine Herkunft gesagt, er braucht also nicht notwendig durch die Null- und Polstellen eines Differentials gegeben zu sein.

Entsprechend der Möglichkeit, Differentiale miteinander zu multiplizieren oder durcheinander zu dividieren, definieren wir auch Produkte und Quotienten von Divisoren. Sind

$$\mathfrak{d}_1 = \Pi P^{\alpha} \quad \text{und} \quad \mathfrak{d}_2 = \Pi P^{\beta} \tag{17}$$

zwei Divisoren, so bezeichnen wir als *Produkt* und *Quotient* die Divisoren

$$\mathfrak{d}_1 \mathfrak{d}_2 = \Pi P^{\alpha+\beta}, \quad \frac{\mathfrak{d}_1}{\mathfrak{d}_2} = \Pi P^{\alpha-\beta}. \tag{18}$$

Bezüglich dieser Multiplikation bilden die *Divisoren auf einer kompakten Riemannschen Fläche eine abelsche Gruppe* $\mathfrak{G}$. Das Einselement von $\mathfrak{G}$ ist der *Einsdivisor*

$$\mathfrak{e} = \Pi P^0 .$$

Ein Divisor heißt *ganz*, wenn für alle P gilt: $\alpha \geqq 0$. Zwei ganze Divisoren heißen *teilerfremd*, wenn sie – geschrieben in der Form (17) – für alle P der Bedingung $\alpha \cdot \beta = 0$ genügen. Ein Divisor heißt *Primdivisor*, wenn für genau einen Punkt P der Exponent $\alpha = 1$ ist, während er für alle anderen Punkte auf $\mathfrak{R}$ verschwindet. Ein Primdivisor läßt sich daher in der Gestalt $\mathfrak{p} = P^1$ schreiben. Die Primdivisoren $\mathfrak{p}$ sind eineindeutig den Punkten P auf $\mathfrak{R}$ zugeordnet, und damit kann ein Divisor auch in der Form

$$\mathfrak{d} = \Pi\, \mathfrak{p}^{\alpha}$$

geschrieben werden. Ist $\mathfrak{d}_2 = \mathfrak{g}\,\mathfrak{d}_1$, wobei $\mathfrak{g}$ ganz ist, so heißt $\mathfrak{d}_2$ ein *Vielfaches* von $\mathfrak{d}_1$.

Als *Grad eines Divisors* bezeichnet man die Summe der Exponenten α:

$$\operatorname{grad} \mathfrak{d} = \Sigma \alpha .$$

Nach (18) gilt:

$$\operatorname{grad} \mathfrak{d}_1 \mathfrak{d}_2 = \operatorname{grad} \mathfrak{d}_1 + \operatorname{grad} \mathfrak{d}_2 , \tag{19}$$

$$\operatorname{grad} \frac{\mathfrak{d}_1}{\mathfrak{d}_2} = \operatorname{grad} \mathfrak{d}_1 - \operatorname{grad} \mathfrak{d}_2 . \tag{19a}$$

Wir haben gezeigt, daß wir jedem von Null verschiedenen Differential eindeutig einen Divisor zuordnen können. Dies gilt speziell auch für Funktionen auf $\mathfrak{R}$. Der Divisor $\mathfrak{h}$ einer Funktion heißt *Hauptdivisor*. Da eine Funktion auf $\mathfrak{R}$ gleichviel Null- wie Polstellen besitzt, so ist der *Grad eines Hauptdivisors Null*. Umgekehrt ist aber nicht jeder Divisor vom Grad Null ein Hauptdivisor; z. B. gibt es auf einer Riemannschen Fläche vom Geschlecht $p \geqq 1$ zu einem Divisor $\mathfrak{d} = \mathfrak{p}_1 \mathfrak{p}_2^{-1}$

keine Funktion. Diese müßte nämlich jeden Wert gleich oft, und zwar genau einmal annehmen, und damit wäre $\mathfrak{R}$ zur geschlossenen Ebene vom Geschlecht $p = 0$ biholomorph äquivalent.

Den Produkten und Quotienten von Differentialen entsprechen die Produkte und Quotienten der zugehörigen Divisoren. Da die Produkte und Quotienten von meromorphen Funktionen auf $\mathfrak{R}$ wieder solche Funktionen sind, so sind die Produkte und Quotienten von Hauptdivisoren wieder Hauptdivisoren, und es gilt daher: *Die Hauptdivisoren* $\mathfrak{h}$ *bilden eine Untergruppe* $\mathfrak{H}$ *von* $\mathfrak{G}$.

Wir bilden jetzt die *Faktorgruppe* $\mathfrak{G}/\mathfrak{H}$. Sie besteht aus den *Klassen* $\mathfrak{D}$ *von Divisoren* aus $\mathfrak{G}$, deren Elemente sich jeweils um Hauptdivisoren unterscheiden: Mit dem Divisor $\mathfrak{d}$ liegen genau alle Divisoren $\mathfrak{h}\mathfrak{d}$ für alle $\mathfrak{h}$ aus $\mathfrak{H}$ in $\mathfrak{D}$. Offensichtlich haben *alle Divisoren einer Klasse* $\mathfrak{D}$ *denselben Grad*, und wir bezeichnen ihn mit *grad* $\mathfrak{D}$.

Ist ein Divisor $\mathfrak{d}$ aus $\mathfrak{D}$ einem Differential $d\zeta^n$ zugeordnet, so ist jedem Divisor $\mathfrak{d}^* = \mathfrak{h}\mathfrak{d}$ aus $\mathfrak{D}$ gleichfalls ein Differential $d\eta^n$ vom gleichen Grade n zugeordnet. Umgekehrt unterscheiden sich zwei Differentiale $d\zeta^n$ und $d\eta^n$ vom Grade n um eine Funktion, also ihre Divisoren um einen Hauptdivisor. Die Divisoren, die den Differentialen n-ten Grades zugeordnet sind, bilden also genau eine Divisorenklasse.

Die Verknüpfung $\mathfrak{D}_1 \cdot \mathfrak{D}_2$ zweier Divisorenklassen $\mathfrak{D}_1$ und $\mathfrak{D}_2$ aus $\mathfrak{G}/\mathfrak{H}$ geschieht in bekannter Weise so, daß man je einen Repräsentanten aus $\mathfrak{D}_1$ mit einem Repräsentanten aus $\mathfrak{D}_2$ multipliziert und deren Klasse bildet. Diese Klassenbildung ist unabhängig von der Wahl der Repräsentanten.

Wir wissen, daß es auf jeder kompakten Riemannschen Fläche nicht konstante Funktionen, also auch (durch Differentiation gewonnene) nicht verschwindende Differentiale 1. Grades gibt. Ihre Klasse sei $\mathfrak{W}$. Dann ist die Klasse $\mathfrak{W}^n$ gerade die Klasse der Differentiale n-ten Grades. Also gilt

Satz 20. *Die Divisoren, die den Differentialen n-ten Grades auf einer kompakten Riemannschen Fläche $\mathfrak{R}$ zugeordnet sind, bilden genau die Divisorenklasse $\mathfrak{W}^n$, wobei $\mathfrak{W}$ die Divisorenklasse der gewöhnlichen Differentiale auf $\mathfrak{R}$ ist.*

Der Grad der Divisorenklasse ist durch das Geschlecht p der Riemannschen Fläche bestimmt, und zwar gilt

Satz 21. *Ist N die Anzahl der Nullstellen und P die Anzahl der Pole eines gewöhnlichen Differentials auf einer kompakten Riemannschen Fläche vom Geschlecht p, so gilt*

$$N - P = \operatorname{grad}\mathfrak{W} = 2(p-1) . \qquad (20)$$

Zum Beweis denken wir uns die Riemannsche Fläche $\mathfrak{R}$ der z-Ebene so überlagert, daß über dem Punkt ∞ kein Verzweigungspunkt der

Fläche liegt. n sei die Zahl der Blätter von $\Re$. Dann hat das Differential dz auf $\Re$ genau über dem Punkt ∞ in sämtlichen Blättern jeweils Pole 2. Ordnung, also ist $P = 2\,n$. Über einem Verzweigungspunkt der Ordnung w_ν hat dz eine Nullstelle der Ordnung w_ν. Also ist $N = w = \sum\limits_\nu w_\nu$ die Zahl seiner Nullstellen, da dz sonst keine Nullstellen besitzt. Daher ist

$$N - P = w - 2\,n\,.$$

Nun ist aber gerade

$$w - 2n = 2(p - 1)\,,$$

wobei p das Geschlecht der Fläche ist, wie wir früher abgeleitet haben (s. V, Anhang, Satz 43). Damit ist Formel (20) bewiesen.

Zwei Funktionen, die zum selben Hauptdivisor $\mathfrak{h}$ gehören, besitzen einen Quotienten, dessen Divisor der Einsdivisor e ist. Er gehört zu einer nicht identisch verschwindenden Funktion ohne Null- und Polstellen, also zu einer von Null verschiedenen Konstanten. Demnach unterscheiden sich zwei Funktionen mit demselben Divisor um einen von Null verschiedenen Faktor. Aus der Menge der Funktionen erhalten wir also unmittelbar die Menge der Hauptdivisoren und umgekehrt. Die Frage nach Funktionen, ihren Null- und Polstellen auf $\Re$ ist also äquivalent der Frage nach den Hauptdivisoren und deren Darstellung (16).

Wir sahen bereits, daß es zu gegebenen Divisoren, auch wenn sie den Grad Null haben, keine Funktionen zu geben braucht. Man wird sich aber die Frage vorlegen: Wann gibt es zu gegebenen Null- und Polstellen mit gegebenen Ordnungen Funktionen, die an den gegebenen Nullstellen mindestens von gleicher Ordnung verschwinden und an den gegebenen Polstellen höchstens von gleicher Ordnung gegen ∞ gehen, und wieviel solcher Funktionen gibt es? Diese Frage hängt offenbar eng mit dem Problem zusammen, auf einer Riemannschen Fläche Funktionen mit möglichst wenig Polstellen zu finden.

Wir wollen das Problem mit Hilfe von Divisoren formulieren. Gegeben sei ein Divisor $\mathfrak{d} = \Pi\mathfrak{p}^\alpha$. Man bestimme die Hauptdivisoren $\mathfrak{h} = \Pi\mathfrak{p}^\beta$, für die $\alpha + \beta \geqq 0$ ist, oder anders ausgedrückt, für die $\mathfrak{d}\mathfrak{h}$ ganz ist. Zu diesen Hauptdivisoren gehören genau diejenigen Funktionen, die an den Stellen P mit $\alpha < 0$ Nullstellen mindestens von der Ordnung $-\alpha$ haben, an den Stellen P mit $\alpha > 0$ höchstens Polstellen der Ordnung α aufweisen und an den Stellen P mit $\alpha = 0$ holomorph sind.

Die Funktionen, die dieser Bedingung genügen, bilden zusammen mit der Funktion $f(P) = 0$ als Nullelement einen linearen Vektorraum $\mathfrak{V}_\mathfrak{d}$, weil mit $f_1(P)$ und $f_2(P)$ auch $af_1(P) + bf_2(P)$ zu dieser Menge gehören. Die Dimension dieses Raumes ist ein Maß dafür, wie viele Funktionen der verlangten Art es gibt. Da $\mathfrak{V}_\mathfrak{d}$ durch $\mathfrak{d}$ eindeutig bestimmt ist, so bezeichnen wir die Dimension von $\mathfrak{V}_\mathfrak{d}$ als *Dimension des Divisors* $\mathfrak{d}$.

Dabei ist die Dimension eines Vektorraumes $\mathfrak{V}$ in bekannter Weise folgendermaßen bestimmt: n Elemente $f_1, f_2, \ldots, f_n$ aus $\mathfrak{V}$ heißen *linear abhängig*, wenn es komplexe Zahlen $a_1, a_2, \ldots, a_n$ gibt, die nicht sämtlich verschwinden und für die

$$a_1 f_1 + a_2 f_2 + \cdots + a_n f_n = 0$$

gilt. Folgt aus dieser Gleichung stets $a_1 = a_2 = \cdots = a_n = 0$, so heißen $f_1, f_2, \ldots, f_n$ *linear unabhängig*. Gibt es n linear unabhängige Elemente in $\mathfrak{V}$, während $n + 1$ Elemente stets linear abhängig sind, so heißt n die *Dimension von* $\mathfrak{V}$. Bekanntlich ist n unabhängig von der Wahl der Funktionen $f_1, f_2, \ldots, f_n$, und jedes solche System ist eine Basis des Vektorraumes, d. h. jedes Element f aus $\mathfrak{V}$ ist eindeutig in der Gestalt

$$f = b_1 f_1 + b_2 f_2 + \cdots + b_n f_n$$

darstellbar. Gibt es kein solches n, so hat $\mathfrak{V}$ die Dimension Unendlich.

Es gilt nun

Satz 22. *Sämtliche Divisoren einer Divisorenklasse $\mathfrak{D}$ besitzen dieselbe Dimension, die wir mit* $\dim \mathfrak{D}$ *bezeichnen.*

Seien $f_1, f_2, \ldots, f_n$ Funktionen aus dem Vektorraum $\mathfrak{V}_{\mathfrak{d}}$ eines Divisors $\mathfrak{d} = \Pi \mathfrak{p}^\alpha$ aus $\mathfrak{D}$. Den Funktionen f_ν entsprechen Hauptdivisoren $\mathfrak{h}_\nu = \Pi \mathfrak{p}^{\beta_\nu}$ mit $\alpha + \beta_\nu \geqq 0$. $\mathfrak{d}^*$ sei ein Divisor aus $\mathfrak{D}$ und $\mathfrak{d}^* = \mathfrak{h} \mathfrak{d}$ mit $\mathfrak{h} = \Pi \mathfrak{p}^\beta$, also $\mathfrak{d}^* = \Pi \mathfrak{p}^{\alpha + \beta} = \Pi \mathfrak{p}^{\alpha^*}$. h sei eine Funktion mit dem Hauptdivisor $\mathfrak{h}$. Dann liegen die Funktionen $f_\nu^* = \dfrac{f_\nu}{h}$ im Vektorraum $\mathfrak{V}_{\mathfrak{d}^*}$, weil ihre Divisoren $\mathfrak{h}_\nu^* = \Pi \mathfrak{p}^{\beta_\nu - \beta} = \Pi \mathfrak{p}^{\beta_\nu^*}$ der Bedingung $\alpha^* + \beta_\nu^* = \alpha + \beta_\nu \geqq 0$ genügen. Sind nun $f_1, \ldots, f_n$ linear unabhängig, so auch $f_1^*, \ldots, f_n^*$ und umgekehrt. So folgt unmittelbar die Gleichheit der Dimension von $\mathfrak{d}$ und $\mathfrak{d}^*$.

Die Dimension einer Klasse $\mathfrak{D}$ gibt also an, wieviel linear unabhängige Funktionen es gibt, deren Divisoren Vielfache eines Divisors $\dfrac{1}{\mathfrak{d}}$, $\mathfrak{d} \in \mathfrak{D}$, *sind.* Demnach gibt $\dim \mathfrak{D} \mathfrak{W}^n$ an, wieviel linear unabhängige Funktionen h es gibt, deren Divisoren Vielfache von $\dfrac{1}{\mathfrak{d} \mathfrak{w}_n}$ sind, wobei $\mathfrak{w}_n$ ein Divisor der Klasse $\mathfrak{W}^n$ ist. Gehört zu $\mathfrak{w}_n$ ein Differential $d\zeta^n$, so haben die Differentiale $h \, d\zeta^n$ Divisoren, die Vielfache von $\dfrac{1}{\mathfrak{d}}$ sind. *Also gibt* $\dim \mathfrak{D} \mathfrak{W}^n$ *an, wieviel linear unabhängige Differentiale n-ten Grades es gibt, deren Divisoren Vielfache eines Divisors* $\dfrac{1}{\mathfrak{d}}$, $\mathfrak{d} \in \mathfrak{D}$, *sind.*

Da für den Einheitsdivisor $\mathfrak{e} = \Pi \mathfrak{p}^0$ alle α verschwinden, so gilt

Satz 23. *Die Anzahl der linear unabhängigen überall endlichen Differentiale n-ten Grades auf einer kompakten Riemannschen Fläche $\mathfrak{R}$ ist* $\dim \mathfrak{W}^n$.

Nach unseren Feststellungen über die Hauptdivisoren gilt weiter

Satz 24. *Für die Klasse $\mathfrak{H}$ der Hauptdivisoren $\mathfrak{h}$ ist*

$$\dim \mathfrak{H} = 1 \, .$$

Ist $\mathfrak{d} = \Pi \mathfrak{p}^{\alpha}$ ein Divisor mit $\operatorname{grad} \mathfrak{d} = \Sigma \alpha \leqq 0$ und $\mathfrak{h} = \Pi \mathfrak{p}^{\beta}$ ein Hauptdivisor, für den $\mathfrak{h}\mathfrak{d}$ ganz ist, so folgt wegen $\Sigma \beta = 0$ aus $\alpha + \beta \geqq 0$ und $\Sigma(\alpha + \beta) = \Sigma \alpha + \Sigma \beta \geqq 0$, daß $\Sigma(\alpha + \beta) = 0$, also $\alpha + \beta = 0$ für alle $\mathfrak{p}$, und damit $\mathfrak{d} = \Pi \mathfrak{p}^{-\beta} = \frac{1}{\mathfrak{h}}$ ein Hauptdivisor sein muß. Daher folgt

Satz 25. *Ist* $\mathfrak{D}$ *eine Divisorenklasse mit* $\mathfrak{D} \neq \mathfrak{H}$ *und* $\operatorname{grad} \mathfrak{D} \leqq 0$, *so ist* $\dim \mathfrak{D} = 0$.

Insbesondere ist stets $\dim \mathfrak{D} = 0$ für $\operatorname{grad} \mathfrak{D} < 0$. Dies besagt nichts anderes, als daß es keine Funktion gibt, die mehr Null- als Polstellen hat.

Es ist $\dim \mathfrak{D}$ genau dann positiv, wenn $\mathfrak{D}$ einen ganzen Divisor $\mathfrak{d}$ enthält. Sind nämlich für den Divisor $\mathfrak{d} = \Pi \mathfrak{p}^{\alpha}$ alle $\alpha \geqq 0$, so enthält $\mathfrak{V}_{\mathfrak{d}}$ die konstanten Funktionen, also ist $\dim \mathfrak{D} \geqq 1$. Ist umgekehrt $\dim \mathfrak{D} \geqq 1$, so gibt es eine Funktion h mit einem Divisor $\mathfrak{h}$, so daß $\mathfrak{h}\mathfrak{d}$ ganz ist. $\mathfrak{h}\mathfrak{d}$ ist aber ein Divisor aus $\mathfrak{D}$.

Es gilt nun allgemein der wichtige

Satz 26. *Die Dimension einer Divisorenklasse ist endlich.*

Es genügt, den Beweis für Klassen mit ganzen Divisoren zu führen. Sei

$$\mathfrak{d} = \prod_{\nu=1}^{r} \mathfrak{p}_{\nu}^{\alpha_{\nu}}, \quad \alpha_{\nu} \geqq 1,$$

ein Divisor aus $\mathfrak{D}$. Dann ist $\operatorname{grad} \mathfrak{D} = \sum_{\nu=1}^{r} \alpha_{\nu}$. Wir zeigen:

$$\dim \mathfrak{D} \leqq \operatorname{grad} \mathfrak{D} + 1. \tag{21}$$

Gegeben seien $n = \operatorname{grad} \mathfrak{D} + 2$ Funktionen $f_1, f_2, \ldots, f_n$, deren Pole höchstens an den Stellen P_{ν} liegen mit Ordnungen, die dort $\leqq \alpha_{\nu}$ sind. In einer Ortsuniformisierenden t_{ν} eines solchen Punktes P_{ν} mögen die Funktionen die Entwicklungen

$$f_{\mu} = \sum_{\varrho=-\alpha_{\nu}}^{\infty} a_{\nu\varrho}^{(\mu)} (t_{\nu} - t_{\nu_0})^{\varrho}, \quad \mu = 1, 2, \ldots, n,$$

haben. Wir bilden dann eine Funktion

$$f = \sum_{\mu=1}^{n} c_{\mu} f_{\mu},$$

die offensichtlich Pole höchstens in den Punkten P_{ν} hat, und bestimmen die c_{μ} so, daß

$$\sum_{\mu=1}^{n} c_{\mu} a_{\nu\varrho}^{(\mu)} = 0 \begin{cases} \varrho = -\alpha_1, -\alpha_1 + 1, \ldots, -1, 0 & \text{für } \nu = 1, \\ \varrho = -\alpha_{\nu}, -\alpha_{\nu} + 1, \ldots, -1 & \text{für } \nu = 2, 3, \ldots, r \end{cases}$$

ist. Das sind $n - 1 = \sum_{\nu=1}^{r} \alpha_{\nu} + 1$ homogene Gleichungen für n Unbekannte c_{μ}, die mindestens eine von Null verschiedene Lösung haben. Für diese c_{μ} ist die Funktion f in allen Punkten holomorph, also konstant, und da sie im Punkte P_1 gleich Null ist, verschwindet sie identisch. Die Funktionen $f_1, \ldots, f_n$ sind also linear abhängig. $\mathfrak{D}$ hat demnach höchstens die Dimension $n - 1 = \operatorname{grad}\mathfrak{D} + 1$.

Die für Klassen mit ganzen Divisoren geltende Ungleichung (21) läßt sich für beliebige Divisorenklassen vervollständigen:

$$\dim\mathfrak{D}\begin{cases} = 0, \text{ falls } \mathfrak{D} \text{ keine ganzen Divisoren enthält,} \\ \qquad \text{insbesondere, wenn } \operatorname{grad}\mathfrak{D} < 0 \text{ ist,} \\ \leqq \operatorname{grad}\mathfrak{D} + 1, \text{ falls } \mathfrak{D} \text{ ganze Divisoren enthält.} \end{cases} \tag{22}$$

Wir werden nun im folgenden noch weitaus genauere Angaben über die Dimension einer Divisorenklasse $\mathfrak{D}$ machen und daraus wichtige Schlüsse über die Existenz und die Eigenschaften von Funktionen und Integralen auf Riemannschen Flächen ziehen.

Literatur

HENSEL, K., u. G. LANDSBERG: Theorie der algebraischen Funktionen einer Variablen. Leipzig 1902.

§ 4. Der Satz von RIEMANN-ROCH. Abelsche Differentiale

Satz 27 (RIEMANN-ROCH). *Die Dimension einer Divisorenklasse $\mathfrak{D}$ auf einer kompakten Riemannschen Fläche $\mathfrak{R}$ vom Geschlecht p ist endlich, und es gilt*

$$\dim\mathfrak{D} - \dim\frac{\mathfrak{W}}{\mathfrak{D}} = \operatorname{grad}\mathfrak{D} - (p - 1)\,. \tag{1}$$

Dabei ist $\mathfrak{W}$ die Divisorenklasse der gewöhnlichen Differentiale.

Entsprechend den drei möglichen Normalgebieten $\mathfrak{N}$ einer Riemannschen Fläche führen wir den Beweis in drei Schritten: für $p = 0$ ($\mathfrak{N}$ ist die geschlossene Ebene), $p = 1$ ($\mathfrak{N}$ ist die endliche Ebene) und $p > 1$ ($\mathfrak{N}$ ist der Einheitskreis).

1. $p = 0$. $\mathfrak{R}$ ist biholomorph äquivalent zur geschlossenen z-Ebene $\mathfrak{N}$, so daß wir $\mathfrak{R} = \mathfrak{N}$ setzen können. Nun beachten wir, daß jeder Divisor vom Grade Null Hauptdivisor ist, weil es zu gegebenen Null- und Polstellen gleicher Anzahl stets eine Funktion in $\mathfrak{N}$ gibt. Daher liegen auch Divisoren gleichen Grades stets genau in derselben Klasse. Ist $\mathfrak{D}$ eine solche Klasse mit $\operatorname{grad}\mathfrak{D} = \alpha$, so liegt in $\mathfrak{D}$ der Divisor $\mathfrak{d} = \mathfrak{p}_\infty^\alpha$, wobei $\mathfrak{p}_\infty$ der Primdivisor des Punktes ∞ ist. Für $\alpha \geqq 0$ gehören jetzt zu $\mathfrak{V}_\mathfrak{d}$ genau die Polynome mit einem Grad $\leqq \alpha$. Unter ihnen gibt es $\alpha + 1$ linear unabhängige (z. B. die Polynome $1, z, z^2, \ldots, z^\alpha$), während $\alpha + 2$ stets linear abhängig sind. Also ist $\dim\mathfrak{D} = \alpha + 1$. Diese Gleichheit besteht auch noch für $\alpha = -1$, so daß wir (wegen $\dim\mathfrak{D} = 0$ für $\alpha < 0$) haben:

$$\dim\mathfrak{D} = \begin{cases} \alpha + 1, & \text{wenn } \alpha + 1 \geqq 0\,, \\ 0, & \text{wenn } \alpha + 1 \leqq 0\,. \end{cases} \tag{2}$$

In der Klasse $\mathfrak{W}$ liegt das Differential dz mit dem Divisor $\mathfrak{p}_\infty^{-2}$, so daß in $\frac{\mathfrak{W}}{\mathfrak{D}}$ der Divisor $\mathfrak{p}_\infty^{-(\alpha+2)}$ vom Grade $-(\alpha+2)$ liegt. Für ihn gilt nach (2):

$$\dim\frac{\mathfrak{W}}{\mathfrak{D}} = \begin{cases} 0, & \text{wenn } \alpha+1 \geqq 0\,, \\ -(\alpha+1), & \text{wenn } \alpha+1 \leqq 0\,. \end{cases} \tag{3}$$

Aus (2) und (3) folgt für alle α:

$$\dim\mathfrak{D} - \dim\frac{\mathfrak{W}}{\mathfrak{D}} = \alpha + 1 = \operatorname{grad}\mathfrak{D} + 1\,,$$

womit in diesem Falle alles bewiesen ist.

2. $p = 1$. $\mathfrak{R}$ ist biholomorph äquivalent einer Fläche $\mathfrak{N}/\mathfrak{G}$, wobei $\mathfrak{N}$ die endliche Ebene und $\mathfrak{G}$ eine doppeltperiodische Translationsgruppe mit Transformationen

$$z^* = z + m w_1 + n w_2\,, \quad m, n \text{ ganz}, \ \frac{w_1}{w_2} \text{ nicht reell},$$

ist. Wir setzen $\mathfrak{R} = \mathfrak{N}/\mathfrak{G}$. Sei $\mathfrak{D}$ eine beliebige Divisorenklasse. Dann gilt, wenn $\mathfrak{H}$ die Klasse der Hauptdivisoren ist,

$$\dim\mathfrak{D} = \begin{cases} 1, & \text{wenn } \mathfrak{D} = \mathfrak{H}, \\ 0, & \text{wenn } \mathfrak{D} \neq \mathfrak{H},\ \operatorname{grad}\mathfrak{D} \leqq 0, \\ \operatorname{grad}\mathfrak{D}, & \text{wenn } \mathfrak{D} \neq \mathfrak{H},\ \operatorname{grad}\mathfrak{D} \geqq 0. \end{cases} \tag{4}$$

Die ersten beiden Zeilen sind durch die Sätze 24 und 25 in 3 bewiesen. Es bleibt der Fall $\operatorname{grad}\mathfrak{D} > 0$ zu behandeln.

Sei $\mathfrak{d}$ ein Divisor aus $\mathfrak{D}$. Wir schreiben ihn in der Form

$$\mathfrak{d} = \frac{\mathfrak{d}_1}{\mathfrak{d}_2}\,,$$

wobei $\mathfrak{d}_1$ und $\mathfrak{d}_2$ ganz und teilerfremd sind, und es sei $\operatorname{grad}\mathfrak{d}_1 = r$, $\operatorname{grad}\mathfrak{d}_2 = s$ und $\operatorname{grad}\mathfrak{d} = \operatorname{grad}\mathfrak{D} = r - s > 0$. Dem Divisor $\frac{1}{\mathfrak{d}}$ entsprechen in einem Periodenparallelogramm der Gruppe $\mathfrak{G}$ Polstellen $p_1, \ldots, p_r$ und Nullstellen $a_1, \ldots, a_s$. Dann können wir eine weitere Nullstelle a finden, so daß

$$(r-s)\,a + a_1 + \cdots + a_s \equiv p_1 + \cdots + p_r \mod(w_1, w_2)$$

ist. Hierzu existiert nach 2, Satz 17 eine elliptische Funktion $h(z)$, die also eine Funktion auf $\mathfrak{R} = \mathfrak{N}/\mathfrak{G}$ ist. Gehört zu a der Primdivisor $\mathfrak{p}_0$, so gehört zu $h(z)$ der Hauptdivisor

$$\mathfrak{h} = \frac{\mathfrak{d}_2}{\mathfrak{d}_1}\,\mathfrak{p}_0^{r-s}\,,$$

und in $\mathfrak{D}$ liegt der ganze Divisor $\mathfrak{d}^* = \mathfrak{h}\,\mathfrak{d} = \mathfrak{p}_0^{r-s}$. $\mathfrak{V}_{\mathfrak{d}^*}$ besteht nun aus allen elliptischen Funktionen, die höchstens in a eine Polstelle haben und deren Ordnung nicht größer als $r-s$ ist. Nun gibt es gerade $r-s$

linear unabhängige Funktionen, die diese Eigenschaft aufweisen, z. B. die Funktionen

$$1, \wp(z-a), \frac{\partial \wp(z-a)}{\partial a}, \frac{\partial^2 \wp(z-a)}{\partial a^2}, \ldots, \frac{\partial^{r-s-2} \wp(z-a)}{\partial a^{r-s-2}},$$

die jeweils im Punkte a eine Entwicklung

$$\frac{\partial^{(\nu)} \wp(z-a)}{\partial a^\nu} = \frac{(\nu+1)!}{(z-a)^{\nu+2}} + a_{\nu 0} + a_{\nu 1}(z-a) + \cdots$$

haben. Jede andere Funktion $f(z)$ der verlangten Art ist aber von diesen linear abhängig. Hat sie nämlich in a eine Entwicklung

$$f(z) = \frac{c_{r-s}}{(z-a)^{r-s}} + \cdots + \frac{c_2}{(z-a)^2} + c_0 + d_1(z-a) + \cdots$$

(man beachte, daß das Residuum c_1 verschwinden muß!), so ist

$$g(z) = f(z) -$$
$$-\left[c_0 \cdot 1 + \frac{c_2}{1!}\wp(z-a) + \frac{c_3}{2!}\frac{\partial \wp(z-a)}{\partial a} + \cdots + \frac{c_{r-s}}{(r-s-1)!}\frac{\partial^{r-s-2} \wp(z-a)}{\partial a^{r-s-2}}\right]$$

überall holomorph, elliptisch und im Punkte a gleich Null, also ist $g(z) \equiv 0$.

Damit ist gezeigt, daß $\dim \mathfrak{D} = \operatorname{grad} \mathfrak{D}$ ist, und die Beziehung (4) bewiesen.

In der Klasse $\mathfrak{W}$ der gewöhnlichen Differentiale liegt der Einsdivisor $\mathfrak{e}$, da das Differential dz mit dem Divisor $\mathfrak{e}$ darin liegt. Folglich ist $\frac{\mathfrak{W}}{\mathfrak{D}} = \frac{1}{\mathfrak{D}}$. Wegen $\operatorname{grad} \frac{1}{\mathfrak{D}} = -\operatorname{grad} \mathfrak{D}$ folgt aus (4):

$$\dim \frac{\mathfrak{W}}{\mathfrak{D}} = \begin{cases} 1, & \text{wenn } \mathfrak{D} = \mathfrak{H}, \\ -\operatorname{grad} \mathfrak{D}, & \text{wenn } \mathfrak{D} \neq \mathfrak{H},\ \operatorname{grad} \mathfrak{D} \leqq 0, \\ 0, & \text{wenn } \mathfrak{D} \neq \mathfrak{H},\ \operatorname{grad} \mathfrak{D} \geqq 0. \end{cases} \tag{5}$$

Subtrahiert man (5) von (4), so hat man

$$\dim \mathfrak{D} - \dim \frac{\mathfrak{W}}{\mathfrak{D}} = \operatorname{grad} \mathfrak{D}, \tag{6}$$

also gerade die Aussage des Riemann-Rochschen Satzes für $p = 1$.

3. $p > 1$. Wir setzen $\mathfrak{R} = \mathfrak{N}/\mathfrak{G}$, wobei $\mathfrak{N}$ der Einheitskreis und $\mathfrak{G}$ die zu $\mathfrak{R}$ gehörende eigentlich diskontinuierliche Gruppe im Einheitskreis ist. Der Beweis des Riemann-Rochschen Satzes bereitet für diesen Fall ziemliche Schwierigkeiten, weil uns zunächst keine Funktionen und gewöhnlichen Differentiale mit bekannten Polstellen zur Verfügung stehen, worauf im Grunde der Beweis im Falle $p = 0$ und $p = 1$ aufgebaut war. Das einzige Konstruktionsprinzip, das wir entwickelt haben, die Poincaréschen Thetareihen, liefert uns lediglich

quadratische Differentiale, allerdings solche Differentiale mit wohldefinierten Polstellen. Erstaunlich ist, daß man aus dem in 3, (15) angegebenen quadratischen Differential

$$W_{11}(\eta, \zeta)\, d\zeta^2 = \sum_{t \in \mathfrak{G}} \frac{1}{\eta - t(\zeta)}\, dt^2(\zeta) \tag{7}$$

gewöhnliche Differentiale herleiten kann, mit deren Hilfe der Riemann-Rochsche Satz sich beweisen läßt. Dies hat O. TEICHMÜLLER gesehen, dessen Gedankengang wir uns hier anschließen werden.

Zunächst bemerken wir, daß sich aus (7) weitere quadratische Differentiale in ζ herleiten lassen, indem man nach η differenziert:

$$W_{\nu 1}(\eta, \zeta)\, d\zeta^2 = \frac{(-1)^{\nu-1}}{(\nu-1)!} \frac{\partial^{\nu-1} W_{11}(\eta, \zeta)}{\partial \eta^{\nu-1}}\, d\zeta^2 = \sum_{t \in \mathfrak{G}} \frac{1}{(\eta - t(\zeta))^{\nu}}\, dt^2(\zeta)\,. \tag{8}$$

Wir notieren, daß die Funktionen $W_{\nu 1}(\eta, \zeta)$ für $|\eta| < 1$ im Einheitskreis genau an den Stellen $t(\eta)$ Pole haben und daß im Punkte η die Hauptteile von der Gestalt $\frac{1}{(\eta - \zeta)^{\nu}}$ sind.

Nach 3, Satz 19 gibt es auf $\mathfrak{R}$ auch noch quadratische, überall endliche Differentiale und unter ihnen genau

$$m = \dim \mathfrak{W}^2 > 0$$

linear unabhängige. Die Differentiale

$$W_{\mu 1}(\zeta)\, d\zeta^2, \quad \mu = 1, 2, \ldots, m\,, \tag{9}$$

mögen eine Basis der endlichen Differentiale bilden. Läßt man jetzt η im Fundamentalgebiet von $\mathfrak{G}$ laufen, so hat man in (8) und (9) eine Basis aller quadratischen Differentiale auf $\mathfrak{R}$.

$W_{11}(\eta, \zeta)\, d\zeta^2$ hat in allen zu η äquivalenten Punkten $t(\eta)$, $t \in \mathfrak{G}$, Polstellen 1. Ordnung. Das gleiche gilt für die Differentiale $W_{11}(t(\eta), \zeta)\, d\zeta^2$. Das Residuum der Polstelle von $W_{11}(t(\eta), \zeta)$ im Punkte η ist durch den Summanden

$$\frac{1}{t(\eta) - t(\zeta)} \left(\frac{dt(\zeta)}{d\zeta}\right)^2 = \frac{1}{\zeta - \eta}\left(-\frac{\eta - \zeta}{t(\eta) - t(\zeta)}\left(\frac{dt(\zeta)}{d\zeta}\right)^2\right)$$

gegeben, also gerade gleich $-\frac{dt(\eta)}{d\eta}$. Demnach ist dort das Residuum von $W_{11}(\eta, \zeta)$ gleich -1, und wir haben in

$$\left[W_{11}(t(\eta), \zeta) - \frac{dt(\eta)}{d\eta} W_{11}(\eta, \zeta)\right] d\zeta^2$$

ein überall endliches quadratisches Differential, welches wir durch die Basis (9) eindeutig ausdrücken können, so daß mit passenden Funktionen $f_{t\mu}(\eta)$ gilt:

$$W_{11}(t(\eta), \zeta) = W_{11}(\eta, \zeta) \frac{dt(\eta)}{d\eta} + \sum_{\mu=1}^{m} f_{t\mu}(\eta)\, W_{\mu 1}(\zeta)\,. \tag{10}$$

Wäre die letzte Summe nicht vorhanden, so hätten wir bei festem ζ in $\frac{W_{11}(\eta, \zeta)}{d\eta}$ ein reziprokes Differential in η gewonnen.

Wir wollen versuchen, durch geeignete Kombinationen aus (10) solche Differentiale zu konstruieren. Differenzieren wir (10) wiederholt nach ζ, so erhalten wir mit den Bezeichnungen

$$W_{1\nu}(\eta, \zeta) = \frac{1}{(\nu-1)!} \frac{\partial^{\nu-1} W_{11}(\eta, \zeta)}{\partial \zeta^{\nu-1}}; \quad W_{\mu\nu}(\zeta) = \frac{1}{(\nu-1)!} \frac{\partial^{\nu-1} W_{\mu 1}(\zeta)}{\partial \zeta^{\nu-1}}$$

die Relationen

$$W_{1\nu}(t(\eta), \zeta) = W_{1\nu}(\eta, \zeta) \frac{dt(\eta)}{d\eta} + \sum_{\mu=1}^{m} f_{t\mu}(\eta)\, W_{\mu\nu}(\zeta). \tag{11}$$

Dabei stellen wir fest, daß die $W_{1\nu}(\eta, \zeta)$ in Abhängigkeit von η genau in den Punkten $t(\zeta)$ Pole haben und daß die Hauptteile im Punkte ζ von der Form $\frac{1}{(\eta-\zeta)^{\nu}}$ sind. Jetzt bilden wir aus den Funktionen $W_{1\nu}(\eta, \zeta)$ endliche Summen der Form

$$\frac{1}{dW} = \sum_{\varrho, \nu} c_{\varrho\nu}\, W_{1\nu}(\eta, \zeta_\varrho) \frac{1}{d\eta}. \tag{12}$$

Dabei wählen wir endlich viele paarweise nicht äquivalente, aber sonst beliebige ζ_ϱ. Bestimmen wir nun die $c_{\varrho\nu}$ so, daß

$$\sum_{\varrho, \nu} c_{\varrho\nu} W_{\mu\nu}(\zeta_\varrho) = 0, \quad \mu = 1, 2, \ldots, m, \tag{13}$$

ist, so haben wir in (12) ein reziprokes Differential gefunden, da nach (11) und (13)

$$\sum_{\varrho, \nu} c_{\varrho\nu} W_{1\nu}(t(\eta), \zeta_\varrho) \frac{1}{dt(\eta)} = \sum_{\varrho, \nu} c_{\varrho\nu}\, W_{1\nu}(\eta, \zeta_\varrho) \frac{1}{d\eta}$$

ist. Solche nicht konstanten $c_{\varrho\nu}$ lassen sich immer finden, wenn $\alpha = \sum_{\varrho, \nu} 1 > m$ ist. Da die $W_{1\nu}(\eta, \zeta_\varrho)$ wegen ihres Verhaltens in den Polen linear unabhängig sind, so gibt es bei gegebenen ϱ, ν ebensoviel linear unabhängige Differentiale (12) wie es linear unabhängige Lösungen des Systems (13) gibt, und das sind mindestens $\alpha - m$.

Formulieren wir unsere Ergebnisse nun divisorentheoretisch. Die Kenntnis aller quadratischen Differentiale zu gegebenen Polstellen besagt folgendes: Ist uns eine Divisorenklasse $\mathfrak{A}$ mit $\dim \mathfrak{A} > 0$ gegeben, so gibt es in ihr einen ganzen Divisor $\mathfrak{a} = \Pi \mathfrak{p}_\varkappa^{\alpha_\varkappa}$ mit $\operatorname{grad} \mathfrak{A} = \sum_\varkappa \alpha_\varkappa$, $\alpha_\varkappa > 0$. Zu den Stellen $\eta_\varkappa$, die den $\mathfrak{p}_\varkappa$ in einem Fundamentalgebiet von $\mathfrak{G}$ entsprechen, gibt es genau die linear unabhängigen quadratischen Differentiale

$$W_{\nu 1}(\eta_\varkappa, \zeta)\, d\zeta^2, \quad \nu = 1, 2, \ldots, \alpha_\varkappa,$$
$$W_{\mu 1}(\zeta)\, d\zeta^2, \quad \mu = 1, 2, \ldots, m,$$

deren Pole höchstens in den $\eta_\varkappa$ liegen und dort höchstens die angegebene Ordnung $\alpha_\varkappa$ haben. Das sind genau $\sum_\varkappa \alpha_\varkappa + m$. Diese Anzahl ist aber gerade $\dim \mathfrak{A}\mathfrak{W}^2$ (s. 3, S. 552). Folglich gilt:

$$\dim \mathfrak{A}\mathfrak{W}^2 = \operatorname{grad}\mathfrak{A} + m\,, \quad \text{wenn } \dim\mathfrak{A} > 0\,. \tag{14}$$

Ist $\mathfrak{B}$ eine Divisorenklasse, für die $\dim\mathfrak{B} > 0$ ist und ist $\mathfrak{b} = \Pi \mathfrak{p}_\varkappa^{\beta_\varkappa}$ mit $\operatorname{grad}\mathfrak{B} = \sum_\varkappa \beta_\varkappa$, $\beta_\varkappa > 0$, ein ganzer Divisor in ihr, so gibt es nach unseren obigen Überlegungen über die reziproken Differentiale mindestens $\operatorname{grad}\mathfrak{B} - m$ linear unabhängige reziproke Divisoren mit Polen höchstens der Ordnung $\beta_\varkappa$ in den zu $\mathfrak{p}_\varkappa$ gehörenden Punkten $\eta_\varkappa$. Folglich ist

$$\dim \frac{\mathfrak{B}}{\mathfrak{W}} \geqq \operatorname{grad}\mathfrak{B} - m, \quad \text{wenn } \dim\mathfrak{B} > 0\,. \tag{15}$$

Dieses Ergebnis wurde von uns für $\operatorname{grad}\mathfrak{B} > m$ hergeleitet. Es ist aber für $\operatorname{grad}\mathfrak{B} \leqq m$ trivial.

Wir benötigen noch die weitere Ungleichung:

$$\dim \mathfrak{C}\mathfrak{D} - \dim\frac{\mathfrak{W}}{\mathfrak{C}\mathfrak{D}} - \operatorname{grad}\mathfrak{C}\mathfrak{D} \leqq \dim\mathfrak{D} - \dim\frac{\mathfrak{W}}{\mathfrak{D}} - \operatorname{grad}\mathfrak{D}\,, \quad \text{wenn } \dim\mathfrak{C} > 0\,. \tag{16}$$

Es genügt, die Ungleichung (16) für die Klasse $\mathfrak{P}$ eines Primdivisors $\mathfrak{p}$ zu zeigen; denn $\mathfrak{C}$ enthält einen ganzen Divisor $\mathfrak{c} = \Pi_\varkappa \mathfrak{p}_\varkappa^{\gamma_\varkappa}$, und daher ist $\mathfrak{C} = \Pi_\varkappa \mathfrak{P}_\varkappa^{\gamma_\varkappa}$, so daß man durch Induktion sofort auf (16) schließt, wenn man die Ungleichung für eine Klasse $\mathfrak{P}_\varkappa$ eines Primdivisors bewiesen hat.

Zunächst ist trivialerweise $\dim\mathfrak{P}\mathfrak{D} \geqq \dim\mathfrak{D}$; denn ist $\mathfrak{d} \in \mathfrak{D}$ und $\mathfrak{p} \in \mathfrak{P}$, so ist für jedes $\mathfrak{h} \in \mathfrak{H}$, für das $\mathfrak{h}\mathfrak{d}$ ganz ist, auch $\mathfrak{h}\mathfrak{p}\mathfrak{d}$ ganz.

Ist ferner $\dim\mathfrak{P}\mathfrak{D} > \dim\mathfrak{D}$, so ist notwendig $\dim\mathfrak{P}\mathfrak{D} = \dim\mathfrak{D} + 1$. In diesem Falle gibt es nämlich zu $\mathfrak{p} \in \mathfrak{P}$ und $\mathfrak{d} \in \mathfrak{D}$ ein $\mathfrak{h} \in \mathfrak{H}$, so daß $\mathfrak{h}\mathfrak{p}\mathfrak{d}$ ganz, aber $\mathfrak{h}\mathfrak{d}$ nicht ganz ist. Dann haben $\mathfrak{d}$ und $\mathfrak{h}$ die Gestalt

$$\mathfrak{d} = \mathfrak{p}^\alpha \mathfrak{d}_0\,, \quad \mathfrak{h} = \mathfrak{p}^{-\alpha-1}\mathfrak{h}_0\,,$$

wobei $\mathfrak{p}$ weder in $\mathfrak{d}_0$ noch in $\mathfrak{h}_0$ enthalten ist und $\mathfrak{d}_0\mathfrak{h}_0 = \mathfrak{h}\mathfrak{p}\mathfrak{d}$ ganz ist. Zu $\mathfrak{h}$ gibt es eine Funktion h aus $\mathfrak{V}_{\mathfrak{p}\mathfrak{d}}$, die in einer passenden Ortsuniformisierenden t des zu $\mathfrak{p}$ gehörenden Punktes eine Entwicklung

$$h = t^{-\alpha-1} + a_{-\alpha}t^{-\alpha} + \cdots$$

hat. Jeder andere Divisor $\mathfrak{h}^*$ der gleichen Art wie $\mathfrak{h}$ hat die analoge Gestalt $\mathfrak{h}^* = \mathfrak{p}^{-\alpha-1}\mathfrak{h}_0^*$. Daher haben die zu ihm gehörenden Funktionen h^* aus $\mathfrak{V}_{\mathfrak{p}\mathfrak{d}}$ in t eine Entwicklung

$$h^* = a^*_{-\alpha-1}t^{-\alpha-1} + a^*_{-\alpha}t^{-\alpha} + \cdots, \quad \alpha^*_{-\alpha-1} \neq 0\,.$$

Dann ist $h^{**} = h^* - a^*_{-\alpha-1} h$ eine Funktion aus $\mathfrak{V}_{\mathfrak{p}\mathfrak{d}}$ mit einem Divisor

$$\mathfrak{h}^{**} = \mathfrak{p}^{\beta}\, \mathfrak{h}_0^{**},$$

wobei $\beta \geqq -\alpha$ ist. Folglich ist

$$\mathfrak{h}^{**}\mathfrak{d} = \mathfrak{p}^{\alpha+\beta}\, \mathfrak{h}_0^{**}\, \mathfrak{d}_0$$

ganz, d. h. die Funktion h^{**} liegt bereits in $\mathfrak{V}_{\mathfrak{d}}$. Somit hat $\mathfrak{V}_{\mathfrak{p}\mathfrak{d}}$ genau eine um 1 größere Dimension als $\mathfrak{V}_{\mathfrak{d}}$, und es ist $\dim \mathfrak{P}\mathfrak{D} = \dim \mathfrak{D} + 1$.

Wir haben das Ergebnis:

$$\dim \mathfrak{P}\mathfrak{D} = \dim \mathfrak{D} + \begin{cases} 1, \\ 0, \end{cases} \tag{17}$$

je nachdem es zu $\mathfrak{d} \in \mathfrak{D}$ einen Hauptdivisor $\mathfrak{h}$ gibt, so daß $\mathfrak{h}\mathfrak{p}\mathfrak{d}$ ganz ist, aber $\mathfrak{p}$ nicht enthält, oder nicht.

Sei $\mathfrak{w}$ ein Divisor aus $\mathfrak{W}$. Dann ist $\frac{\mathfrak{w}}{\mathfrak{d}}$ ein Divisor aus $\frac{\mathfrak{W}}{\mathfrak{D}}$. Formel (17) auf $\frac{\mathfrak{W}}{\mathfrak{P}\mathfrak{D}}$ anstelle von $\mathfrak{D}$ angewandt, liefert

$$\dim \frac{\mathfrak{W}}{\mathfrak{P}\mathfrak{D}} = \dim \frac{\mathfrak{W}}{\mathfrak{D}} - \begin{cases} 1, \\ 0, \end{cases} \tag{18}$$

je nachdem es einen Hauptdivisor $\mathfrak{h}^*$ gibt, so daß $\mathfrak{h}^* \frac{\mathfrak{w}}{\mathfrak{d}}$ ganz ist, aber $\mathfrak{p}$ nicht enthält, oder nicht.

Nun beachten wir noch, daß nicht gleichzeitig in (17) der Summand $+1$ und in (18) der Summand -1 auftreten kann. Dies hieße nämlich, daß

$$\mathfrak{h}\mathfrak{h}^*\mathfrak{w} = \frac{1}{\mathfrak{p}}(\mathfrak{h}\mathfrak{p}\mathfrak{d})\left(\mathfrak{h}^*\frac{\mathfrak{w}}{\mathfrak{d}}\right) = \frac{\mathfrak{g}}{\mathfrak{p}}$$

wäre, wobei der ganze Divisor $\mathfrak{g}$ den Primdivisor $\mathfrak{p}$ nicht enthält. Wir hätten in $\mathfrak{h}\mathfrak{h}^*\mathfrak{w}$ einen Divisor aus $\mathfrak{W}$, dessen Differential ein gewöhnliches Differential mit genau einem Pol 1. Ordnung wäre, was dem Residuensatz widerspricht. Berücksichtigen wir dies, so liefert die Differenz von (17) und (18) die Beziehung

$$\dim \mathfrak{P}\mathfrak{D} - \dim \frac{\mathfrak{W}}{\mathfrak{P}\mathfrak{D}} \leqq \dim \mathfrak{D} - \dim \frac{\mathfrak{W}}{\mathfrak{D}} + 1$$

oder wegen $\operatorname{grad} \mathfrak{P}\mathfrak{D} = \operatorname{grad} \mathfrak{D} + 1$:

$$\dim \mathfrak{P}\mathfrak{D} - \dim \frac{\mathfrak{W}}{\mathfrak{P}\mathfrak{D}} - \operatorname{grad} \mathfrak{P}\mathfrak{D} \leqq \dim \mathfrak{D} - \dim \frac{\mathfrak{W}}{\mathfrak{D}} - \operatorname{grad} \mathfrak{D}\,. \tag{19}$$

Hiermit ist die Ungleichung (16) bewiesen.

Wenn der Riemann-Rochsche Satz richtig ist, so muß in (19) und dann auch in (16) das Gleichheitszeichen stehen. Um dies zu beweisen, setzen wir $\mathfrak{C}$ aus soviel Primdivisoren zusammen, daß $\mathfrak{C}\mathfrak{D}$ die Gestalt

$$\mathfrak{C}\mathfrak{D} = \mathfrak{A}\mathfrak{W}^2, \quad \dim \mathfrak{A} > 0, \quad \dim \mathfrak{C} > 0\,, \tag{20}$$

bekommt und gleichzeitig der Grad von $\mathfrak{C}\mathfrak{D}$ so groß wird, daß $\dim \frac{\mathfrak{W}}{\mathfrak{C}\mathfrak{D}} = 0$ ist. Aus (14), (16) und (20) folgt dann:

$$m - 2 \operatorname{grad} \mathfrak{W} \leqq \dim \mathfrak{D} - \dim \frac{\mathfrak{W}}{\mathfrak{D}} - \operatorname{grad} \mathfrak{D} . \tag{21}$$

Ersetzt man $\mathfrak{D}$ durch $\frac{\mathfrak{W}}{\mathfrak{D}}$, so erhält man aus (21) eine Abschätzung nach der anderen Seite:

$$\dim \mathfrak{D} - \dim \frac{\mathfrak{W}}{\mathfrak{D}} - \operatorname{grad} \mathfrak{D} \leqq \operatorname{grad} \mathfrak{W} - m . \tag{22}$$

Wir müssen zeigen, daß in beiden Abschätzungen das Gleichheitszeichen steht, daß also $2m - 3 \operatorname{grad} \mathfrak{W} = 0$, aber niemals < 0 ist, was nach (21) und (22) möglich wäre. Hier hilft uns die Kenntnis des reziproken Differentials und der daraus gewonnenen Abschätzung (15), die ja gerade für m eine Abschätzung nach der anderen Seite liefert. Machen wir $\mathfrak{B}$ und $\mathfrak{C}$ so groß, daß mit passendem $\mathfrak{A}$:

$$\frac{\mathfrak{B}}{\mathfrak{W}} = \mathfrak{A}\mathfrak{W}^2, \quad \dim \mathfrak{A} > 0, \quad \dim \mathfrak{B} > 0 \tag{23}$$

wird und gleichzeitig (20) gilt, so folgt aus (14), (15) und (23):

$$m \geqq 3 \operatorname{grad} \mathfrak{W} - m ,$$

so daß wir in der Tat

$$2m = 3 \operatorname{grad} \mathfrak{W} \tag{24}$$

haben, und alle Ungleichungen sind in Wirklichkeit Gleichungen, insbesondere ist

$$\dim \mathfrak{D} - \dim \frac{\mathfrak{W}}{\mathfrak{D}} - \operatorname{grad} \mathfrak{D} = - \frac{m}{3} . \tag{25}$$

(25), (24) und 3, (20) ergeben nun zusammen den Satz von RIEMANN-ROCH für $p > 1$.

Dieser Satz ist der Schlüssel für viele Existenzsätze auf kompakten Riemannschen Flächen, die sich durch Spezialisierung sofort ergeben.

Wir wollen zunächst die Anzahl der linear unabhängigen, überall endlichen Differentiale ermitteln und setzen zu diesem Zweck $\mathfrak{D} = \mathfrak{W}^n$. Dann ist $\frac{\mathfrak{W}}{\mathfrak{D}} = \mathfrak{W}^{-n+1}$, und die Formeln (1) und 3, (20) liefern:

$$\dim \mathfrak{W}^n - \dim \mathfrak{W}^{-(n-1)} = (2n - 1)(p - 1) . \tag{26}$$

Wir unterscheiden drei Fälle.

1. $p = 0$. Aus Formel 3, (20) folgt hier $\operatorname{grad} \mathfrak{W} = -2$ und daher $\dim \mathfrak{W}^n = 0$ für $n > 0$. In Verbindung hiermit ergibt sich dann aus (26):

$$\dim \mathfrak{W}^n = \begin{cases} 0, & n > 0 , \\ 1 - 2n, & n \leq 0 . \end{cases} \tag{27}$$

2. $p = 1$. Hier erkennt man aus dem Differential dz der Fläche $\mathfrak{N}/\mathfrak{G}$, daß $\mathfrak{W} = \mathfrak{H}$ die Klasse der Hauptdivisoren ist. Daher ist

$$\dim \mathfrak{W}^n = 1 \tag{28}$$

für alle n.

3. $p > 1$. In diesem Falle ist $\operatorname{grad} \mathfrak{W} = 2(p-1) > 0$, also nach 3, (22): $\dim \mathfrak{W}^n = 0$ für $n < 0$ und nach (26): $\dim \mathfrak{W}^n = (2n-1)(p-1)$ für $n > 1$, so daß wir wegen $\dim \mathfrak{W}^0 = \dim \mathfrak{H} = 1$ erhalten:

$$\dim \mathfrak{W}^n = \begin{cases} (2n-1)(p-1), & n > 1, \\ p, & n = 1, \\ 1, & n = 0, \\ 0, & n < 0. \end{cases} \tag{29}$$

Wir entnehmen dieser Aufzählung für den Spezialfall $n = 1$:

$$\dim \mathfrak{W} = p\,.$$

Also gilt

Satz 28. *Auf einer kompakten Riemannschen Fläche vom Geschlecht p gibt es genau p linear unabhängige Abelsche Differentiale 1. Gattung.*

Sei nun $\mathfrak{C}$ eine Divisorklasse mit $n = \operatorname{grad} \mathfrak{C} \geqq 2$ und $\dim \mathfrak{C} > 0$. Ferner sei $\mathfrak{c} = \prod_\nu \mathfrak{p}_\nu$ ein ganzer Divisor aus $\mathfrak{C}$. Dann ist für die Klasse $\mathfrak{D} = \mathfrak{C}\mathfrak{W}$ einerseits $\operatorname{grad} \mathfrak{D} = n + 2(p-1)$, andererseits

$$\operatorname{grad} \frac{\mathfrak{W}}{\mathfrak{D}} = \operatorname{grad} \frac{1}{\mathfrak{C}} = -n < 0\,,$$

also $\dim \frac{\mathfrak{W}}{\mathfrak{D}} = 0$ und daher nach (1) und 3, (20):

$$\dim \mathfrak{C}\mathfrak{W} = p + n - 1 = \dim \mathfrak{W} + (n-1)\,. \tag{30}$$

Setzen wir $\mathfrak{c} = \mathfrak{p}_1 \mathfrak{p}_2$, also $n = 2$, so besagt (30), daß es wenigstens ein gewöhnliches Differential gibt, welches nicht überall endlich ist und dessen Divisor ein Vielfaches von $\frac{1}{\mathfrak{p}_1 \mathfrak{p}_2}$ ist. Da die Residuensumme verschwinden muß, so hat man für $\mathfrak{p}_1 = \mathfrak{p}_2 = \mathfrak{p}$

Satz 29. *Auf einer kompakten Riemannschen Fläche gibt es zu jedem Punkt P stets ein Abelsches Differential 2. Gattung, welches genau in diesem Punkt einen Pol 2. Ordnung mit dem Residuum Null hat (Elementardifferential 2. Gattung).*

Für $\mathfrak{c} = \mathfrak{p}_1 \mathfrak{p}_2$, $\mathfrak{p}_1 \neq \mathfrak{p}_2$ liefert (30)

Satz 30. *Auf einer kompakten Riemannschen Fläche gibt es zu zwei voneinander verschiedenen Punkten P_1 und P_2 stets ein Abelsches Differential 3. Gattung, welches genau in diesen Punkten Pole 1. Ordnung hat (Elementardifferential 3. Gattung).*

Setzen wir der Reihe nach $\mathfrak{c} = \mathfrak{p}^2, \mathfrak{p}^3, \mathfrak{p}^4, \ldots, \mathfrak{p}^n$, so steigt die Dimension von $\mathfrak{C}\mathfrak{W}$ jeweils um 1, und dies bedeutet, daß es auf der Riemannschen Fläche Abelsche Differentiale 2. Gattung gibt, die genau an einer vorgegebenen Stelle P Polstellen zweiter, dritter, bis n-ter Ordnung haben; denn man überlegt sich durch Induktion sofort, daß $p + k - 1$ Differentiale, die an genau einer Stelle Pole von höchstens $(k-1)$-ter Ordnung ohne Residuum haben, stets linear abhängig sind. Die Differentiale 2. Gattung mit Polen verschiedener Ordnung im Punkte P sind aber notwendig linear unabhängig. Daher kann man auch durch geeignete Linearkombinationen jeden gegebenen Hauptteil der Ordnung $n \geqq 2$ ohne Residuum herstellen und hat damit

Satz 31. *Auf einer kompakten Riemannschen Fläche gibt es zu jedem Punkte P und jedem dort gegebenen Hauptteil n-ter Ordnung eines gewöhnlichen Differentials ohne Residuum ein Abelsches Differential 2. Gattung, welches genau im Punkte P einen Pol mit dem gegebenen Hauptteil besitzt.*

Durch Addition Abelscher Differentiale 2. und 3. Gattung kann man zu jeder endlichen Polstellenmenge mit gegebenen Hauptteilen gewöhnlicher Differentiale, deren Residuensumme Null ist, ein Differential erzeugen, welches die angegebenen Hauptteile besitzt, und dieses ist offenbar bis auf ein additives Abelsches Differential 1. Gattung eindeutig bestimmt. So gilt

Satz 32. *Auf einer kompakten Riemannschen Fläche gibt es zu gegebenen Punkten* $P_1, P_2, \ldots, P_k$ *mit gegebenen Hauptteilen* $g_\nu(\zeta)\, d\zeta$, $\nu = 1, 2, \ldots, k$, *deren Residuensumme Null ist, ein Abelsches Differential mit diesen Hauptteilen. Es ist bis auf ein additives Abelsches Differential 1. Gattung eindeutig bestimmt.*

Literatur

Teichmüller, O.: Skizze einer Begründung der algebraischen Funktionentheorie durch Uniformisierung. Dtsch. Math. 6, 257 (1941).

§ 5. Integrale und Funktionen auf kompakten Riemannschen Flächen

Nachdem wir uns einen Überblick über die Mannigfaltigkeit der Differentiale auf kompakten Riemannschen Flächen verschafft haben, wollen wir nun der Frage nach den Funktionen auf den Flächen nachgehen. Dazu benötigen wir die Integrale über die betrachteten Differentiale. Wir setzen bei unseren Überlegungen stets voraus, daß das Geschlecht $p \geqq 1$ ist. Der triviale Fall $p = 0$ kann aus der Formulierung der Ergebnisse immer sofort bestätigt werden.

Für die Struktur der Integrale ist die topologische Gestalt der Riemannschen Fläche $\mathfrak{R}$ wesentlich. Wir haben im Anhang zu Kapitel V gesehen, daß wir auf der Fläche einen beliebigen Punkt P_0 auszeichnen und von ihm aus Paare konjugierter Rückkehrschnitte $a_1, b_1, a_2, b_2, \ldots, a_p, b_p$ ziehen können, so daß die Fläche nach Aufschneidung längs dieser Schnitte einfach zusammenhängend ist und ein (topologisches) Polygon mit dem positiv orientierten Rand

$$\mathfrak{C} = a_1 b_1 a_1^{-1} b_1^{-1} \ldots a_p b_p a_p^{-1} b_p^{-1}$$

bildet, welches wir mit $\mathfrak{R}'$ bezeichnen wollen. Der Punkt P_0 und die Rückkehrschnitte lassen sich stets so legen, daß irgendwelche vorgegebenen endlich vielen Punkte der Fläche nicht mit ihnen inzidieren und daß die Rückkehrschnitte in den ortsuniformisierenden Parametern glatt sind.

$\mathfrak{R}'$ ist dann ein kompakt in der universellen Überlagerungsfläche $\overline{\mathfrak{R}}$ von $\mathfrak{R}$ liegendes Fundamentalgebiet der Gruppe $\mathfrak{G}$ der Decktransformationen von $\overline{\mathfrak{R}}$ bezüglich $\mathfrak{R}$.

Ist uns jetzt irgendein Abelsches Differential dw auf $\mathfrak{R}$ gegeben, das auf $\mathfrak{C}$ holomorph ist, so erscheinen als Integrale w von dw, erstreckt über die Rückkehrschnitte b_k und a_k, jeweils bestimmte Werte

$$A_k = \int_{b_k} dw \quad \text{und} \quad B_k = \int_{a_k} dw\,, \quad k = 1, 2, \ldots, p\,, \tag{1}$$

die wir als *Perioden des Integrals* w an den Rückkehrschnitten b_k und a_k bezeichnen. A_k ist die Differenz der Werte von w an den Ufern von a_k, die sich ergibt, wenn wir längs b_k von einem zum anderen Ufer laufen. Entsprechend ist B_k die Differenz der Werte von w an den Ufern von b_k, wenn wir längs a_k laufen.

Sei $g(Q)$ in $\overline{\mathfrak{R}}$ irgendeine additive Funktion bezüglich $\mathfrak{R}$ (die nicht notwendig analytisch ist), für die also

$$g(t(Q)) = g(Q) + c_t \tag{2}$$

gilt, wobei c_t eine nur von der Decktransformation $t(Q)$ aus $\mathfrak{G}$ abhängige Konstante ist. Auf $\mathfrak{C}$ sei $g(Q)$ stetig. Dann ändert sich $g(Q)$ längs der Seiten b_k bzw. a_k um bestimmte Werte C_k und D_k, $k = 1, 2, \ldots, p$, die wir als Perioden von $g(Q)$ an den Rückkehrschnitten bezeichnen. Für äquivalente Punkte Q auf a_k und Q' auf a_k^{-1} ist daher, da zwischen a_k und a_k^{-1} die Seite b_k liegt,

$$g(Q) - g(Q') = -C_k\,, \quad k = 1, 2, \ldots, p\,, \tag{3}$$

und für äquivalente Punkte Q auf b_k und Q' auf b_k^{-1}, zwischen denen die Seite a_k^{-1} liegt,

$$g(Q) - g(Q') = D_k\,, \quad k = 1, 2, \ldots, p\,. \tag{4}$$

Ist dw ein auf $\mathfrak{C}$ holomorphes Differential von $\mathfrak{R}$, so liefert die Integration von $g\,dw$ über $\mathfrak{C}$:

$$\int_{\mathfrak{C}} g\,dw = \sum_{k=1}^{p} \left(D_k \int_{b_k} dw - C_k \int_{a_k} dw\right) = \sum_{k=1}^{p} (A_k D_k - B_k C_k)\,. \tag{5}$$

Wir wenden dieses Ergebnis wiederholt an und erhalten damit eine Reihe wichtiger Beziehungen über die Abelschen Differentiale auf $\mathfrak{R}$.

Sei dw ein nicht verschwindendes Abelsches Differential 1. Gattung auf $\mathfrak{R}$, ferner P_0 ein fester Punkt aus $\mathfrak{R}'$ und $w = \int_{P_0}^{P} dw + c$. Dann bildet w das Fundamentalgebiet $\mathfrak{R}'$ auf ein beschränktes, die w-Ebene nur endlich oft überdeckendes Gebiet ab, dessen positiver Flächeninhalt nach I, 9, S. 77 durch

$$\frac{1}{2i} \int_{\mathfrak{C}} \overline{w}\, dw > 0 \tag{6}$$

gegeben ist. Rechnen wir das Integral (6) gemäß Formel (5) aus, so erhalten wir die Relation

$$\frac{1}{2i} \sum_{k=1}^{p} (A_k \overline{B}_k - B_k \overline{A}_k) > 0\,. \tag{7}$$

Hieraus liest man ab:

Satz 33. *Die Perioden A_k, $k = 1, 2, \ldots, p$, eines nicht konstanten Abelschen Integrals 1. Gattung können nicht sämtlich verschwinden. Gleiches gilt für die Perioden B_k, $k = 1, 2, \ldots, p$.*

Bildet man für zwei überall endliche Differentiale dw_1 und dw_2 mit den Perioden A_{lk}, B_{lk}, $l = 1, 2$; $k = 1, 2, \ldots, p$, das Integral über $w_2\, dw_1$, so verschwindet es, erstreckt über $\mathfrak{C}$, nach dem Cauchyschen Integralsatz:

$$\int_{\mathfrak{C}} w_2\, dw_1 = 0\,. \tag{8}$$

Andererseits liefert (5):

$$\int_{\mathfrak{C}} w_2\, dw_1 = \sum_{k=1}^{p} (A_{1k} B_{2k} - B_{1k} A_{2k})\,. \tag{9}$$

So folgt

Satz 34. *Zwischen den Perioden A_{ik}, B_{ik}, $i = 1, 2$; $k = 1, 2, \ldots, p$, zweier Abelscher Integrale 1. Gattung besteht die Relation*

$$\sum_{k=1}^{p} (A_{1k} B_{2k} - B_{1k} A_{2k}) = 0\,. \tag{10}$$

Wir betrachten jetzt gleichzeitig p linear unabhängige Differentiale 1. Gattung $dw_1, \ldots, dw_p$, die wir zu einem System

$$d\mathfrak{w} = \begin{pmatrix} dw_1 \\ \vdots \\ dw_p \end{pmatrix}$$

zusammenfassen.

Integrieren wir dieses System gleichzeitig über einen Rückkehrschnitt b_k bzw. a_k, so erhalten wir Periodensysteme

$$\mathfrak{A}_k = \int_{b_k} d\mathfrak{w} \quad \text{und} \quad \mathfrak{B}_k = \int_{a_k} d\mathfrak{w}$$

mit

$$\mathfrak{A}_k = \begin{pmatrix} A_{1k} \\ \vdots \\ A_{pk} \end{pmatrix} \quad \text{und} \quad \mathfrak{B}_k = \begin{pmatrix} B_{1k} \\ \vdots \\ B_{pk} \end{pmatrix}, \quad k = 1, 2, \ldots, p\,.$$

Die quadratischen Matrizen $\mathfrak{A} = (A_{lk})$, $\mathfrak{B} = (B_{lk})$, $l, k = 1, 2, \ldots, p$, *haben jeweils den Rang* p; denn anderenfalls gäbe es eine Linearkombination $dw = \sum_{l=1}^{p} c_l\, dw_l$ mit nicht sämtlich verschwindenen c_l, deren Integral verschwindende Perioden A_k bzw. B_k, $k = 1, 2, \ldots, p$, hätte, und die dw_l wären nach Satz 33 linear abhängig.

Irgendein zweites System $d\mathfrak{w}^*$ von p linear unabhängigen Differentialen 1. Gattung hängt mit $d\mathfrak{w}$ durch eine lineare Transformation

$$d\mathfrak{w}^* = \mathfrak{S}\, d\mathfrak{w} \tag{11}$$

zusammen, wobei $\mathfrak{S}$ eine nicht singuläre quadratische p-reihige Matrix ist. Die Integration über die Rückkehrschnitte liefert sofort den Zusammenhang

$$\mathfrak{A}^* = \mathfrak{S}\mathfrak{A} \quad \text{und} \quad \mathfrak{B}^* = \mathfrak{S}\mathfrak{B}$$

zwischen den Periodenmatrizen.

Umgekehrt liefert jede nicht singuläre Matrix $\mathfrak{S}$ gemäß (11) ein System linear unabhängiger Abelscher Differentiale 1. Gattung. Man erkennt so, daß man zu jeder vorgegebenen nicht singulären Matrix $\mathfrak{A}^*$ ein System $d\mathfrak{w}^*$ mit dieser Matrix angeben kann. Und es ist zu gegebener Matrix $\mathfrak{A}^*$ das System $d\mathfrak{w}^*$ und damit auch die Matrix $\mathfrak{B}^*$ eindeutig bestimmt und umgekehrt. Besonders einfach ist die Gestalt der Einheitsmatrix $\mathfrak{E}$. Es liegt also nahe, sie für eine Normierung der Differentiale und Integrale heranzuziehen. Wir nennen ein System $d\mathfrak{w}$ von p linear unabhängigen Abelschen Differentialen 1. Gattung ein System von *Normaldifferentialen 1. Gattung*, wenn seine Periodenmatrix $\mathfrak{A}$ die Gestalt

$$\mathfrak{A}_0 = 2\pi i\, \mathfrak{E} \tag{12}$$

hat. Die zugehörigen Integrale heißen *Normalintegrale 1. Gattung.*

Bezeichnen wir mit $\mathfrak{M}'$ die Transponierte einer Matrix $\mathfrak{M}$, so lauten die Relationen (10) für ein System $d\mathfrak{w}$ in Matrizenschreibweise:

$$\mathfrak{A}\mathfrak{B}' - \mathfrak{B}\mathfrak{A}' = 0\,.$$

Hieraus ersieht man, daß bei den Normaldifferentialen wegen $\mathfrak{A}_0' = \mathfrak{A}_0 = 2\pi i\,\mathfrak{E}$ die zu $\mathfrak{A}_0$ gehörende Matrix $\mathfrak{B}_0$ symmetrisch ist:

$$\mathfrak{B}_0 = \mathfrak{B}_0' . \tag{13}$$

Aus den Normaldifferentialen 1. Gattung $dw_1, \ldots, dw_p$ können wir alle Differentiale 1. Gattung dw herstellen:

$$dw = \sum_{k=1}^{p} e_k\, dw_k . \tag{14}$$

Wählen wir reelle e_k, die nicht sämtlich verschwinden, so ist $dw \neq 0$, und wir erhalten aus (6) und (5) die Relation

$$\pi \sum_{l,m=1}^{p} e_l e_m (\overline{B}_{lm} + B_{ml}) > 0 , \tag{15}$$

wobei die B_{ml} die Koeffizienten der Matrix $\mathfrak{B}_0$ sind. Wegen (13) ist nun

$$\overline{B}_{lm} + B_{ml} = 2\,\mathrm{Re}(B_{lm}) .$$

Aus (15) folgt daher, daß der Realteil der Matrix $\mathfrak{B}_0$ eine positiv definite quadratische Form liefert. Ihr Rang muß also notwendig gleich p sein.

Da die Periodenmatrix $\mathfrak{A}_0$ rein imaginär ist, so erkennen wir, daß die Periodensysteme $\mathfrak{A}_k$ und $\mathfrak{B}_k$ bei den Normalintegralen 1. Gattung reell linear unabhängig sind. Das gilt dann auch für beliebige Differentialsysteme $d\mathfrak{w}$, wie sich sofort aus dem Transformationsgesetz (11) ergibt, wenn man dieses reell schreibt. Wir notieren dies in

Satz 35. *Die Periodensysteme $\mathfrak{A}_k$, $\mathfrak{B}_k$, $k = 1, 2, \ldots, p$, eines linear unabhängigen Systems von p Differentialen 1. Gattung sind reell linear unabhängig. Die Periodensysteme $\mathfrak{A}_k$, $k = 1, 2, \ldots, p$, sowie die Periodensysteme $\mathfrak{B}_k$, $k = 1, 2, \ldots, p$, sind jeweils komplex linear unabhängig.*

Abelsche Differentiale 2. und 3. Gattung lassen sich durch Addition geeigneter Linearkombinationen von Normalintegralen 1. Gattung so normieren, daß die Perioden A_k an den Rückkehrschnitten b_k verschwinden. Dadurch sind diese Differentiale bei in $\mathfrak{R}'$ gegebenen Hauptteilen eindeutig bestimmt. Die Perioden B_k berechnen sich nun wie folgt. Man bilde das Integral über $w_k\,dw$, wobei dw das gegebene Differential und w_k das k-te Normalintegral 1. Gattung ist. Dann ist einerseits

$$\frac{1}{2\pi i} \int_{\mathfrak{C}} w_k\, dw = \operatorname*{Res}_{\mathfrak{R}'} w_k\, dw ,$$

und die Residuensumme ist hier allein durch die Hauptteile von dw in $\mathfrak{R}$ und die ersten Entwicklungskoeffizienten von w_k in den Polstellen des Differentials dw gegeben. Andererseits hat man nach (9) wegen der Normierung von w_k:

$$\frac{1}{2\pi i}\int_{\mathfrak{C}} w_k\, dw = -B_k\,,$$

folglich ist

$$B_k = -\operatorname*{Res}_{\mathfrak{R}'} w_k\, dw\,, \quad k = 1, 2, \ldots, p\,. \tag{16}$$

Differentiale 2. und 3. Gattung, die zu gegebenen Hauptteilen in dieser Weise normiert sind, nennt man *Normaldifferentiale 2. und 3. Gattung.*

Betrachten wir speziell ein *normiertes Elementardifferential 3. Gattung* $dw(P; Q_1, Q_2)$ mit den Polstellen Q_1, Q_2 auf $\mathfrak{R}$, deren Residuen 1 und -1 sind. Dann sei

$$\Pi(P_1, P_2, Q_1, Q_2) = \int_{P_1}^{P_2} dw(P; Q_1, Q_2)\,. \tag{17}$$

$\Pi(P_1, P_2, Q_1, Q_2)$ ist bis auf die Addition ganzzahliger Vielfacher von $2\pi i$ und der Perioden B_k an den Rückkehrschnitten a_k bestimmt. Wir zeigen nun, daß $\Pi(P_1, P_2, Q_1, Q_2)$ nicht nur von den Integrationsgrenzen P_1 und P_2, sondern auch von den Polstellen Q_1, Q_2 holomorph abhängt, und zwar folgt dies aus der im folgenden zu beweisenden Gleichung

$$\Pi(Q_1, Q_2, P_1, P_2) = \Pi(P_1, P_2, Q_1, Q_2)\,, \tag{18}$$

die bei passend gewählten Integrationswegen gilt.

Wir setzen $dw_1 = dw(P; P_1, P_2)$ und $dw_2 = dw(P; Q_1, Q_2)$. Dann ist einerseits nach (5), da das Integral $\int dw_2$ sich auf $\mathfrak{C}$ additiv verhält:

$$\int_{\mathfrak{C}} w_2\, dw_1 = 0\,, \tag{19}$$

weil die Perioden A_{1k} und A_{2k} dieser Differentiale an den Rückkehrschnitten b_k verschwinden. Andererseits ergibt sich folgendes: Wir verbinden Q_1 und Q_2 in $\mathfrak{R}'$ durch eine einfache Kurve $\mathfrak{C}_0$, die P_1 und P_2 nicht trifft. Um $\mathfrak{C}_0$ legen wir eine in $\mathfrak{R}'$ verlaufende einfach geschlossene Kurve $\mathfrak{C}_1$, die $\mathfrak{C}_0$ im Innern, aber P_1 und P_2 weder im Innern noch auf dem Rand enthält. Dann ist

$$\int_{\mathfrak{C}} w_2\, dw_1 = \int_{\mathfrak{C}_1} w_2\, dw_1 + 2\pi i \operatorname*{Res}_{\mathfrak{R}'-\mathfrak{C}_0} w_2\, dw_1\,. \tag{20}$$

Der zweite Summand liefert unter Beachtung von (17):

$$2\pi i \operatorname*{Res}_{\mathfrak{R}'-\mathfrak{C}_0} w_2\, dw_1 = 2\pi i(w_2(P_1) - w_2(P_2)) = -2\pi i\, \Pi(P_1, P_2, Q_1, Q_2)\,. \tag{21}$$

$\mathfrak{C}_1$ ziehen wir auf $\mathfrak{C}_0$ zusammen. Dann konvergiert das Integral über $\mathfrak{C}_1$ gegen $\int\limits_{\mathfrak{C}_0} w_2\, dw_1 - \int\limits_{\mathfrak{C}_0} (w_2 - 2\pi i)\, dw_1$, da w_2 am linken Ufer von $\mathfrak{C}_0$ sich um $-2\pi i$ vom Wert am rechten Ufer unterscheidet und die über kleine Kreise um Q_1 und Q_2 erstreckten Integrale mit den Radien der Kreise gegen Null konvergieren. So erhalten wir

$$\int\limits_{\mathfrak{C}_1} w_2\, dw_1 = 2\pi i \int\limits_{Q_1}^{Q_2} dw_1 = 2\pi i\, \Pi(Q_1, Q_2, P_1, P_2)\,. \tag{22}$$

In Verbindung mit (19) folgt so aus (20), (21) und (22):

$$\Pi(P_1, P_2, Q_1, Q_2) = \Pi(Q_1, Q_2, P_1, P_2)\,.$$

Damit ist Gleichung (18) bewiesen.

$\Pi(P_1, P_2, Q_1, Q_2)$ hat längs der Rückkehrschnitte a_k nach (16) die Perioden $w_k(Q_1) - w_k(Q_2)$, dazu liefern die Umläufe um Q_1 und Q_2 noch ganzzahlige Vielfache von $2\pi i$. Entsprechend hat $\Pi(Q_1, Q_2, P_1, P_2)$ an den Rückkehrschnitten a_k die Perioden $w_k(P_1) - w_k(P_2)$, und es ändert sich beim Umlauf um P_1 und P_2 um ganzzahlige Vielfache von $2\pi i$.

Die Kenntnis der Integrale ermöglicht es uns jetzt, die Hauptdivisoren auf $\mathfrak{R}$ anzugeben, also festzustellen, wann es zu gegebenen Null- und Polstellen auf $\mathfrak{R}$ Funktionen gibt, die genau diese Null- und Polstellen haben. Die Aussage hierüber bezeichnet man als Abelsches Theorem.

Zu einer Funktion $\zeta = f(P)$ auf $\mathfrak{R}$ betrachten wir das Differential

$$dw_1 = \frac{d\zeta}{\zeta}\,. \tag{23}$$

Es ist ein Differential 3. Gattung mit Polstellen 1. Ordnung an den Null- und Polstellen von $f(P)$ mit den Residuen 1 oder -1, wobei jede Null- und Polstelle so oft gezählt wird, wie ihre Ordnung angibt.

Das Bild irgendeiner geschlossenen Kurve $\mathfrak{C}_0$ auf $\mathfrak{R}$, die die Null- und Polstellen von $f(P)$ vermeidet, ist eine geschlossene Kurve $\mathfrak{C}_1$ der ζ-Ebene, die die Punkte 0 und ∞ nicht trifft. Daher ist für eine solche Kurve $\mathfrak{C}_0$:

$$\frac{1}{2\pi i} \int\limits_{\mathfrak{C}_0} dw_1 = \frac{1}{2\pi i} \int\limits_{\mathfrak{C}_1} \frac{d\zeta}{\zeta} = k \tag{24}$$

eine ganze Zahl. Insbesondere sind also die Perioden von dw_1 an den Rückkehrschnitten b_k und a_k ganze Vielfache, die wir mit n_k und $-m_k$

bezeichnen wollen, von $2\pi i$. Ist jetzt w ein Abelsches Integral 1. Gattung, so ist einerseits

$$\frac{1}{2\pi i}\int\limits_{\mathfrak{C}} w\,dw_1 = \operatorname*{Res}_{\mathfrak{R}'} w\frac{d\zeta}{\zeta} = \sum_{\nu=1}^{n} w(C_\nu) - \sum_{\nu=1}^{n} w(P_\nu)\,, \tag{25}$$

wenn C_ν und P_ν, $\nu = 1, 2, \ldots, n$, die Null- und Polstellen von $f(P)$ in $\mathfrak{R}'$ sind. Andererseits ist nach (5):

$$\frac{1}{2\pi i}\int\limits_{\mathfrak{C}} w\,dw_1 = \sum_{k=1}^{p} (A_k m_k + B_k n_k)\,, \tag{26}$$

wenn A_k und B_k die Perioden des Integrals w sind. Also gilt

$$\sum_{\nu=1}^{n} w(C_\nu) - \sum_{\nu=1}^{n} w(P_\nu) = \sum_{k=1}^{p} (m_k A_k + n_k B_k)\,. \tag{27}$$

Diese Relation muß für alle Abelschen Integrale 1. Gattung mit denselben m_k und n_k gelten. Besteht sie für irgendein System von p linear unabhängigen Differentialen 1. Gattung, so besteht sie für jedes Differential 1. Gattung. Die linke Seite von (27) hat die Gestalt

$$\sum_{\nu=1}^{n} w(C_\nu) - \sum_{\nu=1}^{n} w(P_\nu) = \sum_{\nu=1}^{n}\int\limits_{P_0}^{C_\nu} dw - \sum_{\nu=1}^{n}\int\limits_{P_0}^{P_\nu} dw\,,$$

wobei über $2n$ in $\mathfrak{R}'$ verlaufende Integrationswege, die von einem Punkt P_0 ausgehen, integriert wird. Ändert man auf $\mathfrak{R}$ die Integrationswege bei festem Anfangspunkt P_0 irgendwie ab, z. B. dadurch, daß man mehrere Umläufe längs der Rückkehrschnitte noch einschaltet, so bedeutet dies, daß man die ganzzahligen Systeme $(m_1, \ldots, m_p)$ und $(n_1, \ldots, n_p)$ verändert, und dies kann offensichtlich so geschehen, daß beliebige ganze Zahlen m_k und n_k herauskommen. Diese ganzen Zahlen hängen ausschließlich von den $2n$ gewählten Integrationswegen und der Funktion $\zeta = f(P)$ ab.

Wir können also folgendes notieren: Wenn die Punkte $C_1, \ldots, C_n$ die Nullstellen und $P_1, \ldots, P_n$ die Polstellen einer Funktion $f(P)$ auf $\mathfrak{R}$ sind, so gibt es $2n$ geeignete Wege von einem Punkt P_0 zu den Null- und Polstellen von $f(P)$, so daß für alle Abelschen Differentiale 1. Gattung dw auf $\mathfrak{R}$ gleichzeitig die Relationen

$$\sum_{\nu=1}^{n}\int\limits_{P_0}^{C_\nu} dw - \sum_{\nu=1}^{n}\int\limits_{P_0}^{P_\nu} dw = 0 \tag{28}$$

bestehen.

Hier gilt nun auch die Umkehrung: Wenn die Relationen (28) für geeignete Wege erfüllt sind, so gibt es zu den Stellen C_ν und P_ν eine

Funktion mit diesen Nullstellen und Polen, und der zugehörige Divisor ist Hauptdivisor.

Wir betrachten die zu den Punkten C_ν, P_ν gehörenden n normierten Elementardifferentiale 3. Gattung $dw(C_\nu, P_\nu)$, aus denen wir das Differential

$$dw^* = \sum_{\nu=1}^{n} dw(C_\nu, P_\nu) \tag{29}$$

herstellen.

Sei $dw_1, \ldots, dw_p$ das System der Normaldifferentiale 1. Gattung. Wir wählen die Wege von P_0 nach den Punkten C_ν und P_ν so, daß sie in $\mathfrak{R}'$ liegen. Gilt für die ursprünglichen Wege die Relation (28), so ist für die Wege in $\mathfrak{R}'$ wegen der Normierung der Perioden:

$$\sum_{\nu=1}^{n} \int_{P_0}^{C_\nu} dw_l - \sum_{\nu=1}^{n} \int_{P_0}^{P_\nu} dw_l = 2m_l\pi i + \sum_{k=1}^{p} n_k B_{lk}, \tag{30}$$

wobei die B_{lk} die Perioden der Differentiale dw_l an den Rückkehrschnitten a_k sind. Die ganzen Zahlen m_l und n_k sind durch die Punkte C_ν, P_ν, $\nu = 1, 2, \ldots, n$, und die ursprünglichen Integrationswege eindeutig bestimmt. Nun konstruieren wir das Abelsche Differential 1. Gattung

$$dw^{**} = \sum_{k=1}^{p} n_k dw_k, \tag{31}$$

wobei die n_k die in Formel (30) auftretenden ganzen Zahlen sind. Aus ihm und dem Differential (29) bilden wir schließlich das Differential

$$dw = dw^* + dw^{**}.$$

Das Integral über dieses Differential ist, wie wir zeigen wollen, bis auf ganze Vielfache von $2\pi i$ bestimmt. Zunächst liefert eine Integration auf einer geschlossenen Kurve um einen der Punkte C_ν oder P_ν ein solches Vielfaches, weil dort das Residuum ± 1 ist. Sodann verschwindet bei der Integration über einen Rückkehrschnitt b_l diePeriode von dw^* wegen der Normierung, und die Periode von dw^{**} ist wegen (31) ein ganzes Vielfaches (nämlich das n_l-fache) von $2\pi i$. Also hat dw an b_l eine Periode $2n_l\pi i$. Schließlich ist nach (16) und (30) die Periode von dw^* an a_l durch

$$-\left[\sum_{\nu=1}^{n} w_l(C_\nu) - \sum_{\nu=1}^{n} w_l(P_\nu)\right] = -2m_l\pi i - \sum_{k=1}^{p} n_k B_{lk}$$

und die von dw^{**} — unter Beachtung von (13) — durch

$$\sum_{k=1}^{p} n_k B_{kl} = \sum_{k=1}^{p} n_k B_{lk}$$

gegeben, so daß dw an a_l die Periode $-2m_l\pi i$ hat. Bilden wir jetzt die Funktion

$$f(P) = e^{\int\limits_{P_0}^{P} dw},$$

so haben wir eine eindeutige Funktion mit den gegebenen Null- und Polstellen auf $\mathfrak{R}$ gewonnen.

Zusammenfassend haben wir als Ergebnis

Satz 36 *(Abelsches Theorem). $2n$ Punkte $C_1, \ldots, C_n$ und $P_1, \ldots, P_n$ auf einer kompakten Riemannschen Fläche $\mathfrak{R}$ sind genau dann die sämtlichen n Null- und n Polstellen einer Funktion $f(P)$ auf $\mathfrak{R}$, wenn bei passender Wahl der Integrationswege für alle Differentiale 1. Gattung dw die Relationen*

$$\sum_{\nu=1}^{n} \int\limits_{P_0}^{C_\nu} dw = \sum_{\nu=1}^{n} \int\limits_{P_0}^{P_\nu} dw$$

gleichzeitig erfüllt sind.

Genau dann, wenn diese Bedingungen erfüllt sind, ist der zu den Punkten C_ν und P_ν gehörende Divisor $\mathfrak{h} = \prod\limits_{\nu=1}^{n} \frac{\mathfrak{c}_\nu}{\mathfrak{p}_\nu}$ Hauptdivisor.

Wir sahen früher schon, daß auf Flächen vom Geschlecht $p \geqq 1$ keine Funktionen mit nur einem Pol existieren können. Auf Flächen vom Geschlecht $p = 1$ existierten immer Funktionen mit genau 2 Polen. Da alle Werte gleich oft angenommen werden, so bedeutet dies, daß man diese Flächen der z-Ebene so überlagern kann, daß man eine konkrete 2-blättrige Fläche erhält. Nun gibt es auch 2-blättrige Flächen von höherem Geschlecht. Zum Beispiel haben die *hyperelliptischen Flächen*, das sind 2-blättrige Flächen mit $2(p + 1) \geqq 6$ Verzweigungspunkten, das Geschlecht p (s. V, Anhang, Satz 43). Wir zeigen weiter unten, daß nicht jede Fläche vom Geschlecht $p > 2$ hyperelliptisch ist. Aber wir können doch für die Zahl der Blätter eine Abschätzung nach oben angeben. Nach dem Riemann-Rochschen Satz gilt für die Klasse $\mathfrak{D}$ eines ganzen Divisors vom Grad $p + 1$ die Abschätzung:

$$\dim \mathfrak{D} = 2 + \dim \frac{\mathfrak{W}}{\mathfrak{D}} \geqq 2\,.$$

Dies besagt, daß es zu $p + 1$ gegebenen Polstellen mindestens eine nicht konstante Funktion gibt, die höchstens diese $p + 1$ Polstellen hat. So gilt also

Satz 37. *Eine kompakte Riemannsche Fläche vom Geschlecht p ist biholomorph äquivalent einer höchstens $(p + 1)$-blättrigen Riemannschen Fläche über der z-Ebene.*

Wir werden sehen, daß wir stets (mit Ausnahme von $p = 0$ und $p = 1$) schon mit p Blättern auskommen. Zunächst wollen wir den

Grad von $\mathfrak{D}$ so groß wählen, daß $\frac{\mathfrak{W}}{\mathfrak{D}}$ einen negativen Grad bekommt, also grad$\mathfrak{D} \geqq 2p - 1$. Dabei sei $p \geqq 1$. Setzen wir nun $\mathfrak{D} = \mathfrak{P}^k$, $k \geqq 2p - 1$, wobei $\mathfrak{P}$ die Klasse eines Primdivisors $\mathfrak{p}$ ist, so ergibt sich nach dem Satz von RIEMANN-ROCH:

$$\dim \mathfrak{P}^k = k - p + 1\,, \quad k \geqq 2p - 1\,. \tag{32}$$

Es gibt also genau $k - p + 1$ linear unabhängige Funktionen, die an einer Stelle P einen Pol von höchstens k-ter Ordnung haben. Eine Basis $f_1, \ldots, f_{k-p+1}$ dieser Funktionen läßt sich so wählen, daß die Ordnungen σ_ν der Polstelle P der f_ν wachsen, daß also für diese Ordnungen gilt:

$$0 \leqq \sigma_1 < \sigma_2 < \cdots < \sigma_{k-p+1} \leqq k\,. \tag{33}$$

Offenbar können Funktionen mit anderen Ordnungen der Polstellen nicht vorkommen, weil sie sich aus den Funktionen f_ν mit den Ordnungen σ_ν nicht linear kombinieren lassen. Und da die Ordnung der Polstelle einer Funktion eine Invariante ist, so sind die Ordnungen (33) Eigenschaften des betrachteten Punktes P. Es ist stets $\sigma_1 = 0$, weil die Konstanten immer zu den Funktionen aus $\mathfrak{V}_{\mathfrak{p}^k}$ gehören. Auch ist stets $\sigma_2 \geqq 2$, weil sonst die Fläche das Geschlecht $p = 0$ haben müßte, wir haben aber $p \geqq 1$ vorausgesetzt. Bemerkenswert ist, daß es in der Reihe (33) genau p Ordnungen $\varrho_1, \varrho_2, \ldots, \varrho_p$ gibt, die nicht auftreten. Diese fehlenden Ordnungen kommen schon bei $k = 2p - 1$ sämtlich vor und bleiben daher für alle $k \geqq 2p - 1$ dieselben. Wir wollen diesen Sachverhalt festhalten:

Satz 38 *(Weierstraßscher Lückensatz). Auf einer kompakten Riemannschen Fläche $\mathfrak{R}$ vom Geschlecht p gibt es zu der Menge der Funktionen, die nur einen Pol der Ordnung ϱ an einer festen Stelle P haben* ($\varrho = 0, 1, 2, 3, \ldots$), *genau p Werte ϱ_i mit*

$$0 < \varrho_1 < \varrho_2 < \cdots < \varrho_p < 2p\,, \tag{34}$$

die nicht auftreten. Für $p \geqq 1$ ist $\varrho_1 = 1$.

Im allgemeinen treten die Ordnungen

$$\varrho_1 = 1, \; \varrho_2 = 2, \; \ldots, \; \varrho_p = p \tag{35}$$

nicht auf. Punkte, in denen eine dieser Ordnungen vorkommt, heißen *Weierstrass-Punkte*. Wir werden sehen, daß es nur endlich viele dieser Punkte auf $\mathfrak{R}$ gibt, daß aber andererseits für $p > 1$ stets solche Punkte vorhanden sind. Für $p = 1$ enthält $\mathfrak{R}$ keine Weierstrass-Punkte.

Ist $\varrho_2 > 2$, so gibt es eine Funktion mit einem Pol der Ordnung 2. Eine solche Funktion bildet $\mathfrak{R}$ biholomorph auf eine zweiblättrige, also hyperelliptische Riemannsche Fläche ab. Ist $p = 2$, so muß in jedem Weierstrass-Punkt eine Funktion mit einem Pol 2. Ordnung auftreten.

Gibt es Weierstrass-Punkte — wie wir behaupten —, so ist also die Fläche vom Geschlecht $p = 2$ hyperelliptisch.

Wir können das Fehlen gewisser Polstellenordnungen noch anders verständlich machen. Eine Basis der p linear unabhängigen Differentiale 1. Gattung kann in einem Punkte P so normiert werden, daß die Differentiale dw_k der Reihe nach Nullstellen der Ordnungen μ_k mit

$$0 \leqq \mu_1 < \mu_2 < \cdots < \mu_p \tag{36}$$

haben. Diese Ordnungen sind wieder — wie bei den Polstellen der Funktionen — eindeutig durch den Punkt P bestimmt. Ist nun f eine Funktion mit genau einem Pol der Ordnung ϱ in P, so ist $f \cdot dw_k$ ein Differential mit einem Pol der Ordnung $\varrho - \mu_k$ in P. Da das Residuum aber verschwinden muß, so kann $\varrho = \mu_k + 1$ nicht auftreten. Es können also in der Menge der Funktionen, die höchstens in P Pole haben, diejenigen Ordnungen ϱ_k der Pole nicht auftreten, für die $\varrho_k = \mu_k + 1$ ist. Da es genau p solcher Zahlen ϱ_k gibt, so ist

$$\varrho_k = \mu_k + 1\,, \quad k = 1, 2, \ldots, p\,. \tag{37}$$

Insbesondere ist stets $\mu_1 = 0$. Die überall endlichen Differentiale können also an einer Stelle P nicht sämtlich verschwinden.

Wir wollen nun zeigen, daß im allgemeinen

$$\mu_1 = 0,\ \mu_2 = 1,\ \ldots,\ \mu_p = p - 1 \tag{38}$$

ist. Genau in den Weierstrass-Punkten treten größere μ_k auf. Versuchen wir festzustellen, für wieviel Stellen dies der Fall sein kann. Dazu betrachten wir die Differentiale dw_k in einer Ortsuniformisierenden t des Punktes P, der dem Wert $t = 0$ entsprechen möge:

$$dw_k = g_k(t)\, dt\,, \quad k = 1, 2, \ldots, p\,.$$

Aus ihnen bilden wir das Differential vom Grade $\frac{p(p+1)}{2}$:

$$\varDelta(t)\, dt^{\frac{p(p+1)}{2}} = \begin{vmatrix} g_1 & g_2 & \cdots g_p \\ g_1' & g_2' & \cdots g_p' \\ \cdots & \cdots & \cdots \\ g_1^{(p-1)} & g_2^{(p-1)} & \cdots g_p^{(p-1)} \end{vmatrix} dt^{\frac{p(p+1)}{2}}\,. \tag{39}$$

Daß die *Wronskische Determinante* $\varDelta(t)$ in der Tat ein Differential vom Grade $\frac{p(p+1)}{2}$ liefert, bestätigt man sofort durch Einsetzung einer anderen Ortsuniformisierenden τ gemäß $t = t(\tau)$. An der Stelle P beginnt nach (36) die Entwicklung der $g_k(t)$ mit Potenzen t^{μ_k}. Wir wollen die $g_k(t)$ so normieren, daß die Entwicklungen lauten:

$$g_k(t) = t^{\mu_k} + \cdots\,, \quad k = 1, 2, \ldots, p\,.$$

Setzt man dies in $\Delta(t)$ ein, so ist das erste Glied der Entwicklung von $\Delta(t)$ nach t durch die Determinante

$$\Delta_0(t) = \begin{vmatrix} t^{\mu_1} & t^{\mu_2} & \dots \\ \mu_1 t^{\mu_1-1} & \mu_2 t^{\mu_2-1} & \dots \\ \mu_1(\mu_1-1)\, t^{\mu_1-2} & \mu_2(\mu_2-1)\, t^{\mu_2-2} & \dots \\ \dots & \dots & \dots \end{vmatrix}$$

gegeben. Multipliziert man hier die k-ten Zeilen mit t^{k-1}, dividiert man sodann die l-ten Spalten durch t^{μ_l}, so ergibt sich:

$$\Delta_0(t) = \begin{vmatrix} 1 & 1 & \dots \\ \mu_1 & \mu_2 & \dots \\ \mu_1(\mu_1-1) & \mu_2(\mu_2-1) & \dots \\ \dots & \dots & \dots \end{vmatrix} t^{\Sigma\mu_i - \frac{(p-1)p}{2}}.$$

Die letzte Determinante ist leicht zu berechnen [s. V, 4, (12) bis (13)]:

$$\Delta_1 = \begin{vmatrix} 1 & 1 & \dots \\ \mu_1 & \mu_2 & \dots \\ \mu_1(\mu_1-1) & \mu_2(\mu_2-1) & \dots \\ \dots & \dots & \dots \end{vmatrix}$$

$$= \begin{vmatrix} 1 & 1 & \dots \\ \mu_1 & \mu_2 & \dots \\ \mu_1^2 & \mu_2^2 & \dots \\ \dots & \dots & \dots \\ \mu_1^{p-1} & \mu_2^{p-1} & \dots \end{vmatrix} = (-1)^{\frac{(p-1)p}{2}} \prod_{i<k} (\mu_i - \mu_k).$$

Wegen (36) ist $\Delta_1 \neq 0$, und wir haben

$$\Delta(t)\, dt^{\frac{p(p+1)}{2}} = \left(\Delta_1 \cdot t^{\Sigma\mu_i - \frac{(p-1)p}{2}} + \cdots\right) dt^{\frac{p(p+1)}{2}}. \tag{40}$$

Hieraus folgt, daß $\Delta(t)\, dt^{\frac{p(p+1)}{2}}$ genau an den Weierstrass-Punkten verschwindet, weil hier $\Sigma \mu_i > \frac{(p-1)p}{2}$ ist. Da nun $\Delta(t)\, dt^{\frac{p(p+1)}{2}}$ überall holomorph ist, so ist die Anzahl seiner Nullstellen nach 3, (20):

$$\operatorname{grad} \mathfrak{W}^{\frac{p(p+1)}{2}} = (p-1)\, p(p+1).$$

Es gibt also höchstens $(p-1)\, p(p+1)$ Weierstrass-Punkte auf $\mathfrak{R}$. Nennen wir die verschiedenen Punkte $P_1, P_2, \dots, P_n$ und die Vielfachheiten der Nullstellen von $\Delta(t)$ in diesen Punkten $m_1, m_2, \dots, m_n$, so ist

$$\sum_{k=1}^{n} m_k = (p-1)\, p(p+1). \tag{41}$$

Wegen (40) und (37) ist an einer Stelle P_ν mit der Vielfachheit m_ν:

$$m_\nu = \Sigma \mu_i - \frac{(p-1)p}{2} = \Sigma \varrho_i - \frac{p(p+1)}{2}. \tag{42}$$

Wir wollen zeigen, daß stets $m_\nu \leqq \frac{(p-1)p}{2}$ ist und das Gleichheitszeichen nur im Falle der elliptischen und hyperelliptischen Flächen gilt.

Kommen unter den Funktionen mit Polstellen nur in P_ν zwei Funktionen mit den Ordnungen α und β vor, so tritt auch die Ordnung $\alpha+\beta$ auf. Ist nun $\alpha \geqq 2$ die kleinste auftretende Ordnung ($\alpha = 1$ kommt nicht vor!), so fehlen die Ordnungen

$$\begin{array}{ccccc} 1\,, & 2\,, & 3\,, & \ldots, & \alpha-1\,,\\ \alpha+1\,, & \alpha+2\,, & \alpha+3\,, & \ldots, & \alpha+\alpha-1\,,\\ \cdots & \cdots & \cdots & \cdots & \cdots\\ \nu_1\alpha+1\,, & \nu_2\alpha+2\,, & \nu_3\alpha+3\,, & \ldots, & \nu_{\alpha-1}\alpha+\alpha-1\,, \end{array} \tag{43}$$

denn zunächst sind alle Vielfachen von α möglich, und sobald eine Ordnung $\nu\alpha+k$ vorkommt, so auch alle Ordnungen $\mu\alpha+k$ mit $\mu>\nu$, so daß in (43) tatsächlich alle nicht auftretenden Ordnungen angegeben sind. Die ν_k unterliegen den Bedingungen:

$$\sum_{k=1}^{\alpha-1}(1+\nu_k) = p\,, \tag{44}$$

$$\nu_k\alpha+k \leqq 2p-1\,. \tag{45}$$

(44) gibt die Anzahl der Elemente (43) und die Ungleichung (45) deren Beschränkung gemäß (34) an. Für $\alpha=2$ ist $k=1$, und daher steht dann wegen (44) auch in (45) das Gleichheitszeichen. Es ist

$$\sum_{k=1}^{\alpha-1} k = \frac{\alpha(\alpha-1)}{2}\,,\quad \sum_{k=1}^{\alpha-1} k^2 = \frac{\alpha(\alpha-1)(2\alpha-1)}{6}\,,\quad \sum_{k=1}^{\alpha-1}\nu_k = p-\alpha+1\,. \tag{46}$$

Die Summe der Elemente (43) ist gleich $\Sigma\varrho_i$, so daß wir erhalten:

$$\begin{aligned} \sum_{i=1}^{p}\varrho_i &= \sum_{k=1}^{\alpha-1}\sum_{\nu=0}^{\nu_k}(\nu\alpha+k)\\ &= \sum_{k=1}^{\alpha-1}\left[\frac{\nu_k(\nu_k+1)}{2}\alpha + k(\nu_k+1)\right]\\ &= \sum_{k=1}^{\alpha-1}\left[\frac{1}{2\alpha}(\nu_k\alpha+k)^2 - \frac{k^2}{2\alpha} + \frac{\nu_k\alpha}{2} + k\right]\\ &\leqq \sum_{k=1}^{\alpha-1}\left[\frac{1}{2\alpha}(\nu_k\alpha+k)(2p-1) - \frac{k^2}{2\alpha} + \frac{\nu_k\alpha}{2} + k\right] \quad \text{[wegen (45)]}\\ &= p^2 - \frac{(\alpha-1)(\alpha-2)}{6}\,, \quad \text{[wegen (46)]} \end{aligned}$$

wobei in der vorletzten Zeile nur für $\alpha = 2$ das Gleichheitszeichen steht. In Verbindung mit (42) ergibt sich so:

$$m_k = \frac{p(p-1)}{2}, \quad \text{falls } \alpha = 2, \tag{47}$$

$$m_k < \frac{p(p-1)}{2}, \quad \text{falls } \alpha > 2. \tag{48}$$

Im hyperelliptischen Fall ($\alpha = 2$) läßt sich $\mathfrak{R}$ zweiblättrig der z-Ebene überlagern und hat dort $2p + 2$ Verzweigungspunkte $z_1, z_2, \ldots, z_{2p+2}$. In jedem dieser Punkte z_ν hat die Funktion $\frac{1}{z - z_\nu}$ einen Pol 2. Ordnung, also sind diese Punkte für $p > 1$ Weierstrass-Punkte. Wir erhalten für sie nach (47):

$$\sum_{k=1}^{2p+2} m_k = (p-1)\,p(p+1),$$

und wir erkennen, daß sie genau alle Weierstrass-Punkte der Fläche ausmachen. So gilt

Satz 39. *Eine hyperelliptische Riemannsche Fläche $\mathfrak{R}$ vom Geschlecht p hat genau $2p + 2$ Weierstrass-Punkte. Für sie treten im Weierstrassschen-Lückensatz die Ordnungen $1, 3, 5, \ldots, 2p - 1$ nicht auf. Überlagert man $\mathfrak{R}$ zweiblättrig der z-Ebene, so sind die $2p + 2$ Verzweigungspunkte die Weierstrass-Punkte. Eine elliptische Riemannsche Fläche ($p = 1$) hat keine Weierstrass-Punkte.*

Für Riemannsche Flächen $\mathfrak{R}$ vom Geschlecht p, die nicht hyperelliptisch sind, gilt auf Grund von (41) und (48)

Satz 40. *Eine Riemannsche Fläche $\mathfrak{R}$ vom Geschlecht $p \geqq 3$, die nicht hyperelliptisch ist, hat n Weierstrass-Punkte, wobei*

$$2(p+1) < n \leqq (p-1)\,p(p+1) \tag{49}$$

ist.

Die Flächen vom Geschlecht $p = 2$ sind stets hyperelliptisch, weil die Relation (49) für $p = 2$ nicht bestehen kann.

Aus Satz 40 folgt, *daß man jede Riemannsche Fläche vom Geschlecht $p \geqq 2$ der z-Ebene höchstens p-blättrig überlagern kann.* Darüber hinaus gilt:

Auf jeder kompakten Riemannschen Fläche vom Geschlecht p gibt es eine nichtkonstante meromorphe Funktion, die jeden Wert höchstens $(p + 3)/2$-mal annimmt.

Auf den Beweis für $p \geqq 4$ können wir hier nicht eingehen*. Falls man die Abelschen Differentiale ersten Grades auf der Fläche kennt, hilft bei der Bestimmung einer solchen meromorphen Funktion folgende Aussage:

Sei $\mathfrak{R}$ eine kompakte Riemannsche Fläche vom Geschlecht $p \geqq 3$ und f eine nicht konstante meromorphe Funktion auf $\mathfrak{R}$, die jeden Wert höchstens

* Vgl. A. Brill und M. Nöther sowie Th. Meis.

p-mal annimmt. Dann gibt es auf $\mathfrak{R}$ zwei Abelsche Differentiale ersten Grades ω_1 und ω_2 mit der Eigenschaft:

$$f = \frac{\omega_1}{\omega_2}.$$

Zum Beweis betrachtet man die Polstellen der Funktion f. Es seien dies die Punkte $P_\varkappa$ mit den Ordnungen $n_\varkappa$, und $\mathfrak{P}_\varkappa$ seien die zugehörigen Divisorenklassen. Dann gilt

$$\dim\left(\prod_\varkappa P_\varkappa^{n_\varkappa}\right) = \dim\left(\prod_\varkappa \mathfrak{P}_\varkappa^{n_\varkappa}\right) \geqq 2,$$

da die Funktionen $f_1 = 1$ und $f_2 = f$ im linearen Vektorraum $\mathfrak{V}_\mathfrak{d}$ des Divisors $\mathfrak{d} = \prod_\varkappa P_\varkappa^{n_\varkappa}$ liegen und linear unabhängig sind. Sodann folgt aus dem Satz von RIEMANN-ROCH wegen grad $\prod_\varkappa \mathfrak{P}_\varkappa^{n_\varkappa} = \sum_\varkappa n_\varkappa \leqq p$:

$$\dim \mathfrak{W}\left(\prod_\varkappa \mathfrak{P}_\varkappa^{n_\varkappa}\right)^{-1} \geqq 1.$$

Es gibt darum ein Abelsches Differential ersten Grades ω_2, das in den Punkten $P_\varkappa$ mindestens Nullstellen der Ordnung $n_\varkappa$ hat. Dann ist aber auch $\omega_1 = f\omega_2$ ein Abelsches Differential ersten Grades.

Wir wenden diese Aussage sofort auf hyperelliptische Flächen an:

Sei $\mathfrak{R}$ eine hyperelliptische kompakte Riemannsche Fläche vom Geschlecht p und z eine meromorphe Funktion, die auf $\mathfrak{R}$ jeden Wert zweimal annimmt. Dann ist jede nicht konstante meromorphe Funktion f auf $\mathfrak{R}$, die jeden Wert höchstens p-mal annimmt, eine rationale Funktion von z.

Beim Beweis darf man ohne Beschränkung der Allgemeinheit annehmen, daß die zweiblättrige Fläche keinen Verzweigungspunkt über dem Punkt $z = \infty$ hat. Die Verzweigungspunkte liegen dann über den endlichen Punkten

$$a_1, a_2, \ldots, a_{2p+2}$$

in der z-Ebene. Neben z ist auch

$$w = \prod_{\varkappa=1}^{2p+2} (z - a_\varkappa)^{\frac{1}{2}}$$

eine meromorphe Funktion auf $\mathfrak{R}$. Die Abelschen Differentiale ersten Grades

$$z^\varkappa \frac{dz}{w}, \quad 0 \leqq \varkappa \leqq p - 1,$$

bilden dann eine Basis der gewöhnlichen Differentiale. Der Quotient zweier gewöhnlicher Differentiale ist also immer eine rationale Funktion von z.

Wenn man also eine hyperelliptische Fläche der Ebene mit p oder weniger Blättern überlagert, so ist die Anzahl der Blätter immer gerade. Eine $(2n + 1)$-blättrige kompakte Riemannsche Fläche vom Geschlecht $p \geqq 2n + 1$, $n = 1, 2, \ldots$, ist sicher nicht hyperelliptisch.

Ein Beispiel einer nicht hyperelliptischen Fläche erhält man daher für $p \geqq 3$, wenn man eine dreiblättrige Fläche mit genau $p+2$ endlichen Verzweigungspunkten $z_1, \ldots, z_{p+2}$ der Ordnung 2 wählt (dreifache Windungspunkte). Die Fläche hat (gemäß V, Anhang, Satz 43) das Geschlecht p.

Wir schließen unsere Überlegungen mit einigen interessanten Ergebnissen über die Automorphismen kompakter Riemannscher Flächen.

Früher sahen wir, daß die linearen Transformationen die Gesamtheit der Automorphismen der Fläche vom Geschlecht $p = 0$ ausmachen, wenn man die kompakte Ebene als ihren Repräsentanten ansieht. Diese Automorphismengruppe ist reell 6-parametrig.

Bei einer Fläche $\mathfrak{R}$ vom Geschlecht $p = 1$ lassen sich die Automorphismen zu Automorphismen des Normalgebietes $\mathfrak{N}$ fortsetzen. Diese haben die Gestalt

$$z' = az + b\,, \quad a \neq 0\,.$$

Diejenigen von ihnen, welche die Gesamtheit der Perioden eineindeutig auf sich abbilden, liefern Automorphismen von $\mathfrak{R}$. Dies sind zunächst alle Translationen

$$z' = z + b\,,$$

die eine 2-parametrige Gruppe bilden, wozu noch einige Drehungen kommen, z. B. die Drehungen um den Winkel π und bei speziellen Werten der Periodenverhältnisse noch Drehungen um Winkel $\pm\frac{\pi}{2}$ oder $\pm\frac{\pi}{3}$ und $\pm\frac{2\pi}{3}$.

Ist dagegen $p > 1$, so gilt

Satz 41. *Eine Riemannsche Fläche vom Geschlecht $p > 1$ besitzt nur endlich viele Automorphismen.*

Zunächst beweisen wir

Satz 42. *Ein Automorphismus einer Riemannschen Fläche $\mathfrak{R}$ vom Geschlecht p, der nicht die Identität ist, hat höchstens $2p+2$ Fixpunkte. Ist die Fläche hyperelliptisch, so hat er höchstens 4 Fixpunkte, oder er vertauscht bei einer zweiblättrigen Überlagerung der Fläche über der z-Ebene stets die beiden Punkte mit gleichem Grundpunkt und hat dann genau $2p+2$ Fixpunkte.*

$P' = f(P)$ sei ein Automorphismus von $\mathfrak{R}$. Q sei kein Fixpunkt. Wir betrachten eine Funktion $z = g(P)$, die höchstens in Q einen Pol der Ordnung $\varrho \leqq p+1$ hat. Dann hat die Funktion

$$h(P) = g(P) - g(f(P))$$

auf $\mathfrak{R}$ genau zwei Pole der Ordnung ϱ in den Punkten Q und $Q^* = \check{f}(Q)$. $h(P)$ hat also 2ϱ Pole und damit auch 2ϱ Nullstellen. Nun sind aber die Fixpunkte von $P' = f(P)$ solche Nullstellen, folglich ist ihre Anzahl höchstens $2p + 2$.

Ist $\mathfrak{R}$ hyperelliptisch und $z = g(P)$ eine zweiwertige Funktion auf $\mathfrak{R}$, so ist

$$h(P) = g(P) - g(f(P))$$

höchstens vierwertig, und dann ist die Zahl der Fixpunkte von $f(P)$ höchstens vier, oder aber $h(P)$ verschwindet identisch, und in diesem Falle muß $P' = f(P)$ derjenige Punkt sein, der denselben Grundpunkt wie P hat, so daß $f(P)$ die beiden „Blätter" der Fläche vertauscht. Die $2p + 2$ Verzweigungspunkte sind in diesem Falle Fixpunkte.

Nun können wir sofort Satz 41 beweisen. Bei einem Automorphismus der Fläche $\mathfrak{R}$ wird diese auf sich selbst biholomorph abgebildet. Daher müssen Weierstrass-Punkte in Weierstrass-Punkte übergehen. Nun gibt es aber nur endlich viele Vertauschungen der Weierstrass-Punkte untereinander. Ist die Vertauschung vorgegeben und sind $P' = f(P)$ und $P'' = g(P)$ zwei Automorphismen mit dieser Vertauschung, so ist $P'' = g(\check{f}(P')) = h(P')$ ein Automorphismus, bei dem alle Weierstrass-Punkte fest bleiben.

Ist die Fläche nicht hyperelliptisch, so ist die Anzahl der Weierstrass-Punkte nach (49) größer als $2p + 2$, und dann ist nach Satz 42 der Automorphismus $h(P')$ die Identität. Folglich gibt es nicht mehr Automorphismen als Vertauschungen der Weierstrass-Punkte. Ihre Anzahl ist daher endlich.

Ist die Fläche hyperelliptisch, so hat sie $2p + 2 \geqq 6$ Weierstrass-Punkte, aber $h(P')$ höchstens 4 Fixpunkte, es sei denn $h(P')$ die in Satz 42 angegebene Vertauschung der Blätter von $\mathfrak{R}$. Jedenfalls gibt es nicht mehr als $2(2p + 2)!$ Automorphismen. Damit ist Satz 41 völlig bewiesen.

Es mag von Interesse sein, daß man unsere Abschätzung über die Zahl der Automorphismen erheblich verschärfen kann. HURWITZ hat gezeigt, daß es höchstens $84(p - 1)$ solcher Automorphismen gibt. Und für $p = 3$ gibt es ein Beispiel, bei dem 168 Automorphismen tatsächlich auftreten.

Literatur

BRILL, A., u. M. NÖTHER: Über die algebraischen Funktionen und ihre Anwendung in der Geometrie. Math. Ann. **7**, 269 (1874).

HURWITZ, A.: Über algebraische Gebilde mit eindeutigen Transformationen in sich. Math. Ann. **41**, 403 (1893).

JUNG, H. W. E.: Einführung in die Theorie der algebraischen Funktionen einer Veränderlichen. Berlin u. Leipzig 1923.

CHEVALLEY, C.: Introduction to the theory of algebraic functions of one variable. New York 1951.

LANG, S.: Introduction to algebraic geometry. New York 1958.

MEIS, TH.: Die minimale Blätterzahl der Konkretisierungen einer kompakten Riemannschen Fläche. Schriftenreihe d. Math. Inst. d. Univ. Münster, H. 16 (1960).

§ 6. Funktionen auf nicht kompakten Riemannschen Flächen

Das Verhalten der Funktionen auf nicht kompakten Riemannschen Flächen ist in mancherlei Beziehung einfacher als auf kompakten Flächen. Es existieren Funktionen, die auf ihnen überall holomorph sind, es gilt ein Analogon zur Cauchyschen Integralformel, und es gibt Entwicklungssätze, die den Entwicklungssätzen in der z-Ebene entsprechen, wie die Sätze von RUNGE, MITTAG-LEFFLER und WEIERSTRASS. Das wesentliche Hilfsmittel bei diesen Untersuchungen ist die Konstruktion eines Elementardifferentials in einem kompakt in $\mathfrak{R}$ liegenden Gebiet $\mathfrak{G}$, welches an einer vorgegebenen Stelle in $\mathfrak{G}$ einen Pol 1. Ordnung mit dem Residuum 1 aufweist. Mit Hilfe dieser Elementardifferentiale läßt sich eine Verallgemeinerung des Rungeschen Approximationssatzes beweisen und der Nachweis erbringen, daß es auf jeder nicht kompakten Riemannschen Fläche nicht konstante, überall holomorphe Funktionen gibt. Wir beginnen mit

Satz 43 *(Einbettungssatz). Zu jedem Gebiet $\mathfrak{G}$, das kompakt in einer nicht kompakten Riemannschen Fläche $\mathfrak{R}$ liegt, gibt es eine kompakte Riemannsche Fläche $\mathfrak{R}_{\mathfrak{G}}$, die $\mathfrak{G}$ als Teilgebiet so enthält, daß eine gewisse offene Punktmenge von $\mathfrak{R}_{\mathfrak{G}}$ mit $\mathfrak{G}$ einen leeren Durchschnitt hat.*

Zunächst überdecken wir $\mathfrak{G}$ mit endlich vielen Umgebungen des Umgebungssystems von $\mathfrak{R}$, so daß $\mathfrak{G}$ kompakt in der Vereinigung $\mathfrak{V}$ dieser Umgebungen liegt. Sodann wählen wir innerhalb $\mathfrak{V}$ ein $\mathfrak{G}$ umfassendes Gebiet $\mathfrak{G}_0$, welches von endlich vielen glatten Kurven $\mathfrak{C}$ begrenzt wird, indem wir z. B. eine vorgegebene Triangulierung auf $\mathfrak{R}$ so verfeinern, daß endlich viele der Dreiecke $\mathfrak{G}$ überdecken und noch in $\mathfrak{V}$ liegen. Der offene Kern der Vereinigung dieser Dreiecke sei dann $\mathfrak{G}_0$.

$\mathfrak{R}$ ist eine zweidimensionale Mannigfaltigkeit $\mathfrak{M}$ mit einer komplexen Struktur, d. h. sie wird überdeckt von einem Umgebungssystem $\{\mathfrak{U}\}$, so daß jedes $\mathfrak{U}$ durch eine Funktion $P = f(t)$ auf eine Umgebung $\mathfrak{U}_t$ der komplexen t-Ebene so abgebildet ist, daß im Durchschnitt je zweier Umgebungen $\mathfrak{U}$ und $\mathfrak{U}^*$ die lokalen Funktionen $P = f(t)$ und $P = f^*(t^*)$ durch eine biholomorphe Funktion

$$t^* = \check{f}^*(f(t)) = h(t) \tag{1}$$

verbunden sind.

Zu $\mathfrak{R}$ existiert eine *konjugierte Riemannsche Fläche* $\overline{\mathfrak{R}}$, die aus der Mannigfaltigkeit $\mathfrak{M}$ dadurch entsteht, daß man jede Umgebung mit der Funktion $P = f(t)$ durch die Funktion $P = f(\bar{t})$ uniformisiert. Wir wollen die Punkte von $\overline{\mathfrak{R}}$ mit $\overline{P}$ und ihre Umgebungen mit $\overline{\mathfrak{U}}$ bezeichnen und die Abbildung von $\overline{\mathfrak{U}}$ in die t-Ebene in der Form $\overline{P} = f(\bar{t})$ schreiben. Den Punkten P und $\overline{P}$ entspricht also derselbe Punkt der Mannigfaltigkeit $\mathfrak{M}$ und den Umgebungen $\mathfrak{U}$ und $\overline{\mathfrak{U}}$ dieselbe Umgebung auf $\mathfrak{M}$. Offensichtlich ist $\overline{\mathfrak{R}}$ eine Riemannsche Fläche, da im Durchschnitt zweier Umgebungen $\overline{\mathfrak{U}}$ und $\overline{\mathfrak{U}}^*$ die Beziehung

$$t^* = \overline{h(\bar{t})} \tag{2}$$

gilt, und dies ist bekanntlich eine holomorphe Funktion (s. III, 2).

Dem Gebiet $\mathfrak{G}_0$ auf $\mathfrak{R}$ entspricht auf $\mathfrak{M}$ ein Gebiet, dem durch die konjugierte Struktur ein Gebiet $\overline{\mathfrak{G}}_0$ auf $\overline{\mathfrak{R}}$ zugeordnet ist, und dem glatten Rand $\mathfrak{C}$ von $\mathfrak{G}_0$ entspricht dabei ein glatter Rand $\overline{\mathfrak{C}}$ von $\overline{\mathfrak{G}}_0$. Wir identifizieren jetzt jeden Punkt von $\mathfrak{C}$ mit demjenigen Punkt von $\overline{\mathfrak{C}}$, dem in $\mathfrak{M}$ derselbe Punkt entspricht. Wenn wir jetzt noch die Umgebungen der auf den identifizierten Rändern liegenden Punkte geeignet erklären und uniformisieren, so haben wir in dem aus $\mathfrak{G}_0$, $\overline{\mathfrak{G}}_0$ und $\mathfrak{C} = \overline{\mathfrak{C}}$ bestehenden Gebilde eine kompakte Riemannsche Fläche mit der verlangten Eigenschaft gefunden*.

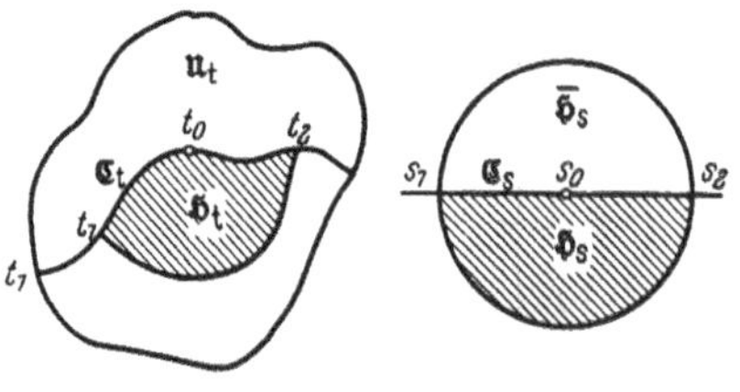

Abb. 59

Sei P_0 ein Punkt auf $\mathfrak{C}$. Er liegt in einer Umgebung $\mathfrak{U}$ auf $\mathfrak{R}$, die durch eine Funktion $P = f(t)$ auf eine Umgebung $\mathfrak{U}_t$ des Bildpunktes t_0 von P_0 in der t-Ebene abgebildet ist. $\mathfrak{G}^*$ sei das Bild von $\mathfrak{U} \cap \mathfrak{G}_0$ in $\mathfrak{U}_t$. Da $\mathfrak{C}$ glatt ist, so enthält $\mathfrak{G}^*$ eine einfach zusammenhängende Halbumgebung $\mathfrak{H}_t$ des Punktes t_0, der Randpunkt von $\mathfrak{G}^*$ ist. $\mathfrak{C}_t$ sei das größte offene Randstück von $\mathfrak{H}_t$, welches auch Randstück von $\mathfrak{G}^*$ ist (Abb. 59). Das Bild von $\mathfrak{H}_t$ auf $\mathfrak{R}$ sei $\mathfrak{H}$ und $\mathfrak{C}_0$ das Bild von $\mathfrak{C}_t$. $\mathfrak{H}$ ist in $\mathfrak{G}_0$ eine Halbumgebung des Punktes P_0.

Bezüglich der konjugierten Struktur liegt $\overline{P}_0$, der mit P_0 zu identifizierende Punkt, in der Umgebung $\overline{\mathfrak{U}}$ auf $\overline{\mathfrak{R}}$, die durch $\overline{P} = f(\bar{t})$ auf die Umgebung $\overline{\mathfrak{U}}_t$ des Bildpunktes t_0 von P_0 in der t-Ebene abgebildet ist. Dort sei $\overline{\mathfrak{G}}^*$ das Bild von $\overline{\mathfrak{U}} \cap \overline{\mathfrak{G}}_0$ und $\overline{\mathfrak{H}}_t$ das Bild der Halbumgebung $\overline{\mathfrak{H}}$ von $\overline{P}_0$ auf $\overline{\mathfrak{R}}$, die vermöge der konjugierten Struktur in $\mathfrak{G}_0$ der Halbumgebung $\mathfrak{H}$ in $\mathfrak{G}_0$ entspricht. $\overline{\mathfrak{C}}_0$, das konjugierte Bild von $\mathfrak{C}_0$, ist das durch $\overline{P} = f(\bar{t})$ vermittelte Bild von $\overline{\mathfrak{C}}_t$, dem größten gemeinsamen offenen Randstück von $\overline{\mathfrak{H}}_t$ und $\overline{\mathfrak{G}}^*$.

Bildet man nun durch $s = g(t)$ die Halbumgebung $\mathfrak{H}_t$ auf einen Halbkreis $\mathfrak{H}_s$ so konform ab, daß $\mathfrak{C}_t$ in den auf der reellen Achse liegenden Durchmesser $\mathfrak{C}_s$ des Halbkreises $\mathfrak{H}_s$ übergeht, so wird durch $s = \overline{g(\bar{t})}$ die Halbumgebung $\overline{\mathfrak{H}}_t$ auf das Spiegelbild $\overline{\mathfrak{H}}_s$ von $\mathfrak{H}_s$ an der reellen Achse abgebildet, wobei $\overline{\mathfrak{C}}_t$ ebenfalls in $\mathfrak{C}_s$ übergeht (Abb. 59).

* Das hier beschriebene Verfahren der *Verdoppelung* einer Riemannschen Fläche $\mathfrak{G}_0$ (Schottky-Verdoppelung) ist auch dann noch durchführbar, wenn vom Rand $\mathfrak{C}_0$ nur vorausgesetzt wird, daß er aus endlich vielen Jordankurven besteht.

In dem Kreis $\mathfrak{H}_s + \mathfrak{C}_s + \overline{\mathfrak{H}}_s$ hat man das topologische Bild von $\mathfrak{H} + \mathfrak{C}_0 + \overline{\mathfrak{H}}$, der Umgebung von P_0 auf $\mathfrak{G}_0 + \mathfrak{C} + \overline{\mathfrak{G}}_0$. Wir wählen daher s als Ortsuniformisierende der Umgebung $\mathfrak{H} + \mathfrak{C}_0 + \overline{\mathfrak{H}}$ von P_0 auf $\mathfrak{C}$. In dieser Weise verfahren wir für jeden Punkt von $\mathfrak{C}$. Nehmen wir hierzu als Umgebungen der Punkte P aus $\mathfrak{G}_0$ ein $\mathfrak{G}_0$ überdeckendes System von Umgebungen aus $\mathfrak{R}$, die ganz in $\mathfrak{G}_0$ liegen, und entsprechend das konjugierte System als Umgebungen in $\overline{\mathfrak{G}}_0$, so haben wir ein System von Umgebungen für $\mathfrak{G}_0 + \mathfrak{C} + \overline{\mathfrak{G}}_0$, welches dieses Gebilde zu einer kompakten Riemannschen Fläche $\mathfrak{R}_{\mathfrak{G}}$ macht.

Die holomorphe Verträglichkeit der Ortsuniformisierenden zweier Umgebungen im gemeinsamen Durchschnitt ist evident, wenn nicht beide Umgebungen zu den Umgebungen der Punkte auf $\mathfrak{C}$ gehören. Anderenfalls aber folgt die Äquivalenz unmittelbar aus den Ergebnissen von III, 2.

So haben wir aus $\mathfrak{G}_0$ und $\mathfrak{G}_0$ durch Verheftung der Ränder eine kompakte Riemannsche Fläche $\mathfrak{R}_{\mathfrak{G}}$ erhalten, die $\mathfrak{G}_0$ umfaßt, also $\mathfrak{G}$ enthält und z. B. in $\overline{\mathfrak{G}}_0$ ein zweidimensionales Teilgebiet besitzt, das mit $\mathfrak{G}$ keinen Punkt gemeinsam hat.

Satz 44. *Das Gebiet $\mathfrak{G}$ liege kompakt in einer nicht kompakten Riemannschen Fläche $\mathfrak{R}$. Dann gibt es zu jedem Punkt Q aus $\mathfrak{G}$ in $\mathfrak{G}$ ein Differential $dw(P; Q)$ in P, welches genau an der Stelle Q einen Pol 1. Ordnung mit dem Residuum 1 hat und welches bei festem Punkt P und fest gewählter Koordinatenumgebung in Abhängigkeit von Q eine meromorphe Funktion ist, die in $\mathfrak{G}$ genau im Punkte P einen Pol 1. Ordnung hat.*

Zum Beweise betten wir das Gebiet $\mathfrak{G}$ in eine kompakte Riemannsche Fläche $\mathfrak{R}_{\mathfrak{G}}$ gemäß Satz 43 ein. Auf $\mathfrak{R}_{\mathfrak{G}}$ wählen wir einen Punkt Q_1 fest außerhalb $\mathfrak{G}$. Sodann betrachten wir zu Q aus $\mathfrak{G}$ und Q_1 das Abelsche Normaldifferential 3. Gattung $dw(P; Q_1, Q)$. Es hängt von Q lokal meromorph ab, da dies für das Integral über $dw(P; Q_1, Q)$ wegen 5, (18) zutrifft, und es besitzt in Q einen Pol mit dem Residuum 1. In Abhängigkeit von Q verhält es sich global wie ein Abelsches Integral 2. Gattung, wie man aus 5, (17) und 5, (18) erkennt. Dort ist $\Pi(Q_1, Q_2, P_1, P_2)$ wegen 5, (18) ein Integral in Q_2 und daher auch seine Ableitung nach einer Ortsuniformisierenden von P_2. Nun verschwinden die Perioden von $\Pi(Q_1, Q_2, P_1, P_2)$ in Abhängigkeit von Q_2 an den Rückkehrschnitten b_k. Folglich gilt gleiches für die Differentiale $dw(P; Q_1, Q)$ in Abhängigkeit von Q. Lediglich die Umläufe an den Rückkehrschnitten a_k liefern Perioden, die sich aus den Perioden $w_k(P_1) - w_k(P)$ von $\Pi(Q_1, Q, P_1, P)$ zu $-dw_k(P)$ ergeben.

Das Differential $dw(P; Q_1, Q)$ hat bis auf die Mehrdeutigkeit beim Umlauf längs der Rückkehrschnitte a_k bereits die von $dw(P; Q)$ geforderten Eigenschaften. Die Eindeutigkeit können wir jetzt durch geeignete Addition von Differentialen 1. Gattung wie folgt erreichen:

Wir wählen eine nicht konstante Funktion $g(P)$ auf $\mathfrak{R}_{\mathfrak{G}}$, deren Pole außerhalb $\mathfrak{G}$ liegen, und bilden das Differential $dg(P)$. Sodann wählen wir p Punkte P_l, $l = 1, 2, \ldots, p$, außerhalb $\mathfrak{G}$, so daß $dg(P_l) \neq 0$ für $l = 1, 2, \ldots, p$ ist und daß außerdem die Matrix $dw_k(P_l)$, $k, l = 1, 2, \ldots, p$, den Rang p hat. Da $dg(P)$ nicht identisch verschwindet und die Abelschen Differentiale 1. Gattung $dw_k(P)$, $k = 1, 2, \ldots, p$, linear unabhängig sind, so sind beide Forderungen gleichzeitig realisierbar. Dann lassen sich p linear unabhängige Differentiale 1. Gattung $dc_l(P)$ auf $\mathfrak{R}_{\mathfrak{G}}$ angeben, so daß die Beziehungen

$$dw_k(P) = \sum_{l=1}^{p} dc_l(P) \frac{dw_k(P_l)}{dg(P_l)}, \quad k = 1, 2, \ldots, p, \tag{3}$$

erfüllt sind. Bilden wir jetzt das Differential

$$dw(P; Q) = dw(P; Q_1, Q) - \sum_{l=1}^{p} dc_l(P) \frac{dw(P_l; Q_1, Q)}{dg(P_l)},$$

so erkennen wir, daß es genau die geforderten Eigenschaften hat. In Abhängigkeit von P hat es in $\mathfrak{G}$ genau an der Stelle Q einen Pol mit dem Residuum 1, und in Abhängigkeit von Q ist es eindeutig; denn die Perioden an den Rückkehrschnitten b_k verschwinden, weil dies bei den Differentialen $dw(P; Q_1, Q)$ der Fall ist, und die Perioden an den Rückkehrschnitten a_k verschwinden, weil nach (3) eine solche Periode den Wert

$$-dw_k(P) + \sum_{l=1}^{p} dc_l(P) \frac{dw_k(P_l)}{dg(P_l)} = 0$$

hat. Damit ist der Satz bewiesen.

Wir nennen $dw(P; Q)$ ein zu dem Gebiet $\mathfrak{G}$ gehörendes *Elementardifferential.* Mit seiner Hilfe läßt sich die Cauchysche Integralformel für beliebige Gebiete $\mathfrak{G}$, die kompakt in einer nicht kompakten Riemannschen Fläche $\mathfrak{R}$ liegen, unmittelbar als Anwendung des Residuensatzes (s. 3, (13)) hinschreiben:

Satz 45. *$\mathfrak{G}$ sei ein kompakt in einer nicht kompakten Riemannschen Fläche $\mathfrak{R}$ liegendes Gebiet und $dw(P; Q)$ ein zu $\mathfrak{G}$ gehörendes Elementardifferential. $\mathfrak{G}^*$ liege kompakt in $\mathfrak{G}$ und werde von endlich vielen Kurven $\mathfrak{C}$ berandet. Dann gilt in $\mathfrak{G}^*$ für jede Funktion $f(Q)$, die in $\mathfrak{G}^*$ holomorph und auf $\mathfrak{C}$ noch stetig ist:*

$$f(Q) = \frac{1}{2\pi i} \int_{\mathfrak{C}} f(P)\, dw(P; Q).$$

Von hier aus gelangen wir nun wie im klassischen Fall ebener Gebiete zum Rungeschen Approximationssatz für Gebiete auf offenen Riemannschen Flächen. Wir beweisen zunächst

Satz 46. *Es seien $\mathfrak{G}_1$ und $\mathfrak{G}_2$ Gebiete mit glatten Rändern $\mathfrak{C}_1$ und $\mathfrak{C}_2$, so daß $\mathfrak{G}_1$ kompakt in $\mathfrak{G}_2$ und $\mathfrak{G}_2$ kompakt in einer nicht kompakten Riemannschen Fläche $\mathfrak{R}$ liegt. Jeder Punkt von $\mathfrak{C}_1$ sei mit einem Punkt von $\mathfrak{C}_2$ innerhalb $\mathfrak{G}_2 - \mathfrak{G}_1$ verbindbar*. Dann ist jede in $\mathfrak{G}_1$ holomorphe Funktion $f(Q)$ in jedem kompakt in $\mathfrak{G}_1$ liegenden Gebiet $\mathfrak{G}_0$ gleichmäßig durch Funktionen approximierbar, die in $\mathfrak{G}_2$ holomorph sind.*

Liegt ein Gebiet $\mathfrak{G}$ kompakt in einem Gebiet $\mathfrak{G}^*$, so schreiben wir: $\mathfrak{G} \Subset \mathfrak{G}^*$. Es sei nun $\mathfrak{G}_3$ ein Gebiet mit $\mathfrak{G}_2 \Subset \mathfrak{G}_3 \Subset \mathfrak{R}$. Zu $\mathfrak{G}_3$ wählen wir ein Elementardifferential $dw(P; Q)$ gemäß Satz 44 und eine nicht konstante Funktion $g()$, die in $\mathfrak{G}_3$ holomorph ist. $\mathfrak{G}_0 \Subset \mathfrak{G}_1$ sei beliebig gegeben. Dann sei $\mathfrak{G}_0^*$ ein Gebiet mit glattem Rand $\mathfrak{C}_0$, so daß $\mathfrak{G}_0 \Subset \mathfrak{G}_0^* \Subset \mathfrak{G}_1$, das sich hinsichtlich der Verbindbarkeit seines Randes mit dem Rand von $\mathfrak{G}_2$ ebenso wie $\mathfrak{G}_1$ verhält. Außerdem liege auf $\mathfrak{C}_0$ keine Nullstelle von $dg(P)$. In $\mathfrak{G}_0^*$ gilt dann:

$$f(Q) = \frac{1}{2\pi i} \int\limits_{\mathfrak{C}_0} f(P)\, dw(P; Q) = \frac{1}{2\pi i} \int\limits_{\mathfrak{C}_0} f(P) \frac{dw(P; Q)}{dg(P)}\, dg(P)\,.$$

Das rechts stehende Integral approximieren wir durch eine Riemannsche Summe, d. h. wir wählen zu gegebenem $\varepsilon > 0$ Punkte P_ν, $\nu = 1, 2, \ldots, n$, auf $\mathfrak{C}_0$, so daß gleichmäßig in $\mathfrak{G}_0$ (mit $P_{n+1} = P_1$) gilt:

$$\left| f(Q) - \frac{1}{2\pi i} \sum_{\nu=1}^{n} f(P_\nu) \frac{dw(P_\nu; Q)}{dg(P_\nu)} \left(g(P_{\nu+1}) - g(P_\nu)\right) \right| < \varepsilon\,. \tag{4}$$

$\frac{dw(P_\nu; Q)}{dg(P_\nu)}$ ist dabei in $\mathfrak{G}_3$ eine Funktion von Q, die genau in P_ν einen Pol 1. Ordnung hat. Damit haben wir $f(Q)$ in $\mathfrak{G}_0$ gleichmäßig bis auf eine Abweichung von der Größe ε durch eine in $\mathfrak{G}_3$ meromorphe Funktion approximiert, die nur in den Punkten P_ν in $\mathfrak{G}_1$ noch Pole hat. Diese Pole müssen wir wie bei der Rungeschen Polverschiebung in der Ebene (s. III, 10, Hilfssatz) auf den Rand von $\mathfrak{G}_2$ verschieben. Wir benutzen dazu folgenden

Hilfssatz. *$\mathfrak{G}_0$ und $\mathfrak{G}_1$ seien zwei Gebiete auf einer Riemannschen Fläche $\mathfrak{R}$ mit $\mathfrak{G}_0 \Subset \mathfrak{G}_1$ und $H(Q)$ eine meromorphe Funktion in $\mathfrak{G}_1$, die nur in dem außerhalb $\mathfrak{G}_0$ gelegenen Punkt P einen Pol besitzen möge. Ferner sei $h(Q)$ eine weitere in $\mathfrak{G}_1$ meromorphe Funktion, die in $\mathfrak{G}_0$ und im Punkte P holomorph ist und für die gilt:*

$$|h(P)| > \sup_{Q \in \mathfrak{G}_0} |h(Q)|\,. \tag{5}$$

* Unter $\mathfrak{G}_2 - \mathfrak{G}_1$ wollen wir den offenen Kern, also streng genommen den Bereich $\mathfrak{G}_2 - (\mathfrak{G}_1 + \mathfrak{C}_1)$ verstehen, und P_1 auf $\mathfrak{C}_1$ soll mit $\mathfrak{C}_2$ innerhalb $\mathfrak{G}_2 - \mathfrak{G}_1$ verbindbar heißen, wenn es auf $\mathfrak{C}_2$ einen Punkt P_2 und dazu eine einfache von P_1 nach P_2 laufende Kurve $\mathfrak{K}$ gibt, die bis auf die Endpunkte in $\mathfrak{G}_2 - \mathfrak{G}_1$ liegt.

Dann ist $H(Q)$ in $\mathfrak{G}_0$ gleichmäßig durch in $\mathfrak{G}_1$ meromorphe Funktionen approximierbar, die nur dort Pole besitzen, wo $h(Q)$ Pole aufweist.

Zum Beweis des Hilfssatzes bilden wir:

$$H(Q) = \frac{H(Q)\,(h(P) - h(Q))^\varkappa}{(h(P) - h(Q))^\varkappa} = \frac{H_1(Q)}{(h(P) - h(Q))^\varkappa}.$$

Dabei wird die ganze Zahl $\varkappa$ so gewählt, daß $H(Q)\,(h(P) - h(Q))^\varkappa$ im Punkte P holomorph ist. Nun ist

$$\frac{1}{(h(P) - h(Q))^\varkappa} = \frac{1}{(h(P))^\varkappa} \cdot \frac{1}{\left[1 - \frac{h(Q)}{h(P)}\right]^\varkappa} = \sum_{\mu=0}^{\infty} a_\mu\, h^\mu(Q)\,,$$

und die Reihe konvergiert wegen (5) gleichmäßig in $\mathfrak{G}_0$. Also ist

$$H(Q) = \lim_{k\to\infty} H_1(Q) \sum_{\mu=0}^{k} a_\mu h^\mu(Q)\,,$$

womit der Hilfssatz bewiesen ist.

Wir fahren nun fort im Beweis unseres Satzes 46. Einen Punkt P_ν, $\nu = 1, 2, \ldots, n$, auf $\mathfrak{C}_0$ verbinden wir innerhalb $\mathfrak{G}_2 - \mathfrak{G}_0^*$ mit einem Punkt P_ν^* von $\mathfrak{C}_2$, so daß die Verbindungskurve $\mathfrak{K}_\nu$ durch keinen Punkt läuft, für den $dg(P)$ verschwindet. Auf den $\mathfrak{K}_\nu$ werden je $m+1$ verschiedene Punkte $P_\nu = P_{\nu 1}, P_{\nu 2}, \ldots, P_{\nu, m+1} = P_\nu^*$ so nahe beieinander gewählt, daß

$$\left|\frac{dw(P_{\nu,\mu+1}; P_{\nu,\mu})}{dg(P_{\nu,\mu+1})}\right| > \sup_{Q\in\mathfrak{G}_0} \left|\frac{dw(P_{\nu,\mu+1}; Q)}{dg(P_{\nu,\mu+1})}\right|, \quad \begin{array}{l}\nu = 1, 2, \ldots, n\,,\\ \mu = 1, 2, \ldots, m\,,\end{array} \tag{6}$$

ist. Das ist, da $dw(P_{\nu,\mu+1}; Q)$ genau in $P_{\nu,\mu+1}$ einen Pol hat, stets möglich. Auf Grund des Hilfssatzes lassen sich daher n endliche Folgen von je m Funktionen

$$g_{\nu\mu}(Q)\,, \quad \nu = 1, 2, \ldots, n\,; \; \mu = 1, 2, \ldots, m\,,$$

finden, so daß jede Funktion $g_{\nu\mu}(Q)$ in $\mathfrak{G}_0$ meromorph ist, dort nur eine Polstelle in $P_{\nu,\mu+1}$ hat und daß gleichmäßig in $\mathfrak{G}_0$ gilt:

$$\left|\frac{1}{2\pi i} f(P_\nu) \frac{dw(P_\nu; Q)}{dg(P_\nu)} (g(P_{\nu+1}) - g(P_\nu)) - g_{\nu 1}(Q)\right| < \frac{\varepsilon}{mn}\,, \quad \nu = 1, 2, \ldots, n\,, \tag{7}$$

und

$$|g_{\nu,\mu+1}(Q) - g_{\nu,\mu}(Q)| < \frac{\varepsilon}{mn}\,, \quad \nu = 1, 2, \ldots, n\,; \; \mu = 2, 3, \ldots, m\,. \tag{8}$$

Die Funktionen $g_{\nu,m}(Q)$ sind in $\mathfrak{G}_3$ meromorph und besitzen nur Polstellen in $P_{\nu,m+1} = P_\nu^*$, also auf $\mathfrak{C}_2$. Sie sind folglich in $\mathfrak{G}_2$ holomorph.

Gleiches gilt für die Funktion

$$g(Q) = \sum_{\nu=1}^{n} g_{\nu,m}(Q) ,$$

und auf Grund der Abschätzungen (4), (7) und (8) folgt in $\mathfrak{G}_0$:

$$|f(Q) - g(Q)| < 2\varepsilon .$$

Da ε beliebig gegeben war, ist der Satz bewiesen.

Die Verbindbarkeit der Gebietsränder in der angegebenen Weise, die in Satz 46 als Bedingung für die Approximierbarkeit einer in einem Gebiet $\mathfrak{G}_1$ holomorphen Funktion durch Funktionen eines umfassenden Gebietes $\mathfrak{G}_2$ enthalten ist, ist für Gebiete, über deren Rand nichts bekannt ist, wenig brauchbar. Wir wollen sie ersetzen durch eine andere Bedingung, die nur von inneren Eigenschaften der Gebiete abhängt.

Wegen der Triangulierbarkeit der Riemannschen Flächen können wir jedes Gebiet auf einer nicht kompakten Fläche durch Gebiete $\mathfrak{G}_\nu$, $\nu = 1, 2, 3, \ldots$, ausschöpfen, deren Ränder $\mathfrak{C}_\nu$ aus glatten, einfach geschlossenen Kurven bestehen. Eine solche Ausschöpfung durch Gebiete $\mathfrak{G}_\nu$ mit glatten Rändern $\mathfrak{C}_\nu$ heißt *normal*, wenn $\mathfrak{G}_\nu \Subset \mathfrak{G}_{\nu+1}$ und für jedes ν jeder Punkt von $\mathfrak{C}_\nu$ innerhalb $\mathfrak{G}_{\nu+1} - \mathfrak{G}_\nu$ mit einem Punkt von $\mathfrak{C}_{\nu+1}$ verbindbar ist. Zunächst gilt dann:

Eine Ausschöpfung eines Gebietes $\mathfrak{G}$ durch Gebiete $\mathfrak{G}_\nu$ mit glatten Rändern $\mathfrak{C}_\nu$ ist dann und nur dann normal, wenn kein $\mathfrak{G}_\nu$ Randkontinua aufweist, die Rand eines Teilgebietes von $\mathfrak{G}_{\nu+1} - \mathfrak{G}_\nu$ sind.

Ist nämlich $\mathfrak{C}_\nu^*$ ein Randkontinuum, d. h. ein maximales zusammenhängendes Randkurvenstück, von $\mathfrak{G}_\nu$, so bildet die Menge der Punkte von $\mathfrak{G}_{\nu+1} - \mathfrak{G}_\nu$, mit denen $\mathfrak{C}_\nu^*$ innerhalb von $\mathfrak{G}_{\nu+1} - \mathfrak{G}_\nu$ verbindbar ist, ein Gebiet $\mathfrak{G}_\nu^*$. Entweder gehören zum Rande von $\mathfrak{G}_\nu^*$ nur Randkontinua von $\mathfrak{G}_\nu$, dann ist $\mathfrak{C}_\nu^*$ nicht innerhalb $\mathfrak{G}_{\nu+1} - \mathfrak{G}_\nu$ mit dem Rande von $\mathfrak{G}_{\nu+1}$ verbindbar. Oder der Rand von $\mathfrak{G}_\nu^*$ enthält Randkontinua von $\mathfrak{G}_{\nu+1}$, dann ist $\mathfrak{C}_\nu^*$ innerhalb von $\mathfrak{G}_{\nu+1} - \mathfrak{G}_\nu$ mit dem Rande von $\mathfrak{G}_{\nu+1}$ verbindbar. Daraus folgt die Behauptung.

Nun läßt sich zeigen:

Jedes Gebiet $\mathfrak{G}$ ist normal ausschöpfbar.

Zum Beweise gehen wir aus von einer Ausschöpfungsfolge $\mathfrak{G}_\nu$ von $\mathfrak{G}$ und konstruieren aus ihr eine Folge $\mathfrak{G}_\nu^*$, die $\mathfrak{G}$ normal ausschöpft. — Entweder weist $\mathfrak{G}_1$ keine Randkontinua auf, die innerhalb $\mathfrak{G} - \mathfrak{G}_1$ beranden, d. h. Rand eines Teilgebietes von $\mathfrak{G} - \mathfrak{G}_1$ sind. Dann sei $\mathfrak{G}_1^* = \mathfrak{G}_1$. Oder es gibt solche Randkontinua, dann sei $\mathfrak{C}_1^m$ ein maximales System dieser Randkontinua. Wir fügen die von $\mathfrak{C}_1^m$ in $\mathfrak{G} - \mathfrak{G}_1$ berandeten Gebiete zu $\mathfrak{G}_1$ hinzu. Das so durch Ergänzung aus $\mathfrak{G}_1$ entstehende Gebiet heiße $\mathfrak{G}_1^*$. Es ist gleichfalls ein Gebiet mit glattem Rand $\mathfrak{C}_1^*$ und besitzt keine Randkontinua mehr, die in $\mathfrak{G} - \mathfrak{G}_1^*$ beranden. Sei weiter ν_1 so groß gewählt, daß $\mathfrak{G}_{\nu_1}$ das

Gebiet $\mathfrak{G}_1^*$ kompakt enthält. Wir verfahren mit $\mathfrak{G}_{\nu_1}$ wie soeben mit $\mathfrak{G}_1$ und erhalten ein Gebiet $\mathfrak{G}_2^*$. So fahren wir fort und gewinnen eine Folge von Gebieten $\mathfrak{G}_\nu^*$ mit glatten Rändern $\mathfrak{C}_\nu^*$, die nach Konstruktion die Eigenschaft haben, daß kein $\mathfrak{G}_\nu^*$ Randkontinua hat, die in $\mathfrak{G} - \mathfrak{G}_\nu^*$ beranden. Also besitzt auch kein $\mathfrak{G}_\nu^*$ Randkontinua, die in $\mathfrak{G}_{\nu+1}^* - \mathfrak{G}_\nu^*$ beranden. Jeder Randpunkt von $\mathfrak{G}_\nu^*$ läßt sich also innerhalb $\mathfrak{G}_{\nu+1}^* - \mathfrak{G}_\nu^*$ mit dem Rande von $\mathfrak{G}_{\nu+1}^*$ verbinden. Die $\mathfrak{G}_\nu^*$ bilden eine normale Ausschöpfungsfolge.

Sind nun zwei Gebiete $\mathfrak{G}$ und $\mathfrak{G}^*$ auf einer nicht kompakten Riemannschen Fläche vorgegeben und gilt $\mathfrak{G} \subset \mathfrak{G}^*$, so können wir zu einem Kriterium für die Approximierbarkeit der in $\mathfrak{G}$ holomorphen Funktionen $f(Q)$ durch Funktionen, die in $\mathfrak{G}^*$ holomorph sind, auf folgende Weise gelangen: Wir geben in $\mathfrak{G}$ und $\mathfrak{G}^*$ normale Ausschöpfungsfolgen $\mathfrak{G}_\nu$ bzw. $\mathfrak{G}_\mu^*$ vor und verlangen, daß stets der Rand von $\mathfrak{G}_\nu$ mit dem Rande von $\mathfrak{G}_\mu^*$ innerhalb von $\mathfrak{G}_\mu^* - \mathfrak{G}_\nu$ verbindbar sein soll, sobald nur $\mathfrak{G}_\nu \Subset \mathfrak{G}_\mu^*$ gilt. Ist diese Bedingung für jedes Paar von Gebieten $\mathfrak{G}_\nu$, $\mathfrak{G}_\mu^*$ mit $\mathfrak{G}_\nu \Subset \mathfrak{G}_\mu^*$ erfüllbar, so ergibt sich die Möglichkeit der geforderten Approximation von $f(Q)$ aus Satz 46. Die Verbindbarkeitsbedingung ist ihrerseits äquivalent mit einer besonderen Eigenschaft der Gebiete $\mathfrak{G}$ und $\mathfrak{G}^*$: Das Gebiet $\mathfrak{G}$ muß relativ zu $\mathfrak{G}^*$ einfach zusammenhängend sein.

Wir sagen, das Gebiet $\mathfrak{G}$ ist *relativ* zum Gebiet $\mathfrak{G}^*$ *einfach zusammenhängend*, falls $\mathfrak{G}$ Teilgebiet von $\mathfrak{G}^*$ ist und jedes endliche System geschlossener Kurven in $\mathfrak{G}$, das innerhalb $\mathfrak{G}^*$ berandet, schon in $\mathfrak{G}$ berandet. Dann gilt:

Ist das Gebiet $\mathfrak{G}$ relativ zum Gebiet $\mathfrak{G}^*$ einfach zusammenhängend und sind $\mathfrak{G}_\nu$ bzw. $\mathfrak{G}_\mu^*$ normale Ausschöpfungsfolgen von $\mathfrak{G}$ bzw. $\mathfrak{G}^*$, so ist der Rand eines $\mathfrak{G}_\nu$ stets mit dem Rande jedes Gebietes $\mathfrak{G}_\mu^*$, das $\mathfrak{G}_\nu$ kompakt enthält, innerhalb von $\mathfrak{G}_\mu^* - \mathfrak{G}_\nu$ verbindbar.

Gibt es nämlich eine Randkurve $\mathfrak{C}_\nu^*$ von $\mathfrak{G}_\nu$, die nicht innerhalb $\mathfrak{G}_\mu^* - \mathfrak{G}_\nu$ mit dem Rande von $\mathfrak{G}_\mu^*$ verbindbar ist, so bildet die Menge der Punkte, die innerhalb $\mathfrak{G}_\mu^* - \mathfrak{G}_\nu$ mit $\mathfrak{C}_\nu^*$ verbindbar sind, ein kompakt in $\mathfrak{G}_\mu^*$ liegendes Gebiet $\mathfrak{G}_\nu'$. Der Rand $\mathfrak{C}_\nu'$ von $\mathfrak{G}_\nu'$ besteht nur aus Randkurven von $\mathfrak{G}_\nu$ (zu denen $\mathfrak{C}_\nu^*$ gehört). Doch kann $\mathfrak{C}_\nu'$ nicht mit dem gesamten Rande von $\mathfrak{G}_\nu$ zusammenfallen, sonst wäre $\mathfrak{G}_\nu + \mathfrak{G}_\nu' + \mathfrak{C}_\nu'$ eine kompakte Fläche, was unmöglich ist. $\mathfrak{G}_\nu'$ muß wenigstens einen Randpunkt von $\mathfrak{G}$ enthalten. Andernfalls läge $\mathfrak{G}_\nu'$ kompakt in $\mathfrak{G}$, also auch in einem geeigneten $\mathfrak{G}_{\nu_1}$ $(\nu_1 > \nu)$. Dann könnte $\mathfrak{C}_\nu'$ nicht innerhalb $\mathfrak{G}_{\nu_1} - \mathfrak{G}_\nu$ mit dem Rande von $\mathfrak{G}_{\nu_1}$ verbunden werden, was der Normalität der Folge $\mathfrak{G}_\nu$ widerspricht. Mithin stellt $\mathfrak{C}_\nu'$ ein System von endlich vielen geschlossenen Kurven in $\mathfrak{G}$ dar, das in $\mathfrak{G}^*$, jedoch nicht in $\mathfrak{G}$ berandet. Dann ist aber $\mathfrak{G}$ nicht relativ zu $\mathfrak{G}^*$ einfach zusammenhängend, und unsere Behauptung ist bewiesen.

Es gilt auch die Umkehrung der soeben bewiesenen Aussage; doch benötigen wir sie im folgenden nicht. Statt dessen beweisen wir noch:

Wird ein Gebiet $\mathfrak{G}$ durch eine Folge von Gebieten $\mathfrak{G}_\nu$ normal ausgeschöpft, so ist jedes $\mathfrak{G}_{\nu_0}$ relativ zu allen $\mathfrak{G}_\nu$ mit $\nu > \nu_0$ und zu $\mathfrak{G}$ einfach zusammenhängend.

Wäre die Behauptung falsch, so gäbe es in $\mathfrak{G}_{\nu_0}$ ein System geschlossener Kurven $\mathfrak{C}_1, \ldots, \mathfrak{C}_\sigma$, das innerhalb eines $\mathfrak{G}_{\nu_1}$, $\nu_1 > \nu_0$, ein Gebiet $\mathfrak{G}^*$ berandet, derart, daß in $\mathfrak{G}^*$ wenigstens ein Randpunkt von $\mathfrak{G}_{\nu_0}$ läge. Dieser Randpunkt könnte dann aber nicht innerhalb $\mathfrak{G}_{\nu_1} - \mathfrak{G}_{\nu_0}$ mit dem Rande von $\mathfrak{G}_{\nu_1}$ verbunden werden im Widerspruch dazu, daß die $\mathfrak{G}_\nu$ das Gebiet $\mathfrak{G}$ normal ausschöpfen.

Nunmehr zeigen wir:

Satz 47 *(Approximationssatz). $\mathfrak{G}$ und $\mathfrak{G}^*$ seien Gebiete in der nicht kompakten Riemannschen Fläche $\mathfrak{R}$, und es gelte $\mathfrak{G} \subset \mathfrak{G}^*$. (Dabei ist zugelassen, daß $\mathfrak{G}^* = \mathfrak{R}$ ist.) Damit jede in $\mathfrak{G}$ holomorphe Funktion $f(Q)$ im Innern von $\mathfrak{G}$ eine gleichmäßige Approximation durch Funktionen gestattet, die in $\mathfrak{G}^*$ holomorph sind, ist notwendig und hinreichend, daß $\mathfrak{G}$ relativ zu $\mathfrak{G}^*$ einfach zusammenhängend ist.*

1. Die Bedingung ist hinreichend.

Sei $\mathfrak{G}_0$ ein kompakt in $\mathfrak{G}$ gelegenes Gebiet. Wir haben zu zeigen, daß es zu jedem vorgegebenen $\varepsilon > 0$ eine in $\mathfrak{G}^*$ holomorphe Funktion $g(Q)$ gibt, so daß in $\mathfrak{G}_0$ gilt:

$$|f(Q) - g(Q)| < \varepsilon .$$

Wir schöpfen $\mathfrak{G}$ und $\mathfrak{G}^*$ durch je eine Folge von Gebieten $\mathfrak{G}_\nu$ bzw. $\mathfrak{G}^*_\mu$ normal aus. Es gibt dann ein ν_0, so daß $\mathfrak{G}_{\nu_0}$ das Gebiet $\mathfrak{G}_0$ kompakt enthält, und ebenso ein μ_0, so daß $\mathfrak{G}_{\nu_0}$ kompakt in allen $\mathfrak{G}^*_\mu$, $\mu \geqq \mu_0$, liegt. Jeder Randpunkt von $\mathfrak{G}_{\nu_0}$ ist dann innerhalb $\mathfrak{G}^*_{\mu_0} - \mathfrak{G}_{\nu_0}$ mit dem Rande von $\mathfrak{G}^*_{\mu_0}$ verbindbar, und jeder Randpunkt von $\mathfrak{G}^*_\mu$ ist innerhalb von $\mathfrak{G}^*_{\mu+1} - \mathfrak{G}^*_\mu$ mit dem Rande von $\mathfrak{G}^*_{\mu+1}$ verbindbar. Wir wählen eine Folge positiver Zahlen ε_σ, $\sigma = 1, 2, \ldots$, so daß $\sum\limits_{\sigma=1}^{\infty} \varepsilon_\sigma < \varepsilon$ ist. Dann gibt es nach Satz 46 eine in $\mathfrak{G}^*_{\mu_0+1}$ holomorphe Funktion $g_1(Q)$, so daß in $\mathfrak{G}_{\nu_0}$ gilt:

$$|f(Q) - g_1(Q)| < \varepsilon_1 .$$

Entsprechend läßt sich eine in $\mathfrak{G}^*_{\mu_0+2}$ holomorphe Funktion $g_2(Q)$ so wählen, daß in $\mathfrak{G}^*_{\mu_0}$

$$|g_1(Q) - g_2(Q)| < \varepsilon_2$$

ist. Allgemein gibt es jeweils in $\mathfrak{G}^*_{\mu_0+\sigma}$, $\sigma = 2, 3, \ldots$, eine dort holomorphe Funktion $g_\sigma(Q)$, so daß in $\mathfrak{G}^*_{\mu_0+\sigma-2}$ gilt:

$$|g_{\sigma-1}(Q) - g_\sigma(Q)| < \varepsilon_\sigma .$$

Die Folge der $g_\sigma(Q)$ konvergiert im Innern von $\mathfrak{G}^*$ gleichmäßig gegen eine dort holomorphe Funktion $g(Q)$. Diese ist eine gesuchte Funktion; denn es ist in $\mathfrak{G}_{\nu_0}$ und damit in $\mathfrak{G}_0$:

$$|f(Q) - g(Q)| = |\{f(Q) - g_1(Q)\} + \{g_1(Q) - g_2(Q)\} + \cdots|$$
$$\leqq |f(Q) - g_1(Q)| + |g_1(Q) - g_2(Q)| + \cdots < \sum_{\sigma=1}^{\infty} \varepsilon_\sigma < \varepsilon\,.$$

2. Die Bedingung ist notwendig.

Ist $\mathfrak{G}$ relativ zu $\mathfrak{G}^*$ nicht einfach zusammenhängend, so gibt es in $\mathfrak{G}$ ein System geschlossener Kurven $\mathfrak{C}_1, \ldots, \mathfrak{C}_\sigma$, die innerhalb $\mathfrak{G}^*$ ein Gebiet $\mathfrak{G}'$ beranden, derart, daß $\mathfrak{G}'$ wenigstens einen Randpunkt P von $\mathfrak{G}$ enthält. Wir wählen eine Funktion $h(Q)$, die in P eine isolierte Singularität besitzt und sonst in $\mathfrak{G}^*$ holomorph ist; daß solche Funktionen existieren, werden wir sogleich nachweisen. Wäre $h(Q)$ im Innern von $\mathfrak{G}$ als Grenzfunktion einer gleichmäßig konvergenten Folge $h_n(Q)$ von in $\mathfrak{G}^*$ holomorphen Funktionen darstellbar, so würde diese Folge auch in $\mathfrak{G}'$ gleichmäßig konvergieren, da auf dem Rande $\mathfrak{C}_1 + \cdots + \mathfrak{C}_\sigma$ gleichmäßige Konvergenz herrscht und alle $h_n(Q)$ in $\mathfrak{G}'$ holomorph sind. Die Grenzfunktion $h(Q)$ müßte also auch in $\mathfrak{G}'$ überall holomorph sein, im Widerspruch zu ihrer Einführung.

Es bleibt die Existenz eines $h(Q)$ nachzuweisen. Wir betrachten eine einfach zusammenhängende Umgebung $\mathfrak{U}$ des Punktes P und in ihr eine meromorphe Funktion $f(Q)$, die genau in P einen Pol hat und sonst in $\mathfrak{U}$ holomorph ist. Die in P punktierte Umgebung $\dot{\mathfrak{U}}$ ist relativ zu dem in P punktierten Gebiet $\dot{\mathfrak{G}}^*$ einfach zusammenhängend. Daher gibt es nach Teil 1 unseres Beweises eine Folge $g_\mu(Q)$ von in $\dot{\mathfrak{G}}^*$ holomorphen Funktionen, die $f(Q)$ in $\dot{\mathfrak{U}}$ gleichmäßig approximieren. Für $\mu \geqq \mu_0$ mit geeignetem μ_0 muß jedes $g_\mu(Q)$ in P eine isolierte Singularität aufweisen; andernfalls würde eine Teilfolge $g_\mu^*(Q)$ aus Funktionen bestehen, die in $\mathfrak{G}^*$ holomorph sind und im gesamten Innern von $\mathfrak{U}$ gleichmäßig konvergieren, und die Grenzfunktion $f(Q)$ müßte auch in P holomorph sein. Also haben alle $g_\mu(Q)$ mit $\mu \geqq \mu_0$ die für $h(Q)$ geforderte Eigenschaft. Damit ist Satz 47 bewiesen.

Satz 47 enthält für den Fall $\mathfrak{G}^* = \mathfrak{R}$ das Nebenresultat, daß es auf jeder nicht kompakten Riemannschen Fläche nicht konstante, überall holomorphe Funktionen gibt. Jede solche Funktion $z = f(Q)$ kann dazu benutzt werden, die Fläche $\mathfrak{R}$ der z-Ebene zu überlagern, ohne daß der Punkt ∞ dabei überdeckt wird:

Satz 48. *Jede nicht kompakte Riemannsche Fläche $\mathfrak{R}$ ist biholomorph äquivalent einer der endlichen z-Ebene überlagerten Riemannschen Fläche $\mathfrak{R}_z$.*

Auf nicht kompakten Riemannschen Flächen lassen sich nun mit Hilfe von Satz 47 zu beliebig vorgegebenen Hauptteilen, deren Entwicklungspunkte sich in $\mathfrak{R}$ nicht häufen, Funktionen mit diesen Hauptteilen konstruieren. Dazu schöpft man die Fläche $\mathfrak{R}$ durch Gebiete $\mathfrak{G}_\nu$, $\nu = 0, 1, 2, 3, \ldots$, normal aus, so daß auf den Rändern $\mathfrak{C}_\nu$ der $\mathfrak{G}_\nu$ keine der gegebenen Polstellen liegen. In $\mathfrak{G}_\nu$ liegen nur endlich viele dieser Stellen. Man bette nun $\mathfrak{G}_\nu$ in eine kompakte Riemannsche Fläche $\mathfrak{R}_\nu$ ein. Dort läßt sich ein Abelsches Integral 2. Gattung mit den gegebenen Hauptteilen in $\mathfrak{G}_\nu$ finden. Dessen Perioden lassen sich durch Addition Abelscher Integrale 1. Gattung und Abelscher Integrale 2. Gattung, deren Pole außerhalb $\mathfrak{G}_\nu$ liegen, zum Verschwinden bringen, analog dem Verfahren, durch das wir die Perioden von $dw(P; Q)$ in Abhängigkeit von Q zum Verschwinden brachten. Auf diese Weise gewinnt man in $\mathfrak{G}_\nu$ eine meromorphe Funktion $F_\nu(P)$ mit den gegebenen Hauptteilen. Die Differenz $F_{\nu+1}(P) - F_\nu(P)$ ist jeweils in $\mathfrak{G}_\nu$ holomorph, da sich die Pole herausheben. Sie kann nach Satz 47 in $\mathfrak{G}_{\nu-1}$ durch eine in $\mathfrak{R}$ holomorphe Funktion $f_\nu(P)$ bis auf ε_ν approximiert werden. Dabei können die ε_ν so gewählt werden, daß $\sum\limits_\nu \varepsilon_\nu$ konvergiert. Bildet man dann die Funktion

$$\begin{aligned} F(P) &= F_1(P) + \sum_{\nu=1}^{\infty} [F_{\nu+1}(P) - F_\nu(P) - f_\nu(P)] \\ &= F_{\nu_0+1}(P) - \sum_{\nu=1}^{\nu_0} f_\nu(P) + \sum_{\nu=\nu_0+1}^{\infty} [F_{\nu+1}(P) - F_\nu(P) - f_\nu(P)], \end{aligned}$$

so bemerkt man, daß sie in jedem Gebiet $\mathfrak{G}_{\nu_0}$ nach Herausnahme des meromorphen Teiles $F_{\nu_0+1}(P)$ gleichmäßig konvergiert und folglich eine Funktion mit den verlangten Polstellen auf $\mathfrak{R}$ liefert. *Auf nicht kompakten Riemannschen Flächen gilt also der Satz von* Mittag-Leffler.

Auch der *Weierstrasssche Produktsatz* läßt sich übertragen. Es seien auf $\mathfrak{R}$ abzählbar viele Nullstellen $P_1, P_2, \ldots$, die sich auf $\mathfrak{R}$ nicht häufen, mit zugehörigen Ordnungen $n_1, n_2, \ldots$ gegeben. Man schöpfe $\mathfrak{R}$ durch Gebiete $\mathfrak{G}_\nu$, $\nu = 0, 1, 2, \ldots$, normal aus, so daß auf den Rändern $\mathfrak{C}_\nu$ der $\mathfrak{G}_\nu$ keine Nullstellen liegen. Jedes Gebiet $\mathfrak{G}_\nu$ bette man in eine kompakte Fläche $\mathfrak{R}_\nu$ ein und konstruiere auf $\mathfrak{R}_\nu$ ein Differential $dw_\nu(P)$ mit folgenden Eigenschaften: seine Pole in $\mathfrak{G}_\nu$ sind sämtlich von 1. Ordnung, liegen genau in den Punkten P_μ und haben dort jeweils das Residuum n_μ. Außerdem läßt sich analog wie oben erreichen, daß die Perioden dieses Differentials an den Rückkehrschnitten von $\mathfrak{R}_\nu$ verschwinden. Dies ist wieder dadurch möglich, daß man Abelsche Differentiale 1. und 2. Gattung (wobei die Pole der letzteren außerhalb $\mathfrak{G}_\nu$ liegen) addiert. Das Integral $w_\nu(P)$ hat dann in $\mathfrak{G}_\nu$ lediglich noch Vielfachheiten $2k\pi i$, k ganz, die von den Umläufen um die P_ν aus $\mathfrak{G}_\nu$ herrühren. Folglich ist dort das Integral $w_{\nu+1}(P) - w_\nu(P)$ eindeutig, also eine holomorphe Funktion, und daher in $\mathfrak{G}_{\nu-1}$ bis auf ε_ν durch Funktionen $h_\nu(P)$ auf $\mathfrak{R}$

zu approximieren. Man wähle die ε_ν wieder so, daß $\Sigma\varepsilon_\nu$ konvergent ist, und hat dann in

$$F(P) = e^{w_1(P)} \prod_{\nu=1}^{\infty} e^{w_{\nu+1}(P)-w_\nu(P)-h_\nu(P)}$$

$$= e^{w_{\nu_0+1}(P)-\sum_{\nu=1}^{\nu_0} h_\nu(P)} \prod_{\nu=\nu_0+1}^{\infty} e^{w_{\nu+1}(P)-w_\nu(P)-h_\nu(P)}$$

ein in jedem Gebiet $\mathfrak{G}_{\nu_0}$ gleichmäßig konvergentes Produkt, welches dort und damit auf der gesamten Fläche $\mathfrak{R}$ eine holomorphe Funktion mit Nullstellen der Ordnungen n_ν genau in den Punkten P_ν liefert.

Der Weierstrasssche Produktsatz läßt sich nun dazu benutzen, zu einer der z-Ebene überlagerten nicht kompakten Riemannschen Fläche $\mathfrak{R}$ eine Funktion zu konstruieren, die $\mathfrak{R}$ als ihr analytisches Gebilde besitzt. Man schöpfe zum Nachweis dieser Behauptung $\mathfrak{R}$ durch Gebiete $\mathfrak{G}_\nu$ normal aus und wähle auf dem Rand $\mathfrak{C}_\nu$ von $\mathfrak{G}_\nu$ je endlich viele Punkte Q_μ, so daß jeder Punkt P von $\mathfrak{C}_\nu$ mit einem Punkt Q_μ durch ein Teilkurvenstück von $\mathfrak{C}_\nu$ verbunden werden kann, dessen chordale Länge kleiner als $\frac{1}{\nu}$ ist. Die Q_μ häufen sich nicht auf $\mathfrak{R}$. Man kann nun analog dem ebenen Fall (s. III, 8, Satz 27) zeigen, daß eine Funktion $F(P)$ auf $\mathfrak{R}$ mit den Nullstellen Q_μ sich nicht über $\mathfrak{R}$ hinaus analytisch fortsetzen läßt. Es könnte nun sein, daß eine solche Funktion $F(P)$ zwar eine Funktion auf $\mathfrak{R}$ ist, aber daß $\mathfrak{R}$ nicht ihre Riemannsche Fläche $\mathfrak{R}_0$, sondern lediglich eine Überlagerung von $\mathfrak{R}_0$ darstellt. Dann wähle man einen Punkt z, über dem kein Verzweigungspunkt von $\mathfrak{R}$ und keine Nullstelle von $F(P)$, wohl aber mindestens ein gewöhnlicher Punkt Q liegt. Zu Q gibt es eine auf $\mathfrak{R}$ holomorphe Funktion $G(P)$, die in Q und nur in Q eine Nullstelle besitzt. $F(P) \cdot G(P)$ ist dann eine Funktion mit der verlangten Eigenschaft: $\mathfrak{R}$ ist ihre Riemannsche Fläche.

Literatur

Behnke, H., u. K. Stein: Entwicklungen analytischer Funktionen auf Riemannschen Flächen. Math. Ann. **120**, 430 (1948).

— Elementarfunktionen auf Riemannschen Flächen. Canad. J. of Math. **2**, 2 (1950).

Florack, Herta: Reguläre und meromorphe Funktionen auf nicht geschlossenen Riemannschen Flächen. Schriften a. d. Math. Inst. d. Univ. Münster, H. 1 (1948).

Tietz, H.: Faber-Theorie auf nicht-kompakten Riemannschen Flächen. Math. Ann. **132**, 412 (1957).

— Faber-Series and Laurent Decomposition. Michigan Math. Journal, **4**, 175 (1957).

— Funktionen mit Cauchyscher Integraldarstellung auf nicht-kompakten Gebieten Riemannscher Flächen. Ann. Acad. Sci. Fenn. Ser. A, 250/36 (1958).

Namen- und Sachverzeichnis

The manufacturer's authorised representative in the EU is Springer Nature Customer Service Centre GmbH, Europaplatz 3, 69115 Heidelberg, Germany. If you have any concerns regarding our products, please contact ProductSafety@springernature.com

Printed and bound by CPI Group (UK) Ltd, Croydon, CR0 4YY
24/04/2026
02096357-0005